Linden's Handbook of Batteries

电池手册

[美] 柯比·W. 比尔德(Kirby W. Beard) 主编

刘兴江 等译

原著第五版
Fifth Edition

化学工业出版社

·北京·

内容简介

　　《电池手册》是由美国数十位知名电池专家撰写的综合性工具书，先后出版了第一版至第四版，以及目前的第五版。第五版《电池手册》为了适应电池技术的快速发展，满足电动汽车、大规模储能、信息技术应用、医疗健康等领域的新型应用需求，在全面修订和更新经典电池体系部分的基础上，新增了关于新兴电池技术、电池制造、电池测试以及电池安全等方面的大量内容，并介绍了各类电池新产品、相关性能参数及应用实例。

　　第五版《电池手册》共分六个部分，特别强化了对当前电池技术进展的介绍。全书内容翔实、技术信息新颖、实用性强。对于从事电池研究、生产及应用的科技人员和工程技术人员来说，既是一本极具价值的技术参考书，也是一本不可或缺的实用工具手册；同时，本书也可作为高校电化学、新能源材料、新能源技术等专业师生的重要参考书。

图书在版编目（CIP）数据

电池手册：原著第五版 /（美）柯比·W. 比尔德（Kirby W. Beard）主编；刘兴江等译. -- 北京：化学工业出版社，2025. 8. -- ISBN 978-7-122-48431-4

Ⅰ. TM911-62

中国国家版本馆 CIP 数据核字第 2025ZJ2498 号

责任编辑：朱　彤　　　　　　　　文字编辑：毕梅芳　师明远
责任校对：王鹏飞　　　　　　　　装帧设计：刘丽华

出版发行：化学工业出版社
　　　　　（北京市东城区青年湖南街 13 号　邮政编码 100011）
印　　装：中煤（北京）印务有限公司
787mm×1092mm　1/16　印张 73¾　字数 1851 千字
2025 年 8 月北京第 5 版第 1 次印刷

购书咨询：010-64518888　　　　　　售后服务：010-64518899
网　　址：http://www.cip.com.cn

凡购买本书，如有缺损质量问题，本社销售中心负责调换。

定　　价：598.00 元　　　　　　　　版权所有　违者必究

译者前言

《电池手册》（Linden's Handbook of Batteries）第五版由 Kirby W. Beard 主编，并由美国众多电池领域专家共同撰写。新版《电池手册》紧跟电池技术的发展步伐，针对信息化技术、电化学储能、电动汽车、医疗健康等新兴应用需求，在全面修订和更新经典电池体系的基础上，增加了新兴电池技术、电池制造、电池测试以及电池安全等方面的内容，并列举了各类电池新产品、相关性能参数及应用实例。

《电池手册》第五版共分为六个部分，不仅全面涵盖了前四版的核心内容，还更进一步深入探究了最新的电池技术进展。本手册内容丰富，实用性强，对于致力于电池研究、生产和应用的各类科技人员而言，是一本宝贵的参考书和工具书。同时，本书也能作为高等院校电化学及新能源材料、新能源技术和电池等相关专业师生的重要教学与科研参考资料。

作为我国最大的电池专业研究机构，中国电子科技集团公司第十八研究所承担了本书的翻译工作。参与本书翻译和审校的专家与科技人员包括刘兴江、王松蕊、李杨、杨明、赵子寿、王九洲、宗军、宁凡雨、卢志威、倪旺、葛智元、任丽彬、曹家瑜、蔡超等。此外，中国化学与物理电源行业协会对本书的编撰与出版给予了大力支持与帮助。

谨此，我们向《电池手册》第四版编译者汪继强总工程师致以诚挚的敬意，并深切缅怀他对电池行业作出的卓越贡献。他严谨的治学态度、深厚的专业素养以及广阔的国际视野，值得我们学习和传承。同时，向所有参与本书翻译、审校工作的专家和科技人员，以及给予我们大力支持的领导和同事表示衷心的感谢！

由于译者水平和时间所限，本书难免存在不足之处，欢迎广大读者批评、指正。

刘兴江

2024 年 10 月

前　言

在本人从事电池行业的初期，专注于开发一种用于植入式医疗设备的改进的锂原电池。我提出了一种设计方案，该方案采用了锂金属负极和"预充电"的 $LiCoO_2$ 正极（美国专利 5667660A）。这个设计理念类似于激活铅酸电池技术，即在电池最终组装之前，电极会在离线过程中进行"化成充电"。

在这项工作的推进过程中，我所在的公司正积极寻求技术转让的合作伙伴。因此，我被委派向其中一个潜在合作伙伴（一家在电池、治疗和可植入医疗电子装置领域领先的医疗装置先锋公司）介绍这项技术。当我开始演讲并直接深入技术细节时，大约一分钟后，一位来访团队的首席科学家打断了我，并问道："你对电池的哲学观点是什么？"

医疗电池当然需要具备高水平的安全性、性能可靠和质量。在我的演讲即将结束时，我虽然回归了主题，但意识到本可以提供一个更令人印象深刻、更清晰、更精准的答案。事实上，无论是对于项目、公司使命、国家政策还是其他重大任务，定义自己的哲学观点都是有益的。

多年以后，我确立了一个简单的工作哲学概念：管理权。管理权涉及诸多细分领域，其中"环境管理权"是一个常用词，通常指保护环境、资源回收和减少污染等方面。然而，一个更广泛、适用于整个技术领域的"管理权"的定义，可以表述为"能源领域的管理权"。

能源问题是一个跨行业的重要议题，对于电力能源（包括电池行业）的供应商和用户来说，更是基本且广泛的核心要素。为了实现所有利益相关者的最佳结果，能源问题必须进行仔细和持续的分析。然而，除了少数例外，能源问题的讨论通常局限于狭窄的范畴（如一桶石油的成本、二氧化碳排放的吨数、工厂和设备资产的成本等），这并不能涵盖所有关键因素。

针对这些不足，我认为热力学的基本定律在最基础层面上规定了所有目的的行为和结果。就像所有自然现象都受到这些定律的限制一样，个人、组织和社会在做出决策的过程中也受到热力学定律的影响。

此外，令人惊讶的是，一些专注于哲学的学者甚至将思考能源转换、储存和使用的哲学作为他们的研究使命。这听起来像是发展"电池哲学"的一个很有前景的起点。在本质上，电池开发应当基于化学物质转化为电能（反之亦然）的热力学分析，而更重要的是实现这种转化的程度和效率。最佳的电池设计和应用总是基于热力学。尽管热力学计算可能相当复杂，但热力学第一定律和第二定律（即能量守恒定律和熵增定律）依然是新技术开发的指导原则。

通过采用这种哲学方法，新电池技术实施决策过程将得到优化，而不仅仅局限于典型的评估标准，如成本、碳足迹、可回收性、能量密度等。计算与特定电化学相关的热力学效率损失可能是一个更为准确的比较方法。特别是，分析应涵盖所拟议的电池技术的所有方面，包括整个供应链、性能特性和处置方式。虽然成本在决策中依然占据关键地位，但全面理解从产品制造到最终废弃这一整个生命周期中涉及的所有能源转换过程，将为我们提供一个更为全面、深入且富有价值的评估视角。

以锂离子电池为例，热力学计算需要涵盖从刚果民主共和国钴的开采和运输以及南美阿塔卡马沙漠锂盐的开采及运输等过程所需的基础设施和消耗的能源；同时，也要考虑建造复杂的大型电池制造工厂所消耗的能源。然而，如果电池回收循环未得到有效实施，将会导致资源浪费。那么，从总的系统能效和"废热"角度来看，锂电池相较于铅酸电池或天然气又将表现如何？原电池或蓄电池在热力学上是否更适用于某种特定的应用？

为电池充电所需构建的基础设施相当复杂。发电厂、太阳能电池阵列、电池控制和监控系统都需要大量的资源投入。蓄电池的投入效率可能低于由廉价和常见材料制成的原电池，同时后者还需要实施有效的回收计划。或许，机械充电（例如更换正极或负极）可以作为一种手段来优化热力学效率和减少废热？然而，在电池技术发展过程中使用热力学标准，会面临概率性、随机性、不确定性以及主观性（即不同指标的权衡）的问题。热力学计算仅提供一个参考，而非确定的结果，也不是一个精确而全面的衡量标准。因此，大多数电化学家和工程师都倾向于避免使用这种复杂描述，而是专注于硬数据。另外，创业家和初创公司往往避免面对严峻的现实，更愿意宣扬宏伟愿景，以吸引投资者兴趣或进行市场炒作。因此，很难找到将热力学应用与理性战略规划紧密联系的参考资料。将一门坚实的科学领域（如热力学）与基于不精确决策分析的一系列推测性结果相联系，确实存在一些问题。

本书第 1 章（第 1.12 节）介绍了一个关于热力学计算与电池选择标准相关的案例研究。接下来，将给出两个使用热力学观点分析电池技术的例子。

（1）示例一：美国总能源消耗

热力学计算常用于提供电化学反应的数据，但鲜少用于指导商业策略。幸运的是，现在似乎有了一些转变。美国劳伦斯利弗莫尔国家实验室（LLNL）已经至少连续十年出版了宏观能源流动图。这些图表有多个版本，其中一个较为有用的版本如下图所示。该图表明，通过提高能源转换效率和减少能源消耗（如交通领域），可以直接对美国能源使用产生巨大的积极影响。

具体而言，这张图不仅展示了美国能源使用的巨大规模，更重要的是，揭示了所有能量转换都需要付出代价。首先，该图显示美国 2016 年消耗的能量。其中，令人震惊的是三分之二被列为"废弃能源"，也常被称为"废热"。这种热量是散失的能量，没有任何用途，并且永远丢失了。电力生产消耗了美国三分之一的能源，但同时也损失了三分之二的能源作为废热。虽然图中没有明确说明哪种电力能源效率最低，但很明显化石燃料的燃烧是主要的低效能源。交通运输部门是一个很好的改进目标，因为对其进行改进对能源消耗可以产生重大影响。交通消耗的能源占最大比例（约 29%），但其效率也最低：近 80%的能源消耗最终转化为废热。这种损失是一个亟待解决的问题。

开发用于发电的可再生能源和扩大电动汽车的使用是解决效率低下的潜在方法。虽然这些技术可能因其新颖性而受到关注，但更重要的是它们具有优越的热力学特性（如太阳能电池板和电动机的高能效），因此也是值得考虑的选择。在选择技术时，我们应基于其有利的热力学指标，而非盲目追随潮流。以下是两个具体的例子：

① 相对于内燃机，电动汽车的转换效率更高。

② 太阳能技术能将通常作为废热散失到环境中的能量转化为储存的能量。

在决定最佳的交通方式时，应对所有潜在技术进行全面分析，包括总能源使用量和转换效率。接下来，将提供一个详细的分析案例。

（2）示例二：基于热力学计算的电池供应链分析

美国阿贡国家实验室（ANL）提供了一个利用热力学分析进行电池技术比较的实例。他们通过比较回收锂离子电池与制造全新电池所使用的能源，展示了热力学分析在提高技术选择决策能力方面的应用。虽然这项研究的应用范围有限，但它准确地展示了如何通过能量效率来改进决策过程。ANL 的研究发现，回收电池不仅成本更低，而且能量效率也显著提高［每公斤电池的制造过程中使用的能量（兆焦耳）减少了 40%］。这一发现强调了能量效率在决策过程中的重要性，而不仅仅是成本。

确实，能效最高的选择并不总是成本最低的，但通过热力学计算为做出更合逻辑的长期决策提供了一种基于"首要原则"的方法。具体来说，虽然成本最低的选择一开始可能看起来更具吸引力，但这种成本优势的可持续性可能会随着时间的推移而降低。另外，能效最高的技术的优势应该会保持稳定。即使采用低效的方式使用大量能源可能是短期内成本最低的选择，但从长远来看，它并不是一个可取的选择。仅基于成本选择的技术可能会错失为未来社会创造可持续发展机会的可能性。如果考虑到所有的资源来源和生命周期因素，那么能耗最小、效率最高的选择应被视为最佳选择。

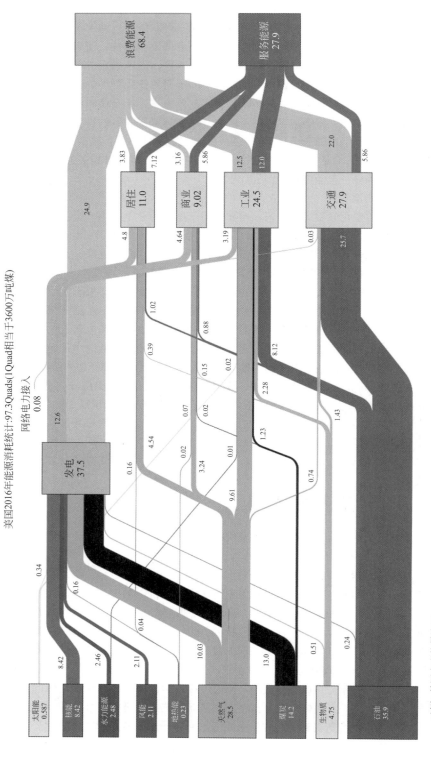

美国2016年能源消耗统计:97.3Quads(1Quad相当于3600万吨(煤))

网络电力接入 0.08

浪费能源 68.4

服务能源 27.9

居住 11.0

商业 9.02

工业 24.5

交通 27.9

发电 37.5

太阳能 0.587

核能 8.42

水力能源 2.48

风能 2.11

地热能 0.23

天然气 28.5

煤炭 14.2

生物质 4.75

石油 35.9

示例1:美国宏观能量流图
居住和商业能效是65%,交通是21%,工业是49%
资料来源:LLNL, 2017年3月

（3）手册组织与架构

本版手册基于之前四版编纂而成，在涵盖范围和协作性方面有了显著提升。为了提高手册的简洁性和实用性，我们认为有必要进行一些改变。本手册的整体架构进行了重大调整，具体的变动详情已在第1章中进行了详尽阐述，简要列举如下。

第一部分：纵览与综述

第1章：序言与概述：电、电化学与电池

第2章：原材料

第3章：电池组件

第二部分：电化学电池工作原理

第4章：电化学原理和反应

第5章：电池性能的影响因素

第6章：电池数学模型

第三部分：电池产品概述

第7章：电池系统设计

第8章：电池标准

第9章：原电池导论

第10章：蓄电池导论

第四部分：电化学电池设计和平台技术

第11章至第13章：原电池

第14章至第17章：蓄电池

第18章至第21章：其他电池和特种电池——金属-空气电池、燃料电池、电化学电容器、热电池

第22章：新兴技术

第五部分：电池应用（第23章至第29章）

第六部分：电池工业基础设施（第30章至第32章）

（4）结论

尽管将热力学分析作为主要标准来确定世界能源供应的未来并非易事，但关于能源选择的决策正变得越来越具有争议性，成为零和博弈，更加随机、复杂，且缺乏可持续性。基于热力学分析未来的愿景是验证最基本、最直接的路径，是合乎逻辑的。

显然，电池行业已经到了一个关键的转折点，需要更加深思熟虑。社交媒体、人工智能和其他高科技领域已经达到了极高的复杂程度。那么，现在难道不是电池行业也领先一步，预见未来挑战的恰当时机吗？

综上所述，本手册为读者提供了各种观点、见解和推测。热力学分析的使用可能为正确评估技术提供强有力的可选择的方案。

（5）致谢

首先，没有 David Linden 和 Thomas Reddy 在过去四个版本和三十年间的不懈努力，这本手册就不可能成为今天如此全面的专业手册。此外，众多作者的宝贵贡献对于使这本手册成为一种多功能且有效的工具至关重要。当然，家人、朋友和值得信赖的同事的支持和批判性分析对于取得最佳结果总是不可或缺的。如果新技术确实具有实用价值，那么它们总会得到广泛应用。希望这本手册能够帮助电池设计师、市场营销人士、金融和商业领袖以及其他相关人员在新能源技术的开发和使用中做出明智的决策。

柯比·W. 比尔德（Kirby W. Beard）

斯基帕克（Skippack），宾夕法尼亚州

目 录

第四部分
电化学电池设计和平台技术 / 205

第五部分
电池应用 / 859

第六部分
电池工业基础设施 / 1072

第一部分
纵览与综述

第 1 章

序言与概述：电、电化学与电池
David Linden，Thomas B. Reddy，Kirby W. Beard

1.0 概述

要更好地描述人类努力的任何领域，就要揭示创造背后的集体智慧和企业能够持续生存的能力。电化学电池和电池系统的核心是化学能的储存，然后提供由化学过程产生的电能。电池就是基于这种独特的电化学能量转换运行的。其中，化学反应中电子通常被掩盖，但现在却从反应物中分离出来，由电流回路收集，并作为商业单元输送给电子设备或能量转换装置。具体来说，存在某些特殊类型的氧化还原反应，或者某些情况下的电荷分离过程，两者都涉及电子转移。通过这些反应或过程，电子被转移到外部电路中做有用功。电子从高电位电极转移到低电位电极的势差和数量（体积），与氧化还原反应的类型和量级成正比。离子转移和积累提供了实现电化学能源所必需的另一机制。

1.1 手册内容和结构

David Linden 的《电池手册》的前几个版本总结了 20 世纪 80 年代中期各种电化学系统大量且不断增长的工作成果。在过去的几十年里，已经发现了许多新的体系，一些体系正在进入商业应用。David Linden 的《电池手册》最初版本清晰地总结了各种电池技术。随着 Thomas B. Reddy 的加入，现代体系的部分（例如锂原电池）得到了扩展，并介绍了关于电池应用的一系列章节。

这本新的《电池手册》第五版保留了之前的基本内容，同时精简了过时内容，以便更好地囊括过去 10 年中激增的大量技术创新。该手册以工艺流程为基础，其中的前两章是新增加的技术内容，强调了电池原材料（第 2 章）和制造的电池组件（第 3 章）。第 4 章至第 8 章则重新审订了上一版（《电池手册》第四版）中描述的电分析技术，这些技术对于理解电池组成是必要的。第 9 章至第 22 章是新修订版本，既包括上一版的内容，又对新的和传统的电化学体系进行了具体讨论，以涵盖市场和电池应用技术的不断发展；在第 23 章至第 29 章中还更新和补充了新的内容。本手册的最后三章为新增章，旨在为整个电池行业提供一个全新的视角：第 30 章，制造（对当前电池行业生产概念的总结）；第 31 章，充电（对充电策略和相关电子产品的总体回顾）；第 32 章，辅助服务（收集了一系列关于信息和来源的讨论，这些讨论有助于提高整个行业的生存能力）。

图 1.1 为第五版手册的内容和结构示意框图。在理想情况下，这些主题/章的结构图将为这个新版本提供两个主要好处：第一，通过按顺序通读全文，读者可以很好地了解是什么

让电池行业成为一个独特而引人注目的研究领域；第二，只对单个或几个主题感兴趣的读者，将能够很容易地找到并迅速集中在感兴趣的内容上。

然而，该手册并没有对各种具体的电化学电池进行更加详细、全面的介绍。关于这些独立的内容，事实上可以单独撰写相关的专著。本手册只是为了提供电池领域的总体情况和背景知识，以便对更加具体的技术、市场应用或战略计划展开进一步工作。本章将对"电池基础知识"进行概述。这些不同项目的进一步细节还将在本书第一部分至第四部分进行全面展示，如图 1.1 所示。

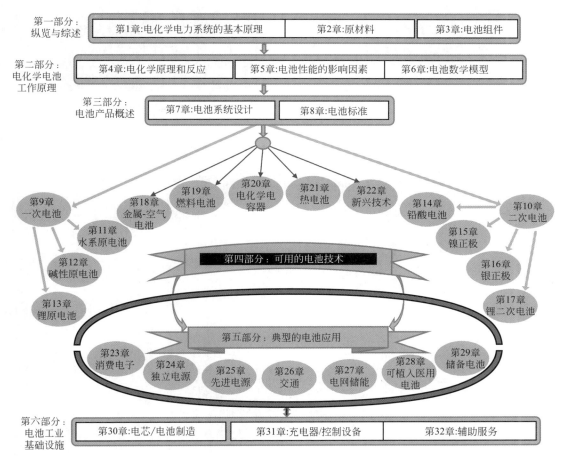

图 1.1　第五版手册的内容和结构示意框图

1.2　电化学时代

电化学电池的发明来之不易。首先，需要更好地理解电。在 18 世纪，人们开始知道了各种各样的电现象：闪电、莱顿瓶（一种电容器）静电和伽伐尼的"动物电"。本杰明·富兰克林（Benjamin Franklin，图 1.2）是对电学研究做出杰出贡献的科学家。他推断闪电是电，并基于排列整齐、相互连接的玻璃板（或莱顿瓶）与火炮炮台的相似性，创造了"电池"一词。

然而，实际上是亚历山德罗·伏特（Alessandro Volta，图 1.3）制造并记录了第一个

图 1.2 富兰克林的埋葬地：宾夕法尼亚州费城
（图片由 Kirby W. Beard 提供）

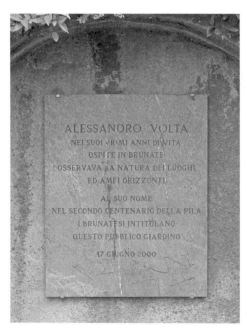

图 1.3 伏特纪念性标识牌：意大利科莫
（图片由 Kirby W. Beard 提供）

正常工作的电池。伏特推测，伽伐尼误解了青蛙腿与金属探针接触产生运动的原因。他意识到，金属探针在动物组织的盐水环境中的化学反应实际上是一种腐蚀反应（现在称为电化学腐蚀），产生了电刺激；通过在浸泡盐水溶液的布层之间交替放置金属板，发明了伏特电堆。对电池的发明同样重要的是记录研究结果的能力。如果没有通信网络（致伦敦皇家学会的信件），这些早期电化学先驱的科学思考和实验可能还要再过一个世纪才会被发现。但是，许多具有实用价值的电池仍然需要再过 50~100 年才会获得成功。此外，通过电池教科书/电子书、网页、会议和研究报告进行交流，对电池领域的持续进步也是至关重要的。

1.3　电池工作原理

电池通过两个或多个"成分"之间的电化学氧化-还原反应，将材料中含有的化学能直接转化为电能。原电池在制造时具有完全容量，但在可充电体系中，电池必须通过反向过程进行充电。电子是通过电路从一种材料转移到另一种材料的，这与非电化学氧化还原反应不同，如生锈或燃烧，电子的转移直接发生在反应物之间，只产生热能，没有电能。由于电池以电化学方式将化学能转化为电能，因此它不像燃烧或热力发动机那样，受到热力学第二定律卡诺循环的限制。

因此，电池代表了一种革命性发明，比之前工业革命时的发动机（即蒸汽机、内燃机、燃气轮机等）具有更高的能量转换效率。特别值得一提的是，消除燃烧和热力发动机是解决社会对能源供应需求的关键。虽然环境问题是一个重要的考虑因素，但燃烧或氧化过程的热力学低效率才是根本原因。燃料电池可以将烃（也称为碳氢化合物）转化为电能，其能量损失远低于汽油动力发动机，几乎相差一个数量级。在进行任何能源研究时，能源效率（或废热）应该是首要考虑的衡量指标。

1.4　电池术语

虽然"电池"（battery）一词经常与"单体电池"（cell）互换使用，但基本的电化学单元是"单体电池"（cell）；而一个电池（battery）由一个或多个相连的单体电池（cell）组成。单体电池（cell）可以进行串联或并联，或两者同时兼有，这取决于所需要的输出电压和容量。一个单体电池（cell）由电极、隔膜、电解液、箱组和终端（或端子）等组件组成。一个电池（battery）则由单体电池（cell）和控制电路及其他辅助部件（如保险丝、二极管）、外壳、端子等组成。较为普遍的用法是，"电池"（battery）是出售或提供给"用户"的产品。虽然"单体电池"（cell）通常可用于单只电化学单元，而"电池"（battery）则用于成品，但本书各章可能会根据各章作者的喜好而使用不同的术语。单体电池和电池组的性能特征也会有所不同，在比较数据时必须加以注意。

1.5　电池组件

电池组件（电芯）由以下三个主要部件组成。

① 阳极或负极：还原电极或燃料电极，在电化学反应中给外部电路提供电子并被氧化。

② 阴极或正极：氧化电极，接受来自外部电路的电子，并在电化学反应中被还原。

③ 电解液：离子导体，为电池内电极之间的带电物质（离子）的转移提供介质。

电解液通常是一种液体，采用水或其他溶剂，其中含有溶解的盐、酸或碱，因而具有离子导电性。有些电池使用离子导电的固体或凝胶型聚合物。正极和负极材料最有利的组合是质量轻并能提供高电池电压和容量的组合。然而，由于与其他电池成分存在不稳定的化学反应，以及动力学限制、加工问题、高成本和其他缺陷等实际问题，这种组合通常并不具有实际使用的意义。

负极的选择取决于还原剂的效率、库仑输出（A·h/g）、电导率（mS/cm）、稳定性、制造的便利性和成本。氢气是一种特殊的负极材料，但氢气的储存需要高性能的密封容器或吸收材料（第15章）。金属是一类主要的负极材料。由于锌和锂都具有良好的电化学特性，在原电池中一直占据主导地位（第11章~第13章）。锂作为最轻的金属具有很高的电化学当量值，是一种非常具有吸引力的负极材料，但需要电解质和电池设计来适应它的高还原电位。锂离子负极已经被开发出来，可使用锂化的碳来调节金属锂的反应特性（第17章）。正极必须是高效氧化剂，与电解质接触稳定，并应有足够的工作电压。氧气是一种很好的正极材料，可以从空气中获取，并用于锌-空气电池或类似的电池（第18章）。然而，大多数常见的正极材料是金属氧化物（本书3A部分）。其他正极材料，如卤素和卤氧化物，以及硫及其氧化物，也被用于特殊的电池体系。

电解质必须具有良好的离子导电性，但不能具有电子导电性，否则会导致电池内部短路。其他一些重要的特性包括电极兼容性、温度变化耐受性、安全性和低成本。传统的电解质是水溶液，但由于水与负极会发生反应，热电池和锂电池均使用非水电解质。电池中的隔膜或其他结构将负极和正极隔开，以防止内部短路。电极浸泡在电解液中，电解液中有一种具有渗透性、离子导电性的分隔材料，通常用于分隔正负极。存在各种不同的设计，并在相关章节中进行了讨论。例如，某些液体既是正极又是电解质，因此可以直接接触活性材料。

电池设计包括以下许多方面：

① 电池形状：圆柱形、纽扣形、扁平形和方形。

② 电极配置：串联或并联阵列，双极板等。

③ 为适应电池设计或应用而进行的组件修整。

④ 导电网格结构或减少内部电阻的添加剂。

电池密封的方式多种多样，以防止泄漏和失效。有些电池采用排气装置或其他方式使积聚的气体排出。通常添加合适的箱组或容器、终端连接的方法和标签，以完成电芯和电池的制造。

1.6　电池的分类

电池根据其是否可以充电将其分为原电池（一次电池，不可充电）或蓄电池（二次电池，可充电）。但是，根据特定的结构或设计和用户偏好，电池的分类可能采用其他分类方式。

电池和燃料电池都是基于氧化还原反应。电容器则代表了另一种类型的电化学装置，其并不涉及典型的化学反应。它包括静电电容器（如莱顿瓶，本手册中没有详细介绍）以及电解池系统，其中离子在电解液中流动并在电极上聚集，但不参与氧化还原反应。另外，混合电容器是一种新型电容器，其中一个电极上的价态发生变化，但不会发生永久性的氧化或还原（参见第20章，包括关于超级电容器的讨论）。

1.6.1　原电池

虽然从概念上讲，所有电化学电池在电量耗尽后都可以充电，但在实际充电时会存在一些限制：活化能、有害的副反应、安全问题、能源效率、成本等。因此，不适合充电的电池只能放电一次后就丢弃。

原电池是一种方便、廉价、轻量级的能源包，常用于便携式电子和机电设备等。原电池的优点是保质期长，在中低放电倍率下能量密度高，很少维护，而且使用方便。尽管存在一些大型的高容量原电池被用于军事、通信和备用电源，但绝大多数原电池都是小型单芯圆柱形（AAA-D 尺寸）、扁平纽扣式电池或这些组件的多芯堆叠（9V 晶体管无线电电池）。

1.6.2　蓄电池或可充电电池

蓄电池可以在放电后，通过电流以与放电相反的方向经电极充电到接近原始的状态。它们是电能的储存装置，也被称为"蓄电池"或"蓄能器"。然而，在某些情况下，比如铅酸电池和锂离子电池，电池是在"空电"状态下制造的，在实际工作之前必须进行充电。蓄电池的应用主要分为以下两类。

①　作为备用电源或偶尔使用的能量储存单元。电池与原设备能源装置连接并保持充电状态，可以向负载提供能量以补充主电源系统。例如，汽车（第 14 章）、飞机（25B 部分）、应急和备用电源［不间断电源（UPS）］、混合动力汽车（HEV，26A 部分）和电网储能系统（第 27 章）。

②　一次能源供应。蓄电池基本作为原电池使用或用于放电，但在使用后再充电，而不是丢弃。例如，便携式消费电子产品（第 23 章）、电动工具/手持设备（第 24 章）等，与原电池相比，其生命周期成本更低，电量供给能力更优。纯电动汽车（EV）、插电式混合动力汽车（PHEV，26A 部分）和轻型电动汽车（25A 部分）也属于这一类。

蓄电池通常具有高功率密度/放电倍率、稳定的电压水平和良好的低温性能等。与原电池相比，大多数蓄电池的能量密度较低，充电保持率较差。少数特殊用途的电池可以通过更换已放电或耗尽的电极（通常是金属负极或液体/气体燃料）来进行"机械"充电（第 18、第 19 章）。

1.6.3　储备电池

上述这些特殊用途的原电池通常将活性材料或电解质分隔开来，直到需要用电时才会接触；自放电基本被消除了，而且电池能够长期储存。热电池是将电解质储存在冷冻状态（即凝固的盐），直到需要时，盐才会熔融并导电。

在极端条件或长时间储存时，如导弹、鱼雷和其他武器系统（参见第 29 章），储备电池可以替代原电池和蓄电池。

1.6.4　燃料电池

燃料电池和其他电池一样，是一种电化学能源装置，可以直接将化学能转化为电能，而不受热机卡诺循环的限制。燃料电池与普通电池类似，不同的是，当电池工作时，活性物质从外部添加到装置中。只要活性物质被输送到电极上，燃料电池就能产生电能。

燃料电池的电极材料在电池运行过程中并不发生反应，而是在活性材料的氧化还原反应中起催化剂作用。大多数燃料电池使用的都是气体或液体负极材料（相比之下，大多数其他电池都是金属或固体负极）。负极材料更像热机中使用的传统燃料。因此，其被称为"燃料电池"。氧气或空气是主要的氧化剂，被加入燃料电池的正极一侧。

与内燃机相比，近两个世纪以来燃料电池作为一种将氢、碳或化石燃料转换为电力的更高效、更少污染的装置已为人所知，并受到人们的继续关注。使用低温燃料的氢氧燃料电池已经在宇宙飞船中使用了大约 70 年（参见 15F 部分）。燃料电池的设计可以有所不同，但基本包括两种类型：直接燃料和通过烃类（碳氢化合物）化学转化的氢燃料。从小型便携式装置到大型发电厂，燃料电池的形式各不相同；其设计和电解质也各不相同（即包括直接甲醇燃料电池、熔融碳酸盐燃料电池、质子交换膜燃料电池等），甚至可以包括金属空气体系，其中负极材料需要定期补充。其应用包括公用事业电源、负载均衡、远程发电机、电动汽车，以及消费电子产品中电池的潜在替代品（参见第 19 章）。

1.7 电池的工作原理

1.7.1 放电

电池的电化学工作原理如图 1.4 所示。在用电负载下，电子从被氧化的阳极（负极）经外部电路，到达发生还原反应的阴极（正极）。电解液中的阴离子（负离子）和阳离子（正离子）分别流向负极和正极，从而达到整体的电平衡。

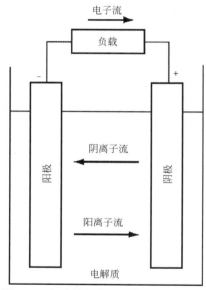

图 1.4 电池的电化学工作原理（放电）

放电反应一般可表示如下。

负极：阳极反应（氧化，失去电子）

$$M \longrightarrow M^+ + e^-$$

正极：阴极反应（还原，获得电子）

$$X + e^- \longrightarrow X^-$$

总反应（放电）：

$$M + X \longrightarrow M^+ + X^- (\longrightarrow MX \downarrow)$$

其中，M 通常是金属；X 是氧化剂，如氧化物或卤素。它们通过反应形成离子，并形成所示的固体化合物。

1.7.2 充电

在充电过程中，电流反向流动，在正极发生氧化反应，在负极发生还原反应。根据定义，氧化电极是阳极，还原电极是阴极。因此，正极在充电过程中是阳极，负极在充电过程中是阴极（注意：为了避免混淆，电池从业人员通常不会在充电期间变换电极名称）。

在锌和氯反应生成 $ZnCl_2$ 放电产物的实例中，溶剂化离子的充电反应可以表示如下。

负极：阴极反应（还原，获得电子）

$$Zn^{2+} + 2e^- \longrightarrow Zn$$

正极：阳极反应（氧化，失去电子）

$$2Cl^- \longrightarrow Cl_2 + 2e^-$$

总反应（充电）：

$$Zn^{2+} + 2Cl^- \longrightarrow Zn + Cl_2$$

1.7.3 实例（镍镉电池）

产生电子流的电极反应可以用镍镉（Ni-Cd）电池来说明。在阳极（负极），放电反应为金属镉氧化为氢氧化镉，释放两个电子：

$$Cd + 2OH^- \longrightarrow Cd(OH)_2 + 2e^-$$

在阴极，氧化镍（羟基氧化镍）在接受一个电子后被还原为氢氧化镍：

$$NiOOH + H_2O + e^- \longrightarrow OH^- + Ni(OH)_2$$

当这两个"半电池"反应发生时（通过外部电路在电极之间的电子流），整个电池反应将阳极的镉转化为氢氧化镉，阴极的羟基氧化镍转化为氢氧化镍：

$$Cd + 2NiOOH + 2H_2O \longrightarrow Cd(OH)_2 + 2Ni(OH)_2$$

不可充电原电池在放电结束后会被丢弃，但在蓄电池（可充电）中，如镍镉电池，反应通过电力充电而被逆转。负极的反应为：

$$Cd(OH)_2 + 2e^- \longrightarrow Cd + 2OH^-$$

正极的反应为：

$$Ni(OH)_2 + OH^- \longrightarrow NiOOH + H_2O + e^-$$

每个电化学电池都有自己独特的放电/充电反应和特点。第四部分的各章详细介绍了这些变化的各种情况。

1.7.4 燃料电池

最基本的电化学体系之一是氢氧燃料电池。氢气在负极被氧化，氧气在正极被还原，两者都用铂金或铂金合金进行电催化。简化后的阳极反应如下：

$$2H_2 \longrightarrow 4H^+ + 4e^-$$

而阴极反应为：

$$O_2 + 4H^+ + 4e^- \longrightarrow 2H_2O$$

整体反应为氢被氧气氧化，反应产物为水：

$$2H_2 + O_2 \longrightarrow 2H_2O$$

该系统可以用电（充电）或机械（更换气体）方式重新激活（即充电）。

1.8 电化学理论基础

电池的理论电压（即半电池电位）和容量（即库仑）是负极和正极活性材料的函数，接下来介绍其关键概念（详见第 4 章）。

1.8.1 自由能

吉布斯自由能是科学界公认的衡量反应是否能自发进行的指标。每当发生反应时，体系的自由能就会降低，表示为：

$$\Delta G^{\ominus} = -nFE^{\ominus}$$

式中，F 为法拉第常数（≈ 96500 C 或 26.8 A·h）；n 为参与化学计量反应的电子数；$E^{\ominus}$ 为标准电位，V。

电化学体系可以采用这个方程来进行分析。

1.8.2 理论电压

电池的标准电位（或理论电压）由活性材料的类型决定，并由自由能数据计算或实验测得。表 1.1 列出了标准条件下的电极电位（还原电位）。本书附录 B 中提供了更为完整的数据。

表 1.1　典型电极材料特性①

材料	原子或分子量	标准还原单位 (25℃)/V	价态变化	熔点 /℃	密度 /(g/cm³)	电化学当量		
						A·h/g	g/(A·h)	A·h/cm³
阳极材料								
H_2	2.01	0	2	—	—	26.59	0.037	—
		−0.83②						
Li	6.94	−3.01	1	180	0.54	3.86	0.259	2.06
Na	23.0	−2.71	1	98	0.97	1.16	0.858	1.14
Mg	24.3	−2.38	2	650	1.74	2.20	0.454	3.8
		−2.69②						
Al	26.9	−1.66	3	659	2.69	2.98	0.335	8.1
Ca	40.1	−2.84	2	851	1.54	1.34	0.748	2.06
		−2.35②						
Fe	55.8	−0.44	2	1528	7.85	0.96	1.04	7.5
		−0.88②						
Zn	65.4	−0.76	2	419	7.14	0.82	1.22	5.8
		−1.25②						
Cd	112.4	−0.40	2	321	8.65	0.48	2.10	4.1
		−0.81②						
Pb	207.2	−0.13	2	327	11.34	0.26	3.87	2.9
$(Li)C_6$④	72.06	约−2.8	1	—	2.25	0.372	2.69	0.837
MH⑤		−0.83②	2	—	—	0.305	3.28	
CH_3OH	32.04	—	6	—	—	5.02	0.20	
阴极材料								
CuF_2	101.5	3.55	2			0.528	1.89	
O_2	32.0	1.23	4	—	—	3.35	0.30	
		0.40②						
Cl_2	71.0	1.36	2	—	—	0.756	1.32	
SO_2	64.0	—	1	—	—	0.419	2.38	
MnO_2	86.9	1.28③	1		5.0	0.308	3.24	1.54
NiOOH	91.7	0.49	1		7.4	0.292	3.42	2.16
CuCl	99.0	0.14	1		3.5	0.270	3.69	0.95
FeS_2	119.9	—	4	—		0.89	1.12	4.35
AgO	123.8	0.57②	2		7.4	0.432	2.31	3.20
Br_2	159.8	1.07	2	—		0.335	2.98	
HgO	216.6	0.10②	2		11.1	0.247	4.05	2.74
Ag_2O	231.7	0.35②	2		7.1	0.231	4.33	1.64
PbO_2	239.2	1.69	2		9.4	0.224	4.45	2.11
$LiFePO_4$	163.8	约0.42	1	—	3.44	0.160	6.25	0.554
$LiMn_2O_4$(尖晶石)	148.8	约1.2	1	—	4.1	0.120	8.33	0.492
Li_xCoO_2	98	约1.25	0.5		5.05	0.155	6.45	0.782
I_2	253.8	0.54	2	—	4.94	0.211	4.73	1.04

① 同时参见附录 B 和附录 C。
② 基本电解质；所有其他酸性水溶液或非水电解质。
③ 基于所示的密度值。
④ 仅根据碳的重量（质量）计算。
⑤ 基于 AB_5 型合金。

电池的标准电势可由标准电极电势计算得出（氧化电位为还原电位的负值）。

$$\text{阳极（氧化电位）} + \text{阴极（还原电位）} = \text{标准电池电位}$$

例如，在 $Zn + Cl_2 \longrightarrow ZnCl_2$ 反应中，标准电池电位为：

$$Zn \longrightarrow Zn^{2+} + 2e^- \qquad -(-0.76V)$$
$$Cl_2 \longrightarrow 2Cl^- - 2e^- \qquad \underline{1.36V}$$
$$E^{\ominus} = \qquad 2.12V$$

电池电压还取决于其他因素，包括浓度和温度，可参考能斯特方程（详见第 4 章）。

1.8.3 理论容量

电池的理论容量由电池中活性物质的类型和数量决定，并以电容量或安时（A·h）表示电化学反应产生的总电量。电池容量是基于克当量物质的材料在每次价态变化时提供 96487 C 或 26.8A·h 的电能的能力（1 克当量是以克计的活性物质的原子或分子质量除以参与反应的电子数、价差，单位为克）。电化学当量值列于表 1.1 和附录 C 中。

电化学电池的理论容量仅以参与电化学反应的活性物质为基础，由反应物的质量当量数（换算质量）计算得出。因此，$Zn-Cl_2$ 电池的理论容量为 0.394A·h/g，如下所示：

$$Zn \qquad + \qquad Cl_2 \longrightarrow \qquad ZnCl_2$$
$$(0.82A·h/g) \qquad (0.76A·h/g)$$
$$1.22g/(A·h) + 1.32g/(A·h) = 2.54g/(A·h) \text{ 或 } 0.394A·h/g$$

类似地，可以使用表 1.1 中列出的安时（A·h）每立方厘米的数据来计算以体积为基础的安时容量。表 1.2 给出了一些主要电池体系的理论电压和容量等。这些理论值仅基于活性负极和正极材料。水、电解质或任何其他可能参与电池反应的物质不包括在计算之中。

1.8.4 理论能量

电池输出也可以能量 [即瓦时（W·h）] 的方式表示，通过提供电量的电压水平表示：

$$\text{瓦时(W·h)} = \text{电压(V)} \times \text{安时(A·h)}$$

注意：电芯或电池的能量输出通常基于质量或体积来表示。其中，W·h/kg 是基于质量，称之为"比能量"。同样地，"能量密度"是基于体积，单位是瓦时/升（W·h/L）。通常情况下，"能量密度"可以基于质量或体积，但应具体指明。

这个能量值是一个特定的电化学体系所能提供的最大能量值，因为它是基于理论电压的，而理论电压总是大于实际放电电压。在 $Zn-Cl_2$ 电池的实例中，如果标准电压为 2.12V，则每克活性物质的理论能量（理论质量比能量或理论质量能量密度）为：

$$\text{比能量(W·h/g)} = 2.12V \times 0.394A·h/g = 0.835W·h/g \text{ 或 } 835W·h/kg$$

表 1.2 还列出了各种电池体系的理论比能量。

表 1.2　主要电池体系的电压、容量和比能量（理论值和实际值）

电池类型	阳极	阴极	反应方程式	理论值				实际值		
				电压/V	每安时质量/[g/(A·h)]	质量比容量/(A·h/kg)	比能量/(W·h/kg)	标称电压/V	比能量/(W·h/kg)	能量密度/(W·h/L)
一次电池										
Leclanché(勒克朗谢)	Zn	MnO_2	$Zn+2MnO_2 \longrightarrow ZnO \cdot Mn_2O_3$	1.6	4.46	224	358	1.5	85[1]	165[1]
镁	Mg	MnO_2	$Mg+2MnO_2+H_2O \longrightarrow Mn_2O_3+Mg(OH)_2$	2.8	3.69	271	759	1.7	100[1]	195[1]
碱性 MnO_2	Zn	MnO_2	$Zn+2MnO_2 \longrightarrow ZnO+Mn_2O_3$	1.5	4.46	224	358	1.5	154[1]	461[1]
Zn-HgO	Zn	HgO	$Zn+HgO \longrightarrow ZnO+Hg$	1.34	5.27	190	255	1.35	100[3]	470[3]
Cd-HgO	Cd	HgO	$Cd+HgO+H_2O \longrightarrow Cd(OH)_2+Hg$	0.91	6.15	163	148	0.9	55[3]	230[3]
氧化银	Zn	Ag_2O	$Zn+Ag_2O+H_2O \longrightarrow Zn(OH)_2+2Ag$	1.6	5.55	180	288	1.6	135[3]	525[3]
$Zn\text{-}O_2$	Zn	O_2	$Zn+\frac{1}{2}O_2 \longrightarrow ZnO$	1.65	1.52	658	1085	—	—	—
锌-空气	Zn	环境空气	$Zn+\frac{1}{2}O_2 \longrightarrow ZnO$	1.65	1.22	820	1353	1.5	415[3]	1350[3]
$Li\text{-}SOCl_2$	Li	$SOCl_2$	$4Li+2SOCl_2 \longrightarrow 4LiCl+S+SO_2$	3.65	3.25	403	1471	3.6	590[1]	1100[1]
$Li\text{-}SO_2$	Li	SO_2	$2Li+2SO_2 \longrightarrow Li_2S_2O_4$	3.1	2.64	379	1175	3.0	260[7]	415[7]
$LiMnO_2$	Li	MnO_2	$Li+Mn^{IV}O_2 \longrightarrow Mn^{IV}O_2(Li^+)$	3.5	3.50	286	1001	3.0	260[7]	546[7]
$Li\text{-}FeS_2$	Li	FeS_2	$4Li+FeS_2 \longrightarrow 2Li_2S+Fe$	1.8	1.38	726	1307	1.5	310[7]	560[7]
$Li\text{-}CF_x$	Li	CF_x	$xLi+CF_x \longrightarrow xLiF+C$	3.1	1.42	706	2189	3.0	360[7]	540[7]
$Li\text{-}I_2$ [15]	Li	I_2 (P2VP)	$Li+\frac{1}{2}I_2 \longrightarrow LiI$	2.8	4.99	200	560	2.8	245	900
储备电池										
CuCl	Mg	CuCl	$Mg+2CuCl \longrightarrow MgCl_2+2Cu$	1.6	4.14	241	386	1.3	60[10]	80[10]
Zn-AgO	Zn	AgO	$Zn+AgO+H_2O \longrightarrow Zn(OH)_2+Ag$	1.81	3.53	283	512	1.5	30[10]	75[10]
热电池[16]	Li	FeS_2	参见 21.2.1	1.6~2.1	1.38	726	1307	1.6~2.1	40[11]	100[11]
二次电池										
铅酸	Pb	PbO_2	$Pb+PbO_2+2H_2SO_4 \longrightarrow 2PbSO_4+2H_2O$	2.1	8.32	120	252	2.0	35	70[10]
Edison(爱迪生)	Fe	镍氧化物	$Fe+2NiOOH+2H_2O \longrightarrow 2Ni(OH)_2+Fe(OH)_2$	1.4	4.46	224	314	1.2	30	55[10]
Ni-Cd	Cd	镍氧化物	$Cd+2NiOOH+2H_2O \longrightarrow 2Ni(OH)_2+Cd(OH)_2$	1.35	5.52	181	244	1.2	40	135[10]
Ni-Zn	Zn	镍氧化物	$Zn+2NiOOH+2H_2O \longrightarrow 2Ni(OH)_2+Zn(OH)_2$	1.73	4.64	215	372	1.6	90	185
镍氢	H_2	镍氧化物	$H_2+2NiOOH \longrightarrow 2Ni(OH)_2$	1.5	3.46	289	434	1.2	55	60
Ni-MH	MH[13]	镍氧化物	$MH+NiOOH \longrightarrow M+Ni(OH)_2$	1.35	5.63	178	240	1.2	100	235[12]
银锌	Zn	AgO	$Zn+AgO+H_2O \longrightarrow Zn(OH)_2+Ag$	1.85	3.53	283	524	1.5	105	180[12]

电池类型		阳极	阴极	反应方程式	电压/V	每安时质量/[g/(A·h)]	理论值①		标称电压/V	实际值②	
							质量比容量/(A·h/kg)	比能量/(W·h/kg)		比能量/(W·h/kg)	能量密度/(W·h/L)
二次电池	银镉	Cd	AgO	$Cd+AgO+H_2O \longrightarrow Cd(OH)_2+Ag$	1.4	4.41	227	318	1.1	70	120⑫
	Zn-Cl$_2$	Zn	Cl$_2$	$Zn+Cl_2 \longrightarrow ZnCl_2$	2.12	2.54	394	835	—	—	—
	Zn-Br$_2$	Zn	Br$_2$	$Zn+Br_2 \longrightarrow ZnBr_2$	1.85	4.17	309	572	1.6	70	60⑦
	锂离子电池	Li$_x$C$_6$	Li$_{(1-x)}$CoO$_2$	$Li_xC_6+Li_{(1-x)}CoO_2 \longrightarrow LiCoO_2+C_6$	4.1	9.14	109	448	3.8	200	570⑬
	Li-MnO$_2$	Li	MnO$_2$	$Li+Mn^{IV}O_2 \longrightarrow Mn^{IV}O_2(Li^+)$	3.5	3.50	286	1001	3.0	120	265
	Li-FeS$_2$⑪	Li(Al)	FeS$_2$	$2Li(Al)+FeS_2 \longrightarrow Li_2FeS_2+2Al$	1.73	3.50	285	493	1.7	180⑬	350⑬
	钠硫	Na	S	$2Na+3S \longrightarrow Na_2S_3$	2.1	2.65	377	792	2.0	170⑬	345⑬
	Na-NiCl$_2$④	Na	NiCl$_2$	$2Na+NiCl_2 \longrightarrow 2NaCl+Ni$	2.58	3.28	305	787	2.6	115⑬	190⑬
燃料电池	H$_2$-O$_2$	H$_2$	O$_2$	$H_2+\frac{1}{2}O_2 \longrightarrow H_2O$	1.23	0.336	2975	3660	—	—	—
	H$_2$-空气	H$_2$	环境空气	$H_2+\frac{1}{2}O_2 \longrightarrow H_2O$	1.23	0.037	26587	32702	—	—	—
	甲醇-O$_2$	CH$_3$OH	O$_2$	$CH_3OH+\frac{3}{2}O_2 \longrightarrow CO_2+2H_2O$	1.24	0.50	2000	2480	—	—	—
	甲醇-空气	CH$_3$OH	环境空气	$CH_3OH+\frac{3}{2}O_2 \longrightarrow CO_2+2H_2O$	1.24	0.20	5020	6225	—	—	—

① 仅基于活性阴极和阳极材料，包括 O_2，但不是空气（不包括电解质）。
② 这些值是基于确定的电偶设计和放电倍率的能量密度的单电池，使用中值电压。更具体的数值在每个电池体系的章节中给出。
③ MH 为金属氢化物。数据基于 AB$_5$ 型合金。
④ 高温电池。
⑤ 固态电解质电池（Li-I$_2$ [P2VP]）。
⑥ 圆柱形筒式电池。
⑦ 圆柱形螺旋卷绕电池。
⑧ 纽扣式电池。
⑨ 水激活。
⑩ 自动激活，2～10min 速率。
⑪ 基于锂负极。
⑫ 方形电池。
⑬ 基于电芯性能值，有关详细信息，请参阅相应章节内容。

1.9 电池的实际比能量和能量密度

总之，电化学体系所能提供的最大能量是基于所使用的活性材料的组成，它决定了电压；也基于所使用的活性材料的数量，它进一步决定了安时容量。在实际应用中，只能释放电池理论能量的一部分，而且这些输出被电解质和非活性成分（容器、分离器、电极）进一步稀释，能量密度更低，如图 1.5 所示。该图是根据假定的锂离子电池设计建模的，表明活性材料在整个电池构成中占比相对较小，甚至与电池大部分的构成无关。显然，电池设计是由外围部分主导的，它降低了比能量并增加了成本。此外，电池的平均放电电压低于理论值，而且电池实际上从未放电到零伏。实际电池中的活性材料通常不是化学计量平衡的，这就造成其中一种活性材料过量，从而进一步影响了比能量/能量密度。

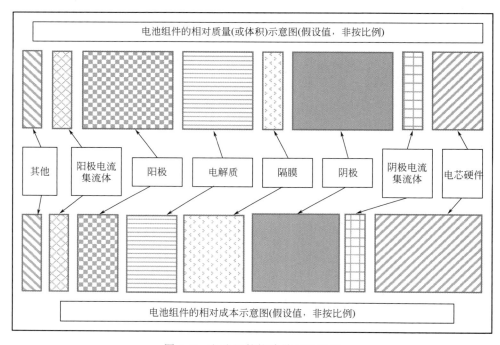

图 1.5　电池组件构建单元的实例

在图 1.6 中，绘制了各种电池的比能量：
① 理论比能量（仅基于活性正负极材料）；
② 实际电池的理论比能量（包括电解液和非活性成分）；
③ 这些电池在最佳放电条件下 20℃时放电实际比能量。
这些数据表明能量密度的降低归因于以下两个因素：
① 由于构造材料的原因而减少 50%。
② 由于实际电池测试的低效率（即使是在理想条件下）而减少 50%～75%。

因此，即使在最佳放电条件下，电池可获得的实际能量也只有活性材料理论能量的 25%～35%。第 5 章介绍了电池在更严格的条件下使用时的性能。

表 1.2 总结了这些实用电池特点和性能的数据。主要电池体系提供的比能量（W·h/kg）和能量密度（W·h/L）也绘制在图 1.7 中。其中，图 1.7（a）为原电池，图 1.7（b）为蓄

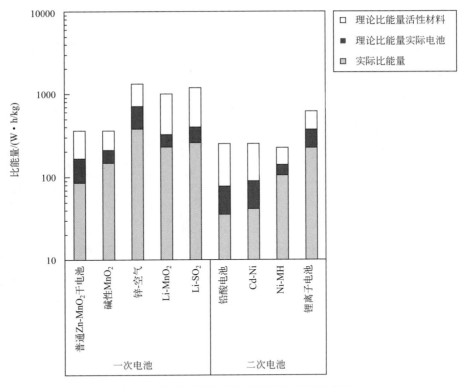

图 1.6　电池系统的理论比能量和实际比能量

电池。在这些图中，储能能力被表示为一块区域，而不是单一的最佳值，以说明该电池体系在不同使用条件下的性能分布。

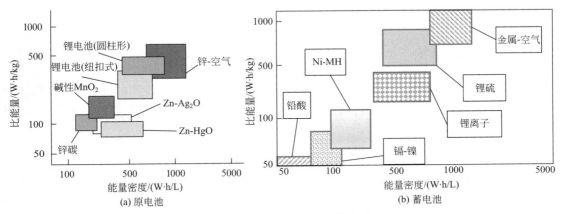

图 1.7　各种电池体系的储能能力对比

1.10　比能量和能量密度的限制

如图 1.8 所示，多年来无论是通过对特定电化学体系的持续改进，还是通过开发和引入新的电池材料，电池技术都获得了许多进步。然而，与电子设备不同，电池在传递电能时也要消耗材料，正如第 1.8 节和第 1.9 节中所讨论的，活性材料通过电化学传递的电能在理论上是有限的。

如表 1.2 所示，除部分依靠环境空气的系统和氢氧燃料电池不考虑正极活性材料的质量外，大部分电池的理论比能量均不超过 $1500W \cdot h/kg$，即使是氢-空气电池和液体燃料电池也会受到影响，因为必须考虑这些燃料容器的质量和体积。

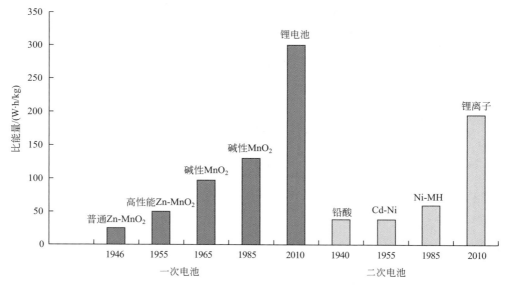

图 1.8　便携式应用中电池性能的进步

从表 1.2 的数据也可以看出，根据在最优条件下的实际放电性能，这些电池所提供的比能量或能量密度不超过 $600W \cdot h/kg$ 或 $1300W \cdot h/L$。蓄电池比原电池受到的不良影响更大，部分原因是可充电材料的选择更有限，而且需要特殊的设计以促进充电和保证循环寿命。

1.11　市场趋势

电池行业的规模和多样性是巨大的，而且还在不断增长。传统能源的供应根本不能满足消费者的需求。具体电化学体系的统计数据将在本手册的其他章中予以讨论，表 1.3 是根据 Freedonia（弗里多尼亚）集团最近的分析，对整个市场进行的总结。

表 1.3　电池供应和需求　　　　　　　　　　　　单位：百万美元[①]

项目	2005 年	2010 年	2015 年	2020 年	2025 年
国内生产总值/10 亿美元	13094	14964	18037	22200	27500
电池产值占 GDP 比例/‰	0.66	0.77	0.79	0.80	0.79
电池需求	8590	11450	14200	17650	21750
一次电池	2895	3300	3250	3500	3750
二次电池	5695	8150	10950	14150	18000
净进口额	−1185	−950	−1350	−1000	−250
电池出货量	7405	10500	12850	16650	21500
价格平减指数（基于 2009 年）	76.8	102.6	107.0	116.3	126.2
电池出货量（2009 年）	9642	10234	12009	14316	17036

　① 美国按应用和终端用户划分的电池市场，2016 年 12 月由 Freedonia 集团出版。

表 1.3 显示，电池从 15 年前不到国内生产总值（GDP）的 0.066％在 10 年内增长到近 0.08％。即使考虑其他经济领域的快速增长稀释或抵消了电池行业的增长，这也仍然是一个显著的增长。在这 20 年间，GDP 几乎翻了一番，而电池增长了近 1.5 倍，蓄电池则增长了 2 倍。另外，两个重要情况是原电池的增长基本持平，进口电池预计将几乎消失（从 2015 年的峰值下降了 80％）。

1.12 案例研究：用于运煤的电池驱动驳船

在能源意识高涨的新时代，下述案例作为寻找和实施新电池技术必要的视角值得被深究。具体来说，中国最近宣布了电池驱动驳船的开发和投入使用。其使用电力而不是柴油来运送货物是一项值得赞扬的成就，并且似乎值得推广与实施。然而，一个关键的情况是，这艘驳船将被用来将煤炭从矿井运到下游的发电厂。如果采用热力学计算来研究这种情况，就会出现一个潜在的重大问题：与其他选择相比，这个电池动力驳船系统的整体效率是多少？将发电厂设在矿区是一种典型的做法，但并不总适用于任何情况。当然，太阳能、风能，甚至是河流都是可获得的能源，但它们并不十分可靠。其他建议则可能会主张完全消除燃煤发电厂，转而使用太阳能或水电。当然这些选择都是可取的，但却不一定实用。

因此，假设在短期内仍然需要燃煤发电厂来发电，那么什么是运输煤炭的最佳方式呢？一个完整的热力学效率分析应该比较柴油发动机（或柴油电力）和电池的使用情况。在分析电池的使用时，有以下两个基本方面需要考虑：

① 生产驳船电池的资源使用（理想情况下根据电池寿命按比例分配）。

② 每次行程都需要给电池充电。

首先，在电池生产的初期阶段，电力和其他形式的能量被用于开采电池材料、建设电池工厂。此外，这些能源也被应用于制造每个电池模块及相关设备的过程中，而人力则在此过程中扮演重要角色。此外，开采和运输用于发电生产电池的煤炭也需要消耗能源。这些能源是如何产生的，以及在何处使用，都是不小的问题。如果要求作出关于驳船动力的正确决定，那么在整个电池产品生命周期内运行的整个设备组合所消耗的能源和效率（即废热）应当进行适当的热力学分析（以及与化石燃料进行比较）。

例如，如果不是因为污染，简单地在驳船上使用燃煤蒸汽锅炉也许会更节能，随后由煤矿提供运输煤炭所需的所有电力。这两项任务都不需要消耗任何资源来制造电池，不需要电池储存电量，也不需要发电。

然而，从整体上看，热机（即内燃机）是目前效率最低的动力源。因此，对内河驳船的所有潜在动力源的能源效率进行全面分析，则是作出最正确的选择和唯一真正可行的方法。这些分析最好包括目前的技术以及新的或不断发展的动力系统。电池动力可能是，也可能不是这种应用的正确解决方案。只有当热力学计算完成，并考虑了其他周边问题（资本成本、运营成本、污染、性能等），才能作出正确的决定。

最终发现，这种情况（即从矿井到发电厂的煤炭运输）的最佳选择似乎相当合理：使用基于新技术的燃料电池（或氧化还原液流电池），可以用煤粉浆作为燃料，空气作为氧化剂。这种电化学系统有着极高的热力学效率和零排放（没有颗粒物，没有硫或亚硝酸盐化合物，也没有二氧化碳）。一个燃料电池系统可以被设计成具有较长的使用寿命，并尽量少使用贵重材料。副产品、灰尘和二氧化碳，将很容易被控制并被转用于其他有用的场景。

1.13　电池系统体系

　　在市场、技术与财务存在障碍的情况下，具有更高能量输出和更低成本的新型电池系统将越来越难以被设计和实现商业化。近期的主要目标可能集中在材料的可用性、成本、安全性和环境可接受性方面。

　　为了完善金属锂或硅基负极的使用，应增强与负极相匹配的正极的兼容能力，改善活性成分与非活性成分的比例，提高转换效率和充电能力，在更严格的操作条件下实现性能最大化，并提高安全性，这些将是未来研发的主题。成功替代相关材料和组件，如燃料电池、氧化还原液流电池、固态和混合电解质、无线充电等，也为发展更先进的技术提供了机会。然而，除了技术问题，还需要关注电池开发和设备部署的商业模式。知识产权问题、供应链复杂性（包括回收需求）和制造策略将在未来世界能源供应中发挥重要作用。显然，电池是一个系统体系，它的全面成功将源于前所未有的合作和沟通水平，就像电化学时代初期的富兰克林和伏特一样。

参考文献

1. D. Linden and T. B. Reddy, *Battery Power and Products Technology*, vol. 5, no. 2, pp. 10–12, March/April 2008.
2. M. Winter and R. Brodd, *Chemical Reviews*, vol. 104, 4245–4270, 2004.

第 2 章

原材料

2.0　概述

在建立可行的电池工业过程中，除了确定合适的电化学体系之外，第一步就是原材料的获取。虽然如第 3 章所详述的那样，原材料必须作为工程组件整合到电池中，但除非事先确定可靠且具有成本效益的原材料供应链，否则将无法获得技术和商业成功。典型的电化学装置中使用的主要材料类别如下，本章将进一步详细说明。

2A 部分：活性材料

2B 部分：金属和矿物

2C 部分：聚合物和有机材料

2D 部分：陶瓷和无机材料

2E 部分：碳和石墨

尽管存在许多使用各种材料的电池设计，但上述几种为主流电池材料。通过分析各种电化学体系中使用的原材料的供应和成本，可以更好地预测特定电池设计的潜在价值。例如，文献［1］详细介绍了与各种原材料相关的一些供应和成本问题。

请注意，活性材料（本章 2A 部分）取决于各种前驱体的供应，如金属单质、金属氧化物和碳/石墨，这些前驱体从独立来源获得，详见 2B、2D 和 2E 部分。这些前驱体材料绝大部分依赖采矿或其他土壤或盐水的提取和提炼过程。一旦金属、氧化物、苛性钠/酸溶液、盐类等被生产出来，活性材料就会被各种化学工业加工工艺所合成。

虽然聚合物的生产可能使用一些金属、无机物或陶瓷（材料），如催化剂等，但原材料的主要来源是石化工业。天然气是制造大多数商业塑料的主要材料来源。最近，大量页岩气的发现使聚合物前驱体材料的可持续供应前景大增。当然，石化产品也是有机溶剂的主要来源，有机溶剂是许多非水电解质的关键原料，也是加工电极和其他材料的关键材料；在电极加工和其他基于溶剂的制造技术（即锂离子电池回收等）中会使用到有机溶剂。

综上所述，原材料的成本和供应是分析电池行业的一个良好起点。安全性、毒性和回收能力则是其他主要关注点。

参考文献

1. A. Chagnes, Challenges for the development of sustainable lithium-ion batteries, *35th Annual International Battery Seminar and Exhibit*, Ft. Lauderdale, FL, March 26–29, 2018.

2A 活性材料

2A.1 引言

在典型的氧化-还原反应中放电时，电化学装置应具有负极（电子供体）和正极（电子受体）。电池负极（阳极）包含用于还原反应的负极（活性）材料（NAM），而正极（阴极）包含用于氧化反应的正极（活性）材料（PAM）。负极通常是金属，而正极材料通常是可还原金属的氧化物或氧化性非金属。目前的研究重点是用于可充电池的活性材料的开发。

2A.1.1 电池活性材料性能

比容量是衡量一种材料单位质量所能提供的电能容量，通常单位为 mA·h/g，是一个关键参数。这个理论指标是一种基于化学公式和法拉第常数的材料内在属性。然而，其容量可能受到可利用范围的限制。因此，特定的容量可能低于理论值，因为剩余的电荷没有被释放。此外，高内阻会降低放电时的输出容量，并阻止完全充电，从而导致较低的实测比容量值。

此外，在许多情况下，活性材料的容量超过了电池的额定设计容量，以确保一个电极的容量过剩（也许是出于安全考虑，或者是为了抵消电池老化时的电荷耗损）。此外，如果电池被过放电，离子损失可能导致活性材料的物理特性不稳定，从而导致容量损失。评估活性材料的具体容量取决于电池系统和最终应用。

2A.1.2 电池的能量特性

活性材料对电池能量密度（W·h/L）和比能量（W·h/kg）的贡献既取决于总的系统背景——平均电池电压，也取决于电池工作电压范围和充放电倍率。材料半电池电位决定了电池工作电压。能量密度也取决于实际电极中活性材料的密度和体积密度。例如，粉体活性材料的有效（体积）密度与堆密度成正比。一些压缩粉末具有低孔隙率和低黏结剂体积分数，而另一些则需要更高的孔隙率或更多的黏结剂以达到最佳的电极性能。

活性材料高的电子电导率和离子电导率有助于提高功率和容量，但通常同一材料很难同时拥有这两种优异的特性。然而，电导率可以由外在因素控制，如颗粒大小、压延和电极厚度。此外，高功率电池经常需要加入添加剂材料，如炭黑/纳米管和石墨烯，以提高电子传导性。

可充电电池中活性材料的可逆性是另一个重要特性。活性材料在充电/放电时发生了结构变化。可逆性的程度取决于多种因素（通常包括颗粒大小、间隙黏结剂的机械支持、钝化层的破坏和修复能力，以及电子导体网络的破坏和修复能力）。此外，超过最佳的充电和放电速率可能会导致活性材料的应力和机械破损，从而缩短电池循环寿命。环境因素（极端温度、振动/冲击）也可能通过直接劣化或副反应加速活性材料的容量损失。

2A.2 锂离子电池活性材料

参见本书 17A 部分。

2A.2.1 锂离子电池正极材料

近年来，锂离子正极材料（PAM）的发展速度很快，目的在于在推动纯电动汽车（EV）进步的同时，将材料利用率提高一倍，并改善电池性能。表 2A.1[1] 列出了一些领先的锂离子正极材料生产商。

表 2A.1　领先的锂离子正极材料生产商（E3BV）

生产商		生产商	
	优美科（Umicore）		巴斯夫
	三菱化学		陶氏
	住友商事株式会社		北京当升材料科技股份有限公司
	L&F 公司		庄信万丰
	日亚化学工业株式会社		赣锋锂业
	天津巴莫科技有限责任公司		瑞翔新材料
	户田工业株式会社		东曹株式会社
	宁波杉杉股份有限公司		霍斯泰尔锂业

大多数上市公司的产品是层状过渡金属氧化物。使用磷酸铁锂（LFP）电池的公司（如比亚迪、万向-A123、威能科技）通常都具有内部供应能力。一些电动汽车公司已经与活跃的材料和电池生产商建立了伙伴关系，如住友-松下（Sumitomo-Panasonic）-特斯拉公司或 SKI-BESK（北京电控爱思开科技有限公司）-BAIC（北京汽车股份有限公司）。

2A.2.2 锂化、层状过渡金属氧化物材料

商业化的锂离子电池正极材料通常是第一行（周期表副族）过渡金属的氧化物，与碳酸锂或氢氧化锂中的锂离子结合形成层状晶体。最初的配方只含有一种过渡金属，但后来发展到有两种或三种金属的配方，如表 2A.2 所示。

表 2A.2　锂化、层状过渡金属氧化物（E3BV）

类别	描述	通用化学式	标称充电电压（首次充电比容量）
LCO	钴酸锂	$LiCoO_2$	4.2V（约 165mA·h/g）
LNO	镍酸锂	$LiNiO_2$	4.2V（约 200mA·h/g）
NCA	镍钴铝氧化物	$LiNi_{0.8}Co_{0.15}Al_{0.05}O_2$	4.2V（约 200mA·h/g）
NMC-XYZ	镍锰钴氧化物	$LiNi_xMn_yCo_zO_2$	4.2V，$xyz=111$（约 175mA·h/g），$xyz=811$（约 200mA·h/g）
层状材料	氧化锰、氧化镍	$xLi_aMn_bO_2-yLiNi_cO_2$	4.6V（约 270mA·h/g）

许多商业配方还包含 Nb 和第二行（周期）过渡金属作为掺杂元素，掺杂元素可破坏金属氧化物的规则结构，提高电荷储存和迁移率，从而改善能量密度、功率和锂离子电池的稳定性。一些层状过渡金属氧化物材料的生产不需要预锂化（如 V_2O_5），它可以被制成正极，与锂化负极或锂箔循环。

① 目标。锂离子正极、电解质（参见 3B 部分）和负极（参见第 3A.2 节）的发展目标都是为了提高容量，并将电动汽车应用的电池原材料成本降低到 100 美元/kW·h 以下；成本、性能和安全方面的考虑在材料选择和开发中占有很大的比例。然而，电池管理（特别是热管理）与电解质的同步改进是有利的。

② 最初的锂离子正极材料。第一个主要的正极材料是氧化钴锂（LCO），此前索尼公司将其用于第一批商业锂离子电池。尽管 LCO 的比容量为 268mA·h/g，但最初只达到了

137mA·h/g。目前比容量可以实现（<62%的含锂量）165mA·h/g，以确保氧化钴层的稳定性，更高的容量将导致层状结构塌陷并阻碍锂的再嵌入。将 LCO 与传统石墨负极组合标准充电电压限制在 4.2V，其可逆容量为 145～150mA·h/g。提高工作电压会具有更高的比容量，但循环寿命要短得多。即使改善负极，正极中的 LCO 也会受到不可逆转的损伤。

③ 氧化镍锂（LNO）是另一种第一代商业锂离子正极材料，268mA·h/g 的理论比容量，能够提供约 200mA·h/g 的初始容量和 180mA·h/g 的可逆容量。LNO 的比容量超过了 LCO，倍率性能也更为优异。然而，镍基材料的自发热点较低，约为 160～170℃，与自发热点为 190℃ 的 LCO 相比，存在发生热失控的重大风险。尽管 LNO 的性能优越，但由于人们对 LNO 安全问题的担忧，在商业上并不成功。

④ 富 Ni 材料。到 2000 年，正极材料制造商推出了混合过渡金属层状氧化物。优美科和富士化学（由户田工业株式会社收购）开发了镍钴铝（NCA）正极材料，其中晶相中 80% 的镍被 15% 的钴和 5% 的铝所稳定。尽管铝不具有电化学活性，但 NCA 与石墨负极搭配，可提供 180mA·h/g 的可逆比容量。NCA 比 LNO 更安全，但较高的价格严重阻碍了其广泛应用，因为需要一种工艺来实现 Co 元素和 Al 元素在 Ni 元素中的分散，以提高该材料的稳定性和安全性。

此外，一种基于镍、锰和钴摩尔比为 1∶1∶1 的层状混合过渡金属氧化物材料的新型 PAM 进入市场。与 NCA 相比，镍中锰和钴的分散以及没有 Al 前驱体，简化了 PAM 的制造过程。该材料以较低的价格，能够提供 160～170mA·h/g 的可逆比容量。Mn 的存在提高了其自发热点，使其在安全性上与 LCO 相当。使用 NMC-111 和 LCO 混合材料的电池具有更高的能量密度，且没有增加安全隐患。从 2000 年到 2015 年，这些电池中正极 NMC-111 用量从低于 10% 提高到约 90%。随着 NMC-111 的应用越来越广泛，经济规模提升，该材料的价格随之下降。钴的价格压力也随之下降。

⑤ 电动汽车的正极材料。20 世纪初，随着人们对电动汽车的兴趣增加，人们开始重新关注电池材料。据报道，通用汽车公司（GM）曾试验了许多类型的电池化学材料，从铅酸电池到镍氢电池到锂电池材料，包括 NCA 和其他 PAM。但由于这种电池材料的成本而被认为不适合用于长距离全电力驱动电动汽车的大型电池。特斯拉公司随后在 Roadster（它的第一个电动汽车模型）上采用了 NCA，目标是高端客户群。特斯拉公司的 Model S/X 和 Model X 汽车一直在使用富镍（80%）材料的 NCA 电池。

同时，通用汽车公司在发布雪佛兰 Volt 之前的几年里曾考虑选用一种非常具有前景的材料——LFP（一种具有 290℃ 自发热点和成本非常低的材料）。然而，到 2010 年，通用汽车公司和日产公司选择了尖晶石型锂锰氧或简称为锂锰尖晶石（LMO，一种成本更低的材料）。该材料具有较高的安全性（自发热点为 230℃），但该材料的高温衰减问题始终没有得到解决。为了应对 LMO 的问题，通用汽车公司为雪佛兰 Volt 配备了一个液体冷却（和加热）系统，将电池温度控制在一个狭窄的最佳操作范围内。同样，日产公司也为其 LMO 电池选择了一个空气冷却系统。随后，通用汽车公司将 16 kW·h 的雪佛兰 Volt 插电式混合动力汽车（PHEV）电池更换为 NMC-111。该电池在便携式消费电子设备中的广泛应用被证明是非常成功的。在一些容量为 24kW·h 的日产聆风电动汽车电池出现问题后，日产也进行了电池的更换。

特斯拉公司为高镍含量的 NCA 锂离子电池配备了一个液体冷却系统，可以使之在电动汽车中运行而不会出现安全故障。此外，特斯拉公司还使用了一个电池监测/控制系统，收集数据并提供反馈，以改善电池性能。最初，NCA 材料由两家领先的生产商优美科和 Toda Kogyo 提供，并由索尼公司和 Molicel 等多家公司使用。随后，住友与特斯拉公司和松下合作，取代了优美科和 Toda Kogyo 成为领先的 NCA 供应商，并为 NCA 电池创造了更大的市场。特斯拉公司不仅在 2016 年成为 NCA 的全球领先客户，而且还帮助生产商验证了富镍材料在合适的电池管理系统（BMS）保障下对大型电动汽车电池是安全的。凭借强大的、有竞争力的垂直供应链，富镍材料被证明在特斯拉公司 Model S/X 型车的高端市场是可行的。特斯拉公司新的电动汽车，即 Model 3 电动汽车，以较低的价格推出，这主要归功于千兆工厂的建设（即电池容量为 GW·h/a）和现有 NCA 材料庞大的经济规模。

领先的新能源汽车电池制造商如表 2A.3 所示，这些厂商正影响着锂离子电池行业的发展。

表 2A.3　领先的新能源汽车电池制造商（E3BV）

制造商	特斯拉-松下 比亚迪公司 北京电控爱思开科技有限公司（BESK） GM-LG 化学 雷诺-日产-三菱联盟 宝马-Kreisel	制造商	宁德时代新能源科技股份有限公司 国轩高科股份有限公司 天津力神电池股份有限公司 诺斯沃特（Northvolt AB） 波士顿电池

⑥ 富锰材料。2006 年，美国阿贡国家实验室（ANL）提供了一种层状材料，其中第一层是高镍层，第二层是富锰层。该材料具有非常有效的锂离子储存性能，同时因具有比锰化合物更高的自发热点故安全性更好。由此产生的两层复合正极材料提供了 268mA·h/g 的比容量。由于富锰层可以在氧化物中每一个锰原子周围容纳一个以上的锂离子，因此该材料理论容量可以更高。

然而，实现上述高比容量水平需要电池使用石墨负极并充电至 4.6V 工作。但在这种电压下，传统有机碳酸盐的液体电解质会导致正极表面发生电化学分解。为了发挥这种层状正极材料的全部优点，还需要开发更为稳定的固态电解质（SSE）或使用另一种电化学稳定的离子传导介质与正极材料接触。为了满足这一要求，含氟有机溶剂成为目前电池行业研究和开发的主题。

BASF（巴斯夫）和 Toda Kogyo 在 2010 年成为 ANL 层状材料技术的主要许可方。不仅如此，还共同开发了该技术的规模化商业生产。2018 年，这两家公司宣布成立了合资公司 BTA。达尔豪斯大学开发了与 ANL 层状材料非常相似的材料，并将该技术转授给 3M 公司，后者后来又将该技术出售给优美科。在解决了有关知识产权的法律问题后，优美科、巴斯夫和 Toda Kogyo 从 2018 年起开始生产这一类正极材料。然而，性能的大幅度提高依赖于更高的工作电压和 SSE 或先进的液体电解质。

⑦ 富镍材料的改进。2017 年销售的绝大多数电动汽车的锂离子电池中正极材料为 NCA（如特斯拉公司）、NMC-111（如通用汽车公司、雷诺-日产-三菱联盟、北京新能源电动汽车公司）或 LFP（如比亚迪公司）。在中国，对新能源汽车（NEV，即电动汽车和其他绿色能源汽车）的补贴一直是基于电池安全标准。直到 2017 年，NEV 的补贴政策才被更改为基于能源效率标准。中国对于 NEV 政策的这一变化，有利于具有较高比容量的活性材料的发展（即通常具有较高的材料利用率）。

NMC-111 的可逆比容量高于 LFP（135mA·h/g）。近年来基于富镍的 NMC 和 NCA 的锂离子电池的材料利用率仍然是最高的，而 Co 基最低。尽管 NCA 在特斯拉公司汽车中的应用很成功，但大多数其他电动汽车 OEM（原始设备制造商）还是选择了早已在便携式消费电子产品中获得成功的 NMC-111。在之前的基础上，不同的厂商对材料配方进行了调整，如减少 Co 含量并提高 Ni 含量，如 NMC-532。提高活性材料利用率所带来的能量密度增加对于大尺寸电池应用来说是极具吸引力的，而且可以通过减少 Co 含量来减少对稀缺、昂贵资源的依赖。与 NMC-111 相比，NMC-532 将 Co 含量降低到接近 NCA 的水平，将基于石墨负极的锂离子电池的可逆比容量提高到 175mA·h/g，并保持之前的自发热点。

富镍的 NMC-532 正极材料已经在许多电动汽车电池的应用中取代了 NMC-111，并且正在对镍含量更高的材料进行商业化评估，包括 NMC-622 和 NMC-811（SK Innovation）。还有一种几乎全是镍的材料（由庄信万丰生产的"eLNO"），其中镍的稳定性可能来自受加工技术和掺杂物影响的化学计量和晶体结构。富镍材料可提高材料利用率，从而降低成本，同时不影响安全性或电池寿命。与 NCA 相比，这些正极材料可视为其替代或改进材料。图 2A.1 对不同正极材料进行了比较。

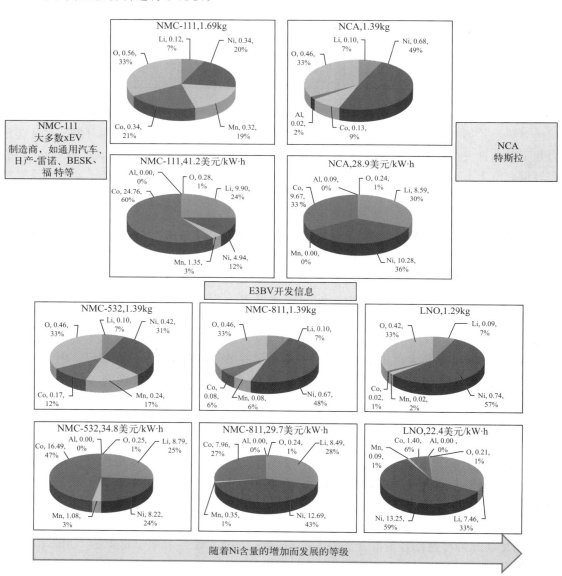

图 2A.1　层状锂离子过渡金属氧化物（E3BV）的金属含量和成本

BTA 在 2018 年的公告中称该公司会生产 NCA 以及富镍的 NCM 材料。同样，LG 化学成立了两家合资企业：一家为华金新能源材料公司；另一家为乐友新能源材料公司，二者在中国生产 NCA 和富镍 NCM 电极材料。

由于特斯拉公司的成功，NCA 和富镍 NCM 之间的竞争不仅反映了市场对 NCA 的信心，同时也反映了对高镍材料性能的不确定性。优美科和其他正极制造商已经实验证实，建议谨慎使用富镍 NCM，因为它的循环寿命差，特别是在 40℃ 以上的工作温度[2]。

层叠结构的富锰材料，具有较薄的富含镍的"发动机"层。虽然锰化合物的高温稳定性受到价态歧化和随后的溶解或扩散的影响，但富镍层提供了一些保护。另外，镍氧化物的自发热点比锰氧化物低，这对稳定两相复合材料有益。此外，锰前驱体的成本较低，这也是提高这些材料中锰含量的积极因素。这种材料很有前景，同时又很复杂，这可能也是该材料商业化发展如此之慢的原因。层状材料的开发始于 2000 年之前，2006 年获得许可，2010 年开始实施，预计到 2025 年会逐步完善。

循环寿命对于电池来说是非常重要的，因为最终的衡量标准是年均总成本。只有在长期的材料开发之后，包括材料合成、电池组装过程以及电池级设计和控制，循环寿命才会得到改善。在某些情况下，电池成本的变动主要受原材料成本影响。如果每种正极材料的成本随着时间的推移而趋于平稳，那么材料的利用率就成为影响成本的主要因素，如图 2A.2 所示，除了层状的正极材料为 4.1V 外，所有材料相对于石墨负极的电位都是 3.7V。

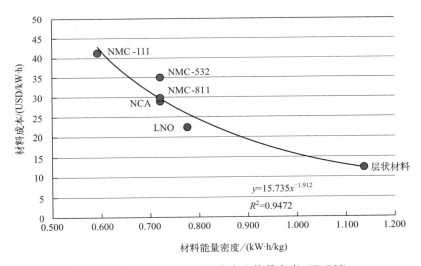

图 2A.2　锂离子正极材料成本和能量密度（E3BV）

采用此类正性材料的好处还包括提高电池中所有其他材料的利用率。此外，使用分层结构的 SSE 可以同时减少或消除第一次充电时 SEI 形成所造成的损失，这种损失在传统锂离子液体电解质系统中可以达到 8%～10% 的电池容量。SSE 的开发，也提高了比传统石墨具有更高容量的 NAM 的使用前景。此外，SSE 将允许使用硅负极活性材料或金属锂箔，而不需要高成本的陶瓷涂层微孔聚烯烃隔膜材料。所需的净锂量（即碳酸锂当量或 LCE，以 kg LCE/kW·h 计）将减少，因为 SSE 提高了锂的利用率并减少了电池中的锂损失。如果所有这些预期都可以实现，那么整个锂离子电池的材料成本可以很容易地低于 100 美元/kW·h。更高利用率的正极材料也增加了电池的体积能量密度，这在纯电动汽车（EV）应用中是非常重要的，因为大多数电动汽车都受到体积的限制。

⑧ 先进层状过渡金属氧化物的生产。设备成本取决于核心工艺技术和目标产品，设备可能包括低成本、基于液体的煅烧反应器，用于制造便携电子设备的正极，或者高成本、复杂的气氛炉反应器，用于制造用于电动汽车的富镍基正极。对于上一代的单过渡金属元素氧化物，如 LCO，制造技术比较简单。用于便携消费电子的第一代正极材料生产设备满足了不太严苛的产品要求，因此生产的正极更容易成为电池公司技术的一部分。但随着多种过渡金属氧化物的发展，正极材料制备工艺越来越复杂，设备成本增加，小批量生产则变得不可行。

⑨ 锂化、层状过渡金属氧化物材料应用前景。这类材料预计将降低锂离子电池的材料成本，并能实现锂系材料电极化，使锂电池不仅能在汽车中得到应用，而且在所有储能电池中得到发展。尽管全面商业化尚需数年方能实现，但技术进步的步伐未曾停歇。正极材料的这些突破以及 SSE 材料的利用有望在 2030 年重塑电池行业的格局。

2A.2.3 过渡金属磷酸锂和其他锂电池正极材料

具有更高安全性的 LFP 和 LMO 材料实现了许多锂离子电池早期的应用，基于这些化学组分的锂离子电池也与传统的铅酸电池产生了竞争。例如，在汽车领域，这些锂离子电池可以取代 ICE（内燃机）车辆的 12V 启动-照明-点火电池，以及 48V 轻度混合动力电动汽车的牵引和/或辅助电池。

（1）磷酸铁锂

低成本的铁和磷酸盐前驱体以及 290℃ 的高自热点温度使得市场对 LFP（$LiFePO_4$）产生了浓厚的兴趣。此外，基于石墨负极的 LFP 电池在 3.65V 时能达到接近满电的状态，这完全在基于液体电解质体系的传统锂离子电池的安全工作范围之内，这一特性使得 LFP 电池在电池充电过程中能够容忍过压。基于石墨负极的 LFP 电池的另一个有利特性是 3.3V 的额定电压很容易被制成 12V 及其倍数的电池。因此，LFP 完全可以成为一种与铅酸电池相抗衡的电化学体系。与使用层状氧化物的锂离子电池相比，LFP 电池的容量非常大，可以相对容易地以串联-并联阵列的方式组合，并且对 BMS 的要求最低。

早期中国电动汽车的发展推动了 LFP 电池的商业化。电池安全事故促使政府对电动汽车电池的安全性更加重视，极大地促进了 LFP 锂离子电池的使用。受到政府部门对其他电动汽车类似关注的推动，LFP 电池的使用得到了加速，并在 2010 年左右迎来了蓬勃发展的势头。这些因素皆有助于推动比亚迪公司以及其他 LFP 电池制造商，如 CALB、Winston-Thundersky、Sinopoly、BAK 和万向-A123，在其电动汽车系列中使用 LFP 电池。然而，LFP 的比容量比层状过渡金属氧化物低。较低的容量和较低的电池电压，限制了基于石墨负极的 LFP 电池的能量密度。此外，生产 LFP 的成本与生产可还原铁的磷酸盐前驱体的成本以及向 LFP 引入电子导电性的成本有关：要么在制造过程中加入导电碳颗粒；要么使用碳热还原工艺（由 Valence 技术公司授权）。这些制造问题，阻碍了低成本 LFP 的实现。

2016 年，中国针对电动汽车的补贴标准进行了调整，更加注重提升电动汽车的能源效率。因此，在中国的电动汽车市场上，具有较高比能量的正极材料有可能取代 LFP。人们对基于 Ni、Co 和 Mn 的高压磷酸盐更感兴趣，以上述元素取代锂化过渡金属磷酸盐中的铁，包括成分中这些金属的混合物。在满电状态下，这些正极材料的工作电压接近 5V（碳基负极材料），这需要更加稳定的电解质。与其他高压正极材料成分一样，SSE 材料可以增加高压过渡金属磷酸盐的可行性。

（2）锂锰尖晶石

LMO 具有 235℃的高自发热点温度，三维尖晶石晶体结构使锂离子在正极材料中快速移动，使 LMO 电池具有高倍率性能。但 LMO 的比容量较低，约为 90mA·h/g。在 $LiMn_2O_4$ 的化学式中，每两个锰原子只能容纳一个锂原子。此外，LMO 很容易在电解质溶液中溶解，特别是 Mn^{3+} 不成比例地变成 Mn^{4+} 和 Mn^{2+}，Mn^{2+} 在电解质溶液中非常容易溶解。在早期型号的雪佛兰 Volt 和日产 Leaf（聆风）电池中短暂使用 LMO 后，LMO 被 NCM 取代。从 LMO 技术发展的历史中得到的经验有助于在层状材料中设计富锰的岩盐层，而且 LMO 的稳定性应该会在具有 SSE 系统的电池中得到改善。尽管与其他锂离子正极材料相比，LMO 的容量很低，但其低成本和固有的安全性仍然极具吸引力。

2A.2.4　锂离子电池负极

（1）石墨碳

传统的锂离子电池负极使用石墨碳，在晶体区域的石墨层之间储存锂离子。嵌入锂离子后的石墨化学式为 LiC_6，其理论比容量为 372mA·h/g。石墨材料的比容量根据石墨负极的石墨化程度以及其他因素（如颗粒表面积和杂质水平）而改变。表 2A.4 列出了典型的类型和比容量。

表 2A.4　常规锂离子电池的石墨碳（E3BV）

石墨的类型	比容量(SEI 失效前)/(mA·h/g)
合成的、多孔的、双层石墨	320
合成的、具有结晶性的石墨	340
中碳石墨	290
纯天然石墨	340

在液体电解质体系中，材料颗粒的表面积决定了锂离子电池在最初几次充电时由于 SEI 钝化层的形成而导致容量损失的程度。石墨的表面积影响电池的可逆比容量，以及石墨材料本身的可逆比容量，后者通常为 320mA·h/g 或更小。

锂离子电池中石墨碳上的 SEI 是亚稳定的，在高于电池正常工作温度的情况下容易分解进入液体电解质中。SEI 分解反应是放热的，如果负极温度达到 150℃左右，就会导致负极热失控。SEI 的生成速度与 SEI 溶解进入电解质中的速度相当。负极热失控会导致正极热失控和电池热失控。避免或减少 SEI 反应程度的方法包括通过使用氟化碳酸酯溶剂提高电解质溶液的热和电化学电压击穿阈值。另一种方法是采用包括具有不饱和键的碳酸酯溶剂，如碳酸亚乙烯酯（VC），部分取代大多数电解质中存在的碳酸乙烯酯（EC）溶剂，以促进石墨上 SEI 的形成，即使在较高的工作温度下也更有弹性。同样，碳酸乙烯亚乙酯（VEC）可以用来代替电解质混合溶剂中的一些碳酸二乙酯（DEC）。另外，还可使用离子液体等。然而，进一步改善石墨材料的 SEI 稳定性仍然是一个极具商业前景的领域。

日立公司生产的多孔双层石墨（如 MAG-10）是一种晶体和中间相炭的复合材料，既能高密度储存电荷，又能在短时间内吸收高速电荷，就像在电动汽车等应用中发生的制动事件一样。合成晶体石墨粉末与中间相炭微球粉末的混合可以达到类似的效果。合成材料通常使用纯前驱体材料生产，如乙炔气或其他加工石油产品，从而可降低杂质的影响。杂质是长寿命应用电池的主要问题，如电动汽车和电网储能系统。表 2A.5 列出了一些主要的石墨负极材料制造商。

表 2A.5　石墨负极材料（E3BV）的制造商

制造商	日立化成 贝特瑞新材料集团股份有限公司(BTR) JFE 化工株式会社 日本化学工业株式会社 住友电木 三菱化学 宁波杉杉股份有限公司 昭和电工株式会社	制造商	浦项制铁化工 大阪燃气化学 吴羽化学工业株式会社(Kureha) 东海耀碳素 康菲石油公司 龙沙/特密高 苏必利尔石墨

天然石墨多应用于不注重使用寿命的场景。然而，纯度更高的等级，更适用于电动汽车（xEV）和电网应用。尽管已经报道了一些更高纯度的石墨矿床，但更高的纯度是通过化学清洗实现的。来自石油前驱体的合成石墨中杂质较少，但成本往往比天然石墨高得多。

（2）硅基材料

锂化的硅可容纳 4.4 个锂离子，从而使比容量达到约 4200mA·h/g（Si）和约 2000mA·h/g（$Li_{4.4}Si$）。然而，在完全锂化过程中，硅的体积膨胀超过 3 倍，使硅晶体结构坍塌，从而破坏了硅颗粒上的 SEI 钝化层和硅周围的电子导电添加剂的连接。放电过程中的收缩，也意味着体积的减少，会使脱锂的 PAM 从其原来的区域分散。

然而 3M 公司生产的硅负极活性材料掺入了第一行过渡金属，稳定了硅，使材料的比容量下降到约 600mA·h/g。尽管硅部分的比容量比石墨部分下降得更快，但在锂离子电池中，将这种材料按质量分数混合可增加整体的负极容量。溶剂中含有硅烷改性添加剂的电解质溶液具有一定的改善循环稳定性的效果。但总体而言，硅负极活性材料的循环稳定性仍然是材料发展的一个关键课题。

下一代硅负极材料的商业开发路线之一是在纳米尺度上构建硅粒子，以实现灵活的、非破坏性的锂化晶体膨胀。颗粒（或纤维材料）内部的多孔和半岛状亚结构限制了线性膨胀的程度，从而可释放局部结晶材料的应力。虽然这种纳米级的形态增加了颗粒的有效体积，但这种体积变化可以设计成与由锂化引起的体积增加。Amprius 和 Sila Technologies 等公司正在推进这类解决方案。这些材料是通过使用添加剂和气相沉积工艺生产的，并结合减材工艺，以获得必要的颗粒形貌。

硅负极材料商业化开发的另一条途径，是在电极内部保留断裂硅的宏观结构。将石墨烯层缠绕在硅颗粒上形成石墨烯袋，可将断裂的硅片固定在一起，同时石墨烯也为负极材料提供电子导电性。SiNode System 公司正致力于推进此类解决方案。

另一种硅材料开发工作是使用二氧化硅或其他非化学计量比的氧化硅，虽然降低了比容量，但能在电池循环过程中的膨胀和收缩期间稳定负极材料。

2A.3　铅酸电池活性材料

参见第 14 章。

尽管自 1859 年以来，铅酸电池的基本活性材料（铅金属负极和二氧化铅正极）并没有发生改变，但配制电极膏的前驱体材料混合物已经发生了变化。大量的文献已被公布，保加利亚科学院电化学和能源系统研究所网站相关文献全面且数量众多[3]。

除了基于铅金属负极的传统铅酸电池，碳负极在深度放电和高倍率应用中能够提供更长的循环寿命从而可能与锂离子电池竞争，如48V轻度混合动力平台和其他具有类似占空比和成本限制的新兴应用等。

2A.4 镍-金属氢化物电池活性材料

参见15D部分。

镍-金属氢化物电池（Ni-MH电池）的全球产量持平或呈下降趋势，因为负极材料和正极材料的镍含量高，且这些材料的比容量有限，与其他可充电电池化学物质相比，降低了成本竞争力。尽管如此，巴斯夫公司和FJK（原三洋电机的氢镍业务）公司继续使用氢氧化镍和金属负极材料，并在镍金属混合物中添加镧来发展负极材料。最近的发展包括传统镍-金属氢化物电池活性材料的变化，如使用其他过渡金属氢氧正极材料。在金属间化合物负极材料中添加了其他较重的、低LUMO（最低未占据分子轨道）的过渡金属。

2A.5 原电池活性材料

参见第11章～第13章。

与蓄电池相比，原电池放电率通常较低，但提供了极高的能量密度。表2A.6中列出了一些原电池化学体系的实例。

表 2A.6 原电池化学体系（E3BV）

化学体系	NAM-PAM
碱性电池	$Zn\text{-}MnO_2$
硫化铁电池	$Li^0\text{-}Fe_2S_3$
锂锰	$Li^0\text{-}MnO_2$
锂亚硫酰氯	$Li^0\text{-}SOCl_2$
CF_x	$Li^0\text{-}CF_x$
银锌	$Ag\text{-}Zn$
锌-空气	$Zn\text{-}空气$

尽管使用硫化铁正极材料的锂电池正在快速增长，但使用低成本的锌金属浆和电解二氧化锰（EMD）的碱性电池在零售消费中仍占主导地位。许多与锂箔钝化有关的问题在锂原电池中并不像在蓄电池中那样重要，因为没有充电问题，且倍率通常很低，远低于1h的放电倍率。能量密度最高的商用电池是以 CF_x 正极材料为基础的，其中石墨碳层承载了氟的氧化嵌入以及放电时与锂离子的结合。

2A.6 "超越锂离子"的蓄电池材料

2A.6.1 单质硫正极材料

由于硫的高比容量（1670mA·h/g），金属锂硫电池（$Li_0\text{-}S_8$）被认为是"超越锂离子"

的化学电池之一,受到商业开发的重视。正极中硫的控制以及锂金属负极的控制等有关问题,给其商业化带来了巨大障碍。随着放电的进行,正极硫以多硫化物链的形式转化为锂盐,溶解并改善正极中的离子传输;同时,多硫化物会迁移到隔膜材料上,并与负极中的锂发生反应,从而降低电池容量。SSE的改进可以缓解这种不良影响,其他正极材料添加剂也可以抑制或限制多硫化物的移动。另一个问题是,在不堵塞硫或取代相当一部分硫作为活性成分的情况下,很难为含硫正极或一般的正极提供电子导电性。

使用金属锂箔作为负极为电池引入了 $3.86mA \cdot h/g$ 的理论比容量。然而,每一个金属锂 NAM 面临的实际问题仍然存在。

2A.6.2 钠硫电池

钠硫(Na^0-S_8)电池在高于 $300℃$ 的温度下工作,以确保金属钠负极和硫正极都是熔融液体。硫的高比容量及其熔融状态的流动性,使得只需要少量的电子和离子导电性添加剂就可以使电池工作。尽管热管理和陶瓷隔离材料寿命仍将是许多实际应用面临的现实问题,但以纯碱(350 美元/t)形式存在的低成本 Na 和 S(150 美元/t)使得这种化学电池极具商业吸引力。这类电池的主要制造商 NGK 生产的 β-氧化铝陶瓷隔离膜材料,可以允许 Na^+ 渗透和抑制硫化物输运。相关的钠-氯化镍电池(Na^0-$NiCl_2$)使用相似类型的隔膜材料,并在相同的温度范围内工作。

2A.6.3 镁基电池

金属镁用于可逆负极时展现出良好的循环稳定性,在类似的电池中工作电压接近金属锂,理论比容量为 $2.2mA \cdot h/g$,这使镁箔成为一种潜在的电池材料。另外,一种同样适用于插入 Mg^{2+} 的正极材料仍然是商业开发的目标。尽管 Pellion Technologies 公司展示了一种 Mg^0-MoS_2 电池,但开发重量更轻和成本更低的正极材料仍然是更重要的研究课题。

2A.6.4 钒液流电池

参见本书 22B 部分。

钒的多重价态允许使用两种不同价的电解质溶液,它们之间的电位差介于 $1.4\sim2V$ 之间,这取决于电解质中使用的酸。虽然用于生产正极和负极的前驱体材料都是 V_2O_5,但在负极中具有电负性的 V^{2+} 与 V^{3+} 之间的循环更多;而在正极中,电正性的 V^{5+} 和 V^{4+} 之间的循环占主要地位。钒是一种稀有金属,VRFB(全钒液流电池)技术的开发面临着前驱材料的供应挑战。然而,采矿公司和钢铁制造商从尾矿中提炼钒、钴、镍和其他稀有金属已成为趋势,再加上具有成本效益的、模块化的精炼厂的发展,以及电解单元的操作,VRFB 应用中的钒的供应问题将会改善。

参考文献

1. Tables provided courtesy of Element 3 Battery Venture (E3BV).
2. *Umicore downplay of high Ni NMC*, http://cii-resource.com/cet/AABE-03-17/Presentations/BTMT/Levasseur_Stephane.pdf.
3. www.labatscience.com.

2B　金属和矿物
Kirby W. Beard

2B.1　引言

毫无疑问，作为电池原材料的最重要来源，采矿业为整个产业提供金属和金属化合物。再者，采矿业是一项真正的全球性事业，矿产资源分布包括海平面以下和海拔 4000m 以上的沙漠和高原地区。采矿地点通常位于偏远、政治不稳定或经济落后的地区，涉及大量的地表挖掘（露天矿）和深井（深达 3000～4000m，有的横向井道延伸数公里）采矿。采矿的方式也多种多样，如从湖泊、海洋以及深井中泵出液体等。现在，人们还将目光转向了月球、火星和小行星。另外，深海锰结核结壳也被认为是镍、钴等的潜在关键来源[1-2]。

然而，尽管金属和矿物对电池和其他行业来说至关重要，但许多采矿作业还是被关闭了。大多数容易获得的地表矿藏已经被完全耗尽，今后的作业将需要更深入和更广泛的地下作业。显然，尽管努力回收材料，电池行业也仍将受到金属和矿物有限供应（以及高成本）的影响。如果要维持一家大型的电池企业、公司以及行业的正常运行，国家需要评估这些风险，并确定相关的政策和计划，以确保金属和矿物供应的可靠性和稳定性，并适当关闭/处置一些枯竭的矿藏（参见地图坐标：45.773141，−71.952335）。

2B.2　分类

从地球上提取的材料包括各种元素和化合物，它们以各种形式存在：金属片、矿石、矿体、砂矿、盐水等，对浓缩物进行加工以提取和提纯所需的成分。这些材料可以直接用于电池结构（如集流体中的铜、作为活性材料的铅、用于电池外壳的铝等），也经常被转化为其他化合物而用于电池。例如，二氧化锰（MnO_2）被广泛应用于各种电池，包括锂电池和碱性电池。然而，直接开采的二氧化锰可以被直接使用，也可以通过化学和电解过程转化为更活泼的形式。此外，其他级别的锰氧化物，如锂离子电池用的 $LiMn_2O_4$，可以从零开始合成。下面列出了用于电池的各种类型的材料及其典型金属和矿物的一些细节。虽不全面，但旨在展示一个依赖于采矿业的各种电池原材料的实例。

本章介绍各种产品细节的方法基于以下 4 个问题：①生产水平；②成本；③储量（储量是指对剩余的经济可采量的估计，定义为即使开采设施不到位或不运作，也可回收的那部分基本储量）；④随时间变化的趋势。

当然，其他因素也很重要。但这些数据以及这些材料的全球分布细节，对电池行业原材料供应感兴趣的人们而言是一个很好的插入点。选择和使用分布在全球范围内并能以低成本大量获得的金属，对持续的商业化来说至关重要[3]。例如，之前锂和钴的供应和成本引起了整个行业极大的恐慌与不安[4]。与此同时，铅和锌等材料为电池开发和生产提供了更理想的供应选择。以下各部分的数据均可在美国地质调查局（USGS）的网站上在线查询[5]。

2B.2.1　纯金属（和合金）

这些材料包括活性材料，如锂箔，以及惰性电池部件，如集流体。此外，如本书 2A 和

2C 两部分所述，在用于电池之前，金属以氧化物或其他化合物形式使用。

① 铜[6]。铜在电子和其他行业中具有很高的价值。对于铜的广泛应用，需要大量的工业过程来有效地开采和提纯。由于全球供应和需求的变化，其成本会有很大的波动。众所周知，铜可以直接用于锂离子电池的集流体，但在整个电池行业中还有其他用途（特别是在导电性和耐腐蚀性至关重要的电路方面）。另外，废铜很容易被回收。表 2B.1 列出了美国地质调查局关于铜的汇总数据。

表 2B.1　铜的供应

年份	美国产量/全球产量/10^3t	估计价格①/（美元/lb）	美国储量/全球储量/10^3t
2009	1190/15800	2.30	35000/54000
2017	1270/19700	2.80	45000/79000

① 1lb＝0.45359273kg。

作为包括电池在内的几乎所有电子行业的关键材料，铜能够得到广泛供应是相当幸运的。其他产品也许只限于少数经济上可行的矿藏。例如，大多数钴来自刚果民主共和国，没有其他国家能够单独提供超过世界产量的 10%。

② 镍[8]。与铜类似，镍也是一种用途广泛的金属。主要用途是制造金属合金。不仅如此，在电池工业中，镍是许多碱基电池（即镍镉、镍氢、镍锌等电池）的关键材料；同时，也用于各种电池组件，包括集流体、钢镀层、端子、外壳等。镍镉甚至镍氢电池都没有出现类似于锂离子电池的高水平增长，因此电池行业对镍的需求有所减少。表 2B.2 详细列出了关键的镍供应数据。

表 2B.2　镍的供应

年份	美国产量/全球产量/10^3t	估计价格/（美元/lb）	美国储量/全球储量/10^3t
2009	约 0/1430	6.78	NA/71000
2017	23/2100	4.60	130/74000

注：NA 表示无具体数据。

③ 铝[9]。铝是地壳中第二丰富的元素，也是除铁之外最广泛使用的金属。然而，它通常与氧、硅或其他原子结合在一起，因而难以提炼。铝土矿是金属铝的主要来源（一般来说，4t 干燥的铝土矿可以生产 2t 氧化铝，而 2t 氧化铝又能生产 1t 铝）。铝的一个主要用途是用于锂离子电池正极集流体。由于它导电性优异、强度高、重量轻和耐腐蚀性好，各种电池活性材料和电池硬件都由铝制成（表 2B.3）。

表 2B.3　铝的供应

年份	美国产量/全球产量/10^3t	估计价格/（美元/lb）	美国储量/全球储量（基于铝土矿）/10^3t
2009	1710/36900	0.78	5000/6750000
2017	740/60000	0.99	5000/7500000

④ 铅[10]。铅广泛分布于全世界，主要用途为铅酸电池。其中，铅被用于负极和正极板栅，以及作为负极和正极活性材料（分别为铅粉和氧化铅粉）。铅酸电池的回收是整个电池行业的典范，估计回收率可达 90% 或更高。美国调查表明，铅酸电池的回收率接近

$100\%^{[11]}$。由于铅本身有毒，所以其几乎已不再在涂料、水管、陶器和其他消费中使用。鉴于电池的高回收率和较低的成本，铅的开采量有所减少。表2B.4详细介绍了铅供应的数据。

表2B.4 铅的供应

年份	美国产量/全球产量/10^3t	估计价格/(美元/lb)	美国储量/全球储量/10^3t
2009	400/3900	0.74	7700/79000
2017	313/4700	1.08	5000/88000

另外，铅经常作为锌矿开采的副产品而被回收，供应和价格可能会相应波动。

⑤ 锌[12]。锌是相当丰富的，而且很容易获得。其用途非常广泛（特别是金属合金和电镀），甚至在许多基础碱性电池（第11章）中的使用也很普遍。表2B.5展示了锌的供应数据。

表2B.5 锌的供应

年份	美国产量/全球产量/10^3t	估计价格/(美元/lb)	美国储量/全球储量/10^3t
2009	690/11100	0.76	14000/200000
2017	730/13200	1.30	9700/230000

⑥ 锂[13]。由于锂元素广泛应用于锂电池负极、正极和电解质中，人们对其兴趣一直很浓厚。整个纯电动汽车（EV）行业的未来往往与金属锂的供应和定价紧密联系在一起（表2B.6）。根据市场研究预测，估计未来的需求和成本可能变化非常大。虽然锂可以从各种矿石（例如，锂辉石）中获得，但近年来用于电池的高纯度锂主要来自智利和阿根廷高海拔沙漠中的地下盐水溶液。虽然锂电池的应用占据了全球锂年产量的一半，但锂还有包括陶瓷、润滑剂和合金等其他用途。

表2B.6 锂的供应

年份	美国产量/全球产量/10^3t	估计价格(电池级碳酸锂)/(美元/lb)	美国储量/全球储量/10^3t
2009	NA/18	2.35(2010)	38/9900
2017	5.5/43	6.30	35/16000

锂的回收率是最小的，但由于电动汽车的大力发展，锂回收已被提议作为电池行业的首要任务。据报道，到2040年，电动汽车将超过所有汽车销售的50%，而较低的电池成本（无疑是基于回收）将使电动汽车在2030年前比内燃机汽车更便宜[14]。

更多的信息可从各种来源获得，如美国内政部、美国地质调查局发布的特别报告[15]。

⑦ 钴[16]。钴对于金属合金、颜料、催化剂、陶瓷和磁性材料来说至关重要。不仅如此，钴（与金属锂一起）已成为锂离子电池行业关注的焦点，并被认为是未来电动汽车和电网储能商业应用获得成功的关键。表2B.7列出了钴的生产数据。

表2B.7 钴的供应

年份	美国产量/全球产量/10^3t	估计价格/(美元/lb)	美国储量/全球储量/10^3t
2009	约0/62	18.00	33/6600
2017	0.65/110	24.70	23/7100

中国一直是世界上最大的钴消费国，其中近80%用于蓄电池。钴在许多应用场景中并不容易被取代，但科研工作者正在共同努力，用镍、铝和锰可部分取代锂离子电池正极（如Ni∶Mn∶Co=8∶1∶1）中的钴。在过去的十年中，钴的价格在供求和投机的影响下波动很大。

2B.2.2 矿物/化合物

① 铁矿石[17]。虽然铁不是许多电池的关键成分，但它确实也有一些特定的用途，如用于钢制电池容器。作为最大的开采商品，铁相对于其他电池用金属，产/储量较大，见表2B.8。

表 2B.8 铁的供应

年份	美国产量/全球产量（矿石）/10^6t	估计价格（铁矿）/（美元/lb）	美国储量/全球储量（矿石）/10^6t
2009	26/2300	0.032	6900/160000
2017	46/2400	0.034	2900/170000

② 锰矿[18]。大多数用于电池的锰以二氧化锰的形式使用。然而，由于其广泛的氧化状态，已在锂离子电池中的应用中开发了特殊的锂锰氧化物。锰矿石在金属合金中也有应用，并且可以广泛获得，价格非常便宜（表2B.9）。

表 2B.9 锰的供应

年份	美国产量/全球产量/10^3t	估计价格（含量47%锰矿）/（美元/t）	美国储量/全球储量/10^3t
2009	0/9600	5.77～6.61	0/540000
2017	0/16000	4.40～5.88	0/680000

③ 砂矿（二氧化钛）[19]。虽然钛、锆和硅等金属不是电池的主要成分，但有必要介绍砂矿作为这些金属来源的价值。具体来说，在某些地区（佛罗里达州、西澳大利亚州等），各种氧化物的高纯度砂矿可以采掘和提纯，以生产高价值金属，如钛。表2B.10展示了钛氧化物（钛铁矿）的详细数据。

表 2B.10 钛铁矿的供应

年份	美国产量/全球产量（包括美国金红石的数据）/10^3t	估计价格（54%钛铁矿）/（美元/t）	美国储量/全球储量（包括美国金红石的数据）/10^3t
2009	200/5190	70	6000/680000
2017	100/6200	170	2000/870000

④ 盐类（氯化钠）[20]。电池中使用了各种盐类，其中许多是通过纯元素合成的，但有些盐类可以直接开采或简单地从盐水中提纯（即氯化钠、氯化锂等）得到。盐水的电解转化使整个工业（如氯碱生产）成为可能，且有利于塑料和无机化学品的生产，这两者对电池工业都至关重要。从盐水中可获得更重要的衍生物，包括烧碱（NaOH）在内的化学物质。钠、钾和氢氧化锂是许多电池电解质的关键成分。盐供应的数据见表2B.11。

表 2B.11 盐的供应

年份	美国产量/全球产量/10^3t	估计价格/（美元/t）	美国储量/全球储量/10^3t
2009	46000/260000	165	无限制的
2017	73000/280000	190	无限制的

2B.2.3 战略性矿产和贵金属

其他值得关注的金属和矿物还包括：

① 稀土元素（如钇），对镍金属氢化物电池和集成电路等至关重要。

② 抗腐蚀（贵重）金属，如银、金、铂等。

这两类材料在电池行业中都有着非常重要的应用。此外，其他一些金属也在新的电池系统中得到应用（或正在评估其使用效果），并可能会找到其他方面的广泛应用。这些材料包括硼、钨、钒、锡、钙、镁和钼等。研究人员正在继续努力以减少或消除有毒金属（汞、镉、铍、砷等）的使用。虽然铅、锑和其他重金属会带来风险，但电池行业已试图减少人类直接接触和使用这些对环境或身体造成危害的材料。

2B.3 总结

金属、矿物和采矿是电池材料供应链中的关键因素。有关公司和国家正致力于多方面的技术、政治和文化改革，以确保资源的稳定供应和满足所有利益相关者的需求。任何能够使用普通的、低成本的、安全的、对环境无害的原材料的电池技术无疑将具有很大的优势[3]。最后，不仅金属和矿物的供应高度依赖于采矿业，其他如陶瓷（本书 2D 部分）和碳/石墨材料也主要从采矿作业中获得（本书 2E 部分）。

参考文献

1. https://worldoceanreview.com/en/wor-3/mineral-resources/manganese-nodules/ (extracted May 11, 2018).
2. J. R. Hein, "Manganese Nodules," in J. Harff, M. Meschede, S. Petersen, J. Thiede (eds.), *Encyclopedia of Marine Geosciences*, Encyclopedia of Earth Sciences Series, Springer, Dordrecht, 2016.
3. D. Rolison, J. Parker, J. Long, Dendrite-free rechargeable zinc-based batteries: Solving a chronic impediment through architectural design, 35th Annual International Battery Seminar and Exhibit, Ft. Lauderdale, FL, March 26–29, 2018, pp. 3–5, 13–15.
4. A. Ramkumar, A hunger for lithium juices deals. *Wall Street Journal*, May 18, 2018.
5. https://minerals.usgs.gov/minerals/pubs/commodity/myb/ (extracted May 11, 2018).
6. https://minerals.usgs.gov/minerals/pubs/commodity/copper/index.html#myb (extracted May 11, 2018).
7. https://www.usgs.gov/news/technical-announcement-usgs-puts-global-copper-assessments-map (extracted May 11, 2018).
8. https://minerals.usgs.gov/minerals/pubs/commodity/nickel/index.html#myb (extracted May 11, 2018).
9. https://minerals.usgs.gov/minerals/pubs/commodity/aluminum/index.html#myb (extracted May 11, 2018).
10. https://minerals.usgs.gov/minerals/pubs/commodity/lead/index.html#myb (extracted May 11, 2018).
11. http://www.recyclingtoday.com/article/battery-council-international-lead-battery-recycling/ (extracted May 11, 2018).
12. https://minerals.usgs.gov/minerals/pubs/commodity/zinc/index.html#myb (extracted May 11, 2018).
13. https://minerals.usgs.gov/minerals/pubs/commodity/lithium/index.html#myb (extracted May 11, 2018).
14. https://about.bnef.com/electric-vehicle-outlook/ (extracted May 11, 2018).
15. T. G. Goonan, Lithium Use in Batteries, U.S. Geological Survey Circular 1371, 2012, 14 p, http://pubs.usgs.gov/circ/1371/ (extracted May 11, 2018).
16. https://minerals.usgs.gov/minerals/pubs/commodity/cobalt/index.html#myb (extracted May 11, 2018).
17. https://minerals.usgs.gov/minerals/pubs/commodity/iron_ore/index.html#myb (extracted May 11, 2018).
18. https://minerals.usgs.gov/minerals/pubs/commodity/manganese/index.html#myb (extracted May 11, 2018).
19. https://minerals.usgs.gov/minerals/pubs/commodity/titanium/index.html#myb (extracted May 11, 2018).
20. https://minerals.usgs.gov/minerals/pubs/commodity/salt/index.html#myb (extracted May 11, 2018).

2C 聚合物和有机材料
Kirby W. Beard

2C.1 引言

如果没有有机材料，就不可能存在实用的电池。从甲烷、纤维素、煤焦油/沥青和类似基础材料开始的有机材料，被石油化工和生物化工行业转化为许多可直接用于电化学电池的材料，作为包装、绝缘、支撑结构或制造电池组件的工艺辅助材料。其主要类别包括如下。

（1）溶剂（有机液体，如甲醇、丙酮、乙二醇等）

a.用于生产电池电极和其他部件的聚合物溶液；

b.电解质溶液（即非水锂电池、离子液体等）；

c.用于提取、浸出、溶剂化、净化、清洗等工艺溶剂。

（2）单体（聚合物合成）

（3）聚合物（热固性、热塑性、弹性体）

（4）其他类别（涂料、密封剂、着色剂以及气体等）

因此，虽然有机材料不用于活性材料（除了少数例外，如甲烷或甲醇燃料电池、锂-氟化碳电池等），但有机材料对于实现电池的低成本生产、坚固耐用和长寿命是不可或缺的。有机材料是一个广泛的领域，可进一步查阅具体的相关资料[1]。下面列出一些有机材料的一般描述和用途。

2C.2 主要分类

虽然在电池生产和电池产品中可能使用数千种有机材料，但与电池工业相关的关键材料只有少数几种。电池科学家和工程师必须熟知这些选择，并在为特定用途选择给定材料时根据需要严格把关。下面几节将讨论以下主要类别：

① 用于黏结剂、涂层、分离器、绝缘体的聚合物；

② 用于液体电池电解质的溶剂；

③ 用于加工介质的溶剂；

④ 用于外壳、分隔材料以及纤维素制品的天然聚合物，如纤维素等。

2C.2.1 聚合物

聚合物是由许多重复单元组成的大分子化合物，在相关参考书中都有详细介绍[2]。大多数聚合物的基本特征是碳分子长链。以下总结了两个主要的聚合物大类和几个小类。

（1）热固性聚合物

这些聚合物是由短链液体（单体）反应形成的交联聚合物，通常具有刚性、耐温性以及在各种溶剂中的耐用性（取决于具体的聚合物类型）。比较常见的聚合物包括环氧树脂、聚酯、酚醛树脂、聚氨酯和聚硅氧烷。热固性材料在电池中的用途有限但很重要，如用于电气终端和外壳密封剂以及灌封化合物。

（2）热塑性聚合物

由长链、交织的聚合物分子组成，是相当坚硬的固体，但同时也具有一定的弹性（特别是在加热和成型时）。热塑性塑料被广泛地应用于电池，特别是可用于以下场景：

① 电极黏结剂；

② 隔膜材料；

③ 内部和外部载流部件的绝缘材料（片状、线状覆盖物，扣眼等）；

④ 电池内部和电池之间的阻隔层和分隔材料；

⑤ 电芯和电池的包装（包括电芯外壳和电池舱）。

热塑性塑料占据了电池行业数十亿美元的支出，从用于生产铅酸电池外壳的聚乙烯和聚丙烯等，到用于高温、脊状部件、电气绝缘等的工程塑料（如 Lexan®、Kapton® 和 Teflon® 等）。热塑性塑料的一个重要特征是非晶态和晶体结构的程度（以及相关的玻璃化转变温度）。

（3）其他聚合物

电池工业中使用的其他较为特殊的聚合物包括弹性体密封剂、纤维素纸和纤维素隔膜、聚合物电解质（本书 22A 和 22C 部分）等。这些材料的各种应用在相关电池技术的章节中将有更详细的讨论。

决定是否使用聚合物而不是金属、玻璃、陶瓷等，或使用某种特定类型的聚合物而不是其他，通常是基于不同材料的性能（强度、刚度、零件重量/体积等）、加工能力、耐久性（耐腐蚀、耐热、耐磨损等）、成本以及其他无形因素（回收、外观等）的考量。对于一些电池应用，如军事、医疗和航空航天，聚合物可能还需要几年时间，并涉及数百万美元的测试过程。尽管考虑了这些预防措施，电池部件（电池外壳、分离器、电绝缘体等）仍可能因疲劳、蠕变/屈服、氧化等造成聚合物失效情况的发生。

（4）聚合物特性

不同的聚合物都有不同的特性。然而，在具有共同重复结构单元的基本聚合物组中，其性质类似。现将每种聚合物的基本结构和一些特性介绍如下。

① 聚烷烃（—CH$_2$CH$_2$—）。这些聚合物由具有单键的线型碳链分子（有或没有分支的侧链）连接而成，由甲烷、乙烷等制成。这一类聚合物也包括聚烯烃，其成本较低，对许多化学品具有耐受性。由于具有良好的溶剂耐受性，它们不太适用于溶剂加工。这类材料的强度和温度极限往往相对较低。大部分分隔材料（包括水系电池和锂电池）、电芯和电池外壳是聚乙烯或聚丙烯，通过熔融挤压或注射成型制备而成。在分隔材料中，特殊的拉伸工艺会赋予其较高的强度。

② 环状化合物（例如，含有苯环的结构）。这些聚合物通常含有较大且为环状（芳香）碳在内的复杂重复单元，也可能含有卤素和氮（甚至硫）原子。聚苯乙烯和 PET（聚对苯二甲酸乙二酯）是最好的实例。这类材料性能可能有所不同，但它们通常比线性链（脂肪族）聚合物更加坚硬和牢固。

③ 碳氧聚合物（ —C—，—C—O— ）。这些聚合物是由羰基和羧基、聚丙烯酸等合成的，包括具有酮、醚、酯、碳酸盐和类似结构的聚合物。烷烃可以形成聚酮类聚合物，环状碳环一般用于制造如 Lexan® 等的聚碳酸酯。丙烯酸树脂类聚合物具有良好的透明度和硬度。

④ 卤化聚合物（—CH$_2$CHCl—，—CH$_2$CF$_2$—，—CF$_2$CF$_2$—等）。这些材料包括上面列出的各种聚合物类型，不同的是结构中含有替代的氯、氟等卤素原子。常见的卤化聚合物包括聚氯乙烯（PVC）、Saran®和特种含氯聚合物。这类聚合物已经成功地应用于铅酸电池分离剂（PVC）和锂离子电池电极黏结剂［聚偏氟乙烯（PVDF）］。如 Teflon® 和 Tefzel®的氟代聚合物已被用于电池的电极黏结剂，以及耐热和耐化学腐蚀材料。这些材料中的一部分在加热时表现出非常小的软化程度，并能在极端温度下生存。

⑤ 氮聚合物。这些材料可能基于许多前面已列出的结构，不同的是，由氮原子取代。这类材料包括尼龙（聚酰胺俗称尼龙）、聚丙烯腈和一些特种聚合物。由于尼龙具有优异的化学稳定性，它已被应用于许多碱性电池中。这类材料还包括聚氨酯、聚酰胺/酰亚胺（Kevlar® 和 Torlon®）和聚胺（环氧树脂固化剂）。

⑥ 其他聚合物。其他更奇特的聚合物，如聚烯烃、硅和硫基聚合物（如聚砜和聚醚砜或 Udel®），在电池应用中也发现了与此相关的一些用途，但通常只限于有限且专一的应用。对于这些材料来说，成本和加工能力是其被广泛使用的最大障碍。

此外，聚合物的一个重要特性是其溶液特性。具体来说，如果一种聚合物不能通过熔融加工（即加热成型、挤压、压制等）正常生产，那么该聚合物必须溶解在一种溶剂（通常是有机液体，有时是水）中，并以溶液的形式浇铸成板材、薄膜、涂层等。第 2C.2.3 节讨论了各种工艺溶剂，但溶剂和聚合物的相互作用需要进行广泛的分析，以实现最佳的生产过程。

2C.2.2　电解质

随着锂离子电池的快速发展，非水电解质的领域也得到了快速增长。虽然许多电池仍然使用水和无机溶剂，但锂电池中使用有机溶剂代表了绝大多数的新应用。如第 17 章所述，这些有机溶剂电解质的成本非常高。这些溶液大多使用无机盐，近年来有机盐和离子液体的应用也获得了一些成果（关于有机电解质的细节见本书 3B 部分）。

2C.2.3　工艺溶剂

由于聚合物在电池组件制造中的广泛使用，工艺溶剂的使用也是不可避免的。虽然聚合物挤压工艺（即聚合物熔体）可用于生产许多组件，但在需要掺入固体颗粒（粉末、纤维等），特别是进行大量掺杂时，往往并不使用挤压或热成型工艺，而是使用溶剂混合/铸造。将溶解的聚合物和填料的浆料混合，沉积成膜，干燥，以形成锂电池的电极和陶瓷基隔膜材料。溶剂可以是醇、酮、脂肪烃（烃类即碳氢化合物）或其他类型的溶剂，其价格相当昂贵，通常应用在较高性能材料的制备工艺中。因此，通过加热/干燥从铸膜中除去的溶剂往往经碳床吸收、蒸馏和冷凝回收，而不是焚烧。有机溶剂的其他用途还包括活性材料的合成以及在电池制造、焊接等之前清洗相关金属部件。关于溶剂的性质可以在各种资料中找到[3]。

2C.2.4　纤维素

早期的铅酸电池设计使用了木瓦片作为隔膜材料。到今天为止，铅酸电池仍然使用木质材料作为电极添加剂（第 14 章）。此外，100 年前用于干电池外壳的纤维素纸，今天仍用于各种原电池的隔膜材料（第 11 章和第 12 章）。包括羧甲基纤维素和玻璃纸（水化纤维素）在内的一些纤维素衍生物，也应用于现代电池。

2C.3 属性

在许多关于聚合物、溶剂和其他有机材料的参考书中可以找到大量的材料特性。当选择用于电池的材料时,这些参考书可以提供很好的信息来进行初步选择。然而,鉴于电化学电池的独特性,可能需要进行额外的测试。当接触到电池中使用的活性材料或金属时,聚合物黏结剂和电解质溶液通常表现出很高的稳定性。然而,如本书 3B 部分和第 17 章所述,很少有锂电池电解质能在 0~4.5V 范围内保持稳定。因此,必须对材料在每个适用的电池环境中以及在所有正常使用和滥用条件下的性能进行验证。用于黏结剂、隔膜材料或绝缘体的聚合物的典型特性如下。

① 物理特性:密度、摩擦特性、表面能;

② 机械特性:强度、模量、蠕变、疲劳、屈服;

③ 热学特性:玻璃化转变、软化点、熔点;

④ 化学特性:耐酸、碱、溶剂、水的特性,溶解度参数;

⑤ 电化学特性:循环伏安、离子电导率;

⑥ 电学特性:击穿电压、介电强度。

用于电池外壳、线路或其他外部组件的材料可能需要根据环境条件(辐射、原子氧、臭氧、紫外线等)进行额外测试。

一旦这些特性被确定,最后一步都是进行完整的电芯和电池性能和安全测试,以及在整个温度范围内进行长时间储存和长循环测试。

参考文献

1. https://en.wikibooks.org/wiki/Organic_Chemistry (extracted June 16, 2018); J. G. Smith, *Organic Chemistry*, 4th ed., McGraw-Hill, New York, NY, 2014.

2. J. Brandrup, E. H. Immergut, *Polymer Handbook*, 3rd ed., Wiley-Interscience Publication, John Wiley & Sons, New York, 1989.

3. J. A. Riddick, W. B. Bunger, T. K. Sakano, *Organic Solvents—Physical Properties and Methods of Purification*, 4th ed., Wiley-Interscience Publication, John Wiley & Sons, New York, NY, 1986.

2D 陶瓷和无机材料
Kirby W. Beard

2D.1 引言

陶瓷和类似的惰性无机化合物是电池工业中使用的另一类重要材料。这些材料中有许多金属元素，事实上大多数金属都是由金属氧化物、硫化物、碳酸盐等制备的。陶瓷通常不参与电化学反应（除了固态锂离子电池和类似系统之外），而是作为绝缘体、填充物等使用。无机化合物包括各种各样的材料类型，通常用于合成活性材料或配制电解质。接下来讨论的一些原材料类型（即铝土矿、二氧化钛等）已在本书 2A、2B 部分中进行了详细说明。2A、2B 部分详细介绍了与金属生产或作为活性材料使用有关的一些原料类型。本节的目的是提供这些材料的替代材料和用途的补充细节，这些材料在前面的内容中没有完全涵盖。关于具体的材料或应用，可查阅其他参考资料。以下各节中的许多数据可在美国地质调查局的网站获得[1]。

2D.2 综述

2D.2.1 陶瓷和玻璃

陶瓷和玻璃通常具有高温和电化学稳定的特点，并具有相当广泛的化学耐受性。一些特殊类型的陶瓷材料可以作为活性材料或固态电解质发挥作用（参见第 22 章），尽管强碱溶液和锂金属有时会与某些成分发生反应或腐蚀，但典型的陶瓷或玻璃是非常惰性的。然而，除了特殊情况，陶瓷和玻璃被选择用于电池单元和电池组，是因为它们能够电绝缘或隔离载流部件，或提供高温和电化学稳定性。当聚合物不能满足温度或电学要求，或受到酸、碱、有机溶剂溶液的化学侵蚀时，这些材料或许是更好的选择。

2D.2.2 无机化合物

这一类材料是指电池工业在生产电池组件时消耗的各种通用无机化学品。例如，大多数活性物质是通过化学反应合成的，原料包括硫酸或硝酸、氢氧化钙或氢氧化铵、氯气或氟气、碳酸氢盐或碳酸盐等。在其他情况下，这类材料可直接用于电解质溶液中。例如，有时将碳酸锂或氢氧化锂添加到碱性原电池、蓄电池或锂电池中。这些材料在电池中的使用情况很少见，但在分析大规模生产需求时，需要考虑其成本、数量和来源的细节。近年来，钾碱（碳酸钾）和氦气（在某些电池技术中用于处理介质）等材料都出现了供应短缺的情况。

2D.2.3 物理形态

陶瓷的主要特点是其物理形态。陶瓷和玻璃可以以细粉末（化学反应物、前体、填料等）或加工（即烧制、熔剂、黏结等）成纤维、纤维垫/布、固态块体、多孔片等形式使用。材料的预期用途将决定其加工方法和最终形式。然而，电池组件生产商最近面临的一个更大的挑战是处理超细颗粒（即亚微米和纳米颗粒）的技术要求。目前隔膜材料和电极都需要更细的粉末，以提高电池性能，但较差的堆积密度、排斥力和其他因素经常导致细粉末的使用问题。

下面将重点介绍与电池工业相关的陶瓷、玻璃和其他一些无机原材料。本书第四部分将详细介绍陶瓷和无机材料在各种电化学电池中的应用情况。

2D.2.4　氧化物和硅酸盐

这类材料可以直接作为活性材料或填充物使用，或者加工成散装形式或转化为其他化合物。基于此，实现这类材料的大量应用是可能的。

① 耐火材料（氧化铝、铝硅酸盐等）[2]。本书 2B 部分中提到的铝土矿可用于铝生产，但它在制造氧化铝方面也很重要。氧化铝是陶瓷生产的重要组成部分（供应详情见表 2B.3）。铝硅酸盐是耐火材料产品的另一个重要原料来源。钾长石、莫来石和其他矿物是制造高温陶瓷的主要原料来源，详见表 2D.1。

表 2D.1　铝硅酸盐的供应

年份	美国产量/全球产量（各种类型）/10^3 t	蓝晶石（估计价格）/（美元/t）	美国储量/全球储量（各种类型）/10^3 t
2009	80/440	250（350 煅烧）	NA（大量）
2017	90/NA	270（420 煅烧）	NA（大量）

注：NA 表示无具体数据。

② 氧化镁。金属镁能直接用于少数类型的电池，可以从岩石矿物、盐水、海水和其他来源获得。此外，镁基硫酸盐、水合物和碳酸盐形式在电池行业也有一些用途。然而，这种金属的主要用途之一是以氧化镁的形式用于耐火产品。有关来源、供应、成本等方面的详情，可在美国地质调查局网站上查阅[3]。

2D.2.5　碳酸盐和氢氧化物

① 石灰[4]。石灰由钙的氧化物和氢氧化物组成。钙可以从碳酸盐岩石（石灰石、珊瑚等）中获得。一些电化学材料中存在钙离子。石灰的真正价值在于应用于化学合成。其供应估计数据见表 2D.2。

表 2D.2　石灰的供应

年份	美国产量/全球产量（各种类型）/10^3 t	生石灰（估计价格）/（美元/t）	美国储量/全球储量（各种类型）/10^3 t
2009	15000/280000	101（136，水合物）	大量
2017	18000/350000	123（149，水合物）	大量

② 苛性钾[5]。苛性钾是指氢氧化钾。岩石矿藏是其主要来源，但历史上也曾用木灰来制造苛性钾。苛性钾的价值当然是作为钾的来源，在许多电解质（即 KOH）中使用。其成本低于 1000 美元/t，储量近 400×10^4 t。然而，苛性钾的主要用途在于化肥生产。它在农业生产中几乎是不可替代的，相关市场将决定其供应和成本的趋势。

2D.2.6　其他

① 磷酸盐[6]。磷酸盐是化肥的另一种关键成分，在农业生产中是不可或缺的。因此，这些用途决定了供应和成本。磷酸盐只能从磷矿石（通常为 P_2O_5）中获得，而且大多数磷矿都在美国。元素磷、磷酸盐和磷酸已被用于各种电极、塑料和其他与电池相关的应用，但

目前最重要的用途是锂离子电解液（LiPF₆）。表2D.3展示了磷矿的供应数据。

表 2D.3　磷矿的供应

年份	美国产量/全球产量(各种类型)/10³t	磷酸盐(估计价格)/(美元/t)	美国储量/全球储量(各种类型)/10³t
2009	27200/158000	50	1100000/16000000
2017	27700/263000	75	1000000/70000000

② 硫[7]。硫在电池中也有很多用途。毋庸置疑，其最主要的用途是作为硫酸应用于铅酸电池；同时，硫也被用于电极（FeS₂）、电解质（SO₂）、盐类（三氟甲基磺酸锂）和许多其他附带产品。硫的最大潜在用途可能是以单质形式作为新型锂蓄电池的活性阴极。硫的最大来源是石油和天然气生产的副产品。根据石油产量和其他用途的竞争，硫的供应和成本可能会有很大的变化，如用于化肥的磷矿石加工等。表2D.4列出了供应数据。

表 2D.4　硫的供应

年份	美国产量/全球产量(各种类型)/10³t	估计价格/(美元/t)	美国储量/全球储量(各种类型)/10³t
2009	9800/70300	10	大量(石油储量)
2017	9660/83000	60	大量(石油储量)

③ 硅石和硅[8]。硅石是二氧化硅（SiO₂）的俗称，是石英的基础材料。硅以硅石的形式构成了25%的地壳组成，决定了当地硅砂的可用性；硅石随处可见，而且成本很低。SiO₂广泛用于制造玻璃、玻璃纤维、填充剂和添加剂。硅的电池应用包括玻璃垫隔离材料、气相硅凝胶电解质、塑料填料和许多其他用途材料。

硅作为金属单质的另一个潜在用途是作为锂离子电池的负极材料。精炼硅的成本相当低（100美元/t），但当用于锂电池电极时，可能需要超高的纯度。在硅负极得到完善之前，单质硅最重要的电池应用将是充电电子产品的集成电路。

2D.3　总结

应用于陶瓷产品、化工生产、冶金工业和其他行业的各种无机材料的开采、提炼和加工是一项庞大而多样化的业务。电池制造依赖于现有的基础设施。正如本章所述，电池制造原材料的供应链可能是复杂的、多样化的，甚至是不稳定的。

参考文献

1. https://minerals.usgs.gov/minerals/pubs/commodity/myb/ (extracted May 11, 2018).
2. https://minerals.usgs.gov/minerals/pubs/commodity/kyanite/index.html#myb (extracted May 11, 2018).
3. https://minerals.usgs.gov/minerals/pubs/commodity/magnesium/index.html#myb (extracted May 11, 2018).
4. https://minerals.usgs.gov/minerals/pubs/commodity/lime/index.html#myb (extracted May 11, 2018).
5. https://minerals.usgs.gov/minerals/pubs/commodity/potash/index.html#myb (extracted May 11, 2018).
6. https://minerals.usgs.gov/minerals/pubs/commodity/phosphate_rock/index.html#myb (extracted May 11, 2018).
7. https://minerals.usgs.gov/minerals/pubs/commodity/sulfur/index.html#myb (extracted May 11, 2018).
8. https://minerals.usgs.gov/minerals/pubs/commodity/silicon/index.html#myb (extracted May 11, 2018).

2E 碳和石墨

2E.1 引言

碳元素有两种基本类型：非晶态碳和晶态碳。开创性的研究发现了纯晶体碳的存在，被称为富勒烯和石墨烯[1-2]。尽管石墨烯和富勒烯为储能行业提供了希望，但其供应仍受限于碳基材料的加工能力。其成本和产量取决于许多尚未优化的因素。因此，关于这些碳的片、管、球状等材料来源的细节在本节中没有进行详细讨论。

石墨兼具金属和非金属的特性，被认为既是有机物，又是无机物。其金属性质主要体现在导电性能和导热性能，非金属性质主要体现在其惰性和热稳定性[3]。同样，虽然炭黑和天然石墨已经在电池组件中使用了几十年。但近年来，科研工作者们经过不懈的努力开发出了纯化和杂交的碳结构，并且这些材料在许多电池中获得了巨大的成功。然而，这些材料同样来自对自然产物的改造或从零开始制备的新材料。其供应量和成本也相应地有所不同。

总体而言，这两种基本的碳材料要么通过石油化工合成，要么通过矿石开采产生。通过使碳氢化合物发生部分氧化（即不完全燃烧），碳以煤烟或焦炭的形式产生。这种形式的碳（也称为炭黑）可用于塑料、涂料、墨水等的添加剂，也可用在钢铁生产中，还可以作为润滑剂以及满足其他用途。然而，一个多世纪以来，电池一直通过使用各种各样的碳作为电池组件以提高电导率和/或提供电化学反应的界面。这些碳基本是惰性的，不参与氧化还原反应。一些石墨碳也被用于导电稀释剂，但经过改性，其允许锂离子插入与脱嵌，这使得该材料成为锂离子电池工业的主要组成部分。改性石墨是通过各种化学和热处理工艺制成的，但天然（即开采的）石墨仍是现阶段石墨使用的主要来源。

2E.2 石墨的供应[3]

由于任何化石燃料或碳水化合物都可以用来制造炭黑，所以碳的供应几乎是无限的。事实上，电容器应用的一些首选材料来自椰子壳等的碳化材料。石墨形式的碳的供应更为有限，但仍可能接近 8 亿吨。其供应估计数据见表 2E.1。

表 2E.1 石墨的供应

年份	美国产量/全球产量/10^3t	种类	美国储量/全球储量/10^3t
2009	约 0/1130	866～2580 种晶形碳,256 种无定形碳	约 0/71000
2017	约 0/1200	1400～1840 种晶形碳,392 种无定形碳	约 0/270000

虽然目前的碳供应似乎足够，但美国地质调查局报告称，美国的一家电池厂可能将需要每年 93000t 的片状石墨，并将其转化为 35200t 球形石墨。碳储量最大的国家是土耳其、巴西和中国，但加拿大最近也开了新矿。燃料电池也是石墨的一个潜在的主要应用对象，其需求量可能超过所有其他用途的总和[3]。

2E. 3 结论

随着新技术的不断开发，出现了新的碳结构并赋予了其新的功能，碳和石墨在电池中的作用也在不断革新。目前，锂负极材料正在通过各种后处理技术生产，以提高其性能。另一个新概念是在铅酸电池中使用碳，其中活性炭取代了活性铅负极材料，并为储氢提供位点。[4-5] 对石墨矿床的关键要求是纯度和净化矿体的能力。

参考文献

1. Nobel Prize in Chemistry "for their discovery of fullerene," R. F. Curl, Jr., H. W. Kroto, R. E. Smalley, https://www.nobelprize.org/nobel_prizes/chemistry/laureates/1996/ (extracted May 15, 2018).
2. Nobel Prize in Physics "for groundbreaking experiments regarding the two dimensional material graphene." A. Geim, K. Novoselov, https://www.nobelprize.org/nobel_prizes/physics/laureates/2010/ (extracted May 15, 2018).
3. https://minerals.usgs.gov/minerals/pubs/commodity/graphite/index.html#myb (extracted May 15, 2018).
4. Axion Power, www.axionpower.com.
5. https://businessjournaldaily.com/axion-power-enters-new-era-as-rd-company/ (extracted May 15, 2018).

第 3 章

电池组件

3.0　概述

第 2 章详细介绍了在电池内直接使用的多种材料和生产中使用的原材料。电池供应链的下一环节就是电池的组成或附加产品。以下列举了已在第 1 章中简单介绍的电池的重要组成部分，本章将对它们逐一进行详细介绍：电极、电池电解液、隔膜、从电池到终端用户的电气连接、电池封装。

上述电池组成不是唯一的，很多特种电池可能还会使用其他电池组成或者使用上述组成的备选版本。列出并分析电化学设备内部组成的主要原因是，帮助从业者更好地理解电化学设备的制造成本和供应链的相关问题。例如，某电池研讨会发布了一篇关于各类电池组成成本的下降和产量[1] 的论文，其分析内容包括 NCA（Ni-Co-Al）锂离子电池等不同类型的电池单体及电池组。例如 NCA 电池，该论文从成本类别（人工成本和材料成本）、电池产量（每年的产量高达 10GW·h）、电池结构（圆柱形和方形电池）、发展趋势等多角度进行了分析。电池目前的生产成本为 280 美元/kW·h。其中，材料成本所占比例最大（约为 120 美元/kW·h），生产设备成本和设备折旧费占生产成本的比例居第二位（总计约为 65 美元/kW·h）。因此，生产电池组件的复杂性对电池生产的最终成本有重要影响。人工和管理成本应在总成本中占据合理的比例。美国能源局设定的电池生产成本 2022 年年度目标是 125 美元/kW·h，因此各相关企业需削减电池组件的生产成本以达到美国能源局设定的目标。此论文有一个有趣的统计，电池硬件（包括隔膜、电解液、金属集流体、负极材料等）成本占了材料总成本的主要部分（硬件成本高于正极材料成本 50% 以上）。因此，电池生产的核心改进方向应是以降低材料（和电池）的生产成本为目标，并研究其对电池的结构和封装理念的影响。

参考文献

1. R. Ciez and J.F. Whitacre, "The costs and environmental impacts of lithium-ion battery production and recycling," *35th Annual International Battery Seminar and Exhibit*, Fort Lauderdale, FL, March 26–29, 2018.

3A 电极

Trevor D. Beard, Kirby W. Beard

3A.1 引言

除了材料种类相异之外，电极依据电池所需的电化学特性和应用领域，在结构设计、物理特性以及功能性方面均有所不同。不同电极材料的制备工艺和生产设备也各不相同。在全部种类的电池生产中，通常电极制备是最复杂和最昂贵且至关重要的技术。电极的缠绕和堆叠以及电池组装是电池生产中的复杂步骤，这些步骤主要涉及工程性问题。电池装配阶段的不良操作会导致成本上升和安全风险增加；同时，电极生产流程中在工程性、电化学性和物理约束方面的诸多限制也会在很大程度上影响电池制备的成本和安全风险。

除了在电容器等少数电化学储能装置中电极仅为电荷分离反应提供反应位点外，在大部分装置中电极必须承担电荷传递和为电化学氧化还原反应提供反应位点的双重作用。在所有电化学储能装置中电荷通过电子导电通路传递，而离子则通过电解液和活性材料的离子通路迁移（经常从对向电极开始迁移）。促进电荷传导能力通常会抑制离子导通能力。因此，电极设计本质上是一项针对不同目标而进行的相互平衡和妥协行为。不仅如此，电极设计还会面临一种更差的情况，即通常有益于一侧电极工作性能的设计会损害另一侧电极的性能。所以，电极设计必须同时兼顾电极个体和电极对整体。电极设计必须维持各性能间的平衡，尤其是电极容量和倍率性能间的关系。多数电池的设计应达到各性能间的精确平衡，但部分电池因特殊的性能要求，需要针对性地进行失配设计。

以下各节总结了多种电极及其生产方法。本手册第四部分在介绍特种电化学电池的内容时，将对部分电极进行更详细的介绍。

3A.2 通用电极类型

电极通常按照以下四类通用方式进行设计和分类：孔隙率和孔结构；电子导体和集流体的设计；电极本体的物理参数（厚度、长宽比等）；极片单元的生产过程与加工。

此外，一些特殊的极片设计方案也是可行的，比如双极性、内部连通三维打印[1]、大体积液相储罐（如氧化还原液流电池）等设计方案均是可行的（这些类型的电极会在第四部分进行介绍）。

① 孔隙率。一种电极分类标准在于电极是无孔材料（如固体、胶体或液体）还是多孔材料。固体电极依靠表面化学反应和固相离子扩散传递离子。多孔电极的离子传递是通过其多孔网络实现的（不论孔径大小），固态电解质或液态电解液填充于电极的多孔结构中。第4章和第6章详细解释了优化离子活性和流动性所具有的挑战性。这类优化依赖大量的多维度实验设计或复杂的理论计算。蓄电池的电极材料也存在挑战，比如如何平衡电极容量和离子导通性能。

② 电子导体和集流体的设计。电子导体的设计也富有挑战。尽管很多活性材料具备电子导电能力，但是绝大多数电极依旧需要一种具有高电子导电性且高度分散，却又呈网状相连的薄膜、颗粒或丝状材料。炭黑和石墨是锂离子电池常见的电子导体材料，但是铅酸电池

和镍氢电池主要依靠导电能力更强的金属电子导体材料。此外，在电极中添加电子导体材料（如石墨）能促进电极内部的电子传导，但是电子从电极向电池的传递更加困难。铅酸电池通常以径向结构的铅格栅作为集流体，该格栅以嵌入电极的方式连通全部电极，使电流在靠近极耳位置的阻抗损失最小。锂离子电池通常使用薄金属片作为集流体（采用更低阻抗的极耳连接优化设计）。

③ 物理参数。这项基础设计（如厚度、密度、长度、宽度、电极叠片方式等）是电池工作性能和制造成本的主要影响因素之一。比如薄电极一般拥有更好的倍率性能和循环寿命，但是成本较高。因为薄电极的生产率低，而且电池使用更多集流体和隔膜，导致生产成本增加，并且电池的能量密度降低进一步增加了成本。很多电池的技术革新就是电极厚度和密度（孔隙率）的革新之路。

④ 单元过程。化工生产领域把生产过程分解为一步一步的分步过程，并且定义为操作单元[2]。电极生产应用此基础模型，通过引入一系列化学和材料加工技术，在不同操作单元中完成电极生产。一些电极生产中的基本操作单元包括如下：

    a. 材料粉末研磨、分级；

    b. 颗粒包覆、干燥、混合；

    c. 混炼（加热/冷却）、膏状/浆体；

    d. 沉积-涂覆、喷涂、注模、筛滤；

    e. 增密（加热/冷却）-碾压、压延、滚轧、模压、离心；

    f. 剪切、冲片、裁切；

    g. 先进工艺（如三维或 3D 打印）。

除了仅采用单一基础材料以常态存在的电极，如金属箔（锂）、液态电极（二氧化硫）或者气态电极（氢气）等，其他电极的生产步骤至少需要 6 步。生产电极耗时长，因为此类生产步骤多数依赖经验技巧以实现最优化生产，且生产中众多定制机械和过程优化需要消耗大量时间，仅有部分设备为标准化设备。电极质量可以通过物性检测确定，但多数电极产品的检测手段仍是电池测试。生产电极和电池仍面临着诸多困难，目前仍无法对上述产品作出绝对的长期质量保障。下面将列举并介绍多种典型电极。

3A.3 典型电极种类

3A.3.1 片/箔/网状金属活性材料电极

最常见的金属电极活性材料是铅（第 14 章）、锌（第 11 章和第 15 章等）和锂（第 13 和第 17 章等）。其他金属电极已开展了多年研发和商业化但是没有获得突破性进展，涉及镉（20 年前研究热度更高）、镍、锰、铝、铁、铜，甚至是钠、锡和多种稀有金属以及合金。其中，很多材料具有可开采量大、成本低和可加工性高等特性。这些金属电极能够装配成电池，电极拥有优异的容量和活性（倍率性能）。

这些电池的集流体通常由其他金属构成（例如锂箔负极使用镍格栅）。此外，金属电极具备良好的电子导通能力，但其缺陷之一可能是金属纯度不足，以及加工过程或电解液杂质导致的表层污染。总体而言，金属电极已深入研究多年，目前大多数新报道的研究成果是关于其他种类的电极。

3A.3.2 粉末或固态无机物活性材料电极

这类电极典型的是金属氧化物活性材料，比如二氧化锰、二氧化铅、羟基氧化镍、钴酸锂以及其他相似的锂离子嵌入型过渡金属化合物。还有很多处于实验中但尚未实现规模化生产的电极，包括多种金属（包含铁、钛、锡、锰、铜、汞等）的氧化物、硫化物和氮化物。

石墨也是这类材料中的常用材料之一。石墨常被用于锂离子电池负极，最近的研发成果也将石墨应用于铅酸电池。此外，石墨改性后，可与其他材料混用以提高其能量和稳定性，例如硅负极。硅负极也是被广泛研究的电极之一，目前一般使用石墨混合硅制备更高性能的负极材料[3]。

另一种无机材料是硫（以单质态和多种化合物态存在）。硫电极在 20 世纪 90 年代被首次研制成功。目前锂-硫电池被广泛认为是下一代锂电池的选择之一（参见本书 17B 部分）。一个改良的创新成果是使用二氧化钛包覆的核壳结构硫微球[4]。

此外，氟化碳（CF_x）聚合物在近十年内被应用于高容量原电池（第 13 章）。锂直接与其反应生成氟化锂和碳，此类原电池是目前能量密度最高的电池。另外，陶瓷和玻璃基活性材料（粉末和薄膜）仍在发展中，尤其在高温电池领域。

使用这些小颗粒无机物作为电极活性材料的关键是无机材料能够被熔融、黏结、模制成电极。一些化合物，例如氧化铅通过和水汽反应相互黏结并黏结在格栅或集流体上，晶格不断生长，相互渗透，最终形成稳定的电极。其他粉末能够被热或压力熔融（例如第 15 章介绍的烧结镍正极的镍氢电池），形成稳定结构的电极。

然而，用颗粒材料生产电极的普遍方式是使用聚合物黏结剂黏结各电极组分材料。一般而言，聚合物黏结剂有以下几种使用方式：

a. 将干粉或液相分散态的聚合物与活性材料相混合制备成面团状混合物，再通过揉搓、碾压或辊压制成电极。

b. 将聚合物黏结剂和活性材料与导电分散剂混合制备成浆料，在金属箔集流体上涂布烘干形成电极。

c. 将干粉态的聚合物和活性材料通过方法 a. 或方法 b. 混合，把混合物分散为薄膜或薄片，再使用其他手段压实或黏结。

更多无机活性材料加工技术细节将在电化学部分（参见第四部分）讨论。

3A.3.3 聚合物活性材料电极

MacDiarmid、Shirakawa 和 Heeger 三位科学家在 1977 年提出一个新思路，即使用聚合物作为电化学装置的活性材料。他们在多种有机聚合物中（例如聚乙炔）掺杂离子的创新成果获得了 2000 年的诺贝尔化学奖[5]。在此之前，未发现聚合物可以"充放电"并用于制备电池或电容器。聚合物电极可以通过流延聚合物与各种离子基团混合溶液进行制备。尽管当时没有商业化产品问世，但是研究者对聚合物电极的热情一直在持续。近期的研究成果表明，卟啉类、红氨酸和三氧三角烯有可能成为正极活性材料[6-7]。相比金属类材料，聚合物的成本更低，电极更易于制备。

3A.3.4 聚合物复合材料电极

第二次聚合物研究热潮始于 20 世纪 80 年代（始于 Armand 科学家 1978 年的科研成果）[8]。研究聚焦于应用固态（或凝胶态）导电性聚合物作为无机活性材料（参见 3A.3.2

部分）电极的黏结剂。首先，使用低成本聚合物和现有聚合物加工设备和技术制备电极的可行性，被认为是此项电极制备革新的优势。其次，使用热塑性聚合物黏结剂有望改善电池循环性能。此外，使用导电聚合物作为黏结剂和离子导电聚合物作为隔膜可显著降低电池的界面阻抗。

初步实验的复合正极是挤压成型聚氧化乙烯、有机锂盐（三氟甲磺酸锂）和活性材料氧化钒（如 V_6O_{13}）。随后，将纯聚合物电解质挤压成型于复合正极表层。然后，通过设计实验使聚合物吸收锂盐溶液以提高离子导通能力。这项技术由 Bellcore 公司（后更名为 Telcordia）开发，于 2000 年出售给 Valence Technology 公司[9]。目前的开发方向是致力于在复合电极中引入固态聚合物和离子液体形成低挥发性凝胶态聚合物组分[10-11]。

3A.3.5　液态和气态电极

液态电极或被称为阴极电解液（阳极电解液）已存在数十年。液态电极是液态活性材料，也是阴、阳离子的溶剂。二氧化硫和亚硫酰氯是常见的两种液态电极（第 13 章）。近期，氧化还原液流电池（是一种二次电池-燃料电池混合电化学装置，详见本书 22B 部分）应用液态（或浆态）电极[12]。气态电极如氢气和甲烷，也被一些特定电化学装置使用（为活性材料，如燃料电池）。使用气态和液态活性材料的核心是以某些方式分隔正负极活性材料：通过聚合物薄膜或导电陶瓷化合物以物理方式分隔（通常用于两电极均为液态的电池）；通过惰性保护层分隔两电极（通常用于锂金属为负极的电池）。

这些电化学系统将会详细介绍（参见第四部分）。

表面上，这些电极的生产仅仅是混合各材料并添加于电池装置内。然而，活性材料添加量的细微变化将导致灾难性后果。电池的突然失效可归结于很多原因，比如液体的热膨胀、过量或正常使用状态时温升导致的压力提高、气体分解产物引发的副反应、由于时间或低温发生的结晶化现象等。因此，尽管液态和气态电极在最初被视为简单、易懂、热门的电极体系，但是上述问题必须被充分分析和验证。

3A.4　新型电极创新

3A.4.1　指导原则

电极技术的创新和发展主要是满足行业追求环保、成本效益高且技术上可行的需求。例如，用水溶性无毒溶剂，如 SBR 类（丁苯橡胶）热塑性聚合物，取代某些锂离子电极浆料生产中使用的有毒溶剂。近期因政府对环境友好型生产的规定以及降低成本等因素的影响，一些昂贵的有毒溶剂（如 N-甲基-3-吡咯烷酮）被逐步替换。

然而，成本优势不仅包括更低的材料成本，发展新型电极可能有利于降低实际的生产成本。因为材料成本是锂离子电池生产成本的主要来源，所以当今锂离子电池生产首要关注点是更低的材料成本。因此，不仅降低材料成本对生产很有帮助，而且任何通过优化生产效率而节省成本的方案都将极具竞争力。例如，更高的电极生产效率（如单位机时内生产更高安时的电极）相当于降低了生产电池的人力和间接成本。

降低甚至消除溶剂回收或处理成本也是降低成本的方案之一。其中，干法电极技术因消除了溶剂处理成本而被广泛研究（第 3A.3.2 节）。以聚四氟乙烯（PTFE）为黏结剂，与电极材料干混后，利用 PTFE（纤维）原纤化特性通过类似揉面过程制成混合物面团再挤压成极片。干法电极的性能虽然无法媲美湿法电极，但干法电极技术仍在持续迭代，比如目前研发中的干粉静电喷涂技术[13]。

此外，新型活性材料和导电材料的开发改变了电极生产制造过程。硫正极材料因其低成本和高理论能量特性，有望在未来改进电极生产流程。同样，硅负极也已经对电极生产流程进行了改进，详见下文。

3A.4.2　当前电极生产流程的局限

混合大量小颗粒材料组成电池电极是当今锂电池化学的主要趋势。例如，混合硫和大量导电碳可提高硫电极的电子导通能力。正极中添加高载量的纳米级导电碳或石墨可以抵消硫的绝缘性。具体而言，把液相涂覆和网状处理后的多孔聚合物-碳复合薄膜用于熔融硫的浸润改性。但这些液相涂覆的正极衬底被证实不充分。目前的液相包覆方案没有充分使用聚合物黏结剂。纳米级碳颗粒的体积载量最小，难以制备厚电极。多数湿法电极在满足孔隙率、密度、机械强度的条件下，厚度小于 $250\mu m$。

硅负极被认为是大幅度提高锂离子电池比容量的方案之一。然而，4 个锂离子结合一个硅原子的组合使硅电极在充电阶段严重膨胀导致颗粒出现裂痕。电池工作时每圈循环均引起硅负极的固态电解质界面（SEI）破裂并可能损害负极整体结构的完整度。应用纳米级硅颗粒可以克服硅负极限制[14]。同样，现行的液相涂覆技术无法提高硅负极中活性材料硅的占比。因此，还需要更先进的锂离子电池制备技术。

黏结小粒径活性材料，如硅、镍-锰-钴（NMC）等，以及导电材料（碳）或热稳定（陶瓷）材料颗粒的问题是材料颗粒的体积与表面积成反比，因此黏结全部微小颗粒需要大量聚合物。所以，电极和隔膜的组分使用小颗粒需要额外的优化步骤。选用小颗粒材料相当于电极表面的颗粒比例更小。

传统涂覆和干燥工艺仅能黏结少量此类极小体积、高表面积颗粒。未黏结颗粒从电极主体脱离，无法完全参与电化学反应。若提高聚合物黏结剂的比例，电极会存在更多绝缘性材料导致电极的倍率性能下降。因此，电极生产需要更高效地使用聚合物以黏结大量微米和亚微米级材料。此外，任何有助于降低生产成本、提高电极厚度、通过优化孔结构和结构完整度增加原材料体积载量的方案，均可改进电极生产流程。下文列举的具体范例与传统湿法涂覆和烘干过程相比，显著改进了电极制备流程。这项新技术也高度适配于填充小粒径陶瓷颗粒的聚合物隔膜生产流程（参见本书 3C 部分）。

3A.5　范例研究：新型相转变方案

Teebs R&D 公司发明了一种全新的电极组件生产方案，解决了很多生产缺陷（在 3A.4 节已介绍过）。这项工艺技术能制备纳米级聚合物网格结构进而黏结大量微米和亚微米颗粒。例如，一种由聚偏二氟乙烯（PVDF）制备的高强度膜的颗粒载量可高达 95%，而传统液相涂覆技术的载量仅为 50%。

Teebs R&D 公司的相变流程能制备瞬间黏结多个活性或导电颗粒的纳米级离散结构聚合物（细丝状或须状）。此聚合物长丝与高比表面积活性材料和导电材料相结合建立三维网状结构，形成聚合物复合材料。图 3A.1 展示了被聚合物黏结的微米级颗粒。

此工艺也降低了生产成本，主要是因为超过 98% 的溶剂被过滤和倾析而非烘干清除。具

体而言，此电极生产技术需要标准丝网
处理设备（例如用于生产无纺纤维网或
纤维素纸的同类设备）。过滤阶段（类似
造纸工艺中的"脱水"步骤）速度快且
无需能量（例如不必进行热风烘干），而
传统液相涂覆工艺制备电极和隔膜需要
能量以烘干溶剂。新型工艺相比于溶剂
烘干步骤更高效（高吞吐量）且成本更
低。此外，新工艺因为下列因素还能够
降低制备成本：

图 3A.1　聚合物微米级材料复合薄膜
（由 Teebs R & D 公司提供）

① 新工艺的单位时间电极产能将提
升，因为新工艺不必等待溶剂烘干。

② 电极厚度能够进一步提高，因此不必考虑烘干步骤的电极收缩移动问题。

③ 溶剂易于从滤饼内排空、收集和回收，不需要大型冷凝单元或大型活性炭吸收床。

多项正在进行中的电池电化学测试证明，使用 Teebs R&D 公司的相变流程制作的聚合
物填充结构电极拥有良好的工作性能。扫描电子显微镜图像表明，活性材料和导电材料超过
95％的表面暴露在电极内。高表面暴露率保证了优异的颗粒间接触（如高电子导通能力）和
优异的活性材料利用率（如与电解液间的高离子交换率）。

参考文献

1. L. Pan, "Printing 3D gel polymer electrolyte in lithium ion microbattery using stereolithography," *35th Annual International Battery Seminar and Exhibit*, Fort Lauderdale, FL, March 26–29, 2018.

2. A.S. Foust, L.A. Wenzel, C.W. Clump, L. Maus, and L.B. Andersen, *Principles of Unit Operations*, John Wiley & Sons, Inc., New York, 1960.

3. J.E. Doninger, "Electrochemical performance of silicon enhance Lac Knife graphite for next-generation Li-ion batteries," *35th Annual International Battery Seminar and Exhibit*, Fort Lauderdale, FL, March 26–29, 2018.

4. Y. Nishi, "Past, present and future of LIB. Can new technologies open new horizons?" *35th Annual International Battery Seminar and Exhibit*, Fort Lauderdale, FL, March 26–29, 2018, pp. 45–48.

5. "The Nobel Prize in Chemistry 2000—Advanced Information." *Nobelprize.org*. Nobel Media AB 2014. May 10, 2018. http://www.nobelprize.org/nobel_prizes/chemistry/laureates/2000/advanced.html.

6. M. Fichtner, "Stabilized porphyrins as a new class of ultrafast storage materials with high capacity," *35th Annual International Battery Seminar and Exhibit*, Fort Lauderdale, FL, March 26–29, 2018.

7. Y. Nishi, "Past, present and future of LIB. Can new technologies open new horizons?" *35th Annual International Battery Seminar and Exhibit*, Fort Lauderdale, FL, March 26–29, 2018, pp. 33–44.

8. U.S. Patent 4303748A.

9. PRNewswire, "Valence Technology Completes Bellcore Battery Technology Acquisition," http://evworld.com/news.cfm?newsid=294 (web: May 17, 2018).

10. Ionic Materials, Inc. website, 2016, http://ionicmaterials.com/ (web: May 17, 2018).

11. M. Panzer, "Design of polymer-supported, low volatility, gel electrolytes," *35th Annual International Battery Seminar and Exhibit*, Fort Lauderdale, FL, March 26–29, 2018.

12. L. Zhang, "Annulated dialkoxybezenes as catholyte materials for non-aqueous redox flow batteries," *35th Annual International Battery Seminar and Exhibit*, Fort Lauderdale, FL, March 26–29, 2018.

13. Y.T. Cheng, M. Al-Shroofy, T. Chen, M. Wang, "Working towards making better and cheaper lithium-ion batteries," *35th Annual International Battery Seminar and Exhibit*, Fort Lauderdale, FL, March 26–29, 2018.

14. X. Xiao, M.W. Verbrugge, Q. Zhang, B. Sheldon, H. Gao, Y. Qi, Y-T. Cheng, and Z. Cheng, "Advanced silicon based electrodes: from fundamental understanding to practical applications," *35th Annual International Battery Seminar and Exhibit*, Fort Lauderdale, FL, March 26–29, 2018.

15. Teebs R&D, LLC is an early stage development company owned and operated by Trevor D. Beard.

3B　电解质
Travis Thompson
（荣誉撰稿人：George E. Blomgren）

3B.1　引言

　　电解质与电极类似，是电池的重要组成部分。第四部分介绍的电化学系统中涉及更多关于各类电池电解质的细节。本章总体上介绍不同种类的电解质。

　　过去两个世纪大部分电池使用液相电解质，所以本章将从液相电解质开始，介绍碱性、中性和酸性液相电解质。对锂金属有良好稳定性的电解质从20世纪70年代即50多年前开始出现，最早被应用于锂一次电池。锂金属二次电池因为安全问题无法成功实现商业化，因此锂离子电池开始发展，并且在20世纪90年代早期出现石墨负极的锂离子电池。下文将综述上述两类锂电池所使用的电解质，并讨论低可燃性、高安全性的新型离子电解液。

　　固态电解质于20世纪50年代末期开始发展，第一类材料是碘化银和更晚（20世纪80年代）出现的β型氧化铝钠[1-5]。最初使用液体电解质的锂离子电池并没有获得成功，固态离子导体使发展更安全、更高寿命的锂金属二次电池成为可能（参见本书17B部分）。下文对无机固态电解质进行了简短总结。此外，下文还展示了制备固态电解质的多种新方法（本书22A和22C部分也有介绍）。

3B.2　电解质的基本功能

　　电解质的功能是离子导通并绝缘电极表面以防止电子通过，同时允许电极表面化学反应的发生。设计电解质时应考虑如下因素。

　　① 提供足够的离子传导通路供各离子参与反应。电池设计的首要考虑因素是电池的实用性，即电池在室温环境下的高能量密度（和高功率密度）条件下依旧能输出满足使用标准的电流。上述标准需要电解质的离子电导率大于1mS/cm，如果是厚电极则需要拥有更高离子电导率的电解质。多种液体电解质和固态电解质的离子电导率在室温下大于此标准。

　　② 阻断电子泄漏。电池设计的第二因素是储存寿命和安全性。如果因电解质内部电子通路的存在而导致电子绝缘不足，电池会发生大倍率自放电现象。如果自放电时间在一个可接受范围内，则其对设备使用造成的影响可降到最低。因电解质导致的电池内短路，会释放大量热而引发电池起火和集流体腐蚀现象。

　　③ 与电极建立充分的界面接触以确保电荷传递。此因素经常被忽略。电极或隔膜在电解液中的不充分润湿导致电池高阻抗和较差的功率性能。电解液-电极界面包括电解液自身的双电层区域均影响电池阻抗。高电流条件下界面阻抗变得十分重要，当大量离子在电解液内移动时，根据能斯特方程电极的极化程度与电极表面的离子浓度相关。这个因素对于固态电解质十分关键，本书3B.5部分会详细讨论。

　　④ 在预期环境中（如过热/过冷）提供物理和化学稳定性。此设计因素在电池实际使用中影响最大。使用混合溶剂和添加剂的商用电解液，使电池在高、低温环境中均能正常使

用。即便如此，在极端温度环境中使用的电池仍需要特种电解液，并且仅能适用于单一极端温度条件。拥有高蒸气压的液相组分为电解液提供了低温离子导通能力，这些组分在电解液中的占比通常处于中位。电解液的稳定性是相对于电池体系的。例如，锂离子电池电解液常用的锂盐六氟磷酸锂（$LiPF_6$），在多数溶液体系中是光化学和热力学不稳定的，但是在电池环境中六氟磷酸锂可以稳定存在长达数年。

⑤ 相对于正负电极，具有足够宽的电化学窗口。此因素决定了电解液保持化学稳定的电压窗口，因此直接影响电池体系的能量密度。图 3B.1 展示了正负电极存在时电解液的能级。

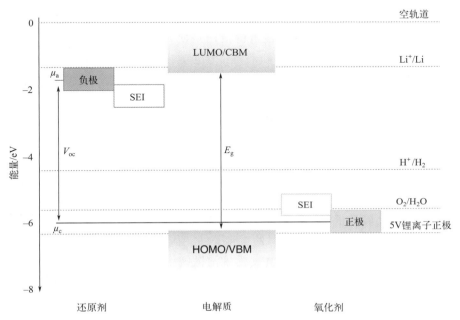

图 3B.1　电池中各组成部分的能级示意图

虚线囊括了溶液和锂离子的相关化学反应；负极和正极不同的化学势（μ_a 和 μ_c）决定了电池的
开路电压（V_{oc}）；电解液的电化学窗口（E_g）和窗口中心点与负极和正极化学势的
相对位置，是阻止电解液发生自发分解反应和副反应的重要因素

例如，电解液会发生电解水反应，在正极侧产生氧气，负极侧产生水。当电池的电势超过 1.23V 时，如果电极的法拉第反应位置远低于最低未占据分子轨道（LUMO）/导带最小值（CBM，负极）或高于最高占据分子轨道（HOMO）/价带最大值（VBM，正极），电解液会因热力学原因而发生自发分解反应（根据图 3B.1）。然而，在真实系统中永远无法达到最理想的情况，但我们可以通过设计将动力学限制转化为优点。锂离子电池是这种设计的重要范例之一，因为此设计为锂离子电池提供了 SEI。自限制性生长的 SEI 能够显著扩宽电解液的电化学稳定窗口。需要特别强调的是，电解液电化学稳定窗口的演变应当考虑电极表层在真实电池环境中与电解液发生的催化反应。

如果电解液设计违背上述任意条件，则此电解液无法满足电池的基本要求，导致电池性能在一定程度上受损。上述五个因素应是电池工程师应当考虑并权衡的。

3B.3　水系电解液

水系电解液根据 pH 值可分为碱性、中性（或弱酸性）和酸性（强酸性）电解液。碱性电解液的 pH 值接近 13。中性电解液由强酸和碱形成的盐构成。添加弱酸可使 pH 值下降，例如氯化锌是勒克朗谢电解液的重要组分，依靠复杂平衡机制调节电解液 pH 值至弱酸态。同样地，二氧化碳可溶解于水溶液中并调节溶液 pH 值至弱酸态。一般水系电解液的电化学稳定窗口是 1.2V，因此水系电解液在工作中会出现负极腐蚀和正极产气的问题，需要加以控制。二次电池对水系电解液的要求更加严格，因为在充电阶段正负极的电位都会增加。

3B.3.1　碱性电解液

碱性电解液应用于多种二次电池和一次电池，其中最常见的一次电池是干电池（11A 部分）和碱性锌锰电池（12A 部分）。其他使用中性和碱性电解液的一次电池是锌-氧化银电池（12C 部分）和锌-空气电池（18A 部分）。二次电池中，数种镍正极电池（参见 15 部分）使用碱性电解液，如镍镉电池和镍金属氢氧化物电池。

因为高 pH 值电解液的强离子传导能力，所以碱性电解液比中性电解液的离子导电能力更强。pH 值接近 14 的 20%～40% 的氢氧化钠和氢氧化钾溶液经常被用于电池中。氢氧化钾因离子电导率更高和凝固点更低而更受欢迎[6]。图 3B.2 展示了在 15～25℃ 环境中氢氧化钾和氢氧化钠溶液浓度和离子电导率的关系[7]。图 3B.3 展示了氧化锌浓度对氢氧化钾和氢氧化钠溶液离子电导率的影响[8]。

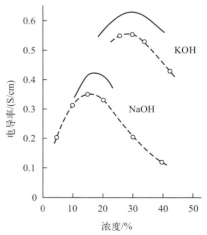

图 3B.2　不同浓度 NaOH 和 KOH 水溶液的电导率[7]
实线 25℃，虚线 15℃

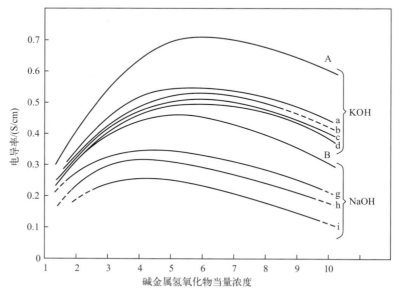

图 3B.3　30℃时，不同氧化锌与碱金属氢氧化物比例时氢氧化钾和氢氧化钠溶液的电导率[6]
A—氢氧化钾溶液；a—1mol 氧化锌∶4.33mol 氢氧化钾；b—1mol 氧化锌∶3.71mol 氢氧化钾；
c—1mol 氧化锌∶3.37mol 氢氧化钾；d—1mol 氧化锌∶3.00mol 氢氧化钾；
B—氢氧化钠溶液；g—1mol 氧化锌∶4.05mol 氢氧化钠；h—1mol 氧化锌∶3.03mol 氢氧化钠；
i—1mol 氧化锌∶1.76mol 氢氧化钠

氧化锌能降低溶液的离子传导能力，因为它与氢氧根反应生成固体而使溶液中的氢氧根离子浓度降低，反应式如下：

$$ZnO + 2MOH + H_2O \longrightarrow M_2Zn(OH)_4 \qquad (3B.1)$$

式中，M 是钾或钠。

上述反应式对锌电池非常重要，因为锌离子发生阳极反应生成锌酸盐离子 $Zn(OH)_4^{2-}$ 直至溶液饱和[9]。因此，固相产物是氧化锌或氢氧化锌，尽管氧化锌溶液经常过饱和，并且溶液组分和结构存在复杂性[10]。

电解液在放电早期（除非电解液的氧化锌已饱和）开始变化，直到锌化合物开始沉降（主要在负极侧）。高浓度锌酸盐离子对二次电池的锌电极有重要影响，比如镍锌电池、氧化银-锌电池和氧化锰-锌电池。锌沉积发生在充电状态，受电流密度和锌浓度等因素影响，锌沉积会形成不同形貌。

尽管锌-空气电池和锌-氧化铜电池使用非凝胶化溶液润湿电池，但是在一次电池的电解液中通常加入一种凝胶化聚合物。凝胶化聚合物必须保持化学以及电化学稳定。多年来更受欢迎的聚合物是羧甲基纤维素钠，其最初用于锌氧化汞原电池，具有固化电解液和转变湿电池为干电池的作用。此聚合物还可用于某些碱性电池，但是它在高电压状态下易被氧化。其他聚合物如纤维素或淀粉衍生物、聚丙烯酸酯或乙烯-马来酸酐共聚物也用于碱性电池。电池厂商通常把负极凝胶的制造方法列为商业机密。凝胶态电解液的缺陷会降低电解液的离子电导率，电池设计时要考虑此问题。另外，碱性氧化锰电池中必须去除汞。电解液的纯度尤为重要，特别是铁离子和氯离子的存在，会加速腐蚀。为了阻止腐蚀反应，电解液中应添加抑制剂。由于氧化汞电池具有低工作电压（0.9V），因此即使使用少量的碱性电解液，它在高温环境下依旧能保持稳定。

碱性电解液也被广泛用于二次电池。充电状态的过电势会导致金属氧化物电极与凝胶态聚合物反应，并产生沉淀。例如，羟基氧化镍电极如果工作在高电压环境下，则电解液不使用时会释放氧气。

二次电池的碱性电解液也使用添加剂，例如氢氧化锂（镍镉电池）和钴盐（用于数种镍阴极电池）[11]。镍锌二次电池需要各类电解液添加剂来抑制锌在碱性电解液中的迁移现象。另外，循环中锌枝晶的生长也会严重地限制电池的工作寿命（参见本书 15E 部分）。

3B.3.2　中性电解液

使用中性和弱酸性电解液的电池主要是勒克朗谢电池或称为碳锌电池。此种电池主要有两种电解液：第一种是勒克朗谢电解液（26％的氯化铵、9％的氯化锌和 65％的水）；第二种是氯化锌溶液（约 30％～40％的氯化锌和 60％～70％的水）与少量抗腐蚀剂组成的复合电解液。当氯化锌的浓度为 3.7mol/L 时，氯化锌电解液的离子电导率最高（0.107S/cm）[12]。氯化铵可以提高电解液的离子电导率。电池的实际离子导通能力还受到凝胶态组分的影响，凝胶聚合物的作用是固化电解液抑制泄漏和定向效应（参见本书 11A 部分）。

其他中性电解液体系目前均不是主流商业产品，如溴化锌二次电池体系和铝镁原电池体系。与碱性和酸性电解液相比，中性电解液更具有安全性，成本更低，所以目前仍有主要针对中性电解液的研发工作。

3B.3.3 酸性电解液

酸性电解液主要类别是硫酸电解液，具有较长的发展历史，目前主要应用于铅酸电池和石墨铅酸电池（参见第 14 章）。这类电解液是最重要的电解液之一，因为其应用范围广并且商业价值高。使用稀硫酸电解液的铅酸电池于 1895 年由 Gaston Planté 发明。目前的满电态铅酸电池中硫酸溶液的质量分数为 37%。电解液的离子浓度随电极反应发生变化，相关电极反应式如下。

$$正极：\quad PbSO_4 + 5H_2O \Longleftrightarrow PbO_2 + 3H_3O^+ + HSO_4^- + 2e^- \quad E^\ominus = 1.685V \quad (3B.2)$$

$$负极：PbSO_4 + H_3O^+ + 2e^- \Longleftrightarrow Pb + HSO_4^- + H_2O \qquad\qquad E^\ominus = -0.356V \quad (3B.3)$$

$$电池反应：2PbSO_4 + 4H_2O \Longleftrightarrow Pb + PbO_2 + 2H_3O^+ + 2HSO_4^- \quad E^\ominus = -2.041V \quad (3B.4)$$

电池反应表明，2mol 硫酸在放电阶段产生 2mol 水。此法使用硫酸电解液导致电池体积和重量偏高，并且电解液性质在充放电阶段因电解质浓度改变而存在区别。质量分数为 35% 的硫酸电解液是离子电导率最高的电解液之一，其室温离子电导率为 800mS/cm。另外，依据反应式（3B.2）和式（3B.3），满电状态电池的电极电势并不稳定，会产生氧气和氢气。因为氢气会提高封闭电池体系的压力，氧气能与电极材料发生副反应，所以产气现象是损害铅酸电池容量的核心问题之一。

某些铅酸电池通过添加催化剂来弥补因产气副反应造成的失水，缓解电池因失水而硫酸浓度过高导致的离子电导率降低现象。氢气在空气中浓度达到 4% 即可爆炸。部分铅酸电池在铅电极侧添加活性炭，构成双层组合法拉第氧化还原反应，具备类似水系电容器的功能（参见第 20 章）。

硫酸也用在如钒电池等氧化还原型电池中。这些电池存在两种被微孔隔膜分隔的溶液，这类电池在充电阶段也会出现因过电势导致的产气现象（参见本书 22B 部分）。

3B.4 非水系电解液

这部分包括有机电解液、无机电解液和离子液体。有机电解液在安全性或性能稳定性方面更好，因此广泛用于众多锂原电池（第 13 章）和锂蓄电池（第 17 章）。聚合物材料经常用于凝胶态电解液（配合有机溶剂），但对于电解液的离子电导率和扩散率无明显效果。无机电解液用于液态电极的原电池（第 13 章）。离子液体仍处于发展阶段，但本章仍对其进行简单介绍。

3B.4.1 有机电解液

本章主要聚焦于锂原电池和锂二次电池使用的有机电解液，同时也是有机电解液使用最广的领域。尽管两种电池都出现在 20 世纪 60 年代早期，但锂原电池的成熟电解液的出现比锂二次电池早数十年。在处理和提纯有机电解液过程中，需要相应的技术，特别是去除杂质水。经过十多年的研究，人们才意识到将盐和溶剂中的杂质降低至百万分之一（ppm）的必要性。电池正极材料和其他组分均需要除水处理。参考价值较高的有关非水系电化学技术知识参见本章参考文献［13］。此外，深入理解纯溶剂和锂盐材料与两电极之间的稳定性是必要的。导电金刚石、铂和玻璃碳与电解液构成的电化学稳定窗口与锂金属、导电碳和石墨电极的稳定窗口有很大区别，因为两类材料与电解液形成的界面差异非常大。同样地，惰性衬底上的阳极扫描曲线也发现受到电解液中溶剂和盐的影响很大，而且多数氧化反应的机制问题仍没有解决[14]。

第 17 章对锂二次电池进行了细化并改进了前文（3B.2 节）提及的电解液设计准则（参见本书 17A 部分介绍的锂离子电池、17B 部分介绍的锂金属负极电池）。但是，因为锂金属负极与电解液无法避免发生副反应，所以锂金属蓄电池的电化学稳定窗口的重要性没有引起足够的重视。极化溶剂是电解液的有效组分之一，但稳定性最好的溶剂仅对锂金属电极呈亚稳态。热力学计算表明丙烯和乙烯能够和锂金属发生高放热反应生成碳酸锂和相应的烯烃[15]。电池 SEI 的重要性已被《锂电池：固态电解质层》一书所证明[16]。各类添加剂经常被应用以提高 SEI 的性能[17]。

锂金属电池和锂离子电池内溶剂和正极的各类反应也被广泛研究。同样，溶剂中的某种成分或状态被认为是热力学亚稳态，这一观点已通过相关计算得到了证明[15]。但是，反应机制仍不明确。然而，如 3B.2 节所述 SEI 是电化学惰性层，因此能稳定电极/电解液界面。当正极电势趋近于 5V 时，促进在正极表层形成稳定 SEI 的电解液添加剂的重要性更加突出。

第 13 章主要介绍了常见锂原电池溶剂的性能，第 17 章主要介绍了常见锂二次电池溶剂的性能。一般混合使用两种或更多种类溶剂可以获得更优异的性能。例如，通过混合高介电常数、高黏度溶剂（如碳酸丙烯酯，介电常数＝64.4，黏度＝2.5mPa•s）和低介电常数、低黏度溶剂（如二甲氧基乙烷，介电常数＝7.2，黏度＝0.455mPa•s），可使电解液拥有适中的介电常数和黏度以及优异的锂盐溶解度。理想的混合态溶剂因其性质符合经典物化性质，因此理想混合溶剂的性质能够被预测[18]。一些经验参数，如供体数和受体数被用于选择高性能组合溶剂的依据，如离子缔合等物理化学概念能够为解释电解液的黏度和离子电导率提供帮助[19]。在设计锂离子和锂金属二次电池使用的有机电解液时，需要慎重选择锂盐。电解液的还原窗口由阴离子决定，因为其能催化溶液的氧化反应，虽然此理论还没有被学术界完全认可。因此，阴离子在正极的单电子氧化反应（生成一个中性自由基）中会以链式反应的形式攻击溶剂分子。自由基结合会终止链式反应，但是后续循环实验表明自由基结合会严重地损害电池性能。二次电池体系需要重点研究这些反应[14]。锂盐有可能对负极不稳定，比如四氯铝酸盐阴离子可以和锂发生置换反应，析出铝。此外，锂盐对石墨负极表层的 SEI 可起到增益作用，比如双草酸硼酸锂（LiBOB）。

另一个设计要考虑的因素是锂盐对集流体的影响，能够对锂离子电池集流体铝箔保持长期稳定的锂盐很少，例如六氟磷酸锂和四氟硼酸锂[20]。

热力学稳定性也会影响锂盐和溶剂的选择。极端的情形是温度达到了 SEI 的分解温度，这些情形已经进行了讨论[16]。总体而言，二次电池体系对锂盐相当敏感，比如很多体系经常使用的六氟磷酸锂（参见第 17 章）。锂原电池的锂盐选择广泛，因为其阴极不会被充电，所以集流体不会处于过电势状态。$LiCF_3SO_3$、$LiPF_6$、$LiBF_4$、$LiBr$、LiI、$LiN(CF_3SO_2)_2$ 和 $LiClO_4$ 等锂盐均可用于锂原电池（参见第 13 章）。

然而，许多有机溶剂的离子电导率比水系溶剂尤其是酸碱溶液低一个数量级，对电池设计有重大影响。例如，有机电解液体系的高倍率电池需要更薄的电极，导致其生产成本高于水系电解液体系的高倍率电池，但是有机电解液体系的电池拥有更高的能量密度，因此生产每瓦时电池的成本有所降低。

电解液添加剂的开发方向是提高电池的储存寿命、循环寿命以及安全性。通常添加剂的使用量较低，占电解液的1%以下；阻燃添加剂用量较高，可达到5%。有关电解液的更详细介绍，参见参考文献[16]。

3B.4.2 无机电解液

液态电极一次电池使用纯无机电解液且具有高能量密度，因为电解液有活性材料和电解溶液双重功能。亚硫酰氯和硫酰氯是具有代表性的无机电解液。无机电解液由于具有较高的介电常数（1mol/L LiAlCl$_4$ 溶液中亚硫酰氯为9.25，硫酰氯为9.15），所以离子电导率较高（1mol/L LiAlCl$_4$ 溶液中亚硫酰氯为14.6mS/cm，硫酰氯为7.4mS/cm）。LiAlCl$_4$ 是无机电解液的最佳锂盐，不过部分研究结果表明以 LiGaCl$_4$ 为锂盐的无机电解液拥有更高的离子电导率。添加剂能够降低电池阻抗并提高电池工作寿命，两种电解液的最佳添加剂分别为 BrCl 和 Cl$_2$。这两种无机电解液出乎意料地对锂金属稳定。深入研究表明，锂金属表面形成了一层能够保护锂金属的薄氯化锂 SEI。无机电解液电池的储存寿命长于有机电解液体系的电池，不过长期储存后电池会出现电流迟滞现象（详见第13章的参考文献[22]和[23]）。

锂-二氧化硫液态电极体系在工业和军事应用中具有重要地位。电解液是有机溶剂和高浓度二氧化硫的混合物。乙腈是一种常用的有机溶剂，因为它对二氧化硫的溶解能力强，且在特定条件下能与二氧化硫保持化学和电化学稳定。乙腈拥有较高的介电常数（35.95）和极低的黏度（0.341mPa·s）。乙腈和二氧化硫（体积比30/70）搭配1mol/L的LiBr盐的电解液离子电导率（室温）为52mS/cm，接近水系电解液的电导率。卤化物液体电极体系会在锂金属表面形成保护性 SEI（连二亚硫酸钠锂）。含有乙腈的液态电极体系的能量密度小于纯卤化物液态电极体系，因为电解液被乙腈所稀释。二氧化硫的沸点是−10℃，因此液态体系需使用加压二氧化硫。此液态电极体系拥有优异的低温工作性能（−40℃）。

3B.4.3 离子液体

离子液体是由拥有复杂多原子结构的离子组成的液体。多数离子液体在室温下能够溶解适量浓度（如1mol/L）的锂盐。因为离子液体的蒸气压极低，因此它们具有绝大多数电解液不具备的阻燃性特点。尽管离子液体的黏度很高，但因其离子浓度极高，所以离子液体的离子电导率与有机电解液相近。但是，高黏度会使电池出现装载电解液和润湿极片及隔膜困难的问题。多数离子液体遇到的问题是离子液体在还原镓盐离子时，其电势高于锂离子沉积或嵌入石墨的电势。此外，离子液体电池的 SEI 不稳定，易溶于离子液体本身。因此，电池的锂沉积和嵌入效率降低并且工作寿命缩减。添加剂如氯乙烯（VC）能改善电池的循环寿命，但改善效果不足以支撑离子液体电池产品化[24]。有关离子液体的更多介绍参见参考文献[25]。

3B.5 固态电解质

固态电解质对锂电池而言是新课题，但是其他体系如固体氧化物燃料电池和钠电池从20世纪70年代起便成为固态电解质的研究对象（钠电池体系的发展过程参见参考文献[26]）。尽管目前对固态电解质的研究聚焦于锂电池领域，但其他领域的相关科研成果也对当前的研究很有帮助。

设计液态电解液应考虑的因素（参见3B.2节）对于设计固态电解质同样重要。目前已证实多种固态电解质体系有满足离子导电需求的能力。与液态电解液不同，固态电解质需要精心设计改良后才能与电极表面充分接触。固态电解质不必考虑低温凝固的问题。同理，无机固态电解质材料不必考虑气化、挥发和起火问题。多数固态电解质的带隙与电化学稳定窗口的性质相近[27]。数种固态电解质材料已证实拥有足够宽的电化学稳定窗口或能形成惰性SEI。在锂电池体系中，固态电解质的首要优点是可保护锂金属负极。长循环次数已证明此结论，但锂枝晶问题仍存在，枝晶生长机制仍存疑并且处于持续研究当中[28-30]。

3B.5.1　固态聚合物电解质

在第 17 章、22A 和 22C 部分也对固态聚合物电解质（SPE）进行了探讨。SPE 最初由聚环氧乙烷（PEO）和高氯酸锂（$LiClO_4$）组成，锂盐由双三氟甲磺酰亚胺锂（LiTFSI）代替。聚合物电解质依靠醚基氧原子而不是依靠溶剂使一定浓度范围（如 1mol/L）的锂盐溶解。虽然目前已经开展了对固态聚合物电解质的系统化深入研究，但 PEO 常温环境的离子电导率极低（数量级为 10^{-7} S/m），无法应用于电池中。目前已有多种提高 PEO 固态聚合物电解质膜离子导通能力的改进措施，包括添加增塑剂如碳酸酯类和乙二醇二甲醚；添加无机纳米填料和主体改性如添加嵌段共聚物以及结构异构化。然而，目前仍没有行之有效的改善常温下 PEO 离子电导率的方案。针对 PEO 的改性研究仍在进行中，因为 PEO 对锂金属电化学、化学稳定，因此 PEO 有希望被应用于锂金属二次电池中。但是，尚无法确定PEO 是否能阻止循环中锂枝晶的生长。

3B.5.2　无机固态电解质

无机固态电解质主要被应用于薄膜锂电池（薄膜大约厚 $10\mu m$，由气相沉积法制备，见第 17 章、22A、22C）。玻璃态锂磷氧氮（LiPON）是最常用于薄膜电池的无机固态电解质。LiPON 稳定电化学窗口宽，能以 5V 电压循环超过 10000 次[34]。尽管 LiPON 常温下离子电导率偏低（大约为 10^{-5} S/cm）[35]，但是仍可用于薄膜电池中。尽管薄膜电池已经实现商业化，但是绝大多数制备其电解质和电极的方案存在周期长且成本高的问题[36]。数家公司已在探索全新的制备工艺。截至本书成稿时，数种不需要气相沉积法即可制备的无机固态电解质材料被成功开发，包括玻璃态硫化物、NASICON 型锂化物、钙钛矿和反钙钛矿型材料、硫代锂离子化合物以及石榴石型材料[37-40]。目前，研究人员正根据电解质所需性质仔细权衡以上所有种类材料的利弊。此外，还有其他大规模制备无机固态电解质的方案[41] 正在开发中。

参考文献

1. J.N. Mrgudich, *J. Electrochem. Soc.* **107**, 475–479 (1960).

2. K. Lehovec and J. Broder, *J. Electrochem. Soc.* **101**, 208–209 (1954).

3. S.M. Whittingham and R.A. Huggins, *J. Chem. Phys.* **54**, 414–416 (1971).

4. R.C. Galloway, *J. Electrochem. Soc.* **134**, 256–257 (1987).

5. B. Dunn and G.C. Farrington, *Mater. Res. Bull.* **15**, 1773–1777 (1980).

6. E.A. Schumacher, *The Primary Battery*, vol. 1, G.W. Heise and N.C. Cahoon (Eds.), John Wiley, New York, 1971, p. 179.

7. S.A. Megahed, J. Passaniti, and J.C. Springstead, *Handbook of Batteries*, 3rd ed., D. Linden and T.B. Reddy (Eds.), McGraw-Hill, New York, 2002, p. 12.9.

8. E.A. Schumacher, *The Primary Battery*, vol. 1, G.W. Heise and N.C. Cahoon (Eds.), John Wiley, New York, 1971, p. 180.

9. K.J. Cain, C.A. Melendres, and V.A. Maroni, *J. Electrochem. Soc.* **134**, 519–524 (1987) and references therein.

10. C. Debiemme-Chouvy, J. Vedel, M. Bellissent-Funel, and R. Cortes, *J. Electrochem. Soc.* **142**, 1359–1364 (1995) and references therein.

11. F. Beck and P. Ruetschi, *Electrochim. Acta* **145**, 2467–2482 (2000).

12. B.K. Thomas and D.J. Fray, *J. Applied Electrochem.* **12**, 1–5 (1982).

13. D. Aurbach and A. Zaban, Chap. 3 in *Nonaqueous Electrochemistry*, D. Aurbach (Ed.), Marcel Dekker, Inc., New York, 1999, pp. 81–136.

14. D. Aurbach and Y. Gofer, Chap. 4 in *Nonaqueous Electrochemistry*, D. Aurbach (Ed.), Marcel Dekker, Inc., New York, 1999, pp. 137–212.

15. G.E. Blomgren, Chap. 2 in *Lithium Batteries*, J.P. Gabano (Ed.), Academic Press, New York, 1983, pp. 13–42.

16. P.B. Balbuena and Y. Wang (Eds.), *Lithium Batteries: Solid Electrolyte Interphase*, Imperial College Press, London, 2004.

17. M. Winter, K.-C. Moeller, and J.O. Besenhard, Chap. 5 in *Lithium Batteries: Science and Technology*, G.A. Nazri and G. Pistoia (Eds.), Springer Science—Business Media, New York, 2009, pp. 144–194.

18. G.E. Blomgren, *J. Power Sources* **14**, 39–44 (1985).

19. G.E. Blomgren, Chap. 2 in *Nonaqueous Electrochemistry*, D. Aurbach (Ed.), Marcel Dekker, Inc., New York, 1999, pp. 53–80.

20. S.S. Zhang and T.R. Jow, *J. Power Sources* **109**, 458–464 (2002).

21. M.L. Kronenberg and G.E. Blomgren, Chap. 8 in *Comprehensive Treatise of Electrochemistry*, vol. 3, J. O'M. Bockris, B.E. Conway, E. Yeager, and R.E. White (Eds.), Plenum Press, New York, 1981, pp. 247–278.

22. E. Peled, Chap. 3 in *Lithium Batteries*, J-P. Gabano (Ed.), Academic Press, New York, 1983, pp. 43–72.

23. C.R. Schlaikjer, Chap. 13, in *Lithium Batteries*, J-P. Gabano (Ed.), Academic Press, New York, 1983, pp. 304–370.

24. A. Guerfi, M. Dontigny, P. Charest, M. Petitclerc, M. Lagacé, A. Vijh, and K. Zaghib, *J. Power Sources* **195**, 845–852 (2010).

25. A. Webber and G.E. Blomgren, Chap. 6 in *Advances in Lithium-Ion Batteries*, W.A. van Schalkwijk and B. Scrosati (Eds.), Kluwer Academic/Plenum Publishers, New York, 2002, pp. 185–232.

26. X. Lu, J.P. Lemmon, V. Sprenkle, and Z. Yang, *JOM* **62**, 31–36 (2010).

27. T. Thompson, S. Yu, L. Williams, R.D. Schmidt, R. Garcia-Mendez, J. Wolfenstine, J.L. Allen, E. Kioupakis, D.J. Siegel, and J. Sakamoto, *ACS Energy Lett.* **2**, 462–468 (2017).

28. C. Monroe and J. Newman, *J. Electrochem. Soc.* **150**, A1377–A1384 (2003).

29. R. Raj and J. Wolfenstine, *J. Power Sources* **343**, 119–126 (2017).

30. L. Porz, T. Swamy, B.W. Sheldon, D. Rettenwander, T. Frömling, H.L. Thaman, S. Berendts, R. Uecker, W.C. Carter, and Yet-Ming Chiang, *Adv. Energy Mater.* **7**, 20 (2017).

31. P.E. Trapa, Y-Y. Won, S.C. Mui, E.A. Olivetti, B. Huang, D.R. Sadoway, A.M. Mayes, and S. Dallek, *J. Electrochem. Soc.* **152**, A1–A5 (2005).

32. M. Singh, O. Odusanya, G.M. Wilmes, H.B. Etouni, E.D. Gomez, A.J. Patel, V.L. Chen, M.J. Park, P. Fragouli, H. Iatrou, N. Hadjichristidis, D. Cookson, and N.P. Balsara, *Macromolecules* **40**, 4578–4585 (2007).

33. M.A. Meador, V.A. Cubon, D.A. Schelman, and W.R. Bennett, *Chem. Materials* **15**, 3018–3025 (2003).

34. J. Li, C. Ma, M. Chi, C. Liang, and N.J. Dudney, *Adv. Energy Mater.* **5**, 1401408–1401414 (2015).

35. X. Yu, J.B. Bates, G.E. Jellison, Jr., and F.X. Hart, *J. Electrochem. Soc.* **144**, 524–532 (1997).

36. R. Salot, S. Martin, S. Oukassi, M. Bedjaoui, and J. Ubrig, *Appl. Surf. Sci.* **256**, S54–S57 (2009).

37. T. Thompson, J. Wolfenstine, J.L. Allen, M. Johannes, A. Huq, I.N. David, and J. Sakamoto, *J. Mat. Chem.* **33**, 13431–13436 (2014).

38. J.W. Fergus, *J. Power Sources* **195**, 4554–4569 (2010).

39. P. Knauth, *Solid State Ionics* **180**, 911–916 (2009).

40. Y. Kato, S. Hori, T. Saito, K. Suzuki, M. Hirayama, A. Mitsui, M. Yonemura, H. Iba, and R. Kanno, *Nat. Energy* **1**, 16030 (2016).

41. J. Schnell, T. Günther, T. Knoche, C. Vieider, L. Köhler, A. Just, M. Keller, S. Passerini, and G. Reinhart, *J. Power Sources* **382**, 160–175 (2018).

3C 隔膜
Kirby W. Beard

3C.1 引言

隔膜的主要作用是阻止电池中活性材料直接接触而导致短路。锂电池短路会导致过热甚至电池自燃，但是某些电池中活性材料需要直接接触才能工作，这类电池的电解液也是活性材料。

铅酸电池是其中一个实例，它使用的硫酸电解液也是活性材料必须接触电极。因此，隔膜的主要作用不是隔离电解液与电极，而是阻断带电部件的接触。但是，电解液必须浸润电极，并且不允许在活性材料与集流体间存在电子导通。

隔膜的另一个作用是储存电池内电解液，如铅酸电池中硫酸电解液与电池正负极均有反应。隔膜通过储存额外的电解液来提高电池容量。

以下各类锂原电池的电解液也起着活性材料的功能，如锂-二氧化硫、锂-亚硫酰氯、锂-碘原电池，这些电池的电解液是正极活性材料，必须接触锂金属负极，电池才能工作。常识认为这类电池会严重短路并失效，但是锂金属负极表层的钝化层可起到稳定电池体系以阻止电池短路的功能。电解液在电池的短路现象被阻止后才会与负极发生稳定的电化学反应。

总体而言，电池中隔膜的功能各异，设计电池时必须注重考量隔膜的作用和性能要求。比如锂二次电池的隔膜在追求功率性能时会被设计得薄且孔隙率高，而在注重安全性时则会被设计为低孔隙率。又如，铅酸电池或锂原电池的电解液是重要的反应组分，因此隔膜的孔隙率必须高，但是隔膜的厚度和孔径取决于产品需求、电极设计结构、产品种类和性能需求。

常规但通常不是最优的设计思路是首先使用通用隔膜，如果电池性能（如倍率、容量、储存时间和循环寿命等）或安全性不足，则再选择其他类别隔膜。电池公司和隔膜供应商开展合作将有利于从起步阶段优化电池设计。

下面列举了多种不同类别的隔膜以及如何改性隔膜。关于常见隔膜技术的综述文章[1]能够提供数据和细节支持。由于不同电化学反应的特殊性，隔膜的设计应当为电池的特殊要求服务。如燃料电池、电容器、热电池等电化学装置，对隔膜都有独特的要求。本书第四部分将涉及众多种类隔膜的信息和知识。

3C.2 隔膜技术概述

隔膜可以依照不同材质和工艺分类。许多优异的隔膜已被广泛应用，包括微孔聚烯烃膜和非织造纤维网（由玻璃或聚合物纤维制成）。一种隔膜经常被应用于数种电池体系中（如应用于一次和二次电池或水系电解液和有机电解液）。此外，隔膜均拥有独特的性能（如固态玻璃离子导通电解质隔膜有助于锂离子迁移，Nafion 隔膜有助于水转移）。

表 3C.1 是各类隔膜的特点。隔膜的选择（或发展）是通过将电化学性能需求和隔膜特性进行优化组合。

表 3C.1　隔膜特点

隔膜材料	隔膜类型	电解液类型	孔径种类	孔隙率	力学性能
离子不导通聚合物	微孔膜	酸性	无孔（离子或水导通）	固体片层（0%）	吸收媒介无结构需求
离子不导通陶瓷/玻璃	非织造网（纤维类型）	碱性	纳米孔径	限制级/控制级	抗针刺、短路和挤压
固态离子导体：聚合物/玻璃	固态离子导电薄膜/薄片	有机溶剂/离子液体	微米孔径	完全/开放吸收级	阻止枝晶引起的短路
复合/多层材料	钝化片层	熔融盐	大孔径		抗撕裂、折叠和磨损

另外，还有其他设计思路，甚至取消隔膜设计的构想，将隔膜功能转移至电池其他组分上（例如依靠空气间隙或特殊钝化层）。隔膜的性能考核是一项复杂、昂贵和高度不确定性的工作。近期各类设备（如客机、电动汽车、手机和无人机等）中锂电池的失效案例说明了隔膜性能考察的难度。下文将介绍测试隔膜的规范化方法，除此之外，其他测试方法能够给隔膜测试提供额外方案，并且能够精准确定电池对隔膜性能的需求。在电池量产前，任何隔膜产品都必须进行全面测试并进行评估。

3C.3　锂电池隔膜测试方法

隔膜的性能需求通常由各个电池生产厂家设定。电池需求方不仅需要电池满足某些性能，也会要求隔膜达到某些标准或通过某些测试。第7、8章详细介绍了许多标准制定机构（如测试和监管机构）出版的隔膜标准和准则。这一章将以国际自动机工程师学会（SAE International）的《评价锂电池隔膜材料性能的推荐方法》（SAE J2983）为例，介绍如何为特定电池设计或应用来评价隔膜性能。SAE J2983 只介绍了测试步骤，用户依旧需要为每个测试方案确定符合标准的测试结果阈值范围。其他一些标准会包含测试结果的阈值范围。表3C.2 展示了 SAE J2983 的测试内容。

表 3C.2　常规锂电池隔膜测试规程

测试类别	测试项目	测试目的
物理性能	尺寸、质量、孔结构、密度	验证厚度和孔隙率是否达标以及生产和使用的可靠性
力学性能	拉伸、穿刺、撕裂、挤压、疲劳、弯曲强度	验证隔膜强度和耐久性是否能够满足生产、使用需求
热学性能	熔融、热收缩、热脆性	明确温度对隔膜性能、安全性和使用寿命的关系
电化学性能	润湿性、溶解度、化学、电化学稳定性、离子运输能力、分解性	明确影响制备、性能和寿命的因素

3C.3.1　物理性质

厚度、质量、孔隙率是隔膜最基础的参数，其他参数包括孔径、孔深和曲率。图 3C.1 是隔膜孔隙结构的微观图像，孔结构中填充了陶瓷纤维填充物。表 3C.3 展示了多种隔膜的

SAE 测试结果。

图 3C.1　隔膜孔隙结构的微观图像

表 3C.3　采用 SAE J2983 推荐方法进行的物理性质测试的结果

J2983 部分	参数	单位	测试方法	湿法聚烯烃（12μm，标准）	湿法聚烯烃（20μm，标准）	干法聚烯烃单层（25μm，标准）	干法聚烯烃三层（20μm，标准）	相转化膜（通过非织造布网结构加强）	相转化膜（通过非织造布网结构和陶瓷加强）
4.1	厚度	μm	ASTM D5947	15	21	23	20	25	27
4.2	质量	g/m²	NA	6.3	11.7	9.5	10.8	17.1	16.9
4.3	穿透度	s/100mL（空气）	JIS P 8117	190～275	450～640	190～250	480～600	45～60	12～18
4.4.1	孔隙率	%	NA	56	46	58	48	60～65	65～70
5.1.2	孔径均值	μm	ASTM F316	0.045	0.025	0.036	0.016	0.17～0.19	0.3～0.6

　　注：NA 表示无适用标准。

3C.3.2　机械性质

　　锂电池隔膜的机械强度是成功制备电池的基础。高速卷绕、极片堆叠和包裹容易损伤隔膜。隔膜需要保证在电池装配后没有损伤，并且保证电池寿命和安全性。表 3C.4 列出了这些测试结果。

表 3C.4　采用 SAE J2983 推荐方法进行机械性质测试的结果

J2983 部分	参数	单位	测试方法	湿法聚烯烃（12μm，标准）	湿法聚烯烃（20μm，标准）	干法聚烯烃单层（25μm，标准）	干法聚烯烃三层（20μm，标准）	相转化膜（通过非织造布网结构加强）	相转化膜（通过非织造布网结构和陶瓷加强）
5.2	极限拉伸强度	mN/mm²	ASTM D882	60	85	120	200	20	20
5.2	线性拉伸强度	N/cm	ASTM D882	9	18	28	40	5	5
5.5	穿刺	g	UL 2591	200	470	340	380	100	100
5.6	偏斜			使用狭缝辊按照测量直线度的方法测量					

J2983 部分	参数	单位	测试方法	湿法聚烯烃（12μm，标准）	湿法聚烯烃（20μm，标准）	干法聚烯烃单层（25μm，标准）	干法聚烯烃三层（20μm，标准）	相转化膜（通过非织造布网结构加强）	相转化膜（通过非织造布网结构和陶瓷加强）
6.2.2	针刺	g	半径20μm，1mm/min	55	49	46	48	36	97
6.3	周期疲劳		特殊方法	周期疲劳测试后必须重复多次测试其他参数，如孔流、屈服度和拉伸强度；如果经数次疲劳周期后材料的诸多参数与疲劳前无明显区别，则材料周期疲劳抗性高					

3C.3.3 热稳定性测试

锂电池中的隔膜若暴露在高温下会被严重损坏。大多数供应商都积极寻求使用添加剂或多层结构来防止滥用时发生热失控和火灾/爆炸。检测隔膜在高热下的稳定性是一个困难的过程。表3C.5展示了这类测试的结果。

表 3C.5　采用 SAE J2983 推荐方法进行热稳定性测试的结果

J2983 部分	参数	单位	测试方法	湿法聚烯烃（12μm，标准）	湿法聚烯烃（20μm，标准）	干法聚烯烃单层（25μm，标准）	干法聚烯烃三层（20μm，标准）	相转化膜（通过非织造布网结构加强）	相转化膜（通过非织造布网结构和陶瓷加强）
5.4	热破坏			NA					
5.3.1	无约束收缩（130℃）MD	%	ASTM D1204	25.8	25.4	13.8	35.2	2.9	0.6
5.3.1	无约束收缩（130℃）TD	%	ASTM D1204	25.2	29.3	0.0	0.0	0.8	0.0
5.3.2	约束收缩（130℃）	目测	UL 2591	无损伤					
5.3.2	约束收缩（130℃）	%（空气）	UL 2591	范围内	295	范围内	7	范围内	范围内
5.3.3	局部收缩/热穿透（160℃）		NA	目测结果					
5.9	熔融完整性		特殊方法	NA					
5.10	熔融温度	℃	DSC	120～140	120～142	154～175	120～167	140～257	140～257（陶瓷填充物未影响测试结果）

注：NA表示无适用标准；MD表示机器方向；TD表示横向。全书同。

3C.3.4 化学浸润作用对隔膜的影响

锂电池电解液常用的有机溶剂能够润湿、溶胀、软化和分解多种聚合物。能够快速浸润是隔膜的一个优点，这有助于提高电池生产线的生产速率。但是，溶胀或软化现象会损害隔膜的机械强度。表3C.6展示了多种隔膜的润湿度和溶解性能测试结果。

表 3C. 6 采用 SAE J2983 推荐方法进行化学浸润测试的结果

J2983 部分	参数	单位	测试方法	湿法聚烯烃（12μm，标准）	湿法聚烯烃（20μm，标准）	干法聚烯烃单层（25μm，标准）	干法聚烯烃三层（20μm，标准）	相转化膜（通过非织造布网结构加强）	相转化膜（通过非织造布网结构和陶瓷加强）
5.6.1	润湿度（丙烯碳酸酯）	一滴溶剂被完全吸收的时间（min）	NA	>30	>30	未完全吸收	未完全吸收	3	4.5
5.6.3	润湿速率（丙烯碳酸酯）	10min 吸收后的液面高度（mm）		3	2	1	<1	10	30
5.7	化学稳定性	目测		稳定					

注：NA 表示无适用标准。

3C. 3. 5 隔膜电性能测试

与润湿测试相似，电性能测试同样有两个对立的需求。首先，隔膜必须拥有高离子导通能力。但是，在高电压下，隔膜可能会出现衰变或失效。表 3C.7 列出了多种测试，用于分析隔膜的离子导通能力和击穿电压。图 3C.2 和图 3C.3 分别展示了一系列隔膜在电池中的击穿电压和热响应测试。

表 3C. 7 采用 SAE J2983 推荐方法进行电性能测试的结果

J2983 部分	参数	单位	测试方法	湿法聚烯烃（12μm，标准）	湿法聚烯烃（20μm，标准）	干法聚烯烃单层（25μm，标准）	干法聚烯烃三层（20μm，标准）	相转化膜（通过非织造布网结构加强）	相转化膜（通过非织造布网结构和陶瓷加强）
5.11	电化学阻抗	Ω	EIS（0.2～100kHz）	0.0723	0.1043	0.0640	0.1406	0.0867	0.0542
5.11.1	麦克马林数	无单位	EIS（0.2～100kHz）	完整分析需要电化学交流阻抗测试					
				5.4	5.6	3.1	7.9	3.9	2.3
5.12	高压绝缘	V（以击穿时为标准）	ASTM D3755	509	>1100	955	>1100	814	685
6.1	电压稳定性	失效所需时间（s）	ASTM D149/ D3755	NA	67	NA	51	102	78
				更多测试细节与电压稳定阈值相关					

注：NA 表示无适用标准。

3C. 3. 6 隔膜测试总结

上述测试中涉及众多性能参数。设计新电池时需要考虑与分析全部隔膜失效模式。近年来的众多案例都证实了电池失效与隔膜的稳定性密切相关。因此，持续开发隔膜测试手段和程序是必需的。然而，上文并未提及用于水系隔膜的测试方式。

由于酸、碱和其他水系电解液各自的性质不同，因此它们需要种类完全不同的隔膜。例如，铅酸电池的隔膜需要能容纳足量的电解液，其他诸如短路、熔融和撕裂等问题的设计优先级变低，因为铅酸电池稳定性高，失效诱因少。另外，气相输运和重组是密封电池的重要设计因素之一。所有隔膜研发项目都需要进行将隔膜装配于电池中测试完整工作寿命。

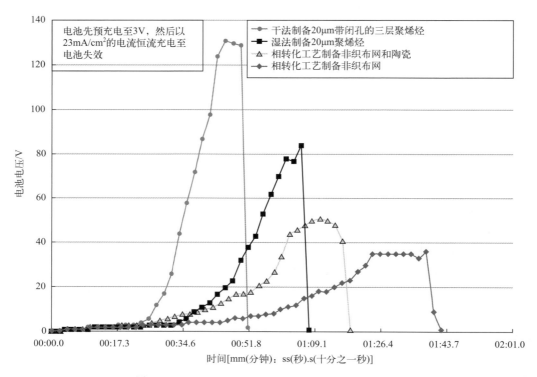

图 3C.2 SAE J2983 电性能测试：电介质击穿电压

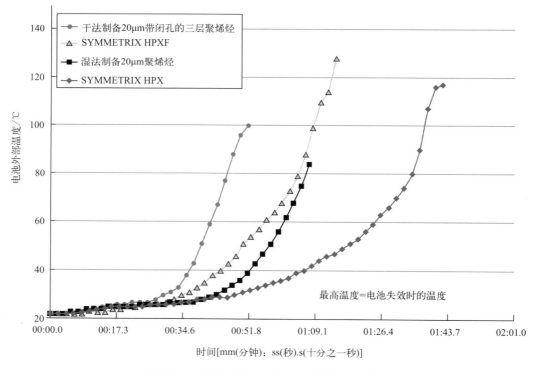

图 3C.3 SAE J2983 电介质击穿测试：热响应

3C.4 新型隔膜技术

锂离子电池隔膜技术的发展趋势之一是使隔膜更薄，并更耐短路。实现上述两个目标的主要手段是在微孔聚合物薄膜结构内或表层加入陶瓷填充物[2]。另一种手段是使用高温聚合物纤维保证隔膜在极端情况下的结构完整性[3]。在锂电池领域，新的方法是使用固态电解质来替代隔膜[4]。目前研发工作聚焦于聚合物和陶瓷/玻璃固态电解质（参见 22C 部分）。另外，固态、液态、凝胶态结合的混合体系也在发展中（参见 22A 部分）。最新的研究成果是使用电信号探测电池内部短路[5]。

其他电池的隔膜技术也在发展中。例如，碱性锌电极二次电池面临的最大挑战是无法抑制枝晶生长而导致穿透隔膜。新的研究成果显示，通过隔膜改性而不必使用新结构（如三维构造）也可能抑制电池的内部短路[6]。

除了材料革新发展之外，新的隔膜制备技术也在发展之中，目标是降低生产成本并提高隔膜工作性能。例如，本书 3A 部分涉及的生产技术改良也适用于隔膜的生产制备[7]。该生产工艺流程适用于铅酸电池和锂电池的无填充物和陶瓷填充物隔膜。该技术能生产高孔隙率和纤维化的聚合物薄层或者含有纳米级纤维和填充物的片状物。薄膜经此简单过程即可达到填充物体积超过 90%。图 3C.4 展示了使用该新技术制备的聚合物隔膜网络。

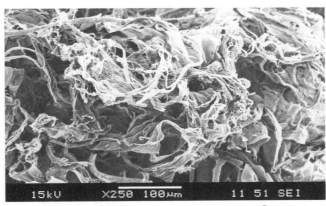

图 3C.4 聚合物隔膜网络结构（源自 Teebs R&D 公司）

参考文献

1. A. Pankaj and Z. Zhengming, "Battery Separators," *Chem. Rev.* **104** (10), 4419–4462 (2004).
2. L. Hock, "Separate from the Rest," R&D magazine, https://www.rdmag.com/award-winners/2013/08/separate-rest (web: May 18, 2018).
3. R. Clark, "From Energy Generation to Protection from Harm-Evolving Fiber Materials and their Applications Inside and Outsider Lithium ion Batteries," *35th Annual International Battery Seminar and Exhibit*, Fort Lauderdale, FL, March 26–29, 2018, pp. 13–15.
4. J. Voss, A. Luntz, S. Stegmaier, and H. Heenen, "Promise and Challenges of Practical High-Power Density Solid-State Batteries," *35th Annual International Battery Seminar and Exhibit*, Fort Lauderdale, FL, March 26–29, 2018, pp. 13–15.
5. Y. Barsukov, "Cell Internal Shorts as Next Frontier of Battery Safety: Types, Prevention and Detection Inside Battery Pack," *35th Annual International Battery Seminar and Exhibit*, Fort Lauderdale, FL, March 26–29, 2018, pp. 13–15.
6. D. Rolison, J. Parker, and J. Long, "Dendrite-Free Rechargeable Zinc-Based Batteries: Solving a Chronic Impediment through Architectural Design, pp. 6–11," *35th Annual International Battery Seminar and Exhibit*, Fort Lauderdale, FL, March 26–29, 2018, pp. 13–15.
7. Teebs R&D, LLC is an early stage development company owned and operated by Trevor D. Beard.

3D　从电池到终端用户的电气连接

3D.1　引言

工程师和设计师提供产品的最终目标是提高公司的销量并且增强市场地位。为了实现上述目标，设计师必须从用户需求角度倒推电池性能进行设计。理想情况是，设计开始时先满足用户对设备的尺寸和形貌的要求。然而，电池设计师还需要考虑电池模组的组装，因为模组组装并不是简单的电连接堆叠。

从用户到电池的每一个步骤都会依赖电气连接（如电池单体成组）。用户通常不考虑电池的基本电化学性能，他们更关注的是电池供能设备能否正常工作，以及是否安全可靠。用户的需求决定了设备的参数，如尺寸、重量、便携性、成本、充电速度、工作温度范围等。设备的功能和性能要求则决定了单体电池和模组的设计。

设计师依照上述路径设计电池，并最终生产出圆柱形 D 型电池等产品。用户能够舒适地使用装有这些电池的手电筒，将 9V 电池装入晶体管收音机内，以及将助听器微型电池隐藏在耳内以保护隐私。因此，不存在需要 3 节 AA 电池的厚重智能手机；特斯拉公司 Model S 汽车所用的 $85kW \cdot h$ 的电池组，其体积并非 $2m^3$，质量也远非 38000kg。优秀的电池模组设计师必须清楚地认识到电池模组的选择会如何影响最终用户所使用的设备。成本过高的电气连接设计将被市场抛弃。

本章将介绍如何最优地使用方法论来开展电池模组内电气连接的设计。这些原则或方法帮助设计师找出电池模组和电连接之间的最优解。然而，这些只是建议，还需要根据实际情况和实效测试来保证电池的安全性和功能性。

3D.2　电气连接的设计因素

在探讨电池模组前，需要先对一些术语进行介绍：

① 电气连接：电子设备中两个或更多部件间的连接，能够使电子在部件间导通。

② 连接件：不能断开的电气连接部位，通过焊接、固化、压接导电材料而制成。

③ 电池组：两个或更多单体电池串联或并联而成。

④ 连接器：能够轻易连接和断开的导电连接部件。

⑤ 电池模组：用户使用的设备中最小的储能单元，设备故障时可能需要被更换（如损坏或无法正常输出能量）。

⑥ 安培容量：电池或电池组能够储存的电荷量，通常以安培小时（$A \cdot h$）为单位。

⑦ 电流分布图：一种图形表示，展示了通过电气连接的电流随时间的变化情况。

例如，电灯的插头是连接器，电灯可以依靠插头与墙壁上的电源插座连接或断开；连接电灯插头和电源线的焊接点是连接件或节点。在某些情况下，连接器的尺寸、重量、成本和电阻率可能高于连接件或节点。以台灯为例，设计师需要根据用户需求决定电池模组中每一个电气连接设计是连接件还是连接器。因为连接器的上述潜在缺陷，设计师倾向在模组设计中使用连接件而不是连接器，除非使用连接器的优势超越了上述缺点。下列五种情况更推荐使用连接器：

① 经常断开连接：如果电池模组经常与设备连接和断开。

② 节约生产成本：如果生产连接件或节点的总成本（人力和材料成本之和）大于连接器的总成本。

③ 存在不可靠部件：如果设备（使用电池模组）在生产后有很高的概率出现需要更换的部件。

④ 简化装配步骤：如果安装电池组至设备的人员技术水平低于生产电池模组的人员。

⑤ 简化保养步骤：如果保养设备的人员技术水平低于生产电池模组的人员。

未来十年，电池模组的能量密度和功率密度将持续提高，因此电池模组内的电气连接部件的尺寸和性质都将发生巨大变化，这与半导体工业的更新路径相近。在半导体工业的初始阶段，晶体管体积较大（一个豌豆大小），需要分开装配，且可靠性较低。这迫使设计师设计体积与豌豆相近的快速断开插座，以确保失效的晶体管能够被快速便捷地替换。然而，随着晶体管可靠性和生产工艺的改进，现在 1 亿个晶体管能够集成于一个豌豆大小的体积内。同时，由于可靠性的提升，连接 1 亿晶体管的电气连接数量减少了四分之三，每个连接点的体积也显著缩小，达到了惊人的程度。

3D.3   电池电气连接的设计特点

本章介绍电池模组电气连接的特殊需求，以及未来 10 年这些连接设计将如何迭代。100 年前 20kg 的汽车铅酸电池仅是少数几种二次电池之一，铅酸电池距离充电器 1m，电池设计师仅需要考虑铅和酸的比例以及电池倾倒时是否泄漏等少数几个问题。当今电池能量提高、体积缩小、复杂度提升，因此电池设计师需要考虑电池管理系统、充电系统以及电池的连接设计。

在考虑电池成组要求时，设想一个由 4 个锂离子电池组成的 15V 电池模组，该模组与电池管理系统和无线充电接收器一起封装在一个 10mm×50mm×80mm 体积的塑料密封壳内。用户、设备制造商和电池模组生产商将模组视为一个整体而不是许多部件的组合。为电池模组设计电气连接件时，两个最重要的因素是阻抗和安培容量。阻抗越低，压降越小，电池传递给设备的电压比例就越高。然而，低阻抗连接材料成本一般都高于高阻抗材料。例如，使用截面积 50mm^2 的铜连接 10 个锂离子电池产生的阻抗，低于使用截面积为 4mm^2 的铝，但是铜连接器比铝贵 30 倍。

安培容量的早期定义是：电气连接件在不超过最高温度条件下（温度由设计师或用户规定）能传导的最大电流量。这个定义比经常引用的"电流容量是组件在损坏之前可以传导的电流量"更为有用。按照从最终用户设备反向工作的概念，当今的电池设计师必须理解和量化电池模块以及最终用户设备在预期的电流分布下的最高允许温度：内部温度过高，会损害电池；外部温度过高，会令用户不舒服或伤害用户。

如果电池连接部件设计标准是电池以 0.1C 倍率工作，当用户以超出设计指标的 4C 倍率进行充电时，电池会放出大量热导致充电时用户触摸被烫伤。因为安培容量是衡量电气连接部件在特定条件下不产生过多热量的量化标准，并且材料的放热方式有传导、对流和辐射，因此比较不同材料在不同结构的电气连接部件中的安培容量不是一个简单的数学问题。在缺乏数学模型的情况下，设计师只能依靠各部件供应商的测试数据，选择将部件的安培容量与电流分布和温升进行关联的供应商。

3D. 4 电池连接架构与要求

　　无论是设计大型（650V、12000W·h 微电网能量储存设备，拥有 16000 个连接部件连接锂电池与电源线）还是小型（3.8V、8W·h 手机电池模组，通过四正四负的直流连接部件连接锂电池与电源线，如图 3D.1 所示）电池模组，电池模组设计师都应该考虑下列 4 个级别的连接：单体电池；电池到电池；电池组到电池模组；电池模组到设备。

　　图 3D.1 展示了手机中连接部件的使用情况。电池供能的电子设备的连接部件使用情况将在下文进行介绍。

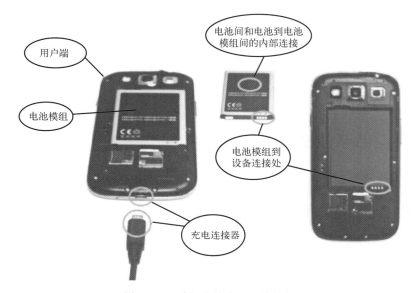

图 3D.1　手机内的常见连接结构

3D. 4.1　单体电池和电池模组内部的连接

　　电池最基础的电气连接是负极与正极的连接。与集流体的电气连接是电子进出电池的基本保证。正负极的设计主要是选择活性材料，保证稳定性的同时具有高电导率。

　　如果单体电池的电压和能量已能满足用户的设备需求，则不需要电池模组内的电池与电池之间的连接。然而，以当今可用的电池技术，任何电压需求大于 4V 的电池模组，都需要进行多电池连接。12V 的汽车用铅酸电池和 9V 的收音机用锌碳电池都出现在 20 世纪 50 年代，电池组中有 6 个连接的电池。图 3D.2 展示了上述两种电池，它们的电池组都有电极和电池间的连接。

　　更多涉及电池间连接部分的细节将在本手册的第四部分进行介绍。一般来说，电池内部的连接部件都需要与电化学活性材料相接触，因此连接部件必须具备化学和电化学稳定性并且能够在各类特殊条件下工作（比如极端温度、振动和老化）。从技术角度将连接部件分为下列三个类别。

　　① 挤压连接类。这一类连接仅用于电流传递。由于存在界面阻抗问题，这项技术主要在纽扣式电池中使用。这类电池通常会使用弹簧或插座类的连接设计。

　　② 粘接材料类。使用金属或其他导电材料将电池部件相互连接。与其他连接技术相比，

图 3D. 2　需要一系列电极和内部连接的电池种类

此类连接部件由不同的材料制成。然而，使用多种材料制备的电气连接部件存在多种材料间的副反应可能损伤电路设备的问题。采用焊接法制备电气连接材料和使用导电碳填充的环氧树脂类粘接材料制备电气连接部件的方法均属于此类技术。

③ 熔接法。这是使用结构相近的熔融金属制备均一、连续的电子输运通路的方法。此类技术主要有以下两个类别：

a. 铸造法。例如，在铅酸电池中，熔融铅用于将每个极板的极耳与内部铅母线进行接合，然后铸造引线端子。此外，一些电化学体系可能会使用不同成分的铸造金属，但与上述接合方法不同，这些金属能够相互形成合金，从而创建一个稳定的连接点。

b. 焊接法。通过熔化电气部件并将其熔接形成焊点的方法称为焊接法。焊接法包含激光焊接、冲击电弧焊接、超声焊接、钨极氩弧焊接（TIG）和熔化极惰性气体保护焊接（MIG）等各类焊接方法。

熔合连接（或熔接）是目前最先进、可靠和高性价比的连接电池内部组件的方法之一。但是，熔合连接需要经验丰富、操作准确熟练的工人来实施。很多电池失效是由铸造或焊接的焊点失效引起的。

3D. 4. 2　电池和电池之间在外部环境中的连接

电气设备对电池或电池模组间的外部电气连接通路有不同的功能和要求。此类连接不存在暴露在电池内部材料的风险，所以不需要针对电池的化学反应做防腐蚀设计。然而多数电池（如铅酸电池和干电池）存在泄漏和产气的风险，因此外部连接部件仍需要针对以上风险做出针对性设计。

通常情况下，电池和电池之间的外部连接部件和电池内部连接部件的制作方式相同，可以采用挤压、粘接和熔接等方法。制备方法的选择取决于用户要求和性价比分析，单个电池之间外部连接的制造要求不如内部连接严格，但仍需格外小心。焊接或熔接端口或板材时出现的过热现象会损害电池内部部件，降低电池寿命，甚至造成短路等严重后果。焊接或压接操作的机械力过大也会损害电池的完整性。

在设计和制作电池间连接时，还需要注意的问题是连接部件在实际使用时的可靠性和耐用性。电池间的外部连接，可能因物理损伤、意外短路、过热或过冷导致机械变形以及外部环境因素（如湿气和热环境等）造成的腐蚀而失效。

3D. 4. 3　电池包和电池组间的连接

电池包和电池组间的外部连接部件根据电池性能和电池组的总重量有不同的设计。99％

的铅酸电池包和模组间通过粘接方式相连。在基于能量密度更高的化学体系的电池模块中，当电池模块质量超过 2kg 时，电池组与电池模块外部电气连接的连接点中约有 95％是连接器。在质量不到 2kg 的电池模块中，有 75％的电池与电池模块之间的连接点是接合点。这些电气连接点位于电池模块的机壳内部，并接入模块"舱壁后方"的电池-设备接口。

3D.4.4　电池组与设备间的连接

99％的一次性电池与设备的连接部件允许设备更换新的电池。此外，85％的二次电池组使用电气连接器与设备相连。因为二次电池的可靠性不断提高，所以这个比例在过去的 5 年间持续下降。设备与电池模组连接的成本主要取决于连接方式，即是否使用机械连接部件或其他连接方式。电动牙刷和剃须刀可能使用特定的连接方式连接电池组和设备，但是大部分的手机、便携式计算机、电动汽车、微电网储能系统以及质量大于 1kg 的电池组均使用连接部件与设备连接。

在设计峰值充电或放电电流小于 50A 的电池模块时，TE、Delphi、Thomas & Betts、Molex 和 Kostal 等制造商提供了广泛的连接器选择。事实上，当电流小于 50A 时，可以选择能在同一外壳中组合信号和电源触点的连接器设计，这样的设计能够将电池管理和监控信号与电力传输结合在一个可插拔的外壳中。

然而，当电池组的设计峰值电流超过 100A 时（如 90％的自动驾驶汽车、微电网储能系统以及电动公交车等先进设备），电气连接的选择就受到了诸多限制。此时，95％的连接部件制造商将重点放在了大容量应用上，这些应用通常指的是需要输送大电流（通常大于 10A 或更高）的情况。

专注于 100A 以上连接器的连接器公司包括 Rebling、Anderson、Meltric 和 Staubli。图 3D.3 展示了一个典型的高功率连接部件。

选择适宜的连接部件对于电池组在设备中的成功应用有重大影响。选择低成本、小型以及便于安装（如图 3D.3 所示）的连接件能够保证新款电池组的全球性市场的接受度和成功率。如果设备需要无工具保养或频繁更换电池，如图 3D.4 所示的双极、快速分离连接设计是良好的选择。如果电池组连接部件的设计迫使终端用户或设备制造商购买昂贵的压接设备，选择高成本或复杂的连接器，则接受度会很低。

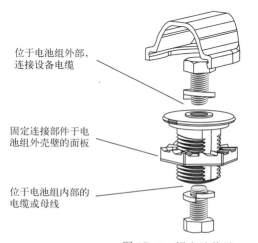

位于电池组外部，连接设备电缆

固定连接部件于电池组外壳壁的面板

位于电池组内部的电缆或母线

图 3D.3　锂电池终端（Rebling 公司提供）

图 3D.4　双极、快速分离连接部件（Rebling 公司提供）

3D.5　总结

　　未来十年，电池组的发展前景广阔，同时也给电池组设计人员带来了更大的挑战。随着市场对更大能量密度的需求增长，电池组的小型化趋势愈发明显，其发展路径与半导体工业类似。设计人员需要克服尺寸、温度和电气封装等方面的新问题。下面举例介绍一个当今面临的挑战。

　　一辆电动汽车的电池组尺寸为 200mm×300mm×900mm，采用铝制材料，需要容纳总电压为 400V 的上百枚锂离子电池。电池组的稳定放电电流为 220A，每 15min 发出一次 750A 的脉冲电流，每次脉冲持续时间为 20s。通过锂电池表面和冷却管热传导散热的蛇形冷却系统不能提供足够的冷却效果，因此电池组设计者认为有必要将整个模组浸于绝缘的冷却剂内。由于锂电池产生的热量，冷却剂热膨胀在电池组内部会产生显著的压力。

　　设计师面临的挑战是找到一种电池模块连接器。该连接器能够连接到 3mm 厚的铝制外壳上，具备处理电流变化曲线的载流能力、适合所施加电荷的电压额定值，以及防止加压冷却液泄漏的密封性能。设计师的困难在于，98% 的连接器制造商设计的连接器符合 IP（入口保护）规范 [IEC（国际电工委员会）标准，60529] 的密封要求，但该规范主要评估连接器防止冷水或温水泄漏的能力，而非阻止热化学溶液泄漏的能力。表 3D.1 能帮助电池组设计师选择最佳的连接电池组和用户设备的连接件。

　　设计师需谨记，每一个额外增加的部分都会增加连接器的成本和复杂度。提高成本和复杂度会降低任何电池组在市场中成功的概率。新型电池组的连接器成本和复杂度越低，设备生产商对其的接受度越高。

表 3D.1　连接器的选择

电池连接器的设计考虑因素	设计指南 （假设电池组连接部件电流承载量大于 100A）
断开连接的速度和容易程度	不需要工具即可在 3s 内断开的连接部件，总是比需要工具和 20s 内断开的连接部件更昂贵
一个动作可断开的电源触点	与双极或三极连接部件相比，单极连接部件的每极成本更低，散热更有效，并使设备制造商在设备中布线电缆时具有更大的灵活性

电池连接器的设计考虑因素	设计指南 （假设电池组连接部件电流承载量大于 100A）
连接部件的各参数数值： • 持续放电电流 • 峰值放电电流以及持续时间 • 峰值复现频率 • 充放电电流值 • 电缆或母线尺寸 • 电缆或母线最高温升 • 连接部件最高温升	必须规定在设计电流分布条件下的最大温升和电缆尺寸。如果没有规定，则可能会选择具有不必要的过高载流量或温升耐受度的昂贵连接部件。更糟糕的是，未规定电流分布性能的连接部件可能会导致电池组温升大于 200℃
预期的风险： • 液体流入保护 • 抑制液体常态和加压泄漏 • 连接部件的化学防腐处理	某些简单的连接部件可以较低成本满足入口和出口需求，而更复杂的连接器只能以更高的成本满足这些需求。了解连接部件是否需要防止电池组在不同环境中的进水很重要：比如，暴雨环境或深度 3m 的积水内连续浸泡环境
连接部件需要承受的环境条件	连接部件必须承受的条件越多，导体和绝缘体就越昂贵，设计就越复杂
连接部件电磁干扰（EMI）屏蔽能力	连接部件衰减输入或输出电磁干扰能量的能力对其材料成本、压接工具的成本和组装的人工成本有很大影响
连接部件的工作温度范围	最高工作温度越高，构成连接部件的塑料就越昂贵且柔性越低
连接部件的阻燃性等级	UL94 可燃性等级越高，连接部件越昂贵；如果电池组外壳使用的是具有 HB 阻燃等级的塑料，那么连接部件使用更高阻燃等级的 V-0 或 5V·A 级别可能并不必要，因为这将增加成本而不会产生额外的安全效益
连接部件的标称工作电压	如今电池组的发展趋势是高电压，因此在主流电池组电压为 12V、24V 和 48V 的时代设计的连接部件已过时

3E　电池封装技术

3E.1　引言

在 Alessandro Volta 于 1799 年发明了第一个电化学电源时，电极和电解质的封装即受到了限制。最初的电池包括悬浮在电解液中的金属试样杯。伏打电堆是由层叠的铜和锌板制成的，中间为浸泡在盐水中的有机纤维隔板，负责将电解液从蓄水池中吸出。Volt 给伦敦皇家学会的信中展示了伏打电堆的示意图（图 3E.1）。该电堆的最初模型展示在意大利科莫市的伏特纪念堂内[1]。

图 3E.1　伏打电堆示意（美国公共领域）

尽管该电池不需要额外的容器（因为电解液被隔膜完全吸收，板材通过拉杆保持对齐），但是不久就出现了对机械强度要求更高的设计需求，同时富液型电池变得更常见，使得电池长时间使用和储存时的水流失成为一个问题。当时，除了金属（通常具有化学反应性）外，封装电池的材质只有玻璃和陶瓷。最终，玻璃罐被具有电化学相容性且耐腐蚀的金属容器和现代聚合物外壳所取代。无论是当时还是现在，选择封装材料的依据都是成本、电化学相容性、材料重量和体积、机械强度、长时间和极端环境条件下保持电池性能的能力。

实际上，电解液损失（如蒸发）以及湿气、氧气或其他气体的污染都可能对多种类型的电池造成损害。现代电池商业成功的核心因素是电池封装方式。正确地插入电池堆、填充电解液、关闭容器以及密封终端都可能受到封装材料和组装/密封工艺选择的影响。整个行业已经为全部电池领域实现这些功能提供了可用的技术。

然而，除了单体电池的容器外，电池设计者必须着重关注电池成组时出现的问题。如果电池组整体的构造不稳定，则单体电池可能被损坏，出现诸如机械损伤、冲击/振动、热膨胀/收缩、散热、产生氢气等问题。虽然电池组外壳不直接受到电解液或电化学反应的影响，但在多种类型电池中仍可能受到蒸气、泄漏或溢出的腐蚀。例如，富液铅酸电池壳或储存架必须耐酸，以降低结构倒塌的可能性。

为提供低成本、高性能的电池系统，在产品投入使用之前，必须对电池封装和电池室或外壳进行全面分析和测试。许多电池故障均与封装相关。通常电池测试必须参考各种测试标准和规范要求，以确保电池产品的安全和寿命。每种产品，无论是电动汽车、植入式医疗设备、消费电子产品、商用飞机还是空间卫星，都有一套适用于自身的封装指南或参数。下面将对这些问题进行详细介绍。

3E.2 原始电池容器

第一批电池使用玻璃或金属制成的罐、坛或盒子来容纳电池堆和电解液。干电池最初使用纸筒为容器。有些容器具有盖子或罩子，有些容器用沥青或橡胶垫圈密封。但总体而言，这类容器不能完全防止液体蒸气损失或气体和水分渗透。这种封装方式适用于那些对成分变化和副反应具有一定容忍度的电化学体系。

某些电池甚至需要排出储存或充电期间产生的过量水分或气体。因此，这类电池（如铅酸电池、镍镉电池等）可能专门设计有排气系统。排气系统关闭后，尤其是在排气和重新密封后，电池不可能被完全有效地密封。更多关于传统电池系统封装的详细信息，请参见第四部分。

3E.3 全密封封装

对于要求苛刻的产品和极敏感的电化学体系，电池需要采取全密封封装。全密封封装是指电池能够阻止液体或气体进入或外漏，这就需要电池具有外壳材料、外壳封闭和电力馈通系统，确保电池在各方面都"不可渗透"。

确定电池是否完全密封的典型方法是氦气泄漏率测试。虽然真空或压力检查也可用于检测泄漏问题，但真正密封的电池必须在原子尺度上防止泄漏。在全密封电池中，金属和玻璃是广泛使用的两种材料。虽然陶瓷也可以很好地完成密封工作，但并不常见。密封电池的共同点是，容器外壳和终端连接线都必须由与容器本身具有相同密封性的材料制成。因此，容器盖通常通过焊接或焊料进行密封，而终端则通过放置在容器盖和终端之间的熔融玻璃进行密封。

值得注意的是，虽然一个电池终端可以直接连接到金属容器上，用于正极或负极线缆连接，但另一个终端必须与容器电气隔离，以防止短路。尽管带有穿透式金属端子的特制密封玻璃容器在某些设计中被使用，但这类设计通常不实用，仅限于研究。对于非全密封设计的电池，也可以实现优异的密封性。例如，通过使用柔性或可压缩垫圈进行压接或压缩式密封，可以在盖子和终端之间实现良好的密封。此外，环氧树脂或其他惰性热固性聚合物在某些应用中也被用作电池盖和终端的密封材料。但无论采用何种密封方法，封闭的电池盖和密封的终端都必须在实际使用条件下保持有效。下文将详述不同的使用条件。

3E.3.1 玻璃容器与玻璃金属密封（GTM）

早在先进金属问世前的 19 世纪，玻璃加工就已有成熟的行业体系，能够满足各种玻璃电池容器的设计需求。随后，玻璃技术也被用于制造具有穿透式结构的密封电气终端部件。现代玻璃金属密封技术广泛用于各种电子设备，如电灯泡和真空管。但是，近年来玻璃金属密封技术主要应用于接触腐蚀性电解液的设备，如锂亚硫酰氯电池[2]。

另一项没有使用 GTM 技术的玻璃安瓿，仍然广泛用于储备电池，以保障电解液密封储存数十年。然而这种技术也相当复杂。对于非水相电解液体系的锂储备电池，即使微量的水汽也会损害电池性能。有机溶剂和锂盐产生自催化反应，导致电池产气，使安瓿内压力增加并最终破裂。长达数十年的大量测试揭示了一些问题，并提供了一些解决方案。例如，在某些类型电池的安瓿中添加锂片，以抵消湿气污染问题。

另一个封装的实例与锂离子电池有关。虽然锂二氧化硫和锂亚硫酰氯原电池需要使用 GTM，但锂离子二次电池通常无法使用这种类型的终端密封方式。具体而言，GTM 技术手段依赖于玻璃和金属端子之间的热响应特性。理想的 GTM 设计依据是玻璃坯料热熔解后的冷却阶段会在金属端子上产生压缩力，然而铝金属经 GTM 技术处理后不会提供压缩力。研究人员在使用铝封装锂离子电池方面获得了进展，并进行了报道[3]。

3E.3.2 金属容器

多种金属和合金用于电池容器。罐和盖由传统的金属加工技术（如冲压、深冲、焊接等）制成。在某些情况下，金属镀层可以用于提供电化学反应位点或防止腐蚀反应。聚合物衬里也可用于防腐。如果该电池需要被完全密封，则可通过压接、弹性体/聚合物密封或焊接/铜焊/钎焊等方式完成电池封装。

常见于碱性电池中的金属罐由薄而廉价的钢制成，而昂贵的不锈钢、合金、钛、镍等制成的金属罐则用于高级电池。封闭焊缝的技术极其复杂，包括先进的焊接技术和优异的分析能力，以确保正确焊接并防止对电池组件的热损伤。金属电池容器和封闭系统的实例如图 3E.2 和图 3E.3 所示。当这种电池用于太空船或植入式医疗电池等应用时，需要进行长期测试以验证其安全性和性能。先进的全密封电池封装的实例可以参考第 28 章和其他电池应用章节。

图 3E.2　圆柱形电池金属罐和盖子
（AA 至 2D 尺寸）

图 3E.3　棱柱形金属电池罐和标头
（带 GTM、爆破片、填充孔）

3E.3.3　聚合物罐/套管/托盘

最常见的电池容器类型是热塑性模塑制品，如聚烯烃（聚乙烯 PE、聚丙烯 PP）材料具有优异的化学稳定性、良好的机械强度和较宽的工作温度范围。其他材料，如尼龙、丙烯酸和含氟聚合物也可用作电池容器（参见 2C 部分）。虽然采用模塑法的模具成本相当高，但该技术在大批量应用中已经成熟并具有成本效益。通常电池容器和电池组组件会有多个部件，如盖子、绝缘插件、终端架、底座等。在铸造成套零件时，使用多腔模具可降低成本。使用热塑性塑料作为部件原料，能够通过成熟的塑料加工技术（如溶剂胶合、超声波粘接和热熔合）组装部件。图 3E.4 展示了一种创新性塑料外壳设计，该设计曾被提出用于生产小型铅酸电池。

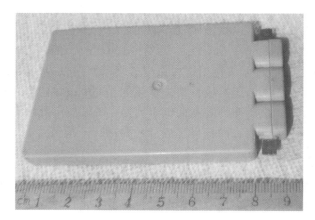

图 3E.4　用于单电极对（密封铅酸电池）的扁平塑料外壳

针对不同的电化学系统，容器材料和成型技术经过多年的发展得到了完善和改进。此外，如电池托盘和模组隔间等各种外围设备可以由众多常见的热塑性或热固性材料和配套的生产方法（如旋转模塑、收缩包装等）来生产制造。基于适当的质量测试以及成本和性能的权衡，聚合物领域的科研成果也不断被应用到电池封装中。

树脂、塑料和定制模具制造商的产业链有助于选择材料和建立生产线。此外，新的加工技术，如三维打印，对原型电池开发和电池性能测试有很大帮助。随着电池化学体系和电极堆叠设计的迭代发展，封装材料和技术也需要同步发展。这一趋势的一个实例是柔性电池的开发，电池设计和封装方案均应满足电池在可穿戴电池组中随人的动作而变形的需要。

3E.3.4　层压箔袋

近期在电池行业中获得广泛认可的一种新型电池和封装材料是层压箔层和层压箔袋软包电池。软包电池最初采用碱性电池膜组件（如宝丽来生产的碱性电池膜组件），但现在软包电池已被广泛用于锂离子电池。最新的软包电池材料为多层结构（至少三层）：

① 一层为热粘接聚合物作为黏结剂，使软包电池能通过简单的热熔合设备（即真空热封器）进行封装；

② 一层为确保电池密封性的固体金属箔层，用于防止水分和氧气进入以及电解液溶剂损失；

③ 一层为外部保护层，用于防止薄金属箔层被损坏（通常由耐用、低成本的塑料薄膜

如聚酯组成）。

其他层结构可以增加层压箔袋的机械强度或功能性。

为了制作软包电池，需要将两个超过电芯尺寸的薄膜层与热密封层面对面放置在预构建电芯结构的两侧。有时，较厚且较硬的多层箔袋会经过预成型模具的冲坑处理，以适应相对较厚的电芯或面绕电芯。对于软包电池，有多种方式可以填充电解液和密封电池。一些封装方法会预先密封软包电池箔袋的三个侧面，而其他方法则能一次性密封整个软包电池。在去除箔袋中的气体并注入电解液时，常用的工艺为对箔袋施加真空。然而，由于污染或化成过程产生的气体，软包电池通常需要进行切割排气和二次真空热密封。这些步骤需要用到多种专用设备，如真空热密封机和电解液注液泵。

在软包电池中，最显著的特征之一是密封从电极延伸到外部电连接部件的极耳。内部黏结层和电池极耳之间的粘接力必须适中，既要防止粘接力降低或泄漏，又要避免粘接力过大损坏下面的金属箔层，导致电解液干燥。如果两个极耳都穿透到金属箔层中，还可能引起电池短路。为了提高极耳粘接强度而不损坏箔袋材料，已采用了多种常见和专有的技术，如极耳涂层或保护胶带层技术。

与其他材料类似，任何新型或改进型的设计都需要在各种环境中进行广泛的测试，如高空、极端温度循环等。尽管箔片材料或边缘密封可能失效，但极耳密封区域通常是问题最多的区域。尽管箔袋在机械强度上被认为不如金属罐或注塑热塑性塑料，但其成本、厚度和重量优势显著。此外，软包电池封装技术还受益于多年在箔袋包装食品、药品、电子产品和其他物品方面的经验。

3E.4　总结

先进材料和多层复合膜的持续发展无疑将有助于电池封装的改善。活性填料也可能是阻止氧气或水分渗透以及溶剂损失的核心材料。电化学体系的改进也可以使电池封装材料在机械强度更低的情况下拥有更长的使用寿命，例如使用固态电解质取代液体电解液。此外，目前流行的设计趋势是将电池的封装与电池组外壳相结合。总体而言，降低成本、延长电池寿命和提高电池安全性的努力将持续进行。

参考文献

1. https://commons.wikimedia.org/wiki/File:VoltaBattery.JPG (extracted April 1, 2018).
2. U.S. Patent 4556613A.
3. M. Moorthi, "Glass to metal seal with aluminum cans and lids." https://www.linkedin.com/pulse/glass-metal-seal-aluminum-cans-lids-mumu-moorthi-ph-d-mba (extracted May 22, 2018).

第二部分
电化学电池工作原理

第 **4** 章

电化学原理和反应
Fausto Croce, Mark Salomon

4.1 概述

电池和燃料电池是指通过电极上发生电化学氧化还原反应将化学能转变成电能的电化学装置。电池由阳极和阴极构成，放电时，发生氧化反应的是阳极，发生还原反应的是阴极，离子通过电解质进行传输。

电极上的化学物质在反应时可以输出的最大电能由电化学反应对应的吉布斯自由能变化 ΔG 决定，如方程式（4.5）及 4.2 节所述。

理想状态下，电极活性物质中的所有化学能在放电时都转变成有用的电能。然而，当负载电流 i 通过电极并发生电化学反应时，不可避免地因极化产生能量损失。这些损失是由于极化造成的，极化包括：活化极化，电极界面电化学反应的驱动力；浓差极化，反应物和产物在电解质本体和电极/电解质界面的浓度差，由物质传输过程造成。这些极化造成部分能量损失并以废热的形式释放，因而电极内储存的理论能量并不能全部转化成有用的电能。

理论上，在电化学和物质传输参数已知的条件下，活化极化和浓差极化可以根据理论方程进行计算，这些理论方程将在后面的章节进行讨论。但是，实际上由于电极物理结构的复杂性，上述两种极化很难完全定量化。如 4.5 节所述，多数化学电池和燃料电池的电极都是由活性物质、黏结剂、性能改善添加剂和导电剂组成的复合体，并且是具有一定厚度的多孔结构。因此，需要采用复杂的数学模型借助计算机来计算其极化部分。

电池内阻（电流存在时的测量内阻）是影响电池性能或倍率特性的另一个重要因素。电池内阻导致其在工作时产生电压降，同样以废热的形式消耗部分可用能量。由内阻引起的电压降低通常称为"欧姆压降"或 IR 降，与系统中通过的电流成正比。电池的总内阻包括电解质的离子电阻（含隔膜和多孔电极）和电子电阻（包括活性物质、集流体、导电极耳以及活性物质/集流体之间的接触电阻）。这些电阻本质上都具有欧姆特性，遵循欧姆定律，电流与电压降间呈线性变化。

当连接一个外部电阻 R 时，电池电压 E 可以表示为：

$$E = E_0 - [(\eta_{ct})_a + (\eta_c)_a] - [(\eta_{ct})_c + (\eta_c)_c] - iR_i = iR \tag{4.1}$$

式中，E_0 为电池的电动势或开路电压；$(\eta_{ct})_a$、$(\eta_{ct})_c$ 分别为阳极和阴极的活化极化或电荷转移过电势；$(\eta_c)_a$、$(\eta_c)_c$ 分别为阳极和阴极的浓差极化电势；i 为有负载时电池的工作电流；R_i 为电池内阻。

如式（4.1）所示，电池的有效输出电压因极化和内阻而降低，只有在非常小的工作电流时，极化和内阻都非常小，电池工作电压才能接近开路电压，输出能量才能接近理论能量。图 4.1 给出了电池极化与工作电流之间的关系。

尽管化学电池或燃料电池输出能量由电极的电化学反应决定，但电荷转移程度、扩散速率、能量损失幅度受很多因素的影响。这些影响因素包括电极配方和设计、电解质电导率、隔膜材料特性等。因此，为获得最高工作效率，使能量损失最小，在化学电池和燃料电池设计时必须按照电化学基本原理，遵循如下基本规律。

① 电解质的离子电导率应尽可能高，以保证电池工作时 IR 极化不会太大。表 4.1 给出了常用的多种电解质体系离子电导率的典型范围。化学电池通常按特定的放电率来设

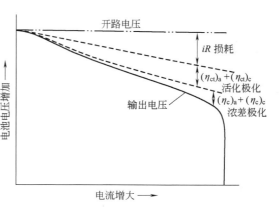

图 4.1　电池极化与工作电流的关系

计，电流从几微安到几百安。对于特定的电解质体系，需要通过设计高表面积电极和使用薄隔膜来减少电解质造成的 IR 降，由此来提高倍率特性。卷绕式电极是其中一种典型设计。

表 4.1　在室温下各种电解质体系的电导率范围

电解质体系	电导率/(S/cm)
水溶液电解质体系	$0.1 \sim 0.55$
熔融盐电解质体系	约 10^{-1}
无机电解质体系	$10^{-2} \sim 10^{-1}$
有机电解质体系	$10^{-1} \sim 10^{-2}$
离子液体	$10^{-4} \sim 10^{-2}$
聚合物电解质	$10^{-7} \sim 10^{-3}$
无机固态电解质	$10^{-8} \sim 10^{-5}$

② 电解质盐和溶剂应具有化学稳定性，不与正、负极直接发生化学反应。

③ 正、负极的反应速度应足够快，保证活化电位或电荷转移极化不会过高而导致电池不能工作。降低电荷转移极化常用的办法是采用多孔电极，多孔电极在预设的电极面积下提供超高的电化学反应面积，从而降低电极电流密度。

④ 大多数化学电池和燃料电池系统中，部分或全部反应物都由电极提供，部分或全部反应产物需要从电极表面扩散离开。因此电解质必须有足够的离子传输速率，来保证质量传输，避免引起严重的浓差极化。具有适当的孔隙率和孔径的电极、具有合适结构和足够厚度的隔膜、具有足够离子浓度的电解质，是保证电池正常运行的重要条件。电池正常运行中应尽量避免物质传输限制。

⑤ 对蓄电池而言，充放电过程中应期望反应产物留在电极表面来促进可逆反应的发生。反应产物需要在电解液中保证机械稳定性和化学稳定性。

⑥ 集流体或衬底材料应与电极材料和电解质相容，不会被腐蚀。集流体的设计应使电流均匀分布并降低接触电阻，以减少电池工作时的电极极化。

在通常情况下，本章所叙述的基本原理和各种电化学技术都能用于研究电池和燃料电池中所有重要的电化学问题，包括：电极反应速率，中间反应步骤的确立，电解质、集流体、电极材料的稳定性，质量传输条件，极限电流，电极表面钝化层的形成，电极或电池的阻抗

特性，速控步骤等。

4.2　热力学基础

电池中，电化学反应基本发生在两个区域或部位，即两个电极/电解液界面。一般来说，在一个电极上的反应（正向为还原反应）可表示为：

$$aA+ne^- \Longrightarrow cC \tag{4.2}$$

式中，a 摩尔的 A 得到 n 摩尔的电子，形成 c 摩尔的 C。在另一个电极上的反应（正向为氧化反应）可表示为：

$$bB \Longrightarrow dD+ne^- \tag{4.3}$$

式中的数值和式（4.2）保持对等。

电池总反应可通过两个半电池反应相加而得：

$$aA+bB \Longrightarrow cC+dD \tag{4.4}$$

该反应的标准自由能变化 $\Delta G^\ominus$ 可用下式表示：

$$\Delta G^\ominus = -nFE^\ominus \tag{4.5}$$

式中，F 为法拉第常数，96487C/mol；$E^\ominus$ 为该反应的标准电极电位（附录 B 给出了一些电极材料的标准电极电位）。

当反应条件与标准状态不同时，电池电压 E 可通过能斯特（Nernst）公式得到：

$$E = E^\ominus - \frac{RT}{nF} \ln \frac{a_C^c a_D^d}{a_A^a a_B^b} \tag{4.6}$$

式中，a_i 为相应物质的活度；R 为气体常数，8.314J/(mol·K)；T 为热力学温度。

电池反应的标准自由能变化 ΔG 是电池向外电路提供电能的驱动力。通过电动势的测量以及活度、平衡常数和溶度积等数据，可以计算得到反应自由能变、熵变和焓变。

单电极（绝对）电位的直接测量实际上是不可能的。为了测试半电池电位或标准电位，必须确立一个参考"零"电位，以此为标准电位测得单电极的电位。按照惯例，H_2/H^+（水溶液）反应的标准电位被视为"零"，所有标准电极电位以该电位为参比（参见附录 B 中正负极材料的标准电位）。

4.3　电极过程

电极上的反应以化学变化和电能变化两方面为特征，属于异相反应类型。电极反应可以是金属离子还原生成金属原子并进入电极表面或结构内部这样简单的反应，然而这仅仅是表面上的简单。实际上，整个反应的机制可能相当复杂，而且常常包括很多步骤。电活性粒子必须在电子传递步骤之前通过迁移或扩散到达电极表面，同时在电子传递步骤之前或之后，都可能存在电活性粒子在电极表面的吸附过程，化学反应也包含在整个电极反应过程中。与任何反应一样，电化学反应的总速率由整个反应过程中最慢的步骤决定。

在 4.2 节中进行了平衡状态时电化学反应过程的热力学分析，没有考虑如电极极化（过电位）引起的电流对电化学反应的影响等非平衡状态。大量电化学体系的电流与电位特性的实验表明，电流和施加在电极对上的电压之间呈指数关系。这种关系式称为塔费尔（Tafel）公式：

阳极反应 $$\eta = a + b \log i \tag{4.7}$$

阴极反应 $$\eta = a - b\log i \tag{4.8}$$

式中，η 为过电位；i 为电流；a 和 b 为常数。

一般把常数 b 称为 Tafel（塔费尔）斜率。Tafel 关系式对许多电化学体系在很宽的过电位范围内均适用。但在较低过电位情况下，这种关系不成立，出现 η 和 $\log i$ 的关系曲线出现偏离的现象，如图 4.2 所示。

许多电化学极化试验结果符合 Tafel 公式，激励了人们对电极过程动力学理论的探索。由于 Tafel 关系式仅适用于高过电位情况，所以该表达式不适用于接近平衡状态的条件，仅适合用来表示单向过程的电流-电位相互关系。这种单向过程在氧化反应中意味着还原过程的影响是可以忽略的。公式（4.7）可以整理成指数形式：

$$i = \exp\left(\pm\frac{a}{b}\right)\exp\frac{\eta}{b} \tag{4.9}$$

一般来说，如图 4.3 所示，电化学反应过程的正向和逆向都必须考虑。

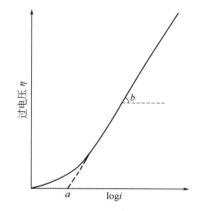

图 4.2 较低过电位时塔费尔曲线示意

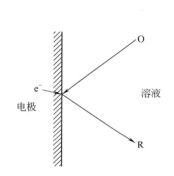

图 4.3 电极上还原反应过程示意

电化学反应可以表示为：

$$O + ne^- \rightleftharpoons R \tag{4.10}$$

式中，O 为氧化态粒子；R 为还原态粒子；n 为电极反应过程所涉及的电子数。

正向和逆向反应可分别用异相速率常数 k_f 和 k_b 来描述。正向和逆向反应速率可由速率常数与该活性粒子在电极表面相应浓度的乘积来表示。如同后面所描述的那样，电极表面上的电活性粒子的浓度与溶液体积浓度不同。正向反应速率是 $k_f C_O$，逆向反应速率是 $k_b C_R$。方便起见，反应速率常常用正向反应电流 i_f 和逆向反应电流 i_b 表示：

$$i_f = nFAk_f C_O \tag{4.11}$$

$$i_b = nFAk_b C_R \tag{4.12}$$

式中，A 为电极面积；F 为法拉第常数。

上述表达式仅仅是将物质作用定律应用到正、逆向电极过程的结果。该过程的电子作用可以借助假设速率常数通过电极电位来表述。速率常数和电极电位间的相互关系通过假设施加在电极上的还原电位 E 只有一部分 αE 用来驱动还原过程来描述，而（$1-\alpha$）E 用来描述驱动更为困难的氧化过程。电极电位决定的反应速率常数可用如下公式表示：

$$k_f = k_f^O \exp\frac{-\alpha nFE}{RT} \tag{4.13}$$

$$k_b = k_b^O \exp \frac{(1-\alpha)nFE}{RT} \tag{4.14}$$

式中，α 为传递系数；E 为适当参考电极的电极电位。

由于传递系数 α（在某些文章中表示为对称因子 β）在动力学方面的物理意义不是那么明确，所以需要从机制的角度进行讨论。具体来说，传递系数决定了电池电势低于平衡值而引发的电化学转化速率所影响的电能比例。为了解释传递系数 α 的作用，必须阐明还原和氧化过程的势能变化图。图 4.4 给出了氧化态粒子（如水合氢离子）接近电极表面时的一个近似的势能曲线（Morse 曲线）和生成的还原态粒子（如金属表面的吸附氢）的势能曲线。

以固体电极上的氢离子还原作为典型实例进行说明，根据 Horiuti 和 Polanyi[3] 理论，氢离子（一般为 H_3O^+）的还原势能如图 4.5 表示。图中氧化态粒子 O 是水合氢离子，还原态粒子 R 是金属（电极）表面上的氢原子。改变电极电位 E 的作用是将氢离子 Morse 曲线的势能升高。两个 Morse 曲线的交点形成能垒，其高度为 αE。如果两条 Morse 曲线交点处的斜率分别接近常数，那么 α 就可由两条 Morse 曲线交点处的斜率比来确定：

$$\alpha = \frac{m_1}{m_1 + m_2} \tag{4.15}$$

式中，m_1 和 m_2 为水合氢离子和氢原子势能曲线的斜率。

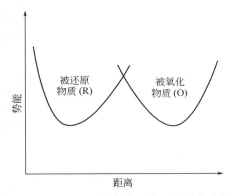

图 4.4　电极上还原-氧化反应过程的势能图

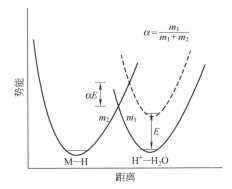

图 4.5　氢离子(H^+)在铂(Pt)等电极上还原的势能图
虚线表示没有电极场时的势能，当离子受到电位 E 的作用时，势能会降低。如正文中所讨论的，活化能会降低 αE（通常是一半）

这种传递系数理论还存在某些不足之处，如假设 α 是常数，且与 E 无关，目前还没有数据证实或反驳该假设。将该概念用于阐述多种不同粒子时还存在缺陷：惰性电极上的氧化还原反应（Hg 上的 Fe^{2+}/Fe^{3+}）；溶于不同相中的反应物和生成物 [Cd^{2+}/Cd（Hg）]；电沉积过程（Cu^{2+}/Cu）。尽管存在这些不足之处，但在许多情况下该理论的概念和应用还是合理的，目前它对电极过程的理解和阐述是最恰当的。表 4.2 给出了该理论应用于不同电极上的案例。

表 4.2　25℃时不同体系的传递系数 α 值

电极反应	金　属	电极反应物质	α
$H^+ + e^- \Longrightarrow \frac{1}{2}H_2$	Pt(光滑)	$1.0mol/dm^3$ HCl	2.0
$H^+ + e^- \Longrightarrow \frac{1}{2}H_2$	Ni	$0.12mol/dm^3$ NaOH	0.58

电极反应	金 属	电极反应物质	α
$H^+ + e^- \rightleftharpoons \frac{1}{2}H_2$	Hg	10.0mol/dm^3 HCl	0.61
$O_2 + 4H^+ + 4e^- \rightleftharpoons 2H_2O$	Pt	0.1mol/dm^3 H_2SO_4	0.49
$O_2 + 2H_2O + 4e^- \rightleftharpoons 4OH^-$	Pt	0.1mol/dm^3 NaOH	1.0
$Cd^{2+} + 2e^- \rightleftharpoons Cd$	Cd/Hg	10^{-3}mol/dm^3 $Cd(NO_3)_2$（1mol/dm^3 KNO_3 中）	5.0
$Cu^{2+} + 2e^- \rightleftharpoons Cu$	Cu	1mol/dm^3 $CuSO_4$	0.5

根据式（4.13）和式（4.14），可以推导出电化学体系的参数。式（4.13）和式（4.14）可以与描述平衡态的 Nernst 公式［式（4.6）］和描述单向过程的 Tafel 关系式［式（4.7）和式（4.8）］联立共用。在平衡状态下，正向电流和逆向电流都存在，由于系统是平衡的，因此两者是相等的，没有净电流通过：

$$i_f = i_b = i_0 \tag{4.16}$$

式中，i_0 为交换电流。

将式（4.10）～式（4.14）与式（4.16）联立，可以得到：

$$C_0 k_f^0 \exp \frac{\alpha n F E_e}{RT} = C_R k_b^0 \exp \frac{(1-\alpha)n F E_e}{RT} \tag{4.17}$$

式中，E_e 为平衡电势。

整理后为：

$$E_e = \frac{RT}{nF} \ln \frac{k_f^0}{k_b^0} + \frac{RT}{nF} \ln \frac{C_O}{C_R} \tag{4.18}$$

根据该公式，可以定义标准电位，其中使用的是浓度而不是活度。

$$E_C^0 = \frac{RT}{nF} \ln \left(\frac{k_f^0}{k_b^0} \right) \tag{4.19}$$

通常可以把标准电位作为可逆体系电位标度的参考点。式（4.18）和式（4.19）联立，可以得到与 Nernst 公式一致的表达式：

$$E_e = E_C^0 + \frac{RT}{nF} \ln \frac{C_O}{C_R} \tag{4.20}$$

只是这个表达式是用浓度而不是活度来表达的。根据式（4.11）和式（4.13），在平衡状态时：

$$i_0 = i_f = nFAC_O k_f^0 \exp \left(\frac{-\alpha n F E_e}{RT} \right) \tag{4.21}$$

式（4.16）定义了交换电流，这是电池领域一个具有重要意义的参数。该参数可以通过联立式（4.11）、式（4.13）、式（4.18）和式（4.21），并引入速率常数 k 来表示：

$$i_0 = nFAk C_O^{(1-\alpha)} C_R^{\alpha} \tag{4.22}$$

交换电流 i_0 是在整体无净电流的平衡电位下，氧化态和还原态物质之间电荷交换速率的度量参数。速率常数 k 是在特定电位下，即该体系标准电位下定义的。其本身不足以表征该体系，还必须知道传递系数。式（4.22）可以用来阐明电极反应机制。当氧化态或还原态粒子浓度一定时，通过测量交换电流密度随还原态和氧化态粒子浓度的变化，就可计算得到传递系数。图 4.6 给出了正向和逆向电流与过电位的关系 $\eta = E - E_e$，图中净电流（中间曲线）是正向电流与逆向电流的代数和。

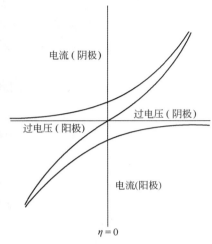

图 4.6　过电位和电流间关系示意

如果净电流不为零，即电压偏离平衡电位足够远时，净电流接近正向电流（或对阳极过电位而言就是逆向净电流）。此时：

$$i = nFAkC_O \exp\left(\frac{-\alpha nF\eta}{RT}\right) \tag{4.23}$$

当 $\eta = 0$，$i = i_0$ 时：

$$i = i_0 \exp\left(\frac{-\alpha nF\eta}{RT}\right) \tag{4.24}$$

以及

$$\eta = \frac{RT}{\alpha nF}\ln i_0 - \frac{RT}{\alpha nF}\ln i \tag{4.25}$$

该公式就是之前以广义形式引入的塔费尔方程（Tafel equation），即式（4.7）和式（4.8）。现在可以看出，这里的动力学处理与能斯特方程（用于平衡条件）和塔费尔关系（用于单向过程）都是一致的。为了以有用的形式呈现动力学处理，也可将其转换为净电流流动形式。

$$i = i_f - i_b \tag{4.26}$$

代入式（4.11）、式（4.14）和式（4.19）得：

$$i = nFAk\left\{C_O \exp\left(\frac{-\alpha nFE_e^0}{RT}\right) - C_R \exp\left[\frac{(1-\alpha)nFE_e^0}{RT}\right]\right\} \tag{4.27}$$

应用该公式时，必须注意 C_O 和 C_R 是电极的表面浓度或者有效浓度，未必与体积浓度相同。界面浓度常常（或者总是）随着表面和主体浓度之间电位的不同而改变。电极与电解质界面间电位差的影响将在下一节进行讨论。

4.4　双电层电容和离子吸附

当一个电极浸在电解质中，金属表面上的电荷会吸引溶液中带有相反电荷的离子并使溶剂偶极子取向排列。金属和电解质中各自存在一电荷层，这种电荷的分层分布就是通常所说的"双电层"。双电层的形成没有出现法拉第反应，因而没有伴随电荷转移的反应（氧化或还原）发生。下面将详细描述双电层电容的特征。

当带有负电荷的电极浸泡在电解质溶液中时，溶剂分子会定向排布形成内层。图 4.7 给出以水为溶剂的水分子定向排布示意，该图显示了其中大多数的水偶极子正端（箭头）指向电极表面。该层被称为内亥姆霍兹（Helmholtz）层。图中的表示法只是一种统计方法，所以不是所有偶极子均以相同方向取向。与受偶极子与电极间相互作用的影响相比，某些偶极子更易受偶极子与偶极子间相互作用的影响。

那么，阳离子是如何到达内亥姆霍兹层末端的偶极子附近的。不管双电层的定向效应如何，大多数阳离子被水偶极子强烈溶剂化，在阳离子周围形成偶极水分子的包覆层。除少数例外情况，阳离子不能直接到达电极表面，而是停留在第一层溶剂分子的外面，且保持着外面的水分子包覆层。图 4.8 给出了阳离子在双电层中排列的典型实例，该层被称为外亥姆霍兹层。这种排列方式是阳离子在双电层中最可能的排列方式，一方面是基于混合电解质中交流阻抗测试结果，但更重要的是基于离子到达电极表面过程中自由能的计算结果。由于水与电极、离子与电极和离子与水的相互作用，阳离子到达电极表面的自由能受阳离子水合作用的影响强烈。在少数情况下，具有较大离子半径和弱溶剂化的阳离子（如 Cs^+）可以接触/吸附在电极表面。

在分析带有正电荷的电极附近阴离子体系的平衡状态时，发现电极表面主要吸附溶剂化的阴离子。图 4.9 给出了带正电电极表面阴离子定向吸附的示意。

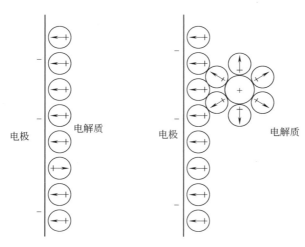 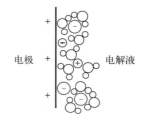

图 4.7　负电性电极表面双
电层中水分子取向示意

图 4.8　双电层中阳离子的
典型排布

图 4.9　正电性电极表面
阴离子的典型排布

将双电层向电解质本体延伸可以连续重复研究这种双电层的影响，不过影响幅度要比紧密层小。紧密层向溶液本体的"延伸"形成 Gouy-Chapman 扩散双电层。当电解质浓度低或为零时，该扩散层对电极动力学和电极表面电活性粒子浓度的影响是明显的。双电层效应和各种类型的离子接触吸附效应直接影响电极表面电活性粒子的真实浓度，并间接改变电子转移的电位梯度。因此，适当的情况下需要综合考虑双电层的影响。图 4.10 给出了带负电荷电极附近电位的分布示意。内赫姆霍兹平面相当于接触吸附离子和最里层水分子。其电位定义为以本体溶液的电位为参考零点而相对本体溶液的电位 φ^i。没有接触吸附但有溶剂化的水分子外壳包围且靠近电极的那些离子形成的平面称为外赫姆霍兹平面，其电位仍以本体溶液电位为参考，定义为 φ^o。有些教材中 φ^i 写为 φ^1，φ^o 写为 φ^2。

如前所述，动力学方程中通常不使用电活性粒子的体积浓度，双电层和本体溶液中的粒子能态不同。平衡态时，电极上参与电荷转移过程的离子或粒子的

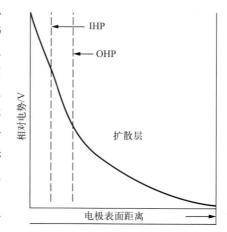

图 4.10　负电性电极附近
电位分布示意

浓度 C^e 和体积浓度 C^B 的关系如下：

$$C^e = C^B \exp\left(\frac{-zF\varphi^e}{RT}\right) \tag{4.28}$$

式中，z 为离子电荷；φ^e 为离电极最近离子的电位。

需要注意的是，很多粒子离电极最近的平面为外赫姆霍兹平面（OHP），因此 φ^e 通常等于 φ^o；但有些特例，离电极最近的平面为内赫姆霍兹平面（IHP），此时 φ^e 等于 φ^i。φ^e 究竟采用什么值需要进行判断。

当某个反应物种处于最接近电极表面且与电极电势相匹配时，驱动电极反应的电位最为有效。如果 E 是电极的电位，那么反应的驱动力就是（$E-\varphi^e$），用这一关系结合式（4.26）和式（4.27），可以得到：

$$\frac{i}{nFAk} = C_O \exp\left(\frac{-z_O F\varphi^e}{RT}\right)\exp\left[\frac{-\alpha n F(E-\varphi^e)}{RT}\right] - C_R \exp\left(\frac{-z_R F\varphi^e}{RT}\right)\exp\left[\frac{(1-\alpha)nF(E-\varphi^e)}{RT}\right] \tag{4.29}$$

式中，z_O 和 z_R 分别为氧化态和还原态粒子的电荷（带符号）。

将式（4.29）重新整理并结合

$$z_O - n = z_R \tag{4.30}$$

可以得到：

$$\frac{i}{nFAk} = \exp\left[\frac{(\alpha n - z_O)F\varphi^e}{RT}\right]\left\{C_O \exp\left(\frac{-\alpha nFE}{RT}\right) - C_R \exp\left[\frac{(1-\alpha)nFE}{RT}\right]\right\} \tag{4.31}$$

在实验测定中，使用式（4.27）将得到一个表观速率常数 k，这个常数没有考虑双电层的影响。考虑某个物质向最近（最接近）平面接近时的影响，则

$$k_{app} = k \exp\left[\frac{(\alpha n - z_O)F\varphi^e}{RT}\right] \tag{4.32}$$

同样，交换电流为：

$$(i_0)_{app} = i_0 \exp\left[\frac{(\alpha n - z_O)F\varphi^e}{RT}\right] \tag{4.33}$$

除了上述讨论的双电层对电极动力学的影响外，双电层的容量 C（F，法拉）与电池电压决定了电化学双电层电容器（EDLC）的能量 E [瓦时（W·h）]：

$$E = \frac{1}{2}C(\Delta V)^2 \tag{4.34}$$

对于固体电极，如铂（Pt）和玻璃碳（GC）以及多孔电极如活性炭，双电层容量可以通过各种测定技术确定，如线性扫描伏安法、恒电位间歇滴定法（PITT）和电化学阻抗谱法。这些测定技术分别在 4.6.1、4.6.3 和 4.6.4 节中进行了讨论。

4.5 电极表面的物质传输

前文已经介绍了电化学过程的热力学，研究了电极过程的动力学，并探讨了电化学双电层的性质及其对动力学参数的影响。理解这些关系对于电池技术研究是重要的。另一个对电池研究有重大影响的研究领域是评估电极表面物质传输过程。

物质向电极或从电极传输可以通过三个过程发生：①对流和搅拌；②电位梯度中的电迁

移；③浓度梯度中的扩散。其中，第一个过程在数学和实验上都可以相对容易地进行处理。如果需要搅拌，可以建立流动系统；而如果完全停滞是实验所必需的，也可以通过精心设计来实现。在大多数情况下，搅拌和对流都可以通过数学进行处理。

对于第二个过程，只要知道一些参数，如迁移数或迁移电流，物质传输的迁移组分也可以通过实验处理（降低到几乎为零，或在特殊情况下偶尔增加），并用数学方式描述。通过在电势梯度场中添加过量的惰性"支持电解质"，可以有效地将电势梯度降低到零，从而消除产生迁移的电场，进而将电活性物质的迁移降低到几乎为零。增强迁移则较困难，需要增加电场以使带电物质的移动增加。电极几何设计可以通过改变电极曲率来略微增加迁移。凸表面的场强大于平面或凹表面的场强，因此凸表面的迁移得到增强。

对于第三个过程，即浓度梯度中的扩散，是这三个过程中最重要的一个，也是电池中物质传输通常占主导地位的过程。扩散的分析使用了菲克（Fick）给出的基本方程，该方程定义了材料在距离 x 和时间 t 处穿过平面的通量。通量与浓度梯度成正比，并可用下列表达式表示：

$$q = D\frac{\delta C}{\delta x} \tag{4.35}$$

式中，q 为流量（单位面积的质量流量）；D 为扩散系数；C 为浓度。

浓度随时间的变化率可用下式定义：

$$\frac{\delta C}{\delta x} = D\frac{\delta^2 C}{\delta x^2} \tag{4.36}$$

该表达式称为 Fick 第二扩散定律[5]。在求解式（4.35）和式（4.36）时需要施加边界条件。这些边界条件是根据电池性能或边界条件所规定的电极预期的"放电"状态来选择的[6]。多种电化学分析技术将在 4.6 节中进行讨论。

4.5.1　浓差极化

扩散过程是大多数电池系统中典型的传质过程。在这些系统中，为了维持电流流动，需要在反应位点之间进行物质的传输。提高和改善扩散过程是提高电池性能的一个合适的研究途径。考虑到 $i = nFq$，其中 q 是通过单位面积平面的通量，式（4.35）可以写成一种近似但更实用的形式，如下所示，其中符号的意义与前面相同：

$$i = nF\frac{DA(C_B - C_E)}{\delta} \tag{4.37}$$

式中，C_B 为电活性粒子的体积浓度；C_E 为电极表面浓度；A 为电极面积；δ 为边界层厚度（即电极表面存在大部分浓度梯度的层，见图 4.11）。

当 $C_E = 0$ 时，该表达式定义了在所给定的一系列条件下溶液能够维持的最大扩散电流 i_L：

$$i_L = nF\frac{DAC_B}{\delta_L} \tag{4.38}$$

式中，δ_L 为极限条件下的边界层厚度。因此，要增加 i_L，必须增加体积浓度、电极面积或增大扩散系数。在电池设计时，必须了解该表达式的实质。一些特殊情况下，可应用式（4.38）进行快速

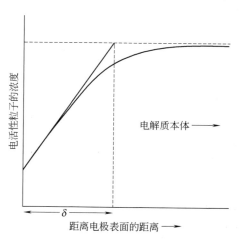

图 4.11　电极表面的边界层厚度

分析，从而估算出放电率和新系统可能的比功率等参数。

假定扩散边界层的厚度不随浓度变化而显著改变，则 $\delta_L = \delta$，式（4.37）可以改写为：

$$i = \left(1 - \frac{C_E}{C_B}\right) i_L \qquad (4.39)$$

电极表面与电解质主体之间存在的浓度差会导致浓差极化。根据能斯特方程，扩散层浓度变化产生的浓差极化或过电位可以表示为：

$$\eta_c = \frac{RT}{nF} \ln \frac{C_E}{C_B} \qquad (4.40)$$

结合式（4.39）可以得到：

$$\eta_c = \frac{RT}{nF} \ln \frac{i_L}{i_L - i} \qquad (4.41)$$

该公式给出了通过扩散传质时浓差极化和电流之间的关系。式（4.41）表明，随着 i 接近极限电流 i_L，理论上过电位应增加到无穷大。然而，在实际过程中，电位只会增加到另一个电化学反应会发生的位置（点），如图 4.12 所示。

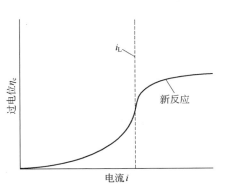

图 4.12　过电位 η_c 与电流 i 的关系

4.5.2　多孔电极

电化学反应是发生在电极/溶液界面上的异相反应。在燃料电池中，反应物是从电解质进入催化电极表面的。化学电池中，电极通常是由活性反应物、黏结剂和导电添加剂组成的复合电极。为了减少电极表面因活化极化和浓差极化引起的能量损失，并提高电极效率和利用率，一般都倾向于采用具有较大有效表面积的电极。多孔电极正好满足这一需求，其单位体积的界面面积可以比平板电极高出几个数量级（如 10^4cm^{-1}）。

多孔电极由多孔固态基体和孔道组成。当电解质进入多孔基体的孔道后，与界面发生电化学反应，其传质条件非常复杂。在电池运行的某一给定时间，孔内的反应速率会随着位置的不同而有很大变化；同时，电流密度的分布也依赖于孔道的物理结构（如曲率、孔径等）、固态基体、电解质电导率和电化学过程动力学参数。Newman 详细阐述了这种复杂多孔电极的处理方法[7]。

4.6　电化学分析技术

许多稳态和瞬态电化学分析技术均可用于测定电化学参数，并可作为辅助手段用于改进现有电池体系和评价新型候选电池的电极对体系。在研究给定电极的机制时，本节中描述的技术都需要三电极电池体系：阳极和阴极以及一个稳定的参比电极[1,6]。参比电极一般选择热力学稳定电极（即溶剂中离子可逆的参比电极，如含有锂盐溶剂的 Li/Li^+ 参比电极）。

4.6.1　循环伏安法和线性扫描伏安法

在所有电化学分析技术中，循环伏安法（或线性扫描伏安法）可能是通用性最强的技术之一，本质上，该方法是将一个线性变化电压（等斜率电压）施加在工作电极上。电压扫描范围通常从合适的静止电位开始，电压变化幅度控制在 ± （3～5）V 内以便在工作电极上观察到大多数感兴趣的电极反应。

为描述循环伏安法的原理，电化学过程可以表示为氧化态粒子 O 的可逆还原过程，见式（4.10）。

在循环伏安法中，初始扫描电位可用下式表示：

$$E = E_i - vt \tag{4.42}$$

式中，E_i 为初始电位；t 为时间；v 为电位变化率或扫描速率，V/s。

反向扫描循环可定义为：

$$E = E_i + v't \tag{4.43}$$

式中，v' 常常与 v 值相同。

将式（4.43）与能斯特方程的适当形式［式（4.6）］以及菲克扩散定律［式（4.35）和式（4.36）］相结合，可以推导出所描述物质向电极表面流动的通量的表达式。这个表达式是一个复杂的微分方程，可以通过在小的连续增量中对积分进行求和来进行求解。

当所施加的电压接近电极过程的可逆电势时，会有小电流流过，其大小会迅速增加，但稍后会因后续反应物的消耗而在略高于标准电势的电势下受到限制。这种反应物的消耗会在溶液中形成浓度分布，如图 4.13 所示。随着浓度分布向溶液中扩展，电极表面的扩散传输速率会降低，同时观察到的电流也会降低。因此，可以观察到电流的最大值，如图 4.14 所示。可逆还原［式（4.10）］的峰值电流定义式为：

$$i_p = \frac{0.447F^{3/2}An^{3/2}D^{1/2}C_0v^{1/2}}{R^{1/2}T^{1/2}} \tag{4.44}$$

式中，i_p 为峰值电流；A 为电极面积；其他符号同前。

请注意，常数值与文献中的报道往往有微小差别。正如前面提到的，这是因为峰值电流是用数值分析方法计算得到的。

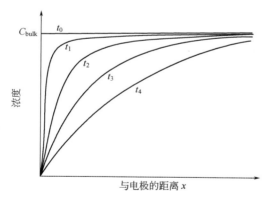

图 4.13　采用循环伏安法时还原离子
的浓度曲线（$t_4 > t_0$）

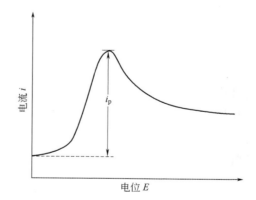

图 4.14　循环伏安法中电活化粒子
在可逆还原反应中的峰值电流

在解释峰值电流的值时，需要谨慎。具体而言，先前关于双电层对电极动力学影响的讨论揭示了电极-电解质界面处存在电容效应。因此，"真实"的电极电势受到电容效应和溶液欧姆电阻的共同影响。理想情况下，式（4.42）应以描述这两个方面的影响的形式书写，如式（4.45）：

$$E = E_i - vt + r(i_f + i_c) \tag{4.45}$$

式中，r 为电池内阻；i_f 为法拉第电流；i_c 为电容电流。

在较小的电压扫描速率下，通常低于 1mV/s，容量效应很小，在大多数情况下可以忽略不计。在较大的扫描速率下，如 Nicholson 和 Shain 所述，需要对 i_p 的解释进行校正。为了校正溶液的欧姆降，通常需要精心的电池设计和电子仪器中的正反馈补偿电路。循环伏安法提供了关于电极过程的定性和定量信息。如式（4.10）所示的扩散控制的可逆反应表现出近似对称的一对电流峰，如图 4.15 所示。对称电流峰的电势差 ΔE 与电压扫描速率无关，可以表示为：

$$\Delta E = \frac{2.3RT}{nF} \tag{4.46}$$

在不可溶膜的电沉积情况下，该膜可以可逆地再氧化，并且其过程不受电极表面扩散的影响。ΔE 值将远远小于式（4.46）计算得到的值，如图 4.16 所示。在理想情况下，该体系的 E 值接近零。对于准可逆反应过程，电流峰将分离得更明显，峰值处的峰形状较圆润，如图 4.17 所示，且峰电位与扫描速率有关，E 值远大于式（4.46）得出的计算值。完全不可逆的电极过程会产生单个峰，如图 4.18 所示。峰的位置与扫描速率有关。对于逆反应可忽略的不可逆电荷传递过程，根据电流峰的位置与峰电位 E_m 的函数关系，可以确定速率常数和传递系数。

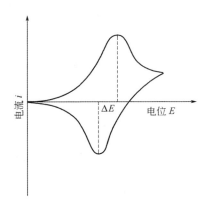

图 4.15　扩散控制的可逆反应循环伏安曲线

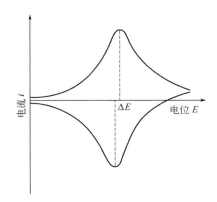

图 4.16　电沉积不可溶解膜的还原过程及再氧化时的循环伏安曲线

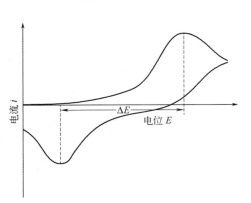

图 4.17　准可逆过程的循环伏安曲线

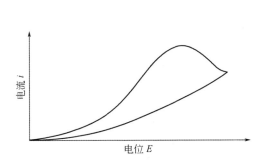

图 4.18　不可逆过程的循环伏安曲线

$$i_p = 0.22nFC_0 k_{app} \exp \left[-\alpha \frac{nF}{RT} (E_m - E^\ominus) \right] \qquad (4.47)$$

式中，E_m 为峰电位；其他符号同前。调整反应物浓度，用 E_m 对 $\ln i_p$ 作图可得一直线，从斜率和截距可分别求得传递系数 α 和表观速率常数 k_{app}。尽管通过迭代计算分析 E_m 与电压扫描速率 n 的函数关系可以同时获得 α 和 k_{app}，但使用与 n 无关的方程［式（4.47）］进行分析会方便得多。

电化学系统的循环伏安曲线和线性伏安曲线通常比此处给出的图形要复杂得多，确定峰的归属粒子和过程往往需要更多的工作。尽管存在这一缺点，但循环伏安和线性扫描伏安技术是一种多功能且相对灵敏的电化学方法，适用于分析电池和电化学双电层电容（EDLC）开发中令人感兴趣的系统。该技术可识别可逆电对（对于二次电池和 EDLC 的双层区域是可取的）。在图 4.19 中显示了相对于可逆氢电极（RHE）在约 $0.03 \sim 1.3V$ 的电位范围内在 Pt 电极上的阳极扫描曲线。该图清楚地显示了氢气氧化和氧化物生成的法拉第反应区域，以及非法拉第反应的双电层区域[9]。

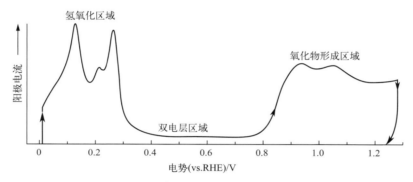

图 4.19　在 $0.5mol/dm^3\ H_2SO_4$ 中的铂阳极线性扫描（$0.1V/s$）

对于任何选定的电位范围 ΔV，总容量 Q（以法拉 F 为单位）可以表示为：

$$Q = \int i_F dt + \int i_{nF} dt = Q_F + Q_{nF} \qquad (4.48)$$

式中，i_F 为法拉第反应（感应电流）；i_{nF} 为非法拉第反应（非感应电流）。

图 4.19 中给出了酸性水溶液中非法拉第反应区域的电压范围，有用的能量仅在 ΔV 为 $0.4 \sim 0.8V$（vs. RHE）时产生，从而限制水相 EDLC 的能量在较小的 ΔV 范围内，如式（4.34）所示。

然而根据上式，通过扩散双电层区域可以显著增加 ΔV 的非水相电解质溶液的使用，E 可以显著增加。Xu 等[10] 使用以碳为工作电极、铂为对电极、锂为参比电极的三电极电池，使用循环伏安法确定了 Et_3MeNPF_6 在 EC/DEC 电解液体系中稳定 ΔV 为 $6.9V$（vs. Li/Li$^+$）。

4.6.2　计时电位法

计时电位法研究的是在一个电极上施加恒定电流时的瞬态电压，有时它也被称为恒电流伏安法。在这种技术中，对电极施加恒定电流，其电压响应反映了界面上电极过程的变化。例如，对于式（4.10）所示的氧化态粒子 O 的还原，当恒定电流通过系统时，电极表面附近 O 的浓度开始降低，于是 O 从本体溶液中扩散到耗尽层，从而在从电极表面到溶液中产生浓度梯度。随着电极过程的继续，浓度梯度进一步扩展到本体溶液中，如图 4.20 所示。当 O 的表面浓度降至零时（图 4.20 的时间 t_6），电极过程将不再能通过 O 的电还原来维持。

此时必须引入额外的阴极反应，并发生电位的突然变化。从电还原开始到电位突然变化之间的时间段称为过渡时间 τ。1901 年，Sand 首次量化了存在过量支持电解质时粒子电还原的过渡时间，他表明过渡时间 τ 与电活性粒子的扩散系数有关：

$$\tau^{1/2} = \frac{\pi^{1/2} n F C_O D^{1/2}}{2i} \tag{4.49}$$

式中，D 为氧化态粒子 O 的扩散系数；其他符号同前。

与循环伏安法不同，对菲克扩散方程［式（4.35）和式（4.36）］的求解，可以通过计时电位法，在施加适当的边界条件后，作为精确表达式获得。对于电活性粒子的可逆还原［式（4.10）］，当 O 和 R 能够自由扩散到电极表面或从电极表面扩散时（包括 R 扩散到汞电极的情况），Delahay[11] 推导出了电位-时间关系：

$$E = E_{\tau/4} + \frac{RT}{nF} \ln \frac{\tau^{1/2} - t^{1/2}}{t^{1/2}} \tag{4.50}$$

式中，$E_{\tau/4}$ 为四分之一过渡时间时的电位；t 为从零到过渡时间内的任何时间。

图 4.21 给出了该公式的图形表达。

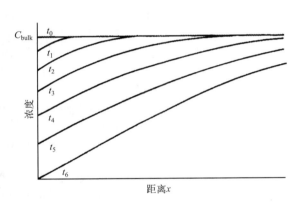

图 4.20　恒流期间反应物粒子在电极表面耗尽时，延伸到溶液本体的浓度分布曲线（$t_6 > t_0$）

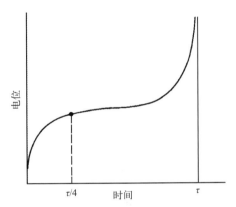

图 4.21　恒流时电活性粒子在可逆还原反应中的电位曲线

对于一个含速率控制步骤的不可逆过程，相应的表达式为：

$$E = \frac{RT}{\alpha n_a F} \ln \left(\frac{n F C_O k_{app}}{i} \right) + \frac{RT}{\alpha n_a F} \ln \left[1 - \left(\frac{t}{\tau} \right)^{1/2} \right] \tag{4.51}$$

式中，k_{app} 是表观速率常数；n_a 是速率控制步骤中涉及的电子数（通常与 n 相同，即总反应中涉及的总电子数）；其他符号具有通常含义。将对数项对电位作图，可以得到传递系数和表观速率常数。

在实际系统中，计时电位图通常具有形状不太理想的电位图形。根据计时电位曲线的变化，需要构建过渡时间，如图 4.22 所示。电位 $E_{\tau/4}$ 处的时间为过渡时间。

由足够电位分隔开两个或更多个独立反应，以定义各自的过渡时间，对于这种情况比循环伏安法的情况稍微复杂一些。第 n 种粒子还原的过渡时间的分析已在其他地方推导得出[13-14]：

$$(\tau_1 + \tau_2 + \cdots + \tau_n)^{1/2} - (\tau_1 + \tau_2 + \cdots + \tau_{n-1})^{1/2} = \frac{\pi^{1/2} n F D_n^{1/2} C_n}{2i} \tag{4.52}$$

显然，这个表达式有些烦琐。

该方法的优点是可以快速地评估高电阻体系，计时电位曲线能够分段显示 IR 部分、双电层充电过程和法拉第过程的初始位置。图 4.23 给出了高电阻体系的计时电位曲线，从中可以看出不同特征过程对应的区间。假设溶液中没有多余的"支持电解质"来抑制电迁移电流，则可以用电活性粒子的迁移数来表示电还原过程的过渡时间：

$$\tau^{1/2}=\frac{\pi^{1/2}nFD_s^{1/2}C_O}{2i(1-t_O)} \tag{4.53}$$

式中，D_s 为盐（不是离子）的扩散系数；t_O 为电活性粒子的迁移数。

由于很多电池体系中没有"支持电解质"，因此该公式具有很好的实用价值。

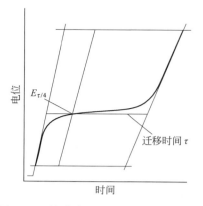

图 4.22　构建计时电位图的过渡时间 τ

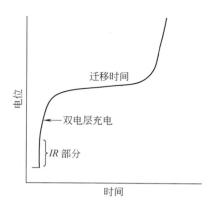

图 4.23　高电阻体系的计时电位曲线

4.6.3　间歇滴定技术

上述稳态电化学测试可提供一些基本信息，包括浓度、扩散和动力学参数，但是瞬态测试技术，如电流滴定技术（GITT）[15] 和电位滴定技术（PITT）[16]，可以更直接地确定电极（如合金及锂离子嵌入材料）的动力学和热力学参数。两种方法均可以得到电极材料的容量与电压关系图。例如，在恒温恒压条件下，平衡电极电位不依赖于材料的组成。但当发生相转变，如两相变为单相时，其电极电位将发生变化并且是组分的函数。另外，GITT 和 PITT 法可以简单地确定离子在固态材料各相中的扩散系数。Warburg 阻抗确定的扩散系数结果取决于等效电路模型。因此，GITT 和 PITT 法有助于通过测量和分析来确定电极材料的扩散系数，而等效电路模型则可以进一步帮助解释和模拟这些过程。

（1）电流滴定技术（GITT）

GITT 法[15] 是一种计时电位法，该方法可以简单地确定至少两种组分的复合电极材料的离子嵌入及脱出扩散系数。该瞬态测试方法是在电极上施加时间为 t 的恒流脉冲，加入或移出相当于总容量 2%～5%的电荷量，如 Li_xCoO_2 中的 x。插入或脱出的总电荷量为简单的 i 乘以 t（A·h）。各个电流阶跃的电荷量控制在材料的稳态范围内，x 由活性材料在每次阶跃中的插入或者脱出的总容量决定。每个电流阶跃后允许间歇至稳态再开始下一个电流脉冲，图 4.24 给出了一个单脉冲 GITT 曲线。图中，τ 为从 t_0 开始施加恒定电流脉冲的时间；ΔE_t 为脉冲期间的过渡电压变化（不包含 IR 降）；ΔE_s 为由于电流脉冲引起的稳态电压变化；E_1 为嵌入或脱出反应后的新开路电压（OCV），对于两相材料 E_1 是不变的。

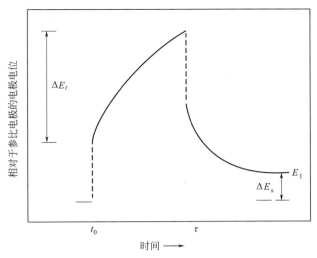

图 4.24　典型的单步恒定电流脉冲用于恒电流间歇滴定技术

Plichta 等[17] 利用 GITT 法测试了 Li_xCoO_2 中 x 从 0.2 到 1.0 的相转变过程。其结果如图 4.25 所示，可以明确地看到整个过程包含三个主要相。

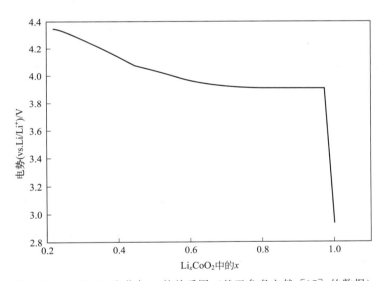

图 4.25　Li_xCoO_2 电位与 x 的关系图（基于参考文献［17］的数据）

图 4.25 显示，在约 0.2～0.6V（vs. Li/Li^+）之间，存在一个单相区域，其中 Li_xCoO_2 中的 OCV（开路电压）随 x 变化，随后在 x 约为 0.6～0.9 之间过渡到两相区域，其中 OCV 与 x 无关。最后，在 x 为 0.9～1.0 之间，OCV 迅速下降，表明过渡到单相区域。虽然不同研究者之间的电压与容量关系略有不同，但使用 GITT 确定的重要相区域非常清晰。然而，这些相变发生的精确电压最好通过下面介绍的 PITT 方法确定。在设计基于各种嵌入材料的速率和容量的电池时，电池开发人员对 x（在上面的例子中为 Li^+）在主要稳定区域中每个相的可用容量感兴趣，但嵌入离子的扩散速率也很重要，特别是对于专为高充放电速率设计的电池。一个简单的用于计算化学扩散系数 D 的方法可以按下式计算。

$$D = \frac{4}{\pi\tau}\left(\frac{m_bV_m}{M_bS}\right)^2\left(\frac{\Delta E_s}{\Delta E_t}\right)^2 \tag{4.54}$$

式中，m_b 是活性材料的质量；V_m 是活性材料的摩尔体积；M_b 是活性材料的分子量；S 是电极的表面积；其他参数的含义同前。

注意，式（4.54）中括号内的第一项是电极的厚度 L，即：

$$L = \frac{m_b V_m}{M_b S} \tag{4.55}$$

（2）电位滴定技术（PITT）

PITT 方法[16] 是向电极施加一个小振幅电压阶跃，通常大约为 $10\,\mathrm{mV}$，之后记录电流-时间曲线，如图 4.26 所示。从初始平衡电压 E_0 开始，电流衰减至零或接近零（可忽略不计），达到新的平衡电位 E_1。随后在电极上施加后续的电压脉冲，以确定与每个脉冲相关的库仑增量电荷 Q，这些脉冲覆盖了所研究材料相图的整个容量范围。记录总电流 i，每个电压脉冲的增量电荷（或微分电荷）由下式给出：

$$Q = \int_0^t i\,\mathrm{d}t \tag{4.56}$$

将静息电位（OCV，开路电压）与电极材料的组成（即 $Li_x CoO_2$ 中的 x 值）作图，可以得到以相图表示（类似于图 4.25）的图形。将电量对电位微分 Q/E 与电位 E 作图，会在精确识别相转变的峰值电位处产生尖锐的峰。类似这种 $Li_x CoO_2$ 图的例子如图 4.27 所示[17]。图 4.27 基本上与循环伏安法（CV，4.6.1 节）获得的图相同，但存在重要的差异。与在快速 CV 扫描中观察到的相比，每个相的峰值电位非常尖锐；而在快速 CV 扫描中，峰值电位并不能精确确定。将扫描速率降低到约 $0.001\,\mathrm{mV/s}$，可以获得类似于图 4.27 的循环伏安图，但由于如此低的扫描速率下电流非常低，因此容量的确定很困难，且远不如通过 PITT 法获得的准确。

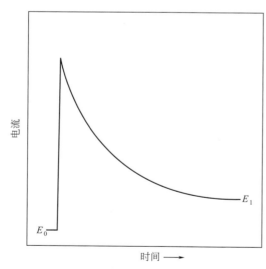

图 4.26　电位静态间歇滴定技术的典型单步恒定电位脉冲

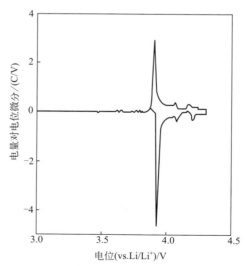

图 4.27　$Li_x CoO_2$ 的电量对电位微分 Q/E 与电位 E 的关系[17]

与 GITT 法一样，PITT 法也有助于确定离子从其宿主材料中嵌入或脱出的化学扩散系数。这两种方法都基于电极的厚度 L [式（4.55）]，以及每次电位脉冲后达到平衡电位所需的时间 t[16]。参考文献 [16] 给出的关系式如下：

如果 $t \ll L^2/D$，$I(t) = \dfrac{QD^{1/2}}{L\pi^{1/2}}\left(\dfrac{1}{t^{1/2}}\right)$ (4.57)

如果 $t \gg L^2/D$，$I(t) = \dfrac{2QD}{L^2}\exp\left(\dfrac{-\pi^2 Dt}{4L^2}\right)$ (4.58)

化学扩散系数可以在电压阶跃后很短时间内，通过电流 I 对 $t^{1/2}$ 曲线的斜率计算得到［式（4.57）］。在长时间的情况下，可以将电流的对数与时间 t 作图，从其斜率计算得到扩散系数［式（4.58）］。

4.6.4 电化学阻抗谱法

前述的两种电化学技术（一种是电位扫描时的电流测量值，另一种是恒定电流下的电位响应）的电响应归因于电极-电解质界面阻抗的变化。更直接研究电极过程的方法是通过电化学阻抗谱法（EIS）测量电极的阻抗变化。在该方法中，将大约 $5 \sim 10\mathrm{mV}$ 的小交流（AC）信号叠加到施加有限直流（DC）偏置电位或开路电压（OCV）的电化学电池上，并在很宽的频率范围内（通常在 $0.01\mathrm{Hz} \sim 1\mathrm{MHz}$ 之间）确定阻抗 Z（在 DC 测量中电阻 R 的等效值）。电流 I 和电位 E 的波形为正弦波，如图 4.28 所示。图 4.28 中的两个波形在幅度和相位上均有所不同。如果系统仅具有电阻性，即不包含电容和其他元素，则这两个波形将是同相的。

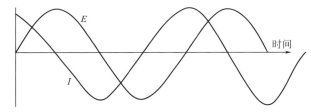

图 4.28 在特定直流偏置电位或开路电压下电极上的正弦电流和电位波形

正弦电位波和正弦电流波可以分别由以下公式描述：

$$E_t = E_0 \sin(\omega t)$$ (4.59)

以及

$$I_t = I_0 \sin(\omega t + \Phi)$$ (4.60)

式中，E_t 和 E_0 分别为时间 t 和开始时的电位；I_t 和 I_0 分别为时间 t 和开始时的电流；ω 为相位角频率（$\mathrm{rad/s}$；等于 $2\pi f$，其中 f 的单位是 Hz）。

利用欧拉（Euler）方程中的三角函数与复数函数关系，系统的阻抗可用以下复数关系式表示[25-26]。

$$Z(\omega) = E/I = Z_0 \exp(\mathrm{j}\Phi) = Z_0(\cos\Phi + \sin\Phi)$$ (4.61)

式中，$\mathrm{j} = \sqrt{-1}$。

$Z(\omega)$ 包括实部 Z_i 和虚部 Z_r。Z_i 对 Z_r 作图得到的一个半圆称为 Nyquist（奈奎斯特）稳定性图（或简称 Nyquist 图）。在没有容抗和感抗元素的情况下，纯电阻的 Nyquist 图是垂直于实轴的一条直线，与实轴的交点值即为电阻值。电池电极过程是一个复杂体系，其交流阻抗响应图可以用来解释多个电极-电解质参数，如电解质电阻、动力学（电荷传递）及电容。在该电化学体系中通常观察不到电感特征。为了将电极与电解质界面处的阻抗和电化学参数相关联，需要建立一个等效电路模型来表示该界面的动力学特征。该模型由多个阻抗元件串并联而成。例如，n 个元件串联的总阻抗可以表示为：

$$Z_{总} = Z_1 + Z_2 + Z_3 + \cdots + Z_n \qquad (4.62)$$

n 个元件并联的总阻抗可以表示为：

$$\frac{1}{Z_{总}} = \frac{1}{Z_1} + \frac{1}{Z_2} + \frac{1}{Z_3} + \cdots + \frac{1}{Z_n} \qquad (4.63)$$

在构建和分析针对特定电极的电化学阻抗谱（EIS）数据模型时，需要考虑的重要因素总结在表 4.3 中。一个实用的模型将允许人们确定电极-电解质界面的电化学参数，这将在下面进行讨论。

表 4.3　等效电路元件

电路元件	阻抗
电阻，R	R
电容，C	$1/Cj\omega$
恒相位元件（CPE），Q	$1/Q(j\omega)^{\alpha}$
Warburg 阻抗（无限扩散），W	$1/Y(j\omega)^{1/2}$
Warburg 阻抗（有限扩散），W	$\tan[\delta D^{-1/2}(j\omega)^{1/2}]/Y(j\omega)^{1/2}$
电感，L	$j\omega L$

在后面展示的等效电路和 Nyquist 图中，双电层电容 C 用来表示纯电容器（理想状态）。但对于实际的电化学体系，由于电极表面的不均匀性及法拉第电流（类似电容器漏电流）的存在，双电层很少表现出理想电容器的行为，因而使用恒相位元件（CPE）代替电容 C。在阻抗中，CPE 的表达式如下（参见表 4.3）：

$$Z = \frac{1}{Q(j\omega)^{\alpha}} \qquad (4.64)$$

式中，α 是一个可调节的参数。

当 $\alpha = 1$ 时，恒相位元件（CPE）表现为一个理想电容器，即 $Q = C$；当 $\alpha = 0$ 时，CPE 等效于一个纯电阻。如表 4.3 所示，根据扩散层厚度是无限或有限，沃伯格（Warburg）阻抗有两种表示方式。对于后者，阻抗的关系式包含了扩散层的厚度（δ）和扩散粒子的扩散系数（D）。

在模拟单个电极的电极-电解质界面（使用由工作电极、参比电极和对电极组成的三电极电池）时，需要评估的可调节（拟合）参数包括 R、C、Q、Y、L 和 a。因此，为分析电化学阻抗谱（EIS）数据选择一个合理的模型至关重要。Randles[18] 最初提出的电极-电解质基本模型的等效电路如图 4.29 所示，该等效电路的基本 Nyquist 图如图 4.30 所示。图中 R_s 是电解液阻抗，C_{dl} 是双电层电容，R_{ct} 是电荷传递阻抗，可以用于计算交换电流密度[19-20]。

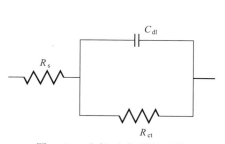

图 4.29　电极-电解质界面的
Randles 等效电路

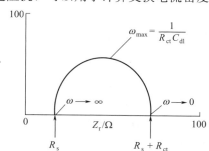

图 4.30　图 4.29 中 Randles 等
效电路对应的 Nyquist 图

如果系统表现出扩散控制，则可以采用图 4.31 中的电路，其中 Warburg 阻抗与电荷传递阻抗 R_{ct} 串联。对应的 Nyquist 图如图 4.32 所示，其中 Warburg 阻抗在低频率下表现为一条斜率为 45° 的直线。

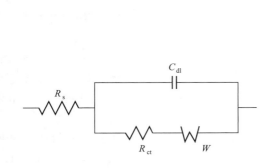

图 4.31　包含 Warburg 阻抗的电极-电解质界面的 Randles 等效电路

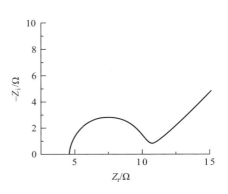

图 4.32　图 4.31 中 Randles 等效电路的 Nyquist 图

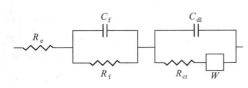

图 4.33　考虑固态电解质界面 (SEI) 的等效电路

最后，为了说明问题，我们以一个基于金属锂阳极或锂离子电池中 LiC_6 阳极的系统为例，该系统与电解质溶液反应形成固态电解质界面 (SEI) 层。该系统的等效电路如图 4.33 所示，其中 C_f 和 R_f 分别代表 SEI 的容量和 SEI 的阻抗。在这种情况下，实验得到的 Nyquist 图在谱图中显示有两个明显的时间常数（两个对称的半圆），或者两个半圆重叠的不对称半圆，如图 4.34 所示。

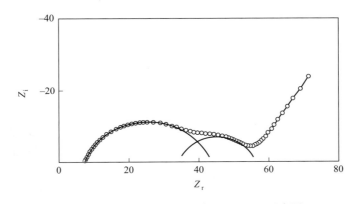

图 4.34　图 4.33 中等效电路的 Nyquist 示意图

确定给定体系的电化学参数值，首先要选择一个合理的电极-电解质界面模型。该模型可以是任意电阻的串联 [式 (4.62)] 或并联 [式 (4.63)]，或者是表 4.3 中给出的任何电路元件的串并联组合。然后，选择等效电路图（如图 4.29、图 4.31 或图 4.33 所示），并对各个测试数据（Z_r、Z_i 和频率）进行去卷积处理，得到所选择模型中各元件的参数值。去卷积处理通常使用由 Boukamp 提出、Macdonald 和 Orazem 等发展的成熟方法。许多 EIS 设备制造厂家也在其网站上提供相应的 EIS 软件和去卷积程序。

4.6.5 离子迁移数

离子的迁移数（或传输数）定义为在电化学电池的充电或放电过程中由离子携带的电流分数。根据这一定义，阳离子 t_+ 和阴离子 t_- 的迁移数之和为 1：

$$1 = t_+ + t_- \tag{4.65}$$

当电池以高倍率放电时，浓差极化可能非常严重，而关注离子的高迁移数有助于缓解这种极化。例如，如下所述，在基于锂的电池中，Li^+ 的迁移数就很高。

传统上，迁移数是通过基于电导率（在液体电解质溶液中进行电动势测量）的各种耗时方法获得的。Bruce 等[23-24] 采用了一种更快、更简便、更精确的方法来获取非水固态聚合物电解质中 Li^+ 的迁移数。该方法采用非阻塞锂电池的恒电位极化技术，对称锂电池表示为：

$$\text{Li-电解质-Li} \tag{4.66}$$

在该电池上施加一个约 10mV 的恒电势，经过一段时间，阴离子在阳极聚集，同时在阴极被耗尽，达到稳定状态。此时净阴离子电流接近为零，只有 Li^+ 传输电流，此时 Li^+ 离子迁移数为：

$$t_+ = \frac{i_{ss}(\Delta V - i_0 R_0)}{i_0(\Delta V - i_{ss} R_{ss})} \tag{4.67}$$

式中，下标 0 和 ss 分别表示初始状态和达到稳定状态的值；R_0 为电荷转移电阻 R_{ct} 和钝化层电阻 R_{film} 的总和；ΔV 为施加的电压；i 为电流。

图 4.35 给出了用于得到 i_0 和 i_{ss} 的典型计时电流图。电极极化前后的 R_0 和 R_{ss} 都可以通过 Nyquist 图得到（图 4.32）。通过等效电路图拟合阻抗谱得到电阻 R_0 和 R_{ss}。如图 4.36 所示，等效电路图由电解质电阻 R_e 和两个电阻与 CPE 并联单元串联构成。该模型最早由 Bruce 等提出应用于固态聚合物电解质体系，同样也适合 $20 \sim 50^\circ C$ 范围内基于离子液体的凝胶电解质和非水液相电解质体系[26]。

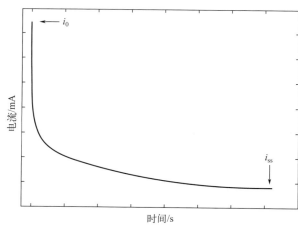

图 4.35　计时电流示意
（i_0 为初始电流，i_{ss} 为稳定状态电流）

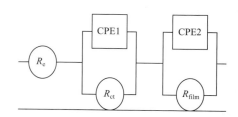

图 4.36　图 4.34 中电化学阻抗谱的解卷积等效电路

4.6.6 参比电极

在以上所有用于确定单个电极机制和性质的技术中，都需要一个三电极电池。三电极电池包括：一个工作电极（感兴趣的电极）；一个对电极，其氧化或还原产物对工作电极的机制没有影响；一个稳定的、非极化的参比电极，用于监测工作电极随电压、时间和电流密度的变化。图 4.37 为三电极电池示意。

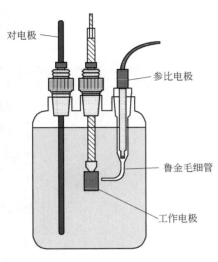

图 4.37 三电极电池示意

对电极
参比电极
鲁金毛细管
工作电极

如图 4.37 所示，可以使用鲁金毛细管来减少在对电极和工作电极之间流动时产生的未补偿 IR 降。如果使用鲁金毛细管，参比电极会放在鲁金毛细管内部，如图 4.37 所示，鲁金毛细管内的电解质溶液可能与电池内的电解质溶液相同，也可能是包含建立参比电极平衡所必需的离子的不同电解质溶液。对于水溶液，通常使用 Ag-AgCl、Hg-Hg_2Cl_2 和 Hg-HgO 等典型的参比电极系统。关于水溶液中参比电极的全面论述，读者可以参考 Ives 和 Janz[27] 以及 Bard 等[28] 的两篇优秀文章。

对于在非水溶剂中的研究，当首选的参比材料与电解质溶液发生反应时（例如，金属锂参比），有时会使用"伪参比"（或准参比）。在与 Li 发生反应的溶液中通常使用的"伪参比"电极是浸入电解质溶液中的金属线（例如，Al、Pt 或 Ag）。虽然这种电极通常提供接近恒定的电位，但它们不是可逆的，并且与不稳定性因素有关，如电解质浓度、杂质和液体接界电势，因此没有热力学意义。相反，可以使用与金属锂相关的可逆且热力学稳定的伪参比。例如，在具有 1.55V（vs. Li/Li^+）正电位的电位下具有广泛稳定性的金属氧化物 $Li_4Ti_5O_{12}$ 就是一个例子。在任何仅含锂盐的电解质溶液中，这种参比电极的优势在于 Li-$Li_4Ti_5O_{12}$ 的电位是恒定的，并且与溶液中的 Li^+ 浓度无关。

参考文献

1. J. O'M. Bockris and A.K.N. Reddy, *Modern Electrochemistry,* Plenum, New York, 1970.
2. H.H. Bauer, *J. Electroanal. Chem.* **16**, 419 (1968).
3. J. Horiuti and M. Polanyi, *Acta Physicochim. U.S.S.R.* **2**, 505 (1935).
4. J. O'M. Bockris and A.K.N. Reddy, op. cit., p. 918; see also J. O'M. Bockris, "Electrode Kinetics" in *Modern Aspects of Electrochemistry.* J. O'M. Bockris and B.E. Conway, Editors, Butterworths, Lonmdon, 1954, Chap. 2.
5. A. Fick, *Ann. Phvs.* **94**, 59 (1855).
6. A.J. Bard and L.R. Faulkner, *Electrohemical Methods: Fundamentals and Applications*, John Wiley, NY, 1987.
7. J.S. Newman, *Electrochemical Systems,* 2d edition, Prentice-Hall, Englewood Cliffs, NJ, 1991.
8. R.S. Nicholson and I. Shain, *Anal. Chem.* **36**, 706 (1964).
9. H. Angerstein-Kozlowska, B.E. Conway, and W.B.A. Sharp. *J. Electroanal. Chem.* **43**, 9 (1973).
10. K. Xu, M.S. Ding, and T.R. Jow, *Electrochim. Acta* **46**, 1823 (2001).
11. P. Delahay, *New Instrumental Methods in Electrochemistry*, Interscience, NY, 1954.
12. P. Delahay, *J. Am. Chem. Soc.* **75**, 1190 (1953).
13. C.N. Reilley, G. W. Everett, and R. H. Johns, *Anal. Chem.* **27**, 483 (1955).
14. T. Kambara and I. Tachi, *J. Phys. Chem.* **61**, 405 (1957).
15. W. Weppner and R.A. Huggins, *J. Electrochem. Soc.* **124**, 1569 (1977).
16. C. John Wen, B.A. Boukamp, and R.A. Huggins, *J. Electrochem. Soc.* **126**, 2558 (1979).
17. E. Plichta, S. Slane, M. Uchiyami, M. Salomon, D. Chua, W.B. Ebner, and H.-p. Lin, *J. Electrochem. Soc.* **137**, 1865 (1989).
18. J.E.B. Randles, *Disc. Faraday Soc.* **1**, 11 (1947).

19. J.R. MacDonald, *Impedance Spectroscopy, Emphasizing Solid Materials and Systems,* Wiley, New York, 1987.

20. M.E. Orazem and B. Tribollet, *Electrochemical Impedance Spectroscopy,* The ECS Series of Texts and Monographs, 2nd edition, Wiley-Blackwell, 2017.

21. B.A. Boukamp, *Solid State Ionics* **18**, 136 (1986).

22. B.A. Boukamp, *Solid State Ionics* **20**, 31 (1986).

23. J. Evans, C.A. Vincent, and P.G. Bruce, *Polymer* **28**, 2324 (1987).

24. P.G. Bruce and C.A. Vincent, *J. Electroanal. Chem. Interfacial Electrochem.* **225**, 1 (1987).

25. D. Bansal, F. Cassel, F. Croce, M. Hendrickson, E. Plichta, and M. Salomon, *J. Phys. Chem. B.* **109**, 4492 (2005).

26. V. Mauro, A. D'Aprano, F. Croce, and M. Salomon, *J. Power Sources* **141**, 167 (2005).

27. D.J.G. Ives and G.J. Janz, *Reference Electrodes, Theory and Practice*, Academic, New York, 1961.

28. A.J. Bard, R. Parsons, and J. Jordan, *Standard Potentials in Aqueous Solutions*, Marcelle Dekker, NY, 1985.

29. T. Ohzuku, A. Ueda, and N. Yamamoto, *J. Electrochem. Soc.* **142**, 1431 (1995).

第**5**章

电池性能的影响因素

David Linden

5.1 基本特征

评价电池体系的最基本特征是比能量，具体表现为能量密度（分别为质量能量密度和体积能量密度）。表 1.2 给出了不同电化学体系基于半电池反应的理论能量密度。该能量密度决定了电化学体系的最大输出能量。电池的实际输出性能可能会与理想状态存在很大的差别，尤其是电池在远离最佳热力学平衡状态放电时（如低温或者高倍率），电池性能可能会变得非常差。另外，所有电池系统都包含非电化学活性组分（包装、端子、集流体等），这些组分会进一步降低输出能量密度。为了正确分析给定应用工况下的电池性能，电池测试需在具备实用结构和特定应用条件下进行。如第 1 章所述，后续将进一步讨论电池使用过程中存在的多种影响因素，这些因素会造成输出电压降低、质量能量密度和体积能量密度下降，以及使用寿命缩短。

5.2 概述

在影响电池性能的诸多因素中，需要特别考虑以下设计参数和工作条件：
① 单体电池设计（5.3 节）；
② 电池组/包设计（5.4 节）；
③ 电压响应（5.5 节）；
④ 放电电流（5.6 节）；
⑤ 放电曲线/模式（5.7 节）；
⑥ 温度影响（5.8 节）；
⑦ 工作寿命（5.9 节）；
⑧ 电池充电（5.10 节）；
⑨ 电池储存（5.11 节）。

影响电池性能的因素将在后面的各节中依次讨论，这些影响可能会因多种因素的相互作用而偏离预期。例如，高温储存后的电池在高倍率放电时性能会加剧衰减，储存一定时间后的电池在大倍率放电时容量衰减要比新制备电池严重。类似地，与低温、大倍率放电单因素对电池容量的影响相比，低温大倍率放电造成的电池容量损失更多。为了评价非控制因素或者偶然因素对电池性能的影响，电池使用规范和标准中需要列出特定测试或工作条件。

此外，电池材料、电池设计、制造商、生产批次等因素也会造成电池性能的轻微或者巨大差别。对于制造商来说，电池性能会随着原料、过程控制和应用条件的变化而改变。因此，要获得电池的特定性能，需要参考制造商提供的数据。参考文献 [1] 和 [2] 详细描述了提高电池性能的多种方法。

5.3 单体电池设计的影响因素

单体电池的电化学体系和结构直接影响其性能。电池的类型（如一次碱性电池、可充放锂电池、铅酸电池、燃料电池等）决定了其容量特性。对于任何一个给定结构的单体电池，电池特征（如电极设计、电池形状和容量）也将显著影响其性能。

5.3.1 电极设计

单体电池设计通常分为基于容量或基于倍率两种类型。为了获得高容量，电极设计中需要使用尽可能多的活性材料，这通常意味着牺牲了一定的倍率性能。高倍率型电池在设计中使用具有高表面积和高反应活性的薄电极，通常会损失部分容量。此外，集流体、极耳、端子也需要按最小内阻和最大电流密度（电极表面的电流密度）设计，或者按最大容量设计。

例如，圆柱形电池一般采用两种设计。一种是众所周知的碳包式结构，通常在锌碳电池和一些碱性锌-二氧化锰电池使用。另一种是卷绕式结构，常见于许多小型蓄电池和高放电倍率一次电池。在碳包式结构电池中，固体圆柱芯为一个电极，同心中空圆柱体为另一个电极，电解质填充在两个电极之间的环状空隙中 [图 5.1(a)]。这种设计使可以装入圆形壳体内的活性物质量达到最大，但牺牲了电化学反应的表面积。卷绕式电极结构在图 5.1(b) 中给出，正负极制备成薄条状，电极间加入隔膜后一起卷起来，形成一个"胶卷"后放入圆柱形壳体。这种设计强调了表面积，增加了高放电倍率性能，但牺牲了部分活性物质和容量。

另一种流行的电极设计是平板结构，通常用在铅酸电池中，如 SLI（启动-照明-点火）电池和大型蓄电池 [图 5.1(c)]。这种平板结构可以通过调整电极厚度和表面积来优化协调容量和倍率性能。另一种平板结构采用平板圆形电极，应用于纽扣式电池和手表电池。该类型电池一般比较小（直径 1~3cm，厚度小于 1cm）。

电极设计的另一个关键点是正负极间的相对尺寸/厚度（容量）比。两个电极可以具有相同的尺寸和容量，或者存在 5%~10% 的差异。这些设计的优点和缺点会对电池性能有明显的影响。一般来说，正负极很少设计为相同尺寸或相同理论容量。在选择最优电极设计时，必须充分考虑多种因素，尤其是电化学特性，并且需要进行大量实验进行测试。

5.3.2 多样化电池结构设计

其他电池结构设计如下。

① 双极性电池：正负极背靠背堆积，共用不透气的电子导体分割片或者箔 [图 5.1(d) 和第 14 章]。

② 椭圆形（扁平卷绕）电池：与圆柱形卷绕电池类似，但是使用扁平的卷绕中心板，得到近似棱柱形单体电池（第 17 章）。

③ 空气-水阴极电池：使用隔膜包裹的阳极，隔膜层暴露在电池外部环境中，可以和空气（氧气）或者水反应，作为阴极（第 18 章）。

④ 燃料电池：使用容器储存液体或气体的正负极活性材料，两者同时传送到带有集流

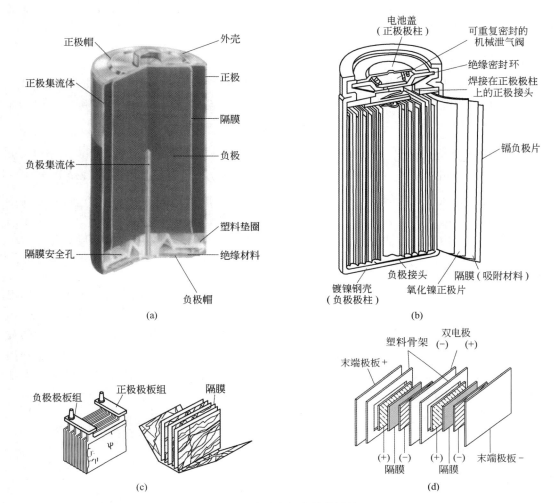

图 5.1　电池内部的结构设计
(a) 碳包结构；(b) 螺旋卷绕式结构；(c) 平板式结构；(d) 双电极结构

体的反应区域的两侧，利用隔膜隔离两种活性材料，直到活性材料耗尽或者以其他形式返回反应物端（第 19 章）。

⑤ 一体式多层结构（包含固态电池）：利用新技术制备的电池，如真空沉积技术、三维（3D）打印技术（本书 22A 部分）；包含贯穿/重叠电极。

⑥ 液流电池：使用储液器储存液相或浆料形式的正负极活性物质，并通过泵传送到带有集流体反应室的两个半腔内，利用隔膜隔离两种活性材料（本书 22B 部分），然后收集在储液器内，进行再充电或者物理替代处理。

⑦ 薄镀层/层压柔性电极的三明治结构（本书 22C 部分）。

电池中电极结构的设计选择由电化学特性、制造参数、成本，以及应用和满足市场要求决定。

5.3.3　复合系统

一个理想的电池需要同时具备高能量和高倍率性能，当单一能源不能满足所有电性能要求时，可以考虑复合系统。例如，高能量密度电池耦合电化学电容器可以更好地达到峰值功率的要求；其他复合系统，如高能量密度电池/高功率电池的耦合、燃料电池和二次电池的耦合、内燃机和电化学能源的耦合（混合动力汽车中）等。

5.3.4　电池形状

电池结构影响内阻和散热效果，进而对电池性能产生影响。例如，具有较大高度/直径比的碳包结构电池通常表现出较低的内阻和较好的倍率放电性能。较为纤细的碳包结构电池具有更高的表面积/体积比，因而具有更好的散热效果。

5.3.5　内部组件装配比

在电池内部体积内提高组件组装效率可以得到更高的体积能量密度。一般来说，随着单体电池体积变小，活性材料的占比变小，因而电池的体积能量密度（W·h/L）随着单体电池体积的下降而下降。图5.2给出了几种纽扣式电池的体积能量密度随体积的变化。由于封装体积和其他电池内部非活性材料体积的影响，电池直径也会影响体积能量密度。

5.3.6　电流密度的影响

对于给定的输出电流，与较低容量的小电池相比，较高容量的电池通常表现出更好的电压特征。具体来说，小容量电池在单位面积的电极表面上承受更大的电流（即电流密度，mA/cm^2），因此表现出更低的电压。一个小容量电池在特定放电电流（单位 mA）下的放电曲线如图5.3中的曲线2所示。然而，大容量电池由于承受较低的电流密度，因此呈现出类似于曲线1的放电曲线（或在更小倍率下，接近"理想"曲线）。电池放电电流与电池规格间的关系（如电流密度）是电池设计中的重要考虑因素。

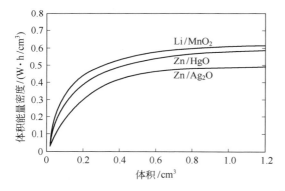

图5.2　纽扣式电池的体积能量密度与电池体积的关系[3]　　　　图5.3　典型的放电曲线

此外，与仅使用大容量电池或小容量电池并联的组合方式相比，电池组设计可以运用更多技术，如通过单体串联组合并配合电压转换器来提高整体性能。在电池设计时，需要综合考虑价格、可靠性、电压范围和其他相关因素。

5.4　电池组设计的影响因素

在电池组中，单体电池的性能常常不尽相同。首先，单体电池不可能完全相同，即使单体电池完全相同，每一个单体在电池组中所处的环境仍然存在差别。

其次，电池组设计和所用构件（如：单体电池排列结构、单体电池间的空间、容器材料、绝缘、封装化合物、熔断丝和其他电子控制器件等）都会对单体电池的环境产生影响，尤其是各个单体电池的温度。电池在充放电过程中会产生热量，合理的电池组设计可以促进热量的散发，从而改善电池的低温性能，但是过量热积聚会损害电池的性能、寿命与安全。理想情况下，电池组设计中应该尽可能地考虑到热设计问题，使电池内部维持均匀的温度，并避免出现"热点"。

另外，电池组装材料增加了尺寸和质量，因而电池组的质量比能量和体积比能量比单体电池低，因此当比较比能量时，应该清楚这些值是对应于单体电池，还是对应于多电池组合系统（是否包含充电器/电子电路）。

最后，在二次电池组中，充放电循环会引起电池组中的个别单体电池失去平衡，电压、容量以及其他性能变得明显不同。这可能导致性能很差，甚至引发安全问题。现在先进的电子控制和"智能"控制技术已经应用于电池组中以减小单体间的差异。

5.5 电压响应

电池体系的初始电压由热力学机制决定。复杂严谨的测试技术（第 4 章）通过设定"标准"电位来确定半电池的还原电位（附录 B）。但是，电池的实际/实测电压并不是一个固定或者准确的数值，它会随着电池环境和工作条件的变化而改变。

① 理论电压是正负极材料、电解液的组成和温度（通常 25℃）的函数。

② 开路电压是指没有负载时的电压，通常是理论电压的近似值。

③ 闭路电压是指有负载条件下的电压。

④ 额定电压是通常认定的电池典型的工作电压，例如，锌-二氧化锰的额定电压是 1.5V。

⑤ 工作电压是加负载时电池的实际工作电压，低于开路电压。

⑥ 平均电压是放电电压的平均值。

⑦ 中值电压是单体或电池组放电期间的电压中间值。

⑧ 终点或终止电压是指放电结束时的电压，通常在此电压以上，单体或电池组放出大多数容量。终点电压也与应用条件有关。

⑨ 充电（或浮充）电压是克服热动力学阻力将电池充电到初始状态所需施加的电压。

以铅酸电池为例，理论电压和开路电压为 2.1V，额定电压为 2.0V，工作电压在 1.8～2.0V 之间；以中等和小电流放电的终止电压为 1.75V，发动机启动负载的终止电压为 1.5V。在充电时，其电池电压在 2.3～2.8V 之间。

电池放电时，其电压比理论电压低，这是由欧姆降（欧姆定律计算得到的电压降）和两电极活性物质极化（第 4 章）共同作用造成的。在理想情况下，电池按理论电压放电至活性物质殆尽，其容量得到充分利用，然后电压下降到零。在实际条件下，加负载放电时，由于放电产物、活性和浓差极化以及其他因素的共同作用，电池阻抗增加，放电时电压降低（第 4 章）。当电池阻抗或放电电流增加时，放电电压进一步下降，并呈现一个更为倾斜的放电曲线。

电池工作电压降低带来的主要影响是能量密度降低，这意味着电池不能在理论电压下释放其全部能量。实际释放的能量密度（基于单位体积或重量的电压、电流和时间的乘积）的降低程度与实际工作电压相对于理论电压的差值成正比（即在特定电流下，电压-时间曲线的积分面积）。

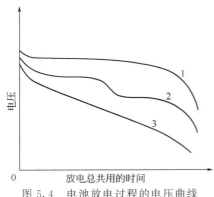

图 5.4　电池放电过程的电压曲线

放电曲线的形状会随着电化学体系、电池设计和放电条件的变化而改变。典型的放电曲线如图 5.4 所示。

① 平坦放电曲线（曲线 1）：代表反应接近热力学平衡条件，此时所有活性物质接近耗尽。

② 多平台曲线（曲线 2）：基于不同反应机制或活性材料的不同热动力学控制因素，呈现出两步放电的特征。

③ 倾斜放电曲线（曲线 3）：受到反应机制、不稳定反应物、内阻增大、热效应等多种因素的影响。

5.6　放电电流

如第 4 章和 5.5 节所述，当电池放电电流增加时，IR 降和极化影响增加，放电电压下降，电池放电容量减少。当电池以极低的电流放电时，放电电压和容量可以接近理论值，但是放电周期过长，化学衰变可能造成容量减少（5.11 节）。

在一种极端情况下，电池以极大电流放电时，因为较大的极化很快达到终止电压，但电池内仍残存较多的容量。经过开路静置，电池电压明显提升，此时电池内的残余容量仍可以利用。通过后续的小电流放电，可以进一步释放这些残余的电池容量。电池开始以高放电率放电至给定终点电压，然后以一系列逐步降低的小电流进行放电，图 5.5 给出了该情况下的电压变化曲线。图中数据测试时，在每个放电阶段后都经过开路静置阶段，使电池电压回升到设定的工作电压（图中虚线），以耗尽电池容量。

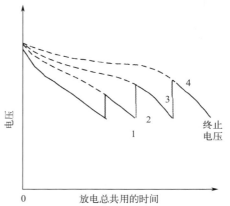

图 5.5　电池在放电过程中从高倍率放电到低倍率放电时的特征曲线

5.6.1　C 倍率[1]

不同容量和设计电池的放电测试结果很难进行对比，使用固定电流（mA）或者电流密度（mA/cm^2）不能完全反映电池的真实性能。因此，引入了用于确定不同电池充放电速率的共同基准。该表达方式称为 C 倍率，定义为电池容量 C（$A \cdot h$）和电流 I（A）的比值：

$$x = C/I$$

式中，C 倍率是单位时间的相对比率（x），一般书写成 C 的倍数或者小数。当 $x < 1$ 时，一般为高倍率充放电，C 倍率一般写为 yC（$y = 1/x$）；当 $x > 1$ 时（小倍率），C 倍率一般写成分数形式（C/x）或者小数形式（C 倍率 $= C/5$ 可以写为 $0.2C$）。

C 倍率具有时间特征，但是一般被看成为放电倍率。对于给定容量的电池来说，C 倍率

---

[1]　不同电池制造商的倍率容量都有明确规定，需要具体的细节和说明。国际电工委员会（IEC）SC-21A 分会发表了关于碱性二次电池标准电流命名的指南（IEC 61434）。

可以说明放电时间长度。该比率使不同设计、不同容量的电池可以进行较为等价的对比。给定倍率所需要的电流可以通过电池容量进行计算。

例如，一只 5A·h 电池 10h 放电的特定电流可以表述为 0.1C 或 C/10 倍率放电，电流大小为 0.5A。反之，一个容量为 250mA·h 的电池以 50mA 放电，可以按如下计算该 C 倍率：

$$C \text{ 倍率} = \frac{0.05}{0.25} = \frac{C}{5} \text{ （或 } 0.2C）$$

或者 5A·h 电池以 2h 放电（一般可以用 C_n 表示，n 为放电时间），其 C/10 放电倍率写为 $0.1C_2$。在该范例中，C/10 倍率等于 0.5A，或者 500mA。

恒定功率放电：恒定功率放电模式（E 倍率）和 C 倍率类似，用于表述以功率为基础的充放电倍率。

$$E \text{ 倍率} = \text{能量(W·h)} / \text{功率(W)}$$

例如，标称 1200mW·h、$0.5E_5$ 或 $E_5/2$ 的电池，以 0.2E 或 E/5 放电的功率水平是 600mW。

5.7 放电曲线/模式

电池需要在复杂的环境中运行，包含大量的相互闭环反馈的影响因素，需要进行复杂的分析。本节介绍了电池设计和应用中的不同关键影响因素。

5.7.1 平衡电压控制

大多数用电设备的最佳电压范围非常窄，因此会直接影响电池的可用输出容量。较低的放电终止电压和较宽的电压范围可以实现最大的电池输出容量，同时用电设备的最高电压限制应该与电池电压相匹配。

图 5.6 对比了具有平坦放电曲线和具有倾斜放电曲线的电池的输出容量。当限制在约 85%（-15%）的正常电压范围时，平坦放电曲线的电池（曲线 1）可以提供更长的使用时间。如果用电设备可以接受更低的电压下限，具有倾斜放电曲线的电池（曲线 2）可能提供更长的使用时间。

另外，当多电池串联的电池组放电至过低的终止电压时，可能会导致一只或几只电池反极，这种情况容易引起安全事故。对于某些种类的电池，如锂-二氧化硫一次电池，反极可能会导致泄漏和破裂。

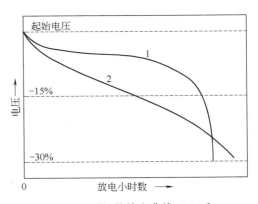

图 5.6 平坦的放电曲线（1）和倾斜的放电曲线（2）对比

对于只允许使用电压范围较窄的电池应用需求，需要采用放电曲线平坦型的电池，或者采用电压调节器。电压调节器可以将电池变化的输出电压转换为恒定输出电压，但请注意，使用电压调节器时会有明显的能量损失。图 5.7 展示了电池和电压调节器输出的电压-电流特征曲线，其中电池向调节器输入的恒定功率为 1W，而调节器的转换效率为 84%，因此调节器输出的恒定值是 6V 和 140mA（对应恒定功率为 840mW），这意味着能量损失为 16%。

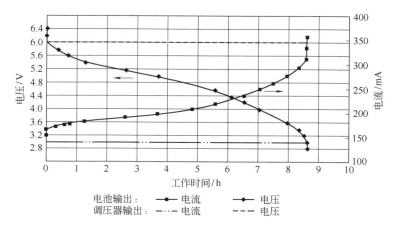

图 5.7　电池和电压调节器的电流-电压特征曲线（电池输出为 1W；电压调节器输出为 840mW）

5.7.2　放电模式

　　电池的放电模式显著影响其能量输出，故在测试或评估中，放电模式应尽量与实际应用相符。

　　电池在不同负载时可能输出能量（W·h）恒定，但其容量（A·h）依赖于放电过程的电压。不同容量电池的输出能量值由规定放电段的电压水平决定。电池放电的三种基本模式包括如下。

　　① 恒阻：设备负载的电阻在放电时保持不变（放电时电流的降低和电压的降低成正比）；

　　② 恒流：放电期间电流不变；

　　③ 恒功率：放电时电流随电池电压的降低而增加，以保持一个恒定的输出功率水平，功率（W）＝电流（I）×电压（V）。

　　三种不同条件下放电模式对电池性能的影响见图 5.8～图 5.10。

　　① 条件 1 为相同的初始放电电流和初始功率。在图 5.8 中，放电开始时，三种放电模式下电池的电流和功率（P）相同。对于恒阻放电，电流逐渐下降［图 5.8（a）］正比于电池电压下降［图 5.8（b）］，符合欧姆定律：

$$I = V/R$$

　　由于平均放电电压较高，恒流放电模式的放电时间比恒阻放电时间短。在恒定功率放电模式下，电流逐渐增大而电压降低，两者遵循反比关系：

$$I = P/V$$

　　图 5.8（c）为三种放电模式的功率曲线。

　　② 条件 2 为相同放电时间。图 5.9 给出的曲线关系类似于条件 1，但是放电负载被调整到相同的输出时间（达到一给定终点电位）。如同预期的，恒功率输出模式导致电流在开始时较小，放电末端电流较大；而在恒阻模式下，电流变化规律相反。

　　③ 条件 3 为相同放电终止功率。许多用电设备设置有最小输入功率（一般在终止电压时确定）。当功率输出低于这个要求时，放电终止。在图 5.10 中，三种放电模式都在最终放电功率降低到低于所选负载最低要求时停止放电。在恒阻放电模式下，放电电流［图 5.10

（a）］随着电池电压［图 5.10（b）］的降低而降低，输出功率与电池电压成平方关系［图 5.10（c）］急速下降。在该模式下，早期电流和功率输出较大，导致容量快速下降。

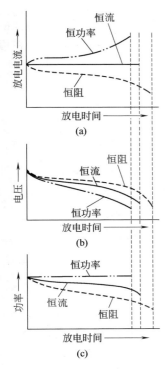

图 5.8　相同放电初始电流和初始功率时，恒阻、恒流和恒功率模式下的电池放电曲线
（a）放电过程中的电流曲线；
（b）放电过程中的电压曲线；
（c）放电过程中的功率曲线

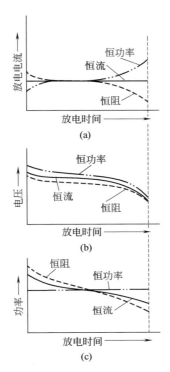

图 5.9　相同放电时间时，恒阻、恒流和恒功率模式下的电池放电曲线
（a）放电过程中的电流曲线；
（b）放电过程中的电压曲线；
（c）放电过程中的功率曲线

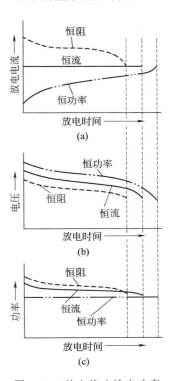

图 5.10　放电终止输出功率相同时，恒阻、恒流和恒功率模式下的电池放电曲线
（a）放电过程中的电流曲线；
（b）放电过程中的电压曲线；
（c）放电过程中的功率曲线

恒流放电模式下，电流保持不变，直到达到终止电位时，功率输出降低到满足设备性能需要的最低水平。因此，放电电流和功率输出比恒阻模式低。

在恒功率放电模式下，放电开始时电流最低，随后随着电池电压的下降而逐渐升高，这是为了维持设备需要的恒功率输出。这种模式下的平均电流最小，因此，其工作时间最长。

这里需要注意的是，相对于其他放电模式，恒功率放电模式优势的程度取决于电池放电特性。对于一个在宽电压范围内释放全部容量的电池体系来说，这个优势的程度更加显著。

5.7.3　电池性能实例研究

为了准确地对电池进行对比，电池测试采用的放电模式应与实际应用一样，如图 5.11 所示。图 5.11（a）给出了典型的 AA 型一次电池在三种放电模式（恒阻、恒流、恒功率）下的放电特性。调整放电条件，使三种模式放电到与特定电压（1.0V）所需要的放电时间相同，与图 5.9（b）中测试条件相似，使用电阻负载模拟恒流或恒功率应用情况。在放电时间范围内，放电电压和功率［图 5.9（a）、（c）曲线］出现了不同放电模式间的差异，这说明电池性能对比的复杂性。

图 5.11（b）给出了具有更低内阻和更高开路电压的电池在三种模式下的放电特性。在

恒阻放电模式下，图5.11（b）的放电电压高于图5.11（a），但两者的放电容量（在达到1.0V时的总电量）相近。然而，在恒流和恒功率放电模式下，图5.11（b）中的低内阻电池可以输出更多的电量。

两种具有相近容量但内阻特性不同的电池在某种模式的放电测试中显示出非常大的性能差异。具有低内阻的电池［图5.11（b）］在恒功率放电模式下显示出更好的性能，但在恒阻模式下放电容量与高内阻电池［图5.11（c）］相近。

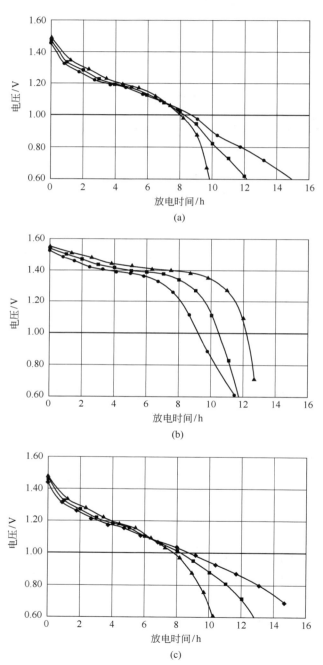

图 5.11　AA 型一次电池在 5.9Ω 恒阻（——●——）、200mA 恒流（——■——）和 235mW 恒功率（——▲——）条件下放电的特性
(a) 典型电池；(b) 低阻抗电池；(c) 高容量/高阻抗电池

即使放电测试模式和实际应用需求存在一定的差异，电池设计和性能特征的差异也可能导致测试结果的明显偏差。例如，图5.11（c）给出了第三种电池的放电特征，该类电池和图5.11（a）中的电池相比，具有较高的容量和较大的内阻。尽管差别小，对两图进行仔细比较发现，不同放电模式放电至1.0V终止电压时，放电时间不同。将图5.11（c）和图5.11（a）进行比较，恒功率模式下得到的放电时间稍微减少，而在恒流和恒阻放电时，放电时间稍微增加。

需要注意：假如放电到更低的终止电压，图5.11（a）、（c）中电池在恒阻和恒流放电模式下的使用时间会更长。

5.7.4　间歇放电

电池在恒定条件下连续放电会导致放电时间缩短，在实际应用中电池一般为间歇负载模式。电池部分放电后搁置一段时间，会发生一定程度的化学与物理变化，从而使电池电压得到一定程度的恢复。再重新负载放电后，会出现放电电压曲线呈锯齿形下降，如图5.12所示。电池大电流放电时采用间歇放电的方式，或者延长放电时间间隔，可以使电池输出的总能量增加。

5.7.5　变负载循环

电池实际使用中常见的另一种放电状况为输出电流变化，如无线电收发报机的工作模式从"接收"转变为"发送"。这种情况下，电池的使用时间由高电流下工作至终止电压的时间决定。

变负载循环的另一种常见状况是在低背景电流下周期性叠加高脉冲电流，如带有背景照明的LCD手表、具有报警铃声的烟雾探测器或计算机高功率应用。图5.13给出了典型的脉冲放电曲线。脉冲负载时电压下降的程度取决于电池内阻和设计。在图5.13中需要注意电池在放电过程中由于内阻上升引起的放电电压范围变宽。

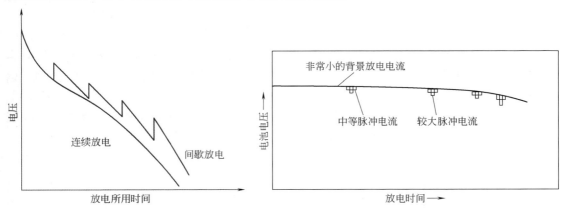

图5.12　间歇放电对电池容量的影响　　　图5.13　周期性高倍率脉冲放电的电池电压曲线

脉冲下电池电压曲线的形状由电路设计和电池响应特征决定。图5.14给出了9V原电池在烟雾探测器中提供100ms警铃脉冲信号的放电曲线。图5.14（a）曲线是锌碳电池的电压响应特征曲线，初始电压急剧下降，然后逐渐恢复。图5.14（b）、（c）曲线是两种锌碱性二氧化锰电池典型的电压响应特征曲线，初始电池电压下降，随后或维持在一个较低的值或随脉冲放电而缓慢下降。

当电池电极表面产生化学老化沉积产物时，其典型的电压响应曲线如图5.14（a）所示，该老化层称为钝化层，可以阻止活性材料进一步腐蚀。但是，在放电反应时，在该表面膜完全破坏前会出现电压急剧降低，直到电极表面形成新的活性界面，电压才会恢复（参见5.11节的电压滞后）。电极保护膜是一个非常复杂的现象，但是其与电池内阻密切相关（参见第4章）。

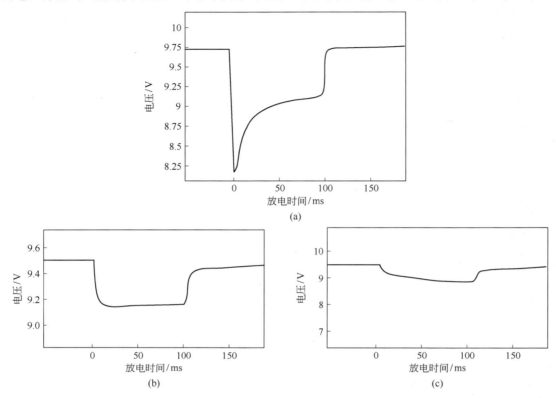

图 5.14　加载 100ms 脉冲（烟雾探测器脉冲测试）的 9V 电池放电曲线
（a）锌碳电池；（b）、（c）锌碱性二氧化锰电池

电池的峰值功率通过测量其脉冲性能得到。非钝化电池在经受脉冲电流时电压下降，当脉冲电流造成电池输出电压下降到开路电压的一半时（即外部电路电阻等于电池内阻），电池输出功率为理想的峰值功率。通过逐步缩短电池脉冲时间，可以得到一系列输出功率-电池电压曲线，利用这些曲线可以确定电池的峰值功率。图 5.15 是满电的 AA 型碱性锌-二氧化锰电池在 0.1s 和 1.0s 脉冲放电时的输出功率曲线。

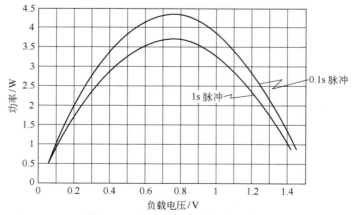

图 5.15　电池的峰值功率测试曲线

5.8 温度影响

温度对二次电池的容量保持率、输出倍率、电压、容量和充电性能有明显的影响。图 5.16 给出了电池在温度较低时电化学反应活性降低、内阻增加的情况。图中显示了从温暖（T_4 为正常室温）到寒冷（T_1）温度逐步下降时，电池在恒流放电模式下容量逐渐降低，工作电压逐步下降（即放电曲线斜率逐渐增大）。一般来说，商业电池的最佳性能适宜在 20～40℃之间。电池温度适度升高可以提升倍率、电压和容量，但是可能会加速化学反应老化（自放电现象），从而造成输出容量损失。

图 5.17 给出了温度和放电倍率对电池容量的影响。新制备电池在不同温度条件下（T_1 至 T_6）以较宽的电流范围进行放电。可以看出：在低温当放电率增加时，电池容量的衰减速度更快，同时电池电压也随之下降。然而在测试中也可能出现反常现象，如图中最高温度电池的放电曲线（T_6），在高温低倍率放电时电池容量出现意料之外的容量下降。然而，在高温高倍率放电时，电池容量则出现明显回升。这是因为低倍率放电时由自放电引起的容量衰减在高倍率放电时其累积效应减弱。

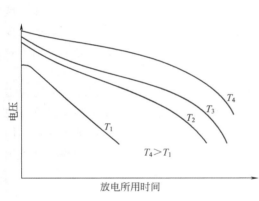

图 5.16 温度对电池容量的影响：
T_1 至 T_4 温度逐渐升高

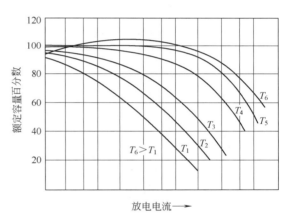

图 5.17 不同温度和放电倍率对电池容量的影响
T_1 至 T_6 表示温度升高，T_4 为正常室内环境温度

5.9 工作寿命

电池的常规性能参数通常利用不同的图进行展示，图 5.18 给出了不同温度时电池工作时间和放电电流间的关系。

在理想情况下，电池工作时间和放电电流之间具有某种特定的关系（可能是对数或线性关系）。但是，高倍率时内阻上升或者低倍率时自放电增加都会引起电池性能某种程度的衰减。Peukert 方程可以用来估算多种假定条件下的电池性能，这些假定条件包括电池的类型、使用环境和放电条件等：

$$I^n \times t = C$$

或者

$$n\log I + \log t = \log C$$

式中，I 为放电倍率；t 为相应的放电时间；C 为常数。

该直线的斜线用于确定参数 n，具体的应用实例见第 13 章；同时，相关文献中也给出了用于描述电池性能的不同数学公式，包括非线性方程。

在电池性能分析中，另一种常用的图是 Ragone 图，它展示了电池的比能量（能量密度）与比功率（功率密度）之间的关系。这种图形能够直观地反映出放电负载（功率）对电池输出能量的影响。在第 23 章电池选择方法中，详细介绍了多种一次电池和二次电池的比功率（W/kg）和比能量（W·h/kg）的 Ragone 图，为电池的选择和应用提供了重要的参考依据。

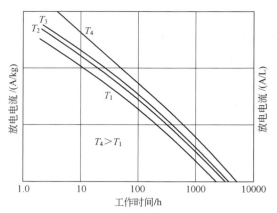

图 5.18　不同放电负载和温度下的
电池使用寿命（对数-对数）
T_1 至 T_4 表示温度升高

5.10　电池充电

基于不同方法的电池充电在后续章节中有详细的描述。例如，作为备用电源的电池一般与二次电源系统并联组成工作电路。此时，电流密度或设定电压必须同时满足设备负载的要求以及电池容量的充电要求和满电维持状态的要求。另一种情况是电池作为充电器，用于容量快速恢复，此时备用电池并未与工作电路相连，处于开路状态。

通常来说，应用于具有充电功能的用电设备中的一次电池，必须采用电路隔离来防止被充电。例如，用于储存备用的一次电池通常利用二极管进行反充电保护（在某些情况下，也可能使用限流电阻器）。充电电路的设计对二次电池的使用寿命和安全性有着显著影响。因此，大多数充电器（如手机充电器、电网系统充电器、电动汽车充电器等）都需要具有正确的设计、可靠的组件和严格的检验。

5.11　电池储存

电池设计、电化学体系、温度、污染物、漏电流、储存时间都是影响电池储存过程中性能衰减的重要因素。内阻的上升、自放电或者电池电压的下降都会影响电池的搁置寿命和后续使用寿命。第 23 章讨论了不同温度下几种电池系统的储存状况。低温储存通常可以延长电池的搁置寿命，但偶尔也存在反常现象。储存电池在放电前进行加温可以得到最佳性能。

在储存期间，电极表面形成的保护膜可以极大地提升电池储存寿命。但是，在随后的放电时会出现初始电压严重下降，直到电极完全去保护化（参见 5.7.5 节）。该现象被称为电压滞后，如图 5.19 所示。电压滞后的程度取决于储存时间和储存温度，

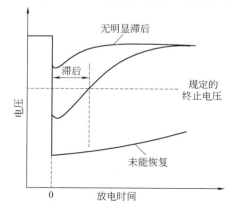

图 5.19　电池长时间储存后的电压滞后现象

同时电压滞后也随着放电电流的提高和放电温度的降低而加剧。

在很多情况下，电池自放电是一个变化且不容易定量化的过程。电池前期的放电/储存历史、放电倍率与温度、放电产物的沉积和积聚、放电深度等因素都会影响电池的储存容量衰减，甚至局部破坏或者保护膜重构也会造成储存容量的波动。理想情况下，电池的储存测试应该采用预计的应用条件，并且应考虑到任何除储存之外其他操作条件与推荐储存条件的偏离。

参考文献

1. M. Winter and B. Brodd, *Chem. Revs.* **104**:4245–4270 (2004).

2. D. Linden and T. B. Reddy, *Battery Power Products Technol.* **5**(2) (March/April 2008).

3. P. Ruetschi, "Alkaline Electrolyte—Lithium Miniature Primary Batteries," *J. Power Sources* **7**(2):165–180 (1982).

4. D. I. Pomerantz, "The Characterization of High Rate Batteries," *IEEE Trans. Electron.* **36**(4):954 (1990).

5. R. Selim and P. Bro, "Performance Domain Analysis of Primary Batteries," *Electrochem. Technol. J. Electrochem. Soc.* **118**(5):829 (1971).

第 **6** 章

电池数学模型
Shriram Santhanagopalan，Ralph E. White

6.1 概述

电池的数学模拟可以描述为建立一个或一系列方程式，用以描述电池性能的过程。例如，通过电池实验数据与方程式参数的拟合，可以构建一个简单的总量模型，该模型能够预测电池放电电流与电池容量之间的关系。利用描述电池组成（如电极、隔膜和电解质）的一系列等式组合，可以建立更为复杂的模型。此类模型不仅能够解释电池中电流的三维分布，还能分析横截面上不同位置的电压降。此外，这些模型还有助于理解活性成分电荷转移能力所导致的电池性能随放电倍率的变化。无论是总量模型还是复杂模型，都可以扩展应用于具有多个电极对的电池组，这些电池组通过内部电极间的电连接和单体外汇流条实现不同的串并联结构连接，以满足特定的电压和容量需求。

数学模型的详细程度取决于其应用要求。例如，一个包含多电极对中单个粒子结构的详细三维模型（考虑三维空间和时间因素），可以用于研究电极对和电池局部失效引起的热性质。接下来，将详细介绍一些传统观点和电池数学模型（包括经验模型和数学模型），并深入探讨多孔电极模型、热模型和衰减模型等电池模型的应用实例。

6.1.1 电池模型的发展

最早的电池数学模型只是简单的几个测量参数间的经验关系式，例如电池电压、过电势、电极密度、壳体内压力或电池温度在不同工作条件下随电池剩余容量变化的关系式。这些模型直到今天仍在使用，其中最著名的是 Peukert 关系式[1]（第 5 章）。该关系式用来表述铅酸电池的放电容量随放电电流的变化过程，图 6.1 展示了 Peukert 关系式预测的放电容量与实际实验测得的电池容量之间的对比。在电池工业中，这个简单的模型在不同设定状况下应用了几十年。

第二个关系式是图 6.2 所示的经验关系式，用于监测铅酸电池在 $C/25$ 倍率放电过程中的电池荷电状态。在此过程中，电池的可用容量与电解质密度之间呈现线性关系。具体来说，电池荷电状态（SOC，以百分比表示）与测量的电解质密度之间存在简单的线性关系。关于电解质密度（孔隙率）与电池性能之间为何存在这种函数关系，将在第 6.4.2 节中详细介绍。

由于 Peukert 关系式和其他实验数据分析（电池容量衰减因素）的成功应用，更多的电池模型研究开始兴起。早期对电池性能的理解主要局限于通过理论来量化电池效率损失，并将这些损失归因于不同的电池组成部分，如电极、电解质、板栅等。

交流阻抗（第 4 章）作为一种电化学测试手段，在 20 世纪 70 年代出现[23]，它发展出了将电池视为由传统电子器件（如电阻和电容等）组成的电路系统的观念，如图 6.3 所示。

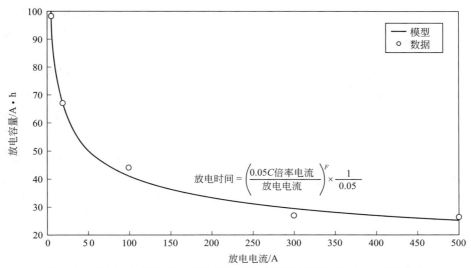

图 6.1　100A·h 铅酸电池容量和放电倍率间的关系和 Peukert 关系曲线
在 0.05C 倍率电流时为 4.98A，Peukert 系数（F）设定为 1.3

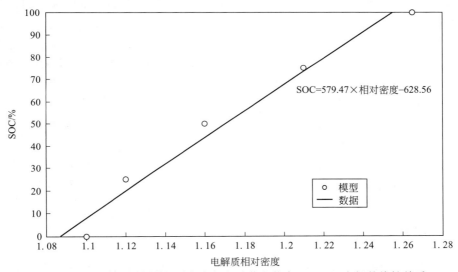

图 6.2　铅酸电池电解质相对密度与电池荷电状态（SOC）之间的线性关系

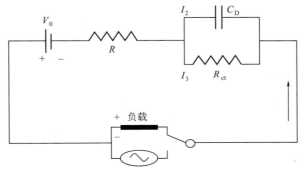

图 6.3　电池等效电路图

图 6.3 展示了典型的单体电池的等效电路图[4]，电池性能可以由图 6.3 中各电路组成元件的参数来决定。其中，电压源 V_0 代表电池的开路电压（OCV），这是电池性能的热力学

限制因素。电阻 R 表示电池内部的欧姆降，主要由电流通过电解质的电阻和接触电阻等因素引起。R_{ct} 和 C_D 两个参数用来描述电荷在界面间的传递过程：R_{ct} 代表电荷转移电阻中的法拉第电阻部分；而 C_D 为赝电容，用于描述物质传递的限制。通过调整这些参数，可以模拟放电过程中理想电池 V_0 的变化。图 6.3 中的参数可以通过不同的取值来拟合实验数据。例如，电池在不同放电倍率下，电压相对于开路电压的偏移，这主要归因于离子传递、欧姆降和反应动力学等因素。这种非理想状态可以通过调整相应的参数来描述，例如，通过改变 R_{ct} 值来反映电化学反应的难易程度。

虽然与之前的经验关系式相比，等效电路模型只是将观察到的电池中各类变化从单个经验参数扩展到多个经验参数，但通过等效电路图模拟电池是电池机制研究向前发展的重要一步。由于电池电压和电流间的关系可以用解析式表达，因此易于应用。因此，等效电路模型在电池行业中仍被广泛应用，且该模型对计算机性能要求较低，可用于快速估算电池的荷电状态，并易于通过硬件实现。然而，由于电路组成要素难以直接转化为电池设计中所用的物理参数，等效电路模型在电池设计方面的应用相对有限。

为了将电池设计参数（如电极涂覆厚度等）与实验行为联系起来，需要借助一般定律（如电荷守恒、物质守恒、动量守恒、能量守恒）来描述电池内部各组成部分的行为随材料性质的变化，并构建基于物理公式的模型。将这些部分模型整合起来，形成电池过程机制模型。在建立数学模型的过程中，需要对实际可测的物理性质（如有效电导率和扩散系数）进行宏观近似描述。设计参数通常可以利用先进的计算机辅助设计（CAD）工具和物理模型进行复现[5]，如电极结构、极柱位置、设备中连接电池与其他部分的电路等。尽管建模过程可能复杂，但复杂严谨的数学模型可以通过界面友好的商业化软件实现，如 Matlab、ANSYS、Fluent、西门子电池设计软件（Siemens Battery Design Studio）和 COMSOL 多物理场软件等。

因此，电池模型的发展已经显著超越了简单的经验公式和规则，但其主要目标仍然保持一致：预测电池是否能在所需的时间内，持续提供所需的输出（在功率或能量方面）。接下来将对电池数学模型的建立过程、模型方程、参数选择及其在电池设计中的应用案例进行探讨。

6.2 数学模型

建立电池的数学模型涉及确定电池工作过程中的物理过程以及各组分在这些过程中的反应。利用不同模式下的材料普遍定律，可以系统地描述电池各组分所经历的各种物理过程。一个简单的例子是电流通过铜导线过程的数学表达。当电流流入或流出电池时，它不可避免地通过连接电极和外部负载（或电源）的接线柱和汇流条。该过程的数学表达首先涉及确定铜导线内发生的物理过程，即电流通过导线时，导线（尤其是焊接点）会被加热，且加热程度随电流的增大而增加；其次，确定可以量化这些现象的普遍定律，例如，通过铜导线的电流遵循欧姆定律，导线上产生的电压降（V）由电流（I）和金属电阻（R）决定：

$$V = IR \tag{6.1}$$

式（6.1）表明如果电阻增大，通过给定电流产生的电压降增大，这和人们的观察一致。电池放电时，带有生锈插头（具有较低的电导率）的电池电压下降更快。该实例中第二个现象是焊接点的加热。电流引起的材料加热量最早由焦耳（Joule）通过下面的公式实现定量化：

$$\Delta H = I^2 R t \tag{6.2}$$

式中，ΔH 为产生的热量；R 为焊接点的电阻；t 为电流通过焊接点的时间。

在该实例中，我们可以用由式（6.1）和式（6.2）组成的数学模型来表述电流通过汇流排时的物理现象。因此，焊接材料可以通过计算给定操作条件下所产生的热量值来进行选择。此外，还可以确定安全通过焊接材料而不引起损坏的最大电流值。只要能够测定给定材料的电导率，并且确认工作条件下的每个物理过程符合上述公式条件，就可以进行性能计算。例如，在给定的工作条件下（即放电倍率 I 和放电时间 t），电压 V 和热量 ΔH 可以通过该模型计算得到。另外，在不同的放电倍率和放电时间情况下，金属电导率是常数，这是材料的本质特性。每个数学模型都由输入变量、输出变量（而非"测量变量"）和物理参数组成。

建立电池数学模型就是建立电池工作过程中内部发生的物理现象的要素模型。数学模型的复杂程度取决于想要表述的物理过程的数量和所要求的精确程度。例如，如果忽略焊接点的热效应，人们可以仅利用式（6.1）可以适当地描述电流通过汇流条的过程。有些材料的电阻随着温度变化，如果希望更精确地描述该效应，人们需要附加公式来表述式（6.2）中电阻参数 R 的变化。因此，一个有效的模型必须在数据设置的复杂程度和计算结果的预测精度之间进行平衡。接下来的章节，将描述建立这种模型可能用到的规律。根据对模型的理解程度，通常可以将模型分为经验模型和机制模型。

6.2.1 经验模型

经验模型通常采用表达式的形式，该表达式可以把操作条件参数（如放电倍率或电池负载等）和测量参数（如电池温度或电压）联系起来。这种表达式一般是基于预知的电池行为知识、实验数据或试错法而获得的。建立这类模型需要对电池内的各种要素有基础的理解。例如，图 6.3 中的等效电路图是用来表述 6.1.1 小节中讨论的几个要素造成的电池电压（V）偏离开路电压（V_0）这一现象的。电池模型的常见目标是预测电池电压和电池荷电状态（SOC）间的函数关系。本小节将介绍如何为图 6.3 中的电路建立这种关系。

电阻 R 和 R_{ct} 上的电压降符合欧姆（Ohm）定律［式（6.1）］。赝电容 C_D 的电量累积速率等于通过电容的电流强度。具体的数学公式如下：

$$I_2 = \frac{dq}{dt} \tag{6.3}$$

基尔霍夫（Kirchhoff）的串并联定律把电路中不同支路的电流和电压联系起来。该定律证明任何支路的电压是该支路中所有电压降之和，汇于节点的各支路电流的代数和等于零。例如，图 6.3 中的总电流 I 分成支路电流 I_2 和 I_3。根据基尔霍夫定律，可以得到：

$$I = I_2 + I_3 \tag{6.4}$$

各支路电压受到下面公式的约束：

$$V = V_0 + IR + I_3 R_{ct} \tag{6.5}$$

$$V = V_0 + IR + \frac{q}{C_D} \tag{6.6}$$

对式（6.3）～式（6.6）进行整理，获得施加电流随时间的变化率 dI/dt 和产生的电压降（$V - V_0$）之间的关系：

$$R \frac{dI}{dt} + \frac{1}{C_D}\left(1 + \frac{R}{R_{ct}}\right)I = \frac{dV}{dt} + \frac{1}{R_{ct} C_D}(V - V_0) \tag{6.7}$$

现在，式（6.7）包含了电池模型中每个元器件的模型［式（6.3）～式（6.6）］。在恒定电流的情况下，方程（6.7）的求解采用以下形式[4]。

$$V = \frac{Q_0}{C_D} e^{-t/R_{ct}C_D} + V_0 + IR + IR_{ct}(1 - e^{-t/R_{ct}C_D}) \qquad (6.8)$$

这个等式将电池电压 V 的变化和输出电流 I 的变化联系起来。参数 Q_0 是电池的总容量。在充电或放电过程中，电池容量的变化可以通过对经过的电流进行积分得到：

$$Q = Q_0 - \int_0^t I \, dt \qquad (6.9)$$

通过调整等效电路中各元件的值，如 V_0、C_D、R、R_{ct}，就可以恰当表述所关注的实验数据。图 6.4 给出了等效电路模型不同倍率充放电时电池电压随容量的变化；同时，给出了相应的实验数据。通过放电（或充电）数据得到的等效电路参数可以应用于大倍率范围内的计算。

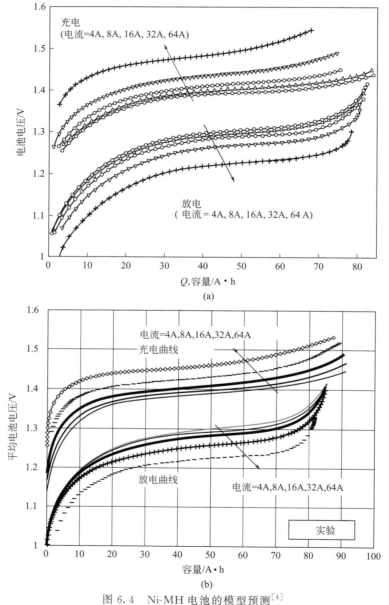

图 6.4　Ni-MH 电池的模型预测[4]

图 6.3 所示的等效电路模型结果显示在图（a）曲线中，相应的实验数据显示在图（b）曲线中

对恒定功率负载的模拟可以通过将式（6.7）中的电流（I）替换成 P/V 得到，P 是设定的负载功率。图 6.5 给出了利用相同的等效电路图得到的锂离子电池的模拟结果和实验数据的对比。图中符号代表实验数据，实线代表模型预测结果，相关参数在表 6.1 中给出。

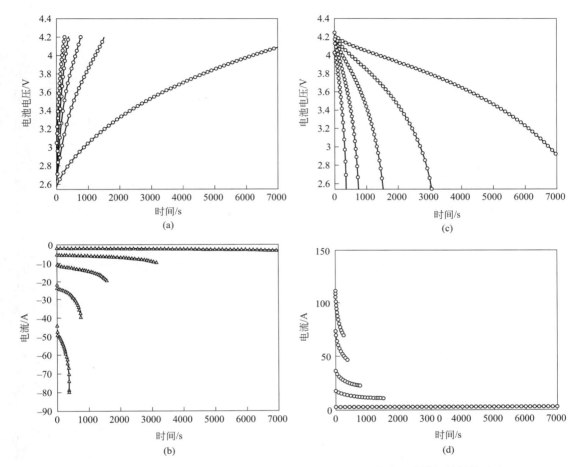

图 6.5　0℃时锂离子电池恒定功率充放电的实验数据和等效电路模拟结果的对比
（充放电功率依次为 10W、25W、50W、100W、200W）[6]
(a) 恒定功率充电过程中电池的电压；(b) 对应于图 (a) 的充电电流（因为在高倍率充电时电池电压快速上升，
为了维持整个过程中功率保持恒定，在充电末端电流逐渐变小）；(c) 恒定功率放电过程中电池的电压，
电池功率设置与图 (a) 相同；(d) 对应于图 (c) 的放电电流

表 6.1　用于预测图 6.5 中锂离子电池的等效电路参数[5]

参数	放电	充电
τ/s	5	5
C_D/F	12500	16667
$R/m\Omega$	1.637	1.637
$R_{ct}/m\Omega$	0.4	0.3

6.2.2　机制模型

电池的机制模型与电池特性相关，电池特性由组成材料的物理性质决定。组成材料的物

理性质通常可以通过独立的实验测定。

例如，通过铜汇流条的物理性质测量，电阻参数 R 可以采用式（6.1）表示的欧姆（Ohm）定律。具体而言，相关性质包括金属的电导率（σ_c）、横截面积（A_c）和汇流条长度（L）。每个性质都是该汇流条特有的。电阻 R 可以通过这些参数描述如下：

$$R = \frac{L}{\sigma_c A_c} \tag{6.10}$$

因此，式（6.1）可以被改写为：

$$V = I \frac{L}{\sigma_c A_c} \tag{6.11}$$

式（6.11）可以应用于任何已知电导率的给定尺寸导线，而式（6.1）需要在每次汇流条替换时重新测定其电阻参数 R。

现在开始建立描述发生在电池中的其他物理过程的机制模型。在电池中最常发生的物理过程如下：电解质中离子的移动；电极中电子的移动；化学和电化学反应的进行。在第 1 章和第 4 章的背景介绍中，可以找到关于这些过程的基本公式。本节中，利用这些概念建立电池的机制模型。

（1）电子电荷转移

电池的总电压可以近似视为电极电压降、电解质电压降和其他接触电阻电压降的总和。在本节中，下标 1 表示和电极相关的性质/变量；下标 2 表示和电解质有关的变量。在式（6.11）中，已经考虑了电子通过金属导线时引起的电压降。可以用一个等效公式来计算或表达接触电阻。通过电极的电压降遵守欧姆定律。

$$\nabla \varphi_{1,j} = -\frac{i_1}{\sigma_j^{\text{eff}}}, \quad j = \text{n 或 p} \tag{6.12}$$

式中，i_1 为单位面积上的电流（称为电流密度）；σ_j^{eff} 为电极材料的有效电导率（$j = \text{n}$ 表示负极或阳极，$j = \text{p}$ 表示正极或阴极）。

通常电池的电极由几种组分组成，包括金属固溶体或电极活性材料、黏结剂和其他组分等。有效电导率用于考虑电极附加组分的影响。通常有效电导率可以表示为各组分电导率按电极组成比例的加和：

$$\sigma_j^{\text{eff}} = \sum_k w_k \sigma_k \tag{6.13}$$

式中，w_k 为独立组分 k 在电极中的比例；σ_k 为纯组分 k 的电导率。σ_j^{eff} 也可以在电极装配好后直接测定。

（2）离子电荷转移

电化学装置的独特之处在于电流通过离子进行转移。电流经过电极进行电化学反应，电荷从一个电极到另一个电极间的移动是靠离子的运动实现的。通过离子运动转移电荷比电子运动形成电流的机制更为复杂。通常，电解质中存在几种类型的离子。通过电解质法线方向上的单位面积总电流密度（i_2）是各种类型离子 k 电流密度的总和：

$$i_2 = \sum_k i_k \tag{6.14}$$

各种类型离子 k 形成的电流密度与其通量 N_k 成正比关系[7]。

$$i_k = F \sum_k N_k \tag{6.15}$$

式中，比例因子是法拉第常数，它表示每摩尔离子所带的电荷量。离子 k 的通量定义为电解质单位体积中 k 离子的数量（即离子 k 的浓度）与 k 离子流速的乘积：

$$N_k = c_k v_k \tag{6.16}$$

电解质浓度容易进行定量测量。离子的流速正比于该离子的价态（z_k）和溶液中的电势梯度（$\nabla \varphi_2$）。电势梯度是离子移动的推动力。

$$v_k = -u_k F z_k \nabla \varphi_2 \tag{6.17}$$

式中，比例系数称为离子的迁移率（u_k），可以通过等效电导率测量。负号表示离子从高电位向低电位方向移动。对式（6.14）~式（6.17）整理得到[7]：

$$i_2 = \left(F^2 \sum_k c_k u_k z_k\right) \nabla \varphi_2 \tag{6.18}$$

式（6.18）和欧姆定律在形式上非常类似，电解质的电导率（κ）表示如下：

$$\kappa = F^2 \sum_k (c_k u_k z_k) \tag{6.19}$$

如式（6.13）所示，式（6.19）将组分离子的属性与电解质的电导率联系起来。因此，在知道电解质组成的情况下，可以模拟电解质中离子的运动。或者，可以通过实验测量式（6.19）中的电导率（κ）。

在推导式（6.18）时，隐含了一个假设，即电解质的浓度在电池内部是均匀的，从而排除了浓度梯度的影响。然而，这个假设可以通过使用菲克扩散定律来纳入由浓度差异引起的通量项而轻松放宽。于是，式（6.16）变为：

$$N_k = c_k v_k - D_k \nabla c_k \tag{6.20}$$

式中，D_k 为离子 k 的扩散系数。

对于液流电池（本书 22B 部分），需要在式（6.20）中的 v_k 上增加对流速度。因此，修正后的通量如下：

$$N_k = c_k(v_k + v) - D_k \nabla c_k \tag{6.21}$$

式中，v 为电解质的流速。合并式（6.17）和式（6.21）可以得到[7]：

$$N_k = -z_k u_k F c_k \nabla \varphi_2 - D_k \nabla c_k + c_k v \tag{6.22}$$

式（6.22）为稀电解质溶液的情况。此外，还有更复杂的模型考虑了电解质内部离子之间的相互作用以及温度对电解质电导率的影响[8]。

（3）界面电荷转移驱动力

电池中电荷的存储需要将化学能转换为电能，或者相反。法拉第定律决定了定量的活性材料所能产生的最大电荷量。当没有净电流流过电池极板时，电荷转移的驱动力被称为平衡电压（$E^\ominus$），它与系统的自由能有关，并遵循法拉第定律[9]。

$$E^\ominus = -\frac{\Delta G}{nF} \tag{6.23}$$

负号表示放电过程中自由能减小。在实际中，由化学能产生的电能取决于温度和活性材料物质浓度。电池开路电压（E）相对于平衡电压 $E^\ominus$ 随温度、浓度的变化可以通过 Nernst 公式表示：

$$E = E^\ominus + \frac{RT}{nF} \ln\left(\frac{c_{\text{Oxd}}}{c_{\text{Red}}}\right) \tag{6.24}$$

式中，c_{Oxd} 是向电池外部电路释放电子的物种在电极表面的浓度；c_{Red} 是通过电解质从一个电极板流向另一个电极板的离子的表面浓度，从而完成整个电路回路。

此外，还有更复杂的模型将反应物种的表面浓度与电池的 OCV（开路电压）联系起来[10]。

当 OCV 与表面浓度之间的严格关系不可用时，可以使用经验表达式。平衡电压 $E^\ominus$ 不是恒定的插层电极（例如，锂离子正极）就属于这种情况。开路电位的建模基于非常慢的充电或放电速率，通过参比电极测量单电极的电压。图 6.6 给出了这种测量的实例。

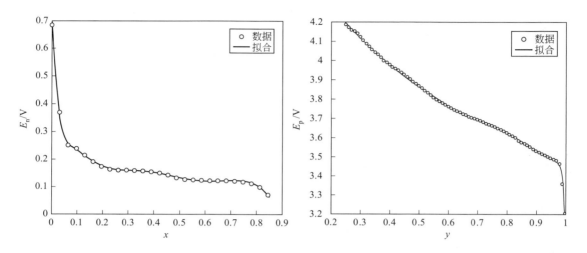

图 6.6　插层电极中锂离子化学计量数与开路电压的关系
左侧曲线显示了由中间相炭微球（MCMB）组成的负极的实验数据，这些数据符合经验表达式；
右侧曲线显示了镍钴氧化物（LiNiCoO$_2$）正极的类似结果[22]

（4）电荷转移速率

和化学反应一样，电荷转移速率由电极-电解质界面上的动力学势垒决定。反应速率与反应电极界面 j 上的局域过电压相关，可以通过 Butler-Volmer（巴特勒-福尔默）公式表达[7]。

$$i_j = i_{0,j} \left[\exp\left(\frac{\alpha_{a,j} n_j F \eta_{s,j}}{RT}\right) - \exp\left(\frac{-\alpha_{c,j} n_j F \eta_{s,j}}{RT}\right) \right] \tag{6.25}$$

式中，$i_{0,j}$ 是反应界面上的交换电流密度，通常该项和界面上反应物的浓度直接相关，可以表示如下：

$$i_{0,j} = i_{0,j}^{ref} f(c, c_s) = i_{0,j}^{ref} \left(\frac{c}{c^{ref}}\right)^{\gamma} \left(\frac{c_s}{c^{s,ref}}\right)^{\delta} \tag{6.26}$$

参数 $i_{0,j}^{ref}$ 是类似于化学反应速率常数的电化学速率常数。函数 f 将电解质中和电极表面的反应物浓度（分别为 c 和 c_s）与交换电流密度关联起来。式（6.26）中上标（ref）表示在参比浓度状态下。参数 γ 和 δ 为该反应物的反应级数。除了与典型的化学反应速率方程的相似部分，巴特勒-福尔默类型的反应还引入了决定电流密度的指数项局域过电压 $\eta_{s,j}$，过电压是电极表面电压（$\phi_{1,s}$）和电解质界面电压（$\phi_{2,s}$）间的差值。

$$\eta_{s,j} = \phi_{1,s} - \phi_{2,s} \tag{6.27}$$

或者，过电压项可以通过从 $\eta_{s,j}$ 中减去电极 j 的参比电压进行表述，电极 j 的参比电压是指在开路电压［式（6.24）中 E 项］状态下横穿界面的电压差。

$$\eta_j = \eta_{s,j} - E_j \tag{6.28}$$

如果在 Butler-Volmer 公式［式（6.25）］中，用式（6.28）中的 η_j 取代式（6.27）中的 $\eta_{s,j}$，式（6.26）中的浓度函数应该被修正到相应的式（6.24）中的浓度项[7]。同样地，如果反应涉及中间步骤如吸附，那么该机制的每一步动力学表达式的明确给出还需要对每一步建立相应的机制性速率表达式，并且最后的电荷转移反应的表达式通常以式（6.25）的形式给出。

（5）离子分布

式（6.24）将电子流动驱动力与电极-电解质界面处参与反应的化学物质的浓度联系起来。所有浓度项（c 和 c_s）都在反应界面处定义。很难监测电极表面的离子浓度。离子的物料平衡将溶液中主体浓度与电极表面浓度联系起来。这些物料平衡反映了离子通量随时间发生离子浓度的变化[11]。

$$\frac{\partial c_k}{\partial t} = -\nabla \cdot (N_k) + R_k \tag{6.29}$$

物料平衡中使用的通量与确定电解质电导率时使用的通量［式（6.22）］一致。R_k 项是指物质 k 的产生速率。在电极-电解质界面，离子浓度因电化学反应而发生变化，因此式（6.15）用于将参与反应的离子量与电极-电解质界面处存在的离子量联系起来。对于高浓度电解质，必须考虑离子之间的相互作用。例如，一种离子在电解质中的扩散受到电解质中存在的所有其他离子的影响。这种复杂性通常通过定义一个考虑这种相互作用的有效属性来进行处理。在这种情况下，对于离子通量，使用了以下表达式（见参考文献［11］中的 8.4.6节，其中定义了有效扩散系数）：

$$\hat{N} = c(\hat{v} + \hat{V}) + \hat{D}\,\nabla c \tag{6.30}$$

上式中，扩散系数（$\hat{D}$）等物理性质都解释为有效物理性质。必须注意，有效通量（$\hat{N}$）是电解质浓度（c）而不是某种离子的浓度（c_k）的函数。现在，速率相 $\hat{v}$ 和电解质中的有效浓度场有关，通常可以用迁移数（t_+^0）表示：

$$c\hat{v} = (1 - t_+^0)\frac{i_2}{F} \tag{6.31}$$

类似式（6.30）这样的表达式使用实际混合物测得的电解质扩散系数或电导率值，而不是组分的扩散率。

6.3 多孔电极模型

多孔电极通常用于提高电极的效率，使电解质能够进入电极内的活性材料中。通过提高活性材料对电解质离子的有效性，电荷转移反应得以优化。同时，电极内溶液相的电位降也达到最小。离子在多孔电极中的传输物料平衡与式（6.29）非常接近，浓度项是基于电解质占据电极的体积分数。因此，使用与第 6.2 节中讨论的有效属性相似的孔隙率 ε 来模拟电极中曲折路径的传输限制。例如，多孔电极内电解质的电导率根据几何效应进行如下校正[12]。

$$\kappa_{\text{eff}} = \varepsilon^b \hat{\kappa} \tag{6.32}$$

指数 b 称为曲折因子，通常是一个经验常数。有研究使用电池电极的计算机断层扫描技术直接估计了曲折因子[13]。在多孔电极中，反应分布在整个电极体积中。因此，离子通量和反应速率测量为电极体积（V）内的平均量。因此，多孔电极的物料平衡变为[16]：

$$\frac{\partial(\varepsilon c)}{\partial t} = -\nabla \cdot (\overline{N}) + \overline{R} \tag{6.33}$$

式中，$\overline{N}$ 是体积平均流量，由下式给出：

$$\overline{N} = \frac{1}{V} \int_v \hat{N} \mathrm{d}V \tag{6.34}$$

其中，$\hat{N}$ 是有效通量［根据式（6.30）］。体积平均反应速率 $\overline{R}$ 可以用类似的表达式计算。在 Butler-Volmer 公式中，电荷转移反应的电流密度全部表示为单位体积内的电流密度。对于一维情况，其表达式为：

$$j = \frac{\mathrm{d}i}{\mathrm{d}x} = i_{0,j} a \left[\exp\left(\frac{\alpha_{a,j} n_j F \eta_{s,j}}{RT}\right) - \exp\left(\frac{-\alpha_{c,j} n_j F \eta_{s,j}}{RT}\right) \right] \tag{6.35}$$

式中，a 是单位体积电极上的有效反应面积。

多孔电极中反应离子嵌入电极活性材料的过程可以通过多种方式建模。最简单的处理方法是将这种现象视为离子扩散到固溶体中。菲克定律被用来表示这个过程。电极颗粒通常使用具有等效特性的规则几何形状来表示。例如，在图 6.7 中，电极中的颗粒在模型中表示为假设的球体，这些球体的表面积与体积比与多孔电极上的实际活性材料颗粒相同。球形颗粒内的离子嵌入则由扩散方程控制：

$$\frac{\partial c_s}{\partial t} = D_s \left(\frac{\partial^2 c_s}{\partial r^2} + \frac{2}{r} \times \frac{\partial c_s}{\partial r} \right) \tag{6.36}$$

式中的下角标 s 是指固体颗粒。颗粒表面的离子浓度和界面上电解质离子浓度间的关系符合 Butler-Volmer 公式，见式（6.35）。

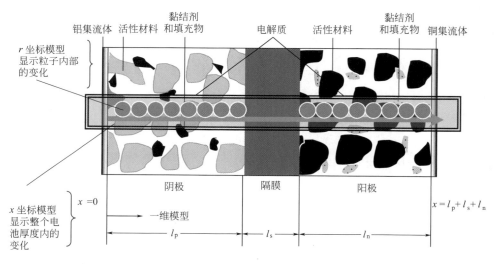

图 6.7　锂离子电池示意图
用于沿电极厚度开发一维模型

本节介绍的方程构成了电池通用机制模型的数学框架。图 6.8 展示了机制模型在电池设计中的实用性。通过改变不同的设计参数（如颗粒大小）以及材料属性（如电导率），可以进行几个概念性实验。该模型用于确定在高充电或放电速率下限制电池性能的关键因素。

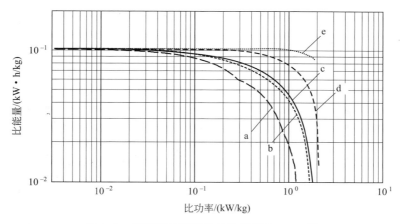

图 6.8　使用机制模型构建的模拟 Ragone 图

a—模型预测显示最初设计电池在高功率应用中提供的比能量非常低；b—提高阴极电极材料的电子导电性
（例如添加导电碳）显示出有一定的改善；c—进一步提高电子导电性对电池性能几乎没有影响；
d—通过提高阴极的固相扩散系数（如掺杂）来减少扩散限制；
e—通过将粒径减小到几纳米来消除固相内的进一步限制

6.4　电池模型应用实例研究

本节列举了上述模型在一些常见电池体系中的应用实例。

6.4.1　银钒氧化物电池的动力学模型

银钒氧化物（SVO）电池（见第 28 章）通常用作医疗设备的原电池。其阴极反应可以表示如下[14]：

$$\text{Ag}_2^+ \text{V}_4^{5+} \text{O}_{11} + (x+y)\text{Li}^+ + (x+y)\text{e}^- \longrightarrow \text{Li}_{x+y}^+ \text{Ag}_{2-x}^+ + \text{V}_{4-y}^{5+} \text{O}_{11} + x\text{Ag}^0 \tag{6.37}$$

为了便于理解，可以假定在阴极发生了以下两个电化学反应：

$$\text{Ag}_2^+ \text{V}_4^{5+} \text{O}_{11} + x\text{Li}^+ + x\text{e}^- \longrightarrow \text{Li}_x^+ \text{Ag}_{2-x}^+ \text{V}_4^{5+} \text{O}_{11} + x\text{Ag}^0 \tag{6.38}$$

$$\text{Ag}_2^+ \text{V}_4^{5+} \text{O}_{11} + y\text{Li}^+ + y\text{e}^- \longrightarrow \text{Li}_y^+ \text{Ag}_2^+ \text{V}_y^{4+} \text{V}_{4-y}^{5+} \text{O}_{11} \tag{6.39}$$

第一个反应（6.38）对应于银的还原，第二个反应（6.39）对应于钒离子的还原。化学计量数 x 从 0 变化到 2，y 从 0 变化到 4。开路电压随组成的变化如图 6.9 所示。

这种电池的简单机制模型可以忽略所有传输限制，如电解质的扩散。因为该电池的工作电流很小，传输限制不影响电池的性能。这样电池完全处在动力学控制机制。因此，式（6.29）中的物质平衡可以改写成离子通量为零的形式，反应速率等于电荷传递速率：

$$\frac{\partial \theta_j}{\partial t} = \frac{\partial (c_j / c_{\max})}{\partial t} = -\frac{aV}{n_j F c_{\max}} i_j \tag{6.40}$$

式中，下标 j 用于区分不同的反应或过程：当 j 为 s 时，它代表反应（6.38）；而当 j 为 v 时，它代表反应（6.39）。aV 项为整个电极体积（V）中发生反应的有效面积，取值为 $2.0 \times 10^4 \text{cm}^2/\text{cm}^3$；浓度的最大理论值（$c_{\max}$）为 124.35mol/cm³。反应（6.38）和反应（6.39）对应的 Butler-Volmer 方程中所需要的参数值在表 6.2 中给出。电极的总电流密度 i_2 是单个反应产生的电流密度之和，参见式（6.14）。

$$i_2 = i_s + i_v \tag{6.41}$$

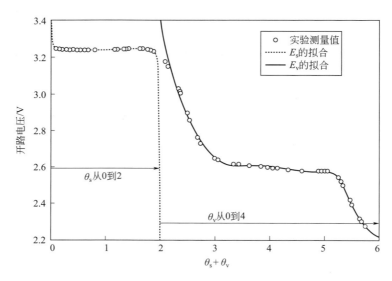

图 6.9　银钒氧化物阴极的开路电压（OCV）[14-15]
利用经验表达式将电极的 OCV 和化学计量数联系起来

表 6.2　银钒氧化物模型中的参数[14]

参数	银的还原反应	钒的还原反应
$i_{0,j}/(A/cm^2)$	$10^{-10}(2-\theta_s)^2$	10^{-8}
$\alpha_{a,j}$	0.5	0.5
$\alpha_{c,j}$	0.5	0.5
N_j	2	4
η_j/V	$E-E_s$	$E-E_v$

通过式（6.25）、式（6.40）和式（6.41）将电池电压与应用电流密度相关联。图 6.10 显示了模型预测与不同电流密度下实验数据之间的良好一致性。

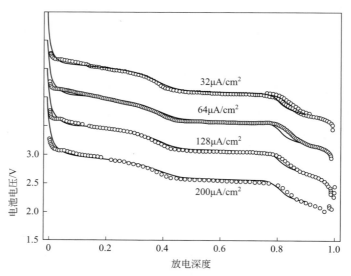

图 6.10　使用模型式（6.36）预测的不同电流密度（i_2）下的电池电压（E）
为了清晰起见，不同电流密度的曲线在 0.5V 的间距偏移

6.4.2 铅酸电池模型

Nguyen[17] 构建的铅酸电池模型中包括以下反应：

$$PbO_2 + HSO_4^- + 3H^+ + 2e^- \longrightarrow PbSO_4 + 2H_2O \qquad （正极） \qquad (6.42)$$

$$Pb + HSO_4^- \longrightarrow PbSO_4 + H^+ + 2e^- \qquad （负极） \qquad (6.43)$$

在每个电极上，物质平衡由方程（6.33）给出。反应项 R_k 由正极［方程（6.42）］和负极［方程（6.43）］上的巴特勒-沃尔默（Butler-Volmer）方程给出。此外，这些反应中形成的产物（即 $PbSO_4$）的体积远大于反应物（PbO_2 或 Pb 颗粒），这会导致电极在充放电过程中孔隙率的变化。这种孔隙率的变化通过法拉第（Fraday）定律表示如下[18]：

$$\frac{\partial \varepsilon}{\partial t} = \frac{1}{n_j F} \left[\left(\frac{M}{\rho} \right)_{产物} - \left(\frac{M}{\rho} \right)_{反应物} \right] \times \frac{\mathrm{d}i_j}{\mathrm{d}x} \qquad (6.44)$$

通过电极的总电流（从隔膜-电极界面到集流体-电极界面），包括电极基体中的电子电流和充满整个电极厚度孔内的电解质中的离子电流，参见式（6.14）：

$$i = i_1 + i_2 \qquad (6.45)$$

通过电极基体的电流（i_1）由式（6.12）给出，通过电解质的电流（i_2）由式（6.18）通过式（6.32）对电导率修正后给出。另外，浓度梯度对离子传输的影响通过迁移数进行修正。电解质相电流的最后表达式如下[19]：

$$i_2 = -\kappa_{\mathrm{eff}} \left[\nabla \varphi_2 + \frac{2RT}{F} (1 - t_+^0) \frac{\nabla c_2}{c_2} \right] \qquad (6.46)$$

图 6.11 展示了电极厚度方向上孔隙率分布的结果剖面图。由于 $PbSO_4$ 沉淀，其颗粒密度低于初始的 Pb 和 PbO_2 活性材料，因此阳极和阴极在隔膜-电极界面处的孔隙率均降低。

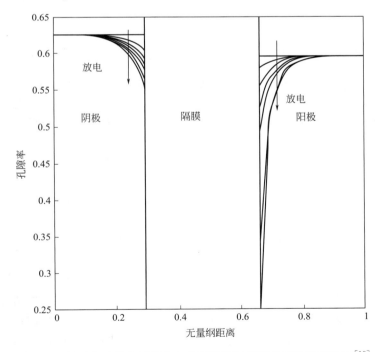

图 6.11　铅酸电池放电过程中电极厚度随时间变化的孔隙率分布[18]
由于 $PbSO_4$ 的形成，阳极与隔膜以及阴极与隔膜界面处的孔隙率均降低

由于反应物（金属铅）和产物（PbSO₄）之间的密度差异更大，负极的孔隙率降低更多。电极表面孔隙率降低的一个直接影响是，整个电极体积对电解质的接触将更加受限。因此，如图 6.12 所示，反应高度不均匀，通过靠近集流体表面的体积电流密度测得的反应速率接近于零，表明电极利用率较低。

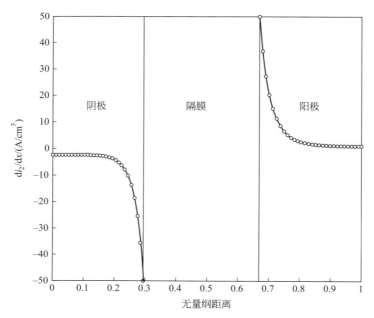

图 6.12　铅酸电池厚度方向上的反应速率分布 ［见式（6.35）］
PbSO₄ 的形成阻塞了电极表面，导致整个厚度上反应分布不均匀[18]

6.5　电池热效应模型

许多电池化学特性会受到极端温度的影响。异常温度有时会降低电池性能，但在其他情况下可能导致电池安全运行方面的隐患。可以使用能量平衡方程来模拟电池内部因电极和电解质中的焦耳热或化学/电化学反应而产生的热量向环境的传递。能量平衡方程的一般形式为[11]：

$$\frac{\partial(\rho c_p T)}{\partial t} = \nabla \cdot (\lambda \nabla T) + h \tag{6.47}$$

式中左侧表示单位体积内能量的消耗或产生速率；右侧的第一项表示根据傅里叶（Fourier）定律进行的热传导；h 指的是电池运行过程中发生的反应所产生的热量。通常，对于电化学反应，这一项可以表达为如下形式[20]：

$$h = \frac{\partial i_2}{\partial x}\left[\varphi_1 - \varphi_2 - \left(E_j - T\frac{\partial E_j}{\partial T}\right)\right] - i_1\frac{\partial\varphi_1}{\partial x} - i_2\frac{\partial\varphi_2}{\partial x} \tag{6.48}$$

该方程中的第一项代表电荷转移反应产生的热量；第二项是由于电流流经固体基体而产生的焦耳热；最后一项是电解质中电流流动产生的热量。其他更复杂的因素，如由于相变差异、混合热、辐射效应等引起的热传递，可以通过将这些现象产生的热量纳入式（6.48）来进行处理。$T\dfrac{\partial E_j}{\partial T}$ 项用于校正因温度变化而引起的开路电压（OCV）中的熵变。可以在不同温度下测量 OCV 来经验性地评估这一项。其他性质（如扩散性或导电性）随温度的变化，通常可以用阿伦尼乌斯方程（Arrhenius equation）来近似表示：

$$\Phi = \Phi_{\text{ref}} \exp\left[-\frac{E_a}{R}\left(\frac{1}{T} - \frac{1}{T_{\text{ref}}}\right)\right] \tag{6.49}$$

式中，Φ 可以代表参数 D_{eff}、κ_{eff}、D_s 等；Φ_{ref} 表示这些参数在参比温度 T_{ref} 下测得的数值；E_a 是活化能。

图 6.13 展示了锂离子电池在 3C 倍率放电过程中，不同对流冷却程度对电池性能的影响。在绝热情况下，电池温度的升高有利于提高反应速率并增强电解质中的传输，这遵循式（6.49）（同时参见 5.8 节）。模型预测，如果没有安装冷却系统，电池温度与理想等温情况的差异可能高达 45℃。其他两种情况表明，使用合适的包装材料可以实现基体的快速冷却以及电池侧壁额外的对流影响。因此，包含电池壁传热的简单模型为设计高效的冷却系统提供了重要的数据支撑，尤其是大容量电池。

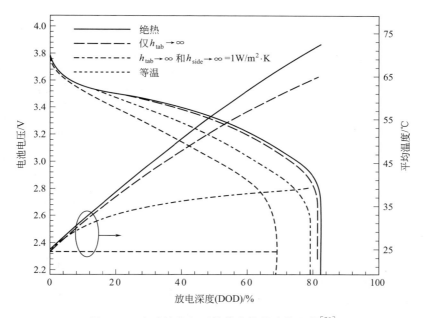

图 6.13　电池性能与环境热交换程度的比较[20]

对于 Ni-MH 电池，主要的电化学反应以及涉及氧气的反应都会导致电池内部产生热量。主要反应如下[21]：

正极电极：
$$\text{NiOOH} + \text{H}_2\text{O} + \text{e}^- \underset{\text{充电}}{\overset{\text{放电}}{\rightleftharpoons}} \text{Ni(OH)}_2 + \text{OH}^-$$

负极电极：
$$\text{MH} + \text{OH}^- \underset{\text{充电}}{\overset{\text{放电}}{\rightleftharpoons}} \text{H}_2\text{O} + \text{M} + \text{e}^- \tag{6.50}$$

此外，充电结束时一个电极的利用不足会导致氧气产生，这些氧气随后会发生反应。

$$2\text{OH}^- \longrightarrow 1/2\,\text{O}_2 + \text{H}_2\text{O} + 2\text{e}^- \quad（正极） \tag{6.51}$$
$$4\text{MH} + \text{O}_2 \longrightarrow 4\text{M} + 2\text{H}_2\text{O} \quad（负极）$$

涉及金属氢化物电极内部相变的以下类型的反应，导致 β-MH 的形成：

$$(x - y)\text{H} + \text{MH}_y \longrightarrow \text{MH}_x \tag{6.52}$$

反应式（6.52）是化学反应，因此该反应产生的热量通过反应速率和反应焓计算得到。

图 6.14 将上述反应产生的热量与焦耳热项进行了比较［方程（6.48）］。该模型模拟了以 1C 倍率充电的 Ni-MH 电池。在充电开始时，MH 产生的热量［方程（6.52）］与主要吸热反应相平衡。同时，氧气的析出反应在很大程度上不会发生。因此，方程（6.51）中的热量贡献可以忽略不计。在充电即将结束时，反应［方程（6.50）］的熔变有利于吸热。此外，过充会导致 O_2 的大量析出。因此，在充电结束时，电池内部产生的热量会急剧增加。

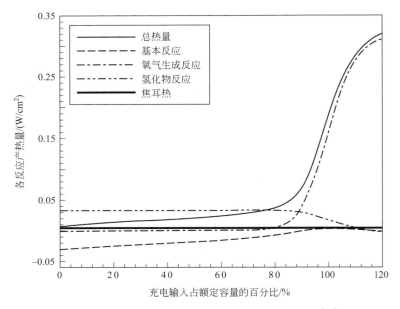

图 6.14　Ni-MH 电池中不同化学反应产生的热量[21]

6.6　衰减模型

理想情况下，电池的数学模型将预测一些电池的性能。例如，根据图 6.13 所示的结果，如果只需要有限的循环次数，在较高温度下运行的锂离子电池可能会获得更好的性能；然而，在温度较高条件下长时间循环会导致电池性能更快地下降。在开发电池的寿命模型时，了解退化机制是预测电池寿命模型的关键。例如，基于镍的锂离子电池电极会在颗粒表面产生氧化，从而导致额外的阴极阻抗。又如，基于钴的阴极由于较高电压下的相变而增加了阻抗。类似地，锰离子的溶解是 $LiMn_2O_4$ 基电极在循环时容量损失的主要因素。

确定模型中使用的参数值是使用基于物理模型进行寿命预测的另一个主要挑战。基于物理的模型比经验模型需要更多的参数。虽然许多参数是根据操作条件和初始电池组件设计来确定的，但某些参数在几个循环后的变化并不容易确定。此外，许多参数将随操作条件或电池寿命而变化。

最简单的寿命预测模型使用线性外推法：绘制电池的容量与循环次数的关系图，并通过回归获得直线的斜率和截距。对于在温和操作条件下［如较浅的放电深度（DOD）］循环的电池，在电池寿命结束前不会给电池带来压力。线性外推法在预测电池寿命终点时具有较高的置信度。该方法的最大好处是简单、易行。

根据操作条件的范围，为了成功预测电池性能，可能需要多组参数。例如，如果不同的电池在不同的放电深度下循环，则退化率会有所不同。因此，每种情况下经验拟合的参数也有不同。使用经验模型进行的一些预测如图 6.15 所示。这种方法的准确性取决于表达式使用的函数。与线性方程相比，复杂的多项式表达可以提供更好的预测。商业非线性回归软件工具也易于获得。在实践中，曲线拟合技术通常用于在已知操作场景之间进行插值，而不是超出可用实验数据进行预测。这种方法的缺点是只能通过经验进行预测，但这并不妨碍曲线拟合成为有价值的分析工具。

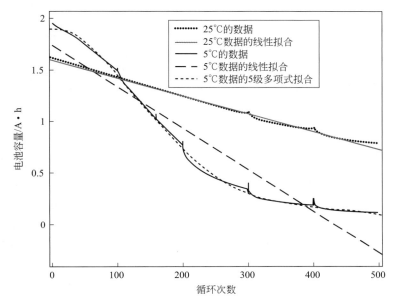

图 6.15　锂离子电池的电池容量与循环次数的数据拟合

线性方程在较温和条件下（在 25℃ 下循环）拟合数据的效果比在更严苛条件下（在 5℃ 下循环）
拟合数据的效果好；使用线性表达式对 25℃ 下数据的预测更接近实验观察结果；
对于在 5℃ 下收集的数据，需要更复杂的表达式（在此情况下，是五级多项式）[25]

另一种方法是使用类似于表 6.3 中所示的机制模型，并定期调整参数（如扩散率和交换电流密度），以使模型预测与实验观察到的性能之间能够良好地吻合[21]。这种方法通常被称为半经验建模。图 6.16 展示了锂离子电池在前 800 个循环中损失约 30% 初始容量时观察到的参数波动。

表 6.3　多孔电极嵌入反应常用公式[20]

变量	公式	书中方程式（公式）序号
固相电势（$\phi_{1,j}$）	$i_1 = -\sigma_j^{\text{eff}} \nabla \phi_{1,j}$	(6.12)
液相电势（$\phi_{2,j}$）	$i_2 = -\kappa_{\text{eff}} \left[\nabla \phi_2 + \dfrac{2RT}{F}(1-t_+^0)\dfrac{\nabla c_2}{c_2} \right]$	(6.46)
固相电流密度（i_1）	$i_{\text{tot}} = i_1 + i_2$	(6.45)
液相电流密度（i_2）	$\dfrac{\mathrm{d}i_2}{\mathrm{d}x} = i_{0,j}a \left[\exp\left(\dfrac{\alpha_{\text{a},j} n_j F \eta_{\text{s},j}}{RT}\right) - \exp\left(\dfrac{-\alpha_{\text{c},j} n_j F \eta_{\text{s},j}}{RT}\right) \right]$	(6.35)
固相浓度（c^s）	$\dfrac{\partial c_s}{\partial t} = D_s \left(\dfrac{\partial^2 c_s}{\partial r^2} + \dfrac{2}{r} \dfrac{\partial c_s}{\partial r} \right)$	(6.36)
液相浓度（c_2）	$\varepsilon \dfrac{\partial (c_2)}{\partial t} = D_{\text{eff}} \dfrac{\partial^2 c_2}{\partial x^2} + \dfrac{(1-t_+)}{F} \times \dfrac{\partial i_2}{\partial x}$	(6.29)（具体化后的公式）

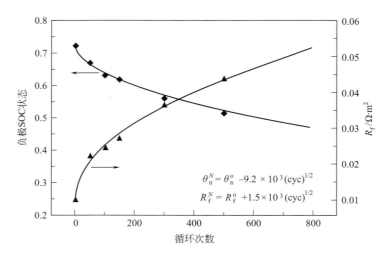

图 6.16　锂离子电池循环过程中参数的变化[22]

半经验模型中负极开始放电时的 SOC 状态（θ_n^N）和形成的负极膜电阻（R_f^N）是可调参数；
这些参数值随循环次数的变化通过拟合不同循环次数下的实验数据可以得到

　　第三种方法是建立衰减过程的机制模型。可以提出一种电化学反应，该反应在几个循环中消耗了电池的部分可用容量。例如，可以将电阻的增加模拟为由充电期间溶剂还原引起的阳极颗粒表面膜形成过程。在多次循环中，电化学反应消耗了电池的部分容量[23]。有关固态电解质界面 SEI 的信息，请参见本书 17A 部分。由于钝化（第 4 章、第 5 章）涉及 Li^+ 还原成盐的电荷转移反应，因此 Butler-Volmer 公式转变为以下形式：

$$\frac{di_{side}}{dx} = -i_{0,side}a\exp\left(\frac{\alpha_{c,side}n_{side}F\eta_{side}}{RT}\right) \tag{6.53}$$

　　膜的形成在阳极颗粒表面引入了额外的电阻，并因此降低了阳极的过电位：

$$\eta_n = \varphi_{1,s} - \varphi_{2,s} - E_n - \frac{1}{a_n}\frac{\partial i_2}{\partial x} \times \frac{\delta_{film}}{\kappa_{film}} \tag{6.54}$$

　　膜的厚度（δ_{film}）可以利用法拉第（Faraday）定律得到：

$$\frac{\partial \delta_{film}}{\partial t} = -\frac{1}{Fa_n} \times \frac{\partial i_{side}}{\partial x} \times \frac{M_{side}}{\rho_{side}} \tag{6.55}$$

　　式中，M_{side} 和 ρ_{side} 分别表示副反应产物的分子量和生成膜的密度。

　　图 6.17 显示了机制模型预测的在不同操作条件下阳极颗粒表面形成的膜厚度。该模型预测，在最初的几个循环中，膜会迅速增长，最终趋于稳定。对于较高的充电截止电压（EOCV），阳极在高还原电位下保持较长时间，因此，以较高 EOCV 循环的电池中膜的生长速率更高。在相同条件下，以较高温度循环的电池具有较低的传输限制，因此给定循环的持续时间比低温时更长。这会导致额外的充电时间，因为膜的生长取决于给电池充电所需的时间［参见式（6.55）］。在 45℃下循环的电池在前几个循环中显示出更高的膜厚度，因此容量衰减更多。然而，在大约 300 个循环后，由于温度引起的充电时间的增加被膜增长产生的额外电阻所抵消。因此，尽管 EOCV 较高，但 25℃下循环的电池损失了更多的容量。

　　这些结果表明，如果在大约 300 个循环内以相对较高的温度运行，可以将电池设定为更

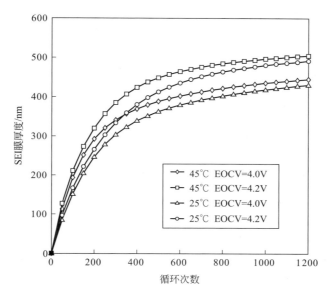

图 6.17　锂离子电池机制模型预测的固态电解质界面（SEI）
厚度与循环次数的关系

高的 EOCV（因此，可以提供更高的容量），而如果应用需要更长的循环寿命，则应采用更保守的 EOCV。一旦有了不同操作条件下的数据，就可以从经验模型中得出类似的结论，但只有机制模型才能为导致衰减的物理现象提供独特的深入见解。一旦通过独立实验确定了膜形成副反应的速率常数和膜的导电性，只要所提出的衰减机制有效，则该模型就可以用于不同场景下的电池设计。

6.7　确定正确模型

　　一个良好的数学模型应该在最终用户可用的输入参数的有限细节与模型能够提供的用以改进电池设计的洞察力之间获得平衡。机械模型的局限性在于开发和求解模型方程的过程冗长乏味，以及此类模型所需的大量参数。通常，许多参数都无法通过实验直接测量获得。另外，电路模拟模型对于电池内部发生的物理现象提供的洞察力有限。例如，在高放电率下容量下降可以模拟为图 6.3 中所示的赝电容参数 C_D 的增加。但是，这种变化是电极内离子扩散的限制造成的，还是电解质导电性随时间的降低造成的，尚无法确定。因此，基于电路模拟模型对电池设计进行改进是困难的。在这个例子中，增加电极板的孔隙率是否能解决问题，或者电解质配方是否需要改进，均不明确。

　　通常，对电解质导电性或电极孔隙率等参数的微调是在电池设计阶段进行的。因此，在这个阶段，机制模型是非常宝贵的。在所有情况下，在采用模拟得出结论之前，必须仔细探讨数学模型背后的假设。

　　符号表

　　a 比表面积（m^2/m^3）

　　A 电极面积（m^2）

　　A_c 横截面积（m^2）

c_k 离子 k 的浓度（mol/m^3）

c_2 电解质的平均浓度（mol/m^3）

c_s 离子在电极中的平均浓度（mol/m^3）

c_p 比热容［$J/(kg \cdot K)$］

C_D 双电层电容（F）

D 离子在电解质中的扩散系数（m^2/s）

D_s 离子在电极中的扩散系数（m^2/s）

E_a 活化能（J/mol）

$E^\ominus$ 电极平衡电势（V）

F 法拉第常数（964875C/mol）

G 吉布斯自由能（J/mol）

h 单位体积热生成速率（W/m^3）

ΔH 产热量（J）

i 电流密度（A/m^2）

$i_{0,j}$ 交换电流密度（A/m^2）

I 电流（A）

j 体积电流密度（A/m^3）

L 长度（m）

M 摩尔质量（kg/mol）

n 转移电子数

N 通量［$mol/(m^2 \cdot s)$］

$\overline{N}$ 体积平均通量［$mol/(m^3 \cdot s)$］

$\hat{N}$ 离子有效通量［$mol/(m^2 \cdot s)$］

q 电量（C）

Q 电池容量（$A \cdot h$）

Q_0 电池初始容量（$A \cdot h$）

R 电池欧姆电阻（Ω）

R_{ct} 电荷转移电阻（Ω）

R_k 离子 k 的反应速率［$mol/(m^3 \cdot s)$］

$\overline{R}$ 体积平均反应速率［$mol/(m^3 \cdot s)$］

R 气体常数［$8.314J/(mol \cdot K)$］

t 时间（s）

t_+^0 迁移数

T 温度（K）

u 离子迁移率［$cm^2 \cdot mol/(J \cdot s)$］

v 对流速率（m/s）

V 电极体积（m^3）

V 电池电压（V）

V_0 电池开路电压（OCV，V）

x 空白变量（m）

z 离子电荷数

希腊符号

α 传递系数

δ_{film} 固态电解质界面（SEI）的厚度（m）

ε 孔隙率

κ 电解质离子电导率（S/cm）

λ 热导率（W/K）

η 过电势（V）

φ 电势（V）

ρ 密度（kg/m^3）

σ 电极电导率（S/cm）

τ 时间常数（s^{-1}）

θ 无量纲浓度

上标和下标

c 集流体

eff 有效

n 负极

p 正极

ref 参比状态

side 副反应

0 初始或标准状态

1 电极基体

2 电解质

s 固相

^ 参数的有效值

缩写

CAD 计算机辅助设计

DOD 放电深度

MCMB 中间相炭微球

SEI 固态电解质界面

SOC 电池荷电状态

参考文献

1. W. Peukert, Über die Abhängigkeit der Kapacität von der Entladestromstärcke bei Bleiakkumulatoren. *Elektrotechnische Zeitschrift* **20** (1897).

2. A. Lasia, *Electrochemical Impedance Spectroscopy and Its Applications*, Springer Science, New York, 2014.

3. R. De Levie, "Response of Porous and Rough Electrodes," in P. Delahay, C. W. Tobias (eds.), *Advances in Electrochemistry and Electrochemical Engineering*, Vol. 6, John Wiley & Sons, New York, 1971.

4. M. W. Verbrugge, R. S. Conell, "Electrochemical and Thermal Characterization of Battery Modules Commensurate with Electric Vehicle Integration," *J. Electrochem. Soc.* **149**(1):A45–A53 (2002).

5. A. Pesaran, Progress of the Computer-Aided Engineering of Electric Drive Vehicle Batteries (CAEBAT), Presented at the 2013 U.S. DOE Vehicle Technologies Office Annual Merit Review and Peer Evaluation Meeting, Arlington, VA, May 14, 2013. NREL Report No. PR-5400-58202.

6. M. Verbrugge, "Adaptive Characterization and Modeling of Electrochemical Energy Storage Devices for Hybrid Electric Vehicle Applications," in M. Schlesinger (ed.), *Modern Aspects of Electrochemistry*, Vol. 43, Springer-Verlag, New York, pp. 417–524, 2009.

7. J. Newman, K. E. Thomas-Alyea, *Electrochemical Systems*, 3rd ed., John Wiley & Sons, Hoboken, NJ, 2004.

8. C. Lin, R. E. White, H. J. Ploehn, "Modeling the Effects of Ion Association on Alternating Current Impedance of Solid Polymer Electrolytes," *J. Electrochem. Soc.* **149**(7):E242–E251 (2002).

9. D. McQuarrie, J. D. Simon, *Molecular Thermodynamics*, University Science Books, Sausalito, CA, 1999.

10. T. Ohzuku, A. Ueda, "Phenomenological Expression of Solid-State Redox Potentials of $LiCoO_2$, $LiCo_{1/2}Ni_{1/2}O_2$ and $LiNiO_2$ Insertion Electrodes," *J. Electrochem. Soc.* **144**(8):2780–2785 (1997).

11. Slattery, J. C., *Advanced Transport Phenomena*, Cambridge University Press, New York, 1999.

12. S. Whitaker, "Diffusion and Dispersion in Porous Media," *AIChE J.* **13**(3):420–427 (1967).

13. B. Tjaden, D. J. L. Brett, P. R. Shearing, "Tortuosity in Electrochemical Devices: A Review of Calculation Approaches," *International Materials Reviews* (2016), http://dx.doi.org/10.1080/09506608.2016.1249995.

14. P. M. Gomadam, D. R. Merritt, E. R. Scott, C. L. Schmidt, P. M. Skarstad, J. W. Weidner, "Modeling Li/CF$_x$-SVO Hybrid-Cathode Batteries," *J. Electrochem. Soc.* **154**(11):A1058–A1064 (2007).

15. A. M. Crespi, P. M. Skarstad, H. W. Zandbergen, "Characterization of Silver Vanadium Oxide Cathode Material by High-Resolution Electron Microscopy," *J. Power Sources* **54**(1):68–71 (1995).

16. J. Newman, W. Tiedemann, "Porous-Electrode Theory with Battery Applications," *AIChE J.* **21**(1):25–41 (1975).

17. T. V. Nguyen, *Modeling and Characterization of a Lead-Acid Cell*, Ph.D. Dissertation, Texas A & M University, College Station, TX, 1988.

18. T. V. Nguyen, R. E. White, H. Gu, "The Effects of Separator Design on the Discharge Performance of a Starved Lead-Acid Cell," *J. Electrochem. Soc.* **137**(10):2998–3004 (1990).

19. K. E. Thomas, R. M. Darling, J. Newman, "Mathematical Modeling of Lithium Batteries," in W. A. van Schalkwijk, B. Scrosati (eds.), *Advances in Lithium-Ion Batteries*, Kluwer Academic/Plenum Publishers, New York, pp. 345–392, 2002.

20. W. Gu, C. Y. Wang, "Thermal and Electrochemical Coupled Modeling of a Lithium-Ion Cell in Lithium Batteries," in *Proceedings of the Electrochemical Society*, Vol. 99–25(1), Plenum Publishers, Pennington, NJ, pp. 748–762, 2000.

21. C. Y. Wang, W. B. Gu, B. Y. Liaw, "Thermal-Electrochemical Modeling of Battery Systems," *J. Electrochem. Soc.* **147**(8):2910–2922 (2000).

22. P. Ramadass, B. Haran, R. White, B. N. Popov, "Mathematical Modeling of the Capacity Fade of Li-Ion Cells," *J. Power Sources* **123**(2):230–240 (2003).

23. P. Ramadass, B. Haran, P. M. Gomadam, R. White, B. N. Popov, "Development of First Principles Capacity Fade Model for Li-Ion Cells," *J. Electrochem. Soc.* **151**(2):A196–A203 (2004).

24. Q. Zhang, R. E. White, "Capacity Fade Analysis of a Lithium-Ion Cell," *J. Power Sources* **179**:793–298 (2008).

25. S. Santhanagopalan, J. Stockel, R. E. White, "Life Prediction for Lithium-Ion Batteries," in J. Garche, C. Dyer, P. Moseley, Z. Ogumi, D. Rand, B. Scrosati (eds.), *Encyclopedia of Electrochemical Power Sources*, Vol. 5, Elsevier Publications, Amsterdam, pp. 418–437, 2009.

第三部分
电池产品概述

第7章

电池系统设计
Daniel D. Friel

7.1　概述

　　正确的电池组设计对于保证电子设备和仪器的性能、可靠性和安全运行至关重要。如果采取适当的预防措施，可以避免许多电池问题。具体来说，电池设计者必须考虑电池组本身的设计、与电池监控、保护设备或电子设备的接口以及电池组在电池供电设备中的集成。

　　本章旨在说明如何将一组电化学电池（通常是可充电镍基或锂基电池）正确构建电池组的方法。将简要讨论使用独立电池单体（通常是碱性或锂基电池）设备的设计注意事项，将从便携式、手持式到可运输设备讨论大型车辆和固定电池应用的主要考虑因素。

　　电池组中一组电池的性能可能不同于单个电池的性能，这取决于多种因素。制造商提供的规格仅应作为指南使用。最终组装必须通过全面测试，以确定电池组中串联/并联配置的多单元电池的性能。

7.2　电池系统组成

　　将一组电化学电池组装为电池组包括以下步骤：
　　① 电池间连接（串联和并联连接）；
　　② 电池的物理约束或封装（不应抑制排气阀的激活）；
　　③ 外壳设计和材料（部分电池组可选）；
　　④ 接线端子和接触材料。
　　图7.1给出了一个典型的电池组设计。

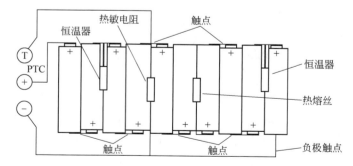

图7.1　电池组中保护装置、单体和触点的位置示意

7.2.1　单体-单体连接

电池连接的最差方法是使用压力触点。虽然这种技术用于一些廉价的消费电池产品，但在需要高可靠性的地方，它可能是造成电池故障的原因。这种类型的连接在接触点处容易腐蚀。此外，在冲击和振动下，可能会导致接触间歇性丧失。

在大多数电池系统中，电池间连接的首选方法是使用导电片（即金属条）进行焊接。每个连接点至少应进行两次焊接。必须注意确保焊接正确，不要烧穿电池容器。过高的焊接温度可能损坏电池内部组件。焊接测试是通过将焊接部分拉开后进行的。焊接接头在基材撕裂时必须保持结构的完整性。对于标签（或连接条、极耳），作为经验法则，焊接直径应为其厚度的 $3 \sim 4$ 倍。例如，0.125mm 厚的连接条应具有 $0.375 \sim 0.5$mm 的撕裂直径。图 7.2 给出了不良焊接实例。

图 7.2　可能导致电池失效的不良焊接

大多数应用的极耳材料都是镍基材料，因为镍的耐腐蚀性及其易于焊接的特性能够形成可靠的永久连接。极耳材料的电阻必须与应用相匹配，以最小化电压损失：镀镍钢材的电阻比同等尺寸的纯镍高 50%，且成本较低。但是，尽管这种电阻在电路中可能意义不大，但在设计中必须考虑这种差异。

对于具有高放电电流的应用，如电动工具或电动汽车，可能不使用正常的内部电池保护设备，如正温度系数（PTC）过流设备。为了防止电池短路或其他潜在的破坏性电池故障，特别是在大量并联的电池组中，极耳互连可以设计成具有高电阻，在短路时由于加热而内部熔化，从而起到熔断器的作用。

极耳连接片也必须保持清洁和平直，但可能需要一些灵活性以避免对焊接点造成机械应力。应防止极耳边缘切入电池，特别是在高冲击或振动端应用中。

7.2.2　单体电池的物理结构和封装

一些应用可能要求电池内部的电池单元刚性地固定在其位置上以满足在冲击、振动等方面的要求。电池封装可以采用塑料支架、环氧树脂、泡沫或其他合适的材料来进行。电池组中包含的电子电路板可以采用类似的方法固定。建议使用局部涂层保护电路免受电池泄漏或排气的影响，因为这可能导致电路元件短路。

保持电池单元静止的首选方法是仔细设计外壳，而不是使用通常耗时且难以控制的封装密封材料。塑料为最佳解决方案提供了更多选择。

在任何情况下，都必须注意防止封装和材料阻塞电池单元的排气机构。一种技术是将电池排气口朝向同一方向，并将电池封装到低于排气口的位置。封装材料不能妨碍电池或者其他热管理装置周围的散热通道。可以使用能改善电池散热的新材料，例如相变材料（PC-Ms）。图 7.3 展示了失败的封装实例，因为电池的排气端完全被阻塞。

图 7.3　失败的封装实例

7.2.3　电池外壳设计和材料

电池壳体的设计和材料应注意下述内容：

① 材料必须与所选的电池化学体系性质相兼容。例如，铝会与碱性电解质发生反应，必须在可能发生电池排气的地方进行保护。

② 材料还应与设备的最终使用环境相兼容。某些医疗用清洗消毒剂化学成分会导致塑料降解或削弱其性能。

③ 可能需要阻燃材料以满足最终使用要求。联合国（UN）、美国安全检测实验室（UL）、加拿大标准协会（CSA）和其他机构可能要求进行测试以确保符合安全标准。

④ 电池组必须有足够的空间来允许单体电池泄放气体。密封电池要采用泄压阀或通气结构。电池壳的大小必须考虑电池使用过程中的膨胀。锂离子聚合物电池包或电池袋在电池使用过程中可能膨胀，因此需要增加电池壳的尺寸以满足膨胀要求。

⑤ 设计必须提供有效的散热，以限制使用过程中特别是充电过程中的温升。应避免高温，因为高温会增加自放电，可能导致电池排气，并且通常对电池寿命有害。电池组中的温度梯度也可能导致电池性能的降低和影响安全。在设计时需要考虑单体电池的间隔，以避免热失控影响到周围电池单体。在较大的电池组设计中，对阻断电池热蔓延的要求越来越普遍[2]。

图 7.4 对比了带电池外壳和不带电池外壳的电池组之间的温度分布情况。

7.2.4　极柱和连接材料

插入式电池与设备之间的接口设计必须考虑以下因素：

① 端子材料必须与电池和使用环境兼容。应选择耐腐蚀的材料，如固体镍或其他金属。

② 端子触点提供的法向力必须足够大，以便在设备跌落时仍能将电池固定到位，并防止电气退化和由此产生的不稳定性。

③ 触点必须能够抵抗永久变形。这里指的是触点在多次插入电池后抵抗永久变形的能力。应尽量减小端子接触电阻。接触材料的电阻导致的高电流下的温升必须受到限制。过度的温升可能导致应力松弛和接触压力的损失，以及由于接触电阻增大而导致氧化膜的产生。

④ 减小接触电阻的一种常见方法是在电池插入到位时，让设备触点在电池触点上产生摩擦作用。

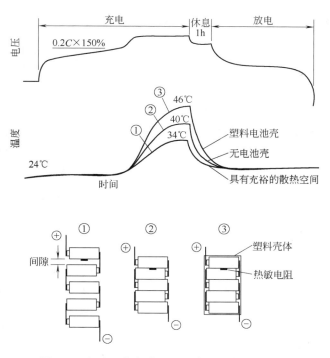

图 7.4　电池组在充放电过程中的温度响应特性
注意电池的内部温度可能高于测量的电池表面温度，会加剧电池损伤

⑤ 选择涂层时应满足基体材料无法满足的要求，如导电性、耐磨性和耐腐蚀性。由于金能够满足大多数要求，因此是一种理想的涂层材料，但也可以使用其他材料。

图 7.5 展示了具有摩擦作用的接收槽的典型电池连接器。

7.3　充电、监测、控制

自 20 世纪 90 年代中期可充电锂电池问世以来，最初用于安全和充电控制的电子产品大大扩展，如今为电池、最终使用设备和整个系统（包括充电器）提供了多种"智能"功能。这些功能优化了电池组的性能，控制充电和放电，增强了安全性，并向用户提供了有关电池状况和"健康"状态的信息。电子产品的持续小型化使锂离子电池系统中可以包含更多的模拟测量和数字处理能力，这些系统可以集成于电池组、充电器或电池使用设备中。自问世以来，这种智能电池电子设备变得更复杂、集成度更高、更精确且成本更低。

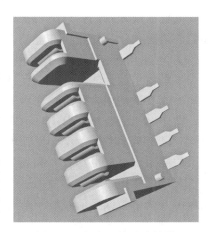

图 7.5　电池组端子连接器
设计实例（AMP 连接器）[13]

虽然非锂离子电池系统不需要同样的安全电子设备，但其中大多数仍然使用充电控制电子设备，这通常是因为镍基可充电电池需要独特的充电终止技术。

尽管通常被统称为"智能电池"，但电池系统的智能程度各不相同。具体实例包括符合一系列互操作性规范的智能电池系统（SBS）和系统管理总线（SMBus）产品[4-5]。

各种尺寸的电池都可以采用电子控制来提高性能、安全性和可靠性。近年来，由于一些引人注目的安全事故，可充电电池组正确设计和使用的指南不断增加[6]。这些指导建议对于具有特定安全要求的手机[7]、平板电脑、便携式计算机[8]、电动汽车以及储能系统用电池，要求采用全使用过程的电子监控。"自平衡摩托车"（滑板车）类可移动便携用电设备，甚至已经有了相关的美国安全检测实验室公司（UL）指南[10]。

电池系统内的电子电路功能既可以只具有简单的防止或降低滥用的保护功能，也可以扩展到具有持久测量、计算、通信功能，为主机或终端用电设备提供必要的保护、监控和通信功能。在便携式计算机和手机等使用锂二次电池的设备中一般都含有这种电子控制电路，现在更复杂的电子控制电路也已经普遍应用于混合动力车、储能系统和电动高尔夫车中[11]。

7.3.1 特色和优势

以下讨论将高级电子设备嵌入电池组、主机设备系统或充电器中的一些特性和优势。

① 充电控制。电池电子设备可以在充电过程中监控电池，并协助控制充电速率和充电终止方法，使用时间、最大电压、电压差（微分）、温差（微分）和温度变化率等参数用于切断充电、切换到较低的充电速率或另一种充电方法。

可以控制恒定电流-恒定电压混合充电，并且可以将脉冲充电、"反射"充电（充电过程中的短暂周期性放电脉冲）或其他适当的控制功能（如低容量水平或低温时以较低的充电速率对电池进行预充电）整合到电子设备中。最后，还可以针对特定最终产品要求定制过流和过压条件下的充电保护。

② 放电控制。放电控制用于调节放电速率、寿命、终止切断电压（防止过放电）和电池均衡（平衡），并协助进行热管理。

在放电过程中，可以监控单个电池以及整个电池组的电压或温度，并采取直接措施来改变放电电流或通知主机设备终止或减慢放电。还可以监控整个电池组的电流，以检测过电流和短路情况，从而防止损坏电池单元。

③ 电池均衡。电池均衡可用于通过保持所有串联电池元件在电压或容量上的相互平衡来改善电池组的性能。因此，保持电池平衡可增加电池组的可用容量并改善循环寿命。

电池不平衡通常是多电池串联电池组寿命不佳的原因，通常是大于 4 个串联电池的电池组。即使电池组组装时单个电池匹配良好，由于容量、自放电率等方面的微小差异，电池也会随时间出现偏差。大型多电池电池组中的温度梯度也会改变偏差率。因此，在具有大量电池组的应用中，如电动汽车和混合动力汽车，通常需要电池平衡或均衡。

一些化学体系更容易使用过充电技术来重新获得平衡，而大多数锂可充电化学体系则需要采用旁路平衡或电荷转移平衡等替代方法[3]。

④ 通信。根据要求，可以通过简单和复杂的方法将电池信息传输给最终用户或主机设备。基本测量数据，如电压、温度和电流，可以传输到主机设备，用于充电或放电控制或计算电池荷电状态（SOC）、健康状态（SOH）或功能状态（SOF）。如果电池系统中包含计算电路板，可以把更多的计算信息传递到用户或主机设备中。

电池 SOC 之类的信息可通过放电速率和时间、温度、自放电、电池阻抗、历史记录、充电速率和充电持续时间等变量来估计剩余电池容量。SOC、剩余容量或运行时间可以通过一系列 LED 或 LCD 显示屏在电池组上实时显示。

详细数据也可以通过标准通信链路，如 Inter-Integrated Circuit（I2C）总线或衍生 SM-Bus 直接传输到主机设备。这种通信提供的信息比通过本地方法显示的信息要多得多，并且经常被最终设备以更详细的图形形式显示，例如笔记本电脑的主屏幕。另外，也可以使用单线数据通信（DQ-bus、HDQ 或其他）或基于简单级别的模拟阈值信号来传递电池正在正常运行范围之外工作，并且充电器或主机最终使用设备应采取外部操作。对于更大的系统，可以使用更强大和更远距离的通信方式，如 CAN Bus（J1939）、RS-485 或其他通信协议和物理层传输。

⑤ 历史信息。收集整个电池寿命期间的电池数据可以用来研究电池的最佳工作制度。电池最初信息（制造信息、化学体系、构造）、电池历史信息、循环数据等信息可以提供电池使用过程的总体状况。

最高温度、温度-时间、电压-时间等类似的数据可以用于判断电池的老化状态。如果发生电池失效，这些数据也可以保留下来以便对保修或退货进行正确的评估和分析。

⑥ 定制。电子技术的不断进步使得监测电子设备可以根据电池的化学性质以及电池制造商和主机终端设备的特定要求进行定制。这提高了电池组的准确性、安全性和可靠性，以及使用电池的设备的性能。

如今"智能"电池电子设备范围广泛，从具有有限通信功能的简单保护电路到复杂的集成电路，这些电路提供保护、计量、平衡、充电控制、历史记录和自适应算法，以补偿电池老化带来的问题。随着电池系统尺寸的增大，此类智能电子设备也扩展到监测和控制更大规模的串联和并联连接电池组。

定制以及现成的智能电池管理电子设备很容易从半导体公司（如 Analog Devices、Maxim Integrated Products 和 Texas Instruments）获得[12]。

7.3.2　电池电子电路的功能要求

在设计包含电子设备的电池时，需要考虑以下几个要素。

（1）监测与测量

电池组电子设备可以直接测量多个参数，以提供有关电池组件的基本信息。这些参数包括单体电池的电压和整个电池组的总电压、电池组的电流、单体或电池组的温度以及时间。还可以测量影响电池组的其他参数，例如热控制系统中的冷却液温度或进气温度、连接前的外部充电器电压、通信总线电压等。一些被归类为测量的参数可通过多个输入计算得出，也用于或被归类为测量。

"测量"与"监测"之间的主要区别在于电压、电流、温度或时间参数的分辨率以及进行这些操作的频率。"测量"通常涉及将参数值转换为数字表示；而"监测"可能不涉及从模拟到数字的转换，而只是将参数与简单的阈值进行模拟比较。能耗计量和类似的高级功能，通常需要进行数字处理的"测量"，而基本的安全保护功能可能只需要简单"监测"来了解何时某个参数超过限制。总之，"测量"将给出如单体电池电压的精确值；但"监测"单体电池电压时，可能仅在单体电池电压超出设定窗口或范围时才提供参数值。

测量的准确性应符合化学特性和预期应用的要求：精确的能耗计量和充电控制通常需要准确的测量，而在防止滥用的情况下可能对监测要求不太严格。对于高可靠性的剩余容量和运行时间的电量测量，重要的是这些测量应尽可能准确，以便为控制算法和预测功能提供最佳数据。

当不需要精确测量时，只有当监测值（单体电池电压、电池组电流）超过预设阈值时，才会产生信号。在保护电池免受超出预期范围的操作时，基于简单比较的监测通常就足够了。

电压测量可能至关重要，因为充电控制和终止取决于电池电压，对于某些化学特性，电池电压在单体电池级别应准确到 25 mV 或更高。不准确的测量可能导致充电不足或过度充电，从而导致电池使用寿命缩短或损坏。对于锂充电电池，过度充电可能是一个安全隐患。同样，在放电时，过早终止放电会导致运行时间缩短，而过度放电可能会导致电池损坏。

电流测量中的错误不仅影响容量和 SOC 状态的计算，还影响充电和放电的终止，因为终止电压可能因电流而异，特别是在高电流设备（如电动工具）应用中。使这一测量变得复杂的原因是，放电期间的电流不是恒定值；通常存在多种设备电源模式和高电流脉冲，短至毫秒级。

当电压和电流测量同步时，某些测量的组合可以提供额外的信息，例如电池的直流电阻或阻抗。

温度是另一个重要参数，因为电池的性能高度依赖于温度，暴露在高温下可能会对电池造成不可逆的损坏。电池组内不同电池的温度差异会导致电池失衡，从而限制电池寿命。

关键点在于选择符合应用要求的监测电子设备。用于电动工具的镍电池组可能只需要监测电池组的温度和电压，而使用可充电锂离子电池的应用可能需要监测单体电池的电压和温度。

（2）算法

电池组具备计算能力，可以使系统适应环境或使用条件，从而更安全地运行并提高性能。所需的计算水平可以从预定义的逻辑状态机制到更灵活的处理器，后者在调整时可以考虑更多变量。计算也可能在其他地方进行，例如在设备本身当中，这在大多数现代手机和平板电脑中很常见，这些设备的电池组是不可拆卸的。（以前，这些设备的电池组是可拆卸和可更换的。）

例如，通常与充电锂电池化学体系一起使用的预充电功能。当电池电压或温度低于预设阈值时，启用一个单独的充电路径来减小充电电流，直到温度或电池电压升高到预设阈值以上。或者，可以根据测量值计算适当的充电电流，然后将其传输给充电系统。基于温度的充电也经常使用类似的功能，无论高低。请注意，充电控制装置的位置取决于应用，它可能集成在小型电池设备的电池中。但对于大型电池系统，它可能以大型"接触式"继电器的形式集成于设备外部。

为了准确测量电量以反映电池的 SOC（荷电状态）、功率状态（电池提供高放电电流的能力）、SOH（电池健康状态）或 SOF（电池功能状态），可能需要更复杂的计算。尽管通过监测电池的开路电压，一些化学体系特性可以提供相对有用的电量测量信息，但大多数充电锂电池化学体系需要更复杂的方法。

计算测量数据时可通过使用简单或复杂的算法将测量数据进行转换，这取决于主机设备应用的要求和电池化学特性。为了确定电池的性能，需要预先了解电池特性，例如不同放电负载和温度下的容量、充电接受度、自放电等。早期的电池电子系统使用简单的线性模型来描述这些参数，从而严重限制了预测电池性能的准确性。正如本手册中各个章节所述，电池性能通常为非线性。例如，自放电是一种复杂的关系，受温度、时间、SOC 和其他因素的影响。此外，相同化学特性的电池的性能会因设计、尺寸、制造商、年代等因素而异。一个好的算法应考虑这些关系，并有助于确保系统运行安全、可靠。

计算算法还可以用于通过各种参数（如电池阻抗以及电压、电流和温度测量值）来最大化电池组在实际使用中的性能。要使电池在其性能极限下运行，不仅需要精确的测量，还需要在各种使用条件下对电池特性和性能进行预测的模型。在高功率负载下，实时执行这些测量和计算的处理器可以使从电池组中的电池获得的性能最大化。高端电动工具和混合动力汽车及电动汽车经常使用这种复杂的计算。

对于混合动力汽车，功率状态计算对车辆控制器来说非常有价值：电池是否能支持足够长时间的高功率负载，直到内燃机可以重新启动？如果不能，那么发动机可能不会在电池达到更高功率状态能力之前停止。

与监测和测量一样，将计算要求与电池化学特性和最终应用需求正确匹配对于高性能、低成本和可靠的设计至关重要。

（3）通信系统和协议

通信是从复杂的通信总线上的详细测量或计算数据，或一条单独的"通过/不通过"信号，表示电池组正在预设限制之外运行。

多年来，电池组一直使用单条接口线通过线上的电压来表示电池的温度。该电压是电池组温度的表示，具有负温度系数（NTC）热敏电阻。电池组中的 NTC 温度传感设备的电阻由外部监控，通常由充电器监控。低电阻代表高温，反之亦然。镍基化学体系经常通过这种信号方法检测充电是否结束，方法是检测温度上升速率的变化。对于在充满电时不表现出任何温度变化的化学体系，仍然可以采用这种方法。例如，早期的一种简单锂离子电池组的技术就是简单地模仿"热"电池组的温度，向充电器发出停止充电的信号。

当电池、充电器和主机设备之间需要传递更多信息时，经常使用数字接口，如 I2C、SPI、DQ/HDQ、1-Wire、SMBus 或类似协议。这些都是标准化的数据通信接口，具有低功耗特性，非常适合电池应用。这些电气和数据协议在电池组、充电器和终端设备中都有许多预先包装好的部件可用。汽车和大型储能电池系统可能会使用本地互联网络（LIN）或控制器局域网（CAN）总线接口以增加鲁棒性。

在电池和充电器之间，通信的信息可能包括所需的充电条件，例如最大充电电流、最大充电电压，以及可能与最高充电持续温度分开设置的最高温度以启动充电。如前面在预充电实例中所述，还可以传输与电池组在充电开始前的特定条件相关的其他充电监控信息。

从电池到终端设备主机设备的信息可用于最大化设备的运行时间，同时防止滥用放电条件。在笔记本电脑中，随着电池 SOC 的降低，计算机系统采用了各种电源管理技术。高电流负载（如电机的启动电流）可以短暂延迟，同时笔记本电脑在其他地方可以减少负载，还可以暂时调暗屏幕背光或关闭其他部分。屏幕和背光超时也通常根据电池状态进行更改。先进的智能电池可以向最终用户提供信息，以便可以轻松确定此类决策。

电池管理系统可以传输类似于能耗表等可以代表设备运行时间的参数，而不是直接显示电池的 SOC 百分比。类似的应用程序特定信息也可以为最终设备带来更多意义，并提供更友好的用户体验。智能电池可以提供充电和放电期间剩余的时间、使用周期数以及剩余的大致使用寿命等信息。

对于某些设备，数据连接的可靠性非常重要，既要保证数据传输的准确性，也要防止非法存取。目前许多电池系统至少在通信协议中使用误差探测和纠正，在其他终端设备或充电器中，设有密码或口令以防止电池系统的非法使用。

7.3.3 智能电池系统（SBS）[4]

1995年，领先的电池供应商、笔记本电脑制造商和半导体制造商创建了正式的电子电池管理系统，以标准化电池组、充电器和笔记本电脑之间的电气接口。这种SBS（也称为SMBus系统）已被笔记本电脑制造商和其他便携式设备制造商广泛用于许多工业和通用电池系统。电池组的物理形状因素没有实现标准化（尽管存在一些标准尺寸，如DR202）。标准化仅针对通信接口。

SMBus在Philips（飞利浦）公司开发的I2C规范的基础上定义了额外的协议和电气要求。这些协议包括错误检测机制、最小电压水平以及类似的定时和电源要求。典型的便携式电池系统使用SMBus V1.1，而固定的非电池系统也可能使用SMBus V2.0用于其他设备，如典型笔记本电脑中的背光控制器。

SBS还包括主机设备（如笔记本电脑）、智能电池和智能充电器之间的数据内容和传输规范。智能电池数据规范和智能电池充电器规范详细说明了每个设备的交互和数据要求。SBS智能电池可提供多达34个数据值，包括测量值和计算值，这些值可以被主机设备或充电器利用，以提高电池性能和系统电源管理。类似地，SBS平台可以利用三级智能充电器。

大多数小型、复杂的消费类电池设备都利用SBS标准，以实现多家电池供应商和化学互换性（一般在锂离子电池体系内选择）。

智能电池接口的目标是为电源管理和充电控制提供足够的信息，而不管特定电池的化学性质如何。智能电池由一组电池或单电池组成，并配备专用硬件，向主机提供当前状态、计算和预测信息。如果电池不可从设备中取出，则电子设备不必集成于智能电池内部。

许多半导体公司，如Maxim Integrated Products和Texas Instruments，都提供符合各种SBS标准的电池监控器、充电器或主机控制器产品，以实现轻松交互。大多数产品已将数据集扩展到34个核心值以上，可以提供高级功能和定制功能。

7.4 电气故障及安全性

电池是能量来源，如果使用得当，将以安全的方式提供能量。但是，如果滥用电池，可能会导致排气、破裂甚至爆炸。电池组的设计应包括可以防止或至少最小化这种问题的保护装置和其他功能装置。电池失效的一些最常见原因如下：电池组短路；超高倍率放电或充电；超过推荐电压范围的过充或者过放（也包括电压反转，或将电池放电至0V以下）；串联电池间不均衡（可能导致电池过充或过放）；不正确的充电控制。这些情况可能导致电池内部升温和随后内部压力增加，从而导致排气装置激活及电池破裂或爆炸。

尽管电池内部短路也可能导致故障，但这种情况很少见。电池内部短路可能是由于在制造过程中不小心将杂质引入了电池。有许多方法可以最小化这些发生的可能性。将单个电池不当地组装成电池组，也可能会发生其他故障。例如，电池连接片焊接不良、之间缺乏适当的绝缘以及外壳组装不当都可能导致潜在的电池故障。

使用高质量的单个电池并不能保证电池组的安全组装。必须仔细考虑所有因素，包括电池组的机械组装、内部保护装置或电子设备、触点、监控组件和电池组外壳。

7.4.1　电池组短路

　　当电池通过外部端子短路时，化学能会在电池内部转化为热能。为了防止短路，电池的正负端子应该进行物理隔离。有效的电池设计应包含以下内容：

　　① 电池端子应设置在外部壳体内凹处。

　　② 如果使用连接器，电池应包含母连接件。连接器还应具有极性，仅允许正确插入（见图7.5）。该图说明了多点连接器用于接受刀片式连接以提供电池电源信号和其他信号（如果使用）。这种连接器通常被模制到电池外壳中。

　　即使具有内凹端子，在发生短路时也有必要设置某种电路中断手段。有许多设备可以执行此功能，主要包括：

　　① 保险丝或断路器。

　　② 恒温器设计。当温度或电流达到预定上限时，应设计用于断开电池电路的恒温器。

　　③ PTC（正温度系数）设备，在正常电流和温度下，其电阻值非常低。当这种设备或电池温度上升导致过大电流通过时，电阻值会成倍增加，从而限制电流。这种设备由电池制造商内置于某些电池中。当使用具有内部保护的电池时，建议使用外部PTC，以适应电池应用的电流和电压水平。请注意，PTC设备无法阻止单体电池或模组在短路状态下完全放电。持续短路的电池或电池组仍会通过PTC放电，但放电速度较慢。

　　④ 电子保护方法监测高电流（短路）条件，并使用金属氧化物半导体场效应晶体管（MOSFET）开关中断电路。

　　上述保护方法超出了外部机制的范围。适当的电池组组装对防止电池组内部短路也至关重要。

7.4.2　高倍率放电或充电

　　与短路条件一样，高倍率充放电也会对电池组内的电池造成损害。

　　上述第③项和第④项（电池或电池组中的PTC设备或电子监控）是更常见的保护措施。对于电动汽车甚至电动工具等大型电池系统，由于这些应用的高峰值电流需求，电池或电池组中的PTC并不适用。相反，电子监控更为合适。当检测到高电流持续一段时间（可能随温度变化）时，可在电池组内部或系统其他位置激活电流中断装置。对于电动工具或草坪工具，这种激活可能发生在工具内部或电池组内。对于电动汽车，电流中断机制可能集成于电机控制系统内部。

7.4.3　超过推荐电压范围的过充或者过放

　　维持电池组中串联连接电池的正确工作电压通常需要对每个电池进行监控，这在可充锂离子电池系统中很常见。基于镍的可充电系统通常不需要对每个电池进行监控，但需要将连接的电池串限制在10个电池串联。这个限制允许电池组电压保持在一定范围内，以便在电池组电压水平下检测单个电池达到0V。

　　不建议放电超出电池制造商推荐的工作范围，因此如果可能发生此类放电，则应在系统级别采取预防措施。如果外部条件可能导致放电低于推荐限值，则可能需要电池组内的保护装置，这在可充锂离子电池化学体系中经常被采用。

　　在串联配置中放电时，多电池电池组中串联电池串中最弱的电池的容量将在其他电池之前耗尽。如果继续放电，低容量电池的电压将达到0V然后反转。产生的热量最终可能导致电池内压升高并随后排气或破裂。

一些电池设计为能够承受过压或欠压条件，电池可能设计有内部保护，如保险丝或热切断装置，以在发生不安全情况时中断充电或放电。

锂系统中的单独串联电池电压监控通过电子开关（MOSFET）或机械开关（继电器或接触器）自动中断充电或放电流，以确保电池电压保持在操作限值内。

7.4.4　串联电池间的不均衡性

当电池包中的多个串联堆并联时，如果其中一个堆栈中存在缺陷或低容量电池，则可能发生充电。其余电池堆栈将对含有缺陷电池的堆栈进行充电。因此，串联元件应在电池级别并联（如图 7.6 左图所示）。

当较大的电池系统使用并联连接的电池串时，必须在不同电压（即不平衡串）的电池串之间设置电流限制控制。

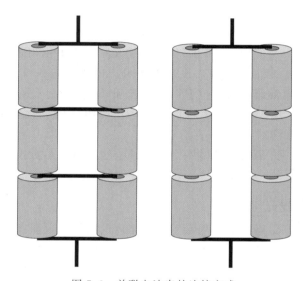

图 7.6　并联电池串的连接方式

这种电池不平衡的情况在可充电电池中可能会加剧，因为各个电池的容量在循环过程中可能会发生变化。为了最小化这种影响，可充电电池应至少使用"匹配"的电池构建，即具有几乎相同容量的电池。电池在至少一个充放电循环后，会按照等级进行分类。

然而，电池组装成电池包并在最终应用中使用后，可能会出现电池不平衡。这种电池不平衡可能是由电池中不均匀的热梯度引起的，导致一些电池的温度高于其他电池。这种温度梯度将导致电池自放电和降解的差异，可能导致电池不平衡。如果电池包内出现不平衡，则必须采取纠正措施以防止不平衡累积。一些化学体系允许以低速率过充来纠正不平衡，而其他化学体系，如锂电池，则需要通过电子方法进行再平衡。

7.4.5　不正确的充电控制

电池组的不当充电控制可能会引发多种故障的组合效应。如果充电系统没有正确监控电池组，可能是因为旧充电器与新电池不匹配，发生了损坏。

为了减轻这种影响，必须设置之前提到的电池组保护设备，以减少不当充电控制的影响，如充电超时计时、电池包监控、温度监控或其他可以监测不正确充电的办法。

7.5 机械故障及安全性

7.5.1 单体电池包装要求

最近，监管机构对电池组的要求推动了电池组机械设计的新发展，包括对电池包内电池位置的新限制，以防止灾难性热事件影响到其他电池。随着草坪电力设备、电动汽车和储能系统等新应用对电池组尺寸要求的增加，对故障控制的要求也越来越高。

目前，超过 4 个电池的布局应有大于 2mm 的电池间隔，以及防止一个电池排气可能点燃另一个电池[2]。同样，建议在电池包内部使用 PCM（相变材料）或其他吸热技术。

主要由航空运输组织推动的航运规定要求进行机械故障测试，以确保电池组在运输和处理过程中能够安全地承受跌落或其他损坏。

7.5.2 防止电池组插入错误的设计[14]

在设计使用单个单体电池的产品时，必须特别注意电池舱的布局。如果没有采取确保单体电池正确放置的措施，可能会出现一些错误插入的电池被充电的情况。这可能会导致泄漏、排气、破裂甚至爆炸。为了减少发生电池物理反转的可能性，应在设备上明确标识正确的电池方向，并提供简单明了的说明。应避免使用看不见单个电池的"盲"电池舱。最佳做法是使用有方向或极性的电池座。

建议的方法是为单个电池设计专门的电池腔，这样可以防止任何单个电池被错误地反转插入。这确实增加了设备的成本，因为需要额外的触点，但它确保了电路的正确连接（通过设备的电路将电池物理连接在一起）。当设备可以接受特定尺寸的一次性和可充电电池时，如常见的 AA 或 AAA 尺寸，这些尺寸在一次性碱性电池、可充电镍电池或锂电池中都有。强烈建议采用这种设计。

7.6 电池组设计实例

以下将探讨消费电子用锂离子二次电池（即可充锂离子电池）组设计案例。

7.6.1 电池均衡

多单体可充电电池组应使用具有匹配容量的电池来构建。在串联连接的多单元电池中，容量最低的电池将决定放电的持续时间，而容量最高的电池将控制充电期间返回的容量。如果电池不平衡，电池将不会充电到其设计容量。为了尽量减少不匹配情况，多单体电池组内的电池应从同一生产批次中选择，所选电池应具有几乎相同的容量。由于锂离子电池充电期间需要电流限制，因此无法通过过充电或涓流充电来平衡各个电池的容量。

此外，应该采用如前所述的最小化不平衡技术：减小热梯度、限制充放电速率的差异等。现代锂离子电池可用的电子电路还包括使用电阻耗散或主动电荷转移方法来重新平衡各个电池。

应尽量减少超出制造商推荐的限制来放电二次锂离子电池，尤其是在低放电率下。在高放电率下短暂低于最低电压可能是允许的。此外，必须采用安全措施来控制充电，以防止因过度充电而损坏电池。正确控制充放电过程对于电池的最终寿命和安全性至关重要。需要解决的两个主要因素包括：

① 电压和电流控制以防止过充（过电压）和过放（欠电压）。这些控制装置可以位于电池组中以实现冗余，也可以作为包括充电器在内的设备系统设计的一部分。

② 温度监测和响应以保持电池温度处于电池制造商指定的范围内。

7.6.2 简单保护装置

大多数锂离子电池在充电过程中的电压和电流控制都包含在充电器中。

电池组内应安装保护装置，以便在出现不可接受的温升或其他异常情况时停止充电。可用的热保护装置包括以下几种。

① 热敏电阻器。该装置是一种校准电阻器，其电阻值随温度的变化而变化，二者成反比。该电阻的标称电阻值设定在 25℃下，其阻值在千欧范围内，其中 10kΩ 最为常见。将热敏电阻器放置于电池组内部适当的位置，就可测量电池组的温度，如 T_{max}、T_{min}、$\Delta T/\Delta t$ 或其他充电控制用参数。另外，放电期间可以测定电池组温度并用来调整放电负载（温度过高时，切断负载以降低电池组温度，防止电池热损伤）。

② 温度调节装置（热断路器，TCO）。该装置在固定温度下工作，当电池内部温度达到预先设定的值时，用于切断充电（或放电）。TCO 通常可重新设置，与电池堆串联连接。

③ 热熔断器。该装置与电池堆串联连接，当达到预定温度时，它将断开电路。热熔断器是用于防止热失控的保护装置，通常设定为在电池最大操作温度以上约 30～50℃ 时断开。它们无法重置，通常放置在电池组中的电源控制装置上或附近，例如用于中断电池中或电池外电流的 MOSFET 开关。

④ 正温度系数（PTC）装置。该装置可重新设定，与电池串联连接，当达到预先设定的温度时，其电阻将迅速升高，从而将电池组电流降低至可接受的程度。在电流超过设计极限（如短路）时，PTC 的作用如同可重新设定的熔丝。由于 PTC 装置对周围的高温也有影响，有时又类似温度调节装置（TCO）。对于非高倍率充放电要求的锂离子二次电池，PTC 装置经常内置在单体电池内部。

图 7.1 展示了一个典型电池电路的示意图，标明了这些保护装置的电气位置。电池组中热保护装置的位置至关重要，以确保它们能够正确响应，因为电池组的温度可能并不均匀。对于特定的电池设计和应用，可能还有其他布置方式。

应当注意，对于可充电锂电池，温度对于充电控制机制的作用较小。对于可充电锂电池，电池电压是最好的控制机制。

7.6.3 放电和充电控制实例

通过切断放电，使之尽可能接近指定的终止电压或截止电压，可以使用电子电路最大限度地延长电池的使用寿命。在过高的电压下结束放电将导致大量电池容量损失。在非常低的电压下结束放电，从而使放电超过电池的安全截止电压，可能会对电池造成永久性损坏（参见本书 17A 部分）。

同样，在充电时，如之前所述，精确的控制可以在安全条件下实现最大充电量而不会损坏电池。现代电池组和设备将利用设备或电池中的电子设备进行监控，以确保电池组的操作极限不会被超过。这些电子电路还可以提供增强的安全性和可靠性、燃料计量、保修数据记录和长期电池健康信息。一些设备，如智能手机、音乐播放器和便携式扬声器，可能会使用系统侧的监控和保护电路，而更大的设备，如笔记本电脑和电动工具，则使用位于电池组内部的监控电路。

中断充放电电流以保护电池的能力也可能存在于与监控位置不同的单独位置。例如，电动工具可能仅中断充电器内部的充电电流，而笔记本电脑可能包含一个电池组，该电池组可以中断电池组内部的充电和放电电流。

对于以相对较高、恒定（通常）电流充电至给定电压，随后以恒定电压进行渐减电流充电至给定截止电流的锂离子可充电电池，放电和充电控制尤为重要。超过最大电压是一个潜在的安全隐患，并可能对电池造成不可逆的损坏。充电至较低的电压会降低电池的容量，尽管在某些应用，如不间断电源（UPS）系统中，为了保证循环寿命和日历寿命，更倾向于充电至较低的电压。随着电池的不断充电，较低的容量是该应用中一个可接受的副作用，因为长电池寿命是一个更关键的需求。

对于锂离子可充电电池组，会持续监控电池组中每个单独电池的电压。出于安全考虑，在主监控器发生故障时，通常会使用次级电池电压监控器。这些次级监控器通常仅检测过压状态，一旦检测到，就会激活充电电流路径中的永久保险丝。根据所使用的特定锂离子电池化学性质，制造商指定的充电上限电压通常在 $4.1\sim4.5\text{V}$ 之间。在放电过程中，电池电压不应低于 $2.3\sim2.7\text{V}$。更新的锂离子和聚合物配方具有显著不同的过压和欠压极限。基于磷酸盐的锂离子电池电压的最大值接近 3.8V，最小值低于 2.0V。基于钛酸盐的体系甚至更低，最大值接近 2.5V，最小值接近 1.8V。在所有情况下，对于主要检测的容差，过压条件下通常为 $\pm(25\sim50)\text{mV}$，欠压条件下为 $\pm(50\sim100)\text{mV}$；较高的精度允许操作接近电池制造商推荐的电池电压极限。

与任何电池系统一样，高温都会造成不可逆的损坏。对于锂离子电池和聚合物电池，温度可以改变电池的充电或放电方式。行业组织的指导原则规定，当温度超过建议的阈值时，会限制充电电流，而电池制造商通常对低温下的放电电流也有类似的限制[6]。对于大多数应用，电池内部温度应保持在 75℃ 以下。TCO（热断路器）通常被使用，其跳闸温度为 70℃，重置温度在 $45\sim55\text{℃}$ 范围内。超过 100℃ 的温度可能导致电池永久损坏。对于这种情况，通常会使用永久型保险丝，通常设置为 104℃，容差为 $\pm5\text{℃}$。与镍基化学体系相比，锂离子电池的化学体系更难检测温度，因为镍基化学体系表现出更线性的趋势。电池内部温度很难检测，而且一旦出现大幅上升，可能就已经来不及采取有效措施了。热失控可能发生在低至 130℃ 的温度下。

通常，电流限制被整合到电池组或设备中的保护电路中。这些电路通过电源路径上放置的极低值串联感测电阻来监控电池单元内的电流进出。这些电路必须持续工作，并快速响应以打开 MOSFET 开关或类似设备以中断电流。锂离子电池组中经常采用放电短路保护以及充电过流保护（来自故障充电器）。作为备份，PTC 器件或保险丝与电池组串联。建议将 PTC 放置在电池组和电池输出之间。通过将其放置在此位置，PTC 不会干扰电子控制电路的上限或下限电压检测。然而，对于某些高功率设备，如电动工具和电动汽车，由于必须容忍短时间内的峰值电流，因此不使用 PTC。在这些设备中，电子过流监控器可能具有多个检测阈值，能够响应电流的幅度以及电流的持续时间。

7.7 总结

随着电池化学技术的改进，对电池组监控、测量、控制、通信和组装的要求也将发生变化。新的电池组要求确保在新的使用案例中的安全性，例如飞机机载设备、本质安全环境或大型家用设备，这些都将需要新的设计指南。正如电池技术不断改进和发展一样，电池组的设计也将继续变化。

但是，即使使用当今的化学体系和配方，更大的电池和更多的电池连接在一起也需要新的设计。数据中心备份和电压达到 $500\,V$ 或更高的电动汽车，需要非常不同的设计技术来确保运行的可靠和安全。同样，低电压但容量更大的电池设计也需要新的方法来确保安全性和性能。

参考文献

1. R.S. Tichy, "The Dangers of Counterfeit Battery Packs," Electronic Design Magazine, October 23, 2008, www.Micro-Power.com (Micro-Power Electronics, now Integer).

2. J. Jeevarajan, C. Lopez, and J. Orieukwu, "Can Cell to Cell Thermal Runaway Propagation be Prevented in a Li-ion Battery Module?" https://ntrs.nasa.gov/search.jsp?R=20140012758. September 25, 2014.

3. Datasheets for smart battery monitors, bq20z95, bq76940, bq78PL114, and bq77PL900. Texas Instruments, www.ti.com.

4. Smart Battery Data Specification, Rev. 1.1, System Management Bus Specification, www.sbs-forum.org; Smart Battery System Implementers Forum, part of the System Management Interface Forum, Inc.

5. D. Friel, "How Smart Should a Battery Be," *Battery Power Products and Technology*, March 1999.

6. "A Guide to the Safe Use of Secondary Lithium Ion Batteries in Notebook-Type Personal Computers" and "Safe Use Manual for Lithium Ion Rechargeable Batteries in Notebook Computers," Japan Electronics and Information Technology Industries Association (JEITA), www.jeita.or.jp, and Battery Association of Japan (BAJ), www.baj.or.jp; April 2007.

7. IEEE ANSI STD. 1725(TM)-2006, "IEEE Standard for Rechargeable Batteries for Cellular Telephones," IEEE, 3 Park Avenue, New York, www.ieee.org.

8. IEEE Std. 1626(TM)-2008, "IEEE Standard for Rechargeable Batteries for Multi-Cell Mobile Computing Devices," IEEE, 3 Park Avenue, New York, www.ieee.org.ref.

9. UL Std 2272—Standard for Electrical Systems for Personal E-Mobility Devices, https://standardscatalog.ul.com/standards/en/standard_2272_1.

10. UL 2272—"Battery Systems for Use in Self Balancing Scooters," https://industries.ul.com/blog/the-new-ul-2272-standard-gets-a-handle-on-hoverboard-safety.

11. EZ-Go Elite Lithium-Battery Powered Electric Golf Carts, http://www.ezgo.com/elite.

12. Texas Instruments, www.ti.com/lsds/ti/power-management/battery-management-products-overview.page.

13. TE Connectivity, Battery Interconnection System Products Receptacle Assemblies, e.g., part numbers 1-1123688-7 or 1-1437118-0. http://www.te.com/usa-en/product-1-1123688-7.html (original source was AMP/Tyco).

14. Duracell Alkaline Technical Bulletin, www.Duracell.com/OEM.

第 8 章

电池标准
Steven Wicelinski

8.1 概述

　　电池的标准化开始于 1912 年，当时美国电化学协会推荐了一种测试干电池的标准方法。1917 年形成第一个全国公认的规范，其中包括电池规格、电池组装、标准测试和性能需求等内容，最终于 1919 年由美国国家标准局发布，作为关于干电池的通告附录。这个电化学协会后来发展为美国国家标准协会（ANSI）便携式电池和电池组质量鉴定标准委员会 C18。自此，其他专业协会也开始制定相关的电池标准，许多国际标准、国家标准、军用标准和联邦组织标准得以发布。制造商联合会、商业联合会和个体制造者也出版了相关标准。由美国安全检测实验室公司（UL）、国际电工委员会（IEC）和其他与电池使用相关的组织发布的相关应用标准受到广泛关注。另外，如 SAE（一般称为自动机工程师学会，又称汽车工程师学会）国际组织也推动了电池组成和系统的测试方法、规范和标准的形成。

　　制定电池标准的一个主要目的是规范全球范围内用电设备中可替换电池的互换性。通过规定电池的物理参数，如尺寸、极性、端子、名称和标识，实现电池互换性。此外，电池的电性能参数，如寿命和容量，可以通过测试条件和方法加以描述和规定。

　　由于电池特别是原电池固有的特性，使用时需要进行更换。用电设备的第三方最终用户经常更换电池，因此必须将电池的某些特性，如尺寸、形状、电压和端子用标准值描述，至少在这些参数上要做到合理的匹配，否则就不可能实现互换性。这些指标特性是绝对要求，以确保电器插座能够正确接触并提供适当的电压。除了最终用户在更换电池时需要了解电池的信息外，原始设备制造商（OEM）的电气设计者还必须有一个可靠的信息来源，以便于设计与最终用户购买的电池产品能够较好匹配的电池槽和电路。

8.2 国际标准

　　国际标准的重要地位越来越突出，欧共体的建立和 1979 年达成的贸易技术壁垒协议进一步加速了这一趋势。后者要求在国际贸易中使用国际标准。

　　国际电工委员会（IEC）是专门负责电力、电子和相关技术领域标准化工作的组织。其主要任务是促进电工标准化和相关领域的国际合作。该组织成立于 1906 年，代表了超过全世界 80% 的人口和 95% 的电子产品和消费品。国际标准化组织（ISO）专门负责电子领域以外的国际标准。IEC 和 ISO 正逐渐采用相同的文件程序，使这两个国际组织之间建立更加紧密的联系。

美国国家标准协会（ANSI）代表美国国家委员会（USNC），是美国在 IEC 中的唯一代表，这个委员会协调 IEC 在美国的所有活动。在一些新兴领域的标准制定方面，ANSI 负责与 CENELEC、CANENA、COPANT、ARSO 等其他国内外组织协调。ANSI 本身不制定标准，但通过在质量认证和资格认证机构间建立共识来推动标准的制定，这些标准以美国国家标准的形式发布。为充分发挥作用，IEC 的目标如下：

① 有效地满足市场全球化的要求；
② 确保标准的广泛使用和评价系统的一致性；
③ 在标准涵盖范围内，评估和提高产品的质量和服务；
④ 建立互换性条件；
⑤ 提高电子行业的生产效率；
⑥ 保证人身健康和安全；
⑦ 促进环境保护。

国际电池标准的目标如下：

① 制定质量标准并提供评估指导方案；
② 确保不同制造商产品的电性能和物理性能的互换性；
③ 规范电池型号；
④ 提供安全问题的指导。

IEC 为标准的制定和出版提供赞助。由来自各成员国的专家组成的工作组进行标准的制定。在涉及标准的各方中，如消费者、用户、生产者、研究机构、政府、行业和专业人员等，专家组代表了多数人的权益。在电池方面的 IEC 专家组如下：

① 技术委员会（TC）21 和分会（SC）21A 二次电池；
② 技术委员会（TC）35 一次电池（不可再充电）。

ANSI 指定委员会 C18 负责便携式电池和电池组标准的制定。

下面的章节将详细介绍 IEC 关于一次电池和二次电池的标准。许多国家都在使用 IEC 标准，通常有两种途径：一是直接采用 IEC 标准作为本国的国家标准；二是将本国的国家标准向 IEC 标准靠拢。ANSI 电池标准在协调 IEC 标准需求方面扮演了重要角色。

8.3　通用电池标准

自 20 世纪 30 年代成立国际电工委员会（IEC）TC21 委员会和 20 世纪 40 年代成立 IEC TC35 委员会以来，以及随着美国国家标准学会（ANSI）C18 委员会的成立，已经制定并发布了多项标准文件。表 8.1a～表 8.1d 列出了一些广泛使用的电池标准。

表 8.1a　国际标准（国际电工委员会，IEC）

标准	名称	电化学体系
IEC 60086-1 IEC 60086-2	原电池:第一部分　总则 原电池:第二部分 详细规范	锌-碳电池 锌-空气电池 碱性二氧化锰电池 氢氧化镍电池 氧化银电池 锂-氟化碳电池 锂-二氧化锰电池 锂-亚硫酰氯电池

标准	名称	电化学体系
IEC 60086-3	手表电池	
IEC 60095	启动铅酸电池	铅酸电池
IEC 60254	牵引铅酸电池	铅酸电池
IEC 61951-1	便携式密封单体蓄电池,第一部分:镍镉蓄电池	镍镉电池
IEC 61960	便携式锂二次电池单体及组合	锂离子电池
IEC 60622	密封镍镉方形单体蓄电池	镍镉电池
IEC 60623	开口镍镉方形单体蓄电池	镍镉电池
IEC 60952	航空电池	镍镉电池 铅酸电池
IEC 60896	固定式铅酸电池	铅酸电池
IEC 61056	通用型铅酸电池和电池组	铅酸电池
IEC 61427	光伏系统用二次电池单体及组合	
IEC 61951-2	便携式密封二次电池单体　第二部分:镍-金属氢化物	镍-金属氢化物电池(Ni-MH)
IEC 61959	便携式密封二次电池单体及组合机械测试	
IEC 61982	电动汽车驱动用二次电池(锂基电池除外)	
IEC 62620	工业用二次锂电池单体及组合	锂离子电池
IEC 62660	电动汽车驱动用锂离子电池单体	锂离子电池

注：IEC 安全标准见表 8.10a。

表 8.1b　美国国家标准（美国国家标准协会，ANSI）

标准	名称	电化学体系
ANSI C18.1M,Part1	水溶液便携式原电池和电池组标准	锌碳电池 碱性二氧化锰电池 氧化银电池 锌-空气电池
ANSI C18.2M,Part1	便携式蓄电池和电池组标准	镍镉电池 镍-金属氢化物电池 锂离子电池
ANSI C18.3M,Part1	便携式锂原电池和电池组标准	锂-氟化碳电池 锂-二氧化锰电池
ANSI C18.4M	便携式原电池和电池组标准-自然环境	一次电池

注：ANSI 安全标准见表 8.10a。

表 8.1c　美国军用标准（MIL）

标准	名称	电化学体系
MIL-B-18	原电池	锌碳电池
MIL-B-8565	航空电池	各种电池
MIL-B-11188	汽车电池	铅酸电池
MIL-B-49030	碱性干电池(原电池)	碱性二氧化锰电池
MIL-B-55252	镁电池	镁电池
MIL-B-49436	密封镍镉蓄电池	镍镉电池
MIL-B-49450	开口航空电池	镍镉电池
MIL-B-49458	原电池	锂-二氧化锰电池

标准	名称	电化学体系
MIL-B-49461	原电池	锂-亚硫酰氯电池
MIL-B-55130	密封镍镉蓄电池	镍镉电池
MIL-B-81757	航空电池	镍镉电池
MIL-PRF-49471	高性能原电池	各种电池

表 8.1d 制造商和专业联合会

标准及相关协会	名称	电化学体系
汽车工程师学会		
SAE AS 8033	航空电池	镍镉电池
SAE J 537	储备电池	铅酸电池
国际电池理事会	电池替换数据手册	铅酸电池

8.3.1 ANSI 和 IEC 电池标准对照

表 8.2a 和表 8.2b 列出了一些常用的一次及二次电池 ANSI 标准以及对应的国际标准。

表 8.2a ANSI 及 IEC 原电池标准对照表

ANSI	IEC	ANSI	IEC
13A	LR20	1158SO	SR58
13AC	LR20	1160SO	SR55
13D	R20C	1162SO	SR57
14A	LR14	1163SO	SR59
14AC	LR14	1164SO	SR59
14D	R14C	1165SO	SR57
15A	LR6	1166A	LR44
15AC	LR6	1170SO	SR55
15D	R6C	1175SO	SR60
15N	ZR6	1179SO	SR41
24A	LR03	1406SO	4SR44
24AC	LR03	1412A	4LR61
24D	R03	1414A	4LR44
24N	ZR03	1604A	6LR61
908A	4LR25X	1604AC	6LR61
910A	LR1	1604D	6F22
918A	4LR25-2	1604F	6F22
918D	4R25-2	5000LC	CR2016
1107SO	SR44	5003LC	CR2025
1131SO	SR44	5004LC	CR2032
1133SO	SR43	5018LC	CR17345
1134SO	SR41	5024LC	CR-P2
1135SO	SR41	5032LC	2CR5
1136SO	SR48	7000Z	PR48
1137SO	SR48	7002Z	PR41
1138SO	SR54	7003Z	PR44
1139SO	SR42	7005Z	PR70

表 8.2b　ANSI 及 IEC 蓄电池标准对照表

ANSI	IEC
1.2H1	HR03
1.2H2	HR6
1.2H3	HR14
1.2H4	HR20

8.3.2　圆柱形电池 IEC 标准

IEC 的原电池标准 IEC 60086-2 第十三版中列出了 100 多个型号电池的尺寸、极性、电压和电性能要求。镍-金属氢化物蓄电池（电池组）标准 IEC 61951-2 第四版用表格的形式列出了 25 种电池的直径和高度。一些镍镉蓄电池和镍-金属氢化物蓄电池组合成的电池组可以与常用型号的原电池互换，这些电池组的物理外形和尺寸与原电池相同，并具有相同的输出电压。这些电池组除了要符合蓄电池的命名法外，还要符合相应原电池的尺寸规格，因此必须和为原电池确定的尺寸要求保持一致。表 8.3a 中列出了圆柱形原电池尺寸，表 8.3b 列出了可以和原电池互换的部分镍-金属氢化物蓄电池。

表 8.3a　圆柱形原电池尺寸

IEC 名称	直径/mm		高度/mm	
	最大	最小	最大	最小
R03	10.5	9.8	44.5	43.5
R1	12.0	10.9	30.2	29.1
R6	14.5	13.7	50.5	49.5
R14	26.2	24.9	50.0	48.6
R20	34.2	32.3	61.5	59.5
R41	7.9	7.55	3.6	3.3
R42	11.6	11.25	3.6	3.3
R43	11.6	11.25	4.2	3.8
R44	11.6	11.25	5.4	5.0
R48	7.9	7.55	5.4	5.0
R54	11.6	11.25	3.05	2.75
R55	11.6	11.25	2.1	1.85
R56	11.6	11.25	2.6	2.3
R57	9.5	9.15	2.7	2.4
R58	7.9	7.55	2.1	1.85
R59	7.9	7.55	2.6	2.3
R60	6.8	6.5	2.15	1.9
R62	5.8	5.55	1.65	1.45
R63	5.8	5.55	2.15	1.9
R64	5.8	5.55	2.7	2.4
R65	6.8	6.6	1.65	1.45
R66	6.8	6.6	2.6	2.4
R67	7.9	7.65	1.65	1.45
R68	9.5	9.25	1.65	1.45
R69	9.5	9.25	2.1	1.85

IEC 名称	直径/mm		高度/mm	
	最大	最小	最大	最小
R1220	12.5	12.2	2.0	1.8
R1620	16	15.7	2.0	1.8
R2016	20	19.7	1.6	1.4
R2025	20	19.7	2.5	2.2
R2032	20	19.7	3.2	2.9
R2320	23	22.6	2.0	1.8
R2430	24.5	24.2	3.0	2.7
R11108	11.6	11.4	10.8	10.4

表 8.3b 可与原电池互换的常用镍-金属氢化物蓄电池尺寸[①]

IEC 名称[②]	商品名称	ANSI 名称	直径/mm		高度/mm	
			最大	最小	最大	最小
HR03	AAA	1.2H1	10.5	9.5	44.5	(43.3)
HR6	AA	1.2H2	14.5	13.5	50.5	(49.2)
HR14	C	1.2H3	26.2	24.9	50.0	(48.5)
HR20	D	1.2H4	34.3	32.2	61.5	(59.5)

① 括号内的数值为参考数值。
② 参见 IEC 标准 61951-2。

除了在各种新旧版本的国家标准和国际标准中有众多命名法外，还有贸易组织的命名法。可以在商业资料和销售信息中找到这些标准的对照表。

8.3.3 标准 SLI 和其他铅酸蓄电池

汽车行业和电池行业对 SLI 电池的尺寸都有标准化要求，代表汽车行业的是位于宾夕法尼亚州瓦伦德尔市的汽车工程师学会（SAE），代表电池行业的是位于伊利诺伊州芝加哥市的国际电池委员会（BCI）[1-2]。BCI 的命名法继承了美国电池制造商联合会（AABM）所采用的标准，并且每年都进行更新。表 8.4 列出了 BCI 标准中涉及的标准 SLI 和其他铅酸蓄电池[3]。

表 8.4 标准 SLI 和其他铅酸蓄电池

BCI 编号	BCI 编号、尺寸规格、等级						组合图编号	性能	
	最大外形尺寸							低温(0°F,相当于约 18℃)启动性能/A	保留容量(80°F,相当于约 27℃)/min
	mm			英寸(in)					
	L	W	H	L	W	H			
客车和照明商用电池 12V(6 个单体)									
21	208	173	222	$8\frac{3}{16}$	$6\frac{13}{16}$	$8\frac{3}{4}$	10	310~400	50~70
21R	208	173	222	$8\frac{3}{16}$	$6\frac{13}{16}$	$8\frac{3}{4}$	11	310~500	50~70
22F	241	175	211	$9\frac{1}{2}$	$6\frac{7}{8}$	$8\frac{5}{16}$	11F	220~425	45~90
22HF	241	175	229	$9\frac{1}{2}$	$6\frac{7}{8}$	9	11F	400	69
22NF	240	140	227	$9\frac{7}{16}$	$5\frac{1}{2}$	$8\frac{15}{16}$	11F	210~325	50~60
22R	229	175	211	9	$6\frac{7}{8}$	$8\frac{5}{16}$	11	290~350	45~90

BCI编号、尺寸规格、等级

BCI 编号	最大外形尺寸						组合图编号	性能	
	mm			英寸(in)				低温(0°F,相当于约18℃)启动性能/A	保留容量(80°F,相当于约27℃)/min
	L	W	H	L	W	H			
24	260	173	225	$10\frac{1}{4}$	$6\frac{13}{16}$	$8\frac{7}{8}$	10	165~625	50~95
24F	273	173	229	$10\frac{3}{4}$	$6\frac{13}{16}$	9	11F	250~700	50~95
24H	260	173	238	$10\frac{1}{4}$	$6\frac{13}{16}$	$9\frac{3}{8}$	10	305~365	70~95
24R	260	173	229	$10\frac{1}{4}$	$6\frac{13}{16}$	9	11	440~475	70~95
24T	260	173	248	$10\frac{1}{4}$	$6\frac{13}{16}$	$9\frac{3}{4}$	10	370~385	110
25	230	175	225	$9\frac{1}{16}$	$6\frac{7}{8}$	$8\frac{7}{8}$	10	310~490	50~90
26	208	173	197	$8\frac{3}{16}$	$6\frac{13}{16}$	$7\frac{3}{4}$	10	310~440	50~80
26R	208	173	197	$8\frac{3}{16}$	$6\frac{13}{16}$	$7\frac{3}{4}$	11	405~525	60~80
27	306	173	225	$12\frac{1}{16}$	$6\frac{13}{16}$	$8\frac{7}{8}$	10	270~810	102~140
27F	318	173	227	$12\frac{1}{2}$	$6\frac{13}{16}$	$8\frac{15}{16}$	11F	360~660	95~140
27H	298	173	235	$11\frac{3}{4}$	$6\frac{13}{16}$	$9\frac{1}{4}$	10	440	125
29NF	330	140	227	13	$5\frac{1}{2}$	$8\frac{15}{16}$	11F	330~350	95
27R	306	173	225	$12\frac{1}{16}$	$6\frac{13}{16}$	$8\frac{7}{8}$	11	270~700	102~140
33	338	173	238	$13\frac{5}{16}$	$6\frac{13}{16}$	$9\frac{3}{8}$	11F	1050	165
34	260	173	200	$10\frac{1}{4}$	$6\frac{13}{16}$	$7\frac{7}{8}$	10	375~770	100~110
34R	260	173	200	$10\frac{1}{4}$	$6\frac{13}{16}$	$7\frac{7}{8}$	11	675	110
35	230	175	225	$9\frac{1}{16}$	$6\frac{7}{8}$	$8\frac{7}{8}$	11	310~500	80~110
36R	263	183	206	$10\frac{3}{16}$	$7\frac{1}{4}$	$8\frac{1}{8}$	19	650	130
40R	278	175	175	$10\frac{15}{16}$	$6\frac{7}{8}$	$6\frac{7}{8}$	15	590~600	110~120
41	293	175	175	$11\frac{9}{16}$	$6\frac{7}{8}$	$6\frac{7}{8}$	15	235~650	65~95
42	242	175	175	$9\frac{1}{2}$	$6\frac{13}{16}$	$6\frac{13}{16}$	15	260~495	65~95
43	334	175	205	$13\frac{1}{8}$	$6\frac{7}{8}$	$8\frac{1}{16}$	15	375	115
45	240	140	227	$9\frac{7}{16}$	$5\frac{1}{2}$	$8\frac{15}{16}$	10F	250~470	60~80
46	273	173	229	$10\frac{3}{4}$	$6\frac{13}{16}$	9	10F	350~450	75~95
47	242	175	190	$9\frac{1}{2}$	$6\frac{7}{8}$	$7\frac{1}{2}$	24(A,F)①	370~550	75~85
48	278	175	190	$12\frac{1}{16}$	$6\frac{7}{8}$	$7\frac{9}{16}$	24	450~695	85~95
49	353	175	190	$13\frac{7}{8}$	$6\frac{7}{8}$	$7\frac{9}{16}$	24	600~900	140~150
50	343	127	254	$13\frac{1}{2}$	5	10	10	400~600	85~100
51	238	129	223	$9\frac{3}{8}$	$5\frac{1}{16}$	$8\frac{13}{16}$	10	405~435	70
51R	238	129	223	$9\frac{3}{8}$	$5\frac{1}{16}$	$8\frac{13}{16}$	11	405~435	70
52	186	147	210	$7\frac{5}{16}$	$5\frac{13}{16}$	$8\frac{1}{4}$	10	405	70
53	330	119	210	13	$4\frac{11}{16}$	$8\frac{1}{4}$	14	280	40
54	186	154	212	$7\frac{5}{16}$	$6\frac{1}{16}$	$8\frac{3}{8}$	19	305~330	60
55	218	154	212	$8\frac{5}{8}$	$6\frac{1}{16}$	$8\frac{3}{8}$	19	370~450	75
56	254	154	212	10	$6\frac{1}{16}$	$8\frac{3}{8}$	19	450~505	90
57	205	183	177	$8\frac{1}{16}$	$7\frac{3}{16}$	$6\frac{15}{16}$	22	310	60
58	255	183	177	$10\frac{1}{16}$	$7\frac{3}{16}$	$6\frac{15}{16}$	26	380~540	75
58R	255	183	177	$10\frac{1}{16}$	$7\frac{3}{16}$	$6\frac{15}{16}$	19	540~580	75
59	255	193	196	$10\frac{1}{16}$	$7\frac{5}{8}$	$7\frac{3}{4}$	21	540~590	100
60	332	160	225	$13\frac{1}{16}$	$6\frac{5}{16}$	$8\frac{7}{8}$	12	305~385	65~115
61	192	162	225	$7\frac{9}{16}$	$6\frac{3}{8}$	$8\frac{7}{8}$	20	310	60
62	225	162	225	$8\frac{7}{8}$	$6\frac{3}{8}$	$8\frac{7}{8}$	20	380	75

BCI编号、尺寸规格、等级									
BCI 编号	最大外形尺寸						组合图 编号	性能	
	mm			英寸(in)				低温(0°F,相当于约18℃)启动性能/A	保留容量(80°F,相当于约27℃)/min
	L	W	H	L	W	H			
63	258	162	225	$10\frac{3}{16}$	$6\frac{3}{8}$	$8\frac{7}{8}$	20	450	90
64	296	162	225	$11\frac{11}{16}$	$6\frac{3}{8}$	$8\frac{7}{8}$	20	475～535	105～120
65	306	192	192	$12\frac{1}{16}$	$7\frac{1}{2}$	$7\frac{9}{16}$	21	650～850	130～165
66	306	192	194	$12\frac{1}{16}$	$7\frac{9}{16}$	$7\frac{5}{8}$	13	650～750	130～140
70	208	180	186	$8\frac{3}{16}$	$7\frac{1}{16}$	$7\frac{5}{16}$	17	260～525	60～80
71	208	179	216	$8\frac{3}{16}$	$7\frac{1}{16}$	$8\frac{1}{2}$	17	275～430	75～90
72	230	179	210	$9\frac{1}{16}$	$7\frac{1}{16}$	$8\frac{1}{4}$	17	275～350	60～90
73	230	179	216	$9\frac{1}{16}$	$7\frac{1}{16}$	$8\frac{1}{2}$	17	430～475	80～115
74	260	184	222	$10\frac{1}{4}$	$7\frac{1}{4}$	$8\frac{3}{4}$	17	350～550	75～140
75	230	180	196②	$9\frac{1}{16}$	$7\frac{1}{16}$	$7\frac{11}{16}$②	17	430～690	90
76	334	179	216	$13\frac{1}{8}$	$7\frac{1}{16}$	$8\frac{1}{2}$	17	750～1075	150～175
78	260	180	186	$10\frac{1}{4}$	$7\frac{1}{16}$	$7\frac{5}{16}$②	17	515～770	105～115
79	307	179	188	$12\frac{1}{16}$	$7\frac{1}{16}$	$7\frac{3}{8}$	35	770～840	140
85	230	173	203	$9\frac{1}{16}$	$6\frac{13}{16}$	8	11	430～630	90
86	230	173	203	$9\frac{1}{16}$	$6\frac{13}{16}$	8	10	430～640	90
90	242	175	175	$9\frac{1}{2}$	$6\frac{7}{8}$	$6\frac{7}{8}$	24	520～600	80
91	278	175	175	11	$6\frac{7}{8}$	$6\frac{7}{8}$	24	600	100
92	315	175	175	$12\frac{1}{2}$	$6\frac{7}{8}$	$6\frac{7}{8}$	24	650	130
93	353	175	175	$13\frac{7}{8}$	$6\frac{7}{8}$	$6\frac{7}{8}$	24	800	150
94R	315	175	190	$12\frac{3}{8}$	$6\frac{7}{8}$	$7\frac{1}{2}$	24	640～765	135
95R	394	175	190	$15\frac{9}{16}$	$6\frac{7}{8}$	$7\frac{1}{2}$	24	850～950	190
96R	242	175	175	$9\frac{9}{16}$	$6\frac{13}{16}$	$6\frac{7}{8}$	15	590	95
97R	252	175	190	$9\frac{15}{16}$	$6\frac{7}{8}$	$7\frac{1}{2}$	15	557	90
98R	283	175	190	$11\frac{3}{16}$	$6\frac{7}{8}$	$7\frac{1}{2}$	15	620	120
99	207	175	175	$8\frac{3}{16}$	$6\frac{7}{8}$	$6\frac{7}{8}$	34	360	50
100	260	179	188	$10\frac{1}{4}$	7	$7\frac{5}{16}$	35	770	115
101	260	179	170	$10\frac{1}{4}$	7	$6\frac{11}{16}$	17	540	115
客车和照明商用电池 6V(3 个单体)									
1	232	181	238	$9\frac{1}{8}$	$7\frac{1}{8}$	$9\frac{3}{8}$	2	400～545	105～165
2	264	181	238	$10\frac{3}{8}$	$7\frac{1}{8}$	$9\frac{3}{8}$	2	475～650	136～230
2E	492	105	232	$19\frac{7}{16}$	$4\frac{1}{8}$	$9\frac{1}{8}$	5	485	140
2N	254	141	227	10	$5\frac{9}{16}$	$8\frac{15}{16}$	1	450	135
17HF③,④	187	175	229	$7\frac{3}{8}$	$6\frac{7}{8}$	9	2B	—	—
重型商用电池 12V(6 个单体)									
4D⑤	527	222	250	$20\frac{3}{4}$	$8\frac{3}{4}$	$9\frac{7}{16}$	8	490～1125	225～325
6D	527	254	260	$20\frac{3}{4}$	10	$10\frac{1}{4}$	8	750	310
8D⑤	527	283	250	$20\frac{3}{4}$	$11\frac{1}{8}$	$9\frac{7}{16}$	8	850～1250	235～465
28	261	173	240	$10\frac{5}{16}$	$6\frac{13}{16}$	$9\frac{7}{16}$	18	400～535	80～135
29H	334	171	232	$13\frac{1}{8}$	$6\frac{3}{4}$	$9\frac{1}{8}$	10	525～840	145
30H	343	173	235	$13\frac{1}{2}$	$6\frac{13}{16}$	$9\frac{1}{4}$	10	380～685	120～150
31A	330	173	240	13	$6\frac{13}{16}$	$9\frac{7}{16}$	18(A,T)①	455～950	100～200

BCI 编号	最大外形尺寸						组合图编号	性能	
	mm			英寸(in)				低温(0°F,相当于约 18℃)启动性能/A	保留容量(80°F,相当于约 27℃)/min
	L	W	H	L	W	H			
重型商用电池 6V(3 个单体)									
3	298	181	328	$11\frac{3}{4}$	$7\frac{1}{8}$	$9\frac{3}{8}$	2	525~660	210~230
4	334	181	328	$13\frac{1}{8}$	$7\frac{1}{8}$	$9\frac{3}{8}$	2	550~975	240~420
5D	349	181	238	$13\frac{3}{4}$	$7\frac{1}{8}$	$9\frac{3}{8}$	2	720~820	310~380
7D	413	181	238	$16\frac{1}{4}$	$7\frac{1}{8}$	$9\frac{3}{8}$	2	680~875	370~426
特种牵引电池 6V(3 个单体)									
3EH	491	111	249	$19\frac{5}{16}$	$4\frac{3}{8}$	$9\frac{13}{16}$	5	740~850	220~340
4EH	491	127	249	$19\frac{5}{16}$	5	$9\frac{13}{16}$	5	850	340~420
特种牵引电池 12V(6 个单体)									
3EE	491	111	225	$19\frac{5}{16}$	$4\frac{3}{8}$	$8\frac{7}{8}$	9	260~360	85~105
3ET	491	111	249	$19\frac{5}{16}$	$4\frac{3}{8}$	$9\frac{3}{8}$	9	355~425	130~135
4DLT	508	208	202	20	$8\frac{3}{16}$	$7\frac{15}{16}$	16L	650~820	200~290
12T	177	177	202	$7\frac{1}{16}$	$6\frac{15}{16}$	$7\frac{15}{16}$	10	460	160
16TF	421	181	283	$16\frac{9}{16}$	$7\frac{1}{8}$	$11\frac{1}{8}$	10F	600	240
17TF	433	177	202	$17\frac{1}{16}$	$6\frac{15}{16}$	$7\frac{15}{16}$	11L	510	145
通用电池 12V(6 个单体)									
U1	197	132	186	$7\frac{3}{4}$	$5\frac{3}{16}$	$7\frac{5}{16}$	10(X)①	120~375	23~40
U1R	197	132	186	$7\frac{3}{4}$	$5\frac{3}{16}$	$7\frac{5}{16}$	11(X)①	200~280	25~37
U2	160	132	181	$6\frac{5}{16}$	$5\frac{3}{16}$	$7\frac{1}{8}$	10(X)①	120	17
电动高尔夫球车电池 6V(3 个单体)									
GC2	264	183	290	$10\frac{3}{8}$	$7\frac{3}{16}$	$11\frac{7}{16}$	2	⑦	⑦
GC2H⑥	264	183	295	$10\frac{3}{8}$	$7\frac{3}{16}$	$11\frac{5}{8}$	2	⑦	⑦
电动高尔夫球车电池 8V(4 个单体)									
GC8	264	183	290	$10\frac{3}{8}$	$7\frac{3}{16}$	$11\frac{7}{16}$	31	—	—
商用电池(深循环)12V(6 个单体)									
920	356	171	311	14	$6\frac{3}{4}$	$12\frac{1}{2}$	37		
921	397	181	378	$15\frac{3}{4}$	$7\frac{1}{8}$	$14\frac{7}{8}$	37		
海运/商用电池 8V(4 个单体)									
981	527	191	273	$20\frac{3}{4}$	$7\frac{1}{2}$	$10\frac{3}{4}$	8	—	—
982	546	191	267	$21\frac{1}{2}$	$7\frac{1}{2}$	$10\frac{1}{2}$	8	—	—

① 括号中的字母表示端子类型。

② 表中最大高度尺寸是指带四分之一凸起盖设计的电池;平顶设计型号的高度(减去四分之一盖)减少了约 3/8 英寸(10mm);1 英寸(in)=25.4mm,全书同。

③ 杆端类型:顶部边缘带有用于固定螺栓的孔。

④ 不再应用,但仍在生产。

⑤ 推荐用于长途汽车和公共汽车的电池的额定值适用于双重绝缘。当在其他类型中使用双重绝缘时,从额定值的冷启动性能中减去 15%。

⑥ 特殊用途电池未在应用部分显示。

⑦ 在 80°F(27℃)下以 75A 放电至 5.25V 时的容量测试时间(分钟);对于这种电池,通常不需要进行冷启动性能测试。

8.4 IEC 和 ANSI 命名法

遗憾的是表 8.1～表 8.4 中列出的各种标准采用的命名法并不相同。各个电池制造商使用独立的命名法，使这种情况变得更糟，下面将对不同的命名法进行介绍。

8.4.1 原电池

国际电工委员会（IEC）于 1992 年实施的原电池命名法是以电化学体系、形状和尺寸为基础来确定的。该命名法中，用于表示单体电池电化学体系和类型的字母与之前的 IEC 电池组命名法相同，而新的数字标识是基于直径/高度数值来确定的，而不是之前使用的任意尺寸分类。第一个数字表示以毫米（mm）为单位的电池直径，第二个数字表示电池的高度（单位为毫米乘以 10）。示例如表 8.5a 所示。表 8.5b 和表 8.5c 分别列出了代表电池形状和电化学体系的代码。作为对照，表 8.5c 中也列出了 ANSI 用于代表电化学体系的代码。在 ANSI 命名体系中不使用代码表示电池形状。

表 8.5a IEC 原电池组命名体系示例

命名	单体电池数	体系代码	形状	直径/mm	高/mm	举例
CR2025	1	C	R	20	2.5	由表 8.5c 可知圆柱形单体电池的尺寸及电化学体系代码为 C(Li-MnO$_2$)

表 8.5b IEC 原电池组形状代码

字母代码	形状
R	圆柱形
P	非圆形
F	扁形（片状）
S	方形（或矩形）

表 8.5c 原电池电化学体系的代码

ANSI	IEC	负极	电解质	正极	标称电压/V
①	—	锌	氯化铵,氯化锌	二氧化锰	1.5
	A	锌	氯化铵,氯化锌	氧气(空气)	1.4
LB	B	锂	有机电解质	氟化碳	3
LC	C	锂	有机电解质	二氧化锰	3
	E	锂	非水无机/有机电解质	亚硫酰氯	3.6
LF	F	锂	有机电解质	硫化铁	1.5
	G	锂	有机电解质	氧化铜	1.5
A②	L	锌	碱金属氢氧化物	二氧化锰	1.5
Z③	P	锌	碱金属氢氧化物	氧气(空气)	1.4
SO④	S	锌	碱金属氢氧化物	氧化银	1.55

① 无后缀，为锌碳电池；有后缀 D，为重负荷锌碳电池；有后缀 F，为通用型锌碳电池；有后缀 N，为氢氧化镍电池。
② 有后缀 A，为碱性电池；有后缀 AC，为工业碱性电池。
③ 有后缀 Z，为锌-空气电池。
④ 有后缀 SO，为氧化银电池。

现存的电池命名法由来已久，表 8.5d 列出了某些原电池和电池组的命名示例，表 8.5e 列出了原电池组的 IEC 命名示例。

表 8.5d　典型圆柱形、扁形、方形电池或电池组的 IEC 命名[①]

IEC 命名	电池标称尺寸/mm					ANSI 命名	常用命名
	直径	高	长	宽	厚		
圆柱形电池组							
R03	10.5	44.5				24	AAA
R1	12.0	30.2				—	N
R6	14.5	50.5				15	AA
R14	26.2	50.0				14	C
R20	34.2	61.5				13	D
扁形电池							
F22			24	13.5	6.0		
方形电池组							
S4		125.0	57.0	57.0			

① 表中列出的型号只是部分示例，其中的尺寸仅用于区别各个型号，详细尺寸信息可参见 IEC 60086-2 中相关规格表。

表 8.5e　原电池组 IEC 命名示例

IEC 命名	单体电池数	体系代码	形状	单体电池	C,P,S,X,Y	并联组数	举例
R20	1	无	R	20	①		由一只 R20 电池构成的圆柱形电池组，电化学体系代码（未标注）参见表 8.5c
LR20	1	L	R	20	①		同上，只是电化学体系字母 L 参见表 8.5c
6F22	6	无	F	22	①		由 6 只扁形 F22 电池串联组成的电池组，电化学体系代码（未标注）参见表 8.5c
4LR25-2	4	L	R	25	①	2	由 R25 电池 4 串 2 并组成的电池组，电化学体系代码（未标注）参见表 8.5c
CR17345	1	C	R	见 8.4.1 节			由一只直径为 17mm、高度为 34.5mm 的电池构成的圆柱形电池组，电化学体系代码为 C，参见表 8.5c

① 如果需要，字母 C、P 或 S 可以表示电池的不同性能，字母 X、Y 可以表示不同排列终端。

8.4.2　蓄电池

　　蓄电池的标准体系不如原电池完善。绝大多数原电池应用于各种便携式用电设备，这些设备可由用户更换电池。因此，原电池标准要能保证电池的互换性。IEC 和 ANSI 多年来一直积极致力于制定这样的标准。

　　蓄电池的早期应用主要是大型电池，通常用于特殊用途和组合使用。大部分蓄电池用于汽车启动、照明和点火（SLI）的铅酸电池。这些标准由汽车工程师学会（SAE）、国际电池委员会（BCI）和日本蓄电池联合会制定。近一段时间，便携式蓄电池得到了迅速发展，在许多应用中蓄电池的尺寸和原电池一样。在制定了便携式镍镉蓄电池的标准后，IEC 和 ANSI 又分别制定了便携式镍-金属氢化物蓄电池和锂离子蓄电池的标准。表 8.1a 和表 8.1b 中列出了现行有效的电池标准。

表 8.6a 列出了国际电工委员会（IEC）和美国国家标准学会（ANSI）用于代表蓄电池电化学体系的代码。IEC 关于镍-金属氢化物蓄电池的命名法见表 8.6b。在这一体系中，第一个字母表示电化学体系，第二个字母表示形状；第一个数字表示直径，第二个数字表示高度。另外，字母 L、M、H 表示电池的放电倍率分别为低、中、高。名称中最后两个字母用于表示不同的端子设置：CF 表示无端子；HH 表示顶端为正极、外壳为负极；HB 表示两端分别为正负极端子。相关内容详见表 8.6a、表 8.6b。

表 8.6a　蓄电池电化学体系代码

ANSI	IEC[①]	负极	电解液	正极	标称电压/V
H	H	储氢合金	碱金属氢氧化物	氧化镍	1.2
K	K	镉	碱金属氢氧化物	氧化镍	1.2
P	PB	铅	硫酸	二氧化铅	2
I	IC	碳	有机电解质	氧化钴锂	3.6
I	IN	碳	有机电解质	氧化镍锂	3.6
I	IM	碳	有机电解质	氧化锰锂	3.6

① 用于便携式电池。

表 8.6b　IEC 关于镍-金属氢化物蓄电池单体和电池组的命名法

命名[①]	电化学体系代码	形状	直径/mm	高/mm	端子	示例
HR15/51(R6)	H	R	14.5	50.5	CF	H 体系单体圆柱形电池，尺寸如表中所示；没有连接端子

① 命名中的尺寸被表示为四舍五入后的整数，括号（ ）中的内容表明可以与之互换的原电池；来源于 IEC 61951-2。

8.5　各种标准类别

为了保证全球不同电池生产厂家间产品的互换性，电池标准也包含电池端子、电性能和标识。

8.5.1　电池端子

电池端子是表征单体电池和电池组的另一个形状特点。显然，如果没有将电池端子以及其他形状参数标准化，则电池将难以与用电设备上的电池槽相匹配。表 8.7 列出了电池组中的几种端子设置方式。

表 8.7　电池组中的端子设置方式

电池帽和底座	以电池的圆柱形面为极端，并与顶端绝缘
电池帽和外壳	圆柱形面代表的极端是正极端的一个组成部分
螺纹形式	极端为螺栓，并配有一个绝缘或金属的螺母
平面接触	金属片用于电接触

弹簧	以金属片或绕紧的导线作为极端
插座	由插头(无弹力的)和插座(有弹力的)组成的极端
导线	单股或多股导线
弹簧夹	可以夹住导线的金属夹
触点	与电池端子接触的金属平面触点

在使用过程中，标准中使用统一的形状和尺寸命名法来明确电池端子的设置。这样的命名法明确了除电压外所有表示电池和电池组可互换性的物理参数。

8.5.2　电性能

根据最终产品的适用性和功能性要求，实际应用并不需要对电池的电性能指标做详细规定。为防止用电设备过压，应通过合理设计确保电池组提供适当的电压。具有相同电压不同容量的电池组可以互换使用，只是工作时间不同。通过应用测试或容量测试，标准中只采用并明确了最少的电性能指标。

（1）应用测试

这是一种专门针对原电池电性能的首选测试方法。应用测试旨在模拟电池在特定使用条件下的实际情况。表 8.8a 是典型的应用测试示例。

表 8.8a　R20 型电池的应用测试示例

电池命名				R20P	R20S	LR20
电化学体系				锌碳电池（高功率）	锌碳电池（标准）	锌-二氧化锰电池
标称电压/V				1.5	1.5	1.5
应用	负载/Ω	日工作时间	电压终点/V	最短平均工作时间		
便携照明	2.2	①	0.9	220min	85min	750min
磁带录音机	600mA	1h	0.9	—	—	11h
收音机	10	4h	0.9	33h	18h	—
玩具	2.2	1h	0.8	5.5h	2h	16h

① 每 15min 工作 4min，以每天使用 8h 计。

（2）容量（能量输出）测试

容量测试通常用来确定电池在特定放电条件下能够输出的电荷数量。这种方法通常用于对蓄电池的测试，但在特定情况下也用于原电池的测试，比如当实际情况过于复杂而无法模拟或时间过长甚至日常测试无法实现时。表 8.8b 列出了一些容量测试示例。

表 8.8b　容量测试示例

电池命名				SR54
电化学体系				S
标称电压/V				1.55
应用①	负载/kΩ	日工作时间/h	终止电压/V	最小平均工作时间/h
容量（额定）测试	15	24	1.2	580

① 这种电池用于手表，由于应用测试需要 2 年完成，所以采用了容量测试。

标准中的测试条件必须加以考虑，因此应明确下列影响因素：电池温度、放电速率（或负载电阻）、放电终止条件（典型负载电压）、放电工作循环。

如果需要充电，充电速率、充电终止条件等其他充电条件和湿度等其他搁置条件也应加以考虑。

8.5.3 标识

除了前面讨论的命名外，原电池和蓄电池的标识还应包括表 8.9 中给出的部分或全部信息。

表 8.9 电池的标识信息

标识信息	原电池	小型原电池	圆形蓄电池
命名	×	×	×
生产日期或代码	×	××	×
标称电压	×	×	×
制造商/供应商名称	×	××	×
充电速率/时间	×	××	×
额定容量			×

注：×表示在电池上；××表示在电池或包装上。

8.6 法规与安全性标准

随着电池复杂程度和容量增加，以及对安全性的日益关注，制定安全性法规和标准已迫在眉睫，其目的是提高电池在使用和运输中的安全性。IEC 和 ANSI 都专门出版了原电池和蓄电池的安全性标准。这些安全标准通常是特殊的安全实验（如短路、冲击、振动、热滥用、过放、挤压等），以满足电池在使用过程中可预料的误操作时的安全要求。此外，美国安全检测实验室公司（UL）也出版了针对 UL 认证设备安全操作的电池安全性标准[4]。

表 8.10a 列出了相关组织及其确定的关于原电池和蓄电池的安全性标准。

表 8.10a 电池安全性标准

相关组织及标准	名称
美国国家标准协会	
ANSI C18.1M,Part2	美国国家标准——水溶液电解质便携式原电池和电池组的安全性标准
ANSI C18.2M,Part2	美国国家标准——便携式蓄电池和电池组的安全性标准
ANSI C18.3M,Part2	美国国家标准——便携式锂原电池和电池组的安全性标准
国际电工委员会	
IEC 60086-4	原电池 第四部分:锂电池的安全性
IEC 60086-5	原电池 第五部分:水溶液电解质电池的安全性
IEC 61982-4	电动车辆用蓄电池(锂电池除外)——镍-金属氢化物电池单体和模组安全性要求
IEC 62281	运输过程一次和二次锂电池的安全性
IEC 62133	便携式碱性密封二次电池和电池组的安全性
IEC 62485	二次电池和电池安装安全性要求
IEC 62619	工业用二次锂离子电池安全性要求
IEC 62660	电动车辆用二次锂离子电池安全性要求
Underwriters 实验室	

相关组织及标准	名称
UL 1642	锂电池标准
UL 2054	室内用和商用电池标准
UL 62133	蓄电池单体和电池组安全标准

尽管涉及电池安全性标准的各个组织致力于协调一致，但不同标准在程序、实验和判定中仍存在差别。因此，这就需要标准的使用者正确地理解标准，不能孤立地对待电池产品和其应用。

表 8.10b 列出了关注安全运输的组织及其制定的法规，这些法规涉及包括锂电池在内的电池产品。

表 8.10b　运输建议和法规

组织	名称
美国运输部（DOT）	联邦法规　第 49 章 运输
美国联邦航空管理局（FAA）	TSO C042. 锂电池（参见 RTCA DO-227 号文件《锂电池最低性能标准》）
国际航空运输协会（IATA）	危险物品法规
国际民间航空组织（ICAO）	危险物品运输安全技术导则
联合国（UN）	危险物品运输推荐测试和标准手册

由美国交通部（DOT）下属的 RSPA 委员会[5]，负责制定货物运输规范。这些规范以联邦规范（CFR 49）的形式发布，其中规定了在各种运输方式下，对电池的装卸和运输要求。隶属于 DOT 的美国联邦航空管理局（FAA）负责飞行器的安全运行，并且负责制定飞行器上电池的使用规范[6-7]。在绝大多数国家，这些类似的组织均为政府部门。

对于国际运输，运输规范由国际民用航空委员会（ICAO）[8]、国际航空运输联合会（IATA）[9] 及国际海事组织制定，由联合国（UN）危险品运输专家委员会监督指导。该专家委员会已制定出包括测试和准则[10-11] 在内的危险品运输草案，并提交给各国政府和负责制定各种产品运输规范相关的国际组织。目前，联合国的专家委员会正在制定新的锂原电池和蓄电池的运输规范。这些规范包括测试（如跌落、热、振动、冲击、短路、挤压、过充、强制放电等）和性能方面的规定[10-11]。每个单体电池和电池组中的锂含量或锂的等效组成将决定电池应采用何种特定的规定和规范进行包装、运输、标识及其他特殊规定。

上述标准、规范和指导性文件每年或定期进行修订，每种文件都应采用其最新版本。

注意：在使用标准时，必须采用最新版的标准。由于标准定期进行修改，因此只有最新版标准才能提供可靠的强制性指标要求，包括电池尺寸、端子、标识、总体设计特点、电学性能测试条件、力学测试、测试程序、安全性、运输、储存、使用及处理。

参考文献

1. SAE International, 400 Commonwealth Drive, Warrendale, PA 15096, www.sae.org.
2. Battery Council International, 401 North Michigan Ave., Chicago, IL 60611, www.batterycouncil.org.
3. Battery Council International, *Battery Replacement Data Book*.
4. Underwriters Laboratories, Inc., 333 Pfingsten Road, Northbrook, IL 60062.

5. Department of Transportation, Office of Hazardous Materials Safety, Research and Special Programs Administration, 400 Seventh St., SW, Washington, DC 20590.

6. Department of Transportation, Federal Aviation Administration, 800 Independence Ave., SW, Washington, DC 20591.

7. RTCA, 1828 L St., NW, Suite 805, Washington, DC 20036, info@rtca.org.

8. International Civil Aviation Organization, 1000 Sherbrooke Street West, Montreal, Quebec, Canada.

9. International Air Transport Association, 2000 Peel St., Montreal, Quebec, Canada.

10. United Nations, *Recommendation on the Transport of Dangerous Goods,* New York, NY, and Geneva, Switzerland.

11. United Nations, *Manual of Tests and Criteria,* New York, NY, and Geneva, Switzerland.

第**9**章

原电池导论
David Linden and Thomas B. Reddy

9.1 原电池基本特征和应用

原电池（或一次电池）是一种使用方便的电源，可用于便携式电气和电子装置，如照明、遥控器、随身听、助听器、手表、玩具、内存器件以及其他各种用途的独立电源。原电池的主要优点是：方便、简单、易于操作，几乎无需维护，尺寸和形状可与用途相匹配。此外，长储存寿命、适当的比能量和比功率、高可靠性以及低成本等均是其优点。

最近几年蓄电池（可充电电池或二次电池）发展迅速，原电池的比重有所降低。但是，由于新涌现的小型消费电子产品和充电基础设施较差的不发达国家或地区的需求，原电池的销售量依然很强劲。成本、电池容量和能量、寿命、运行时间、全周期成本、废弃物、再循环等诸多因素影响原电池或蓄电池的选择，这将在接下来的章节中进行讨论。第 23 章将对消费电子产品的应用设计和电池选择进行详细讨论。

原电池的发展已有 100 多年的历史了（早期用于电报电话系统供电），但直到 1940 年，得到广泛应用的只有锌锰电池（勒克朗谢电池，锌-二氧化锰干电池）。此后，原电池快速发展，不仅锌碳电池体系获得了长足的进步，而且出现了各种新型且性能优越的原电池。电池比能量不断提高，由早期锌锰干电池低于 $50W \cdot h/kg$，提高到现在多种电池系统的比能量超过 $500W \cdot h/kg$。约 100 年前，这种巨大的发展给镍镉和铅酸蓄电池也带来了巨大的优势。在 20 世纪 40 年代，原电池在适当温度下（$0 \sim 35℃$）储存寿命只有一年，目前传统电池的储存寿命是 $2 \sim 5$ 年。到 20 世纪 70 年代，新型锂电池的储存寿命可达十年，并能在高达 $70℃$ 的温度下储存。电池低温工作下限已从 $0℃$ 延伸到 $-40℃$，比功率成倍增大。原电池性能的相关进展概述在第 1 章中提到过，图 9.1 给出了更详细的图示。

20 世纪 70 年代至 90 年代期间随着电子技术的快速发展，原电池也有了许多显著进展。消费电子产品，如 Sony 随身听、Nintendo 游戏机、PDAs（个人数字助理）、数码相机、烟雾检测器等，以及空间和军事应用（智能弹药、主动战略防御）、植入式医疗设备（起搏器和除颤器）等的需求，极大地促进了原电池的发展。

在这期间，碱性锌-二氧化锰电池开始替代普通锌碳电池（或勒克朗谢电池），处于原电池的主导地位，并在美国市场占据主要份额。由于对环境的关注，大多数含汞的原电池体系已经消失，锌-空气电池和锂电池等新型电池技术得到了发展。这些电池迅速取代了锌-氧化汞电池和镉-氧化汞电池。锂电池采用金属锂作为负极活性物质，可以输出更高的比能量（大多数传统水溶液原电池的两倍以上），并有更适宜的工作温度范围和极长的储存寿命，显示了广泛的应用潜力。其应用范围包括从用于存储器备用电源和照相机的纽扣式与圆柱形电

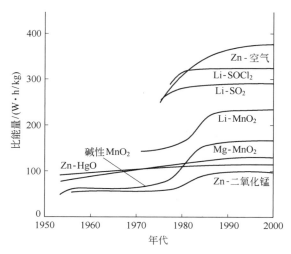

图 9.1　20 世纪原电池的发展
在 20℃下连续放电；40～60h 放电倍率；AA 型或类似的电池型号

池到用于导弹发射井备用电源的超大型电池。

但是，原电池比能量提高的空间越来越小，更先进的蓄电池体系的发展和电子设备用电功率的下降导致新型高能量电池的进一步发展受到了一定限制。尽管如此，原电池的其他一些重要性能，如比功率、储存寿命和安全性能仍在不断提升。

原电池性能方面的提升拓展了许多新的应用。体积比能量和质量比能量的提高使得电池的尺寸和重量有了根本性的减小，支撑了对讲机、PDAs、数码相机以及其他便携高功率设备的发展。以前这类设备都必须采用蓄电池或市电，但蓄电池却需要充电等烦琐的维护，因而远不如原电池使用方便。原电池不需要充电和维护因而更加便利。目前许多原电池都具有长储存寿命，由此引发了一些新的应用，比如医疗电子器具、存储器备用电源以及其他需要长期工作的设备。

9.2　原电池的种类和特性

虽然许多负极-正极体系组合可用于构建原电池（见第 1 章），但只有相当少的几种体系实现了实用化。到目前为止，锌因为具有电化学特性好、电化学当量高、与水溶液电解液相容、储存寿命长、成本低和易于获取等优点而成为使用更为普遍的原电池负极材料。铝具有较高的电化学电位和电化学当量，以及易于获取等优势，同样也是受到关注的负极材料。但由于铝易于钝化而未能成功发展成为实用的原电池体系。镁同样有着诱人的电性能（高能量密度和长储存寿命）和低成本，但是其应用仅限于军事领域。近来，更多的关注则集中在所有金属中具有最高质量比能量和最负标准电位的金属锂。采用对锂稳定的多种不同的非水电解液和各种不同的正极材料，构建了一系列锂负极电池体系，推动了原电池比能量和比功率的提升。接下来将归纳最近一个世纪主要原电池体系的各种设计和性能参数。

9.2.1　原电池的特性

不同类型原电池的典型特性和应用概括于表 9.1 中。

表 9.1 原电池体系的主要特性和应用

体系	特性	应用
锌碳电池（勒克朗谢电池），碱性锌-二氧化锰电池	普通，低成本原电池；可以选择各种尺寸	手电筒、便携收音机、玩具、小装饰品、仪器
镁电池（$Mg-MnO_2$）	高容量原电池；长储存寿命	早期用于军用收发报机、飞行器应急发报机（EPIRB）
汞电池（$Zn-HgO$）	最高容量的传统电池按体积计；放电电压平稳；储存寿命良好	助听器、医疗仪器（起搏器）、摄像机、探测器、军用装备，但由于汞的环境污染问题目前被限制使用
镉汞电池（$Cd-HgO$）	长储存寿命；高低温性能好；能量密度低	极端温度条件和长寿命的特殊应用；被限制使用
碱性电池（Zn-碱溶液-MnO_2）	更流行的通用型电池；低温性能和高放电率性能优良；成本低	更常用的一次电池；适用于各种便携式电池驱动设备
锌-银电池（$Zn-Ag_2O$）	最高质量比容量的传统电池；放电电压平稳；储存寿命良好；价格昂贵	助听器；照相机；电子表；导弹；水下和空间应用（大型）
锌-空气电池（$Zn-O_2$）	最高的能量密度；成本低；受环境条件限制大	特殊应用；助听器；传呼机；医疗仪器；军用电子设备
可溶解正极锂电池	能量密度高；储存寿命长；工作温度范围宽	凡要求高能量密度和长储存寿命的场合，可涵盖由公用设施计量仪表到军用电源的各种应用
固体正极锂电池	能量密度高；倍率放电能力强和低温性能好；储存寿命长；价格有竞争力	代替传统的纽扣式电池和圆柱形电池，例如数码相机
固态电解质锂电池	储存寿命极长；功率低	医疗电子

① 锌碳电池（本书11A部分）。勒克朗谢电池或锌碳电池因为成本低、性能好、具有即用性而成为20世纪应用最广的一种原电池。其单体电池和电池组拥有各种尺寸和特性以满足各种不同需求。在1945～1965年期间，通过采用新材料（如化学二氧化锰和电解二氧化锰及氯化锌电解质）和新电池设计（如纸板电池）使得其容量和搁置性能得到显著提升。尽管成本低廉，但是由于近年来新的高性能原电池的出现，除发展中国家外，该类型电池的市场占有率已显著降低，后续的碱性锌-二氧化锰电池具有更优异的性能。

② 碱性锌-二氧化锰电池（本书12A部分）。20世纪90年代后的二十余年间原电池市场的增加部分基本源自碱性锌-二氧化锰电池。因其在更高电流和低温下的放电性能优异且具有更长的储存寿命，而成为原电池的优选体系。虽然以单体（只）为基础计算时，碱性电池比勒克朗谢电池更贵（通常是两倍的价格），即使以能量为基础计算，碱性电池可能稍微贵一些（分别为每瓦时低于0.02美元和高于0.02美元）[1]，但对于那些需要高放电率或低温放电能力的应用，碱性电池的性价比远优于勒克朗谢电池，在这些场合下它的性能要比勒克朗谢电池优越2～10倍。此外，由于碱性电池储存寿命长，常被应用于那些电池使用不频繁且存储条件不可控但同时又要求电池在需要时能够可靠地工作的场合（如手电筒照明和烟雾报警器等）。近年来的技术进步使电池的高放电率性能进一步提升，从而可以用于那些需要高功率特性的照相机和其他消费电子产品。市场竞争已使得该类电池的价格明显下降。

③ 锌-氧化汞电池（本书12B部分）。锌-氧化汞电池是另一种重要的锌负极原电池体系。由于它具有良好的储存寿命及较高的体积比能量，曾在第二次世界大战期间得到发展并应用

于军事通信。第二次世界大战后这种电池曾制作成小型纽扣式、扁平形或圆柱形，用于电子手表、计算器、助听器、照相机及其他类似的要求高可靠性和长寿命的小型电源的应用场合。然而由于汞带来的环境问题，同时也有其他电池可以取代，例如锌-空气电池和锂电池在许多设备中都显示出了更加优越的性能，因此锌-氧化汞电池已经停止了使用。

④ 镉-氧化汞电池（本书 12B 部分）。镉代替锌作为负极虽使电压降低，但更为稳定，其储存寿命可达 10 年，并且高低温性能很好。这种电池的输出能量约为锌-氧化汞电池的 60％。同样由于该电池的汞和镉都是有害物质，已经没有商业化应用。

⑤ 锌-氧化银电池（本书 12C 部分）。锌-氧化银原电池在设计上与小型锌-氧化汞纽扣式电池相似，但是具有较高的比能量，低温工作性能较好。这些特性使得该电池体系应用于助听器、照相器具和电子表等。然而由于价格高（银的使用）以及其他电池体系的发展，这种电池体系主要限制于纽扣式电池的应用，在这些应用中较高的价格是可以接受的，而大尺寸规格的电池则被用于军事装备中。

⑥ 锌-空气电池（本书 18A 部分）。锌-空气电池体系以其高比能量著称，但在早期还只限于大型低功率电池在信号及导航设备中的应用。随着空气电极的改进，这种电池体系的高倍率放电性能得到提高，并使小型纽扣式电池广泛地应用于助听器、电子产品和类似的用途。由于不需要正极活性物质，这种电池显示出很高的比能量。但是该电池体系对极端温度、湿度和其他环境因素（如碳酸化）过于敏感，并且活化后湿储存寿命短，比功率低。即使如此，该体系的高比能量依然有着很大吸引力，目前在原电池和蓄电池方面都出现新的应用（本书 18B 部分）。

⑦ 镁电池（本书 11B 部分）。尽管镁有着诱人的电化学特性，但由于镁原电池在放电时产生氢气和部分放电电池的储存能力很差，故这种电池几乎没有商业价值。镁干电池已成功地用于军事通信设备，在这些应用中显示出较高的比能量；同时，镁电池在未放电时，即使是在高温下储存，也显示出长的储存寿命。此外，各种金属-空气电池（第 18 章）和储备电池（第 29 章）中也采用镁作为负极。

⑧ 铝电池。铝是另一个具有高理论比能量的负极材料，但铝的极化和寄生腐蚀等问题阻碍了其发展成为商品电池。铝电池的最佳应用前景是"机械式可充电"电池或储备电池（分别参见本书 11B 部分和第 29 章）。

⑨ 锂电池（第 13 章）。锂负极电池是相对近期才发展起来的（1970 年以来）。该类原电池采用金属锂为负极，非水锂离子导体为电解质，锂反应活性材料为正极。锂电池的优点是质量比能量、体积比能量最高，工作温度范围宽和储存寿命长，并正在逐步取代传统电池体系（如碱性电池）。然而除了照相机、医疗仪器、手表、存储器备份、军事装备和其他特殊应用外，锂电池并没有如早先预期的那样占领主要市场份额（可能由于其较高的价格和安全性问题）[2]。

同锌电池系列一样，现在已有一系列锂电池正在发展之中，其容量范围从小于 5mA·h 直至 10000A·h，虽然采用的设计和化学组成不同，但共同之处都是使用金属锂作为负极。锂原电池可以分成以下三类。

a. 小型、低功率固态、固化或者胶凝电解质和正极（如用于心脏起搏器等要求长寿命和高安全性）；

b. 固态复合正极和电解液（如用于小型电子装备的纽扣式和小圆柱形电池，要求电池具备高比能量、宽温度范围和长储存寿命）；

c. 液体/可溶正极（如用于军事、工业用途，从小于 $1A \cdot h$ 直至大于 $100A \cdot h$，扁圆盘形或者圆柱形，对重量、体积、鲁棒性要求高，价格昂贵）。

⑩ 固态电解质电池。固态电解质电池与其他电池体系不同，依靠固体中的离子导电，而且这种固体是一种非电子导电的化合物。任何漏电流都可能直接导致短路。典型的电池体系为液体电解质，溶质（离子类）溶解在液体介质中，使电流最小化。使用固态电解质电池的一般是低功率（微瓦级别）用电设备，但是这类电池使用时间长，特别是高温寿命。最初的固态电解质电池使用银负极和碘化银固态电解质。而现在大多数这类电池都使用锂作负极（第 28 章）。固态电解质的最新研究进展是在蓄电池体系方面，聚合物、凝胶和固态电解质的离子电导率有很大的提升，已经达到液体电解质的水平（第 22 章）。

9.3 原电池性能对比

9.3.1 概述

各种原电池体系的特征概括于表 9.2 中，该表说明锂负极电池的性能具有优势。然而由于传统原电池在许多消费应用中显示出低成本、易获得性和可接受性，它们仍然占据着大部分市场。

表 9.2 原电池的特性比较①

化学体系	电压	质量比能量	功率密度	放电曲线	低温使用	高温使用	储存寿命	成本
锌碳电池	5	4	4	4	5	6	8	1
碱性锌-二氧化锰电池	5	3	2	3	4	4	7	2
镁-二氧化锰电池	3	3	2	2	4	3	4	3
锌-氧化汞电池	5	3	2	2	5	3	4	5
镉-氧化汞电池	6	5	2	2	3	2	3	6
锌-氧化银电池	4	3	2	2	4	3	5	6
锌-空气电池	5	2	3	2	5	5	—	3
可溶解正极锂电池	1	1	1	1	1	2	1	5
固体正极锂电池	1	1	1	2	2	3	2	3

① 1～8 代表性能依次降低。

主要原电池的性能在表 9.3 中汇总列出。对比于第 1 章列出的不同原电池体系的理论和实际电性能，需要注意的是，由于设计冗余和非理想放电条件，在实际条件下一般只能获得大约 $25\%～35\%$ 的理论容量。

另外，与第 5 章讨论一致，各种电池的性能及对它们作出的比较都是基于单体电池的数据，并进行了相应的近似处理，而且是在电池相应的有利放电条件下获得的。然而，电池体系的特殊性能不仅依赖于电池和电池组的设计，还与电池使用和放电的所有特殊条件有着密切关系。

表 9.3 原电池性能

体系	锌碳电池(勒克朗谢克朗谢电池)	锌碳电池(氯化锌)	镁二氧化锰	碱性锌二氧化锰	锌氧化汞	镉氧化汞	锌氧化银	锌空气	锂二氧化硫①	锂亚硫酰氯①	锂二氧化锰①	锂硫化铁①	固体电池
化学物质													
负极	Zn	Zn	Mg	Zn	Zn	Cd	Zn	Zn	Li	Li	Li	Li	Li
正极	MnO_2	MnO_2	MnO_2	MnO_2	HgO	HgO	Ag_2O 或 AgO	O_2(空气)	SO_2	$SOCl_2$	MnO_2	FeS_2	I_2(P2VP)
电解液	NH_4Cl 和 $ZnCl_2$(水溶液)	$ZnCl_2$(水溶液)	$MgBr_2$ 或 $Mg(ClO_4)_2$(水溶液)	KOH(水溶液)	KOH 或 NaOH(水溶液)	KOH(水溶液)	KOH 或 NaOH(水溶液)	KOH(水溶液)	有机溶剂的盐溶液	$SOCl_2$/$LiAlCl_4$	有机溶剂的盐溶液	有机溶剂的盐溶液	固态电解质
单体电压/V②													
标称电压/V	1.5	1.5	1.6	1.5	1.35	0.9	1.5	1.5	3.0	3.6	3.0	1.5	2.8
开路电压/V	1.5~1.75	1.6	1.9~2.0	1.5~1.6	1.35	0.9	1.6	1.45	3.1	3.65	3.3	1.8	2.8
中值电压/V	1.25~1.1	1.25~1.1	1.8~1.6	1.23	1.3~1.2	0.85~0.75	1.6~1.5	1.3~1.1	2.9~2.75	3.6~3.3	3.0~2.7	1.6~1.4	2.8~2.6
终止电压/V	0.9	0.9	1.2	0.8	0.9	0.6	1.0	0.9	2.0	3.0	2.0	1.0	2.0
工作温度/℃	-5~45	-10~50	-40~60	-40~50	0~55	-55~80	0~55	0~50	-55~70	-60~85	-20~55	-20~60	0~200
20℃下的比能量②													
纽扣式电池:													
质量比能量/(W·h/kg)				81	100	55	35	415			230		
体积比能量/(W·h/L)				361	470	230	30	1350			45		
圆柱形电池:										卷绕 碳包	卷绕 碳包		
质量比能量/(W·h/kg)	65	85	100	154	105			方形 500	260	590 450	270 261	310	220~280
体积比能量/(W·h/L)	100	165	195	461	325			方形 1250	415	1100 970	620 546	560	820~1030
放电曲线特征(相对)	倾斜	倾斜	轻度倾斜	轻度倾斜	平坦	平坦	平坦	平坦	非常平坦	平坦	平坦	开始平坦,然后上升	平缓(在低倍率放电率下)
功率密度	低	低到中等	适中	适中	适中	适中	适中	低	高	中等(依赖于具体设计)	适中	中高	很低

体系	锌碳电池（勒克朗谢电池）	锌碳电池（氯化锌）	镁-二氧化锰	锌-氧化汞	镉-氧化汞	锌-氧化银	锌-空气	锂-二氧化硫[1]	锂-亚硫酰氯[1]	锂-二氧化锰[1]	锂-二硫化铁[1]	固体电池
20℃下自放电率（容量损失）/（%/年）[2]	10	7	3	4	3	6	3（如密封式）	2	1~2	1~2	1~2	<1
优势	成本最低；常规条件下使用；具有各种形状，易易获得	成本低；性能优于普通锌二氧化锰电池	比锌锰电池容量高；储存性能好（未放电）	体积比能量高；放电电压平坦；电压稳定	高低温性能好；储存寿命长	能量密度高；高倍率放电性能好	体积比能量高；储存寿命长（密封式）	能量密度高；低温性能最好；储放电好；储存寿命长	比能量高；因具有保护性膜而储存寿命长	能量密度高；低温性能好；高放电率好；可以用来代替小型传统电池	高放电率性能好；可代替碱性锌二氧化锰电池	储存寿命好（10~20年）；使用温度周宽（达200℃）
限制	比能量低，低温性能，高放电电率性能差	产生气体多；比高级碱性电池性能差	放电时析气多（H₂）；电压滞后	昂贵；质量的因汞；一般；低温性能差	昂贵，体积比能量低	昂贵，但组扣式电池应用的性价比高	受环境影响，电解液渗漏或干涸；输出功率较低	存在内部压力；有潜在的安全问题；含有毒成分；运输受到管制	储存后有电压滞后	一般仅限于小尺寸电池；大尺寸电池还在研发中；运输受电到管制	比碱性电池成本高	放电率极低；低温性能差
目前状态	大规模生产；市场份额正在减少	大规模生产；是更流行的原电池	NLA[4]	因汞的毒性，退出市场	产量有限；因有毒性，除特殊应用外，正在退出市场	处于生产中	中等规模生产，在助听器中使用	中等规模生产；主要用于军事领域	以各种尺寸设计生产；主要用于特殊用途	产量不断增加	一般生产AAA和AA型号；9V电池也能提供	为特殊用途生产
可提供的主要型号	圆柱形单体和组合电池（见本书11A部分）	圆柱形单体和组合电池（见本书11B部分）	以前可提供圆柱形单体和组合电池（见本书11B部分）	NLA[4]（见本书12A部分）	NLA[4]	组扣式电池（见本书12C部分）	组扣式电池（见第18章）	圆柱形电池（见第13章）	（见第13章）	组扣式电池，小型圆柱形电池（见第13章）	圆形电池和9V电池（见第13章）	（见第28章）

[1] 见第13章其他锂一次电池。

[2] 数据为20℃下，最佳放电条件下获得，详见第11章（水系电池）、第12章（碱性电池）、第13章（锂电池）。

[3] 自放电率通常随储存时间而降低。

[4] 已不再有商品供应。

9.3.2　电压和放电曲线

　　图 9.2 比较了主要原电池类型的放电曲线。锌负极电池的放电曲线倾斜度较大，电压一般约在 0.9～1.5V 之间。锂负极电池的电压与正极有关，通常较高，多数为 3V 左右，终止电压约为 2.0V。Mg-MnO$_2$ 和 Li-MnO$_2$ 电池具有中等平缓程度的放电曲线，而其他多数电池的放电曲线都相对较平坦。

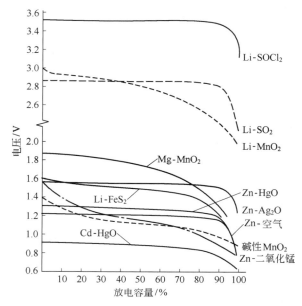

图 9.2　各种原电池体系以 30～100h 倍率放电时的性能曲线

9.3.3　功率和能量指标

　　图 9.3 给出了 20℃ 下各原电池体系以不同放电倍率放电时的比能量（质量比能量）。该图表示出每种电池（标称到 1kg 电池质量）在以不同功率水平放电至规定的终止电压时的工作时间。由此，电池比能量（质量比能量）则可按下式进行计算：

　　　　比能量（W·h/kg）＝比功率（W/kg）×工作时间（h）（即 A·V·h/kg）

　　除了由于镉-氧化汞电化学体系电压低，使其在低放电倍率时的比能量最低外，常规的锌-二氧化锰电池是原电池中比能量最低的体系。实际上，锌-二氧化锰电池在低放电负载和间歇放电时的工作性能最好。间歇放电与连续放电相比，由于电池在放电间隔期间有一个休息或恢复的时间，相比持续放电条件，电池工作寿命会有显著的提高（尤其是高放电倍率放电条件）。

　　各种电池的大电流或高功率放电能力表示在图 9.3 中，高放电倍率下的放电曲线倾斜程度更大。图中 1000W·h/kg 的虚线表示在所有放电倍率下，电池保持恒定容量或能量时的斜率。但是大多数电池体系的性能曲线即使在小倍率放电时也低于理想斜线（1000W·h/kg 虚线）。高倍率放电时电池的性能衰减更加严重，导致斜率下降更加急剧。对于具有高功率放电能力的电池类型，在更高放电倍率下才出现斜率下降，如锌碳电池。但是，重负载氯化锌型锌碳电池（见本书 11A 部分）在高倍率放电时显示出更好的性能；同时，碱性锌-二氧化锰电池、锌-氧化汞电池、锌-氧化银电池以及镁-二氧化锰电池在 20℃ 下具有基本相同的

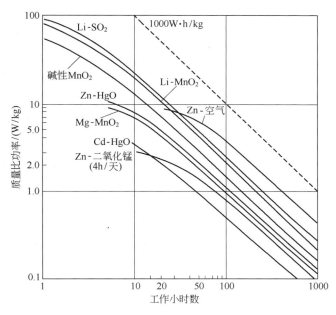

图 9.3　各种电化学体系原电池的比功率与工作时间的关系对比

比能量和性能。锌-空气电池体系在低放电倍率下放电时，显示出更高的比能量；但在高放电负载下，其比能量急剧下降，比功率较低。锂电池具有高比能量的特点，归因于较高的电池电压。Li-SO$_2$ 电池可以在高放电倍率时输出较高容量。

对于纽扣式和小型电池来说，由于它们重量很轻，因此体积比能量（W·h/L）相对于质量比能量（W·h/kg）是更有用的参数。以锂为负极的电池，由于锂的密度为 0.54g/cm^3，在体积比能量方面优势较小。锂电池与锌碱性电池和 Zn-HgO 电池等在体积比能量方面的对比在第 1 章和本章的后面小节中有详细的讨论。第四部分的很多章节对多种类型电池在不同放电倍率、温度、运行时间/工作时间等操作条件下，体积比能量（W·h/L）与质量比能量（W·h/kg）以及体积比功率（W/L）与质量比功率（W/kg）进行了对比。

9.3.4　典型原电池性能对比

图 9.4 给出了以典型纽扣式电池（IEC标准 44 型）为代表的多种原电池体系的性能比较。数据采集条件是 20℃、放电倍率为 $C/500$（500h 倍率放电）的额定容量。不同电池体系的性能都可以进行比较，但应该认识到电池制造商可以按照应用的需求和特定市场的要求，设计和制造出同样尺寸、同一化学体系但容量和其他性能不同的电池。

表 9.4 总结出几种不同圆柱形原电池体系的性能，AA 型电池的放电曲线在图 9.5 中给出。

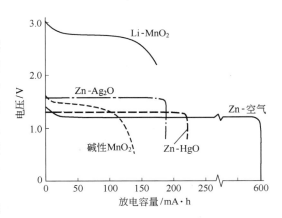

图 9.4　20℃下原电池典型放电曲线
ϕ11.6mm×5.4mm，Li-MnO$_2$ 电池为 1/3N 型

表 9.4　圆柱形原电池比较①

电池体系	锌碳电池（标准型）	锌碳电池（重负载氯化锌型）	碱性锌-二氧化锰②	锌-氧化汞①	镁-二氧化锰①	锂-二氧化硫	锂-亚硫酰氯（碳包型）	锂-二氧化锰（卷绕型）	锂-二硫化铁
工作电压/V	1.2	1.2	1.2	1.25	1.75	2.8	3.3	2.8	1.5
D 型电池									
容量/A·h	4.5	7.0	18.5	14	7	7.75	19	11.1	
能量/W·h	5.4	8.4	22.8	17.5	12.2	21.7	64.6	30.0	
质量/g	85	93	148	165	105	85	93	115	
质量比能量/(W·h/g)	65	90	154	105	115	255	695	261	
体积比能量/(W·h/L)	100	160	407	325	225	397	1235	546	
N 型电池									
容量/A·h	0.40		1.0	0.8	0.5				
能量/W·h	0.48		1.20	1.0	0.87				
质量/g	6.3		9.0	12	5.0				
质量比能量/(W·h/g)	75		133	85	170				
体积比能量/(W·h/L)	145		364	330	290				
AA 型电池									
容量/A·h	0.8	1.05	2.80	2.5		0.95	2.4	1.4③	3.1
能量/W·h	0.96	1.25	3.39	3.1		2.66	8.41	3.9	4.495
质量/g	14.7	15	23.0	30		15	18	17	14.5
质量比能量/(W·h/g)	65	84	147	103		177	467	235	310
体积比能量/(W·h/L)	125	162	418	400		334	1007	525	562

① 这些电池有可能已不再供应。

② 碱性 Zn-MnO$_2$ 电池数据基于截止电压为 0.8V。

③ 2/3A 型。

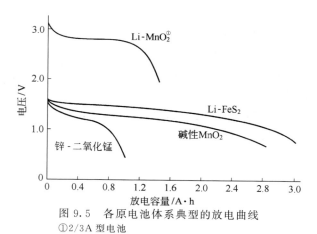

图 9.5　各原电池体系典型的放电曲线

①2/3A 型电池

AA 型电池，约以 20mA 放电

9.3.5 放电负载及循环制度的影响

放电负载对电池容量的影响已经在图 9.3 中展示，在图 9.6 中再次就几种原电池体系进行了说明。勒克朗谢锌-二氧化锰电池的性能随放电倍率的增加而急剧变差，而碱性锌-二氧化锰电池（碱性 AA 电池）在放电倍率增大时，性能衰减较小。锂电池的比能量最高，并可以在较高的放电倍率下保持一定的比能量。对于较低功率的应用，锂电池工作时间是锌碳电池的 4 倍，是碱性电池（锌-二氧化锰电池）的 3 倍。但是，对于负载较重的应用，如玩具和动力驱动等所需要的电源以及用于脉冲放电等，锂电池的工作时间可以达到碱性电池的 24 倍，锌碳电池的 8 倍，甚至更高。对于重负载应用，选用高等级电池在性能和成本上都是可行的。

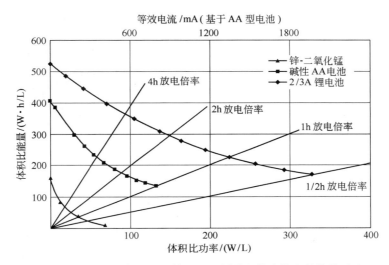

图 9.6　20℃时，各原电池体系以不同放电倍率放电的性能对比

9.3.6 温度影响

各种原电池在宽温度范围内的质量比能量在图 9.7 中给出，体积比能量在图 9.8 中给出。可溶性正极锂电池体系（$Li-SOCl_2$ 和 $Li-SO_2$）在整个温度范围内的性能最好，而高功率 $Li-SO_2$ 体系在非常低的温度下具有最好的容量保持能力。锌-空气电池体系在常温轻负载下有较高的比能量。固体正极锂电池体系以 $Li-MnO_2$ 体系为代表，它在较宽的温度范围内有着较好的工作性能，优于常规的锌负极电池体系。图 9.8 表明，具有更高密度、更重的电池体系具有更高的体积比能量。

值得注意的是，如前面所述，这些数据是规范化的，并只代表每种电池体系在有利放电条件下的数据。由于制造商、设计、尺寸、放电条件、截止电压以及其他因素，电池性能也具有多变性，因此它们可能不能用于特定条件。关于每一种电池体系的这些细节请参阅第四部分的有关章节。

9.3.7 原电池的储存特性

主要原电池体系的储存特性在图 9.9 中给出，图中给出了从 20℃至 70℃，电池容量的年损失率。电池容量损失率的对数值与温度倒数的对数值（热力学温度）之间成线性关系。根据该数据可以推测在整个储存期内电池容量损失率保持恒定，但是这种情况不一定符合大

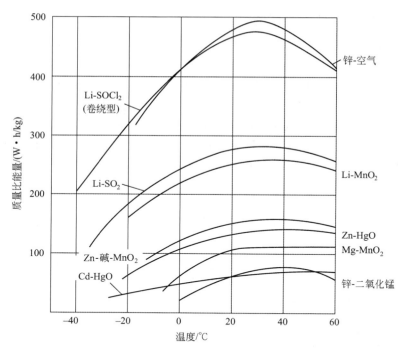

图 9.7　各种原电池体系的质量比能量

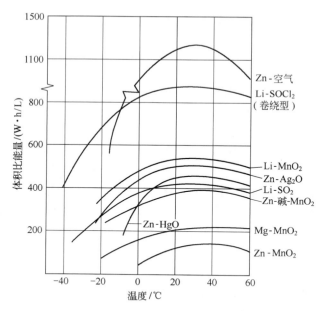

图 9.8　各种原电池体系的体积比能量

多数电池体系。如第 13 章所讨论的几种类型的锂电池，容量损失率随储存时间的延长而下降。由于每种电池体系在电池设计和组成上都各不相同，所以这些数据也仅反映了一般规律。放电条件和电池大小同样对原电池储存寿命有影响。放电条件越苛刻，电池的容量损失越大。

　　电池的储存能力随着储存温度的下降而增加，高于电解液凝固点的低温储存可以延长电池的储存寿命。随着多数电池储存寿命的改善，制造商不再推荐低温储存，但建议室温储存，以避开高温储存条件。

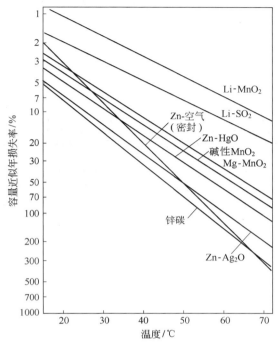

图 9.9　各种原电池体系的储存特性

9.3.8　成本

最近十年，各种类型电池的成本经历了非常大的变化。新技术、快速商业化、大规模应用、原材料供给提升和全球价格竞争等优势为企业和投资者提供了大量机会；同时，电池的定价并不总是与成本一致。电池公司总是追求最大利润空间，经常通过提供特殊的包装和电子电路以获取附加利润。经济规模、能量供给成本（如电力、太阳能等）、原料供给波动等使电池成本推断更加复杂化。受到货币兑换涨落和贸易平衡的影响，以及政府、财团、商业协会在补贴电池开发和实施方面的普遍作用，电池技术的实际成本难以厘清，并且必然有大的变动。尽管如此，随着电池材料的不断丰富以及电池设计和结构的不断提升，电池成本必然愈来愈低。

9.4　原电池再充电

原电池再充电从根本上是被禁止的。现在很多电池使用易燃、有毒材料，并且电池是严格密封的，没有任何可使充电时产生的气体逸出的设计。水系原电池中，电解水产生的氢气可能使内部压力增大，可能导致电池漏液、破裂或爆炸，甚至引发人身伤害、损坏机器或其他类似的伤害。因此，大多数原电池都贴有禁止再充电的标签。

虽然在某些出版物和互联网公告中有关于原电池再充电的报道，但是并不适于所有环境。除非在非常严格的条件下（具有防火、防爆、防毒的房间或者相同环境）并有详细的后续安全措施，否则不可对原电池进行充电。原电池充电实验必须在非常仔细的控制条件和非常小的倍率下进行，即使如此也有可能导致电池失效。因此，原电池都是设计为不可再充电的，不要试图对任何原电池进行充电。

　　需要注意的是，有些电池厂家已经开始出售可充放的碱性锌-二氧化锰电池（本书 16B 部分），这些电池体系已经重新设计成可再充电结构，要求必须在特定的条件下进行充电，并且具有安全防护措施。

参考文献

1. https://www.alibaba.com/product-detail/Carbon-zinc-dry-Cell-OEM-Welcome_60613089748.html?spm=a2700. 7735675.30.55.qLOyFc&s=p $0.02, AA, 0.8 Ah dry cells and https://www.alibaba.com/product-detail/Smartlock-Battery-1-5V-AA Size_60620478904.html?spm=a2700.7735675.30.154.AAMY41&s=p, $0.075, AA alkaline, 2.4 Ah, extracted May 29, 2017.

2. http://www.thenational.ae/news/uae-news/lithium-battery-fire-risk-linked-to-dubai-plane-crash, extracted June 3, 2017.

第 10 章

蓄电池导论

Thomas B. Reddy, Kirby W. Beard

10.1 蓄电池应用

大型蓄电池主要应用于车辆的启动、照明和点火（SLI），参见第 14 章；载重卡车的货物装卸（26B）；军事和政府设备（第 14 章、第 15 章和 25B）；应急和备用电源（第 14 章和第 17 章）。小型蓄电池大量用于电动工具（24A）、照明（24B）、玩具、相机、通信类和各种消费电子设备（第 23 章）、便携式计算机、便携式摄像机等。最近，蓄电池在纯电动和混合电动车辆（26A）、电网储能（27）领域的应用发展迅猛。蓄电池的应用主要分为以下两类。

① 储能：由一次能源对其进行充电，当主电源失效或无法满足能耗时，蓄电池按要求供电。例如，作为车辆、飞行器、不间断电源（UPS）、备用电源和混合电动汽车应用电源。

② 便携/移动电源：蓄电池放电，使用后定期充电。该应用模式经常与原电池竞争（消费电子设备）或者用在不宜使用原电池的设备中（电动汽车、载重卡车和某些固定电源应用）。这些应用选择蓄电池主要是基于便利性、成本和功率消耗等方面的考虑。

10.2 分类

电池可以按多种方式进行分类。最常用的分类方式是按电解质类型，分为水系和非水系。虽然有其他电解质类型存在（固态、熔盐电解质等），但是按是否使用水为溶剂对电池进行分类有较大优势，不仅因为是否存在水，更是因为电极类型（和离子类型）。特定电化学体系的活性材料一般不能用于其他体系。

对于水系电池更细化的分类一般是基于 pH 值：酸性、中性和碱性。因此，本电池手册中蓄电池的章节结构按以下顺序进行编写。

酸性电解质：第 14 章（铅酸电池）。

碱性和中性电解质：第 15 章（镍正极）和第 16 章（金属氧化物正极）。

非水电解质：17A（锂离子）和 17B（锂金属负极）。

非水电解质可以进一步分为有机液体和无机液体。多数锂离子电池使用有机溶剂和锂盐。可充电的无机体系还没有实现商品化，一般使用液相负极，同时作为电解质和活性材料，如二氧化硫和溴。

18B（碱性金属-空气电池）、第 19 章（燃料电池）和第 20 章（电容器）给出的特殊电化学体系也可以作为蓄电池使用，更详细的内容将在相关章节中继续讨论。这些电化学体系使用的电解质范围非常广泛。

金属-空气电池：大部分使用碱性电解液；

燃料电池：可以使用碱性、熔盐/碳酸盐、无机电解质等；

电容器：酸性和有机电解液。

10.3　市场趋势

2015 年全球蓄电池市场规模大约 650 亿美元[1]，铅酸蓄应用最为广泛，其中 SLI 电池占据了主要市场份额，但是由于其他体系电池的广泛应用，这一份额在逐年减少。2015 年锂离子电池的产量约 60 亿只，销售额达到 250 亿美元[1]，主要增长领域在使用小型蓄电池的消费类产品（不包括电动车辆）。锂离子蓄电池在过去十年中占据了 75% 的小型密封蓄电池的市场份额。

表 10.1 和表 10.2 给出了蓄电池的销售趋势［弗里多尼亚集团（Freedonia Group）提供，2016 年 12 月］。表 10.1 给出了过去 15 年蓄电池的相对市场需求并预测未来 5 年的变化。可以看出，电池市场明显增长（20 年期间增加至 4 倍），增长速率是原电池的 3 倍（在相同期间内，原电池增加至 2 倍，蓄电池增加至 6 倍）。蓄电池市场在规模上几乎是原电池的 2 倍，到 2024 年将接近 5 倍。

表 10.1　全球电池产品需求①　　　　　　　　　　单位：百万美元

项目	2004 年	2009 年	2014 年	2019 年	2024 年
全球电池需求	36345	56145	82470	120000	166500
原电池	12990	16455	19865	24050	28150
蓄电池	23355	39690	62605	95950	138350
价格平减指数（以 2013 年为 100 计）	76.2	99.1	98.9	92.9	77.0
全球电池需求［百万美元(2013)］	47.670	56650	83410	129130	216160

①《美国应用和终端电池市场》，表Ⅳ-6，弗里多尼亚集团 2016 年出版。

表 10.2 中将蓄电池市场分成三个主要类型（接下来将要讨论的铅酸电池、锂离子电池和镍基碱性电池）和其他种类。蓄电池市场份额从 2004 年的 64.3% 扩展到 2024 年的接近 85%。铅酸电池增加 4 倍，锂离子电池由于起点较低，增加至 10 倍以上。锂离子电池逐步接近铅酸电池的商业规模（在 20 年间从铅酸电池规模的 1/4 增长到接近 2/3）。

该数据表明了蓄电池市场的发展趋势，从几年前的 600 亿美元增长到近几年的 1000 亿美元（约 2020 年）。

表 10.2　不同化学体系的全球蓄电池产品需求①　　　　　单位：百万美元

项目	2004 年	2009 年	2014 年	2019 年	2024 年
全球电池需求	36345	56145	82470	120000	166500
蓄电池份额	64.3%	70.7%	75.9%	80.0%	83.1%
全球蓄电池需求	23355	39690	62605	95950	138350
铅酸电池	15564	27415	41540	59800	80050

项目	2004 年	2009 年	2014 年	2019 年	2024 年
锂离子电池	4206	7433	14800	28500	49500
镍基电池	2436	3331	4330	5340	6105
其他	1149	1511	1935	2310	2695
蓄电池价格平减指数（以 2013 年为 100 计）	73.9	98.8	99.0	90.0	72.1
蓄电池需求［百万美元(2013)］	31610	40170	63230	106640	191890

① 《美国应用和终端电池市场》，表Ⅳ-12，弗里多尼亚集团 2016 年出版。

10.4　蓄电池常规特性

传统的水系蓄电池具有较高的比功率、平稳的放电电压、较好的低温性能，但是蓄电池的体积比能量、质量比能量、荷电保持能力低于原电池。锂离子蓄电池具有较高的能量密度，较好的荷电保持能力，但其在功率密度、使用温度范围方面还存在不足。这是由于锂离子电池中使用质子惰性溶剂，导致电解液电导率低于水系电解液。该问题可以通过增加电极表面积来解决（第 17 章）。不同蓄电池体系的质量比能量和体积比能量如下：

- 铅酸电池：30～50W·h/kg，70W·h/L；
- 镍镉电池（Ni-Cd）：45～80W·h/kg，100W·h/L；
- 镍-金属氢化物电池：60～120W·h/kg，>250W·h/L；
- 锂离子电池：120～300W·h/kg，400～650W·h/L；
- 锂硫电池或者类似体系：500～800W·h/kg，350～800W·h/L；
- 金属（Zn，Li）-空气电池：>1000W·h/kg，1500W·h/L（可能每次循环需要更换负极）。

普兰特（Planté）于 1859 年发明了铅酸蓄电池，随后爱迪生（Edison）于 1908 年发明了铁镍碱性蓄电池；之后出现了多种电池体系，包括镍镉电池（1909 年）、银锌电池（20 世纪 40 年代）和锂金属负极电池（20 世纪 80 年代，如 MoliCel[®]）。早期蓄电池的应用领域包括电动车辆、载重卡车和固定应用等。铁镍碱性蓄电池的耐久性好，但是成本高，需要维护，体积比能量低[5]。

目前袋式镍镉蓄电池仍在应用，主要为烧结极板设计，应用于类似启动飞机发动机等需要高比功率和高体积比能量的场合。20 世纪 50 年代密封镍镉电池主要占据了便携电源市场，与密封铅酸电池和后来的镍-金属氢化物电池共享市场，但是现代锂离子电池具有更高的质量比能量和体积比能量。

锂离子电池的发展史短暂但成就极为丰富。锂原电池的应用历史已有几十年，但是锂蓄电池在十年内就获得了全球范围内的成功，占据了除 SLI 电池外的大部分市场，甚至取代了所有碱性蓄电池。在锂离子电池迅速发展的过程中，高能量密度和高倍率性能起了重要作用，外形和电压也有利于电池的推广。密封水系电池不可能制备成消费电子领域需要的薄、扁状电池，并且由于锂离子电池电压较高（几乎达到碱性电池的 3 倍，铅酸电池的 2 倍），可以使用单体电池或者几只电池，大幅度简化了控制电路的设计。锂电池的未来前景广阔，且每瓦时的成本还在不断降低。表 10.3 概括了各种蓄电池的主要特点和应用。

表 10.3　蓄电池的主要特点和应用

体系	特点	应用
铅酸蓄电池		
汽车	广泛应用的低成本蓄电池,低比能量、高倍率特性、低温特性好;免维护设计	汽车 SLI,高尔夫球车,割草机,拖拉机,飞机,船只,微混动力车
牵引(动力用)	6～9h 深度放电,周期性运行	工业卡车,运输机械,电动汽车和混合电动汽车,经特殊设计后可作为潜艇动力
备用	可浮充,长寿命,阀控式密封设计	应急电源,公用设施,电信,UPS(不间断电源),负载调整,储能,紧急照明
便携式	密封,免维护,成本低,浮充性能好,循环寿命中等	便携式工具,小型设备和装置,便携式电子设备
镍镉电池		
工业和 FNC(纤维镍镉)	高倍率性能,低温性能和浮充性能好,循环寿命长	航空电池,工业和应急电源,通信设备
便携式	密封,免维护,高倍率性能和低温性能好,循环寿命长	铁路设施,消费类电子产品,便携式工具,传呼机,家用器具,摄影器材,备用电源,存储备份
镍-金属氢化物电池	密封,免维护,比能量高于镍镉电池,高能量密度和功率密度	消费类电子产品和其他便携式设备,混合电动汽车
铁镍电池	耐用,结构坚固,长寿命,比能量低	运输机械,固定设施,机车
锌镍电池	比能量高,循环寿命和倍率特性好	电动自行车,电动摩托车,电动工具类消费电子器具
锌银电池	比能量最高,高倍率性能出色,循环寿命短,成本高	靶标,无人机,潜艇,其他军事应用,着陆器和空间探测器
镉银电池	比能量高,荷电保持能力好,循环寿命中等,成本高	轻型、高能便携式设备;卫星
镍氢电池	浅充放下循环寿命长,使用寿命长	主要用于空间应用,如低地球轨道(LEO)卫星和地球同步轨道(GEO)卫星
环境温度可充式原电池(Zn-MnO$_2$)	成本低,荷电保持能力强,密封且免维护,循环寿命和倍率特性有限	圆柱形电池,可作为替代锌碳电池和碱性原电池的蓄电池,用于消费类电子产品(常温使用)
锂离子电池	质量比能量和体积比能量高,循环寿命长,高功率输出	便携式和消费类电子产品,电动汽车(EV、HEV,PHEV),空间应用,电能储存

10.5　蓄电池的种类和特点

　　蓄电池中电能和化学能间的转换需要具备可逆、高能量效率、微物理变化等特征。充放电过程中的化学反应会造成电池组分衰减,导致搁置寿命和循环寿命下降、能量损失、电阻升高以及高低温时性能恶化。理想情况下,蓄电池既能循环又可保持安全。因此,只有有限的几类蓄电池体系能满足要求,且仅有少数几种蓄电池得到成功推广,总结如下。

10.5.1 铅酸电池

铅酸电池（参见第 14 章）具有很强的适应性，经常可以根据消费者的需求定制。自 2015 年，铅酸电池占据蓄电池市场的最大份额，在 350 亿～450 亿美元之间（见 10.3 节）。铅酸电池的充放电过程在很宽的温度区间内基本是稳定且可逆的。低成本、长循环寿命和高再生率使铅酸电池占据主导位置。虽然铅具有一定的毒性，但是铅暴露已经完全得到控制。

表 10.3 和第 14 章中列出了多种规格的铅酸蓄电池，从 1A·h 的小型密封电池到 12000A·h 的大型电池。到目前为止汽车用 SLI 电池是应用更广泛的蓄电池。虽然铅酸电池的设计更新较慢，但还是出现了一些新技术，如富液加强型蓄电池（EFB，也称为免维护电池）、阀控式铅酸（VRLA）电池抢占了传统"富液"电池的市场。铅合金板栅的使用减少了水的损失（几乎不需加水）并降低了自放电率，使电池能够以荷电状态在潮湿的环境中搁置更长的时间。

启停电池和轻度混合动力电动汽车电池，以及潜在的 48V 汽车系统需要新的电池设计。采用碳添加剂和修饰隔膜的 EFB 电池在性能和价格方面相对具有优势。工业铅酸电池通常比较大并且更加坚固可靠。分类如下：

① 动力牵引型电池，主要用于物料搬运卡车、拖拉机、矿山机械、人员载送车。

② 柴油机车启动电池。

③ 固定式应用，主要用于电信系统、电力系统中的电子设备、应急和备用电源、不间断电源（UPS）、铁路信号灯和汽车动力系统。该类应用领域逐步采用 VRLA 结构。

正极板设计包括如下：

① 管式电极和涂膏式平板电极（用于汽车动力、柴油发动机启动和固定应用）。

② 普朗克式电极。

使用纯铅为正极板的普朗克电池主要应用于固定式应用领域，铅锑合金或铅钙合金主要应用于平板电极结构的电池。在新设计中还出现了凹体设计，如应用于电话备用电源的"圆柱形电池"，取代了常规的方形设计。

基于吸附式玻璃纤维棉（AGM）的密封铅酸电池中，电解液呈固定、"贫液"状态，并采用可重复密封压力阀，实现了氧气复合（类似于密封镍镉电池设计），是铅酸电池技术的重要进步。充电过程中正极产生的氧气扩散至负极，并与氢结合，减少了 95% 的气体释放。到目前为止，70% 的通信设施用电池和 80% 的 UPS 电池都采用 VRLA 电池。小型密封铅酸蓄电池采用两种结构：一种是极板平行的方形结构，容量为 1～30A·h；另一种是外观与常见的碱性原电池相似的圆柱形结构，容量能达 25A·h。为了防止漏液，这些电池中酸性电解质呈凝胶状，而不是被吸附电解液，板栅采用铅钙锡合金或者纯铅。

铅酸蓄电池的其他应用包括潜艇电源和用于发动机无法工作场合的备用电源，如室内或矿井，还可用于负荷调整和太阳能光伏系统的储能装置等需要低成本电源的领域。

新型设计的超级铅酸电池（Ultrabattery^{TM}）和富液加强型蓄电池（EFB）都使用碳负极板（部分或者全部碳负极）或者碳负极板与标准负极板配合。这两类电池主要应用于电动汽车和电网储能领域。

10.5.2 碱性蓄电池

另一种主要的传统水系蓄电池是碱性蓄电池（KOH 或 NaOH 溶液）体系（表 10.3，第 15 章、16 章）。碱性电解液与电极材料的反应活性低于酸性电解液。和铅酸电池不同，碱性电解液在充放电机理中没有水的产生和消耗，因而电解液的组成和浓度保持不变。正极活性物质主要是羟基氧化镍和其他形式的氧化物。

铁镍蓄电池（本书 15A 部分）：至 20 世纪 70 年代，铁镍蓄电池在固定电源和工业运输领域的应用逐渐被工业铅酸蓄电池所取代。铁镍蓄电池的主要组成是镀镍钢带，具有结构坚固的特点，但是比能量低、荷电保持能力差、低温性能不好、成本较高。

镍镉蓄电池（本书 15B、15C 部分）：镍镉蓄电池具有多种开口设计和规格，采用开口袋式极板结构或者烧结极板结构。开口袋式电池非常结实耐用，寿命很长，除了偶尔需要添加水外，几乎不需要维护。烧结极板结构是一种新发展的技术，具有更高的体积比能量和更好的性能，但是价格较贵。最新的极板设计采用泡沫镍电极、纤维镍电极或者黏结式电极（压制电极）。密封式电池采用负极过量设计，允许氧气复合，可以设计成方形、纽扣式和圆柱形。

锌镍电池（本书 15E 部分）：锌镍蓄电池的性能指标介于镍镉电池和锌银电池之间，体积比能量高于镍镉电池，但是循环寿命有限（变形引起衰减）。该类电池具有较好的性价比，目前仍在使用。

氢和金属氢化物电极电池（本书 15D、15E 部分）：当使用传统镍正极时，以低温液体、气体、分子海绵吸附等状态储存的氢都是可接受的负极活性物质。镍氢电池专用于航天领域的低地球轨道（LEO）卫星和地球同步轨道（GEO）卫星（本书 25B 部分）。在该领域，最近被具有更高性价比的锂离子电池替代。密封金属氢化物电池中使用金属合金储存氢气，质量比能量和体积比能量都明显高于镍镉电池，曾广泛应用于便携式电子设备和混合电动汽车，但是同样被锂离子取代了。

氧化银电池（本书 16A 部分）：锌银电池显著的优点是体积比能量高、内阻低、放电电压平稳，主要应用在将高体积比能量作为首要要求的领域。银的高成本限制了该类电池在军事、空间中的应用。该类电池的循环寿命、湿储存寿命和低温性能都较差。

其他电池（第 16 章、第 18 章）：基于碱性锌-二氧化锰原电池体系的电池也可以作为短时蓄电池使用，但是容量和循环寿命有限。关于氧化铁（本书 16C 部分）蓄电池和锌-空气（本书 18B 部分）蓄电池的研究还在继续。

10.5.3 锂蓄电池

锂离子电池（本书 17A 部分）：锂离子电池现在已经占据消费电子类蓄电池市场的主要份额，如便携式计算机、移动电话、平板电脑、电子书等。在过去的 15 年内，锂离子电池的销售量增加了 5 倍，锂离子电池的价格从 2004 年每 kW·h 约 1500 美元降到目前的 200 美元（降幅达到约 90%）[6]。2010 年的生产量预计为每月 2.5 亿只单体[7]，由于电池的类型和规格不断变化，该数字只是粗略推断（相对较多的大型方形和扁平卷绕电池，较少的圆柱形电池）。另一个评价电池规模的指标是 10 亿瓦时（GW·h）生产量，数十家锂离子生产厂家即将投产（本书 2E 部分，参考文献［3］）。锂离子电池因具有高质量比能量和高体积比能量、长循环寿命、可接受的环境适应性，以及尽管存在各种疑虑但仍拥有令人满意的安全记录而占据主导地位。先进的电池管理系统（第 23 章、第 31 章）有助于提升电池的性能和安全性。

锂金属蓄电池（本书 17B 部分）：锂电池的未来发展逐渐向金属锂负极或者与碳、硅或其他组分有关的混合负极方向发展，配以新型正极（硫）和潜在的固态、聚合物、混合电解质或者其他先进的电解质体系。

10.6　蓄电池体系性能对比

10.6.1　概述

目前商业蓄电池的选择基本局限于铅酸电池、少数碱性电池（多为镍正极）和锂离子电池。其他电池体系还在不断进步中，但在未来的 5 到 10 年中还难以实现大规模化。现在多数应用领域采用这三种基本电池类型。本节主要讨论大部分蓄电池体系关键性能的对比。表 10.4 总结了不同蓄电池体系的理论和实际性能（主要数据见第 14 章至第 17 章）。一般来说，在实际使用条件下只能获得理论容量的 $25\%\sim35\%$。

需要注意的是，这些数据及比较都是各电池体系在最优的放电条件下测得的近似值，电池体系的具体性能与电池的设计特点、特定的使用条件密切相关。表 10.5 对不同蓄电池体系的性能进行了定性的比较，同一电化学体系不同设计的电池性能不同。

表 10.4　主要蓄电池体系的性能特点

项目	铅酸				镍镉			
	SLI	牵引	固定式	便携式	开口袋式	开口烧结式	密封式	FNC
化学组成								
负极	Pb	Pb	Pb	Pb	Cd	Cd	Cd	Cd
正极	PbO_2	PbO_2	PbO_2	PbO_2	NiOOH	NiOOH	NiOOH	NiOOH
电解质	H_2SO_4（水溶液）	H_2SO_4（水溶液）	H_2SO_4（水溶液）	H_2SO_4（水溶液）	KOH（水溶液）	KOH（水溶液）	KOH（水溶液）	KOH（水溶液）
单体电池电压(典型)/V								
标称	2.0	2.0	2.0	2.0	1.2	1.2	1.2	1.2
开路	2.1	2.1	2.1	2.1	1.29	1.29	1.29	1.35
工作	2.0～1.8	2.0～1.8	2.0～1.8	2.0～1.8	1.25～1.00	1.25～1.00	1.25～1.00	1.25～0.85
终止	1.75（用于启动电源时工作电压和终止电压更低）	1.75	1.75（浮充电时除外）	1.75（循环时）	1.0	1.0	1.0	1.00～0.65
工作温度/℃	−40～55	−20～40	−10～40[②]	−40～60	−20～45	−40～50	−20～70	−50～60
比能量(20℃)								
质量比能量/(W·h/kg)	40	25	10～20	30	27	30～37	35	10～40
体积比能量/(W·h/L)	70	80	50～70	90	55	58～96	100	15～80
放电曲线(相对)	平坦	平坦	平坦	平坦	平坦	非常平坦	非常平坦	平坦
比功率	高	较高	较高	高	高	高	中等～高	非常高
自放电速率(20℃，每月损失)/%[④]	20～30（Sb-Pb）2～3（免维护）	4～6	—	4～8	5	10	15～20	10～15
日历寿命/a	3～6	6	18～25	2～8	8～25	3～10	5～7	5～20

项目	铅酸				镍镉			
	SLI	牵引	固定式	便携式	开口袋式	开口烧结式	密封式	FNC
循环寿命/次[②]	200～700	1500	—	250～500	500～2000	500～2000	300～1000	500～10000（10℃时35% DOD下 LEO测试）
优点	成本低、易于生产、高倍率及高低温性能优良（启动性能优良）、浮充性能优良、新型免维护设计	相比之下成本较低（其他同SLI）	为浮充应用设计，相比之下成本较低（其他同SLI）	免维护、浮充应用时寿命长、低温和高温性能好、无记忆效应、可在任意位置工作	结构非常坚固、能承受物理和电滥用、荷电保持能力和储存性能好、循环寿命长、在碱性电池中成本较低	结构坚固、储存性能好、比能量高、高倍率和低温性能优良	密封、免维护、低温和高倍率性能优良、循环寿命长、可在任意位置工作	密封，免维护，即使在低温下也具有高功率，低放电深度下循环寿命长，能快充
缺点	循环寿命较短、体积比能量有限、荷电保持能力和储存性能差、析氢	体积比能量低、相比之下坚固性较差、析氢	析氢	不能在放电状态下储存；循环寿命低于密封镍镉电池；体积非常小时难于生产	体积比能量低	成本高，有记忆效应、热失控问题	高温和浮充性能不如铅酸蓄电池，有记忆效应	体积比能量低于烧结式
主要电池类型	方形电池：40～100 A·h（20h倍率）	取决于正极板片数；单只正极板为45～200A·h	取决于正极板片数；单只正极板为5～400A·h	密封圆柱形电池：2.5～25A·h；方形电池：1440A·h	方形电池：5～1200 A·h	方形电池：1.5～100 A·h	纽扣式电池：约0.5 A·h；圆柱形电池：约12A·h	方形电池：约490A·h

项目	铁镍（传统）	锌镍	锌-氧化银（锌银）	镉-氧化银（镉银）	镍氢	镍-金属氢化物	可充电原电池 Zn-MnO₂	锂离子体系[①]

化学组成

负极	Fe	Zn	Zn	Cd	H_2	MH	Zn	C
正极	NiOOH	NiOOH	AgO	AgO	NiOOH	NiOOH	MnO_2	$LiCoO_2$
电解质	KOH（水溶液）	KOH（水溶液）	KOH（水溶液）	KOH（水溶液）	KOH（水溶液）	KOH（水溶液）	KOH（水溶液）	有机溶剂石墨负极

单体电池电压（典型）/V

标称	1.2	1.65	1.5	1.1	1.4	1.2	1.5	4.0
开路	1.37	1.73	1.86	1.41	1.32	1.4	1.5	4.1
工作	1.25～1.05	1.6～1.4	1.7～1.3	1.4～1.0	1.3～1.15	1.25～1.10	1.3～1.0	3.7
终止	1.0	1.2	1.0	0.7	1.0	1.0	0.9	3.0
工作温度/℃	−10～45	−20～50	−20～60	−25～70	0～50	−20～65	−20～40	−20～50

项目	铁镍（传统）	锌镍	锌-氧化银（锌银）	镉-氧化银（镉银）	镍氢	镍-金属氢化物	可充电原电池 Zn-MnO$_2$	锂离子体系[①]
比能量(20℃)								
质量比能量/(W·h/kg)	30	方形，60～100；圆柱形，70～110	105[③]	70	64(CPV，共用压力容器)	HEV，47；商用 90～110	100	203
体积比能量/(W·h/L)	55	110～200 200～360	180	120	105(CPV)	177 430	286	570
放电曲线(相对)	较平坦	平坦	双平台（低倍率）	双平台	较平坦	平坦	倾斜	倾斜
比功率	中等～低	高	非常高（高倍率设计）	中等～高	中等	高	中等	中等（能量电池）；高（功率电池）
自放电速率(20℃)	20～40	20	5	5	低温以外非常高	15～30		2
日历寿命/a	8～25	—	6～18 个电池（湿）	3(开口)；4(密封)	—	5～10	5～7	*
循环寿命/次[②]	2000～4000	80%DOD 下可达 900	10～50（HR）	300～800	1500～6000；40000(40%DOD)	500～1000（用于 HEV 时是 300000）	15～25	1000 以上
优点	结构非常坚固、能承受物理和电滥用、循环寿命和搁置寿命长	体积比能量高、成本较低、低温性能优良、高功率容量	体积比能量高、放电速率高、自放电速率低	体积比能量高、自放电速率低、循环寿命长	体积比能量高、低放电深度下循环寿命长、能承受过充电	体积比能量高、密封、循环寿命长	搁置寿命长、成本低	质量比能量和体积比能量高、自放电速率低、循环寿命长、倍率性能好
缺点	功率和体积比能量低、自放电速率高、析氢、成本和维护成本高	锌枝晶会引起短路	成本高、循环寿命低、低温下性能下降	成本高、低温下性能下降	初始成本高、自放电与 H$_2$ 压力及温度成比例	有记忆效应，必须在中等温度下充电	循环寿命有限、小电流应用、仅有小尺寸	需要使用电池管理系统、存在安全问题
主要电池类型	发达国家产量下降明显	方形和圆柱形(AA，sub-C 和 sub-D)可用于轻型电动汽车和消费电子，如电动工具和数码相机	方形电池：<1 到 1000 A·h；特殊类型：约 5000 A·h	方形电池：空间应用	空间应用（高达 100 A·h）	纽扣式和圆柱形电池 12A·h；大方形电池 250A·h	AAA 和 AA 圆柱形电池组成 2.0A·h 多单体电池组	圆柱形和方形电池应用于许多商用化学体系 Li-CoO$_2$-石墨体系主要针对消费电子应用

① LiCoO$_2$-C 锂离子电池（见本书 17A 部分）（性能因电池体系及设计不同而异）。
② 取决于放电深度。
③ 高倍率 Zn-AgO 电池。
④ 自放电速率通常随着储存时间的延长而下降。

表 10.5　蓄电池体系性能对比[①]

体系	体积比能量	比功率	放电曲线平滑性	低温性能	荷电保持能力	充电接受能力	效率	寿命	力学性能	成本
铅酸：										
涂膏式	4	4	3	3	4	3	2	3	5	1
管式	4	5	4	3	3	3	2	2	3	2
普朗克式	5	5	4	3	3	3	2	2	4	2
密封式	4	3	3	2	3	3	2	3	5	2
锂金属	1	3	3	2	1	3	3	4	3	4
锂离子	1	2	3	2	1	1	1	1	2	2
镍镉：										
袋式	5	3	2	1	2	1	4	2	1	3
烧结式	4	1	1	1	4	1	3	2	1	3
密封式	4	1	2	1	4	2	3	3	2	2
铁镍	5	5	4	5	5	2	5	1	1	3
镍-金属氢化物	2	1	2	2	3	1	2	2	2	3
锌镍	2	1	2	3	4	3	3	4	3	3
锌银	1	1	4	3	1	3	2	5	2	4
镉银	2	3	5	4	1	5	1	4	3	4
镍氢	2	3	3	4	5	3	5	2	3	5
银氢	2	3	4	4	5	3	5	2	3	5
锌-二氧化锰	2	4	5	3	1	4	4	5	4	2

①　等级：从 1～5 对应最好到最差。

10.6.2　电压和放电曲线

　　图 10.1 给出了常规蓄电池和锂离子电池在 $C/5$ 倍率下的放电曲线。铅酸电池的工作电压在 2V 左右，碱性电池的电压变化范围为 1.65～1.1V。在高放电倍率、低温下放电时，不同体系的放电曲线差别将变大。

　　除氧化银电池体系和锌-二氧化锰蓄电池外，大多数电池体系的放电曲线都比较平坦、光滑。

　　碳-氧化钴锂体系的锂离子电池放电曲线具有更高的电压，倾斜角度偏大，原因在于非水电解液较低的离子电导率和较慢的热力学反应（锂离子嵌入机理）。锂离子电池单体的电压为 3.7V，可以取代 3 只镍镉或镍-金属氢化物电池单体。

10.6.3　放电速率对性能的影响

　　放电速率对不同蓄电池体系电性能的影响如图 10.2 所示。图中曲线与 Ragone 曲线相似，不同的是横坐标由比能量（W·h/kg）换成了工作时间。对于质量为 1kg 的标准电池，曲线越高表明在高放电负载时具有更大容量。比能量的计算公式如下：

$$比能量(W·h/kg) = 比功率(W/kg) × 工作时间(h)　（即 A·V·h/kg）$$

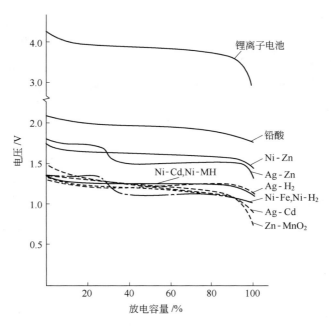

图 10.1　常规蓄电池体系和锂离子电池在 $C/5$ 倍率下的放电曲线

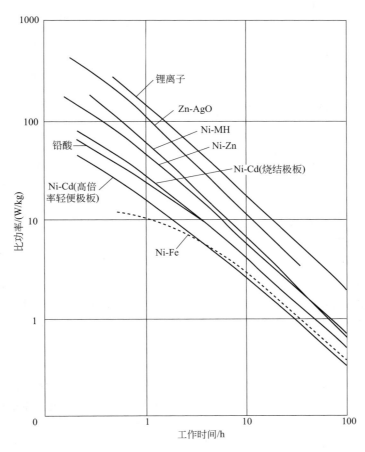

图 10.2　20℃下蓄电池的电性能对比

10.6.4 温度影响

图 10.3 给出了不同温度下的电池输出能量，图中为各种蓄电池体系在−40～60℃，以 $C/5$ 倍率放电时的比能量。锂离子电池的质量比能量最高（−20℃以上）。碱性蓄电池，尤其是锌镍电池和镍-金属氢化物电池的低温性能优于铅酸蓄电池，但铅酸电池在高温时能量损失较少。图中数据是在更适宜放电条件下的电性能，在其他远离理想条件下的放电性能会有很大差别。

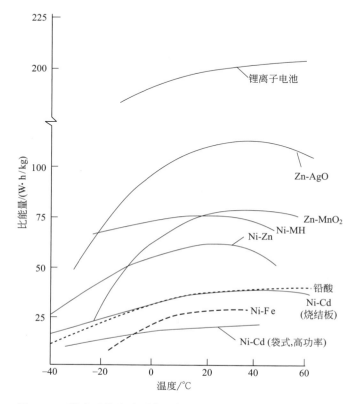

图 10.3　温度对蓄电池系统比能量的影响（约 $C/5$ 放电倍率）

10.6.5 荷电保持

水系蓄电池的荷电保持能力不如原电池，通常蓄电池可以进行定期充电或浮充电维护，需要定期测试/维护。大部分碱性蓄电池，尤其是镍电池，能够以放电状态长期储存而不影响容量。但铅酸蓄电池却不能以放电状态储存，因为这将导致极板硫酸化，从而影响电池的性能。锂离子电池长期储存会损失部分容量，不能完全恢复（永久损失）。

图 10.4 给出了不同蓄电池体系在不同温度时的荷电保持特性。一般来说，随着储存期的延长，电池的自放电率减小。

锂离子电池和金属氧化物正极电池（如 AgO 和 MnO_2）的荷电保持特性最好。一般情况下，在非高温状态下，这些蓄电池可以荷电储存超过 1 年。在超过室温的条件下，传统镍电池和常规铅酸电池的荷电储存都低于 1 年。

当然，电池荷电保持能力受到电极类型、电池设计、电解液浓度、组分纯度和添加剂以及其他因素的影响。采用标准铅锑合金板栅的老式 SLI 电池在室温下经 6 个月储存后几乎没有剩余容量，而采用铅钙合金的现代免维护电池年容量损失率为 20%～30%。

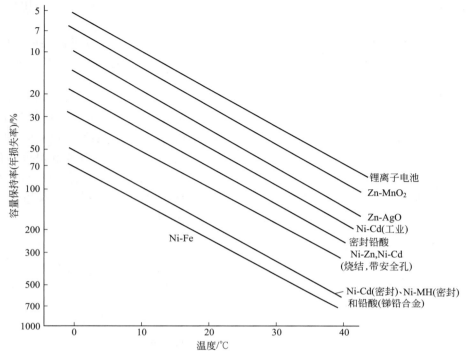

图 10.4　蓄电池的荷电保持能力

10.6.6　寿命

不同体系蓄电池的循环寿命和使用寿命在表 10.4 中给出，但是电池的实际寿命与具体设计和测试条件密切相关。例如，图 10.5 展示了放电深度（DOD）会对电池循环容量产生很大影响[8]。

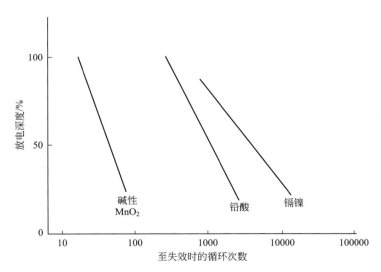

图 10.5　放电深度对蓄电池循环寿命的影响

铁镍电池和开口袋式镍镉电池是水系电池中循环寿命和工作寿命最长的，其次是镍氢电池。

传统铅酸电池无法深度 DOD 循环，现在已经有改善。富液铅酸电池可以循环 2000 次以上，VLRA 铅酸电池在 70%DOD 条件下可以循环 5000 次以上（第 14 章）。恒电压浮充铅酸电池，如 UPS 电源，可以提供 20 年以上的稳定工作时间。关于提升高还原电位负极材料储存特性的研究一直在进行，如锌负极、锂负极等存在副反应的体系。

10.6.7　充电特性

各种水系蓄电池典型的恒流充电曲线如图 10.6 所示。恒流充电是最常见的基本充电方式，在实际使用中，根据电池体系和应用要求，常辅助以恒压充电或改进式恒压充电。较高电压的恒压充电可能会导致热失控，尤其是镍正极电池；如果辅助于限流和温度补偿控制，则可以避免热失控。如果允许有一定的耗水量，则水系电池可以承受一定的过充电。金属氧化物（AgO 和 MnO_2）和锂离子电池对于充电非常敏感，过充电会严重影响电池的寿命。图 10.7 给出了 18650 型锂离子电池典型的恒流-恒压充电曲线。

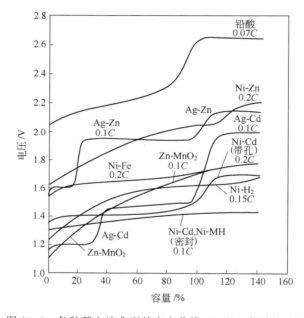

图 10.6　各种蓄电池典型的充电曲线（20℃，恒流充电）

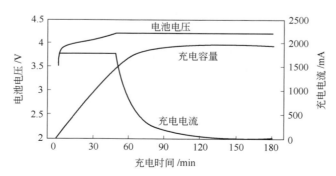

图 10.7　18650 型圆柱形锂离子电池 20℃的典型充电曲线
电池恒流充电至 4.2V，然后恒压充电至限制电流

表 10.6 总结了不同体系蓄电池的典型充电特性。但是，为了保证电池的容量、寿命和安全性，一定要接受电池制造商的建议。

表 10.6　蓄电池的充电特性

体系	充电制度[①]		推荐的恒流充电倍率 C/A	过充电能力	充电温度范围/℃	效率[②]	
	最优	不推荐				安时效率/%	瓦时效率/%
锂离子	cc,cv		0.20	没有	0～50	99	95
铅酸电池							
涂膏式,普朗克式	cc,cv		0.07	一般	−40～50	90	75
管式	cc,cv		0.07	一般	−40～50	80	70
镍镉							
工业开口	cc,cv		0.2	出色	−50～40	70	60
烧结开口	cc,cv		0.2	出色	−55～75	70～80	60～70
密封式	cc	cv	0.1～0.3[③]	出色	0～40	65～70	55～65
镍-金属氢化物	cc	cv	0.1[③]	一般	0～40	65～70	55～65
铁镍	cc	cv	0.2	出色	0～45	80	60
锌镍	cc,cv		0.1～0.4	一般	−20～40	85	70
锌银	cc		0.05～0.1	差	0～50	90	75
镉银	cc		0.01～0.2	一般	−40～50	90	70
锌-二氧化锰	cv	cc w/o v. limit		一般	10～30		55～65

① cc 表示恒流，包括两阶段充电；cv 表示恒压，包括改进的恒压充电。
② 所有数据是在室温下以标准倍率充放电得到的。
③ 在有充电控制的情况下可以进行快速充电。

为了满足用户的要求（1h 内充电量大于 90% 的目标），很多制造商推荐采用"快速"充电的方法。这种充电方式要求充电过程中必须对电池进行监控，防止多余气体产生以及高压、高温等情况。电池排气不仅会使电池干涸，也可能导致安全事故；可燃气体（氢气和有机气体）的排放可能会引起燃烧，还可能造成内部枝晶短路，也会导致安全事故。

总之，先进的电子控制已经应用于许多电池系统中（尤其是锂离子电池包），用于防止过充电、实现快速充电、在出现潜在不利和不安全条件时终止充电或将充电电流减小到安全水平。同样，放电控制也用于维持单体电池均衡和防止过放电。后续第 23 章和 31 章详细介绍了电池管理系统（BMS）。

10.6.8　成本

蓄电池的成本可以基于两种方式进行分析：原始（初始）成本和寿命周期成本。根据电池寿命周期内的充放电次数可以分析得到每次循环的成本或每 kW·h 的成本，充电、维护和辅助设备的成本也必须计入其中。在固定电源和应急备用电源领域，最重要的因素是工作寿命（比循环寿命更重要），所以其成本是以每工作一年的费用计算的。

铅酸蓄电池是成本最低的蓄电池，但是锂离子电池（或者锌镍电池、铅碳电池）具有更高的潜在时间成本效率。一旦电池的材料和设计获得更好的优化，随后就可以实现很大的社会与经济价值，成本计量会发生重大变化。

但是，在特定应用环境下，某类型电池会具有独特优势，如镍氢电池在航天领域极具优势，在火星计划中可以通过太阳能电解水产生所需要的氢气。

圆柱形锂离子电池的成本随着产量的增加不断降低，近期已达到 0.20 美元/W·h[7]，但是美国能源部对电动汽车用电池的成本计划是：到 2025 年，单体电池的成本降低到 100 美元/kW·h（目标是 80 美元/kW·h)[6]。

参考文献

1. C. Pillot, The rechargeable battery market and main trends 2014-2025, Presented at the Advanced Automotive Battery Conference, Mainz, 2016.

2. T. Placke, Strategies for mitigating active lithium losses in high-energy lithium-ion cells, 35th Annual International Battery Seminar and Exhibit, Ft. Lauderdale, FL, March 26–29, 2018.

3. N. Koratkar, Overcoming the fundamental problems in Li-S battery, 35th Annual International Battery Seminar and Exhibit, Ft. Lauderdale, FL, March 26–29, 2018.

4. F. Gittleson, Power and energy trade-offs in Li-air batteries, 35th Annual International Battery Seminar and Exhibit, Ft. Lauderdale, FL, March 26–29, 2018.

5. A. J. Salkind, D. T. Ferrell, A. J. Hedges, "Secondary Batteries 1952–1977," *J. Electrochem. Soc.* **125**(8), August 1978.

6. B. Cunnigham, D. Howell, S. Boyd, T. Duong, P. Faguy, S. Gillard, W. James, U.S. Department of energy's electric vehicle battery research program and progress, 35th Annual International Battery Seminar and Exhibit, Ft. Lauderdale, FL, March 26–29, 2018.

7. H. Takeshita, *Proceedings of the 27th International Battery Seminar*, Ft. Lauderdale, FL, March 15–18, 2010.

8. L. H. Thaller, "Expected Cycle Life vs. Depth of Discharge Relationships of Well-Behaved Single Cells and Cell Strings," *J. Electrochem. Soc.* **130**(5), May 1983.

第四部分
电化学电池设计和平台技术

第四部分A
原电池

第11章

水系原电池

11.0 概述

水系原电池已有一百五十多年的历史。第一种电池，即锌碳电池，发展成为两种类型：勒克朗谢（Leclanché）电池和氯化锌电池。尽管由于电子设备对更高能量的需求导致其在美国和欧洲的使用量已逐渐下降，但在世界范围内它们仍然是所有原电池中应用最广泛的体系。第三世界国家对如手电筒照明、袖珍收音机和其他中小电流电池的需求，以及不需要大电流情况的电池需求，依然极大地促进了锌碳电池的应用。该电池对许多应用来说，具有价格低、随时可用及可接受的性价比等特点。

这些水系原电池使用金属负极和二氧化锰正极，以及接近中性 pH 值的氯化物水溶液电解质。碳（乙炔黑）与二氧化锰混合可以提高导电性和电解质溶液保持能力。随着电池放电，金属箔被氧化，二氧化锰被还原。锌碳电池的简化总电池反应如下：

$$Zn+2MnO_2 \longrightarrow ZnO \cdot Mn_2O_3$$

在实际应用中，电池中发生的化学过程要复杂得多，关于电极反应细节的争论仍在继续[1]，化学"再生"反应可以与放电反应同时进行[2]。

锌碳电池行业在全球范围内持续增长。最近的预测表明，全球电池市场预计将从 2014 年的 825 亿美元增长到 2019 年的 1200 亿美元。原电池占比为所有电池的 90%，同时其销售额占比达到 20%[3-5]，2014 年，锌碳电池占电池总销售额的 6%（约占原电池的 25%）。表 11.1 显示，锌碳电池相对于原电池市场稳定增长，并处于平缓阶段。

表 11.1　锌碳电池在全球范围的需求　　　　　　　　　单位：百万美元

实际/预测需求 （基于 2016 年销售数据）	2004 年	2009 年	2014 年	2019 年	2024 年
全球电池总销售额	36345	56145	82470	120000	166500
全球原电池销售额	12990	16455	19865	24050	28150
原电池占所有电池的比例/%	35.7	29.3	24.1	20	16.9
锌碳电池销售额	3352	4134	4879	5505	5920
锌碳电池占原电池的比例/%	25.8	25.1	24.6	22.9	21.0

注：源自弗里多尼亚集团于 2016 年 12 月出版的《全球化学原电池需求》中表Ⅳ-7。

从 1997 年到 2012 年，锌碳电池全球市场的年增长率约为每年 5%。美国 1998 年锌碳电池的总销售额为 3.7 亿美元，但估计每年的增长速度逐步下降。亚洲、新兴国家和东欧市场推动了全球对廉价锌碳电池系统的需求。目前在东欧和中欧销售的大部分原电池都是锌碳电池类型。

| 第 11 章　水系原电池 | 207

进入消费市场的新型高负载玩具、照明和通信设备导致锌碳电池的减少和碱性锌电池的增长（见第 12 章）。尤其是在美国，改进的碱性电池和可充电电池的扩大使用将继续对锌碳电池的销售产生负面影响。不同类型锌碳电池的特性比较见表 11.2。

表 11.2　勒克朗谢电池和氯化锌电池的主要优点和缺点

标准勒克朗谢电池		
优点	缺点	综合评价
低成本	能量密度低	低温下搁置寿命长
每瓦时成本低	低温性能差	间歇放电容量高
形状、尺寸、电压、容量设计灵活	滥用条件下抗泄漏能力差	放电电流增加,容量降低
配方灵活	高倍率下效率低	电压缓慢降低,表明寿命即将终止
使用广泛,易获得	搁置寿命比较短	
可靠性高	电压随放电下降	
标准氯化锌电池		
能量密度高 低温性能更好 抗泄漏能力强 高放电负载下效率高	因为对氧气高度敏感,故需要良好的密封系统	电压随放电下降 抗冲击能力强 低或中等的初始成本

此外，镁和铝也被用于水系原电池的负极材料。高标准电位、低原子量和多价态提供了高的单位质量和单位体积电化学性能。镁已在商业上用于镁-二氧化锰（$Mg-MnO_2$）电池，其化学反应一般类似于锌碳电池，即镁与二氧化锰发生电化学反应。

这种电池的容量是同等尺寸锌碳电池的两倍，即使在高温下也能保持该容量（表 11.3）。这种优异的储存性能是由于在镁阳极表面形成了保护膜。

但镁电池存在电压延迟、寄生镁腐蚀等问题。一旦去除保护膜（局部放电后或间歇使用期间），镁电池的储存寿命就会受到影响，同时还会产生氢气和热量。尽管已成功应用于军事领域，例如无线电收发器和应急或备用设备，但是 $Mg-MnO_2$ 电池尚未获得广泛的商业应用。此外，目前锂原电池和锂离子电池用来满足新设备更严苛的电力需求。

表 11.3　镁电池的主要优点和缺点

优点	缺点
即使在高温下储存,仍具有优异的容量保持力	存在延迟(电压延迟)
容量是相应的勒克朗谢电池的两倍	放电过程中产氢
电池电压比锌碳电池高	使用过程中产热
价格非常具有竞争力	放出部分电量后电池储存性能差

尽管金属铝具有潜在优势，但尚未成功应用于原电池。铝与镁类似，会产生保护膜，对电池性能不利。因此，电池电压远低于理论值，对于部分放电的电池或已储存的电池，电压延迟可能会很明显。可以通过表面修饰的方法，使起保护作用的氧化膜最小化（如使用合适的电解液）以补偿被加速的腐蚀和较差的储存性能。

参考文献

1. D. Glover, A. Kozawa, and B. Schumm, Jr. (eds.), *Handbook of Manganese Dioxides*, *Battery Grade*, International Battery Material Association (IBA, Inc.), IC Sample Office, 1989.

2. N.C. Cahoon, in N.C. Cahoon and G.W. Heise (eds.), *The Primary Battery*, Vol. 2, Chap. 1, Wiley, New York, 1976.

3. The Freedonia Group, Inc., https://www.freedoniagroup.com/World-Batteries.html, extracted from the World Wide Web on October 3, 2017 (exported tables generated/forwarded by The Freedonia Group on 10/4/2017 from IP address 207.89.36.85. © MarketResearch.com, Inc., 2000–2017).

4. https://www.upsbatterycenter.com/blog/global-battery-market-industry-report-review (extracted from the World Wide Web on October 3, 2017).

5. http://www.upsbatterycenter.com/blog/wp-content/uploads/2014/08/global1.jpg (extracted from the World Wide Web on October 3, 2017).

11A 锌碳电池：勒克朗谢电池和氯化锌电池

Brooke Schumm, Jr.

11A.1 锌碳电池概述

第一种水系原电池是由电报工程师勒克朗谢（Leclanché）于 1866 年研制出来的。该设计源于替换当时使用的具有腐蚀性的氯化铵或矿物质强酸溶液，为电报局和铁路通信提供更为可靠的能源，是首款使用低腐蚀性（中性 pH 值）单一盐溶液的电池。

该电池在外电路接通之前是相对惰性的，比较便宜、安全、易维护并有优异的储存寿命，储存后依然能提供适当的性能。这种电池由汞齐锌棒负极（或阳极）、氯化铵水溶液电解液和环绕着碳棒的压实的二氧化锰正极（或阴极）所组成。二氧化锰正极由 1:1 的二氧化锰和碳粉所组成。正极放入一微孔罐中，然后将微孔罐随电解液和锌棒一同放入一只方形玻璃容器中。后来在 1876 年勒克朗谢去掉了所必需的微孔罐，而将树脂（树胶）黏结剂添加到二氧化锰混合物中，然后在 100℃ 下通过液压方法将其压成块状物。Leclanché 的发明至今仍是当今锌碳电池的主要组成部件，从"湿式"电池的概念转换至"干式"电池的概念。

1888 年 Carl Gassner 博士设计出了第一只"干电池"。除了用于正极的氢氧化铁和二氧化锰以外，其余均与 Leclanché 电池类似。"干电池"的概念来自使电池不会破裂和漏液的愿望，因此 Gassner 设计的电池使用了不会破裂的由锌皮制成的杯状负极容器，替换原先的玻璃容器；然后采用含有熟石膏和氯化铵的糊状物使电解液得到固定；将圆柱形块状正极混合物（称为碳包）用布包裹起来，并饱和了氯化锌-氯化铵电解液，这可以减少局部化学反应，从而使电池储存寿命得以改善。后来，Gassner 进一步用面粉替代熟石膏作为电解液的胶黏剂，并在 1900 年巴黎的世界博览会上将这种电池作为小型手电筒电源进行了演示。这些技术进步曾经促进了锌碳干电池的商品化和工业化生产，并使"干电池"小型电源成型。

锌碳电池技术继续得到改进，电解法和化学法制备的二氧化锰具有比天然锰矿更高的容量和特别好的活性，已经得到了发展和应用。采用乙炔黑替代石墨不仅提供了更高导电性的正极结构，而且其更高的吸液性质增加了正极粉末的可加工性。由此使制造技术得到改进，电池产品的生产成本得以降低。对反应机理的更好理解、改进的隔离装置和排气/密封系统也推动了技术的进步。

自 20 世纪 60 年代以来，人们对该体系电池的努力方向在于提高 Leclanché 电池的重负载应用性能。20 世纪 80 年代开始，集中在解决环境污染问题方面，这包括消除电池内的汞、镉和其他重金属。经过过去一个世纪的努力，与 1910 年的电池相比，锌碳电池的放电时间和储存寿命增加了超过 400%[1-7]。

11A.2 化学原理

锌碳电池（$Zn/NH_4Cl \parallel ZnCl \parallel H_2O/MnO_2$，C）基础反应为：

$$Zn + 2MnO_2 \longrightarrow ZnO \cdot Mn_2O_3$$

然而，各种中间反应步骤是可能存在的，也确实存在，此外，由于使用了非化学计量比的锰氧化物，化学反应变得复杂，更准确地表示为 MnO_x，其中 x 为 1.9+。其化学反应的效率取决于电解液的浓度、电池的几何形状、放电率、放电温度、放电深度、扩散速率以及采用 MnO_2 的类型等。更为全面的电池反应可描述如下[4]。

（1）氯化铵作为电解质的电池

轻负载放电：$Zn + 2MnO_2 + 2NH_4Cl \longrightarrow 2MnOOH + Zn(NH_3)_2Cl_2$

重负载放电：$Zn + 2MnO_2 + NH_4Cl + H_2O \longrightarrow 2MnOOH + NH_3 + Zn(OH)Cl$

长时间间歇放电：$Zn + 6MnOOH \longrightarrow 2Mn_3O_4 + ZnO + 3H_2O$

（2）氯化锌作为电解质的电池 ❶

轻负载或重负载放电：$Zn + 2MnO_2 + 2H_2O + ZnCl_2 \longrightarrow 2MnOOH + 2Zn(OH)Cl$

或者　$4Zn + 8MnO_2 + 9H_2O + ZnCl_2 \longrightarrow 8MnOOH + ZnCl_2 \cdot 4ZnO \cdot 5H_2O$

长时间间歇放电：$Zn + 6MnOOH + 2Zn(OH)Cl \longrightarrow 2Mn_3O_4 + ZnCl_2 \cdot 2ZnO \cdot 4H_2O$

正如第一部分第 1 章所描述的那样，基于 Zn、MnO_2 和简化的电池反应计算，理论上这种电池的比容量可达 224A·h/kg。但在实际情况下，电解质、炭黑和水分都是电池不可省略的组成部分。如果这些材料均以常用量添加到上述"理论化"的电池中，则计算表明，此时电池的比容量大约为 96A·h/kg。事实上这是通用型电池所具有的最高比容量，但的确某些大型电池在特定放电条件下可以接近此比容量。实际使用时，考虑到电池组成和放电效率等所有因素，在间歇放电条件下，当负载非常小时，比容量可达 75A·h/kg，而负载大时仅为 35A·h/kg。

11A.3　电池类型及结构

11A.3.1　电池和电池组类型

在过去 150 年的发展中，锌碳电池在市场销售过程中，性能逐渐提高。所以，现在锌碳电池似乎进入了转折阶段，虽然电气电子工业的小型化使需求功率减小，但是它却被附加的新特性要求所抵消，例如小型发动机、照明装置中的卤素灯泡等，均增加了满足大电流负载的电池需求。传统的采用淀粉浆糊隔膜的勒克朗谢电池正在逐步淘汰，由采用纸隔膜的氯化锌电池替代。这使活性物质的有效体积得到增加，从而提高了电池的容量。制造商对此作出了极大努力，第三世界国家仍然对勒克朗谢电池有需求，原因是它十分便宜。

在这一转折期间，锌碳电池仍大体上可分成以下两种类型，即勒克朗谢型和氯化锌型。它们又可区分成普通型电池和高档型电池，其内部皆可采用糊膏式和纸板结构。

（1）勒克朗谢电池

普通型应用：低放电率间歇放电和低价格场合。传统的标准电池与 19 世纪末期问世的电池差异不是太大，它以锌为负极，氯化铵（NH_4Cl）和氯化锌一起为电解液的主要成分，浆糊为隔膜，天然二氧化锰（MnO_2）为正极。该型电池的配方和设计是花费最少的，因此被推荐作为一般目的使用，而在这些应用中价格是比优异的性能更为重要的因素。

工业重负载型应用：中等至高放电率间歇放电或中等放电率连续放电、中等价格场合。

---

❶　注意：$2MnOOH$ 有时被写成为 $Mn_2O_3 \cdot H_2O$，而 Mn_3O_4 被写成 $MnO \cdot Mn_2O_3$；同时，在延长放电时间条件下，$MnOOH$ 相对于 Zn 的电化学放电不能提供有用的工作电压。

工业重负载锌碳电池已转换为氯化锌系统，然而也有一些这种电池仍然使用氯化铵和氯化锌（$ZnCl_2$）作为电解质，电解或化学合成二氧化锰（EMD或CMD）单独使用或与天然二氧化锰混合用于正极。隔膜可以是淀粉浆糊，但典型的是浆糊涂覆的纸板层。

（2）氯化锌电池

普通型应用：低放电率间歇和连续放电以及低价格场合。这种电池在西方国家已经完全替代了勒克朗谢普通型电池。这类电池的电解质是氯化锌，但有些制造商也加入少量氯化铵，而正极采用了天然二氧化锰。该型电池可以与勒克朗谢普通型电池的价格相竞争，但在某些方面可以与优质电池相当。这类电池很少出现泄漏的状况。

工业重负载型应用：低至中等电流连续放电与高放电率间歇放电及低至中等价格场合。该电池一般用于取代勒克朗谢重负载型电池，它是一种纯"氯化锌"电池（一些公司添加少量氯化铵除外），并具有高档型氯化锌电池的重负载特性。正极采用了天然二氧化锰与电解二氧化锰混合物，隔膜采用纸板层，其上涂覆了交联或改性的淀粉糊，使电解质的稳定性得到提高。该型电池成本可以与勒克朗谢工业重负载型电池相当，适用于成本效益是关键考量的重型应用场合。该电池还表现出低泄漏特性。

超重负载型应用：中等至重负载连续放电与重负载间歇放电，并且比其他氯化锌电池价格高的场合。超重负载型电池是氯化锌电池系列的高档产品，它的电解质主要是氯化锌，有时也含有少量氯化铵，但其量一般不超过正极质量的1%；正极活性物质单独使用电解二氧化锰（EMD）；隔膜采用纸板层，其上涂覆了交联或改性的淀粉糊，使电解质的稳定性得到提高。现在许多制造商在几乎所有类型的锌碳电池中都采用了专有隔膜。该型电池被推荐用于需要优异的性能且可以接受高价格的应用场合。该电池的低温性能和防泄漏性能也有明显提高。

一般来说，锌碳电池的档次或等级越高，它的单位工作时间（min）费用越低。电池等级间的价格差别大约是10%～25%，但电池的性能差别却往往可高达30%～100%，其具体提高数值依赖于等级选择和使用的负载情况。

11A.3.2 结构

锌碳电池具有多种尺寸和多种设计，但基本结构只有圆柱形和平板式两种。在两种结构中使用的化学体系和成分是相似的。

（1）普通圆柱形电池结构

在普通勒克朗谢圆柱形电池（图11A.1）中，锌筒起着容器和负极的双重作用，混有乙炔黑的二氧化锰用电解液润湿，然后经压制成碳包。蜡浸透的碳棒插在碳包中间起着正极集流体的作用，保证了碳包结构的强度；同时，这种多孔体，既可允许电池中积聚的气体逸出，又可防止电解液泄漏。隔膜将两个电极机械隔离开来，同时提供了离子（通过电解液介质）迁移的途径。隔膜可以是电解液浸湿的浆糊，或者在纸板电池中也可以是一种采用淀粉糊或聚合物涂覆的吸液牛皮纸。后者使隔膜减薄，从而不仅使电池内阻降低，还使电池活性物质体积增加。单体电池用金属、厚纸板、塑料或纸质外壳包封起来，既美观，同时又可以降低电解液通过壳体泄漏的风险。

氯化锌圆柱形电池与勒克朗谢圆柱形电池不同，它通常有一个具有自动恢复功能的排气密封装置；作为集流体的碳棒用蜡密封涂覆，以堵住所有排气通道（这些通道对勒克朗谢电池是必需的）。由此排气只能限制于这个密封处的排气孔，既可以防止电池内部干涸，又可以限制储存期间氧气进入电池，而且由锌腐蚀产生的氢气也可以从电池内安全排出。总体而言，该电池的装配与最后成型过程类似于早先的圆柱形电池。

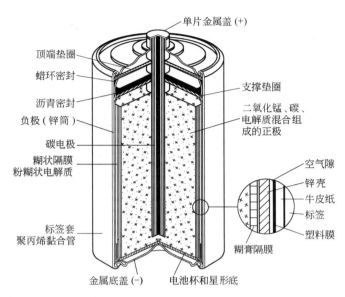

图 11A.1　勒克朗谢圆柱形电池的剖面（糊膏隔膜和沥青密封）

（2）反极（Inside-out）式圆柱形电池结构

另一种圆柱形电池结构为反极式（负极在内，正极在外）结构，如图 11A.2 所示。在这类电池结构中不再采用锌负极作为容器，而是使用模塑的不能渗透的惰性碳容器，其仍起到正极集流体的作用。锌负极被制成带叶片的杆状，其表面涂覆有一层薄薄的隔膜浆料，然后将其置于电芯内核中，并装填正极混合物。这种结构使锌的利用率显著提高，且防泄漏性能更好，现在已不再生产。

（3）叠层电池和电池组

常用于 9V 收音机电池组的叠层电池，如图 11A.3 所示。在这种结构中，在锌片上涂覆填充碳的导电涂料或者将锌片与填充碳涂料的薄膜压制在一起，形成一个双电极。这种涂覆可以为锌负极提供电接触，又可使它与邻近的下一个电池的正极隔开，同时它还起到正极集流体的作用，而且这种集流功能与圆柱形电池中的碳棒是相同的。当采用这种涂覆方法时，在装配之前锌的涂覆面上必须有一层黏结剂，以使涂覆表面与包裹单体电池的聚乙烯套形成有效密封。该电池结构不像圆柱形电池那样有空气室和碳棒。采用导电性聚异丁烯膜替代导电性涂料和黏结剂，将它与锌片压制在一起常常可以改善与聚乙烯的密封性。这种膜往往比涂料和黏结剂的设计要占据更多空间。这些方法可以简便地用于装配电池组。

由于包装和电接触达到了最小化，叠层电池设计增大了正极混合物的有效空间，提高了比能量。另

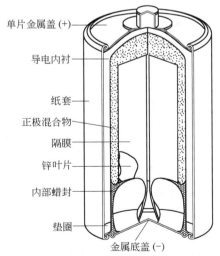

图 11A.2　圆柱形氯化铵型电池的剖面
（反极式结构）

外，矩形结构在组合时减少了空间的浪费（事实上只应用于叠层电池）。由叠层电池组合的电池组，其体积比能量大约是圆柱形电池组的两倍。

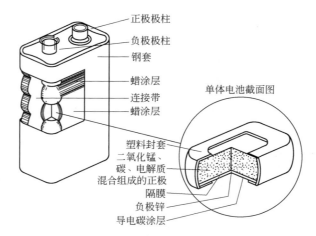

正极极柱
负极极柱
钢套
蜡涂层
连接带
蜡涂层
单体电池截面图
塑料封套
二氧化锰、碳、电解质混合组成的正极
隔膜
负极锌
导电碳涂层

图 11A.3　氯化锌型平板式单体电池和电池的剖面

组合电池的末端与电池组的接线端子利用金属条连接起来。电池堆装配的方向因每个制造商的装配方法而异，而采用金属条则适用于各种装配模式。装配好的完整电池组通常用蜡或塑料包裹，一些制造商也在电池组浸蜡后，再套一个热缩性的塑料套作为额外的防护。

（4）特殊设计

某些特殊应用需要独特的设计，也在一定程度上展示了电化学发展的创新水平。宝丽来薄膜包装电池组发展于 20 世纪 70 年代，是在卷筒涂布机上以连续多层薄膜形式生产的薄组件的多电池堆叠。这种制造理念是当今生产锂离子电池技术的前身。更多电池应用情况可参阅 11.A.4.6 节。

11A.3.3　电池组成

（1）锌

电池级锌纯度为 99.99%。但用来制造锌筒的锌合金却含有高达 0.3% 的镉和 0.6% 的铅。现代润滑和成型技术已经可以降低这些元素的含量，目前锌筒仅含有 0.03%～0.06% 的镉和 0.2%～0.4% 的铅，这主要取决于制造商的成型过程。不溶于合金的铅对锌筒成型的作用体现在提高氢气析出的过电位，如同汞一样，铅能起到腐蚀抑制剂的作用。镉可以提高锌在常规干电池电解液中的耐腐蚀性和增加合金的强度。对于拉伸成型锌筒，其镉含量仅为 0.1% 或更少。这是因为含量过高会给拉伸造成困难。锌筒一般可用以下三种方法制备。

① 先将锌轧成薄板，然后卷成圆柱形，并利用冲压成型的锌圆片为底，将两者焊接在一起。除了落后的装配厂外，这种方法已被淘汰。

② 锌直接拉伸成筒形，但使碾压的锌板成为筒形要经过好几道工序。这种方法曾首先在美国干电池生产中采用，后来美国海外干电池生产基地也采用了这种方法。

③ 采用厚的圆饼状锌冲压成型的方法。过去全球都在使用该法，目前也依然被选用。该方法通过压力，将锌由圆饼状转变成圆筒形。圆饼状锌可以通过熔融锌合金浇铸或由合金锌板冲压而成。

应注意金属杂质，如铜、镍、铁和钴等均可引起锌在电池电解质中的腐蚀反应，所以必须予以避免，特别是不含汞的情况。另外，铁还可使锌变硬，使其加工变得困难。锡、砷、锑、镁等可使锌变脆并易于穿孔[4-5]。

美国联邦环境立法机构禁止随意在陆地处置镉、汞超标的物质。某些州和市禁止在陆地处置电池，要求具有回收程序，并禁止销售含镉和汞的电池。某些欧洲国家也禁止销售和处置含有这些物质的电池。因此，这些金属的含量已经接近零值。锰是令人满意的镉的替代品，并已经在合金中添加与镉相似含量的锰以提高硬度。锌合金中用锰代替镉后其操作性能是相当的。然而，锰却不能像镉那样增强抗腐蚀性。

（2）碳包

碳包即正极，有时也称为炭黑混合料、去极化剂或正极。它由被电解液（NH_4Cl 和/或 $ZnCl_2$ 和 H_2O）所润湿的 MnO_2 粉和炭黑粉所组成。炭黑起着增加高电阻 MnO_2 的导电性和保持电解液的双重作用。正极物质的混合和成型工艺也是很重要的，决定了正极混合物的一致性，并且其紧凑性是和其制造方法直接相关的。在氯化锌电池中这一点尤为重要，因为其正极中含有体积分数为 $60\%\sim75\%$ 的液体组分。

在各种成型方法中，混合物挤出法和压制注入法是使用最广泛的。另外，还有很多技术可用于混合，最常用的方法是水泥桶式搅拌、糊状物搅拌和旋转研磨搅拌。这些方法适合在短时间内提供高产量混合物并能减小有损炭黑保液能力的剪切作用。碳包中 MnO_2 和炭黑的质量比通常为 3∶1，有时也可高达 11∶1。

二氧化锰（MnO_2）：干电池中使用的二氧化锰通常分为 NMD（天然二氧化锰）、活性二氧化锰（AMD）、CMD（化学合成二氧化锰）和 EMD（电解二氧化锰）。EMD 是一种更昂贵的材料，具有 γ 相晶体结构。CMD 具有 δ 相晶体结构，而 NMD 则包含 MnO_2 的 α 相、β 相和 γ 相晶体结构。尽管 EMD 价格更高，但它能够提高电池容量，改善倍率性能，因此被用于重型或工业应用中。如图 11A.4（a）中的勒克朗谢电池，以及图 11A.4（b）中的氯化锌电池所示，通过选择天然矿石可以显著降低极化效应。（如上所述，通过添加 EMD 或 CMD 来替代部分天然矿石，也可以减少极化效应。）

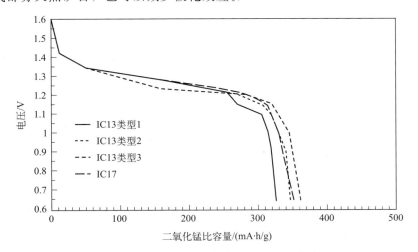

（a）矿石样品性能：勒克朗谢（Leclanché）电池，
6.38％矿石混合物（矿石电流密度 13mA/g）
图 11A.4

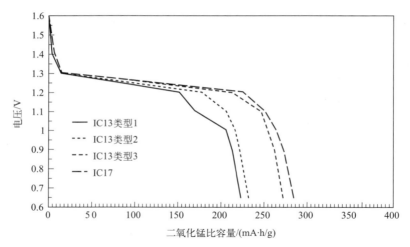

（b）矿石样品性能：氯化锌电池，6.71%

矿石混合物（矿石电流密度 13mA/g）

图 11A.4 矿石样品性能

天然锰矿（位于加蓬、巴西、希腊和墨西哥）中最好的电池级二氧化锰含量为 70%～85%，而合成的二氧化锰（含量约为 90%～95%）可以提供的电极电位和容量与其二氧化锰含量成正比。二氧化锰的电位同时也受电解液 pH 值影响。材料的性能则取决于结晶状态、水合状态和二氧化锰的活性。带负载条件下工作效率极大地依赖于电解液、隔膜特性、内阻和电池的总体结构[2-4]。

炭黑：由于二氧化锰电子导电性差，加入电化学惰性的碳或炭黑正极可以提高导电性。这是通过混合工序在二氧化锰粒子表面上包覆一层碳来实现的。另外，它还起到保持电解液并使碳包具有可压缩性和弹性的作用。

石墨碳是主要的导电介质，目前某种程度上还在使用。由于乙炔黑具有多方面的优良性能，目前在勒克朗谢电池和氯化锌电池中取代了石墨。乙炔黑的主要优点是它可使碳包有更大的电解液保持能力，在混合工序中一定要注意避免对乙炔黑高强度剪切，以免降低其对电解液的保持能力。这一点对氯化锌电池尤为重要，因为氯化锌电池比氯化铵电池需要含有更多电解液。此外，当电池中含有乙炔黑时一般表现出优越的间歇放电能力，这是大多数锌碳电池都采用它的另一个原因。同时，使用石墨可提高电池的高脉冲电流和连续放电电流[4,7]。

电解液：一般的勒克朗谢电池使用氯化铵和氯化锌的混合物为电解质，但以前者为主。$ZnCl_2$ 锌碳电池则仅使用 $ZnCl_2$ 但可添加少量的 NH_4Cl 来保证高倍率放电性能。典型的锌碳电池的电解液配方如表 11A.1 所示。通常，电解液中含有一些氧化锌，用于防止锌的过度腐蚀。

表 11A.1 电解液配方[①]

成分	质量分数/%
电解液 I	
NH_4Cl	26.0
$ZnCl_2$	8.8
H_2O	65.2
锌缓蚀剂	0.25～1.0

成分	质量分数/%
电解液 II	
$ZnCl_2$	15～40
H_2O	60～85
锌缓蚀剂	0.02～1.0

① 电解液 I 参见 Kozawa and Powers[1]；电解液 II 参见 Cahoon[2]。

缓蚀剂：常见的锌缓蚀剂是汞或氯化汞，并与锌形成锌汞齐，是传统的缓蚀剂；铅和镉存留在锌合金中也可以对锌电极提供保护；其他材料，如铬酸钾、重铬酸钾或有机化合物在锌表面形成氧化膜使其钝化而受到保护；有机表面活性剂可以提高电极表面的润湿性并稳定电池电压。缓蚀剂通常是电解液或纸基隔膜涂层的一部分。锌筒可以进行预处理，但通常不这样做。出于对环境保护的考虑，电池中已经不再使用汞和镉了，这给电池制造商带来了如密封、搁置可靠性、泄漏等要解决的技术问题。这对氯化锌电池来说是严重的，因为低 pH 值的电解液会因为锌的溶解导致更多氢气的形成。可以替代汞的材料包括乙二醇、硅酸盐和一些金属如 Ga、In、Pb、Sn、Bi，它们可以作为合金成分加入锌中，也可以作为可溶性盐加入电解液中。

碳棒：圆柱形电池中的碳棒（插在碳包中间）起着正极集流体的作用。它通常由碳、石墨、黏结剂经压缩、挤出并烘干成型。碳棒具有高导电性并且具有大量的孔隙，对于没有机械密封需求的电池可作为泄压阀使用。在用沥青密封的勒克朗谢电池和氯化锌电池中，它可为在重负载放电或高温储存时产生的氢气和二氧化碳提供泄气通道。未经处理的碳棒是多孔的，因此需要用足够的油或蜡来处理，以阻止电池中的水分逸失及防止电解液的泄漏。理想情况下，处理过的碳棒应只允许内部产生的气体逸出而不允许大气中的氧进入电池内部，否则会加速储存期间锌的腐蚀。这种泄气方法变数太多，不如机械密封可靠[4-5]。

具有可恢复式塑料泄气阀的氯化锌电池使用饱和电解液和非孔碳棒电极，这可防止电池干涸，并限制储存时氧气进入电池。

隔膜：隔膜将锌（负极）和碳包（正极）机械地隔开，使其相互间保持电绝缘。但它允许电解质（即离子）借助于电解液进行传导。隔膜可分成两类：一类是凝胶化的浆糊；另一类是涂有面粉浆糊或其他凝胶剂（如甲基纤维素）的纸板。

第一类隔膜是先将浆糊加到锌筒中，然后将预先成型的碳包（带有碳棒）插入锌筒，迫使浆糊沿锌筒和碳包夹层间的锌筒内壁上升，在短时间内浆糊就发生凝聚或胶化。某些浆糊配方应分成两部分在低温下存放，这两部分一经混合必须立即使用，因为这种浆糊可在室温下胶化。另一种浆糊配方需要经高温（60～96℃）才能胶化。胶化的时间和温度取决于电解液的浓度。典型的浆糊电解液含有氯化锌、氯化铵、水以及淀粉和/或面粉凝胶剂。

第二类隔膜是一面或两面涂有淀粉或其他胶凝剂的特殊纸板。将切成适当长宽尺寸的纸板卷成圆筒状，再加上底纸，然后紧贴锌筒内壁放入锌筒。接着将称量好的炭黑混合粉倒入筒内压成碳包或者将在模具内预先成型的碳包推入筒内。在碳棒插入碳包时，应对碳包施加压力使其紧贴纸板和碳棒。在加压过程中一些电解液从炭黑混合粉中释放出来被纸板吸收，至此完成了此道工序的操作。预成型的碳包和碳棒也用于简化电池组件。

由于浆糊隔膜比纸板层要厚些，所以纸板电池中 MnO_2 可多装填 10% 以上，相对容量也成比例增加[4,5,8]。

密封：用于封闭活性组分的密封剂可以是沥青、石蜡、松香或塑料（聚丙烯或聚乙烯），可以防止氧气进入避免"空气线"腐蚀现象的发生[2,4]。

勒克朗谢电池通常采用热塑性材料和黏性液体/半固态密封。这种方法便宜且易于实现。在锌筒中装入一个塑料垫片，并置于正极碳包之上。这就在密封和碳包之间形成了一个气室允许膨胀。将熔融的沥青置于垫片上，并加热直至其流动到锌筒并与锌筒粘接在一起。这一方法的缺陷是它占用了本可用于活性物质的空间。另外，产生的气体容易破坏密封，并且不适用于高温。高级勒克朗谢电池和几乎所有的氯化锌电池都用注塑成型的塑料进行密封。这种密封将密封件融入正极泄气密封的设计当中，并且更为可靠。模制的密封件机械地置于下面的锌筒上。很多制造商设计了密封锁定机构、容纳各种密封剂的空间和可重复使用的泄气阀。有时会在密封接头上使用收缩膜或胶带进一步阻止密封处或罐体穿孔位置的泄漏。气体会影响隔膜/电极界面，并有可能影响电池储存性能，在排气的同时防止水分散失是关键。在氯化锌电池中使用模制密封件有利于储存性能的提升。

外壳：电池外壳可以用各种材料来制备，如金属、纸、塑料、聚酯薄膜、纸板或涂有沥青衬里的纸板、金属箔，这些材料可单独使用也可复合使用。外壳具有提高强度及保护、防泄漏、电绝缘、装饰和供厂家贴商标等多重作用。在很多制造商的设计中，外壳是密封系统的一部分。它将密封件固定在适当的位置，提供一个泄气通道，或对密封件起支撑作用，使其在内部压力下弯曲。在反极结构中，外壳紧密包裹着模制的碳-石蜡集流体（图 11A.2）。

端子（或极柱）：大多数电池的顶部和底部都覆盖有镀锡钢板（或黄铜）制成的端子，从而实现电池的封闭和电接触，并防止锌在空气中暴露，在许多设计中还可以美化电池的外观。一些电池的底盖置于锌筒上，另一些则固定在纸套上。电池的顶帽总是套在碳电极上。所有设计都采用了使接触电阻最小化的措施。

11A.4 性能

从 20 世纪初到 90 年代，以电气和电子设备（电池供电的电话、电门铃、玩具、照明设备和其他应用）为基础的便携式电源行业，对"干电池"制造商提出了越来越高的性能要求，无线电广播的出现和发展以及第二次世界大战的军事应用显著增加了这种需求。直到 50 年前，手电筒、便携式收音机、电子手表、相机、电动玩具和其他便携设备对廉价电池的性能要求越来越高，以下将进行详细介绍。

11A.4.1 电压

开路电压：锌碳电池的开路电压是由负极（或阳极）活性物质锌和正极（或阴极）活性物质二氧化锰的半电池电位计算得来的。因为大多数锌碳电池都采用相似的负极合金，电池开路电压通常取决于正极所用的二氧化锰类型或其混合物，以及电解液的 pH 值。EMD 所含二氧化锰比天然 NMD 要纯得多，而后者因含有相当多的 MnOOH 而电压较低。图 11A.5 表示了含不同 NMD 和 EMD 比例的勒克朗谢电池和氯化锌电池的开路电压（OCV）。

闭路电压：锌碳电池的闭路电压（CCV）即工作电压，是电池放电负载或电流的函数。放电电流越大（由外电路较低的阻抗导致），闭路电压越低。D 型勒克朗谢电池和氯化锌电池的闭路电压与负载的关系如表 11A.2 所示。

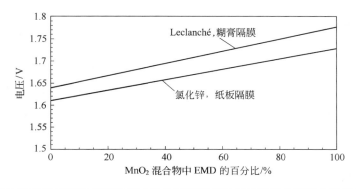

图 11A.5　在电池中使用不同比例天然二氧化锰和电解二氧化锰混合物时电池的开路电压曲线

　　CCV 的精确值主要由电池内阻决定，但也受电池离子传输能力、固相反应副产物和水（参见后面几节）的影响。使用高迁移速率离子、提高溶液体积、增大电极孔隙率及电极/隔膜界面表面积有利于传质能力的增强。反之，离子迁移速率低、电解液溶液体积小、反应沉淀产物堵塞扩散通道而形成的壁垒都会削弱传质能力（在第 4 章中已详细讨论过）。温度、使用期限、放电深度对迁移速率和内阻都有明显的影响。

表 11A.2　典型的 D 型锌碳电池的闭路电压与负载的关系（20℃）

电压/V		负载电阻/Ω	初始电流/mA	
ZC[①]	LC[①]		ZC	LC
1.61	1.56	∞	0	0
1.59	1.52	100	16	15
1.57	1.51	50	31	30
1.54	1.49	25	62	60
1.48	1.47	10	148	147
1.45	1.37	4	362	343
1.43	1.27	2	715	635

① ZC 表示氯化锌电池；LC 表示勒克朗谢电池。

　　锌碳电池放电时，CCV 下降明显，但 OCV 的变化要小一些。OCV 的降低是由活性物质的减少和放电产物 MnOOH 的增加造成的。CCV 的降低是电阻增加和传质能力降低的结果。

　　终止电压：终止电压即截止电压（COV）。它是指在某一特定应用条件下，当放电曲线低于此点时，电池所释放出的能量就不能再被利用。1.5V 的电池用于手电照明时其典型终止电压可定为 0.9V。某些收音机装置允许电池电压降到 0.75V 或更低些。而另一些电子装置只允许电压降到 1.2V。较低的电压会影响某些应用，如闪光灯变暗、收音机音量变小。仅能在某一狭小电压范围内工作的装置最好选用放电曲线平稳的电池。尽管连续下降的 CCV 在某些应用场合是一种缺点，但对于电池的寿命终止需要明显的提示时，如闪光灯，这种性能却是十分受欢迎的。

11A.4.2　放电特性

　　勒克朗谢和氯化锌电池均能在特定应用中显示良好的性能，但在其他应用中则显示较差的性能。影响电池放电性能的因素有许多（参见第 5 章）。因此，有必要评估应用的特点（放电条件、成本、重量等）以便作出对电池的恰当选择。许多制造商为此目的提供了大量数据。

通用型 D 型勒克朗谢电池和氯化锌电池的典型放电曲线（2h/d，20℃）如图 11A.6 所示。这些曲线的特点是曲线倾斜，放电电压随电流的增加而显著下降。氯化锌电池电压较高，在大电流下工作时间更长。50mA 电流下，两种构造的电池性能相似。这是大多数锌碳电池是正极限制，在低倍率下二氧化锰耗尽的结果。

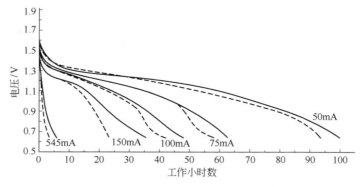

图 11A.6　在 20℃每天放电 2h 时，D 型勒克朗谢电池和氯化锌电池的典型放电曲线
实线为氯化锌电池；虚线为勒克朗谢电池

间歇放电的影响：锌碳电池的性能对放电制度极为敏感，勒克朗谢电池在间歇放电条件下性能显著提高，这是因为：休息期给电池提供了一个性能恢复的机会；迁移现象使反应物再分配[2]。

氯化锌电池可以支持更大的放电电流，并在更长的放电周期内应对间歇性放电。该系统依靠其改进的传输机制来支持更大的放电电流并重新分配反应产物。图 11A.7 给出了普通 D 型电池的容量和中断时间、放电倍率间的关系。在极端小电流放电条件下，间歇放电的优越性表现得并不明显，此时可能反应速度比扩散速度慢，使得在放电期间电池也处于平衡状态。实际上如果放电电流太小，由于其他一些原因（如时效因素）会使释放出的容量减小。但是，大多数放电条件处于中等（无线电）和高速率（闪光灯）范畴，此时间歇放电容量是连续放电的三倍多。标准闪光灯工作电流为 300mA（每支电池 3.9Ω 的负载）和 500mA（每支电池 2.2Ω 的负载），分别相当于两只电池的手电筒使用 PR2 和 PR6 灯泡，或分别相当于 3 只电池的

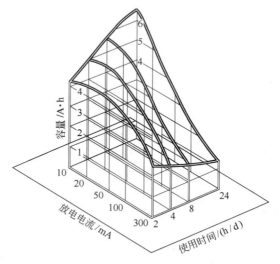

图 11A.7　在 20℃时，D 型锌碳电池的性能
（容量计算至放电到 0.9V 止）与放电倍率、
负载、放电制度等的关系
来源于 Eveready 电池公司数据

手电筒使用 PR3 和 PR7 灯泡。图 11A.8 清楚地体现出了间歇放电的优越性，图中对通用型

D 型电池四种不同放电制度进行了比较，四种放电制度分别为：连续放电、轻负载间歇闪光灯、重负载间歇闪光灯、1h/d 盒式磁带播放器模拟测试。表 11A.3 列出了目前用来评估电池的 ANSI 应用测试。

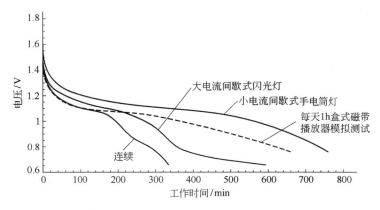

图 11A.8　在不同放电条件下，D 型锌碳电池在 20℃以 3.9Ω 负载放电时的性能曲线

表 11A.3　ANSI 电池规格书中规定的标准应用测试

典型应用或测试	放电制度
脉冲测试（照相）	每分钟开 15s×每天 24h
便携照明（GPI）	每天开 5min
便携照明（LIP）	每小时开 4min×每天 8h
便携照明（LANTERN）	每小时开 0.5h×每天 8h
晶体管收音机	每天开 4h
晶体管收音机（小型 9V）	每天开 2h
个人磁带录音机	每天开 1h
玩具和电动机	每天开 1h
计算器	每天开 0.5h
助听器	每天开 12h
电子设备	每天开 24h

注：来源于 ANSI C18.1M—2009[9]。

　　放电曲线比较：尺寸对高负载氯化锌电池的影响。不同尺寸 AAA、AA、C 和 D 型重载氯化锌（表 11A.7 中的电池尺寸）电池性能在图 11A.9 中给出。从 AAA 型到 D 型，随着电极表面面积的增加，电池中含有的活性物质（锌和二氧化锰）逐渐增多。因此在相同放电负载时电压维持在较高水平。

　　C 型和 D 型电池在 20℃相对较高的电阻（150Ω 或约 10mA）放电条件下，相比 AA 和 AAA 这类小型电池具有更高的电压水平和寿命。在较低容量的电池中 150Ω 负载产生更高的电流放电。此外，虽然 C 型和 D 型电池在间歇或连续负载下将提供相似的输出，但较小的电池受益于使用间歇放电。而在 10Ω 相对较低的电阻（约 150mA）放电条件下，AAA 型、AA 型电池在连续放电时可减少约 30% 的寿命。

　　勒克朗谢电池使用间歇放电模式，将会比氯化锌电池具有更好的性能，这是由于反应产

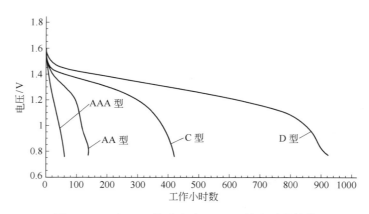

图 11A.9 在 20℃锌碳电池以 150Ω 放电时的性能

物的耗散有所改善。氯化锌电池因为传质特性较好，未能在间歇放电模式下获得益处。

对两种电池来说，可以看到低负载下当截止电压为 0.9V 时，AAA 型、AA 型、C 型和 D 型电池的相对（容量）性能粗略地可表示为 1∶2∶8∶16，但大负载下则为 1∶2∶12∶24，这证明了用较大电池以小电流密度放电的优越性。

不同电池等级放电曲线比较：图 11A.10 表示出了通用型（GP）、高能型（HD）及超高能（EHD）型 D 型勒克朗谢电池和氯化锌电池以 2.2Ω 在 20℃的连续放电性能比较。终止电压为 0.9V 时，勒克朗谢电池和氯化锌电池（GP 型）的性能比率为 1∶1.3，对 HD 型为 1∶1.5。

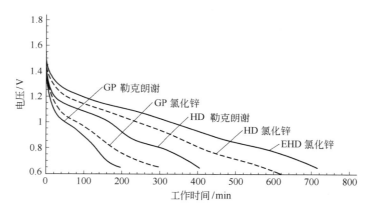

图 11A.10 在不同放电条件下，D 型勒克朗谢电池和氯化锌电池在 20℃
以 2.2Ω 负载连续放电时的性能曲线
GP：一般应用；HD：大负载应用；EHD：特别大的负载应用

图 11A.11 给出了相同电池等级按 ANSI 轻负载间歇放电闪光灯测试（LIF）采用 2.2Ω 负载时的比较结果。在这种制度下采用 0.9V 终止电压时，GP 性能比率为 1∶1，HD 为 1∶1.3。采用间歇放电给电池提供了一个恢复期，提升了电池性能，使电池差别减小。

相同等级电池在更高的负载 3.9Ω 连续放电的结果如下：GP 比率为 1∶1.3，HD 为 1∶1.4（终止电压为 0.9V），差别比采用 2.2Ω 负载放电时小。在 3.9Ω 每天 1h 间歇放电条件下，工作时间增加，不同等级之间的差异进一步缩小。

图 11A.12 比较了连续放电 4h、间歇 20h、24Ω 负载放电性能。这是模拟 ANSI 对收音

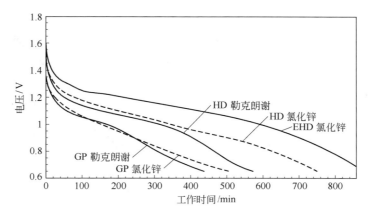

图 11A.11　在 ANSI LIF 测试中（4min/h，8h/d），D 型勒克朗谢电池和氯化锌电池在 20℃
以 2.2Ω 负载放电时的性能曲线
GP：一般应用；HD：大负载应用；EHD：特别大的负载应用

机和电子设备的电池测试。在这种更轻度的放电中，性能比率更接近。

　　连续放电倾向于增加相同尺寸不同等级电池之间的差别。连续放电时勒克朗谢电池和氯化锌电池之间的差别也变得明显。间歇放电倾向于减少不同电池系统和等级之间的差别。同样，较大的放电电流倾向于增加差异。

　　图 11A.13 汇总了通用型勒克朗谢和氯化锌 D 型电池连续放电至不同截止电压时的性能。二者的放电容量都比较低，这是因为它们内阻都比较高。

　　不同制造商相同等级的电池性能也存在很大差异，0.9V 终止电压时最好和最差的电池差距约为 25%。

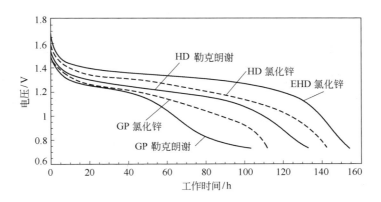

图 11A.12　在不同的放电条件下，D 型勒克朗谢电池和氯化锌电池在 20℃
以 24Ω 负载（4h/d）放电时的性能曲线
GP：一般应用；HD：大负载应用；EHD：特别大的负载应用

11A.4.3　内阻

　　内阻 R_{in} 定义为阻止电池内部电子和离子流动的阻力，其受电池尺寸、构造、温度、年限、放电深度等的影响，同时也是放电倍率不同导致放电容量不同的根本原因。

　　电子电阻：包括各种载流部件的电阻，如金属盖、碳棒、导电正极部件等。通过测量

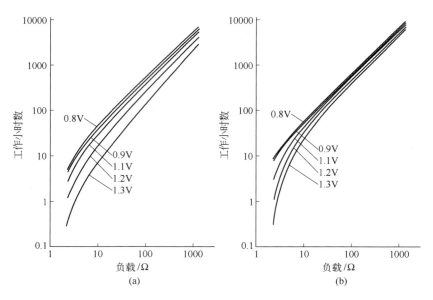

图 11A.13　在 20℃的不同负载下放电至不同截止电压时电池的工作时间
(a) D 型勒克朗谢电池的一般应用；(b) D 型氯化锌电池的一般应用

OCV 和极低电阻的峰值电流可以得到内部电子电阻的近似值。安培计的电阻应极低，以使电路总电阻不超过 0.01Ω，并且不超过电池电阻的 10%。内部电子电阻可粗略地表达为：

$$R_{in} = OCV/I$$

式中，R_{in} 为内部电子电阻，Ω；OCV 为开路电压；I 为峰值电流，A。

采用压降法可获得更为精确的结果。在这种方法中，先加载一个小的初始负载来稳定电压，再加载一个与应用负载相似的负载。电子内阻由下式计算：

$$R_{in} = (V_1 - V_2)R_L/V_2$$

式中，R_{in} 为电子电阻，Ω；V_1 为初始稳定闭路电压，V；V_2 为应用负载闭路电压，V；R_L 为应用负载，Ω。

应用负载的作用时间应保持在 $5 \sim 50ms$，以避免极化的影响。这种方法可测量因电子电阻造成的压降，但不考虑极化造成的压降（离子阻抗）。

离子阻抗：包括电池内部离子涉及的因素，即电解质导电性、离子迁移、电极孔隙率、电极表面积、二次反应等，这些都影响离子阻抗，统称为极化。极化效应可以用图 11A.14 中的脉冲-时间曲线来表示。总电阻（R_T）用欧姆定律表达为：

$$R_T = dR = dV/dI$$

也等于

$$(V_1 - V_2)/(I_1 - I_2)$$

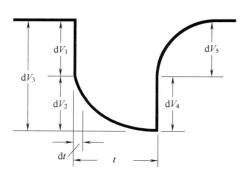

图 11A.14　脉冲电压和时间关系图
用于计算电池内部内阻

式中，V_1、I_1 分别为脉冲前的电压和电流；V_2 和 I_2 分别为脉冲负载移除前的电压和电流。图 11A.14 中 dV_3 为表现出的总压降。

电池组件的内阻表达为 dV_1，极化效应为 dV_2，因为有些能量被脉冲带走，电池内阻更正确的表达应该采用 dV_4。

测量 dV_4 非常困难，因此脉冲时间（dt）要最小化以减小极化压降（dV_2），脉冲时间通常为 5～50ms。为获得精确且有重现性的结果，推荐持续时间恒定，并使用可保持读数的电压测量仪。

因为 dV_2 比 dV_1 稍大，可以从公式 $R_T = R_{ir} + R_p$ 看出极化阻抗 R_p 比电池内阻 R_{ir} 稍大。轻度放电或脉冲和测量前小背景电阻可以获得一致的测量结果。表 11A.4 表示了常用电池脉冲电流和内阻的一般关系。

锌碳电池间歇放电比连续放电表现好，这在很大程度上是由于消除了极化的影响。影响极化的因素本节前面已有介绍。放电之间的间歇使锌表面去极化，如阳极表面浓差极化的消除，在大电流长时间放电时这种效应更明显。氯化锌电池的内阻稍小于勒克朗谢电池，这导致相同尺寸时氯化锌电池压降较小。

表 11A.4　各种尺寸电池的脉冲电流和内阻

尺寸	典型最大脉冲电流/A		近似内阻/Ω	
	LC[①]	ZC[①]	LC	ZC
N	2.5	—	0.6	—
AAA	3	4	0.4	0.35
AA	4	5	0.30	0.28
C	5	7	0.39	0.23
D	6	9	0.27	0.18
F	9	11	0.17	0.13
9V	0.6	0.8	5	4.5

① LC 为勒克朗谢电池；ZC 为氯化锌电池。来源于 Eveready 电池公司[10]。

锌碳电池内阻随放电深度增加而升高。有些应用可以利用这一特性来提示接近电池寿命终点（如烟雾探测器）。图 11A.15 表示了 9V 勒克朗谢电池内阻与放电深度的相互关系。

内阻升高的另一个原因是，正极放电时多孔正极逐渐被反应产物堵塞。在勒克朗谢电池中，会形成二氨合氯化锌晶体；在氯化锌电池中会生成氯氧化锌晶体；二氧化锰的导电性也会降低。

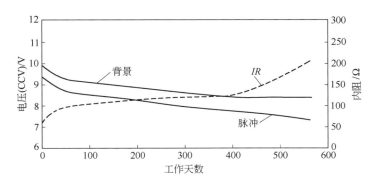

图 11A.15　在烟雾探测器上测试 9V 电池组在放电过程中的电压与内阻
连续放电的背景负载为 620000Ω；脉冲负载及工作条件为 1500Ω×10ms/40s

11A.4.4 温度的影响

锌碳电池最好在 20～30℃ 的常温下工作，随工作温度升高，电池释放出的能量增大，但长期处于高温（超过 50℃）下将使电池迅速恶化。勒克朗谢电池的容量随温度降低而迅速下降，0℃ 时最高只能放出 65% 的容量，在 −20℃ 以下时基本不能够运行。氯化锌电池在 0℃ 时可放出常温容量的 80%。这种影响在较大负载下更为明显；低温下，小电流比大电流放出更多的容量（排除大电流放电时对电池加热的有利影响）。

在 −20℃ 时氯化锌电解液（$ZnCl_2$ 质量分数为 25%～30%）半凝固，−25℃ 以下时结冰。在这种情况下，不难理解性能会下降。这些数据是在闪光灯负载下（对 D 型电池来说为 300mA）获得的，在更低的电流下所获得的容量可更高些。这种 D 型电池在不同温度下的特性如表 11A.5 所示。

特种低温电池使用了低凝固点电解液，并从设计上使电池内阻降至最低。但由于综合性能更优越的其他类型的一次电池的应用，这种电池实际上并没有得到推广。为了在低温条件下更好地工作，可采用某些适当的方法将勒克朗谢电池进行保温。当背心式电池组穿在使用者的衣服里时，利用人体热量可使它维持在适宜的工作温度下，这是军队曾经采用过的在低温下工作的方法。加入其他盐和阿拉伯树胶可以提高电池的低温性能，但是会牺牲高温（＞40℃）储存寿命。

表 11A.5　温度对内阻的影响

电池尺寸	系统[①]	内阻/Ω			
		−20℃	0℃	20℃	45℃
单体电池					
AAA	ZC	10	0.7	0.6	0.5
AA	LC	5	0.8	0.5	0.4
AA	ZC	5	0.8	0.5	0.4
C	LC	2	0.8	0.5	0.4
C	ZC	3	0.5	0.4	0.3
D	LC	2	0.6	0.5	0.4
D	ZC	2	0.4	0.3	0.2
叠层电池					
9V	LC	100	45.0	35.0	30.0
9V	ZC	100	45.0	35.0	30.0
信号电池					
6V	LC	10	1.0	0.9	0.7
6V	ZC	10	1.0	0.8	0.7

① LC 为 Leclanché（勒克朗谢）电池；ZC 为氯化锌电池。来源于 Eveready 电池公司数据[10]。

11A.4.5 使用寿命

图 11A.16 是不同连续放电负载和不同温度下通用勒克朗谢电池以单位质量（A/kg）和单位体积（A/L）为基准的使用寿命。这些曲线是通用型电池在若干不同放电方法下的平均

放电电流。这些数据可用来估计某一给定电池在特定放电条件下的使用寿命，也可用来估计为满足某一特殊装置要求所应配备电池的体积和质量。

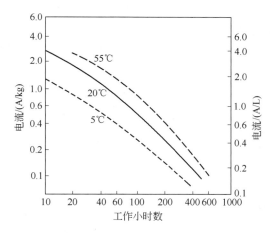

图 11A.16　在 20℃以 2h/d 的方式放电至电池电压为 0.9V 时，锌碳电池的工作时间曲线

制造厂家的商品目录中应该考虑到多种电池配方和放电条件下的特殊性能。表 11A.6 为厂家给出的两种配方的 AA 型锌碳电池的典型性能数据。

表 11A.6　AA 型锌碳电池制造商典型性能数据

制度	1.2V 时电流/mA	负载/Ω	终止电压/V					
			1.3	1.2	1.1	1.0	0.9	0.8
Eveready No.1015 通用电池								
			小时数					
4h/d	28	43	2	5	12	20	24	27
1h/d	120	10	0.1	0.4	1.2	2.6	3.9	4.5
1h/d	308	3.9	0.09	0.2	0.4	0.7	0.9	1.0
			脉冲数					
每天每分钟 15s（脉冲）	667	1.8	6	14	30	51	68	73
Eveready No.1215 超高能电池								
			小时数					
4h/d	28	43	4	10	21	31	36	39
1h/d	120	10	0.2	0.4	2.5	5.2	6.4	7.0
1h/d	308	3.9	0.1	0.3	0.5	1.2	1.7	1.9
脉冲数								
每天每分钟 15s（脉冲）	667	1.8	7	14	30	89	139	160

注：来源于 Eveready 电池公司数据[10]。

储存寿命：锌碳电池在搁置期间容量逐渐下降，其原因可以认为是锌腐蚀、化学副反应和水分损失导致的，部分放电的电池比完全未放电的电池下降得更严重。下降的速率与储存温度有关，高温可加速容量损失，低温可延长电池的储存寿命。图 11A.17 表示出在 40℃、20℃ 和 0℃ 下储存后的容量保持能力，氯化锌电池容量保持能力比勒克朗谢电池强。这是由于隔膜的改善（包覆纸板隔膜）、密封系统和其他材料性能的提高。

勒克朗谢电池采用沥青密封和浆状隔膜，故容量保持能力差。氯化锌电池采用高度交联的淀粉包覆纸板隔膜结合聚丙烯或聚乙烯密封，展现了优异的容量保持能力。

电池在 −20℃ 储存 10 年后容量保持率为 80%～90%，因为低温延迟了恶化，所以低温储存是保持电池容量的有效方法，0℃ 是理想的保存温度。

如果没有从低温到高温的反复，冷冻对电池是没有伤害的。使用的原料和密封材料的膨胀系数差别太大会造成电池破裂。为了达到满意的性能，电池从冷冻环境中移出后，需要恢复到室温。回暖过程中应该避免湿气，以防止电池泄漏或短路。

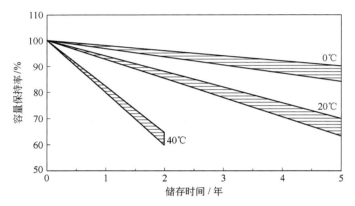

图 11A.17　塑料密封的纸板隔膜氯化锌电池分别在 40℃、20℃ 和 0℃ 储存后的容量保持率

11A.4.6　扁平式锌-二氧化锰 P-80 电池

锌碳电池已经被用于某些特殊的设计来提高在某些特定方面的性能，或者被用于一些新颖的、独特的设计中。20 世纪 70 年代初，Polaroid（宝丽来）公司发明了一种立即成像系统（SX-70）。在该系统中主要的革新是电池包含在胶卷盒中，而不是在照相机中。电池为盒中的胶片提供足够的能量。摄影师不必关心电池的新旧，因为电池是和胶卷在一起的[11]。

P-80 结构的电池与勒克朗谢电池化学原理非常相似，只是形状特殊。图 11A.18 详细描述了一个 1.5V 的单体。电极区域大约为 5.1cm×5.1cm。由锌粉和黏结剂组成的负极（不含汞）覆盖在导电乙烯膜或网上。

二氧化锰与含电解质盐的稠浆混合，电解质主要是氯化锌和一些氯化铵，正负极被一个薄的赛璐玢膜隔开。一个成品 6V 电池含有 4 个单体，4 个分立的单体通过聚

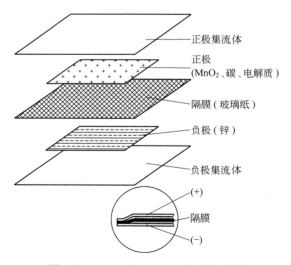

图 11A.18　Polaroid P-80 电池包中的单体电池分解图

正极集流体

正极
(MnO₂、碳、电解质)

隔膜（玻璃纸）

负极（锌）

负极集流体

(+)

隔膜

(−)

乙烯支架和铝集流板彼此连接在一起，铝和塑料材料通过一种特殊的导电涂覆层粘接在一起。

电池参数：扁平式电池的关键参数和圆柱形电池相似。对于扁平设计这种几何结构的初衷是降低电阻，电池中的各薄层应紧密接触以保证低电阻。涉及气体产生的反应一定要最小化。

• 开路电压（无负载）：这种电池的开路电压取决于二氧化锰的活性和体系的 pH 值，将正极浆的 pH 值调为恒定可以减小电池和电池之间的电压差。例如，P-80 电池经过这样调整后 56 天电压为 6.4V，12 个月后电压为 6.3V。电池的开路电压和使用的二氧化锰有关。

• 闭路电压（带负载）：闭路电压可以用来表示电池在大电流下输出能量的能力。在 P-80 电池中，照相机的一个操作要求为 1.63A 的负载，在 55ms 时测量闭路电压以使极化影响降至最低，搁置 56 天后闭路电压通常为 5.58V，搁置 12 个月后则为 5.35V。电池的闭路电压和使用的二氧化锰有关。

• 内阻和压降（ΔV）：电池的内阻通过在一个给定的脉冲周期内测量电压降来得到。影响压降的主要因素是锌的表面活性，锌的表面活性受锌粒径和反应产物量的影响。负载若持续一段时间，如给照相机快门电路充电，极化作用将会出现。总的阻抗是两部分之和，即电池内阻和极化内阻，后者对时间是敏感的。为了减小极化内阻，测量 ΔV 的脉冲周期要尽量缩短。

搁置 56 天后的数据受到关注，这是电池装入胶卷盒的标称时限。此时，所有电池都要测量电性能，有缺陷的将被筛除。

总电阻可表达为：

$$R_t = R_i + R_p$$

式中，R_i 为电池内阻，Ω；R_p 为极化内阻，Ω。对于 P-80 电池，R_i 为 0.5Ω，R_p 为 0.12Ω。

• 容量：容量模拟器模拟测试照相机充电的能量。每个脉冲包含一个开路休息阶段和一个 2A 负载的脉冲，相当于 50W·s 的脉冲。类似的 50W·s 的循环一直持续到终止电压 3.7V，这样循环数量就被确定了。

在 50W·s 负载持续的时间内会出现极化压降。每个循环输出 50W·s 所用的时间随电池的使用而延长。每次循环之间间歇 30s，最初压降是恒定的，但接近终点时电阻增大，测试一直持续到 3.7V。

图 11A.19 给出了不同放电负载和容量时的电压曲线。

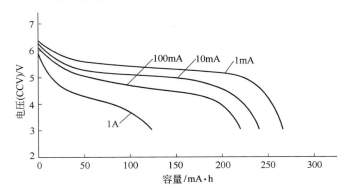

图 11A.19　Polaroid P-80 电池在不同负载下放电的电压曲线

11A.4.7 单体及组合电池的型号及尺寸

为满足不同装置的需要，采用不同配方制备成各种尺寸的锌碳电池。单体电池及组合电池按照电化学体系可分为勒克朗谢电池和氯化锌电池，按等级可分为"通用型""重载型""超重载型""照相机闪光灯型"等，这些等级是按照其在特定放电条件下的输出性能划分的。

表11A.7列出了更为普遍的电池尺寸，并对不同负载下典型的间歇放电（2h/d）工作时间进行了估计，但它不包括"玩具"型电池的连续放电数据。电池在若干间歇放电条件下的性能如表11A.8所示。

AA型电池已经成为更主要的产品，广泛用于笔形电筒、相机闪光灯和其他电器上。更小一些的AAA电池用在遥控器和其他小型电器上，C、D型主要用于闪光灯，F型通常组合成电池组用于手提灯和其他需要这些大型电池的应用场合。叠层电池用于组合电池，如9V电池用于烟雾探测器和晶体管收音机等电器。

表11A.9给出了商品化的主要锌碳电池的组合电池。这些组合电池的性能可采用国际电工委员会（IEC）所指定的测定整组电池的方法来估计（如NEDA 6、IEC 4R25组合电池就是由4个F型电池串联所组成的）。表11A.10给出了各制造厂商所生产的锌碳电池单体及组合电池的对照。为了确定其产品是否适用于特殊应用，参考了最新的供应商目录和网站中的特殊性能参数。

表 11A.7　锌碳电池特性

型号	IEC	ANSI/NEDA	质量/g	最大尺寸/mm		典型工作制度 2h/d[①]			
				直径	高度	Leclanché 电池		氯化锌电池	
						电流/mA	工作时间/h	电流/mA	工作时间/h
N	R1	910	6.2	12	30.2	1	480		
						10	45		
						15	20		
AAA	R03	24	8.5	10.5	44.5	1	—	1	520
						10	—	10	55
						20	—	20	26
AA	R6	15	15	14.5	50.5	1	950	1	1200
						10	80	10	110
						100	4	100	8
						300	0.6	300	1
C	R14	14	41	26.2	50	5	380	5	800
						25	75	20	150
						100	6	100	20
						300	1.7	300	5.5
D	R20	13	90	34.2	61.5	10	400	10	700
						50	70	50	135
						100	25	100	55
						500	3	500	6

型号	IEC	ANSI/NEDA	质量/g	最大尺寸/mm		典型工作制度 2h/d[①]			
						Leclanché 电池		氯化锌电池	
				直径	高度	电流/mA	工作时间/h	电流/mA	工作时间/h
F	R25	60	160	34[②]	92[②]	25	300	25	400
						100	60	100	85
						500	5.5	500	9
G	R26	—	180	32	105[②]	—			
No.6	R40	905	900	67	170.7	5	8000		
						50	700		
						100	350		
						500	70		

① 工作至 0.9V 终止电压的典型值。

② 典型值。

表 11A.8 锌碳电池和碱性二氧化锰电池的 ANSI 标准

尺寸	应用	电阻/Ω	放电制度	终止电压/V	规格要求	
					锌碳电池	碱性二氧化锰电池
					初始[①]	初始[①]
N					910D	910A
	便携灯具	5.1	5min/d	0.9	不适用	100min
	传呼机	(10.0,然后 3000.0)	5s/h 3595s/h	0.9	不适用	888h
AAA					24D	24A
	脉冲测试	3.6	15s/min,24h/d	0.9	150 脉冲	450 脉冲
	便携灯具	5.1	4min/h,8h/d	0.9	48.0min	130.0min
	录音机	10.0	1h/d	0.9	1.5h	5.5h
	收音机	75.0	4h/d	0.9	24.0h	48.0h
AA					15D	15A
	脉冲测试	1.8	15s/min,24h/d	0.9	150 脉冲	450 脉冲
	电动机/玩具	3.9	1h/d	0.8	1.2h	5h
	录音机	10.0	1h/d	0.9	5.0h	13.5h
	收音机	43.0	4h/d	0.9	27.0h	60.0h
C					14D	14A
	便携灯具	3.9	4min/h,8h/d	0.9	350min	830min
	玩具	3.9	1h/d	0.8	5.5h	14.5h
	录音机	6.8	1h/d	0.9	10.0h	24.0h
	收音机	20.0	4h/d	0.9	30h	60.0h
D					13D	13A
	便携灯具	1.5	4min/15min,8h/d	0.9	150min	540min
	便携灯具	2.2	4min/h,8h/d	0.9	120min	950min
	电动机/玩具	2.2	1h/d	0.8	5.5h	17.5h
	录音机	3.9	1h/d	0.9	10h	26.0h
	收音机	10.0	4h/d	0.9	33h	90.0h

尺寸	应用	电阻/Ω	放电制度	终止电压/V	规格要求	
					锌碳电池	碱性二氧化锰电池
					初始[①]	初始[①]
9V					1604D	1604A
	计算器	180	30min/d	4.8	380min	630min
	玩具	270	1h/d	5.4	7h	14h
	收音机	620	2h/d	5.4	23h	38h
	电子烟雾探测器	1300	24h/d	6.0	不适用	不适用
			处于研究中			
6V					908D	908A
	便携灯	3.9	4min/h,8h/d	3.6	5h	21h
	便携灯	3.9	1h/d	3.6	50h	80h
	路障	6.8	1h/d	3.6	165h	300h

① 储存 12 个月后的性能要求：锌碳电池，初始要求的 80%；碱性二氧化锰电池，初始要求的 90%。来源于 ANSI C18.1M—2009[9]。

表 11A.9 锌碳电池 ANSI/NEDA 尺寸

ANSI	IEC	直径/mm		总高/mm		长度/mm		宽度/mm	
		最大	最小	最大	最小	最大	最小	最大	最小
13C	R20S	34.2	32.3	61.5	59.5				
13CD	R20C	34.2	32.3	61.5	59.5				
13D	R20C	34.2	32.3	61.5	59.5				
13F	R20S	34.2	32.3	61.5	59.5				
14C	R14S	26.2	24.9	50.0	48.5				
14CD	R14C	26.2	24.9	50.0	48.5				
14D	R14C	26.2	24.9	50.0	48.5				
14F	R14S	26.2	24.9	50.0	48.5				
15C	R6S	14.5	13.5	0.5	49.2				
15CD	R6C	14.5	13.5	50.5	49.2				
15D	R6C	14.5	13.5	50.5	49.2				
15F	R6S	14.5	13.5	50.5	49.2				
24D	R03	10.5	9.5	44.5	43.3				
903	—			163.5	158.8	185.7	181.0	103.2	100.0
904	—			163.5	158.8	217.9	214.7	103.2	100.0
908	4R25X			115.0	107.0	68.2	65.0	68.2	65.0
908C	4R25X			115.0	107.0	68.2	65.0	68.2	65.0
908CD	4R25X			115.0	107.0	68.2	65.0	68.2	65.0
908D	4R25X			115.0	107.0	68.2	65.0	68.2	65.0
915	4R25Y			112.0	107.0	68.2	65.0	68.2	65.0
915C	4R25Y			112.0	107.0	68.2	65.0	68.2	65.0
915D	4R25Y			112.0	107.0	68.2	65.0	68.2	65.0
918	4R25-2			127.0	—	136.5	132.5	73.0	69.0
918D	4R25-2			127.0	—	136.5	132.5	73.0	69.0
926	—			125.4	122.2	136.5	132.5	73.0	69.0
1604	6F22			48.5	46.5	26.5	24.5	17.5	15.5
1604C	6F22			48.5	46.5	26.5	24.5	17.5	15.5
1604CD	6F22			48.5	46.5	26.5	24.5	17.5	15.5
1604D	6F22			48.5	46.5	26.5	24.5	17.5	15.5

注：来源于 ANSI C18.1M—2009[9]。

表 11A. 10　锌碳电池横向对照表

ANSI	IEC	Duracell	Eveready	Rayovac	Panasonic	Toshiba	Varta	军用
13C	R20	M13SHD	EV50	GP-D	—	—	—	—
13CD	R20	M13SHD	EV150	HD-D	UM1D	—	—	—
13D	R20	M13SHD	1250	6D	UM1N	R20U	3020	—
13F	R20	—	950	2D	UM1	R20S	2020	BA-30/U
14C	R14	M14SHD	EV35	GP-C	—	—	—	—
14CD	R14	M14SHD	EV135	HD-C	UM2D	—	—	—
14D	R14	—	1235	4C	UM2N	R14U	3014	—
14F	R14	—	935	1C	UM2	R14S	2014	BA-42/U
15C	R6	M15SHD	EV15	GP-AA	—	—	—	—
15CD	R6	M15SHD	EV115	HD-AA	UM3D	—	—	—
15D	R6	M15SHD	1215	5AA	UM3N	R6U	3006	—
15F	R6	—	1015	7AA	UM3	R6S	2006	BA-58/U
24D	R03	—	1212	—	UM4N	—	—	—
24F	R03	—	—	—	—	—	—	—
210	20F20	—	413	—	—	—	—	BA-305/U
215	15F20	—	412	—	15	—	V72PX	BA-261/U
220	10F15	—	504	—	W10E	—	V74PX	BA-332/U
221	15F15	—	505	—	MV15E	—	—	—
900	R25-4	—	735	900	—	—	—	—
903	5R25-4	—	715	903	—	—	—	BA-804/U
904	6R25-4	—	716	904	—	—	—	BA-207/U
905	R40	—	EV6	—	—	—	—	BA-23
906	R40	—	EV6	—	—	—	—	BA-23
907	4R25-4	—	1461	641	—	—	—	BA-429/U
908	4R25	M908	509	941	4F	—	—	BA-200/U
908C	4R25	M908SHD	EV90	GP-6V	—	—	430	—
908CD	4R25	M908SHD	EV90HP	—	—	—	431	—
908D	4R25	M908SHD	1209	944	—	—	430	—
915	4R25	M915	510S	942	—	—	—	BA-803/U
915C	4R25	M915SHD	EV10S	—	—	—	—	—
915D	4R25	M915SHD	—	945	—	—	—	—
918	4R25-2	—	731	918	—	—	—	—
918C	4R25-2	—	EV31	—	—	—	—	—
918D	4R25-2	—	1231	928	—	—	—	—
922	—	—	1463	922	—	—	—	—
926	8R25-2	—	732	926	—	—	—	—
1604	6F22	—	216	1604	006P	—	2022	BA-90/U
1604C	6F22	M9VSHD	EV22	GP-9V	—	—	—	—
1604CD	6F22	M9VSHD	EV122	HD-9V	006PD	—	—	—
1604D	6F22	M9VSHD	1222	D1604	006PN	6F22U	3022	—

注：来源于制造商手册。

参考文献

1. D. Glover, A. Kozawa, and B. Schumm, Jr. (eds.), *Handbook of Manganese Dioxides, Battery Grade*, International Battery Material Association (IBA, Inc.), IC Sample Office, 1989.

2. N.C. Cahoon, in N.C. Cahoon and G.W. Heise (eds.), *The Primary Battery*, Vol. 2, Chap. 1, Wiley, New York, 1976.

3. S. Rubin, *The Evolution of Electric Batteries in Response to Industrial Needs*, Chap. 5, Dorrance, Philadelphia, 1978.

4. G. Vinal, *Primary Batteries*, Wiley, New York, 1950.

5. R. Huber, in K.V. Kordesh (ed.), *Batteries*, Vol. 1, Chap. 1, Decker, New York, 1974.

6. R.J. Brodd, A. Kozawa, and K.V. Kordesh, "Primary Batteries 1951–1976," *J. Electrochem. Soc.* **125:**271C–283C (1978).

7. B. Schumm, Jr., in *Modern Battery Technology,* C.D.S. Tuck (ed.), Ellis Horwood, Ltd., London, 1991, pp. 87–111.

8. C.L. Mantell, *Batteries and Energy Systems*, 2d ed., McGraw-Hill, New York, 1983.

9. "American National Standards Specification for Dry Cells and Batteries," ANSI C18.1M-2009, American National Standards Institute, Inc., 2009.

10. Eveready Battery Engineering Data: information is available at www.Energizer.com; technical information website. These data are frequently updated and current.

11. M. Dentch and A. Hillier, Polaroid Corp., *Progress in Batteries and Solar Cells*, Vol. 9 (1990).

11B 水系镁和铝原电池

Patrick J. Spellman

11B.1 概述

镁电池和铝电池的设计源自锌碳电池，主要是美国军方在锂电池广泛使用之前资助的研究成果。相对于锌来说，使用镁和铝的主要优点是具有较高的半电池电位，而且反应涉及多价离子，而锌只有单一的氧化态。

11B.2 化学原理

11B.2.1 电化学：镁负极

镁原电池利用镁合金为负极，混有乙炔黑的二氧化锰为正极（乙炔黑用于改善二氧化锰的导电性），高氯酸镁水溶液为电解液，铬酸钡和铬酸锂为缓蚀剂，氢氧化镁作为缓冲剂添加到电解液中以提高电池的储存性能（pH≈8.5）。含水量至关重要，因为放电期间水参与电池的负极反应，并被消耗掉[1]。镁-二氧化锰电池的放电反应为：

负极 $\qquad Mg + 2OH^- \Longrightarrow Mg(OH)_2 + 2e^-$

正极 $\qquad 2MnO_2 + H_2O + 2e^- \Longrightarrow Mn_2O_3 + 2OH^-$

总反应 $\qquad Mg + 2MnO_2 + H_2O \Longrightarrow Mn_2O_3 + Mg(OH)_2$

单体电池的理论电压高于 2.8V，但实际上达不到，所能得到的电压要比理论值低 1.1V 左右，电池的实际开路电压约为 1.9～2.0V，但这仍比锌碳电池要高。

在中性或碱性电解液中，镁的电位是混合电位，由镁的阳极氧化和阴极析氢决定。这两种反应的动力学都会受到钝化层影响而改变。这种钝化层的性质与化成老化历程、先前的阳极反应（阴极限制）、电解液环境和镁合金添加剂有直接关系。显然评价镁电极的关键是充分了解 $Mg(OH)_2$ 膜[2]，包括了解影响其形成和溶解的因素，以及膜的物理化学特性。

一般在储存条件下镁的腐蚀极其轻微，这是因为镁表面形成的 $Mg(OH)_2$ 膜起到了良好的保护作用，用铬酸盐缓蚀剂处理会强化这种防护作用。这种紧密结合的钝化的氧化物或氢氧化物在电极表面形成，使镁成为在实用水溶液原电池中具有最理想电活性的金属。但保护膜一旦破裂或放电期间被消除后，就会有腐蚀反应发生，且同时伴有氢气生成：

$$Mg + 2H_2O \longrightarrow Mg(OH)_2 + H_2$$

在镁的阳极氧化过程中，随着电流密度的加大，由于钝化层被破坏，裸露出的镁表面暴露了更多反应位置，从而增加了析氢速率。这种现象通常称为"负差效应"。事实上，可以检测到的镁阳极氧化速率仅发生在裸露的金属表面，镁盐通常表现出较低的阴离子电导，从理论上可以提出这样一个机理，即 OH^- 穿过膜到达镁-膜界面上形成 $Mg(OH)_2$。实际上这种反应速度不快，从所有可能的机理来看，取代上述反应的是阳极电流流过导致膜破裂[3]，已经提出了这种钝化层破坏的理论模型[4-7]。该模型成功地包括了在金属-膜界面上依次发生的金属溶解、膜扩展、膜脱落等过程。这种副反应引起了很大的问题，不仅需要设法排出电池内部的氢气以防积聚，还因为反应消耗水（水含量对电池的正常工作至关重要）而产生热量，降低了负极效率。

在典型连续放电条件下镁负极的效率约为 $60\%\sim70\%$。镁合金的组成、电池部件、放电速率和温度都会对镁负极的效率产生影响。小电流和间歇放电时，镁负极效率会下降到 $40\%\sim50\%$ 或更低；同时，随温度的降低镁负极效率进一步下降。

镁电池放电期间，尤其大电流放电时有大量的热生成，这是由于腐蚀反应是放热的（每摩尔镁可放出大约 82kcal 热量）及理论电压与实际工作电压之差引起的损耗。正确的电池设计应允许热量散失，以避免因电池过热而缩短电池寿命。同时，若在低环境温度下工作时，这些热量的产生有利于维持电池在较高的、更有效的温度下工作。

镁钝化层导致电压滞后（接通负载时电压下降，在第 5 章讨论过）。事实上随着电流的流动，金属表面的保护膜剥落并将裸金属暴露在电解液中时，即可输出正常的电压（图 11B.1）。当电流中断后，保护膜重新生成，但不会达到原始的程度，即镁和铝电池在小电流和间歇放电时存在显著缺点[3]。如图 11B.2 所示，电压滞后时间一般不超过 1s，但在低温下放电或经过长时间高温储存后，滞后时间也可能延长（达到 1min 或更长）。

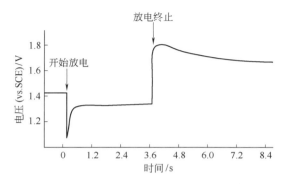

图 11B.1　在 20℃下，镁原电池的电压曲线　　图 11B.2　Mg-MnO$_2$ 电池的电压滞后与温度的关系

11B.2.2　电化学：铝负极

铝负极反应为：

$$Al \longrightarrow Al^{3+} + 3e^-$$

在负极反应中，铝的标准电极电位为 $-1.7V$。即以铝为负极的电池电压应比相应以锌为负极的电池电压高 $0.9V$。但是实际上达不到这个电位，铝-二氧化锰电池的电压仅比锌电池高 $0.1\sim0.2V$。铝负极氧化膜带来了一系列问题，如一旦膜破裂铝负极就会严重地被腐蚀；电压滞后以及铝趋向于不均匀腐蚀等，因此至今铝-二氧化锰电池仍处于实验阶段。实验电池是由双层铝负极（可使壳体穿孔造成的过早失效降至最小）、氯化铝或氯化铬电解质，以及与普通锌锰电池类似的二氧化锰-乙炔黑正极组成。反应机理可表示为：

$$Al + 3MnO_2 + 3H_2O \longrightarrow 3MnO \cdot OH + Al(OH)_3$$

11B.3　镁-二氧化锰电池结构

镁-二氧化锰原电池通常制备成两种圆柱形结构。

11B.3.1 标准结构

这种结构的镁电池与圆柱形锌碳电池类似，典型的电池剖面如图11B.3所示。含有少量铝和锌的镁合金筒取代锌筒，正极由二氧化锰、乙炔黑（主要起导电和保水作用）、腐蚀抑制剂、pH缓冲剂和水系电解质的混合物挤压成型；电解液为含有铬酸锂的高氯酸镁水溶液；碳棒为正极集流体；隔膜为有吸液性的牛皮纸，与锌电池纸板隔膜结构相同。镁电池的密封至关重要，因为它必须保证储存期间不损失水分，同时又能为放电期间由于腐蚀反应所产生的氢气提供逃逸通路。利用机械阀门可以实现这一目的：将带有小孔的塑料密封顶盖置于一固定环中，当固定环受压变形后就可使过量的气体排出[8]。

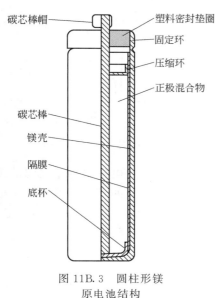

图 11B.3 圆柱形镁原电池结构

11B.3.2 内-外"反极"式结构

内-外"反极"式结构见11A.3.2节，其基础是高导电性碳结构，防水碳做成杯形结构，可以作为电池的容器，一个实心中心碳棒插入其中，并与底部相连；被隔膜包裹的镁管放置在环形空间中；由二氧化锰、乙炔黑组成的正极混合物及带有阻蚀剂的溴化镁或高氯酸镁电解质水溶液充填在负极、中心碳棒和碳杯内表面的空隙中。该结构使电极表面积增加了一倍，外部接触可利用两个金属片来实现，由金属片制成的正极端子在加工过程中被粘接在碳杯底部；与负极接触的负极端子与塑料环构成绝缘套并将碳杯的开口端封闭。最后完整的单体电池用一个卷筒状的镀锡钢外套通过卷边封装起来[9-11]。

11B.4 镁-二氧化锰电池的工作特性

由于放电过程产生热量，因此电池结构对镁-二氧化锰电池性能有着重要影响。如11B.2.1节所述，合适的电池设计必须允许散热以防止过热、过早干涸和性能衰减，或者利用这些热量来提升电池在低温环境下的性能。在一些低温环境应用中，应使电池热绝缘以防止热损失。要获得在各种可能的条件和电池设计下的性能数据，需要进行实际放电实验。

电池和设备的设计还必须考虑在放电过程中产生的氢气。氢气必须放出以防止其达到爆炸水平。

11B.4.1 放电性能

（1）标准结构

圆柱形镁-二氧化锰一次电池典型放电曲线如图11B.4所示。镁电池放电曲线一般比锌碳电池平稳，且对放电速率的变化敏感度低，平均放电电压为$1.6 \sim 1.8V$，比锌碳电池高约$0.4 \sim 0.5V$，典型的终止电压为$1.2V$。图11B.5总结了镁电池连续放电至$1.1V$的性能。

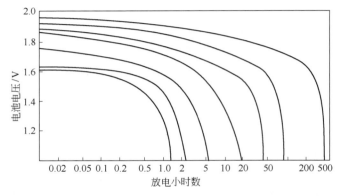

图 11B.4 在 20℃时圆柱形 Mg-MnO$_2$ 电池的典型放电曲线

图 11B.6 表示电池以连续恒流放电至不同终止电压时，电流与放电安时容量之间的关系，表 11B.1 汇总了连续和间歇放电性能。低倍率或长期放电时性能的降低归因于镁负极和电池电解液之间的腐蚀反应。该反应伴随着氢气的析出和水的还原，导致电池效率降低。容量损失在低倍率（高电阻）放电时是明显的。

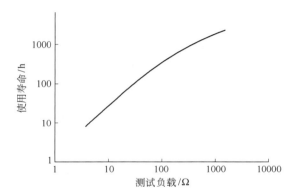

图 11B.5 在室温下 1LM 型镁-二氧化锰
电池的工作时间
（放电至 1.1V）与负载的关系

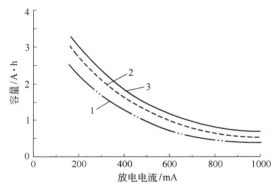

图 11B.6 1LM 型镁-二氧化锰电池的容量与
恒流放电电流的关系
1—放电至 1.4V；2—放电至 1.2V；3—放电至 1.0V

表 11B.1 1LM 型电池连续和间歇放电性能（以小时计）

放电类型	终止电压	
	1.1V	0.8V
4Ω 连续	8.9	9.9
4Ω，LIFT[1]	10.7	11.6
4Ω，HIFT[2]	11	12
4Ω，30min/h，8h/d	9.72	10.60
25Ω 恒阻		
连续	100	104
4h/d	84.2	88.4
500Ω 恒阻		
连续	1265	1312
4h/d	752	776

① 轻型工业闪光灯测试，4min/h，8h/d。

② 重型工业闪光灯测试，4min/15min，8h/d。

来源于 Rayovac 公司。

镁原电池的低温性能比锌碳电池优越，可在－20℃或更低的温度下工作。图 11B.7 给出了不同温度下镁电池以 20h 倍率放电时的放电性能，镁电池的低温性能受到放电期间产生的热量的影响，同时也与放电倍率、电池尺寸、电池结构及其他因素有关。如果需要更精确的性能数据，应进行实际放电实验。

长时间以小电流连续放电可导致镁电池破裂，这主要是由于氢氧化镁生成时占据了镁的大约 1～1.5 倍的体积，氢氧化镁膨胀并向在放电期间由于失水而已相当硬化的正极混合物施压。电池壳体破裂后，由于扩散进去的空气可参与电极反应，所以可使电池电压上升约 0.1V，也可使容量有所增加。

不同温度下，镁-二氧化锰一次电池以不同放电倍率放电的使用寿命见图 11B.8〔已经规范为单位质量（kg）和单位体积（L）〕。这些数据是建立在 60A·h/kg 和 120A·h/L 的额定性能基础之上的。

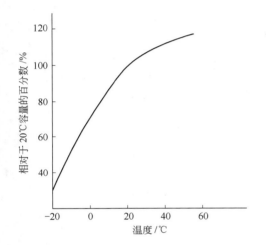

图 11B.7　在不同温度下圆柱形
Mg-MnO$_2$ 电池的放电性能

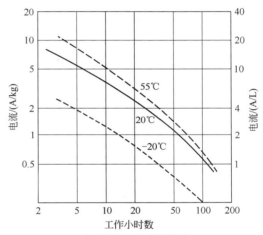

图 11B.8　在不同温度下圆柱形 Mg-MnO$_2$
电池以不同放电倍率放电的工作时间
放电至单体电池电压为 1.2V 止

（2）内-外"反极"式结构

在 20℃和－20℃下，圆柱形内-外"反极"式结构镁电池不同倍率放电曲线如图 11B.9 所示。这种结构的电池大电流放电及低温性能比常规结构好，甚至在－40℃下这类电池仍可工作，尽管温度越低放电电流越小。这类电池的特征是放电曲线特别平稳，此外这类电池小电流连续放电性能及重现性良好，因为在这种条件下不存在壳体破裂问题。D 型镁-二氧化锰电池在 270μA 下可连续放电 2.5 年（20℃）。

11B.4.2　储存寿命

不同储存温度下镁-二氧化锰一次电池的储存寿命如图 11B.10 所示，与锌碳电池的储存寿命比较可以看到，镁电池有着良好的储存寿命。这种电池在 20℃下储存 5 年或更长时间容量损失仅为 10%～20%，55℃高温储存容量损失也仅为 20%/年。

11B.4.3　Mg-MnO$_2$ 电池类型和尺寸

现已生产的各种通用 ANSI 标准型圆柱形镁-二氧化锰电池如表 11B.2 所示。这些电池多数用于军用无线电收发报机，以 1LM 型为主，但目前市场上已不再使用。

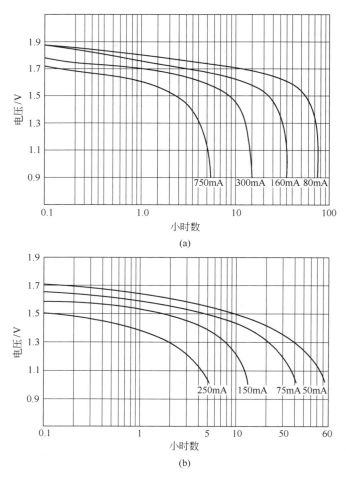

图 11B. 9　内-外"反极"式结构镁原电池的典型放电曲线

（a）在 20℃ 放电；（b）在 -20℃ 放电

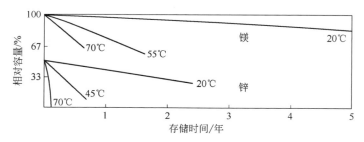

图 11B. 10　Mg-MnO$_2$ 电池和 Zn-MnO$_2$ 电池储存后的容量对比

表 11B. 2　圆柱形镁原电池

电池型号	直径/mm	高度/mm	质量/g	容量/A·h[①]	
				标准结构[②]	"反极"结构[③]
N	11.0	31.0	5	0.5	
B	19.2	53.0	26.5	2.0	
C	25.4	49.7	45	—	3.0

电池型号	直径/mm	高度/mm	质量/g	容量/A·h[①]	
				标准结构[②]	"反极"结构[③]
1LM	22.8	84.2	59	4.5	
D	33.6	60.5	105	—	7.0
FD	41.7	49.1	125	—	8.0
No.6	63.5	159.0	1000	—	65

① 50h 放电倍率。

② 制造商：Rayovac 公司。

③ 制造商：ACR，Hollywood，Fl（已不再生产）。

11B.4.4　其他类型镁电池

利用其他正极材料所研制的其他结构的镁原电池，到目前为止均未实现商业上的成功。用塑料膜包封的扁平电池早已完成设计，但未作为商品出售。

人们对有机去极化剂间二硝基苯（m-DNB）取代二氧化锰表现出极大兴趣，因为随着 m-DNB 完全还原成间苯二胺，可释放出很高的容量（$2A·h/g$）。这种电池的实际开路电压较低（约 $1.1\sim1.2V/$单体），但比 MnO_2 类电池工作电压平稳，安时容量大，瓦时容量与镁-二氧化锰电池差不多。m-DNB 电池的低温及大电流放电性能较差。这种电池尚未进入商品化阶段。

另外两种水系镁原电池，包括碱性镁-空气电池和储备电池，相关电池设计在第 18 章和第 29 章中有相应介绍。此外，由于镁原电池的发展，镁二次电池已经被制造出来但还没有实现商业化[14-15]，一种典型方法是采用纯镁金属作为负极，电解液采用四氢呋喃（THF）有机电解液和 $Mg(butylAlCl_3)_2$ 盐，正极采用镁嵌入化合物如 $Mg_x Mo_6 S_8$（$x=0\sim2$）。该电池体系工作电压为 $1.1V$，长循环后仅有少量容量损失；其比能量可以和铅酸电池和镍镉电池相比（约 $60W·h/kg$）[16-17]，其倍率性能测试结果显示其适合在低倍率场合中应用，比如负载平衡和太阳能储能等领域[18]。另一种尝试是采用 C_2H_5MgF 的二乙醚溶液和 AgO 正极[19]。

参考文献

1. J.L. Robinson, "Magnesium Cells," in N.C. Cahoon and G.W. Heise (eds.), *The Primary Battery*, Vol. 2, Wiley-Interscience, New York, 1976, Chap. 2.

2. G.R. Hoey and M. Cohen, "Corrosion of Anodically and Cathodically Polarized Magnesium in Aqueous Media," *J. Electrochem. Soc.* **105**:245–250 (1958).

3. J.E. Oxley, R.J. Ekern, K.L. Dittberner, P.J. Spellman, and D.M. Larsen, "Magnesium Dry Cells," in *Proc. 35th Power Sources Symp.*, IEEE, New York, 1992, pp. 18–21.

4. B.V. Ratnakumar and S. Sathyanarayana, "The Delayed Action of Magnesium Anodes in Primary Batteries. Part I: Experimental Studies," *J. Power Sources* **10**:219–241 (1983).

5. S. Sathyanarayana and B.V. Ratnakumar, "The Delayed Action of Magnesium Anodes in Primary Batteries. Part II: Theoretical Studies," *J. Power Sources* **10**:243–261 (1983).

6. S.R. Narayanan and S. Sathyanarayana, "Electrochemical Determination of the Anode Film Resistance and Double Layer Capacitance in Magnesium-Manganese Dioxide Cells," *J. Power Sources* **15**:27–43 (1985).

7. B.V. Ratnakumar, "Passive Films on Magnesium Anodes in Primary Batteries," *J. Appl. Electrochem.* **18**:268–279 (1988).

8. D.B. Wood, "Magnesium Batteries," in K.V. Kordesch (ed.), *Batteries,* Vol. 1: *Manganese Dioxide,* Marcel Dekker, New York, 1974, Chap. 4.

9. R.R. Balaguer and F.P. Schiro, "New Magnesium Dry Battery Structure," in *Proc. 20th Power Sources Symp.,* Atlantic City, NJ, 1966, p. 90.

10. R.R. Balaguer, "Low Temperature Battery (New Magnesium Anode Structure)," Report: ECOM-03369-F, 1966.

11. R.R. Balaguer, "Method of Forming a Battery Cup," U.S. Patent 3,405,013, 1968.

12. D.M. Larsen, K.L. Dittberner, R.J. Ekern, P.J. Spellman, and J.E. Oxley, "Magnesium Battery Characterization," in *Proc. 35th Power Sources Symp.,* IEEE, New York, 1992, p. 22.

13. L. Jarvis, "Low Cost, Improved Magnesium Battery," in *Proc. 35th Power Sources Symp.,* New York, 1992, p. 26.

14. P. Novak, R. Imhof, and O. Haas, "Magnesium Insertion Electrodes for Rechargeable Nonaqueous Batteries—A Competitive Alternative to Lithium?" *Electrochimica Acta* **45:**351–367 (1999).

15. D. Aurbach, Y. Gofer, Z. Lu, A. Schechter, O. Chusid, H. Gizbar, Y. Cohen, et al., "A Short Review on the Comparison between Li Battery Systems and Rechargeable Magnesium Battery Technology," *J. Power Sources* **97–98:**28–32 (2001).

16. D. Aurbach, Y. Gofer, A. Schechter, L. Zhohdghua, and C. Gizbar, "High Energy, Rechargeable Electrochemical Cells with Nonaqueous Electrolytes," U.S. Patent 6,316,141, November 13, 2001.

17. N. Amir, Y. Vestfrid, O. Chusid, Y. Gofer, and D. Aurbach, "Progress in Nonaqueous Magnesium Electrochemistry," *J. Power Sources* **174:**1234–1240 (2007).

18. D Aurbach, "Advances in R&D of Electrolyte Solutions for Recharging Batteries," Twenty-Sixth International Battery Seminar, Fort Lauderdale, FL, March 2009.

19. S. Ito, O. Yamamoto, T. Kanbara, and H. Matsuda, "Nonaqueous Electrolyte Secondary Battery with an Organic Magnesium Electrolyte Compound," U.S. Patent 6,713,213 B2, March 30, 2004.

第 **12** 章

碱性原电池

12.0 概述

水系碱性原电池，由于使用碱性电解质而通常被称为碱性电池。碱性电池已发展了120余年，但直到第二次世界大战，为了满足高温储存、高体积比容量的电池需求，才开发出实用的电池[1-2]。

碱性电池通常采用金属为负极（以锌为代表）、苛性碱为电解液（以氢氧化钾为代表）和各种锰、汞、银的氧化物和其他类似的化合物为正极。最初的碱性电池就是以锌为负极，氧化汞为正极。多年以来，不同组成的碱性原电池已被成功实现商业化，这些内容会在后续部分详细论述，下面是这些体系的概述。

12.0.1 锌-二氧化锰

锌-二氧化锰电池是发展最为成功的碱性电池体系。这种电池（$Zn\text{-}MnO_2$）已经成为便携式设备中使用的主要一次电池体系。随着便携式设备市场的不断增长，该电池市场份额也随之增加。碱性原电池被美国和大多数发达国家选择。1959年碱性电池被商业化应用，20世纪80年代被公认优于同样为$Zn\text{-}MnO_2$电极材料体系但使用接近中性pH值的水系电解液的锌-碳原电池。Eveready电池公司（目前的 Energizer®）主导了圆柱形碱性电池的发展，获得了 Lew Urry 的专利，其原型电池与爱迪生的电灯泡一起陈列于史密森国家博物馆。

碱性电池优异的性能使其在高负荷设备如电动玩具、音频设备、数码相机和遥控器中优势明显。表12.1列举了其优势，表12.2展示了其预期销售额。但是，其相对锌-碳原电池的性能优势被较高的价格所抵消。

表 12.1 碱性二氧化锰电池相对于锌-碳原电池的主要优势

高能量密度	较低的阻抗
卓越的倍率性能,更高的容量	长储存寿命
卓越的低温性能	漏液率低

表 12.2 全球碱性电池需求　　　　　　　　单位：百万美元①

实际/预测销售额 （基于2016年销售数据）	2004年	2009年	2014年	2019年	2024年
全球电池销售额	36345	56145	82470	120000	166500
全球原电池销售额	12990	16455	19865	24050	28150
原电池占全部电池的百分比/%	35.7	29.3	24.1	20.0	16.9
碱性原电池销售额	7132	8925	10569	12950	15550
碱性电池占原电池的百分比/%	54.9	54.2	53.2	53.8	55.2

① 数据源于《全球化学原电池需求》中表Ⅳ-7,弗里多尼亚集团2016年12月出版。

12.0.2　锌-氧化汞

Zn-HgO 电池具有高体积比容量、恒电压输出和耐储存的特性，因而广泛应用在助听器、手表、数码相机、一些早期的起搏器和小型电子设备中。该电池还作为电压参考源，应用于电气仪表与电子设备，如声呐浮标、紧急无线电信标、救援收发器、无线电和监视设备、小型散布式地雷和早期卫星。然而，由于氧化汞体系相对较高的成本，主要应用在军队和特殊领域，未被普及。

用镉替代锌时，由于其在碱性溶液中溶解度低，在宽温度范围内展现出卓越的储存和耐极端温度特性。然而，镉成本高昂，并且电池电压低，低于 1.0V。因此，镉-氧化汞电池仅被应用于有特殊性能需求的系统，如油气井作业、发动机和其他热源遥感勘测、报警系统、远程设备的数据监测、监测浮标、气象站和应急装备[3]。

然而，氧化汞电池的销售由于汞和镉导致的环境问题而终结。1996 年，含汞和可充电电池管理措施（P.L.104-142）禁止了氧化汞电池在美国的销售，除非制造商可以提供回收和处理的资质。此外，这类电池还被从国际电工委员会（IEC）和美国国家标准协会（ANSI）标准中去除。在许多应用中，这类电池被碱性二氧化锰电池（本书 12A 部分）、锌-银氧化物电池（本书 12C 部分）、锌-空气电池（第 18 章）和锂电池（第 14 章）所取代。

表 12.3 总结了这两类氧化汞体系的主要特性。

表 12.3　锌-氧化汞和镉-氧化汞电池特性

优点	缺点
锌-氧化汞电池	
高体积能量密度 450W•h/L 在恶劣储存条件下具有长储存寿命 在宽电流范围内，不需要恢复时间电池即可获得高容量 高电化学效率 对冲击、加速度和振动高抗性 非常稳定的开路电压 1.35V 在宽电流范围内具有平坦的放电曲线	电池价格昂贵，尽管小尺寸电池被广泛应用，但大尺寸电池仅做特殊应用 长期储存后，电解液有溢出趋势，其被证实是白色碳酸盐在密封绝缘处分解 质量比能量一般 低温性能差 电池废弃会污染环境
镉-氧化汞电池	
在恶劣储存条件下具有长储存寿命 在宽电流范围内具有平坦的放电曲线 在宽温度范围内具有较高的效率，即使在极端高温和低温情况下 由于其本质低的气体释放水平，可以密封	由于镉的成本较高，镉-氧化汞电池比锌-氧化汞电池更加昂贵 系统输出电压低（开路电压 0.90V） 质量比能量一般 电池废弃会污染环境

12.0.3　锌-氧化银

锌-氧化银体系（Zn-AgO）具有高容量、稳定的放电电压和良好的容量恢复性。不论是高倍率还是低倍率放电，锌-氧化银电池放电电压都非常平坦，电压通常恒定在 1.5V 和 1.6V。电池在室温下储存 1 年后，容量保持率仍有初始的 95%，并且具有良好的低温放电能力，0℃下容量保持率为室温的 70%，-20℃下容量保持率为 35%。这些特点使锌-氧化银电池成为电子设备和装置的重要微型电源，如手表、计算器、电子温度计、血糖仪、数码相机和其他需要小型、薄型、高容量、恒压放电、寿命长的电池的应用场景。商用锌-氧化银原电池主要为纽扣式电池，容量为 $5\sim250\text{mA}\cdot\text{h}$。少数大尺寸电池应用于特殊领域如军事方面，但由于银的成本较高而受到限制。

银在氧化物中有三种形态。一价 Ag_2O 在商用纽扣式电池领域最为常见。二价 AgO 有相对更高的理论容量，但也有双放电电压和在碱性溶液中稳定性差的缺点。二价的氧化银纽扣式电池曾以"Ditronic"或"Plumbate"电池的名称销售，但数年前被停止销售了。三价 Ag_2O_3 因非常不稳定而未被应用于电池。

锌-氧化银电池优点和缺点总结于表 12.4 中。

表 12.4　锌-氧化银原电池主要优点和缺点

优点	缺点
高能量密度 良好的电压调控和高倍率放电能力 平坦的放电曲线,可被作为参考电压 相对较好的低温性能 泄漏和析盐可被忽略 良好的抗冲击和抗振动性能 良好的储存寿命	由于成本较高,仅应用于纽扣式电池和微型电池

参考文献

1. C. L. Clarke, U.S. Patent 298,175 (1884).
2. S. Ruben, "Balanced Alkaline Dry Cells," *Proc. Electrochem. Soc. Gen. Meeting,* Boston, Oct. 1947.
3. B. Berguss, "Cadmium-Mercuric Oxide Alkaline Cell," *Proc. Electrochem. Soc. Meeting,* Chicago, Oct. 1965.

12A 碱性二氧化锰电池
John C. Nardi,Ralph J. Brodd

12A.1 概述

碱性电池也称为碱性二氧化锰或锌-二氧化锰（$Zn/KOH/MnO_2$）电池，它有两种不同的制造形式，分别为圆柱形和小型纽扣式。另外，多个单体碱性电池可组合形成 9V 电池组，用于收音机、烟雾报警器。2014 年，全球市场对碱性二氧化锰电池的需求额为 105 亿美元，并有望在 2024 年超过 155 亿美元，这主要是因为人们对电池驱动装置的需求不断增加，尤其是对更小、更薄和更轻便装置的需求在增加[1]。

美国电池公司如 Energizer®、Duracell® 和 Rayovac® 都开发出了一系列产品。标准碱性电池广泛应用于电子设备。一些公司还根据经济性或价格推出品牌碱性电池。碱性电池主要用于工作周期长、具有中低能耗的装置。这些装置包括收音机、远程控制和钟表。高品质的碱性电池还用在高功率设备如数码相机、闪光灯和高功率照明，为其提供优异的电性能。

过去十年中，出现了几种新的碱性电池类型，它们是在阴极配方中添加镍羟基氧化物（如 Panasonic 公司推出的 Oxyride 电池，Duracell 公司推出的 Powerpix 电池）。这种电池宣称在高功率应用中放电时间是典型碱性电池的两倍。另外，原电池的需求也受到来自蓄电池的竞争，如镍-金属氢化物蓄电池；1.5V 锂原电池据称放电时间是常规碱性电池的 7 倍，冲击了传统碱性电池的销售。

电池制造商也对不断出现的新型便携式设备的用电需求作出了响应，如提高功率和恒流放电能力。由于采用了改良的材料、设计和化学体系，所以电池的性能在逐步改善，这也使得电池的销售额猛增。

与锌碳电池相比，碱性电池具有反极和顶底倒转的结构特点，见图 12A.1。电解二氧化锰、石墨的正极混合物和氢氧化钾水溶液模压入钢壳中（钢壳的底部在剖面的上面），再插入纸隔膜网袋或两条带状物，然后将含锌粉的氢氧化钾胶体装入网袋中。电解液中还含有防止锌腐蚀的抑制剂，以确保电池能长期储存。负极集流体由铜锌合金（黄铜）和塑料密封件组成，插入壳体，使之与锌胶体接触。然后将扁平盖放置在钢壳开口的上面，卷边密封，成为电池的负极端。钢壳的底部，也由盖子担当，有时候会在中心有一个浅的凹槽，形成成品电池的正极端。

在过去 50 年中，碱性电池在不断地演变，电池设计已经有了很多改进。继凝胶锌粉负极和排气塑料密封件设计概念之后，首要的进展是端面

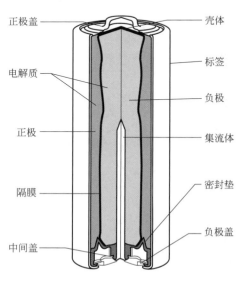

图 12A.1 典型碱性电池的结构
（由 Energizer, Inc. 公司提供）

金属焊缝精修，改善了内部容积；其次是在负极中添加有机抑制剂减少锌负极中杂质或污染物导致的析气（因为析气最终会导致电池膨胀或泄漏）。另外一个重要进展是引入塑料条和型材密封，进一步提高电池的内部容积，增加活性物质的添加量，从而提高放电容量。

19世纪80年代，碱性电池最重要的进展是负极中汞添加量越来越少。最早的碱性电池在锌负极中会含有6%的汞，但是随着正极的发展，正极中的杂质越来越少，制造工艺也越来越好，添加汞的量已逐渐降至零。由于全球范围内对电池组件丢弃后对环境影响的担忧，要求必须去除其中的汞，现在多数国家已经禁止使用含汞电池。碱性二氧化锰电池在材料和结构上的改进使其比能量输出提高了60%～70%，促使碱性电池能满足消费者对更小和能量需求更高设备的要求，主要电池制造商的持续不断努力也进一步促进了技术的进步，从而确立其在市场上的主导地位。

如上所述，小型纽扣式碱性电池跟圆柱形电池一样，同样使用锌/碱性电解液/二氧化锰组合，与其他小型电池体系竞争，如氧化银电池、锌-空气电池和锂系电池。不过小型碱性电池主要用在手表、助听器和特制品中。这种电池包含一个浅钢壳，它作为正极触点并容纳阴极混合物；还有一个镀铜钢盖，它作为负极触点并容纳含有锌粉的氢氧化钾凝胶。表12A.1列出了小型碱性二氧化锰电池与其他锂系小型电池的比较。

表 12A.1　小型碱性二氧化锰电池与其他锂系小型电池的比较

优点	缺点
成本低	放电速度慢
内阻低	能量密度低
低温性能好	储存寿命较短
抗泄漏	

12A.2　电池电化学

碱性二氧化锰电池中的活性物质是电解二氧化锰、KOH水溶液电解质和粉末状金属锌。由于电解二氧化锰（EMD）具有较高的锰含量、较高的活性和较高的纯度，因此用它替代了原先使用的化学二氧化锰或天然锰矿。电解质是高浓度的碱溶液，一般KOH含量在35%～52%之间，具有高的电导率，使各种用途和储存条件下的密封碱性电池具有较低的析气率。采用粉末状锌使负极具有大的表面积，适应了高放电率的要求（降低了局部电流密度），同时使负极上的固相与液相分布更加均匀（降低了反应物质和产物的浓差极化）。

放电时，二氧化锰正极在浓碱溶液中首先经历一个单电子还原，生成发生膨胀和晶格畸变的 MnOOH：

$$MnO_2 + H_2O + e^- \longrightarrow MnOOH + OH^- \qquad (12A.1)$$

MnOOH 产物与反应物形成了一种固熔体，其形成了放电曲线中的特征坡降[2]。在 MnO_2 诸多结构形式中，只有 $\gamma\text{-}MnO_2$ 不被反应物堵塞反应表面，因此用于正极材料显示出好的特性。二氧化锰至少有九种结晶结构，$\gamma\text{-}MnO_2$ 是自然存在的，而 $\beta\text{-}MnO_2$ 或软锰矿及斜方锰矿为共生体。在碱性电池中正是这种结构杂乱的 MnO_2。如图12A.2所示，1×1 隧道结构与 1×2 隧道结构相结合形成了斜方锰矿结构[3]。表12A.2显示了各种晶体结构的二氧化锰[4]。

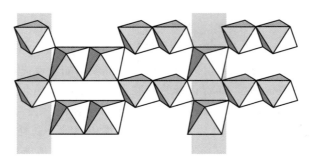

图 12A.2 软锰矿和斜方锰矿结构共生示意

表 12A.2 不同晶体结构的二氧化锰

矿物名称	空间群	Z	a/Å	b/Å	c/Å	β,γ/(°)	参考文献
软锰矿（β）	$P4_2/mnm$	2	4.398	—	2.873	90	Baur,1976
斜方矿	$Phnm$	4	4.533	9.27	2.866	90	Byström,1949
六方锰矿（γ）	[共生]	4	4.45	9.305	2.85	90	de Wolff,1959
水钠锰矿	Pml	1	2.84		7.27	120	Giovanoli, et al,1970
ε-MnO_2	$P6_3/mmc$	1	2.80		4.45	120	de Wolff, et al,1978
尖晶石（λ）	$Fd3m$	16	8.029		—	90	Mosbah, et al,1983
锰钡矿（α）	$I2/m$	2	10.026	2.8782	9.729	91.03	Post, et al,1982
硬锰矿	$C2/m$	2	13.929	2.8459	9.678	92.39	Turner and Post,1988
钡镁锰矿	$P2/m$	8	9.764	2.8416	9.551	94.06	Post and Bish,1988
水锰矿（γ）	$B2_1/d$	8	8.88	5.25	5.71	90	Dachs,1963,1973
斜方水锰矿（α）	$Pbnm$	4	4.560	10.7	2.87	90	Glasser and Ingram,1968
杂斜方锰矿	[$Pbnm$]	4	4.7	9.531	2.864	90	JCPDS 42-1316
六方水锰矿（β）	Pml	1	3.32	—	4.71	120	Feitnecht, et al,1962
羟锰矿	Pml	1	3.322	—	4.734	120	Christensen,1965

注：1Å=0.1nm。全书同。

生成 MnOOH 时，正极体积膨胀了约 17%，根据放电条件和程度，MnOOH 也可能发生某些不期望的化学副反应。当锌酸盐存在时，MnOOH 通过与溶解 Mn（Ⅲ）的平衡，可以形成锌锰配合物 $ZnMn_2O_4$。尽管锌锰配合物是电活性的，但因为电池内阻增大，不能像 MnOOH 那样容易进行放电。此外，$MnOOH$-MnO_2 固溶体可以再结晶成非活性形式，使电池在特定的缓慢放电条件下电压显著降低[5]。

总体来看，多半 MnO_2 放电反应是一个简单的质子-电子嵌入反应，除了晶格膨胀和畸变外没有结构变化。1 个电子放电末期，由于放电条件的不同形成可溶性的 Mn^{3+} 伴随着中间产物 Mn^{3+} 和 Mn^{2+} 的生成。

在放电到较低电压时，MnOOH 可进一步按下式进行反应：

$$3MnOOH + e^- \longrightarrow Mn_3O_4 + OH^- + H_2O \qquad (12A.2)$$

该反应表现为一条平坦的放电曲线，但仅在低倍率放电条件下出现。这一反应并不使正极产生附加的体积变化。然而，这一步骤只能提供 MnO_2 第一个反应输出容量的三分之一。在深度放电期间，可能进一步还原为 $Mn(OH)_2$，但却很少出现。接下来是更详细的碱性正极反应：

$$MnO_2 + xH_2O + xe^- \longrightarrow MnOOH_x + xOH^- \quad (0 < x < 0.6) \qquad (12A.3)$$

$x > 0.6$ 时，生成对应 MnOOH 的可溶性 Mn^{3+}、$Mn(OH)_2$、Mn_3O_4 及 $ZnMn_2O_4$。

在放电反应的最初阶段，负极在 KOH 溶液中的放电反应会产生可溶性锌离子，在隔膜和正极中发现：

$$Zn + 4OH^- \longrightarrow Zn(OH)_4^{2-} + 2e^- \tag{12A.4}$$

当放电反应进行到某一时刻，电解质中的锌酸盐会达到饱和，此时反应产物就转化成不可溶的 $Zn(OH)_2$。而上述转折点取决于负极的组成、放电的速率与深度。最终负极会成为水干涸的环境，并且氢氧化锌脱水生成 ZnO，其反应按下述步骤进行：

$$Zn + 2OH^- \longrightarrow Zn(OH)_2 + 2e^- \tag{12A.5}$$
$$Zn(OH)_2 \longrightarrow ZnO + H_2O \tag{12A.6}$$

因为式 (12A.5) 和式 (12A.6) 反应的标准电位非常接近，所以不能简单地从放电曲线确定各种锌放电产物。但在高倍率放电、低温及电解质电导率差的条件下将生成大量氧化物，使未放电的锌电极钝化。为避免电池内阻由于锌负极钝化而升高，锌负极通常采用具有高比表面积的锌。

碱性电池在持续放电时发生的单电子总反应为：

$$2MnO_2 + Zn + 2H_2O \longrightarrow 2MnOOH + Zn(OH)_2 \tag{12A.7}$$

由于水在该反应中是反应物质，因此其在电池中的含量非常重要，尤其对于高倍率放电应用。因此电池中总水量是一个重要的变量，电池制造商必须加以控制，这样才能在更广泛的放电条件下使电池具有优良的性能。有些制造商会在电池中加入添加剂，如 TiO_2 和 $BaSO_4$，目的是可以更好地控制水含量。另外，许多不同形态的 ZnO 会影响负极的性能。

相反，当以小或间歇电流放电达到按每摩尔 1.33 电子时的总电池反应可以写为：

$$3MnO_2 + 2Zn \longrightarrow Mn_3O_4 + 2ZnO \tag{12A.8}$$

反应式明确表明在这些条件下，不存在水管理的问题。

未放电的碱性电池的开路电压一般在 $1.55 \sim 1.65V$，其具体数值取决于正极材料的纯度与活性、负极中 ZnO 的含量和电池的储存温度。

在碱性条件下，锌可以还原水产生氢气，锌在碱性电池中的腐蚀析气反应严重时会引起电池容量的降低。析氢反应可以在电池使用前的长期储存期间发生，也可以在部分放电以后发生，后者的析气程度则与放电率、放电深度以及储存温度有关。该过程除了会引起压力升高而导致电池鼓胀甚至漏液外，生成的 H_2 会还原二氧化锰，进一步降低电池的可用容量。

纯锌上的析气速度是非常低的，但是不可避免的杂质（10^{-6} 痕量）将成为锌电极上的活性位点，极大地加快氢气逸出的速度。可以采取以下几种可能的措施来降低这种析气反应：①使用锌和抑制产气的元素组成的合金负极；②降低电池组成中杂质含量水平；③负极中加入氧化锌；④在负极中加入无机或有机气体抑制剂（如聚乙二醇）。汞是最有效的抑制剂，但由于它的毒性和国际对绿色化学的推动，已在碱性电池中被禁用。

锌负极合金化既可以抑制析氢又可以提高电池性能，主要合金化元素包括铅、铋、铊、铟，加入量将根据电池性能要求通过实验确定。

如上所述，锌负极中杂质含量越低越好，而杂质来源于自然矿石或加工过程，其杂质含量水平取决于锌粉提纯过程。

影响锌在碱性溶液中反应的另一个重要因素是离子溶液平衡。锌金属负极在 KOH 溶液中与锌离子保持着动态平衡。因此，锌电极反应是在电池负极空间上持续的溶解和沉积。详细的扫描电子显微镜（SEM）研究显示，在多孔负极放电状态锌颗粒表面上存在着Ⅰ型和Ⅱ型两种氧化锌。这两种不同类型锌的形貌似乎取决于锌电极在电池放电时的电流密度，由溶解析出反应决定。在大部分锌颗粒放电的同时，未放电锌的核心覆盖两种氧化锌。低倍率放电时，ZnO均匀分布于负极；高倍率放电时，ZnO主要在接近隔膜处生成[6-7]。

12A.3 电池设计与结构

12A.3.1 组成和材料

（1）正极组成

典型的碱性电池正极组分及其作用见表12A.3。正极是由二氧化锰、碳（一般是石墨）、黏结剂（一般为硅酸盐水泥或聚合物）和电解质组成。然而，其他材料如补给水或更多的电解质溶液也有可能存在。

表 12A.3　典型碱性电池正极的化学组成

成分	正极含量/%	功能
二氧化锰	80～90	反应物
碳	2～10	电子导电剂
KOH	7～10	离子导电剂
黏结剂	0～1	正极成型

① 二氧化锰。二氧化锰是电池的正极或一种氧化剂成分。二氧化锰必须是高度活性和高纯度，因为它从根本上决定了电池的OCV和放电曲线形状。

制备高品质的电解二氧化锰（EMD）需要多个长时间步骤：开采天然二氧化锰并通过煅烧形成MnO，再将MnO溶解于硫酸生成含锰的硫酸盐溶液。溶液通过电解质提纯步骤以去除多数有害的重金属杂质，如Fe、Cu、Co、Ni、Mo和Cr。提纯后的溶液注入电解槽并加热至接近沸腾。多数EMD制造商的典型电解槽由钛阳极和铜阴极组成。过去也有使用铅和石墨阴极的。通过电解反应，固态MnO_2沉积在阳极上，反应式如下：

$$Mn^{2+} + 2H_2O \longrightarrow MnO_2 + 4H^+ + 2e^- \qquad (12A.9)$$

从反应式（12A.10）可以看出，氢气在阴极上形成：

$$2H^+ + 2e^- \longrightarrow H_2\uparrow \qquad (12A.10)$$

EMD电沉积的总反应表示为：

$$MnSO_4 + 2H_2O \longrightarrow MnO_2 + H_2SO_4 + H_2 \qquad (12A.11)$$

用于碱性电池EMD的电沉积需要控制槽温、电流密度和组分。当从阳极上取下EMD后，需要对EMD进行粉碎、洗涤、成型和干燥。每个电池制造商对EMD特性均有自己独特的技术要求，不是一种EMD就可以满足所有电池要求。

典型EMD的分析结果见表12A.4。低杂质含量是阳极析氢最小化的必要条件，如果这些杂质存在，就会溶解并扩散至阳极，从而引起析气。其他列出的参数也很重要，并且在其列出的范围内可制造出适合碱性电池使用的EMD。

表 12A.4　电解二氧化锰（EMD）样品的典型化学成分

成分	含量典型值[①]	成分	含量典型值[①]
MnO_2	$>91.0\%$	Ti	$<5\times10^{-6}$
Mn	$>60.0\%$	Cr	$<7\times10^{-6}$
过氧化物	$>95.0\%$	Ni	$<4\times10^{-6}$
$H_2O(120℃)$	$<1.5\%$	Co	$<2\times10^{-6}$
$H_2O(120\sim400℃)$	$>3.0\%$	Cu	$<4\times10^{-6}$
真实密度	$4.45g/cm^3$	V	$<2\times10^{-6}$
K	$<300\times10^{-6}$	Mo	$<1\times10^{-6}$
Na	$<4000\times10^{-6}$	As	$<1\times10^{-6}$
Mg	$<500\times10^{-6}$	Sb	$<1\times10^{-6}$
Fe	$<100\times10^{-6}$	Pb	$<100\times10^{-6}$
C	0.07%	SO_4^{2-}	$\leqslant0.85\%$

① 基于典型碱性电池用 EMD 样品的分析。

EMD 的另一个重要特性是表面积和硬度。孔隙率和粒径分布决定了 EMD 的表面积，从而决定了正极电流密度，这对高倍率放电用途特别重要。EMD 通常是一种非常硬的材料，而硬度直接影响 EMD 的磨碎，以及正极混合及模压设备的磨损。设备、工具的磨损可引入铁杂质到 EMD 中，并增加电池制备的全过程成本。

② 碳。由于未放电和部分放电的 EMD 导电性不良，所以采用碳特别是石墨以在正极中提供电子导电性。添加石墨可以提高正极导电性，使得电流分布更好并降低电流密度。但必须优化碳与 EMD 的比例，保证电极导电性和容量之间的平衡。过去数年中，碱性电池用碳添加剂技术发生了许多变化。天然石墨、合成石墨、乙炔黑，以及最近的膨胀石墨均被尝试用于提高正极的导电性。但无论用何种碳导电材料均必须是高纯，以免在电池中引入更多杂质。膨胀石墨是一种很好的选择，既具有了良好的导电性，又可以降低在正极中的添加量[8]。膨胀石墨具有良好的吸液特性，可以通过优化粒径来满足正极制备要求。

③ 其他成分。KOH 和水用于制备正极电解液，它在制备正极膏时被加到混合物中，有利于正极混合物的制备操作和成型。其他材料如黏结剂、添加剂的使用取决于电池制造商的工艺。最终目标是生产一种致密、稳定的正极，具有良好的电子和离子导电性，满足电池在宽温区高倍率、低倍率连续及间歇放电等条件下的使用要求。

（2）负极组成

负极是一系列成分的混合物，能使电池具有良好的性能，并易于制造。典型的碱性电池的负极组成见表 12A.5。

表 12A.5　典型碱性电池负极的组成

成分	含量范围/%	作用
锌粉	$60\sim70$	负极材料
25%～50%KOH 水溶液	$25\sim35$	离子导体
凝胶	$0.4\sim1.0$	控制黏度
ZnO	$0\sim2$	析气抑制剂，锌沉积剂
表面活性剂/缓蚀剂	$0\sim0.1$	析气抑制剂，改善性能

① 锌粉。锌是碱性电池负极的电化学活性组分。用于碱性电池的高纯锌粉既可以是由蒸馏工艺得到的热锌，也可以是由电解水溶液得到的电解锌。锌粉可以通过高压空气雾化熔融金属的细流转化为电池级粉末。根据工艺设置和性能要求的不同，锌的颗粒形状可以由"土豆状"到"狗骨状"。典型的电池级锌粉尺寸范围为 $20\sim500\mu m$，呈对数函数形式分布。在纯锌中添加合金元素可以在基础电解液中更好地控制正常的气体生成，这些金属添加剂包括不同比例的铟、铅、铋和铝。因为汞被禁用，所以其他合金元素添加剂变得非常重要。表 12A.6 列出了典型电池级锌粉的分析结果，杂质含量很低。

针对高倍率放电应用型锌粉的研究成果有一项锌粉混合专利[9]。这一混合粉末包含两种不同粒径分布的颗粒选择比例，有利于电池制造商最大化碱性电池的性能同时还可最小化锌粉的成本。

表 12A.6 典型电池级锌粉杂质分析

元素	典型含量水平①/10^{-6}	元素	典型含量水平①/10^{-6}
Ag	1.56	Fe	4.0
Al	0.14	Ni	0.20
As	0.010	Mg	0.030
Ca	0.20	Mo	0.035
Cd	4.2	Sb	0.090
Co	0.050	Si	0.20
Cu	1.5	Sn	0.10
Cr	0.10	V	0.001

① 基于对典型碱性电池用锌粉的分析。

② 凝胶。负极凝胶的作用是使锌粉均匀分散并彼此接触。淀粉或纤维素衍生物、聚丙烯酸酯类和/或乙烯-顺丁烯二酸酐共聚物可以作为负极凝胶。通用凝胶材料包括羧甲基纤维素钠或丙烯酸共聚物的钠盐。负极空腔内可以充满完全均匀混合的锌粉和其他添加剂，为了降低析气这些材料必须是高纯的，特别是必须注意降低碳酸盐、氯化物和铁杂质的含量。凝胶的体积可以根据需要进行调整，其加入量下限是维持负极良好的电子导电性，上限是防止反应产物堆积而使未放电的锌钝化，并保障负极具有良好的离子扩散。最近的专利建议使用交联聚合物，即聚(乙烯基苄基)三甲基氯化铵[10]，采用该凝胶可提高电池高倍率放电性能。

③ 负极集流体。碱性电池中的负极集流体材料通常是高纯的棒状或条状的铜锌合金(黄铜)，但也有采用硅青铜的。过去集流体设计成细条状，现在设计成针状或钉状。集流体元件还包括密封垫和盖子。集流体插入负极胶体中后，其表面迅速形成锌层，因此其更像是一个锌电极而不是黄铜，故可以保证锌颗粒间良好的电子接触，并能够抑制黄铜的催化作用而产生气体。为保证黄铜表面迅速镀锌，黄铜集流体表面可进行特殊的清洁处理或表面涂覆。镀铟黄铜集流体已经申请了专利，其镀层厚度在 $0.1\sim10\mu m$[11]，表面镀层显著抑制了析气量，特别是对于无汞负极，预镀层更重要。

(3) 其他组件

① 隔膜。隔膜使正极与负极形成电子隔离，并必须保证离子导电，且在浓碱溶液中在氧化与还原两种条件并存的情况下能够化学稳定，同时具有强度高、柔性和均匀性好、不含

杂质以及能快速吸液的特点。制作隔膜的材料很多，常用的是无纺布或毡类材料。典型的隔膜材料有纤维素、乙烯基聚合物、聚烯烃或其组合，不同制造商选择不同。隔膜可采用两条交叉插入的隔膜条带或预成型的卷绕式隔膜篮，其他形式的隔膜，诸如凝胶、无机物和接枝隔膜已经得到试用，但未进入实际应用。一种玻璃纸隔膜也在使用，特别是用于防止锌枝晶生成而刺透隔膜。有专利建议使用增强型隔膜，它可以承受由于制造过程和电池跌落电极碎片颗粒产生的压力[12]。

② 壳体、密封和成品。与普通的锌碳电池壳体不同，碱性电池的壳体或外部容器不参与放电反应，而仅仅作为一个惰性容器为正极提供外部接触。这种壳体一般用低碳钢制成，其厚度足以承受正极放电时产生的膨胀和储存或放电时产生氢气导致的内部压力并保持其形状。近年来，为了增加容纳电池活性材料的内部空间，壳体的厚度不断减小。壳体由钢带通过深度拉伸制造[13]。

钢壳由于内表面与正极相接触，因此必须是高纯的。根据电池构造的不同，可以通过钢的自身实现内部接触或通过处理以改善正极与壳体的接触。钢表面的处理方式包括镀镍或在表面涂覆含碳的导电层，这可以满足高倍率放电应用的需要。

密封采用典型的尼龙或聚丙烯等材料，它们与黄铜集流体和壳盖成为一个密封组件。卷边后使电池实现圆柱形壳体的封闭，防止电解质的泄漏，并提供壳体（正极）与负极之间的电子绝缘。

剩余的碱性电池部件包括标签和金属圆盘，位于电池的两端以提供负极与正极的电极接触。大多数现有碱性电池的标签印在壳体表面的热缩套上（最近的一种设计允许更大的壳体直径和更高的放电容量）。

③ 小型电池。小型碱性二氧化锰电池组装与圆柱形电池相同，只是尺寸小。其壳体（容纳正极）由低碳钢制成，内外表面皆镀有镍。有些甚至设计成三层金属。密封件是薄的塑料垫圈，隔膜是典型的无纺布材料。负极杯含有负极胶体，压入密封圈内制成电池，外壳上有制造商的标识和电池尺寸型号。

12A.3.2 电池类型

（1）圆柱形结构。

图12A.1是典型的碱性电池的剖面，代表了目前生产的大多数碱性电池。图12A.3介绍了该型电池的装配方法，圆柱形钢制壳体既是电池的容器，也是正极的集流体。根据电池制造设备的结构，正极混料可通过两种方式加入电池壳中：一种方式是将规定量的二氧化锰、炭黑和其他添加剂混合压制，装入电池壳中，然后正极直接压制入电池壳，通过插入夯实混合物的中心，压实正极至所需要的密度并使壳体与正极形成良好连接；第二种方式也是现在更为普遍的方式，正极混合物首先在电池外部成型为圆柱形的环，然后将3个或4个这样的环插入壳体中。此后将隔膜放置到环的中空腔体中，使用两条交叉插入的隔膜条带或预成型的卷绕式隔膜篮，一旦隔膜入位，即加入通过精确计算的所需量的负极凝胶，其中负极填入量接近或稍多于正极，这种设计比例可防止电池深度放电时过量气体的生成。此时装入集流体，将壳体顶部卷曲形成不泄漏的密封。黄铜针状集流体为负极提供了外部连接。电池顶部和底部分别有盖帽和塑料标签，顶帽和底帽具有双重功能，除了有制造商装饰目的之外，也能指示电池的极性。电池极性对于其使用极为关键，特别是在多个电池的使用情况下，当一个电池插入电池串中，一旦插反有可能被其他电池充电，进而导致电池过早放电。

为了防止极性错误，一些制造商加入了反转保护设计，其由一个位于电池正极尾端的绝缘环组成。

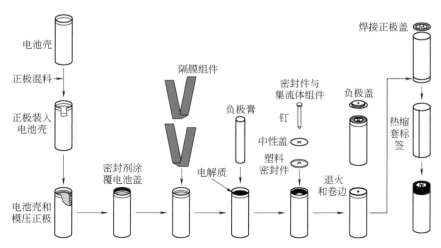

图 12A.3　AA 型圆柱形碱性二氧化锰电池的组装过程
(Energizer, Inc. 提供)

图 12A.4 显示了典型碱锰电池正极的装配过程，压制的正极环插入壳中、压入槽内，再按常规方法封装。

为提高碱性电池的性能不断地进行了尝试，一些关于正负极新颖的发明最近获得专利授权。其中一个发明使用锌，可提高电池的高倍率放电性能[14]，另一个发明是采用具有突起或正弦波形状设计的正极[15] 以增大正极的面积、降低电流密度，从而提高倍率性能。另外，还有关于二氧化锰本身改进的专利技术，即采用具有微孔结构、表面积超过 $8m^2/g$ 的二氧化锰，其 BET 比表面积达到 $20\sim31m^2/g$[16]。

（2）小型电池结构

图 12A.5 为小型碱性二氧化锰电池的剖面结构，基本与其他圆柱形碱性电池的结构相同。通常正极片在下壳中，负极混合物位于上盖中，两者之间有一层或多层圆盘状隔膜以及处于上盖与下壳之间并被二者压缩防止电池泄漏的塑料密封件。

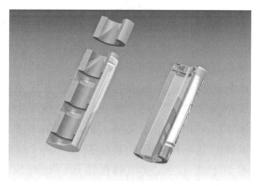

图 12A.4　4 个正极环插入槽中并进行封装的示意
(Energizer, Inc. 提供)

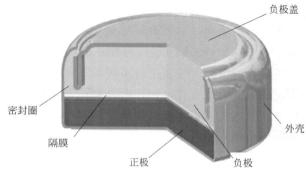

图 12A.5　纽扣式碱性二氧化锰电池横截面图
(Energizer, Inc. 提供)

五种常用的小型碱性电池尺寸列于表 12A.7 中。

表 12A. 7　小型碱性电池的尺寸

型号	电压/V	尺寸/mm					
		A/B		M	N	φ	
		最大	最小	最小	最小	最大	最小
LR41	1.5	3.6	3.3	3.0	3.8	7.9	7.55
LR55	1.5	2.1	1.85	3.8	3.8		
LR54	1.5	3.05	2.75	3.8	3.8		
LR43	1.5	4.2	3.8	3.8	3.8		
LR44	1.5	5.4	5.0	3.8	3.8		

注：A/B 为电池高度；M 为平板负极直径；N 为平板正极直径；φ 为电池直径。来源于国际电工委员会（IEC）标准 部分 2：原电池，2006 年第 11 版。

12A. 4　性能特点

12A. 4. 1　电池的型号和尺寸

　　碱性锌-二氧化锰电池根据便携装置对尺寸及放电特性的不同要求有多种规格。图 12A. 6 为不同尺寸规格的圆柱形碱性二氧化锰原电池。圆柱形电池型号大部分相同并且容易辨认，但也有 A、B、F 和 G 等特殊规格。如 B 型在欧洲通常用于自行车灯，F 型用于灯塔电池。

　　考虑到更小、更薄、更轻的应用，AAAA（4A）型碱性电池成功进行了商业化。它比 AA 和 AAA 型电池更细，开始其应用很有限，但现在在便携式电子中的应用很普遍，包括蓝牙装置、闪存播放器、遥控器、防噪声耳机等。

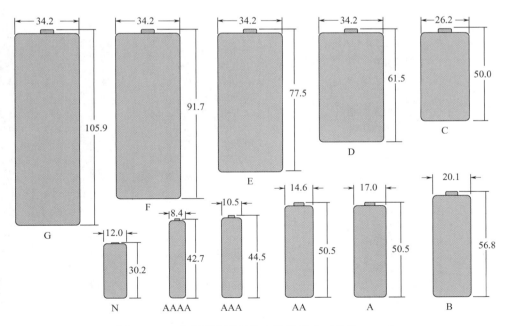

图 12A. 6　典型圆柱形碱性电池的尺寸（单位：mm）

12A.4.2 测试标准

鉴于电池尺寸各种各样，制造商众多，因此需要制定一个统一的标准和型号代码，以便于比较和选用。美国国家标准协会（ANSI）建立了一套测试标准，目前的版本为 ANSI C18.1M 第一部—2008，《便携式水系一次电池及组合的美国国家标准——总则与规范》。关于单体标准化的历史概述请参考文献[17]。由于越来越多的新型设备商业化增长，这一组织定期召开会议来确认现有的测试标准是否需要更新以满足最新设备的需求。除了标准电池设计（D、C、AA等）外，电池制造商在电池和其包装上也会使用自有标记。关于各厂家电池规格和性能的更多的信息可以在其网站上获得[18]。IEC 和 ANSI 也有其自己的一套定义标准，表 12A.8 列举了一些现有的测试方法以及现有应用更为普遍的商用圆柱形碱性电池。

表 12A.8 圆柱形碱性电池的设计及典型 ANSI 测试条件

尺寸	IEC 设计	ANSI 设计	测试	负载	循环	终止电压/V	最小平均工作时间
D	LR20	13A	便携式立体声	600Ω	2h 开始，22h 结束	0.9	11h
			便携式照明	2.2Ω	4min 开始，56min 结束	0.9	15.8h
					8h 开始，16h 结束周期		
			玩具	2.2Ω	1h 开始，23h 结束	0.9	17.5h
			收音机	10Ω	4h 开始，20h 结束	0.9	90h
C	LR14	14A	便携式立体声	400mA	2h 开始，22h 结束	0.9	8h
			便携式照明	3.9Ω	4min 开始，56min 结束	0.9	13.8h
					8h 开始，16h 结束周期		
			玩具	3.9Ω	1h 开始，23h 结束	0.8	14.5
			收音机	20Ω	4h 开始，20h 结束	0.9	85h
AA	LR6	15A	数码相机	1500mW，650mW	一级负载持续 2s 后	1.05	50 脉冲
					二级负载持续 28s		
					5min 开始，55min 结束		
			蓝牙	500mA	2min 开始，13min 结束；24h	0.8	2.5h
			CD	250mA	1h 开始，23h 结束	0.9	6h
			玩具	3.9Ω	1h 开始，23h 结束	0.8	5h
			遥控器	24Ω	15s 开始，45s 结束	1.0	33h
					8h 开始，16h 结束		
AAA	LR03	24A	收音机/钟表	43Ω	4h 开始，20h 结束	0.9	60h
			闪光灯	600mA	10s 开始，50s 结束	0.9	170 脉冲
					1h 开始，23h 结束		
			便携式照明	5.1Ω	4min 开始，56min 结束	0.9	2.2h
					8h 开始，16h 结束周期		
			数码产品	100mA	1h 开始，23h 结束	0.9	7.5h
			遥控器	24Ω	15s 开始，45s 结束	1.0	14.5h
					8h 开始，16h 结束		
AAAA	LR8	25A	照明	5.1Ω	5min 开始，23h 55min 结束	0.9	1.3h
			激光笔	75Ω	1h 开始，23h 结束	1.1	22h
N	LR1	910A	便携式照明	5.1Ω	5min 开始，23h 55min 结束	0.9	1.6h
			寻呼机	10Ω，然后 3kΩ	一级负载持续 5s 后	0.9	888h
					二级负载持续 3595s；24h		

12A.4.3 电池漏液

商品碱性电池采用聚合物对壳体和上盖集流体进行密封。电池漏液的机理有两种：①制造商的设计与制造缺陷而造成的非电化学式漏液，可能发生在每个电极（称为正极漏液或负极漏液，取决于漏液发生在密封与壳体间还是集流体）；②电化学相关漏液，发生在负极。

大部分制造商采用沥青、聚酰亚胺等活性表面涂层对密封面进行平滑处理以提高密封性，并要求压紧过程不能超过垫圈的弹性极限。电池设计、垫圈材料选择及加工过程对漏液有重要影响，同时密封垫圈材料的选择、负极胶化剂对密封圈的影响也很大。

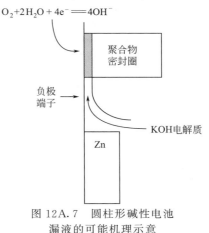

$$O_2 + 2H_2O + 4e^- \Longrightarrow 4OH^-$$

图 12A.7　圆柱形碱性电池
漏液的可能机理示意

电化学漏液只发生在负极，在电池负极发生的漏液或渗漏被证实为仅在负极端产生"盐"或白色结晶。如图 12A.7 所示，氧气进入密封处在空气/电解液界面还原生成 OH^-，增加了密封处的 OH^- 浓度，氧气与锌负极的反应也产生同样的效果。电解液浓度的不同造成密封处与电池内电解液渗透压的不同，这种渗透压可达到几个大气压而引起电池内电解液上升至密封区域。垫圈材料如尼龙具有很高的吸水性，可传输水到密封面；而偏二氯乙烯-丙烯腈（Saran）材料具有较慢的水传输性，锌电极中的胶化剂也可以增加润湿性，对水输运到反应区具有推动作用。因此，碱性电池储存在干燥的氮气环境下比抛光罐壁对降低漏液率更为有效。

湿润环境将加速氧气在罐壁与密封垫区域的还原反应而生成 OH^-，产生浓度差而导致渗透压的不同，从而引起电解液的泄漏并与空气中的 CO_2 反应生成白色 K_2CO_3 沉积物，这就是观察到的爬碱现象[19-20]。

12A.4.4　Evolta™ 和 Oxyride™ 电池

电池行业的竞争是非常激烈的。碱性电池制造商对电池技术的改进主要集中在提升活性材料的性能、增加内部体积和降低内阻。因为电池外部尺寸多年都未发生变化，所以在安时容量、长储存寿命和高倍率放电方面的改善并未被注意到，特别是碱性电池几乎没有提及。但是，松下公司 2004 年首先在日本市场推出了 Oxyride 电池，其性能较传统碱性电池有惊人的提高，主要应用在高功率领域。松下公司宣称采用超细石墨粉与二氧化锰正极材料进行高密度填充，并通过在正极中加入羟基氧化镍，提高了工作电压。该电池也采用了电解液真空注液技术，可以将更多的电解液注入每个电池中，提高了电池的耐久性。类似的电池应用也体现在 Duracell 公司的 PowerPix™ 产品上。这些电池主要用于对功率输出要求较高的数码产品上，但与传统碱性电池相比成本更高。该类新型电池的开路电压是 1.7V（传统碱性电池的电压为 1.6～1.65V），当然高电压电池的应用会带来一些问题，尤其是对于多节电池串联的照明装置及无电压调制功能的应用。

松下公司在 2008 年分别于 4 月在日本、5 月在美国推出了 AA 尺寸的 Evolta™ 电池，并首次获得了电池领域的吉尼斯世界纪录，该类碱性电池具有最长的工作时间和长达 10 年的储存寿命。该技术的核心是在正极中加入了羟基氧化钛，并采用薄罐、薄层密封和增长集流体。有关细节可访问松下公司网站[18]。

参考文献

1. The Freedonia Group, Inc., https://www.freedoniagroup.com/World-Batteries.html, extracted from the World Wide Web on October 3, 2017 (exported tables generated/forwarded by The Freedonia Group on 10/4/2017 from IP address 207.89.36.85. © MarketResearch.com, Inc., 2000–2017.) Battery Markets in the United States by Application and End User, published December 2016 by The Freedonia Group.

2. A. Kozawa and R.A. Powers, *J. Chem. Educ.* **49:**587 (1972).

3. R. Burns and V. Burns, *Manganese Dioxide Symposium,* Vol. 1, Cleveland, p. 306, 1975.

4. Y. Chabre and J. Pannetier, *Prog. Solid St. Chem.* **23:**12 (1995).

5. D. M. Holton, et al., in *Proc. 14th International Power Sources Symposium*, Brighton, England, Pergamon, NY, 1984.

6. Q. C. Horn and Y. Shao-Horn, *J. Electrochem. Soc.* **150**(5):A652 (2003).

7. R. W. Powers and M. Brieter, *J. Electrochem. Soc.* **116:**1652 (1952).

8. J. C. Nardi, U.S. Patent 6,828,064, December 7, 2004.

9. D. Fan, U.S. Patent 7,364,819, April 29, 2008.

10. C. Robert, U.S. Patent 6,916,577, July 14, 2005.

11. D. Mihara, U.S. Patent 5,622,612, April 22, 1997.

12. R. Janmey, U.S. Patent 6,828,061, December 7, 2004.

13. R. Ray, U.S. Patent 6,855,454, February 15, 2005.

14. N. C. Tang, U.S. Patent 6,221,527, April 24, 2001.

15. P. J. Slezak, U.S. Patent 6,869,727, March 22, 2005.

16. S. Davis, U.S. Patent 6,863,876, March 8, 2005.

17. ANSIC18 Committee Doc. 18/382/DOC/, November 21, 2002.

18. www.energizer.com; www.duracell.com; www.rayovac.com; www.sanyo.com; www.panasonic.com; www.varta.com.

19. M. N. Hull and H. I. James, *J. Electrochem. Soc.* **124:**332 (1977).

20. S. M. Davis and M. N. Hull, *J. Electrochem. Soc.* **125:**1918 (1978).

12B 碱性氧化汞电池
Nathan D. (Ned) Isaacs

12B.1 概述

虽然氧化汞电池已经没有了商业应用的可行性，但是其在电池技术发展中具有重要作用。

12B.2 化学原理

一般可以接受的锌-氧化汞电池的基本反应为：

$$Zn + HgO \longrightarrow ZnO + Hg$$

总反应的 $\Delta G^{\ominus} = 259.7kJ$。25℃时热力学值给出的 $E^{\ominus}$ 为 1.35V，这与工业电池的开路电压 1.34~1.36V 的实测值很符合[1]。从基本反应方程式可以计算出 1g 锌可提供 819mA·h 的容量，1g 氧化汞可提供 247mA·h 的容量。

几种锌-氧化汞电池的开路电压在 1.40~1.55V 之间，这些电池正极中含有少量二氧化锰，适用于那些电压稳定性不是应用主要考量因素的情况。

镉-氧化汞电池的基本反应为：

$$Cd + HgO + H_2O \longrightarrow Cd(OH)_2 + Hg$$

总反应的 $\Delta G^{\ominus} = -174.8kJ$。25℃时热力学值给出的 $E^{\ominus}$ 为 0.91V，这与电池的开路电压 0.89~0.93V 的实测值极为一致。从基本反应可以计算出 1g 镉可提供 477mA·h 的容量。

12B.3 电池设计与组成

12B.3.1 成分

① 电解质。锌-氧化汞电池可采用两种碱性电解质：一种是氢氧化钾水溶液；另一种是氢氧化钠水溶液。两种碱均易溶于水，一般采用高浓度的碱溶液，溶液中还溶解不同浓度的氧化锌以抑制氢气的产生。

氢氧化钾电解质通常含有30%~45%（质量分数）的 KOH，以及高达7%（质量分数）的氧化锌。低温下工作时，氢氧化钾和氧化锌的含量均应降低，但在后续高温条件下可能会造成电池不稳定（产生氢气）。

具有同样浓度范围的氢氧化钠电解质应用于不要求低温工作和（或）大电流放电的电池中。这种电解质因为可以减少长期储存时电解质从电池密封处的渗漏，适用于长时间放电。在镉-氧化汞电池中，通常只用以氢氧化钾为基础的碱性电解质。因为镉在所有浓度的氢氧化钾水溶液中都不溶解，此种电解质更适宜于低温工作。

氢氧化钾溶液的凝固点曲线表示于图 12B.1。可以看出，凝固点低于−60℃的共晶物是31%（质量分数）KOH，这是一种更常用的电解质。在某种情况下，将质量分数较小的氢氧化铯加入电解质中，可以提高电池的低温工作效率。

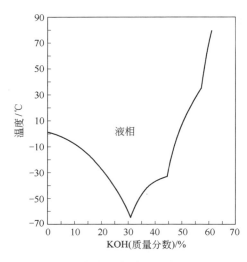

图 12B.1　氢氧化钾溶液的凝固点曲线

② 锌负极。碱性电解质在电池反应中作为离子载体。锌负极上的反应可以表示如下。

$$Zn+4OH^- \longrightarrow Zn(OH)_4^{2-}+2e^-$$

$$Zn(OH)_4^{2-} \longrightarrow ZnO+2OH^-+H_2O$$

这些反应意味着锌电极溶解伴随着氧化锌从电解质中结晶。负极反应可以简化成：

$$Zn+2OH^- \longrightarrow ZnO+H_2O+2e^-$$

开路时锌电极在碱溶液中直接溶解，被电解质中溶解的氧化锌和电极中锌的汞齐化降至最低限度，锌电极所用汞的含量通常在 5％～15％（质量分数）。应该特别注意锌中杂质含量，尽管上面已提出了预防措施，但电极中少量阴极杂质仍可以促进产生氢气的反应[2-3]。

③ 镉负极。负极反应为：

$$Cd+2OH^- \longrightarrow Cd(OH)_2+2e^-$$

这意味着放电时水从电解质中移去，电池需要足够数量的电解质，并且电解质的含水率要高。镉在电解质中具有高的析氢过电位，同时由于它的电极电位比锌的正电性约高 400mV，所以既不需要也不希望汞齐化。

一般方法生产的金属镉粉不适于用作电极活性物质，可用以下几种方法制造活性镉负极：a. 电沉积负极；b. 用特殊的工艺方法电沉积粉末，再压制成片；c. 用特殊的工艺方法沉淀到低镍合金上和压制成片。不同厂家采用上述方法已制造出具有各种性能的电池[4]。

④ 氧化汞正极。正极总反应可以表示如下：

$$HgO+H_2O+2e^- \longrightarrow Hg+2OH^-$$

氧化汞在碱性电解质中是稳定的，且溶解度极低。氧化汞也是一种非导电体，需要石墨作为导电基体。放电时正极的欧姆电阻下降，石墨可防止汞滴大块聚集。已用于防止汞聚集的其他几种添加剂包含：使电池电压升高到 1.4～1.55V 的二氧化锰、低价态氧化锰以及与正极产物形成固相汞齐的银粉。

石墨含量通常为 3％～10％，二氧化锰含量为 2％～30％。因为考虑到成本，银粉只用于特殊用途的电池，但可以达到正极质量的 20％。另外，务必特别注意，正极必须使用高纯度材料，微量杂质溶于电解质易向负极迁移，促使氢气析出。正极中经常保持过量 5％～10％的氧化汞，以使电池"平衡"，并防止放电结束时正极产生氢气。

⑤ 结构材料。锌-氧化汞电池的构造材料，不仅受到耐碱溶液强腐蚀性的要求，而且还受到与电极活性物质有关的电化学适应性的限制。就电池的外部触点而言，制作的材料取决于抗腐蚀性以及与设备界面在电化学锈蚀方面的相容性，在某种程度上，还决定于装饰外表。为了简化设计，许多电池的外部正极柱和内部正极触点都用相同材料。金属零件大多是均质电镀金属或包覆金属。绝缘零件可能是注塑的、压制的或连续自动模塑的聚合物或橡胶。

除了负极触点以外，镉-氧化汞电池所用的材料一般和锌-氧化汞电池相同。然而由于较宽的储存范围和更多的应用工作条件，所以不使用纤维素及其衍生物，还应避免用熔点低的聚合物。电池负极通常用镍，正极也同样适用。

12B.3.2　电池结构

氧化汞电池产品有三种基本结构：纽扣式、扁平形和圆柱形。每一种结构的电池都有几种不同的设计。

① 纽扣式电池结构。纽扣式锌-氧化汞电池的结构示于图 12B.2。电池盖的内面是铜或铜合金，外面是镍或不锈钢，也可镀金，但取决于用途。在盖的里面是汞齐化锌粉分散物（"凝胶负极"），并用尼龙绝缘垫圈使盖和外壳绝缘。整个盖/垫圈/负极组合件压至含有大部分电解质的吸附层上，其余电解质分散在负极和正极中。吸附层下面是一种防止正极活性物质迁移到负极的可渗透的阻挡层。氧化汞和石墨混合物正极固定在电池壳内，镀镍的支撑环防止阴极物质在电池放电时崩塌。电池壳为镀镍钢，整个单体电池将电池外壳的顶边卷弯，紧密地压在一起，如图 12B.2 所示。

镉-氧化汞纽扣式电池采用了类似的结构。

② 扁平形电池结构。另一种形状的大尺寸锌-氧化汞电池示于图 12B.3。在该电池结构中，锌粉被汞齐化并压成片，片的孔隙率足以使电解质浸满。采用双层盖，用完整的模压聚合物垫圈作为释放过量气体压力的保护装置和防漏的保持结构。外盖和内盖均是镀镍钢，但在里面镀锡。这种电池还采用了双层镀镍钢壳，两个壳体之间有适配管；将装配好的盖和垫圈紧压于内壳，并将外壳顶边卷弯产生密封效果。外壳上有穿透的排气孔，如果在电池内产生气体，可以从内壳和外壳之间逸出，夹带的电解质被适配管中的纸所吸收。

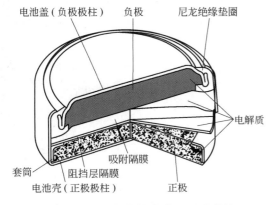

图 12B.2　纽扣式锌-氧化汞电池结构

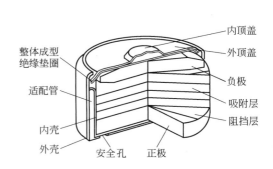

图 12B.3　扁平形锌-氧化汞电池结构

③ 圆柱形电池结构。尺寸较大的圆柱形锌-氧化汞电池由环形压制件组成，如图 12B.4 所示。负极片极坚固，用氯丁橡胶绝缘嵌片压紧在电池盖上。圆柱形电池不同的是采用分散性负极，与分散性负极相接触的是焊到内盖上的铁钉或是从底部绝缘片伸到盖上的弹簧。

④ 卷绕式负极电池结构。适宜于低温工作的锌-氧化汞电池采用卷绕式或胶卷式结构设计，如图 12B.5 所示。其电池的结构与图 12B.3 所示的扁平形电池结构相类似，但是负极和吸收片由卷绕式负极所代替，卷绕式负极由吸液纸带和波纹长锌条交错组成。纸带边缘在一侧突出，锌带在另一侧突出，这样就提供了表面积大的负极。负极卷放置在塑料套内，锌在电池内汞齐化。纸带在电解质中膨胀，形成一种紧密的结构。在电池装配阶段，将此结构在锌边缘与电池盖接触的情况下压入电池。

电解质的成分可以调整到适合低温工作，也可以调整到适合高温下长时间储存，或介于两者之间。经过仔细地调整负极几何结构，电池性能可达到最佳。

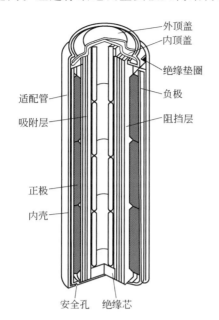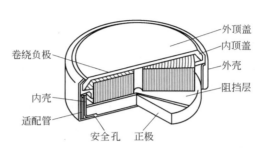

图 12B.4　圆柱形锌-氧化汞电池结构　　　图 12B.5　卷绕式负极的锌-氧化汞电池结构

⑤ 低电流放电电池结构。为小电流放电应用设计的电池，需要改进结构，以防止负极和正极中的导电材料形成放电的内通路。部分放电以后，金属汞滴特别易出故障。在正极中采用银粉，这个问题就可降低到最小。

如果要实现长时间放电，所有可能的电子回路（正负极物质形成导电线路）必须截断。一种典型的用于手表的纽扣式电池中通过将多层阻隔层和聚合物绝缘垫圈压紧在支撑环上实现正负极的有效隔离密封。这种电池能以 1～2 年的放电率放电[5]。

12B.4　电池的工作特性

12B.4.1　锌-氧化汞电池

① 电压。锌-氧化汞电池的开路电压为 1.35V。开路或空载情况下其电压稳定性优良，这些电池已广泛用于电压基准。空载电压与时间和温度的关系是非线性的，相关电压-时间曲线示于图 12B.6 中；空载电压在几年内将保持在其初值的 1% 以内，相关电压-温度曲线示于图 12B.7 中。其温度的稳定性甚至比时间的稳定性更好，在温度 -20～50℃ 范围内，总的空载电压变化范围在 2.5mV 左右。

② 放电性能。锌-氧化汞电池的放电曲线非常平坦（电池的特性），图 12B.8 为粉末压片负极电池在 20℃ 下的放电曲线。终止电压一般为 0.9V，但以较大的电流放电时可以低于这个电压。小电流放电时，放电曲线非常平坦，且曲线几乎呈现"方形"。

在推荐的电流放电范围内，锌-氧化汞电池不论是以连续放电还是以间歇放电，其容量或寿命大致相同。

在超负荷条件下，采用"停放"时间，可以使有效容量得到很大改变，大大增加使用寿命。设计以低倍率放电的电池不会遇到问题，除非在以小电流为基础连续放电时又叠加大电流脉冲放电。

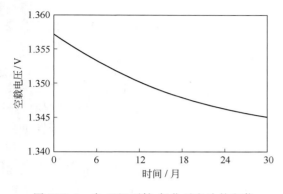

图 12B.6　在 20℃下锌-氧化汞电池的空载
电压与时间的关系曲线

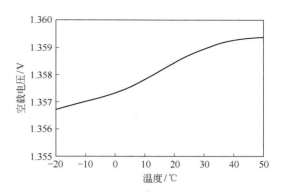

图 12B.7　锌-氧化汞电池的空载电压与
温度的关系曲线

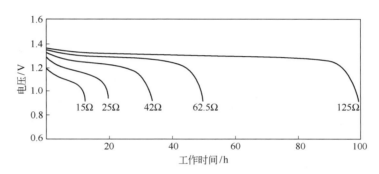

图 12B.8　在 20℃时 1000mA·h 锌-氧化汞电池的放电曲线

③ 温度的影响。锌-氧化汞电池更适宜于 15～45℃ 的环境。如果放电时间相对较短，也有可能在高达 70℃ 的温度下放电。锌-氧化汞电池通常不能在低温下较好地工作。在 0℃ 以下，放电效率较低，除非以小电流放电。图 12B.9 为在正常放电电流时温度对两种锌-氧化汞电池性能的影响。

卷绕式负极或"分散"粉末负极比粉末压片负极更适合高倍率和低温工作。

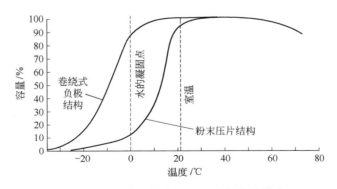

图 12B.9　温度对锌-氧化汞电池性能的影响

④ 内阻。图 12B.10 为锌-氧化汞纽扣式电池内阻和电压在放电时的变化曲线，该电池

用于助听设备，以 1kHz 频率测定其内阻[6]。但是，所测得的数值在某种程度上与频率有关，特别是 1MHz 以上时。

⑤ 储存。锌-氧化汞电池具有良好的储存性能。一般来说，在 20℃下储存时间超过 2 年，其容量损失为 10%～20%；在 45℃下储存一年，容量损失约为 20%；在低温下储存，如−20℃以下时，和其他电池系列一样，可以延长其储存寿命。

储存性能取决于放电负载以及电池的结构。储存时电池的失效，通常是由单体电池内的纤维素化合物破裂造成的，这首先导致负极对电流密度的限制减小；进一步的破裂会使电路以小电流放电并由于自放电而使容量损耗；最终会产生完全自放电。但是，这些过程发生在 20℃或低于 20℃下，需要花费若干年。

长储存寿命是氧化汞电池体系的优势所在。例如，一个采用非纤维素隔膜的卷绕式结构电池的储存时间超过 6 年，其容量损失只有 15%。对长寿命电池设计的电池，氧化汞从正极溶解到溶液中然后迁移到负极，成为电池容量损失的一个重要因素。

⑥ 使用寿命。容量 800mA·h、分散式负极的电池在不同温度下的性能见图 12B.11。

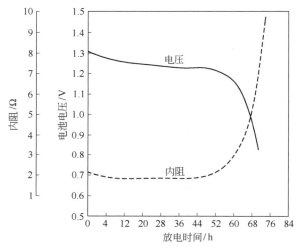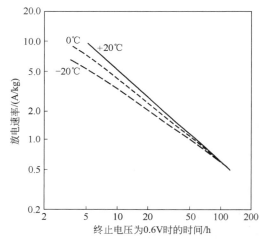

图 12B.10 在 20℃时 350mA·h 锌-氧化汞
电池的内阻（1kHz，250Ω 负载）

图 12B.11 典型的锌-氧化汞电池
（分散负极）基于质量的使用寿命

12B.4.2 镉-氧化汞电池

① 放电。镉-氧化汞电池最好的特性是具有在较宽温度下工作的能力。一般工作温度范围在−55～80℃，由于电池具有低析气率和热稳定性，经特殊设计，已达到 180℃的工作温度。

图 12B.12 为典型的纽扣式电池在不同温度下的放电曲线。这些电池的特性是电压极为稳定和放电曲线平坦，但是工作电压较低（开路电压只有 0.9V）。图 12B.13 为在不同放电负载下，温度对容量的影响。在低温时，可以得到较高的容量保持率。虽然在电流密度较高和温度较低时，降低终止电压可以获得较长的使用寿命，但终止电压通常设定为 0.6V。

图 12B.14 为基于质量的镉-氧化汞电池的性能，数据取自典型的纽扣式电池。

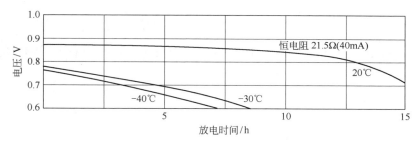

图 12B.12　500mA·h 镉-氧化汞纽扣式电池放电性能

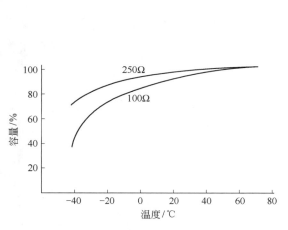

图 12B.13　温度对镉-氧化汞纽扣式
电池容量的影响（3000mA·h）

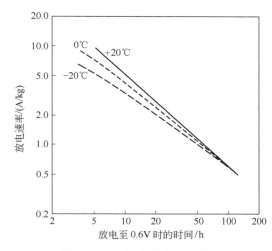

图 12B.14　镉-氧化汞电池基于
质量的使用寿命

② 储存。在温度范围为 -55～80℃ 内，储存寿命非常好。如果采用阻挡吸收系统可以在更高温下储存，自放电的主要原因在于氧化汞的溶解，并转移到负极。该体系电池的储存寿命为 10 年，容量损失不到 20%，其高温储存性能特别好（80℃ 储存时，年容量损失率接近 15%）。因为没有会产生氢气的电极，电池可以全密封，电解质很少泄漏，电池也不会变形[5]。

参考文献

1. P. Ruetschi, "The Electrochemical Reactions in Mercuric Oxide-Zinc Cell," in D. H. Collins (ed.), *Power Sources,* vol. 4, Oriel Press, Newcastle-upon-Tyne, England, 1973, p. 381.

2. D. P. Gregory, P. C. Jones, and D. P. Redfearn, "The Corrosion of Zinc Anodes in Aqueous Alkaline Electrolytes," *J. Electrochem. Soc.* **119**:1288 (1972).

3. T. P. Dirkse, "Passivation Studies on the Zinc Electrode," in D. H. Collins (ed.), *Power Sources,* vol. 3, Oriel Press, Newcastle-upon-Tyne, England, 1971, p. 485.

4. D. Weiss and G. Pearlman, "Characteristics of Prismatic and Button Mercuric Oxide-Cadmium Cells," *Proc. Electrochem. Soc. Meeting,* New York, October 1974.

5. P. Ruetschi, "Longest Life Alkaline Primary Cells," in J. Thompson (ed.), *Power Sources,* vol. 7, Academic, London, 1979, p. 533.

6. S. A. G. Karunathilaka, N. A. Hampson, T. P. Haas, R. Leek, and T. J. Sinclair. "The Impedance of the Alkaline Zinc-Mercuric Oxide Cell. I. Behaviour and Interpretation of Impedance Spectra." *J. Appl. Electrochem.* **11** (1981).

12C 碱性氧化银电池
Joseph Passaniti, Denis Carpenter, Rodney McKenzie

12C.1 概述

尽管银的使用使电池价格上升，但也让其具有卓越的性能。

12C.2 化学原理与组成

最常见的锌-氧化银原电池类型是纽扣式电池，由三种主要电化学组分构成：粉末状金属锌负极、溶解锌酸盐的碱性水溶液电解质和由氧化银压制成型的正极。活性组分装配在负极帽和正极壳体内，它们之间用隔膜分开，并用塑料垫圈密封。

锌-氧化银电池的总电化学反应为：

$$Zn + Ag_2O \longrightarrow 2Ag + ZnO \qquad E^\ominus = 1.59V$$

锌-二价氧化银电池的电化学总反应分以下两个步骤进行：

步骤1 $Zn + 2AgO \longrightarrow Ag_2O + ZnO \qquad E^\ominus = 1.86V$

步骤2 $Zn + Ag_2O \longrightarrow 2Ag + ZnO \qquad E^\ominus = 1.59V$

12C.3 电池设计和构造

12C.3.1 组件

（1）锌负极

由于锌具有高的半电池电位、低的极化和高的极限电流密度（在一个浇铸电极上可达到 $40mA/cm^2$），常用作碱溶液电池的负极。锌的电化学当量低，因而具有较高的理论比容量，达 $820mA \cdot h/g$。锌的低极化可得到高放电效率，达到 $85\% \sim 90\%$（实际容量占理论容量的百分数）。

锌粉最早通过熔融锌的空气或气体雾化制备。与其他碱性锌负极电池相似，在所有过程中都要注意避免锌被其他金属特别是铁污染。锌的纯度对成品电池的性能和防漏至关重要。

金属锌在碱溶液中是热力学不稳定的，纯锌可以缓慢地与水反应生成氢气和氧化锌：

$$Zn + H_2O \longrightarrow ZnO + H_2$$

商品锌中通常含有痕量的重金属杂质，这些杂质作为催化位点可加速氢气的生成速率。在一个紧密密封的电池中产生氢气可能会导致电池变形、泄漏，当电池内部压力足够大时，会导致电池破裂。铜、铁、锑、砷或锡会增加锌的腐蚀速度，而镉、铝或铅则可降低腐蚀速度[1-2]。锌合金、有机添加剂和添加汞可以减少负极气体的产生，尽管每个电池中的汞含量已经被降到最低（通常为负极质量的3%），电池行业还是使用有机抑制剂和低产气率的合金锌代替了汞。

锌在负极上的氧化是一个复杂现象，一般比较认可的负极反应如下[3-4]。

$$Zn + 2OH^- \longrightarrow Zn(OH)_2 + 2e^- \qquad E^\ominus = +1.249V$$

$$Zn + 4OH^- \longrightarrow ZnO_2^{2-} + 2H_2O + 2e^- \qquad E^\ominus = +1.249V$$

当电解质饱和时,氢氧化锌会沉淀并释放结合水。

$$Zn(OH)_2 \longrightarrow ZnO + H_2O$$

(2)氧化银正极

氧化银可以制备成三种价态[2]:一价(Ag₂O)、二价(AgO)和三价(Ag₂O₃)。其中,三价氧化银是非常不稳定的,未在电池中得到应用;二价形式曾经在纽扣式电池中采用,但一般要与其他金属氧化物混合使用。而一价氧化银在各种条件下最稳定,已得到商业上最广泛的应用。

一价氧化银正极的放电反应产物是具有高导电性的金属银:

$$Ag_2O + H_2O + 2e^- \longrightarrow 2Ag + 2OH^- \qquad E^\ominus = +0.342V$$

然而,在放电初始阶段一价氧化银是一种导电性很差的材料,如果不加导电添加剂,一价氧化银正极会显示非常高的电池内阻和不可接受的低闭路电压(CCV)。为了提高初始CCV,一价氧化银一般要与1%~5%石墨粉混合。然而当正极继续放电时,通过放电产生的银可以帮助维持电池的低内阻和高闭路电压。理论上一价氧化银质量比容量为231mA·h/g,体积比容量为1640mA·h/L。氧化银里添加石墨会使填充密度和氧化银含量皆降低,致使正极实际容量下降。

与其他价态氧化银相比,一价氧化银在碱性溶液中是稳定的。但当石墨将杂质引入正极时,会造成部分分解成金属银。低品质石墨、大量石墨和高储存温度会加速氧化银的分解[5]。

由于银金属的高额成本,一些制造商通过加入其他正极活性添加剂来降低银在正极中的用量。通常的添加物是二氧化锰(MnO₂)。随着二氧化锰含量的增加,电压曲线也发生着变化,即由放电过程电压恒定变为随正极接近耗尽而逐渐降低(图12C.1)。这种电压逐渐降低可以作为电池耗尽状态的标志,电压下降表明电池已接近使用寿命的终点。

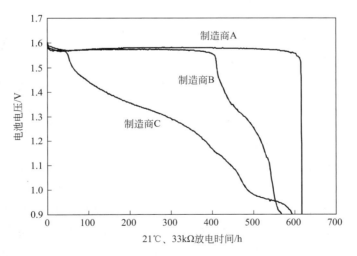

图 12C.1 三个不同制造商的锌-氧化银 377 电池的电压曲线
为降低成本,添加低成本的 MnO₂;放电电阻(21℃)为 33kΩ

另外一种添加物镍酸银(AgNiO₂)具有多重功能。镍酸银可通过热碱溶液中一价氧化银与羟基氧化镍反应制得:

$$Ag_2O + 2NiOOH \longrightarrow 2AgNiO_2 + H_2O$$

镍酸银具有石墨一样的优良导电性，并与 MnO_2 类似可以作为正极活性材料。其比容量为 $263mA \cdot h/g$，高于 Ag_2O，并具有 $1.5V$ 的电压（图 12C.2），可以取代石墨并部分取代一价氧化银，以降低电池成本。

二价氧化银在碱溶液中不稳定，可分解为一价氧化银和氧气[8]：

$$4AgO \longrightarrow 2Ag_2O + O_2$$

这种不稳定性可以通过添加铅或镉的化合物[9-12] 得到改善，或者将金添加到二价氧化银中[13]。

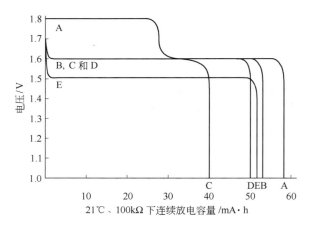

图 12C.2　392 型纽扣式锌-氧化银电池性能比较（电池尺寸 $7.8mm \times 3.6mm$）
A 为 Zn-AgO；B 为双处理方法；C 为 Zn-Ag₂O；D 为 Zn/AgO-铅酸银；E 为 Zn-AgNiO₂

（3）负极-正极反应产物

锌-二价氧化银电池放电曲线呈两平台式，第一个在 $1.8V$ 处发生，对应于 AgO 到 Ag_2O 的还原：

$$2AgO + H_2O + 2e^- \longrightarrow Ag_2O + 2OH^- \qquad E^\ominus = +0.607V$$

继续放电，电压降至 $1.6V$，对应于 Ag_2O 到 Ag 的还原：

$$Ag_2O + H_2O + 2e^- \longrightarrow 2Ag + 2OH^- \qquad E^\ominus = +0.342V$$

因此，Zn-AgO 电池的总电化学反应为：

$$Zn + AgO \longrightarrow Ag + ZnO$$

两阶段放电对许多高电压精度的电子装置的应用是不期望的。

为了消除两阶段放电，可以采用几种方法[11,14-16]。先前通常采用的方法是通过用轻度还原剂如甲醇处理 AgO 压制电极片，这样就形成了围绕 AgO 核心的 Ag_2O 外层，将这种处理过的电极片装入电池壳体，然后再与一个更强的还原剂如肼反应，从而在电极片表面形成还原银薄层。该正极表面由金属银和 Ag_2O 组成，Ag_2O 层屏蔽了 AgO 的高电位，而薄的导电金属银层降低了电池内阻。在使用时，只观察到一价氧化银的电压，而电池输出了相应二价氧化银的更大容量。即使采用这种双重表面处理，电池工作时间也仅比相同银用量的一价氧化银标准电池增加了 $20\% \sim 40\%$。

采用这种"双重处理"过程生产的电池称为 Ditronic™ 电池。当放电电压相同时，材料经过处理的该电池比传统一价氧化银电池的容量增加了 30%。

该方法的处理过程控制十分关键，因为这一控制过程直接决定着电池的储存寿命。将压制电极片的外表面仅仅还原到一价氧化银或仅仅还原到金属银，不会具有双重工艺的优点。此外，如果表面复合层不够厚（表 12C.1），也不会表现出该优势。

表 12C.1 二价氧化银的"双重处理"方法——表面覆盖层厚度的影响

环绕电极片的 Ag_2O 厚度/mm	固化表面 Ag 的 厚度/mm	正极最后比容量/ $(mA \cdot h/g)$	各月的电压水平/V		
			1 个月	3 个月	6 个月
0.2	0.12	372	1.73	1.77	1.80
0.6	0.12	360	1.61	1.63	1.71
1.0	0.12	326	1.60	1.59	1.59
0.2	0.24	360	1.60	1.59	1.59
0.6	0.24	348	1.60	1.59	1.59
1.0	0.24	315	1.60	1.59	1.59

在储存期间电池实际上出现了"电压上升"和"电阻增加"的现象（图 12C.3），这源于银层被二价氧化银缓慢地氧化成不导电的一价氧化银：

$$Ag + AgO \longrightarrow Ag_2O$$

当金属银层被消耗时，电池表现出开路电压上升而内阻增加；高的内阻，可以产生低的闭路电压，甚至使电池失去作用。

消除两阶段放电的第二种方法是采用铅酸银作为添加材料，见图 12C.2[17]。这种材料由过量二价氧化银粉末与硫化铅（PbS）在热碱溶液中反应得到，反应产物是剩余二价氧化银（AgO）、一价氧化银（Ag_2O）、铅酸银（$Ag_5Pb_2O_6$）的混合物，硫被氧化成硫酸盐，然后从反应产物中洗涤去除：

$$2PbS + 19AgO + 4NaOH \longrightarrow Ag_5Pb_2O_6 + 7Ag_2O + 2Na_2SO_4 + 2H_2O$$

上述反应之后保留了 AgO 的核心，但是有了一价氧化银和铅酸银的覆盖外层。铅酸银化合物导电、稳定并具有正极活性。Ag_2O 覆盖住 AgO，而导电的 $Ag_5Pb_2O_6$ 可以提高电池阻抗。不像金属银，导电的铅酸银不会被 AgO 氧化并且在整个电池寿命中保持低正极阻抗。

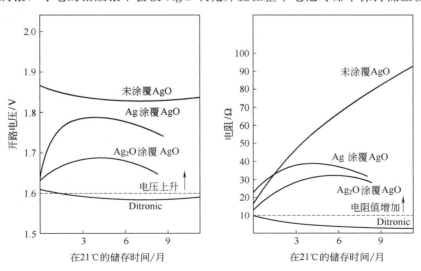

图 12C.3 在 21℃下，Zn-AgO 电池储存 1 年后电压上升和内阻增加的现象
（7.8mm×3.6mm 纽扣式电池）

由铅酸银方法制备的正极材料会按以下反应进行放电（图 12C.4）：

$$2AgO + H_2O + 2e^- \longrightarrow Ag_2O + 2OH^- \qquad E^\ominus = +0.607V$$

$$Ag_2O + H_2O + 2e^- \longrightarrow 2Ag + 2OH^- \qquad E^\ominus = +0.342V$$

$$Ag_5Pb_2O_6 + 4H_2O + 8e^- \longrightarrow 5Ag + 2PbO + 8OH^- \qquad E^\ominus = +0.2V$$

$$PbO + H_2O + 2e^- \longrightarrow Pb + 2OH^- \qquad E^\ominus = +0.580V$$

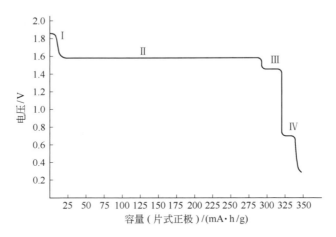

图 12C.4　正极限制的锌-铅酸银体系的放电曲线
在一个充满电解质的烧杯电池中，以 300Ω 连续放电，温度为 21℃，
正极片质量为 0.12g；罗马数字表明了反应步骤

铅酸银电池的开路电压（OCV）稳定在大约 1.75V。然而电池一旦放电，电压立即迅速降至一价氧化银的 1.6V 左右，明显消除了 AgO 的电压平台（图 12C.2）。当纽扣式电池是负极限制时，负极的耗尽在 $Ag_5Pb_2O_6$ 和 PbO 的还原反应之前。

铅酸银方法相比于"双重处理"方法的优越之处在于处理程序简单，能保持优于一价氧化银的容量，由铅酸银反应（8％硫化铅）得到的产品可以达到比容量 345～360mA·h/g。铅酸银方法的缺点是在纽扣式电池中含有少量铅，占电池质量的 1％～4％。一种替代的方法是在材料制备反应中，采用硫化铋取代硫化铅，反应产物具有铅酸银材料的优点，但不含有害物质铅[18]。铋是无害的物质，它常用在药品和食品的应用中，既可用于人体内部，也可用于人体外部[19]。硫化铋与二价氧化银的反应产物为铋酸银（$AgBiO_3$）：

$$Bi_2S_3 + 28AgO + 6NaOH \longrightarrow 2AgBiO_3 + 13Ag_2O + 3Na_2SO_4 + 3H_2O$$

如同铅酸银化合物一样，铋酸银化合物是导电的，并且具有正极活性。反应中产生的一价氧化银涂覆在二价氧化银颗粒上，因此导电的铋酸银降低了电池的内阻，使电池保持高的工作电压。锌-铋酸银在碱溶液中的工作电压为 1.5V，所以负极限制的纽扣式电池只观察到一价氧化银的电压。

与一价氧化银体系不同，石墨、二氧化锰等添加剂不可加入二价氧化银体系。因为石墨可以促使二价氧化银分解为一价氧化银和银，而二氧化锰则直接被氧化银氧化为可溶于碱的锰酸盐化合物。

相比于一价氧化银，虽然二价氧化银具有较高的理论容量（432mA·h/g 或 3200A·h/L），但其在纽扣式电池中的应用受到了限制并且没有实现商业化。这主要是由于难以消除两步放电以及锌-银电池商品化后带来的价格下降。

（4）电解质。用20%～45%氢氧化钾（KOH）或氢氧化钠（NaOH）水溶液作电解质，氧化锌（ZnO）溶于电解质形成锌酸盐，可以帮助控制气体析出。氧化锌的浓度可以在百分之几到饱和溶液范围内变化。

纽扣式电池一般倾向采用氢氧化钾电解质，因其具有更高的电导率，使电池可以在较宽的电流范围内放电（图12C.5）；氢氧化钠电解质则主要用于长工作寿命而不需要高倍率放电的电池（图12C.6），因为氢氧化钠电解质盐析或爬碱发生率较低，比氢氧化钾电池更不易泄漏。密封件周围是否结霜或盐渍可证明是否泄漏。然而，众多制造商已经通过优化密封工艺的方式解决了氢氧化钾电解质氧化银纽扣式电池的泄漏问题。

电解液凝胶剂如聚丙烯酸酯、聚丙烯酸钾或聚丙烯酸钠、羧甲基纤维素钠或各种胶通常会混于锌粉中，以提高放电时电解液的适配性。

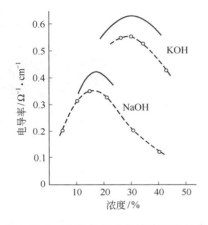

图12C.5　碱性氢氧化物溶液的电导率
实线：−25℃[5]；虚线：−15℃[6]

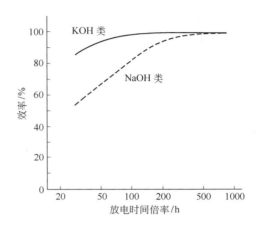

图12C.6　在20℃下，锌-氧化银纽扣式电池放电效率与放电倍率的关系

（5）隔离层和隔膜。在纽扣式电池中，负极和银正极之间必须有一层体积很小的隔离层将其严格隔开。该隔离层失效可能会导致电池的内部短路。氧化银电池对这种隔离层的性能要求如下：

a. 可透过水和氢氧根离子；

b. 在强碱性溶液中稳定；

c. 不被固体氧化银或溶解的银离子所氧化；

d. 阻止溶解的银离子向负极迁移。

由于氧化银在碱溶液中微溶，因此André[22]于1944年提出玻璃纸（水化纤维素）作为隔离层之前，基本尚未涉及锌-氧化银电池的研究工作。玻璃纸隔离层可以将银离子还原为不溶解的金属银，从而阻挡其到达负极的迁移过程[23-24]。但是，玻璃纸隔离层在长寿命电池的工作过程中，会受到氧化和破坏而失效。

目前可以采用多层膜，常用的替代隔离层有聚乙烯接枝丙烯酸膜[23-24]。接枝可以使隔离层对电解质有润湿性和透过性。研究表明，较低电阻率的聚乙烯隔离层适用于高倍率KOH电池；而较高电阻率的聚乙烯隔离层适用于低倍率NaOH电池。玻璃纸作为一种牺牲隔离层可以和接枝聚乙烯膜联合使用。聚乙烯膜两面用玻璃纸隔膜叠合在一起，可以有效阻止银的迁移[15]。

隔膜通常是与隔离层一起使用的，可以用来保护隔离层，一般放置在原先隔离层和负极室之间，在电池制造期间和电池性能方面显示出多重功能。用在锌银电池中的这类隔膜一般有纤维编织或纤维非编织聚合物材料，例如聚乙烯醇（PVA）。隔膜的纤维性质使它具有稳定性和强度，可以防止易碎的隔离层在电池封口时受压而失效，同时可以防止锌粒子通过膜穿透。这类隔膜也起到控制分层过程中隔离层尺寸应力的作用。这些应力随着隔离层的润湿而减轻。

12C.3.2　电池结构

典型锌-氧化银纽扣式电池的剖面见图 12C.7。锌-氧化银纽扣式电池通常设计为负极限制型，正极容量一般比负极容量高 5%～10%。如果电池是正极限制型的，锌-镍或锌-铁电对可能在负极上形成，正极上可能产生氢气。

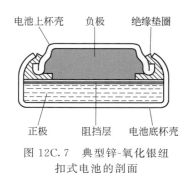

图 12C.7　典型锌-氧化银纽扣式电池的剖面

锌-氧化银电池的正极材料通常由一价氧化银（Ag_2O）和 1%～5% 的石墨混合组成，石墨用于提高导电性。Ag_2O 中也可以含有二氧化锰（MnO_2）或镍酸银（$AgNiO_2$）作为正极填充剂。混合物中可加入少量聚四氟乙烯（Teflon^{TM}）作为黏结剂，它能使压片变得容易。

负极是一种高表面积、汞齐化的凝胶状金属锌粉，它置于顶盖的有效体积内。该顶盖作为电池负极的外部端子。顶盖是由三层金属组成的片材冲压成型的，其外表面是镍覆于钢上形成的保护层，其与锌直接接触的内表面是高纯铜或锡。

正极片直接压到正极壳体内。该壳体由镀镍钢带成型而得，也作为电池的正极端子。为了将正负极隔开，采用一片玻璃纸或接枝聚乙烯隔离层圆片放置在压实的正极上。整个体系都被氢氧化钾或氢氧化钠电解质润湿。

采用密封绝缘垫圈实现电池密封，防止电解质泄漏，并实现电池盖与电池壳体间的绝缘。绝缘垫圈采用弹性适宜的耐腐蚀材料如尼龙制成。密封也可以通过将密封剂涂覆在绝缘垫圈上而得到改善，可以采用的密封剂有聚酰胺或沥青，能防止电解质从密封表面泄漏。

12C.4　工作特性

12C.4.1　开路电压

锌-氧化银电池的开路电压约为 1.6V，并因电解质浓度、电解质中锌酸盐含量和温度[25] 而略有变化（1.595～1.605V）。制造过程中由于二氧化碳与氧化银反应生成碳酸银，而使开路电压升高到 1.65V。但是这种电压升高只是暂时的，一旦装入手表使用时，数秒钟内电压迅速降至 1.58V 的工作电压水平。放电深度对一价氧化银电池的开路电压几乎没有影响，部分使用过的电池有如新电池一样的开路电压。

锌-二价氧化银电池的开路电压依赖于 Ag 与 Ag_2O 及 AgO 在正极中的比例，其数值在 1.58～1.86V 之间变化。当 Ag_2O 与 AgO 在正极中的比例较大或有金属银存在时，这一开路电压就会降低。对于二价氧化银电池，放电深度对开路电压有较大影响；在部分使用过的电池中，由于比新电池中有更多的 Ag_2O 和金属银，因此显示较低的开路电压。

12C.4.2　放电特性

图 12C.8 为尺寸为 11.6mm× 3.0mm 的 389 型锌--价氧化银纽扣式电池以恒阻放电时的典型放电曲线,与其他尺寸电池的电压特性是十分类似的。电池的工作寿命极大地依赖于电池尺寸和使用的负荷大小。

在 12C.3.1 一节中也介绍了不同类型锌-氧化银电池的放电特性。

图 12C.9 为典型尺寸的锌-氧化银电池在不同负载和温度条件下的初始闭路电压。锌-氧化银纽扣式电池可以在宽温度范围内工作,在 0℃ 中等负载下电池可以放出常温 20℃ 容量的 70%;−20℃ 时则可得到常温 20℃ 容量的 35%;但在重负载下容量损失会更大。在较高温度下,电池容量趋于加速衰减,但当温度高达 60℃ 时,却可以经受几天高温而无严重影响。

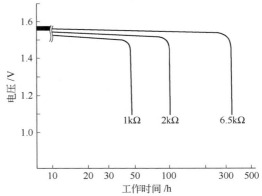

图 12C.8　锌-氧化银电池在 20℃ 时的典型
放电曲线（尺寸为 11.6mm×3.0mm）

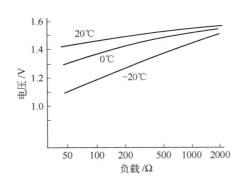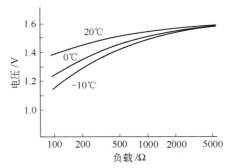

图 12C.9　锌-氧化银电池的闭路电压
（a）尺寸 7.9 mm×2.7mm, 396 型;（b）尺寸 11.6mm×5.35mm, 357 型

图 12C.10 显示出采用氢氧化钠与氢氧化钾作为电解质的二价氧化银电池的脉冲放电特性。相比于使用氢氧化钠作为电解质,使用氢氧化钾作为电解质的电池可以在更高的工作电压下放电。

上述两种类型电池的制造商没有通过工作寿命实验来进行对比,事实上在低于 500h 倍率的条件下,获得的容量是接近的。工业界常采用脉冲闭路电压来区分高倍率 KOH 类型与低倍率 NaOH 类型。

锌-氧化银电池的内阻主要取决于正极中的稀释剂、隔膜电阻、电解质类型及其浓度。这些因素得到了电池制造商的优化,以获得可满足应用的期望值。当电池放电时,内阻将随着氧化银还原成导电银而降低（图 12C.11）。

12C.4.3　储存寿命

曾经提出了改进密封技术和电池稳定性的要求,以使手表电池储存寿命能延长到 5 年。Hull[26] 报道了温度与湿度对电池泄漏的影响,发现电池泄漏是由机械方式（密封不适当,

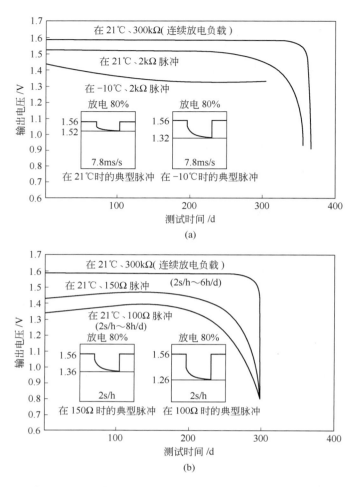

图 12C.10 采用 NaOH 和 KOH 电解质的 Zn-AgO 电池的闭路电压曲线（尺寸为 7.8mm×3.6mm）
（a）NaOH 电池，模拟手表制式；（b）KOH 电池，有背光照明的 LCD 手表制式

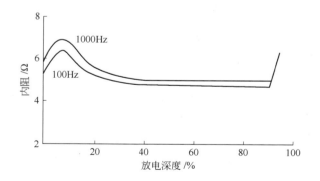

图 12C.11 100Hz 和 1000 Hz 下测得的锌-氧化银电池放电过程的内阻（尺寸：11.6mm×5.35mm）

密封处的纤维损伤）或电化学方式（高氧含量或高湿度）引起的。目前电池已经可以工作 5 年而不漏液了。

高温储存或长时间室温储存，电池的稳定性会受到正极稳定性和隔离层类型的影响。采用一价氧化银正极时，在 74℃ 下氢氧化钾或氢氧化钠水溶液中的析气不存在问题。

然而采用改进的正极，例如二价氧化银、铅酸银或银镍氧化物时，需要抑制气体。曾经发现 CdS、HgS、SnS$_2$ 或 WS$_2$ 可降低氧气的析出，而 BaS、NiS、MnS 或 CuS 可增大 AgO[11] 中氧气的析出。电池储存中的失效与所选的隔离层紧密相关，玻璃纸膜在 Zn-Ag$_2$O 电池中使用了许多年，但是由于大量的银迁移，其在 Zn-AgO 电池中却很不成功。据报道虽然 Ag$_2$O 和 AgO 在碱中溶解度基本相同（4.4×10^{-4}mol/L），但 AgO 分解产生 Ag$_2$O 时是自发进行的，因此使用 AgO 比 Ag$_2$O 的银迁移要大得多。少量溶解的银到达锌电极会加速腐蚀和氢气的析出。此外，银镀在隔离层上形成了电子短路，使电池内部放电。多层高性能复合隔膜已经用于阻止银向锌的迁移，图 12C.12 为各种低倍率和高倍率锌-氧化银体系储存特性的 Arrhenius（阿伦尼乌斯）图。数据表明电池在 21℃ 下储存 10 年是可能的。

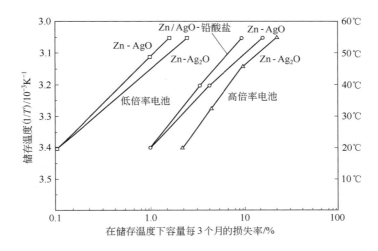

图 12C.12　各种锌-氧化银体系的 Arrhenius 图

尺寸为 11.6mm×5.35mm，21℃、6500Ω 负载下连续放电至 0.9V，预期到 10% 容量损失的时间
□：＞10 年；○：＞5 年；△：＞3 年

12C.4.4　工作寿命

图 12C.13 可以用来核算不同尺寸电池在 20℃ 和不同电流下的工作寿命。

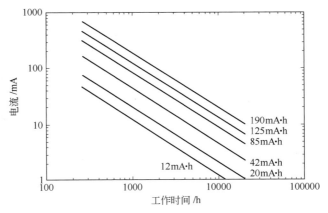

图 12C.13　锌-氧化银电池在 20℃ 下的工作寿命

12C.4.5 电池尺寸和型号

商用锌-氧化银纽扣式电池的特性列于表 12C.2。

表 12C.2 商用锌-氧化银电池的特性

Rayovac 编号	ANSI[1]	IEC[2]	电流	额定负载 /kΩ	标称容量 /mA·h	近似体积 /cm³	最大尺寸 (直径×高度) /mm	近似质量 /g
376	1196SO	SR626	高	47	26	0.09	6.8×2.6	0.40
361	1173SO	SR58	高	30	22	0.10	7.9×2.1	0.44
396	1163SO	SR59	高	45	35	0.13	7.9×2.7	0.56
392	1135SO	SR41	高	15	35	0.17	7.8×3.6	0.61
393	1137SO	SR48	高	15	90	0.26	7.8×5.4	1.04
370	1188SO	SR69	高	45	35	0.15	9.5×2.1	0.60
399	1165SO	SR57	高	20	53	0.19	9.5×2.7	0.79
391	1160SO	SR55	高	15	43	0.22	11.6×2.1	0.83
389	1138SO	SR54	高	15	85	0.32	11.6×3.0	1.21
386	1133SO	SF43	高	6.5	120	0.44	11.6×4.2	1.56
357	1131SO	SR44	高	6.5	190	0.57	11.6×5.35	2.22
357XP	1184SO	SR44	非常高	0.62	190	0.57	11.6×5.35	2.22
337	NA	SR416	低	100	8.3	0.02	4.8×1.65	0.13
335	1193SO	SR512	低	150	6	0.03	5.8×1.25	0.13
317	1185SO	NA	低	70	11	0.04	5.8×1.65	0.18
379	1191SO	NA	低	70	14	0.06	5.8×2.15	0.23
319	1186SO	NA	低	70	16	0.07	5.8×2.7	0.26
321	1174SO	SR65	低	70	14	0.06	6.8×1.65	0.24
364	1175SO	SR60	低	70	19	0.08	6.8×2.15	0.33
377	1176SO	SR66	低	45	26	0.09	6.8×2.6	0.40
346	1164SO	SR721	低	100	9.5	0.06	7.9×1.25	0.23
341	1192SO	SR714	低	68	13	0.07	7.9×1.45	0.30
315	1187SO	SR67	低	70	16	0.08	7.9×1.65	0.32
362	1158SO	SR58	低	70	22	0.10	7.9×2.1	0.44
397	1164SO	SR59	低	45	35	0.13	7.9×2.7	0.56
329	NA	NA	低	20	36	0.15	7.9×3.1	0.60
384	1134SO	SR41	低	15	35	0.17	7.8×3.6	0.61
373	1172SO	SR68	低	45	24	0.12	9.5×1.65	0.44
371	1171SO	SR69	低	45	35	0.15	9.5×2.1	0.61
395	1162SO	SR57	低	20	53	0.19	9.5×2.7	0.81
394	1161SO	SR45	低	15	64	0.26	9.5×3.6	0.96
366	1177SO	SR1116	低	30	30	0.17	11.6×1.65	0.70
381	1170SO	SR55	低	20	43	0.22	11.6×2.1	0.80
390	1159SO	SR54	低	15	85	0.32	11.6×3.0	1.21
344	1139SO	SR42	低	15	105	0.38	11.6×3.6	1.35
301	1132SO	SR43	低	6.8	110	0.44	11.6×4.2	1.68

① ANSI 为美国国家标准委员会。

② IEC 为国际电工委员会。

来源：Rayovac Corporation。

参考文献

1. F. Kober and H. West, "The Anodic Oxidation of Zinc in Alkaline Solutions," Extended Abstracts, The Electrochemical Society, Battery Division 12, 66–69 (1967).

2. A. Fleischer and J. Lander (eds.), *Zinc-Silver Oxide Batteries*, Wiley, New York, 1971.

3. W. M. Latimer, *Oxidation Potentials*, Prentice Hall, Englewood Cliffs, NJ, 1952.

4. D. R. Lide (editor-in-chief), *Handbook of Chemistry and Physics*, 73rd ed., CRC Press, Boca Raton, FL, 1992.

5. A. Shimizu and Y. Uetani, "The Institute of Electronics and Communication Engineers of Japan," Tech. Paper CPM79-55, 1979.

6. T. Nagaura and T. Aita, U.S. Patent 4,370,395 (1981).

7. T. Nagaura, "New Material AgNiO$_2$ for Miniature Alkaline Batteries," *Progress in Batteries and Solar Cells* **4**:105–107 (1982).

8. E. A. Megahed, "Small Batteries for Conventional and Specialized Applications," *The Power Electronics Show and Conference*, San Jose, CA, pp. 261–272 (1986).

9. B. C. Cahan, U.S. Patent 3,017,448 (1959).

10. P. Ruetschi, in *Zinc-Silver Oxide Batteries*, A. Fleischer and J. J. Lander, eds., Wiley, New York, p. 117 (1971).

11. E. A. Megahed and C. R. Buelow, U.S. Patent 4,078,127 (1978).

12. A. Tvarusko, *J. Electrochem. Soc.* **116**:1070A (1969).

13. S. M. Davis, U.S. Patent 3,853,623 (1974).

14. E. A. Megahed, C. R. Buelow, and P. J. Spellman, U.S. Patent 4,009,056 (1977).

15. E. A. Megahed and D. C. Davig, "Long Life Divalent Silver Oxide-Zinc Primary Cells for Electronic Applications," in *Power Sources*, Vol. 8, Academic, London, 1981.

16. E. A. Megahed and D. C. Davig, "Rayovac's Divalent Silver Oxide-Zinc Batteries," *Progress in Batteries and Solar Cells.* **4**:83–86 (1982).

17. E. A. Megahed and A. K. Fung, U.S. Patent 4,835,077 (1989).

18. J. L. Passaniti, E. A., Megahed, and N. Zreiba, U.S. Patent 5,389,469 (1994).

19. "Bismuth," in *Minerals, Facts, and Problems*, Bureau of Mines Bulletin 675, U.S. Department of the Interior (1985).

20. E. J. Rubin and R. Babaoian, "A Correlation of the Solution Properties and the Electrochemical Behavior of the Nickel Hydroxide Electrode in Binary Aqueous Alkali Hydroxides," *J. Electrochem. Soc.* **118**:428 (1971).

21. "Kagaku Benran," Maruzen, Tokyo, 1966.

22. H. André, *Bull. Soc. Franc. Elect.* **6**:1, 132 (1941).

23. V. D'Agostino, J. Lee, and G. Orban, "Grafted Membranes," in A. Fleischer and J. J. Lander (eds.), *Zinc-Silver Oxide Batteries*, Wiley, New York, 1971, pp. 271–281.

24. R. Thornton, "Diffusion of Soluble Silver-Oxide Species in Membrane Separators," General Electric Final Report, Schenectady, NY (1973).

25. S. Hills, "Thermal Coefficients of EMF of the Silver (I) and the Silver (II) Oxide-Zinc-45% Potassium Hydroxide Systems," *J. Electrochem. Soc.* **108**:810 (1961).

26. M. N. Hull and H. I. James, "Why Alkaline Cells Leak," *J. Electrochem. Soc.* **124**:332–339 (1977).

第 **13** 章

锂原电池
Thomas B. Reddy

13.0　锂原电池的一般特性

由于金属锂的质量轻、电压高、电化学当量高和导电性强，所以是极具吸引力的电池负极活性材料。由于其上述优越特性，近几十年来在高性能原电池和蓄电池研制中，采用锂的体系独占鳌头（可参阅涉及锂二次电池部分的第 17 章）[1]。

高比能量电池体系的研制工作始于 20 世纪 60 年代，并都集中在采用锂作为负极的非水电池体系方面。20 世纪 70 年代初期，锂电池首先有针对性地应用于军事用途。但是，在结构设计、配方及相应的安全问题都得到解决之前，其应用还是受到了限制。最近，已经有了采用不同化学配方、不同尺寸和外形设计的锂原电池和电池组，其容量范围为 5～10000A•h；外形尺寸范围从用于存储器和便携式设备电源的小型纽扣式和圆柱形电池，到用于导弹发射井备用和应急电源的大型方形电池。

由于锂电池具有优良的性能和特点，其应用范围越来越大，其中包括照相机、存储器备用电源、安全器具、计算器、手表等。然而，由于其初始成本较高和人们对安全的担忧，以及随着其他竞争体系的技术进步，其中特别是碱性二氧化锰电池的价格趋于合理，锂电池并没有达到原先预期的市场占有率。然而，从 2004 年到 2014 年，全球锂电池的销售额翻了一番，达到了 29.4 亿美元[2]。在未来 10 年内，特别是随着锂离子充电电池逐渐取代更多以前的一次电池的应用，锂电池的销售额预计仍将保持相对平稳。

13.0.1　锂原电池的优点

锂为负极的原电池在诸多方面都优越于传统电池组，其中包括以下几点。

① 电压高：与大多数原电池的电压为 1.5V 相比，采用适当正极活性物质的锂电池电压高达 4V。显然由于单体电池电压较高，通常可使电池组中的单体电池数量减少 1/2。

② 高比能量和能量密度：锂电池的输出比能量（超过 870 W•h/kg 和 1180 W•h/L）比传统的锌负极电池高 2～5 倍或更多。

③ 工作温度范围宽：许多锂电池能在 −40℃～70℃ 温度范围内工作，有些甚至可在 150℃ 下工作，而另有一些可在更低的温度 −80℃ 下工作。

④ 比功率高：一些特别设计的锂电池能够在大电流和高功率放电条件下输出能量。

⑤ 平稳的放电性能：许多锂电池都具有典型的平坦放电曲线（在放电过程的大部分时间内电压和电阻保持不变）。

⑥ 储存寿命长：锂电池有长的储存寿命，即使在高温下也能长期储存。在室温下储存达到 10 年的寿命数据已经获得，而在 70℃ 下储存 1 年的结果也已经获得。从可靠性分析出

发，可以预计其储存寿命能达到 20 年。

在第 9 章（一次电池）中已对几种型号的锂电池与传统原电池和蓄电池进行性能与优点比较，图 9.1～图 9.9 将锂电池与其他各种不同原电池进行了比较。在 20℃ 下，只有锌-空气、锌-氧化汞和锌-氧化银电池具有接近锂电池的高比能量特征。但是，锌-空气电池对大气条件十分敏感，而其他任何一种电池在质量比能量和低温性能方面，都无法与锂电池相比。

13.0.2　锂原电池的分类

由于锂在水溶液中的反应性，锂电池一般都选择非水溶剂配制的电解质。代表性的有机溶剂有乙腈、碳酸丙烯酯和乙二醇二甲醚等；无机溶剂有亚硫酰氯等。为了使电解质达到要求的导电性，必须添加溶解于溶剂的溶质。在其他原电池和储备锂电池中也采用固态和熔融盐（离子液体）电解质。有许多材料可用作正极活性物质，目前普遍采用的有二氧化硫、亚硫酰氯、二氧化锰、二硫化铁和一氟化碳。因此，"锂电池"这一专有名词可以适用于许多不同类型或不同化学配方的电池，但这些电池都采用锂作为负极，只是在正极活性物质、电解质、化学配方、结构以及物理和力学性能上各不相同。

根据电解质（或溶剂）的类型和所采用的正极活性物质，锂原电池可以分为以下几种类型，表 13.1 列出了由使用（包括曾经使用和考虑使用的）材料对电池进行的分类以及它们的主要性能。

表 13.1　锂原电池的分类[①]

电池分类	典型电解质	功率能力	型号/A·h	工作温度范围/℃	储存时间/a	典型正极材料	标称电压/V	关键特征
可溶性正极（液体或气体）	有机或无机（含溶质）	中等至高功率(W)	0.5～10000	−80～+70	5～20	SO_2 $SOCl_2$ SO_2Cl_2	3.0 3.6 3.9	高能、高功率输出，可用于低温环境，有长储存寿命
固体正极	有机（含溶质）	小功率至中等功率(mW～W)	0.03～1200	−40～+50	5～8	V_2O_5 $AgV_2O_{5.5}$ MnO_2 CF_x CuS FeS_2 FeS	3.3 3.2 3.0 2.6 1.7 1.5 1.5	功率适中时可高能量输出，电池内部不产生压力
固态电解质（参见第 28 章）	固体	低功率(μW)	0.003～2.4	0～100	10～25	PbI_2/PbS $PbI_2/$(P2VP)	1.9 2.8	优良的储存性能，固体体系无泄漏，长时间微安级放电

① 储备电池内容参见第 29 章。

（1）可溶性正极电池

这类电池采用液体或气体作正极材料，例如二氧化硫或亚硫酰氯，它们可溶于电解质，或作为电解质溶剂。电池的运行取决于锂负极表面保护层的形成。该表面保护层由锂表面和正极活性物质之间的反应所产生，能够阻止正、负极间的进一步化学反应（自放电），至少可将它们的反应速率降至极低。这类电池可制备成各种不同的外形和结构（如高放电率和低放电率结构），而且容量范围极宽。这类电池正极反应发生的位点通常是粘接到金属集流体上的导电碳粉。较小尺寸的圆柱形电池可以制造的最大容量为 35A·h，其中低放电率电池采用碳包式结构，而高放电率电池采用卷绕式（胶卷）结构。一般大型电池则采用平行极板结构的方形壳体，其容量可高达 10000A·h。扁平形或"薄饼形"结构也已成功设计。这些可溶性正极锂电池既能用于低放电率放电，也能用于高放电率放电。采用大电极表面积的高放电率设计，显示出高比功率特征，能以比任何原电池的输出电流密度都要高的电流密度进行放电。

（2）固体正极电池

第二类锂负极原电池不是采用可溶气体或液体物质，而是采用固体物质作为正极。由于正极活性物质是固体，电池内部一般无压力，从而具有不必实施气密性密封的优点，但却不具备可溶性正极电池的高放电率性能。这些电池一般作为低放电率到中放电率电池应用，例如存储器备用电源、安全防护设备、便携式电子器具、数码相机、手表和计算器以及小型照明灯等。纽扣式、扁形和圆柱形电池适合低放电率和中等放电率的应用。正如表 13.1 列出的，在锂原电池中采用了大量各种不同的固体正极。固体正极电池的放电不如可溶性正极电池平稳，但以低放电率放电时，其容量（体积比能量）可高于锂-二氧化硫电池的容量。

（3）固态电解质电池

这类电池被公认为有极长的储存寿命，储存时间可超过 20 年，但只能以微安级的极低放电率放电。这些电池可应用于存储器备用电源、心脏起搏器以及有类似要求的小电流、长寿命设备（见第 28 章）。

在图 13.1 中，对这三种类型的锂电池（容量高达 30A·h）的容量与它们通常放电时的电流水平进行了对比，还表示出了每一类电池使用锂的近似质量。

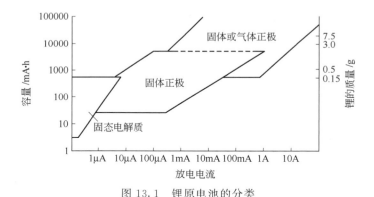

图 13.1　锂原电池的分类

13.0.3　常规电化学性能

（1）锂

高性能（高比能量和高能量密度）电池对电极活性物质的主要要求是高电化学当量（一定物质质量具有高的容量输出）和高电极电位。根据第 1 章列出的可用于电池负极的金属性能，锂是最突出的负极候选材料，它的标准电位和电化学当量是所有金属中最高的。由于高的电极电位，其理论质量比能量优于其他体系，仅仅在体积比能量（W·h/L）上低于铝和镁。可是，由于铝的电化学性能很差，除了在储备电池中应用外，至今尚未成功地用于实用电池；而镁的实际工作电压是很低的。

另外，与其他碱金属相比，由于锂较好的力学性能和较低的反应活性而受到了优先选用。由于钙的熔点较高（钙为838℃，锂为180.5℃），对用钙代替锂作为负极也曾进行过研究。但截至目前，用钙作为负极的电池产品还没有面世。

锂是碱金属中的一种，并且是所有金属元素中最轻的，其相对密度约为水的一半。锂在刚制备出来或刚被切开时，具有白银的光泽和颜色，但在湿空气中会很快失去光泽。它柔软而且具有良好的延展性，易于挤压成薄带，并且是电的良导体。表13.2列出了锂的一些物理性质[3-4]。

表 13.2 锂的物理性质

项目	数值
熔点/℃	180.5
沸点/℃	1347
密度(25℃)/(g/cm^3)	0.534
比热容(25℃)/(cal/g)	0.852
电阻率(20℃)/Ω·cm	9.35×10^6
硬度(莫氏硬度)	0.6

锂与水反应剧烈，释放出氢气，生成氢氧化锂：

$$2Li + 2H_2O \longrightarrow 2LiOH + H_2$$

这个反应不如钠与水的反应那样剧烈，可能是由于 LiOH 溶解度较低和在某些情况下附着在金属表面的缘故。然而该反应产生的热可以点燃反应生成的氢气，并接着使金属锂也燃烧起来；同时，由于这一反应性，锂的操作必须在干燥气氛中进行，并且在电池中采用非水电解质（第18章和29章分别介绍了锂-空气电池和锂-水电池）。

（2）正极活性物质

已确定了许多可用于锂原电池正极的无机和有机材料[15]。对能够与锂配对构成高性能电池的正极材料有一系列重要要求，其中包括电池电压高、比能量高以及与电解质有相容性（即在电解质中基本不发生反应或不溶解）。一般期望正极材料是导电的，然而这种正极材料几乎不存在，因此通常要将固体正极活性物质与导电材料例如碳混合使用，然后涂覆到导电骨架上以提供所需要的导电性。如果正极反应产物是一种金属和一种可溶性的盐（金属阳离子盐），则可以改善放电时的正极导电性。

此外，还希望正极活性物质价格低廉、易获得（非稀有材料）以及有适宜的物理性质，如无毒性和不易燃性等。表13.3列出了已经研究过的可作为锂原电池正极的材料，同时给出了这些材料与锂负极配对电池的反应机理以及电池的理论电压和容量。

（3）电解质

由于锂在水溶液中的反应性，锂负极电池必须采用非水电解质溶剂[5]，极性有机液体是现有锂原电池最通用的电解质溶剂，但亚硫酰氯（SOCl$_2$）和硫酰氯（SO$_2$Cl$_2$）电池例外。在这两种电池中，上述无机化合物既是溶剂又是正极活性物质。电解质溶剂最重要的性能如下：

① 必须对质子呈惰性，即不存在具有反应活性的质子或氢原子，尽管氢原子可能存在于分子中；

② 必须不与锂（或者在锂表面生成保护层，会防止进一步反应）和正极发生反应；

③ 必须有优异的离子电导率；

④ 应在一个宽的温度范围内保持液态；

⑤ 应具有适宜的物理性质，如低蒸气压、高稳定性、无毒性和不易燃性。

表 13.3　锂原电池中使用的正极材料

正极材料	分子量	化合价变化	密度 /(g/cm³)	理论容量（只计算正极材料）			电池反应机理（和锂反应）	电池的理论特性	
				/(A·h/g)	/(A·h/cm³)	/[g/(A·h)]		电压 /V	质量比能量 /(W·h/kg)
SO_2	64	1	1.37	0.419	—	2.39	$2Li+2SO_2 \longrightarrow Li_2S_2O_4$	3.1	1170
$SOCl_2$	119	2	1.63	0.450	—	2.22	$4Li+2SOCl_2 \longrightarrow 4LiCl+S+SO_2$	3.65	1470
SO_2Cl_2	135	2	1.66	0.397	—	2.52	$2Li+SO_2Cl_2 \longrightarrow 2LiCl+SO_2$	3.91	1405
Bi_2O_3	466	6	8.5	0.35	2.97	2.86	$6Li+Bi_2O_3 \longrightarrow 3Li_2O+2Bi$	2.0	640
$Bi_2Pb_2O_5$	912	10	9.0	0.29	2.64	2.41	$10Li+Bi_2Pb_2O_5 \longrightarrow 5Li_2O+2Bi+2Pb$	2.0	544
CF_x	31	1	2.7	0.86	2.32	1.16	$xLi+(CF)_x \longrightarrow xLiF+xC$	3.1	2180
$CuCl_2$	134.5	2	3.1	0.40	1.22	2.50	$2Li+CuCl_2 \longrightarrow 2LiCl+Cu$	3.1	1125
CuF_2	101.6	2	2.9	0.53	1.52	1.87	$2Li+CuF_2 \longrightarrow 2LiF+Cu$	3.54	1650
CuO	79.6	2	6.4	0.67	4.26	1.49	$2Li+CuO \longrightarrow Li_2O+Cu$	2.24	1280
$Cu_4O(PO_4)_2$	458.3	8	—	0.468	—	2.1	$8Li+Cu_4O(PO_4)_2 \longrightarrow Li_2O+2Li_3PO_4+Cu$	2.7	—
CuS	95.6	2	4.6	0.56	2.57	1.79	$2Li+CuS \longrightarrow Li_2S+Cu$	2.15	1050
FeS	87.9	2	4.8	0.61	2.95	1.64	$2Li+FeS \longrightarrow Li_2S+Fe$	1.75	920
FeS_2	119.9	4	4.9	0.89	4.35	1.12	$4Li+FeS_2 \longrightarrow 2Li_2S+Fe$	1.8	1304
MnO_2	86.9	1	5.0	0.31	1.54	3.22	$Li+Mn^{IV}O_2 \longrightarrow Mn^{III}O_2(Li^V)$	3.5	1005
MoO_3	143	1	4.5	0.19	0.84	5.26	$2Li+2MoO_3 \longrightarrow Li_2O+Mo_2O_5$	2.9	525
Ni_3S_2	240	4	—	0.47	—	2.12	$4Li+Ni_3S_2 \longrightarrow 2Li_2S+3Ni$	1.8	755
$AgCl$	143.3	1	5.6	0.19	1.04	5.26	$Li+AgCl \longrightarrow LiCl+Ag$	3.267	583
Ag_2CrO_4	331.8	2	5.6	0.16	0.90	6.25	$2Li+Ag_2CrO_4 \longrightarrow Li_2CrO_4+2Ag$	3.35	515
$AgV_2O_{5.5}$ ①	297.7	3.5	3.6	0.282	—	—	$3.5Li+AgV_2O_{5.5} \longrightarrow Li_{3.5}AgV_2O_{5.5}$	3.24	655
V_2O_5	181.9	1	3.6	0.15	0.53	6.66	$Li+V_2O_5 \longrightarrow LiV_2O_5$	3.4	490

① 多步骤放电；参见参考文献 [11]（实验时放电至 1.5V 止）。

表 13.4 列出了锂电池常用的有机电解质溶剂，它们往往是两种或三种混合使用。这些有机电解质溶剂以及亚硫酰氯（熔点 $-105℃$，沸点 $78.8℃$）和硫酰氯（熔点 $-54℃$，沸点 $69.1℃$）的凝固点都较低，在一个宽的温度范围内都呈液态。该性质使电池能在较宽的温度范围内工作，尤其是能在低温下工作。

表 13.4 锂原电池用有机电解质溶剂的性能

溶　剂	结　构	沸点 $(10^5 Pa)$ /℃	熔点 /℃	闪点 /℃	密度 $(25℃)$ $/(g/cm^3)$	采用 1mol LiClO$_4$ 时的电导率 $/(S/cm)$
乙腈（AN）	$H_3C—C≡N$	81	−45	5	0.78	$3.6×10^{-2}$
γ-丁内酯（BL）		204	−44	99	1.1	$1.1×10^{-2}$
二甲亚砜（DMSO）	$H_3C—S—CH_3$	189	18.5	95	1.1	$1.4×10^{-2}$
亚硫酸二甲酯（DMSI）		126	−141		1.2	
1,2-二甲氧基乙烷（DME）		83	−60	1	0.87	
二噁戊烷（1,3-D）		75	−26	2	1.07	
甲酸甲酯（MF）		32	−100	−19	0.98	$3.2×10^{-2}$
碳酸丙烯酯（PC）		242	−49	135	1.2	$7.3×10^{-3}$
四氢呋喃（THF）		65	−109	−15	0.89	

美国喷气推进实验室（加利福尼亚州）已经评估了多种类型的锂原电池，以确定它们在 $-80℃$ 和更低的温度环境下操作星际探测器的能力[6]。对单体电池进行了放电实验和阻抗谱测试的评估，在 5 种电池体系（Li-SOCl$_2$、Li-SO$_2$、Li-MnO$_2$、Li-BCX 和 Li-CF$_x$）中，发现锂-亚硫酰氯电池和锂-二氧化硫电池能在 $-80℃$ 下提供最好的性能。将电解质盐的浓度降低到约 0.5 mol/L 时，可以改善这些电池在非常低温度下工作的性能。以 D 型 Li-SOCl$_2$ 电池为例，将 LiAlCl$_4$ 由 1.5mol/L 降至 0.5mol/L 时，可使电池在 $-85℃$ 以基准负载 118Ω 和 5.1Ω 脉冲 1min 放电时的容量提升 60%。

锂盐是提供离子传导最常用的电解质溶质，如 LiClO$_4$、LiBr、LiCF$_3$SO$_3$、LiI 和 LiAlCl$_4$。溶质必须能够形成一种不与电极活性物质反应的稳定电解质，必须可溶于有机溶剂，并离解形成导电电解质。室温下，采用 1mol/L 的溶质通常可获得最大的电导率，但这些电解质的电导率一般只有水系电解质的 1/10。为了适应低电导率，通常采用缩小电极间距和精心设计电池结构的方法把电阻降到最小，使电池提供高的输出比功率。

（4）电池电极对和反应机理

各种锂原电池总放电反应机理见表 13.3，表中也列出了每种电池的理论电压。锂负极的放电机理是锂被氧化生成锂离子（Li^+），并释放出一个电子：

$$Li \longrightarrow Li^+ + e^-$$

电子通过外部电路移动到正极，在正极上该电子与正极活性物质反应，使正极活性物质被还原；同时，半径小（0.06nm）而且能在液态和固态两种电解质中运动的 Li^+ 通过电解质迁移到正极，并在正极上反应生成一种锂化合物。

在论述相应电池的各节中，对各种不同锂原电池的反应机理均进行了更为详尽的叙述[17]。

13.0.4 锂原电池的设计和特性

（1）设计概述

表 13.5 中介绍了目前生产或研制的主要锂原电池及其结构特点、主要电性能和相关规格尺寸。电池类型、相应的尺寸和某些性能有可能发生变化，这取决于设计、标准化和市场的发展需求。一些特殊的性能数据则必须从各制造厂家获得。这些体系在理论条件下的工作特性如表 13.3 所示。在第 9 章中，对锂电池与相近尺寸型号的传统原电池进行过性能比较。这些电池更加详细的特性将在 13 章和第 28 章中予以介绍。

（2）可溶性正极的锂原电池

可溶性正极的锂原电池有两类（表 13.1）：一类采用可溶解在有机电解质溶剂中的 SO_2 作为正极活性物质；另一类则采用无机溶剂，如 $SOCl_2$ 和 SO_2Cl_2 等。它们既是正极活性物质，也是电解质溶剂。这些物质在锂表面能形成钝化层或保护膜，因此可以防止进一步反应。即使正极活性物质与锂负极接触，该保护膜也能阻止自放电反应发生，因此这些电池储存寿命很长。不过保护膜会引起电压滞后，当接通放电负载时，需要一段延时才能使保护膜穿透或破裂，电池电压才能达到要求的工作电压值。这些锂电池具有很高的比能量，采用适当的结构设计，例如使用大表面积电极，则能在高比功率输出的同时，得到高比能量。

该类锂电池一般要求气密式全密封。二氧化硫在 20℃ 下为气体（沸点为 −10℃），而未放电的电池在 20℃ 下的内部压力为 $(3\sim4) \times 10^5 Pa$。氯氧化物在 20℃ 下为液体，但是 $SOCl_2$ 和 SO_2Cl_2 的沸点分别为 78.8℃ 和 69.1℃，在高的工作温度下，也能产生明显的压力。另外，在氯氧化物电池中，SO_2 为放电产物时，电池在放电过程中内压会有所增加。

锂-二氧化硫（Li-SO_2）电池是这类锂原电池中最先进的电池，一般制成圆柱形，容量可以达到大约 34A·h。它们因具有高比功率（可能是锂原电池中最高的）、高比能量和良好的低温性能而著称。一般应用于要求具有上述特性的军事、特殊工业、空间和商业用途。

锂-亚硫酰氯（Li-$SOCl_2$）电池是所有实际使用电池中比能量最高的。图 9.7 和图 9.8 介绍了 Li-$SOCl_2$ 电池在宽温度范围内以中等放电率放电时的特征。图 13.2 对 Li-$SOCl_2$ 电池和 Li-SO_2 电池的放电曲线进行了比较。在 20℃ 以中等放电率放电，Li-$SOCl_2$ 电池的工作电压较高，使用寿命大约是 Li-SO_2 电池的 1.5 倍。但是，Li-SO_2 电池低温性能和高放电率时的放电性能更好，而且储存以后电压滞后较小。Li-$SOCl_2$ 电池已有各种尺寸型号和不同结构形式，小到 1A·h 以下的纽扣式和圆柱形电池，大到 10000A·h 的方形电池。低放电率电池已成功地使用多年，而高放电率电池则专门应用于特殊用途。

表 13.5 锂原电池的特性

可溶性正极电池

体系	电解质			隔膜	结构	电压/V		质量比能量 /(W·h/kg)	体积比能量② /(W·h/L)	比功率	放电曲线	可提供的型号
	正极	溶剂	溶质			标称电压	20℃时的工作电压①					
Li-SO₂ (低放电率)	SO_2在有碳和黏结剂的铝网上	AN	LiBr	微孔聚丙烯	卷绕式"圆柱形结构；玻璃金属密封	3.0	2.9~2.7	260	415	高	非常平坦	圆柱形电池超过34A·h
Li-SOCl₂ (低放电率)	$SOCl_2$在有碳和黏结剂的 Ni 或不锈钢网上	$SOCl_2$	$LiAlCl_4$	非编织玻璃丝布	片式结构	3.6	3.6~3.4	275	630	低	平坦	0.4~1.7A·h
Li-SOCl₂ (大容量)					圆柱形"碳包"结构	3.6	3.5~3.3	590	1100	中等	平坦	圆柱形电池 1.2~35A·h
					平板电极的方形电池	3.6	3.5~3.3	480	950	中等	平坦	12~10000A·h
Li-SOCl₂ (高放电率)					卷绕式"圆柱形或平板式结构	3.6	3.5~3.2	495	970	中等至高	平坦	圆柱形:1.2~14A·h;平板式;可达到2300A·h
	有卤素添加剂的$SOCl_2$		$LiAlCl_4$	玻璃毡	卷绕式"圆柱形结构	3.9	3.8~3.3	485	1070	中等	平坦	2~30A·h
Li-SO₂Cl₂	SO_2Cl_2在有碳和黏结剂的不锈钢网上	SO_2Cl_2(某些有添加剂)	$LiAlCl_4$	玻璃	卷绕式"圆柱形结构；玻璃金属密封	3.95	3.5~3.1	480	1040	中等至高	平坦	7~30A·h

续表

固体正极电池

体系	正极	电解质 溶剂	电解质 溶质	隔膜	结构	电压/V 标称电压	电压/V 20℃时的工作电压①	质量比能量/(W·h/kg)	体积比能量②/(W·h/L)	比功率	放电曲线	可提供的型号
Li-CFx	在镍集流片上含有碳和黏结剂的CFx	PC+DME	LiBF4	聚丙烯	硬币式"结构;卷"边密封	3.0	2.7~2.5	215	550	低至中等	中等平坦	硬币式电池为500mA·h
		BL	LiAsF6		针形式结构					低	驼峰式	小圆柱形 25~50mA·h
					卷绕式"胶卷"圆柱形结构;卷"边玻璃金属密封			350(商品)	560			圆柱形电池达5A·h(商品)
								800(军用)	1160			圆柱形电池达1200A·h(军用)
					平板方形			440(生物医学用)	900			方形电池达40A·h
Li-CuO	把CuO压在电池壳体内	1,3-D	LiClO4	非编织玻璃丝布	内外式"碳包"圆柱形结构;卷式"胶卷"圆柱形结构	1.5	1.5~1.4	280	650	低	开始有大的电压降,然后趋于平缓	圆柱形电池:500~3500mA·h
Li-FeS2	FeS2	1,3D+DME	LiI	微孔聚乙烯	卷绕式"胶卷"圆柱形结构;卷边密封	1.5	1.6~1.4	310	562	中等至高	开始有大的电压降,然后趋于平缓	AA型和AAA型圆柱形电池达3.1A·h
Li-MnO2	在支撑网栅上含有碳和黏结剂的MnO2	PC+DME	锂盐	聚丙烯	平板电极的硬币式结构	3.0	3.0~2.7	230	545	低至中等	中等平坦	硬币式电池为25~1000mA·h
		有机溶剂	锂盐	聚丙烯	卷绕式"胶卷"圆柱形结构;卷边密封或完全密封	3.0	2.8~2.5	261	546	中等至高	中等平坦	典型的为2/3A型圆柱形电池;更大的电池可达11A·h
		有机溶剂	锂盐	聚丙烯	"碳包"圆柱形结构	3.0	3.0~2.8	270	620	低至中等	中等平坦	圆柱形电池达2.5A·h
Li-AgV4O11	AgV2O5.5、石墨和碳	PC、DME	LiAsF6	微孔聚丙烯	圆柱形和D型截面结构	3.2	3.2~1.5	270	780	低至中等	中等平坦	为医疗植入设计的特殊形状和尺寸

① 工作电压指在合适的负载下的典型放电电压。
② 体积比能量是在20℃时,在合适的负载下放电获得的。参见文章相关章节内容。

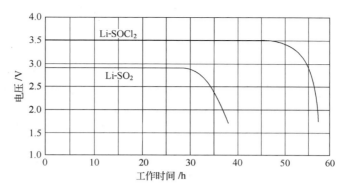

图 13.2　在 20℃、以 100mA 放电时，C 型 Li-SO$_2$ 和 Li-SOCl$_2$ 电池性能对比

由于锂-硫酰氯（Li-SO$_2$Cl$_2$）电池的电压（开路电压 3.9V）和比能量更高，因此具有潜在的发展优势。为了使这一电化学体系全部能力得到实际发挥，已经对正极的合适配方和电池设计进行了研究。图 13.3 对 Li-SO$_2$Cl$_2$ 和 Li-SOCl$_2$ 电池的正极极化进行了比较。卤素添加剂可以改善电池性能，在一些 SOCl$_2$ 电池中得到了应用。

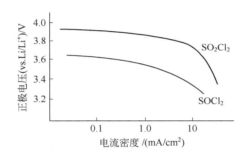

图 13.3　Li-SO$_2$Cl$_2$ 和 Li-SOCl$_2$ 电池正极极化曲线对比[8]

用钙来代替 Li-SOCl$_2$ 电池中锂作为负极也得到了分析与研究。因为在任何条件下电池内部都不可能达到钙的熔点温度 838℃，因此预期用钙作为负极的电池能安全工作。虽然钙-亚硫酰氯（Ca-SOCl$_2$ 开路电压为 3.25V）电池的放电电压比 Li-SOCl$_2$ 电池约低 0.4V，但它的放电曲线相当平坦，并且同体积放出的容量相同，储存寿命也与锂负极电池相类似[9-10]。然而钙的加工比锂要难得多，而且更易于钝化。因此，现在还没有钙-亚硫酰氯电池上市。

（3）锂-固体正极原电池

锂-固体正极电池一般以低到中等放电率放电使用，并且具有不同的电化学电池体系，主要是容量范围从 25mA·h 至大约 11A·h 的小型扁平式和圆柱形电池。更大尺寸的圆柱形和方形结构电池已开始生产。在第 9 章中对锂-固体正极电池和传统电池的性能进行了比较。

锂-固体正极电池和锂-可溶性正极电池相比，前者电池内不产生压力，故而不必采用气密式密封。采用塑料圈的机械卷边密封就能满足大多数应用。在轻度放电负载下，某些固体正极电池的能量密度能与可溶性正极电池相比拟，并且在较小型的电池中其至更大。但与可溶性正极电池相比较也有不足之处，如放电率较低、低温性能差和放电曲线较斜。

为了提高这些电池的高放电率性能和补偿有机电解质较低电导率的缺陷，通常采用增加电极面积的结构设计，如采用大直径的"硬币"式电池代替纽扣式电池，或对圆柱形电池采用卷绕式结构等。

有许多不同的正极材料可用于锂-固体正极电池，见表 13.3 和表 13.5。这两张表介绍了有关这些电池的理论与实际性能数据，而在表 13.6 中则对各种锂-固体正极电池的主要性能进行了比较。可以看出，许多电池性能都比较接近，例如高比能和优异的储存寿命。而其中一个重要的特征是多种不同正极所制得的电池都具有 3V 电压。这些电池体系中一部分主要用于纽扣式或硬币式电池，而另一部分如二氧化锰正极已经用于纽扣式、圆柱形和方形电池，并且既有高放电率（卷绕式结构）设计，也有低放电率（碳包式结构）设计。

表 13.6 典型的锂-固体正极电池的特性

电池类型	工作电压/V	性能
Li-MnO$_2$	3.0	质量比能量与体积比能量高，工作温度范围宽（－40～85℃）；具有以较高放电率放电的能力；电压滞后极小；成本较低；适合制成扁平（硬币式）和圆柱形电池（高与低放电率）
Li-CF$_x$	2.8	理论质量比能量最高；具有低至中等放电率的能力；工作温度范围宽（－20 到 85℃）；放电曲线平坦；适合制成扁平（纽扣式）电池、方形和圆柱形电池
Li-CuO	1.5	理论体积比容量（A·h/L）最高；储存性能优异；具有低到中等放电率的能力；工作温度可高达 125～150℃；无明显电压滞后；可替换碱性锌-二氧化锰电池，但目前已不生产
Li-FeS$_2$	1.5	直接作为锌碳电池和锌-二氧化锰电池的替代产品；比传统电池功率输出能力高，低温性能和储存性能更好；目前商品 AA 型和 AAA 型电池可以直接替代碱性锌-二氧化锰电池；在数码相机领域需求广阔
Li-AgV$_2$O$_{5.5}$	3.2	在多步骤放电情况下可显示质量比能量与体积比能量高的特点；具有较高的放电率能力；用于植入式或其他医疗器械。参见第 28 章
Li-V$_2$O$_5$	3.3	体积比能量高；两阶段放电；主要用于储备电池（见第 29 章）

虽然一系列不同的固体正极材料得到了发展，甚至已用于制造电池，但近来却显示出生产中所采用正极材料的种类呈减少的趋势。锂-二氧化锰（Li-MnO$_2$）电池是首先用于商品的电池，而且是目前依然用得最为普遍的一种固体正极电池。它比较便宜，具有很长的储存寿命、良好的高放电率能力和较好的低温性能，并适合制成纽扣式和圆柱形电池。锂-氟化碳（Li-CF$_x$）电池是另一种较早用于商品的固体正极电池，而且由于其理论比容量在固体正极电池中最高，且放电曲线平坦，因而颇具吸引力。它也可制成纽扣式、圆柱形和方形电池结构。氟化碳较高的成本影响了该电池的商业发展潜力，但是它在生物医疗、军事和空间等对价格限制较小的领域中得到了应用，而且目前它在数码相机中需求广阔。

锂-五氧化二钒（Li-V$_2$O$_5$）电池具有高体积比能量，但放电曲线有两个平台。它主要适用于储备电池（第 29 章）。锂-银钒氧化物（Li-Ag$_2$V$_2$O$_{5.5}$）电池应用于医疗用途，例如心脏起搏器，这种用途要求电池有相当于高放电率的脉冲负载能力[11]。其他一些锂-固体正极电池工作电压在 1.5V 左右，可以替代传统的 1.5V 纽扣式或圆柱形电池。锂-氧化铜（Li-CuO）电池以高比能量著称，它与同类传统圆柱形电池相比显示出高的容量或轻的质量，同时具有优异的高温性能和在严苛的环境条件下长储存寿命，但目前该类电池还没有产品面世。锂-二硫化铁（Li-FeS$_2$）电池有着与传统原电池相类似的优异性能，同时还具有高放电率的优势。过去只有纽扣式电池结构，但现在已经有了高放电率的圆柱形 AA 型和 AAA 型商品电池，用于取代传统的碱性锌-二氧化锰电池。表 13.1 和表 13.3 中的其他固体正极体系现在已经没有商业应用了。

图 13.4 显示了主要锂-固体正极电池典型的放电曲线。图中也绘出了 Li-SO$_2$ 和 Li-SOCl$_2$ 较平坦的放电曲线作为比较。

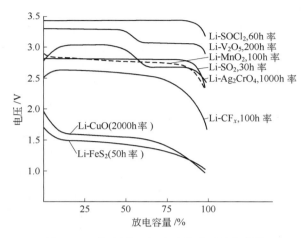

图 13.4　锂-固体正极电池的典型放电曲线

在第 9 章中，已对采用几种不同固体正极的纽扣式电池以低倍率放电和采用几种不同固体正极的圆柱形电池以较高倍率放电的性能进行了比较。在纽扣式电池中，锂电池的质量比能量（W·h/kg）比许多传统电池都高。虽然这一优点对于这些小型电池似乎不那么重要，但锂电池还具有成本较低（尤其在与银电池相比时）、储存寿命较长的优点。此外，由于汞和镉是有害物质，过去曾在市场上占主导地位的锌-氧化汞电池和镉-氧化汞电池退出了市场。

对于较大的圆柱形电池（表 9.4）而言，锂电池在体积比能量与质量比能量两方面的优势特别明显。采用合适结构的电池，在较高放电电流负载下这一优势更为突出。图 9.3 进一步对锂-固体正极电池和锂-可溶性正极电池，以及水溶液电池的性能进行了比较。

由于每一种电池的性能都随着放电条件而变化，因此通过上述各种比较确定应用时的特殊放电条件就显得尤为重要。以图 13.5 为例，专门设计的锂-氧化铜（Li-CuO）电池在低放电倍率时显示了最佳的性能，但当高放电倍率时输出则显著下降。同样，专门设计用于高放电倍率的卷绕式锂-二氧化锰电池，在低放电倍率时则输出较低的能量，但随放电倍率提高可维持其原有特性。每一种电池体系在不同条件下的性能将在各相应节中予以介绍。

因此，锂电池与传统电池相比，究竟选用哪种，则需要在"大多数传统电池生产成本较低""锂电池性能优越""特殊用途的关键要求"三者之间做出综合权衡。

13.0.5　锂电池的安全和操作

（1）影响电池安全和操作的因素

锂电池和锂电池组的设计和使用必须慎重，同大多数电池体系一样，如果使用不适当，则会发生危险。因此，必须采取预防措施避免机械和电滥用，以保证安全和可靠工作；同时，由于锂

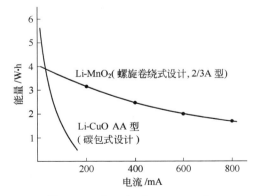

图 13.5　在 20℃ 下，Li-CuO 和 Li-MnO$_2$ 电池性能的比较

电池的某些成分是有毒甚至易燃的[12]，因此安全性对锂电池格外重要。此外，由于锂熔点较低（180.5℃），因此必须避免电池内部出现高温。

由于锂电池的化学配方、结构、型号等各不相同，对不同电池和电池组的使用及操作方法也就不尽相同，并取决于下列因素。

① 电化学体系：特定的化学性质和电池部件会影响电池工作的安全性。

② 电池和电池组的尺寸和容量：电池尺寸和电池组中单体电池的数目与安全性有直接关系。由于小尺寸电池和其电池组所包含的材料较少，所包含的总能量也较小，因此它比同结构和同化学配方的较大尺寸电池安全。

③ 锂的使用量：锂的使用量越少，意味着电池能量越小，电池也就越安全。

④ 电池设计：与限制放电倍率的低功率设计相比，在具有高放电倍率的设计中，由于采用了使电池"平衡"的化学配方和其他特点，所以会影响电池性能和工作特征。

⑤ 安全装置：电池和电池组本身的安全装置将明显地影响操作方法。这些装置包括：防止电池内部产生过高压力的泄压结构；防止温度过高的热切断装置；电路保险丝、PTC器件以及二极管保护器件。根据电化学系统的不同，电池通过气密或机械压接密封，以确保在保持电池完整性时有效地包含电池组分。

⑥ 电池和电池组容器：电池和电池组容器必须满足其使用的机械与环境条件要求。即使电池在工作和操作中可能遇到高冲击、强振动、极端温度或其他严苛条件，也必须保证其完整性。在选择容器材料时，还应考虑其可燃性和燃烧产物的毒性。此外，还应优化容器设计，以消散放电过程中产生的热量，并在电池排气时释放压力。

（2）需要考虑的安全事项

表13.7列出了锂电池使用期间可能出现的电和机械滥用情况，并附有相关操作的建议。特种电池的情况将在本章其他小节中介绍，对于各种电池更详细的性能数据可向制造厂家咨询，同时也需要获得有关材料的安全数据。

表 13.7 锂原电池组使用和操作注意事项

滥用条件	矫正过程
高倍率放电或短路	小容量或低放电倍率电池可以自限制 电极熔化,热保护 限制电流 正确应用电池
强制放电（电压反极）	切断电压 使用低电压电池 限制电流 特殊设计（如"平衡"电池） 与单体电池并联二极管
充电	禁止充电 用二极管保护或限制充电电流
过热	限制电流 熔断器、热开关、PTC 装置 正确设计电池 不要焚烧
机械滥用	避免打开、刺穿或损伤单体电池 正确维护电池

① 高倍率放电或短路。小容量电池或者设计为低倍率的电池可以自行加以限制，因此，温度的轻微升高不会带来安全问题。较大的电池和/或高放电倍率电池，如果短路或以过高倍率放电，会产生高的内部温度。一般要求这些电池必须具有安全排气机构，以避免更严重的危害。这样的电池或电池组应采用保险丝保护（用以限制放电电流）；同时，还应采用热熔断器或热开关以限制最大温升值。正温度系数（PTC）器件可应用于电池和电池组中提供这种保护。

② 强制放电或电压反极。电压反极可发生在多个电池串联的电池组中，正常工作的电池迫使零伏以下的坏电池放电时，电压就会出现反极，甚至电池组放电电压趋向零伏。在某种锂电池中，这种强制放电可导致电池排气或破裂的严重后果。可以采取的预防措施包括采用电压切断电路以防止电池组达到过低的电压；采用低电压电池组（因为只有几个电池串联的电池组，不太可能发生这种电压反极现象）并限制放电电流。强制放电的效应对高倍率放电来说比较明显，已研制出特定结构的电池，例如 $Li-SO_2$ "平衡" 电池（见本书 13A 部分），该电池可以经受住这种放电条件。同时，负极的集流体既用于保持锂电极的完整性，也可以提供一个内部短路机构，以限制电池反极时的电压。

③ 充电。锂原电池也像其他原电池那样，是不可再充电的。如果充电，就会发生排气或爆炸。并联连接或可能接入充电电源的电池（例如在以电池组为备用电源的 CMOS 记忆保存电路中）应有二极管保护以防止充电（见第 7 章）。

④ 过热。正如上面讨论的那样，应避免电池和电池组过热。这可以在电池组中通过限制放电电流、采用安全装置（如熔断和热开关装置）和设计散热措施来实现。

⑤ 焚烧。锂电池不是采用气密式密封，就是采用机械卷边密封，在无适当保护条件下不应焚烧这些电池，否则在高温下会破裂或爆炸。

目前，对锂电池组的运输和装船以及锂电池组的使用、储存和操作的特殊程序和方法都已作出了推荐[13-14]。对于某些锂电池的废弃也作出了规定。这些规定的发展情况可以参阅相关程序文件（详情参见第 8 章）。美国联邦航空局（FAA）已经采用了 TSO-C142 锂电池的技术标准，来管理锂原电池在商用飞机上的使用和放置[15]。美国交通部（DOT）、国际航空运输协会（IATA）、国际民航组织（ICAO）和其他机构也颁布了相关规定以管理锂原电池的运输环节。

13A 锂-二氧化硫电池

13A.1 概述

锂-二氧化硫（Li-SO$_2$）体系是锂原电池中较为先进的一种，主要用于军事及某些工业和宇航用途。这种电池的质量比能量与体积比能量分别高达 300W·h/kg 和 415W·h/L。Li-SO$_2$ 电池以具有大电流放电的能力或高功率特性以及卓越的低温性能与长储存寿命而出名。

13A.2 化学原理

Li-SO$_2$ 电池采用锂作为负极，采用多孔碳作为正极载体和二氧化硫作为正极活性物质。电池反应机理如下：

$$2Li + SO_2 \longrightarrow Li_2S_2O_4 \downarrow （连二亚硫酸锂）$$

由于锂容易和水反应，所以采用由二氧化硫和有机溶剂组成的非水电解质，如溴化锂的乙腈溶液。这种电解质的电导率较高，温度下降时电导率只有中等程度的下降（图 13A.1），因此该电池体系具有优良的高放电率和低温性能。在电解质中有约 70% 质量分数的 SO$_2$，由于溶解的 SO$_2$ 存在蒸气压力，20℃ 下在尚未放电的电池内压为（3~4）×10^{5}Pa。图 13A.2 表示出不同温度下的 SO$_2$ 蒸气压力。这种电池的机械设计需要可以保证在上述压力下的安全性而不发生泄漏；但一旦温度过高造成电池内部高的压力时，电池应能安全地排出电解质。

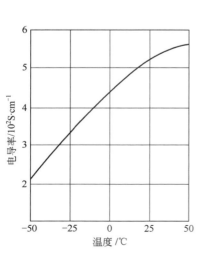

图 13A.1 乙腈-溴化锂-二氧化硫（70%SO$_2$）电解质的电导率

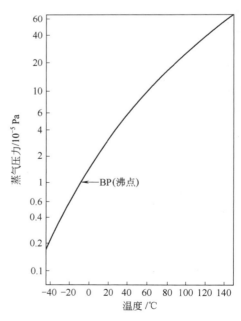

图 13A.2 在不同温度下二氧化硫蒸气压力

在放电期间，SO_2 被消耗，电池压力随之下降。在化学计量限制的电极设计中，一种情况是当可用的锂全部用完时，放电随之终止；另一种情况是由于放电产物沉积致使正极堵塞时（正极限制）放电终止。目前的典型设计采用正极限制，甚至放电终止时仍然有部分锂剩余。由于锂和 SO_2 起始反应在负极上形成一层连二亚硫酸锂保护膜，它可以阻止电池储存期间的进一步反应和容量损失，因此 Li-SO_2 电池显示出长的储存寿命。

目前大多数 Li-SO_2 电池都设计成组分"平衡"型，其中锂与二氧化硫的化学计量比为：$n(Li) : n(SO_2) = (0.9 \sim 1.05) : 1$。在早先的电池结构中，锂与二氧化硫之比为 1.5 : 1，在 SO_2 不足的情况下进行深度放电或强制放电时，锂（电压反极期间会在正极上沉积）和乙腈之间的放热反应所引起的高温，使电池排气或破裂乃至着火，同时该反应还会产生氰化锂、甲烷和其他有机产物。在"平衡"设计的电池中，负极像正极一样几乎同时受残余 SO_2 和钝化的保护。由于还有一定量可起保护作用的 SO_2 保留在电解质中，因而消除了危险反应发生的条件[16]。在反极时，平衡电池较高的负极电压，对于二极管保护也是有利的；二极管应用于某些设计中，通过电池的电流旁路使反极造成的影响降至最低。

一般采用镶嵌铜的金属条集流体，同样可以保持负极的一体化；一旦发生反极，铜扩散和沉积在正极上，构成了电阻桥，从而使电池内部产生连通短路。

13A.3 结构

Li-SO_2 电池一般设计成如图 13A.3 所示的圆柱形结构。电极采用卷绕式结构，由金属锂箔、微孔聚丙烯隔膜、正极（聚四氟乙烯和炭黑的混合物压在铝网骨架上形成）和第二层隔膜螺旋地卷绕而成。这种电池结构设计可以使锂电极具有高表面积和低电池内阻，以获得高倍率放电能力和低温工作能力。将卷绕极组插入镀镍钢外壳内，再将正极极耳焊接在玻璃金属密封（GTM）组件的引脚上，将负极极耳与电池外壳焊接，以实现电连接。将壳体与顶盖焊接在一起后，注入含有去极化剂 SO_2 的电解质。

当内部压力达到最大值，即达到典型值 2.41MPa（350psi）时，安全阀会打开排气。电池内部高压力是由过热或短路等不适当的滥用而引起的，排气可以防止电池本身破裂或爆炸。安全阀大约在 95℃ 时打开，该温度已大大超过电池工作和储存的上限温度，安全释放过高的内部压力可以防止电池本身可能的破裂，更为详细的结构说明已介绍过[16]。非常重要的是要采用耐腐蚀玻璃或具有保护性涂层的涂覆玻璃，以防止在电池壳体与玻璃金属密封（GTM）组件引脚间存在电位差时发生玻璃锂化现象。

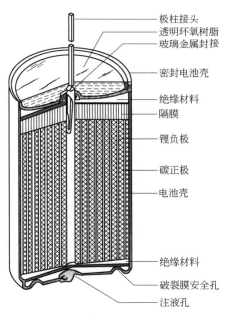

极柱接头
透明环氧树脂
玻璃金属封接
密封电池壳
绝缘材料
隔膜
锂负极
碳正极
电池壳
绝缘材料
破裂膜安全孔
注液孔

图 13A.3　锂-二氧化硫电池

13A.4 性能和应用

13A.4.1 电池输出

（1）电压

Li-SO$_2$ 电池的开路电压为 2.95V，标称电压通常指定为 3V，放电时的工作电压数值则取决于放电速率、温度和荷电状态。其典型的工作电压范围为 2.7～2.9V（参见图 13A.4、图 13A.5 和图 13A.7）。大多数情况下，电池容量耗尽时的终止电压或截止电压为 2V。

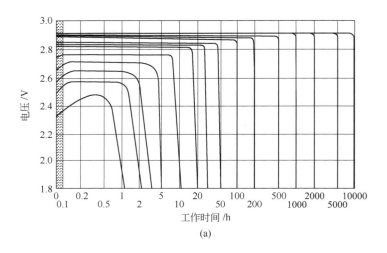

(a)

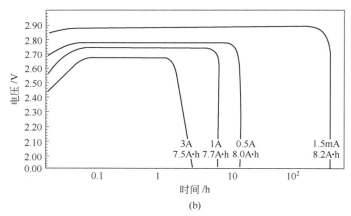

(b)

图 13A.4　放电特性

（a）在 20℃、以不同负载放电时 Li-SO$_2$ 电池的放电特性；

（b）23℃、以不同负载放电时高放电率 Li-SO$_2$ 电池的放电特性

（2）放电曲线

图 13A.4（a）给出了在 20℃下 Li-SO$_2$ 电池的典型放电曲线。电压高和放电曲线平坦是 Li-SO$_2$ 电池的突出特点。Li-SO$_2$ 电池另一独特的性能在于能够在较宽范围的电流或功率水平下高效地放电，既能以高倍率短时间或脉冲负载放电，又可以小电流连续 5 年或更长时间放电。在长期放电时，电池至少可以放出其额定容量的 90%。图 13A.4（b）示出高放电率 D 型电池以 4C 倍率高达 3A 的放电曲线。

Li-SO_2 电池能够以高倍率在脉冲负载下放电。例如，设计成高倍率结构的 D 型 Li-SO_2 电池，能够以高达 37.5A 的脉冲电流放电，提供高达 59W 的输出功率[17]。可是，对于高倍率电池，当电池在放电时间大于 2h 时，有可能引起电池过热。实际上温度升高与电池组结构、放电方式、温度和电压等有关。正如 13.0.5 节所讨论的那样，电池组的结构和使用应予以控制，以避免电池过热。

近来的研究[17] 表明，Li-SO_2 电池的高倍率脉冲输出能力可以通过改变电池设计加以提高。通过增加正负极的极耳数量（1～3）、采用正极混合物的最佳组成以及降低电极的长宽比例，都可以降低高倍率 10s 脉冲放电时的极化。采用两个极耳和最佳正极混合物组分的 D 型和薄 D 型［直径 1.1 英寸×高度 2.20 英寸；1 英寸（in）＝25.4mm，全书同］电池，在 50A、10s 脉冲电流下，可以分别提供 99W 和 97W 的输出功率。在美国海军应用中，采用了一个由 74 个 5/4C 单体电池构成的 110V 体积紧凑型电池组。虽然其单体电池没有采用多极耳，但由于使用了最佳组分的正极混合物，同样使电池组能够提供高达 5500W、10s 的脉冲。

相似的结构优化研究表明：在室温下，D 型 Li-SO_2 电池以 250mA 放电可获得 9.1A·h 容量；以 2A 放电可获得 8.8A·h 的容量[18]。以标准设计的 7.75A·h 电池为基准，改变正负极的长宽比，分别使用三种不同的碳材料，且在正极中部焊接极耳来进行对比优化。结果显示，当电池在 2.0～0.0V 放电时，所产生的热量小于标准结构电池。满足 MIL-PRF-49471 标准要求的高容量 Li-SO_2 电池，可以组装成美国军方使用的 BA-5590 型电池。

13A.4.2　影响性能的因素

（1）温度的影响

Li-SO_2 电池能在 −40～55℃ 的宽温度范围内工作。图 13A.5 是不同温度下 Li-SO_2 电池在标准放电倍率（C/30）时的放电曲线，再次显示出 Li-SO_2 电池在宽温度范围内放电曲线平坦和电压稳定性好；与 20℃ 下的性能相比，在极端温度下仍然可以保持相当高的百分比（容量或能量等）。同所有电池体系一样，Li-SO_2 电池的性能取决于放电倍率。图 13A.6 为 Li-SO_2 电池放电容量与放电倍率与放电温度的关系。

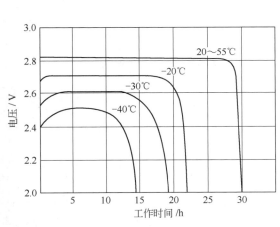

图 13A.5　在不同温度下，以 C/30 放电倍率放电时，Li-SO_2 电池的放电特性

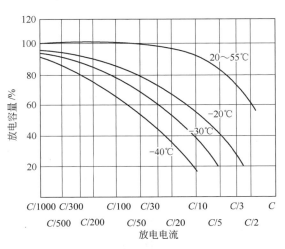

图 13A.6　在不同温度和负载下 Li-SO_2 电池的放电性能

（2）内阻和放电电压

Li-SO$_2$ 电池在较宽的放电负载和温度范围内，具有较低的内阻（大约为传统原电池的1/10）和稳定的电压。Li-SO$_2$ 电池以各种放电率和在不同温度下放电的平均电压（终止电压为 2V）见图 13A.7。

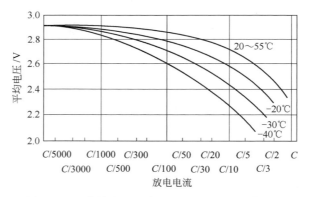

图 13A.7　在放电过程中 Li-SO$_2$ 电池的平均电压

（3）工作寿命

Li-SO$_2$ 电池以各种放电倍率和在不同温度下的容量或工作寿命在图 13A.8 中给出。图中是以 1kg 或 1L 的电池来标称的，并以不同放电率下的工作时间来表示。曲线呈直线形状，说明 Li-SO$_2$ 电池具有在极限条件下放电的能力。这些数据可按多种方式用于计算某种电池的近似性能，或者用来选择作为特种用途的 Li-SO$_2$ 电池的合适尺寸与型号。但众所周知，大型电池的比能量要比小型电池的比能量高。

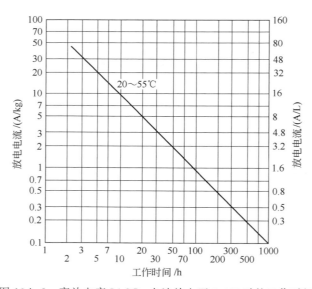

图 13A.8　高放电率 Li-SO$_2$ 电池放电至 2.0V 时的工作时间

电池的使用寿命（在给定的电流负载下）可以通过将电流（以安培为单位）除以电池的重量或体积来估算，这个值作为纵坐标；而在特定电流和温度下的使用寿命，可以在横坐标上读取。在指定电流负载下，电池提供一定服务小时数所需的重量或体积可以通过在曲线上找到与所需服务小时数和放电温度相对应的放电电流来估算。相应电池的质量或者体积，可以由确定的电流值除以从纵坐标得到的 A/kg 值或 A/L 值计算得到。

（4）储存寿命

Li-SO$_2$ 电池以其卓越的储存性能而著称，甚至可在高达 70℃ 的温度下储存。大多数原电池在储存时，由于负极腐蚀、化学副反应或水分损失，容量都要受到损失。除镁电池之外，大多数传统原电池都经受不住 50℃ 以上的高温储存。所以，如果长期储存，应予以冷藏。但是由于 Li-SO$_2$ 电池是气密性密封，而且在其储存期间受到负极上所形成的膜的保护，所以储存期间容量损失甚微。当然，如果电池在已经放了一部分电后再储存，自放电速率会增大。

近期数据表明，由 10 个 Li-SO$_2$ 单体电池串联构成的 BA-5590 电池组经过两年储存期后，以 2A 分别在 21℃ 和 −30℃ 下放电，在 21℃ 下显示 6.5% 的容量损失，而在 −30℃ 下显示无容量损失[19]。由 5 个扁平 D 型电池串联而成的 BA-5598 电池组储存 14 年后的数据也已获得，在室温和 2A 下放电时，其容量损失仅为 8%，但在低温下事实上却无容量损失。上述两种情况中，储存后的电池工作电压都出现下降。采用多个电池组在环境温度下储存，储存 4 年、6 年和 14 年所获得的数据在图 13A.9 中给出。储存前两年容量损失大约为每年 3%；但是之后衰减率显著降低。对电池的高温储存性能在 70℃ 和 85℃ 下进行了研究，如图 13A.10 所示。在 70℃ 高温下储存 1 个月后，电池容量保持在 92%；而储存 5 个月后，其容量还可保持在 77%。即使在 85℃ 高温下储存 1 个月后，电池容量也可保持在 82%。该项研究说明，采用高温加速老化实验，并不一定能够用于预测电池长期储存寿命。

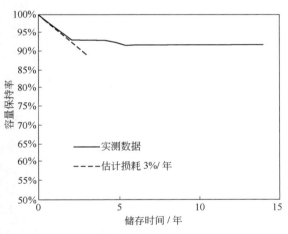

图 13A.9　在室温下储存后再以 2A 放电时
Li-SO$_2$ 电池的容量保持率

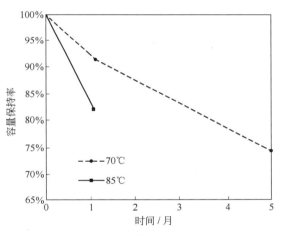

图 13A.10　储存时间和温度对
Li-SO$_2$ 电池容量的影响

（5）电压滞后

Li-SO$_2$ 电池在高温下长期储存以后进行放电，尤其是以大电流和低温放电时，将出现标称工作电压滞后的现象。这种启动滞后或称为电压滞后的现象是由锂负极上所形成的保护膜（这种特性使 Li-SO$_2$ 电池具有卓越的储存寿命）造成的。电池的滞后时间不可能被准确预测，因为它取决于电池的新旧、电池特有的结构和部件、储存的时间和温度、放电电流以及温度等。一般来说，电池在 −20℃ 以上的温度下以中等到低放电倍率放电时，电压滞后甚微或不存在。即使是在 70℃ 下储存 1 年以后的电池，在 20℃ 下放电也没有明显的滞后现象。电池在 70℃ 下储存 8 周后，在 −30℃ 下以小于 40h 倍率的电流放电，滞后时间小于 200ms。

但以较高放电率放电时，电压滞后时间随电池储存温度和时间的增加而增加。例如，在以 2h 倍率放电时，70℃下储存 8 周后的电池，其最长启动时间大约为 80s；储存 2 周后的电池，其最长启动时间为 7s[20]。因为滞后现象只出现在长期储存的电池上，因此也提出了一系列有针对性的消除方法，其中一种途径是对储存后的电池进行预处理来消除，即用较高的放电倍率对电池进行短期放电至其达到工作电压为止。

13A.4.3　电池型号和尺寸

$Li-SO_2$ 电池可制成许多型号的圆柱形电池，其容量范围在 34A·h 之内。一些电池是根据 ANSI 标准，采用现行传统锌原电池的尺寸制造的。这些单体电池在尺寸上可互换，但在电学参数上则不能互换，因为锂电池的电压较高（锂电池 3V，传统锌电池仅 1.5V）。表 13A.1 列出了目前通用的 $Li-SO_2$ 电池的一些型号及其尺寸和标称容量。

表 13A.1　典型圆柱形锂-二氧化硫电池

尺寸	开路电压/V	标称电压/V	标称容量/mA·h	推荐最大持续放电电流/mA	最大外径/mm	最大高度/mm	质量/g	运输等级/级
$\frac{1}{2}$AA	3	2.8	450(50mA)	250	14.2	27.9	8	无限制
AA	3	2.8	950(80mA)	500	14.2	50.3	15	无限制
$\frac{2}{3}$A	3	2.8	800(80mA)	750	16.3	34.5	12	无限制
"长"A	3	2.8	1700(80mA)	1500	16.3	57.7	18	无限制
$\frac{1}{3}$C	3	2.9	860(80mA)	1000	25.9	20.3	18	无限制
$\frac{2}{3}$C	3	2.8	2200(650mA)	2000	25.9	35.9	30	无限制
C	3	2.8	3200(1000mA)	2500	25.6	49.5	47	9
C	3	2.8	3750(250mA)	2500	25.9	50.4	40	9
$\frac{5}{4}$C	3	2.8	5000(200mA)	2500	25.6	60.2	58	9
$\frac{5}{4}$C	3	2.8	5000(200mA)	2500	25.9	59.3	53	9
$\frac{2}{3}$"薄"D	3	2.8	3500(120mA)	2000	28.95	42.29	40	9
"薄"D	3	2.8	5750(200mA)	2500	29.1	59.9	63	9
D	3	2.8	7750(250mA)	2500	34.5	59.8	85	9
D	3	2.8	7750(250mA)	2500	34.2	59.3	85	9
D	3	2.8	9200(250mA)	2500	34.2	59.3	85	9
D	3	2.8	7500(250mA)	4000	34.2	59.3	85	9
"扁"D	3	2.8	8000(270mA)	2500	39.5	50.3	96	9
F	3	2.8	11500(1000mA)	3000	31.9	100.3	125	9
DD	3	2.8	16500(500mA)	3000	33.3	120.6	175	9
"长扁"DD	3	2.8	34000(1000mA)	3000	41.7	141.0	300	9

注：1. 数据来源于 SAFT 电池。

2. 电池在 95℃以下不会泄漏，大部分电池经 UL 认证。

3. 电池的工作温度范围：-60～70℃。

13A.4.4　Li-SO$_2$电池和电池组的使用及操作安全注意事项

Li-SO$_2$电池是按高性能体系要求进行设计的，能在高倍率放电时输出高的容量，因此不允许机械滥用或电滥用；绝对不应忽视电池的安全特性，使用时必须遵循生产厂家的技术说明。

滥用可能会对Li-SO$_2$电池的性能造成严重的影响，并导致电池排气、破裂、爆炸或着火。有关的预防措施在13.0.5节中进行了讨论。

Li-SO$_2$电池中具有压力，并且含有毒或易燃物质。正确的电池结构应是全密封的，因此不存在漏液或排气；而且，电池带有安全阀，如果电池的温度和压力过高，安全阀可泄压，以防止爆炸条件的形成。

Li-SO$_2$电池可以输出很大的电流。但由于连续的大电流放电和内部短路可使电池内部产生高温，因此电池组中应采用保险丝和熔断器保护。对Li-SO$_2$电池进行充电会导致电池排气、破裂甚至爆炸，所以绝对不能做充电的尝试。单体电池或电池组并联应由二极管保护，以防止一组电池向另一组电池充电。"平衡"设计的Li-SO$_2$电池可以经受强制放电或电池反极的情况，使电池在规定的范围内安全工作，但在任何应用中都不允许超过设计极限。采用Li-SO$_2$电池设计合适的电池组，应遵循以下原则：

① 采用保险丝和/或电流限制器件，以防止大电流或短路；
② 如果电池组是并联的或者与一个可能的充电电源相连接，要采用二极管保护；
③ 通过适当的散热措施和热切断器件的保护，将热量的集聚减少到最低限度；
④ 电池组装配不得妨碍电池安全阀的开启；
⑤ 在电池组结构中不要采用易燃材料；
⑥ 要考虑电池排气时的气体释放措施；
⑦ 装有电阻和开关，用于正常放电结束后使电池继续放电至活性物质消耗殆尽；
⑧ 在特定情况下，将一个二极管并联到电池上，以限制电池反极时的电压偏移。

目前，同其他锂原电池一样，Li-SO$_2$电池的运输、装船和废弃已有专门的程序和方法[12-15]。对使用、储存和操作这些电池的方法也进行了推荐；对于这些规定的最新变更情况请查阅有关最新发布。

13A.4.5　应用

Li-SO$_2$电池极具吸引力的性能和高的能量输出，能在较宽的温度范围、放电负载范围下工作，储存性能良好，因而应用日益增加；而在此之前，这些要求都超出了原电池的应用能力。由于Li-SO$_2$电池具有质量轻和工作温度范围宽的优点，所以它主要应用在军事装备上，如夜视装备、无线电收发机和便携式监视装置。表13A.2列出了大多数普通型军用Li-SO$_2$电池组的特性和用途。它们被制备成各种产品，以满足MIL-PRF-49471B（CR）和某些装备的特殊需求。其他军事应用，如声呐浮标和炮弹，要求具有长的储存寿命，而Li-SO$_2$原电池能够代替早期使用的储备电池用于这些军事装备上。类似的工业应用正在发展，尤其可以代替蓄电池，取消再充电。消费应用至今尚受限制，因为装船和运输受到限制，以及电池的危险组分[21]。

表 13A. 2　美国军用锂原电池（MIL-PRF-49471[①]）

电池型号	开路电压（串联/并联）/V	标称电压（串联/并联）/V	标称能量[②]/W·h	质量/g	典型应用
锂-二氧化硫电池					
Ba-5093/U	27	23.4	77.2	635	呼吸保护器
BA-5557A/U	30/15	16/13	54	410	数字信息化设备
BA-5588A/U	15	13	35	290	PRC-68 和 PRC-126 雷达;呼吸保护器
BA-5590A/U[③]	30/15	26/13	185	1021	SINCGARS 无线电台;化学试剂探测器;卫星信号接收机;电子对抗设备;扬声器;搜索仪;雷达干扰器
BA-5590B/U[③]	30/15	26/13	185	1021	与 PB-5590A/U 的应用范围一样
BA-5598A/U	15	13	87	650	PRC-77 雷达;方位搜索器;传感器
BA-5599A/U	9	7.8	50	450	测试设备;传感器
锂-二氧化锰电池					
BA-5312/U	13.2	10.8	41	275	PRC-112G 雷达
BA-5347U	6.6	5.4	40	290	热武器观测器;测试设备
BA-5360/U	9.9	8.1	65	320	数字通信设备
BA-5367/U	3.3	2.7	3.25	20	夜视设备
BA-5368/U	13.2	10.8	12	140	PRC-90 雷达
BA-5372/U	6.6	5.4	2.3	20	存储器;编码器
BA-5380/U	6.6	5.4	45	230	地面导航仪;化学试剂监控器;呼吸保护器
BA-5388/U	16.5	13.5	49	500	PRC-68 雷达和 PRC-126 雷达;呼吸保护器
BA-5390/U[③]	33/16.5	27/13.5	250	1350	SINCGARS 雷达;化学试剂监控器;电子对抗设备;扬声器;搜索仪;雷达干扰器
BA-5390/U[③]	33/16.5	27/13.5	250	1350	与 BA-5390/U 的应用范围一样

① MIL-PRF-49471 将在 DOD（美国国防部）采购中被 MIL-PRF-32271 取代。

② 标称能量在 25℃±10℃（77°F±18°F）范围内测定。

③ BA-5590A/U 和 BA-5390A/U 型号电池内置荷电状态（SOC）显示器;BA-5590B/U 和 BA-5390/U 则没有。

注：数据由美国陆军物资司令部 Patrick Lyman 先生提供。

13B　锂-亚硫酰氯电池

13B. 1　概述

锂-亚硫酰氯（Li-SOCl$_2$）电池是实际应用电池系列中电池电压（标称电压为 3.6V）和比能量最高的一种电池，其比能量可达 590W·h/kg 和 1100W·h/L，最高比能量值是由低放电率型电池获得的。图 9.2、图 9.7、图 9.8 和图 13.2 说明了 Li-SOCl$_2$ 电池的一些优越性能。Li-SOCl$_2$ 电池被制成各种各样的尺寸和结构，容量范围从 420mA·h 的圆柱形碳包式和卷绕式电极结构的薄片或纽扣式电池，到高达 10000A·h 的方形电池，以及许多可满足特殊要求的特殊尺寸和结构的电池。亚硫酰氯体系原本存在安全与电压滞后问题，其中安全问题特别容易发生在高倍率放电和过放电时，而电池经高温储存后继续在低温放电时，则明显出现电压滞后现象[22]。

低倍率商品化电池已成功地使用了很多年，主要用于存储器备用电源和其他要求长工作寿命的用途，如收费标签和射频转发器。大型方形电池作为应急备用电源已经用于军事用途，而中、高倍率电池也已经发展作为各种电器与电子装置的电源。电池所采用的亚硫酰氯和其他卤氧化物电解质中，通常加入了添加剂，以提高电池应用中的特定性能。相关情况在本书 13C 部分中说明。

13B. 2　化学原理

Li-SOCl$_2$ 电池由锂负极、多孔碳正极和一种非水的 SOCl$_2$：LiAlCl$_4$ 电解质组成。其他电解质盐，如 LiGaCl$_4$，已经用于某些具有特殊用途的 Li-SOCl$_2$ 电池。亚硫酰氯既是电解质，又是正极活性物质。不过，电解质组分和正极活性材料的性能之间并不一致，还有巨大差异。负极、正极和 SOCl$_2$ 的比例取决于制造商以及期望电池所获得的性能等。在针对负极安全设计与正极安全设计中存在着明显不同的观点[23]。有些电池采用了超过一种成分的电解质添加剂，如催化剂、金属粉末或其他一些物质已被应用在碳正极或电解质中，以提高电池的性能。

一般公认的总反应机理为：
$$4Li + 2SOCl_2 \longrightarrow 4LiCl \downarrow + S + SO_2$$

硫和二氧化硫溶解在过量的亚硫酰氯电解质中，而且在放电期间，由于产生二氧化硫，会有一定程度的压力产生。可是，氯化锂是不溶的，当它形成时，便会沉积在多孔炭黑正极上。在大多数电池结构中和在某些放电条件下，这种正极的堵塞是电池工作时间或容量受限制的原因。硫作为放电产物也会出现一个问题，因为硫可能与锂反应，这一反应可导致热失控。

在储存期间，锂负极与电解质接触，与亚硫酰氯电解质快速反应生成 LiCl，锂负极即受到在其上面形成的 LiCl 膜的保护。这一钝化层有益于电池的储存寿命，但在放电开始时会引起电压滞后。高温下长期储存后的电池，在低温下放电时电压滞后现象尤其明显。当电池中有极少量的铁和水汽存在时，会导致 HCl 生成，恶化电池的极化效应。对上述副反应产物做特殊处理或在电解液中加入添加剂能消除或降低电池的电压滞后效应。

亚硫酰氯低凝固点（−110℃以下）和高沸点（78.8℃）使得电池能够在较宽的温度范围内工作。随着温度的下降，电解质的电导率只有轻微降低。Li-SOCl$_2$ 电池的某些组分是有毒和易燃的，因此应避免损坏电池外壳或将排气阀已打开的电池与电池组分暴露在空气中。

13B. 3　电池的设计和组成

Li-SOCl$_2$ 电池的结构多种多样。根据 13B.4 节的相关参数它可以分为以下几类：碳包式圆柱形电池、螺旋卷绕式圆柱形电池、扁形或盘形电池、大型方形电池。

13B. 4　性能和应用

13B. 4. 1　碳包式圆柱形电池

Li-SOCl$_2$ 碳包式电池被制作成圆柱形，绝大部分设计尺寸符合 ANSI 标准。这些电池是为低、中放电倍率设计的，不得高于 $C/50$ 率放电。它们往往具有高比能量。例如，D 型电池以 3.4V 的电压可释放出 19.0A·h 的容量。与此相比，传统锌-碱性二氧化锰电池以 1.5V 的电压只能释放出 15A·h 的容量（参见表 9.4 和表 13B.1）。

表 13B. 1　碳包式 Li-SOCl$_2$ 圆柱形和薄饼状电池性能

项　目	1/2AA	AA	C	1/10D	1/6D	D	DD
额定容量/A·h	1.2	2.4	8.5	1	1.7	19	35
额定电压/V	3.6	3.6	3.6	3.6	3.6	3.6	3.6
最大尺寸							
直径/mm	14.5	14.5	26.2	32.9	32.9	32.9	32.9
高度/mm	25.2	50.5	50	6.5	10.2	61.5	124.5
体积/cm^3	4.16	8.34	27.0	5.2	8.2	52.3	105.8
质量/g	9.6	18	49.5	16.2	21	93	190
连续放电时的最大电流/mA	20	60	75	10	10	100	450
质量比能量/(W·h/kg)	438	467	610	216	283	695	645
体积比能量/(W·h/L)	1010	1007	1117	673	726	1235	1158

注：工作温度范围为 −55～85℃。

（1）结构

图 13B.1 为碳包式圆柱形 Li-SOCl$_2$ 电池的结构特征。其负极由锂箔制成，倾靠在不锈钢或镀镍钢外壳的内壁上；隔膜由非编织玻璃丝布制成；正极由聚四氟乙烯黏结的炭黑组成，呈圆柱形，有极高的孔隙率，并占据了电池的大部分体积。正极中的集流体，对于大尺寸电池是一个金属圆筒；对于小尺寸电池是一个金属销，而后者没有环形腔体。

（2）性能

Li-SOCl$_2$ 电池的开路电压为 3.65V；典型的工作电压范围在 3.3～3.6V 之间（终止电压为 3V）。图 13B.2（a）给出了 D 型 Li-SOCl$_2$ 电池的典型放电曲线。在较宽的温度范围内和低至中等放电率下放电，Li-SOCl$_2$ 电池都具有平坦的放电曲线和优良的性能。图 13B.2（b）给出了 D 型 Li-SOCl$_2$ 电池在不同的电流和温度下的工作曲线。图 13B.3 给出了温度范

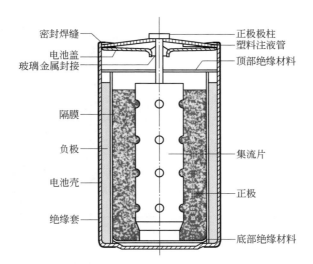

图 13B.1　碳包式圆柱形 Li-SOCl$_2$ 电池横截面图[24]

围在 $-40\sim80℃$ 时容量与电流的关系曲线。Li-SOCl$_2$ 电池能在极高的温度下很好地工作。在 145℃ 下（图 13B.4），电池以高倍率放电时，可放出大部分的容量；而以低倍率放电（放电 20d）可放出超过 70% 的容量[25]。Li-SOCl$_2$ 电池堆可在石油探测等温度不超过 150℃ 但受到高冲击和振动的情况下使用。

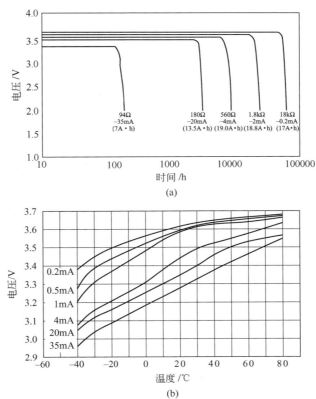

图 13B.2　25℃ 时，D 型碳包式圆柱形高容量 Li-SOCl$_2$ 电池的放电特性（a）和
在不同放电倍率下，温度对该电池工作电压的影响（b）[24]

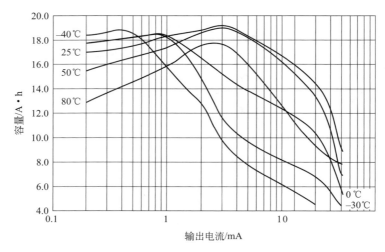

图 13B. 3　在不同温度下 D 型碳包式圆柱形高容量电池容量与输出电流的关系曲线[24]

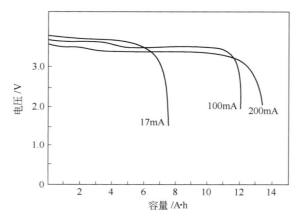

图 13B. 4　145℃时 D 型碳包式圆柱形 Li-SOCl$_2$ 电池放电特性[25]

图 13B. 5 表示 AA 型电池在 25℃以低倍率连续放电时的性能。在小电流下放电时,电压曲线非常平坦,但由于电池的自放电,当电流低于 1000h 倍率时,放电容量低于 2.4A・h。

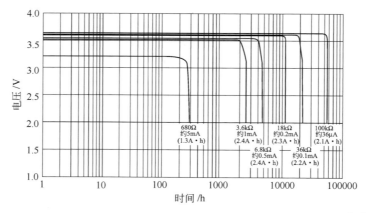

图 13B. 5　25℃时 AA 型碳包式圆柱形高容量 Li-SOCl$_2$ 电池放电特性[24]

图 13B.6 概括了碳包式 Li-SOCl$_2$ 电池在不同放电电流和放电温度下的容量或使用寿命，电池是以 1kg 和 1L 作为基准的。

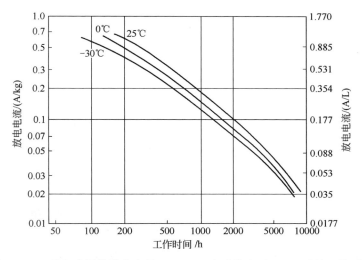

图 13B.6　碳包式圆柱形高容量 Li-SOCl$_2$ 电池放电至 2.0V 时的工作时间

锂负极与电解质接触时，可以在锂表面形成一层 LiCl 保护膜，使得锂负极变得稳定，这是 Li-SOCl$_2$ 电池储存寿命长的根本原因。电池其他组分的稳定性也是影响电池长储存寿命的重要因素。例如，电池外壳和盖子是通过锂得到正极保护的，而碳、不锈钢集流网以及玻璃基材料隔膜在电解质中都是惰性的。图 13B.7 表示了电池在 20℃下储存 3 年后的容量损失，每年大约损失 1%～2% 的容量。在 70℃下储存，每年大约损失 5% 的容量。电池最好以立式储存，侧放或颠倒储存会引起容量损失。

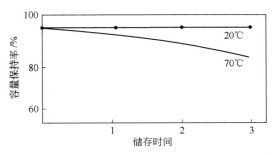

图 13B.7　碳包式圆柱形 Li-SOCl$_2$ 电池的容量保持率[24]
在 20℃时的储存时间，以年为单位；在 70℃时的储存时间，以月为单位

电池储存以后，由于 LiCl 膜在锂负极表面上形成，Li-SOCl$_2$ 电池达到其工作电压会出现电压滞后现象。增大放电电流和在低温下放电时，这种电压滞后现象更明显。Li-SOCl$_2$ 电池的电压滞后现象可通过在锂负极表面原位生成离子导体层，即形成固态电解质界面而得到改善。图 13B.8 对比了储存 2 年后具有标准结构的电池和原位生成覆盖层的电池最低电压和负载的关系。实验结果给出了在 25℃下储存 2 年后的 AA 型电池的闭路电压与放电电流的依赖关系。显然一旦放电开始，负极表面钝化层就渐渐消除，内阻即恢复其正常值，电压随之达到平稳。用大电流做短暂脉冲放电可加速消除钝化层，或者让电池瞬时短路若干次也可迅速消除钝化层。当使用电流脉冲时，常常能产生可重现性的良好结果。

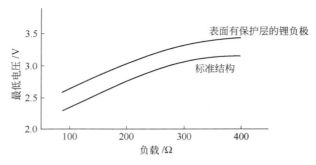

图 13B.8 在 25℃储存 2 年后，AA 型碳包式圆柱形 Li-SOCl₂ 电池的最低电压与负载的关系

（3）特殊性能

通过对碳包式电池的设计能够限制可能的危险操作，并可以取消安全阀（在某些结构设计中）。这些技术途径是通过尽可能地缩小反应表面积和增大散热设计，来限制电池达到危险的工作条件。事实上，这使短路电流和危险的温度升高分别得到了限制。这种电池也是正极限制型，采用正极限制结构的 Li-SOCl₂ 电池比负极限制的电池更安全[26]，据报道，这些电池在一定条件下能经受得住短路、强制放电和充电而没有发生危险[24-25,27]。电池不应放在靠近火的地方，也不应长期暴露在高于 180℃ 的温度下，因为会爆炸。

（4）电池的尺寸型号

包括特种电池和电池组在内，碳包式 Li-SOCl₂ 电池都是按 ANSI 标准尺寸制造的。这些电池中有一部分与传统锌系列电池在尺寸上能互换，但由于锂电池电压较高，从电特性上不能进行互换。

表 13B.1 概括了一些典型的碳包式电池产品的性能。由于制造商的不同，电池的性能会有差异。可向制造商咨询相关产品数据和其他电池产品的特性。

13B.4.2 螺旋卷绕式圆柱形电池

使用螺旋卷绕式（以下简称卷绕式）电极结构设计的中等至高倍率 Li-SOCl₂ 电池可在市场上获得。这些电池主要是为了军用目的而设计的，比如大电流输出和低温工作等场合。某些具有同样使用要求的工业领域也在使用这类电池。

图 13B.9 给出了该类电池的典型结构。电池壳是由不锈钢做成的；正极极柱使用了耐腐蚀的玻璃金属封接引流柱；电池盖用激光封接或焊接以保证气密性。安全装置，例如泄漏孔、熔断丝或者 PTC 装置等都安装在了电池内部以保护电池在有内部高气压和外短路时电池结构的安全。

图 13B.10 给出了 D 型电池的放电曲线，相对于碳包式电极（参见图 13B.2），该型号电池在中等电流下性能更优。

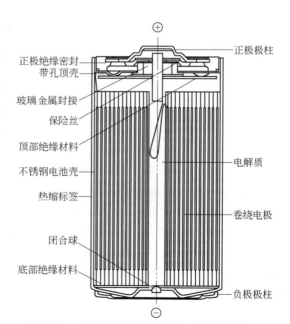

图 13B.9 锂-亚硫酰氯卷绕式电极电池剖面

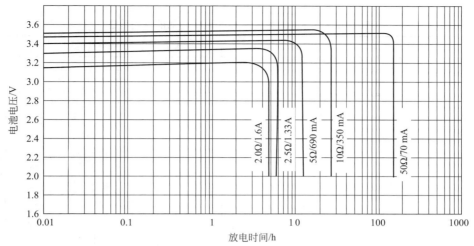

图 13B. 10　在中等放电倍率下，D 型卷绕式 Li-SOCl₂ 电池的放电特性

图 13B. 11 汇总了 D 型电池的性能特征，给出了在不同温度下电池电压和容量与电流的关系。和其他 Li-SOCl₂ 电池一样，在较宽的温度范围内这些电池具有良好的储存性能，这主要是由于在锂负极的表面生成了一层保护性的氯化锂膜。在某些储存条件下，电池每年容量损失率不到 3％。电池中的钝化层十分稳定。然而，在某些放电条件下，钝化层可以引起电压滞后现象。表 13B. 2 给出了卷绕式圆柱形 Li-SOCl₂ 电池的性能特征。

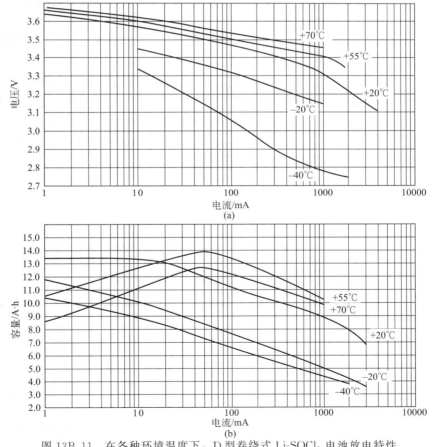

图 13B. 11　在各种环境温度下，D 型卷绕式 Li-SOCl₂ 电池放电特性
（a）电压与电流曲线；（b）容量与电流曲线

项目	1/3C	C	C(轻)	D	D	D
在 20℃时的额定容量/A·h	1.2	5.8	3.6	13.0	12.0	14.0
额定电流/mA	10	15	15	15	50	300
标称电压	3.6	3.6	3.6	3.6	3.6	3.6
尺寸(最大)						
直径/mm	26.2	26.0	26.0	33.4	33.4	32.05
高度/mm	18.6	50.4	50.4	61.6	61.6	61.7
连续使用时的最大电流/mA	0.4	1.3	1.3	1.8	1.0	无限制
质量/g	24	51	51	100	100	104.5
工作温度范围/℃	-60～85	-60～85	-60～85	-60～85	-60～120	-40～150
运输	无限制	9 级	无限制	9 级	9 级	9 级

注：出自 SAFT Batteries。电池开路电压为 3.67V。单个电池单元配有不可复位的 5A 保险丝保护。

13B.4.3　扁形或盘形电池

Li-SOCl$_2$ 系列也可以制成以中、高倍率放电的扁形或盘形电池。这些电池为气密性密封，并兼顾了许多性能特点，以便安全应用于滥用条件。例如，在设计范围内的短路、反极和过热。

电池由单个或多个盘形锂负极、隔膜和碳正极封装在不锈钢外壳内组成，外壳包括一个陶瓷密封的负极引线，将正、负极端子隔离[28]。

Li-SOCl$_2$ 电池最开始由 Altus 公司开发，有小型和大型尺寸的电池产品。而目前仅位于加利福尼亚州 Santa Clara 的 HED 电池公司为美国海军生产大型电池。这些电池的性能列于表 13B.3 中。图 13B.12 给出了大型电池的放电曲线。一般来说，这些电池具有高比能量、平坦的放电曲线以及在-40～70℃温度范围内工作的能力。在 20℃、45℃和 70℃下分别储存 5 年、6 个月和 1 个月后，电池可保持其容量的 90%。

表 13B.3　盘形 Li-SOCl$_2$ 电池产品的性能

标称容量/A·h	直径/mm	高度/mm	质量/g	测试电流/A	平均电压/V	实际容量/A·h	质量比能量/W·h/kg	体积比能量/W·h/L
1200	20.32	12.7	7.63	20	3.34	1700	510	947
2400	40.64	5.84	15.1	8	3.42	2300	523	1043
2400	40.64	5.84	15.1	50	3.28	2000	434	871

注：数据出自 HET Battery Corp.。

这类电池设计的特点如下。

① 短路保护：内连接的保险丝结构，在大电流时可使电路断开。

② 反极电压化学转换器：在电池反极时，允许电池经受 100% 的容量反转；电流高至 10h 倍率，电池无泄漏或压力升高。

③ 防钝化（锂负极预涂层）：通过延缓 LiCl 膜的生长来减少电压滞后；大型电池储存 2 年后在 20s 内达到工作电压。

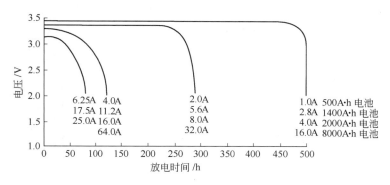

图 13B.12　盘形 Li-SOCl$_2$ 电池的放电特性
大容量电池，典型工作温度范围为 0～25℃，放电至 2.5V 止

④ 自动排气：陶瓷密封被设计成在电池达到预定压力时排气[28]。

这些电池主要是含有多节单体电池的电池组，应用于海军装备。

最近的研究[29-30]　主要集中在为美国海军的长距离水雷侦测系统（LMRS）开发 1000A·h 电池和 1200A·h 电池。主要以缩小比例的 2350A·h 电池为原型进行设计，该电池在 $C/40$ 倍率放电时电性能优良，并能提供 2.3W/kg 的比功率。1000A·h 电池和 1200A·h 电池的直径都为 20.3cm，并在盘片的中央有环形腔体。1000A·h 电池的高度为 9.53cm；1200A·h 电池的高度为 12.07cm。两种电池的设计都采用了能输出 60A 电流的陶瓷金属密封绝缘子，同时都采用了碳正极容量限制和 Li-SOCl$_2$ 容量比率平衡的设计。1000A·h 电池组曾经进行了单独测试，在单体电池间加入由 0.5cm 绝缘层构成的 4 节和 12 节电池的电池组，并用一根圆棒在 1.59cm 厚的铝端板间将电池组压紧。其中，含有 12 节电池的电池组由 3 个 4 节电池堆构成，其直径为 45.3cm，这一设计恰好可放入 LMRS 系统的电池空间内。表 13B.4 给出了该电池的测试数据。

基于这些测试数据，由 30 个单体电池组成的质量约为 205kg 的电池组估计在 100V、5kW 的功率下可以输出 100kW·h 的能量。因此，可通过增加电池高度[30] 增加电池组的容量到 1200A·h。这些电池都必须通过 NAVSEA INST 9310.1B（1992 年 6 月 13 日）和美国海军技术手册 S9310-AQ-SAF-010 规定的一系列安全性能测试。1200A·h 电池需要通过间断性短路和长时间短路测试、强制放电至电压反极、充电耐受能力、高温放电以及在低温（0℃）放电后再暴露到高温下等测试。在这些测试中既没有出现单体电池泄漏、电池壳开裂等现象，也没有出现内部短路或潜在的其他危险征兆。电流脉冲和持续的软短路产生了明显的热量和压力，但都在电池可以安全工作的范围之内。持续电流超过 110A 时，正极快速堵塞，容量受到了限制。在 0℃ 以 40A 放电后，电池放出的热量可以使其温度快速加热到 75℃，这是由负极的重新钝化过程被加速所导致的。随后在 55℃ 的短路现象则证明了这种推测，这表明按上述过程放电后可能导致热失控。

在模拟 LMRS 系统结构的情况下，电池组在 55℃ 时以 40A 电流可以安全放电，这表明在不配置冷却系统的情况下，电池还可以继续安全地多工作一段时间；而电池的耐过充能力则与二极管的失效直接相关。强制反极测试表明在这些应用条件下电池组有适度的承受能力。在负极极柱的组合件中设计了熔断丝，用来保护电池短路。测试结果说明 LMRS 系统和其他水下兵器选用 Li-SOCl$_2$ 大电池作为动力电池具有可行性。

表 13B.4　LMRS 系统用 1000A·h 的 Li-$SOCl_2$ 单体电池及电池组性能
（测试的单体数在括号内标出）

结构	放电倍率	容量/A·h	能量/kW·h	质量比能量/(W·h/kg)
1 个单体电池(1)	$C/22 \sim C/67$	931	3.12	108
1 个单体电池(5)	$C/25 \sim C/67$	913	3.00	105
1 个单体电池(2)	$C/40$	927	3.09	111
4 个单体电池	$C/25 \sim C/50$	1053	3.58	125
4 个单体电池	$C/40$	1075	3.67	126
4 个单体电池	$C/60$	1004	3.41	119
12 个单体电池	$C/20 \sim C/40$	896	3.03	106
12 个单体电池	$C/20 \sim C/40$	1016	3.44	121

13B.4.4　大型方形电池

大尺寸、高容量 Li-$SOCl_2$ 电池主要是为独立商业供电的军用备用电源以及为军用装备充电等专门研制的[31-33]，外形基本被设计成方形，如图 13B.13 所示。锂负极和聚四氟乙烯黏结的碳电极被制造成方形平板。该平板电极用板栅结构支撑，并用非编织玻璃丝布隔膜隔开，最后被装进密封不锈钢壳体中。极柱通过玻璃金属封接引到电池外面或者使用单极柱并把其与带正电的壳体绝缘分开。电池通过注液孔把电解质注入单体电池中。

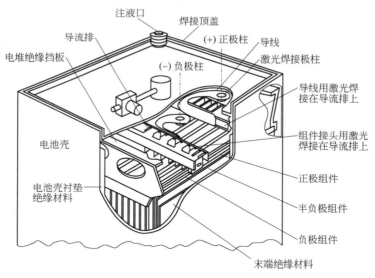

图 13B.13　10000A·h Li-$SOCl_2$ 电池剖面[33]

表 13B.5 总结了几种大容量方形电池的特性。这些电池都具有非常高的能量密度。这些基本都是在相当低的放电倍率（200～300h 放电倍率）下连续放电获得的数据，但都具备叠加高负载放电的能力。图 13B.14 给出了其典型的放电曲线，电压曲线很平坦。在该放电负载下，电池温度只略高于环境温度。在放电过程中，有轻微的压力积累现象出现，在放电末期其数值达到了 2×10^5 Pa。图 13B.15 给出了高倍率脉冲放电的曲线，2000A·h 的大容量 Li-$SOCl_2$ 电池以 5A 连续放电，然后每天加载一个宽度为 16s 的 40A 脉冲，在整个放电

过程中电池呈现较平坦的放电曲线，只在脉冲的时候电压略有下降。电池组可以在－40～＋50℃的温度范围内工作，储存时的容量损失估计为1％/年[33]。尽管这些电池已不再使用，但依然是所有锂电池中能量最高的。

表 13B.5　大型方形 Li-SOCl$_2$ 电池特性

容量 /A·h	高度 /mm	长度 /mm	宽度 /mm	质量 /kg	质量比能量 /(W·h/kg)	体积比能量 /(W·h/L)
2000	448	316	53	15	460	910
10000	448	316	255	71	480	950
16500	387	387	387	113	495	970

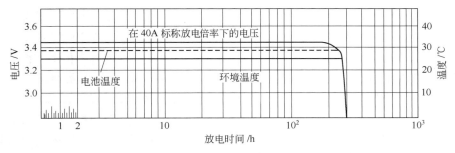

图 13B.14　10000A·h Li-SOCl$_2$ 电池的放电曲线

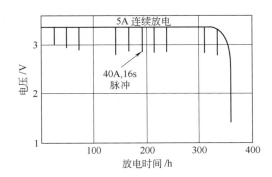

图 13B.15　2000A·h 大容量 Li-SOCl$_2$ 电池的放电曲线

13B.4.5　应用

　　Li-SOCl$_2$ 电池的应用是基于其高比能量和长储存寿命的优点。小电流放电的圆柱形电池主要可作为 CMOS 存储器，水表、电表等计量仪表以及高速公路过境自动电子交费系统、程序逻辑控制器和无线安全报警系统的电源。这些系统中使用的无线电频率识别（RFID）装置也是其应用领域之一。由于该锂电池体系的成本较高，在一般消费市场上的应用受到了限制，同时电池的安全性依然受到特别关注，而其处理又有特别要求。

　　更高放电倍率的圆柱形和方形大容量 Li-SOCl$_2$ 电池主要应用在军事领域，这些应用往往需要高比能量电源才能满足任务的需求。由 9 个单体电池构成的 10000A·h 电池组曾主要用于导弹发射系统的备用电源。这些电池组现在正逐步退役。

　　Li-SOCl$_2$ 电池也被开发应用在火星探测任务中，曾是 1998 年火星登陆任务的有效载荷电源，但该登陆器 1999 年 12 月[34] 进入火星大气层的时候失踪了。火星探测器电源使用了有 4 个单体电池的 Li-SOCl₂ 电池组并与第二个冗余电池组并联。8 个 2A·h 的单体电池被单层平铺在火星微探分析仪的后部。

Li-SOCl₂ 原电池（包括电池组结构）曾经被设计能完全承受 80000g 的最大登陆冲击，并可在火星表面−80℃下正常工作。Li-SOCl₂ 原电池被选为微探测器电源，主要是基于高比能量和优异的低温性能。平行电极板设计曾作为最佳电极结构予以采纳，这种结构可确保电池在受到高强度碰撞时不会短路。2A·h 火星电池的截面结构如图 13B.16 所示，该剖面示出了平行板电极的安装方式。电池的正极是由聚四氟乙烯黏结碳电极片冲制的，正极集流体为镍盘，然后并联起来。10 个全尺寸盘形负极也并联在一起，并且将它们与壳、盖进行绝缘隔开。该装配支架既能在电芯堆叠组装过程中提供部件对位与操作辅助，又可在将正极基片极耳连接至顶盖、负极基片极耳对应连接至玻璃金属密封（GTM）负极终端引脚时确保精准定位。D 型尺寸壳体的高度是 2.22cm。盖子曾经在进行实验后进行了重新设计，使玻璃绝缘子受碰撞时的破裂概率降到最低。采用氟塑料（Tefzel）垫片放置在盖子和电堆之间，有利于在基体极耳连接期间的操作，并且采用氩弧焊将盖子焊到壳体上，能提供正极与隔膜间适当程度的压缩。火星电池需要在低温−80℃下放出 0.55A·h 的容量。

在本研究工作的开始阶段就研制出了低温亚硫酰氯电解质，含有 0.5mol/L 的 LiGaCl₄ 的添加剂。该研究成果的应用使电池能在低温−80℃以 1A 电流放电，如图 13B.17 所示，该电池在极低温度下提供了 0.70A·h 的容量；同时，对承受 8000g 碰撞的能力进行了演示实验。演示实验是用空气炮将某物体在低温（如−40℃）下投放到沙漠环境中，接着将其放入−60℃的试验箱内进行模拟任务的放电测试。按照任务要求，电池组必须提供足够的功率使电钻工作，挖取表层土壤中的样品用于分析水是否存在。此外，进行水含量分析实验的 20min 内对电池功率的要求由 2.5W 增至大约 6W，而且还要在−60℃和−80℃都能提供遥测所需增加的功率。低温总容量和主要工作任务列在表 13B.6 中，可以看出电钻工作要求的起始电流为 1A，启动时间仅 25ms；接着在整个任务期间电流降至 75~85mA 范围；土壤样品加热操作需要 20min，功率超过 6W；高电流发射机开始要求 10.4W（9.7V），但该功率在 9min 后逐渐降至终点时的 6.4W（7.6V）。由此得到电池的低温总容量为 0.724A·h。虽然微探测器的运行结果仍然是未知的，但是这个实验扩展了锂-亚硫酰氯电池的技术状态，演示了承受 80000g 的碰撞后在−80℃下的工作能力。

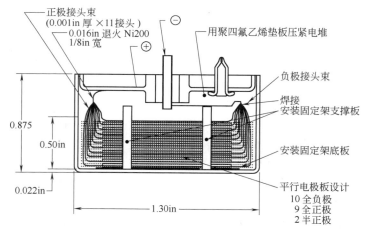

图 13B.16　2A·h 单体电池设计的垂直剖面

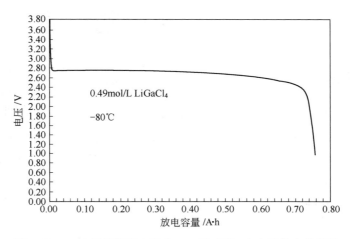

图 13B.17　火星微探针电池在-80℃时以 1A 电流放电的容量

表 13B.6　对火星探测器电池进行空气炮实验的结果

电池碰撞后的放电结果	
按要求工作制度放电	0.515A·h
-80℃下额外输出	0.157A·h
总输出	0.724A·h
主要工作任务	
校正,9Ω,-60℃	9.5V
电钻,136Ω,-60℃	11.7V
H_2O 分析,16Ω,-60℃	10.5V
高强度 X 射线发射,9Ω,-60℃	9.7V
X 射线发射,59Ω,-80℃	7.6V

13C 锂-氯氧化物电池

13C.1 概述

锂-硫酰氯（Li-SO$_2$Cl$_2$）电池是除锂-亚硫酰氯电池以外的另一种属于锂氯氧化物的电池。Li-SO$_2$Cl$_2$ 电池有三个超过 Li-SOCl$_2$ 电池的潜在优势：

① 如图 13.3 所示，工作电压较高（开路电压 3.9V）使其比能量更高。放电期间形成的固体产物（该产物会堵塞正极）较少；

② 在 Li-SOCl$_2$ 电池中生成的硫（S）可能会引起电池的热失控，而在 Li-SO$_2$Cl$_2$ 电池放电过程中不会形成硫，故该体系具有较好的安全性；

③ 由于放电时生成的二氧化硫更多，其导电性更高，使该电池在大电流放电时输出的容量高于亚硫酰氯电池。

但是，由于存在以下问题，使 Li-SO$_2$Cl$_2$ 体系没有像 Li-SOCl$_2$ 体系那样得到广泛的应用：电池电压对温度变化十分敏感；自放电率高；在低温下只有低倍率放电能力。

另一种类型的锂-氯氧化物电池是在 SOCl$_2$ 和 SO$_2$Cl$_2$ 电解质中增加卤素添加剂。这些添加剂可提高电池电压（Li-BrCl 在 SOCl$_2$ 体系中提高到 3.9V；Li-Cl$_2$ 在 SO$_2$Cl$_2$ 体系中提高到 3.95V），由此使比能量高达 1070W·h/L 和 485W·h/kg，而且在滥用状况下能提高电池安全系数。

13C.2 锂-硫酰氯电池化学性能

锂-硫酰氯（Li-SO$_2$Cl$_2$）电池与锂-亚硫酰氯电池相似，采用锂负极、碳正极和 LiAlCl$_4$ 溶于 SO$_2$Cl$_2$ 中作为电解质。而 SO$_2$Cl$_2$ 同时又是去极化剂，其放电机理为：

负极 $Li \longrightarrow Li^+ + e^-$

正极 $SO_2Cl_2 + 2e^- \longrightarrow 2Cl^- + SO_2$

总反应 $2Li + SO_2Cl_2 \longrightarrow 2LiCl \downarrow + SO_2$

其开路电压为 3.909V。

13C.3 电池类型

13C.3.1 基本设计

圆柱形卷绕式 Li-SO$_2$Cl$_2$ 电池曾经得到开发，但由于性能与储存的限制，从未进入商业应用。使用 SO$_2$Cl$_2$/LiAlCl$_4$ 电解质的圆柱形碳包式 Li-SO$_2$Cl$_2$ 电池结构如图 13B.1，该电池体系的电压随温度发生变化且储存时出现降低。这可能与电解质中存在氯有关，而氯是通过硫酰氯分解成 Cl$_2$ 和 SO$_2$ 时形成的。加入添加剂可以改善这种情况。采用改进的电解质后，与同类亚硫酰氯电池相比[35]，这种碳包式电池在中等放电电流下给出了更高的容量。该体系也用于储备电池（参见 29 章）[36]。

13C.3.2　含卤素添加剂的锂-氯氧化物电池

另一种锂-氯氧化物电池的衍生体系包括在 $SOCl_2$ 和 SO_2Cl_2 电解质中使用卤素添加剂来提高电池性能。这些添加剂可以带来如下优势：提高电池电压，添加 BrCl 的 $SOCl_2$ 体系（BCX）电压提高到 3.9V，添加 Cl_2 的 SO_2Cl_2 体系（CSC）电压提高到 3.95V；提高比能量，使用 CSC 体系的电池体积比能量提高到 $1054W \cdot h/L$，质量比能量提高到 $486W \cdot h/kg$。

采用添加剂的锂-氯氧化物电池成为原电池中输出比能量最高的一种，可以在宽的温度范围内工作，包括高温下工作，并且有优良的储存寿命。相关产品可以用在一些特殊用途，如海洋测量与空间应用、存储器备用电源以及其他通信和电子装备电源等。

锂-氯氧化物电池设计为全密封、卷绕式电极圆柱形结构，尺寸范围自 AA 到 DD，容量最高达 $30A \cdot h$。该体系也可以设计成含 0.5g 锂的扁平状电池，图 13C.1 示出一种典型电池的剖面，而表 13C.1 列出了不同的锂-氯氧化物电池产品及其关键特性。有两种含有卤素添加剂的锂-氯氧化物电池已经得到了发展。

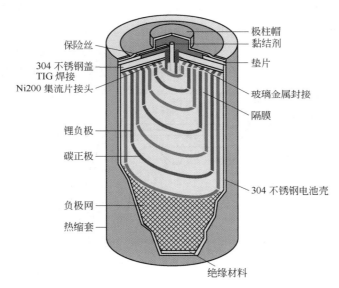

图 13C.1　锂-氯氧化物电池截面

表 13C.1　典型的含卤素添加剂的氯氧化物电池

电池体系	BrCl-SOCl$_2$				Cl$_2$-SO$_2$Cl$_2$		
电池型号	AA	C	D	DD	C	D	DD
电压/V							
开路电压/V		3.9			3.9		
平均工作电压/V		3.4			3.3~3.5		
标称容量(100h 倍率)/A·h	2.0	7.0	15.0	30.0	7.0	15.0	30.0
尺寸							
直径/mm	13.7	25.6	33.5	33.5	25.6	33.5	33.5
高度/mm	49.2	48.4	59.3	111.5	48.4	59.3	98.2
体积/cm³	7.25	24.9	52.3	98.3	24.9	52.3	98.2
质量/g	16	55	115	216	52	116	213
最大电流/mA	100	500	1000	3000	1000	2000	4000

电池体系	BrCl-SOCl₂				Cl₂-SO₂Cl₂		
比能量（100h 倍率）							
质量比能量/(W·h/kg)	453	445	433	486	478	452	486
体积比能量/(W·h/L)	965	984	975	1068	998	990	1054
操作温度范围/℃	−55～+85				−20～+93		

注：所有型号电池在25℃时，自放电率为3%/年。

13C.4　电池性能和应用

13C.4.1　添加 BrCl 的 Li-SOCl₂ 电池（BCX）

　　这种电池的开路电压为3.9V，在20℃以低电流放电所达到的体积比能量为1070W·h/L。BrCl作为添加剂可强化电池的性能。这种电池的制造是把锂负极、碳正极和两层非编织玻璃隔膜卷绕成圆柱形状，然后将其装在带有玻璃金属密封（GTM）结构的全密封外壳内。D型电池在不同温度下以不同倍率放电的曲线示于图13C.2，放电曲线比较平坦，工作电压大约为3.5V。该电池能够在−55～72℃的温度范围内以较高的性能放电，在25℃条件下储存的容量损失率为3%/年。该电池在储存过程中的容量损失比单纯亚硫酰氯体系高。

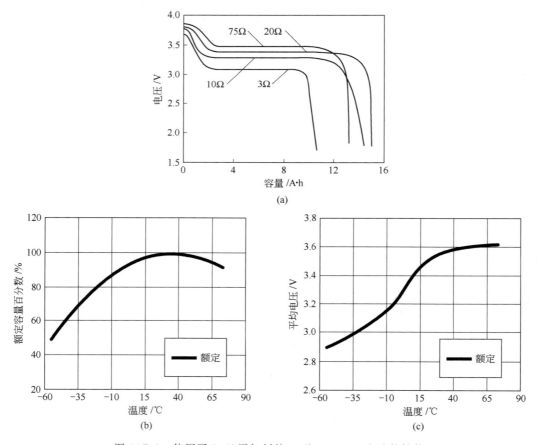

图 13C.2　使用了 BrCl 添加剂的 D 型 Li-SOCl₂ 电池的性能

（a）在20℃下的放电性能；（b）容量与放电温度的关系（100%代表室温时的额定容量）；（c）加载电压与温度的关系

加入去极剂 BrCl 可以阻止放电产物硫的形成，至少在放电早期阶段是这样，从而可以把 Li-SOCl₂ 电池因硫或放电中间产物所引起的危险降至最低限度。因此，这些电池可通过短路、强制放电和暴露到高温环境[37] 等进行耐滥用实验。

13C. 4. 2　添加 Cl₂ 的 Li-SO₂Cl₂ 电池（CSC）

这种电池在 20℃下的开路电压为 3.9V，体积比能量可达 1050W·h/L。添加剂的使用可减轻锂-氯氧化物电池的电压滞后，其典型的工作温度范围一般是 -20~93℃。圆柱形电池可设计成与图 13C.1 所示相同的结构。

这种电池典型的性能特征示于图 13C.3。当进行滥用实验时，其耐受能力与 Li-BrCl-SOCl₂ 电池相似，在 25℃ 条件下储存的容量损失率为 3%/年。另有研究[38] 对电池储存 6 年的环境温度影响作出了评估。其电压稳定性、容量保持率、自放电和电压滞后间的相互关系也已经得到研究，可向信息发布单位进行咨询以得到详细数据。

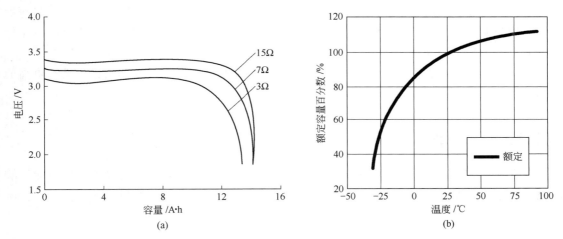

图 13C. 3　使用了 Cl₂ 添加剂的 D 型 Li-SO₂Cl₂ 电池的性能
（a）在 20℃下的放电性能；（b）容量与放电温度的关系（100%代表 20℃时的额定容量）

13D 锂-二氧化锰电池

13D. 1 概述

锂-二氧化锰（$Li-MnO_2$）电池是一种商品化的锂-固体正极体系电池，也是当今应用最广泛的锂原电池之一。它可以有多种结构形式，包括纽扣式、碳包式、卷绕圆柱形和方形多电池组合体；同时，电池可以设计为低电流、中电流和较高电流应用。一般可以采购的商品电池最大容量为 11.1A·h。更大尺寸电池也能制造并用于特殊用途，而且也已引入商品系列中。该电池体系性能十分优异，如电压高（标称电压 3V），质量比能量高达 280W·h/kg，体积比能量高达 588W·h/L（根据相关设计和应用要求）；在宽的温度范围内性能良好，储存寿命长，即使较高温度储存性能也十分稳定且价格低。

目前 $Li-MnO_2$ 电池广泛应用于各种用途，如长期放置的存储器备用电源、安全与防护装置、照相机、许多消费器具以及在军事电子装备中的应用等。自从进入市场以来，它始终保持着良好的安全记录。

$Li-MnO_2$ 电池与第 9 章介绍的汞电池、锌-氧化银电池、锌系列电池相比，具有更高的输出能量。

13D. 2 化学原理

$Li-MnO_2$ 电池采用锂为负极，采用含有锂盐的混合有机溶剂作为电解质，如丙烯碳酸酯和 1,2-二甲氧基乙烷混合有机溶剂，用经过专门热处理的 MnO_2 作为正极活性物质。电池的反应如下：

负极 $$x\,Li \longrightarrow x\,Li^+ + x\,e^-$$

正极 $$Mn^{IV}O_2 + x\,Li^+ + x\,e^- \longrightarrow Li_x\,Mn^{III}O_2$$

总反应 $$x\,Li + Mn^{IV}O_2 \longrightarrow Li_x\,Mn^{III}O_2$$

作为嵌入化合物，锂的嵌入使二氧化锰从四价还原成三价，同时当 Li^+ 进入 MnO_2 晶格时形成 $Li_x\,Mn^{III}O_2$ 固溶体[1,39]。

电池总反应的理论电压大约是 3.5V，但新电池的典型开路电压值为 3.3V。电池一般要预放电到较低的开路电压，以减少电池体系内部腐蚀现象的发生。

13D. 3 结构

$Li-MnO_2$ 电化学体系可以按不同的设计和结构来制造，以满足不同用途对小型化、轻质化、便携式电源的多方面要求。

13D. 3. 1 纽扣式电池

图 13D.1 示出一个典型纽扣式电池的剖面，二氧化锰片正对着锂圆盘负极，中间用非编织聚丙烯隔膜

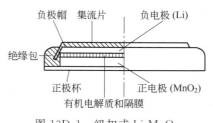

图 13D.1 纽扣式 $Li-MnO_2$
电池的剖面

隔开，隔膜浸满了电解质。电池采用卷边压缩密封。电池壳体用作正极端子，而盖子用作负极端子。

13D.3.2 碳包式 Li-MnO₂ 圆柱形电池

碳包式电池是两种圆柱形 Li-MnO₂ 电池中的一种，由于采用厚的电极和最大量的活性物质，电池具有最大的比能量。但是，由于限制了电极表面积，从而也限制了电池的放电电流，使其只能用于小电流用途。

典型电池的剖面示于图 13D.2。该图示出电池中央是锂负极，环绕在其外面的是二氧化锰正极，两个电极之间由浸满电解质的聚丙烯隔膜隔开。电池盖上有一个安全阀，一旦出现机械滥用或电滥用事件可以释放电池内的压力。除了卷边密封电池外，还可以制成焊接式全密封电池。该体系电池具有 10 年储存寿命，因而可以用于存储器备用电源和其他低电流设备的电源。

13D.3.3 卷绕式 Li-MnO₂ 圆柱形电池

卷绕式电池的结构示于图 13D.3。这种设计专门用于高电流脉冲和连续适中电流放电的场合。锂负极和正极（在导电网上的薄型、涂膏式电极）与配置在两个电极间的微孔聚丙烯隔膜一起卷绕成"胶卷"状结构。采用该设计使电极表面积增大，从而提高了电池的大电流放电能力。

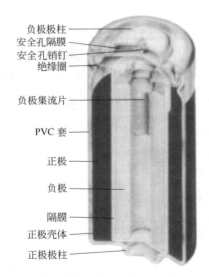

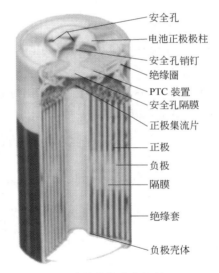

图 13D.2　碳包式 Li-MnO₂
电池的剖面

图 13D.3　采用卷绕式电极的 Li-MnO₂
电池的剖面

大电流卷绕结构电池带有安全阀，可以在电池遇到滥用事件时释放压力。许多这种电池也装有可恢复的正温度系数（PTC）器件，能够限制电流和防止因短路造成的电池过热（参见 13D.4.4 节）。一些生产厂家采用激光焊接式密封的方式制造电池。

13D.3.4　9V 电池组

Li-MnO₂ 体系也已经设计成 9V 电池组，其容量为 1200mA·h，结构符合 ANSI 1604 标准，可以与同尺寸传统碱性锌电池进行互换。该电池组由三个方形单体电池构成，电极设计充分利用了内部空间，如图 13D.4 所示，电池组外壳采用了一个超声波焊接密封的塑料盒。

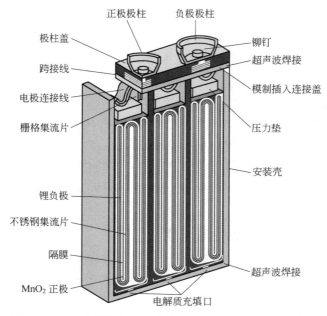

图 13D.4　三个单体电池构成的 9V Li-MnO₂ 电池组的剖面

13D.3.5　袋式电池

另一种电池设计概念是采用轻型电池包装，使电池质量和成本降低。其中，一种途径是使用可热封装的薄质金属箔/聚合物多层复合膜包装的方形（或者扁平/椭圆形卷绕结构）电池取代金属壳体包装。一个容量为 16A·h 的电池设计示于图 13D.5。该电池包含 10 个负极和 11 个正极，以平行方式排列[40]。

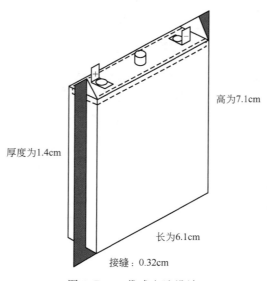

图 13D.5　袋式电池设计

13D. 4 性能和应用

13D. 4.1 电池性能

（1）电压

Li-MnO$_2$ 电池在预放电后的开路电压一般为 3.1～3.3V，标称电压为 3.0V。在放电期间，电池的工作电压大约为 2.0～3.1V，具体数值取决于电池设计、荷电状态以及放电条件。除了在大电流和低温下放电时的终止电压可以规定得较低外，电池大部分容量放出时的终止电压为 2.0V。

（2）纽扣式电池的放电特性

纽扣式 Li-MnO$_2$ 电池的典型放电曲线示于图 13D.6。可以看出在整个放电过程中，电池以低到中等倍率放电时放电曲线相当平坦，直到快放完电时才逐渐降低。这种逐步降低的电压特征可以作为荷电状态的指示，表明电池接近使用寿命的终点。

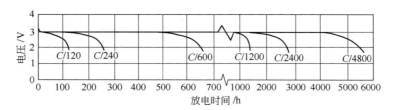

图 13D. 6　纽扣式 Li-MnO$_2$ 电池的典型放电曲线

某些应用（例如发光二极管手表的背光灯）要求在低的基本电流下，叠加一个高倍率脉冲，在这些条件下的电池性能如图 13D.7 所示。纽扣式 Li-MnO$_2$ 电池能在约 −20～70℃的宽温度区间内工作，如图 13D.8 所示。

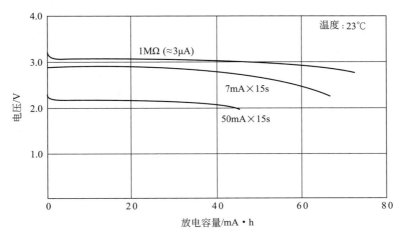

图 13D. 7　在 23℃下 80mA·h 纽扣式 Li-MnO$_2$ 电池的脉冲放电特性
测试条件：连续负载——1MΩ，约 3μA；脉冲负载——500Ω，约 7mA×15s 和 50mA×15s

图 13D.9 展示了 Li-MnO$_2$ 电池在不同放电负载和温度下工作时的放电容量变化趋势。

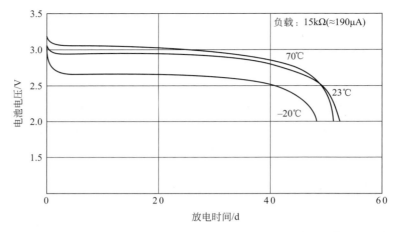

图 13D.8 纽扣式 Li-MnO$_2$ 电池（230mA·h）在不同温度下的典型放电曲线

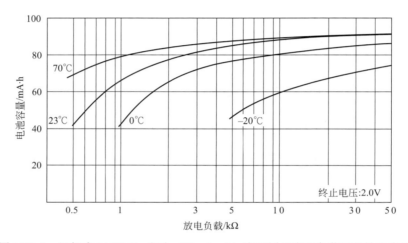

图 13D.9 纽扣式 Li-MnO$_2$ 电池（80mA·h）在不同温度和负载下的输出容量

（3）碳包式结构圆柱形电池的放电特性

碳包式结构 Li-MnO$_2$ 圆柱形电池的典型放电曲线示于图 13D.10。这些碳包电极结构电池的设计可用于低至中等倍率应用，在这种放电电流下，与同尺寸卷绕电极结构电池相比可输出更高的容量（参见表 13D.1）。在低电流放电过程中的大部分时间内，电池的放电曲线都十分平坦，只是到接近寿命终止时才逐渐下降。在低的基本工作电流上叠加高脉冲负载时的影响示于图 13D.11。

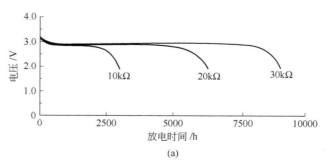

(a)

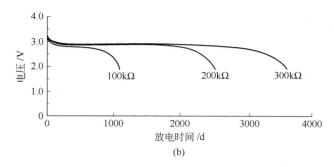

(b)

图 13D.10 20℃下碳包式结构 Li-MnO$_2$ 圆柱形电池（850mA·h）的放电特性

(a) 以小时计的放电时间；(b) 以天计的放电时间

表 13D.1 典型的 Li-MnO$_2$ 电池

(a)低倍率电流纽扣式电池

型号	电化学性能(20℃)			尺寸/mm		质量/g
	标称电压/V	标称容量[①]/mA·h	持续放电电流/mA	直径	高度	
CR 1025	3	30	0.1	10.0	2.5	0.7
CR 1216	3	25	0.1	12.5	1.6	0.7
CR 1220	3	35	0.1	12.5	2.0	1.2
CR 1612	3	41	0.1	16.0	1.2	0.8
CR 1616	3	55	0.1	16.0	1.6	1.2
CR 1620	3	75	0.1	16.0	2.0	1.3
CR 1632	3	140	0.1	16.0	3.2	1.8
CR 2012	3	55	0.1	20.0	1.2	1.4
CR 2016	3	90	0.1	20.0	1.6	1.6
CR 2025	3	165	0.2	20.0	2.5	2.3
CR 2032	3	225	0.2	20.0	3.2	2.9
CR 2330	3	265	0.2	23.0	3.0	3.8
CR 2354	3	560	0.2	23.0	5.4	5.8
CR 2412	3	100	0.2	24.5	1.2	2.0
CR 2450	3	620	0.2	24.5	5.0	6.3
CR 2477	3	1000	0.2	24.5	7.7	10.5
CR 3032	3	500	0.2	30.0	3.2	6.8

① 表中提到的标称容量是20℃下电池以标准放电条件放电至2.0V时所输出的容量。

(b) 特殊大功率，圆柱形电池（螺旋结构，激光焊接密封）

国际标准(IEC)型号	标称电压/V	标称容量/mA·h	尺寸/mm		质量/g
			直径	高度	
CR 17335	3	1600	17.0	33.5	17
CR 17335	3	1350	17.0	33.5	16
CR 17450	3	2400	17.0	45.0	23
CR 17450	3	2600	17.0	45.0	23

注：电池工作温度范围为 -40～85℃。

(c) 标准大功率，圆柱形电池（卷绕式结构，密封）

型号	标称电压/V	标称容量/A·h	尺寸/mm		质量/g	持续放电电流/A
			直径	高度		
C	3.0	4.8	25.8	50.0	61	2.0
5/4C	3.0	6.1	25.8	60.5	71	2.5
D	3.0	11.1	34.0	60.5	115	3.3

(d) 特殊低功率，圆柱形电池

型号	标称电压/V	标称容量/mA·h	尺寸/mm		质量/g
			直径	高度	
CR 14250	3	850	14.5	25.0	9
CR 12600	3	1500	12.0	60.5	15
CR 17335	3	1800	17.0	33.5	17
CR 17450	3	2500	17.0	45.0	22

注：电池工作温度范围为－40～85℃。

(e) 特殊圆柱形锂原电池（卷绕式结构，卷边密封）

IEC 型号	标称电压/V	标称容量/mA·h	尺寸/mm		质量/g
			直径	高度	
CR-1/3	3	160	11.6	10.8	3.3
2CR-1/3N	6	160	13.0	25.2	9.1
CR2	3	850	15.6	27.0	11
CR123A	3	1400	17.0	34.5	17
CR-V3	3	3300	28.6(长)×14.6(宽)×52.2(高)		38
CR-P2	6	1400	34.8(长)×19.5(宽)×35.8(高)		37
2CR5	6	1400	34(长)×17(宽)×45(高)		40

注：电池工作温度范围为－40～60℃。

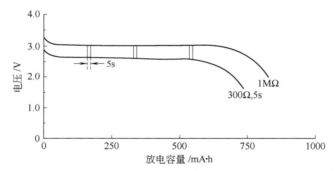

图 13D.11　20℃下碳包式结构 Li-MnO$_2$ 圆柱形电池（850mA·h）的脉冲放电特性

实验条件：连续负载 1MΩ，约 2.9μA；脉冲负载 300Ω，约 10mA；脉冲时间 5s；脉冲数 3 个；脉冲间隔时间 3h

碳包式 Li-MnO$_2$ 圆柱形电池在温度－10℃至 60℃区间内的性能示于图 13D.12。与纽扣式电池类似，碳包式圆柱形电池在低温下仅限于以更低的电流放电。

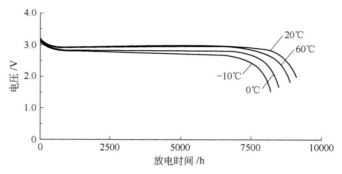

图 13D.12　碳包式结构 Li-MnO$_2$ 圆柱形电池（850mA·h）

在不同温度下的放电特性 30kΩ 负载放电率

（4）卷绕式结构圆柱形电池的放电特性

卷绕式结构 Li-MnO$_2$ 圆柱形电池在各种恒流放电负载和不同温度下的典型放电曲线示于图 13D.13。这些电池的设计适应于高倍率和低温下的应用，放电过程的大部分时间内，电池的放电曲线都十分平坦。该电池在不同负载和温度下工作时的中值电压绘于图 13D.14 中。

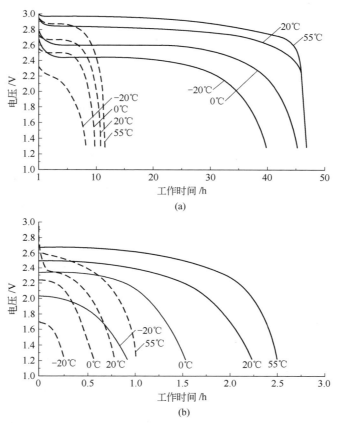

图 13D.13　圆柱形（卷绕式电极结构）Li-MnO$_2$ 电池（CR123A 型号）的放电特性
（a）以 30mA（实线）和 125mA（虚线）放电；（b）以 500mA（实线）和 1000mA（虚线）放电

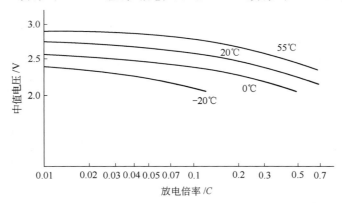

图 13D.14　圆柱形（卷绕式电极结构）Li-MnO$_2$ 电池在放电期间的中值电压（终止电压 2V）

电池在恒定功率下的放电特性示于图 13D.15，数据以 E 电流表示，它是采用计算 C 电流类似的方式进行计算，但以标称瓦时容量为基准。例如，$E/5$ 表示一个电池能达到标称值 4W·h 的放电电流是 800mW。

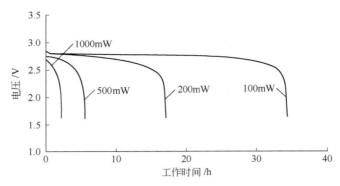

图 13D. 15　20℃下圆柱形（卷绕式电极结构）Li-MnO$_2$ 电池
（CR123A 型号）以恒定功率模式放电的特性

卷绕式结构 Li-MnO$_2$ 圆柱形电池在不同负载与不同温度下的放电特性示于图 13D. 16。其中图 13D. 16（a）显示出在恒阻负载下输出的容量，而图 13D. 16（b）则是在恒流负载下输出的容量。这种 Li-MnO$_2$ 电池以低电流放电的性能是十分明显的，同时它与传统水溶液原电池相比，即使在相当高的放电电流下，也依然能输出高的容量百分数。

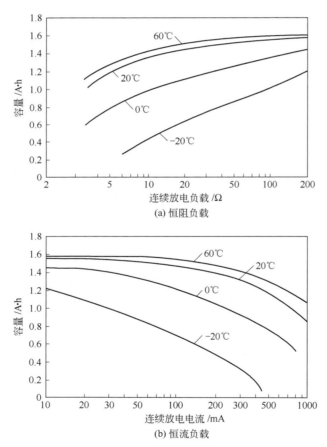

图 13D. 16　圆柱形（卷绕式电极结构）Li-MnO$_2$ 电池（CR123A 型号）
放电特性（放电容量与放电负载的关系，放电至 2.0V）

大型（D 尺寸）卷绕式电极结构 Li-MnO$_2$ 圆柱形电池的放电特性示于图 13D. 17，展示了该种电池在三种不同放电倍率（250mA、2.0A 和 3.0A）和－40～72℃温度范围内的放电曲线。放电特性表明该种电池在较低温度下放电性能明显降低。

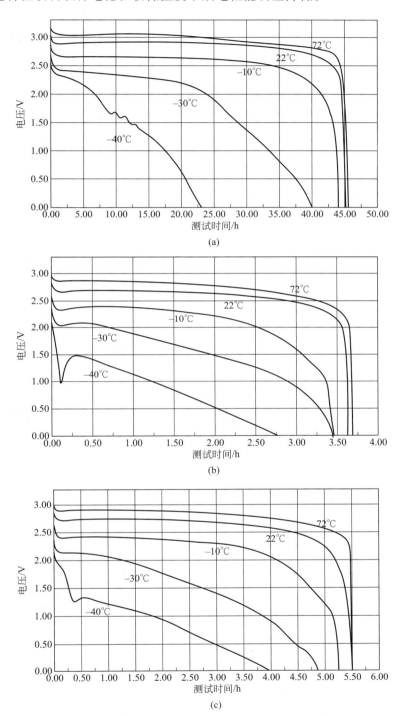

图 13D.17　D 型卷绕式 Li-MnO₂ 电池的放电特性（5 个温度分别为 72℃、22℃、－10℃、－30℃和－40℃）

（a）不同温度下以 250mA 电流放电的放电曲线；（b）不同温度下以 2A 电流放电的放电曲线；（c）不同温度下以 3A 电流放电的放电曲线

（5）3 单体 9V Li-MnO₂ 电池组的放电特性

图 13D.18 显示了 9V 1.2A·h Li-MnO₂ 电池组的基本性能。在 −20～+23℃ 的温度范围内，以 900Ω 负载放电的典型放电曲线示于图 13D.19（a）；室温下，以 60～900Ω 负载放电的容量变化示于图 13D.19（b）。与碱性 MnO₂ 电池和锌碳电池相比，锂电池具有更高的电压和更长的放电时间，如图 13D.18 所示。

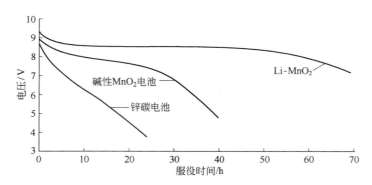

图 13D.18　ANSI 1604 电池（9V）在 20℃、500Ω 负载下的典型放电曲线

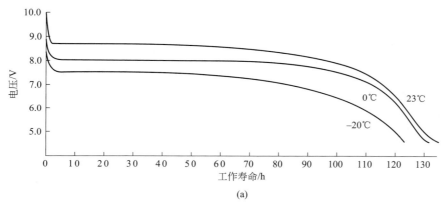

(a)

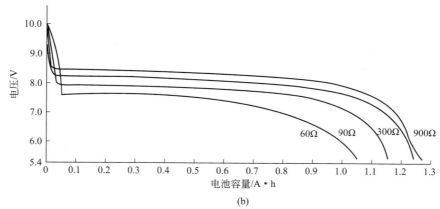

(b)

图 13D.19　9V 电压的 Li-MnO₂ 电池的放电特性
（a）以 900Ω 负载持续放电的放电曲线；（b）在室温下，以 60～900Ω 负载持续放电的放电曲线

13D.4.2 性能影响因素

① 内阻。与大多数电池体系一样，$Li\text{-}MnO_2$ 电池的内阻除了与化学组成有关外，还取决于电池的尺寸、结构、电极和隔膜等。由于有机溶剂电解质体系的电导率比水溶液电解质低，因此 $Li\text{-}MnO_2$ 电池的内阻要比相同尺寸和结构的传统电池高。这样，电池需要采用增加电极面积和缩小电极间距的设计等相应措施，纽扣式扁形电池和卷绕式圆柱形电池的设计就是基于这一思路。另外，因为有机溶剂的电导率对温度的变化不如水敏感，所以锂电池在低温下能更有效地工作。

图 13D.20 展示了额定容量 280mA·h 纽扣式电池在 20℃下低电流放电期间的内阻变化。事实上电池内阻变化与电压变化是对应的。电池内阻在放电的大部分时间内都维持恒定，而在接近寿命终点时升高。

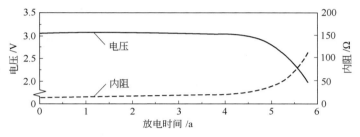

图 13D.20 纽扣式 $Li\text{-}MnO_2$ 电池（280mA·h）放电过程的内阻变化曲线（5μA、20℃）

② 使用寿命。各种型号的锂-二氧化锰电池，在不同温度下以不同电流放电的容量或使用寿命在图 13D.21 中进行了展示。这些数据可以用来对一个给定电池的性能作近似估计，或者用来确定一种特殊应用的电池的尺寸和质量。

③ 储存寿命。图 13D.22 展示了两种 $Li\text{-}MnO_2$ 电池的储存性能。该电池体系所有结构都十分稳定，对于机械密封和激光密封的电池，其储存期间年容量衰减率低于 0.5%。纽扣式电池在室温储存期内年容量衰减率低于 1%。储存后的电池除了在低温下高电流放电外，在大多数放电条件下，没有显示明显的电压滞后。

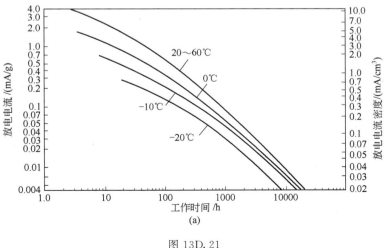

图 13D.21

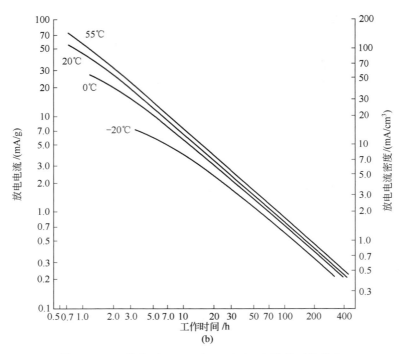

图 13D.21　放电至 2.0V 时 Li-MnO$_2$ 电池的工作寿命

（a）低放电倍率纽扣式电池；（b）小的圆柱形电池

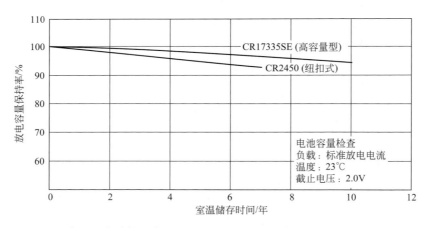

图 13D.22　典型卷绕结构、激光密封的圆柱形电池和典型纽扣式电池的储存特性

13D.4.3　单体单池和电池组的尺寸

目前已有的 Li-MnO$_2$ 电池产品是容量为 30～11000mA·h 的各种扁平形和圆柱形电池，其中一些产品的物理和电化学性能列于表 13D.1 中。

为适应 Li-MnO$_2$ 电池的输出电压为 3V，而传统原电池为 1.5V 的差异，在某些情况下，对于 Li-MnO$_2$ 电池与其他电池系列的互换性，可通过将该电池的尺寸加倍来实现，如 CR-V3 型电池。表 13D.2 列出了两种铝塑膜包装 Li-MnO$_2$ 电池产品的相关性能。

表 13D. 2　两种铝塑膜包装 Li-MnO₂ 电池产品的相关性能

尺寸(厚×宽×长) /mm×mm×mm	标称电压 /V	标称容量(放电至1.5V)/A·h	最大持续放电电流 /mA	质量 /g	脉冲容量 /mA
5.00×44.45×54.61	3.0	1.5	250	15.0	500
2.16×32.16×40.36	3.0	400m	25	3.5	130

注：工作温度范围为0~71℃；以10mA电流放电的电池标称容量为1.5A·h；以6mA电流放电的电池标称容量为400mA·h。

13D.4.4　应用和操作

目前在几个主要应用设备中，Li-MnO₂电池的容量范围最高为几个安时（A·h），这些电池比传统原电池的比能量高、电流放电能力好、储存寿命长。Li-MnO₂电池可用于存储器、手表、计算器、照相机以及无线电频率识别（RFID）装置等方面。同时，在较高放电电流下，这些电池也适合用于电机驱动、自动照相机、玩具、个人数字助手（PDA），以及数码相机和公用设施计费仪表等。

小容量Li-MnO₂电池一般操作时无任何危险，但是同传统原电池一样，应避免充电和焚烧，因为这些情况会导致电池爆炸。

较大容量的圆柱形电池一般都装有安全阀以防止爆炸，但电池组除了不允许充电和焚烧之外，还应加以保护以避免短路和电池反极。大多数大电流电池装有内部可恢复的电流和热保护装置，称为正温度系数（PTC）器件。当电池处于短路或超出限制范围放电时，电池温度升高，PTC器件的电阻会迅速大幅升高，限制了电池内部流过的电流值，从而将内部温度保持在安全范围内。图13D.23显示了PTC器件在电池短路期间的工作状态。在短路电流达到10A后，电流突然被限制并且进一步维持在较低水平。而当短路电流消除后，电池又恢复到正常操作条件。PTC器件的动作一般有几分钟的滞后，这就使得它可以允许通过比最大连续放电电流还要高的电流脉冲。

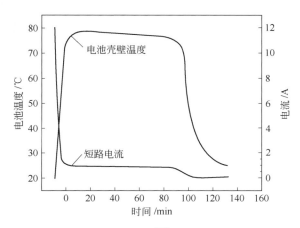

图 13D.23　金霸王公司的 XL™CR 123A 电池的短路特征

Li-MnO₂电池在军事装备上的应用越来越广泛[41]。在室温工作环境下，它们具有比Li-SO₂电池更高的体积比能量和稍高的质量比能量而被普遍应用于美国的武器装备中。近来对D型Li-MnO₂电池的研发，已经使电池在室温下以250mA放电得到14.0A·h容量；以2A放电得到13.0A·h容量。这些电池采用的MnO₂经过特殊的热处理，因而具有较高的反应活性。在使用LiClO₄-DME-PC电解液的标准型号电池中应用上述MnO₂材料时，以

250mA 放电达到 339W·h/kg（或 742W·h/L）的比能量。在 -40℃ 环境中，以 250mA 放电可以输出 3.39A·h 容量；以 2A 放电可以输出 0.46A·h 容量。而采用未改性 MnO_2 材料制备的同一规格电池，是标准 Li-MnO_2 电池在相同放电条件下容量的两倍。因此，前种电池已经在武器装备中获得应用。

采用铝塑膜包装的 Li-MnO_2 袋式电池已制成 BA-7848 型号电池，为热武器瞄准器和其他美军电子装备提供电源。Li-MnO_2 单体电池具有 8.25mm×61mm×72mm 的尺寸，并以 2P2S 结构组装成方形 BA-7848 型号电池。

上述 Li-MnO_2 袋式电池的电化学性能列于表 13D.3 中。在 BA-7848 型号电池中，这些单体电池在室温下，以 250mA 电流放电，可以输出超过 9.5A·h 的放电容量。其对应的电池质量比能量超过 300W·h/kg。它们也通过了 UN/IATA 船运测试标准。根据军用 L 测试规范（电池先以 8W 功率放电 2min，然后以 5W 功率放电至 4.0V）进行检测，这些电池在 -10℃ 下能运行 9.5h；但在 -20℃ 下仅能运行 0.5h。进一步改善电池低温性能的研究正在进行中。对于这些特定的电池类型，必须达到 MIL-PRF-49471 标准。当前已在美军使用的 BA 型号 Li-MnO_2 电池性能列于表 13D.3 中。

表 13D.3　用于 BA-7847 型号电池的袋式 Li-MnO_2 单体电池在室温条件下的相关性能

放电电流/mA	容量/A·h	能量/W·h	质量比能量/(W·h/kg)	体积比能量/(W·h/L)
250	9.94	26.68	402	737
500	9.80	25.77	384	712
1000	9.27	23.91	356	661
2000	9.00	22.68	339	627

上述电池包也被应用于紧急定位指示无线电台和管道测试车。采用铝塑膜包装的 Li-MnO_2 电池包制成的小型电池可用于特殊装备，如收费转发器和用于船运、存货管理和智能传感器无线电频率识别装置。

Li-MnO_2 电池的具体应用和操作取决于相关电池型号和其独特的电池结构特点，可以向生产厂商咨询。

13E　锂-氟化碳电池

13E.1　概述

锂-氟化碳（Li-CF$_x$）电池是固体正极锂电池系列中率先进入市场的电池体系。其理论质量比能量（大约 2190W·h/kg）是固体正极系列中最高的，因此受到了极大关注。其开路电压为 3.2V，工作电压约为 2.5～2.7V。在小型电池中，它的实际比能量为 250W·h/kg 和 635W·h/L；在大型电池中，它的实际比能量为 820W·h/kg 和 1180W·h/L。该电池以低到中放电倍率为主。

13E.2　化学原理

该电池以锂作为负极，以固体聚一氟化碳（CF$_x$）作为正极，x 值一般在 0.9～1.2 之间。一氟化碳是碳粉和氟气反应所形成的夹层化合物，该物质虽然在电化学上是活性的，但在有机电解质中的化学稳定性却很高，温度高达 400℃ 时也不会热分解，因而具有长的储存寿命。该电池可以使用各种不同的电解质，如圆柱形电池用 1mol/L 四氟硼酸锂（LiBF$_4$）的 γ-丁内酯（GBL）溶液，纽扣式电池用 1mol/L 四氟硼酸锂（LiBF$_4$）的 γ-丁内酯溶液和 1,2-二甲氧基乙烷（DME）的混合溶液，或碳酸丙烯酯（PC）和 1,2-二甲氧基乙烷的混合溶液。

电池的简化放电反应为：

负极反应 $\qquad\qquad\qquad x\mathrm{Li} \longrightarrow x\mathrm{Li}^+ + x\mathrm{e}^-$

正极反应 $\qquad\quad \mathrm{CF}_x + x\mathrm{e}^- \longrightarrow \mathrm{C} + x\mathrm{F}^-$

总反应 $\qquad\qquad x\mathrm{Li} + \mathrm{CF}_x \longrightarrow x\mathrm{LiF} + \mathrm{C}$

当放电进行时，聚一氟化碳转变成导电的碳，从而增加电池的电导率，提高了放电电压的平稳性和电池的放电效率；同时，晶体状 LiF 沉积在正极结构中[1,43-44]。

13E.3　结构

Li-CF$_x$ 电池可制成各种型号和结构。目前扁平纽扣式、圆柱形和方形的结构都有相应的产品，容量范围为 0.020～25A·h，结构包括从硬币式或纽扣式到圆柱形和方形。较大型号的电池也已得到发展，并应用于特殊用途。

图 13E.1 示出了典型的纽扣式 Li-CF$_x$ 电池结构。其中在集流体上辊压锂箔作为负极，在镍集流体上用聚四氟乙烯黏结聚一氟化碳与乙炔黑作为正极。外壳材料为镀镍钢或不锈钢。硬币式电池采用聚丙烯密封圈进行卷边密封。

Li-CF$_x$ 针杆式电池则采用了一种由内

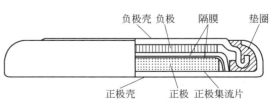

图 13E.1　纽扣式 Li-CF$_x$ 电池的剖面

而外的结构，包含了一个圆柱形正极以及一个位于中间并由铝壳密封的负极，如图 13E. 2 所示。

圆柱形电池采用卷绕式电极结构，电池密封采用卷边或者焊接。它们的结构与图 13D. 3 所示卷绕式结构 Li-MnO$_2$ 电池相类似。较大尺寸的电池装有低压安全阀。

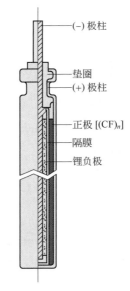

图 13E. 2　针杆式 Li-CF$_x$ 电池的剖面

13E. 4　性能和应用

13E. 4.1　性能

（1）纽扣式电池

图 13E. 3 介绍了典型 165mA·h 标称容量的 Li-CF$_x$ 纽扣式电池在 20℃下的放电曲线。在大部分放电期间电压是恒定的，低放电率放电时的库仑效率接近 100％。图 13E. 4 示出了同种电池在不同放电温度下的放电曲线，该电池在 20℃下的脉冲放电特性示于图 13E. 5。

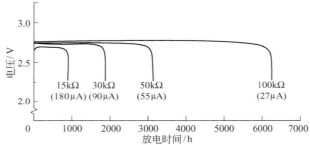

图 13E. 3　20℃下，标称容量为 165mA·h 的 Li-CF$_x$ 纽扣式电池的典型放电曲线

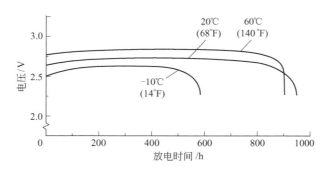

图 13E. 4　标称容量为 165mA·h 的 Li-CF$_x$ 纽扣式电池在不同温度下的典型放电曲线
15kΩ 放电负载；180μA

标称容量为 165mA·h 的 Li-CF$_x$ 纽扣式电池的性能概括在图 13E. 6 中。其中，图 13E. 6（a）显示出了电池的平均负载电压（放电期间的平台电压），图 13E. 6（b）显示电池在不同温度及负载下的容量。

图 13E. 7 总结出了单位质量（g）和单位体积（mL）的 Li-CF$_x$ 纽扣式电池的放电性能。这些数据可以用来估计作为特殊应用电池的尺寸或性能。

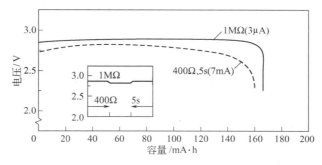

图 13E.5　20℃下，标称容量为 165mA·h 的 Li-CF$_x$ 组扣式电池的脉冲放电特性

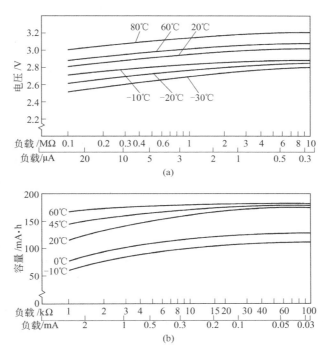

(a)

(b)

图 13E.6　额定容量为 165mA·h 的纽扣式 Li-CF$_x$ 电池放电曲线
（a）工作电压与放电负载的关系，电压为放电 50% 时的电压；（b）容量与放电负载的关系，放电至 2.0V 截止

（2）圆柱形电池

与纽扣式电池相比，圆柱形电池一般被设计成以更大的放电电流工作。图 13E.8 是其在不同温度下、以 1kΩ 负载放电的放电曲线。在一些情况下，观察到 Li-CF$_x$ 电池低的起始电压，放电电压首先降低至负载要求的工作电压之下，然后随着放电的进行而逐步恢复。这是由于 CF$_x$ 是绝缘体，在放电过程中生成导电性碳时正极的电阻减小，工作电压随之升高。

在不同温度和倍率下放电时 2/3A 型

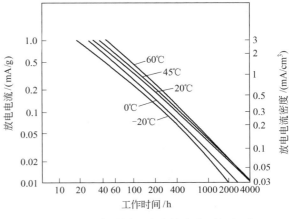

图 13E.7　在不同温度和放电率下纽扣式 Li-CF$_x$ 电池的工作寿命（放电至 2.0V）

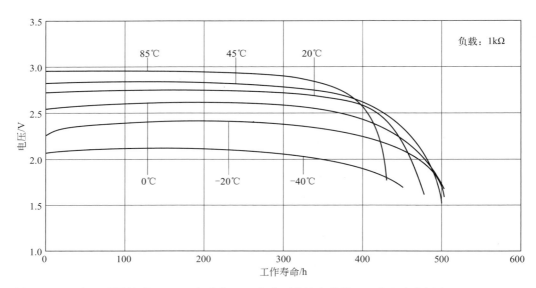

图 13E.8　2/3A 型圆柱形 Li-CF$_x$ 电池在 1kΩ 负载下的放电曲线（工作温度范围为−40～+85℃）

圆柱形电池的中值电压示于图 13E.9。图 13E.10 总结了该电池的放电性能，说明了温度和负载对以单位质量（g）和单位体积（cm^3）进行计算的电池使用寿命的影响。

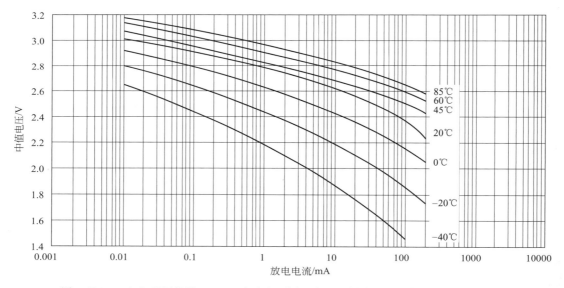

图 13E.9　2/3A 型圆柱形 Li-CF$_x$ 电池在不同温度和不同放电电流条件下的中值电压

（3）储存寿命

　　Li-CF$_x$ 电池具有极好的储存特性。纽扣式电池在 20℃下超过 10 年的储存实验显示，只有约 0.5%/年的容量损失，而圆柱形电池为 1.0%/年。随着储存时间增长相应衰减率降低[45]。显然这种电池特别适合于长期以低电流工作的用途。如图 13E.11 所示，BR2/3A 型 Li-CF$_x$ 电池以 20μA 放电工作超过了 7 年。储存之后，这些电池除在严苛条件下的放电外，电压滞后一般是不明显的。

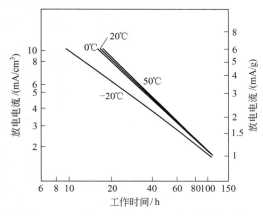

图 13E.10　Li-CF$_x$ 圆柱形电池在不同放电率和
不同温度下的使用寿命（终止电压 1.8V）

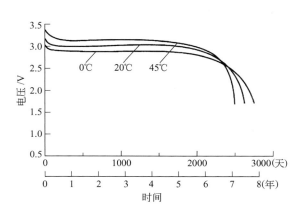

图 13E.11　BR2/3A 型 Li-CF$_x$ 圆柱形电池的
长期放电性能（放电负载 150kΩ）

13E.4.2　单体和组合电池型号

　　Li-CF$_x$ 电池可制成一系列型号的纽扣式、圆柱形及针杆式结构。这些电池的主要电性能和物理参数列在表 13E.1 中。关于大多数最新投入市场的商品电池性能，请查阅制造厂家的说明书。

表 13E.1　Li-CF$_x$ 电池特性

（a）不同结构锂-氟化碳（Li-CF$_x$）电池的特性

纽扣式电池,3V					
电池型号	标称容量[①] /mA·h	持续电流（标准负载）/mA	尺寸和质量		
			直径/mm	高度/mm	质量/g
BR1220	35	0.03	12.5	2.00	0.7
BR1225	48	0.03	12.5	2.50	0.8
BR1632	120	0.03	16.0	3.20	1.5
BR2032	190	0.03	20.0	3.20	2.5
BR2325	165	0.03	23.0	2.50	3.2
BR2330	255	0.03	23.0	3.00	3.2
BR3032	500	0.03	30.0	3.20	5.5

针杆式电池,3V				
电池型号	标称容量[①] /mA·h	尺寸/mm		电池质量 /g	持续电流 /mA
		外径	高度		
BR425	25	4.2	25.9	0.55	0.5
BR435	50	4.2	35.9	0.85	1.0

圆柱形电池,3V					
电池型号	标称容量[①] /mA·h	尺寸/mm		电池质量 /g	持续电流 /mA	工作温度 /℃
		外径	高度			
BR-C	5000	26.0	50.5	42.0	5.0	−40～85
BR-A	1800	17.0	45.5	18.0	2.5	−40～85
BR-1/2AA	1000	14.5	25.5	8.0	2.5	−40～100
BR-2/3A	1200	17.0	33.5	13.5	2.5	−40～85
BR-AG	2200	17.0	45.5	18.0	2.5	−40～85
BR-2/3AG	1450	17.0	33.5	13.5	2.5	−40～85

　　① 表中的标称容量是在 20℃下、以标准放电条件放电至 2.0V 时输出的容量。

(b) 大型锂-氟化碳（Li-CF$_x$）电池的特性

单体电池

电池型号	容量/A·h	尺寸/cm		质量/g
		直径	高度	
LCF-111	240	6.62	16.51	880
LCF-112	35	3.02	13.84	170
LCF-117	1200	11.43	26.67	3950
LCF-119	400	11.43	9.53	1575
LCF-122	18	3.37	6.06	—
LCF-123	35	3.37	11.72	—
LCF-313	40	6.45（长）×3.43（宽）×7.09（高）		230

电池组

电池型号	容量 /A·h	标称电压 /V	尺寸/cm			质量/g	应用说明
			高度（H）	长度（L）	宽度（W）		
MAP-9036	23.5	39	17.1	20.3	14.0	4586	原航天飞机里程安全系统
MAP-9046	3.74（×2）	30（×2）	15.9	17.3	7.6	3405	两个独立的电压部分
MAP-9225	240	15	24.9	30.7	6.5	6000	
MAP-9257	80	18	12.4	18.5	14.8	—	
MAP-9319	240	21	42.9	29.7	9.7		
MAP-9325	120/7.2	12/15	17.1	18.6	9.2	—	选择性应用
MAP-9334	80	6	16.8	7.6	4.8	—	民兵Ⅲ GRP 电池组
MAP-9381	70	39	31.3	20.0	9.7	—	集成电容器储能
MAP-9382	80/70	33/12	20.1	17.6	14.1	—	两个独立的电压部分
MAP-9389	280	15	23.6	33.8	11		
MAP-9392	40	39	17.1	20.3	14.0		X-33 里程安全系统

　　大尺寸锂-氟化碳电池和电池组[46] 也已经发展用于军事、政府和空间用途，如表13E.1（b）所示。在该表中介绍了由卷绕式和方形电池构成的多电池组。较小型圆柱形电池采用 0.030cm 厚的钢壳，1200A·h 的大型电池则采用了用环氧树脂-玻璃纤维增强的圆筒状结构，可以提供足够的附加强度，同时与单独增加钢材壁厚相比，只需要增加相应质量的一半。所有这些电池都采用齐格勒（Zeigler）型压缩密封件、独特的切割式破裂阀机构和两层隔膜。隔膜中的第一层是微孔膜，用于阻止粒子迁移；第二层是聚硫代苯材料，用以提供高强度、高温稳定性以及良好的电解质毛细作用。

　　在 DD 型电池和更高容量的大电池中，低倍率设计可以提供 600W·h/kg 的质量比能量和 1000W·h/L 的体积比能量。图 13E.12 显示了 DD 型电池在 0.04～1.0A 四种电流下放电至 2.0V 时容量与温度的函数关系。由该图看出，该电池在三种较低电流和高于 10℃ 的条件下，容量与温度关系不大；但是在较高电流与较低温度下，容量则明显降低。图 13E.13 展示了 1200A·h 加强型圆柱形电池以 2000h 倍率（约 500mA）和 1000h 倍率（约 1A）放电的放电曲线。这一放电曲线尾部的弯曲形状是电解质在放电终止时干涸的缘故。综上所述，这些电池的实验结果表明，锂-氟化碳电池以低倍率设计时，可以提供非常高的质量比能量和体积比能量。

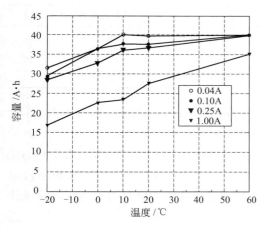

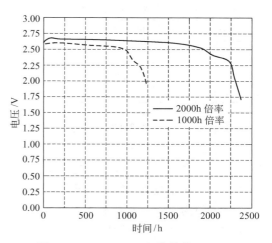

图 13E.12　DD 型 Li-CF$_x$ 电池性能与
放电率和温度的关系

图 13E.13　1200A·h 容量的 Li-CF$_x$
电池的典型放电曲线

13E.4.3　应用和操作

Li-CF$_x$ 电池的应用与其他锂-固体正极电池相似，都是利用其高质量比能量、高体积比能量和长储存寿命。Li-CF$_x$ 纽扣式电池可用于手表、袖珍计算器、存储器和电子翻译器等应用领域。小容量的针杆式电池可用于发光二极管和钓鱼照明以及微型电话的电源。圆柱形电池也可应用于存储器，但由于其较大的放电能力，其应用还可包括照相机、电子锁、应急信号灯和公用设施计费仪表等。大型电池可用于军事和空间领域。

Li-CF$_x$ 电池的操作注意事项与其他锂-固体正极电池相似。对纽扣式电池以及小容量电池而言，其有限的放电电流可在短路及反极期间限制电池温度的上升。一般来说，这些电池即使无安全排气机构，也能耐滥用条件。较大的电池装有安全阀，但还必须避免短路、大电流放电和电压反极，因为这些情况会引起电池排气。对所有这些电池，都应避免充电和焚烧。对于特种电池的操作，应按照制造厂家的说明进行。

13E.4.4　锂-氟化碳电池技术的研究进展

（1）氟化碳和二氧化锰混合材料的应用

在锂原电池中使用 CF$_x$ 和 MnO$_2$ 的混合物作为正极活性材料，首先在 1982 年的美国专利中报道过[47]。这篇专利还宣称将 CF$_x$ 沉积在 MnO$_2$ 层的顶部。遗憾的是，在该专利中并没有充分的实验数据来支持它的观点。

与 MnO$_2$ 材料比较，CF$_x$ 材料价格昂贵，因而限制了它在许多领域中的应用。近来有报道描述了将 CF$_x$（$x=1$）和经过热处理的 MnO$_2$ 进行混合，用于制备 D 型锂原电池[48]，上述混合物中两物质按 1:1 质量比混合，其放电曲线显示了两个放电时间相近的放电平台。该电池据称采用了平衡设计，其电解质仅简单描述为一种无机锂盐和有机电解质的混合物，二元共聚物隔膜也在该电池中使用。电池在 21℃下分别以 0.050A、0.250A 和 2A 电流放电以及在 -30℃下以 2.0A 放电的测试结果列于表 13E.2 中。

表 13E. 2　大容量 D 型 Li-CF$_x$/MnO$_2$ 电池在不同倍率和温度下的性能（放电至 2.0V 终止）

温度/℃	电流/A	容量/A·h	质量比能量/(W·h/kg)	体积比能量/(W·h/L)
+21	0.050	16.6	407	990
+21	0.250	16.2	380	923
+21	2.0	15.2	338	823
−30	2.0	12.0	227	552

　　在室温下所有放电曲线都显示了两个放电时间相近的放电平台。例如，室温下以 2A 电流放电的放电曲线，显示出了 2.64V 和 2.41V 两个平台，分别对应于 MnO$_2$ 和 CF$_x$ 材料的还原反应。在 21℃ 以 0.250A 电流放电时，电池输出了 380W·h/kg（或 923W·h/L）的能量密度，相对于仅含 MnO$_2$ 的标准 D 型电池提高了 35%（57%）。在 −30℃ 以 2A 电流放电时，上述使用复合正极材料的电池可以输出 12.0A·h 容量，是该电池在 21℃ 相同电流条件下的 79%。因此，在低温条件下，该电池的能量密度为 227W·h/kg（或 552W·h/L），是 21℃ 条件下的 67%。该结果表明，在原来的 MnO$_2$ 电极中引入 CF$_x$ 材料后，电池的电化学性能尤其是低温性能得到显著提高。

　　氟化碳与银钒氧的混合物作为锂原电池的正极活性物质，也被应用于生物医疗设备中，参见第 28 章。

　　（2）部分氟化的氟化碳和半离子化氟化碳材料

　　近来的研究表明，部分氟化的氟化碳材料（SFCFs）在 −40℃ 时的低温性能较传统材料更为优异。一个初步的研究将 SFCFs 材料（x 值分别为 0.33、0.48、0.52 和 0.63）与商品化的 CF$_{1.08}$ 材料进行对比。相关结构研究表明，SFCFs 材料中主要是传统的氟化碳材料，并混有一定量的石墨前驱体颗粒。与 CF$_{1.08}$ 材料相比，SFCFs 材料具有更优异的室温大功率放电能力和低温性能。图 13E.14 展示了室温时，Li-CF$_{0.52}$ 纽扣式电池在不同倍率（最大至 2.5C 倍率）下的放电曲线。其正极组分为 80% 的氟化碳、10% 的乙炔黑和 10% 的黏结剂；电解液是 1.2mol/L LiBF$_4$ 的 PC/DME（7/3）溶液。相对于标准的商品化电池，SFCFs 材料具有更好的大功率放电能力，达到 6.4kW/kg 以上。图 13E.15 比较了 Li-CF$_{0.65}$

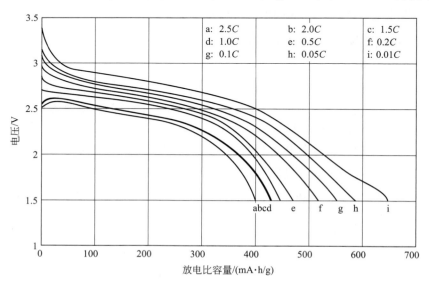

图 13E.14　Li-CF$_{0.52}$ 纽扣式电池在不同放电倍率下的放电曲线

纽扣式电池有和没有 3% 预放电时以 $C/40$ 倍率放电的放电曲线，测试温度为 $-40℃$，使用的电解液是 $1mol/L$ LiBF$_4$ 的 PC/DME（20/80）溶液。在同一测试条件下经过预放电的电池放电至 1.5V 时，CF$_{1.08}$ 材料的比容量为 $200mA \cdot h/g$，而 CF$_{0.65}$ 材料则高达 $610mA \cdot h/g$。

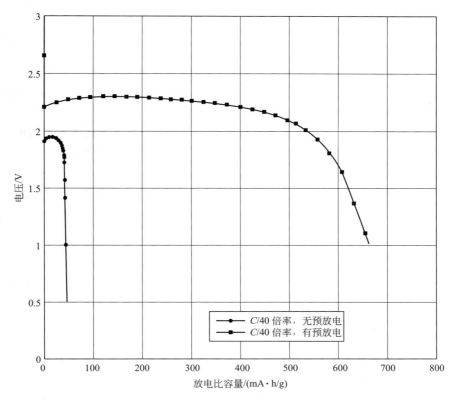

图 13E.15 Li-CF$_{0.65}$ 电池在室温下有和没有 3% 预放电时，在 $-40℃$ 下放电的容量

另一项研究则优化了与 SFCFs 材料配套使用的电解质组分，发现选用 $0.5mol/L$ LiBF$_4$ 的 PC/DME（20/80）电解液后，电池的低温性能优于含有高浓度锂盐的电池，并且避免了其在低温放电前的预放电步骤[51]。

同传统的氟化碳材料相比，使用具有半离子化特性的氟化碳材料和 SFCFs 材料都能显著改善锂-氟化碳电池的倍率性能和低温性能。前者采用两步氟化工艺制备，而后者则是将多壁碳纳米管进行部分氟化[52]。

13F　锂-二硫化铁电池

13F.1　概述

硫化铁体系中有一硫化铁（FeS）和二硫化铁（FeS$_2$）两种形式，都可用于固体正极的锂电池。其中二硫化铁体系具有较高硫含量和较高电压，已经首先实现了商品化。但是与二硫化铁体系相比，一硫化铁电极除具有较低腐蚀和较长寿命的优点外，还有单一电压平台的优点，和显示两个放电电压平台的二硫化铁不同。

这些电池的标称电压皆为1.5V，因此可以直接代替具有相同电压的水溶液电解质电池。锂-二硫化铁电池曾经制成纽扣式电池，用于替代相同尺寸的锌-氧化银（Zn-Ag$_2$O）电池，但现在已退出了市场。这种电池的内阻较高，功率较低，但成本低，低温性能和储存性能也较好。锂-二硫化铁电池现在被制成圆柱形结构，具有比碱性锌-二氧化锰电池更好的大电流放电能力和低温性能。这两种体系的AA型电池以四种不同倍率的电流进行恒流放电，其性能比较示于图13F.1。

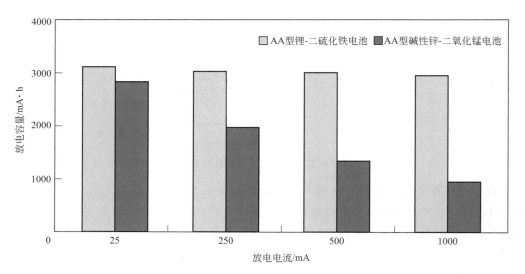

图13F.1　AA型锂-二硫化铁电池和AA型碱性锌-二氧化锰电池以不同倍率恒流放电的性能比较

13F.2　化学原理

Li-FeS$_2$电池中采用的正极是FeS$_2$、导电碳和聚四氟乙烯有机黏结剂混合后涂布在铝箔上；负极是含有0.5%铝的锂合金；隔膜是20μm厚的高孔隙率的聚乙烯；电解液是0.75mol/L LiI的1,3-二氧戊烷/1,2-二甲氧基乙烷（65/35体积比）溶液，在低温条件下具有较高的电导率。在高倍率和室温条件下，电池反应为：

负极　　　　　　　　　　$4Li \longrightarrow 4Li^+ + 4e^-$

正极　　　　　　　　　　$FeS_2 + 4e^- \longrightarrow Fe + 2S^{2-}$

总反应　　　　　　　　　$4Li + FeS_2 \longrightarrow Fe + 2Li_2S$

在小电流或高温时，Li-FeS$_2$ 电池显示出两步放电历程，见图 13F.2。相应电池反应为：

$$2Li+FeS_2 \longrightarrow Li_2FeS_2$$
$$2Li+Li_2FeS_2 \longrightarrow 2Li_2S+Fe$$

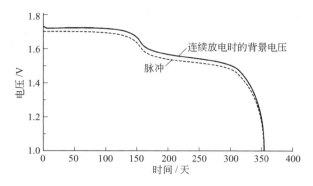

图 13F.2　21℃下以小电流放电的 AA 型 Li-FeS$_2$ 电池的阶梯形放电曲线
基本负载为 5000Ω，加上在 25Ω 下周期为 1s 的脉冲

13F.3　结构

Li-FeS$_2$ 电池可以制成各种不同的结构，包括纽扣式以及碳包式与卷绕式电极的圆柱形电池。其中碳包式结构最适合低电流放电，而卷绕式结构可以满足需要高倍率放电的设备，所以这种电池结构实现了规模生产和商品化。

卷绕式圆柱形电池的结构如图 13F.3 所示。这种电池设计中一般同时采用多种安全装置，以便对短路、充电、强迫放电或过热等滥用条件提供保护。在该图中有两种安全装置：一种是压力释放阀；另一种是可恢复的热开关，称之为正温度系数（PTC）器件。压力释放阀用于释放过大的内部压力，以防止电池受热或电滥用时造成的破裂。

PTC 的主要目的是外部短路时保护电池，在某些电滥用条件下也能起到保护作用。当电池温度达到 PTC 设计的活化温度时，便能限制流过的电流。PTC 活化时，电阻迅速增加，从而使相应流过的电流降低，因此产生的热量减少。此后电池（包括 PTC）冷却下来，PTC 电阻下降，允许电池再进行放电。如果滥用条件连续发生或再发生，PTC 可以按照这种方式连续工作多次循环。PTC 的恢复能力并不是无限的，当它处于较高的电阻值时将丧失恢复能力。因此，PTC 器件（或电池中任何其他电流限制器件）可以影响到电池的性能。有关详细讨论将在 13F.4 节进行介绍。

13F.4　性能和应用

13F.4.1　电池性能

（1）电压

Li-FeS$_2$ 体系的标称电压为 1.5V，而未放电电池的开路电压约为 1.78V。一旦接入负载，电压会在几毫秒内降低，如图 13F.4 所示。

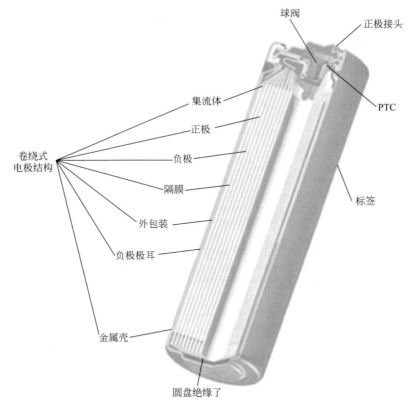

球阀

正极接头

集流体

正极

负极

隔膜

外包装

负极极耳

PTC

标签

卷绕式
电极结构

金属壳

圆盘绝缘了

正极端剖面

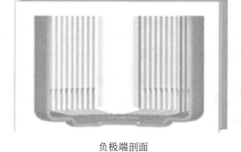

负极端剖面

图 13F.3　卷绕式 Li-FeS$_2$ 电池及其正、负极端的剖面

（2）放电

与 1.5V 水溶液碱性锌-二氧化锰电池相比，Li-FeS$_2$ 电池一般显示出更高的工作电压和更平坦的放电曲线。图 13F.5 比较了上述两种电池体系在不同倍率恒流放电下的性能。显然 Li-FeS$_2$ 电池显示出更高的比能量和更大的输出功率，特别是在较高倍率放电时工作电压差别很大。

AA 型 Li-FeS$_2$ 电池在恒流和恒定功率模式下的电池性能分别表示于图 13F.6 和图 13F.7。ANSI 对数码相机的测试结果表明，该类电池的性能逐年提高，见图 13F.8。

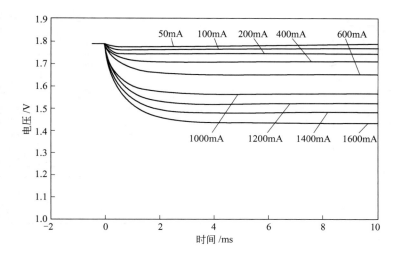

图 13F.4　AA 型 Li-FeS$_2$ 电池的负载电压

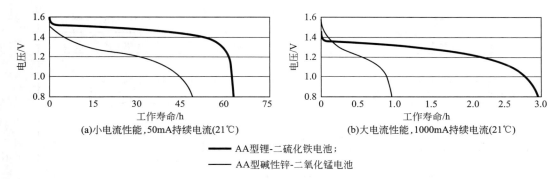

(a)小电流性能,50mA持续电流(21℃)　　　　(b)大电流性能,1000mA持续电流(21℃)

———— AA型锂-二硫化铁电池;

———— AA型碱性锌-二氧化锰电池

图 13F.5　AA 型锂-二硫化铁电池和 AA 型碱性锌-二氧化锰电池在不同电流下的性能比较

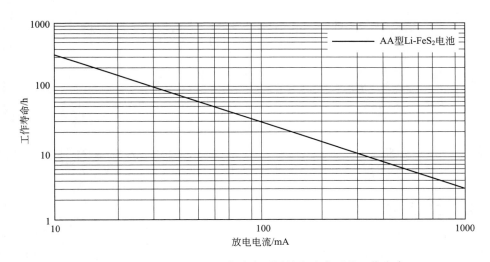

图 13F.6　AA 型 Li-FeS$_2$ 电池在不同放电速率下的工作寿命

恒流放电性能；放电至 1.0V 的典型特征 （21℃）

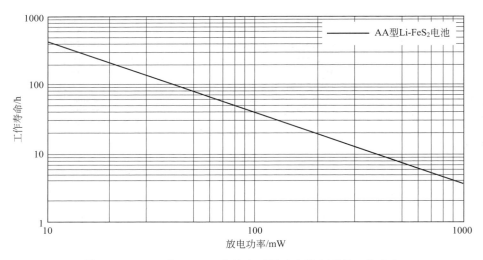

图 13F.7　AA 型 Li-FeS$_2$ 电池在不同功率放电下的工作寿命

恒功率放电性能；放电至 1.0V 的典型特征（21℃）

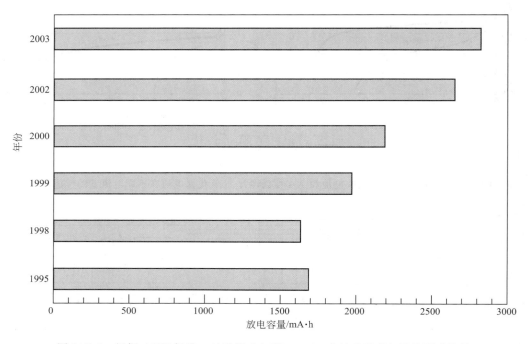

图 13F.8　根据 ANSI 标准，对采用 AA 型 Li-FeS$_2$ 电池的数码相机的测试结果

（1A 电流持续放电至 1.0V）

13F.4.2　性能影响因素

① 工作温度。Li-FeS$_2$ 电池也适合于在宽的温度范围内工作，一般为 $-40 \sim 60$℃。如同在室温下一样，其在高温下的工作寿命也得到提高。在某些应用中，由于在电池中采用了限制电流的器件，因而放电最高温度也受到了限制。虽然 Li-FeS$_2$ 电池受低温的影响远小于水溶液电池，但当放电温度低于室温时，电池工作寿命也会降低。

② 限制电流器件的作用。一些限制电流的器件，如熔断丝和 PTC 等可以在高温时发生作用。环境温度和电池内部发热都会影响这些器件的工作，因此下列因素中的任一种都可产生影响：环境温度；电池容器的隔热性质；使用时装备元件产生的热；多单元电池的热积累效应；放电倍率与放电持续时间；停止放电的次数与持续时间。必要时，应向制造商咨询或进行实验，以确定特殊应用条件的限制。

③ 阻抗。交流阻抗是通常用于表征水溶液电池性能的一种参数。但是，Li-FeS$_2$ 电池的性能与阻抗之间的相互关联性比较差，这是因为电池负极上会形成一层保护膜。该保护膜是 Li-FeS$_2$ 电池具有优良储存寿命的重要原因。但在储存过程中，该保护膜随时间增长而增加，导致电池阻抗也增大。然而电池一旦连接负载放电，保护膜极易破裂，从而使阻抗不能作为预估电池性能的标志，特别是电池储存之后的情况。

④ 储存温度。同其他电池体系一样，高温储存将导致 Li-FeS$_2$ 电池工作寿命降低。然而由于所使用的材料中杂质含量非常低，同时锂电池要求的密封性很高，高温储存后 Li-FeS$_2$ 电池的性能保持优于水溶液电池。Li-FeS$_2$ 电池的典型储存温度区间是 $-40\sim60℃$。在 $85℃$ 下加速储存测试结果表明，室温储存 $26\sim40$ 年后，电池的容量估计是储存前的 80%。因此，EA 型电池的标定储存寿命为 10 年，L 型电池的标定储存寿命为 15 年，见表 13F.1。

表 13F.1　Li-FeS$_2$ 电池产品的相关特性

型号	规格	最大直径/mm	最大高度/mm	质量/g	体积/cm^3	最大连续电流/A	最大脉冲电流(持续 2s,间歇 8s)/A	储存寿命(21℃)/年	容量(21℃)/mA·h
L92	AAA	10.5	44.5	7.6	3.8	1.5	2.0	15	1200
L91	AA	14.5	50.5	14.5	8.0	2.0	3.0	15	3000
EA92	AAA	10.5	44.5	7.6	3.8	1.0	1.5	10	1200
EA91	AA	14.5	50.5	14.5	8.0	1.5	2.0	10	3000

13F.4.3　电池型号与应用

表 13F.1 列出了 AA 型圆柱形 Li-FeS$_2$ 电池的特性，这种电池目前已商品化。该电池具有比传统锌电池更好的大电流和低温放电性能，因此倾向应用于有大电流要求的设备中，如照相机、数字音像设备、CD 唱机、手电筒、玩具和游戏机。在一项数码相机的测试中，两种 AA 型 Li-FeS$_2$ 电池提供了约 1000 次的闪光次数，而高倍率 AA 型碱性电池则只能提供 400 次。

纽扣式 Li-FeS$_2$ 电池现在已不再生产，而采用 Li-FeS 体系的多单元组合电池至今还没有实现商业化。

13G 锂-氧化铜电池

13G. 1 概述

锂-氧化铜（Li-CuO）电池的特点是比能量高（大约 280W·h/kg、650W·h/L），因为 CuO 作为实际使用的正极材料，具有最高的体积比容量（4.16A·h/cm³）。电池的开路电压为 2.25V，工作电压为 1.2～1.5V，这使得该电池可与一些传统电池互换。该电池体系同样具有长储存期间自放电率低、可在宽温度范围内操作等优点。

Li-CuO 电池已设计成纽扣式和圆柱形电池，其最大容量为 3.5A·h，主要适合于低至中倍率放电以及长期使用的电子器具电源和存储器备用电源。更高放电倍率的设计和采用玻璃绝缘子的全密封电池也已经生产出来。

图 13G.1 比较了 AA 型圆柱形 Li-CuO 电池与 AA 型碱性锌-二氧化锰电池的性能。在低放电倍率下，Li-CuO 电池有明显的容量优势，但在较高放电倍率下则失去了这一优势。

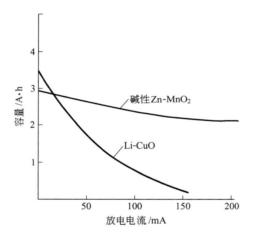

图 13G.1　20℃下 AA 型 Li-CuO 电池和 AA 型碱性 Zn-MnO₂ 电池的性能比较

13G. 2 化学原理

Li-CuO 电池的放电反应如下：

$$2Li + CuO \longrightarrow Li_2O + Cu$$

放电分阶段进行，CuO→Cu₂O→Cu，但详细的反应机理尚不清楚[1,54]。现已观察到在高温（70℃）下低倍率放电有两个放电平台，而在常规的放电情况下，这两个平台又混合成一个放电平台[55]。

13G.3 结构

Li-CuO 纽扣式电池的结构示于图 13G.2（a），与其他传统电池和固体正极锂电池相似。氧化铜为正极，锂为负极，电解质由高氯酸锂（$LiClO_4$）溶质溶于有机溶剂（二氧戊烷）形成。Li-CuO 圆柱形电池［图 13G.2（b）］采用外圈式碳包结构。采用圆筒状多孔非编织玻璃丝布作隔膜，外壳为镀镍不锈钢壳，聚丙烯垫圈用于电池密封。外壳与圆柱形氧化铜正极相连接，而顶盖则和锂负极相连接。

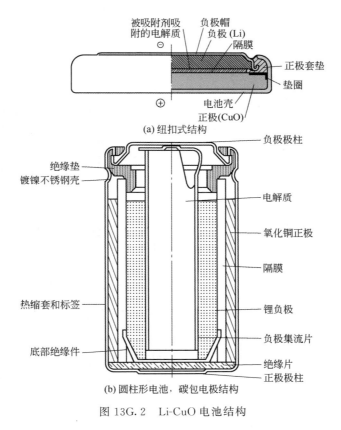

图 13G.2 Li-CuO 电池结构

13G.4 性能特点与应用

13G.4.1 性能

① 纽扣式电池。60mA·h Li-CuO 纽扣式电池在不同放电条件和温度下的性能示于图 13G.3。

② 碳包式 Li-CuO 圆柱形电池。该体系的典型放电曲线示于图 13G.4。首先在一段高电压之后，在相对低的电压下放电曲线是平坦的。碳包式结构使电池不能进行高倍率放电，因为随着放电倍率增加电池容量明显降低。Li-CuO 圆柱形电池的工作温度范围较宽，一般从 70℃到−20℃，虽然电池可以在上述温度范围以外工作，但放电曲线或放电负载能力会发生变化。该电池在几种不同温度下的放电曲线示于图 13G.5，在−40~70℃以不同倍率放电的

性能概括于图 13G.6。显然，该电池在较低放电倍率时具有较高容量，随着放电倍率的增加和温度的下降而急剧下降。

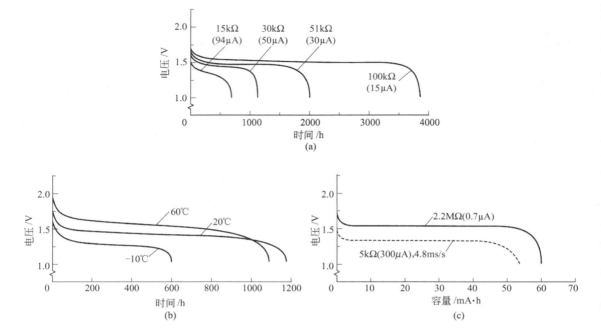

图 13G.3　60mA·h Li-CuO 纽扣式电池的放电曲线
（a）负载特性；（b）温度特性；（c）脉冲放电特性

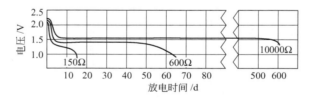

图 13G.4　20℃下 AA 型碳包式 Li-CuO 圆柱形电池的典型放电曲线

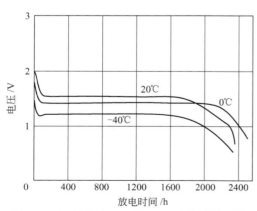

图 13G.5　温度对 AA 型 Li-CuO 电池的影响
（1kΩ 负载放电）

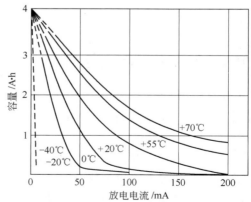

图 13G.6　AA 型 Li-CuO 电池的容量与放电
负载及温度的关系

Li-CuO 电池的长期储存性能展示于图 13G.7。图 13G.7（a）显示该电池室温下储存 10 年后仅有非常低的容量损失，其衰减率低于每年 0.5%。高温储存后的性能如图 13G.7（b）所示。据称部分放电的电池中残余容量保持率，可与满荷电状态时的电池相当。

③ 高温电池。特殊设计的全密封电池已经在高温环境中得到应用，例如用于油井钻探工业。采用 Li-CuO 电池时应适应钻孔工具操作到最高 150℃的要求。

④ 卷绕式电池。C 型与 D 型圆柱形电池已经设计成卷绕式电极结构，以满足更高的放电电流需求。图 13G.8 展示了 D 型 Li-CuO 圆柱形电池在不同温度和放电倍率下的放电性能。

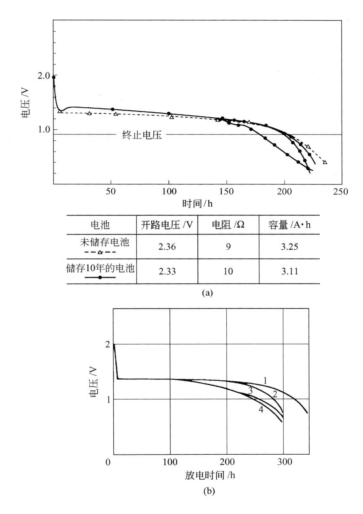

电池	开路电压 /V	电阻 /Ω	容量 /A·h
未储存电池 — — △ — —	2.36	9	3.25
储存10年的电池 ——●——	2.33	10	3.11

(a)

(b)

图 13G.7　储存时间对 AA 型 Li-CuO 圆柱形电池的性能影响
（a）储存前和储存 10 年后，在 20℃下放电；（b）70℃下储存不同时间后 20℃下放电，曲线 1 为未储存；曲线 2 为储存 6 个月；曲线 3 为储存 12 个月；曲线 4 为储存 18 个月

13G.4.2　电池型号与应用

Li-CuO 电池适合制成纽扣式与小型圆柱形（碳包式）电池结构，其性能特征列于表 13G.1。在低电流下，这些电池比传统水溶液电池显示出更高的容量，再加上具有优良的储

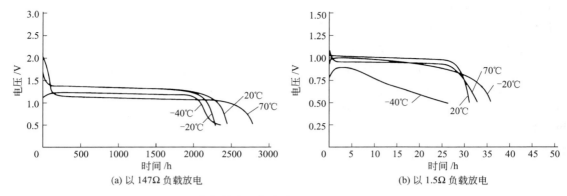

(a) 以 147Ω 负载放电　　　　　　　　(b) 以 1.5Ω 负载放电

图 13G.8　高与低放电倍率放电时 D 型 Li-CuO 电池性能

存性能和可在宽温度范围内工作，使它们成为存储器、钟表、电子计量仪表和遥控装置的可靠备用电源或长寿命电源；同时，作为高温电池还可以用于高温环境。特殊设计的电池也曾制造出来用于满足大电流要求的应用。但这些电池已不再进行商业化生产。这是因为它在小电流放电时，性能不如碱锰电池。碱锰电池的相关信息在本书其他部分有详细介绍。

表 13G.1　锂-氧化铜电池的特性

项目	Li-CuO		
	纽扣式	$\frac{1}{2}$AA	AA
标称电压/A	1.5	1.5	1.5
尺寸（最大）			
直径/mm	9.5	14.5	14.5
高度/mm	2.7	26.0	50.5
体积/cm³	0.2	4.3	8.3
质量/g	0.6	7.3	17.4
标称容量/A·h[①]	0.060	1.4	3.4
比能量			
质量比能量/(W·h/kg)	150	285	290
质量积比能量/(W·h/L)	450	485	610
锂质量/g	—	0.4	0.9
最大电流/mA	0.3	20	40

　① 大约在 $C/1000$ 倍率下放电的容量。

13H　锂-钒酸银电池

　　锂-钒酸银体系已经研制成功并用于生物医学领域，比如心脏起搏器、神经刺激器以及药物输送装置。该电池技术的相关信息将在第 28 章进行详细介绍。

13I　锂-水蓄电池和锂-空气蓄电池

这两项电池技术将在第 18 章和第 29 章进行详细介绍。

参考文献

1. J. P. Gabano, *Lithium Batteries*, Academic, London, 1983.

2. Battery Markets in the United States by Application and End User, published December 2016 by The Freedonia Group (from exported table generated/forwarded by The Freedonia Group on 10/4/2017 from IP address 207.89.36.85. © MarketResearch.com, Inc., 2000–2017).

3. Technical data, Foote Mineral Co., Exton, PA; Lithium Corp. of America, Gastonia, NC.

4. H. R. Grady, "Lithium Metal for the Battery Industry," *J. Power Sources* 5:127 (1980), Elsevier Sequoia, Lausanne, Switzerland.

5. J. T. Nelson and C. F. Green, "Organic Electrolyte Battery Systems," U.S. Army Material Command Rep. HDL-TR-1588, Washington, DC, March 1972.

   J. O. Besenhard and G. Eichinger, "High Energy Density Lithium Cells, pt. I, Electrolytes, and Anodes," *J. Electroanal. Chem.* **68**:1 (1976), Elsevier Sequoia, Lausanne, Switzerland.

   G. Eichinger and J. O. Besenhard, "High Energy Density Lithium Cells, pt. II, Cathodes and Complete Cells," *J. Electroanal. Chem.* **72**:1 (1980), Elsevier Sequoia, Lausanne, Switzerland.

6. F. Deligiannis, B. V. Ratnakumar, H. Frank, E. Davies, and S. Surampudi, *Proc. 37th Power Sources Conf.*, pp. 373–377 (1996), Cherry Hill, NJ.

7. A. N. Dey, "Lithium Anode Film and Organic and Inorganic Electrolyte Batteries," in *Thin Solid Films*, Vol. 43, Elsevier Sequoia S. A., Lausanne, Switzerland, 1977, p. 131.

8. S. Gilman and W. Wade, "The Reduction of Sulfuryl Chloride at Teflon-Bonded Carbon Cathodes," *J. Electrochem. Soc.* **127**:1427 (1980).

9. A. Meitav and E. Peled, "Calcium-Ca(AlCl$_4$)$_2$-Thionyl Chloride Cell: Performance and Safety," *J. Electrochem. Soc.* **129**:3 (1982).

10. R. L. Higgins and J. S. Cloyd, "Development of the Calcium-Thionyl Chloride Systems," *Proc. 29th Power Sources Conf.*, Electrochemical Society, Pennington, NJ, June 1980.

    M. Binder, S. Gilman, and W. Wade, "Calcium-Sulfuryl Chloride Primary Cell," *J. Electrochem. Soc.* **129**:4 (1982).

11. E. S. Takeuchi and W. C. Thiebolt, "The Reduction of Silver Vanadium Oxide in Lithium/Silver Vanadium Oxide Cells," *J. Electrochem. Soc.* **135**:11 (1988).

    E. S. Takeuchi, "Lithium/Solid Cathode Cells for Medical Applications," *Proc. Int. Battery Seminar*, Boca Raton, FL, 1993.

    A. Crespi, "The Characterization of Silver Vanadium Cathode Material by High-Resolution Electron Microscopy," *Proc. 7th Int. Meet. Lithium Batteries*, Boston, MA, May 1994.

12. N. I. Sax, *Dangerous Properties of Industrial Materials*, Van Nostrand Reinhold, New York, 1984.

13. *Transportation*, Code of Federal Regulations CFR 49, U.S. Government Printing Office, Washington, DC; Exemption DOT-E-7052, Department of Transportation, Washington, DC: "Technical Instructions for the Safe Transport of Dangerous Goods by Air," International Civil Aviation Organization, DOC 9284-AN/905, Montreal, Quebec, Canada.

14. E. H. Reiss, "Considerations in the Use and Handling of Lithium-Sulfur Dioxide Batteries," *Proc. 29th Power Sources Conf.*, Electrochemical Society, Pennington, NJ, June 1980.

15. Technical Standard Order: TSO-C142, Lithium Batteries, U.S. Dept. of Transportation, Federal Aviation Administration, Washington, DC (2000).

16. T. B. Reddy, *Modern Battery Technology*, Sec. 5.2, C. D. S. Tuck, ed., Ellis Horwood, New York (1991).

17. M. Mathews, *Proc. 39th Power Sources Conf.*, pp. 77–80 (2000), Cherry Hill, NJ.

18. S. Charlton, R. Costa, and C. Negrete, *Proc. 41st Power Sources Conf.*, pp. 29–31 (2004), Philadelphia, PA.

19. M. Sink, *Proc. 38th Power Sources Conf.*, pp. 187–190 (1998), Cherry Hill, NJ.

20. H. Taylor, "The Storability of Li/SO$_2$ Cells," *Proc. 12th Intersociety Energy Conversion Engineering Conf.*, American Nuclear Society, LaGrange Park, IL, 1977.

21. D. Linden and B. McDonald, "The Lithium-Sulfur Dioxide Primary Battery—Its Characteristics, Performance and Applications," *J. Power Sources* 5:35 (1980), Elsevier Sequoia, Lausanne, Switzerland.

22. R. C. McDonald et al., "Investigation of Lithium Thionyl Chloride Battery Safety Hazard," Tech. Rep. N60921-81-C0229, Naval Surface Weapons Center, Silver Spring, MD, January 1983.

23. S. C. Levy and P. Bro, *Battery Hazards and Accident Prevention*, Sec. 10.3.2, Plenum Publishing Corp., New York (1994).

24. Tadiran Batteries, Port Washington, NY.

25. M. Babai and U. Zak, "Safety Aspects of Low-Rate $Li/SOCl_2$ Batteries," *Proc. 29th Power Sources Conf.*, Electrochemical Society, Pennington, NJ, June 1980.

26. K. M. Abraham and R. M. Mank, "Some Safety Related Chemistry of $Li/SOCl_2$ Cells," *Proc. 29th Power Sources Conf.*, Electrochemical Society, Pennington, NJ, June 1980.

27. R. L. Zupancic, "Performance and Safety Characteristics of Small Cylindrical $Li/SOCl_2$ Cells," *Proc. 29th Power Sources Conf.*, Electrochemical Society, Pennington, NJ, June 1980.

28. J. F. McCartney, A. H. Willis, and W. J. Sturgeon, "Development of a 200 kWh $Li/SOCl_2$ Battery for Undersea Applications," *Proc. 29th Power Sources Conf.*, Electrochemical Society, Pennington, NJ, June 1980.

29. A. Zolla, J. Westernberger, and D. Noll, *Proc. 39th Power Sources Conf.*, pp. 64–68 (2000), Cherry Hill, NJ.

30. C. Winchester, J. Banner, A. Zolla, J. Westenberger, D. Drozd, and S. Drozd, *Proc. 39th Power Sources Conf.*, pp. 5–9 (2000), Cherry Hill, NJ.

31. K. F. Garoutte and D. L. Chua, "Safety Performance of Large $Li/SOCl_2$ Cells," *Proc. 29th Power Sources Conf.*, Electrochemical Society, Pennington, NJ, June 1980.

32. F. Goebel, R. C. McDonald, and N. Marincic, "Performance Characteristics of the Minuteman Lithium Power Source," *Proc. 29th Power Sources Conf.*, Electrochemical Society, Pennington, NJ, June 1980.

33. D. V. Wiberg, "Non-Destructive Test Techniques for Large Scale Li/Thionyl Chloride Cells" *Proc. Int. Battery Seminar*, Boca Raton, FL, 1993.

34. P. G. Russell, D. Carmen, C. Marsh, and T. B. Reddy, *Proc. 38th Power Sources Conf.*, pp. 207–210 (1998), Cherry Hill, NJ.

35. E. Elster, S. Luski, and H. Yamin, "Electrical Performance of Bobbin Type Li/SO_2Cl_2 Cells," *Proc. 11th Int. Seminar Batteries*, Boca Raton, FL, March 1994.

36. S. McKay, M. Peabody, and J. Brazzell, *Proc. 39th Power Sources Conf.*, pp. 73–76 (2000), Cherry Hill, NJ.

37. C. C. Liang, P. W. Krehl, and D. A. Danner, "Bromine Chloride as a Cathode Component in Lithium Inorganic Cells," *J. Appl. Electrochem.* (1981).

38. D. M. Spillman and E. S. Takeuchi, *Proc. 38th Power Sources Conf.*, pp. 199–202 (1998), Cherry Hill, NJ.

39. H. Ikeda, S. Narukawa, and S. Nakaido, "Characteristics of Cylindrical and Rectangular Li/MnO_2 Batteries," *Proc. 29th Power Sources Conf.*, Electrochemical Society, Pennington, NJ, 1980.

40. T. B. Reddy and P. Rodriguez, "Lithium/Manganese Dioxide Foil-Cell Battery Development," *Proc. 36th Power Sources Conf.*, Cherry Hill, NJ, 1994.

41. X. Wang, J. Bennetti, M. Mathews, and X. Zhang, *Proc. 42nd Power Sources Conf.*, pp. 69–72 (2006), Philadelphia, PA.

42. Z. Pi and X. Zhang, *Proc. 42nd Power Sources Conf.*, pp. 65–68 (2006), Philadelphia, PA.

43. A. Morita, T. Iijima, T. Fujii, and H. Ogawa, "Evaluation of Cathode Materials for the Lithium/Carbon Monofluoride Battery," *J. Power Sources* 5:111 (1980), Elsevier Sequoia, Lausanne, Switzerland, 1980.

44. D. Eyre and C. D. S. Tuck, *Modern Battery Technology*, Sec. 5.3, C. D. S. Tuck (ed.), Ellis Horwood, New York, 1991.

45. R. L. Higgins and L. R. Erisman, "Applications of the Lithium/Carbon Monofluoride Battery," *Proc. 28th Power Sources Symp.*, Electrochemical Society, Pennington, NJ, June 1978.

46. T. R. Counts, *Proc. 38th Power Sources Conf.*, 143–146 (1998), Cherry Hill, NJ.

47. V. Z. Leger, U.S. Patent No. 4,327,166 (April 1982).

48. X. Wang, J. Mastroangelo, and X. Zhang, *Proc. 43rd Power Sources Conf.*, pp. 541–545 (2008), Philadelphia, PA.

49. P. Lam and R. Yazami, *J. Power Sources* **153**:354–359 (2006).

50. J. Whitacre et al., *J. Power Sources* **160**:517 (2006).

51. J. F. Whitacre et al., *Electrochem and Solid-State Letters* **10**:A166–A170 (2007).

52. R. Yazami, *25th International Florida Battery Seminar*, Ft. Lauderdale, FL, March 2008.

53. A. Webber, *Proc. 41st Power Sources Conf.*, pp. 25–28 (2004), Philadelphia, PA.

54. T. Iijima, Y. Toyoguchi, J. Nishimura, and H. Ogawa, "Button-Type Lithium Battery Using Copper Oxide as a Cathode," *J. Power Sources* 5:1 (1980), Elsevier Sequoia, Lausanne, Switzerland.

55. J. Tuner et al., "Further Studies on the High Energy Density Li/CuO Organic Electrolyte System," *Proc. 29th Power Sources Conf.*, Electrochemical Society, Pennington, NJ, June 1980.

第四部分B
蓄电池

第14章

铅酸电池

John Olson, Geoffrey J. May, Antonio L. Ferreira, George Zguris (荣誉撰稿人：Kathryn R. Bullock, Alvin J. Salkind)

本章献给 Detchko Pavlov 教授（1930—2017 年），他对铅酸电池的知识和技术做出了重大贡献。

14.1 概述

铅酸电池是涵盖多种不同电化学设计的电池，这些电池使用硫酸电解液、铅活性物质和铅板栅。人们使用铅酸电池已经超过一个世纪，它是最古老的二次电池，主要应用于电话系统、电动工具、汽车、移动通信设备、应急照明、风光电网系统，也应用于采矿设备和搬运设备的电源。由于铅酸电池具有很高的循环使用率、价格低廉、安全和耐久性（可靠性）高[1]、易得，因此该电池体系有多种类型与设计、外形尺寸和系统电压。

虽然铅酸电池技术被许多人认为是过时的，但仍然是最重要的蓄电池。铅酸电池针对市场新需求所做的创新和改进，远未停滞。铅酸电池几乎总是储能应用中最便宜的电池，且具有良好的性能和寿命特征。特殊结构铅酸电池的生产和使用持续增长，例如阀控式铅酸（VRLA）电池以及为新应用如启停混合动力汽车开发的富液增强型电池（EFB），这种电池是通过替代传统富液式铅酸电池的市场而发展起来的。铅酸电池仍然占据全球二次电池市场的最大份额，但是其市场占有率正在慢慢输给锂离子电池。铅酸电池具有完备的回收基础设施，具有可持续性，但是这种优势被铅金属的毒性所抵消，有毒的铅金属被许多人认为是对环境的威胁。实际上，通过正确使用和循环利用，铅酸电池对环境的污染是可以忽略的。

与其他电池体系相比，铅酸电池的主要优点和缺点见表 14.1。

表 14.1 铅酸电池的主要优点和缺点

优点	缺点
普通的低成本二次电池，既可以本地生产，也可以全球化生产，生产能力可高可低 可大量提供，具有多种尺寸和设计，从 1A·h 到几千安时（A·h） 良好的高倍率性能：适合于发动机启动 良好的高低温性能 用电效率：放出的能量和充入的能量相比，电池的转换效率超过 85%	中等的循环寿命：300~1500 循环次数① 有限的比能量：通常为 30~40W·h/kg 长时间的放电状态储存可能导致不可逆的电极极化（硫酸盐化） 难于制作成尺寸很小的电池 在某些设计下氢气的析出存在爆炸的危险（可以使用防爆装置来消除这种危险） 由于板栅合金的组分而引起锑化氢和砷化氢的析出，有害健康

优点	缺点
单体电压高;开路电压＞2.0V,是水溶液电解液电池体系中最高的 良好的浮充性能 荷电状态容易指示 对间断充电使用方式有良好的荷电保持能力(如果板栅采用高过电位合金) 可以设计成免维护型 与其他二次电池相比,成本较低 电池易于回收利用	电池或充电设备设计不良易导致热失控的发生

① 采用更新设计,可以达到 5000 次深循环。

铅酸电池型号、尺寸各异,容量可以从 1A•h 到 10000A•h。表 14.2 列出了目前市售的各种不同的铅酸电池的参数。

表 14.2　铅酸电池的类型和特征

类型	结构	一般用途
SLI(启动、点火、照明)	平板状涂膏极板,通常是免维护或者 VRLA① 结构	汽车、轮船、飞机、柴油车以及固定电源
牵引	平板状涂膏极板;管状和排管极板,VRLA	工业卡车(材料搬运)
车辆牵引	平板状涂膏极板;管状和排管极板;也包括混合结构,VRLA	电动车辆、高尔夫球车、混合动力车、矿车、载人车等
潜艇	管状极板;平板状涂膏极板	潜艇
固定型电池(包括能量储存型,如电荷储存、太阳光伏系统、负荷平衡)	普兰特极板②;曼彻斯特极板②;管状和排管极板;平板装涂膏极板;圆形锥体极板,VRLA	备用紧急供电系统;电话交换机;不间断电源(UPS),负荷平衡,信号系统
便携式	平板状涂膏极板,VRLA;卷绕电极;管状极板	消费和设备用:便携工具、电器、照明、紧急照明、广播、电视、警报系统等

① 为阀控式铅酸电池。

② 现在很少使用。

14.1.1　历史

第一只实用的铅酸电池是由 Planté（普兰特）在 1860 年发明的,尽管在此之前已经有人探讨过含有硫酸或者铅零件的电池[2]。表 14.3 列出了铅酸电池技术发展进步中的关键事件。普兰特电池是在两个长条形的铅箔中间夹入粗糙的布条,卷绕后将其浸入浓度为 10% 左右的硫酸溶液中制成的。早期的普兰特电池,由于其储存的电量取决于铅箔表面铅箔腐蚀转化为二氧化铅所形成的正极活性物质的量,所以电池容量很低。与此相似,负极的制作是通过在循环过程中使另一块铅条表面形成负极活性物质来实现的。该电池在化成过程中使用原电池作为电源。普兰特电池的容量在循环过程中不断提高,这是因为铅箔上的铅腐蚀产生越来越多的活性物质,而且电极面积也增加。在 19 世纪 70 年代,电磁发电机面世;与此同时,西门子发电机也开始装备到中央电厂中。铅酸电池通过提供负载平衡和平衡电力高峰而找到了早期的市场。这些电池在晚间充电,与前面所述现代负载平衡储能系统相似。

紧随着普兰特电池的首次开发,研究者进行了许多实验来提高电池的化成效率。另外,产生了在经过普兰特方法预处理的铅板上涂覆二氧化铅生成活性物质的方法。此后,人们将注意力转向了通过其他方法来保持活性物质,发展了如下两个主要技术路线:

① 在浇铸或者切拉的板栅上而不是铅箔表面涂覆铅膏,通过粘接作用(相互连接的晶体网络)来形成具有一定强度和保持能力的活性物质。这通常是指平板式极板设计。

② 管式电极设计。在管式极板中,极板中心的导电筋条被活性物质所包裹,极板外表面包裹着含有电解液的多孔绝缘套管,套管的形状可以是方形、圆形或椭圆形。

表 14.3　铅酸电池技术发展中的关键事件

先驱体系		
1836 年	Daniell	双液体电池:$Cu/CuSO_4/H_2SO_4/Zn$
1840 年	Grove	双液体电池:$C/$发烟 $HNO_3/H_2SO_4/Zn$
1854 年	Sindsten	用外电源进行极化的铅电极
铅酸电池发展		
1860 年	(Planté)普兰特	第一只实用化的铅酸电池,使用铅箔来形成活性物质
1881 年	Faure	用氧化铅-硫酸铅和制的铅膏涂在铅箔上制作正极板,以便增加容量
1881 年	Sellon	铅锑合金板栅
1881 年	Volckmar	冲孔铅板对氧化铅提供支持
1882 年	Brush	利用机械法将铅氧化物制作在铅板上
1882 年	Gladstone 和 Tribs	铅酸电池中的双硫酸盐化理论 $$PbO_2 + Pb + 2H_2SO_4 \underset{\text{充电}}{\overset{\text{放电}}{\rightleftharpoons}} 2PbSO_4 + 2H_2O$$
1883 年	Tudor	在用普兰特方法处理过的板栅上涂制铅膏
1886 年	Lucas	在氯酸盐和高氯酸盐溶液中制造形成式极板
1890 年	Phillipart	早期管式电池——单圈状
1890 年	Woodward	早期管式电池
1910 年	Smith	狭缝橡胶管,EXIDE 管状电池
1920 年至今		材料和设备研究,特别是膨胀剂、铅粉的发明和生产技术
1935 年	Haring 和 Thomas	铅钙合金板栅
1935 年	Hamer 和 Harned	双硫酸盐化理论的实验证据
1956~1960 年	Bode 和 Vose Ruetschi 和 Cahan Burbank Feitknecht	两种二氧化铅晶体(α 和 β)性质的阐明
20 世纪 70 年代	McClellan 和 Davit	卷绕密封铅酸电池商业化。切拉板栅技术;塑料/金属复合材料板栅;密封免维护铅酸电池;玻璃纤维和改良型隔板;单电池穿壁连接;塑料壳与盖热封组件;高质量比能量电池组(40W·h/kg 以上);锥状板栅(圆形)电池用于电话交换设备的长寿命浮充电池
20 世纪 80 年代		密封阀控电池;准双极性发动机启动电池;低温性能改善;当时世界上最大的 40MW·h 铅酸电池负载平衡系统(奇诺市,加利福尼亚)安装
20 世纪 90 年代		对电动车辆的兴趣再次出现;高功率应用的双极性电池应用于不间断电源、电动工具和备用电源、薄箔电池、消费用小型电池和供道路车辆用的电池
2009 年		发明了铅碳电池、用于微混合电动汽车的长寿型富液式电池;改善高倍率部分荷电状态(HRPSoC)放电性能的阀控式密封铅酸电池;应用于微混合电动汽车的具有启停功能的电池和双极性电池的应用

在活性物质的生成和保持方法方面发展的同时，也出现了可以增强板栅强度的新合金，如铅锑合金（Sellen，1881 年）、铅钙合金（Haring 和 Thomas，1935 年）[3]。19 世纪末出现了经济实用的铅酸电池技术，促进了之后的工业迅速增长。由于铅酸电池在设计、生产设备、制造方法、循环方式、活性物质利用和生产、支撑结构和部件，以及非活性件如隔板、电池壳和密封等方面的改善和提高，铅酸电池经济性和性能不断提高。铅酸电池的研发方向主要集中在不断增长的混合电动汽车领域。由 ALABC 资助的项目通过在活性物质中添加碳和其他添加剂改善了蓄电池的充电接受能力，提高了电池的高倍率部分荷电状态（HRP-SoC）性能。铅碳电池代表了先进铅酸电池的性能。

14.1.2　生产统计和铅酸电池的使用

目前铅酸电池的主要用途是汽车启动、照明和点火（参见 SLI 电池）。类似的用途在飞机、轮船、非道路车辆、农用车辆等也很普遍。随着车辆中装配电子设备的增多，所需的电池容量（A·h）逐渐增加。目前，常用的 12V 电池的容量约为 40～100A·h，质量约为11～45kg。按照冷启动电流测试标准，电池的倍率放电能力可以达到 900A 甚至更高。美国铅酸电池市场增长情况见表 14.4。汽车工业正在朝向更加绿色的方向前进。

表 14.4　美国铅酸电池市场增长情况①

年份	1960 年	1980 年	1991 年	1999①年	2016 年（估计）
SLI 电池 （原始设备与更换）	34	62	76	100	125
SLI 销售/美元	330	1675	2100	2700	5500
工业电池/美元	70	380	550	1015	1900
消费电子用电池/美元	1	55	100	150	100
总计/美元	400	2110	2750	3965	7500

① 单位以百万计，以生产商价格计算。电池价格受铅价格的影响。铅价格在 1978～2016 年间在 0.40～4.00 美元每千克之间变化（2016 年 12 月铅价格为 2.5 美元/kg）。

14.2　化学原理

14.2.1　一般特征

铅酸电池使用二氧化铅作为正极活性物质，高比表面积多孔结构金属铅作为负极活性物质。这些物质的物理和化学性质见表 14.5[4] 所示。通常，荷电的正电极同时包含 α-PbO$_2$（正交晶系）和 β-PbO$_2$（四方晶系）。α-PbO$_2$ 的平衡电极电位比 β-PbO$_2$ 高 0.01V，而且α-PbO$_2$ 具有更大的晶粒和更紧密的晶体结构，更弱的电化学活性和更低的比容量，但是有更长的寿命。这两种形式物质的组成都不具有完全的化学计量关系，它们的组成可以用PbO$_x$ 来表示，x 在 1.85～2.05 之间变化。正极活性物质用固化后的极板通过电化学方法形成，是影响铅酸电池性能和使用寿命的主要因素。通常，负极或铅电极决定着电池的低温性能（如发动机启动）。

表 14.5　铅和二氧化铅的物理和化学性质

性质	铅	α-PbO$_2$	β-PbO$_2$
分子量	207.2	239.19	239.19
组成		PbO$_{1.94～2.03}$	PbO$_{1.87～2.03}$

性质	铅	α-PbO₂	β-PbO₂
晶体形式	面心立方	正交	四方
晶格参数/nm	$a=0.4949$	$a=0.4977$ $b=0.5948$ $c=0.5444$	$a=0.491 \sim 0.497$ $c=0.337 \sim 0.340$
X射线密度/(g/cm³)	11.34	9.80	约9.80
实际密度/(g/cm³)	11.34	9.1~9.4	9.1~9.4
比热容/[cal/(℃·mol)]	6.80	14.87	14.87
比热/(cal/g)	0.0306	0.062	0.062
20℃下电阻率/μΩ·cm	20	约100×10³	
在4.4mol/L H₂SO₄ 中31.8℃条件下的电化学势/V	0.356	约1.709	约1.692
熔点/℃	327.4		

注：1cal=4.1868J。

电解液在充电状态下是相对密度为 1.28 或质量分数为 37% 的硫酸溶液。电池放电时，两个电极的活性物质均转变为硫酸铅；充电时，反应向逆反应方向进行。

负极
$$\text{Pb} \underset{\text{充电}}{\overset{\text{放电}}{\rightleftharpoons}} \text{Pb}^{2+} + 2e^-$$

$$\text{Pb}^{2+} + \text{SO}_4^{2-} \underset{\text{充电}}{\overset{\text{放电}}{\rightleftharpoons}} \text{PbSO}_4$$

正极
$$\text{PbO}_2 + 4\text{H}^+ + 2e^- \underset{\text{充电}}{\overset{\text{放电}}{\rightleftharpoons}} \text{Pb}^{2+} + 2\text{H}_2\text{O}$$

$$\text{Pb}^{2+} + \text{SO}_4^{2-} \underset{\text{充电}}{\overset{\text{放电}}{\rightleftharpoons}} \text{PbSO}_4$$

总反应
$$\text{Pb} + \text{PbO}_2 + 2\text{H}_2\text{SO}_4 \underset{\text{充电}}{\overset{\text{放电}}{\rightleftharpoons}} 2\text{PbSO}_4 + 2\text{H}_2\text{O}$$

如上所述，正负极电极反应适用于溶解-沉积机理而不是固态离子传递或者膜形成机理[4]。由于电解液中的硫酸在放电过程中被消耗而产生水，所以电解液是一种活性物质，因而在特定的电池设计中也是一种限制容量的活性物质。电解液限制容量是阀控式铅酸电池设计中非常重要的因素。

当接近满充电状态时，PbSO₄ 转化为 Pb 或者 PbO₂，充电状态下的电池电压高于析气电压（约每单体 2.39V）并开始发生过充电反应，产生氢气和氧气，从而造成水的损失。

负极
$$2\text{H}^+ + 2e^- \longrightarrow \text{H}_2$$

正极
$$\text{H}_2\text{O} - 2e^- \longrightarrow 1/2\text{O}_2 + 2\text{H}^+$$

总反应
$$\text{H}_2\text{O} \longrightarrow \text{H}_2 + 1/2\text{O}_2$$

充放电过程中铅酸电池的一般性能特征曲线如图 14.1 所示。当电池放电时，由于活性物质的消耗，内阻的损耗和极化使电池的电压降低。如果恒流放电，负载电压平滑地逐步降低到终止电压，电解液的密度按照放出的容量成比例降低。

对正电极或者负电极性能的分析，可以通过测量电极和参比电极之间半电池的电压进行。图 14.2 是使用镉电极作参比电极的示意。

电解质相对密度的选择取决于使用条件和使用要求（见 14.3.10 节）。为了满足离子电导和电化学反应的需求，电解质的相对密度必须足够高，但是又不能太高，以防止隔板降解和电池其他部件腐蚀而缩短寿命并增加自放电率。在高温条件下，电解质的相对密度会下

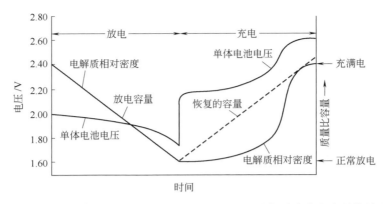

图 14.1　以恒流放电和充电时铅酸电池的电压、电解质密度和容量的关系

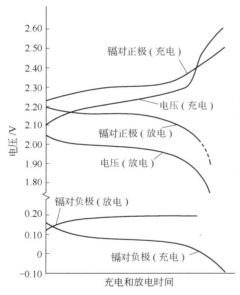

图 14.2　铅酸电池的充放电曲线[5]

降。在放电过程中，电解质的相对密度随着放出容量的多少成比例降低（表 14.6）。因此，电解质相对密度可以成为一种检测电池荷电状态的方式。同样在充电过程中，电解质相对密度的变化与电池接受的容量成比例变化。但是，电解质相对密度的变化有一定程度的滞后，这是因为电解质的完全混合要等到接近满荷电状态，电池开始析气后才能完成。

表 14.6　不同设计的铅酸电池在不同荷电状态下的电解质相对密度[①]

荷电状态	相对密度			
	A	B	C	D
100%（满荷电状态）	1.330	1.280	1.265	1.225
75%	1.300	1.250	1.225	1.185
50%	1.270	1.220	1.190	1.150
25%	1.240	1.190	1.155	1.115
放电状态	1.210	1.160	1.120	1.0

① 按不同的设计电解质相对密度在全充放电状态之间变化，可有 100~150 个点的区间；A 为电动车电池；B 为牵引电池；C 为 SLI 电池；D 为备用电池。
注：假设为富液式电池。

14.2.2　开路电压特征

对于铅酸电池，开路电压是温度和电解液浓度的函数，如 Nernst 方程所示：

$$E = 2.047 + \frac{RT}{F} \ln \left[\frac{a(H_2SO_4)}{a(H_2O)} \right]$$

由于电解液浓度的变化，Nernst 方程中 H_2SO_4 和 H_2O 的相对活度也发生了变化。25℃条件下开路电压与电解质相对密度的关系见图 14.3。由图可以看出，电解质相对密度在 1.10 以上时有相当好的线性关系，而在较低浓度下则出现较大的偏差。电池开路电压也受到温度的影响，其温度系数曲线如图 14.4 所示。电解液浓度大于 0.5mol/L 时，dE/dT 为正，电池的开路电压随着温度的增加而增加；而在 0.5mol/L 以下时，温度系数为负。大部分铅酸电池在 2mol/L H_2SO_4（相对密度 1.120）条件下使用，具有约 +0.2 mV/℃ 的温度系数。

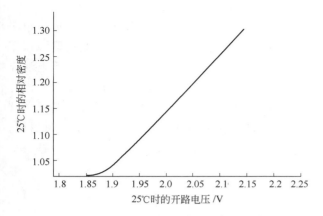

图 14.3　铅酸电池的开路电压与电解液
相对密度的关系

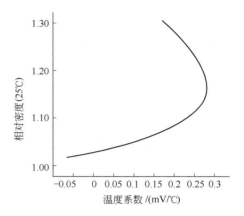

图 14.4　铅酸电池的开路电压温度系数
与电解质相对密度的关系

14.2.3　极化和阻抗损失

电池放电时，负载电压低于开路电压。电池的热力学稳定状态是放电状态。必须做功（充电），才能使电池的电化学反应平衡向着正极中的 PbO_2 和负极中的 Pb 方向进行。因此，给铅酸电池充电的电压必须高于电池开路时的 Nernst 电压。

充放电过程中的电压偏离是电阻损耗和极化损耗造成的。这些损耗可以通过间歇性放电来进行测量。放电停止后的几秒钟到几分钟内，可以通过欧姆定律（$\Delta E/\Delta I = R$）来估算 IR 电阻损耗。而对极化的测量则需花费几个小时，这是因为电池内部电解液需要通过扩散重新达到平衡。当然，也可以用交流阻抗法测量电池极化。参比电极法测量电池极化会更加简便。由于氢气饱和铂黑参比电极不适合用于铅酸电池极板的测量，所以需要使用其他硫酸盐参比电极，关于参比电极的综述忽略了几种非常实用的硫酸盐电极[6]。到目前为止，维护电池通常使用的参比电极是镉棒，但是镉棒稳定性不是很好，变化量约为 ±20mV/d。汞-硫酸亚汞电极是一种稳定而且容易买到的参比电极。此外，已经有人申请一种新颖的 Pb/H_2SO_4/PbO_2 参比电极专利[7]。该电极可以通过直接充放电来测量电池极化，而且测量时不需要考虑电动势的温度系数。放电开始和放电终止时的极化电压通常是 50 至几百毫伏，电池容量受放电过程中最大极化极板（正极或者负极）的控制。当两个极板的极化大体相同时，容量的限制因素就是电解液中硫酸的含量，而不是极板中 Pb 和 PbO_2。在充电过程中，极化是一个非常好的衡量正极和负极荷电状态的手段，当极板重新充电并且自由析气时，极化电压会稳定在某个值。

14.2.4　自放电

铅酸电池的自放电率［在无外部负载时电池容量（电荷）的损失］适中，不过可以通过特定的设计来减小自放电率。

自放电率的大小取决于几个因素。在铅酸蓄电池中，水在热力学上是不稳定的，开路时可能会发生电解。正极产生氧气，负极产生氢气。电池的自放电率取决于温度和电解液浓度（随着电解液浓度的提高析气速率加快），反应式如下：

$$PbO_2 + H_2SO_4 \longrightarrow PbSO_4 + H_2O + \frac{1}{2}O_2$$

$$Pb + H_2SO_4 \longrightarrow PbSO_4 + H_2$$

对于大部分正极，通过自放电生成 $PbSO_4$ 的速度很慢，在 25℃ 条件下，通常远小于 0.5%/d。当负极板被催化金属离子污染时，会加速自放电。例如，正极栅板通过腐蚀作用损失的锑可以扩散到负极，并在那里沉积，从而加速氢气的形成。使用铅锑栅极的新电池在 25℃ 下每天会损失约 1% 的电量，但随着电池老化，电量损失会增加 2~5 倍。使用无锑合金制作的电池，其自放电率小于 0.5%/d，见图 14.5（a）[8]。对于免维护电池和电荷保持型电池，必须使用低锑或无锑合金（如铅钙合金）板栅可使电池的自放电率达到最小。然而，由于锑在电池中的其他有益作用，完全消除锑可能效果并不理想，因此使用低锑合金是一个实用的折中方法。

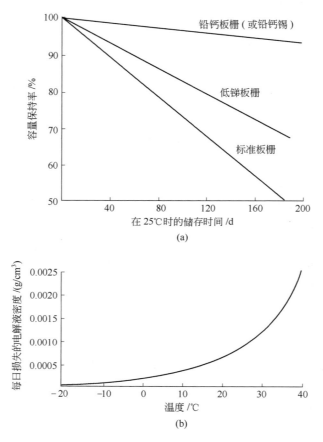

图 14.5　在 25℃ 储存时的容量保持率（a）[8]，以及使用含有 6% 锑的板栅并充满电的铅酸电池每日损失的电解液密度与温度的关系（b）[9]

铅酸电池自放电和温度的关系见图 14.5（b）[9]。图中给出了使用含锑 6% 的铅锑合金板栅制作的新的满荷电状态电池的每日电解液密度下降情况。因此，可以通过将电池储存在 5~15℃ 的环境下来减小电池的自放电率。

14.2.5　硫酸的特征和性质

铅酸电池使用硫酸作为电解液，其主要的性质和特征见表 14.7。不同浓度电解液的凝固点见图 14.6。电解液的凝固点随着电解质密度的变化而有很大的变化。因此，在设计电池时必须确保当电池置于预期的寒冷环境时电解液不会凝固。否则，就需要将电池隔热或加热，以便使电池温度能够维持在电解液凝固点以上。

表 14.7 硫酸溶液的性质[①]

相对密度		温度系数	H₂SO₄ 浓度			凝固点	电化学当量
15℃	25℃	α	质量分数 /%	体积分数 /%	物质的量浓度 /(mol/L)	/℃	（每升酸） /A·h
1.00	1.000	—	0	0	0	0	
1.05	1.049	33	7.3	4.2	0.82	—	22
1.10	1.097	48	14.3	8.5	1.65	7~7.7	44
1.15	1.146	60	20.9	13.0	2.51	−15	67
1.20	1.196	68	27.2	17.7	3.39	−27	90
1.25	1.245	72	33.2	22.6	4.31	−52	115
1.30	1.295	75	39.1	27.6	5.26	−70	141
1.35	1.345	77	44.7	32.8	6.23	−49	167
1.40	1.395	79	50.0	38	7.21	−36	
1.45	1.445	82	55.0	43.3	8.2	−29	
1.50	1.495	85	59.7	48.7	9.2	−29	

① 对于计算任何温度下的电解液相对密度，可采用公式 $SG(t/℃)=SG(15)+\alpha\times10^{-5}(15-t)$。

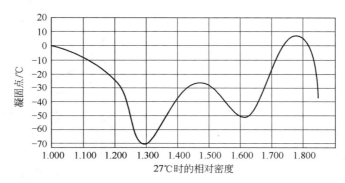

图 14.6 不同相对密度下硫酸溶液的凝固点

图 14.7 给出了不同浓度硫酸电解液在不同温度 （−40~40℃）下的电阻率。

对照凝固点数据，从表 14.6 中可以看出，A 型满荷电状态电池的电解液在 −30℃ 下凝固，而 D 型电池则在 −5℃ 条件下凝固，这是在设计电池及壳体时必须考虑的因素。在正常环境下使用的蓄电池的电解液相对密度约为 1.26~1.28。相对密度较高的电解液会损害隔板和其他部件；相对密度较低的电解液容易导致部分荷电电池的导电能力不足和低温环境下电解液凝固。在高温的环境下使用的电池可以采用较低的相对密度，有大量电解液的备用电池和没有高倍率放电要求的电池也可以采用较低相对密度的电解液，电解液的相对密度可以达到 1.21。

图 14.8 给出了使用浓硫酸制备各种相对密度硫酸溶液的方法。

14.2.6 VRLA 氧气复合循环

尽管 VRLA 电池的设计和结构和富液式电池不同，但它的化学反应和传统铅酸电池却是一样的。VRLA 电池的独特之处在于，电池内在正常过充电倍率下在正极上产生的氧气大部分都在负极再复合（氧循环）。为了减少气体发生的反应，VRLA 电池的板栅经常使用高纯铅为原料的铅锡合金制造。在方形电池设计中，通常会采用铅钙锡合金制成的强度更好的板栅，不能采用在传统蓄电池中使用的铅锑合金。高纯铅使过充电过程中产生的氢气最小化，并且减少了搁置期间的自放电率。在氧循环过程中，由于氧气的优先还原，氢气的产生最小化。VRLA 电池必须在通风的场所使用，因为通过压力释放阀或塑料外壳仍会有少量氢气、二氧化碳和氧气析出。

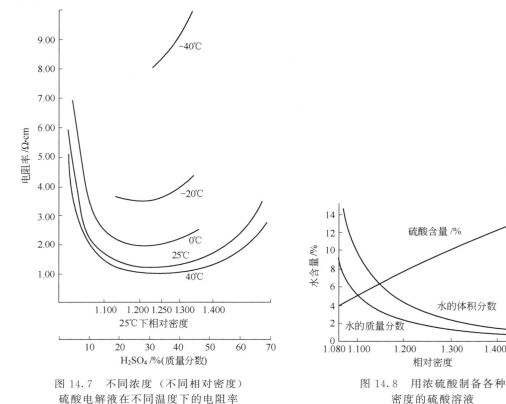

图 14.7　不同浓度（不同相对密度）
硫酸电解液在不同温度下的电阻率

图 14.8　用浓硫酸制备各种
密度的硫酸溶液

有 H_2SO_4 存在的条件下氧气将在负极板上根据其扩散到铅表面的速度发生反应：

$$Pb+HSO_4^-+H^++\frac{1}{2}O_2 \underset{充电}{\overset{放电}{\rightleftharpoons}} PbSO_4+H_2O$$

在富液式铅酸电池中这种气体扩散是一个极其缓慢的过程，并且事实上几乎所有的 H_2 和 O_2 都从电池逸出而不是复合。在 VRLA 电池中紧密相间的极板被超细玻璃纤维组成的多孔隔膜分隔。电池壳中的电解液刚好能够包裹所有的极板表面和隔膜中独立的玻璃束，因此创造了贫液条件。这为极板气体的均匀传输创造了条件，可促进复合反应。关于 VRLA 化学动力学的讨论可在文献[11]中查到。

在 VRLA 电池中，减压阀保持一定的电池内压，使电池壳内气体保持足够长的时间，从而有助于气体复合反应。其净结果是，水不是从电池中释放出来，而是在电化学循环中抵消超过活性物质转化所需的多余的过充电电流。因此，电池可以过度充电，以充分转换几乎所有的活性物质，而不损失大量水分。

14.3　富液式铅酸电池——结构特征、材料和制造方法

铅酸电池由几个主要部件构成。图 14.9 是汽车用 SLI 电池结构的剖面。如 14.8～14.10 节所述，各种用途的电池结构大体相似。电池的不同应用决定了电池的设计、尺寸、质

量和使用材料。

在典型的铅酸电池中,铅制部件占总质量的60%以上。图14.10给出了几种类型铅酸电池部件的质量分析结果。

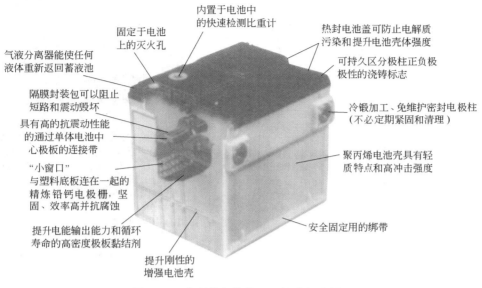

图 14.9 典型的免维护 SLI 铅酸电池剖面

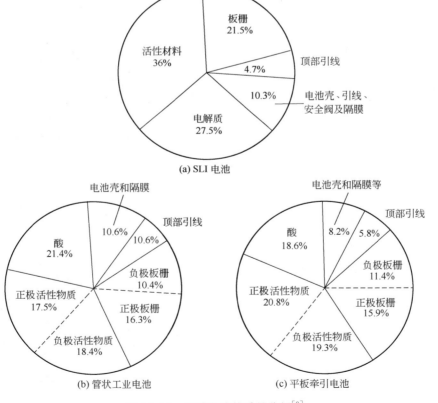

图 14.10 铅酸电池的质量分析[9]

电池部件按照图 14.11 所示的流程进行加工和生产。最主要的原材料是纯铅[12]。铅用来制造合金(之后制造成板栅)和铅膏铅粉(随后转化为浆料,并最终转化为二氧化铅 PAM[图 14.11(a)]和海绵状铅 NAM)。铅用于生产合金(随后转化为栅极)和生产铅氧化物。

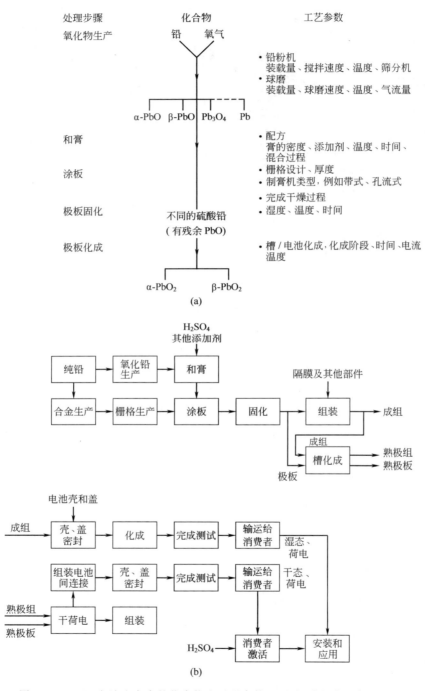

图 14.11 SLI 电池生产中的化合物和过程参数(a)和铅酸电池生产流程(b)

汽车用 SLI 电池主要由拥有大量自动化设备的大型工厂生产。许多现代化工厂具有每天 10 万只电池的生产能力。通常,自动化工厂的雇员少于 500 人,包括各种层级的人员。环保、可靠性和成本方面的原因,促进了电池生产的自动化进展。

14.3.1 合金制备

纯铅一般不适合用于板栅材料。但是某些特殊电池需要使用纯铅制作的极板,例如很厚的普兰特极板或涂膏式极板电池、某些小型的卷绕电池、阀控式电池(见 14.4 节)以及圆柱形电池(见 14.10.2 节)等[13]。

一般通过向纯铅中加入金属锑的方法来提高极板硬度。锑的添加量一般为 5%~12%(取决于材料生产的难易程度和锑的价格)。典型的现代合金,特别是适合于深循环的合金一般含有 2%~6%的锑。板栅合金的发展趋势是进一步减少锑含量至 1.5%~2%,这样可以减少维护(加水)。当锑含量降到 4%以下时,需要加入其他元素来减少制造缺陷和脆性。这类材料包括硫黄、铜、砷、硒、碲以及这些材料的混合物等,它们可以作为晶体细化剂,有助于减小铅晶粒的尺寸[14-16]。

除上述晶体细化剂外,一些合金元素可以对板栅生产或者电池性能带来或坏或好的作用。有益的元素如锡,它能与锑、砷协同改善金属的流动性和浇铸性能。一般认为,银和钴也能够提高板栅抗腐蚀性能。有害的元素包括铁(会造成铅渣的增加)、镍(影响电池的运行)、锰(对纸质隔板有害)等。镉已经应用在板栅合金中以提高含锑合金板栅的可加工性,使锑的有害作用降到最小。但是,由于镉的毒性以及铅回收过程中难以去除等原因,并没有得到广泛应用。铋存在于许多铅原矿中,没有显著的有害影响。

另外一类使用钙等碱土金属元素作为硬化剂的铅合金也已经开发出来。这种合金最初是为通信系统用电池而开发的[3,17]。在电池运行过程中,正极的锑会溶解并迁移到负极形成沉积,导致析气量增加和水的损失。对于通信系统用的电池,需要采用更稳定工作的电池,并且降低加水的频率。这类合金的组成取决于板栅的生产过程,钙含量通常为 0.03%~0.20%;对于抗腐蚀合金,钙含量在 0.03%~0.06%范围内比较好。锶可以作为钙的代替元素使用。人们对钡合金也进行了研究,但是通常认为它是对电池有害的。锡也应用于铅钙合金中来提高合金的力学性能和抗腐蚀性能,通常锡含量为 0.25%~2.0%,正极板栅的锡含量更高一些。合金中加入少量的铝用于减缓熔融铅液中碱土金属元素(钙或锶)的烧损速度。晶粒细化作用由碱土金属元素来完成,加入银可能提高正极板栅的抗腐蚀性能。不同铅合金的性质汇总于表 14.8[14]。

14.3.2 板栅制造

板栅生产方法主要分为两大类,几乎涵盖了所有现代生产方法。但是,另外两种生产技术将来可能会变得更为普遍(表 14.9)。

板栅的作用是支撑活性物质,以及在活性物质和端子之间传导电流。有时,通过构造方法或在极板外部进行各种包裹,可以获得额外的机械支撑。有人已经研究了用铅以外的物质作为导电体的可能性,有些具有比铅更好的导电性(如铜、铝、银等)。但是,这些替代金属在硫酸电解液中不具有抗腐蚀性能,而且价格都比铅合金高。也有人研究了钛作为导电材料的可能性:在经过特殊表面处理后会被腐蚀,但是钛的价格非常昂贵。在一些潜艇电池中使用铜板栅作为负极材料。

表14.8　铅合金性质

20 世纪 70 年代的合金

性质	传统含锑	低锑合金	浇铸 PbCaSn 0.1Ca,0.3Sn	浇铸 PbCaSn 0.1Ca,0.7Sn	PbSrSnAl	PbCdSb	机加工 PbCaSn 0.065Ca,0.7Sn
最终抗张强度/MPa	38~46	33~40	40~43	47~50	53	33~40	60
拉伸百分率	20~25	10~15	25~35	20~30	15	25	10~15

性质	传统含锑浇铸	低锑合金浇铸	铅钙浇铸	铅锶浇铸	铅锶铝浇铸		铅钙锡(第一代)
板栅生产的难易程度	良好	适宜	适宜	适宜~良好	适宜		良好
力学性能	良好	适宜	适宜~良好	适宜~良好	适宜		良好
抗腐蚀性能	适宜	适宜	良好	良好	适宜		良好
电池性能	不好	适宜	良好	良好	良好		适宜~良好
经济性	良好	良好	适宜	不好	适宜		适宜~良好

20 世纪 80 年代和 90 年代合金

性质	浇铸合金				机加工合金				浇铸和锻造
	PbCaSn 0.1Ca,0.3Sn	PbCa 0.1Ca	PbCaSn 含Al	PbCa 含Al	PbCaSn 0.065Ca,0.3Sn	PbCa 0.065Ca,0.3Sn	PbCa 0.075Ca	低锑 2.5%~3.0%Sb	Pb 0.01~1.5Sn
最终抗张强度/MPa	40~43	37~39	40~43	37~39	43~47	47	43	37~40	
拉伸百分率	25~35	30~45	25~35	30~45	15	15	25	25~40	

性质	浇铸合金		机加工合金		
	低锑 PbCaSn 0.1Ca,0.3Sn	铅钙 PbCa 含Al	机加工低锑	机加工 PbCaSn(第二代)	Pb
板栅生产的难易程度	适宜~良好	良好(含Al)	良好	良好	
力学性能	适宜	适宜~良好	良好	良好	
抗腐蚀性能	适宜	良好	适宜~良好	良好	电导率和腐蚀性能接近纯铅
电池性能	适宜~良好	良好	适宜	适宜~良好	
经济性	良好	良好(低Sn)	良好	良好	

注：表中给出的合金成分为质量分数。

表 14.9　板栅生产技术

开合型模具铸造	切拉
重力浇铸	渐进模切拉
注射模(压铸)	精确切拉
机械加工法(普兰特极板,曼彻斯特极板)	旋转切拉
连续浇铸,桶形模浇铸	
连续浇铸,锻压切拉,浇铸切拉	对角线/裂缝切拉
浇铸	冲孔
运转	复合材料

　　通常的板栅设计为矩形框,有一个小极耳用于汇流和连接。通常浇铸板栅的特征是外部边框粗大和内部横纵筋条细小。在一些板栅设计中,靠近极耳的位置逐步变宽;内部的筋条也逐步变化。最近在板栅结构上的变化是放射状板栅的出现,竖筋条被指向极耳的放射状斜筋条(图 14.12)代替,这样可以增加板栅导电性。放射状板栅进一步优化成在塑料边框中嵌入斜筋条导电体的复合材料板栅,这种复合材料板栅如图 14.13 所示。在圆柱形电池的板栅设计中(图 14.14)集成了同心和放射状的筋条[18]。板栅极板从 1970 年商业化生产开始,到目前仍然在大部分电池中使用。平衡式正极板栅的设计见图 14.15[19]。

(a) 传统的浇铸板式板栅

(b) 辐射状板栅

图 14.12　铅酸电池浇铸板栅

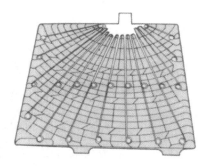

图 14.13　辐射状复合导电板栅
(具有轻质坚固塑料骨架的栅板
复合了斜向导电膜)

图 14.14　圆柱状平衡正极设计
考虑了板栅的腐蚀、生长,并提升了与活性
物质相接触的板栅的维护性,这种概念也被
考虑进了方形板栅结构的设计中;来源于 AT&T

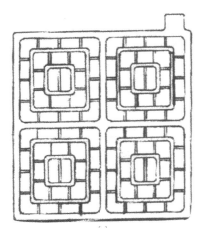

图 14.15 平衡方形正极板栅设计[19]
增加了活性物质的接触，也解决了
方形电池中板栅的腐蚀和生长

使用开合模具生产板栅占据了板栅生产历史的很长时间。在铁块（球墨铸铁 Meehanite®）上铣出板栅外框和筋条的形状。合模后，模中充满了足够板栅体积的铅液，然后用小铲子从模口中取出浇铸的板栅，最后通过切割或者冲压操作去掉多余部分。可以利用在循环铅合金液体中的铅勺或者非循环铅合金流中的阀门或者手工勺将铅合金倒入模中。对开合型模具进行改进，就变成板栅合金注射模或者压铸模具。在这种情况下，通过高压将铅合金注射到模具中。根据合金的性质，注射模具可以达到很高的生产速度（图 14.16、图 14.17）。

普兰特板栅生产方式是对铅带/块的机械处理。传统制造法通过在厚的铅板上刻槽来增加表面积或者往浇铸好的孔中塞入用铅箔卷曲而成的铅簇。通过对普兰特式或曼彻斯特式板栅进行电化学方法处理形成最终极板（图 14.18）。

图 14.16 Wirtz 220C 型全自动铸板机
（图片提供：Wirtz 制造公司）

第三种板栅生产方法是通过雕刻的圆形辊模进行圆辊连续浇铸。圆辊连续浇铸是一种高速浇铸方法，据报道可以达到每分钟 150 片的生产速度。连续浇铸的板栅并不是中心平面轴对称，需要额外的涂膏来保证活性物质稳定在正确的位置。

第四种板栅生产方法是对加工的或者浇铸的铅带进行切拉。这是一种更好的 SLI 电池板栅生产方式，正在迅速取代开合型模具。这种板栅的优势在于：单位电池具有更小的板栅质量；通过最少的设备投资可以生产各种不同尺寸的板栅，达到非常高的生产能力（可以达到 600 片/min），并具有非常好的一致性。铅钙锡合金（图 14.19）较多使用这种方法。铅带是通过对铅合金板进行一系列机械加工而得到的，然后铅带被分割成电池生产商要求的宽度。在加工过程中，铅合金的厚度减小而强度增加。最近，铅带冲孔技术发展起来，该技术在板栅设计方面有很多优点，能够改善电池性能。

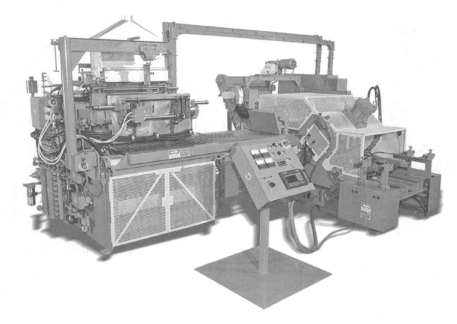

图 14.17　450C 型 Wirtz 工业网格铸造机
（图片提供：Wirtz 制造公司）

(a) 普兰特极板

(b) 曼彻斯特极板

图 14.18　普兰特和曼彻斯特极板

　　已经有生产商开发了用合金带切拉生产板栅的设备并且投入了生产。目前有四种机械加工办法：渐进模切拉、精确切拉、旋转切拉、对角线/裂缝切拉。其中，渐进模切拉在四种方法中应用最广泛，但是旋转切拉技术也很重要。连续鼓形浇铸法生产汽车电池板栅正在挑战传统的切拉法，是目前汽车电池中生产铅钙锡合金负极板栅最先进的方法。

　　对于任何一种板栅生产办法，铅酸电池工厂都可能需要为极板、单体间连接、与外部设备连接而生产的小型零部件。这些小零件通常是在固定模具中浇铸，有时也使用模具嵌件，使同一个模具能够生产不同的零件。较新的电池生产方法通常在电池组装过程中自动形成这些不同的连接件。

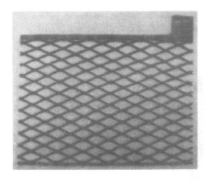

图 14.19　铅酸电池用切拉加工板栅

14.3.3　铅粉（氧化铅）生产

铅用来制造板栅的同时也用来制造活性物质。铅必须是高纯铅（通常用原铅）以免引入对电池有害的杂质。这种铅在 ASTM B29 标准中被列为腐蚀级铅[12]。铅可以通过两种方式制备成氧化物：巴顿釜法或球磨机法[20]。用巴顿釜加工铅粉的过程如下：熔融铅液的细流在锅状加热器中循环流动，打碎形成的细小的铅滴或颗粒与空气中的氧气发生反应，在液滴的表面形成氧化层，从而生成铅粉。典型的巴顿釜生产的铅粉大约有 $15\% \sim 30\%$ 的游离铅存在于每一个球形氧化铅颗粒的中心。巴顿釜有各种不同的型号，最大的可以达到 1000kg/h 的生产能力。

球磨机包括很多操作步骤：将铅块放入转筒中，铅块之间的摩擦生成了大量细小金属颗粒。这些金属颗粒被吹进来的空气氧化，同时空气还把铅粉吹到集粉仓中。这种铅粉机的进料可以从小于 30g 的小铅块到大约 30kg 的铅锭。典型球磨机生产的铅粉也含有大约 $15\% \sim 30\%$ 的游离铅，存在于被氧化铅层包裹的扁平铅颗粒中。

一些电池正极板中使用红铅（Pb_3O_4）作为添加剂，红铅的电导率远高于 PbO，可以促进化成过程中 PbO_2 的生成。红铅可以通过把氧化铅在空气流下烘烤制得，该过程可以减少游离铅的含量并增加氧化物颗粒的尺寸。其他一些铅氧化物和含铅化合物也曾用来生产电池极板，但是只具有历史意义[29]。朗讯科技（前贝尔实验室）使用四碱式硫酸铅（$4PbO \cdot PbSO_4$）制作蓄电池正极板，这种物质是 $\alpha\text{-}PbO_2$ 的前身。这种极板红铅含量高达 25%，有利于极板的电化学化成过程。

14.3.4　铅膏生产

为了能够附着在板栅上，氧化铅粉需要转变为具有可塑性的膏状材料。这可以通过铅粉、水和硫酸溶液在和膏机中搅拌混合制备。和膏机主要有三种类型：换罐搅浆机或小型搅拌机、辊式和膏机、竖向辊式和膏机。最常用的和膏机是小型搅拌机。将事先称量过的铅粉倒入混合槽中，先加水，然后加入硫酸溶液。如果有干的添加剂，需要在加水之前添加到铅粉中。这些添加剂包括增加干极板机械强度和电性能的塑料改性玻璃纤维，维持电池使用过程中负极板孔隙率的膨胀剂，碳（特别是长寿型富液 SLI 电池）或者其他能够简化操作过程的添加剂，以及能够改善电池性能的添加剂。

辊式和膏机通常需要先添加水性组分，然后加入铅粉，最后加入酸。在混合过程中，通过测量和膏机电机的消耗功率可以知道，铅膏的黏度先增大后减小。由于硫酸与氧化铅间的反应使铅膏发热，所以必须通过和膏机夹层冷却或者及时去除蒸汽的方法来控制铅膏温度。使用不同的和膏机，相同量的铅粉所需要的水量和酸量不同，这也取决于极板的用途：SLI 电池极板通常具有较低的 $PbO : H_2SO_4$ 比例，酸越多，极板的密度越低。添加剂、电解液的总量、所使用的和膏机最终会影响铅膏的一致性（黏度）。通过用半球状量杯测量铅膏的表观密度和用贯入仪测量铅膏的黏度的方法来控制铅膏的质量。在制造先进的长寿型富液式蓄电池所用的铅膏时，所需要的碳添加剂比例较高，由于碳材料密度较低，铅膏的表观密度降低。因此，当使用碳添加剂时，需要重新设定铅膏的表观密度标准。

还可以使用连续和膏机。这种和膏机适用于所有类型的铅酸蓄电池。该和膏机能够在和膏过程中使纤维和添加剂（如碳）均匀分散，避免了纤维的聚集，同时也解决了造成生产线停顿的涂膏问题。该机器和膏的典型流程如图 14.20 所示。

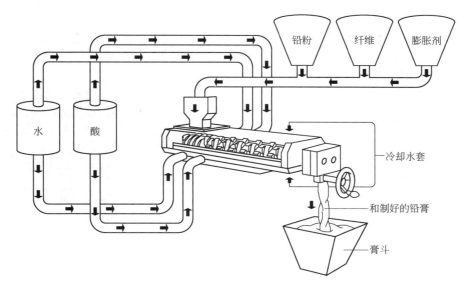

图 14.20　和膏的典型流程

14.3.5　涂膏

涂膏是将铅膏附着在板栅上形成电池极板的过程。该过程是一个挤压过程，即用手铲或者机器将铅膏挤压到板栅上的过程。目前有两种涂板机可以使用：固定孔涂板机，将铅膏同时挤压到板栅两面的双面涂膏机；带式涂膏机，将铅膏从涂膏带上方的膏斗挤压到板栅上的涂膏机。带式涂膏机的涂膏量可以通过涂膏带-涂膏带的间距和漏斗出口处铲子（压滚或者橡胶压滚）的类型进行调整。使用同样的铅膏和板栅，铲状滚涂的涂膏机比橡胶压滚的涂膏机制备的涂膏更厚，密度更高。这两种方式制备的极板，铅膏中的水被挤到带子上，最终引入机器中或机器附近的收集槽中，成为后续批次负极铅膏制备中的液体。

板栅通过自动或者手工的方式放到涂膏带上，并移动到涂膏漏斗下。大部分小尺寸极板在底部（浇铸板栅）或者极耳边缘（锻压切拉板栅）被制作成双联式或者不同数量板栅的阵列。大部分涂板机的涂膏带宽度为 35～50cm，可以用来涂这种双联式的板栅。工业备用电池或牵引电池（这类电池更大），可以长度方向进入涂膏机或者进行手工涂板。极板涂完以后，挂起或者层叠放置进行固化。极板层叠放置可能互相粘接，因此在叠放之前，需要通过高温干燥窑或热压轴进行快速干燥。燃烧过程中产生的二氧化碳可能被吸收到极板表面，使极板较硬。快速干燥过程也有助于固化开始阶段的反应。厚极板在经过快速干燥之后，以长边向上的方式悬挂在架子上，而不是层叠水平放置在台子上。机加工切拉板栅和连续浇铸板栅在涂膏生产线上用分切机被分割成小的极板。一些生产商也在同一机器上将极耳上的铅膏和氧化物刷干净。

在欧洲，许多高负荷的电池正极板制造采用多孔排管方式，但是这种方法在美国很少采用（图 14.21）。这种板栅采用浇铸或者压铸的方法制造，由许多连接在横梁和极耳上的带有侧翅的筋条排列组成［图 14.21（b）］。这些筋条被放入无纺排管中，然后加入流体状的铅膏直到溢出。偶尔也使用纺织纤维管或者玻璃纤维管，但是使用无纺排管更常见。本章

14.3.7节对不同排管的典型性能进行了比较。最后，将塑料封底塞入管子的开口端，使这些塑料封底成为极板的底部。

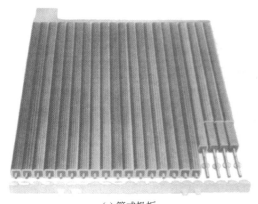

(a) 管式极板　　　　　　　　　　　　　　　(b) 排管式极板

图 14.21　管式和排管式极板

14.3.6　固化

固化过程可以使铅膏转化成粘接在一起的多孔活性物质，有助于活性物质和板栅之间相互连接。固化过程中，游离铅被氧化，形成极板的物理化学结构，使极板能够在后续的制造过程中有效地取用和操作。此外，该过程也决定了电池的电性能。根据铅膏的组成和电池的使用方式[21-22]，有几种固化方法可供选择。

SLI电池的典型固化方法是"湿固"，在低温、高湿环境下固化24～72h。最适宜的固化温度是25～40℃；在快速干燥的极板中，通常含有8%～20%的水分。通常使用帆布、塑料布或者其他材料覆盖极板来保持湿度和温度。有些生产商使用密封的固化房来保持湿热的环境，这些固化房安装了加热装置。在极板固化的过程中，到达峰值温度后，温度和湿度下降。极板在湿固环境下通常会产生三碱式硫酸铅，具有很高的体积比能量。对于电池制造商来说，极板固化的一致性非常重要。添加剂可能影响固化的一致性，如涂膏玻璃微球。图14.22中的极板具有非常好的固化一致性[21]。不使用晶种时，玻璃微球添加剂可以阻止四碱式氧化铅的生成。

添加剂可以显著影响固化效果。添加0.5%～2.0%的H&V改性铅膏添加剂（PA-10-6™）[23]可以阻止标准的四碱式成核过程。可以在铅酸电池中使用不同的晶种来促进形成四碱式固化。SureCure作为晶种用于促进和膏与固化过程中快速形成四碱式硫酸铅[24-25]。其添加量是1%，可以配合使用其他干燥剂。据报道，使用晶种具有如下好处[22]：缩短固化时间；降低材料和固化成本；具有更加均匀一致的晶体结构；改善化成过程；减少固化室的投资。

使用固化炉固化，固化的温度和湿度可以精确控制，保证有足够的湿度，使铅膏中游离铅得到氧化。这种固化方式的峰值温度通常控制在65～90℃之间。另外一种强制固化的方法是将部分固化的极板浸入硫酸溶液中。后面所述的这种浸酸过程也可以用来固化铅粉灌制的管式正极板。固化好的极板储存备用。储存期限并不重要，但高昂的库存成本限制了储存时间。

图 14.22　经过固化的铅酸电池极板
（图中使用放射型板栅）

14.3.7　组装和隔膜材料

最简单的电池由浸泡在电解液中一片负极板、一片正极板和正负极板之间的隔板组成。常用的 SLI 富液式电池大约由 7～30 片极板组成。极板通常装在多孔的袋式聚乙烯（PE）隔板中，但大部分设计只包裹正极板。一般不使用单独的或者叶片状隔板，而使用可密封的多孔聚乙烯隔板。在炎热潮湿的气候中，特别是在路况不佳的地区，一种填充了硅胶颗粒和玻璃纤维的层压合成纸浆被广泛使用。这种隔板具有很高的机械强度，可以避免破裂，从而使电池可以实现自动化装配。袋式隔板也应用在牵引电池和备用电池中。这些隔板的物理参数见表 14.10[26-28]。

表 14.10　不同电池隔板材料的比较

工业聚乙烯(PE)隔板的典型特征		
隔板性质	单位	典型数值
背网厚度	μm	400～500
电阻率	$M\Omega \cdot cm^2$	210～270
孔隙率	%	55～58
背网油量	%	15～17
总油含量	%	19～21
湿阻	%	3
SLI-PE 隔板的典型特征		
隔板性质	单位	典型数值
背网厚度	μm	60～200
电阻率	$M\Omega \cdot cm^2$	50～60
孔隙率	%	50～60
总油量	%	10～21
湿阻	%	3～5
耐穿刺强度	N	5～13
横向伸长率	%	200～500

排管的典型特征				
排管性质	单位	标准管	加强管	纺织管
电阻率	$M\Omega \cdot cm^2$	180	350	500
孔隙率	%	74	60	40
吸酸量	g/cm^2	0.12	0.10	0.05
酸保持率	g/g	2.7	2.0	0.8

注：测试方法参照 BCI，Flooded Separators，section 3B。

最近，新开发出一种用于 SLI 电池的更薄的背部带网隔板。这种隔板具有较低的电阻，从而可提高电池性能，如冷启动电流。SLI 电池使用的背网式隔板厚度在 $150\sim200\mu m$ 之间。工业电池使用的背网式聚乙烯隔板厚度为 $450\mu m$，这种隔板更厚，并背部带网。非道路电动汽车用电池、工业电池和重负荷机械用电池所使用的聚乙烯隔板，带网的一侧会附有玻璃纤维层。玻璃纤维层可以给正极活性物质施加压力，因而可以防止活性物质在振动或冲击条件下脱落。玻璃纤维层由玻璃纤维毡构成，其单位质量为 $20\sim60g/m$。玻璃纤维直径通常为 $11\sim18\mu m$，长度为 12mm 或更长。玻璃纤维毡中含有大约 $15\%\sim25\%$ 的黏结剂。随着厚度的增加，黏结剂的含量降低。也可以加入 $1\%\sim2.5\%$ 的玻璃微纤维添加剂[29] 以加强正极活性物质的强度。

为了满足微混合电动汽车对电池循环性能的要求，对标准富液式电池进行了重新设计，使其在部分荷电状态下循环性能得到提高。这种增强型富液式电池（EFB）在极板、合金、电解液和隔板等方面都进行了改进。该类电池正极两侧都使用玻璃毡或者合成无纺材料给正极施加压力。研究表明，对活性物质施加压力可以提高其循环寿命。正极板采用扩展板栅、冲孔板栅或者其他连续铸板设备生产的板栅。有的公司正在研究使用替代材料作为涂浆纸，以取代典型的纤维素薄纸，如纺黏法或梳理法合成纤维网、玻璃纤维薄毡或者转换为全玻璃系统的隔板[30]。随着 VRLA 中越来越多地使用混合型吸附毡，这些非常坚韧的 AGM（吸附式玻璃纤维毡）在富液式电池中也能取得令人满意的效果。

大型富液式工业电池使用的隔板基本没有变化。极板被一层薄而连续的玻璃纤维（细丝）包裹，这些纤维被层压到非织造玻璃毡上。玻璃纤维层有助于电池充电过程中所产生气泡的逸出。玻璃毡是一种短切原丝毡，由直径为 $10\sim19\mu m$ 的玻璃纤维构成，然后通过 $16\%\sim24\%$ 的丙烯酸黏结剂粘接在一起。使用塑料包裹物（带有冲孔）把面向极板一侧玻璃纤维包裹并密封。然后，在极板的底部装配一个极板套。极板放入电池壳中时，用工业级隔板将正负极板隔开。实验证明可以用聚酯合成非纺织材料取代这种（玻璃纤维-玻璃-塑料）包裹体。但是，由于测试一种新的隔板需要耗费很长的时间，聚酯合成非纺织材料没有获得很多的市场。

在管式极板电池中，排管已逐渐采用无纺布类型，而不再使用编织无纺布类型。无纺布排管也经过了改进，从梳理无纺布转变为纺黏无纺布，后者提供了更高的织物强度[31-32]。

通过手工或者机器将极板和隔板叠在一起成为极组，将极组放置在传送带或者其他运输工具上进入极组焊接工序。焊接通过两种方法来进行：一种是极耳向上，在模具中将极耳烧熔焊接；另一种是极耳向下，将极耳浸到熔融的合金铅液槽中焊接。前一种方法是传统的铅酸电池装配方法。这种方法组装电池，将极耳塞到梳板的狭缝中来焊接，汇流排的形状和大小取决于焊接夹具中板和护铁的尺寸。一些电池生产商，使用开好槽的固定架来塞住极耳或者使用梳状极柱以便加快焊接的速度。第二种焊接方法称为"铸焊"，通常用于SLI电池的焊接。包好的极组被安装到铸焊机的焊接槽中。已经被铣好的与汇流排和端子形状相对应的模具被预加热并注满焊接汇流排所用的合金铅液。焊接过程中，必须注意不能将铅、铅钙和铅锑合金混用。模具和极板组相向移动直到板耳浸入铅液中相应的深度。外部冷却系统将汇流排及其附件冷却并凝固在极耳周围及上方，极板组被移动到相应的位置，然后装入电池壳中。两种焊接方法所焊接的汇流排从外观上可以分辨出来：固定极耳焊接方法焊接的汇流排通常较厚而且表面比较光滑；而铸焊焊接的汇流排，如果焊接之前每个极耳都得到很好的清理，则汇流排下方极耳之间的接触面会有铅液自动冷却而形成的弯月面。极耳和汇流排之间必须有很好的连接，以使电池的高倍率放电性能更好。将极板和隔板装配在一起称为极板组，焊接好的极板组称为极群。在进行下一步装配之前，需要对极板组进行短路测试。

铸焊焊接的极板组可以继续连接成多单体电池，也可以成为单体蓄电池。第一种焊接方法需要较长的单体间连接，需要跨过单体间的隔断，并位于电池单体间的夹槽中，这种方法称为跨桥设计。第二种焊接方法，汇流排的耳部被放到电池单体壁上预先打好的孔上。相邻单体间的汇流排耳部用焊枪手工焊接或者用电阻焊接机焊接在一起。后者可以通过挤压耳部及其单体间连接部分，达到防漏密封的目的。

工业牵引电池和老型SLI电池先进行壳盖间密封后再进行单体间的连接。牵引电池根据用途不同有不同的尺寸，标准的制造单元是单体电池，而不是一定数量的极板和隔板。工业电池的钢制托盘需要预先制造并进行防酸涂覆（聚氨酯、环氧树脂等）。将牵引电池放到托盘中，在需要的地方添加垫片，然后完成电池间的焊接。在末端电池上焊接粗软线（采用焊接电缆制造）用于连接外部电路。

14.3.8 壳盖密封

把电池的壳、盖连接在一起可以采用四种方法。封闭的铅酸电池需要最大限度地减小危害性，如酸性电解液、过充电期间产生的爆炸性气体以及电击等。大部分SLI电池和许多现代牵引电池都用壳盖热封法密封。热封是通过平板加热壳盖，然后用机械方法将壳盖粘接在一起，当然也可以通过壳盖间的超声焊接实现连接。热封的密封电池不能进行再次修理。最多只能利用里面的电极组，而壳盖必须丢弃和替换。少量的SLI电池往盖上的槽中加入环氧黏结剂，然后将电池塞入，并且将壳子和单体隔断部位准确定位到充满环氧树脂的凹槽中，完成密封。另外，采用加热的方法来活化环氧树脂固化剂。

人们曾经使用沥青进行壳盖密封。采用沥青封接的电池很容易进行修理。20世纪60年代前生产的蓄电池都用沥青进行密封，但是现在大部分SLI电池都采用热封密封。

使用塑料外壳的固定式电池采用环氧树脂、聚氨酯胶和溶剂胶黏剂或热封密封（对于PVC共聚物材料制成的壳盖）。端子是浇铸或者焊接上去的。热封得到了广泛使用。一些大型的备用电池和牵引电池在端子之间用制冷剂强制循环方式冷却电池，还有的电池的端子则嵌入铜件中，以增加导电性和机械强度。

14.3.9 槽式化成

化成就是极板的电活化过程。极板或者极板组在装入电池壳前要进行化成。SLI电池极板化成时通常组成电极对，将2～5个极板叠放在一起插入带有定位狭缝的化成槽中，与相邻极板相距1英寸（25.4mm）或者更短。插入化成槽的极板中所有正极板的极耳伸出在化成槽上方的一侧，而所有负极板的极耳伸出在化成槽另一侧。然后，相同极性的极耳用铅条连接，通过两个连接条连接到低压恒流电源上。向化成槽中注入电解液，然后通电直至化成完毕。化成完毕后，正极板转化成深黑褐色，负极板转化成浅灰色并带有金属光泽。工业极板通常采用单片化成，有时也可对假极板或板栅进行化成。化成槽可以采用不同的材质，最常见的是 PVC、聚乙烯和铅。由于化成会增加硫酸电解液的密度，所以化成槽中的酸必须能够排出，并能重新注入。

电解质相对密度、充电电流和温度不同，化成条件也不同。电解质相对密度在 1.050～1.150 之间。一般情况下，化成过程中，充电电流保持固定，但也有的生产商在不同的时间段内按顺序使用 2～3 个充电电流。

槽化成的极板或者极板组由于负极板在空气中自然氧化而不稳定。因此，在使用之前是干荷电的（见 14.3.11 节）。

目前化成用充电电源采用计算机控制化成时间和电流，在恒流模式下运行。一些化成制度采用三阶段甚至更多阶段的电流，从很小的电流开始，转向更大的电流，然后再回到小电流。在化成过程中调整化成电流可以把高温对电池的影响降低到最小，也可以把化成过程中用喷水冷却或者空气强制冷却的需要降低到最小。

14.3.10 电池化成

更常用的化成方法是先将电池装配好，然后注入电解液并封盖和焊接端子，再进行化成充电。这种方法适用于 SLI 电池和大多数固定和牵引电池。电池化成条件有多种，类似于和槽化成方式。最常用的两种化成方式是二次化成（适用于固定和牵引电池）和一次化成（适用于大部分 SLI 电池）。在二次化成中，要排出电池中初始化成用的低密度电解液，然后注入更浓的电解液，其目的是电解液混合后得到理想的电解液浓度（表 14.11）。化成后电池的典型电解质相对密度见表 14.12。

表 14.11 化成过程（富液式电池）

项目	一次化成	二次化成
主要应用	SLI	所有其他电池，包括部分 SLI
电解质相对密度		
开始时	1.200	1.005～1.150
最后	1.280	1.150～1.230
后续步骤	无	将电解液倒出，注入相对密度为 1.280～1.330 的电解液后，再继续充电几个小时

表 14.12 在 25℃、满荷电状态下电解质的相对密度

电池类型	相对密度	
	温带气候	热带气候
SLI	1.260～1.290	1.210～1.230
高负荷型	1.260～1.290	1.210～1.240
高尔夫球车	1.260～1.290	1.240～1.260
高尔夫球车（电动）	1.275～1.325	1.240～1.275
牵引电池	1.275～1.325	1.240～1.275
备用电池	1.210～1.225	1.200～1.220
内燃机启动（铁路）	1.250	
航空	1.260～1.285	1.260～1.285

14.3.11　干荷电

湿荷电电池在长期存放以后性能会下降，特别是在温暖的环境下储存。用铅锑合金制作板栅的 SLI 电池每天损失 $1\%\sim3\%$ 的容量。对于免维护电池，静置状态下的容量损失很小（$0.1\%/d\sim3\%/d$）。如果电池需要储存很长时间，特别是需要在高温环境下储存，或者需要长距离运输，可以去除电池中的电解液来稳定电池的性能。

电解液去除之后，电池就被称为"干荷电"（即电池是荷电的、干燥的）或"已充电且湿润"电池。极板化成过程是在电池极组装入电池壳、盖之前完成的。电池极板在焊接前，可以先进行槽化成、水洗，在惰性气体炉中干燥。也可以把焊接好的极群直接进行槽化成、水洗，并且在惰性气氛中干燥。该过程比较简单，但要确保极板在经过水洗、干燥后还能够很容易再润湿。最后，安装极群、壳、盖，并将电池密封。这样的电池可以在干荷电状态下储存几年的时间。

为了将湿荷电电池转化为湿润或半干电池，已经有数项革新工艺得到商业化应用。其中一种工艺是通过离心法将大部分电解液去除。还有一种工艺则是在电池中加入无机盐（硫酸钠）使电池在储存期间的降解最小，并有助于最终的重新激活。电池组装完成后，将电解液倒出，然后注入含有添加剂的电解液，进行高倍率放电测试，最后再将电解液倒掉。高倍率放电测试（模拟发动机启动）可以应用到组装完成的半干电池测试中。然而，由于采用 Pb-Ca-Sn 合金的电池具有较低的自放电率，从而延长了湿电池的保质期，因此这些工艺现在一般不再使用。

14.3.12　测试和结束

电池出售前和投入使用前必须测试电池的电性能。测试的类型取决于其用途。SLI 电池的测试主要是模拟发动机启动实验，即测试电池的短路特大电流放电（$200\sim1500A$）特性。备用电池和牵引电池的测试根据使用者的要求进行测试，通常备用电池进行 $1\sim10h$ 倍率放电测试，而对牵引电池进行 $4\sim8h$ 倍率放电测试。对 SLI 电池的测试，通常是用固定的低值电阻或者由电源辅助进行高倍率放电。重负荷电池的测试通过电阻器、晶体管负载或者逆变器进行。

电池最后的制造工序包括水洗、干燥、刷涂料、安装通气栓、贴标签等。橡胶槽电池通常需要刷涂料；塑料壳电池则不需要。电池上可以安装许多铭牌和标签以便对电池进行标识，说明其性能、用途等。此外，许多国家要求生产商必须对电池的有害特性进行警示，按照要求指出电解液会造成腐蚀、形成的气体会爆炸等。

牵引电池的尺寸需要适应不同叉车型号的要求，所以叉车电池的最后工序包括预化成和将测试完电池单体插入坚固的金属盒（托盘）中、进行电池间连接、连接电缆，有时在电池盖之间的缝隙加入沥青或者塑料（聚氨酯）密封材料。

14.3.13　运输

小型电池（SLI 电池和高尔夫球车电池）可以叠成几层放在货盘上进行长距离运输。电池层间用纸板或者木板隔离。货盘上的电池侧面用绷带或者收缩塑料片捆扎。货盘必须足够坚固，以能够承受电池重量和搬运过程的冲击力。

对于铅酸电池的运输有着严格的规定，对富液式电池的要求相比 VRLA 电池更加严格。只要严格遵守这些规定，就可以安全而经济地运输铅酸电池。VRLA 电池经过正确包装也可以通过空运的方式运输。

14.3.14　干荷电电池的激活

被制作成干荷电的电池，在使用之前必须进行激活。激活过程包括电池开封、电解液（有时是随着电池分别包装的）注入、电池充电（如果时间允许）、电池性能测试。当干荷电电池被激活后，必须去除用来密封放气孔的材料。

14.4　阀控式铅酸电池一般特征

VRLA电池与传统富液式电池或者EFB电池主要不同之处在于隔板组成。VRLA电池使用AGM隔板或者胶体隔板，这种隔板能够让VRLA电池在氧气再化合循环的模式下工作。VRLA电池使用可再关闭的阀来阻止外接氧气的进入。VRLA电池的设计有两种常见的形式：一种是电极卷绕（卷绕结构）在一个圆柱形的容器内；另一种则是板状板放在方形壳体中。圆柱形壳体与方形壳体相比能承受更大内部压力而保持不变形，因而圆柱形电池设计的开阀压力比方形电池更高。在某些设计中，采用金属外壳可防止内部塑料壳因为高温及高内压条件而引起的变形。带有金属套的卷绕式电池的开阀压力可以高达 $25 \sim 40$ psi（1psi＝6894.757Pa），而对于大的方形电池开阀压力是 $1 \sim 4$ psi。通常采用以下两种方式使电解液不流动。

a. 胶体电解液：通常采用加入气相二氧化硅或硅胶的方法来固定液态的电解液。

b. 吸附式玻璃纤维毡（AGM）：在AGM电池中，电解液被吸附在正极板和负极板之间的多孔AGM隔板中。AGM隔板主要由超细玻璃纤维制成。由于电解液不流动，因此电池可以以不同的方向使用而不必担心漏液。在大型工业应用中，电池组可以侧放，使用紧凑的安装方式，所占的面积和空间减少了40%。

VRLA电池与富液式电池相比酸量更少。因此，在过充电的情况下，VRLA电池更容易发生热失控。而过充电状况对于富液式电池也有一定的危险性。如果VRLA电池在高温环境下运行，热失控更容易发生。最近，高温（超过40℃）的影响，其利弊已经得到讨论[11,13]。对于VRLA应用的回顾也发表了一系列文章[34]。为了确保在高温运行条件下或由于氧复合导致的过热情况下电池的长寿命，必须采取预防措施。VRLA电池的主要优缺点见表14.13。

表 14.13　VRLA 电池的主要优缺点

优点	缺点
免维护	不能以放电状态存放
浮充使用寿命优异	能量密度较低
高倍率放电能力强	不正确的充电方式或在不合适的热管理下操作，会出现热失控
与镍镉电池相比，无"记忆"效应	除非为高温使用设计，普通VRLA电池与传统铅酸电池相比，对高温环境更敏感
"荷电状态"常可以通过测量电压确定	
成本相对低	
从小单体(2V)到48V的大电池都有	
有些电池可以侧向安装，维护简单	

14.4.1 VRLA电池结构——圆柱形电池

为了开发 VRLA 电池，必须采用新的设计，改变使用的材料[35]。一只 VRLA 电池的横截面以及电池内基本部件拆解见图 14.23 和图 14.24。正极板栅和负极板栅均使用纯度为 99.99％纯铅加入 0.6％的锡制成，以强化电池深度放电的恢复能力。铅板栅厚度相对较薄（0.6～0.9mm），以提供大的极板表面积而适用于高倍率放电。

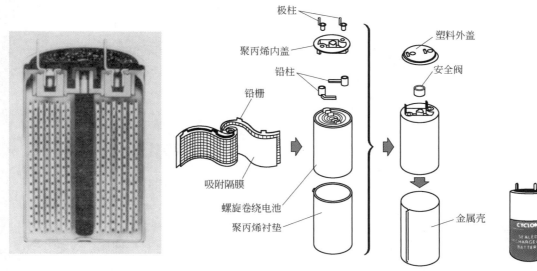

图 14.23　VRLA 电池横截面图
（零部件在图 14.24 中说明）
（来源于 EnerSys Energy Products,
Inc.，前 Hawker Energy Products，Inc.）

图 14.24　VRLA 电池的零部件
（来源于 EnerSys Energy Products，Inc.，
前 Hawker Energy Products，Inc.）

14.4.2 VRLA 电池结构——方形电池

方形铅酸电池的剖面示意如图 14.25（a）所示。一种使用方形单体电池，采用三个单体组合成的整体电池分解图如图 14.25（b）所示。

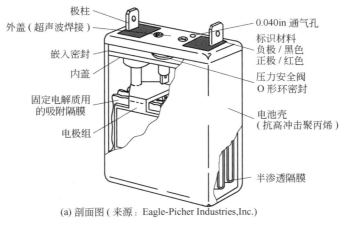

(a) 剖面图（来源：Eagle-Picher Industries,Inc.)

图 14.25

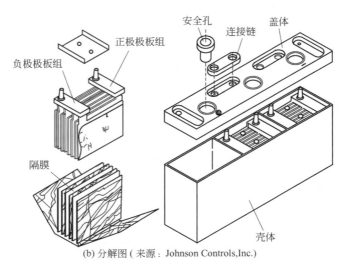

(b) 分解图 (来源：Johnson Controls,Inc.)

图 14.25　典型方形铅酸电池和整体式电池

14.4.3　性能特征

① 开路电压。开路电压与荷电状态、电解液密度的关系与前述富液式电池相似。

② 放电特征。典型的 VRLA 单体电池在 $-40\sim65℃$ 之间温度范围内，在不同放电倍率下的放电电压如图 14.26 所示（不同型号电池容量数据见表 14.14）。图 14.27 是在 25℃ 条件下一系列高倍率放电电压曲线。

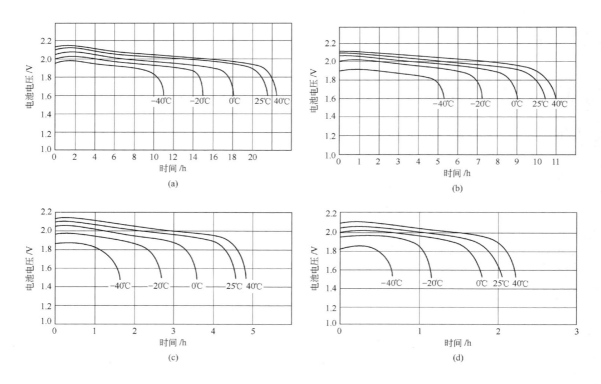

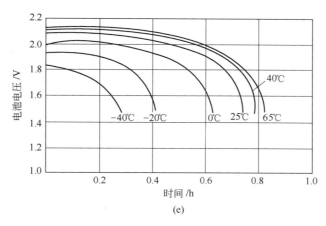

(e)

图 14.26　圆柱形 VRLA D 和 X 单体电池放电曲线（表 14.14 中有容量数据）
(a) $C/20$；(b) $C/10$；(c) $C/5$；(d) $C/2.5$；(e) $1C$

表 14.14　VRLA 圆柱形电池数据

型号	容量/A·h			尺寸/mm			质量(典型)/g	比能量(在 $C/20$ 下)	
	$C/10$	$C/20$	$1C$	高	直径或宽	长		W·h/kg	最大放电电流/A
单体电池									
D	2.5	2.7	1.8	67.3	34.3	N/A	180	30.0	40
X	5.0	5.4	3.2	80.3	49.5	N/A	390	27.6	40
J	12.5	13.0	9.0	135.7	51.8	N/A	840	30.8	60
BC	25.0	26.0	17.5	172.3	65.3	N/A	1580	32.9	250
DT	4.5	4.8	3.7	102.9	34.3	N/A	272	35.3	40
E	8.1	8.4	6.2	108.7	44.5	N/A	549	30.6	40
整体电池(预装配的普通型号电池)									
D,4V	2.5	2.7	1.8	70	45	78	360		40
D,6V	2.5	2.7	1.8	70	45	113	540		40
X,4V	5.0	5.4	3.2	77	54	96	740		40
X,6V	5.0	5.4	3.2	77	54	139	1110		40
E,4V	8.0	8.6	5.8	102	54	96	1110		40
E,6V	8.0	8.6	5.8	102	54	139	1670		40

注：来源于 EnerSys Energy Products，Inc.。

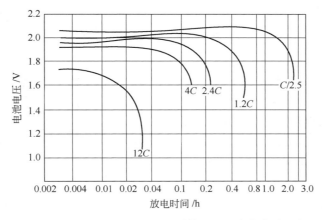

图 14.27　25℃时圆柱形 VRLA D 和 X 单体电池以高倍率放电的电压曲线

③ 高倍率放电。当使用间歇脉冲放电时，VRLA 电池的容量会大大增加。图 14.28 显示了室温下 10C 放电倍率下电池的电压-时间曲线，既有连续放电，也有 16.7％的工作周期（10s 脉冲和 50s 搁置），分别对应 25℃ 和－20℃。

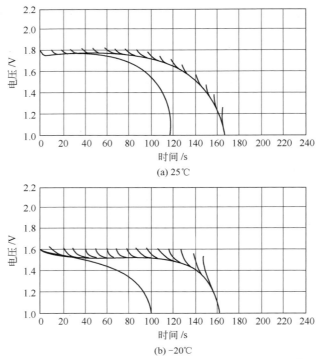

(a) 25℃

(b) -20℃

图 14.28　VRLA 圆柱形电池在 10C 脉冲放电下的性能曲线
上方的曲线是脉冲放电；下方的曲线是连续放电

这种现象是由人们所知道的"浓差极化"现象引起的。随着一股电流由电池中流出，电解液中的硫酸与极板上的活性物质发生反应。此反应降低了极板-电解液接触面的硫酸浓度，因此电池电压下降。在搁置时间内，本体溶液中大量硫酸扩散到电极上的小孔中来补充已经反应完的硫酸。当硫酸平衡稳定后电池电压上升。在脉冲放电过程中，硫酸可以在脉冲之间平衡，从而使硫酸不会很快耗尽，而且电池总容量会有所提高。

图 14.29 的曲线是在室温（22℃）和－20℃温度条件下作为放电率函数的最大功率曲线。由图可知，随温度的升高可获得的最大功率也会提高。

④ 放电程度。若对 VRLA 电池进行放电超过其100％额定容量，则可能减少电池寿命或削弱其充电接受能力。

电池 100％可用容量被放出后的电压是放电倍率的函数，如图 14.30 中曲线上沿所示。较低的曲线显

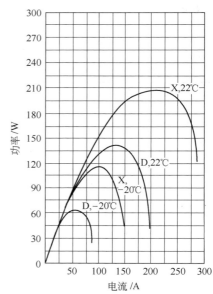

图 14.29　VRLA 电池在 22℃ 和－20℃
条件下的瞬时最大峰值功率

示最小电压水平，电池被放电到此最低电压对电池充电容量不会产生影响。为了优化寿命及充电容量，当电压达到两曲线之间灰色区域时电池就应该与负载分离。

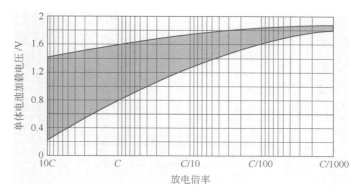

图 14.30　VRLA 单体电池放电时的可接受电压水平

在这样的"过放电"条件下硫酸电解液中的硫酸根离子用尽，并转变成水，这种现象能引起许多问题。由于缺乏硫酸根离子这种荷电主导体，电池电阻会显得很高，且通过的充电电流也很小。可能需要经过更长的充电时间或变换充电电压，才能开始正常充电。

另一个潜在的问题是硫酸铅在水中的溶解。在严重的深度放电条件下，极板表面的硫酸铅能溶解到水溶液中。在再充电时，硫酸铅中的水和硫酸根离子转换成硫酸，在隔膜中形成铅金属沉淀。这种铅金属可在极板间形成枝状导致短路甚至电池失效。

⑤ 储存特性。由于活性物质处于热力学不稳定状态，因此多数电池在开路状态下会损失储存能量[36]。自放电率依赖于电池系统化学反应及储存温度。

认识到 VRLA 电池的自放电率是非线性的很重要。因此，电池自放电率随电池荷电状态的不同而改变。当电池处于 80% 或更高的高荷电状态时自放电很快。室温条件下，电池自放电导致可在大约一到两周时间内，荷电状态由 100% 下降到 90%。相反，在同样温度下同一个电池从 20% 的荷电状态到 10% 的荷电状态需要 10 周以上的时间。

图 14.31 是不同温度下 VRLA 电池的剩余可用容量相对储存月数的曲线。此曲线在特定温度下储存一定时间后计算近似剩余容量时很方便。

⑥ 循环寿命。所有可充电电池系统的寿命都是变量，它依赖于用途、使用环境、循环方式及电池在寿命期间所采用的充电方式等。图 14.32 是容量与循环周期的关系曲线，2.5A·h 电池（5h 倍率为 2.35A·h）以 $C/5$ 的放电倍率每天循环一次到 1.6V，然后恒压充电 18h 至 2.5V；电池循环 20~

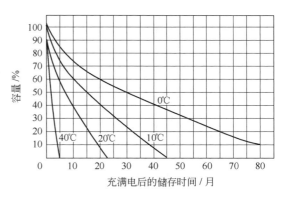

图 14.31　铅酸电池储存后的剩余可用容量

25 次达到或超过额定容量，然后容量开始缓慢下降。最初容量的上升可以看成是一种电池化成作用。

适当的充电方法对循环寿命有重要影响。充电不足可导致电池不能达到满充电状态和容量逐渐损失。对电池过充电会导致正极软化和过量的水损失而导致循环寿命缩短。

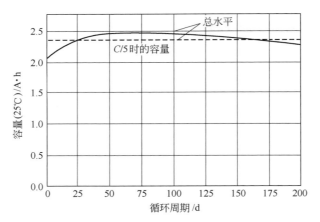

图 14.32　2.35A·h 电池以 C/5 倍率
放电时电池容量随循环周期的变化

图 14.33 为放电深度（DOD）对循环寿命的一般影响；在 100%DOD 时，典型电池的循环寿命约为 200 次。因此，在实际应用中可以通过适当加大电池容量冗余来降低放电深度，以获得长循环寿命。

⑦ 浮充寿命。通过在特定的高温条件下进行快速测试的方法测定，预计在室温下 VRLA 电池的浮充寿命超过 8 年。

VRLA 电池失效可以解释为正极的增长。因为这种增长是电池化学反应的结果，所以增长速度随温度的升高而加快。图 14.34 绘出了浮充寿命与温度的关系曲线，给出了 2.3V/单体电池和 2.4V/单体电池两种电压条件下充电测得的浮充寿命实验数据。此图可以用来确定不同温度条件下电池的浮充寿命。寿命终点定义为放电容量低于额定容量的 80%。

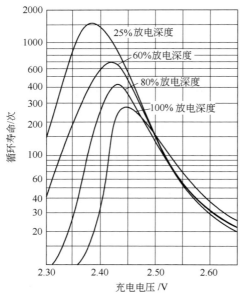

图 14.33　在 25℃ 下不同放电深度对 VRLA
电池循环寿命的影响（16h 充电）

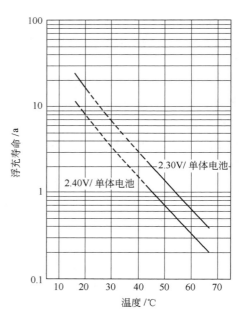

图 14.34　VRLA 电池的浮充寿命

14.4.4　电池种类和尺寸

前面表 14.14 已经列出了一系列 VRLA 圆柱形电池的数据。这些电池组在 25℃条件下，不同电流输出的性能如图 14.35 所示。以串联/并联的方式配置单体电池，可获得大容量电池系统。

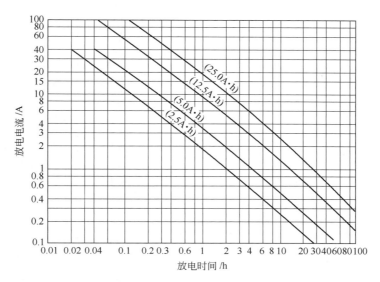

图 14.35　在 25℃下四种圆柱形 VRLA 电池的放电时间

表 14.15、表 14.16 列出了一些已生产的典型 VRLA 方形铅酸电池的数据。其他生产商的产品信息可通过登录各自网站获得。主要的供应商包括 C&D Technologies、East Penn、EnerSys、Exide Technologies、Exide Industries、NorthStar Battery、Johnson Controls、Maura、Hitachi、Furukawa、Narada、Leoch、ChinaShoto、Coslight 和 GS Yuasa。与其他类型的铅酸蓄电池不同，VRLA 方形铅酸蓄电池没有标准化的尺寸。因此，尺寸、质量和额定容量可能会因制造商而异。

表 14.15　典型电信用 VRLA 蓄电池

项目	NSB40	NSB70	NSB75	NSB90	NSB125
高	176mm	176mm	200mm	213mm	275mm
	6.93in	6.93in	7.87in	8.39in	10.81in
长	197mm	331mm	261mm	341mm	345mm
	7.76in	13.02in	10.27in	13.42in	13.57in
宽	165mm	165mm	173mm	173mm	173mm
	6.50in	6.50in	6.80in	6.80in	6.80in
质量	16.0kg	27.3kg	27.3kg	37.8kg	54.0kg
	35.3lb	60.0lb	60.0lb	83.1lb	119lb
端子	M6×1.25	M6×1.25	M6×1.25	M6×1.25	M6×1.25
10h 倍率容量/A·h	40	66	69	96	129
内阻(1kHz)/mΩ	4.5	2.7	2.6	2.0	2.0
电导(25℃/77°F)/S	1052	1589	1398	1806	2103
短路电流/A	2000	3200	3200	4300	5000A

注：1 英寸（in）＝25.4mm；1 磅（lb）＝0.45359237kg；来源于 NorthStar Battery Company。

表 14.16　典型的纯铅锡 VRLA 电池参数

产品(容量)	满荷电时的内阻(25℃)/mΩ	荷电电池标称短路电流	尺　寸			质量/lb(kg)
			长/in(mm)	宽/in(mm)	高/in(mm)	
G13EP	8.5	1.400A	6.910	3.282	5.113	10.8
(13A·h)			(175.51)	(83.36)	(129.87)	(4.9)
G13EPX	8.5	1.400A	6.998	3.368	5.165	12.0
(13A·h)			(177.75)	(85.55)	(131.19)	(5.4)
G16EP	7.5	1.600A	7.150	3.005	6.605	35.5
(16A·h)			(181.61)	(76.33)	(167.77)	(6.1)
G16EPX	7.5	1.600A	7.267	3.107	6.666	14.7
(16A·h)			(184.58)	(78.92)	(169.32)	(6.7)
G26EP	5.0	2.400A	6.565	6.920	4.957	22.3
(26A·h)			(166.75)	(175.77)	(125.91)	(10.1)
G26EPX	5.0	2.400A	6.636	7.049	5.040	23.8
(26A·h)			(168.55)	(179.04)	(128.02)	(10.8)
G42EP	4.5	2.600A	7.775	6.525	6.715	32.9
(42A·h)			(197.49)	(165.74)	(170.56)	(14.9)
G42EPX	4.5	2.600A	7.866	6.659	6.803	35.1
(42A·h)			(199.80)	(169.14)	(172.80)	(15.9)
G70EP	3.5	3.500A	13.020	6.620	6.930	53.5
(70A·h)			(330.71)	(168.15)	(176.02)	(24.3)
G70EPX	3.5	3.500A	13.020	6.620	6.930	56.0
(70A·h)			(330.71)	(168.15)	(176.02)	(25.4)

注：1 英寸（in）＝25.4mm；1 磅（lb）＝0.45359237kg；来源于 EnerSys Energy Products，Inc.。

14.5　铅碳电池和其他先进设计

在过去的 10 年中，出现了一些新的应用领域。其中，VRLA 频繁循环，但很少完全充放电。电池的 HRPSoC 使用，可满足很多应用需求，包括混合电动汽车（HEV）的加速和刹车能量回收、快充型动力应用、光伏系统和风力发电机的能量储存，以及电网储能。这些应用大都要求蓄电池能够接受高倍率充电，同时能够高倍率放电。

在传统应用中，铅酸电池的正极通常首先失效。但是，在 HRPSoC 循环中，负极板上的硫酸铅晶体逐渐长大，增加了电池的内阻，降低了功率输出能力和充电接受能力，导致电池迅速失效。

14.5.1　碳强化设计

通过产业大量的研发投入，无论是富液式电池还是 VRLA 电池都开发出了新型的铅酸电池来满足新的需求。这些研究中主要是通过特殊的碳材料来改善负极板的性能。碳材料对于铅酸电池负极性能的改善主要通过如下方式：

① 对电容的改善。

② 增加电极的表面积，因为电极表面是电化学充电和放电反应发生的地方。

③ 物理过程。

对电容的改善主要是利用高比表面积碳材料与负极集流体和海绵状铅形成的良好网络来实现。碳材料不需要与海绵状铅紧密混合在一起。就表面效应而言，碳材料必须导电并且与集流体密切接触。但是由于碳材料提高了体相过程而不是表面反应，因此其表面积可以小于电容过程所需的表面积。当利用碳材料的物理过程优势时，它不需要导电性，但是必须与海绵状铅紧密混合，并且颗粒尺寸应能满足相应功能而不能随着时间而减弱。由于这些需求之间是相互矛盾的，而且存在大量不同性质的碳材料，因此在大量不同碳材料的优化组合研究方面需要大量的基础工作来阐明其基本机理[37]。

14.5.2　碳负极集流体

负极栅板的某些或所有金属部件可能会被碳替代。已经研究了使用刚性碳泡沫、电镀铅的石墨箔和柔性碳毡等各种概念。刚性碳泡沫具有出色的使用寿命和活性物质利用率，但这些材料的脆性使得其制造过程变得复杂。电镀铅的石墨箔在 HRPSoC 循环中具有较低的利用率但具有较高的耐久性，这表明硫酸铅的形成受到了抑制。新西兰 ArcActive 公司提出了一个更有前景的概念，即用在控制条件下以电弧处理激活的碳毡代替铅栅板。毡布中浸渍有活性物质，并附着在铅合金集电器上。这种结构在 HRPSoC 操作中表现出色。迄今为止，该技术已被开发用于汽车，在更大规模的储能应用中也具有良好的潜力，特别是汽车所需的高倍率能力对于大多数储能工作周期来说并不是关键。

14.5.3　碳负极

用碳材料完全取代负极活性物质是可能的。在这种情况下，电极中没有法拉第能量储存，仅仅作为电容器工作，当使用具有合适物理形态和高比表面积的碳材料时，电极就变成了超级电容器。这种电极可以与传统的二氧化铅电极配对形成非对称超级电容器。这种类型装置的比能量低于铅酸电池，且放电电压下降得更迅速。但这种电池具有非常长的循环寿命，并能够快速充电。这种新概念电池已经由美国的 Axion Power 公司作为储能系统得到了开发。

14.5.4　超级电容器-电池混合电池

也有可能把碳基的超级电容器与传统的负电极结合从而形成复合负极。当这种电极与标准正极一起应用时，这种混合结构可以改善 HRPSoC 循环性能。复合负极的两种组件通过并联方式连接在一起，电极的电容器部分用来作为负极板的电流缓冲器，减小了充放电倍率，如图 14.36 所示[38]。

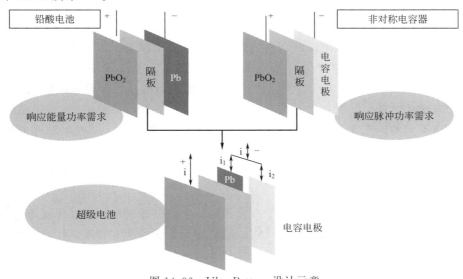

图 14.36　UltraBattery 设计示意

这种电池设计已经商品化，其品牌为 UltraBattery。这种电池结合了传统铅酸电池和铅基非对称超级电容器的优点。其主要优点包括：①避免了在 HRPSoc 循环状态下和间断性循环条件下，延长充电时间导致的不可逆硫酸盐化；②提高高倍率充电接受能力；③提高串联情况下的自我均衡能力；④比能量和放电电压曲线与铅酸电池一致。在 ALABC 资助的一项测试中，装载了具有铅-碳组合负极的超级蓄电池的本田 Insight® 混合电动汽车，在伦敦通用 Millbrook 实验场进行的公路测试中获得了 100000 英里 [1 英里（mi）＝1.60934 千米（km），全书同] 的成绩。由于使用了电容器和铅电池的组件，这种设计相对容易以低成本制造。Furukawa 公司获得 Ultrabattery 的授权并开发了制造流程。East Penn 公司也已获得授权。该产品的价格只有混合电动汽车上使用的镍蓄电池价格的 70%。这些新的混合动力汽车推进系统可能在未来几年内为混合动力汽车的大规模市场开发提供机会。

14.5.5 双极性铅酸电池

人们研究双极性结构的电池已经很多年了，最近的几个设计展现出更好的技术前景和商业化前景。在双极性电池中，除了端部极板，其他极板的一侧是正极，另一侧是负极。这种极板通过电极本身分割正负极，具有有利于电子流动、易导电和抗腐蚀的优点。对于铅酸电池，双极性极板的选择是关键。同时，双极板边缘密封必须确保能将两侧的电极隔离开，这点也非常重要。有人尝试使用掺有铅的多孔氧化铝，但是没有成功。Atraverda 公司在树脂中嵌入亚氧化钛（Ebonex）导电薄片进行研究，但是该产品还没有商业化。Ebonex 具有可接受的导电能力，并且在铅酸电池的环境下呈惰性；但是作为隔膜，其内阻相对比较高。硅也是一种候选材料，尽管它是半导体，但可以制作成有足够导电性的隔离材料用于双极性铅酸电池，上述方法由美国的 Gridtential 发明。铅箔也是非常好的隔板，并具有足够的耐腐蚀能力，制造商 Advanced Battery Concepts 已经开发了聚合物材料支撑的铅箔设计，使用这种材料的双极性电池测试结果良好。双极性铅酸电池如果成功，将成为一种具有吸引力的储能电池。

14.6　充电和充电设备

14.6.1　概述

在电池充电过程中，直流电源将活性物质转化到高荷电状态。对于铅酸电池，充电过程包括：正极的硫酸铅氧化成二氧化铅（PbO_2），负极的硫酸铅还原成金属铅（海绵状铅），电解液的相对密度从 1.21 升高到 1.30。由于从固相到液相的过程涉及硫酸根离子，铅酸电池充电必须考虑扩散作用，而扩散是具有温度敏感性的。充放电过程中铅以离子形式进入溶液，再沉积成不同的固态化合物，这导致了活性物质的重新排布。活性物质重新排布生成缺陷很少的晶体结构，这导致其化学和电化学活性降低。因此，铅酸电池的物理可逆性不如化学可逆性[39]，其中的物理劣化可以通过适当充电和加入铅膏添加剂的方法使其最小化。

铅酸电池以及其他水溶液的电池由于水分解副反应的存在而使充电过程复杂化。通常铅酸电池可以在任何倍率下充电而不产生气体，但是过充电或者高温除外。在充电起始阶段电池可以接受很大的充电电流，当电池带电后就有安全电流的限制。图 14.37 是电池充电的电流-时间曲线，其公式为：

$$I = Ae^{-t}$$

式中，I 为充电电流；A 为上一次从电池中放出的容量，$A \cdot h$；t 为时间。

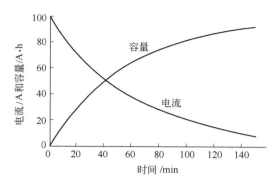

图 14.37　电流-时间曲线[10]

因为电池的使用范围很广，有多种充电制度，选择合适的充电方法取决于各种因素，如电池类型、电池设计、使用环境、允许的充电时间、充电的电池（组）数和充电设备等。图 14.38 是电池电压、充电状态和充电电流的关系图。可以看出，完全放电状态的电池可以接受大的充电电流，同时仍能保持较低的充电电压。然而，当电池被充电到一定程度后，如果继续以高倍率充电，电池电压会达到很高，导致过充电和析气。因此，当电池达到满荷电后，充电电流应该减小到合理的值。

在汽车、船艇和其他应用中，直流电源通常由发动机驱动发电机来提供。这需要有电压和电流控制以防止过充电。限制条件取决于电池或电池组的化学和物理结构。使用铅锑合金作为板栅材料的传统汽车电池（标称 12V 的电池组），电压控制范围为 14.1～14.6V。对于新型使用铅钙合金板栅或其他材料板栅的免维护电池，由于析氢电位较高，充电电压可以提高到 14.5～15.0V，而不会出现过充电的危险。目前，汽车或者相似用途的电池采用循环应用而不是浮充应用，充电控制器使电池在充电过程中的气体析出量非常小，因而使加水量最小化，但使得对充电过程的精确控制变得至关重要。

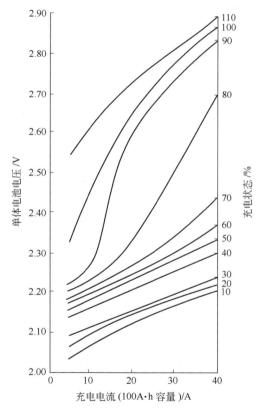

图 14.38　在不同充电状态下铅酸电池的充电电压[40]

在许多非汽车应用的电池中，充电系统与电池使用系统是独立的。充电所需的直流电通常是通过整流交流电获得的。这类充电器包括壁挂式、移动式，以及地面安装系统。新型充电器内带有微处理控制器，可以探测电池状态、温度、电压、充电电流以及其他参数，而且可以改变充电过程的倍率。大部分整流器产生的直流电都具有纹波，这导致电池额外发热。特别是在充电接近末期电池趋向于发热的时候，热效应需要降到最小。建议使用脉冲充电和不对称交流电流来解决这一问题，但是实际上由于铅酸电池的电容很大，甚至脉冲都可以被平滑掉，因而可以使其对电池的影响最小化[38]。

14.6.2 VRLA 电池的充电

与其他二次电池体系的充电相同，VRLA 电池的充电也是恢复放电过程中消耗的能量的过程。由于这个过程效率不够高，需要使充入的电量超过放电过程的放出电量[41]。充电过程中充入的电量依赖于放电深度、充电方式、充电时间和温度[42]。在高温条件下，充电电压和电流应该根据电池温度进行控制[43]。铅酸电池的过充电伴随着气体的产生和正极板栅的腐蚀。传统富液式铅酸电池中产生的气体从系统中逸出导致失水。对于富液式电池（除密封电池）由于可以补水，故水损失不是主要的关注点。由于 VRLA 电池的水损失（尽管很小）和不可补充性，对过充电更加敏感，而且电池干涸是 VRLA 电池寿命的限制因素。VRLA 电池中的水损失很大可能会导致热失控。

14.6.3 铅酸电池的充电方法

对于铅酸电池，合适的充电方法对于得到最优化的寿命非常重要。以下是适用于所有铅酸电池的充电原则。

① 只要电流不要大到使电池组中电池平均电压超过析气电压（单体电池大约为 2.4V），电池的起始充电电流可以是任何值。

② 在充电期间，电池充电量达到前次放电容量的 100% 前，充电电流应该控制在析气电压的电流值以下。为了使充电时间最短，这个电压可以略低于电池的析气电压。

③ 当电池充电量达到前次放电容量的 100% 时，充电电流要降低到结束阶段的电流。最后的恒流充电电流不应该高于这个电流值，通常情况下每 100A·h 额定容量电池采用 5A（指 20h 倍率）充电。

人们已经找到了一系列铅酸电池充电方法来满足这些要求。对大多数应用，基于恒电压的充电方法最有效，这些充电方法包括：恒电压及改进的恒电压充电；恒流及改进的恒电流充电；渐减电流充电；浮充充电；脉冲充电；涓流充电；快速充电。

（1）恒电压充电

在恒电压充电中，充电电压的限制值通常低于析气电压值。在充电的初期，电压低于限制电压，充电电流为充电器的最大充电电流。当达到限制电压后，电流随之减小。图 14.39 是一只放出 100% 容量的电池在不同充电电压下的充电时间。为了能在特定时间限制内达到规定的电压，充电器必须至少达到 $2C$ 倍率的电流。如果使用的恒压充电器低于 $2C$ 倍率的充电能力，那么充电时间应该根据充电器受限的充电速率相应延长。也就是说，如果充电器的充电速率限制为 $C/10$，那么每个充电电压-时间关系都需要增加到 10h；如果充电器被限制为 $C/5$ 则应该增加 5h，以此类推。电池的充电特性没有最大电流的限制。

图 14.40 展示了 2.5A·h VRLA 电池以 2.45V 的恒定电压充电时，充电电流随时间变化的曲线图，其中充电器的电流限制分别为 2A、1A 和 0.3A。如图所示，这三种充电方式唯一的不同就是需要充电的时间不同。电流降低过程持续的时间很长，因此为缩短总体充电时间需要改进充电方法。

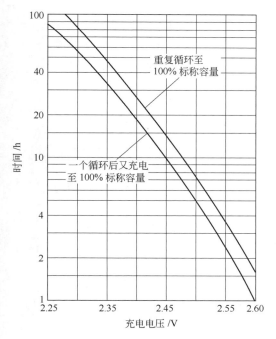

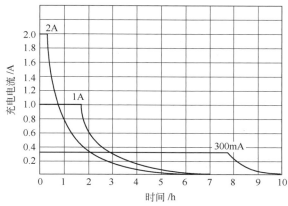

图 14.39　25℃时充电电压与充电时间的关系

图 14.40　2.45V 恒电压下用不同电流充电时充电
电流与充电时间的关系曲线（2.5A·h 电池，C/10 倍率）

　　在一般的工业应用中，使用改进的恒压充电方法。改进的恒压充电方法可应用于车辆电池、电网电池、通信电池和不间断电源系统的电池。在这些情况下，充电电路与电池紧密连接。由于充电电流是受限的，在达到特定电压之前保持恒定；然后，充电电压保持恒定直至转入放电状态。必须谨慎确定电流上限和电压上限，电池从进入恒电压至达到 100% 荷电状态的时间间隔决定了这些限值。对于电池总是在充电状态时的浮充型应用，较低的浮充电流能够使电池的过充电最小化，减缓过充电引起的板栅腐蚀，减少由于水的电解而引起的水损失和补水工作量。为了在较低的恒电位下将电池充满，必须选择合适的起始充电电流。该充电电流值可根据厂商的产品规格书中的参数确定。

　　采用恒定电流开始和结束的改进型恒压充电方法，常用于深度循环电池。这类电池通常以 6h 放电倍率放电至 80% 的放电深度；再充电通常在一个 8h 周期内完成。充电器的恒电压值设定为每单体电池 2.39V（该电压是析气电压），起始充电电流低于 16～20A/100A·h（按照 6h 倍率容量计算）。起始充电电流在电池组中单体平均电压低于 2.39V 时保持恒定。恒电压阶段电流逐步减小到结束时的 4.5～5A/100A·h，保持直至充电完成。总充电时间由计时器控制。充电时间要确保充电量达到前次放电容量的特定百分比，通常是 110%～120%，或者 10%～20% 的过充电。可以通过提高初始充电电流限值的方式减少充电时间。

　　（2）恒流充电

　　恒流充电是通过恒流源实现的。当几个单体电池串联充电时此充电方法极其有效，由于它趋向于消除电池组中电池间的不平衡。恒流充电不受电池组内每个单体电池充电电压的影响，可对电池内每个单体进行均衡充电。铅酸电池很少使用一种或者多种倍率进行恒流充电，这是因为铅酸电池需要在充电过程中调节电流，否则只能在整个充电过程中采用小电流充电（安时定律），造成充电时间过长（12h 或者更长）。常见的单台阶及双台阶恒流充电时铅酸电池充电特征如图 14.41 所示。

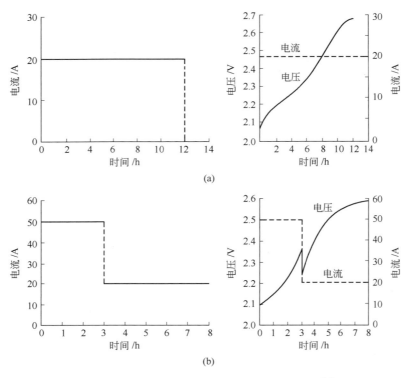

图 14.41　典型充电器及铅酸电池恒流充电特征[9]
（a）单台阶恒流充电；（b）双台阶恒流充电

以 20h 倍率一半的恒定电流进行充电，可用于减少过度放电或欠充电时的硫化现象。但是，这种处理方法可能会缩短电池寿命，应当根据电池制造商的建议实施。

恒流充电也用来给 VRLA 电池进行充电，图 14.42 是不同电流下恒流充电时相对前次放电回充百分率与电压的关系曲线。不同充电倍率下临近满充电状态时电压急剧上升，这是由极板趋向于过充电状态造成的，此时板栅上的活性物质硫酸铅已经在负极转化为铅，而在正极则转化为二氧化铅。当电池以更高倍率充电时，电压的迅速上升将在更低的充电状态开始，这是由于析气过程持续增加。由于电池中在过充电时产生气体的复合反应，VRLA 电池电压曲线与普通铅酸电池有些不同，这是因为电池在过充电状态下发生了气体再化合，如图 14.42 所示。电压降低是因为过充电期间氧气在负极的再化合，这种现象在富液式电池中不会发生。VRLA 电池能够复合高达 $C/3$ 倍率恒流过充电时

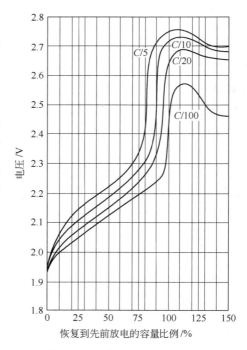

图 14.42　在 25℃ 以不同恒流充电时电池的电压曲线

产生的氧气。在更高充电倍率下过充电时，气体产生的速度将超过气体化合的速度，排气现象就会出现。

若完全充满电的电池仍然在高于 $C/500$ 的倍率下继续充电，则对电池寿命有害。在低倍率（$C/10\sim C/20$）充电条件下，接近充满电时电压的快速升高是恒流充电终止或降低倍率的很好指示。如果电流倍率降到 $C/500$，则电池在 25℃ 条件下，可以继续充电而具有 8～10 年的寿命。图 14.43 是 25℃ 条件下以 $C/15$ 的速率连续充电时电压相对时间的曲线。该电池充电之前以 $C/5$ 的倍率 100% 深度放电。该曲线表明当电压上升时电池还未充满电，必须继续充电。

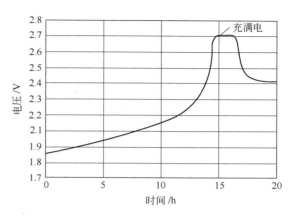

图 14.43　在 25℃ 以 $C/15$ 恒流充电

（3）渐减电流充电

渐减电流充电是恒电压充电方法的一种改进手段，可以使用更加简单的设备从而降低成本。图 14.44 是渐减电流充电的特征图。初始充电电流是有限制的，但电压和电流的逐渐减小使得在放电安时数完全恢复之前，电池单体的电压就已经超过了 25℃ 下的 2.39V。这种充电方法容易导致电池在充电转换点析气和电池温度升高。根据充电器的设计不同，析气和温度上升程度有所不同，但是过大的析气量和过高的温度可能会影响电池的使用寿命。随着温度上升，析气电压降低，表 14.17 列出了温度偏离 25℃ 的电压校正系数。这种充电方式目前已经被现代电子整流器取代。

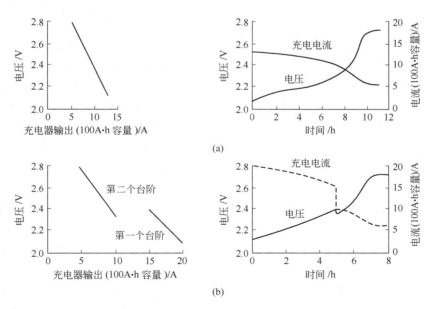

图 14.44　渐减电流充电时铅酸电池充电器特征[22]
（a）单台阶渐变充电；（b）双台阶渐变充电

表 14. 17　单体电池析气电压校正系数

电解液温度/℃	析气电压/V	校正系数/V
50	2.300	−0.090
40	2.330	−0.060
30	2.365	−0.025
25	2.390	0
20	2.415	+0.025
10	2.470	+0.080
0	2.540	+0.150
−10	2.650	+0.260
−20	2.970	+0.508

充电终止经常由固定的电压值控制而不是电流控制。因此，在寿命前期，电池具有很高的反电动势，电池的最后充电电流会很小，在最佳充电状态的时间内不能充进足够的电量。在寿命后期，电池的反电动势较低，末期充电电流大于通常的充电结束电流，电池得到了过多的电荷，导致其寿命缩短。因此，渐减电流的充电方法会使电池的寿命缩短，其可用性只有在更便宜的设备投入前提下才合理。

VRLA 电池能够经受住充电电压的变化，但关于使用渐减电流充电器仍然有一些注意事项。输出特性是这样的：充电时随着电池电压上升，充电电流会下降。这种效果是通过使用合适的导线尺寸和匝数比来实现的。通常，从初级线圈到次级线圈的匝数比决定了无负荷时的输出电压，而次级线圈粗细决定了给定电压下的电流。实际上这个变压器是一个恒电压的变压器，其输出电压调制完全取决于交流线电压调控。由于这个电压调控规律，输入电压的任何变化都将直接影响充电器输出。依赖于充电器的设计，输出电压变化可以高于输入电压变化。例如，一个 10% 线电压变化可造成 13% 的输出电压变化。

渐减电流充电器使用半波整流器比全波整流器成本更低。但应该注意到，半波整流器提供的最高平均电压比全波整流器高 50%。因此，在额定充电电压下，半波充电器会因为更高的最高电压而造成电池总寿命的降低。直流波动最终会造成活性物质与板栅退化，最终导致电池性能衰减。交流波动是早期电池失效的重要因素，特别是在浮充和不间断电源系统中更是如此。电池反复充放电导致热量产生，且腐蚀会缩短电池寿命。

在该充电方式中有几种充电参数必须满足。对于循环应用，最主要的参数是达到 100% 额定容量的再充电时间。

（4）浮充充电

浮充充电是一种低倍率恒电位充电方法，用于维持电池处于满荷电状态。这种方法主要用于固定应用的电池，这些电池可以用 DC 母线充电。

当 VRLA 电池作为备用电源应用时采用浮充充电，恒压充电器的每个单体电压维持在 2.2～2.3V 之间时，电池寿命最长。由于过高的电压会加速板栅腐蚀，所以不提倡在高于 2.4V/单体条件下连续充电。图 14.45 是电池在 25℃ 和 65℃ 条件下浮充电时可达到的电压值，以及如果一只电池被长时间充电而处于过充电平衡状态时能够接受的充电倍率；同时，这些曲线可以用来确定维持电池浮充寿命的连续恒流充电（涓流充电）的电压值。例如，如果电池在 0.001C 倍率下涓流充电，在 25℃ 条件下每个单体的平均过充电电压为 2.35V。相反，如果一个单体的连续恒压充电为 2.35V，其过充电倍率将为 0.001C。

高温会加速电池衰减反应。当温度升高时，由于电池内部反应速度加快，在固定时间内恢复容量所需要的电压会下降。为了延长寿命，当气温与 25℃ 相差较大时，需要采用每个单体−2.5mV/℃ 的负充电温度系数校正充电电压。图 14.46 显示了在 25℃ 条件下浮充电压为 2.35V 的密封电池在不同温度下的推荐充电电压。由曲线可以明显看出，在极低的温度条件下，需要比每个单体−2.5mV/℃ 更大的温度系数才能够使电池完全回充。图 14.46 显示了循环条件下的补偿电压，当电池温度不同时，电压补偿可使充电电流与 25℃ 时相近。当电池温度很高时，充电电压温度补偿阻止了热失控的发生；而当电池温度很低时，温度补偿能够保证电池充足电。

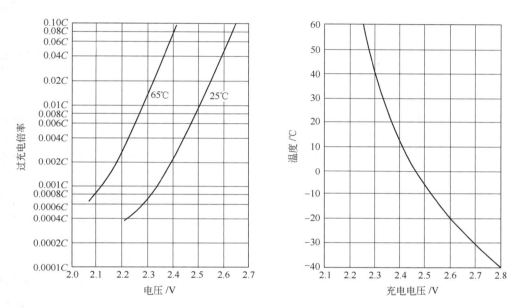

图 14.45 VRLA 电池的过充电流和电压　图 14.46 不同温度（温度补偿）下的推荐充电电压

当涓流充电时，在更高温度下增大充电电流对维持适当的浮充电压非常必要。由图 14.45 可以看出在 25℃ 以 0.001C 的倍率涓流充电，其浮充电压将为 2.34V。而在 65℃ 下，同样的倍率充电则其浮充电压为 2.12V，低于电池的开路电压。因此在 65℃ 下，涓流充电电流需要被提高到 0.01C 来维持适当的浮充电压。

（5）脉冲充电

在欧洲，脉冲充电应用于牵引电池的充电。电池充电器周期性地和电池端子分离并自动测量电池开路电压（一种无阻抗的电池电压）。开路电压高于给定值（取决于参考温度）时，充电器不输出能量。当开路电压降低到给定值以下时，充电器在固定期间内产生直流脉冲。当电池荷电状态很低时，因为开路电压低于现值或者很快降到设定值以下，电池几乎以 100% 的时间进行充电。选择合适的开路时间和充电脉冲可以使电池开路电压衰减期正好等于脉冲间隔。当充电控制器感应到这种状况时，便会自动转向结束充电电流阶段，定期触发小的充电脉冲确保电池处于满荷电状态。由于在许多工业应用中需要高电压电池组，因此电池组中电池均衡性成为问题。具有不同衰减速度而且经过长时间储备的电池尤其会出现均衡问题。在这种条件下，电池完全放电，定期通过均衡充电（通常是半年）的方法充电可以让整组电池达到完全充电状态。这一过程完成后，必须检查电池内电解液液面，向缺液电池中加入蒸馏水。但是，对于新型免维护电池，由于处于半密封状态，均衡充电和向电池中加水是不可能的。因此，在充电器设计时就需要采取特殊措施使电池处于相同的充电状态。

（6）涓流充电

涓流充电是一种在小电流（大约为 $C/100$ 倍率）下不间断恒流的充电方法，这种充电方法可以补充由于自放电造成的电量损失，用来维持电池的满荷电状态，也可以用于恢复间歇使用的电池容量。这种充电方法通常用于汽车启动、照明和点火（SLI）电池以及类似的电池，充电时电池应从车辆或常规充电能源中取出。

（7）快速充电

在许多应用场合下，需要电池在 1h 或者更短时间内快速充电。任何充电条件下，快速充电的充电控制都非常重要，必须维持电极的表面形貌，防止温度上升，特别是防止温度上升到发生有害副反应（腐蚀、转变为非导电氧化物、物质溶解或分解），防止过充电和析气。因为这些状况在高倍率充电时更容易发生，所以充电控制很重要。

小型、低成本、精巧半导体芯片的出现，为充电过程中控制电压-电流曲线提供了有效的方法。这些设备可以用来终止充电、控制充电电流或者充电过程中出现潜在的破坏因素时转换到不同充电制度。

在一些 VRLA 电池中采用的薄极板具有巨大的表面积，可将电流密度降低到与普通铅酸电池快充时相比非常低的水平，因此提高了快速充电能力[44]。

图 14.47 是 VRLA 电池在三种不同电压下 1h 充电曲线。充电器的充电能力高于 5C 的充电倍率。在充电初期电池有很高的充电接受能力：事实上，在 2.55V/单体的充电电压下，电池在前 3~4min 时接受了充电器输出的全部电流。在 2.7V/单体的充电条件下，30min 后开始产生大量的过充电，这会引起内部过热和随之发生的充电电流增加。

图 14.48 是经过规范化处理的三种不同电压充电时的充电效率与充电时间的关系曲线。此图的效率值是通过前次放电容量除以充电容量计算得到的。当以 2.55V 充电时，前面循环中放出的 100％容量在 15min 内恢复。而当以 2.7V 充电时，在充电 60min 终止时，已经过充电 60％。

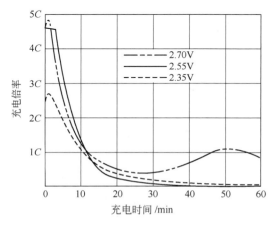

图 14.47　在三种充电电压下充电倍率和充电时间的关系

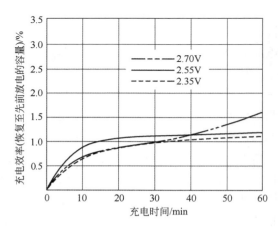

图 14.48　在三种充电电压下充电效率和充电时间的关系

图 14.49 是三种充电电压下，放电时间与循环次数的关系曲线，同时给出了电池在 2.5V 的恒压条件下充电 16h 然后以 1C 放电的循环放电参考曲线。该曲线给出了电池在 1C 放电条件下的预期容量。从这些数据可以看出 2.55V/单体的充电曲线与参考曲线最接近。而在 2.70V/单体的电压下充电时，电池过充电太严重，造成在 15 次循环后容量开始下降。而在 2.25V/单体条件下充电的电池，能够以 75% 的容量循环。

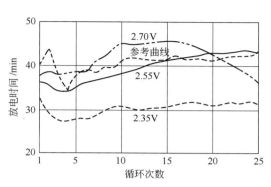

图 14.49　在三种充电电压下循环次数对放电时间的影响

这些数据显示薄极板的 VRLA 电池可在不到 1h 内快速充电到 100% 的额定容量，其中以 2.50～2.55V/单体充电，充电器能够达到 3C～4C 倍率时最理想。应该指出的是，长时间以 2.7V/单体的恒电压充电会损坏电池。

14.6.4　充电效率

充电效率或库仑效率，指的是在充电过程中，实际用于活性材料电化学转换的电流与供给电池的总电流之间的比率。未用于充电的电流被电池内部的腐蚀与析气等副反应消耗。

VRLA 电池的充电效率通常较高，而传统湿式电池的充电效率则一般较低。充电效率是电池荷电状态的直接函数。电池的充电效率在接近满电之前是较高的，但当电池开始过充时，过充反应开始发生，充电效率就会下降。

图 14.50 是在不同恒压状态下充电电流效率与电压的关系曲线。随电压上升，由于副反应电流的产生，充电效率下降。当电压低于 2.15～2.18V 的开路电压时，充电效率明显下降，因为此充电电压不足以维持充电反应。

图 14.51 是不同恒流充电倍率下效率与倍率对数值间的关系曲线。可以看出，当倍率高到 C/10 时效率接近 100%。在较高的充电速率下，效率会降低，因为随着电池接近完全充电状态，极板表面也会完全充电。这会加快充电反应速率，导致电压升高和气体增加。而在较低的充电速率下，效率也会下降，因为充电电流与寄生电流相当，电池电压接近开路电压。

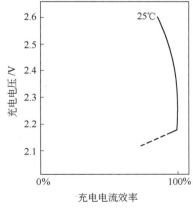

图 14.50　恒电压充电效率

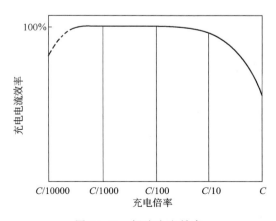

图 14.51　恒流充电效率

图 14.52 是在不同温度与充电倍率下充电过程的充电接受能力。

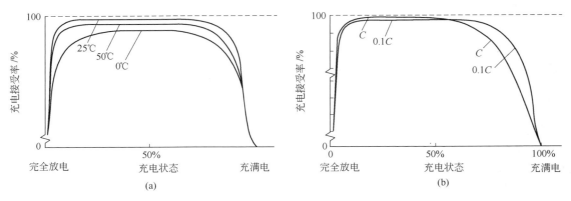

图 14.52　密封铅酸电池充电接受率
（a）在不同温度下；（b）在不同充电倍率下

14.7　维护、安全和操作特性

14.7.1　维护

工业电池使用期限通常在 10 年以上，正确的维护可以确保电池的使用寿命。电池维护有 5 条基本原则：按照电池的充电要求配置充电器；防止过放电，避免在放电状态储存；电解液液面维持在适当的水平（需要时添加水）；保持电池清洁；避免电池过热。除了以上原则外，由于电池组是由单体电池串联而成的，电池组必须定期进行均衡充电。

（1）充电过程。

滥充是造成电池寿命缩短的最重要原因。幸运的是，铅酸电池的本质物理和化学特征使充电控制非常简单。在适当的充电电压下，给电池提供直流电源，电池只吸收能够有效接受的部分，可接受电流随着电池接近满荷电状态而减小。可以使用几种设备来确保在适当的时候终止充电。对于开口式电池，应该定期检查电解液相对密度，并调整到规定值（表 14.7、表 14.12）。

（2）过放电

应该避免电池过放电。大容量电池，如工业卡车上使用的电池，通常通过 6h 倍率放电到终止电压 1.75V/单体来标称容量。这种电池通常可以放出大于额定容量的电量，但这种放电只能在紧急情况下进行，不能成为常规操作。将电池电压放到低于特定值时将使电解液相对密度降到很低，而这对电池的多孔结构是有害的。电池寿命是电池放电深度的直接函数（图 14.53）[45]。

（3）电解液水平

正常操作条件下，蒸发和分解造成电

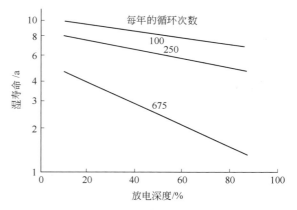

图 14.53　25℃时放电深度和每年的
循环次数对电池湿寿命的影响[45]

解液中水的损失。除非电池在特别炎热、干旱的环境下使用，一般蒸发损失的水只占很少一部分。完全充电状态的蓄电池，因为电解而损失的水约为每过充电 1A·h，损失 0.336mL 水，即 500A·h 电池过充电 10% 会造成 16.8mL 水损失，或者每循环一次造成 0.3% 的水损失。因此，电池中电解液维持在一定水平非常重要。电解液不仅是电的导体，也是将热量从极板转移出来的主要因素。电解液低于极板时，露出来的极板区域就不再具有电化学活性，这会造成热量在电池的特定部位聚集。定期检查水损耗也是对充电效率的粗略检查，可以作为调整充电器的提示。

补水是电池的主要维护成本，因此需要通过控制过充电量或在单体电池内使用氢气、氧气再化合装置来减少水损失。最好在充电后或平衡充电之前进行添加水维护。充电即将结束时把水加到酸液中，充电过程中产生的气体会把水均匀搅拌到酸中。在寒冷环境下，应该在有搅拌的情况下加水，以防止加入的水在析气发生前结冰。加入的水必须是蒸馏水、去离子水或者经过检测适合电池使用的本地水。自动加水设施的使用，可以进一步减少维护的人工成本。应该避免过度加水，避免造成电池中电解液溢出导致托盘腐蚀、接地短路和电池容量损失等后果。在加入水后，必须检查电解液的密度，以确保充电状态电池的电解液浓度。一个有用的近似公式为：

$$电解液密度＝电池开路电压－0.845$$

这个公式也可以作为利用电压监测电解液相对密度的方法（图 14.3）。

（4）清洁度

保持电池清洁可以使端子连接处、电池架的腐蚀降到最低，避免了昂贵的维修工作。电池上通常会落有灰尘，可以用风吹掉或者用刷子刷掉的方法进行处理。由于电池的上表面很容易被从电池中溢出的电解液润湿，污染物需要在被潮气变成导体之前清除掉。电解液中的酸不能蒸发，可以通过苏打（碳酸钠）水和热水清洗电池的方法将其中和。苏打水的配制是大约 1kg 苏打用 4L 水溶解。苏打水洗过的区域，需要用水彻底冲洗。

（5）高温/过热

高温环境对电池有害，特别是高于 55℃ 的高温。因为随着温度的升高，板栅的腐蚀速度、金属零件的溶解速度和自放电速度都会增加。在高温环境中循环的电池需要充入更多的电量来抵消放出的容量和自放电损失。温度升高，电池的析气电压降低（见 14.7.4 节），电解反应消耗了更多的充电电流。在 25～35℃ 条件下，每个循环需要 10% 的过充电来维持荷电状态；而在更高的温度（60～70℃）下，需要 35%～40% 的过充电来维持荷电状态。在浮充使用条件下，随着温度的升高，浮充电流增加，造成电池寿命缩短。75℃ 条件下浮充充电 11d，相当于 25℃ 条件下浮充充电 365d。

高温条件下使用的电池与常温条件下使用的电池相比，需要采用较低的电解液相对密度（表 14.12）。另外，如在负极中使用更多膨胀剂也有助于提高电池的高温性能。

（6）电池均衡

在循环过程中，很多单体串联而成的高电压电池组中的各单体电池之间可能变得不平衡，电池组中存在的特定电池限制了整组电池的充放电。限制电池与电池组中其他电池相比具有更高的过充电和更多的水损耗，因此需要更多的维护。均衡充电有利于在充电高峰时电池组中电池的平衡。均衡充电时，电池在正常倍率充电结束后，延长充电 3～6h，充电倍率（5h 倍率容量计）大约为 5A/100A·h。在这个过程中，允许电池电压无限制升高。均衡充电应该持续到电池电压和电解液密度高到一个稳定可接受的值。均衡充电的频率通常是电池累计放电量的函数，一般针对每种电池所应用的均衡充电方法，电池生产商都会作出详细的说明。

14.7.2 安全

与铅酸电池相关的安全问题包括硫酸的泼洒、氢气和氧气析出造成的爆炸、有毒气体如砷化氢、锑化氢的析出等。采取恰当的防护措施后，所有这些问题都可以满意地解决。操作硫酸时穿戴面罩、塑料或者橡胶围裙和手套是防止硫酸烧伤的有效方法。如果酸接触到眼睛、皮肤或者衣服的时候，应该立即用干净的水冲洗干净，必要的时候求助于医生。如果硫酸不小心溅出，通常可以用小苏打（碳酸氢钠）溶液（每升水 100g）进行中和。中和后用水冲洗处理的区域。

为了防止引燃电池充电过程中产生的可燃性的氢、氧混合气体而引起爆炸，必须在日常工作中采取措施。在标准温度和压力下，最大气体生成速率为每安时过充电产生氢气 0.42L，氧气 0.21L。当氢气在空气中的体积分数达到 4% 时就可能产生爆炸。标准的处理方法是在爆炸下限（LEL）20%~25% 设置报警装置。现在市场上能够买到这种低成本的氢气探测器。

当电池周围通风良好时，氢气的积累一般不会造成问题。然而，如果把体积比较大的电池放置在较小的空间中，必须安装通风装置来对电池进行定时通风或者当探测到的氢气累积量超过爆炸下限 20% 的时候自动开启通风。电池箱也应该与外界空气相通，火花或者火焰会引燃超过爆炸下限的氢气混合气体，因此可能产生电弧、火花或者火焰的电源都必须装在防爆的金属盒中。也可以在电池壳通气孔上设置阻燃器来防止外部火花点燃电池槽内部的爆炸性混合气体。禁止在电池附近吸烟、使用明火，以及进行可能产生火花的操作。许多爆炸事故就是由于对非汽车用途的电池进行无控制充电造成的。人们常常将电池从车辆上拿下，在一个无控制充电器上进行长时间充电。尽管充电电流可能很小，有很少的气体累积，但是如果在此时挪动电池，这些气体就会排出；当火花存在时，就有可能发生爆炸。

在 VRLA 电池的充电过程中，会有氢气甚至二氧化碳释放出来，但是与富液式电池的排气量相比低很多。所以，充电区域的通风是需要的。氢气析出对每个循环确保内部化学平衡而言很必要。二氧化碳是由于电池内部有机化合物被氧化而形成的。

另一种需要考虑的因素是充电器潜在的失效可能性。如果充电器出故障而引起充电倍率高于推荐值，一定量的氧气和氢气将会从电池中释放出来。这些气体混合物具有爆炸性，不能使其聚集，因此要求充分通风，所以 VRLA 电池不应该在一个不通风的容器中使用。电池不应该完全密封，因为这样妨碍了电池正常的通风和气体的正常排放。

某些类型的电池会释放出少量的有毒气体如砷化氢（AsH_3）、锑化氢（SbH_3）等。这些电池在正极板或者负极板板栅中含有少量的锑和砷，这两种金属可以硬化板栅、降低循环过程中板栅的腐蚀速度。AsH_3 和 SbH_3 通常是由砷或锑合金材料与新生氢原子接触而产生的，一般发生在过充电时，两种物质结合生成无色、无味的气体。AsH_3 和 SbH_3 非常危险，可能引起严重的疾病甚至死亡。1978 年 OSHA 规定，SbH_3 和 AsH_3 浓度上限分别为 0.1×10^{-6} 和 0.05×10^{-6}，该值是 8h 内所允许值的加权平均数。电池区域的通风非常重要。数据显示，当通风设计可以把氢气的浓度维持在 20%LEL（约 1% 氢气）以下时，锑化氢和砷化氢的浓度也会降到致毒限度以下。

常用的 12V SLI 汽车电池具有小概率的电击危险性。电池系统的电压越高，电击危险性就越高，而电动车辆使用的电压范围为84～360V。人们正在研究使用最高可达1000V的电池系统作为本地化储能系统中负载平衡的可能性。但是，这些电池在外部短路的情况下能够输出很大的电流。大电流所产生的热量可能导致很严重的烫伤并且存在火灾隐患。当人们佩戴金属戒指或者金属表带在端子暴露的电池或电池组附近工作时需要特别注意，无意之间将这些金属物品和金属工具放在极耳之间可能会造成严重的皮肤烧伤。电池即使处于放电状态也具有电活性，因此在使用中必须注意以下几点：

① 保持电池表面清洁和干燥，防止接地短路和腐蚀。

② 不要在电池表面放置金属器件。将所有用于电池的工具进行绝缘处理。

③ 在检查和对电池进行维护前，去掉随身佩戴的珠宝等导电体。

④ 在提升电池的时候，使用绝缘工具，避免提升链条与挂钩将电池端子间短路。

⑤ 在电池搬运以前，确保电池内无累积的气体。

14.7.3 操作参数对电池寿命的影响

影响电池使用寿命的主要因素包括：放电深度、每年电池的充放电循环次数、充电控制、储存类型、操作环境温度等。在某些电池设计中增加电池寿命会造成初始容量、功率和能量输出减少。因此，在电池设计中，必须使用合适的参数使电池符合操作和应用寿命要求。

① 增加每年的充放电循环次数会减少电池湿荷电寿命（图14.53）。

② 提高放电深度会减少电池循环寿命，见图14.54[45]和14.9.3节（包括图14.71）。

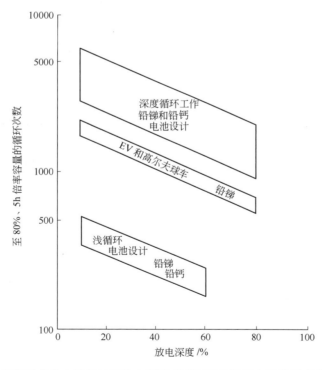

图14.54　25℃时单体电池设计和放电深度对不同种类铅酸电池循环寿命的影响[45]

③ 过量的过充电将增加正极板栅的腐蚀速度和导致正极活性物质脱落，而且会缩短电池的湿寿命。

④ 湿电池在放电状态下存放会促进硫酸盐化反应，降低电池的容量和寿命。

⑤ 采用高质量设备进行正确的充电操作，用最小的过充电维持电池理想荷电状态，有助于提高电池的使用寿命。

⑥ 大型电池的电解液会按照不同浓度水平分层，限制了其充电接受能力、放电容量和寿命，这需要在充电过程中进行控制。

在充电过程中，极板微孔中产生了比本体电解液浓度更高的电解液。这些高浓度的电解液会沉积到电池壳底部，造成接近极板底部的电解液浓度较高而顶部电解液浓度较低。这种分层可在不析气的充电阶段积累。在过充电析气阶段，极板表面产生气泡，气泡沿着极板表面和隔板上升，起到了搅拌作用。在放电过程中，极板微孔内和极板表面的酸被稀释。然而，在更长的充电期内建立的电解液浓度分层，很难达到完全平衡，特别是在放电时间很短的情况下。通过扩散来消除浓度分层的过程非常缓慢，分层在重复循环中会变得越来越严重。控制电解液分层的两种办法是在过充电期间用结束电流让极板析气，或者用泵（通常是气动泵）对电解液进行搅拌。电解液分层的消除成功程度与电池设计、泵等附属设施的设计以及电池操作程序等因素有关。

14.7.4 失效模式

铅酸电池的失效模式取决于应用类型和电池设计，因为电池设计就是要针对特定类型的应用产生最优化的性能。常见的不同类型铅酸电池的失效模式如表 14.18[46] 所示。很明显，如果维护得当，大部分电池的一般失效模式是正极板性能恶化，包括板栅腐蚀或者铅膏脱落。这种失效是不可逆的。当这种现象发生时，必须更换电池。更详细的 SLI 电池失效模式分析见 14.8.3 部分的论述。

失效模式和失效时间可以通过更改内部参数（I）的办法进行修正，如电池材料、生产过程和设计，或者对外部参数（O）如使用环境进行改变。一些失效修正结果如表 14.19[46] 所示。

表 14.18　铅酸电池的失效模式

电池类型	正常寿命	一般失效模式
SLI	几年	板栅腐蚀
SLI(免维护型)	几年	失水、正极板破坏
高尔夫球车	300～600 次循环	正极活性物质脱落、板栅腐蚀、硫酸盐化
备用电池(工业)	6～25 年	板栅腐蚀
牵引电池(工业)	最少 1500 次循环	铅膏脱落、板栅腐蚀

表 14.19　铅酸电池失效速度的修正

失效机理	失效速度修正①
正极脱落	I:活性物质结构,电池设计 O:循环次数,放电深度,充电因子
负极硫酸盐化	I:活性物质添加剂 O:温度,充电因子,维护
正极板栅腐蚀 （全部的、部分的或正极板栅生长）	I:板栅合金,浇铸条件,活性物质
隔膜	I:电解液浓度,电池设计 O:温度,充电因子,维护
槽、盖、阀、外部的电池连接	I:电池材料和设计 O:维护,避免滥用

① I 为内部参数；O 为外部参数。

14.8 SLI（汽车用）电池：结构和性能

14.8.1 一般特征

最常见的铅酸电池是内燃机汽车和其他车辆的启动、照明和点火（SLI）用电池。这些系统都使用标称电压为 12V 的电气系统。低温下的启动能力是设计的主要考虑因素。铅酸电池的设计各不相同，以便使所要求的性能得到最优化。为了获得最佳的性能需要对如下参数进行优化：体积比能量、比功率、循环寿命和浮充使用性能以及成本等。

高比功率要求电池的内阻必须做到最小，这关系到板栅设计，隔板的孔隙率、厚度、类型，以及电池单体之间的连接方式；同时，要求高比功率和体积比能量的电池需要使用较薄的极板和隔板，且要有较高的孔隙率。一般铅膏表观密度非常低。长循环寿命要求具备优良的隔板、较高的铅膏表观密度、α-PbO_2 或另外一种成键剂存在、适中的放电深度、好的维护性能和高锑（5%～7% Sb）合金制作的板栅等。低成本还要求最小的固定和可变成本，高速自动化加工，以及板栅、铅膏、隔板和其他电池组件中不使用昂贵材料等[2,10,15,47-48]。

14.8.2 汽车应用

SLI 电池同样应用于卡车、飞机、摩托车、工业设备以及其他一些应用场合，也应用于非道路车辆，如雪上汽车以及船艇上用于艇内或者艇外发动机的启动，各种农用设备和建筑设备。用于美国和北大西洋公约组织（NATO）成员国的军用车辆已经开始使用标准化的 24V 电子系统，该系统由两只 12V 电池串联而成。

由于车载电子设备的增加，现在 SLI 电池具有更多的循环使用特征（与浮充使用相比）；尺寸、质量的减小也成为重要的因素，包括电池的几何形状。这些因素已经导致了 SLI 电池的重新设计。最重要的变化包括：

- 从高锑（4%～5%）铅合金板栅转变为低锑（1%～2%）铅合金或者 Pb-Ca-Sn 合金板栅，以减少氢气析出量；
- 采用更薄的电极；
- 具有更低电阻的隔板；
- 极耳从边缘挪向中间，板栅被重新设计，具有高电导；
- 强化型富液式电池（EFB），免维护结构；
- VRLA 电池结构。

SLI 电池这个词稍有些"用词不当"，这是因为除了启动、照明和点火外，SLI 电池还用于一些其他能量需求的场合。尽管这些应用场合不会单独对电池造成很大的负担，但是这些用途会对 SLI 电池产生非常显著的影响。现在一些汽车的功率需求高达 2～3kW，表14.20 所列是目前和将来 SLI 电池除 SLI 功能以外的用电需求。典型的 SLI 电池不适合于表中某些功能所列的需求，因此需要进一步改进。人们目前已经考虑使用更高的电压，以降低电流水平。

简单地将目前的 SLI 铅酸电池系统从 6 单体提高到 18 单体会产生一系列问题，不仅仅是电池质量的显著增加。目前，SLI 电池是免维护的且不需要在使用期间添加水；同时，VRLA 电池的使用频率也增加了。

汽车工业为了满足企业平均燃油经济性（CAFE）的标准，正在转向微混（启停）、中混、混合电动汽车和纯电动汽车（EV）。对于这些要求，汽车公司把一些负载型、循环型的功率要求添加在 SLI 电池上。在微混电动汽车中，电池必须在启停模式下工作。这就要求电池具有良好的循环性能，特别是在高倍率部分荷电状态下的循环性能。传统的富液式电池结构不能满足这种要求，AGM 的 VRLA 电池能更好地满足这种应用。目前，新型的能够满足需求的富液式 SLI 铅酸电池也在开发之中。这种电池的价格大约是标准免维护电池的 1.5倍。这种电池使用不同的合金，活性物质中的添加剂（如碳材料）含量更高，隔板系统对正极板施加了压力并且覆盖了正极板。这种电池的极板使用永久性的涂膏纸替代了标准的纤维纸。此外，电解液中还使用了添加剂。

表 14.20   目前和将来的汽车设计所需电能的特点（除 SLI 功能外）

警报器（可包括后窗 LED 显示器）	通信设备
计算机	音频收音机、录音机或 CD 机
电子延迟	全球定位系统（包括地图查询、行程安排、紧急事件位置）
发动机的自动启动/停止	电控阀组
空调	催化转化器的加热
座位电加热	探测器（例如，用于安全气囊的探测器）
电动转向	防抱死的制动系统
电动汽车窗	电致变色镜
后座娱乐中心	后窗电加热除雾/除冰
电子门锁	电加热点烟器
时钟	巡航控制
可再发电的刹车	

14.8.3　结构

SLI 电池的主要功能是启动内燃机，其放电时间很短，电流大。当发动机启动之后，发电机系统便开始对电池充电，使电池处于满荷电浮充电状态或者轻微的过充电状态。在最近的汽车设计中，当发动机不运行时，车灯、电机和电子设备产生的寄生电气负荷会使电池逐渐放电。这些因素和正常的电池自放电结合在一起，对标准的启动/浮充循环增加了一个明显的循环需求（详见 14.7.4 节和 14.8.4 节）。因此，传统的 SLI 电池不能满足循环能力的要求。

SLI 电池的启动能力与极板的几何面积成比例关系，对在－17.8℃（0℉）冷启动电流（CCA）而言，该比例系数通常为每平方厘米正极板 0.155～0.186。一般电池的启动能力在高温下（>18℃）由正极板控制，低温下（<5℃）由负极板控制。电池的正负极板面积比在设计时就已经确定了。为了得到最大的启动能力，SLI 电池设计中强调使用具有板栅最小电阻（使用放射和切拉的板栅设计）的极板，与动力电池或者固定电池相比使用具有更高相对密度的电解液。

SLI 电池通常使用"外侧负极板"（$n+1$ 个负极板、$2n$ 块隔板和 n 个正极板）的设计方案。然而，为了平衡启动倍率和电子负载的要求，也为了方便自动化生产，SLI 电池也使用等数目正负极板。另外在美国，"外侧正极板"设计的电池也得到了广泛应用。

与传统非免维护电池相比，免维护 SLI 电池有几个明显特征。例如，电池寿命期间不需要补水，储存期间的容量保持性能显著改善，具有最少的端子腐蚀等。典型的免维护电池的结构如图 14.55 所示。与阀控式铅酸（VRLA）电池通过氧气再化合的方式不同，这种电池主要通过充电控制来阻止水的分解和电池干涸。

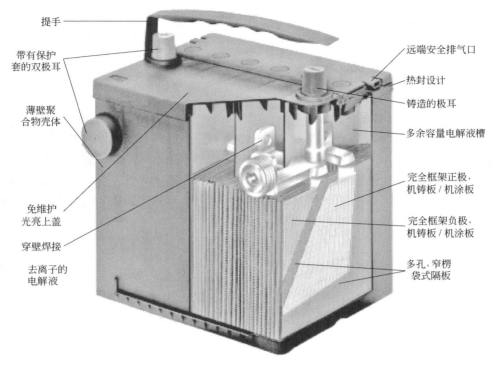

提手

带有保护套的双极耳

薄壁聚合物壳体

免维护光亮上盖

穿壁焊接

去离子的电解液

远端安全排气口

热封设计

铸造的极耳

多余容量电解液槽

完全框架正极，机铸板/机涂板

完全框架负极，机铸板/机涂板

多孔，窄楞袋式隔板

图 14.55 铅酸电池剖面

　　SLI 免维护电池具有较大的电解液保存量，可以使用较小的极板，而且由于去除了铅泥沉淀槽，所以可以将极组直接放在壳体底部。通常将正极板包在多孔隔板中，防止从正极脱落的活性物质掉在壳子底部导致短路。免维护电池的最主要特征是使用无锑合金（如铅钙合金）或者低锑合金板栅。使用这类板栅材料明显减小了过充电流，也减少了过充电期间水的损失，提高了电池的搁置性能（见 14.6 节）。图 14.9 曾给出了使用铅钙合金轧制片的切拉板栅制作电池的性能。大部分 SLI 电池使用所谓的混合极板，即负极板使用铅钙锡合金制作板栅，正极板使用低锑合金制作板栅。

　　在另一种精制的 SLI 电池的设计中，电池极板宽度约为传统 SLI 电池的五分之一，从长度方向平行插入，而不是垂直插入。这种设计减小了电池的内阻，具有很高的冷启动性能，但是这种设计未能实现商业化应用。

　　卡车、公共汽车、建筑设备上使用的重负荷 SLI 电池设计与客运车辆 SLI 电池相似，但是使用了更重、更厚的极板以及高表观密度的铅膏、价格昂贵的带有玻璃纤维衬的隔板，将极组固定在壳体底部，使用锚固式电气连接以及其他类似功能，增加了电池的寿命。外壳尺寸从 285mm 到 530mm，为了提供最大的机械强度，厚极板是必要的。由于厚极板电池的启动电流小于薄极板电池（在给定的电池槽中厚极板数量较少），所以使用串联或者串联-并联方式连接。通常情况下 12V 单体电池通过串联方式连接以获得 24V 的启动电压，在 12V 下运行和充电时通过并联实现。现在厂家也生产不同尺寸的重负荷免维护电池。

　　SLI 型电池也用于摩托车或者船艇。观光艇所使用的电池通常使用较厚极板（以便给出更多的容量）和高表观密度铅膏。其型号与 BCI（国际电池协会）汽车电池型号相同。详见

8.3.3节BCI电池型号列表。船用电池也使用4单体室构成8V整体电池的方式生产。目前,许多这种特殊应用已经转向阀控式铅酸电池。

航空器使用的SLI电池采用特殊的防漏设计,以防止飞行过程中电解液的损失。但是,这种应用场合最典型的是使用阀控式铅酸电池。

14.8.4 性能特征

(1) 放电性能

图14.56是SLI电池在几种恒流放电情况下的放电曲线,放电终止电压也在图中给出。可以看出,电池在较低倍率下放电具有更高的放电容量。而在高倍率放电时,由于极板毛细孔中的电解质被耗尽,而电解质又不能迅速扩散来维持电池电压,因而造成电池放电容量降低。间歇性放电可以使电解液再循环,或者通过电解液强制循环也可以改善电池的高倍率放电性能。通常,电池可以在允许的电流下工作而不会对电池造成损害,但是当电池被耗尽或者电压低于可用值的时候,应该停止放电。

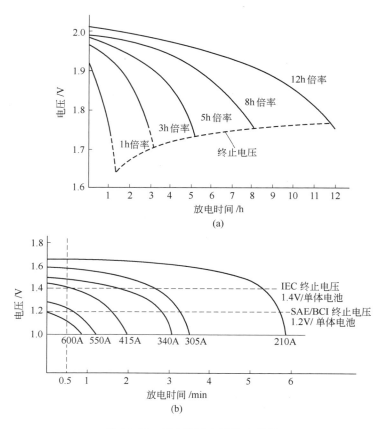

图14.56 SLI铅酸电池放电曲线
(a) 25℃时不同时间倍率下;(b) −17.8℃时不同高倍率放电(25℃、20h倍率的70A·h电池)

(2) 温度对电池性能的影响

图14.57 (a) 是单体铅酸电池在不同温度下的典型放电曲线。图14.57 (b) 是−30～25℃条件下12V、60A·h电池在340A电流时的放电特性。电池在较高的放电温度和较低的放电倍率时,可以提供较高的放电电压和较大容量。

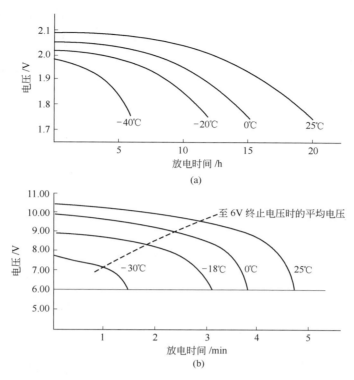

图 14.57 在不同温度下 SLI 铅酸电池放电曲线
(a) C/20 倍率；(b) 340A（25℃、12V、20h 倍率的 60A·h 电池）

放电倍率和放电温度对铅酸电池容量的影响汇总于图 14.58，图中标出了与 20h 倍率容量相对比时，各种放电条件下的放电率。尽管铅酸电池可以在很宽的温度范围内使用，但是在高温环境下连续使用会导致板栅加速腐蚀从而缩短电池的使用寿命（见 14.7.1 节）。

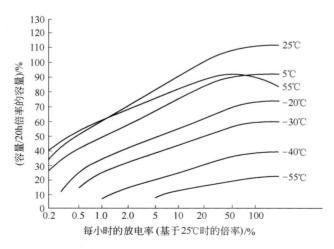

图 14.58 在不同温度和放电倍率下 SLI 铅酸电池放电曲线
（放电至单体电池电压 1.75V 为止）

SLI 铅酸电池在不同温度和不同负载情况下放电性能的另一种表示法如图 14.59 所示。图中的曲线是依据 Peukert 式以放电电流的对数对放电时间的对数作图而得到的。可以看出放电时间与放电电流在很宽的范围内呈线性关系，但是在低温和高倍率时出现偏差。图中数据已经用单位电池质量（kg）和单位体积（L）进行了标准化。图 14.59 可以用来推断不同尺寸的电池在不同放电条件下的放电性能，或者根据不同的使用要求来确定电池的尺寸和质量。

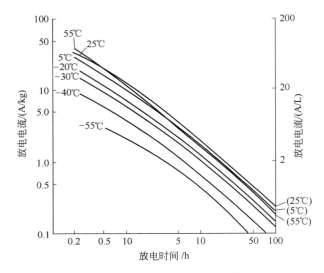

图 14.59　至单体电池电压 1.75V 时 SLI 铅酸电池的放电时间

（3）内阻

发动机启动时需要的高电流要求电池设计具有低电阻特性。这通常意味着导体需要具有较大的横截面积和尽可能短的长度，以减小电阻并允许电流顺畅通过。同时，隔板应具有最大的孔隙率和最小的背网厚度，以减小电流通过时的阻力。此外，电解质的电阻也应保持在较低范围内，以确保电流能够高效地从电池的正极流向负极。电阻可以通过欧姆定律来评估，即确定在两个不同放电电流水平下的电压差。在放电过程中，铅酸电池的电阻几乎随着电解液相对密度的降低而线性增加。电池在满充和放电状态之间的电阻差约为 40%。温度对电池电阻的影响如图 14.60 所示，电池电阻从 30℃ 到 −18℃ 之间增加了约 50%。

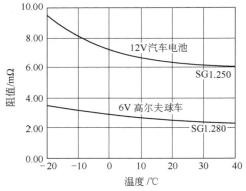

图 14.60　温度对不同设计的铅酸电池内阻的影响

（4）寿命和失效形式

SLI 电池的寿命受设计、生产过程以及环境的影响。由于现在大部分 SLI 电池采用自动化装配生产，所以在理想环境下，电池寿命基本一致。但是，不同的环境会导致电池失效方式不同。对于失效电池的保修覆盖范围，往往更多地取决于营销策略，而非故障率的统计预期。

SLI 电池的设计、材料和使用在过去的 20 年中已经发生了显著变化，其寿命和失效方式也发生了变化。图 14.61（a）为失效电池的平均寿命。图中 1982 年电池寿命较短的原因可能是电池尺寸的减小和电池性能要求的提高。这些平均数据包括出租车、警车和其他重负荷用户，这些用户所用的电池通常具有较低的使用寿命。图 14.61（b）列出了主要电池的失效模式分布，这些模式的详细描述见表 14.21。热带地区使用的电池发生短路的概率较大，说明腐蚀仍然是主要失效模式。正常损坏耗尽包括电解液不足。需要指出的是，许多免维护 SLI 电池是密封的，所以由于蒸发和电解而损失的水是不可能得到补充的。

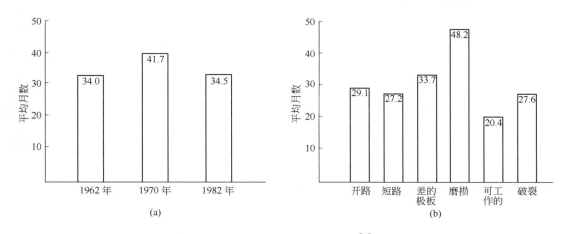

图 14.61　SLI 电池的失效模式[2]
（a）被退回电池的平均工作时间；（b）被退回电池的失效模式

SLI 电池不是为深循环使用而设计的，如果在这样的条件下使用，则其寿命会非常短。SLI 电池的深循环能力参见 14.9.3 节。

表 14.21　铅酸电池 SLI 电池失效模式总结

1. 开路	4. 损耗
a. 端子	a. 老化
b. 单体到端子	b. 充电不足
c. 单体到单体	c. 电解液不足
d. 汇流排断裂	d. 端子腐蚀
e. 掉片	e. 化成不足
2. 短路	5. 可用的或只放电的
a. 极板到汇流排	a. 可用的
b. 极板到极板(极板错误安装)	b. 只放电的
c. 极板到极板(隔板损坏)	6. 破损
d. 极板到极板(沉淀物)	a. 壳破坏
e. 振动短路	b. 盖破坏
3. 极板损坏	c. 端子破坏
a. 过充电/过热	d. 内部破坏
b. 板栅腐蚀	e. 其他原因
c. 铅膏粘接	
d. 硫酸盐化	
e. 铅膏化成不足	

（5）用于评价 SLI 电池等级的标准测试

已经确定了几种标准测试来模拟应用过程中对电池的要求，从而对 SLI 电池进行性能评价和分级。冷启动电流（CCA）测试用来评价在低温条件下，对电池的发动机启动能力的测试。冷启动电流测试是满荷电的电池在 $-17.8℃$ 条件下放电 30s，终止电压为 1.2V/单体条件下所能够放出的电流。如果放电30s后电池的电压低于或者高于1.2V，CCA值可以通过乘以按照图14.62推断出来的电流校正系数的方法来进行计算。图14.56（b）显示70A·h的电池所具有的CCA测试电流为550A。启动电流（CA）测试与冷启动电流（CCA）测试方法相似，但是测试温度为0℃。

储备容量测试是为了检验电池为照明、点火和其他附属设备提供电能的能力。储备容量测试是满荷电状态电池在25℃条件下，以25A放电至1.75V/单体的放电分钟数。

其他SLI测试标准包括在SAE电池测试标准J537中的SLI电池测试项目，涵盖充电接受能力、过充电寿命、耐振动性能等。标准的SLI电池寿命测试方法见SAE J240A。该测试包括25A浅放电，紧接着一个限电压、限电流的

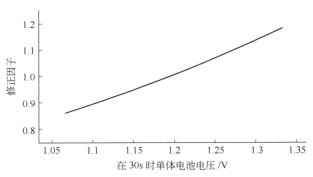

图14.62　计算冷启动电流倍率时的修正因子

10min短暂充电和储存一星期后采用CCA放电倍率在41℃或者75℃条件下的放电性能。

14.8.5　单电池和电池组型号、尺寸

SLI电池的尺寸已经由汽车工业的汽车工程师学会（SAE，Society of Automotive Engineers）和电池工业的国际电池协会（BCI，Battery Council International，位于芝加哥）进行了标准化[1]。每年BCI出版发行最新的电池标准[1,49]。在国际范围内，标准化工作由国际电工委员会（IEC）进行。有关这些标准的更详细信息见第8章8.3.3节。

14.8.6　增强型富液式电池

增强型富液式电池（EFB）是为微混车辆开发的，这些车辆采用了启停技术。随着车辆电动化水平的进一步增加，对电池的需求也随之增加，增强型富液式电池可能也不能满足需求。可能最终需要使用VRLA电池或铅碳电池。为了把普通的富液式SLI电池改进成为增强型富液式电池，需要进行如下改进。

增加极板的压力：通常富液式SLI电池的极板是相当松快地装入壳体中。EFB的极板通常要在给定的装配线条件下以尽可能大的压力装配在壳体中。

强化的正极板：正极活性物质的密度更高，正极板表面必须覆盖用于加强的涂膏纸，以防止早衰脱落。

强化的负极板：负极板必须制造得更厚，其主要目的是提供更厚的极耳。众所周知，部分荷电状态的应用导致负极板的极耳收缩。

碳添加剂：负极活性物质的一个主要变化就是让极板更能抵抗硫酸盐化，并具有更好的导电性。为了实现这些目的，就需要碳添加剂，其添加的量要超过以前在负极物质中的添加量。负极活性物质中添加碳是为了满足EFB部分荷电状态循环的要求。这些碳添加剂必须满足在负极严重硫酸盐化的情况下分散负极活性物质中的硫酸盐，并且能够增加其导电性。

2016～2017年的测试结果见表14.22。EFB技术可以显著增强富液式汽车电池在部分荷电状态下的循环性能。

表 14.22　增强型富液式电池与普通型富液式电池以及 VRLA-AGM
电池的部分荷电状态循环性能比较

项目	在 50%DOD、40C 条件下循环	在 17.5%DOD、27C 条件下循环
对 EFB 的 OEM(原始设备生产商)的要求	270	1020
电池技术		
标准富液式电池	130	580
EFB	355	1650
VRLA-AGM	605	1730

注：来源于 Acumuladores Moura S. A. （巴西）。

14.9　深循环电池、牵引电池和动力电池：结构和性能

深循环电池是为低功率、高容量和长循环寿命而设计的。基本的设计包括富液式铅酸电池、免维护电池和 VRLA 电池。在铅酸电池的应用中，除去 SLI 电池和小型密封功率电池，可分为两类（表 14.23），即汽车型结构和工业用结构。通常同一种应用可以采用几种不同的设计。对于固定型电池，分为浅循环和深循环，其应用将会在下一部分详细介绍。

表 14.23　铅酸电池的主要应用 （非 SLI 型）

汽车和小型能量储存系统		工业系统		
牵引型	特殊型	固定型	牵引（动力）	特殊型
高尔夫球车 非道路车辆 上道车辆	紧急照明 警报信号 光伏系统 密封电池（用于工具、仪器、电子设备等）	合闸保护 紧急照明 通信设施 铁路信号 不间断供电电源 光伏系统负荷平衡和能量储存	矿山机车 工业卡车 大型电动车辆	潜艇 海洋浮标

14.9.1　船艇电池

船艇电池市场是另一个深循环应用领域，涵盖了用于钓鱼、航海和旅行的小型及大型休闲船艇，以及用于拖曳、客运和工作船活动的更大型商业船舶。通常，船艇电池市场使用铅酸电池系统（包括湿式蓄电池和阀控式铅酸电池），系统电压范围从 6V 到 220V。这些电池的充电通常由发电机或交流发电机完成。

船艇使用电池和汽车使用电池相比有几个方面的不同，照明、制冷、吹风、发动机、广播和其他电子设备中的电池被循环使用，而且放电和充电间有一定的时间间隔。因此，在船艇应用中，电池容量远大于在岸上相同马力（功耗）车辆所使用的电池容量。

船艇电池的主要生产商所产电池的典型特征如下[50]。

- 特殊的板栅设计，如板栅的横筋、竖筋更粗。
- 高密度活性物质，正极和负极均是。
- 正极使用厚的玻璃纤维进行双层隔离，然后密封在多孔的聚乙烯隔板袋中。

在某些设计中，只有当外部的塑料壳能够提供足够的耐冲击性和环境保护措施时，电池单体才可以被替换。

14.9.2　结构

对牵引应用的深循环电池的最基本要求是循环寿命最大化，以及高体积比能量和低成

本。在电动叉车中，因为需要用电池质量来平衡有效载荷，质量轻并不是一种优势。这种电池寿命的提高主要通过具有高表观密度铅膏的厚极板，经高温、高湿固化，以低电解液密度化成；同时，采用优质的隔板、一层或者多层玻璃纤维毡（保持正极的活性物质）等工艺过程来实现。这种电池的主要失效模式是正极活性物质的分解和板栅的腐蚀。新型深循环用电池通常设计成电解质控制容量而不是极板中活性物质控制容量，这样可以更好地保护极板，从而使电池寿命最大化。在使用过程中，正极和负极的性能都会恶化，但是在寿命末期，主要是正极性能限制容量。

图 14.63 是一个典型的涂膏式极板的牵引电池。电池通常使用外部负极板设计（例如，n 个正极板，$n+1$ 个负极板）。牵引电池通常是单体电池的组装。如果电池组的性能受到一个或者几个迅速失效单电池的限制，则这些单电池可以用较低的成本进行更换或修理。负荷、行驶里程、提升或者爬坡等应用过程对电池的功率要求有很大不同。电池的尺寸由叉车制造商决定，或者在实际应用中使用安时计进行校准。一个粗略判断牵引电池适用性的指标是使用过程中电解液密度的变化。当电池的性能不能满足操作要求时，需要更大的电池组尺寸（或替换电池组或进行修理）。

尽管在美国，涂膏式正极板在深循环电池中的应用很普遍，但是大部分深循环电池使用管式或者排管正极板（图 14.64）。管式正极板具有最小的板栅腐蚀速率和活性物质脱落速率，因此具有更长的使用寿命，但是造价更高。可以把涂膏式负极板与这种正极板一起使用，电池采用外侧负极的设计方案。

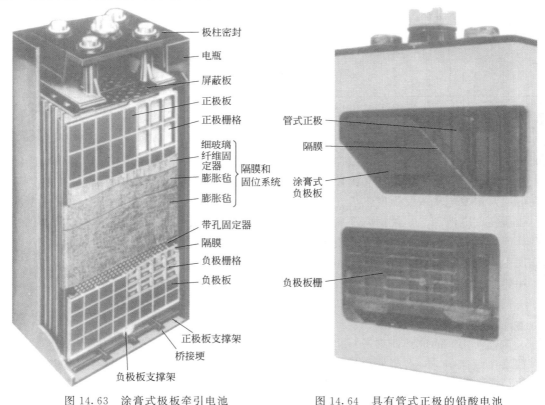

图 14.63 涂膏式极板牵引电池
（来源于 C&D Technologies）

图 14.64 具有管式正极的铅酸电池
（来源于 Enersys，Inc.）

小型牵引电池（例如高尔夫球车电池）的设计介于大型牵引电池和 SLI 电池之间。在牵引电池设计中，大型牵引电池的设计主要包括使用高表观密度铅膏、对固化和化成严格控制、最大化正极板的容量，另外还可用玻璃纤维毡来支持活性物质、使用管式正极板等。SLI 设计理念应用于小型牵引电池主要包括薄的浇铸放射形板栅、最小的隔板电阻、穿壁焊接、热封或者环氧密封的塑料壳盖。当然，成本也是一个重要因素。

柴油-电动类型的军用潜艇使用深循环电池进行推进。核潜艇使用与固定型和应急型应用相似的电池。这种电池使用 Pb-Ca-Sn 合金板栅，这是因为潜艇人员处于封闭环境中，充电过程不允许锑化氢和砷化氢的产生。潜艇电池用极板尺寸远大于牵引电池——达到 600cm 宽、1500cm 高。涂膏式和管式正极板都可用来制作潜艇电池。

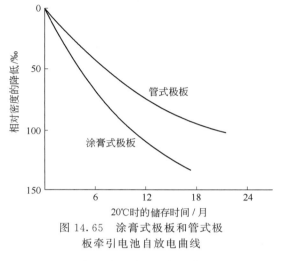

图 14.65　涂膏式极板和管式极板牵引电池自放电曲线

14.9.3　性能特征

牵引和深循环用电池可以使用涂膏式或管式正极板。一般情况下，这类极板的性能是相近的，但管式或者排管结构的极板具有更低的极化损失，这是因为它有更大的极板表面积、更好的活性物质保存能力、自放电更小。图 14.65 是通过测量电解液密度得到的室温下两种类型电池的自放电曲线。

牵引电池的两种典型放电曲线如图 14.66 所示。图 14.67 是放电电流与正极容量、电池电压的关系图。由于牵引电池的设计和性能数据通常取决于电池正极板数量和尺寸，所以这些数据是以正极板为基础呈现的。与大部分电池类似，牵引电池的容量随着负载的增加和终止电压的升高而降低。

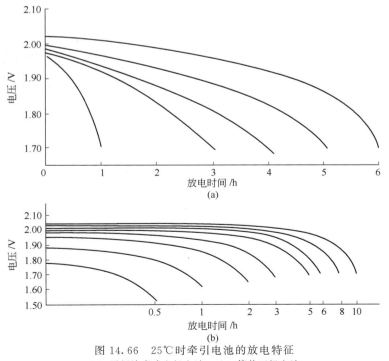

图 14.66　25℃ 时牵引电池的放电特征
(a) 平板涂膏式电极电池；(b) 管状正极电池

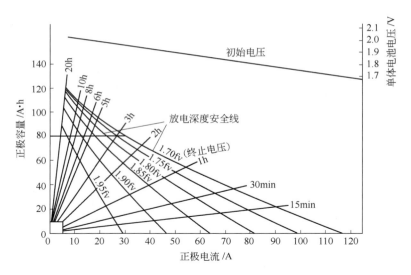

图 14.67 25℃时工业平板涂膏式电极牵引电池放电至不同电压时的性能
（基于 100A·h 的 6h 倍率电池）

图 14.68 是涂膏式和管式极板电池放电曲线的比较。这些数据表明，当放电倍率增加的时候，管式极板表现出更优越的性能。

图 14.69 是不同时间的间歇放电曲线。与连续放电相比，电池的可用容量增加，并且这种增加在负荷更大以及间歇更长的情况下更加明显，这是因为有更多的恢复时间。

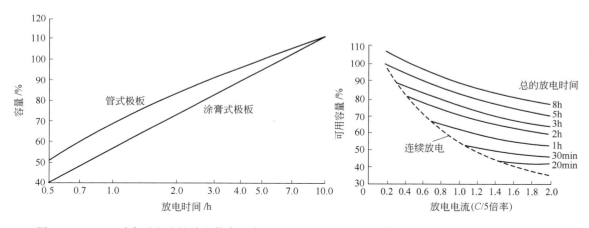

图 14.68 25℃时牵引电池的放电倍率对容量的影响
（平板涂膏式极板和管式极板的对比）

图 14.69 25℃时牵引电池间歇放电时可释放的容量

温度对平板电极牵引电池放电性能的影响如图 14.70 所示。

牵引电池的循环寿命特征如图 14.71 所示。图中给出了 6h 倍率放电时，循环次数和放电深度的关系。循环寿命定义为到低于 80％额定容量时，电池的循环次数。非常明显，电池的放电深度越深，循环寿命越短。为了得到预期的使用寿命，放电深度最好低于 80％。图 14.67 曾显示不同倍率放电的安全深度。放电倍率越低，应该使用的终止电压越高，直到与 1.70V 线相交；更高的放电倍率可以使用 1.70V/单体的终止电压。典型的循环寿命预期是 1500 个循环（约 6 年）。

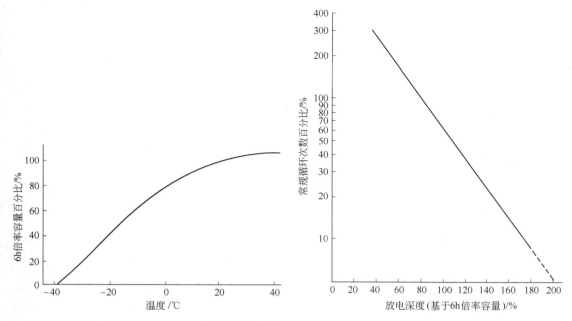

图 14.70　温度对平板电极牵引电池容量的影响[40]　　　图 14.71　牵引电池循环寿命和放电深度的关系

图 14.72 是几种小型深循环电池放电电流与放电时间的关系。Peukert 公式对 SLI 电池的适用程度不是很强，出现了计算放电时间较短的偏差。深循环电池可以作为启动电池使用，特别是在深度放电而且重复放电情况下，这种电池的性能更为优越。而 SLI 电池的深循环性能较差；SLI 电池通常使用无锑铅合金（美国实际应用），循环充放电可能生成板栅-活性物质阻挡层，从而缩短循环寿命。图 14.73 是具有相同外形尺寸的 SLI 电池和深循环电池，在相同低放电电流（25A）下的循环寿命对比。

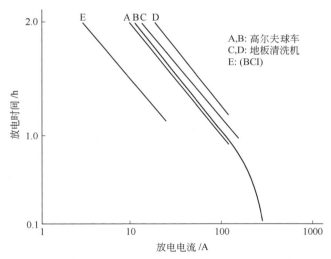

电池类型	容量 (20h 倍率时)/A·h	应用
A	180	高尔夫球车
B	210	高尔夫球车
C	260	地板清洗机
D	360	地板清洗机
E	60	(BCI)拖曳电机

图 14.72　牵引电池性能

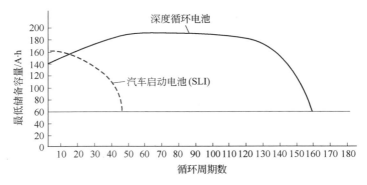

图 14.73　在低放电（25A）电流下 SLI 电池和深度循环电池的循环寿命特性

14.9.4　电池、种类和尺寸

牵引、动力电池具有许多不同的尺寸，这取决于电池仓的尺寸和电性能要求。最基本的等级依据的是正极板容量，按照 5h 倍率或者 6h 倍率容量的安时数确定。表 14.24 列出了美国常用牵引电池的涂膏式极板尺寸；牵引电池通常由 5～33 片极板组装而成。电池的容量通过单只正极板的容量乘以正极板的数量得到。相应的电池单体经过装配形成电池组，电池组多以 6V 为单元（如 6V、12V、18～96V），有多达 1000 多种电池组尺寸。常用的电池组由 6 个单体组成，每个单体包含 11 片 75A·h 正极板（375A·h 单体）或每个单体包含 13 片 85A·h 正极板（510A·h 单体）。

表 14.24　美国典型牵引电池（涂膏式极板）

以 6h 倍率计的正极板容量/A·h	极板尺寸/mm					电池尺寸(每单体正极板数)[1,2]
	高度	宽度		厚度		
		正极	负极	正极	负极	
45	275	143	138	6.5	4.6	5～16
55	311	143	138	6.5	4.6	5～16
60	330	143	138	6.5	4.6	5～16
75	418	143	138	6.5	4.6	2～16
85	438	146	146	7.4	4.6	3～16
90	489	138	143	6.5	4.6	3～16
110	610	143	143	7.4	4.6	4～12
145	599	200	200	6.5	4.7	4～10,12,15
160	610	203	203	7.2	4.7	4～10,12,15

① 所有电池都具有 n 个正极板和 $n+1$ 个负极板。

② 典型的电池特征：6 个正极板，85A·h（510A·h 单体电池）；质量 45kg；尺寸为长 127mm、宽 159mm、高 616mm。

注：来源于 C & D Technologies。

表 14.25 列出了使用管式正极板电池的类似数据。有几种尺寸类型的 SLI 电池设计已经用于深循环电池，特别是尺寸较大、不同长度和宽度的 SLI 电池。其中的一些列在表 14.26 中。

表 14.25　典型牵引电池（管式极板）

以6h倍率计的正极板容量/A·h	极板尺寸/mm					电池尺寸(每单体正极板数)[2],[3]
	高度	宽度		厚度		
		正极	负极	正极	负极	
49	249	147	144	9.1	[1]	4~10
55	258	147	144	9.1	[1]	4~10
57	300	147	144	9.1	[1]	4~10
75	344	147	144	9.1	[1]	4~10
85	418	147	144	9.1	[1]	4~10
100	445	147	144	9.1	[1]	4~10
110	565	147	144	9.1	[1]	4~10
120	560	147	144	9.1	[1]	4~10
170	560	204	203	9.1	[1]	3~8

① 根据制造商的情况在5~8mm之间变化。
② 所有的电池都具有n个正极板和$n+1$个负极板（外部负极板设计），负极是涂膏式极板。
③ 典型的电池特征：6个正极板，85A·h（510A·h单体电池）；质量36kg；尺寸为长127mm、宽157mm、高549mm。
注：来源于 EnerSys，Inc.。

表 14.26　小型深循环电池

BCI 型号	电压/V	尺寸/mm			额定值	典型操作电流/A	应用
		L	W	H			
U1	12	197	132	186	30~35A·h、20h倍率	25	拖曳电机轮椅
24	12	260	173	225	75~90A·h、20h倍率	25	
27	12	306	173	225	95~105A·h、20h倍率	25	
GC2	6	264	183	260	75min、75A放电	75(GC)	高尔夫球车 电动汽车
(GC2H)	6	264	183	260	95~90min、75A放电	300(EV)	
未规定	6	264	183	260	100min、75A放电	300(EV)	
未规定	12	261	181	279	105A·h、20h倍率	150(EV)	
未规定	6	295	178	276	200~230A·h、20h倍率	50~75	地面维护机器
未规定	12	241	166	239	50~70A·h、20h倍率	50~75	
未规定	12	518	276	445	350~400A·h、20h倍率	30~50	矿车

注：来源于 BCI 技术委员会。

　　有关快充的应用如下。牵引应用是所有铅酸电池中负荷最重的应用之一。在这种应用环境下，电池需要经历从100%的荷电状态到低于20%荷电状态的变化。电解液密度变化范围为1.280（满电态）~1.150g/cm^3。在一般情况下，于每班制8h内完成放电。在接下来的班次中，给电池充电，持续时间通常为12h；充电结束后，搁置4h。为了使电池使用最大化，大型工厂通常会配备电池间，车辆在电池间里将当班放完电的电池更换为充满电的电池。在这样的传统应用中，通常需要按照年数衡量牵引电池的寿命，质量优良的电池有4~5年的寿命。

　　但是，动力电池市场正在发生变化，这种变化是由经济需求和不断的操作效率提升驱动的。大约在2000年，制造商不再接受采用大型电池间的操作，于是就诞生了快速充电的应用。有关牵引电池应用的更详细信息见本书26B部分。

按照这种新的模式使用牵引电池时，电池始终处于车辆上。充电过程在换班期间进行，充分利用了换班期间的空闲间隔时间（如茶歇时间和午饭时间）。决定快速充电成功与否的关键是要有性能良好、功率大的充电器。近几十年来，充电技术已经进步很多，高频充电装置能够高效输出大电流。现代牵引电池工作于部分荷电状态下，需在短时间内接受较大的充电电流。这对电池也是一个考验，因此传统上对牵引电池的 5 年寿命预期就不再适用。对充电参数和充电温度的控制非常重要，以确保不会过充电、充电温度不会过高。牵引电池寿命通过充放电次数来表示。在这种模式的应用中，牵引电池的寿命有所减少。但是，因为没有了复杂的电池间，电池得到了更充分的利用，电池的使用效率大大提高。图 14.74 显示了这些变化。

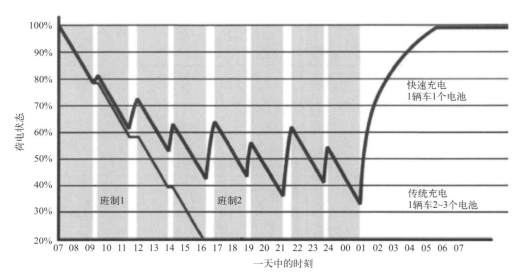

图 14.74　常见的充电循环与快速充电的关系

14.10　固定应用和储能电池

14.10.1　总则

固定应用铅酸电池的主要特征是电池的大部分时间都处于恒电压浮充电的状态，这种恒电压浮充电能够抵消电池自放电带来的电量损失。当外部供电断开时，电池能够不间断地为外部负载供电。在某些应用中，电池可能处于间歇充电状态以维持接近满荷电状态，但是放电方式是相似的。电池寿命通常取决于在恒电位状态下正极板栅的腐蚀速度，因此受到温度、板栅材料、板栅厚度和板栅冶金过程的影响。电池会根据失效模式进行设计，以便其不会限制使用寿命。固定用电池可以是富液式电池或者阀控式电池。对于储能应用，电池可能使用类似于牵引电池的深循环方式，或者浅循环和电池无法恢复到完全充电状态的时期。在这些应用中，电池需要根据全寿命周期的需求进行改进，尽管这部分市场由于电池被安装在固定的地方而可能被认为是固定电池应用的延伸，其实是非常独特的，在后面的章节中将进行论述。

固定电池的应用领域主要包括通信、不间断电源（UPS）、电网供电和通用固定备用。通信网络通常由直流母线供电，标称电压为 48V，由交流整流而来，电池则接在母线上处于浮充状态。如果电网断电，电池可以在备用发电机供电前提供1～10h的供电。在紧急情况下，提供可靠的服务是法定的要求。电池系统可能安装于中央办公空间或者开关中心的大型系统或小型交换站，或者是分布式安装在独立的设备架上的小型电池模块。由于对可靠性的要求相对较低，针对单个节点的移动电话网络的备用电池倾向于较短的备用时间。但是，在通信链路汇集的通信流量中心，系统可靠性就变得非常重要。

UPS通常应用于数据处理系统，也应用于例如半导体设备制造过程这样关键的场合。安装的规模可以大到兆瓦级的功率，也可以小到为个人计算机提供仅仅数瓦的功率。UPS的续航时间通常很短，为5～30min不等。由备用发电电源负责功率负荷的供能或者通过系统配置备用电源，以保证断电前数据得到保护。UPS的安装不仅仅是为了提供备用电源，也通过整流系统把输入的电源整流成稳定的电压使电池处于浮充状态的方式来提高供电质量。这样，非主动的直流电流被逆变回交流电，这种交流电与初级交流供电相比其噪声、尖峰、跌落和其他波形混乱更少。

电网通常是备用电池主要用户，主要用于发电和配电。在发电厂中，电池应用在所有有安全需求的系统中，特别是在核电站和分布在电网系统中以控制电力系统的连接和开关站的断开。

通用固定备用包括应急照明、火灾报警、入侵警示和安保系统。许多这种应用使用容量小于25A·h的小型电池，有时甚至是便携式电池。

固定铅酸电池分为两种基本类型：富液式和VRLA。这两种类型的电池可以进一步细分，富液式电池有涂膏式极板、管式极板和普兰特极板，或者为卷绕型的圆柱形电池。VRLA电池可以使用胶体电解液或者使用AGM隔板。使用胶体电解液的电池可以使用管式或者涂膏式极板。使用AGM隔板的电池都是采用涂膏式极板，但是其中一部分使用铅钙合金，其他则使用纯铅或者铅锡合金。纯铅的电池可以使用平板式极板或者卷绕结构。在下面的章节中将对这些电池类型进行介绍，并对其特殊特征进行着重说明。

14.10.2 富液式固定应用电池

（1）概述

富液式固定电池的改进速度与SLI电池和牵引电池相比要慢得多，反映了这种电池具有更长的使用寿命[51-52]。这种电池可能使用厚重的极板，甚至有一些至今仍在使用的电池使用更古老的普兰特极板和涂膏式富尔极板（Faure pates）。这种电池是具有非常长的寿命、具有特殊结构设计的圆柱形电池（见14.3节）。适用于富液式电池的重要标准是IEC 60896-11：2002《固定式铅酸电池　第二部分 排气式电池通用要求和测试方法》。

（2）涂膏式极板

在北美和其他一些区域应用的涂膏式极板电池使用铅钙锡合金。这种电池的正负极板采用厚实的平板式涂膏极板，板栅采用铅钙锡合金铸造，见图14.75。这种长寿命电池的极板总体厚度是正极6～8mm，负极4～6mm。负极板栅的合金含有足够含量的锡以保证铸造性能，含有钙用于硬化。正极板栅合金具有更高的锡含量，以改善抗腐蚀性能，适中含量的钙用于防止晶间裂隙的出现。正极板从电池的顶部悬垂下来，这样正极板的长大能够以良性的方式向下进行。电池壳的内部设计了特殊结构以支撑悬挂极耳，或者使用非导电的支撑杆来悬挂正极板。电池生产过程中采用高表观密度的铅膏，固化和干燥过程也给予了特别的关注以确保活性物质和板栅之间具有更好的电连接并避免开裂。电池的正极板包裹在玻璃毡中使正极板活性物质的脱落最小化。在电池的底部，负极板立在凸起的筋上，这样活性物质脱落造成的堆积物就不会对其造成伤害。电池设计通常采用外部负极板设计，具有 $n+1$ 个负极板和 n 个正极板。为了提高材料利用率，最外面的负极与内部的负极相比更薄。电池使用多孔隔板。电池壳采用塑料注塑形成，通常使用透明的 PVC、苯乙烯-丙烯腈共聚物（SAN）、丙烯腈-丁二烯-苯乙烯共聚物（ABS）、聚碳酸酯（PC）或聚乙烯（PE）等，其壳体透明以便可以观察电池内部的情况。

极柱密封通常使用专有技术，一方面要求密封的严密性，另一方面要避免密封结构压力的聚集。极柱结构采用将铅套嵌注在盖上，然后焊接到极柱上或者采用橡胶密封等结构。在一些设计中，极柱具有一定程度的活动空间以适应电池使用过程中正极的长大。电池配有通气阀，能够阻挡析气过程中逸出的酸雾并让酸返回电池中。通气阀使用阻燃材料，这样偶然的外部氢气燃烧不会进入电池中并引起爆炸。这种电池通常配置过量电解液，因而可使加水维护需求最小化，同时正极板控制电池容量。电解液密度与其他类型的电池相比通常较低，浮充电压应根据电解液密度相应调整；电池容量范围为 $100\sim4000A\cdot h$。在良好控制的使用环境中电池有高达 25 年的使用寿命。这种电池

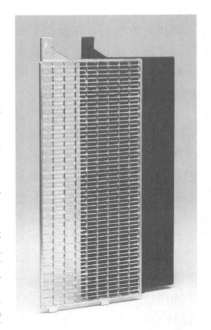

图 14.75　固定应用铅酸电池的涂膏式极板
前为板栅，后为涂膏式极板

通常应用于通信中央系统、核电站、国家安全设施和大型关键 UPS 应用系统。这种电池的可靠性得到了充分验证，正因为如此，这种电池将继续得到应用。

富液式涂膏极板电池使用铅锑合金或者纯铅板栅（富尔极板），但是这种类型的电池应用曾经只引起过市场短暂的兴趣。与铅钙锡合金板栅相比，铅锑合金板栅即便是低锑也会引起更高的水损耗。铅锑合金板栅的循环耐久性能优于铅钙锡板栅，在某些场合铅锑板栅电池更有优势。纯铅板栅电池具有非常优异的抗腐蚀性能，但是极板长大通常是这种电池失效的主要模式，需要针对这种特性进行设计。

（3）管式极板

管式极板曾经在欧洲具有更广泛的应用，现在世界各地都可以买到这种电池。这种电池经常是指德国标准化协会（DIN）的 OPzS 电池，其技术标准为 DIN 40736-1《铅酸电池——第一部分：固定用管式正极塑料外壳开口式电池（2015）》。这种电池正极板采用压铸的铅钙锡筋条，也有部分厂商使用铅锑合金筋条，见图 14.76。筋条的直径通常为 $7\sim9mm$，管的直径为 $7\sim9mm$，负极板厚度为 $5\sim6mm$。这种电池使用多管的排管作为正极活性物质的载体。这种电池负极采用涂膏式，通常使用多孔 PE 隔板。电池外壳通常采用注塑成型 SAN，以便可以观察电解

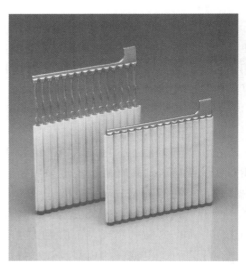

图 14.76　固定应用铅酸电池的管式极板
后为板筋尾部半插入排管中，前为极板

液水平和电池的状况。极柱密封的复杂程度因厂家而异，但是通常给电池使用寿命期的腐蚀和泄漏留有空间。这种电池的电解液密度高于涂膏式极板，具有足够的电解液量，将电池加水维护的间隔时间延长到 3 年，整体的使用时间高达 15 年。铅锑合金极板具有很长的循环耐久性，铅锑合金管式电池适用于公共电网可靠性比较差的地区或者太阳能系统。这种电池可应用于通信系统，作为固定线路电话主交换中心的备用电源。目前这种电池正在被采用胶体电解液的密封式 VRLA 管式电池所取代。

（4）普兰特极板电池

普兰特极板电池曾经广泛应用于欧洲的通信系统、电网特别是核电站。尽管这种电池的产量有限，但它已不再局限于特定领域的应用。这种电池使用纯铅正极板栅，具有由细小的活性物质薄层构成的扩展表面，如图 14.77 所示。这些极板通常有 8～12mm 厚，但是负极板只有 4～6mm 厚，这是因为使用了大量的与正极板活性物质相关联的铅。这些活性物质是在腐蚀铅表面形成的。铅在非钝化溶液（如硫酸与高氯酸钾的混合物）中采用一定的可控电位进行腐蚀，然后对极板进行放电或者反向充电，深度冲洗，最后在通常的硫酸溶液中进行充电。纯铅的使用保证了长期的浮充使用寿命，其制造过程保证了板栅/活性物质界面良好的导电性。这种电池的极板悬挂在电池的顶部，这样极板可以向下长大，而对电池无害。负极板使用涂膏式极板，采用铅锑合金板栅，同时电池使用多孔塑料隔板。电池的壳盖采用 SAN 注塑成型以方便观察。极柱密封可以采用简单的橡胶圈密封或者更复杂的橡胶套和直接注塑在极柱上的塑料配件的形式实现密封。这种电池具有非常稳定的性能和高达 25 年的寿命。

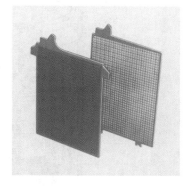

图 14.77　固定应用铅酸电池的
普兰特极板
后为浇筑的极板，前为化成的极板

（5）圆柱形电池

圆柱形电池由 AT&T（即贝尔实验室）设计，由 Lineage Power 公司生产。这种电池本质上而言是一种富液涂膏式极板电池，但是因具有一些独有的特征而使其能够提供长达 40 年以上的使用寿命，而大型富液涂膏式方形电池仅能提供 15～20 年的使用寿命，如图 14.78 所示[53-54]。这种电池采用纯铅的圆形正极板栅，如浅锥体的锥度为 10°；纯铅的负极板具有相同形状，并与正极板在竖直方向上叠放形成电池。正极活性物质是化学方法制造的四碱式硫酸铅与用来提供耐久性的未化成的红丹（Pb_3O_4）混合而成。正极板在圆柱形的外部焊接在一起，负极焊接在圆柱形中间的导电中心柱上，负极板的外部边缘有绝缘材料。隔板采用内部衬有玻璃纤维毡的多孔聚乙烯。电池的外壳和盖采用透明的 PVC 塑料注塑成型以便使用期间观察电池运行情况。纯铅板栅的使用减少了极板的长大和腐蚀。特殊设计的形状能够抵消极板长大的影响，并且能够确保电池在使用的全寿命过程中板栅和活性物质始终保持良好的接触。板栅长大是由于板栅表面二氧化铅的形成和板栅的变形，但是在这种电池中，形状的改变没有导致有害的结果。这种设计是通过维持截面积与同心的板栅导电体表面积的比例来实现的[13]。经过一段时间，板栅材料转变为二氧化铅的过程可引起一个很小但是可以测量到的电池容量的增加[18]。这种效应也可以在普兰特极板电池中看到。

这种电池的电解液密度通常较低，相应的浮充电压也较低。这可能造成负极板充电的问题。该问题通过在负极膨胀剂中添加少量的 Pt 作为负极的去极化剂，从而避免电池电压升高的方式来解决。这种电池有着复杂的极柱密封结构。使用铅锡合金来避免疖状腐蚀，此外在极柱周围一种环氧树脂套可作为密封套将极柱密封在盖上[55-56]。密封结构的完整性非常重要，应保证包裹环氧树脂的部位始终位于电解液水平线上。这种电池已经在北美的通信中央办公空间得到广泛部署，在其他一些领域也得到应用。将来将对这种电池的设计进行改进，特别是在极柱密封方面，以获得更长的使用寿命。

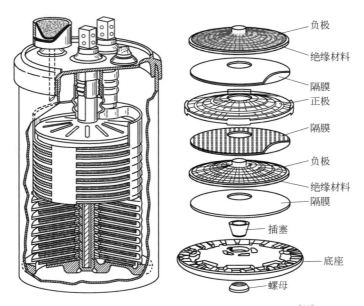

图 14.78　贝尔实验室的铅酸电池剖视和分解图[53]

　　1988 年，对已经服役 15 年的该种电池进行的测试表明：通过加速实验预测在 22℃的平均运行环境温度下，容量的增加速率是 15 年 3.8% 或者每年 0.25%，极板的长大速率则是 15 年 0.4% 或者每年 0.027%，实际增长值高于预测值，见图 14.79。因此，电池使用寿命长达 40 年。

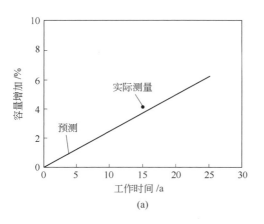

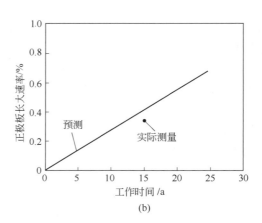

图 14.79　加速实验预测经过 15 年工作时间后的容量[55]（a）和
加速实验预测经过 15 年工作时间后的正极板长大速率（b）

（6）性能特征

固定型富液式电池可以使用涂膏式、管式、普兰特式、曼彻斯特式正极板。25℃条件下，使用涂膏式正极板的固定型电池不同倍率的放电曲线如图 14.80 所示。放电倍率对容量的影响如图 14.81 所示。通常备用电池的放电倍率被定义成 h 倍率（电池在规定的时间内以小时为单位提供的电流，并保持在指定的截止或终止电压以上），而不是其他类型电池所用的 C 倍率。

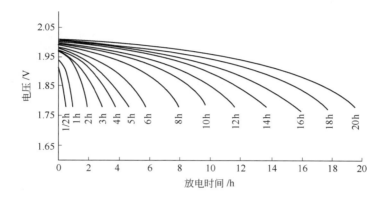

图 14.80　25℃、不同放电倍率下平板电极固定型铅酸电池放电曲线
（相对密度 1.215）

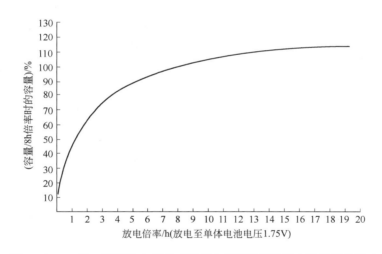

图 14.81　25℃、不同放电倍率对平板电极固定型铅酸电池容量的影响
（相对密度 1.215；放电至单体电池电压 1.75V）

图 14.82～图 14.84 为 25℃条件下，基于正极板设计的三种类型备用电池的性能曲线。这三种类型电池都使用相对密度为 1.215 的电解液。图中使用的坐标包括两部分，横坐标的对数部分显示特定正极板以特定电流（表示为每片正极板的安培数）放电至不同电压（包括终止电压）的容量（用放电时间来表达）；图中最上面部分显示在不同放电率（也表示每片正极板的安培数）下放电到不同阶段的电压值。终止电压表示如果电池继续放电，电压将迅速下降，进而会损坏电池的电压。

涂膏式正极板电池和管式正极板电池的体积比能量相近。普兰特极板体积比能量较低。涂膏式正极板电池的高倍率性能更好，这是因为它的极板比管式极板或者普兰特式极板

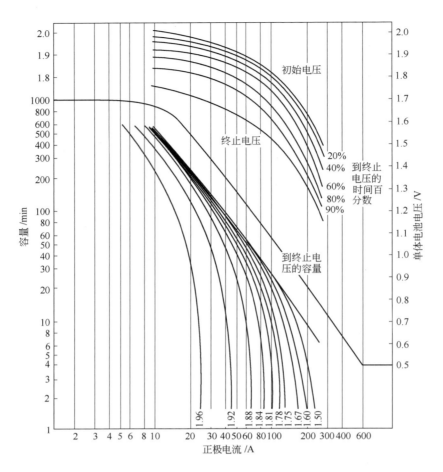

图 14.82　25℃时备用铅酸电池的性能（S 形曲线基于板状正极性能）
涂膏式铅锑合金极板，在 8h 倍率时的 125A·h 电池，高 290mm、
宽 239mm、厚 8.6mm（数据来源于 EnerSys，Inc.）

更薄。

　　固定型电池的最佳使用温度是 20～30℃，也可以在−40～50℃环境下工作。温度对不同负载下备用电池容量的影响见图 14.85。高温会增加自放电，缩短循环寿命，并造成其他负面影响。

　　图 14.86 是不同类型备用电池的自放电率对比图。图中给出了电池在特定浮充电压下的浮充电流对比。在这种情况下，浮充电流可以作为自放电或者局部反应的量度。涂膏式铅钙合金正极板电池的相对浮充电流是最低的，并且在整个寿命期都很低。管式铅锑合金正极板电池、涂膏式铅锑合金正极板电池，从电池开始使用到接近寿命终止浮充电流逐步增加。如果浮充电流不是定期逐渐增加，含锑的电池就会逐渐自放电，直至硫酸盐化，并会增加正极板栅的腐蚀速度。在实践中，主要的富液式固定电池使用铅钙锡板栅以达到长寿命和低自放电率。

　　在 25℃条件下，满荷电铅钙合金电池正极板的自放电率大约为每月 1%，普兰特式正极板电池是每月 3%，而铅锑合金正极板电池则是每月 5%～15% 的自放电率（取决于板栅中锑含量）。在更高的温度条件下，自放电会显著增加，温度每升高 10℃自放电速度加倍。

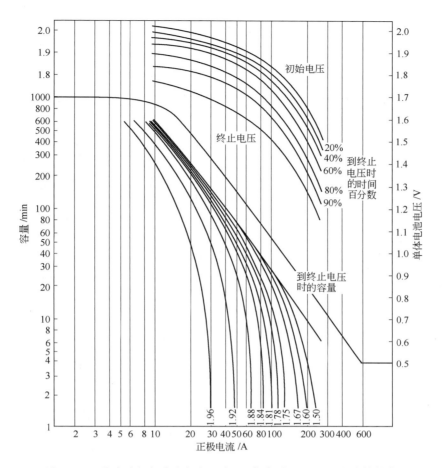

图 14.83　涂膏式铅钙合金极板，在 8h 倍率时 125A·h 电池的性能
高 290mm、宽 239mm、厚 8.6mm；数据来源于 EnerSys, Inc.

图 14.87 是铅钙合金电池和铅锑合金电池浮充电压在 2.15～2.40V/单体之间的浮充电流图。铅钙合金电池需要大于 50mV 正过电位和负过电位来防止电池自放电，所以每 100A·h 电池需要 5mA 的浮充电流来充电。铅锑合金板栅初始浮充充电每 100A·h 最少需要 60mA。当电池老化以后，每 100A·h 会增加到 0.6A。较高的浮充电流增加了水的损失量、氢气的析出量和板栅的腐蚀速度。

在世界范围内，每个电池生产厂家的备用电池设计寿命不同。通常情况下，涂膏式铅锑合金电池的寿命最短（5～15 年），然后是涂膏式铅钙合金极板电池（15～25 年）、管式极板电池（20～25 年）和普兰特式极板电池（25 年）。

人们发现，浮充条件下电池的使用寿命和使用温度有关（阿伦尼乌斯关系式），见图 14.88。该图给出了几种不同板栅合金制作的通信设备用电池的腐蚀速率常数 k，在 25℃ 条件下，腐蚀达到 4% 的时间，是电池完整性受损之前的上限，即铅锑合金电池需要 14 年，铅钙合金电池需要 17 年，而纯铅电池需要 80 年。但是，在实践中，电池中其他部件的损坏会造成电池更早失效。

（7）单电池及电池组型号和尺寸

备用电池经过多年改进，具有各种不同的极板和电池尺寸。在欧洲，使用管式极板电

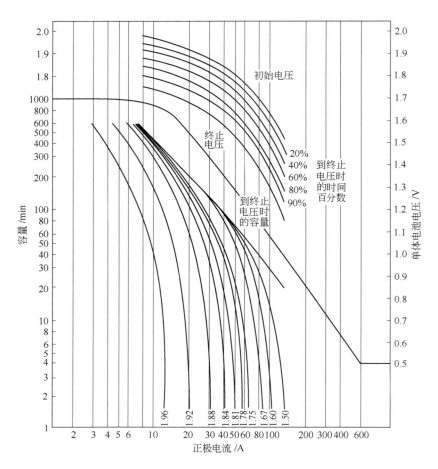

图 14.84　强化管状电极，在 8h 倍率时 70A·h 电池的性能
高 274mm、宽 203mm、厚 8.9mm；数据来源于 EnerSys，Inc.

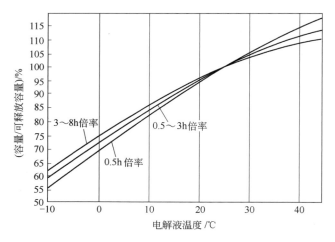

图 14.85　在不同温度和放电倍率下板状涂膏式极板铅酸电池的性能
来源于 C&D Technologies

池，尺寸由 OPzS 标准规定，而涂膏式极板电池由 OGi 标准规定。这些电池按照组串或者单

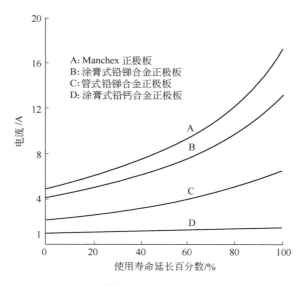

图 14.86　不同结构的固定型铅酸电池的自放电率

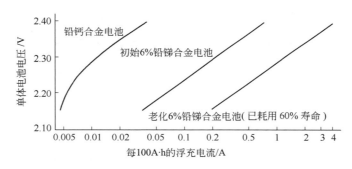

图 14.87　25℃、充满电的 100A·h 备用电池电流特性（相对密度 1.210）

体电池串联的方式安装在绝缘电池架上，其电压在 12～400V 之间或者更高。一些电池的连接是先电池组串联然后再并联，从而使电池组具有更大的容量。在实践中，最大的并联串数不大于 6。表 14.27 和表 14.28 分别是典型的涂膏式极板富液固定电池、管式极板富液固定电池的规格参数。

表 14.27　典型的涂膏式极板富液固定电池规格参数

电池类型	EA. M	CA. M	DU	FTS-P	GCM
容量范围/A·h	215～850	50～200	310～780	840～1810	875～3550
长度范围/mm	130～257	178～310	241～424	282	315～422
宽度范围/mm	279	375	683～732	577	686
高度范围/mm	475	26～30	121～280	99～145	171～321
板栅合金	铅锑	铅锑	铅钙锡	铅钙锡	铅钙锡
正极板栅厚度/mm	8.6	7.16	6.4	8.1	7.6
相对密度（酸）	1.215	1.215	1.215	1.215	1.215
外壳类型	SAN	SAN	PC	PC	PC
期望寿命/年	20	20	20	20	20

注：蓄电池/电池型号 CA. M 是 6V 单体电池，蓄电池/电池型号 DU 是 8V 单体电池，840A·h FTS-P 电池型号是 4V 单体电池；容量为在 25℃ 条件下，8h 倍率放电至每单体 1.75V 的容量。来源于 EnerSys Data。

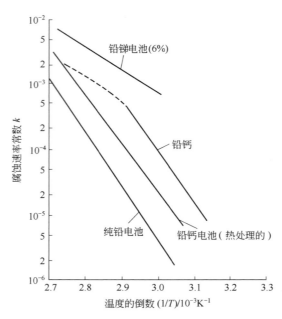

图 14.88　不同的铅合金板栅的腐蚀速率常数 $\log k$-$1/T$ 的关系图[53]

表 14.28　典型的管式极板富液固定电池规格参数

电池类型	端子数	容量/A·h	长度/mm	宽度/mm	高度/mm	质量/kg
4OPzS200	2	217	103	206	403	17
6OPzS300	2	319	145	206	403	24
8OPzS420	2	466	145	206	520	32
6OPzS600	2	648	145	206	695	45
8OPzS800	4	856	210	191	695	61
10OPzS1000	4	1071	210	233	695	75
12OPzS1200	4	1293	210	275	695	88
12OPzS1500	4	1730	210	275	845	114
14OPzS1750	6	2092	214	399	820	144
16OPzS2000	6	2307	214	399	820	152
18OPzS2250	8	2669	212	487	820	184
20OPzS2500	8	2884	212	487	820	193
22OPzS2750	8	3238	212	576	820	225
24OPzS3000	8	3360	212	576	820	235

注：这些电池采用铅锑正极筋条，SAN 外壳，电解液相对密度为 1.240；20℃条件下 2.23V 每单体电池的浮充使用期望寿命为 20 年；电池容量为 25℃下 8h 倍率容量，每单体电池截止电压为 1.75V。来源于 EnerSys Data。

14.10.3　VRLA 电池

对于固定应用，目前绝大部分采用的是 VRLA 电池，其中大部分使用 AGM 隔板。但是，胶体电解质的电池也很重要。富液式电池的使用已经减少。同时，人们前面讨论过的部分富液式电池仍然在使用中，这些应用领域包括通信系统、核设施和国家安全等，相关电池将继续得到使用[57]。

适用于 AGM 和胶体的 VRLA 电池的主要国际标准，主要包括 IEC 60896-21：2004《固定用铅酸蓄电池——第 21 部分，阀控式类型-测试方法》；IEC 60896-2：2004《要求》。这些标准覆盖了一系列应用，用于让使用者确定特定测试的适配水平。制造商可以直接说明其产品符合这些标准的要求，但是这并不能保证电池的使用寿命。

（1）VRLA 胶体电解质电池

胶体电解质可以用于平板式电池或者管式电池，见图 14.89。管式胶体电池通常遵循 DIN OPzV 标准，即 DIN 40744《铅酸电池 正极管式和非流动电解液（胶体）固定阀控式电池（2015）》，电池容量范围为 200～3000A·h。这些电池也符合 IEC 60896-21/22：2004 的规定。与富液式管式电池一样，这种电池正极板也采用管式电池结构，筋条采用 Pb-Ca-Sn 合金。Sn 含量趋向于较高水平而 Ca 的含量适当降低以提高耐腐蚀性能和产品的循环性能。负极板使用平板型铸造板栅并采用传统方法生产。

如果使用涂膏式正极板栅，其采用的合金材料与管式极板相似，并且采用传统方法生产。隔板使用多孔塑料隔板，隔板材料范围广泛。这种电池隔板材料的微孔如果不能有效充满胶体电解质，电池将不能正常使用。电解质采用高度分散化的硅溶胶以实现胶体化。这种电解质具有触变特性，当使用高剪切力的搅拌机进行搅拌时，需要有足够的时间以保持足够的流动性而灌入电池中。灌入电池后变成有强度的胶体，在电池寿命的初期，电池处于饱和状态；随着使用过程中水的损失，胶体中产生微小的裂隙，这种裂隙能够让氧气在正极和负极之间传输。电池在失去几个百分点的电解液量后，电池中氧气循环的效率达到稳定状态。干涸不是一种失效模式。这种电池的壳和盖使用阻燃的 ABS 材料经模具加工而成。极柱密封采用专有技术。压力释放阀可能采用简单的本生阀或者更复杂的设计。这种电池的使用寿命在 20～25℃条件下为 12～15 年，具有合适的循环寿命。这种电池具有中等倍率放电性能。

图 14.89　管式胶体固定电池
（由 FIAMM Energy Technologies 提供）

（2）VRLA-AGM 电池

大部分 VRLA 电池，无论是单体电池还是整体电池，使用涂膏式极板，Pb-Ca-Sn 板栅和 AGM 隔板（图 14.90）。电池的尺寸从 12V、1A·h 的整体电池到 4000A·h 甚至更大容量的单体电池。电池外壳使用 PP、ABS、PC/ABS 或者 PVC。大部分用于通信系统的 VRLA 电池使用阻燃 ABS 外壳。但是，UPS 应用时由于经济原因常常使用 PP 外壳。正极板栅合金近年来使用钙含量从相对较高（0.07％～0.08％）到较低（0.04％～0.05％），对应的锡含量从 0.7％～0.8％增加到 0.8％～1.2％。这些变化改善了合金的耐腐蚀性能和循环寿命。某制造商曾经使用 Pb-Sb-Cd 合金，但是行业内的其他企业并没有追随。板栅设计和厚度对于浮充寿命能否达到要求非常重要。为满足 20～25℃条件下 10～12 年的寿命，板栅厚度需要达到 4～6mm。

AGM 隔板是 VRLA 电池的关键部件。玻璃毡需要在 40kPa 的压力下填充极板间的距离，吸收最大量的电解液，需要保持小体积的气孔以便允许氧气在极板之间传输和有效再化合。隔板需要高孔隙率（90%～95%）和很小的孔径（5～8μm）。隔板材料需要在电池的环境下保持完全的惰性。采用造纸工艺制作成隔板的玻璃纤维（<1μm）能够满足这些要求。这种隔板通常使用一些更大直径的纤维以减少材料成本。这种隔板中也加入有机聚酯纤维，以增加耐拉长的韧性和耐穿孔的强度。高含量的聚酯纤维使 AGM 隔板能够热封，成为套在极板上的袋状隔板。尺寸稳定性很重要，因为在电池充电和放电期间，隔板需要维持对极板的压力。隔板的高弹性通过更高含量的细纤维实现，需要调整整体的配方达到各种性能要求之间的平衡。

为了在整个寿命期间得到可靠的性能，电池的电化学系统设计、隔板参数、装配压力和注酸等细节都非常重要。为了实现更短时间内的高倍率放电，可以使用更薄的极板但是牺牲了电池的使用寿命。极柱密封采用各种不同的橡胶密封圈、机械压力或者热封树脂。壳盖密封可以使用树脂，也可以使用热封的方法。安全阀可以使用简单的本生阀或者更复杂的结构。为了防止外部火花点燃电池内部的氢气，安全阀通常安装有火焰过滤装置。安全阀的开阀压力很低，但更重要的要求是外部的空气不能进入电池中。

采用 AGM 隔膜的 VRLA 电池可以使用纯铅或者纯铅锡合金板栅代替 Pb-Ca-Sn 板栅。这种板栅采用连续铸造或连续冷压铅带冲孔的方式制造。这些板栅带进行连续涂膏，然后同其他使用 Pb-Ca-Sn 板栅的 VRLA 电池一样进行加工。极板通常是 1.0～1.2mm 厚。极板的活性物质利用率远高于厚极板。该极板使用纯铅板栅能够减少腐蚀，其寿命与非常厚的 Pb-Ca-Sn 板栅极板相当。

图 14.90　前置端子的备用
型阀控式固定铅酸电池
（由 FIAMM Energy
Technologies 提供）

使用低含锡（0.4%～0.6%）的合金可以改善循环性能，但是略微降低了抗腐蚀性。这种电池的其他结构细节与常规类型的 VRLA 电池相似。

在中等放电倍率下，纯铅极板制造的电池质量比能量与传统电池相比高 50%。在高倍率下相对提高更多。在某种程度上，体积比能量具有更大的提高，

厚极板的 VRLA 电池也使用纯铅极板，使用纯铅极板能够延长耐腐蚀寿命，但是倍率性能没有变化。据称，这种电池的使用寿命在 25℃ 条件下超过 25 年，在 40℃ 条件下超过 5 年。为了在更高温度下使用电池，壳盖材料需要使用共聚物，比如 PC/ABS。这种材料具有更高的软化温度点，从而可避免使用期间外壳的变形。

（3）性能特征

VRLA-AGM 电池的放电性能主要取决于极板厚度和间距。对于更高倍率放电的电池，如 UPS 用电池，倾向于使用更薄的极板。而对于通信用的电池，其放电倍率较低，需要使用更厚的极板。电池的使用寿命取决于正极板栅的腐蚀速度，因此更厚的极板有更长的寿命。但是，在浮充使用的条件下，改进合金组成也能提高使用寿命。纯铅或者铅锡合金的板栅可以更薄而不会减少使用寿命，这是因为这些材料腐蚀速率更低。为了使电池的使用寿命最大化，固定电池的使用温度通常是 20～25℃。但是，通过调整板栅合金、电解液密度、电池壳的聚合物材料种类等手段，可以让电池在 40℃ 条件下使用 10 年。这种改进所使用的

聚合物外壳在 40℃ 或者稍高的温度下不会软化、鼓胀，人们已经发现 PC、PC/ABS 合金以及聚苯醚（PPO）等聚合材料适用于这种应用。

固定电池的自放电速度较慢。使用 Pb-Ca-Sn 合金板栅的电池在 20℃ 下存放 12 个月剩余容量可以达到标称容量的 80%。但是，在 45℃ 条件下，只需要 2 个月，电池剩余容量就会降低到 80%。使用纯铅板栅，储存寿命可以加倍（在 20℃ 下可储存 24 个月）。在常温下，应该每 4 个月检查一次电池的开路电压，如果电池开路电压低于每单体电池 2.10V，则按照制造商的要求充电。

电池浮充电压取决于电池所采用的电解液密度，但是大部分 VRLA-AGM 电池在 20℃ 条件下的浮充电压为 2.27~2.28V。

电池可以在浮充条件下充满电，但是如果需要在更短的时间内充满，可以在有限的时间内使用更高的充电电压（每单体电池 2.35~2.40V）。在更高的电压下长期充电会引起电解液的损失和正极板栅的腐蚀，从而导致电池寿命缩短。在高于 25℃ 条件下进行浮充电时，浮充电压需要适当小幅度降低，以不影响电池的使用寿命。

VRLA-AGM 电池的使用寿命根据电池结构和设计会有很大的不同。小型的通用型电池的使用寿命为 3~5 年。具有更大容量的通信或者电力电池有 10~20 年的使用寿命。UPS 电池的使用寿命为 10 年或者更多，但其设计寿命为 5~8 年。

管式电池是为低倍率的应用典型如通信应用而设计的，但是其特性是类似的。其浮充电压通常略低，为每单体电池 2.23~2.25V。这种电池在 20℃ 条件下的使用寿命可以达到 20 年。

（4）单体电池和电池型号的尺寸

VRLA-AGM 电池具有多种型号和容量，有一些标准规定了特定的标准尺寸。对于容量为 1~65A·h 的小型电池，通信用前置端子电池和管式 OPzV 电池没有特定的标准尺寸。

小型电池通常为 4V、6V 和 12V 的整体电池，其尺寸最初遵循了日本标准，但是目前的标准有 IEC 61056；IEC 61056-1：2012《通用铅酸电池（阀控式）——第 1 部分：通用要求、功能特征》；IEC 61056-2：2012《通用铅酸电池（阀控式）——第 2 部分：尺寸、端子和标识》。这些尺寸广泛应用于安全和火灾警示、移动助力、玩具、应急照明和其他应用。这种电池通常是标准的通用型电池，具有更长的浮充寿命和循环寿命。这种电池也包括卷绕式圆柱形单体电池和相同用途的整体电池，但是具有不同的尺寸。表 14.29 总结了重要的 12V 整体电池的特征参数。

表 14.29　通用型 VRLA-AGM 小型方形电池的典型参数

电池型号	容量/A·h	长度/mm	宽度/mm	高度/mm	质量/kg
NP1.2-12	1.2	97	48	54	0.57
NP2-12	2.0	150	20	89	0.70
NP2.3-12	2.3	178	34	64	0.94
NP3.2-12	3.2	134	67	64	1.20
NP4-12	4.0	90	70	106	1.70
NP7-12	7.0	151	65	98	2.65
NP12-12	12.0	151	98	98	4.00
NP18-12B	17.2	181	76	167	6.20
NP24-12	24.0	166	175	125	8.65
NP38-12	38.0	197	165	170	13.8
NP65-12	65.0	350	166	174	22.8

注：电池容量为 25℃ 下 20h 倍率放电至每单体电池 1.75V；数据来源于 GS Yuasa。

前置端子 VRLA-AGM 电池（图 14.90）没有实现标准化，但是电池是按照 4 个电池侧面相邻的方式放入标准设备架而设计的，这样就规定了这种电池的宽度（105mm、110mm 或者 125mm）。电池的长度（395mm 或者 561mm）是由电池架的深度决定的。表 14.30 列出了这种电池的典型参数范围。管式胶体 VRLA OPzV 电池的参数范围参见表 14.31。

表 14.30　通信用前置端子 VRLA-AGM 电池的典型参数（12V 整体电池）

电池类型	容量/A·h	长度/mm	宽度/mm	高度/mm	质量/kg	短路电流/A	内阻/mΩ
12V30F	31	280	97	159	11	1327	9.87
12V38F	38	280	97	164	13	1500	8.53
12V62F	62	280	97	264	19	2080	5.98
12V92F	92	395	105	264	28	2410	5.19
12V100FC	100	395	108	287	31	1930	6.46
12V101F	101	510	110	235	34	2108	5.92
12V125F	126	561	105	316	45	2355	5.30
12V155FS	155	561	125	283	49	3325	3.80
12V170FS	170	561	125	283	51	3360	3.75
12V190F	190	561	125	316	57	3625	3.50

注：电池容量为 25℃下 8h 倍率放电至每单体电池 1.75V；数据来源于 EnerSys。

表 14.31　管式胶体 VRLA OPzV 电池的典型参数

电池类型	容量/A·h	长度/mm	宽度/mm	高度/mm	质量/kg	短路电流/A	内阻/mΩ
4OPzV200	222354	105	208	399	17	2200	0.95
6OPzV300	337	147	208	399	25	3350	0.61
6OPzV420	499	147	208	515	35	3950	0.53
6OPzV600	748	147	208	690	49	4300	0.48
8OPzV800	998	212	193	690	66	4850	0.38
10OPzV1000	1248	212	235	690	80	6250	0.33
12OPzV1200	1497	212	277	690	95	7850	0.29
12OPzV1500	1643	212	277	759	106	9000	0.23
16OPzV2000	2190	216	400	816	149	10750	0.19
20OPzV2500	2738	214	489	816	190	1340	0.16
24OPzV3000	3286	214	578	816	238	16100	0.10

注：电池容量为 20℃下 10h 倍率放电至每单体电池 1.80V；数据来源于 EnerSys。

6V 和 12V VRLA-AGM 整体电池的类型和尺寸各不相同，取决于其设计寿命和是否按照低倍率或者高倍率放电进行了优化设计。胶体电池也分为 6V 和 12V 的整体电池，既有管式极板的也有涂膏式极板的。表 14.32 列出了 UPS 用典型 VRLA-AGM 整体电池的性能参数。这些电池按照 5~15min 内放电的放电倍率进行了优化设计，其性能参数按照恒定功率放电方式给出，这是因为其带载电压在高倍率放电时会显著下降；恒定功率通过在放电时增加放电电池的方式实现。

表 14.32　UPS 用 12V、VRLA-AGM 整体电池的典型参数

电池类型	容量/A·h	25℃下恒定功率放电倍率(每单体电池 1.67V)/W						质量/kg
		5min	10min	15min	20min	30min	60min	
UPS12-300MR	79	546	385	300	245	245	106	27
UPS12-400MR	103	716	506	400	328	328	139	34
UPS12-540MR	149	875	657	537	451	343	343	45

注：电池容量为 25℃下 20h 倍率放电至每单体电池 1.75V。数据源于 C&D Technologies（获许可）。

对于更大容量的 VRLA-AGM 整体电池采用 2V 的单体电池。这些电池或者使用坚固的塑料外壳，典型如注塑的 ABS，或者使用 PP 外壳，这种外壳对于维持电池工作所需气压来说不够坚固。这些电池安装于钢架中，钢架用于支持单体电池和多单体模组。更大容量的电池通常采用水平安装方式，从而避免了发生在高电池中的电解液分层现象。水平安装的电池必须确保极板是竖直方向的，这一点很重要。

14.11 电网储能应用

14.11.1 总则

由于越来越多的可再生能源发电装置被投入使用，电网中的储能应用快速增长。这些能源特别是风能和太阳能其本身是间歇性的，对这些能源的使用必须与输入源进行精确平衡，而储能系统可以部分实现这个目标。其关键要求不仅是在很窄的范围内维持频率稳定，也需要保持电压的稳定性，使可再生发电得到充分利用，并降低电力总体成本。在传统电网中，发电设备的旋转备用（已并网但未满载运行的同步发电机组）凭借其充足的旋转惯性，可在负荷需求突增时维持系统频率稳定，直至额外发电机组完成启动并投入运行。相应地，如果需求减少，频率会增加直至发电设备从电网中退出。储能通过各种方式为稳定电网提供了办法。大型电网通过安装抽水蓄能电站来提高热备用能力，但是电网对额外的可快速部署储能的需求持续增加。电化学储能电站具有很大的吸引力，这是由于其具有结构紧凑、易于安装、经济，以及能够对电网放电、从电网取电后对电池充电以实现快速响应等特点。对于能量转换设备，无论是将电池直流电转换为电网交流电的逆变器，还是将交流电转换为充电用直流电的整流器，均是高效、双向的，且具有非常快的响应速度。

在电力设施、小规模家庭和商业储能设施中使用铅酸电池已经很多年了。所使用的电池型号沿用了固定用电池和牵引用电池，但是已经有了很多改进，以更好地适应循环使用的要求。这些应用中可能采用平板式或者管式富液式电池，也可能使用 VRLA 电池（可以是涂膏式 AGM 结构电池，或者平板式与管式极板的胶体电池）。

在涂膏式极板电池中，无论是富液式还是 VRLA 电池，其正极活性物质都需要有足够的密度和结构以在循环使用过程中具有耐久性。活性物质在充放电的过程中有晶体的重组和变形，从而使活性物质体积和形状发生了变化，所以要求具有很高的完整性。这种完整性可以通过和膏、涂膏后的固化和干燥等途径获得，在固化干燥过程中高温和高湿的环境促进了四碱式硫酸铅的形成，而四碱式硫酸铅具有更好的循环性能。合理的固化环境也需要确保活性物质与板栅很好地连接，活性物质与板栅之间的界面则是完全导电的。铅膏中可以添加红丹（Pb_3O_4），以提高化成的效率，还可以改善正极活性物质的结构。正极活性物质中可以加入磷酸（H_3PO_4），它可以增加正极活性物质与板栅之间的连接性和正极活性物质的凝聚力。

富液式电池或者胶体电解质管式电池可以用于储能。这种电池的循环性能优异，这是因为其结构可提供很好的保护（其坚固的套管避免了活性物质脱落，很好地保存了活性物质）。

适用于储能的重要标准是 IEC 61427-1：2013《新能源储能用二次单体电池和整体电池及测试方法　第 1 部分　光伏离网应用》；IEC 61427-2：2015《新能源储能用二次单体电池及整体电池及测试方法　第 2 部分　光伏并网应用》。有关电网储能电池应用的更多内容见第 27 章。

14.11.2　储能服务中的铅酸电池

表 14.33 是为储能应用设计的 VRLA 电池在不同放电深度下的循环寿命，电池中含有碳。这种类型的电池在 25～30℃之间具有最佳的性能，在 20～40℃之间能达到 90% 的额定循环寿命。

表 14.33　为储能应用设计的一种碳强化 VRLA 电池在不同放电深度下的循环性能

电池类型	容量/A·h	标称电压/V	在不同 DOD 下的循环寿命			质量/kg
			50%DOD	60%DOD	70%DOD	
SLR-1000	1000	2	5500	5250	5000	67

注：数据来源于 GS Yuasa。

铅酸电池在大型和小型储能应用中拥有长久的使用记录。铅酸电池通过多年在高达 10MW、40MW·h 的削峰、负载平衡、负载跟踪、热备用、输电线路支持、调频、调压、无功功率监视、黑启动等场合的应用，证明了其运行的可靠性。图 14.91 是用于调频的大型铅基超级电池。图 14.92 是应用于电网支持的大型 VRLA 电池。

图 14.91　为调频应用服务的大型铅基超级电池
（由 East Penn Manufacturing Co. /Ecoult 提供）

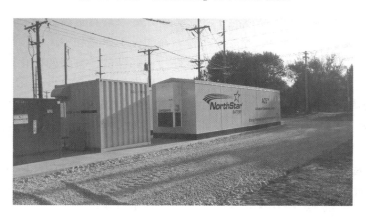

图 14.92　电网储能用 2.7MW·h 铅酸 VRLA 电池
（电池位于后部带有空调的围护结构中，安装于电池架上；
图中左侧是安装变流器的集装箱系统；由 NorthStar Battery 提供）

所有储能系统都需要考虑安全问题。铅酸电池采用水溶液电解液和不可燃烧的活性物质，是安全的系统。在火中，电池外壳会燃烧，但是其风险很低，特别是如果采用阻燃材料的话。锂离子电池则通常具有高得多的比能量、高活性的部件材料，且电解液可燃；需要以高标准处理安全问题，以确保热失控、火灾和爆炸问题得到控制。其他电池系统也存在安全问题，需要进行控制。

可持续性是所有电池都需要面对的问题。对于所有类型的电池，其收集和回收都有严格的规定，要求有一定的效率目标，以确保所有资源成为循环经济的一部分，来满足更广泛的社会需求。对于铅酸电池，目前已经建立起一套经济运行的循环基础设施，并且完全符合环境法规的要求。对于锂离子电池和其他应用于电池储能的化学体系，如果回收过程没有明显价值或收益，则需要改善持续性以适应目前和未来的需求。

14.11.3　铅酸电池与锂离子电池的竞争态势

铅酸电池在与其他类型电池的竞争中表明，与锂离子电池相比，铅酸电池在静态安装场合的技术方面表现出竞争力。表 14.34 总结了关键的指标。铅酸电池覆盖了不同类型的电池，这种电池可以是需要维护加水的富液式电池，也可以是仅需要检查的阀控式电池。对于许多储能应用需要间断性充放电，特别是对于光伏输入，电池不能达到常规满荷电的状态；而此时电池既需要吸收功率，也需要给电网输出功率，部分荷电状态运行成为常规的模式。在这个领域中使用的铅酸电池已经有了很多改进，特别是负极板使用了碳添加剂。这个领域目前仍然处于活跃发展阶段，其性能应该将有进一步的改善。很多其他与众不同的铅酸电池还将继续得到发展，特别是将超级电容器部件与传统负极板结合的混合结构。这些新设计在浅循环性能方面有了进一步的改善。

表 14.34　储能应用的铅酸电池与锂离子电池的技术和其他特性比较

系统	铅酸电池	锂离子电池
能量密度	$30\sim40\mathrm{W}\cdot\mathrm{h/kg}$[①] $80\sim90\mathrm{W}\cdot\mathrm{h/L}$	$150\sim180\mathrm{W}\cdot\mathrm{h/kg}$ $300\sim350\mathrm{W}\cdot\mathrm{h/L}$
功率密度	$250\mathrm{W/kg}$ $500\mathrm{W/L}$	$1250\mathrm{W/kg}$ $1250\mathrm{W/L}$
高温性能	到 40℃	到 50℃
低温性能	到 -30℃	到 -20℃
充电接受能力	好	更好
循环寿命(次数)	1500~5000	1000~5000
整体使用寿命	15 年	10~15 年
耐久性	优异	再回收法不经济
安全性	优异	待解决的问题
成本(仅指电池系统)/(美元/kW·h)	150~200	600~800

① 双极性电池能量密度达到 $55\sim60\mathrm{W}\cdot\mathrm{h/kg}$（$120\sim130\mathrm{W}\cdot\mathrm{h/L}$），其功率密度达到 $1100\mathrm{W/kg}$（$2000\mathrm{W/L}$）。

铅酸电池在电力储能中具有很长的使用历史，其性能和局限性已经得到了仔细研究。铅酸电池的可靠性也得到了充分证明，它可以在电力部门各种不同的环境中得到应用。铅酸电池将继续给行业提供很好的解决方案，并与其他解决方案进行竞争。

参考文献

1. Battery Council International, www.batterycouncil.org.
2. H. Bode, *Lead-Acid Batteries*, Wiley, New York, 1977.
3. H.E. Haring and U.B. Thomas, *Trans. Electrochem. Soc.* **68**:293 (1935).
4. P. Ruetschi, "Review of the Lead-Acid Battery Science and Technology," *J. Power Sources*, **2**:3 (1977/1978).
5. C. Mantell, *Batteries and Energy Systems*, 2nd ed., McGraw-Hill, New York, 1983.
6. D.J.G. Ives and G.J. Janz, *Reference Electrodes*, Academic, New York, 1961.
7. E.A. Willihnganz, U.S. Patent 3,657,639.
8. A. Sabatino, *Maintenance-Free Batteries, Heavy Duty Equipment Maintenance*, Irving-Cloud Publishing, Lincolnwood, IL, 1976.
9. Special Issue on Lead-Acid Batteries, *J. Power Sources* **2**(1):1–120 (1977/1978).
10. G.W. Vinal, *Storage Batteries*, 4th ed., Wiley, New York, 1955.
11. D. Berndt, "Valve-Regulated Lead-Acid Battery" and "Lead-Acid Batteries," *Conference on Oxygen Cycle in Lead and Batteries*, 7th ELBC, Dublin, Ireland, Sept. 2000.
12. ASTM Specification B29, "Pig Lead Specifications," American Society for Testing and Materials, Philadelphia, 1959.
13. A.G. Cannone, D.O. Feder, and R.V. Biagetti, "Lead-Acid Battery: Positive Grid Design Principles," *Bell Sys. Tech. J.* **49**:1279–1304 (1970).
14. A.T. Balcerzak, *Alloys for the 1980s*, St. Joe Lead Co., Clayton, MO, 1980.
15. *Grid Metal Manual*, Independent Battery Manufacturers Association (IBMA), Key Largo, FL, 1973.
16. N.E. Hehner, *Storage Battery Manufacturing Manual*, Independent Battery Manufacturers Association (IBMA), Key Largo, FL, 1976.
17. U.B. Thomas, F.T. Foster, and H.E. Haring, "Corrosion and Growth of Lead-Calcium Alloy Storage Battery Grids as a Function of Calcium Content," *Trans. Electrochem. Soc.* **92**:313–325 (1947).
18. A.G. Cannone, U.S. Patent 3,556,853, Jan. 19, 1971.
19. A.G. Cannone, U.S. Patent 4,980,252, Dec. 25, 1980.
20. N.E. Hehner and E. Ritchie, *Lead Oxides*, Independent Battery Manufacturers Association (IBMA), Key Largo, FL.
21. T. Ferreira et al., "Stronger, Cleaner Plates Make Better Batteries," *116th Convention of Battery Council International*, May 4, 2004.
22. D. Boden, "Sure Cure™ Technology, and Applications," *120th Convention of Battery Council International*, Tampa, FL, April 2008.
23. Trademark of Hollingsworth & Vose Company, East Walpole, MA.
24. Trademark of the Hammond Group, IN.
25. U.S. Patent 7,118,830, "Battery Paste Additive and Method for Producing Battery Plates," D. Boden, October 10, 2006.
26. Data from Daramic technical data sheets at www.daramic.com/products/daramic_products.cfm.
27. Data from Entek International data sheet at www.entek-international.com/Products/RhinoHide.html.
28. Data from Amer-sil website at www.amer-sil.com/Frames/Prod-AmerTube.htm.
29. T. Ferreira, "Development of an Inorganic Additive to Active Materials of Lead-Acid Batteries," *Long Beach Battery Conference*, 2002.
30. Yonezu, T. Masaharu, and T. Katsuhiro, "Pasted Type Lead Acid Battery." U.S. Patent 4,336,314, June 22, 1982.
31. V. Toniazzo, European Patent Application E.P 1,720,210 A1(200), "Non-Woven Gauntlet for Batteries."
32. V. Toniazzo, "New Generation of Non-Woven Gauntlets for Tubular Positive Plate," *J. Power Sources* **158**(2):1062–1068 (2006).
33. D. Pavlov, *Conference on Oxygen Cycle in Lead-Acid Batteries*, 7th ELBC, Dublin, Ireland, September, 2000.
34. P. Moseley, "Improving the Valve Regulated Lead-Acid Battery," *Proc. 1999 IBMA Conf., Battery Man*, pp. 16–29, Feb. 2000.
35. D.H. McClelland and John L. Devitt, U.S. Patent 3,862,861.
36. K.R. Bullock and D.H. McClelland, "The Kinetics of the Self-Discharge Reaction in a Sealed Lead-Acid Cell," *J. Electrochem. Soc.* **123**:327–331 (1976).
37. P.T. Moseley, D.A.J. Rand, and K. Peters, "Enhancing the Performance of Lead-Acid Batteries with Carbon—In Pursuit of an Understanding," *J. Power Sources* **295**:268–274 (2015).
38. www.furukawadenchi.co.jp/English/rd/nt_ultra.htm.
39. E. Ritchie, International Lead-Zinc Research Organization Project LE-82-84, Final Rep., New York, Dec. 1971.
40. *Gould Battery Handbook*, Gould Inc., Mendota Heights, MN, 1973.

41. R.F. Nelson, E.D. Sexton, J.B. Olson, M. Keyser, and A. Pesaran, "Search for an Optimized Cyclic Charging Algorithm for Valve-Regulated Lead–Acid Batteries," *J. Power Sources* **88**(1):44–52 (2000).

42. K.R. Bullock, D. Fent, and P. Ng, *Proc. 17th International Telecommunications Energy Conference*, pp. 8–13 (1995), IEEE 0-7803-2750-0/95.

43. R.O. Hammel, "Charging Sealed Lead Acid Batteries," *Proc. 27th Annual Power Sources Symp*, 1976.

44. R.O. Hammel, "Fast Charging Sealed Lead Acid Batteries," extended abstracts, pp. 34–36, *Electrochem. Soc. Meeting*, Las Vegas, NV, 1976.

45. "Handbook of Secondary Storage Batteries and Charge Regulators in Photovoltaic Systems." Exide Management and Technology Co., Rep. 1-7135, Sandia National Laboratories, Albuquerque, NM, Aug. 1981.

46. G.E. Mayer, "Critical Review of Battery Cycle Life Testing Methods," *Proc. 5th Int. Electric Vehicle Symp.*, Philadelphia, Oct. 1978.

47. M. Barak, *Electrochemical Power Sources*, Peter Peregrinus, Stevanage, U.K., 1980.

48. *Battery Service Manual*, 9th ed., Battery Council International, Chicago, 1982.

49. *Battery Replacement Data Book*, Battery Council International, 2000.

50. Product Literature, Rolls Battery Engineering, Nova Scotia, Canada.

51. G.J. May, Secondary Batteries—Lead-Acid Systems: Performance, in *Encyclopaedia of Electrochemical Power Sources*, J. Garche, C. Dyer, P.T. Moseley, Z. Ogumi, D.A.J. Rand, and B. Scrosati (Eds), 5, 2009, pp. 693–704.

52. G.J. May, Secondary Batteries—Lead-Acid Systems: Stationary Batteries, in *Encyclopaedia of Electrochemical Power Sources*, J. Garche, C. Dyer, P.T. Moseley, Z. Ogumi, D.A.J. Rand, and B. Scrosati (Eds), 4, 2009, pp. 859–874.

53. D.E. Koontz, D.O. Feder, L.D. Babusci, and H.J. Luer, "Lead-Acid Battery: Reserve Batteries for Bell System Use: Design of the New Cell," *Bell Sys. Tech. J.* **49**(7):1253–1278 (1970).

54. R.V. Biagetti and H.J. Luer, "A Cylindrical, Pure Lead, Lead-Acid Cell for Float Service," *J. Power Sources* **4**:309–319 (1979).

55. R.V. Biagetti, "The AT&T Lineage 2000 Round Cell Revisited: Lessons Learned; Significant Design Changes; Actual Field Performance v. Expectations," *INTELECT—Int. Telecommunications Energy Conf.*, Kyoto, Japan, Nov. 5–8, 1991.

56. A.G. Cannone, U.S. Patent 4,605,605, Aug. 12, 1986.

57. R. Wagner, Valve-Regulated Lead-Acid Batteries for Telecommunications and UPS Applications, in *Valve-Regulated Lead-Acid Batteries*, D.A.J. Rand, P.T. Moseley, and J. Garche (Eds.), Elsevier, 2004, pp. 435–465.

58. G.J. May, A. Davidson, and B. Monahov, "Lead Batteries for Utility Energy Storage: A Review," *J. Energy Storage* **15**:145–157 (2017).

59. D.A.J. Rand and P.T. Moseley, Energy Storage with Lead-Acid Batteries, in *Electrochemical Energy Storage for Renewable Sources and Grid Balancing*, P.T. Moseley and J. Garche (Eds), Elsevier, 2015, pp. 201–222.

第 **15** 章

镍基蓄电池

15.0 镍基正极材料综述

15.0.1 引言

19 世纪末 20 世纪初，欧洲的荣格（Junger）和美国的爱迪生（Edison）就开始将镍基材料用于二次铁镍电池中的正极材料。镍化合物具有以下电化学性质：约 1/2V 标准还原电位（允许与各种负极匹配工作电压在 1~2V 范围内的电池）；1 个价电子转移（相比其他金属氧化物，比能量有限）；质量比容量为 0.3A·h/g；体积比容量为 2.16A·h/cm^3。

低成本、来源广泛及性能稳定只是镍化合物成功实现商业化应用的关键因素之一。更为重要的因素是，镍化合物可以通过相对简单、低成本的制造工艺生产薄的、高表面积且坚固耐用的镍电极，这一特性推动了该电池的广泛使用。镍基正极已经与五种不同的负极构成了商业化电池，具体包括：Fe、Cd（敞口电池、密封电池）、金属氢化物、Zn、氢。尽管其他电极对也是可行的，但是这五类负极构成了更广为人知和完善的电池类型。

爱迪生和其他公司采用了铁镍电池，用于第一个直流电网以及各种动力应用。镍镉蓄电池在工业、航空航天和消费类应用中占有重要地位，但最近被金属氢化物体系（危害程度小于镉）所取代。锌镍电池因其成本较低和负极材料的危害性较小而具有广阔的前景，并在商业上获得了一定的成功；同时，数十年来，镍氢电池已经在最苛刻的应用（包括大多数起初的太空飞行和卫星发射）中获得成功。

15.0.2 镍基正极电极化学原理

电极反应导致氧从一个电极转移到另一个电极。反应的确切细节可能非常复杂，而且与许多其他体系不同，电解质（由氢氧化钾 KOH 以及其他氢氧化物如 LiOH 和 NaOH 组成的碱性溶液）在整个反应中不会发生变化。正极活性材料基于羟基氧化镍，其在放电时被还原为氢氧化镍，反应如下：

$$NiOOH + H_2O + e^- \longrightarrow Ni(OH)_2 + OH^-$$
$$E^\ominus = 0.52V$$

充电时发生逆反应，但镍基电极也会经历如下竞争性充电副反应：

$$2OH^- \longrightarrow H_2O + 1/2O_2 + 2e^-$$

根据特定的阳极和电池设计，通常会在阳极处产生氢气，但可以通过复合（即密封电池）或其他机制来进行抑制。

本书 15D 部分提供了更多类型的镍基正极二次电池中使用的氢氧化镍的更多详细信息，以及成分和处理过程，包括添加剂（Co 和 Zn）和杂质（硫酸盐和硝酸盐）、不同的物理形式（即颗粒形状和结晶度）以及替代的加工步骤（退火和热处理）；上述措施，可能会进一步改变镍基正极的性能。

15.0.3　组分和电极设计

与其他类型的电化学电池一样，镍基电池可以通过多种方式来设计正极并选定制造工艺。较常见的是聚合物和金属壳体的平板式和圆柱形电池。电极极板通过粘接、涂膏、烧结和粉末填充制成。隔膜已经从石棉和陶瓷纤维垫发展到更先进的微孔塑料和含氟聚合物片/垫/薄膜。隔膜不仅必须起到防止电极接触的作用，而且还必须起到电解液储存器的作用，以补偿电池运行过程中产生的气体逸出和电解液副反应带来的影响。对于某些阳极（即锌），隔膜还必须有助于防止枝晶短路。镍基正极电池的其他方面将在以下部分（15A～15F）进行讨论。

15A 铁镍电池

Gary A. Bayles
(荣誉撰稿人：Ralph J. Brodd，John F. Jackovitz)

15A.1 引言

铁镍充电电池（简称铁镍电池）是在 20 世纪初由欧洲的容格（Junger）和美国的爱迪生（Edison）推出的[1]。即使在今天，这些电池还以类似于初始结构的方式制造。通过开发新的结构，可以提供更好的高倍率性能和更低的制造成本。目前，铁镍电池是使用铁电极的水系可充电池体系中最常见的一种。表 15A.1 和表 15A.2 中比较了铁镍电池与其他铁电池的特性。

正如爱迪生（Edison）设计的那样，铁镍电池过去和现在一直是接近于"坚不可摧"的。它具有非常坚固的物理结构，可以承受过充、过放、长时间放电和短路等电气滥用。该电池更适用于需要重复深度放电的高循环寿命场合（如牵引应用），并可以作为具有 10~20年寿命的备用电源。它的局限性是功率密度低、低温性能差、荷电特性差以及使用过程中有气体逸出。在大多数应用中，铁镍电池的成本介于成本较低的铅酸电池和成本较高的镍镉电池之间，但电动汽车和移动工业设备中的应用除外。

表 15A.1 铁镍电池与其他铁电极电池系统的比较

体系	历史用途	优势	劣势
铁-镍氧化物(管状)	可再生能源储存、材料搬运车、地下采矿车、矿灯、铁路车辆和信号系统、应急照明	物理结构近乎不可破坏,放电状态存放无损伤,长寿命特性(循环使用和长期存在性能优异),耐受电气滥用(过充、过放及短路)	自放电高、充放电时析氢量高、功率密度低、能量密度低于竞争体系、低温性能差、高温易损坏;其比铅酸电池电压低、成本高
铁-空气电池	动力	良好的能量密度、使用的材料容易获得、低自放电	效率低、充电析氢、低温性能差、电池电压低
铁-氧化银电池	电子器件	高能量密度、高循环寿命	成本高、充电析氢

表 15A.2 铁镍电池与其他铁电极电池系统的系统特性比较

体系	电压/V		质量比能量 /(W·h/kg)	体积比能量 /(W·h/L)	比功率 /(W/kg)	循环寿命 (100%DOD)
	开路电压	放电电压				
铁-镍氧化物(管状)	1.4	1.2	30	60	25	4000
改进型①	1.4	1.2	55	110	110	>1200
改进铁-空气电池	1.2	0.75	80	110	60	1000
铁-氧化银电池	1.48	1.1	105	160	—	>300

①基于西屋公司(Westinghouse)铁镍电池。

15A.2 电池化学原理

15A.2.1 电化学反应

铁镍电池的活性材料是金属铁作负极，羟基氧化镍作正极，添加氢氧化锂的氢氧化钾溶液作为电解液。铁镍电池在许多方面都是独特的。整体电极反应导致氧从一个电极转移到另一个电极。反应的确切机制可能非常复杂，包括多种过渡产物[2-4]。电解质在整体反应中没有明显变化，反应如下：

$$Fe + 2NiOOH + 2H_2O \xrightarrow[\text{充电}]{\text{放电}} 2Ni(OH)_2 + Fe(OH)_2 \quad （第一阶段反应）$$

$$3Fe(OH)_2 + 2NiOOH \xrightarrow[\text{充电}]{\text{放电}} 2Ni(OH)_2 + Fe_3O_4 + 2H_2O \quad （第二阶段反应）$$

整体反应为

$$3Fe + 8NiOOH + 4H_2O \xrightarrow[\text{充电}]{\text{放电}} 8Ni(OH)_2 + Fe_3O_4$$

电解质在充放电过程中基本保持不变。与铅酸电池不同，不可能使用电解质的相对密度来确定荷电状态。然而，各个电极反应确实涉及与电解质有关的密切反应。

铁电极的典型充放电曲线如图 15A.1 所示[5]。两个充电平台对应于稳定的 +2 价和 +3 价铁反应产物的形成。

铁电极的电化学反应为：

$$Fe + nOH^- \longrightarrow Fe(OH)_n^{2-n} + 2e^- \quad （第一阶段反应）$$

和

$$Fe(OH)_n^{2-n} \longrightarrow Fe(OH)_2 + (n-2)OH^-$$

$$Fe(OH)_2 + OH^- \longrightarrow Fe(OH)_3 + e^- \quad （第二阶段反应）$$

然后

$$2Fe(OH)_3 + Fe(OH)_2 \longrightarrow Fe_3O_4 + 4H_2O$$

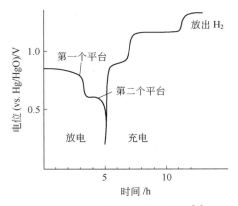

图 15A.1　电极的充放电曲线[5]

铁在碱性介质中最初以 Fe^{2+} 形式溶解。二价铁与电解质形成低溶解度的配合物 $Fe(OH)_n^{2-n}$。过饱和倾向在电极的运行中起着重要作用，决定着电极的各种性能特性。连续充电形成 +3 价铁，+3 价铁又与 +2 价铁相互作用形成 Fe_3O_4。铁电极优越的循环寿命特性源于反应中间体和氧化物的低溶解度。

放电过饱和导致氧化物质在反应点附近形成小晶粒。在电荷方面，低溶解度也减缓了铁的晶体生长，从而有助于形成原始的活性高比表面积结构。由于排出的（氧化）物质在反应部位或附近沉淀并堵塞活性表面，低溶解度也是高倍率性能和低温性能差的原因。

15A.2.2 添加剂与性能提升

在先进的铁镍电池中，通过采用优越的电极栅板结构（如金属纤维），在整个多孔结构的体积中提供与铁活性材料的紧密接触，其性能得到了显著改善。

向铁电极中添加硫化物，从根本上改变了电结晶动力学，增加了过饱和度，使反应可逆性增加。硫化物也吸附在表面，可堵塞结晶部位，提高带电析氢反应，也降低了铁电极的自放电速度。研究表明，PbS添加剂的作用优于 FeS_6。锂盐添加剂可以使电极的性能更可逆，可能是通过提高反应中间体的溶解度实现的。

镍电极反应[7-8]通常被认为是固相反应，其中质子在放电和充电时分别可逆地从晶格中进入或排出。

$$\begin{array}{ccc}
\beta\text{-Ni(OH)}_2 & \xleftarrow[\text{在 KOH 中}]{\text{转化}} & \alpha\text{-Ni(OH)}_2 \\
\text{还原}\Big\updownarrow\text{氧化} & & \text{氧化}\Big\updownarrow\text{还原} \\
\text{（放电）（充电）} & & \text{（充电）（放电）} \\
\beta\text{-NiOOH} & \xrightarrow[\text{在 KOH 中}]{\text{过充电}} & \gamma\text{-NiOOH}
\end{array}$$

α 型和 β 型 Ni（OH）$_2$ 的氧化（充电）电压分别比其放电电压高 60mV 和 100mV。β-Ni（OH）$_2$ 是常用的电极材料，它在电荷作用下转化为具有相同摩尔体积的 β-NiOOH。过充时，可以形成 γ-NiOOH 结构。这种结构中还含有水和钾（以及锂），摩尔体积大约是 β 型 Ni（OH）$_2$ 的 1.5 倍。这在很大程度上是造成电池充电时体积增大（膨胀）的原因。α 型 Ni（OH）$_2$ 导致 γ-Ni（OH）$_2$ 放电，它的摩尔体积大约是 β 型 Ni（OH）$_2$ 的 1.8 倍，电极在放电时会进一步膨胀。在浓电解液中放电时，α 型 Ni（OH）$_2$ 转化为 β 型 Ni（OH）$_2$。添加钴（2%～5%）可提高镍电极的电荷接受能力（可逆性）。

15A.3 电池组成和结构

15A.3.1 常规方形电池结构

管状或袋式铁镍电池结构如图 15A.2 所示。活性材料填充在冲孔的镀镍钢管或袋中。钢管被固定在所需尺寸的板上，并通过正负极板的交错组装成电池。外壳由镀镍钢板制成。电池单体可以在模制尼龙外壳中组装成电池组，也可以安装在木箱中。钢制外壳可涂有塑料或橡胶进行绝缘，或用绝缘垫隔开。

50 多年来，该电池的制造工艺一直被沿用，保持相对稳定。该工艺旨在生产纯度更高、具有特殊颗粒特性的材料，以获得良好的电化学性能。

15A.3.2 袋式负极

为了生产阳极活性材料，将纯铁溶解在硫酸中，将 $FeSO_4$ 再结晶、干燥并烘烤（815～915℃）至生成 Fe_2O_3。清洗材料，使其不含硫酸盐，干燥，并在氢气中部分还原。所得材料（Fe_3O_4 和 Fe）部分氧化、干燥、研磨并混合。加入少量添加剂，如硫、硫化亚铁和氧化汞，作为抑制剂以减少气体析出或提高导电性来延长电池寿命。为了制作阳极集流体，钢条或钢带穿孔并镀镍，并在干燥和退火后，制成一个约宽 13mm、长 7.6mm 的盒子。一端

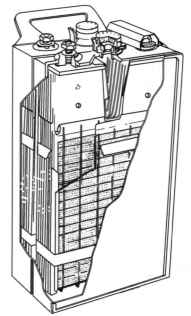

图 15A.2 典型铁镍电池的横截面
（由 SAFT 美国公司提供）

敞开，充满铁活性物质。活性物质倒入袋中，并经自动化设备将其压实。填充后，负极盒卷边封口并压入开口的镀镍钢架中。

15A.3.3　管状正极

正极活性材料由氢氧化镍和镍箔交替叠放组成。高纯度镍粉或球形镍溶于硫酸中，放出的氢用于制造铁活性材料。将所得溶液调节至 pH 值为 3～4，并过滤以除去三价铁和其他不溶性物质。如果需要，可以进一步纯化溶液，以除去微量的亚铁和铜。硫酸钴可按 1.5% 的比例加入，以提高镍电极的性能。将硫酸镍溶液喷入 25%～50% 的热 NaOH 溶液中。将所得浆料过滤、洗涤、干燥、粉碎和筛分，以产生通过 20～200 目筛网的颗粒。

通过在不锈钢上交替电沉积镍和铜来生产特殊的镍箔（1.6mm×0.01mm）。电镀层被剥离出来并切成方形。铜在热的浓硫酸中溶解，生成的镍片经洗去铜并在低温下干燥以防止氧化镍的形成。通过改进工艺[9] 可直接制成适当形状和尺寸的单层镍箔，不必交替沉积铜层。与负极一样，正极工艺中将穿孔钢带镀镍退火，卷成带互锁接缝的管子。应生产两种类型：右旋和左旋；直径通常为 6.3mm。管中交替填充氢氧化镍和镍箔。每层压实（压力 14.4MPa）以确保接触良好。每厘米有 32 层镍箔。为了防止接缝在充放电过程产生的应力下开裂，在管子外部大约每厘米套一个环。管子是封闭的，被挤压的端头被锁定在镀镍的钢格架上。"右旋"和"左旋"是交替的。这样，一根管子上任何扭曲的倾向都会被下一根管子抵消。正电极也可采用袋式结构，如上文"袋式负极"所述。

15A.3.4　常规袋式电池组装

管和袋的结构和尺寸决定每个极板的容量。将极板组装成电极，以满足每个单体电池的容量要求。

每个极组通过螺栓将选定数量的极板（取决于容量）固定组装在穿过板顶部的网格上，将极柱末端与极板拧紧。一组正负极板相互啮合形成单体单元。通常，电池中负极板比正极板多一片或几片。电池采用正极容量限制，以获得最佳循环寿命。

正极和负极之间用硬橡胶或塑料制成的引脚隔开，这些引脚被称为"发夹"或"钩针"，嵌入由管状正极和扁平负极形成的空间。

15A.3.5　高级金属板式电池

为了充分利用铁镍电池在高功率性能和低制造成本应用中的优势，如坚固耐用和寿命长，西屋公司在 20 世纪 80 年代开始开发具有高性能、适用于电动汽车和其他移动牵引应用的先进铁镍电池。这些电池的设计初衷是为电动汽车提供至少 150km 的续航里程、快速加速以适应高速公路交通，并具备相当于 10 年或更长时间道路使用寿命的循环寿命。西屋公司铁镍电池的正极板和负极板均采用纤维金属板作为基材。相关制造板、浸渍和活化、堆叠和组装的技术，都适用于与铅酸电池制造工艺相似的大批量生产方法。

西屋公司开发了两种活性镍浸渍方法并用于示范电池。20 世纪 60 年代中期开发了电沉积工艺（EPP），采用该工艺生产的电池表现出良好的性能、坚固性和长循环寿命。EPP 以电化学方式将氢氧化镍沉积到多孔基材中，实现了镍材料的有效利用，整体电极容量为 0.14A·h/g。还开发了另一种镍电极制造工艺，该工艺需要制备氢氧化镍膏，然后通过辊涂法将其装入纤维金属基材中。涂膏镍电极表现出与 EPP 电极相当的性能（整体电极容量为 0.14A·h/g），制造工艺成本更为低廉。铁电极也是通过涂膏工艺生产的。将氧化铁

Fe_2O_3 膏状物加载到纤维金属电极基板中，然后在氢气气氛中进行炉还原。这些电极在 $C/3$ 放电倍率下表现出 $0.26A \cdot h/g$ 或更高的容量。采用无纺聚丙烯材料作为电极之间的隔膜。

15A.3.6　电解液

电池电解液为 KOH 溶液（质量分数 $25\% \sim 30\%$），并添加了高达 $50g/L$ 的 LiOH。为了补偿因排气帽喷射导致的损失，补充电解液组成为约 23% 的苛性碱、约 $25g/L$ 的 LiOH。电解液有时会被完全更换以恢复电池性能。更新的电解液则是约 30%（质量分数）的 KOH 和 $15g/L$ LiOH。

电解液中的锂添加剂对电池性能有重要影响，但尚未完全了解作用机制。最近关于锂作用机制的研究表明，Li^+ 参与氧化铁晶格还原反应，生成中间体 $Li_xFe_yO_z$ 插层化合物，随后被还原为金属铁和氢氧化锂[10]。氢氧化锂可提高电池容量并防止循环容量损失，同时似乎也有利于镍电极动力学，扩大了充电的工作电压平台，并延迟了氧气的释放。一些证据表明 Ni^{4+} 的形成可以提高电极容量，由于 Li_2CO_3 的溶解度不高，锂还会降低电解液中的碳酸盐含量，降低正极活性材料膨胀的趋势，但增加了电池电解液的电阻率。

充电开始后不久，铁电极上开始析氢。充电时，大量析氢可能有助于抵消碱性溶液中的铁钝化。添加汞也有类似的效果，但仅限于早期循环。

15A.4　产品性能和应用

15A.4.1　性能

① 电压。商用铁镍电池典型的充放电曲线如图 15A.3 所示，电池的开路电压为 1.4V；其标称电压为 1.2V。在充电时，按最常用的倍率，最高电压为 $1.7 \sim 1.8V$。

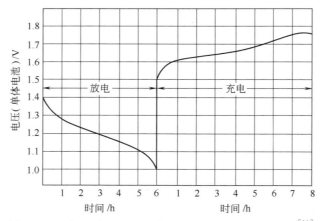

图 15A.3　恒流放电和充电模式下的典型电压特性曲线[11]

② 容量。铁镍电池的容量受限于正极容量，这取决于每个极板中正极管的长度和数量。管的直径通常被各制造商确定为恒定值。电池容量评估通常采用 5h 放电倍率。

传统的铁镍电池具有中等功率和能量密度，主要用于中低放电倍率设计，不推荐用于发动机启动等高速应用。当需要高倍率时，电池的高内阻会显著降低端电压。容量和放电倍率之间的关系如图 15A.4 所示。

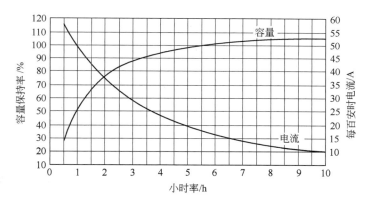

图 15A.4　容量与放电倍率关系曲线[11]
(25℃；单体电池截止电压 1.0V)

如果电池先以高倍率放电，然后以较低倍率放电，则高倍率和低倍率输出的容量之和几乎等同于在单一低放电倍率下获得的容量，这在图 15A.5 中进行了说明。

③ 放电特性。铁镍电池可以以任意倍率放电，但放电不能持续到电池接近完全放电的程度。它更适合低或中等的放电倍率（1～8h）。图 15A.6 显示了 25℃下不同放电倍率下的放电曲线。

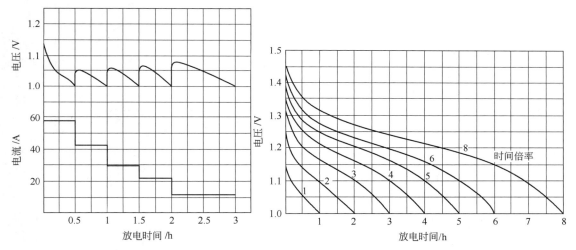

图 15A.5　递减的放电速率对
铁镍电池电压的影响

图 15A.6　不同放电倍率下 Ni-Fe 电池电压-时间曲线[11]
(单体电池截止电压 1.0V)

④ 温度的影响。图 15A.7 显示了温度对放电的影响。通常以 25℃时的容量作为标准参考值，性能的降低通常归因于铁电极的钝化和反应中间体的溶解度降低。在低温下，电解液的电阻率和黏度增加以及镍电极动力学变慢都会导致容量下降。由于镍正极高温下自放电加速，因此必须小心防止温度超过 50℃。此外，铁在高温下溶解度增加时会导致可溶性铁结合到氢氧化镍晶格中而对镍电极的工作造成不利影响。电池很少在 -15℃以下使用。

⑤ 工作时间。图 15A.8 总结了典型的铁镍电池［归一化为单位质量（kg）和体积（L）］在各种放电倍率和温度下的放电时长。

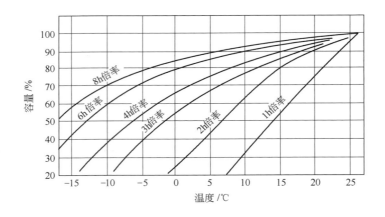

图 15A.7　温度对不同倍率下铁镍电池容量的影响（截止电压 1.0V）[11]

⑥ 自放电。铁镍电池的自放电率、荷电保持率或待机特性较差。在 25℃ 下，电池在前 10 天内可能会损失 15％ 的容量，而在一个月内会损失 20％～40％。在较低温度下，自放电率较低。例如，在 0℃ 时，容量损耗不到 25℃ 时的二分之一。

⑦ 内阻。管状铁镍电池的内阻 R_i 可以通过以下公式估计：

$$R_i C = 0.4$$

式中，R_i 为内阻，Ω；C 为电池容量，A·h。

例如，对于 100A·h 电池，$R_i = 0.004Ω$；R_i 的值在放电的前半段保持不变，在放电的后半段增加约 50％。

⑧ 寿命。管状铁镍电池的主要优点是

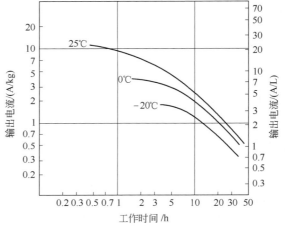

图 15A.8　铁镍电池在不同放电倍率和不同温度下的工作时间与输出电流的关系[11]
（单体电池终止电压 1.0V）

其极长的寿命和坚固的结构。电池寿命因服务类型而异，从重载服务 8 年到待机或轻载服务 25 年以上。适度维护时，预期可循环 2000 次；谨慎使用时，例如将温度限制在 35℃ 以下，可实现 3000～4000 次的循环寿命。与其他电池体系相比，重复深度放电对电池造成的损坏更小。在实际操作中，操作员会驾驶电池驱动的车辆直到它熄火，此时每单体电池电压仅剩零点几伏（有些电池可能反极）。与其他系统相比，这对铁镍电池的影响轻微。

⑨ 充电。电池的充电可以通过多种方案来完成。只要充电电流不会产生过多的气体（从通风帽喷出）或温度升高（高于 45℃），任何电流都可以使用。过度放气或导致更频繁地加水。如果电池电压限制在 1.7V，则不用过多考虑这些条件。图 15A.9 给出了典型的充电曲线，其容量（A·h）输入应过充上次放电的 25％～40％ 以确保完全充电。建议的充电速率通常为 15～20A/100A·h。该充电倍率将在 6～8h 内充满容量。温度对充电电压的影响如图 15A.10 所示。

如图 15A.11 所示，恒流和改进的恒电位（限流）是常见的充电技术。充电电路应包含

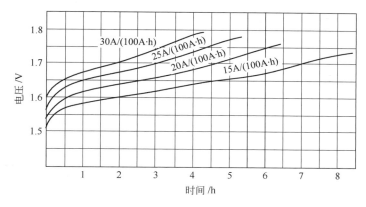

图 15A.9　铁镍电池在不同充电倍率下的充电曲线[11]

限流装置，以避免充电时热失控而导致危险情况发生并可能严重损坏电池。当电池接近完全充电时，放气反应会产生热量并且温度升高，从而降低内阻和电池电动势，造成恒压充电下充电电流增加。这种增加的电流进一步增加了温度，从而导致恶性循环。因此，需要改进带有限流功能的恒压充电。

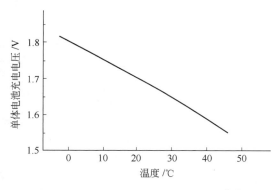

图 15A.10　温度对充电电压的影响[11]

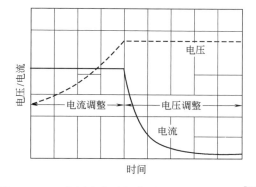

图 15A.11　电压和电流调节对电池充电的影响[11]

　　每晚使用后充电（循环充电）是正常程序。电池可以进行涓流充电，以保持其满容量以备紧急使用。采用 0.004～0.006A/A·h 的涓流充电率克服了内部自放电并保证电池充满电。

　　⑩ 性能数据。表 15A.3 总结了以西屋公司为代表的先进铁镍电池的性能特征。图 15A.12 显示了 90 节电动汽车电池在 $C/3$ 倍率下的典型放电曲线，电池容量和能量与放电倍率关系如图 15A.13 所示，在不同放电状态下，放电倍率和电池功率、电压的关系如图 15A.14 所示，图 15A.15[12-14] 显示了基于 5 节电池模块测试的电池容量和能量随温度的变化曲线。Eagle-Picher 公司还开发了一种先进的铁镍电池，使用类似于本书 15B 部分所述的烧结镍电极；铁电极使用烧结铁网阳极结构，类似于瑞典国家开发公司的铁电极[5]；还采用了经过处理后可以浸出的成孔材料，得到的压制基质在 650℃ 的 H_2 中进行处理，可提供接近 65% 的活性材料利用率。该电池的性能类似于图 15A.12 和图 15A.15[15] 中给出的性能。

表 15A.3   先进铁镍电池性能[①] （截至 1991 年 12 月）

容量[②]/A·h	210
比能量[②]/(W·h/kg)	55
能量密度[②]/(W·h/L)	110
比功率[③]/(W/kg)	100
循环寿命[④]	＞900
市区里程/km	
有刹车能量回收	154
无刹车能量回收	125
预计生产成本(基于 1990 年的美元汇率计算)/(美元/kW·h)	200～250

① 基于西屋（Westinghouse）铁镍电池。

② 以 C/3 倍率放电。

③ 50％充电状态下 30s 平均。

④ 循环至 100％放电深度；衰减达到额定能量的 75％。

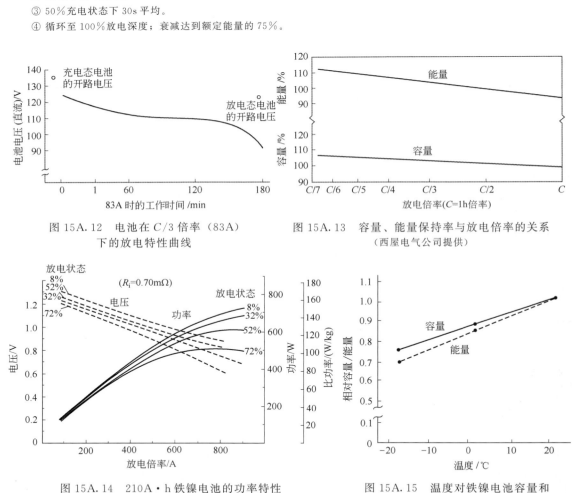

图 15A.12   电池在 C/3 倍率（83A）
下的放电特性曲线

图 15A.13   容量、能量保持率与放电倍率的关系
（西屋电气公司提供）

图 15A.14   210A·h 铁镍电池的功率特性
（西屋电气公司提供）

图 15A.15   温度对铁镍电池容量和
能量的影响（C/3 倍率）

15A.4.2   应用和总结

（1）铁镍电池的规格

铁镍电池的容量范围为 5～1250A·h。表 15A.4 列出了 20 世纪 80 年代 Varta 公司提供的典型铁镍电池的物理和电性能。

表 15A.4 　Varta 公司典型的铁镍电池的物理和电性能

额定容量/A·h	169	225	280	337	395	450	560	675
额定电流(5h倍率)/A	34	45	56	67	79	90	112	135
质量(注液)/kg	8.8	10.8	12.9	15.3	17.4	19.5	24.3	28.6
安装质量/kg	9.8	12.0	14.3	16.9	19.3	21.7	26.5	31.2
电解质质量(1.17kg/L)/kg	1.8	2.2	2.6	3.0	3.4	3.8	4.9	5.9
单体电池尺寸/mm①								
长	52	66	82	96	111	125	156	186
宽	130	130	130	130	130	130	135	135
高	534	534	534	534	534	534	534	534
电池组尺寸/mm②								
长								
2 个单体				265	295	321	343	343
3 个单体				376	421	460		
4 个单体	284	367	431	487				
5 个单体	346	448	545					
6 个单体	408	546						
宽	161	161	161	161	161	161	197	228
高	568	573	582	582	582	582	590	590

①见图（a）。
②见图（b）。
注：来源于 Varta Batteries AG，德国。

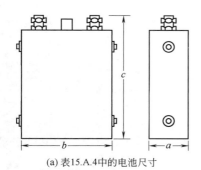

(a) 表15.A.4中的电池尺寸

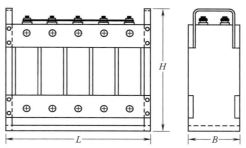

(b) 表15.A.4中由多个单体电池组成的电池尺寸
（L、B和H的尺寸公差分别为5mm、3mm和3mm）

近年来，铁镍电池在很多市场上已经让位于铅酸电池和镍镉电池，很多厂家已经不再生产。目前（2017 年），只有美国（Iron Edison、Zapp Works、Encell）、澳大利亚（Iron Core、UNISUN）和中国（河南新太行电源有限公司、四川长虹电源股份有限公司）等供应商还在发布可提供铁镍电池的相关广告。

在美国，Iron Edison 与一家海外制造商密切合作设计铁镍电池。电池都使用机械穿孔袋式技术，袋式钢结构意味着它们不会因反复循环而削弱，从而可延长使用寿命。电池使用电解质作为极板的金属防腐剂，防止腐蚀。电池充满水，大约每 6 周需要添加一次蒸馏水，并排出氢气。电池还拥有主动排气功能的电池外壳。电池的额定电压（直流）为 1.2V。Iron Edison 提供的容量额定值范围为 $100\sim1000A\cdot h$，每增加 $100A\cdot h$ 为一种型号[16]。Iron Edison 电池和相关电池实例分别如图 15A.16、图 15A.17 所示。

（2）铁镍电池的特殊处理和使用

电池应在通风良好的地方操作，以防止氢气积聚。在某些情况下，氢气可以被火花点燃而引起爆炸并引发火灾。在多节电池中，应有应对高压的预防措施。

如果电池停用超过一个月，则应在放电状态下存放。应将其放电并短路，然后在储存期间保持该状态。加注盖必须保持关闭。如果不遵循此程序，则需要多个循环才能再重新激活并恢复容量。

图 15A.16　Iron Edison 的商用铁镍电池

（由 Iron Edison 提供）[16]

（3）铁负极材料的最新进展

由于铁镍电池的坚固性和经济性，其研究也一直保持在一定水平，特别是在大规模可再生能源储存领域[17-19]。努力开发先进的铁电极、提高倍率能力、提高效率，以及密封免维护设计[20]，这些都是该领域持续发展的方向。

碳材料在电池电极中应用的增加和过去二十多年纳米材料发展的进步，为铁电极研究提供了新的机遇。将铁分散在碳纳米结构中为更好地利用活性材料和提高循环效率提供了发展潜力。据报道，铁活性材料的利用率高达 $510mA \cdot h/g$[21]，这比通常达到的 $350mA \cdot h/g$ 水平有了显著改进，并且成为有可能接近 $962mA \cdot h/g$ 理论极限的可行方法。这项工作

图 15A.17　Iron Edison 的铁镍电池

（由 Iron Edison 提供）[16]

的难点是保持纳米级特征，因为铁颗粒尺寸已被证明随着重复循环而增加，并伴随着表面积的减少，反过来导致活性材料利用率线性下降，约每平方米表面积损失 $30mA \cdot h/g$。

已经研究了多种制备具有纳米特性铁电极的方法。将氯化铁溶液缓慢添加到冷却的硼氢化钠溶液中会产生尺寸为 $30 \sim 70nm$ 的铁颗粒[21]。另一种方法[22] 是使用 $20\mu m$ 内的碳化铁颗粒作为起始材料，循环后，最终生成尺寸为 100nm 或更小的颗粒，原因可能是反复溶解和再沉积生成 Fe 和 $Fe(OH)_2$。然而，还有其他方法是使用具有纳米特征的碳基底，在其上沉积铁[23]。将粒径在 100nm 范围内的碳纳米纤维、碳纳米管或碳片用硝酸铁水溶液浸渍，经干燥和煅烧以生成具有精细分散的 Fe_2O_3 的铁碳复合材料。为了防止铁粒子在循环过程中生长（这会降低容量），粒子优先沉积在纳米管内，而不是表面上[24]，但这种方法仅获得了有限成功，因为电解质渗透后，纳米管成为限制因素。通过处理纳米管以在管壁中产生孔仅部分地克服了该限制。铁碳纳米结构电极在提高放电倍率能力和利用率方面显示出良好前景[25-27]。在烧结多孔铁电极和铁碳复合电极中，向电解液或电极材料中添加硫化物可能有增加析氢过电位、提高电极容量和提高充电效率的有益效果[28-31]。

参考文献

1. S. U. Falk and A. J. Salkind, *Alkaline Storage Batteries*, Wiley, New York, 1969.

2. A. J. Salkind, C. J. Venuto, and S. U. Falk, "The Reaction at the Iron Alkaline Electrode," *J. Electrochem. Soc.* **111**:493 (1964).

3. R. Bonnaterre, R. Doisneau, M. C. Petit, and J. P. Stervinou, in J. H. Thompson (ed.), *Power Sources*, vol. 7, Academic, London, 1979, p. 249.

4. L. Ojefors, "SEM Studies of Discharge Products from Alkaline Iron Electrodes," *J. Electrochem. Soc.* **123**:1691 (1976).

5. B. Anderson and L. Ojefors, in J. H. Thompson (ed.), *Power Sources*, vol. 7, Academic, London, 1979, p. 329.

6. C. A. C. Souza, I. A. Carlos, M. Lopes, G. A. Finazzi, and M. R. H. de Almeida, "Self-Discharge of Fe-Ni Alkaline Batteries," *J. Power Sources* **132**:288–290 (2004).

7. J. L. Weininger, in R. G. Gunther and S. Gross (eds.), *The Nickel Electrode*, vol. 82–84, Electrochemical Society, Pennington, NJ, 1982, pp. 1–19.

8. D. Tuomi, "The Forming Process in Nickel Positive Electrodes," *J. Electrochem. Soc.* **123**:1691 (1976).

9. INCO ElectroEnergy Corp. (formerly ESB, Inc.), Philadelphia.

10. U. Casellato, N. Comisso, and G. Mengoli, "Effect of Li Ions on Reduction of Fe Oxides in Aqueous Alkaline Medium," *Electrochimica Acta* **51**:5669–5681 (2006).

11. "Nickel Iron Industrial Storage Batteries," Exide Industrial Marketing Divisions of ESB, Inc., 1966.

12. F. E. Hill, R. Rosey, and R. E. Vaill, "Performance Characteristics of Iron Nickel Batteries," *Proc. 28th Power Sources Symp.*, Electrochemical Society, Pennington, NJ, 1978, p. 149.

13. R. Rosey and B. E. Tabor, "Westinghouse Nickel-Iron Battery Design and Performance," EV Expo 80, EVC #8030, May 1980.

14. W. Feduska and R. Rosey, "An Advanced Technology Iron-Nickel Battery for Electric Vehicle Propulsion," *Proc. 15th IECEC*, Seattle, Aug. 1980, p. 1192.

15. R. Hudson and E. Broglio, "Development of the Nickel-Iron Battery System for Electric Vehicle Propulsion," *Proc. 29th Power Sources Conf.*, Electrochemical Society, Pennington, NJ, 1980.

16. N. Renteria, Corporate Communication, Iron Edison Corporation, November 11, 2017.

17. C. Yang, A. K. Manohar, and S. R. Narayanan, "A High-Performance Sintered Iron Electrode for Rechargeable Alkaline Batteries to Enable Large-Scale Energy Storage," *J. Electrochem. Soc.* **164**(2): A418–A429 (2017).

18. A. K. Manohar, S. Malkhandi, B. Yang, C. Yang, G. K. Surya Prakash, and S. R. Narayanan. "A High-Performance Rechargeable Iron Electrode for Large-Scale Battery-Based Energy Storage," *J. Electrochem. Soc.* **159**(8):A1209–A1214 (2012).

19. A. H. Abdalla, C. I. Oseghale, J. O. Gil Posada, and P. J. Hall, "Rechargeable Nickel–Iron Batteries for Largescale Energy Storage," *IET Renew. Power Gen.* **10**(10):1529–1534 (2016).

20. B. Hariprakash, S. K. Martha, M. S. Hegde, and A. K. Shukla, "A Sealed, Starved-Electrolyte Nickel-Iron Battery," *J. Appl. Electrochem.* **35**:27–32 (2005).

21. K. C. Huang and K. S. Chou, "Microstructure Changes to Iron Nanoparticles during Discharge/Charge Cycles," *Electrochemistry Communications* **9**:1907–1912 (2007).

22. K. Ujimine and A. Tsutsumi, "Electrochemical Characteristics of Iron Carbide as an Active Material in Alkaline Batteries," *J. Power Sources* **160**:1431–1435 (2006).

23. B. T. Hang, T. Watanabe, M. Egashira, S. Okadab, J. Yamaki, S. Hata, S.-H. Yoon et al., "The Electrochemical Properties of Fe_2O_3-Loaded Carbon Electrodes for Iron-Air Battery Anodes." *J. Power Sources* **150**:261–271 (2005).

24. B. T. Hang, H. Hayashi, S. H. Yoon, S. Okada, and J. Yamaki, "Fe_2O_3-Filled Carbon Nano-Tubes as a Negative Electrode for an Fe-Air Battery," *J. Power Sources* **178**:393–401 (2008).

25. H. Wang, Y. Liang, M. Gong, Y. Li, W. Chang, T. Mefford, J. Zhou et al., "An Ultrafast Nickel-Iron Battery from Strongly Coupled Inorganic Nanoparticle/Nanocarbon Hybrid Materials," *Nature Communications* **3**:917 (2012).

26. A. S. Rajan, S. Sampath, and A. K. Shukla, "An In Situ Carbon-Grafted Alkaline Iron Electrode for Iron-Based Accumulators," *Energy & Environmental Sci.* **7**:1110–1116 (2014).

27. W. Jiang, F. Liang, J. Wang, L. Su, Y. Wu, and L. Wang, "Enhanced Electrochemical Performances of FeO_x-Graphene Nanocomposites as Anode Materials for Alkaline Nickel-Iron Batteries," *RSC Adv.* **4**:15394–15399 (2014).

28. B. T. Hang, T. Watanabe, M. Egashira, I. Watanabe, S. Okada, and J. Yamaki, "The Effect of Additives on the Electrochemical Properties of Fe/C Composite for Fe/Air Battery Anode," *J. Power Sources* **155**(2):461–469 (2006).

29. J. O. Gil Posada and P. J. Hall, "Post-Hoc Comparisons among Iron Electrode Formulations Based on Bismuth, Bismuth Sulphide, Iron Sulphide, and Potassium Sulphide under Strong Alkaline Conditions," *J. Power Sources* **268**:810–815 (2014).

30. J. O. Gil Posada, and P. J. Hall, "Towards the Development of Safe and Commercially Viable Nickel–Iron Batteries: Improvements to Coulombic Efficiency at High Iron Sulphide Electrode Formulations," *J. Appl. Electrochem.* **46**(4):451–458 (2016).

31. B. Yang, S. Malkhandi, A. K. Manohar, G. K. Surya Prakash, S. R. Narayanan, "Organo-sulfur Molecules Enable Iron-based Battery Electrodes to Meet the Challenges of Large-Scale Electrical Energy Storage," *Energ. Environ. Sci.* **7**:2753–2763 (2014).

15B 开口式镍镉电池

R. David Lucero

（荣誉撰稿人：John K. Erbacher）

15B.1 开口式电池简介

15B.1.1 袋式电极

开口的袋式电池是现有各种镍镉电池中最古老和最成熟的。它是一种非常可靠、坚固、长寿命的电池，可以在较高的放电倍率和较宽的温度范围内有效运行，具有非常好的荷电保持性能，可以在任何条件下长时间存放。袋式电池可以承受严重的机械滥用和电气滥用，例如过充、反极和短路。这种电池几乎不需要维护。其成本低于任何其他碱性蓄电池，尽管如此，按每瓦时计算，它仍高于铅酸电池。表 15B.1 列出了此类电池的主要优点和缺点。

表 15B.1 工业和航天镍镉电池的主要优点和缺点

优点	缺点
循环寿命长	体积比能量低
坚固耐用：能承受滥用	成本高于铅酸电池
性能可靠：不会突然失效	含镉
荷电保持能力好	碱性电解液
储存性能出色	记忆效应
维护量小	延长寿命时，需要温控充电系统
放电曲线平坦	

袋式电池型号规格范围很广，从 5A·h 到 1200A·h 以上，可用于多种应用。其中，大部分具有工业性质，例如铁路服务、开关设备操作、电信、不间断电源（UPS）和应急照明。袋式电池也用于军事和太空应用。

袋式电池可提供三种极板厚度以适应各种应用。高倍率设计使用薄板，可以获得活性材料的最大比表面积，用于最高倍率放电。低倍率设计使用厚板以获得单位体积的最大质量的活性材料，可用于长期放电。中等倍率设计使用中等厚度的板，适用于高倍率和长期放电之间或组合应用。

15B.1.2 烧结极板

20 世纪 40 年代开发的烧结极板，与袋式相比，可以制得更薄且内阻更低，并具有良好的高倍率和低温性能。它可用于高功率应用，例如发动机启动和低温环境，也可以为便携式设备设计更小的电池，详见本书 15C 部分所述密封、免维护镍镉电池等内容。

烧结板镍镉电池是发展成熟的镍镉电池体系，具有更高的能量密度，比其前身袋式结构高出 50%。烧结板可以制成更薄的形式，并且电池具有更低的内阻，可提供卓越的高倍率和低温性能。平坦的放电曲线是该电池的特性，其性能对放电负载和温度变化的敏感性低于其他电池系统。烧结板电池具有袋式电池的大部分优点，尽管通常更贵。它在电气和机械方面都坚固耐用，非常可靠，几乎不需要维护，可以在带电或不带电的条件下长时间存放，并且具有良好的荷电保持性能。由于自放电而失去的容量，可以通过电池正常充电恢复。这种电池类型的主要优点和缺点在表 15B.2 中给出。

表 15B.2　开口烧结镍镉电池的主要优点和缺点

优点	缺点
放电曲线平坦 高能量密度（高于袋式极板电池 50%） 良好的高倍率和低温性能 长周期储存性能出色 良好的容量保持率，容量可于充电后恢复	高成本 记忆效应（电压降低） 延长寿命需要温控充电系统

由于上述原因，开口式烧结板镍镉电池可用于需要高功率放电服务的场景，例如飞机涡轮发动机和柴油发动机启动以及其他移动和军事设备。电池在需要高峰值功率和快速充电的情况下可提供出色的性能。在许多应用中，使用开口式烧结板电池是因为与其他电池系统相比，它可以减小尺寸、重量和降低维护次数。在需要低温运行的系统中尤其如此。充电结束时，开口式电池的端电压升高也为控制充电提供了有用的特性。

15B.1.3　先进极板设计

烧结板电池价格昂贵，制造复杂，镍的使用量大，使得该技术无法应用于较厚的电极或容量大于 100A·h 的电池。而袋式电池对于许多应用来说太重了。为了开发一种表面积大、导电板结构轻便、易于制造且成本低的电池，人们开发了一种新的电极结构，纤维结构的电极，即由德国汽车公司开发的纤维镍镉（FNC）电池。

纤维板由纯镍纤维毡或更常见的镀镍纤维制成。为了使纤维具有导电性，通过化学镀施加一层薄镍，然后通过电镀沉积足够厚的镍层以获得良好的导电性。随后将塑料烧掉，留下空心镍纤维。镍纤维板焊接镀镍钢极耳。图 15B.1（a）显示了浸渍前纤维镍基板的结构，图 15B.1（b）显示了化成前的黏结式镍正极。

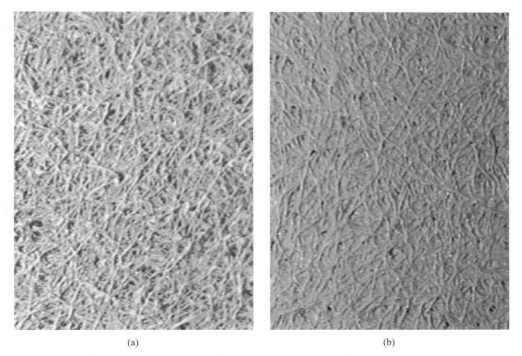

(a)   (b)

图 15B.1　浸渍前的纤维镍基板（a）和化成前的黏结式镍正极（b）

这种纤维电极技术最初是为电动汽车（EV）应用开发的，用于工业中低倍率开口式电池。现在已经应用于所有类型的镍镉和镍-金属氢化物电池，包括用于发动机启动的高倍率电池和具有复合消氧能力的密封电池（参见本书 15C 部分）。

当前，塑料黏结或压板电极的新工艺对电池性能具有显著的提升。这些应用于工业电池的电极技术，是从航空和密封便携式消费类电池的电极衍生出来的。该工艺主要制造镉电极的塑料黏结极板。先将活性材料氧化镉与塑料粉末（通常为聚四氟乙烯）和溶剂混合制成糊状物。电极膏体是各向同性的，并根据活性材料的最终用量设计制造，在制造过程中消除了灰尘问题。随后，将糊状物挤出、滚压或黏结到通常由镀镍穿孔钢制成的中心集流体上。最后将制成的极板焊接上镀镍钢片的极耳。

15B. 2 化学原理

开口袋式极板、烧结极板、纤维和塑料黏结极板类型以及镍镉电池的其他不同类型的基本电化学过程是相同的。充电和放电的反应可以用下面的简化方程来说明：

$$2NiOOH + 2H_2O + Cd \overset{放电}{\underset{充电}{\rightleftharpoons}} 2Ni(OH)_2 + Cd(OH)_2$$

放电时，三价羟基氧化镍随着水的消耗被还原为二价氢氧化镍。金属镉被氧化形成氢氧化镉。在充电时，发生相反的反应。电动势（EMF）为 1.29V。

与铅酸电池中的硫酸相比，氢氧化钾电解质在充电和放电过程中的密度或成分没有明显变化。电解质密度通常约为 1.2g/mL。氢氧化锂通常添加到电解液中以提高循环寿命和高温性能。

正极充放电的电化学过程相当复杂，尚未得到很好的解释，尤其是钴在活性材料中的作用；简单起见，仅考虑氢氧化镍在充放电反应中的作用。

在充电过程中，正极中的氢氧化镍被氧化成羟基氧化镍 NiOOH——具有更高价态的镍。根据以下反应式[3]，钾和水也以氢氧化钾的形式结合到活性材料中：

$$Ni(OH)_2 + xK^+ + (1+x)OH^- \rightleftharpoons NiOOH \cdot xKOH \cdot (H_2O) + e^-$$

结合到 NiOOH 晶格中的钾的比例以 x 表示。该值很小（远小于 1.0），并因制造工艺而异。负极中的氢氧化镉在充电过程中被还原为金属镉。

$$Cd(OH)_2 + 2e^- \rightleftharpoons Cd + 2OH^-$$

因此，整体充放电反应为：

$$2Ni(OH)_2 + 2xKOH + Cd(OH)_2 \overset{充电}{\underset{放电}{\rightleftharpoons}} 2NiOOH \cdot xKOH \cdot (H_2O) + Cd$$

根据上述反应，电解质浓度的变化似乎可以通过测量电解质的密度提供一种确定充电状态的方法。但是，活性材料中钾的复杂性、碳酸盐的积累以及大量电解质的存在使得该测量不可靠，且不切实际。

充电时，在热力学可逆电位下氢氧化镍可转化为羟基氧化镍，但电荷不是完全由正极接受的[3]。事实上，如果充电倍率足够低，则会发生以下放气反应：

$$4OH^- \longrightarrow 2H_2O + O_2 + 4e^-$$

如果倍率明显增加，这将导致氧过电位足够高，使氢氧化镍优先转化为羟基氧化镍，而不是产生氧气。然而，当约 80% 的氢氧化镍转化为羟基氧化镍时，竞争性氧气生成反应逐渐发生，并保持到达到100%荷电状态，此后发生的唯一反应是析氧反应。

负极接受电荷，直到基本100%充电，此后主要反应是氢气释放，反应如下：

$$2H_2O + 2e^- \longrightarrow H_2 + 2OH^-$$

如图15B.2所示，电池以$C/10$倍率充电，在接近1600mV的电压下发生氢气析出反应。

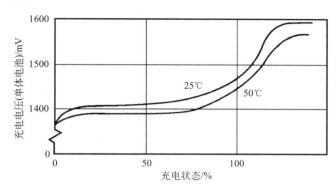

图15B.2 开口式烧结板镍镉电池恒流充电电压（$C/10$倍率充电）

镉电极上的氢过电位非常高，在$C/10$倍率下约为110mV。因此，随着负极过充电，电压会急剧上升。这种电压上升可用于各种充电方案以控制或终止充电。

过充时，所有电流都用于将水电解成氢气和氧气，整体反应如下：

$$2H_2O \longrightarrow 2H_2 + O_2$$

这种过充电反应会消耗水，从而降低电池中电解质的含量。可以通过控制过充量来限制水的损失，从而最大限度地延长补水之间的间隔。

电池被设计成负极50%的容量过剩，因此电池容量受正极限制。

15B.3 电池组件和构造

15B.3.1 袋式电池

现代袋式电池的剖面如图15B.3所示。正极的活性材料由氢氧化镍与石墨混合以提高导电性，添加剂（例如钡或钴的化合物）可以提高寿命和容量。负极活性材料由氢氧化镉或氧化镉与铁（或铁化合物）混合制成，有时也与镍混合。添加铁和镍材料用以稳定镉，防止晶体生长和团聚，并提高导电性。典型的活性材料组成如表15B.3所示。

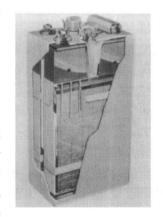

图15B.3 袋式电池剖面

表15B.3 放电状态袋式电池的典型活性物质组成

正极活性物质		负极活性物质	
组分	质量分数/%	组分	质量分数/%
氢氧化镍	80	氢氧化镉	78
氢氧化钴	2	铁	18
碳	18	镍	1
		碳	3

袋式镍镉电池的正负极采用相同的活性物质载入方式，即在由冲孔钢带制成的扁平袋中直接填入活性物质。薄钢带采用淬火细钢冲针、冲孔或辊压冲孔，孔隙率在 15%～30% 之间。钢带上镀镍，以防止正极活性物质发生"铁中毒"。

活性物质先压制成型，或直接以粉末状态填入预成型的冲孔钢带中。上、下层的钢带经辊压叠在一起，多个叠好的钢带相互锁紧形成长的极板带，然后将其切割成电极块，并加上钢框制成电极。钢框的作用是提高机械稳定性和汇集电流。

电极有不同的厚度（1.5～5mm），分别用于高、中和低倍率电池。负极板总是比正极板薄 30%～40%。电极用螺栓固定或焊接在电极组上。相反极性的板组通过塑料钉或绝缘片相互啮合和实现电子绝缘。电极间用隔膜、冲孔塑料片或塑料网栅隔开。单体电池中正负极板之间的距离从高倍率电池的小于 1mm 到低倍率电池的 3mm 不等。

极组插入塑料或不锈钢的电池外壳中。塑料外壳由聚苯乙烯、聚丙烯或阻燃塑料制成，与不锈钢外壳相比，塑料的重要优势在于可以对壳中电解液液位进行目视控制，并且不需要防腐蚀保护。此外，塑料更轻，可以实现更紧密的装配。其主要缺点是不耐高温，并且比不锈钢外壳需要更多的空间。

15B.3.2　烧结极板电池

在放电状态下的开口式烧结板镍镉电池由扁平的正极氢氧化镍板和负极氢氧化镉板组成，它们之间由发挥气体屏障和电气隔离层作用的隔膜材料隔开。电解质通常是 31% 的氢氧化钾溶液，完全淹没极板和隔膜。因此，开口式电池被称为"富液式电池"。

在烧结极板设计中，活性材料填充在烧结镍结构的孔内。正极板的活性物质是氢氧化镍和 3%～10% 的氢氧化钴，负极板的活性物质是氢氧化镉。

开口式电池的设计使两个电极几乎同时充满电。如上所述，正极在充满电之前开始释放氧气。如果由于隔绝气体层失效而使氧气到达负极，它将与负极反应并产生热量，这不仅会导致负极不能达到完全充电状态，还会由于镉电极的去极化作用而导致电压降低。为了保持最大的容量，必须采取措施来防止负极板上的氧气复合，这可通过在正极板和负极板之间设置气体阻挡层并注入过量电解液来实现。

图 15B.4 显示了典型的开口式烧结板镍镉电池的细节。

① 极板类型和加工过程。不同制造商生产的开口式烧结板镍镉电池采用不同的制造工艺。这些极板根据基材的性质、烧结方法、浸渍工艺、成型和终端应用而形成不同类型。Fleischer 描述了多年来用于开口式电池烧结极板的主要极板制造工艺[4]。参考文献中有几篇关于用于富液

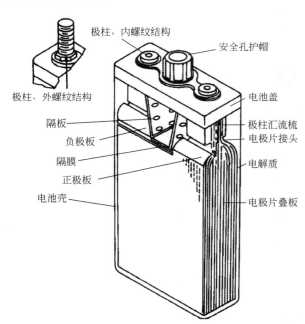

极柱，内螺纹结构
安全孔护帽
极柱，外螺纹结构
电池盖
隔板
负极板
极柱汇流梳
电极片接头
隔膜
电解质
正极板
电池壳
电极片叠板

图 15B.4　开口式烧结板镍镉电池的横截面

开口式电池的电极制造工艺的综述[3,5-6]。

② 骨架。骨架用于烧结极板的机械支撑，并作为多孔烧结极板电化学反应的集流体，同时提供制造过程中需要的机械强度和生产的连续性。骨架通常使用两种类型的基材：连续长度的穿孔镀镍钢或纯镍带；镍或镍包钢丝编织网。常见的穿孔类型是厚度为 0.1mm、直径为 2mm 的孔，以及约 40％的孔隙率。典型的导电网使用直径为 0.18mm、间隔为 1.0mm 的金属丝编织成型。

③ 基板。浸渍前的烧结结构通常被称为"基板"。其孔隙率通常为 80％～85％，厚度为 0.4～1.0mm。有两种通用烧结工艺：浆料涂覆工艺；干粉工艺。这两种工艺都采用特殊的低密度电池等级的羰基镍粉。

在浆料涂覆工艺中，镍粉悬浮在含有少量触变剂的黏稠水溶液中，然后将具有穿孔图案的镀镍带穿过悬浮液。通过刮刀控制其厚度，同时清除边缘上的浆料。随后，连续带经过干燥后在约 1000℃的还原气氛中烧结。

干粉工艺通常使用预制成主模板尺寸的金属丝网。将丝网放置在模具中，每侧都撒上松散的粉末。然后，在 800～1000℃的还原气氛的带式炉中进行烧结。

Pickett 对各种浸渍工艺进行了综述总结[6]，这些工艺用于将多孔烧结结构的正极加载氢氧化镍，负极加载氢氧化镉。基板用硝酸盐的浓溶液进行浸渍，然后通过化学沉淀[4] 或电化学沉淀将其转化为氢氧化物[7-9]。开口式电池广泛使用的工艺涉及化学沉淀，主要过程采用 1948 年的工艺[4]，只是略有变化。

用硝酸盐的浓溶液浸渍基板，经过短暂冲洗，使用苛性碱将硝酸盐转变为氢氧化物沉淀。添加苛性碱后，再通过极化的方法，使基板变成正极。极化周期通常包括大电流充电（1C 倍率或更高）约 1h。然后冲洗基板，并重复该步骤数次，以填充约 40％～60％的烧结孔隙体积（或达到目标增重）。

④ 极板化成。极板在浸渍之后，先用机械的方式刷净表面，然后通过充放电循环进行电化学清洗与化成。在主极板工艺中，化成时采用惰性电极（通常是不锈钢或镍）作为对电极，化成对电极可采用松散结构或紧凑结构。化成对于将氢氧化物完全转移至烧结结构的孔中以及硝酸根在极板中的还原起着至关重要的作用。极板的典型化成循环采用大电流充放，化成制度或时间因基板类型和极板容量而异。在连续带式法（拉浆法）中，化成设备与连续电镀设备相似。从连续带上冲切下来的极板的顶部有一条边，其作用是作为与镍极耳或镀镍钢极耳的连接点。在主极板工艺中，则通过冲压形成致密化区域用于集流片装配。

⑤ 隔板。隔板是一个薄型多层组合结构，由用于隔离正负极板的织物和用于气体阻挡的离子可渗透塑料膜组成。

极板的电子绝缘和机械分离的性能通常由尼龙布或尼龙毡材料提供。这种材料的孔隙率相对较大，为电解质中的离子穿过微孔聚丙烯膜提供良好的通道。

微孔聚丙烯膜，通常采用 Celgard® （Celgard 3400，生产商为 Celgard LLC，Charlotte，NC28273）[10] 作为气体阻挡层，同时它可提供最小的离子电阻。这种薄的气体阻挡层在润湿时变得相对柔软，经常被放置在两层织物隔膜之间，并得到机械支撑；阻隔气体的塑料隔膜的韧性已经得到了实质性改进。

⑥ 电芯组装。极板组通过交替堆叠正极板和负极板并在它们之间插入隔板-气体阻挡隔膜层来组装。电池端子用螺栓、铆接或焊接到集流板接线片上。在多极组电池中最外板的极耳需要向内弯曲以到达电池端子。在这种情况下，有时会在端子处增加垫片来减小极耳弯曲

的角度。

⑦ 电解质。完全充电时，氢氧化钾电解液的浓度约为 31%（相对密度为 1.30）。电池的性能，尤其是在低温下，很大程度上取决于电解液浓度。电解液纯度也会对电池性能产生明显影响。电池中碳酸钾的含量与电池的性能直接相关。增加碳酸盐浓度会改变电解液的特性，降低电池的高倍率充放电能力。新鲜电解液的碳酸盐含量非常低，随着电池中的有机成分在电解质和氧气的存在下被缓慢氧化，形成少量的碳酸盐，碳酸盐随着电池老化而累积并最终降低电池性能。由于电解液与浸渍过程的残留物发生反应，电池活化时碳酸盐含量约为 $80\sim90g/L$。高品质电池槽采用在 KOH 中不发生降解的组件设计。此外，多家制造商采用新配制电解液反复冲洗的方法，将碳酸盐最终含量降低到 $6\sim8g/L$。

⑧ 电池壳。将板组放入电池壳中，电池端子穿过盖子。电池壳通常由吸湿性低的尼龙制成，由电池盒和匹配的盖子组成，在组装时通过溶剂密封、热熔合或超声波粘接永久连接在一起。该电池壳旨在为电池提供密封外壳，从而防止电解液泄漏或污染，并为电池组件提供物理支撑。端子密封通常使用带有 Belleville 垫圈和固定夹的 O 形环。

⑨ 排气帽和止回阀。排气帽是一个可以拆下的塞子，拆下后可以向电解质中补充水。排气帽同时还是一个单向阀，可以释放过充电时电解水产生的气体，以及防止大气污染电解质。止回阀的构造主要是一个带空心柱的尼龙阀体，上面有通气孔，外面套有弹性套筒，它的作用相当于一个 Bunsen 阀，只允许气体逸出电池外，而外部的空气进不来。关于弹性套筒材料的研究获得了显著进展，对于开口式电池，乙丙橡胶套筒的性能最佳。此前曾采用过氯丁橡胶套筒，但氯丁橡胶会被 KOH 腐蚀而变软、膨胀、开裂，此外还经常在与阀体接触的界面处发生腐蚀，从而失去密封性。在腐蚀发生前，套筒和阀体间的电解质会使套筒表面软化，在随后的储存过程中又会变干燥，并完全黏结到阀体上。如果发生这种情况，充电期间电池内的压力将会逐渐积累，导致套筒脱落或破裂甚至电池发生爆炸[10]。

15B.3.3　先进板式开口式电池

图 15B.5 显示了具有塑料外壳的涂膏式极板电池。

图 15B.6 显示了纤维镍镉（FNC）电池的局部剖面。外壳和盖子为聚丙烯材料，焊接在一起。电池包括负极、波纹状隔板和正极。端子衬套采用 O 形环密封件以确保气体不泄漏，并且在端子之间的外壳盖上可以看到排气阀。排气阀中的催化气体复合塞用于某些应用。端子是镀镍铜，通常使用密度为 1.19kg/L 的 KOH 电解液。

15B.3.4　电池模块

不管极板或电池是何种类型，电池都可以以不同方式组装成电池模块。通常 2~10 个电池单体安装在一个单独的电池单元中，几个这样的单元形成完整的电池组。典型的电池组如图 15B.7 所示。塑料壳中的电池也可以通过将单体电池紧密地放在架子或支架上连接起来组装成电池。不锈钢壳中的电池也可以用类似的方式组装，但是此时单元间必须彼此隔开并与支架绝缘。

航空电池由 19~21 个单体电池组成，配置类似于图 15B.8 中所示的组件。在许多情况下，采用一半或四分之一电池单体配置组件的方式用于电压监控，以监控电池平衡和电池充电状态。

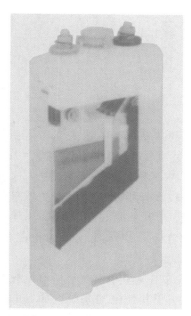

图 15B.5　涂膏式极板电池

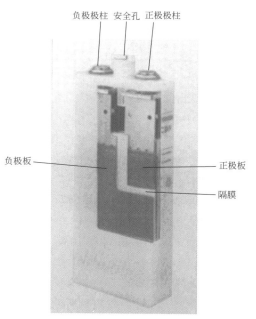

负极极柱　安全孔　正极极柱

负极板

正极板

隔膜

图 15B.6　纤维镍镉电池的局部剖面
（来源于 Hoppecke 电池）

图 15B.7　聚丙烯外壳的十节电池单元
（SAFT America，Inc. 提供）

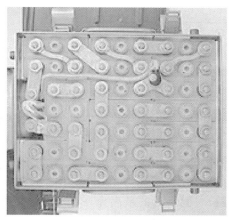

图 15B.8　典型的开口镍镉航空电池和电池组件的俯视图
（SAFT America，Inc. 提供）

15B.4 性能与应用

15B.4.1 一般性能特征

（1）袋式电池性能特点

① 质量能量密度和体积能量密度。袋式单体电池的典型质量能量密度和体积能量密度分别为 $20W \cdot h/kg$ 和 $40W \cdot h/L$，市售产品的最佳值达到 $27W \cdot h/kg$ 和 $55W \cdot h/L$。全袋式电池相应值分别为 $19W \cdot h/kg$、$32W \cdot h/L$ 以及 $27W \cdot h/kg$、$44W \cdot h/L$。这些数据是基于标称容量和 $5h$ 放电倍率下的平均放电电压。使用较大纤维基板的电池的质量能量密度（简称比能量）和体积能量密度（简称能量密度）接近 $40W \cdot h/kg$ 和 $80W \cdot h/L$，使用涂膏电极的电池接近 $56W \cdot h/kg$ 和 $110W \cdot h/L$。相比之下，烧结板设计的比能量为 $30 \sim 37W \cdot h/kg$，能量密度为 $58 \sim 96W \cdot h/L$（参见第 15B.4.2 节）。

② 放电特性。镍镉电池的标称电压为 $1.2V$。虽然放电速率和温度对所有电化学系统的放电特性都很重要，但这些参数对镍镉电池的影响远小于其他电池系统，如铅酸电池。因此，袋式镍镉电池可以在高放电倍率下有效放电，而不会损失太多额定容量。它们还可以在很宽的温度范围内运行。

图 15B.9 显示了袋式和涂膏式电池室温下各种恒定倍率的典型放电曲线。即使放电倍率高达 $5C$（其中，C 是容量的数值，单位为 $A \cdot h$），高倍率袋式电池也可以提供 60% 的额定容量，而涂膏式电池则高达 80%。图 15B.10 给出了在一定温度和截止电压下，放电倍率和电池容量的关系。

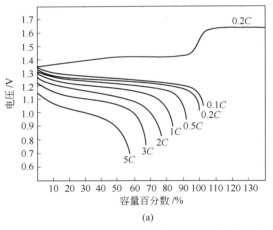

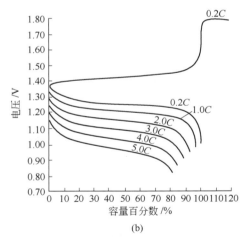

(a)   (b)

图 15B.9　镍镉电池在 25℃时的充放电特性
（a）袋式电池，高倍率；（b）涂膏式电池，高倍率

使用标准电解液时，袋式镍镉电池可在低至 $-20℃$ 的温度下使用。充满更浓电解液的电池可在低至 $-50℃$ 的温度下使用。图 15B.11 显示了温度对使用标准电解液的镍镉中倍率电池性能的影响。

电池也可以在高温下使用。尽管偶尔在非常高的温度下运行并无害处，但通常认为 $45 \sim 50℃$ 是长时间运行的最高允许温度。最近在亚洲西南部较高温度区域，对航空电池进行了相关测试，这些电池运行和维护的高温限制发生了变化。测试表明，这些电池可在高达

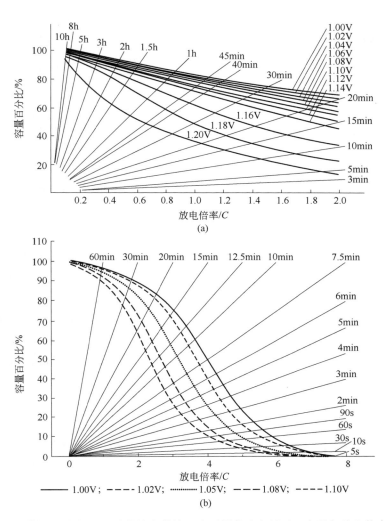

(a)

(b)

图 15B.10　镍镉电池在 25℃时的放电特性（在不同截止电压下，容量与放电倍率的关系）
（a）袋式电池，高倍率；（b）涂膏式电池，高倍率

70℃的温度下运行。图 15B.12 显示了典型的高倍率电池启动曲线。电池可在 1s 负载期间提供高达 $20C$ 的电流，最终电压为 0.6V。

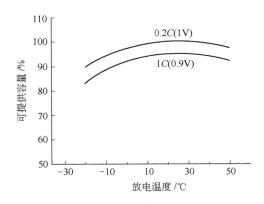

图 15B.11　使用标准电解 液的镍镉中倍率电池在不同温度下的典型可用容量（电池在 25℃下充满电后测试）

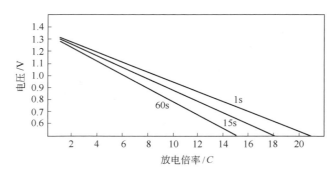

图 15B.12 25℃下高倍率袋式电池的电压-放电倍率曲线

镍镉电池偶尔的过放电或反极无害，完全冻结电池也不会造成损害。预热后，电池将再次正常运行。

③ 内阻。镍镉电池通常具有较低的内阻。对于已充电的 $100A\cdot h$ 的高、中和低倍率袋式单体电池，典型的直流电阻值分别为 $0.4m\Omega$、$1m\Omega$ 和 $2m\Omega$。内阻在很大程度上与给定系列的电池尺寸成反比。降低电池的温度和降低荷电状态将导致内阻增加。纤维基板电池的内阻在高倍率设计时为 $0.3m\Omega$，在低倍率设计时为 $0.9m\Omega$。涂膏式电池的内阻低至 $0.15m\Omega$。

④ 荷电保持。荷电保持率与温度有关，45℃时的容量损失大约是 25℃时的 3 倍；在低于 -20℃的温度下几乎没有自放电。纤维式和涂膏式电池的荷电保持能力非常一致。不同倍率的袋式电池荷电保持率如图 15B.13 所示。

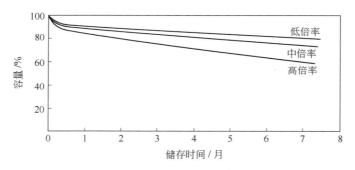

图 15B.13 袋式电池在 25℃下的荷电保持率

⑤ 寿命。电池的寿命可以表示为可充电和放电循环次数，也可以表示为以年为单位的日历寿命。在正常情况下，镍镉电池可以达到 2000 次以上的循环；日历寿命达到 8~25 年或更长的时间，具体取决于设计和应用以及操作条件。柴油机启动用电池的寿命一般为 15 年左右，火车照明用电池的正常寿命为 10~15 年，固定备用电池的寿命为 15~25 年，飞机电池的寿命为 3~5 年。

工作温度、放电深度和充电方式是影响电池寿命的主要因素。电池应始终在低温或中等温度下工作。在高温下或长循环应用的电池应使用带添加剂的电解液，如氢氧化锂。

优异的机械强度是镍镉电池具备出色的可靠性和超长寿命的重要因素；同时，电解液对电池中的电极和其他组件基本没有腐蚀作用。此外，电池可以承受电气滥用，如反极或过充电，并可在任何充电状态下长期存放。

⑥ 机械稳定性和热稳定性。镍镉电池在机械上非常坚固，通常可以承受严重的机械滥

用和粗暴处理。电极组被仔细地用螺栓固定，在最近的设计中（如 FNC 电池），可直接焊接成型。电池外壳由钢或高抗冲击塑料制成。

电解液不会侵蚀电池中的任何组件，因此电池在寿命期间不存在强度降低的风险。不会发生因接线柱或端子腐蚀而导致的所谓"猝死"的情况。

镍镉电池的耐高温性能也很好。这些电池可以承受高达 85℃ 或更高的温度而不会造成机械损坏。在耐热方面，采用聚丙烯外壳或钢外壳的电池表现最为优良，而且盐水或腐蚀性环境对塑料外壳中的电池没有影响。

⑦ 记忆效应。记忆效应——电池倾向于将其电化学特性调整到某个特定循环的状态，并在较长时间内受到影响——一直是某些应用中镍镉电池需要面对的一个问题。袋式、纤维式和塑料黏结式电池没有这种趋势。请参阅以下"开口式烧结板电池安全和维护"部分和第2 章内容。本书 15C 部分的内容描述了烧结板镍镉电池的记忆效应。

⑧ 充电特性。袋式镍镉电池可以恒流、恒压或改进的恒压方式充电，其恒流充电特性如图 15B.9 所示。对于完全放电的电池，通常以 5h 倍率充电至 7h 倍率。过充电无害但应避免，因为会导致水分解和气体释放。充电可在 -50～45℃ 的温度范围内进行。在极端温度下，充电效率较低。

具有电流限制的恒压充电特性如图 15B.14 所示。通常电流限制在 $0.1C$～$0.4C$，单体电池充电电压通常限制在 1.50～$1.65V$ 范围内。根据限流值和电池类型的不同，充电时间为 5～25h 不等，具体取决于电流限制值和电池类型。

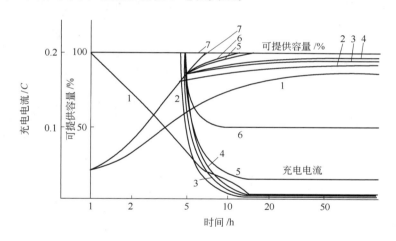

图 15B.14　中等倍率袋式电池在限制电流（0.2C）条件下的恒电压充电（温度 25℃）
1—1.40V/单体电池；2—1.45V/单体电池；3—1.50V/单体电池；4—1.55V/单体电池；
5—1.60V/单体电池；6—1.65V/单体电池；7—1.70V/单体电池

在某些应用中，例如应急和待机电源，必须使电池保持高充电状态。一种通用的方法是将电池与普通电源和负载并联，并将单体电池以 1.40～$1.45V$ 的电压浮动。该浮充方案可以与固定时间间隔充电或每次放电后补充充电相结合，以确保系统的可靠性。

当电池从放电到充满电状态时，袋式电池安时效率为 72%，瓦时效率约为 60%。最好的涂膏式电池安时效率为 85%，瓦时效率为 73%。

（2）烧结板电池性能特点

① 放电特性。典型开口式烧结板镍镉电池在各种恒定负载下的放电曲线如图 15B.15 所

示，不同温度下典型的放电曲线如图 15B.16 所示。该电池具有平坦的电压曲线，即使在相对较高的放电倍率和低温条件下也是如此。图 15B.17 给出了各种恒流放电负载和放电状态下的电压。

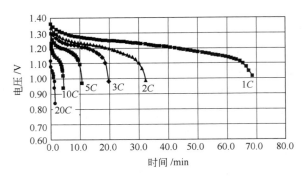

图 15B.15　不同倍率下的典型放电曲线（25℃）

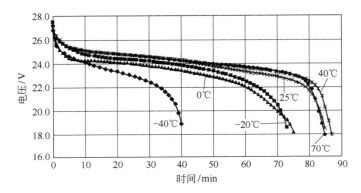

图 15B.16　不同温度、1C 倍率、20 节电池的典型放电曲线

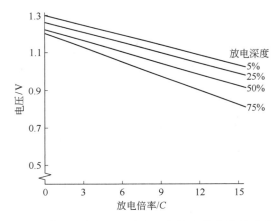

图 15B.17　不同放电深度下，电池电压与放电倍率的关系曲线（25℃）

该电池由于具有低内阻，能够提供高达 20C～40C 的脉冲电流。因此，它可以用于高功率的应用，例如发动机启动。

② 影响容量的因素。完全充电的开口式烧结板电池能够提供的总容量取决于放电倍率和温度。与其他大多数电池系统相比，烧结板电池对这些变量的敏感度较低。容量与放电负

载和温度的关系分别如图 15B.18 和图 15B.19 所示。

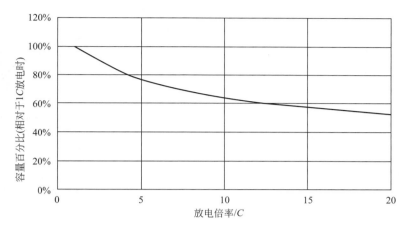

图 15B.18　25℃时放电倍率与容量的关系曲线

通过采用-66℃下凝固的共晶 31%KOH（相对密度为 1.30）电解液提高了低温性能，更高或更低的浓度可在更高的温度下凝固。例如 26% 的 KOH 在-42℃ 时会凝固。如图 15B.19 所示，在-35℃ 时电池容量保持率可达 25℃ 时容量的 60% 以上；随着温度进一步向 -50℃ 降低，其影响越来越显著。在高放电倍率下，产生的热量可能会导致电池升温，从而导致在立即或后续放电时能提供比在该环境条件下预期更高的性能。

开口式烧结板电池也可以在高温下放电。但是，在高温下充电时需要严格控制。与大多数基于化学物质的设备一样，长时间暴露在高温下会缩短电池的使用寿命。

提高放电速率和降低环境温度的综合影响大致相当于二者各自影响系数的乘积。

③ 可变负载发动机启动功率。开口式烧结板镍镉电池最常见、最苛刻的应用是作为航空涡轮发动机的启动电源，在该应用中电池需在较高的倍率下放电 15~45s。通常，当发动机刚开始启动时，尤其是在低温、临界启动条件下，负载电阻与电池有效内阻（R_e）处在同一数量级。随着发动机转子的逐渐加速，表观负载电阻逐渐增大，使放电电流从较高的初始值慢慢减小，同时电池组电压从初始时 50% 或更高的电压降恢复至有效零负载电压（1.2V/单体电池）。航空发动机启动的电池组电压、电流与时间的关系如图 15B.20 所示。

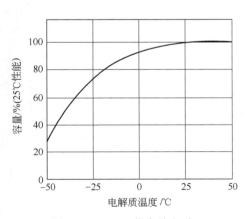

图 15B.19　1C 倍率放电时，
电池的容量保持率和放电温度的关系

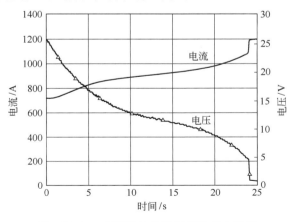

图 15B.20　典型涡轮发动机启动的电池组
电压、电流与时间的关系（20 节电池）

电池性能的一个广泛应用的衡量标准是最大功率电流 I_{mp}，通常定义为：电池电压为 $0.6N$（V）或有效开路电压（1.2V/单体电池）的二分之一时的负载电流，其中 N 是电池中的电池数量。由于内阻升高，瞬时最大功率电流随着荷电状态的降低而降低。其数值与荷电状态趋于呈指数关系，如图 15B.21 所示。I_{mp} 的近似值也可以通过在 $0.6N$（V）下"恒电位"放电 $15\sim120s$ 来进行测量。有代表性的恒电位放电如图 15B.22 所示。

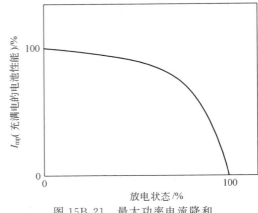

图 15B.21　最大功率电流降和 25℃时放电状态的关系

最大功率输出 P_{mp} 及有效内阻 R_e 与 I_{mp} 的关系如下：

$$P_{mp} = 0.6NI_{mp}$$

以及

$$R_e = \frac{0.6N}{I_{mp}}$$

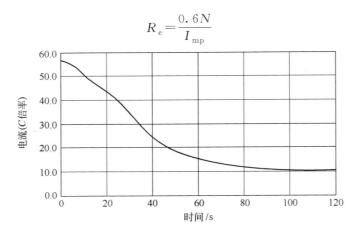

图 15B.22　有代表性的 0.6V 恒电位放电（温度为 25℃）

④ 影响最大功率电流的因素。电池的 I_{mp} 值在完全充电和 25℃电解液温度的条件下达到最大值。由于充电状态和电解液温度因素而引起的电流降分别如图 15B.21 和图 15B.23 所示。

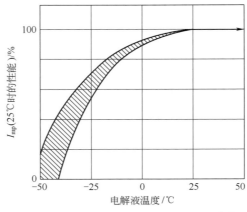

图 15B.23　最大功率电流与电池温度的关系（满荷电状态）

应当注意，这两种关系都是非线性的，最大功率传输随着充电状态的降低和温度的降低而增加。与容量一样，电解液温度和荷电状态的近似综合影响可以通过各个因素影响系数的乘积来确定。但需要注意的是，低温下高倍率放电可能会导致电池温度升高。在确定后续放电的组合降低系数时，必须考虑这种自热。随着电解液温度升高到 25℃ 以上，对 I_{mp} 的影响可以忽略不计。

⑤ 能量/功率密度。开口式烧结板镍镉电池在 25℃ 下的能量和功率密度的典型平均值如表 15B.4 所示。

表 15B.4　开口式烧结板镍镉电池的能量和功率特性（基于单体电池）

质量比容量（单体电池 1C 倍率）	25～31A·h/kg
体积比容量	48～80A·h/L
质量比能量（1C 倍率）	30～37W·h/kg
体积比能量	58～96W·h/L
质量比功率（最大功率下）	330～460W/kg
体积比功率	730～1250W/L

⑥ 使用寿命。在 25℃ 时，归一化为单位质量（kg）和单位体积（升）的开口式烧结板镍镉电池在不同放电倍率下的使用寿命（放电时间），近似可以分别表示为图 15B.24 和图 15B.25。

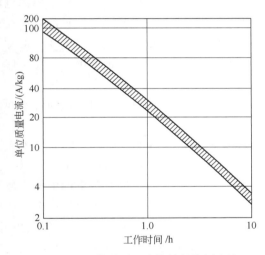

图 15B.24　典型开口式烧结板镍镉电池（单位质量）在 25℃ 时的使用寿命

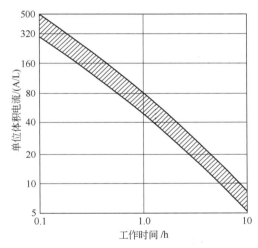

图 15B.25　典型开口式烧结板镍镉电池（单位体积）在 25℃ 时的使用寿命

⑦ 荷电保持率。荷电保持率或容量保持率是指电池在开路条件下长时间存放后剩余的可放电容量。电荷的损失有两种机制，即自放电以及电池之间的漏电。

自放电率是电池的固有特性。通常，开路储存时间与荷电保持率呈半对数关系，如图 15B.26 所示。电池的自放电率受杂质水平和电极电化学稳定性的影响。

电池容量保持与储存时间的关系如图 15B.27 所示。其中，指数时间常数（t_C），是指保持初始容量 36.8% 所需的时间，横坐标为温度，储存温度是影响自放电率的最重要因素。

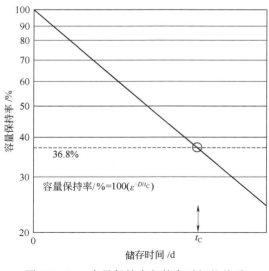

图 15B. 26 容量保持率与储存时间的关系

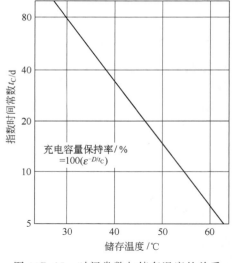

图 15B. 27 时间常数与储存温度的关系

漏电损失是影响荷电保持的另一个因素，而漏电损失又受到电池使用和维护的影响。通常电池的荷电保持能力会随着充放电循环次数的增多而有所改善，除非循环过程中有滥用操作。在电池的维护方面，影响荷电保持能力的主要因素是电池的清洁度。如果单体电池的上盖有 KOH 溶液，则电荷会通过单体电池上盖从一个单体电池的极柱传导到另一个单体电池的极柱，从而使电池组发生漏电。该原因所导致的荷电损失相对来说是不可预见的，但通常可以通过良好的维护操作进行预防。虽然表面漏电仅影响电池组中的部分单体电池，但却不容忽视，因为容量最低的单体电池会限制整个电池组的容量。此外，表面漏电还将使单体电池过充电开始的时间变得不平衡。

应该注意的是，上述机制造成的电量损失不是永久性的，因为电池容量可以通过全面维护和充电得到完全恢复。

⑧ 储存。烧结板电池可以在任何充电状态和非常宽的温度范围（−60～60℃）下无限期储存。电池在存放前应保持清洁和干燥，电池之间的硬件可有一层薄薄的凡士林，以防止腐蚀。超过 30 天储存时，应将电池完全放电并短路，存放超过 30 天完全放电的电池应通过"慢充"方法进行充电恢复。"慢速充电"方法通常包括递进（或递减）的充电倍率至截止电压值（VCO，即 1C 倍率至 1.57V，$C/2$ 倍率至 1.6V），最终充电时间（$C/10$ 倍率或更低）持续 2h。最佳储存状态是在 0～30℃以适当的电解液水平将电池短路，并直立存放。最优的储存方法是让电池通过电阻放电，直到电池电压接近于零。因为即使在非常低的充电状态下，开口式镍镉电池仍然具有相当大的可用功率，因此在应用短路装置之前未能将电池完全放电会造成危险。

⑨ 寿命。电池的寿命受多种因素的影响，例如设计、维护和修复程度以及使用方式，因此很难预测电池寿命。常温运行、温控充电和尽量减少修复操作电池表现寿命最佳。提高电池寿命的一些设计有：使用先进的隔膜材料和气体屏障；去除在 KOH 中的降解材料（例如，O 形环）；降低制造过程中电解液杂质水平（通过电解液冲洗和更换）；使用纯镍组件与镀镍钢。

（3）烧结板电池的充电特性

开口式电池的功能设计与密封式电池有所不同，主要在于正极和负极之间设有气体屏障。这种气体屏障的主要功能是防止池内极板之间的气体迁移和重组（如本书 15C 部分所述）。防止这种重组可以使正极板和负极板恢复到完全充电状态。所以，在电池过充电开始时，将会产生过电压；而该过电压可以作为控制充电设备的反馈信号。然而，由于气体不断排出电池体系，所以开口式电池必须补充消耗的水。

循环使用后的开口式烧结板镍镉电池的充电有四个重要目标，具体包括：

目标 1，能尽快恢复放电时所用的电荷；

目标 2，在使用、维护间隔期间应尽可能保持充满电的容量；

目标 3，尽量减少过充电时消耗的水量；

目标 4，尽量降低过充电损坏效应。

开口式电池的设计和使用特性可以实现第一个目标。因为气体屏障提供了明显的电压信号改变，可以通过多种不同方式利用该电压信号来终止快速再充电。因此，可以在不损害电池的情况下，以所需的高速率完成充电，同时继续进行过充。在充电方法的设计和控制中，目标 2 必须与目标 3、4 保持平衡。通常，通过在再生处理期间提供更多过充电可提升电池在循环使用期间持续良好容量的能力。但过充电越多会消耗更多的水并释放气体，如果过充过大，可能会导致损坏电池，因此，必须达成平衡。通常，在随后的充电中，会替换掉放电时消耗的大约 101%～105% 的安培小时数。在车载系统中使用的充电技术利用了开口式电池在过充电时的过电压明显上升的信号。在所有充电倍率下都存在这种明显的电压上升，并且随着电池的放电倍率和充电循环次数的增加而更加明显。

① 恒电位充电。恒电位（CP）充电是仍在使用的最古老方法，通常用于飞机启动电源。与汽车电池充电系统类似，恒电位充电利用与发动机机械耦合的飞机直流发电机产生的调节电压输出。每节电池的电压通常处于 1.40～1.50V 范围内调节。图 15B.28 说明了开口式电池 CP 充电期间充电电流与充电状态的关系。仅受到电池电压响应的限制充电初始电流可能会很高，但实际情况中，该电流通常受限于电源的供电能力。然而，当电池接近完全充电时，电池的"反电动势"将电流降低到电池所需的电流，以提供相当于充电电源稳压的过电压。CP 充电需要非常仔细地考虑充电电压的选择及维护，以实现目标 2 和目标 3 之间的平衡。当电池温度产生明显变化时，由于过电压取决于电池温度，这种平衡很难实现。通过 CP 电压的温度补偿，可以使该平衡基本不受电池温度的影响。

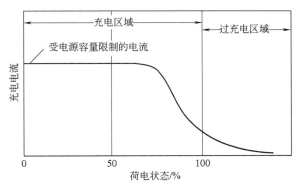

图 15B.28　恒电位充电电流

② 恒流-电压控制充电。现代飞机中使用了许多市售的充电器，这些充电器通常基于带有 VCO 控制的恒流充电。最简单和最高效的充电方法是先采用近似 C 率（电池容量倍率）

的恒流充电方式对电池进行充电，并在电池电压达到预设的截止电压值（如 1.50V/单体）时终止充电，然后每当开路电池电压下降到预定的较低水平（如 1.36V/单体）时，控制器也会重新启动恒流充电。最终结果是，充电器将在大约 6min 内为发动机启动期间使用的容量（通常为电池总量的 10%）充电，然后由于电池过充电时电压急剧上升而切断充电器。此后不久，当电压降至开启电压以下时，充电会在短时间内重新开始，直到电池电压再次达到截止电压。这种简单的开关操作会以较低频率和较短接通时间持续进行，从而使电池保持在完全充满电的浮动状态。

由于放电导致电池电压降低，不必额外控制就可以自动启动电池再充电。这种自动控制提供的再充电信号不受放电倍率或其他因素的影响。电池的截止电压和开启电压与电池温度相关。通过调整使充电模式与开口式烧结板镍镉电池的温度特性相匹配，从而保持充电目标的平衡。在调整中，截止电压和开启电压都以相同的速率进行补偿，从而在截止电压和开启电压之间保持恒定的差值。这种简单的基本充电控制方案如图 15B.29 所示。

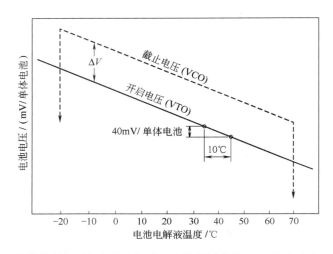

图 15B.29　充电器控制电压与电池电解液温度的关系曲线（1C 倍率充电，以标称值计）

其他几种基于该简单技术的专用充电器同样具有商业用途。这些充电器还可提供许多辅助功能，例如电池温度上限和下限的充电中断、通过比较半个电池组电压是否平衡来检测电池中的故障电池，并向用户发出信号。

③ 其他充电方式。前面几节中介绍的充电方法是针对正常使用中放电电池进行快速充电的方法。然而，开口式烧结板镍镉电池的定期维护需要每个电池完全放电，然后彻底充电直到过充。这样使每个电池中的正极板和负极板都处于完全充电状态；然后，将电池恢复使用，从而使电池能够具有完整的容量。

最简单的维护充电方法是低倍率充电，只需要最简单的设备就可以确保这种完全平衡和过充电的状态。该技术使用约为 $C/10$ 倍率的恒定充电，不需要电压反馈控制。在此低倍率下充电，电池可以安全地进入过充状态，而不会损害电池组件的物理完整性。可保持该充电电流直至充电量为电池额定容量的至少两倍为止。该过程会导致水的消耗，因此在维护充电程序结束后，电池重新投入使用之前，需要对充满电的电池进行水位补充。

备用电池可以通过类似于袋式电池的浮充或涓流方式进行充电以保持在充满电的状态。开口式烧结板电池的浮充电压为每节 1.36～1.38V。

④ 充电电压的温度补偿。在 CP 和恒流 VCO 充电方法中，充电电压的选择需要在最小耗水量和维持高充电状态之间取得平衡。而电池过充电电压随着温度的上升而降低的现象，明显增加了上述平衡的难度。这种电压效应表现为图 15B.30 中的 Tafel 曲线。不同温度下 Tafel 曲线之间的关系表明，恒流条件下的温度系数为 $-4\text{mV}/\text{℃}$。换句话说，在恒定电流下，电池温度每升高 1℃，每个电池的过充电电压会降低大约 4mV。

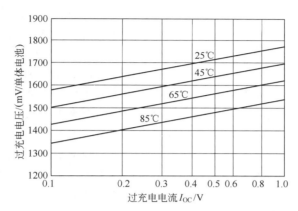

图 15B.30　在不同温度下，电池过充电电压和电流的关系（Tafel 曲线）

如 Tafel 曲线的斜率所示，过充电电压与过充电电流的对数值成线性关系。开口式烧结板镍镉电池过充电电流每变化 10 倍，则过电压变化 200mV。因此，对于没有温度补偿的 CP 充电，电解液温度每升高 10℃，过充电电流以及由此产生的水消耗和过充电损坏效应增加约 60%。

对 CP 充电电压或恒流截止/开启电压以 $-4\text{mV}/\text{℃}$ 电压变化率进行补偿，可以避免电解液温度升高带来的不利影响。这可以通过在电池壳体内安装热敏电阻或其他温度敏感电子设备来实现，以便准确感应电池温度。重要的是，该设备应能感应的是电池温度而不是环境温度，两者之间可能存在显著差异。图 15B.29 也显示了恒流充电系统的这个功能。通过选择和使用适当的温度补偿值，可使电池充电系统在恒定温度下工作。在设计和制造这些设备时必须小心谨慎，因为它们是在氢氧化钾环境中运行的，而氢氧化钾具有导电性，并且在大多数表面上都具有吸湿和"爬碱"的倾向。因此，必须使用高级封装工艺来绝缘和保护放置在电池壳内的所有辅助电子元件和线路。

（4）开口式烧结板电池的安全和维护

① 电性能恢复。开口式烧结板镍镉电池的定期维护有以下 6 个具体目标：

目标 1，评估预先选定的维护周期时间表的准确性；

目标 2，恢复电性能、容量和功率；

目标 3，检测和隔离故障电池并更换；

目标 4，物理清洁电池；

目标 5，补充电解质中的水；

目标 6，校准充电系统电压。

目标 1 可以通过比较简单的放电操作来实现，即先将电池以启动发动机所需的高倍率放电，然后再以约 1h 倍率进行放电。当电池从飞机上取下时，这种分段式放电可以评价此前电池在飞机上能否满足性能需求。在 15s 的高倍率（约为 I_{mp}）放电阶段，通过测量电池放电电压，可以确定电池启动发动机的能力。将低倍率（约为 1C 倍率）阶段的放电容量与高倍率阶段的放电容量（A·h）相加，可以确定电池在应急启动时所能释放的能量。在进行上述放电测试前，电池应处于与飞机上正常工作时相同的"满"荷电状态。将电池在上述测试中的输出功率及总放电容量与需求进行比较，用户可以决定是否需要增大或减小电池的维护间隔时间。

电池电性能的恢复，也称深度循环维护。目标 2 可以通过两个简单步骤来完成。第一步对每个电池进行完全、彻底的放电，以释放所有活性物质的容量。第二步将电池中每个极板充电到完全过充电。第一步包括以 1C 倍率放电至大约 0.7V，当所有电池都达到该电压后，通过电阻短路至 0.010V/单体或 16h，以先发生者为准。第二步是以 C/10 倍率的恒定电流充电至少 20h。由于电池中某些电芯的容量可能比额定值大 30% 甚至 40%，因此 2C 的总充电量足以确保所有极板均达到所需的完全过充。相应地调整电解质液位，电池每飞行 1000h 或完成 500 次启动，或观察到电池有任何异常时，即进行深循环维护。

采用由专用设备制造商推荐的其他一些方法，可缩短电池的恢复时间。要使电池恢复至最佳性能，需要在有资质的服务中心定期对电池进行维护。每种方法的效果应在具体应用中加以验证。使用这些专用设备将会增加成本和维护操作的复杂性。在这些专用设备的使用过程中一定要时刻当心，避免对电池持续高倍率过充电时损坏气体阻挡层材料。

评估电池单体到电池组外壳的泄漏电流，也是目标 3 的一部分。当电池首次进行维护时，要确定电池外壳是否符合电性能所要求的清洁度，以及是否存在破裂或泄漏。该程序可以通过简单的方法进行，即使用带保险丝的电流表连接每个电池端子和电池外壳，测试漏电流。从电池电路中的任何位置通过电流表至外壳的大量泄漏电流表明，在电池外壳的外表面上存在通过氢氧化钾的导电路径。这种导电路径可能是由过充电时电解液喷出造成的，表明有过度填充或存在破裂泄漏的电池壳。可以通过物理方法清理电池后再进行测量来确定电池组中的泄漏点并进行隔离，即进行目标 4 的操作。

目标 3 的一个非常重要的部分，就是对电池内部气体屏障失效进行检测。可以通过以 C/10 倍率充电时间延长至 24h 进行。这种过充电方法可通过两种主要测量方式中的一种或两种进行，在过充电即将结束时准确地检测出气体阻隔层的失效。首先，过充产气率对气体阻隔层状态和气体复合情况极为敏感。使用简单的转子流量计测量时，如果隔板在电池中严重失效，则 24h 的气体产生速率将低于正常值的 80%（C/10 倍率过充电的每安培产气率，正常值为 11mL/min）。电池在 23℃ 环境下充电时，气体阻隔层故障的另一个指标是 24h 过充电电压低于 1.5V。如果电池在较高的环境温度下充电，则此电压标准应按照 4mV/℃ 向下调整。

② 机械维护。补充电解液中的水，将电解液恢复到建议的水平（目标 5）是电池修复过程中最重要的常规机械程序。最好在 C/10 倍率充电 24h 快结束时补充去离子水，直到电解液达到电池过充电的推荐水平。记录每个电池的耗水量，并与电池制造商关于备用电解液液位的说明进行比较。如果加水维护间隔期间的总耗水量在扣除维护过程中的使用量后超过该电池设计的可用储备，则必须缩短维护间隔，以防止使用期间板干涸并导致电池故障。请注意 24h、C/10 倍率修复程序本身在 24h 修复期间每安时额定容量消耗大约 0.4mL 水。例如，对于额定容量为 30A·h 的电池，在修复期间将消耗 12mL 水，必须从添加的水量中减去该水量，以保证实际使用中的耗水量。还应注意的是，因气体屏障受损的电池可能会消耗较少的水。

在电池维护过程中，当每只单体电池都经短路彻底放电后，可对电池进行物理维护。单体电池只有在放电状态下才能进行更换。电池的清洁过程通常包括先用清水彻底冲洗电池，然后用热风吹干，这样可溶解和除去单体电池壳外的 KOH 和各种碳酸盐沉积物。气帽也应先用去离子水清洗，并用高压去离子水冲洗排气孔，然后再用热风吹干。上述清洗工作同样只有在电池处于完全放电状态时才能安全进行。如果当完成 $C/10$ 倍率过充电后才发现有单体电池出现失效，则必须将电池重新放电后才能更换失效电池。其他典型的硬件问题包括如下。

- 端子螺母松动：导致电池间连接烧伤或电弧烧毁。
- 端子密封故障：电池端子周围出现各种沉积物；需要拆下所有硬件和 O 形环。
- 排气故障：排气阀上或周围出现各种沉积物；阀门可能安装不当；排气套管或 O 形环出现故障。
- 检查排气套管以确保其没有撕裂或损坏。通过移除电池间连接硬件、抛光接触表面，然后更换和重新拧紧所有连接件，可以提高电池的电力输送能力。

③ 系统检查标准。将经过修复并充满电的电池重新安装到飞机系统中，需要进行系统电压校准检查（目标 6）。在 CP 充电系统中，此检查所需的唯一测量是系统重新激活后稳定的电压值。该稳定值是电池在使用中长时间过充电期间所承受的调节浮充电压。该电压测量需要在发动机以足够高的速度运行时进行，具有代表性和稳定性。

恒流 VCO 系统的电池电压测量应在系统达到截止电压时进行。如有必要，应将上述两个充电系统的稳压电压调整为制造商的推荐值。这些调整必须考虑系统中存在的所有自动温度补偿。

④ 可靠性（失效模式）。烧结板结构非常坚固，能够在极端高温和低温下运行。该电池能够承受大量滥用并仍然按预期运行。只要控制温度，它就可以放电到反极并能承受大量的过充。防止镉电极上氧气复合的气体屏障有助于控制充电过程中的温度。过去，气体屏障成分主要为赛璐玢。它倾向于在电解质中水解并最终分解为碳酸盐和赛璐玢结构的衍生物。最近，赛璐玢已被 Celgard 3400 或其他类似材料所取代[10]。这些材料以聚乙烯和聚丙烯为基础原料，在 30％KOH 电解液中不会降解。当电池的气体屏障失效，电池继续运行有限的循环后，会导致电池失去容量和最大功率。电池温度持续升高会导致尼龙隔膜熔融或熔化，并导致电池内部短路。

虽然用于气体屏障的赛璐玢替代品缓解了上述失效机制，但如果电池制造和维护不当，则会带来另一个问题。如果电解液中没有适当的镉电极的添加剂，电池可能会失去负极的容量。镉电极需用纤维素衍生物和其他添加剂替代原来的氧化赛璐玢膨胀剂，以保持负极容量[11]。

电池的其他几种失效模式包括：

- 毛刺和其他板不规则导致隔膜刺穿而造成电池内部短路，电池板间压力和振动会加剧这一倾向。
- 在电池更换和维护过程中的不当处理会造成电池壳破裂和泄漏，也可能是制造或密封程序有缺陷造成的。
- 端子触点烧毁，可能是由于维护过程中清洁和抛光程序错误、连接组件扭矩不足、端子螺钉故障或导电物品掉落在已充电电池的内部连接器上。

⑤ 记忆效应。除了上述永久性失效之外，还有一种可逆效应也会导致电池功率和容量随着循环而逐渐降低。这种效应有时被称为"记忆效应""衰减"或"电压下降"，是重复浅

放电后充电造成的，电池中某些部分的活性材料未被使用或放电，例如典型的发动机启动。当先前未放电的材料最终被放电时，会出现这种效果。完全放电后期的端电压可能会降低约120mV（因此，被称为"电压降低"）。然而，如果放电持续到较低的电压，例如到曲线的"拐点"，则总容量不会减少。

这种影响可以通过维护周期消除。该维护周期包括彻底放电，然后完全的充电过充，如上述"①电性能恢复"部分所述。

⑥ 影响气体屏障失效的因素。气体屏障失效通常被认为是由过充电流过大、温度过高以及在低电解质水平条件下高倍率放电引起或加剧的。除了低倍率恒流程序外，在修复过程中可能无法检测到气体屏障故障。屏障故障可能发生在不良的结构维护期间，然后在飞机重新安装后出现。这需要在修复期结束时直至重新安装之前，特别注重准确评估气体屏障的状况。该评估是通过测量延长 $C/10$ 倍率过充电时间后的过充电产气速率进行的，如上述"①电性能恢复"部分所述。

"充电器电压的温度补偿"和"有效的维护"这两个因素对于电池非常重要。大量的现场数据表明，对于同样的电池设计，带温度补偿系统且维护良好的电池与不带补偿的 CP 系统并经常维护不足的电池相比，实际失效时间相差 100 倍。气体屏障材料的最新研究进展大大降低了失效概率。

⑦ 热失控。开口式镍镉电池的一个或多个电池中气体屏障的失效会导致热失控。气体屏障失效会使过充电时产生的氧气到达负极板并在其上重新结合，释放热量。随之而来的温度升高导致内部电池电压降低。电池匹配外部充电器电压时，其充电电流呈指数增加。

电池组中存在气体屏障失效的单体电池时，即使使用电压调节（voltage-regulated，也称为 CP）充电源，也可发生热失控。当故障电池过充电时，热失控开始。（过）充电电流可能达到最小值，然后逐渐增加。此时各单体电池内的复合反应不同（气体屏障受损不同），单体电池间的电压将出现不均衡。除非电池被空气有效地冷却，否则氧复合释放热量时，会使失效的一个或多个电池及其相邻电池的温度升高。然而，由于所涉及的热容较大，因此温度升高进展缓慢。电池可能需要大约 2～4h 连续过充电才能达到沸腾温度。

如果沸腾阶段持续足够长的时间，或不断重复，会造成失效的电池变得干涸，加剧电池组中单体电池电压的不平衡。已"干涸"的单体电池两端的电压将增加，而充电电流和仍被电解液润湿的电池的电压同时降低，进一步加剧失效电池最后剩余润湿处温度和电压的上升，最终导致内部短路，进而导致隔膜烧毁。（过）充电电流由于电池损耗而急剧增加，并且该过程随着下一个电池电解液变得干涸而重复进行。

由于加热和蒸发时间较长，如果系统的使用不是连续的，那么气体屏障失效开始后的长时间飞行期间，热失控可能未被检测到。这可能会混淆气体屏障损坏的原因和由此产生的热失控之间的因果关系。

⑧ 潜在危险。开口式烧结板镍镉电池在使用和维护过程中可能存在的潜在危险分为以下五类。

a. 气体燃烧和/或爆炸。由于所有运行中的开口式电池在过充电时都产生一定化学配比的氢气和氧气的混合气，而这些气体通常由单体电池排放到电池组的内部空间，因此这些气体始终存在爆炸的危险。不过，引发爆炸所需的两个条件均已确定，并且在系统设计中都已考虑到。第一个条件是混合气体需要积累到足够的量。由于在所有系统设计中电池组外壳上都设置了适当的排气系统，由此可将引发爆炸的概率降至最低。有的排气系统是通过飞机上的排气孔向电池组的排气管路中提供适量的空气,有的则是通过电池组外壳上的排气孔使气体在电池组内部与换气室间进行自然对流。由于需要使用大量的空气,因而采用空气冷却的电池就很自然地完成了所需的排气过程。然而,出现的异常情况可能会破坏这些气体排放措施。还应记住,电池在维护过程中会产生大量爆炸性气体,因此必须在通风良好的车间进行维护。

气体爆炸的第二个必要条件是存在点火源。虽然电池内通常没有火源,但确实存在几种异常的可能性:第一个可能是相对干燥的电池在过充电时内部短路,导致电池内部爆炸,随后火焰喷射到电池容器中;第二个可能则是点火源可能来自高倍率放电期间产生高温且维护不当的电池终端;第三个可能是点火源可能发生在杂散电流泄漏的位置。

尽管同时满足足够数量的气体聚集和存在点火源的情况罕见,但该情况还是可能发生并且已经有发生的案例。因此,许多电池设计为在物理上能够承受氢或氧爆炸,并将其影响完全限制在电池容器内。通常,当这些电池发生爆炸之后,应至少具备一次 1C 倍率放电的能力。

b. 电弧和燃烧。这种潜在危险涉及电池外部电解质路径上过大的泄漏电流。这种电流可能出现在物理上相邻但在电路中具有较大电压差的电池之间,或者更有可能是从电池直至接地金属外壳。然而,在含有氢氧化钾的环境中,电池组内保护不当的辅助设备电路中更有可能发生电弧。这些设备包括电池加热器、热探测器和电压传感器。对于这些辅助设备的设计,必须认识到 KOH 的导电性以及该电解质沿电线"爬碱"甚至进入机械密封绝缘层的能力。这类设备在安装到电池容器之前,应当浸没在高介电水-清洁剂混合物中进行电压测试。

如前所述局部 KOH 导电路径造成的持续泄漏电流可能导致电弧点燃爆炸性环境。其后果也可能是相邻绝缘材料的碳化及在电池容器内的燃烧。

c. 电池功率。开口式镍镉电池所需的基本功能是为发动机启动提供高功率。这也可能带来潜在风险,即在高倍率放电期间未拧紧的电池端子出现高温点。这对于在充电电池附近操作金属工具或佩戴其他物体(如珠宝)的维护技术人员来说,也是一种潜在危险。由于这些电池芯(电池)的短路电流可能超过 1000～4000A,因此应谨慎对待充电电池的裸露导体。例如,不小心接触到两个相邻电池端子,则可能会发生非常严重的烧伤。这是最易发生的危险,发生率也极高。电池绝缘硬件确实提供了部分解决方案;然而,必须始终谨慎行事并重视其功率。

d. KOH 腐蚀性。KOH 电解液具有腐蚀性,因此电池及其附件设备中使用的所有材料都必须对 KOH 呈惰性。因此,使用尼龙(尼龙的学名为聚酰胺)、聚丙烯、镀镍钢、钢和不锈钢等材料。然而,KOH 腐蚀性的潜在危险在维护过程中常遇到。在对这些电池进行维护时,应强制配备安全眼镜和安全面罩。若眼睛中溅入极少量 KOH,如果没有及时、持续和充分的冲洗,然后进行药物治疗,可能导致视力丧失。KOH 对皮肤也有腐蚀性,应彻底清洗患处并用水冲洗,将不利影响降到最低。

e. 电击。大多数开口式烧结板镍镉电池以 10～30 个电池为一组排列,最大电压为 15～45V。但是,也有一些其他应用,需要电池通过 90～200 个或更多电池的串联连接。很明显,这个数量的串联电池所产生的电压可能对任何接触的人都是致命的。由于电解液极有可能存在于电池电路和电池的导电外壳之间,因此还应警告相关人员,在个人接触之前,必须断开串联连接的电池,小心操作。少量的 KOH 可能会导致显著的冲击电流。

15B.4.2　产品和应用

（1）典型产品

表 15B.5 列出了工业和航空航天镍镉电池主要制造商的数据。表 15B.6 列出了这些电池的细分市场和应用范围。

表 15B.5　工业和航空航天镍镉电池的主要制造商（不包括烧结板设计）[①]

制造商及国家	商标	产品种类		
		袋式极板	纤维极板	黏结式极板
Acme Electric,美国	Acme		×	
Alcad Ltd.,英国	Alcad	×		
HBL-NIFE Power System,印度	HBL	×		
Hoppecke Batterien,德国	Hoppecke		×	
Japan Storage Battery,美国	GS	×		×
Marathon Battery,美国	Marathon	×		×
SAFT,S.A.,法国	SAFT	×		×
Tudor S.A.,西班牙	Tudor	×	×	
Varta,德国	Varta	×		
Yuasa,日本	Yuasa	×		

①请参阅本章"典型开口式烧结板镍镉单电池"和"带有烧结板电池的电池组件"（见 15B.4 节）。

表 15B.6　排气式工业镍镉电池的细分市场和应用范围

类型	盒式极板			纤维极板				塑料黏结极板	
	H	M	L	XX	H或X	M	L	H	M
容量/A·h	10~1000	10~1250	10~1450	23~47	10~220	20~450	20~490	11~190	20~200
应用	UPS,启动,电气开关	UPS,电气开关,辅助电源,应急电源	照明,警报,信号,通信,备用电源	航空电池	UPS,卫星,启动,电气开关,牵引,发电站和变电站	UPS,电气开关,辅助电源,应急电源	照明,UPS,警报,信号,远程通信,备用电源	UPS,启动,电气开关,牵引,航空电池	照明,辅助电源,牵引
铁路	×	×	×	×	×	×	×	×	×
公共交通	×	×	×		×	×	×	×	×
工业	×	×	×		×	×	×	×	
建筑	×	×	×		×	×	×	×	
医院	×	×	×		×	×	×	×	
石油和天然气	×	×	×		×	×	×	×	
机场	×	×	×		×	×	×	×	
舰艇	×	×	×		×	×	×	×	×
军事	×	×	×		×	×	×	×	×
远程通信	×	×	×		×	×	×	×	
光伏系统			×				×		
AGV/HEV					×			×	

注：XX 为超高倍率；X、H 为高倍率；M 为中倍率；L 为低倍率。

虽然这些公司可能会生产多种产品，但某些应用（例如航空电池）往往仅限于密封电池（参见本书 15C 部分）。

（2）一般应用

由于镍镉电池具有良好的电性能、出色的可靠性，以及低维护、坚固的设计和长寿命等优势，因此被用于多个领域，如表 15B.6 所示。其中大部分是工业性质的，但也有许多商业、军事和太空应用。

镍镉电池最初是为机车牵引应用而开发的，自 20 世纪初以来，它已广泛用于铁路。目前镍镉电池是世界各地铁路和公共交通设施的首选系统，工业镍镉电池中约 40% 用于轨道车辆的列车照明和空调、公共交通和地铁车辆的照明、柴油机车和通勤车中的发动机启动、铁路信号及轨道沿线通信，以及铁路车站和交通控制系统的备用电源，还包括紧急和备用系统，例如紧急制动器和开门器。袋式电池在这个细分市场占据主导地位。但近年来，随着对质量比能量和体积比能量的更高需求，塑料黏结式电池和纤维基板电池已经渗透到这个市场，特别是对于高速列车，以及公共交通车辆、地铁车辆和轻轨车辆。在坚固性和长期耐用性作为主要要求的情况下，袋式电池仍然保持其重要地位。

镍镉电池可用于必须具备可靠性的固定式备用和应急装置中。在这些装置中，电源故障会危及生命，造成巨大的经济损失。此类装置包括医院手术室的应急电源、海上石油钻井平台所有重要功能的备用电源、银行和保险公司大型计算机系统的 UPS、加工工业的备用电源以及机场的应急照明和着陆系统。

镍镉电池还用于发电站和配电网络。在这些地方，电源不得出现故障；电池用于开关设备以及控制和监测功能。在医院、公共建筑、体育场馆和学校的集中应急照明系统中，许多工业化国家的建筑规范和指南经常指定应用镍镉电池。

在主电源出现故障时，已安装的柴油发电机或燃气轮机将启动并作为电源。对于这些设备的可靠和快速启动，镍镉电池已被证明是更好的应急电源。

镍镉电池也可适用于暴露于极端温度或粗暴处理的便携式应用，如信号灯、手提灯、探照灯和便携式仪器设备。开口式防止逸出电池可用于大型设备，而密封的镍镉电池在较小的设备中占主导地位。

工业电池市场以铅酸电池为主，镍镉电池则是特定市场产品。其原因是与铅酸电池相比，镍镉电池的成本更高。在只需要能源的地方，铅酸电池是最便宜的，因为它的每瓦时成本低于镍镉电池。然而，在每瓦时成本或全生命周期成本方面，镍镉电池可以与铅酸电池竞争，因为它具有更好的高倍率性能和更长的寿命以及较低的维护成本。一个典型的实例是柴油机车发动机的启动，这时只需使用镍镉电池，其安时容量仅为铅酸电池的三分之一，但使用寿命是铅酸电池的 4 倍。在短时放电的应用中，备用和应急设备的使用时间通常不到半小时，此时电池的额定容量并不重要。电池的大小主要由电力需求决定。当在生命周期成本计算中考虑可靠性和耐用性时，镍镉电池在工业应用中是无与伦比的。

超高倍率（XX）和高倍率（X）设计的 FNC 电池主要有飞机、军事和太空应用。由于镍镉电池的应用多种多样，因此为应用选择最佳技术非常重要。目前可用于工业用途的三种技术的特性有所不同。

袋式电池在三种技术中成本最低，以高可靠性和低故障安全操作而著称。然而，能量和功率密度限制了它在某些领域的应用。纤维基板电池的内阻比袋式电池低，也有超高、高、中、低倍率电池可供选择。在需要非常高的能量和功率密度的情况下，涂膏式电池可能是首选。涂膏式电池和纤维基板电池是支持自动化应用的关键组件。

（3）典型的开口式烧结板镍镉单体电池

表 15B.7 列出了几种典型的开口式烧结板镍镉电池。10A·h、20A·h 和 36A·h 是飞机电池的通用容量。其他电池的容量可高达约 350A·h。较大容量的电池通常使用钢制外壳，而不是现在用于飞机较小容量电池所使用的塑料外壳。

表 15B.7 典型的开口式烧结板镍镉电池特性

额定容量/A·h	高/cm	宽/cm	厚/cm	质量/g
1.5	10.16	2.92	1.70	86
2	8.74	3.81	1.83	95
5.5	10.31	5.51	2.39	236
5.5	10.36	5.51	2.39	272
7	18.85	6.65	1.29	299
6	11.60	5.89	2.69	354
13	11.93	7.95	3.02	486
10	14.48	5.89	2.69	445
12	14.38	5.86	2.69	422
20	17.42	7.95	3.53	1067
28	17.27	7.95	3.53	1149
23	20.57	8.08	2.72	903
36	17.42	7.95	5.08	1562
40	23.31	7.95	3.53	1453
42	23.31	7.95	3.53	1453
100	24.48	12.7	3.83	2860

注：由 Eagle-Picher Technologies 公司提供。

（4）典型烧结板组装的镍镉电池

开口式烧结板镍镉电池的典型应用是传统的飞机电池，分别如图 15B.31 和图 15B.32 所示。这种结构通常包括完全封闭的电池外壳及壳盖，由带有耐 KOH 的环氧树脂或涂料涂层的不锈钢或钢制成。壳盖通常采用偏心锁固定，电池盒设有气体吹扫口或自由对流的气体扩散口用于稀释电池产生的气体。电池装在尼龙模制电池盒中，端子穿过密封在盒上的尼龙盖。电池通过镀镍铜线连接电池端子，串联成为电池组。该电池端子贯穿箱体外壁，并在外观呈现为嵌入式双公头极化大电流插座，其功能特性需要满足 SAE 标准 AS 8033A 中航空电池的要求。

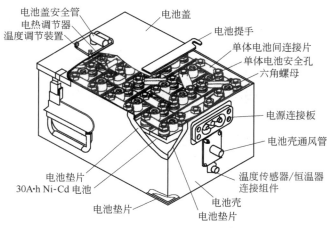

图 15B.31 开口式烧结板镍镉电池
（由 Eagle-Picher Technologies 公司提供）

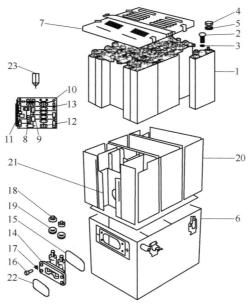

序号	名　　称	数量	序号	名　　称	数量
1	单体电池	20	13	扁连接片	7
2	安全阀阀门	1	14	电池连接插座	1
3	O 形环	1	15	插座垫片	1
4	极柱螺母	2	16	插座螺栓	4
5	极柱垫圈	2	17	插座螺栓垫片	4
6	电池壳	1	18	极柱螺母	2
7	电池盖组件	1	19	极柱垫片	2
8	扁连接片	2	20	电池间衬垫	1
9	扁连接片	1	21	支架	1
10	弯曲连接片	3	22	防尘盖	1
11	扁连接片	1	23	气塞	1
12	扁连接片	7			

图 15B.32　开口式烧结板镍镉飞机电池的典型组装组件

（5）空气冷却/加热

主要电池制造商为电池设计了强制空气冷却结构。这些设计通常在电池下方和上方设计增压空间，并由电池之间的冷却通道相连接。该设计提供了大量低压空气源的外部连接；所提供的 23℃空气不仅可以有效冷却过热的电池，还可以快速加热冷电池。通过这种技术，电池芯的传热系数提高了 10 倍。具有此设计的电池热时间常数仅为标准非风冷电池的 10%～20%。

（6）温度传感器

电池盒内部装有传感器，用于监测电池的特定或平均温度，电传感器与外部装置连接。这些装置可为通断型（如恒温器）或连续可调型（如热敏电阻组件）。连续可调型装置能够对 CP 充电源的调制充电电压或恒流 VCO 充电系统的终止/启动电压等进行连续调节。

（7）电池壳

虽然 KOH 对不锈钢的腐蚀很小，并且实际上只发生在表面，但还是希望能进一步增强电池壳材料耐 KOH 腐蚀的能力。除不锈钢和涂有保护性涂层的钢外，一些特殊的应用还采用耐 KOH 腐蚀的塑料材料制造电池壳。但必须强调的是，电池壳除了能耐 KOH 溶液腐蚀外，还应能承受剧烈的冲击和振动。

（8）电池极柱

航空电池的极柱通常位于电池槽的前侧，连接方式如图 15B.32 所示。但对于特殊的应用，电缆有可能直线连接到第一个和最后一个单体电池的极柱上，或者采用其他特殊的连接方式。这些连接方式应能承受电池的外部电路短路时产生的大电流。

（9）电池加热器

有时电池盒的内部或外部使用加热带，以替代气流加热。加热带可以采用任何电源供电。首先，该电源可以是与电池电压相同的直流母线或更高电位的飞机交流母线；加热器也可以由辅助地面电源供电。使用加热带设计的电池时，同样具有非风冷电池固有的较差的热时间常数。

（10）开口式烧结板镍镉电池的扩展

为避免开口式镍镉电池高昂的维护成本，并提高电池的可靠性，通过电池行业与美国政府合作，参考开口式烧结板镍镉电池的经验教训，设计了新型镍镉电池。目前，商用和军用飞机服务中使用的标准镍镉电池有两种替代型号，即开口式低维护镍镉电池和免维护飞机镍镉电池。

除了一些内部组件外，开口式低维护镍镉电池源自标准的通风式烧结板镍镉电池的设计。正极是烧结镍并经过化学浸渍，标准负极已被氧化镉涂膏电极取代，并且改进了电解质成分以增加离子电导率。这种改进的电池设计使电池电压有所增加，在飞机上使用时，降低了电池过充电的程度，减少了电池放气，明显降低了耗水量，从而延长了该电池的维护间隔时间。在电池性能和可靠性相同的情况下，将维护期从 2～3 个月延长至 12 个月或更长。

免维护飞机镍镉电池使用与开口式烧结板镍镉电池相同的几何形状，但允许气体在电池内部重新复合。这种电池也使用烧结正负极，但改进了电解质成分，并具有航天电池技术的许多特征。该电池设计不是完全密封，而是在内部高压下排气阀打开排气，然后在高于环境压力的情况下重新封闭。为避免过充电和相关的热失控，电池由其自身的集成充电器和相关电子设备进行充电控制。这种电池设计已由 Eagle-Picher Technologies 公司提供给多个军用飞机项目[12]。密封镍镉电池在本书 15C 部分有详细介绍。

参考文献

1. J. McBreen, *The Nickel Oxide Electrode*, Modern Aspects of Electrochemistry, No. 21, Ralph E. White, J. O'M. Bockris, and B. E. Conway (eds.), Plenum Press, New York, p. 29, 1990.
2. D. F. Pickett and J. T. Maloy, *J. Electrochem. Soc.* **12:**1026 (1978).
3. S. U. Falk and A. J. Salkind, *Alkaline Storage Batteries*, Wiley, New York, 1969.
4. A. Fleischer, *J. Electrochem. Soc.* **94:**289 (1948).
5. G. Halpert, *J. Power Sources* **12:**117 (1984).
6. D. F. Pickett, in *Proceedings of the Symposium on Porous Electrodes, Theory and Practice*, H. C. Maru, T. Katan, and M. G. Klein (eds.), The Electrochemical Society, Pennington, NJ, 1982, p. 12.
7. M. B. Pell and R. W. Blossom, U.S. Patent 3,507,699 (1970).
8. R. L. Beauchamp, U.S. Patent 3,573,101 (1971); U.S. Patent 3,653,967 (1972).
9. D. F. Pickett, U.S. Patent 3,827,911 (1974); U.S. Patent 3,873,368 (1975).
10. Mil-B-81757, Performance Specification, Batteries and Cells, Storage, Nickel Cadmium, Aircraft General Specification, Crane Division, NSWC, July 1, 1984.
11. J. J. Lander, personal communication.
12. T. M. Kulin, 33rd Intersociety Engineering Conference on Energy Conversion, IECEC-98-145, August 2–6, 1998, Colorado Springs, CO.

15C　密封镍镉电池

R. David Lucero, Joseph A. Carcone
（荣誉撰稿人：John K. Erbacher）

15C.1　密封电池概述

15C.1.1　密封电池技术的发展

早在 20 世纪 70 年代，密封镍镉（SNC）航空电池的研制工作就已经开始，但由于缺乏材料和化学方面的质量控制，研制并不十分成功。然而，空间镍镉技术的进步表明，需要对材料、制造和组装进行质量控制，以开发用于航空的低维护、长寿命电池。1980 年，赖特-帕特森空军基地（Wright-Patterson AFB）启动了密封镍镉电池改进计划，并开发了先进的免维护电池系统（AMFABS）。该系统于 20 世纪 90 年代初在几架美国空军飞机上进行了测试，并最终在 B-52 飞机上投入使用。这一成功使得维护成本低的 SNC 电池在其他军用飞机上得到了应用，并最终被波音飞机公司用于商用飞机。然而，SNC 技术有更复杂的充电要求和更高的质量控制要求，在飞机的采购阶段成本更高，因此实施速度慢于预期。与此同时，其他商用电池公司也开发了该技术的低成本版本，例如来自 Marathon 和 SAFT 的微维护和超低维护电池，以及纤维镍镉（fiber nickel-cadmium，FNC）电池。SNC 技术的细节与工业镍镉技术有很大不同，可以认为是开口式烧结板镍镉电池的衍生物。

15C.1.2　专用设计特点

密封镍镉电池结合了特定的电池专用设计，以防止因过充电产气而造成的电池压力积聚。因此，电池可以密封，除充电外不需要进行维修或维护。二次电池的这种独特性已被广泛用于各种应用，从轻便的便携式电源（摄影、玩具、家庭用品）到高倍率、高容量的电源（电话、计算机、摄像机等电子设备以及电动工具）和备用电源（应急照明、报警、存储备份）。现在某些镍镉电池采用智能控制电路来提供充电状态指示并控制过充电和过放电。表 15C.1 总结了密封镍镉电池的主要优点和缺点，其主要特点如下：

表 15C.1　密封镍镉电池的主要优点和缺点

优点	缺点
电池密封，不需要维护 循环寿命长 低温和高倍率性能优良 搁置寿命长（任何荷电状态下） 具快速充电能力	在某些应用条件下出现电压降低或记忆效应 成本高于密封铅酸电池 荷电保持能力差 高温和浮充性能低于密封铅酸电池 镉污染环境 容量低于某些电池体系

① 免维护运行：电池密封，不含游离电解质，除充电外不需要维修或维护。

② 高倍率充电：密封镍镉电池可在受控条件下接受 30min 内高倍率充电。许多电池不需要特殊控制即可在 3～5h 内充满电。所有镍镉电池均可在 14h 内完成充电。

③ 高倍率放电：低内阻和恒定的放电电压，使镍镉电池特别适用于高倍率放电或脉冲

电流应用。

④ 温度范围宽：密封镍镉电池可在－20～＋70℃的范围内工作，尤其以其低温性能而著称。

⑤ 使用寿命长：密封镍镉电池通常可放电500次以上或待机寿命可达5～7年。

15C. 2　化学原理

15C. 2.1　基本反应

密封镍镉电池的活性材料与其他类型的镍镉电池相同，即在充电状态下，负极为镉，正极为羟基氧化镍，电解液采用氢氧化钾溶液。在放电状态下，氢氧化镍是正极的活性物质，氢氧化镉是负极的活性物质。在充电过程中，氢氧化镍 $Ni(OH)_2$ 转化为更高价态的氧化物。

$$Ni(OH)_2 + OH^- \longrightarrow NiOOH + H_2O + e^-$$

在负极，$Cd(OH)_2$ 被还原成 Cd：

$$Cd(OH)_2 + 2e^- \longrightarrow Cd + 2OH^-$$

充放电总反应为：

$$Cd + 2NiOOH + 2H_2O \underset{充}{\overset{放}{\rightleftharpoons}} Cd(OH)_2 + 2Ni(OH)_2$$

在电化学反应过程中，活性材料的氧化态会发生变化，但其物理状态几乎没有变化；而且，电解液浓度的变化很小。正负极的活性材料，无论是充电状态还是放电状态，都保持为固体，几乎不溶于碱性电解液，并且电极在氧化态变化过程中的中间产物也不溶解。基于以上所述和镍镉电池的其他固有特性，镍镉电池在循环和待机操作时具有很长的寿命，并且在很宽的放电电流范围内具有相对平坦的电压曲线。

密封电池的操作基于使用有效容量大于正极的负极。在充电过程中，正极板在负极板之前达到完全充电并开始放出氧气。氧气迁移到负极，并将镉氧化或将镉转化为氢氧化镉。

$$Cd + 1/2O_2 + H_2O \longrightarrow Cd(OH)_2$$

使用可渗透氧气的隔膜，使氧气可以通过并到达负极。此外，使用限量的电解液（贫液系统），这有助于氧气的转移。该过程如图15C.1所示。

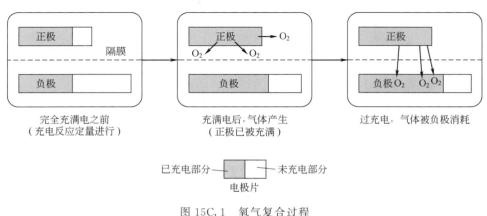

图 15C.1　氧气复合过程
（三洋移动能源公司提供）

在稳定状态下，过充电期间的氧复合反应速率必须不低于氧气生成速率，以防止压力增加。电池内部压力与充电电流、负极的反应性、电解液液位和温度密切相关。固态镉、气态氧和液态水必须共存并相互接触才能发生复合反应。如果电解液液位太高（电极处于富液状态），则氧气无法接触电极，且在给定温度和压力下的反应速率会显著降低。

电池设计中使用了安全排气阀，以防止因故障、高充电倍率或滥用使压力积聚过大而导致电池爆裂。

15C.2.2　密封与开口设计对比

镍基水体系电池的充电总是与水电解反应相竞争。接近充电结束时，一般正极放出氧气，负极放出氢气。电池处理这些逸出气体的方式决定电池是否密封。在密封电池中，气体在内部重新复合。在开放式电池中，气体可以排出，因此得名"开口式电池"。

产生气体的反应称为过充电反应，在密封和开口式电池中不同。过充电反应如下。

（1）开口式电池

正极：
$$4OH^- \longrightarrow 2H_2O + O_2 + 4e^-$$

负极：
$$4H_2O + 4e^- \longrightarrow 2H_2 + 4OH^-$$

净反应：
$$2H_2O \longrightarrow 2H_2 + O_2$$

最终结果是电解水以产生氢气和氧气。

（2）密封电池

正极：
$$4OH^- \longrightarrow 2H_2O + O_2 + 4e^-$$

负极：
$$2Cd(OH)_2 + 4e^- \longrightarrow 2Cd + 4OH^-$$

净反应：
$$2Cd(OH)_2 \longrightarrow 2Cd + 2H_2O + O_2$$

负极上的化学复合反应：$2Cd + O_2 + 2H_2O \longrightarrow 2Cd(OH)_2$

过充电反应是放热的，特别是密封电池中的化学复合反应。过充使电转化为热量，而电池中没有任何净化学变化。

正极板上的过充电反应在电池充满电之前就开始了，因此在充电时不可避免地会放出一些氧气。在较高温度下，析氧开始的电压较低，导致在较高温度下的充电效率较低，开口式电池的水消耗量增加；同时，这也会造成正极板充电不足，而负极板早于正极处于充满电状态。由此产生极板的不平衡，从而会降低电池容量。为了恢复失去的容量，开口式电池需要深度放电调节。

15C.3　组件、设计、构造

15C.3.1　一般电池类型

密封的镍镉电池和电池组有多种结构。最常见的是圆柱形电池，其次是纽扣式电池和方形电池。

① 圆柱形电池。圆柱形电池是使用最广泛的类型，因为圆柱形电池易于大规模生产，并且该结构具有出色的机械和电特性。图15C.2显示了圆柱形电池的结构。

正极是多孔的烧结、泡沫或纤维状镍结构，通过嵌入或浸渍熔融镍盐将活性材料引入其中，然后通过在碱性溶液中浸渍或电化学沉积使氢氧化镍沉淀。负极由几种方法制成：使用类似于正极的烧结镍基板，将负极镉活性材料粘贴或压制到基板上；或采用连续电沉积工艺。

加工后，正极和负极被切割成一定尺寸，中间以隔膜隔开，卷绕在一起。隔膜材料，通常是尼龙无纺布或聚丙烯毡，具有很强的氢氧化钾电解液吸收性，氧气可渗透。将卷筒插入坚固的镀镍钢壳中，并进行电连接。负极焊接或压接在罐上，正极通常焊接在顶盖上。隔膜吸收非常少量的电解液，足以使电池有效运行。电池内没有游离的液体电解质。电池盖组件包含一次性故障安全阀或可重新密封的排气机制，以防止过高压力积聚导致的破裂，这可能是由极端的过充电或过放电造成的。

② 纽扣式电池。纽扣式镍镉电池通常采用"压制"板电极。活性材料在模具中被压制成圆盘或板，电极以夹层结构组装，如图 15C.3 所示。

在某些情况下，电极背面有金属网或筛网，以提高导电性和机械强度。纽扣式电池没有可重新密封的故障安全装置，但其结构允许电池膨胀或者断路，或者密封状态被破坏以释放异常条件所造成的过高压力。纽扣式电池非常适合低电流、低过充电率的应用。

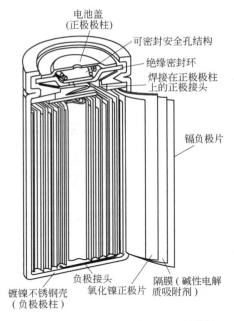

图 15C.2　圆柱形密封镍镉电池的结构

③ 方形电池。扁平或方形电池旨在满足轻巧紧凑的设备需求。方形允许更高效的电池组装，消除了圆柱形电池组装的空隙。电池的体积能量密度可提高约 20%。

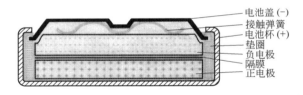

图 15C.3　纽扣式镍镉电池结构

图 15C.4 显示了密封方形镍镉电池的结构。其极板与圆柱形电池极板的制造方式相同，成品电极（非卷绕）被切割成预定尺寸并放置在金属外壳中。然后，将它们密封到盖板上。外壳和盖板组件的侧面都采用激光焊接在一起，以防止电解液泄漏。与圆柱形电池类似，方形电池中同样内置了可重新密封的安全阀系统。

方形电池安装在镀镍钢壳中，其结构与开口式电池相似，但具有密封电池的特性。由于电极面积大，这种结构特

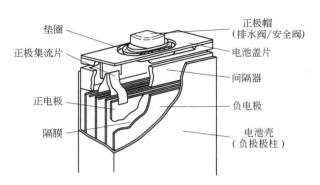

图 15C.4　密封方形镍镉电池的结构
（三洋移动能源公司提供）

别适合于高倍率放电。图 15C.5 是使用纤维结构电极的密封方形镍镉电池，其电极为纤维结构（见本书 15B 部分和 15C.3.2 节）。

15C.3.2　FNC 电极技术

密封电池的性能很大程度上取决于电极技术。理想的电极应具有以下特性：

• 提供高表面积导电基体来接触活性材料；

• 提供足够的孔隙率以实现高活性材料负载和良好电解质渗透的开放结构；

• 具有足够的导电性，以最小的电压降将电流传送到极耳，但重量很轻；

• 包含全部的活性物质；

• 能够适应电池充放电过程中的尺寸变化而不会疲劳开裂；

• 耐受机械冲击和振动；

• 对电池环境呈化学惰性和热惰性，不会引入任何不良杂质；

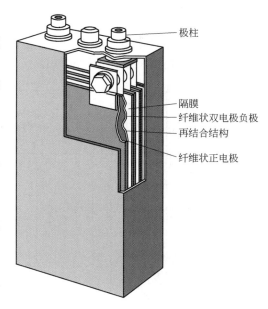

图 15C.5　使用纤维结构电极的密封方形镍镉电池
（由 Hoppecke 电池公司提供）

• 使用简单的活性材料加载过程；

• 足够坚固，能够承受电池制造过程；

• 用途广泛，可制造各种尺寸、厚度，满足导电性能和孔隙率要求；

• 经济性好。

与原有技术相比，FNC（纤维镍镉）电极技术在极板设计方面获得了重大进步。FNC 技术的核心是三维镀镍纤维基体。镍涂层根据电池的预期电流密度进行了优化。因此，没有多余的镍。针对超高（XX）倍率、高（X 和 H）倍率、中（M）倍率和低（L）倍率设计的电极厚度范围为 0.5～10mm，可以采用通用工艺制造。镍纤维非常紧凑，电极体积为 1cm³，标称包含长 300m 的导电丝。这种集流基体的孔隙率达到 90%，可以更好地利用活性材料，因而改善了低温性能，降低了充电系数并显著提高了功率容量。

由于结构具有高孔隙率，因此可实现高活性材料负载以及优异的电解质渗透，不需要石墨或铁等导电稀释剂。纤维的表面积非常大，载流纤维基体和浆料之间的接触非常好。因此，电阻损耗很低，从而提高了效率。浆料以机械方式加载到电极中，不会引入杂质。活性材料（正极板中的氢氧化镍和负极板中的氢氧化镉）以机械方式直接嵌入纤维板中。纯活性材料有助于延长寿命、降低自放电以及提升产品的一致性和可靠性（有关细节，请参见本书 15B 部分中的 FNC 显微照片）。因此，其电极极板具有高表面积，能够承受高电流负载并具有极长的寿命。

FNC 技术及相关工艺和电池设计提高了电池性能。充电效率的提高减少了过充电时的放气量，同时也减少了开口式电池注水的频率。FNC 极板的设计允许在充放电过程中产生弹性膨胀和收缩，消除了引起镍镉极板退化的主要原因之一。极板的弹性还可以承受更高的冲击，具有更高的振动容限，消除了机械裂纹和相关的极板退化，从而延长了电池寿命。

15C.3.3 密封 FNC 电池工作特性

随着密封 FNC 电池技术的发展，免维护高倍率方形镍镉电池已经问世。在密封电池中，未填充的镀镍纤维板放置在两个填充镉的负极板之间，使负极中心区域存在未填充负极材料的缝隙。该未填充缝隙作为氧还原的催化位点。氧气主要通过板孔到达复合位点。在 FNC 极板结构中，板孔相对较大，使氧气易于渗透进入较大的复合反应表面，如图 15C.6 所示。

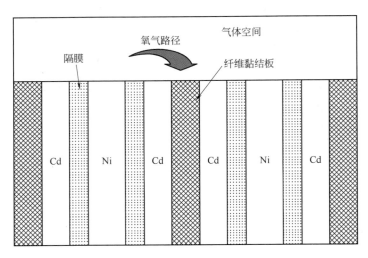

图 15C.6　纤维镍镉电池电极结构

由于快速氧复合消除了密封镍镉电池内部的压力积聚，因此在过充电模式下电池也能维持高倍率充电。此外，该结构允许使用传统的聚酰胺（俗称尼龙）电池结构来生产棱柱形密封电池，而不采用高压电池所需的圆柱形设计。密封的 FNC 方形电池盒由尼龙或不锈钢制成。电池内的负压（绝对值约为 0.1bar；1bar＝0.1MPa，全书同）允许过充电期间产生的氧气所导致的压力变化，而不会导致电池壁膨胀。

镍镉电池必须过充电才能达到 100% 的充电状态。在过充电阶段会释放出氧气和氢气。在开口式电池中，这些气体与水蒸气一起排放到电池外部，因此必须补充消耗的液体。密封的 FNC 电池完全消除了电池内任何气体的损失。产生的氧气在负极上迅速复合。负极上过量的放电状态的镉避免了析氢。这种气体复合过程还可以保持极板的容量平衡，消除容量损失，同时也完全消除了电解液的溢出和腐蚀。

如果电池反极或充电电压控制失效，则电池内部会产生氢气。氢气复合反应发生在位于电池内的 Pt/Pd 催化极板。氢复合反应中的氧源由正极的自放电反应或过充电反应提供。

如果电池被滥用到电解液沸腾的程度，电池顶部的安全阀可以释放过大的压力。这种情况可能是由严重的过充电引起的，且没有做到足够的散热。在高温滥用（＋100℃及以上）时，安全阀将在约 45psi（1psi＝6894.757Pa，全书同）的超压下打开，让水蒸气逸出。即使电池处于倒置状态，电解液也不会被排出。当电池冷却时，阀门将重新密封，负压电池将恢复至正常工作状态。可以推测，由于电池内部水的消耗，电池容量将降低。

正极板和负极板通过镍片连接到各自的接线柱上。接线片通过获得专利的焊接工艺直接连接到纤维板上，然后直接固定到镀镍的实心铜接线柱上。每种电池类型的导电路径都旨在实现最佳的电性能。

极板堆叠与前面讨论的相同。正极板通过电解液润湿的隔膜与负极镉电极隔开。镉电极由三部分组成：两个承载负极活性材料的纤维框架，以及放置在它们之间的未填充的纤维复合电极。较大的复合表面积足以使充满电的电池以 2C 倍率充电。由于未填充的复合板是氧气复合的主要气路，因此可以使用小孔径的隔膜。隔膜设计为完全浸润的电解质，从而有助于提高高倍率性能。此外，未填充的复合板充当电解质的储液槽，允许容量超过 4mL/A·h。这可以防止电池堆因干涸而导致电池过早失效。

密封的 FNC 电池具有自动安全功能。即使过充电到电解液沸腾的程度，电池也不会发生热失控。但电池会变干，水蒸气的损失会导致电池阻抗增加。随着阻抗的增加，电流强度将减小。一段时间后，电池将不再接收充电电流并逐渐冷却。

15C.3.4　制造灵活性

电池的供电能力影响其潜在应用。高功率电池能够在几分钟内提供其大部分容量。为了最大限度地提高电池容量，必须最大限度地降低电池电阻。为此，高功率电池设计具有高表面积、薄电极和高金属含量的特点。但是，上述措施会增加电池的重量、体积和成本。综合考虑以上因素，需要有针对性地进行电池优化设计。

实际制造阻碍了高容量、低倍率烧结板电池的发展。相比之下，FNC 技术提供了应用范围广泛的电源制造能力。纤维电极的厚度及其导电层中的金属镍的用量都可以在一个数量级内变化，能够使用相同的工艺和设备生产高容量、更低重量、低成本的电池或超高功率、更高重量和更高成本的电池。对于用户而言，这意味着不再需要分别考虑烧结箔和各种类型的袋式或泡沫板电池的特性。FNC 系统在整个应用范围内具有类似的特性和基本特征。

15C.4　性能和应用

15C.4.1　FNC 密封式飞机电池的性能

对 KCF XX47 型电池进行短路测试，证明了密封 FNC 电池的高倍率性能，其放电电流接近 4000A（图 15C.7）。KCF XX47 系统旨在满足大型辅助动力装置（APU）和发动机直接启动的要求。12V 的恒压放电表明电池具有非凡的高功率能力（图 15C.8）。KCF XX47

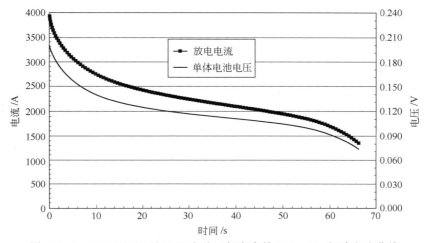

图 15C.7　KCF XX47 型 FNC 电池（额定容量 47A·h）短路电流曲线

电池的高功率性能，还通过大型宽体飞机 APU 的启动曲线得到了证明。前两个放电序列代表不成功的启动尝试，第三个放电序列显示成功启动。此特定规范所需的最低电压为 13V，而 FNC 电池提供的电压超过 16V（图 15C.9）。

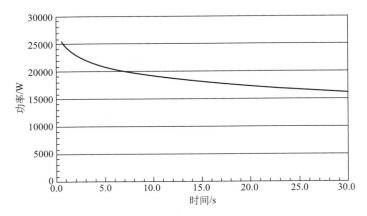

图 15C.8　KCF XX47 型 FNC 电池（额定容量 47A·h）恒压（12.0V）室温下放电曲线

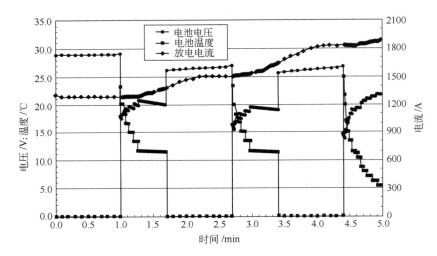

图 15C.9　KCF XX47 型 FNC 电池（额定容量 47A·h）的 APU 启动曲线
两次不成功，一次成功

此外，密封 FNC 电池的低温性能也很优良。图 15C.10 显示了 28V、47A·h 电池在 −18℃ 温度下四种不同倍率的放电容量。

密封 FNC 电池在低放电倍率和高放电倍率下均显示出优异的循环寿命。低地球轨道（LEO）循环测试的寿命数据表明，在 35%DOD、10℃、C/2 倍率条件下循环寿命超过 10000 次。稳定的放电结束电压和低再充电系数（约 3%）证明了密封 FNC 电池的卓越充电效率。有关卫星应用的详细信息，请参见本书 25B 部分。

密封 FNC 电池没有在其他类型的镍镉电池中出现的记忆效应，不需要进行深度放电循环，维护期间也不需要在从飞机上卸下电池。如果需要，可以通过使用便携式放电/充电器来完成容量检查。

密封 FNC 电池的充电特性很简单，但与开口式镍镉电池不同。由于在过充电期间发生复合，通常不会观察到明显的 dV/dt 行为。此外，复合反应在过充电过程中会产生热量，

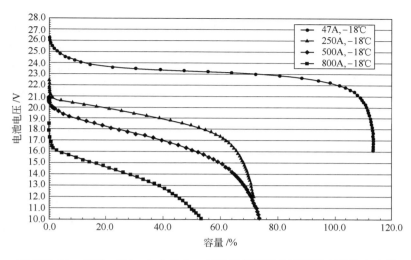

图 15C.10　28V、47A·h 电池在 −18℃ 温度下四种不同倍率的放电容量

为充电控制提供了可靠的指示参数。电池温升（ΔT）决定了从主充电模式到辅助充电模式的转换以及充电终止。

电池适宜在 1.55V/单体的限压（最高电压）下进行恒流充电。该限压值足以保证电池能在 −40℃ 的温度下充电。对于许多应用来说，这意味着不再需要使用加热带。

满荷电状态 FNC 电池的复合反应能使电池继续承受以 $2C$ 倍率进行的过充电。

15C.4.2　典型密封圆柱形和纽扣式电池的一般性能特征

（1）综合性能

密封圆柱形镍镉电池在 20℃ 下的典型充放电循环曲线如图 15C.11 所示。在 $C/10$ 充电倍率下，电池电压缓慢但稳定地增加到稳定状态，在 2h 搁置期间略有衰减；随后放电 1h 将电压降至 1.0V，电压相对平坦。放电完毕，在接下来的 1h 内电池电压迅速恢复至接近 1.2V。

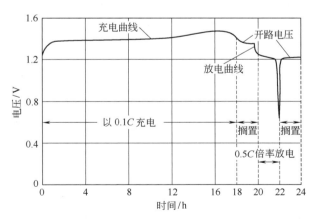

图 15C.11　密封圆柱形镍镉电池在 20℃ 下的典型充放电循环曲线

（2）放电特性

圆柱形电池在 20℃ 时各种负载条件下的典型放电曲线如图 15C.12 所示。放电开始时，

在初始电压下降之后呈现平坦的电压曲线。

电池的可用容量取决于放电倍率、放电终止电压、放电温度以及电池之前的使用状况。图 15C.13 显示了在不同倍率和温度下电池放电容量与初始额定容量的比例。放电过程中的中值电压随着放电倍率的增加而降低（参见图 15C.16）。如果允许电池放电至较低的截止电压，将获得更大的 $C/5$ 倍率容量。但是，电池不能放电至低于指定的截止电压，否则可能会损坏电池组或单体电池。

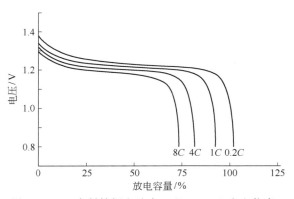 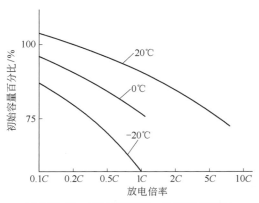

图 15C.12　密封镍镉电池在 20℃、0.1C 充电倍率、
16h 的恒流放电曲线
（三洋移动能源公司提供）

图 15C.13　不同温度下，典型密封镍镉
电池的 $C/5$ 倍率容量（截止电压 1.0V）
与放电倍率的关系

（3）温度的影响

密封镍镉电池在很宽的温度范围内都具有良好的性能。最佳工作温度在 −20～+30℃ 之间，超出此范围也可获得可用的性能。密封镍镉电池的低温性能，特别是高倍率低温性能，一般都会优于铅酸电池，但通常不如开口式烧结板电池。低温性能的降低主要是由于内阻增加。在高温下，容量的损耗可能是由工作电压降低或自放电造成的。图 15C.14 显示了密封镍镉电池在不同温度和倍率下的恒流放电曲线。图 15C.15 显示了密封镍镉电池在 −20℃ 下的恒流放电曲线。不同温度下的密封镍镉电池的放电中值电压与放电倍率的关系（截止电压为 1.0V）见图 15C.16；高于或低于 20～25℃ 的环境温度时，会造成平均放电电压的明显变化。

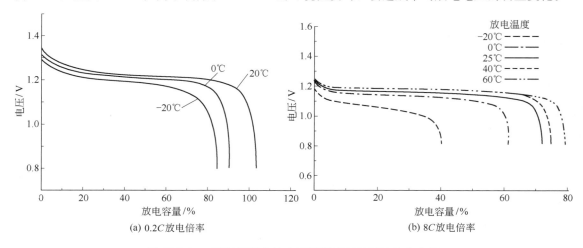

(a) 0.2C放电倍率　　　　　　　　　　(b) 8C放电倍率

图 15C.14　密封镍镉电池在不同温度下的恒流放电曲线

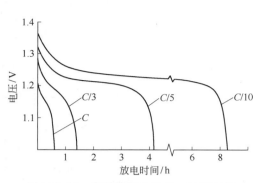

图 15C.15　密封镍镉电池在−20℃下的
恒流放电曲线

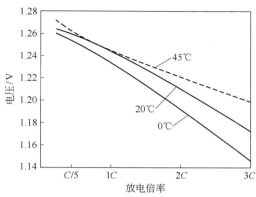

图 15C.16　不同温度下的密封镍镉电池的
放电中值电压与放电倍率的关系
截止电压为 1.0V

温度和放电倍率对密封镍镉电池容量的影响如图 15C.17 所示。这些数据是标准电池的典型数据。特定电池的性能特征可咨询制造商。

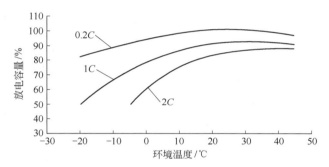

图 15C.17　在不同放电倍率下的典型密封镍镉电池容量
（占额定容量的百分比）与温度的关系（截止电压 1.0V）

（4）内部阻抗

电池的内部阻抗取决于几个因素，包括欧姆电阻（导电性、集流体结构、电极板、隔膜、电解质或电池设计的其他特征），以及由活化和浓度引起的电阻极化和容抗。在大多数情况下，容抗的影响可以忽略不计。极化效应以复杂的方式依赖于电流、温度和时间，随着温度的升高而减小。对于短持续时间（即小于几毫秒）的脉冲，这种影响可能可以忽略不计。镍镉电池以其低内阻而著称，原因在于使用了具有良好导电性的薄而大表面积的极板、具有良好电解质保持力的隔膜和具有高离子电导率的电解质。在放电过程中，活化和浓差极化效应可以忽略不计。在中低倍率下，从完全充电状态到放电 90%，电池的内阻和放电电压保持相对恒定。此后，由于电极板中活性材料的转化，电阻增加，导电性降低。图 15C.18 显示了两种不同尺寸和容量的电池内阻随荷电状态的变化。图 15C.19 显示了温度对满电态电池内阻的影响，即内阻随着温度下降而增加，因为在较低温度下电解质和其他成分的电导率较低。

随着使用时间的推移，镍镉电池逐渐失去容量，导致内阻逐渐增加。这是由隔膜和电极的逐渐劣化以及通过密封件的液体损失而引起的，这会改变电解液的浓度和液位。总结果是内部阻抗增加。

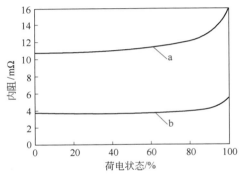

图 15C.18　密封镍镉电池在 20℃ 以 0.2C 倍率
放电时电阻与荷电状态的关系
a—AA 尺寸电池；b—亚尺寸 C 型电池
（典型烧结板电极型的电池）

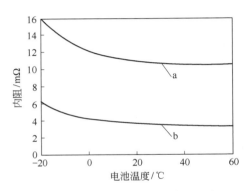

图 15C.19　充满电的密封镍镉电池
电阻与温度的关系
a—AA 尺寸电池；b—亚尺寸 C 型电池
（典型烧结板电极型的电池）

（5）使用寿命

密封镍镉电池在不同放电倍率和不同温度下，工作时间与单位质量（kg）和单位体积（L）的放电电流的关系见图 15C.20。标准型密封圆柱形电池在 20℃ 时 C/5 放电倍率下测得的质量比容量和体积比容量分别为 30A·h/kg 和 85A·h/L。关于特定电池的性能特征，可咨询制造商。

（6）电压反极

当三个或更多电池串联时，最低容量的电池可能被其他电池驱动至电压反极。串联的电池数量越多，发生电压反极的可能性就越大。在反极过程中，氢可能从正极放出，氧从负极放出。图 15C.21 显示了电池的完整放电曲线，包括极性反转。图中的第一阶段是正常放电期间，两个电极均只有活性材料参与放电。第二阶段是放电延长且正极上的所有活性材料已完全放电并且在该电极处产生氢气的阶段；负极的活性物质未完全反应，正常放电仍在继续；电池电压随放电电流而变化，但保持在 $-0.4 \sim -0.2$V 左右。在第三阶段，负极活性材料已完全放电，该电极处产生氧气。

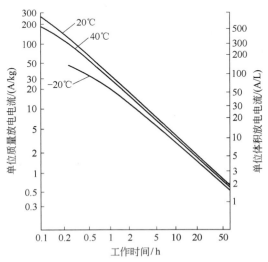

图 15C.20　密封镍镉电池在不同恒流放电倍率
和不同温度下的工作时间（截止电压 1.0V）

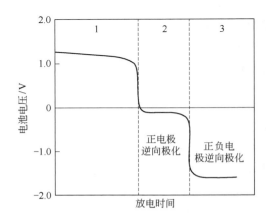

图 15C.21　密封镍镉电池的放电极性反转

在极性反转期间，继续放电将导致电池压力过高和安全通风口打开。这会导致气体和电解质的损失，以及正极和负极容量平衡的破坏。

在某些电池设计中通过向正极添加少量氢氧化镉来提供有限的内置保护以防止深度反极。添加到正极以进行反向保护的材料称为"反极性物质"（APM）。当正极完全放电时，该电极中的氢氧化镉转化为镉，镉与负极产生的氧结合，使正极去极化，暂时阻止氢气产生。该反应发生在电压约为-0.2V时。该反应只能持续有限的时间，之后正极会放出氢气。由于氢与电池材料的结合程度有限，反复的电池反极会逐渐增加电池的内部压力，最终导致电池泄压。

应避免放电到反极点。为了防止多节电池中的任何一个电池发生电压反转，特别是超过4节电池的串联串，电池不能放电低于0.8V/单体的电压。在多节电池的应用中，电池可能会经常放电至1.0V/单体以下，建议使用限压装置以避免电池反极。

（7）放电类型

如第5章所述，根据设备负载的特性，电池需要在不同的模式下（如恒阻、恒流或恒定功率）放电。放电模式对电池在特定应用中的使用寿命有重大影响。在三种不同模式下放电的镍镉电池电压曲线绘制于图15C.22中。相关数据是基于650mA·h电池的放电，放电结束时（每节电池电压为1.0V），所有放电模式的功率输出都相同，并基于计算出的放电参数进行全程放电。在本例中，恒定功率输出为130mW。以1.0V、130mW放电时，恒流放电（$C/5$倍率）为130mA，恒阻放电为7.7Ω。在恒定功率下可获得最长的使用寿命模式，原因在于在该放电模式下平均电流最低。

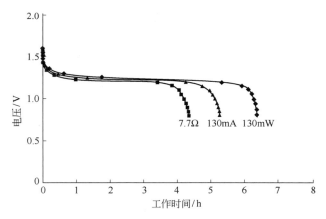

图15C.22　AA型（650mA·h）镍镉电池的放电曲线
◆—恒定功率；▲—恒流；■—恒阻

（8）恒定功率放电

镍镉电池在不同功率下的恒定功率模式的放电特性如图15C.23所示，其数据与图15C.12中提供的恒流放电数据相似，不同之处在于性能采用小时数而不是以放电容量百分比表示。放电功率以E倍率为基准，E倍率的计算方式与C倍率类似，其数值是基于电池的额定瓦时容量。例如，额定瓦时容量为780mW·h的电池，$E/5$倍率放电时，其功率为156mW。

（9）储存寿命（容量或荷电保持率）

镍镉电池在储存过程中会失去容量，自放电率与储存温度和电池设计相关。图15C.24

可以作为典型的标准镍镉密封电池在几种温度下的储存寿命（容量或荷电保持率）的设计指南。专门设计的电池可能具有不同的荷电保持特性。例如，与标准的低电阻高放电倍率圆柱形电池相比，专为存储备份应用设计的纽扣式电池具有明显更好的荷电保持特性。

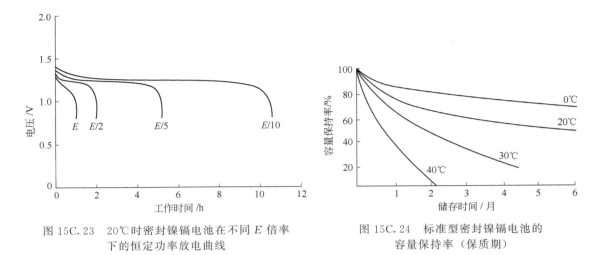

图 15C.23　20℃时密封镍镉电池在不同 E 倍率下的恒定功率放电曲线

图 15C.24　标准型密封镍镉电池的容量保持率（保质期）

密封镍镉电池可以在充电或放电状态下储存。除了高温下长时间存放外，电池在存放后可以通过充电（两次或三次充放电循环）恢复到满容量。图 15C.25 说明了在不同温度下长时间储存后的容量恢复；高温储存后的恢复时间可能会更长。

（10）循环寿命

循环寿命是指电池可以完成其额定容量的规定百分比（通常为 $60\%\sim80\%$）的循环次数。密封镍镉电池循环寿命更长。如图 15C.26 所示，在受控条件下，完全放电预期可超过 500 次循环。

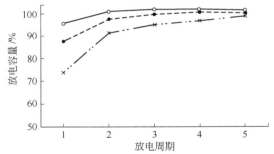

图 15C.25　标准型密封镍镉电池的容量恢复（存放 2 年后以 0.2C 倍率放电）
○—储存温度 20℃；●—储存温度 35℃；×—储存温度 45℃

如图 15C.27 所示，在浅放电时，可以获得相当高的循环寿命。循环寿命依赖于电池的内外条件，包括充电、过充电和放电率、循环频率、电池所暴露的温度、电池寿命以及电池设计和电池组件。可以对电池进行专门的长循环设计，例如使用耐碱材料的电池，在较高温度下，具有更长的寿命。

（11）寿命预测和失效机制

镍镉电池的使用寿命可以根据失效前的循环次数或时间来进行测量。几乎不可能知道在给定应用中做出精确的电池寿命预测所需的所有详细信息。所能提供的数据是基于实验室测

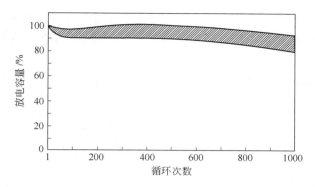

图 15C.26　密封镍镉电池在 20℃下的循环寿命
循环条件：充电 0.1C×11h；放电 0.7C×1h；容量测试条件：
充电 0.1C×16h；放电 0.2C；截止电压 1V

试数据和现场经验或加速测试数据外推得出的估计值。

无论出于何种原因，若电池不能使设备在规定的性能水平下运行，可以认为发生了电池失效。尽管这时该电池还可能用于其他一些要求较低的用途。

镍镉电池的失效可分为两大类：可逆失效和不可逆失效。当电池不能满足规定的性能要求但可以通过适当的修复恢复到可接受的状态时，则认为发生了可逆失效。当电池无法通过修复或任何其他方式恢复到可接受的性能水平时，则发生了永久性或不可逆的失效。

① 关于可逆失效的内容如下。

a. 电压降低（记忆效应）。密封镍镉电池在进行浅度放电（在其满容量释放之前终止放电）并重新充电时，可能会出现可逆容量损失。如图 15C.28 所示，如果电池在重复充放电循环的过程中，仅仅部分放电后即充电，那么随着循环的进行，电池电压和释放的容量会逐渐降低（曲线②代表重复循环）。若电池随后进行全放电（曲线③），则放电电压低于最初全放电时的放电电压（曲线①）。从图中可以看出，放电可以分为两步，电池达到原先的终止放电电压时不会释放出所有容量。上述现象称为"电压下降"，也称为"记忆效应"，因为电池好像记住了浅放电时的较低容量。工作温度的升高会促进该类失效。经过几个控制条件的全充放电循环，电池可以恢复全部容量。进行恢复循环时的放电特性如图 15C.28 所示（曲线④和曲线⑤）。

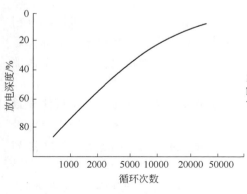

图 15C.27　密封镍镉电池在
浅放电时的循环寿命

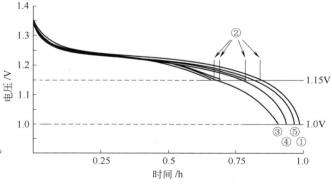

图 15C.28　电压下降和随后的恢复

电压降低是因为在浅放电或部分放电过程中只有部分活性材料被放电和再充电。未循环的活性材料，尤其是镉电极，可能会发生物理特性变化和电阻增加。这种影响也可能归因于镍电极的结构变化[1]。随后的循环将活性材料恢复至其原始状态。

电压下降的程度取决于放电深度，可以通过选择合适的截止电压来进行避免或最小化。过高的截止电压（例如每节电池1.16V）会过早终止放电（只有在需要延长循环寿命并且可以容忍较低容量的情况下才应使用高电压，如在某些卫星应用中）。如果放电在1.10～1.16V/单体间终止，则可能会观察到小幅电压下降，下降的程度取决于放电深度。放电深度也与放电倍率有关。放电至每节电池低于1.1V时的截止电压不会导致随后循环的电压下降。即便如此，电池也应避免放电至过低的电压。

记忆效应随电极的设计和组成而变化，不是任何密封的镍镉电池都有明显的记忆效应。现代镍镉电池使用的电极结构和生产工艺降低了对电压下降的敏感性，大多数用户可能永远不会因为记忆效应而体验到低性能。然而，术语"记忆效应"的使用仍然存在，因为它经常被用来解释由于其他问题而导致的低电池容量，例如无效充电、过充电、电池老化或暴露在高温下。

b. 过充电。长期过充电会发生类似的可逆失效，尤其是高温过充电。图15C.29显示了接近放电结束时可能由长期过充电引起的电压"阶跃"，其容量仍然可用，但电压低于新循环时的电压。这也是一种可逆失效，几次充电和放电循环后可以恢复正常电压和预期容量。

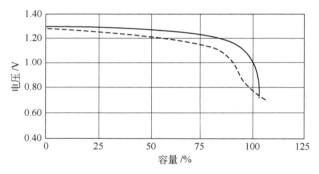

图15C.29　密封镍镉电池在长期过充电（虚线）与16h充电后的典型放电（实线）的电压曲线（均为 $C/10$ 倍率）

② 关于不可逆失效的内容如下。

镍镉电池的永久性失效主要由两个原因造成：短路和电解液损失。内部短路可能具有相对较高的电阻，表现为充电电压异常低，以及电池能量因内部短路消耗而导致电压下降。短路也可能具有非常低的电阻，导致几乎所有充电电流均会流过，甚至造成电池电极完全内部短路。

电解液的任何损失均会导致容量下降。高倍率充电、反复反极和直接短路都是可能导致电解液通过泄压损失的途径。电解液也可能会在很长一段时间内通过电池密封件流失，容量的损失与电解液体积的减少成正比。在高放电倍率下，电解液损失引起的容量下降更为明显。

高温会降低电池性能和寿命。镍镉电池在18～30℃的温度下可提供最佳性能和寿命。较高的温度会导致隔膜劣化并增加短路的可能性，从而缩短寿命。更高的温度还会导致水分通过密封件蒸发更快。这些影响都是长期的，温度越高，恶化的速度越快。表15C.2列出了密封镍镉电池的推荐温度限值。

表 15C.2 密封镍镉电池的储存和工作温度范围

类型	温度/℃	
	储存	工作
纽扣式	−40～50	−20～50
标准圆柱形	−40～50	−40～70
高级圆柱形	−40～70	−40～70

15C.4.3 一般充电特性

密封镍镉电池通常采用恒流方式充电。可以使用 0.1C 倍率，给电池充电（140%）需要 12～16h。在这个倍率下，电池可以承受过充电而不会造成伤害，实际上大多数密封镍镉电池可以在 $C/100～C/3$ 的倍率下安全充电。在较高的充电倍率下，必须注意不要对电池过充电或不要产生较高的电池温度和压力。

在以 $C/10$ 倍率和 $C/3$ 倍率充电期间密封镍镉电池的电压分布如图 15C.30 所示。电压在接近充电结束时，有非常明显的急剧上升直至峰值。

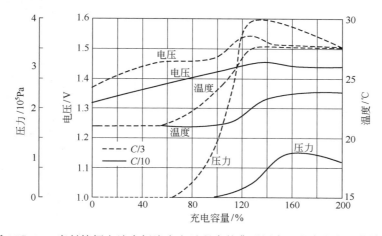

图 15C.30 密封镍镉电池在恒流充电过程中的典型压力、温度和电压的关系

如图 15C.31 所示，密封镍镉电池的电压曲线不同于开口式镍镉电池的电压曲线，密封电池的充电终止电压较低。由于氧复合反应，负极板的荷电状态无法达到开口结构中的荷电状态。

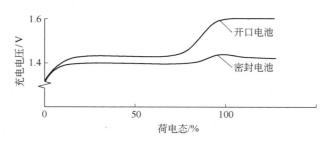

图 15C.31 密封和开口式镍镉电池在 25℃时充电状态与电压的关系（0.1C 充电倍率）

不建议对密封镍镉电池进行恒电位充电，因为很可能导致热失控。但是，如果采取预防措施限制充电结束时的电流，则可以采用恒电位充电。

（1）充电过程

充电过程如图15C.32所示。图15C.32（a）绘制了充电效率与放电、充入能量的关系。

$$充电效率 = \frac{放电能量（充电后的放电）}{充入能量}$$

充电开始时（区域1），电能量都消耗在活性物质转化为可充电的形态上，充电效率低。区域2充电效率最高，几乎所有的充入能量都用于将放电状态的活性物质转化成充电状态。当电池接近满充电状态时（区域3），氧气的生成消耗了大部分能量，充电效率降低。

图15C.32（b）显示了充电效率与充电倍率的关系。在较低的充电倍率下，充电效率以及可输出容量都较低。充电效率还取决于充电期间的环境温度，其关系如图15C.32（c）所示。由于高温导致正极产生氧气的电位降低，其容量将降低。

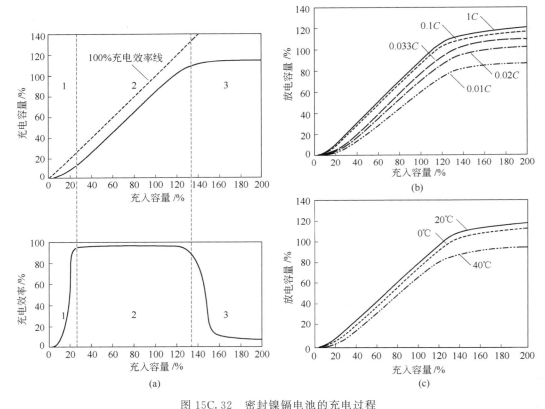

图15C.32 密封镍镉电池的充电过程
（a）20℃时的充电效率曲线，充电0.1C×16h，放电倍率0.2C，截止电压1V；
（b）充电效率与20℃时充电倍率关系；（c）充电倍率0.1C下充电效率与环境温度的关系

镍镉电池的密封设计原理是通过负极重新复合氧气，防止内部气压积聚。而这种气体复合的能力是有限的。因此，电池可容忍最大充电倍率必须是氧气生成速率低于气体复合速率的相应数值，以保证电池内部气压不会过度增加。

以超过氧复合或散热能力的倍率过充会导致失效。"快速"充电方法已经成功使用，但必须在出现过充之前采用监控和终止充电的手段，监控温度、电压或压力，并将其有效用作切断点。

（2）电压、温度和压力关系

图 15C.30 还显示了典型密封电池在以 $C/10$ 倍率和 $C/3$ 倍率充电期间的电压、温度和压力的关系。在充电过程中电压逐渐增加，直到电池充电约 $75\%\sim80\%$。由于在正极处产生氧气，因而电压随后急剧上升。由于充电反应是吸热的，因此在充电的早期阶段温度保持相对恒定。由于氧复合反应产生了热量，当电池达到过充电状态时，温度会上升。同样，内部压力保持较低，直到电池进入过充电状态，此时大部分电流用于产生氧气因而导致压力升高。最后，当电池充满电时，由于电池温度升高导致电池内阻下降，电压下降。这种电压下降可以有效地用于控制电路以终止充电。

如上所述，当电池以可接受的速率过充时，压力和温度趋于稳定。这些稳态条件受环境温度、过充速率、电池单元和电池的传热特性、电池单元设计和组件（如隔板、负极的重组能力）以及电池单元和电池的电阻等因素的影响。以更高的倍率充电，例如 $C/3$ 倍率与 $C/10$ 倍率相比，会导致更高的温度和内部压力。在更高的充电倍率下，温度和压力会显著上升，特别是如果超过了氧气的复合速率。由于高温和高压可能导致电池排气和其他对电池性能的不利影响，因此有必要在达到这些条件之前终止充电。

（3）充电期间的电压特性

图 15C.33 显示了在 20℃ 时不同充电倍率充电的密封镍镉电池的电压曲线。充电电压还取决于温度，如图 15C.34 所示。电压和电压峰值随温度升高而降低。以 $0\sim30$℃ 之间的温度充电更适合密封电池。在较低温度下，电压增加，氧气的复合速度变慢，内部气压趋于增加，因而必须降低充电倍率。40℃ 以上时充电效率低，温度升高时会导致电池性能劣化。

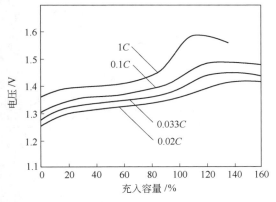

图 15C.33　密封镍镉电池 20℃ 时不同充
电倍率在充电期间的电压曲线

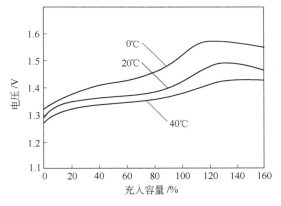

图 15C.34　不同温度时在充电倍率 0.1C
期间的电压曲线

（4）充电方式

密封镍镉电池充电有多种方式。标准方法是以相对较低的倍率进行准恒流充电。为了减少充电所需的时间，"快速"充电方法正变得越来越流行。在高倍率下充电时需要控制电路，在充电完成时应切断或降低充电电流。图 15C.35 显示了每种充电控制方法的电压和电流曲线。

① 标准方法。这是最简单的方法，使用相对简单的电路，通过在直流电源和电池之间插入电阻来控制充电电流，见图 15C.35（a）。电池以低倍率（$C/10$ 倍率）并以恒定电流充

电，从而使氧气的生成速率低于复合速率。这个倍率也限制了温升。应避免过充电，电池应充电至约 $140\%\sim150\%$ 的额定容量。

② 定时控制。对于中等充电倍率，可以使用定时器来切断充电或将充电电流降低到涓流充电水平，见图 15C.35（b）。这是一种相对便宜的控制设备，适用于电池完全放电后的充电，不适合在没有预先深度放电的情况下频繁充电，因为可能会导致过充电。当以高于 $C/5$ 倍率充电或充电前没有进行深度放电时，应使用热熔断器控制，以防止电池高温。

③ 温度检测。该控制系统使用传感器来检测电池的温升并终止充电，见图 15C.35（c）。使用恒温器或热敏电阻作为检测装置，检测温度通常设置为 $45℃$。传感器的位置很重要，这样才能准确地确定电池的温度。在高环境温度下充电会导致充电不足，而低环境温度下可能会导致过充电。使用这种方法的循环寿命可能比使用 $-\Delta V$ 方法或峰值电压法更短，因为电池可能会受到更多过充电的影响。

④ 负电压变化（ $-\Delta V$ ）。这是密封镍镉电池的首选充电控制方法，见图 15C.35（d）。在充电期间，电池电压达到峰值后检测电池电压的下降，该信号用于终止充电或将充电电流降低为涓流充电。无论环境温度或前一次充电的剩余容量如何，该方法都能提供完整的充电。通常使用 $10\sim20mV$/单体的下降值作为参照。该方法不适用于低于 $0.5C$ 倍率的充电，因 $-\Delta V$ 值太低而无法检测。

⑤ 涓流和浮充。涓流充电系统用于以下两种不同的情况：a. 在备用电源应用中，电池持续充电以将其保持在完全充电状态（补偿自放电），直到连接到负载；b. 作为快充结束后的补充充电，见图 15C.35（e）。当充电倍率为 $0.02C\sim0.05C$ 时，具体取决于放电的频率和深度。建议每 6 个月定期放电一次，然后充电以确保最佳性能。

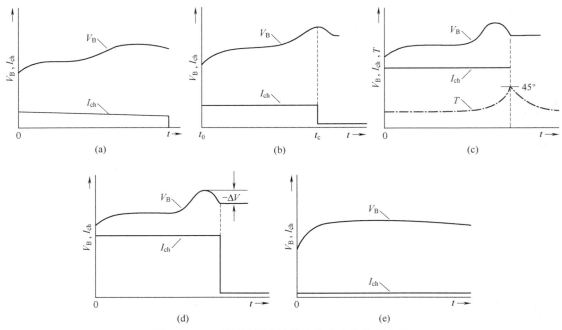

图 15C.35　密封镍镉电池的充电和充电控制方法
（a）半恒流（ V_B 为电池电压； I_{ch} 为充电电流； t 为时间）；
（b）定时器控制（ t_0 为定时器启动； t_c 为定时器结束）；（c）温度
检测（ T 为电池温度）；（d） $-\Delta V$ 检测；（e）涓流充电

15C.4.4 特殊用途电池

特殊用途的密封镍镉电池具有专门设计的特性，克服了标准电池的限制，以满足某些应用的要求。关于这些电池的特定性能，应用时应遵循制造商的建议。

① 高容量电池。这些电池具有特别设计，例如泡沫镍基正极板、黏结式负极、薄壁电池壳和增加的活性材料量。这些设计使容量增加 20%~40%。这些电池的设计还具有改进的氧复合能力，并且能够在不受控制的情况下以 0.2C 或更低的倍率充电；同时，该电池能够采用 $-\Delta V$ 充电控制进行 1h 快速充电。图 15C.36 比较了高容量电池与标准电池的放电特性。图 15C.37 显示了两种设计的电池容量和放电电流的关系。

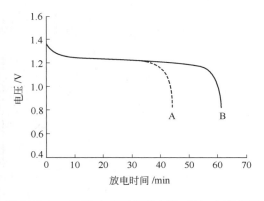

图 15C.36 亚尺寸 C 型标准电池 （A） 与高容量
电池 （B） 在 20℃下放电时的放电特性比较
（以 1C 倍率放电，以 0.1C 倍率充电 16h）

图 15C.37 亚尺寸 C 型标准电池 （A） 与高
容量电池 （B） 在 20℃时的性能比较

② 快速充电电池。这种电池具有特殊的电极结构和电解质分布设计，可以增强氧复合的能力。可以通过充电控制（例如，温度传感和 $-\Delta V$ 技术）以 1h 的速率快速充电，并且在没有充电控制的情况下以 C/3 倍率充电，因为该电池能够承受这种水平的过充电；同时，这种电池还能够在高放电倍率下运行。这是以稍微降低容量为代价的。这种电池具有改进的内部导热性，从而使表面温度更快地升高，有利于基于温度感应的快速充电系统。图 15C.38 对比了快速充电电池与标准电池的充电特性。标准电池的内部气压在充电过程中迅速升高，而快速充电电池的内部气压稳定。

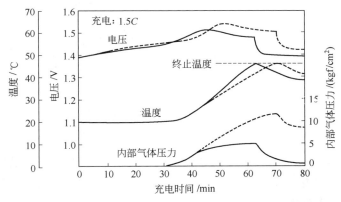

图 15C.38 快充电池 （实线） 与标准电池 （虚线） 的充电特性对比
$1kgf/cm^2 = 9.80665 \times 10^4 Pa$

③ 高温电池。这种电池设计是针对高温运行的，不会出现传统设计的使用寿命缩短和充电效率低下的问题。图 15C.39 将高温电池与标准电池在不同充电环境温度下的性能进行了比较。这种类型的电池能够在高达 35～45℃ 的温度下进行充放电循环，并且专为高温下的涓流充电（$C/20～C/50$ 倍率）进行设计。这种电池的充电电压比标准电池略高，还设计了析氧电位的控制。

④ 耐热电池。这种电池是针对高温快速充电而设计的。例如，即使在高达 45～70℃ 的温度下，也可以 0.3C 倍率充电。其性能特征与标准电池相似。然而，该电池应用了在高温下劣化最小的特殊材料，因此具有更长的高温使用寿命，图 15C.40 比较了标准电池和耐热电池在整个温度范围内的使用寿命。

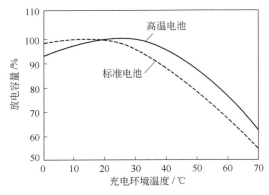

图 15C.39　高温电池与标准电池的性能比较
（充电倍率为 $C/30$；20℃ 时的放电倍率为 1C）

图 15C.40　耐热电池与标准电池的性能比较

⑤ 存储备份电池。这种电池用于为易失性半导体存储设备提供电池备份。这类电池的关键要求是寿命长（在某些应用中可达 10 年）、低自放电和低放电倍率下性能良好。图 15C.41 显示了存储备份电池的储存特性。电池的低倍率放电特性绘制于图 15C.42 中。由于该电池是为低倍率应用而设计的，其内阻比标准电池高，高倍率放电特性较差。

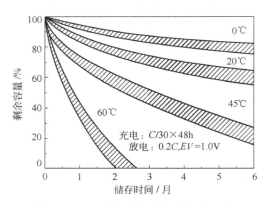

图 15C.41　存储备份电池的储存特性

⑥ 方形电池。扁平方形电池的结构特征已在 15C.3.1 节中进行了描述。方形电池的优势在于它允许更高效的电池设计，消除了组装圆柱形电池时出现的空隙。这种电池的体积能量密度比使用圆柱形设计的电池高约 20%。

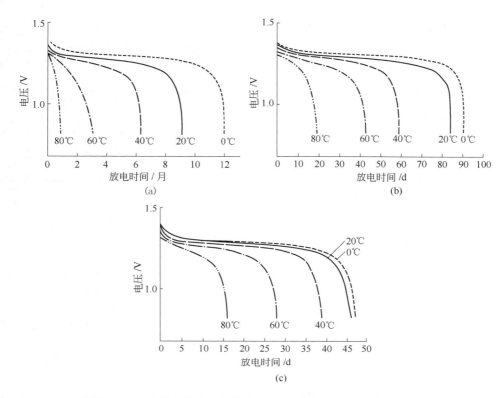

图 15C.42 存储备份电池的性能（$C/30$ 倍率在 20℃下持续 48h）

放电倍率：(a) $C/10000$；(b) $C/2000$；(c) $C/1000$

方形电池除了具有高容量电池的一些特性之外，大多数性能特征与标准圆柱形电池相似；气体复合已得到改进，允许以 $0.2C$ 或更低的倍率充电，并在充电控制下充电 1h，最好使用 $-\Delta V$ 方法测量，已在图 15C.43 中进行了说明。放电时的电压曲线是平坦的，与圆柱形电池一样，如图 15C.44 所示。但是，由于方形电池的电阻较高，因此大于 $4C$ 倍率下的性能不如圆柱形电池。其储存特性和循环寿命与圆柱形电池相似。

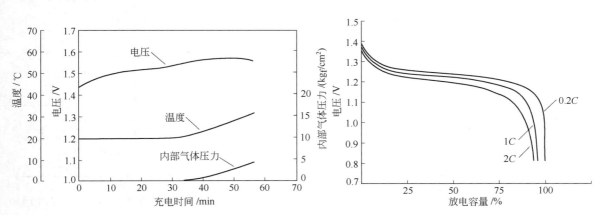

图 15C.43 方形电池在 20℃时的充电特性

（$1.5C$ 充电倍率；$-\Delta V = 10\text{mV}$）

图 15C.44 方形电池在 20℃时的放电特性

（$0.1C$ 充电倍率；16h）

15C.4.5 电池类型和尺寸

表 15C.3 列出了一些密封镍镉单体电池类型及其部分物理和电性能指标。采用这些电池可生产出具有不同输出电压和结构的电池组。

表 15C.3 典型密封镍镉电池（只由一个单体电池构成）的指标

电池型号	容量(0.2C 倍率)/mA·h	最大尺寸		
		直径/mm	高/mm	质量/g
圆柱形电池				
标准电池:充电 0～45℃;放电－20～60℃				
F	7000	33.2	91.0	224
M	12000	43.1	91.0	395
长寿命电池:标准充电 0～45℃;快充 10～45℃;放电－20～60℃				
AA	600	14.3	50.3	22
AA	700	14.3	50.3	23
AA	600	14.3	48.9	22
AA	700	14.3	48.9	23
SC	1200	22.9	43.0	52
急充电池:标准充电 0～45℃;快充 10～45℃;急充 1h,5～45℃;放电－20～60℃				
4/5 SC	1200	22.9	34.0	43
SC	1300	22.9	43.0	51
SC	1700	22.9	43.0	55
C	3000	26.0	50.0	86
高温电池:标准充电 0～70℃;放电－20～70℃				
AA	600	14.3	48.9	23
SC	1600	22.9	43.0	49
C	2900	26.0	50.5	78
F	7000	33.2	91.0	224
M	10000	43.1	91.0	395
耐热电池:标准充电 0～70℃;快充 10～70℃,放电－20～70℃				
AA	600	14.3	50.2	22
SC	1200	22.9	43.0	52

图 15C.45 是一个指南,用于确定给定性能要求或应用所需的大致电池容量。这些数据是基于 20～25℃ 标准电池的性能。在估算过程中,应纳入修正系数,以确定电池在其他放电条件下的实际性能。有关尺寸、额定值和性能特征的具体细节,应参考制造商的数据,因为它们可能与所示数据不同。

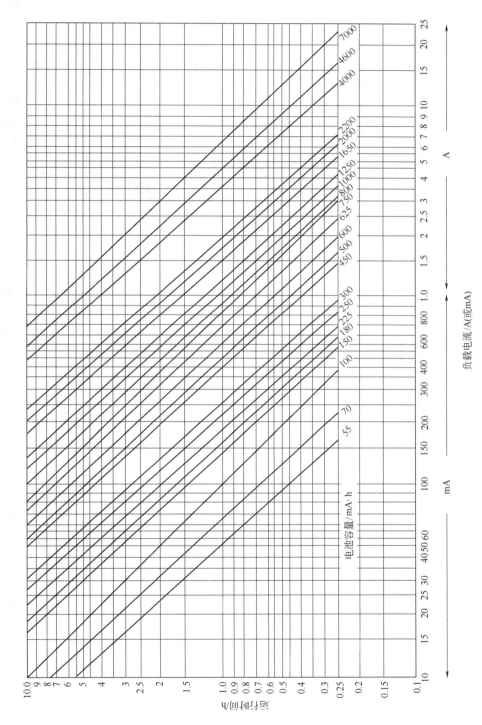

图 15C.45　密封圆柱形镍镉电池选型指南

对于给定负载和所需运行或服务时间的情况下，该指南可用于确定所需的大致电池容量；
图中数据是基于充满电的电池，20℃时的工作温度

15C.4.6 电池尺寸和可用性

目前，镍镉电池可从全球各供应商处获得。但密封电池的制造主要在亚洲。根据应用选择电池芯或电池组时，用户可以参考图 15C.45 所示的选型指南来确定安时容量。

此外，还应查阅制造商的数据以确定是否满足要求。最终，还需要通过电池制造商或有能力的电池组装商以获得满足最终生产设计要求的电池选型。图 15C.46 为一套 28V、47A·h 机载电池系统（使用 Acme FNC 电池，型号为 XX47，并带有专用充电器）。

(a) 电池　　　　　　　　(b) 充电器

图 15C.46　FNC 机载电池系统（28V、47A·h）

参考文献

1. Y. Sato, K. Ito, T. Arakawa, and K. Kobaya Kawa, "Possible Causes of the Memory Effect Observed in Nickel-Cadmium Secondary Batteries," *J. Electrochem. Soc.* **143**:L225, 1996.

15D　镍-金属氢化物电池

Michael Fetcenko，John Koch，Michael Zelinsky，Kwo Young

15D.1　简介

15D.1.1　概述

镍-金属氢化物电池（即 Ni-MH 电池或 NiMH 电池；常简称为镍氢电池或镍-氢电池，有时称为金属氢化物电池、镍-储氢合金电池等；注意其与 Ni-H$_2$ 电池有所不同，后者常称为氢镍电池或氢镍蓄电池以示区别）自 1989 年投入商业使用以来，一直被认为是一种具有商业价值的可充电电池体系。推动镍-金属氢化物电池增长的关键驱动力是混合动力电动汽车（HEV）的快速增长和碱性原电池直接替代品的需求。

可充电 Ni-MH 电池在商用 HEV 中占有重要地位，具有卓越的性能、可靠性和成本优势。镍-金属氢化物电池具有多种优良性能，如高能量和功率、宽工作温度范围和低成本，从而使 HEV 应用成为可能。此外，镍-金属氢化物电池还展示了出色的安全性、抗滥用性和循环寿命，并转化为先进车辆应用中的现场可靠性以及良好的消费应用整体性能。

虽然许多消费电器曾经以镍-金属氢化物电池和镍镉电池作为电源，如便携式计算机和手机，但现在已经改用重量更轻的锂离子电池，但镍-金属氢化物电池技术的不断改进促进了新市场的扩张；这些市场都曾经是碱性原电池独占的应用领域。引入可更换的"随时待用"的镍-金属氢化物充电电池，其性能与碱性电池相同或更好，价格几乎相当，已获得广泛的市场认可。这项镍-金属氢化物电池技术的进步关键是荷电保持率，1 年内仍高达 85％；消费者同时受益于 Ni-MH 电池在循环寿命和抗过放电性能方面的改进。

应用温度范围、高温充电接受能力和深度放电循环寿命方面的进步为镍-金属氢化物电池在固定设备和工业化应用方面创造了机会。在这些应用中，现有电池体系无法满足不断变化的客户需求。

15D.1.2　一般特性

表 15D.1 总结了密封 Ni-MH 电池的主要优点和缺点。除了低成本、高可靠性、长循环寿命和宽工作温度范围等基本特性外，镍-金属氢化物电池[12] 的以下特性确立了该技术的重要地位：

- 电池容量范围宽，0.06～250A·h；
- 750V 以上的高压下可安全运行；
- 优异的体积比能量和体积比功率，灵活成组；
- 直接进行串、并联使用；
- 可制成圆柱形或方形电池；
- 充放电安全，包括对滥用过充电和过放电的容忍；
- 免维护；
- 优异的温度特性（−30～70℃）；

- 能够利用高能量脉冲；
- 简单且廉价的充电和电子控制电路；
- 环保且可回收的材料。

表 15D.1　密封 Ni-MH 电池的主要优点和缺点

优点	缺点
质量比能量和体积比能量高于铅酸电池和镍镉电池	比铅酸电池成本高
具有与锂离子电池相当的高体积能量密度	质量比能量和体积比功率比锂离子电池低
高温特性和高倍率性能优异	低温性能差
良好的荷电保持能力	大型电池的商业化应用受限
深度放电循环寿命长	应用该电池的汽车供应商选择有限
可进行部分充电操作	
可快速充电	
搁置寿命长	
密封、免维护设计	
安全性、循环性能好	

15D.2　电池化学原理

在放电过程中，羟基氧化镍被还原为氢氧化镍：

$$NiOOH + H_2O + e^- \longrightarrow Ni(OH)_2 + OH^- \quad E = 0.52V$$

金属氢化物 MH 被氧化成金属合金 M：

$$MH + OH^- \longrightarrow M + H_2O + e^- \quad E = 0.83V$$

放电总反应为：

$$MH + NiOOH \longrightarrow M + Ni(OH)_2 \quad E = 1.35V$$

此过程在充电时为其逆反应。

镍-金属氢化物密封电池使用氧复合机制来防止接近充电结束和过充电而产生的气体所导致的压力积聚，如图 15D.1 所示。在充电过程中，正极在负极之前达到完全充电并开始放出氧气：

$$2OH^- \longrightarrow H_2O + 1/2 O_2 + 2e^-$$

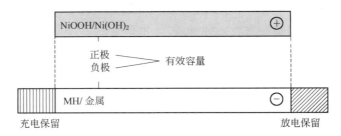

图 15D.1　镍-金属氢化物密封电池的电极示意

采用贫液设计和使用合适的隔膜，使反应生成的氧气通过隔膜扩散到负极。在负极，氧气与氢电极反应生成水，可以稳定电池的内部压力。

$$4MH + O_2 \longrightarrow 4M + 2H_2O$$

此外，负极不会充满电，因此可防止产生氢气，在循环的初始阶段是这样的，此时电池内发现的唯一气体是氧气。然而，电池的持续循环导致氢气析出并且观察到氢气按比例增加。这是由金属氢化物（MH）负极表面上的氧复合为放热反应，MH 合金局部加热造成的。MH 合金的局部温升影响其平衡压力，导致充电过程中释放氢气和增加压力。因此，必须在充电接近结束和过充电期间控制充电电流，将氧气的产生速率限制在小于复合反应速率，以防止气体和压力的积聚。

Ni-MH 电池设计中的一个术语是正负比（N/P），它是基于使用比正极（或氢氧化镍电极）具有更高有效容量的负极（MH 电极）。总体而言，如图 15D.1 所示，具有过量的 MH 容量允许在过充电（氧复合）和过放电（氢复合，参见第 15D.4.5 节中的"过放电期间的极性反转"）期间发生气体复合反应。此外，过量的 MH 电极容量还可以抑制 MH 合金的氧化和腐蚀。N/P 值因电池设计和制造商而异，但通常在 1.3～2.0 的范围内。较低的 N/P 值用于能量最大化，而较高的值则用于高功率和长循环寿命设计。因此，电池的有效容量由正极决定。

15D.3 电池组件和结构

15D.3.1 金属氢化物合金

Ni-MH 电池技术是一种不寻常的电池技术，原因在于 MH 活性材料是一种合成合金，由多种元素组成。MH 合金通常是二元系统，并分别标记为 A 和 B，变化幅度很大[34]，包含 AB_5（LaCePrNdNiCoMnAl）、A_2B_7（LaPrNdMgNiAlZr）或无序型 AB_2（VTiZrNi-CrCoMnAlSn）[5-8]。其中最常用的是 AB_5 型合金，尽管与 A_2B_7（320～380mA·h/g）和 AB_2（440mA·h/g）相比，其储氢容量较低；AB_5 合金的优点包括原材料成本低、易于活化和形成、电极加工的灵活性好以及高放电率能力。另一方面，A_2B_7 和 AB_2 在材料改性和更高能量利用方面获得了重大进展，这对于降低成本尤其重要。

MH 材料作为镍-金属氢化物电池的负极材料，要求满足一系列苛刻要求，包括储氢容量、金属氢键强度、催化活性、放电动力学和氧化/耐腐蚀性。$LaNi_5$、LaMgNi 和 VTiZrNiCr 等类型的多元素、多相、无序合金通过成分改性，可成为 Ni-MH 电池阳极最具吸引力的候选材料。合金中可以添加和取代多种元素，交错的晶相使其成为化学修饰的基体，且元素组成可以不符合化学配比。通过引入改性元素，储氢合金实现了易于活化和制造。适用于这些具有挑战性的冶金材料的特殊加工步骤（例如，合金熔化和粉碎）已经开发成功。

可通过调整 MH 活性材料成分和结构，以获得更为优良的容量、功率和/或循环寿命。

（1）AB_5 金属氢化物合金

对于 AB_5 体系，典型组成如下：$La_{5.7}Ce_{8.0}Pr_{0.8}Nd_{2.3}Ni_{59.2}Co_{12.2}Mn_{6.8}Al_{5.2}$（原子分数，%）；$La_{10.5}Ce_{4.3}Pr_{0.5}Nd_{1.3}Ni_{60.1}Co_{12.7}Mn_{5.9}Al_{4.7}$。

虽然 AB_5 型合金的容量通常为 290～320mA·h/g，但改变合金中 A 与 B 元素的比例可极大地影响其他整体性能属性。通常颠倒 La/Ce 的比例可增强合金的循环寿命和功率。Co、Mn 和 Al 的总含量对合金的活化难易程度及微观结构有直接影响，且增加的钴成分会导致更高的成本。AB_5 合金铸锭生产后，在较高温度下进行几个小时的后退火处理，来进一步细化材料的微观结构。退火处理可以调整微晶尺寸和晶界以及消除在铸锭熔化和铸造过程中可能形成的有害的晶体结构，对容量、放电速率和循环寿命有明显改善。退火后，将合金铸锭粉碎至所需的最终粒度范围。此外，熔体纺丝和其他快速固化技术等特殊加工方法也可以使合金具有更高的循环寿命。但是这些加工方法更昂贵，并且可能存在其他不利影响，例如较差的放电倍率能力[9]。

商用 AB_5 合金主要具有 $CaCu_5$ 晶体结构。然而，结构中材料成分的无序会导致晶格常数的改变，这对催化、储存容量以及对耐碱性和脆化稳定性很重要。这些材料还沉淀出嵌入表面氧化物中的金属镍钴夹杂物，对高速放电也很重要[11-12]。由于 Pr 和 Nd 的价格高昂，一种不含这两种元素的 AB_5 合金已被开发并广泛应用于消费类电池中[13-14]。

（2） A_2B_7 金属氢化物合金

A_2B_7 型系列合金成分各异，有多种制备方法。典型的 A_2B_7 合金成分（原子分数，%）如下：$La_{4.8}Ce_{0.4}Pr_{9.1}Nd_{5.4}Mg_{1.7}Ni_{68.8}Co_{3.0}Mn_{0.2}Al_{5.5}Zr_{0.2}$；$Nd_{18.7}Mg_{2.5}Ni_{74.7}Co_{0.1}Al_{3.6}Zr_{0.2}$。

A_2B_7 合金的容量范围为 $335\sim400mA\cdot h/g$。为了减少形成 AB_5 晶体结构的趋势，通常不使用 Ce。添加 Co 有助于减少晶格膨胀，而 Al 则形成保护性表面致密氧化物，两者共同提高合金的循环能力。已证明添加 Mn 可调节各种晶体结构数量，而添加 Zr 可提高合金的高速放电能力；然而，Mn 也可能在隔膜中形成微短路而加速材料自放电。

使用常规方法制备合金会导致形成内部混合的 $PuNi_3$ 和 $CaCu_5$ 晶体结构，Mg 仅存在于 $PuNi_3$ 晶体结构中。在生产 A_2B_7 合金铸锭后，需要高温几个小时的后退火处理进一步细化材料的微观结构。退火处理可以减少或消除铸锭熔化和铸造过程中形成的 AB_5 或其他不需要的晶体结构。退火后，将合金铸锭粉碎至所需的最终粒度范围。此外，根据合金配方，可能需要特殊的加工方法，例如熔体纺丝和其他快速固化技术，以消除不需要的 AB_5 晶体结构。

（3） AB_2 型金属氢化物合金

AB_2 型合金提供了另一系列成分选择，典型组成（原子分数，%）如下：$V_{18}Ti_{15}Zr_{18}Ni_{29}Cr_5Co_7Mn_8$；$V_5Ti_9Zr_{26.7}Ni_{38}Cr_5Mn_{16}Sn_{0.3}$；$V_5Ti_9Zr_{26.2}Ni_{38}Cr_{3.5}Co_{1.5}Mn_{15.6}Al_{0.4}Sn_{0.8}$。

AB_2 合金的容量为 $385\sim450mA\cdot h/g$。高钒含量的合金具有较高的自放电率，因为钒的氧化物溶解时，伴随着特殊的氧化还原反应。Co、Mn、Al 和 Sn 的浓度对于改善活化和成型性能、延长循环寿命非常重要。六方晶相 C14 和立方晶相 C15 的比例是影响容量和功率的重要因素。

AB_2 合金铸锭是通过传统的熔化和铸造方法来生产的。在铸造之后，使用反复的氢化/脱氢化处理，使合金铸锭粉碎。然后，研磨粉碎的合金直至所需的最终粒度范围。研磨后，缓慢引入氧气以促进保护性氧化物层的生长。

对于所有 MH 合金，金属-电解质表面的氧化物界面是影响放电倍率能力和循环寿命稳定性的关键因素。20 世纪 70 年代和 80 年代，人们广泛研究了原始的 $LaNi_5$ 和 $TiNi_{15}$ 合金用于镍氢电池，但由于其放电倍率和循环寿命较差，这些合金从未实现商业化[16-17]。表面氧化物缺乏足够的抗氧化/腐蚀能力；同时，缺乏催化活性，限制了放电倍率的提升。这两个是实现材料循环寿命的关键因素。目前无序 AB_5、A_2B_7 和 AB_2 合金的复杂化学式和微观结构已经延伸到合金的表面氧化物。对于表面氧化物，关键因素包括厚度、孔隙率和催化活性。合金表面存在尺寸为 $50\sim70Å$（$1Å=0.1nm$，全书同）或更小的超细金属镍颗粒并分散在氧化物的微观结构中，可使合金材料获得良好放电倍率。研究证明，该结构非常适合催化氢和氢氧根离子的反应[18]。

对表面氧化物的改进需要达成的另一关键目的，即实现表面氧化物钝化和腐蚀之间的平衡。氧化物的孔隙率对于离子接触金属催化剂并促进高倍率放电很重要。虽然表面氧化物的钝化不利于高倍率放电和循环寿命，但不受限制的腐蚀同样具有破坏性。阳极金属的氧化和腐蚀会消耗电解质，改变荷电状态平衡，并可能产生溶解性腐蚀产物导致正极中毒。合金表面无序化的成分及结构，可以在合金钝化和腐蚀之间建立平衡，保持稳定性。

15D.3.2　氢氧化镍

烧结或涂膏式 Ni 正极，都可以作为圆柱形或方形镍-金属氢化物电池的正极，这一点类似于镍镉电池（参见本书 15B 部分和 15C 部分）。镍-金属氢化物电池中使用的氢氧化镍与镍镉电池和铁镍电池中使用的氢氧化镍基本相同（参见本书 15A 部分）。简单来看，目前氢氧化镍正极基本结构和成分与 100 年前 T.Edison 和 W.Junger 曾用过的没有差别。然而，今天的高性能氢氧化镍更先进，在容量和利用率、功率和放电倍率、循环寿命、高温充电效率等方面有较大提高，同时降低了成本。

① 球形氢氧化镍。如前所述，氢氧化镍到目前为止最为常见的一种类型——高密度球形氢氧化镍，主要用于黏结式电极中，这种电极于 1990 年[19-20]左右开始实现商业化。高密度球形氢氧化镍是在沉淀反应器中制造的，硫酸镍在氨的存在下与苛性碱如 NaOH 反应。镍源可含有钴和锌等添加剂以提高性能。此类氢氧化镍的重要性质如下。

• 化学式。最常见的氢氧化镍活性材料是 NiCoZn 三元沉淀物，常见的成分是 $Ni_{94}Co_3Zn_3$。钴和锌的含量通常约为 1%～5%。可以针对导电性、氧过电压和微观结构细化进行调整，并在活性材料容量和成本方面进行权衡。其他更复杂的多元沉淀物（如 NiCoZnCaMg）具有更高的容量、循环寿命和高温性能，但无法通过传统沉淀工艺制造。

• 振实密度。通常约为 $2.2g/cm^3$。振实密度是衡量干燥氢氧化镍粉末填充效率的指标，可影响填入泡沫镍集流体孔中的活性材料的量。

• 粒径。平均粒径约为 10mm。

• 表面积。通过 BET（Brunauer-Emmett-Teller）气体吸附方法测量，表面积不是指氢氧化镍球体的几何面积，而是指粒子的总表面积，有助于充放电反应并且影响利用率和高倍率放电能力。高密度球形氢氧化镍的典型 BET 表面积约为 $10\sim20m^2/g$。

• 结晶度。氢氧化镍球体具有微晶本身的极高表面积。结晶度通过 X 射线衍射测量得到，其中反射的全峰半峰宽（FWHM），例如（101）平面，可以推测得到典型微晶尺寸大约 110Å。

影响性能的还有各种其他因素，例如加工过程中产生的杂质，如残留的硫酸盐、硝酸盐、硫酸钠等。

② 烧结氢氧化镍电极。烧结电极具有最佳的倍率和功率容量[21]，但牺牲了质量比容量和体积比容量，并且制造成本更高。烧结电极涉及昂贵且复杂的制造步骤，因此通常只有拥有此类现成工艺设备的公司才会制造烧结电极。烧结正极板首先将镍纤维[22]涂覆到基材（例如冲孔镍箔）上。然后，将镍纤维在氮气/氢气气氛中的高温退火炉中"烧结"，并且烧掉来自涂覆过程的黏结剂，留下具有典型平均孔径约为 30mm 的镍导电骨架。

接下来使用化学或电化学浸渍工艺，将氢氧化镍沉淀到烧结骨架的孔隙中。然后，在电化学充电/放电过程中形成或预活化浸渍电极。烧结氢氧化镍电极制造中的重要变量包括：

- 纤维镍骨架的强度和孔径；
- 氢氧化镍活性物质的化学成分；
- 活性材料负载；
- 有害杂质的量（例如硝酸盐、碳酸盐）。

烧结与涂膏式氢氧化镍的技术要求有所不同。烧结电极要求电池制造商在设施和设备上大量投资，并在处理方面拥有大量内部生产过程的专业知识。相反，涂膏式电极更依赖于泡沫镍基材和高密度球形氢氧化镍的供应商经验。涂膏式电极的最新进展包括电极功率和高倍率放电能力的显著改进，达到了与烧结电极相当的水平。

③ 涂膏式氢氧化镍电极。更常见的涂膏式氢氧化镍正极是通过将高密度球形氢氧化镍机械粘接到泡沫金属基材的孔中来生产的（图15D.2）。泡沫金属基材通常是通过电镀或化学气相沉积在聚氨酯泡沫上涂覆一层镍，然后通过热处理工艺去除聚氨酯基底而得到的。为了得到更好的导电性，泡沫金属的孔径可以从约400mm减小到200mm，并且可以调节泡沫密度，以平衡导电性/功率与容量/材料利用率之间的关系。

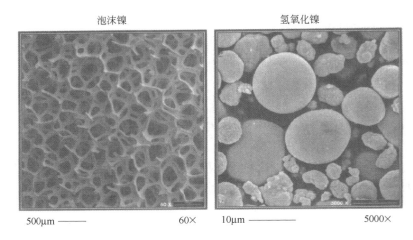

图 15D.2　正极泡沫镍基材和高密度球形氢氧化镍的扫描电子显微镜（SEM）照片

随后通过物理法将平均粒径为 $10\mu m$ 的氢氧化镍膏状物载入泡沫骨架上[23]，该膏状物包含导电氧化钴，可形成导电网络以减小从氢氧化镍到金属集流体的电阻，提高氢氧化镍本身的导电性。图15D.3显示了在背散射电子成像下涂膏式和烧结式电极横截面的比较，其中高亮度区域表示金属镍集流体。

氢氧化镍活性材料和电极配方可以针对特定应用进行专门设计。为了在35℃以上的温度下运行，一些制造商可能会在涂膏中使用其他添加剂，以抑制充电时过早析氧（请参阅下文的高温氢氧化镍部分）[24]。此外，涂膏配方的改变还涉及调整导电剂的类型和数量。例如，作为导电网络添加剂的钴金属和氧化亚钴[25-27]。通常，涂膏添加剂是细碎的钴金属和氧化亚钴，此类物质会溶解并重新沉淀在氢氧化镍活性材料的表面。然而，该涂层对于颗粒的包覆是不均匀和不完整的。

对于超高功率放电，可以在涂膏配方中添加金属镍纤维以增强导电性。但是，添加金属镍纤维会降低活性材料的量，从而导致电池容量和比能量的降低。

④ 高温氢氧化镍。为了抑制因高温而导致的析氧反应提前出现，制造商通常会引入析

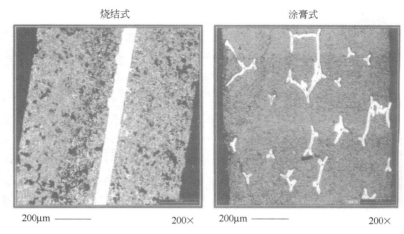

烧结式   涂膏式

图 15D.3 背散射电子图像
高亮度区域表示起集流作用的金属镍骨架，说明在涂膏式和
烧结式电极中活性物质到集流骨架的距离不同

氧抑制剂，例如 $Ca(OH)_2$、CaF_2 或 Y_2O_3。如图 15D.4 所示，这些添加剂的引入可以将 65℃下充电的容量损失从大约 50％降低到 20％以下。镍-金属氢化物电池制造商必须仔细选择析氧抑制剂的类型、数量和位置，以避免由于材料的非导电性而产生诸如损失功率和缩短循环寿命等有害影响。

另一种方法是对氢氧化镍本身的成分进行改性。最常见的镍-金属氢化物电池正极活性材料是 NiCoZn。为了提高高温性能，还开发了多元配方，如 NiCoZnCaMg。

⑤ 核壳 β-α-氢氧化镍。最近开发了一种具有长循环寿命的高容量（350mA·h/g）β-α-$Ni(OH)_2$[28]。高容量源于 α-$Ni(OH)_2$ 的多电子转移特性。β-α-氢氧化镍独特的核壳结构可防止从 β 相到 α 相的晶格膨胀而导致电极失效。

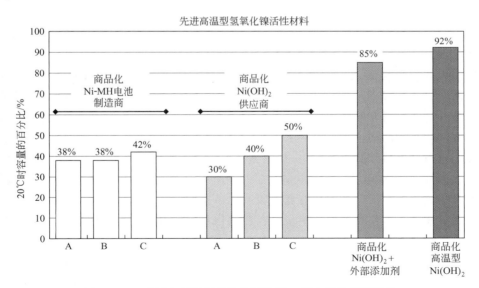

图 15D.4 采用商用氢氧化镍的圆柱形 C 型电池的温度特性

15D.3.3　电解质

所有类型 Ni-MH 电池中的电解质通常是约 30% 氢氧化钾水溶液，可在很宽的温度范围内提供高导电性。电解液通常含有浓度约为 17g/L 的氢氧化锂添加剂，以抑制析氧（与充电反应并行的竞争反应），提高氢氧化镍电极的充电效率。

电解质的重要特征与填充率有关。基本所有 Ni-MH 电池都采用密封、贫电解质的设计。与密封镍镉电池类似，电解质几乎被电极饱和吸收，而隔膜仅部分饱和以允许气体快速传输和复合。

为增强其高温性能，Ni-MH 电池中还采用了特殊的电解液。对于二元 KOH-LiOH 电解质，也可以用 NaOH 代替部分 KOH，形成三元 KOH-NaOH-LiOH 电解液。两者浓度类似，均约为 7mol/L，但 NaOH 的添加提高了高温充电效率。然而，这种电解质通常会加剧 MH 活性材料的腐蚀，降低循环寿命。

最近，离子液体被引入 Ni-MH 电池中作为电解质材料，以减少或消除碱性溶液的腐蚀性[29]。离子液体容许使用高容量硅阳极并扩大电压窗口[30]。例如 1-乙基-3-甲基咪唑乙酸盐在 25℃ 下的电导率为 2.5mS/cm，电化学窗口为 3.2V[31]。

15D.3.4　隔膜

隔膜的主要功能是防止正极和负极之间的直接电接触，同时容纳离子传输所需的电解质。镍-金属氢化物电池最初采用镍镉电池和 Ni-H$_2$ 电池所用的隔膜材料。然而，事实证明使用传统尼龙隔膜，Ni-MH 电池更易自放电[32]。氧气和氢气的存在会导致尼龙隔膜中的聚酰胺材料分解，分解产物会导致氢氧化镍中毒，造成氧气过早释放，并可能形成在两个电极之间进行氧化还原穿梭反应的化合物，进一步加大自放电速率。

此外，隔膜对循环寿命起着至关重要的作用。在贫液设计中，一个常见的设计原则是在组装阶段基本上使电极充满电解质。隔膜被设计为具有高电解质吸收率，以容纳尽可能多的电解质，但不能过度吸液，从而抑制气体复合。对电池制造商而言，这意味着在最初的几个充电/放电循环（形成）期间，当电极尚未吸收全部量的预期电解液时，充电必须谨慎，避免内压过高导致排气。

电解质设计概念与毛细理论有关，即电解质会迁移到最小的孔隙内。在 Ni-MH 电池中，电解质优先迁移到具有最小孔隙的氢氧化镍正极上，其次是 MH 负极，最后是隔膜。在电池组装时，隔膜通常吸液率约为 90%。随后在前几次充电/放电循环化成过程中，随着正负极膨胀和收缩、电极内部区域的开放与电解质接触吸收，吸液率减少到约 70%。这个过程会在一定程度上持续数百个充电/放电循环，当隔膜吸液率降低到其初始水平的 10%～15% 时，镍-金属氢化物电池一般就失效了。因此，要求镍-金属氢化物电池的隔膜在电池组装时能够吸收大量电解液，同时具有竞争吸液的小孔并保持表面润湿性。对失效电池中的隔膜进行检查后发现，即使是这些隔膜也会存在退化和电解液吸收能力的损失，但与前一代隔膜相比，已有很大改进。

因此，需要一种更稳定的镍-金属氢化物电池隔膜材料，以减少自放电，同时仍保留对维持循环寿命至关重要的电解质。在 Ni-MH 电池中，目前广泛采用"永久可湿聚丙烯"。事实上，它是聚丙烯和聚乙烯的复合材料。该纤维基体需要特殊的表面处理，才能对电解质具有润湿性。目前有以下两种主要的表面处理类型。

① 丙烯酸处理。该过程将丙烯酸等化学成分接枝到纤维基体上以增加润湿性，并使用多种技术（例如，紫外线或钴辐射）来完成[33]。

② 磺化处理。该过程通过将纤维材料基体暴露于发烟硫酸中来增加聚丙烯的润湿性。隔膜表面在处理完成后对电解质具有亲和性。磺化隔膜材料的使用是实现"预充电"Ni-MH 电池技术的关键组成部分。

15D.3.5　电池结构类型

密封 Ni-MH 电池采用圆柱形、纽扣式和方形（大方形或小方形）构造，类似于密封镍镉电池。

电极设计为具有大表面积的高度多孔结构，以提供低内阻和高倍率性能。圆柱形镍-金属氢化物电池中的正极是高度多孔的烧结或泡沫镍基材，镍化合物浸渍或涂膏到其中，并通过电沉积转化为活性材料。泡沫电极已普遍取代烧结板电极。膨胀金属和冲孔板成本较低，但高倍率能力较差。烧结结构则要贵得多。类似地，负电极采用多孔镍箔或网格的高度多孔结构，在其上涂覆以塑料作为黏结剂的活性储氢合金。电极采用合成无纺材料分隔。该材料作为两个电极之间的电子绝缘体和吸收电解质的介质。

① 圆柱形电池。密封圆柱形 Ni-MH 电池结构如图 15D.5 所示。电极呈螺旋状缠绕，组件插入圆柱形镀镍钢筒中；电解质被添加并包含在电极和隔膜的孔中。

单体电池通过卷边使顶端结构件与壳体密封。顶端结构件包括带有安全阀（可反复开闭）的上盖、正极端子和塑料垫圈。金属外壳作为电池负极，上盖作为电池正极，通过塑料垫圈相互绝缘。如果电池被滥用，内压升高，则安全阀可释放过高压力，进一步保证电池安全。

② 纽扣式电池。纽扣式电池构造如图 15D.6 所示，在结构上与纽扣式镍镉电池相似，只是镉被储氢合金取代。

③ 方形电池。

a. 小方形电池。小方形电池（薄型方形电池）旨在满足紧凑型设备的需求：方形允许更高效的电池组装，消除了圆柱形电池组装中出现的空隙，体积能量密度可提高约 20%。与圆柱形单体电池相比，方形单体电池可提高电池组设计的灵活度，因为电池组底部尺寸不再受到直径限制。方形电池的结构见图 15D.7。电极的生产工艺与圆柱形电池相

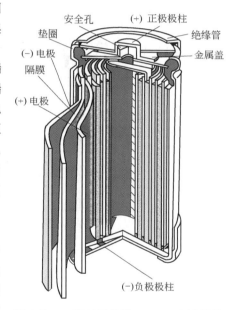

图 15D.5　密封圆柱形 Ni-MH 电池结构

A—盖
B—密封环
C—负极
D—隔膜
E—正极
F—电池壳(正极端子)
G—正极端子
H—弹簧片

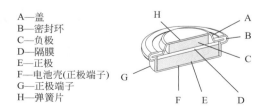

图 15D.6　密封镍-金属氢化物纽扣式电池结构

似，不同的是最后电极成品形状为扁方形。正负极用隔膜隔开，组合后将正极焊接到盖板上；然后将组装件放到镀镍钢壳中，并注入电解液。单体电池通过卷边使顶端结构件与壳体密封。与圆柱形电池相似，顶端结构件包括带有安全阀（可反复开闭）的盖板、正极端子和塑料垫圈。金属壳外有绝缘热缩套。金属外壳的底部作为电池负极，上盖作为电池正极，通过密封圈相互绝缘。

b. 大方形电池。大方形电池结构在设计上与小方形电池结构相似，主要区别在于正极和负极焊接到单独的端子而不是盖子和外壳上，盖子和外壳通过焊接密封成型而不是依靠压接密封。金属壳（外壳）可以有粉末涂层或用绝缘材料粘贴以防止电池间短路。突出的两个端子用作负极和正极的连接，并带有将端子与外壳绝缘的垫圈。图 15D.8 显示了一个大方形 Ni-MH 电池的结构。

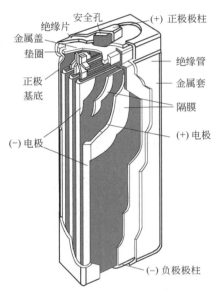

图 15D.7　密封薄型方形镍-金属
氢化物电池结构

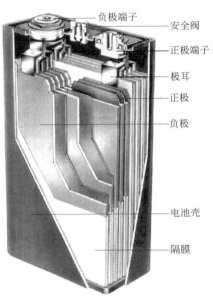

图 15D.8　大方形 Ni-MH
电池的结构

④ 模块结构。

a. HEV 模块结构。相对于其他化学体系的电池，Ni-MH 电池具有出色的耐过充、过放能力，因而尤为适合采用 HEV 模块结构。模块结构设计采用共用的压力容器，而且电池组件很少，只有一个安全阀组件及一些可以共用的零部件，因此可以降低成本。由于内部相邻单体电池可以共用电池壳壁，电池模块还具有体积小的特点。此外，电池模块既可采用液体冷却，也可采用空气冷却。采用水冷的塑料 Ni-MH 电池模块（7.2V，6.5A·h）如图 15D.9 所示。

电池模块的结构问题包括选择塑料外壳材料以避免气体渗透，以及需要单体电

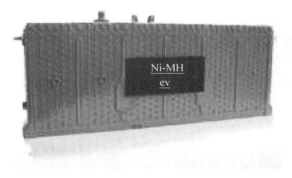

图 15D.9　丰田 Prius HEV 用塑料
壳体的 Ni-MH 电池模块

池具有良好匹配的容量和阻抗以避免电池间不平衡。此外，对于模块结构，必须认识到每个电池内的电极在充电和放电期间的膨胀和收缩以及随后电极堆叠的膨胀，必须在单体的机械设计和加载中得到补偿。

b. 9 伏多节电池。单模块设计的另一个实例是 9V 密封镍-金属氢化物电池（消费类电池），如图 15D.10 所示。

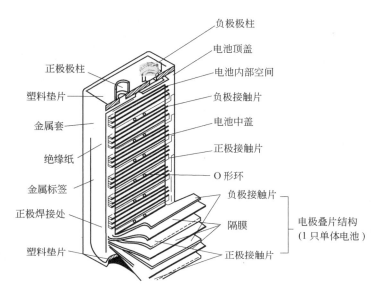

图 15D.10　9V 密封镍-金属氢化物电池的结构

c. 软包设计。一种新型的镍-金属氢化物（Ni-MH）电池被开发，这种电池借鉴了锂离子软包电池的设计，以增加质量能量密度和电池组密度（图 15D.11）。通过使用具有低氢平衡压力的 MH 合金，该软包电池专为电动汽车（EV）应用而设计，目标能量密度为 145W·h/kg。

d. 双极性结构。近年来，几家公司已开始提供采用双极性结构设计的镍-金属氢化物电池模块[34-35]。在双极性结构设计中，电池堆叠在一起，使得电池之间的整个表面积成为电流从一个电池转移到下一个电池的路径。这种大的横截面积促进了跨电池的均匀电流流动，最大限度地减少了传统电池设计中正常电池间连接造成的电阻和能量损失。因此，双极性结构非常适合高倍率应用。图 15D.12 为川崎重工制造的 Gigacell 电池模块的双极性结构设计。

图 15D.12 中的模块是针对铁路应用要求的极高充电电流而设计的。此种结构包含冷却风扇和散热器等在更简单的双极性结构设计中不需要的附加功能[36]。双极性结构设计的其他好处是最大限度地减少不均匀的产热，这一现象在传统的电池模块中很常见。均匀的电池加热促进均匀的老化过程，有助于保持电池性能，从而有利于延长电池寿命。

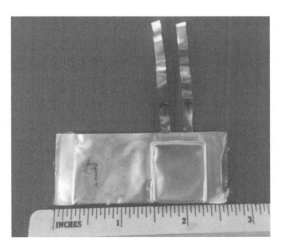

图 15D.11　软包 Ni-MH 电池

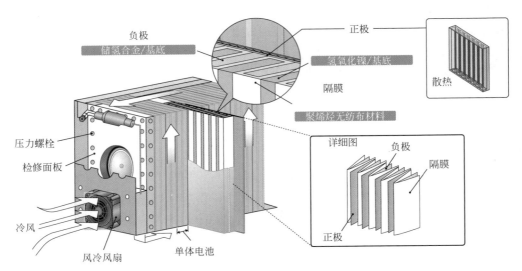

图 15D. 12　双极性模块结构设计

15D. 4　电池应用和性能

15D. 4.1　电池和电池设计

（1）圆柱形与方形结构

Ni-MH 电池有圆柱形和方形两种结构。这两种结构各有优点和缺点，应根据具体的应用选择相应结构。对于容量小于 10A·h 的应用，圆柱形电池占据主导地位，因为圆柱形电池的成本低、生产速度快。对于容量大于 20A·h 的电池，圆柱形结构设计和制造就变得困难，多采用方形结构。对于容量介于 10～20A·h 之间的电池，圆柱形和方形两种结构均可采用，但方形结构更为常见。

用于工业和动力的圆柱形电池类似于大批量生产的消费类电池，使用了众所周知的"果冻卷"结构。然而，大多数小型便携式圆柱形电池只需要低到中等的放电倍率能力，电极端子的连接通常非常简单。相反，由于工业和动力用镍-金属氢化物电池需要高甚至超高放电倍率和低内阻，因此使用多片集流体。这种类型的结构称为边缘焊接，要求每个电极在其一侧有集流条。集流条（正负极都采用）设置在电极片的对向两侧。当类似"果冻卷"的线圈缠绕之后，边缘集流条从多个位置焊接到电极上。电池组装的其他方面与小型消费类电池相同。增强集流的最终结果是重量增加导致比能量降低，但电池交流阻抗降低（小型便携式电池通常约为 8～12mΩ，工业电池约为 1～2mΩ），比功率增加。对于 HEV、摩托车、电动自行车等工业应用，通常采用标准 C 型和 D 型圆柱形电池，或者在这两种标准型号基础上，保持直径尺寸，设计不同高度的电池。更大的圆柱形电池，如 F 型电池的研究也已有文献报道[37]。

方形电池是传统结构，在方形结构中正、负极交错叠放在一起，每对正负极间衬有隔膜（如 15D. 3 节中的"方形结构"所示）。主要设计参数包括电极厚度、正负极数量以及各尺寸的比例（单体电池的高度、宽度和厚度之比）。关键的设计参数为活性物质与非活性组件如电池壳、端子及集流体的比例。在任何情况下，电池设计者的目标都是强调电池某一方面或某几方面的性能，如能量和功率；同时，保持其他性能（例如循环寿命）的最低阈值。例如，对于 EV 用方形 Ni-MH 电池[38]，200W/kg 左右的功率密度即能满足大多数车辆要求，因此可以选用较厚的正负极，提高活性物质与非活性组件的比例，使质量比能量达到 63～80W·h/kg。相反，HEV 用方形 Ni-MH 电池必须大于 1300W/kg，因此电极厚度必须小于 EV 用电极。用于 HEV 的 Ni-MH 电池典型比能量范围约为 42～68W·h/kg。

（2）金属与塑料电池壳

镍-金属氢化物圆柱形电池只能使用金属电池壳。造成这种情况的一个重要原因是电池壳本身与 MH 负极电连接，同时作为负极端子。另一个重要原因是许多应用需要快速充电，其中气体复合会导致相当大的内部压力。只有金属容器才有足够的强度，不会造成显著变形。最后，使用聚砜垫圈将金属压接密封到盖板组件上，既便宜又快速且可靠。

电动汽车等车用方形 Ni-MH 电池通常采用金属和塑料电池壳。与电池壳本身是负极端子的圆柱形电池不同，方形电池在顶盖板上同时具有正极和负极端子。选择金属电池外壳的关键原因在于出色的导热性、不同规格电池尺寸的廉价开模制作成本以及较小的体积变化 [图 15D.13（b）]。塑料电池壳的主要优势是低成本和在高电压电池组中的电绝缘性好。在当今电动汽车常见电压（320V 或更高）的电池组中，不能忽略高电阻下的泄漏电流。塑料电池外壳的设计进一步考虑的因素包括永久模具的开发成本、气体渗透性、导热性和足够的塑料厚度以用于气体压力密封而不会出现电池膨胀。使用塑料电池盒的 Ni-MH 电池模块如图 15D.13（a）所示。

(a) (b)

图 15D.13 使用塑料电池盒的 Ni-MH 电池模块（a）和金属外壳（b）

（3）能量与功率权衡

与其他可充电电池技术类似，Ni-MH 电池可以设计为强调能量、功率或两者的综合性能。电池应用场景要求决定了电池选型，但也要综合考虑各因素。在某些应用中，电池需要一定的阈值功率（例如 200W/kg）才能获得足够的性能；当功率要求被满足后，其能量密度的需求被提高到 62～80W·h/kg 范围。更高的能量需求意味着电动机更长的运行时间。能量型电池成本的典型单位是美元/kW·h，其中 150 美元/kW·h 的目标是最具挑战性的开发目标之一。镍-金属氢化物电池成本主要由原材料的数量、成本和利用率控制，而不是劳动力、组装、封装成本等。因此，许多 Ni-MH 电池生产商都致力于提高低成本活性物质的利用率（以 mA·h/g 计），以降低生产成本。

相对于电力应用来说，因为电池的功能大不相同，能量的重要性要小得多。对于 HEV，电池的主要作用是接受和利用再生制动产生的能量，并在启动时辅助加速。在充电和放电过程中，电池通常会在非常高的电流脉冲下工作，但能量释放通常仅限于相对较小的放电深度。因此，Ni-MH 电池的关键指标是比功率大于 $1000W/kg$。目前可用的 Ni-MH 电池比功率范围为 $1000\sim1700W/kg$，新进展报告中已经接近 $2000W/kg$。

（4）电池、模块和电池组结构设计

典型的 $5.0A \cdot h$、C 型便携式镍-金属氢化物电池具有 $8\sim15m\Omega$ 的交流阻抗，$15\sim30m\Omega$ 的 $\Delta V/\Delta I$ 阻值。相比之下，方形 $100A \cdot h$ 镍-金属氢化物电池的交流阻抗约为 $0.4m\Omega$，$\Delta V/\Delta I$ 阻值为 $0.9m\Omega$。尽管电阻很低，但由于极高的电流脉冲，加热仍然是一个令人担忧的问题。高电流造成的热效应（I^2R）与过充电引起的加热相比，也处于较低水平。因此，Ni-MH 电池和动力电池设计的一个重要方面是热管理。

恰当的热管理从 MH 负极开始，因为过充电热量是由氢化物电极表面发生的氧复合反应产生的。热量必须从负极转移到电池壳，因此电极和电极堆栈内的良好导热性很重要。电池通常封装在 12V 模块中，电池则以背对背的方式绑定在一起。这意味着，电池两端将具有更高的暴露表面积，可用于对流冷却。此种状况造成了模块内热不平衡，以及由此导致的荷电状态不平衡。因此，正确的模块设计必须考虑端板和散热结构。

电池模块可以采用各种不同结构的组合。无论采用何种结构，其重要的设计考虑因素是模块之间的距离、空气或水流通道以及电池散热结构的特性，以平衡模块与模块之间的冷却效果。HEV、PHEV 和 EV 电池热管理的优点和缺点总结见表 15D.2。

表 15D.2　HEV、PHEV 和 EV 电池热管理的优点和缺点总结

项目	风冷	水冷
优点	较轻 简单	传热更有效 流体的平均温度更一致 可与车辆的冷却系统整合在一起
缺点	空气在电池组内的分布复杂 吸入的空气必须滤掉其中尘土和水分 受环境温度的影响	质量增加 增加了模块设计的复杂程度 流体的平均温度更高

15D.4.2　消费类电池——预充电 Ni-MH 电池

镍-金属氢化物电池技术继续扩展到新市场。消费类产品以前是碱性原电池的专属领域，现在可以使用具有"即用"功能的可充电 Ni-MH 电池，为消费者提供与碱性原电池同等或更好的性能选择，并且价格相当。因此，"预充电"Ni-MH 电池正在获得广泛的市场认可。

这项镍-金属氢化物电池技术进步的关键是将满电态电池的 1 年荷电保持率提高到 85%（达到碱性原电池的水平）。在减少自放电机制方面进行了大量工作，从而产生了两种截然不同的镍-金属氢化物电池技术，即传统和先进的"预充电"技术。

① 常规 Ni-MH 电池。自放电率取决于储存温度和时间——温度越高，自放电率越大。这在图 15D.14 中进行了说明，该图显示了传统密封圆柱形 Ni-MH 电池在不同温度下储存的荷电保持率。进行荷电保持率比较的电池的剩余容量是在额定放电负载（大约 1C 倍率）下放电测得的。值得注意的是，传统的镍-金属氢化物电池技术在 30 天内有 $20\%\sim30\%$ 的容量损失。

② 先进的"预充电"Ni-MH 电池。这类镍-金属氢化物电池技术通常被称为"即用型"技术。这些电池以类似于碱性原电池的预充电状态出售，最多可存放 5 年，容量损失小于

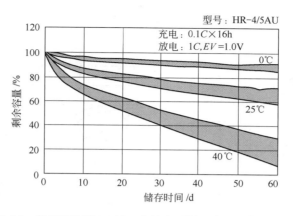

图 15D.14　传统圆柱形 Ni-MH 电池在不同温度下的荷电保持特性

15%。为了实现这种低水平的自放电，制造商通常使用磺化隔膜，以钴包覆 $Ni(OH)_2$ 材料的方式替代在正极膏中添加钴，以及低腐蚀 AB_5 或 A_2B_7 MH 合金。先进与传统圆柱形 Ni-MH 电池的充电保持特性见图 15D.15。

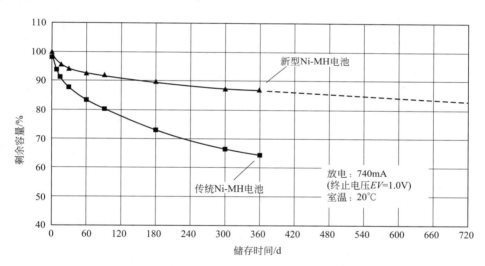

图 15D.15　先进与传统圆柱形 Ni-MH 电池的充电保持特性

镍-金属氢化物电池在充电状态下的储存对其容量没有永久性影响。由于自放电造成的任何容量损失都是可逆的，电池可以通过简单的充电恢复到满容量。然而，在高温下储存时，类似于在高温下操作，可能会损坏密封件、MH 合金和隔板，导致永久性损坏，例如容量、循环寿命和整体电池寿命的损失。因此，建议将镍-金属氢化物电池的储存温度范围保持在 20～30℃。

15D.4.3　放电性能

（1）放电电压曲线

① 圆柱形电池。圆柱形密封 Ni-MH 电池在各种恒定电流负载和温度下的典型放电曲线如图 15D.16 所示（数据基于 20℃下 0.2C 放电倍率至 1.0V 的倍率性能）。该曲线为典型的平坦放电曲线。放电电压取决于放电电流和放电温度。通常，在较高电流或较低温度下，可以观察到电池中的工作电压较低。这是由于电流增加或较低温度下电阻增加导致更高的 IR

压降。然而，由于 Ni-MH 电池（以及镍镉电池）的电阻相对较低，因此这种电压下降也低于其他类型的便携式原电池和可充电电池。

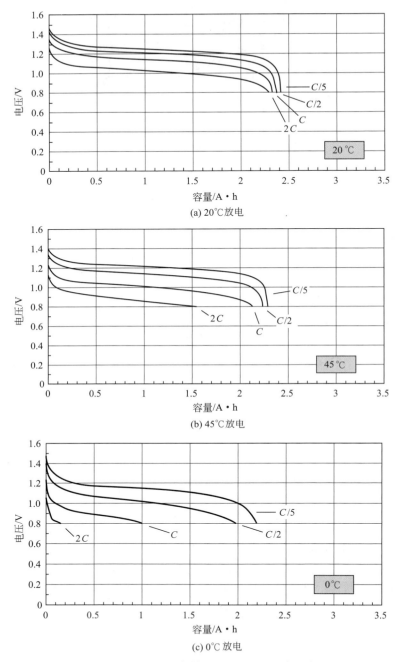

图 15D.16　圆柱形密封 Ni-MH 电池的放电特性

② 纽扣式电池。纽扣式密封 Ni-MH 电池在室温和其他温度下的典型放电曲线如图 15D.17 所示。

③ 方形电池。方形密封 Ni-MH 电池在室温和其他温度下的典型放电曲线如图 15D.18 所示。

④ 9V 电池。9V 密封 Ni-MH 电池在室温和其他温度下的典型放电曲线如图 15D.19 所示。

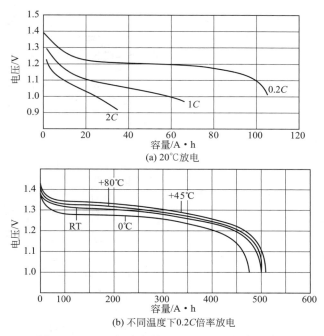

(a) 20℃放电

(b) 不同温度下0.2C倍率放电

图 15D.17   纽扣式密封 Ni-MH 电池的放电特性

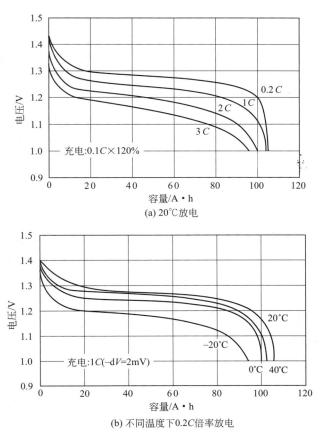

(a) 20℃放电

(b) 不同温度下0.2C倍率放电

图 15D.18   方形密封 Ni-MH 电池的放电特性

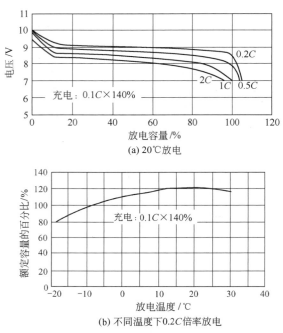

(a) 20℃放电

(b) 不同温度下0.2C倍率放电

图 15D.19　9V 密封 Ni-MH 电池的放电特性

（2）比能量

根据特定的应用要求，Ni-MH 电池的质量比能量可以在 42～110W·h/kg 之间变化。对于运行时间至关重要的消费类应用，Ni-MH 电池不需要高功率容量或超长循环寿命。对于极高功率的充电和放电，强化集流、高 N/P（负极/正极）比以及其他电池设计和构造改进可以相应地降低比能量。对于最常见的小型便携式 Ni-MH 电池，质量比能量通常约为 90～110W·h/kg；对于大型方形电池，通常约为 65～75W·h/kg；对于 HEV 电池和其他高功率应用，约为 45～60W·h/kg。

虽然质量比能量通常在先进电池技术研究中受到关注，但在许多情况下，体积比能量（或能量密度，以 W·h/L 为单位）更为重要。镍-金属氢化物电池具有高能量密度，已达到430W·h/L。

（3）比功率

相对于其他先进的电池化学物质，高功率能力是镍-金属氢化物电池的主要优势。多年来，人们普遍认为镍-金属氢化物电池在化学领域永远无法达到足以取代镍镉电池的高倍率放电能力。事实上，由于镍-金属氢化物电池更高的能量和对环境问题的关切，镍-金属氢化物电池在化学领域现在正在具体应用中迅速取代镍镉电池。

图 15D.20 显示了高功率圆柱形镍-金属氢化物电池高达 10C 放电倍率的电压曲线，比功率达到 865W/kg（图 15D.21）。图 15D.22 中所示的镍-金属氢化物电池 HEV 模块，在充电和放电条件下比功率都超过了 1300W/kg。

（4）放电倍率和温度对容量的影响

电池的容量取决于几个因素，包括放电电流、温度和截止电压或终止电压。较低的截止电压可以增加电池的容量，特别是在较高的放电电流和较低的温度下，电压下降更大。但是，应该注意的是，放电至截止电压过低会对电池造成风险，因为电池可能会永久损坏（请参阅下文"过放电期间的极性反转"）。因此，Ni-MH 电池的截止电压或终止电压通常为 1.0V/单体。

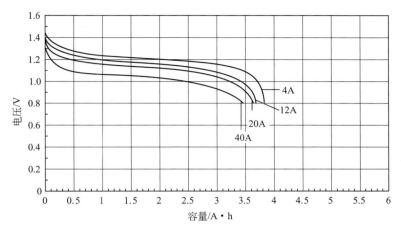

图 15D. 20　高功率圆柱形 C 型镍-金属氢化物电池（3.5A・h）
在不同倍率下连续放电时的电压-容量曲线

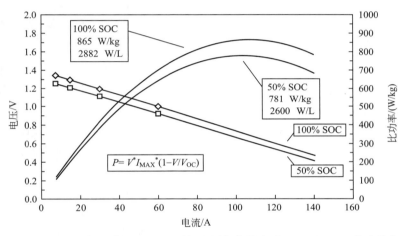

图 15D. 21　超高功率圆柱形 C 型镍-金属氢化物电池（3.5A・h）的比功率

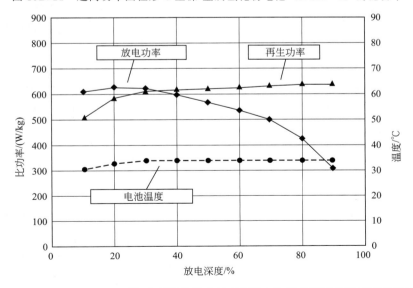

图 15D. 22　12V、20A・h 镍-金属氢化物电池 HEV 电池模块不同放电深度的比功率

图 15D.23 总结了密封 Ni-MH 电池的容量（以 20℃ 时 0.2C 倍率放电时的容量百分比计）与放电温度和电流（以 C 倍率表示）之间的关系。

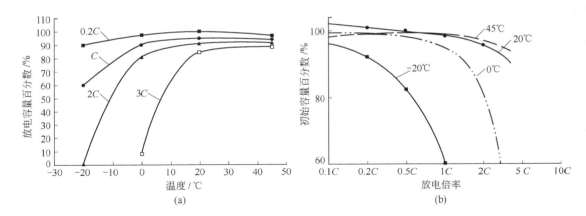

图 15D.23　密封圆柱形 Ni-MH 电池在不同放电倍率下的放电容量（单体电池截止电压 1.0V）
与环境温度的关系（a），以及不同温度下圆柱形 Ni-MH 电池的放电容量（0.2C 倍率
放电时的容量百分数，单体电池终止电压 1.0V）与放电倍率（C）的关系（b）

通常 Ni-MH 电池的最佳性能在 0～40℃ 的温度范围。在更高温度下，电池的放电性能受到的影响不大，而在低于此温度范围时所受影响更为明显。一般情况下，温度变化对于电池高倍率放电性能的影响更为明显。

电池寿命期间放电性能的降低主要是由于放电过程中产生的水导致 MH 电极极化而内阻增加。活性 MH 材料、活性氢氧化镍材料和电解质配方的选择，对不同温度下的电池容量有重要影响。

高温性能通常由活性正极材料控制。正如 15D.3.2 节中所述，材料和/或添加剂的选择会极大地影响高温充电效率。造成高温充电问题的是氢氧化镍正极的析氧特性。通常在室温下，氢氧化镍电极充电到大约 80% 额定容量时，竞争析氧反应才开始发生。在充满电时，继续充电会在氢氧化镍电极处产生 100% 的氧析出，并且氧迁移到 MH 电极形成了众所周知的氧复合过充电机制。高温下的问题在于氧析出发生在更早的充电状态，并且造成总充电效率降低，如图 15D.24 所示。

与温度相关的另一个重要方面是温度对电池储存寿命的影响（在下文中的"过放电期间的极性反转"中将进行讨论）。在温度高于 45℃ 时，长时间的储存或备用电源会出现电池隔膜退化、MH 合金氧化和腐蚀以及正极钴导电网络破坏，进而缩短电池寿命。这些机制中的每一种都高度取决于制造商对活性电极材料的选择。

15D.4.4　循环/寿命性能

15D.4.4.1　荷电保持能力

荷电保持能力是镍-金属氢化物电池制造商相互竞争的重要性能，但最终用户在产品选择中也必须同时综合考量其他性能。Ni-MH 电池的荷电性能在储存期间由于自放电而降低，并且高度依赖于温度以及隔膜材料、所采用的正极和负极活性材料。MH 活性材料的具体配方、隔膜材料和氢氧化镍活性材料的质量都对降低或提高自放电率起着重要作用。由于 Ni-MH 电池的材料选择范围非常广，因此不同产品的荷电保持性能可能会有很大差异。然而，

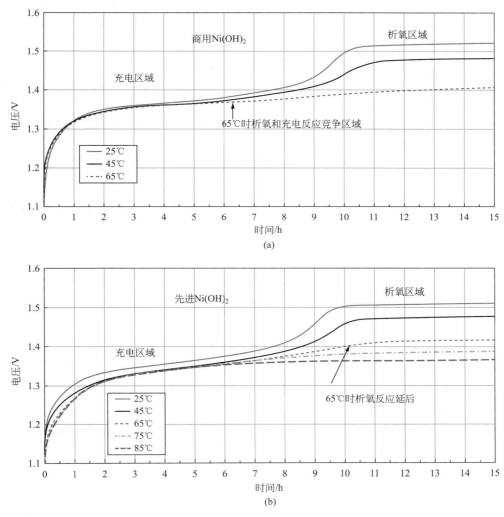

图 15D.24　不同温度下商用氢氧化镍电池的充电特性
（a）商业氢氧化镍；（b）先进氢氧化镍

仅就选择材料以优化荷电保持率而言，也可能会对电池的其他性能产生不利影响。例如，先进隔膜材料可将室温下的自放电率损失从每月 30％减小到 15％左右，但同时也会造成循环寿命降低 15％～50％。隔膜材料降低自放电的化学机理非常复杂，主要是利用隔膜上的化学接枝剂，促进自放电的化学基团结合，从而使之钝化。然而，在对隔膜进行处理的同时，也给隔膜的吸液量以及循环过程中的持液能力造成不良影响。隔膜干涸是电池失效的常见形式。

　　MH 合金的选择也要进行类似的权衡。与前面讨论的低容量 AB_5 或 A_2B_7 合金相比，高容量 AB_2 合金具有更高的自放电率。MH 合金对自放电的影响机制是双重的。首先，氢化物合金的腐蚀产物可能会迁移到氢氧化镍正极并导致储存过程中氧析出。其次，其他腐蚀产物，如钒及其多价氧化物可能形成类似于硝酸根离子的氧化还原穿梭机制。同样，氢氧化镍材料的质量、氢氧化镍的使用以及残留的杂质（如硝酸盐和碳酸盐）都会影响自放电机制。然而，超低杂质水平和改进的封装可能会无意中增加加工成本。

正极在减少自放电方面起着最重要的作用。与自放电相关的损失使钴导电网络易于破坏。随着电池逐渐失去电荷，钴导电网络可以还原为 Co^{2+} 或 Co 金属，使钴进入溶液并迁移到电池中的其他地方。目前，有两种相互竞争的方法来解决这个问题。当需要长期储存数年时，一种方法是增加钴添加剂的含量，以防止导电网络的破坏和活性材料的隔离。另一种越来越流行的方法是使用"钴涂层"或"钴包覆"的活性材料，避免钴损失和均匀性问题。尽管价格更高，但表面包覆氢氧化钴的氢氧化镍已证明具有更稳定的导电钴形态。此外，据报道，钴包覆使材料具备更高的利用率、高倍率放电性能[39]，并可明显提高荷电保持率。

15D.4.4.2 循环寿命

工业尺寸 Ni-MH 电池的循环寿命与小型便携式 Ni-MH 电池的循环寿命既有相似之处，也有不同之处。小型便携式 Ni-MH 电池的循环寿命因制造商而异，但通常在 500～1000 次完整循环（2h 充电/放电下 100%DOD）的范围内。大型 Ni-MH 电池和小型 Ni-MH 电池的循环寿命共同的影响参数和化学因素包括以下内容。

（1）MH 电极
- 活性合金配方（氧化/腐蚀性能）；
- 合金加工对微观结构的影响（颗粒粉化）；
- 电极结构（x-y-z 方向膨胀，传导通路稳定性）。

（2）氢氧化镍电极
- 活性物质配方（抗膨胀，抗中毒）；
- 导电网络稳定性（钴氧化物的数量和类型）；
- 基材（孔径、强度和抗断裂性）。

（3）单元设计
- N/P 比（过量负极容量对电池压力、金属氢化物腐蚀及电极分解的影响）；
- MH 放电储备（过放保护）；
- 隔膜（腐蚀稳定性、电解液吸收和保留、厚度和抗短路能力）；
- 电解质（组成、用量和吸液率）；
- 安全压力（失重、电荷不平衡）；
- 电极堆叠设计（压缩、电极厚度、高宽比）。

工业尺寸和便携式 Ni-MH 电池循环寿命的影响因素如下。

- 由于容量或充电状态不匹配，显著较高的电池电压（42～320V 与 12V 相比）增加了滥用过充电和过放电的风险。
- 总体上更高的能量（0.1kW·h 与 33kW·h）增加了热量的产生，因此增加了热管理的重要性（这可能会受到电池组外壳热传递限制的进一步影响）。
- 更高的工作温度。风冷和水冷式汽车电池通常在 35℃ 或更高的温度下运行，而便携式电池的运行温度可能会经历瞬时升高的温度，但通常处于或接近室温状态。
- 串/并联结构。在便携式电池中，有多种电池规格可供选择，从 100mA·h 纽扣式电池到 7～12A·h 的 D 型和 F 型电池。动力电池和方形 Ni-MH 电池的可用电芯尺寸要小得多。
- 便携式电池寿命终止的定义通常是基于容量损失。
- 认证与运行测试。功率性能重视程度极大地影响了测试方法。在便携式电池循环寿命测试中，最常见的是使用 1h 或 2h 恒流充电和放电，每个循环都达到 100%DOD（放电深度）。对于 EV 循环寿命测试，放电通常是模拟驾驶条件的可变电流-时间曲线——所谓的"DST"驱动曲线（参见第 26 章）。脉冲放电循环寿命测试的意义在于大电流脉冲在测试中占主导地位。大多数 EV 循环寿命测试是在 80％DOD 下完成的，典型的镍-金属氢化物电池模块循环寿命为 600～1200 次。HEV 测试更加强调高功率能力，并不特别强调放电深度。典型的 HEV 模式循环寿命测试是在具有 2％～10％荷电状态的高电流脉冲下进行的。在这些条件下，典型的镍-金属氢化物电池循环寿命超过 300000 次，相当于车辆行驶近 240000km。从图 15D.25 中可以看出，放电深度的差异（EV 循环与 HEV 循环）在循环寿命测试中具有重要作用。

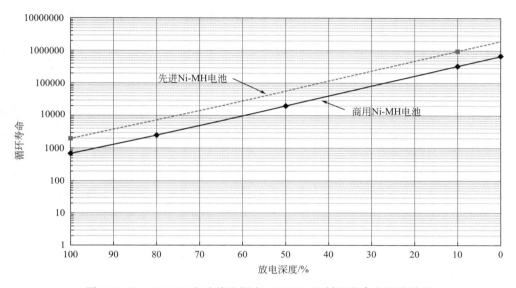

图 15D.25 Ni-MH 电池放电深度（DOD）和循环寿命之间的关系

镍-金属氢化物电池的失效模式还包括隔膜穿透造成的短路。电池和电极制造一般具有完善的工程和质量控制，此类事件发生的概率通常很小。另一种失效模式是由于过充电，安全阀频繁打开，导致隔膜内吸液不足。大电池组中的不同部分之间的热差异引起的充电不平衡可能会导致过充电。充电过程的复杂性可能会使问题更加复杂，其中电压和温度测量可能不是基于单只模块或电池。另一种失效模式是由于过放电，即高压电池组中的电池或模块放电低于推荐的最低电池电压 1.0V。过放电可能是由于电池内的热梯度而导致高压串联电池组内的电池荷电状态不平衡。过充电和过放电滥用的另一个原因是"薄弱电池或薄弱模块"。这种现象的出现是由于电池组由大量单体电池组成，而这些单体电池的容量、功率和电阻的衰减速率随循环的进行出现了差异。

上述失效模式都说明了包含数百个单体电池的电池组内保持荷电状态平衡的重要性。工业 Ni-MH 电池中保持均衡充电状态的方法，实际上是使所有电池单元处于相同的充电状态。如果电池组内的电池温度过高或电池与电池之间的温度梯度太大，则这种利用过充电来均衡充电状态的方法就会失效。将小型圆柱形 Ni-MH 电池的出色循环寿命复制到大型电池组过程中，最重要因素是合适的热管理，如 15D.4.7 节"具体应用"中所述。

如果避免了因短路和滥用过充电/过放电导致的早期失效，大型/封装 Ni-MH 电池的主要失效模式是随着循环次数的增加内部电阻增加。使用特定能量的 Ni-MH 电池的用户将观察到长时间使用后运行时间会缩短。对于使用特定功率的 Ni-MH 电池的用户，由于提供的高充电电流引起的过度加热导致电池无法利用高能脉冲，因此将观察到由于内部电阻增加和功率损失而导致的失效。

与在小型便携式 Ni-MH 电池中观察到的机制相同，大型电池中造成循环过程内阻增加和功率损耗的主要原因在于 MH 合金和氢氧化镍膨胀导致的电解质重新分布，并造成隔膜干涸；同时，由于隔膜、MH 活性材料和正极材料的氧化而消耗电解液[40]，大型 Ni-MH 电池因其方形结构，这些机制的影响可能会被放大。圆柱形电池具有一个正极、一个负极和用于每个电极的隔膜。方形镍-金属氢化物电池可能有 20 个正极、21 个负极和相应数量的隔膜。对于气压和从电极堆施加到外壳上的机械力，圆柱形壳体在压力控制方面比方形容器更有效。因此，大型 Ni-MH 电池的另一个关键因素是模块内压缩力的管理。通常，使用压力带固定 10 个或 11 个电池模块，该模块配有端板以平衡罐侧壁上的侧向力。如果无法在每个模块内的每个单体以及内部电池单体堆本身中充分平衡压缩力，则会由于电解质分布不均而导致早期失效。

（4）搁置寿命

在大约 6 个月到一年的储存期间，传统的 Ni-MH 电池可能会完全自放电。在开路情况下更长时间的储存，可能会导致电池电压逐渐下降到 0～0.4V，这会导致正极中的钴导电网络被击穿和/或 MH 活性材料的表面氧化增加[41]。电池在低电压条件下存储的时间、低电压存储的温度以及电池设计都会影响电池恢复的容易程度和水平。例如，可能需要几次低倍率充电和放电循环来恢复电池容量和功率。如果低电压退化程度严重，则电池性能可能无法恢复。

要想获得良好的搁置寿命，必须考虑的设计因素有 MH 合金的抗氧化性和耐腐蚀性、MH 电极上的预充电量、氢氧化镍活性材料的成分以及正极中钴导电网络的性能。

如果电池长时间不使用，工业 Ni-MH 电池的用户可以选择让电池保持低电流涓流充电。或者，电池可以定期充电以补偿正常自放电容量损失。

15D.4.5　电性能分析

（1）库仑/能量效率和内阻

Ni-MH 电池由于使用表面积大、电阻低的薄板和电导率高的电解液，因此其内阻低。图 15D.26 显示了内阻随放电深度的变化。在放电的大部分时间，电阻保持相对恒定。在放电结束时，由于活性材料的转化，电阻会增加。此外，电池内阻会随着温度的降低而增加，这是因为电解质和其他成分的电阻在较低的温度下较高。Ni-MH 电池的电阻则随着使用时间的延长和循环次数的增多而增加。

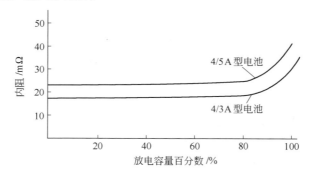

图 15D.26　圆柱形镍-金属氢化物电池的内阻与放电容量关系

Ni-MH 电池技术的一个关键优势是由于低内阻而具有的高效率，如图 15D.27 所示。对于 60A·h 方形镍-金属氢化物电池，在 100A 下观察到超过 90％的能量效率；300A 时的效率超过 75％。

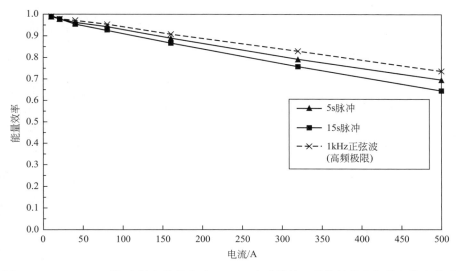

图 15D.27　60A·h 镍-金属氢化物电池（HEV 电池模块）的能量效率与放电倍率关系

电压效率在很大程度上取决于电池中的线性电阻组件，以及可以通过工程技术降低的电子电阻和离子电阻。在模拟 HEV 驾驶循环下，50％的充电状态时，库仑效率被确定为 99％，这是充电维持 HEV 的典型工作点。根据美国环保局（EPA）的城市公路 FTP 联合行驶时间表，能源效率约为 93％～95％。

（2）过放电期间的极性反转

当多电池串联放电时，最低容量的电池将先于其他电池达到完全放电。如果继续放电，则可能到达 0V，将该低容量电池驱动至过放电状态，并且其极性（电压）反转，如图 15D.28 所示。图中阶段 1 是放电的正常阶段，正极和负极上都保留有活性材料。

在阶段 2 中，正极上的活性物质已经完全放电，继续放电将导致开始产生氢气。部分氢气可能被负极中的储氢金属合金吸收，而剩余气体则在电池中积聚。然而，活性材料仍然保留在负极上并且继续放电。电池电压取决于放电电流，但保持在约 −0.4～−0.2V 之间。

在阶段 3 中，两个电极上的活性材料都已耗尽，并且在负极产生氧气。电极长时间的过放电会导致充气、电池内部压力

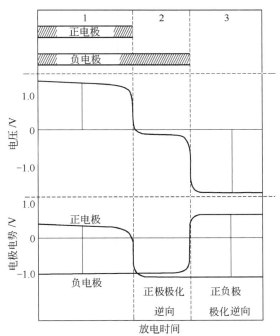

图 15D.28　圆柱形密封镍-金属氢化物电池放电过程中的反极

升高、安全阀排气和电池劣化。

　　串联（在多节电池中）的电池数量越多，发生极性反转的可能性就越大。为了最大限度地减少影响，每当 3 个或更多电池串联时，所选择的电池应将电池容量偏差控制在 ±5% 以内的狭窄范围。选择容量相似的单体电池的过程称为"匹配"。此外，对于高达 1C 倍率的放电率，应使用 1.0V/单体或更高的截止电压，以防止任何电池发生反转。对于包含 10 个以上串联电池的电池组和超过 1C 倍率的放电率，应使用更高的截止电压。

　　（3）放电类型

　　如第 5 章所述，根据负载的特性，电池可能会在不同的模式（如恒阻、恒流或恒定功率）下放电。放电模式对电池在特定应用中的使用寿命有重大影响。Ni-MH 电池在三种不同模式下的放电曲线如图 15D.29 所示。图 15D.29（a）显示了电压曲线，图 15D.29（b）显示了电流曲线，图 15D.29（c）显示了电池放电期间的功率曲线。以 1000mA·h 电池的放电为例，放电结束时（单体电池截止电压为 1.0V）在各种放电模式下的功率输出相同。此例中，当截止电压为 1.0V 时，功率输出为 100mW。为了放电至 1.0V 时具有 100mW 的功率输出，恒流放电的电流应为 100mA（C/10 倍率），恒阻放电为 10.0Ω。从图中可以看出，恒定功率放电时电池的工作时间最长，因为在此模式下平均电流最小。

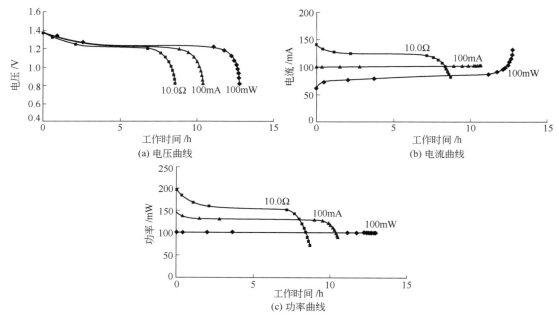

图 15D.29　圆柱形镍-金属氢化物电池（额定容量为 1000mA·h）恒定功率、恒流、恒阻放电曲线
■—恒电阻；◆—恒功率；▲—恒电流

　　（4）恒定功率放电特性

　　Ni-MH 电池在恒定功率模式下的放电特性如图 15D.30 所示，类似于图 15D.29 中的恒流放电数据，放电功率基于 E 倍率显示。E 倍率的计算方法与 C 倍率相似，但基准为额定瓦时容量，而非安时容量。例如，对于标称能量为 1200mW·h（1000mA·h，C/5 倍率，1.2V）的电池，E/2 倍率即为 600mW。

15D.4.6　充电特性

　　充电是将放电时释放的能量恢复的过程。电池的后续性能（及其整体寿命）取决于有效

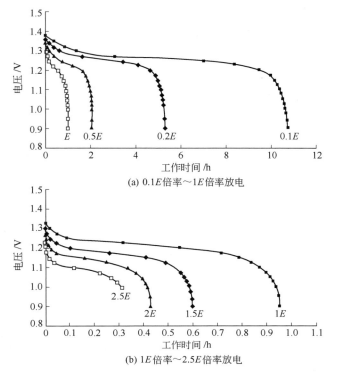

(a) 0.1E倍率~1E倍率放电

(b) 1E倍率~2.5E倍率放电

图 15D.30　圆柱形密封镍-金属氢化物电池在 20℃下的恒定功率放电曲线

充电。有效充电的主要标准如下：将电池充满电；限制过充程度；避免温度升高和温度波动过大。

　　Ni-MH 电池的充电特性与密封镍镉电池相似。然而，有一些明显的差异，特别是在充电控制要求上，因为 Ni-MH 电池对过充电更敏感。在互换使用相同的电池充电器之前应谨慎。

　　密封 Ni-MH 电池最常见的充电方法是恒流充电，但应限制电流以避免温度过高或超过氧复合反应的速率。

　　Ni-MH 电池和镍镉电池在以中等恒定电流速率充电期间的电压曲线比较示于图 15D.31中。当电池接受充电时，两个电池系统的电压都会上升。在充电的第一阶段，由于电池内阻产生的焦耳热，两个电池的温度都会略有升高。两种电池化学性质都与吸热充电过程有关。镍镉电池，$Q_r = T\Delta S = 27$kJ。Ni-MH 电池，$Q_r = T\Delta S = 40$kJ。其中，Q_r 是反应热，而 ΔS 是熵变。电池充电时温度升高说明焦耳热的升温作用远大于反应的降温作用。当充电至 $75\%\sim80\%$ 时，正极开始析氧反应，电压迅速升高，并且由于氧气在负极的复合反应放出热量，也使电池温度急剧升高。当电池接近满充电状态时，温度上升引发充电过程的吸热可逆热效应（$T\Delta S$），导致电压随着电池充满电而下降并进入过充电状态。

　　Ni-MH 电池的充电电压峰值不如镍镉电池明显，这是由于 Ni-MH 电池氧复合反应放出的热量大于镍镉电池，Ni-MH 电池 $\Delta H = -572$kJ/mol，而镍镉电池 $\Delta H = -550$kJ/mol，抵消了充电反应吸收的热量。两种电池均可以用峰值后的电压降（$-\Delta V$）作为终止充电判据。两种电池充电控制技术相似，但可根据两种体系充电特性的不同，采用不同的终止条件。

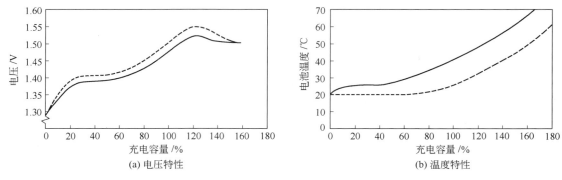

图 15D. 31 镍镉电池和镍-金属氢化物电池典型充电特性比较
实线代表 Ni-MH 电池；虚线代表镍镉电池

充电期间密封 Ni-MH 电池的电压取决于许多条件，包括充电电流和温度。图 15D. 32 显示了 Ni-MH 电池在不同充电倍率和温度下的电压曲线。随着充电电流的增加，由于较高的 IR 和电极反应的过电位，电压上升。随着温度的升高以及内阻和电极反应过电位的降低，电压降低。电压峰值在低充电倍率和较高温度下并不明显。

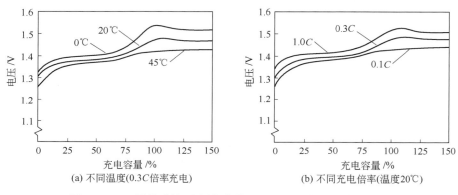

图 15D. 32 圆柱形镍-金属氢化物电池的电压与充电容量关系

在不同充电倍率下充电期间电池温度的升高如图 15D. 33 所示。电池的内压升高情况和温度变化相似。在高充电倍率下，电池温度和压力都有升高的现象，进一步表明"快速充电"时必须进行合适的充电控制和有效的充电终点判断，以避免电池放气及其他损害。

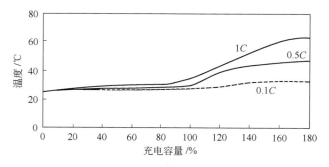

图 15D. 33 圆柱形 Ni-MH 电池充电期间的电池温度变化

充电效率与温度有关。温度越高，充电效率越低，因为高温促进正极上氧气的析出。低温可减少氧气的析出，因而低温下充电效率高。但由于低温下氧气的复合速度也减慢，因此电池内压升高，升高幅度取决于充电倍率的大小。图 15D.34 显示了在不同温度和多种充电倍率下充电后的可用放电容量。如图所示，高温充电后电池容量降低。这种影响的程度还取决于充电后的放电条件以及其他充电条件。

适当的充电方式不但能使电池在随后的放电过程中释放最大容量，而且能避免电池温度过高、过充电及其他影响电池寿命的问题出现。

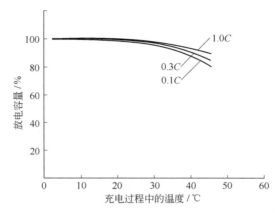

图 15D.34　圆柱形 Ni-MH 电池在不同充电倍率下充电效率与充电温度的关系
电池以 0.2C 倍率放电至 1.0V

（1）充电控制技术

镍-金属氢化物电池的特性决定了需要充电控制以终止充电，从而防止电池过充电或暴露在高温下。适当的充电控制技术可以延长电池的循环寿命，如图 15D.35 所示。最高容量水平是在 150% 的充电输入下实现的，但是以牺牲循环寿命为代价的。120% 的充电输入可获得最长的循环寿命，但由于充电输入不足而导致容量较低。热熔断器（TCO）充电控制可能会缩短循环寿命，因为通常允许电池在充电过程中达到更高的温度。但是，在充电期间可能超过最高温度的情况下，这种方法可用于备用控制。

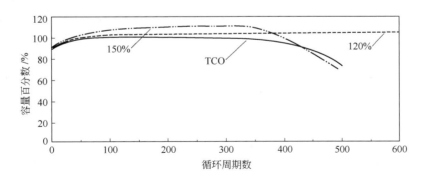

图 15D.35　充电控制对圆柱形 Ni-MH 电池循环寿命的影响
1C 倍率充电，1C 倍率放电至 1.0V；TCO 表示采用热熔断器在 40℃ 终止充电；
120% 表示充电容量为 120% 时终止充电；150% 表示充电容量为 150% 时终止充电

下面总结了一些通用的充电控制方法。这些方法的特性如图 15D.36 所示。在许多情况下，可在单次充电期间使用多种方法，特别是高倍率充电控制。

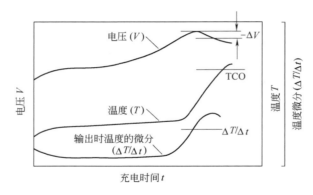

图 15D.36　充电终止方法的比较（TCO，$\Delta T/\Delta t$，$-\Delta V$）

① 定时充电。在这种充电控制方法下，电池在达到充电预定时间后终止充电。这种方法只应用于低倍率充电，以避免过充电，因为在充电之前无法确定电池的充电状态。此过程也用于其他充电终止方法的补充充电，以确保完全充电。

② 电压降（$-\Delta V$）控制充电。这种技术广泛用于密封镍镉电池，可以监控充电期间的电压，并在电压开始下降时终止充电。这种方法也可用于镍-金属氢化物电池，但如同 15D.4 节"放电电压曲线"中所述，镍-金属氢化物电池的峰值电压不那么突出，并且在低于 $0.3C$ 倍率的充电电流中可能不存在，尤其是在较高的温度下。电压信号必须足够灵敏，以便在电压下降时终止充电，但又不能太灵敏，以免因噪声或其他正常电压波动而过早终止充电。镍-金属氢化物电池通常使用 10mV/单体电池的压降。

③ 电压平台（$\Delta V=0$）控制充电。由于密封 Ni-MH 电池并不总是显示足够的电压降，另一种方法是在电压达到峰值且变化率为零时终止充电，而不是等待电压下降。与 $-\Delta V$ 方法相比，过充电的风险降低了，可以随后进行一次补充充电以确保完全充电。

④ 截止温度（T）控制充电。这种充电控制技术是监控电池的温升，并在电池达到指示过充电开始的温度时终止充电。由于受到环境温度、电池芯和电池设计、充电倍率以及其他因素的影响，因此很难精确控制。例如，环境温度较低的电池可能在达到截止温度之前就已过充电，而环境温度较高的电池则可能充电不足。通常这种方法与其他充电控制技术结合使用，主要用于在其他充电控制激活之前电池达到过高温度的情况下终止充电。

⑤ 温度变化值（ΔT）控制充电。该技术在充电期间测量高于环境温度的电池温度上升值，并且当该上升值超过预定值时终止充电。通过这种方式，环境温度的影响被最小化。截止值取决于多个因素，包括电池尺寸、电池配置和电池数量，以及电池的热容量。因此，必须为每种类型的电池确定截止值。

⑥ 温升率（$\Delta T/\Delta t$）控制充电。在这种方法中，监测温度随时间的变化，并在达到预定的增量温升时终止充电。环境温度的影响几乎被消除。$\Delta T/\Delta t$ 截止值是镍-金属氢化物电池的首选充电控制方法，因为它提供了较长的循环寿命。

注意：有关使用保护装置的电池设计的详细信息以及可用于充电控制的热保护装置的描述已在第 7 章中进行了讨论。

（2）充电方法

镍-金属氢化物电池非常灵活，可以采用多种充电方法。设计充电程序的主要考虑因素是防止过度过充电，尤其是在高倍率下，以避免热量积聚和电解液排放损失。常见检测过充电的方法包括时间、温度、ΔT、$\Delta T/\Delta t$、$-\Delta V$ 和压力上升。在所有情况下，产生热量的析氧/复合机制是判断充电终止的基础。终止充电所采用的方法将取决于充电倍率（从慢充电到快充电），并且最好限制 Ni-MH 电池中产生的热量，以防止损坏。

① 低倍率充电（12～15h）。对密封 Ni-MH 电池完全充电的一种方便方法是以约 $0.1C$ 倍率以恒流充电，并有时间限制地终止充电。在这个电流水平下，气体的产生不会超过氧气的复合速率。充电应在 150% 容量输入后终止（完全放电的电池大约需要 15h）。应避免过充电，因为这会损坏电池。这种充电方法的温度范围为 5～45℃，在 15～30℃ 之间可获得最佳性能。

② 快速充电（4～5h）。镍-金属氢化物电池可以以更高的倍率高效、安全地充电。当析氧反应速率超过氧复合反应速率或电池温度上升过高时，需要充电控制以终止充电。完全放电的电池可以以 $0.3C$ 倍率充电，充电时间相当于 150% 的充电输入（大约 4～5h）。除了定时器控制外，还应使用 TCO 设备作为备用控制，在 55～60℃ 左右终止充电，以避免将电池暴露在过高的温度下。这种充电方法可以在 10～45℃ 的环境温度范围内使用。

作为进一步的预防措施，还应检测电压（$-\Delta V$）的降低，以确保能够尽早地终止充电以最大限度地减少过充电。如果正在充电的电池没有完全放电，可以采取特殊措施；然后可以使用 $0.1C$ 倍率的补充充电（如上所述）来确保 100% 充电。

通常不建议以 $0.1C$～$0.3C$ 倍率为密封 Ni-MH 电池充电。在这些倍率下，电压和温度充电曲线可能不会表现出适合基于电压的终止控制的特性，电池可能会因过充电而受到损害。

③ 快速充电（1h）。在更短的时间内为镍-金属氢化物电池充电的另一种方法是以 $0.5C$～$1C$ 倍率恒流充电。在进行快速充电时，必须在过充电早期终止充电。由于无法预测充电所需的时间，因此不适宜采用定时器控制充电。部分充电的电池很容易过充电，而完全放电的电池可能充电不足，这取决于定时器控制的设置方式。

对于快速充电，电压下降 $-\Delta V$ 和温度上升 ΔT 可用于终止充电。为了获得更好的结果，可以通过感应温度升高速率 $\Delta T/\Delta t$ 来控制快速充电的终止，并使用 TCO 备用控制。

图 15D.37 显示了使用 $\Delta T/\Delta t$ 方法与 $-\Delta V$ 方法相比在终止快速充电方面的优势。$\Delta T/\Delta t$ 方法可以比 $-\Delta V$ 方法更早地检测到过充电的开始。电池受到较少的过充电和过热，从而可减少循环寿命的损失。$\Delta T/\Delta t$ 应采用 1℃/min 的升温速度；建议 TCO 的温度为 60℃。

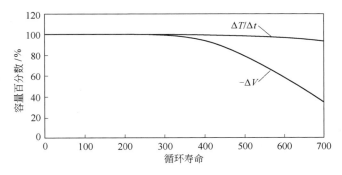

图 15D.37　圆柱形 Ni-MH 电池循环寿命及容量与充电终止方法的关系
$1C$ 倍率充电，搁置 30min；$1C$ 倍率放电至 1.0V，搁置 2h

对于由三个以上单体电池构成的电池组，采用 $-\Delta V$ 法并用 TCO 法作为备用充电控制是合适的。通常，$-\Delta V$ 值为 $10\sim15\mathrm{mV}$/单体，TCO 法中的终止温度为 $60℃$。

在快速充电电动车（EV）电池所需的基础设施尚未完全普及的情况下，Ni-MH 电池技术的优势在于其能够在需要时接受快速充电，前提是适当的可用电力供应。例如，典型的 EV 电池容量可能约为 $100\mathrm{A\cdot h}$；如果需要 $15\mathrm{min}$ 快速充电，可以采用接近 $400\mathrm{A}$（在高于 $360\mathrm{V}$ 时）的电流。

Ni-MH 电池在 $15\mathrm{min}$ 内可以充入 $60\%\sim80\%$ 的电量。但是，此后电流必须减小。由内阻热造成的温升较小，对于 $33\mathrm{kW\cdot h}$ 的电池组，大约温升 $15℃$，但是氧复合热造成的温升巨大。另外，对于快速充电还应关注的是必须监测到过充电的开始阶段。

④ 涓流充电。许多应用都要求电池保持在满荷电状态。实现这一要求的方法是以一定速率对电池进行涓流充电，补偿电池自放电所造成的容量损失。涓流充电的速率通常为 $0.03C\sim0.05C$ 倍率，最佳温度为 $10\sim35℃$。涓流充电可在前面讨论的任意一种充电方法完成后进行。

⑤ 三阶段充电。三阶段充电法可迅速将密封镍-金属氢化物电池充满，并且不会造成电池过充电或高温。

第一阶段：以 $1C$ 倍率充电，采用 $\Delta T/\Delta t$ 法或 $-\Delta V$ 法终止充电。

第二阶段：以 $0.1C$ 倍率继续充电 $0.5\sim1\mathrm{h}$ 后由计时器终止。

第三阶段：在充电倍率为 $0.02C\sim0.05C$ 的电流下无限期维持充电。还应使用 TCO 保护电池以终止充电，使温度不超过 $60℃$。

⑥ 充电算法。充电算法是指用于为镍-金属氢化物电池组充电的编程程序。从理论上讲，电池可以以极高的倍率接受充电输入，直到电池充满约 80%，此时必须降低充电电流。过充时，充电电流充电倍率不应超过 $10\mathrm{h}$，一般总输入充电量应在 $110\%\sim120\%$ 左右。

镍-金属氢化物电池的一个固有优点是可以使用简单的充电方法和廉价的设备，并且不需要监控高压串联中每个电池的电压。

一种用于对大型 Ni-MH 电池进行可靠充电的方法是通过恒流充电至一个可进行温度补偿的电压值。实际上，这意味着电池以大电流充电至预定的电压，该电压对应一定的荷电状态。达到预定电压后，电流减小或分段减小，直至达到另一预定电压值。充电算法的一个重要特点是预先设定的节点电压值需要根据温度和电流进行调整。

15D.4.7 具体应用

① 消费类电池。自推出市场以来，Ni-MH 电池在不断发展的消费电子市场中发挥了重要作用。虽然许多早期应用（数码相机、手机、便携式计算机）已经过时或过渡到重量更轻的锂离子电池，但会出现新的设备和用途。今天的 Ni-MH 电池可为从电动牙刷到扫地机器人吸尘设备的家用电器供电。然而，消费类 Ni-MH 电池增长最快的用途是替代一次性碱性电池。消费者已经意识到，单只可充电 Ni-MH 电池可以替代数百甚至数千只一次性碱性电池[42]。改用 Ni-MH 电池后可以降低家庭和当地垃圾填埋场的压力。

② 车辆类电池。在应用于消费电子产品 10 年之后，镍-金属氢化物电池已经成为 HEV 的供能技术。如前所述，全球已有近 1200 万辆 HEV 使用 Ni-MH 电池，为其提供了安全、可靠、使用寿命长的电源。虽然由于电池重量的原因，降低了 Ni-MH 电池在插电式混合动力汽车和纯电动汽车（Battery Electric Vehicles）领域的吸引力，但 HEV 的主要供应商认为，Ni-MH 电池为 HEV 提供了明显的优势[43]。除了 HEV，现在镍-金属氢化物电池还为

车辆提供启停用动力[44]。

③ 固定用途工业类电池。与传统观点相反，Ni-MH 电池技术的工作特性非常适合用于固定用途工业应用。这些应用中的大多数都是围绕铅酸电池发展的。如今虽然铅酸电池继续主导着工业市场，然而在许多情况下，当具体应用、系统配置和/或功能的变化超过了铅酸电池的能力时，迫切需要更先进的电池技术解决方案。

④ 固定/备用电源（电信）。美国的电话网络就是一个很好的例子。最初的网络由中央办公空间供电，那里的专用电池室和工作人员可以将电池保持在理想状态。随着网络发展成为更加分布式的电力系统，电池从中央办公空间，被部署至户外机柜内的备用远程供电节点。电气和电子工程师学会（IEEE）开始认识到对阀控式铅酸蓄电池（VRLA）进行日常维护的必要性，以优化其性能和使用寿命[45]。但远程电池安装的维护往往被忽视，导致电池过早失效。通过借鉴镍-金属氢化物电池在 HEV 中的应用经验，几家公司现在正在推出专为电信备份设计的镍-金属氢化物电池[46]。

⑤ 高温应用类电池。在许多情况下，上述室外通信机柜在阳光照射下的金属机柜内部温度可能超过 60℃（华氏温度约 140°F），导致电池寿命大大缩短。在过去的几年里，已经开展了很多工作来提高镍-金属氢化物电池的耐热性。大多数努力都集中在阴极材料和电解质添加剂方面，以提高高温下的充电接受能力。工业级 Ni-MH 电池现已上市，能够在高达 75℃ 的温度下实现完全充电。这些镍-金属氢化物电池在电信设备的实验室和现场测试结果已证明能够在高温下长时间运行。据报道，在 55℃ 下运行 14 个月后，容量保持率优于 95%[47]。在高温下的长寿命对于除了电信之外的其他广泛应用也非常重要，如户外设备、工业生产过程和应急照明等。高耐热性还可以使具有大量冷却负载的应用受益，例如数据中心和不间断电源（UPS）。

⑥ 长循环寿命电池。在世界许多地区，电力供应并不像美国那样稳定。在这些地区，备用电池不仅必须具有较长的使用寿命，而且还必须具有较长的循环寿命。正如图 15D.25 所示，镍-金属氢化物电池是一种长循环寿命的电池技术，在 80% 或更高的放电深度下，能够提供数千次放电循环。深循环能力是光伏储存和其他新兴电网储能应用的一个非常重要的考虑因素，其中电池容量每天可以使用多次（参见第 27 章）。随着这个市场的不断发展，Ni-MH 电池肯定会发挥重要作用。与此同时，Ni-MH 电池在铁路应用中展示出了很高的投资回报。在使用过程中，接近车站时的列车再生制动能量被回收，以用于之后乘客乘车舒适性、线路电压调节和应急电源方面的需求。铁路旁置 Ni-MH 电池储能系统的大量安装已实现显著节能并降低峰值功率的效果[48]。典型的铁路旁置储能系统每天经历大约 4000 次充电/放电循环，类似于大型太阳能或风能装置在农业中的应用。

⑦ 高倍率电池。物料搬运设备市场是一个典型的应用案例，因其使用过程的变化而需要更好的电池。与固定备用电源类似，该市场以铅酸电池为主。虽然这些电池足以处理大多数标准操作，但充电速度较慢。充电倍率和运行时间的限制，为 Ni-MH 电池创造了机会。全天候运行的配送中心和制造业务通常需要为叉车车队中的每辆车配备 3 个电池，这会降低生产效率、增加费用，并浪费用于充电、存放和更换电池的占地面积。行业中越来越倾向于快速充电，即每辆叉车都使用一个电池，在休息和其他闲置期间尽可能多地充电，以减少更换电池的次数。由于发热问题，铅酸电池的充电倍率限制在 0.4C 或更低，而 Ni-MH 电池在 2C 或更高倍率下充电没有问题。目前有许多项目正在开发用于叉车和其他材料处理设备的大型 Ni-MH 电池（参见本书 26B 部分）。

15D. 4. 8　下一代 Ni-MH 电池

自 1987 年首次推出便携式 Ni-MH 电池以来，在提高比能量（从 52W·h/kg 提高到 80～110W·h/kg）、比功率（从 180W/kg 提高到 850～2000W/kg）、循环寿命方面取得了长足的进步，相关技术的开发在全球许多地区继续进行，以降低其成本并进一步提高性能。Ni-MH 电池性能得到了显著提升，具体表现为：循环寿命从 300 次提高到超过 1000 次，荷电保持率从 1 个月内损失 70% 降低到 1 年内损失不到 15%，电池容量提升到 30～250A·h 的宽范围；主要研究包括开发新的活性材料和电解质，以替代昂贵的原材料、探索新的加工技术以及设计新的电池结构等。

随着这些技术的发展，镍-金属氢化物电池技术有望扩展到原来由其他化学电池主导的市场和应用。更高的储存密度和更低阻抗的电池设计，将实现在较低温度下的高功率运行，为车辆和工业应用开辟新的机遇。整体式和软包式结构设计的优化还将为高循环寿命的固定电源、电网储能，以及其他对安全性和可靠性至关重要的领域，提供具有成本效益的大型 Ni-MH 电池解决方案。

参考文献

1. S. R. Ovshinsky, S. K. Dhar, M. A. Fetcenko, K. Young, B. Reichman, C. Fierro, J. Koch et al., *17th International Seminar & Exhibit on Primary and Secondary Batteries*, Ft. Lauderdale, Florida, March 6–9, 2000.

2. R. C. Stempel, S. R. Ovshinsky, P. R. Gifford, and D. A. Corrigan, *IEEE Spectrum*, Vol. 35,(11), November 1998.

3. S. R. Ovshinsky, *Materials Research Society*, MRS Fall Meeting, Boston, MA, November 1998.

4. K. Sapru, B. Reichman, A. Reger, and S. R. Ovshinsky, U.S. Patent 4,623,597, 1986.

5. S. R. Ovshinsky, M. Fetcenko, and J. Ross, *Science* **260**:176 (1993).

6. S. R. Ovshinsky, "Disordered Materials: Science and Technology," in D. Adler, B. Schwartz, and M. Silver (eds.), Institute for Amorphous Studies Series, Plenum Publishing Corporation, New York, 1991.

7. J. R. van Beek, H. C. Donkersloot, and J. J. G. Willems, *Proceedings of the 14th International Power Sources Symposium*, 1984.

8. R. Kirchheim, F. Sommer, and G. Schluckebier, *Acta Metall.* **30**:1059 (1982).

9. R. Mishima, H. Miyamura, T. Sakai, N. Kuriyama, H. Ishikawa, and I. Uehara, *J. Alloy. Compd.* **192**:176 (1993).

10. T. Weizhong and S. Guangfei, *J. Alloy Compd.* **203**:195 (1994).

11. P. H. L. Notten and P. Hokkeling, *J. Electrochem. Soc.* **138**:1877 (1991).

12. P. H. L. Notten, J. L. C. Daams, and R. E. F. Einerhand, *Ber. Bunsenges. Phys. Chem.* **96**(5) (1992).

13. W. Zhou, Q. Wang, D. Zhu, C. Wu, L. Huang, Z. Ma, Z. Tang et al. *Int. J. Hydrogen Energy* **41**:14852 (2016).

14. H. Li, Y. Fei, Y. Wang, L. Chen, and H. Jiang, *J. Rare Earths*, **33**:633 (2015).

15. K. Beccu, U.S. Patent 3,669,745, 1972.

16. M. H. J. van Rijswick, *Proceedings of the International Symposium on Hydrides for Energy Storage*, Pergamon, Oxford, 1978, p. 261.

17. M. A. Gutjahr, H. Buchner, K. D. Beccu, and H. Saufferer, *Power Sources 4*, in D. H. Collins (ed.), Oriel, Newcastle upon Tyne, United Kingdom, 1973, p. 79.

18. M. A. Fetcenko, S. R. Ovshinsky, B. Chao, and B. Reichman, U.S. Patent 5,536,591, 1996.

19. M. Oshitani, H. Yufu, K. Takashima, S. Tsuji, and Y. Matsumaru, *J. Electrochem. Soc.* **136**:1590 (1989).

20. M. Oshitani and H. Yufu, U.S. Patent 4,844,999, 1989.

21. V. Puglisi, *17th International Seminar & Exhibit on Primary and Secondary Batteries*, Ft. Lauderdale, FL, March 6–9, 2000.

22. G. Halpert, *Proceedings of the Symposium on Nickel Hydroxide Electrodes,* Electrochemical Society, Hollywood, FL, October 1989 (Electrochemical Society, Pennington, NJ, 1990), pp. 3–17.

23. V. Ettel, J. Ambrose, K. Cushnie, J. A. E. Bell, V. Paserin, and P. J. Kalal, U.S. Patent 5,700,363, 1997.

24. K. Ohta, H. Matsuda, M. Ikoma, N. Morishita, and Y. Toyoguchi, U.S. Patent 5,571,636, 1996.

25. I. Matsumoto, H. Ogawa, T. Iwaki, and M. Ikeyama, *16th International Power Sources Symposium*, 1988.

26. S. Takagi and T. Minohara, *Society of Automotive Engineers*, 2000-01-1060, March 2000.

27. K. Watanabe, M. Koseki, and N. Kumagai, *J. Power Sources* **58:**23 (1996).

28. K. Young, L. Wang, S. Yan, X. Liao, T. Meng, H. Shen, and W. C. Mays, *Batteries,* **3:**6 (2017).

29. T. Meng, K. Young, D. F. Wong, and J. Nei, *Batteries* **3:**4 (2017).

30. T. Meng, K. Young, D. Beglau, S. Yan, P. Zeng, and M. M. Cheng, *J. Power Sources* **302:**13 (2016).

31. ILCO Chemikalien GmbH. Ionic Liquid. Available online: http://www.ilco-chemie.de/downloads/Ionic%20Liquid.pdf.

32. M. A. Fetcenko, S. Venkatesan, and S. Ovshinsky, in *Proceedings of the Symposium on Hydrogen Storage Materials, Batteries, and Electrochemistry,* Electrochemical Society, Pennington, NJ, 1992, p. 141.

33. J. Cook, "Separator—Hidden Talent," Electric & Hybrid Vehicle Technology, 1999.

34. http://global.kawasaki.com/en/energy/solutions/battery_energy/about_gigacell/index.html.

35. http://www.fdk.com/whatsnew-e/release20170215-e.html.

36. http://www.nilar.com/design-technology/.

37. F. J. Kruger, *15th International Seminar on Primary and Secondary Batteries,* Ft. Lauderdale, FL, March 1998.

38. D. A. Corrigan, S. Venkatesan, P. Gifford, A. Holland, M. A. Fetcenko, S. K. Dhar, and S. R. Ovshinsky, *Proceedings of the 14th International Electric Vehicle Symposium,* Orlando, FL, 1997.

39. I. Kanagawa, *15th International Seminar on Primary and Secondary Batteries,* Ft. Lauderdale, Florida, March 1998.

40. M. A. Fetcenko, S. Venkatesan, K. C. Hong, and B. Reichman, *Proceedings of the 16th International Power Sources Symposium,* International Power Sources Committee, Surrey, United Kingdom, 1988, p. 411.

41. D. Singh, T. Wu, M. Wendling, P. Bendale, J. Ware, D. Ritter, and L. Zhang, *Mater. Res. Soc. Proc.* **496:**25–36 (1998).

42. http://www.gpbatteries.com/int_en/powerbank/usb/u411.

43. http://www.carscoops.com/2015/11/this-is-why-toyota-offers-two-different.html.

44. http://news.panasonic.com/global/press/data/2014/02/en140213-3/en140213-3.html.

45. 1188-2005—IEEE Recommended Practice for Maintenance, Testing, and Replacement of Valve-Regulated Lead-Acid (VRLA) Batteries for Stationary Applications.

46. K. Borders, "It's The Small Things That Matter," OSP Magazine, October 2015.

47. M. Zelinsky, "Market Development of NiMH Batteries For Stationary Applications," Battcon 2016.

48. WMATA Energy Storage Demonstration Project, Federal Transit Administration Final Report, June 2015.

15E 锌镍电池

Adam Weisenstein, Eivind Listerud, Allen Charkey

15E.1 概述

15E.1.1 一般特性

锌镍（锌-氧化镍）电池是一种碱性可充电体系，具有相对较高的能量密度、出色的供电能力和较高的滥用耐受性。其由镍正极和锌负极组成，和其他电池中使用的电极相似，如镍镉电池、铁镍电池、镍-金属氢化物电池和锌银电池。目前，锌镍电池能够提供 $60\sim110W\cdot h/kg$，以及 $90\sim250W\cdot h/L$ 的能量密度，具体取决于设计；可以在 100% 放电深度（DOD）下循环超过 500 次，并且可以在低 DOD 下实现数千次循环。锌镍电池的优点还包括快速充电能力、良好的低温性能、密封免维护设计和环境可接受的化学成分。它由大量易于回收的低成本材料制成，成本低于锂离子电池，并且不需要复杂的电池管理系统。锌镍电池是铅酸电池、镍-金属氢化物电池、镍镉电池和锂离子电池的轻量级和低成本替代品，适用于重型卡车运输、船用深循环（电池）、微混合动力启停和其他运输行业等方面的应用。此外，快速充电能力和良好的循环寿命使锌镍电池适用于各种固定存储应用，如远程电信服务、数据中心备份和电网储存。

15E.1.2 背景

锌镍电池最初开发的目标是将镍镉电池中镍电极的长循环寿命和锌银电池中锌电极的高比能量结合起来。从发展历程上看，锌镍电池的历史至少可以追溯到 1899 年 Michalowski 的专利[1]。20 世纪 30 年代，爱尔兰人 Drumm 对锌镍电池供电的轨道车进行了进一步的研究[2]。20 世纪 60 年代，人们曾努力研发锌镍电池，旨在将其作为军事应用中锌银电池的更长寿命替代品[3-4]。20 世纪 70 年代，由于能源危机和汽油价格上涨，以及与锌电极相关的循环寿命有限，系统开发多年受限[5]。循环寿命的限制主要是锌在碱性电解液中的溶解度问题。

最近在锌稳定电解液方面的进展克服了这个问题，从而降低了其溶解度并增加了电池的循环寿命。在 21 世纪初期，Evercel 公司推出了多种可高达 600 次循环的大型方形电池和电池组[6]。此外，还推出了气体复合催化剂，可控制内部压力并在严重过充的情况下限制气体逸出[7]。这种复合组件允许采用密封、免维护设计。随后于 2008 年，PowerGenix 公司推出了密封圆柱形锌镍电池[8]。随着制造和材料开发技术的不断进步，近年来锌镍电池系统的能量和功率密度有了进一步提高，吸引了众多寻求替代铅酸电池以及寻找成本更低、更安全的锂离子电池替代品的人们的兴趣。

15E.2 化学原理

锌镍电池系统使用镍-氧化镍电极（也称为氢氧化镍/羟基氧化镍电极）作为正极，使用锌-氧化锌电极作为负极（有关镍正极电池常用的正极、电解质等更多详细信息，请参见第

15.0 节）。当电池放电时，羟基氧化镍（Ⅲ）被还原为氢氧化镍（Ⅱ），金属锌被氧化为氧化锌/氢氧化锌（Ⅱ）。下面给出的反应是为了说明锌在碱性溶液中的电化学过程的复杂程度[9]。整个电化学反应的理论开路电压为 1.73V。当电池过充电时，镍电极处会产生氧气，锌电极处会产生氢气。然后，这些气体可以重新结合形成水。此外，过充电期间在镍电极处产生的氧可能会直接在锌电极处与金属锌复合。如果电池过放电，镍电极处会产生氢气，锌电极处可能会产生氧气。在实际电池中，这些反应受到存在的活性材料和活性物质平衡的影响。

放电反应如下。

正极：　　$2NiOOH + 2H_2O + 2e^- \longrightarrow 2Ni(OH)_2 + 2OH^-$　　　　$E^\ominus = 0.49V$

负极：　　$Zn + 2OH^- \longrightarrow Zn(OH)_2 + 2e^-$　　　　$E^\ominus = -1.24V$

总反应：　$2NiOOH + 2H_2O + Zn \longrightarrow 2Ni(OH)_2 + Zn(OH)_2$　　　　$E^\ominus = 1.73V$

充电反应如下。

总反应：　$2Ni(OH) + Zn(OH)_2 \longrightarrow 2NiOOH + 2H_2O + Zn$

过充电反应如下。

正极：　　$2OH^- \longrightarrow 1/2O_2 + H_2O + 2e^-$

负极：　　$2H_2O + 2e^- \longrightarrow H_2 + 2OH^-$

　　　　　$Zn + 1/2O_2 \longrightarrow ZnO$（正极产生的氧气在负极复合）

总反应：　$H_2O \longrightarrow H_2 + 1/2O_2$

15E.3　电池设计和构造

15E.3.1　电池组成

① 正极。正极中的电化学活性材料是氢氧化镍，与镍-金属氢化物电池和镍镉电池中的镍电极非常相似。常用的 β-氢氧化镍的理论比容量为 289mA·h/g；已经对 α-氢氧化镍的稳定性进行了研究，其比容量高达 331mA·h/g[10-12]。

最常见的正极制造方法是涂膏或浆料涂覆工艺，其中氢氧化镍、导电添加剂和黏结剂与溶剂结合并沉积在集流体上。传统的导电添加剂包括：氢氧化物、金属或氧化物形式的钴；镍金属；天然或合成石墨以及活性炭。通常，聚四氟乙烯（PTFE）与胶凝剂和增塑剂一起作为主要黏结剂，形成可用且坚固的浆料。集流体可由泡沫、膨胀金属或金属箔组成，金属箔通常为镍金属或镀镍钢。图 15E.1 显示了浆料涂覆的泡沫镍正极图像。

过去，烧结和滚压镍电极已用于锌镍电池并获得了成功。然而，烧结镍电极含有相对少量的活性材料且制造成本高，而滚压电极使用有机溶剂，需要更高含量的导电添加剂[8]。由于这些缺点，水性涂膏或浆料涂覆技术被更广泛

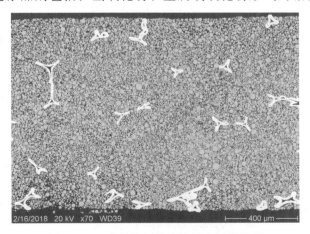

图 15E.1　浆料涂覆的泡沫镍正极横截面
亮区表示镍集流体；由 ZAF 能源系统公司提供

地用于制造镍正极。

② 负极。负极主要由锌制成，起初形式为金属锌或氧化锌，并混合锌稳定剂和析氢抑制剂。通常，大多数电化学活性材料是氧化锌，其理论比容量为659mA·h/g。最常见的负极制造方法是粘贴或浆料涂覆工艺，其中氧化锌、添加剂和黏结剂与溶剂结合并沉积在集流体上。锌部分溶于碱性电解质并溶解形成锌酸盐阴离子 [如 $Zn(OH)_4^{2-}$]。这种溶解过程会导致放电期间负极形状变化和容量损失，以及充电期间的枝晶生长。因此，需要锌稳定剂来增加电池的循环寿命[13-14]。在循环过程中一般将钙添加到负极以形成锌酸钙。这种化合物在大多数碱性电解质中的溶解度非常低。其他几种氧化物、氢氧化物和硬脂酸盐也被用于锌变形抑制剂[8]。锌电极往往会氧化和放出氢，产生潜在问题。历史上，在负极中通过添加铅、镉和汞等析氢抑制剂来解决这个问题；然而，由于环境问题，它们已从大多数电极中被淘汰[8]。另外，还使用了多种氧化物和氢氧化物替代品，例如铟、铊、铋和锡[9]。其他添加剂包括导电助剂和电解质吸收材料。通常，聚四氟乙烯与胶凝剂和增塑剂一起作为主要黏结剂，以形成可用且耐用的浆料。集流体可以是泡沫、膨胀金属或金属箔，并且通常是镀铜金属。图15E.2显示了用浆料制成的负极，涂覆在泡沫铜上。

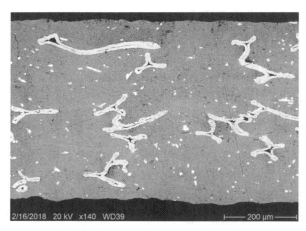

图 15E.2　由涂覆在泡沫铜上的浆料制成的负极横截面
亮区表示铜集流体和其他添加剂；由 ZAF 能源系统公司提供

③ 隔膜。锌镍电池通常需要一个多组分的隔膜体系来充当锌阻挡层和储存电解质。通常，锌阻挡层是具有高机械强度和抗枝晶渗透的微孔的曲折聚合物隔膜。多层聚合物隔膜通过增加曲折度来延长寿命，从而增加锌酸盐到正极的行进路径。隔膜中的电解质储存层通常是无纺材料，能够保留大量电解质，层数和厚度取决于应用的容量和循环寿命要求。

④ 电解质。锌镍电池电解质由20%～35%（质量分数）的氢氧化钾（KOH）水溶液和少量氢氧化锂组成。KOH的理想浓度（最佳电导率时）为28%（质量分数），浓度为32%（质量分数）时凝固[15]。然而，锌负极的溶解度随着KOH浓度的增加而增加，这限制了在更高循环寿命电池中使用高浓度KOH电解质。为了防止锌负极的形状发生变化和迁移，许多添加剂如氟化物、硼酸盐、磷酸盐和碳酸盐等添加到了KOH电解液中[16-18]。

15E.3.2　单体电池和电池结构

锌镍单体电池和电池组采用与传统镍镉电池和镍-金属氢化物电池相同的方形和圆柱形构造。方形电池容量规格为2～200A·h，并且该技术可以很容易地放大为方形、圆柱形和单体模块设计[9]。密封方形 12V、165A·h（C/3 标称倍率）G31（尺寸）电池组和单体电池如图 15E.3 所示，单体电池的详细结构如图 15E.4 所示。

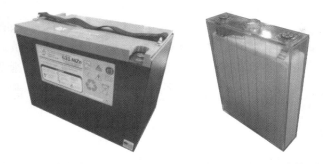

图 15E.3　密封方形 12V、165A·h G31 尺寸电池组和单体电池
由 ZAF 能源系统公司提供

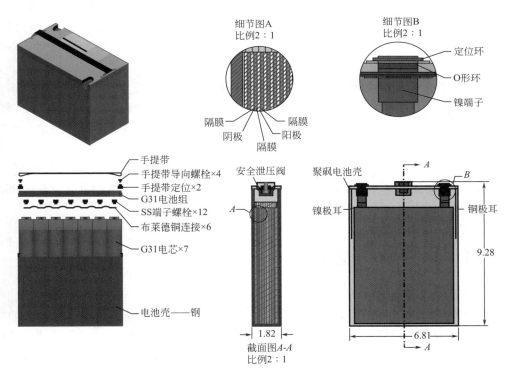

图 15E.4　方形 G31 尺寸单体电池结构设计
由 ZAF 能源系统公司提供

　　典型的方形电池设计具有交替的负极和正极，负极与正极的容量比为（2∶1）～（3∶1）；较高的负容量与正容量之比设计的电池，通常会表现出更长的循环寿命。但是，功率和/或容量将减少。隔膜位于交替电极之间，包括多组微孔聚合物层和电解质储存层。金属导体，通常是镍或铜，用于电极接线片以及电池端子[9]。电池端子到外壳的密封通常通过径向或端面密封 O 形环或环氧树脂来实现。

　　大多数密封电池设计的电解质为贫液状态或者半贫液状态。由于生产时间的限制，电解液通常在真空下填充到电池中，并尽可能多地填充电极孔和隔膜中电解质储存层以对抗干涸失效模式。与阀控式铅酸电池或镍镉电池、Ni-MH 电池（参见本书 15C、15D 部分）类似，密封方形设计包括一个可重新密封的泄压安全阀，可防止过充电或其他灾难性事件而导致电池内压力过高。这种安全阀的开启压力通常为 2～20psi（1psi＝6894.757Pa；全书同），并通过 O 形环或环氧树脂密封到电池外壳上。一些锌镍电池设计时使用催化气体复合电极来促进气体管理，并通过将充电过程中产生的氧气和氢气重新复合为水来帮助防止干涸。电池壳通常由商业级、与碱兼容且坚固的热塑性树脂（例如聚砜）模制而成。电池外壳通过超声波焊接或环氧树脂黏结剂或两者的组合进行密封。对于 12V、7 节电池设计可通过金属互连串联并放置在外壳中。电池外壳可约束在循环过程中的电池体积膨胀和收缩，并有助于保护电池免受冲击和环境的影响。

15E.3.3 设计注意事项

总体而言，锌镍电池的理论比能量为 334W·h/kg，这使其成为非常有吸引力的电池系统。实用化的电池可在 1.55～1.65V 的放电电压下运行，并且在较大的方形电池中可提供高达 90W·h/kg 的能量，具体取决于设计。近年来，PowerGenix 公司和 ZAF 能源系统公司分别使用小型圆柱形和软包电池形式[7]，展示了 110W·h/kg 的质量比能量。这仅仅是理论比能量的 32% 左右，说明还有改进空间。锌镍电池可针对功率、容量和长循环寿命进行设计，以满足特定应用的要求。

与容量设计相比，功率设计通常在电池中使用更薄的电极和更多数量的正极和负极。功率设计中的正极，可以包含更多的导电添加剂以及更高的集流体与活性材料的比率。此外，为了提高导电性，接线片通常具有较大的横截面和电极接触面积。由于采用了更多的添加剂和接线板材料以及更大的集流体，导致活性材料减少进而造成容量损失。长循环寿命配置通常会最大化负容量与正容量之比（N/P），并在其设计中接近 3∶1。一种更耐用的隔膜系统，包括两层以上的隔膜材料，以及具有较低 KOH 物质的量浓度的电解质，也已被证明可以延长锌镍电池的循环寿命。

15E.4 性能特点与应用

15E.4.1 失效机制

① 锌变形、锌钝化和枝晶短路。从历史上看，锌负极是锌镍体系获得其理论上的特定能量和长循环寿命的重要障碍。主要原因是锌电极的放电产物，即氧化锌、氢氧化锌或锌酸盐，可以部分溶解在碱性电解液中，从而产生各种问题。锌溶解在电解液中的后果可以有多种表现方式。

由于锌在循环过程中溶解于电解液中，锌物质可能会离开其原始位置。在充电过程中，锌会重新沉积在电极上；然而，沉积可能会发生在不同位置，从而改变电极表面拓扑结构并在锌电极中产生锌结构。锌的这种重新分布通常被称为"形状变化"。锌也可能远离电极而聚集，产生孤立的锌活性材料，这将降低功率和利用率。在充电过程中，一些溶解的锌也可能镀在电极高点或突起上，而不是以均匀的方式分布。重复充电循环将导致类似枝晶结构锌的进一步生长，直至最终穿透隔板并在电池中造成短路。这种树枝状短路由电流密度分布、表面形状和电解质物质的量浓度决定。

② 干涸。锌镍电池长期循环中遇到的常见故障模式是电解液流失或干涸[19]。在密封电池中，干涸可能是由在过充电期间水分解，正极和负极产生氧气和氢气造成的。水电解通常

发生在充电结束时，此时充电电压对水分解反应的速率有很大的影响。负电极和正电极的自放电也会导致失水。负极添加剂，如铟、铊、铋、铅、汞和锡的氧化物和氢氧化物，可用于抑制析氢反应[9]。气体复合装置已用于密封锌镍电池以对抗干涸失效模式，这些装置包括将氧气和氢气重新结合成水的催化装置，用以补充电解质失水。

③ 正极降解。随着时间的推移，正极也会退化，导致利用率和功率下降。发生降解的两个主要原因是导电碳腐蚀和 γ-羟基氧化镍的形成。碳通常用于正极以提高导电性和高功率性能；然而，碳会在电池寿命期间氧化，导致电阻增加、结构降解和碳酸钾含量增加。碳氧化反应由碳材料表面积、循环电压和电解质的物质的量浓度决定。正极中 γ-羟基氧化镍的形成会导致电池中活性物质损失，其中最常见的原因是电池过充电。

15E.4.2 性能和寿命

表 15E.1 列出了典型锌镍单体电池和电池组的特性[8-9]，锌镍电池规格参数包括功率、容量和循环寿命；然而，极端的一维电池设计可能超出所提供的范围。与 Ni-MH 电池和镍镉电池相比，锌镍电池的工作温度范围非常宽，为 $-30 \sim 75\,^\circ\mathrm{C}$；标称电压相对较高为 1.65V，而 Ni-MH 电池和镍镉电池的标称电压为 1.2V。大方形锌镍电池芯和电池组可提供的比能量为 $60 \sim 90 \mathrm{W \cdot h/kg}$，体积比能量为 $90 \sim 170 \mathrm{W \cdot h/L}$，具体取决于特定设计。锌镍电池还具有高功率放电和充电能力，以及相对较低的自放电率。与所有电池一样，循环寿命变化很大，取决于设计、放电和充电条件，以及测试终止时定义的容量水平。锌镍电池系统已在 100%DOD 下实现大于 500 次循环，在 10%DOD 下实现大于 8000 次循环。

表 15E.1 大型方形锌镍电池的典型规格

主要参数	数值与类型
正极	$\mathrm{Ni(OH)_2/NiOOH}$
负极	$\mathrm{ZnO/Zn}$
电解质(KOH)/%(质量分数)	$20 \sim 35$
隔膜形式	微孔+毛细
额定电池电压/V	1.65
工作温度范围/℃	$-30 \sim 75$
理论比能量/(W·h/kg)	334
质量比能量/(W·h/kg)	$60 \sim 90$
体积比能量/(W·h/L)	$90 \sim 170$
质量比功率/(W/kg)	290(10min 放电到 1V)
体积比功率/(W/L)	550(10min 放电到 1V)
荷电保持性能(每月损失百分率)	10%
循环寿命(100%DOD)/次	>500

（1）放电特性

在放电期间，锌镍电池系统的截止电压下限通常为 $1.0 \sim 1.3 \mathrm{V}$/单体。在高放电率和/或低温下，允许电压降至 1.0V 或更低；然而，如果电压显著低于 1V，则存在产生气体的风险。对于标称放电率和最佳循环寿命而言，截止电压通常为 1.25V。不同倍率的电池放电曲线如图 15E.5 所示。在该测试中，ZAF 能源系统公司的 147A·h（$C/3$ 倍率）G31 尺寸电池在室温下，以 $C/20 \sim 6C$ 五种不同的倍率放电。该电池为方形设计，使用轻质塑料电池壳和可重新密封的泄压安全阀。放电倍率为 $C/20 \sim 6C$ 时利用率下降仅为 13%，表明这种锌镍电池设计能够实现功率和能量之间的平衡，可用于许多低倍率或高倍率放电应用。

不同倍率下电池的比能量如图 15E.6 所示。在该测试中，G31 尺寸锌镍电池在低倍率

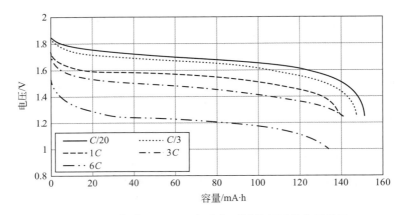

图 15E.5 方形 147A·h 电池在不同倍率下的电压曲线
由 ZAF 能源系统公司提供

下，可以给出大于 $70W·h/kg$ 的比能量；并从 $1C$ 开始，倍率每增加一个单位，比能量线性下降 $2.87W·h/kg$。比能量在很大程度上取决于锌镍电池和电极设计。对于大型方形电池，比能量可能在 $60\sim90W·h/kg$ 之间变化。所有的数据结果是通过 G31 尺寸电池（147A·h）收集的。此电池为满足对功率和容量的需求，采用串并联混合设计。恒定功率放电时电压与时间关系如图 15E.7 所示。该电池能够分别在 1000W、1200W 的恒定功率下放电，并提供 552s 和 342s 的放电时间。

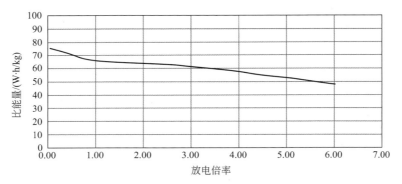

图 15E.6 147A·h 方形电池的比能量与放电倍率的关系
由 ZAF 能源系统公司提供

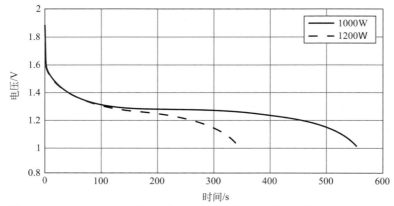

图 15E.7 147A·h 方形电池在通常条件下恒定功率放电期间的电压曲线
由 ZAF 能源系统公司提供

（2）温度

图 15E.8 显示了不同温度下的电池容量利用率。在测试中，G31 电池在 −30～40℃ 的多个温度下以 $C/3$ 倍率放电。在 0℃ 或更高的测试温度下，电池的利用率≥96%，且在放电深度（DOD）达到 80% 之前，放电曲线上的极化变化极小。在 80%DOD 后 0℃ 曲线开始偏离，需要较低的放电截止电压以达到类似容量。该电池在 −20℃ 和 −30℃ 下分别能够达到 71% 和 62% 的利用率；然而，中值电压分别下降到 1.56V 和 1.43V。

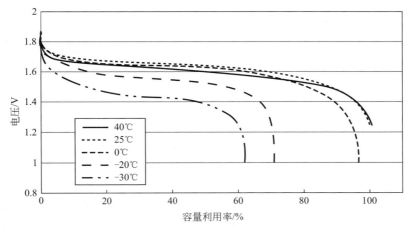

图 15E.8　方形 147A·h 电池在 $C/3$ 倍率放电期间于不同温度下的容量利用率和电压曲线
由 ZAF 能源系统公司提供

锌镍化学电池已经显示出在低温应用中非常高的倍率放电能力。在测试中，G31 电池在 −18℃ 以 700A、800A 和 900A 的电流放电，在 −30℃ 以 400A、500A、600A 和 700A 的电流放电，分别如图 15E.9 和图 15E.10 所示。在 −18℃ 冷启动测试中，G31 电池能够分别以 700A、800A 和 900A 的电流放电 91.4s、71.4s 和 49.9s，然后达到截止电压。而在 −30℃ 冷启动测试中，它能够分别以 400A、500A、600A 和 700A 的电流放电 142.6s、97.6s、53.6s 和 37.7s。在 −30℃ 冷启动测试中，电压在测试开始的前 20s 内波动，随着电流的升高，电压波动性增加。这种现象归因于电池电阻的电加热效应。这些结果均表明 −30～−18℃ 的功率保持率高于 66.7%。

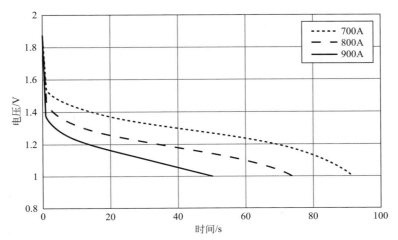

图 15E.9　147A·h 锌镍电池在 −18℃ 下以不同电流放电的电压曲线
由 ZAF 能源系统公司提供

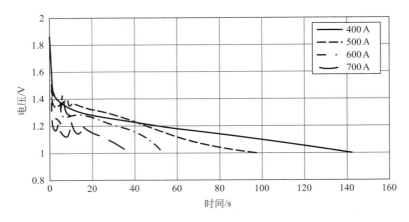

图 15E.10　147A·h 锌镍电池在-30℃下以不同电流放电的电压曲线
由 ZAF 能源系统公司提供

（3）充电特性

锌镍电池充电时，通常使用恒流恒压（CCCV）方式。施加恒定电流直到电压达到指定水平，然后在允许电流逐渐减小的同时保持电压恒定。充电电压取决于电极和电池设计，遵循制造商的建议对获得最佳循环寿命非常重要。CCCV 方式的典型电压范围为 1.9～2.0V[8-9]。该电压对温度敏感，在室温以外的条件下充电时，必须根据制造商的规格进行调整。充电电流也会影响电压上限[9]，这在充电时间达到≥80%荷电状态（SOC）时至关重要。图 15E.11 显示了锌镍电池不同充电状态和充电倍率下充电电压与充电时间的关系。测试中，在多个电流和补偿电压下进行恒流恒压充电。对于 C/3 和 C/2 充电倍率，充电截止电压上限为 1.93V/单体。对于 1C 倍率，截止电压增加到 1.95V/单体；对于 2C 倍率，则

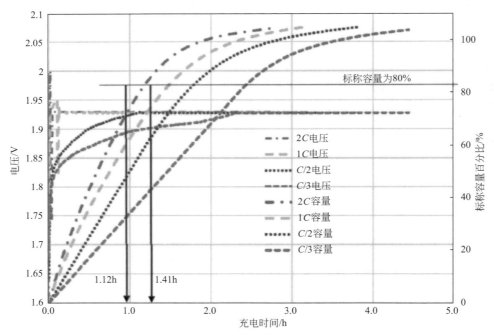

图 15E.11　锌镍电池不同充电状态和充电倍率下充电电压与充电时间的关系
由 ZAF 能源系统公司提供

进一步增加到 2.0V/单体。对于所有充电倍率，充电方式的恒定电压部分保持一致，为 1.93V/单体。锌镍电池具有良好的充电性能。如表 15E.2 所示，使用快速充电（2C 倍率），SOC 可以在一个多小时内从 0% 增加到 80%。为了保证更长的电池寿命，使用较慢的 C/3 倍率充电，SOC 也可在不到 2.5h 的时间内达到 80%。

表 15E.2　充电倍率与 SOC 分别为 80% 和 100% 时的时间关系

充电倍率	达到 80% 容量时间/h	满充电时间/h
C/3	2.35	4.44
C/2	1.70	3.83
1C	1.41	3.18
2C	1.14	2.76
3C	1.12	2.75

注：由 ZAF 能源系统公司提供。

（4）自放电

近年来，在降低锌镍电池自放电率方面获得了很大进展。从历史上看，典型的放电速率可能高达安时容量的 1% 每天[8-9]。最近随着隔膜技术和电极设计的改进，已将每天容量损失率降低到 0.25% 以下。图 15E.12 显示了 147A·h 锌镍电池的自放电与时间的关系。测试中，监测了充电的 G31 锌镍电池在 60 天内的电压和容量下降情况。

锌镍电池在其储存寿命期的前 15 天内表现出最大的容量和电压下降。15 天后，在 60 天测试期的剩余时间内，继续以 0.2A·h/d 的速度线性退化。按照这个速度，预计 6 个月的总损失为 42A·h。

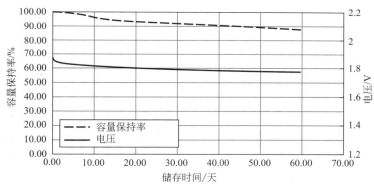

图 15E.12　锌镍电池自放电数据
由 ZAF 能源系统公司提供

（5）循环寿命

在图 15E.13 和图 15E.14 中，锌镍电池已证明能够在非常高的 DOD 下提供高于 500 次循环，以及在低 DOD 下提供高于 8000 次循环的能力，因此该技术成为多种应用的可行解决方案。在 80%DOD 循环测试中[20]，30A·h 锌镍电池在 C/3、C/5 倍率放电下实现了 600 次循环，达到额定容量的 80%。在图 15E.14 中，100A·h 方形电池以 1C 倍率循环进行充电和放电，从 50%SOC 开始并以 10%DOD 循环，直到在大约 8500 次循环后观察到容量下降。

15E.4.3　应用工程

① 电池系统注意事项与应用。锌镍电池为长循环寿命碱性可充电系统提供了一种低成

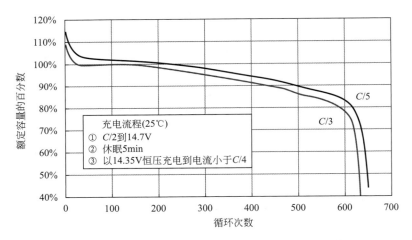

图 15E.13　在 25℃ 下对 30A·h、12V 锌镍电池进行 $C/3$、$C/5$ 倍率放电的循环次数
（80％DOD 测试）

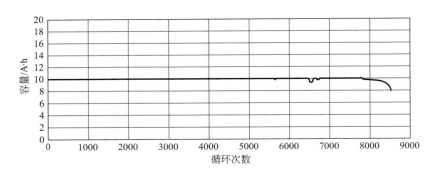

图 15E.14　100A·h 锌镍电池以 $1C$ 倍率充电和放电的循环次数
10％DOD 循环测试；由 ZAF 能源系统公司提供

本选择。鉴于其高能量密度和深度循环能力，当考虑每次循环的安时成本时，锌镍电池在多种应用中与铅酸电池相比具有成本竞争力。其能量和功率密度特性使锌镍电池的性能和应用领域介于锂离子电池和铅酸电池之间，并根据具体应用需求，可向两者性能区间延伸覆盖。

　　② 温度和环境因素注意事项。在一般用途方面，还应注意温度和环境因素的影响。所有电池都受到所处的操作和非操作环境的限制。碱性电池在极低温应用中受到的限制，主要在于电解液的凝固点，从约 －25℃ （KOH 质量分数 20％）至 －60℃ （KOH 质量分数 32％）不等。锌镍电解液通常处于 KOH 浓度为 20％～35％（质量分数）范围内。电解液中锌阴离子的存在也会有效地降低纯电解液的正常凝固点。使用较低 KOH 浓度的电解质可以降低锌的溶解度并延长循环寿命。最好将电池保持在电解液的凝固点以上，否则可能会对电池造成永久性损坏。在某些情况下，锌镍电池可以通过使用电解质添加剂来优化极端寒冷天气的应用，这些添加剂可增强低温下的导电性并降低凝固点[9]。

　　大多数锌镍电池的设计温度范围为 －30～60℃。但是，电池可以针对低于 －30℃ 的温度进行优化。在较高的温度下，电池充电效率成为问题之一。温度高于 40℃ 时，充电效率会下降，从而导致电池容量降低。

　　③ 电池组装及封装注意事项。锌镍电池系统的另一个显著特点是易于制造成更大电池，

例如150A·h或更大容量的电池。与锂基电池相比，锌镍电池的安全性允许以大容量的单体电池形式进行组合，这比小容量单体电池更具有优势。大容量的电池通常比小容量的电池具有更大的能量和功率密度，因为对于相应的电池尺寸，其活性材料与非活性材料的比率更大。对于电池组系统，同样配置的小单体电池组合需要更多互连，以匹配单只大型电池组的容量。互连的阻抗会累积，并会给系统带来显著损耗，尤其是在高功率应用中。无论电池形式如何，锌镍电池都具有更好的封装效率，因为锂离子电池组中必须具有足够的电池间空间和材料，以防止热失控传播到相邻电池[21]。在锌镍电池系统中，热管理不是必需的，因此可以更有效地利用系统体积。

④ 深循环应用。有几种深循环应用适用于锌镍电池系统。一种应用是为重型卡车中的辅助动力装置（APU）提供动力。APU负责为驾驶员提供车载生活用电负荷，并为卡车驾驶室的供暖与制冷系统供能。目前，电池深度放电性能变得更加重要，因为近年来美国有几个州和城市[22] 出于环境原因确定了车辆停车怠速的限制要求。此过程需要深度DOD，周期通常约为10h。同时，电池的质量和体积效率也很关键，锌镍电池具有更高的能量密度和良好的深循环能力，与传统使用的铅酸电池相比，既能减轻重量，又能节省成本。受益于锌镍电池增加的能量密度和深度循环能力的动力应用是工业设备领域，包括叉车、机场拖车和医院推车（参见本书26B部分）。此外，由于锌镍电池更高的充电接受能力，允许更短的设备周转周期和多班次的最大运行时间。

此外，一些海洋深循环方面的应用特别适合锌镍电池。其中，包括为大型渡轮上的电力推进系统供电、运行拖曳电机以及为小型休闲船的船上住宿负载供电。这些应用通常在可用体积和最大重量方面受到限制。锌镍电池是这些应用的理想选择，因为考虑到海上船只的逃生途径有限，安全是重中之重。需要深循环能力的军事应用包括鱼雷、潜水运载工具和其他潜水应用。

其他锌镍电池的陆上深循环应用包括电动自行车和踏板车（参见本书25A部分）、轮椅、高尔夫球车和类似用途。一般来说，锌镍电池具有良好的深循环能力，按照制造商的说明操作时，能够在100%DOD下循环超过500次。当电池以高放电率运行时，遵循制造商的充电建议非常重要，因为电池不平衡成为一个更加关键的问题。随着DOD的增加，单体电池的性能差异也会随着放电深度（DOD）的增加而加速显现。

⑤ 固定储存应用。固定电源应用，无论是用于UPS、电信、应急照明还是电网储存（参见第27章），通常都需要高倍率能力、良好的充电接受能力、长寿命、高温性能、低维护与低成本以及使用安全性。此外，在房地产价格昂贵和/或富有挑战性的地区，能量密度也很重要。锌镍电池系统的一个优点是它在某种程度上具有所有这些特性，因此是一种非常通用且灵活的储存技术，可满足固定储存的各种需求。

就太阳能和风能等可再生能源的收集和充分利用而言，电网储存和独立微电网是两种非常适合锌镍电池系统多功能性的应用。就与能量储存相关的各种电力应用而言，例如快速储存、负载均衡和传输系统稳定性，通常要求储备电池具备不同的性能以降低成本。然而，当考虑成本和安全性时，没有单一的化学电池可以涵盖所有电力应用。迄今为止，大多数电网储存系统还是由单一化学物质制成的，只能针对有限数量的电力应用。最近，人们提出了混合储能系统，例如将铅酸电池和锂离子电池结合起来，以利用它们的优势并提高储存系统的利用率并增加成本效益。然而，这种混合系统会增加建设和管理方面的复杂性。锌镍电池系统在成本和电气性能方面，通常可在介于铅酸电池和锂离子电池之间的性能范围内发挥作用，提供了一种更简单的选择，有可能覆盖更多的电力应用。锌镍电池在环境和安全方面也比这些混合系统更具有优势。

⑥ 备用/浮充应用。浮充可用于各种备用应用，例如应急照明、应急电源备份系统和不间断电源（UPS）。在浮充期间，应设置浮充电压，使充电电流平衡并抵消自放电率，从而不会导致电池过充电。该浮动电压范围可能因电池设计和应用环境条件而异。应遵循电池制造商的建议以获得最佳的性能和更长的寿命。

⑦ 启动供能系统。汽车领域储能的一种相对较新的应用是启停系统。这一发展是由对更低排放和更高燃料标准的需求推动的。当汽车在行驶过程中停下来时，它允许汽车关闭发动机以减少怠速时间。除了在发动机关闭时为所有电子设备、加热和冷却系统供电之外，电池还能反复重新启动发动机。这个过程减少了整体燃料消耗和废气排放。几十年来，典型的启动-照明-点火（SLI）应用一直由铅酸电池主导，但这些新的启停系统需要比 SLI 的典型应用更苛刻的功率和循环曲线。因此，业界一直在努力评估用于启停应用的新型电池技术。为此应用进行评估的，包括锌镍电池、新的铅酸电池技术和锂离子电池。凭借其功率能力、循环寿命和低成本以及相对较小的占地面积，锌镍电池为其他技术提供了可行的替代方案。

⑧ 安全性。除了其他典型的商用电池，锌镍电池不需要任何特殊的处理或储存要求。然而，任何电池都可能存在一些固有的安全和处理问题，例如电气危险或腐蚀性电解液溢出。应从电池制造商处获得安全数据表（SDS）和用户手册。

⑨ 电池排气风险。锌镍电池通常包含一个排气安全阀，以防止电池壳出现超压情况，这可能会导致电池壳或电池盖破裂。在正常运行期间，电池以密封方式运行，安全阀仅作为安全措施存在。锌镍电池通常使用可重新密封的阀门，这样排气不会导致电池立即失效。然而，反复排气会导致干燥和增加电池阻抗。低压阀（通常小于 20psi）还可用于调节内部压力，有助于电池内的气体重组。ZAF 能源系统公司的锌镍电池包含一个内部气体复合装置，该装置可使过充电期间可能产生的氢和氧经催化作用形成水。这种可使氢氧复合成水的装置有助于控制内部压力，并将电池排气限制在严重过充电或过放电的情况下。在电池系统层面，强烈建议设置自然通风或强制气流，以防止氢气积聚和潜在爆炸。在电池运行期间，必须认识并考虑到这些对人员和设备的潜在危害。

⑩ 锌镍电池的环境影响和回收利用。大多数锌镍电池系统中使用的材料和组件很容易回收利用。典型的 ZAF 能源系统公司锌镍电池的材料回收率约为 85%，相关材料分布如图 15E.15 所示。高材料回收率还具有在电池生产中进一步节省成本的潜力。锌镍电池系统还具有环保的特性，所有主要部件均由天然丰富的材料制成。因此，供应短缺和地理可用性不构成潜在的可持续性和成本问题。锌镍电池与其他化学电池（如铅酸电池、锂离子电池、镍-金属氢化物电池和镍镉电池）之间的一个显著

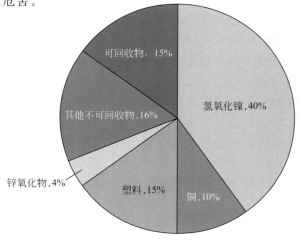

图 15E.15　ZAF 锌镍电池中的材料和成分分布
约 85% 的材料是可回收的；由 ZAF 能源系统公司提供

区别在于：锌镍电池系统中没有任何成分是易燃或易爆的，并且所有成分都符合 RoHS（即有害物质限制指令）的规定。

参考文献

1. T. de Michalowski, British Patent 15,370 (1899).
2. J. J. Drumm, U.S. Patent 1,955,155 (1934).
3. C. A. Ropp, Jr., U.S. Patent 3,558,358 (1971).
4. F. P. Kober and A. Charkey, *Nickel-Zinc: A Practical High Energy Density Battery*, Power Sources 3, D. H. Collins (ed.), Oriel Press Ltd., 1971.
5. F. R. McLarnon and E. J. Cairns, *J. Electrochem. Soc.* **138:**645–656 (1991).
6. D. Coates and A. Charkey, "Nickel-Zinc Batteries for Commercial Applications," *Intersociety Energy Conversion Engineering Conference (IECEC)*, Vancouver, BC, Canada, August 1999.
7. I. Levy and A. Charkey, U.S. Patent 4,810,598.
8. J. Phillips and S. Mohanta, "Nickel-Zinc Batteries," in T. B. Reddy (ed.), *Linden's Handbook of Batteries*, 4th ed., , McGraw Hill, New York, 2011.
9. D. Coates and A. Charkey, "Nickel-Zinc Batteries," D. Linden and T. B. Reddy (eds.), *Linden's Handbook of Batteries*, 3rd ed., McGraw Hill, New York, 2001.
10. H. Y. Wu, Y. L. Xie, and Z. A. Hu, *Int. J. Electrochem. Sci.* **8:**1839–1848 (2013).
11. J. Yao, Y. Li, Y. Zhu, and H. Wang, *J. Power Sources* **224:**236–240 (2013).
12. Y. Li, J. Yao, Y. Zhu, Z. Zou, and H. Wang, *J. Power Sources* **203:**177–183 (2012).
13. A. Charkey, U.S. Patent 5,658,694.
14. A. Charkey and D. Coates, U.S. Patent 5,863,676.
15. *Electrochemical Power Sources: Primary and Secondary Batteries*, IEE Energy Series 1, M. Barak (ed.), p. 330.
16. M. Eisenberg, U.S. Patent 4,224,391 (1980).
17. T. C. Alder, F. R. McLarnon, and E. J. Cairns, U.S. Patent 5,302,475 (1994).
18. J. Phillips and S. Mohanta, U.S. Patent 7,816,030 (2010).
19. A. Charkey, F. Cao, and G. Bowling, "Failure Analysis of the Nickel-Zinc Battery," *39th Power Sources Conference*, June 2000.
20. Based on testing of Evercel 30 Ah 12 V battery in February of 2000 at independent test lab (given through private communication).
21. E. Darcy, "Challenges with Achieving >180 Wh/kg Li-Ion Battery Modules that don't Propagate Thermal Runaway or Emit Flames/Sparks," The Battery Conference, Seoul, South-Korea, October 2015.
22. *Compilation of State, County, and Local Anti-Idling Regulations*, EPA420-B-06-004, April 2006.
23. A. A. Akhil, J. D. Boyes, P. C. Butler, and D. H. Doughty, "Batteries for Electrical Energy Storage Applications," T. B. Reddy (ed.), *Linden's Handbook of Batteries*, 4th ed., McGraw Hill, New York, 2011.
24. R. Moore, R. Nowlin, V. Vu, M. Parrot, J. Dermott, G. Miller, K. E. Ames et al., U.S. Patent 8,638,061 (2014).

15F 氢镍电池
Jack N. Brill

15F.1 一般特性

密封氢镍二次电池（即 Ni-H$_2$ 电池，简称氢镍电池）是一种混合电池，结合了电池和燃料电池技术[1]。氧化镍正极来自镍镉电池，氢负极来自氢氧燃料电池。表 15F.1 列出了其主要优点和缺点。

表 15F.1　Ni-H$_2$ 电池主要优点和缺点

优点	缺点
质量比能量高/(60W·h/kg)	初始成本高
循环寿命长(40000 次、40%DOD、LEO)	自放电与氢气压力成比例
在轨寿命长(15 年,GEO)	体积比能量低
耐受适度的过充电、过放电	50～90W·h/L(IPV 单体电池)
氢气压力指示荷电状态	20～40W·h/L(电池组)

这种氢镍电池的显著特点是循环寿命长，超过任何其他免维护二次电池系统，与其他水性电池相比具有高比能量（质量比能量）、高功率密度（脉冲或峰值功率能力），以及对过充电和反极的高容忍度。正是这些特性使氢镍电池系统成为目前许多航空航天应用中采用的储能子系统，例如地球同步轨道（GEO）商业通信卫星和低地球轨道（LEO）卫星，以及哈勃太空望远镜（HST）等。

氢镍电池的应用主要针对航空航天领域。然而，最近已经启动了地面应用计划，例如长寿命的独立光伏系统。

15F.2 化学原理

氢镍电池正常运行、过充电和反极的电化学反应如下。

正常工作：

镍电极
$$NiOOH + H_2O + e^- \underset{充电}{\overset{放电}{\rightleftharpoons}} Ni(OH)_2 + OH^-$$

氢电极
$$1/2H_2 + OH^- \underset{充电}{\overset{放电}{\rightleftharpoons}} H_2O + e^-$$

净反应
$$1/2H_2 + NiOOH \underset{充电}{\overset{放电}{\rightleftharpoons}} Ni(OH)_2$$

过充电：

镍电极
$$2OH^- \longrightarrow 2e^- + 1/2O_2 + H_2O$$

氢电极
$$1/2O_2 + H_2O + 2e^- \longrightarrow 2OH^-$$

反极：

负极预充电池

镍电极
$$H_2O + e^- \longrightarrow OH^- + 1/2H_2$$

氢电极	$1/2H_2 + OH^- \longrightarrow H_2O + e^-$
正极预充电池	
镍电极	$2NiOOH + 2H_2O + 2e^- \longrightarrow 2Ni(OH)_2 + 2OH^-$
氢电极	$2OH^- \longrightarrow 2e^- + 1/2O_2 + H_2O$
净反应	$2NiOOH + 2H_2O \longrightarrow 2Ni(OH)_2 + 1/2O_2$

15F.2.1 一般操作

在电化学上，氧化镍正极上的半电池反应与镍镉电池系统中发生的反应相似。在负极，氢气在放电期间被氧化成水，通过电解从水中重新生成。净反应显示氢气经放电过程将羟基氧化镍转化为氢氧化镍，此过程 KOH 浓度或总量没有发生净变化。

15F.2.2 过充电

在过充电过程中，正极会产生氧气。等量的氧气在催化铂电极处以电化学方式重新复合。同样，在连续过充电的情况下，KOH 浓度或电池中的水量没有发生变化。铂负电极处的氧复合速度非常快，可维持中等倍率的连续过充电，前提是电池有足够的热传递以避免热失控。这是氢镍电池的操作优势之一。

15F.2.3 反极

氢镍电池系统使用两种类型的预充电。如果使用负极预充电，在电池反极时，在正极产生氢气，在负极以相同的速度消耗氢气。因此，电池可以在电池反极模式下连续操作，而没有压力积聚或电解质浓度的净变化。这是该系统的独特功能。如果使用镍（正极）预充电，则在反极过程中会产生氧气，直到镍正极材料耗尽。充电过程中再次消耗氧气。一旦消耗了正极材料，就会以相同的速度产生和消耗氢气。对于这种操作模式，氢-氧混合物可能处于可燃范围内，并且可能发生快速复合，从而损坏电池堆。

15F.2.4 自放电

在氢镍电池中，电极堆处于一定压力下的氢气气氛中。该电池一个突出的特征是氢通过电化学而不是化学反应来还原羟基氧化镍。实际上，羟基氧化镍是可以通过化学方式还原的，但还原速度极低，不会影响航空航天应用的性能。

15F.3 电池组件和设计

氢镍电池蓄电池极组有三种基本结构，即 COMSAT 背靠背结构、空军回流结构和空军 Mantech 混合式背靠背结构。本节将对使用上述结构的空间用氢镍电池的极组进行介绍。图 15F.1 显示了 COMSAT 设计中使用的截边圆盘电极堆叠组件。图 15F.2 显示了空军回流结构和 Mantech 混合式背靠背设计的圆形组件。

15F.3.1 电池组件

① 正极（烧结）。烧结正极由浸渍有氢氧化镍活性材料的多孔烧结镍板组成。多孔烧结镍板用于将活性氢氧化镍材料保留在其孔内，并起到为活性材料传导电流的作用。烧结板的基本特征是高孔隙率、大表面积、高导电性以及良好的机械强度[2]。通过两种电化学浸渍

工艺将活性材料浸渍到烧结板中，即水性浸渍工艺和乙醇浸渍工艺。水性浸渍工艺（贝尔实验室工艺）[3] 使用硝酸镍水溶液作为浸渍液，乙醇浸渍工艺（空军工艺）[4] 使用硝酸镍乙醇溶液作为浸渍液。这两种工艺都具有以下优点。

a. 活性材料的负载：电化学浸渍使镍烧结体孔隙内的活性材料负载非常均匀；

b. 负载量：活性材料的负载量可以通过电化学浸渍过程精确控制。GEO 应用的典型负载量为 (1.67 ± 0.1) g/cm^3，LEO 应用的典型负载量为 (1.65 ± 0.1) g/cm^3。

② 氢电极。把 Teflon（特氟龙）黏结的铂黑催化剂涂覆在具有 Teflon 衬底层的光刻镍骨架上即构成氢电极。烧结式 Teflon 黏结铂电极最初是 Tyco 实验室为燃料电池工业而开发的[5]。对于氢镍电池，铂电极背面的憎水性 Teflon 层可以阻止电池充电和过充电期间铂负极背面水或电解质的流失，同时又不影响氢气和氧气的扩散。HAC（休斯飞机公司）的一项发展计划促成了 Gortex® 作为多孔 Teflon 膜的应用[6]。铂的含量通常为 (7.0 ± 1.0) mg/cm^2。这种氢电极的物理特性为电化学反应的发生提供了合适的界面，使隔膜一侧的电极既不过湿也不干燥。

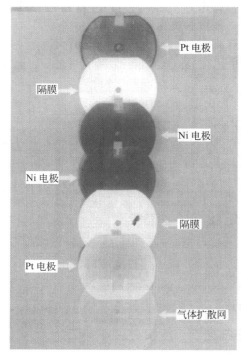

图 15F.1　COMSAT 结构组件

(a) 极组组件

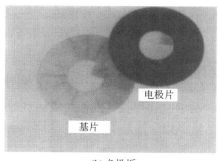

(b) 负极板

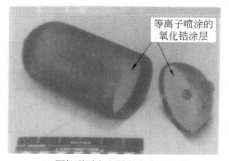

(c) 圆柱形压力容器和半球形顶盖

图 15F.2　空军用电池采用的菠萝片结构

③ 隔膜材料。航天器用氢镍电池使用两种隔膜材料，即石棉（燃料电池级的石棉纸）和 Zircar（未经处理的氧化锆针织布 ZYK-15）。目前在氢镍电池中占主导地位的为 Zircar 氧

化锆隔膜。

燃料电池级的石棉是一种厚度在 $0.254 \sim 0.381mm$ 间的无纺布。石棉纤维通过造纸工艺制成长卷的无纺布。作为附加的防范措施，石棉可在搅拌机中进行再生处理，重新制成无纺布，消除原始结构中存在的不均匀性，以防止氧气形成气泡通过。燃料电池级的石棉具有很高的氧气泡压；隔膜（厚度为 $250\mu m$）两侧氧气的压差需要达到 $1.7 \times 10^5 Pa$ 以上时才能使氧气泡通过隔膜。在过充电期间，氧气从正极板背面逸出，无法在隔膜中形成通道或以气泡的形式穿过隔膜到达负极进行快速复合反应。

Zircar 陶瓷纤维隔膜也是纺织产品（Zircar Product Inc. 生产），由氧化钇稳定的 Zircar 纤维构成，同时具备氧化锆陶瓷耐高温性能好和化学稳定性好的特点。这种柔软的纺织品隔膜材料基本由连续、独特的纤维束制成。尽管具有纤维结构，但氧化锆陶瓷材料固有的易碎特性使这种隔膜很脆，易于折断，因此必须小心对待。用于氢镍电池隔膜的这种未经处理的 ZYK-15 氧化锆针织布具有拉伸特性[7]。隔膜材料的厚度为 $250 \sim 380\mu m$，可以单层使用，也可以双层使用。当第一层隔膜在装配过程中受损时，第二层 ZYK-15 隔膜作为备份可防止氧气通道的形成。Zircar 针织布具有很低的氧气泡压，在充电和过充电期间，氧气很容易透过隔膜到达铂负极，与氢气复合生成水。石棉和 Zircar 隔膜均起到以下作用。

a. 作为正负极板间的隔离层。

b. 吸附 KOH 电解质，并在电解质中保持稳定，能经受长期储存和循环。

c. 由于电解质中 OH^- 的离子导电性，可作为充放电电流通过的介质。

d. 气体扩散网栅。聚丙烯气体扩散网栅放置于氢电极背面，氢气和氧气可透过网栅扩散至负极上有聚四氟乙烯衬底的一面。

15F.3.2 氢镍电池结构

密封氢镍电池含有一定压力的氢气，氢气储存在圆柱形压力容器中，见图 15F.2（c）。这种结构的电池称为独立压力容器（IPV）电池，因为每个电池都置于各自的压力容器中。将单极组或双极组（并联）置于压力容器中即可组装成 IPV 电池。IPV 电池设计可以扩展为两只电池（2.5V）CPV 设计，其制造方法是将两个串联极组置于同一压力容器内。IPV 电池的直径有以下尺寸：6.35cm、8.89cm、11.43cm 和 13.97cm。

本节将介绍上述各种电池的设计。这些设计代表了第一代氢镍电池技术。这一代电池开发于 19 世纪 70 年代，19 世纪 80 年代投入应用，其设计理念现在仍在采用。

15F.3.2.1 COMSAT 氢镍电池

COMSAT NTS-2 氢镍电池组件如图 15F.3 所示，电极堆组件和焊接环位于压力壳的前面[8-9]。这些电池是由 Eagle-Picher Technologies 公司根据 INTELSAT/COMSAT 许可协议制造。美国海军的导航技术卫星 2（NTS-2）于 1977 年 6 月 23 日发射，这是氢镍电池的首次飞行应用。

① 极组。COMSAT 背靠背设计中极组的基本排列方式如图 15F.1 所示。两个背靠背放置的氧化镍正极构成一个正极对，正极对两侧衬上隔膜。隔膜侧放置铂负极时，有铂黑的一面面向隔膜。气体扩散网放置在负极背面，以促进气体向负极背面的扩散。上述组件构成了一个极组模块，多个模块如此重复排列，直至达到所需容量要求。完整的极组如图 15F.3 所示，正负极的汇流条沿极组外侧放置。在充电和过充电期间，镍电极上析出的氧气从背靠背放置的正极对夹层中扩散到极组和压力容器壁之间的空间，然后再扩散进入负极背面的气

体扩散网，穿过多孔负极衬底，与氢气发生复合反应，生成水。氧气的分压取决于其扩散过程，扩散步骤是氧气在 Teflon 黏结层气孔中的扩散，而不是在 Teflon 衬底中的扩散[6]。当电池以 $C/2$ 倍率持续过充电时，氧气与周围氢气的比例应小于 0.5%。

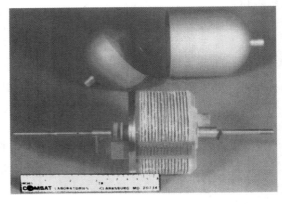

图 15F.3　COMSAT NTS-2 氢镍电池组件

②压力容器。压力容器（半球形顶盖和圆筒）、极柱过渡套以及焊接环均采用 Inconel 718 合金制造。其中，焊接环的制造方法有两种。一种方法是先铸造成型，然后机加工成预定尺寸。另一种方法是直接将拉伸或锻造的 Inconel 合金机加工成最终尺寸。焊接环的外径截面加工为 T 形，用于压力容器的定位，同时为电子束焊接提供一个支撑。近似等厚的压力容器采用 Inconel 718 合金液压成型或拉伸工艺制造，并按照预定长度进行切割。压力容器的壁厚根据具体的工作压力和循环性能要求确定。压力容器外壳采用标准的热处理工艺进行硬化。用于压缩密封的极柱过渡套采用 Inconel 718 合金加工而成，并通过电子束焊接到压力容器的半球形顶盖上。在衬套内壁注塑尼龙塑料。将过渡套卷边即实现 Ziegler 压缩密封[10]。通常电池的最大工作压力为 $4.1\times10^6\sim8.3\times10^6$ Pa。根据具体应用，容器的安全系数设计为（2∶1）到（4∶1）以上。

15F.3.2.2　空军氢镍电池

典型的空军氢镍电池组件如图 15F.2 所示，包括极组、采用化学蚀刻基体的负极、圆柱形压力容器及半球形顶盖。其中，圆柱形压力容器及半球形顶盖的内壁有等离子喷涂的氧化锆涂层，用于电解质的回流。上述组件的装配结构有两种形式。在这两种极组结构形式中，或者单独使用石棉隔膜或 Zircar 隔膜，或者混合使用这两种隔膜。

第一种结构通常称为回流极组设计。该设计包含多个模块单元，每个模块单元由气体扩散网、氢电极（负极）、隔膜和镍电极构成。电池的容量取决于构成极组的模块数。极组的末端模块由气体扩散网和氢电极构成，以确保整个极组中每片正极的两面均对应能发生复合反应的氢负极。压力容器的内壁有涂层，可将电解质回流到极组中，这也正是"回流设计"得名的由来。

在采用石棉隔膜或混合使用石棉与 Zircar 隔膜的设计中，过充电时产生的氧气从镍电极的背面扩散出来。氧气的扩散路径很短，穿过气体扩散网到达相邻的氢电极发生复合反应。也就是说，氧气从一个模块中的正极背面扩散出来，在相邻的模块发生复合反应，生成水。在过充电期间，这种将水转移到相邻模块的反应贯穿整个极组。极组中的最后一个模块只是由负极和吸附了电解质的隔膜构成，在此模块中生成的水进入压力容器的内壁涂层，并回流到极组中，以平衡整个极组中的电解质。对于这种回流结构设计，当以 1C 倍率持续过充电时，氧气的浓度维持在一个很低的水平（在周围氢气中的比例小于 0.2%）。

第二种结构是空军 Mantech 背靠背设计，其排列形式与 COMSAT 设计相同。正极对的两面均衬有隔膜，铂负极上有铂黑的一面朝向隔膜放置。气体扩散网放置在负极背面，以促进气体向负极背面的扩散。上述组件构成了一个极组模块单元，多个模块单元如此重复排列，直至达到所需容量要求。该设计同样通过内壁涂层将电解质回流到极组中。

在只采用 Zircar 隔膜的设计中，隔膜外侧与压力容器内壁接触，氧气可以通过 Zircar 隔膜上大的孔到达负极发生复合反应，生成水。当然如前所述，氧气还可以从镍电极的背面扩散出来，穿过气体扩散网。不过，绝大部分氧气还是从隔膜透过去的。在采用 Zircar 隔膜的电池中，基本或根本没有水的回流。在这种结构设计中，氧气相对于周围氢气的浓度可以忽略不计。

极组的形状类似菠萝片，见图 15F.2（b），中心留有圆孔供极耳穿过。极组通过聚砜中心杆串成一体，见图 15F.2（a），极耳沿中心杆穿过极组。根据极柱的具体设置，正负极的极耳可以反方向或同方向引出。中心杆用于定位和排布极组，为正负极耳的引出提供通道，并使正负极耳之间绝缘，同时与极组绝缘。

对于直径一定的电池，电池的容量取决于所能生产的压力容器的高度。在不增大电池直径的情况下，有两种方法可以提高电池容量。一种方法是采用双极组设计[15]，即将两个极组组装在一根中心杆上，通过端板及一个焊接环分隔开。两极组采用并联方式连接，这样组装成的电池电压为 1.25V。另一种方法是利用三段式压力容器组件[16]。具体方法是极组的两端均设置焊接环，然后将极组放入圆柱形压力容器中，通过两端的焊接环将两个半球形顶盖焊接到圆柱形压力容器两端。

菠萝片结构的传热性能优于 COMSAT 背靠背设计。对于菠萝片式电极，热量可以通过电极的整个圆周均匀地传导出去，而 COMSAT 背靠背设计中的电极圆周被切去了一部分。

① 压力容器。空军氢镍电池所采用的压力容器基本与 COMSAT 设计相同。为了减轻电池质量，有些设计采用化学蚀刻工艺去除壳体应力冗余度大的区域，以减轻重量。由于焊接时产生热量，使焊接影响区经过硬化的 Inconel 718 合金强度下降，因此作为补偿，通常并不对焊接区域进行化学蚀刻处理。压力容器的化学蚀刻处理在其热处理（硬化）之前进行。压力容器的工作压力及设计冗余与前面介绍的 COMSAT 设计相似。

极柱的密封设计分为两种。一种是像 COMSAT 设计一样采用压缩密封，另一种是采用液压密封。采用液压密封时，密封区域在压力容器的半球形顶盖及圆柱形压力容器上液压成型，极柱采用液压冷流 Teflon 密封[14]。

② 电解液管理。极组中电解液损失的机理有三种：a. 被充电及过充电过程产生的氢气和氧气夹带走；b. 从负极渗漏；c. 电解质置换（替代），即电解质被充电和过充电时产生的氧气从极组中的正极上挤压出来。

在背靠背和回流极组设计中，若负极采用的是 Gortex® 衬底，则由于夹带和负极渗漏所造成的电解质损失可以忽略不计，电解质置换成为电解液损失的主要方式。当电池中加入电解质时，正极上的孔隙内完全充满电解质。在电池活化期间，正极上大约 25% 的电解质被充电和过充电时析出的氧气置换出来[6]。研究发现，这种置换造成的电解质损失发生在电池的初始循环（活化）期间，但最后将减小为零，剩下的电解质足够保证电池有效地工作[11-12]。

③ 水的损失。当极组和压力容器间的温差增加到一定程度时（大约 10℃），极组中的水蒸发后，凝结在压力容器壁上，从而造成极组中的水损失。但不管极组中的水以何种机理发生损失，都可以通过压力容器内壁上等离子喷涂的氧化锆涂层[13]［图 15F.2（c）］回流到极组中。

15F.3.3　氢镍电池的理论质量比能量与体积比能量

图 15F.4 和图 15F.5 给出了不同尺寸氢镍电池的质量比能量和体积比能量，实际数值因不同生产商而异。

① 一般来说，质量比能量随着容量的增加而增大。

② 隔膜的种类和数量影响电池重量（电解液量），因而影响质量比能量。

③ 影响体积比能量的主要因素是电池的压力范围和剩余体积。电池的最大工作压力越高，其比能量越大。这是因为随着压力的升高，压力容器的质量减小。

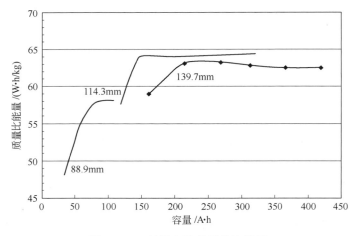

图 15F.4　氢镍电池的质量比能量

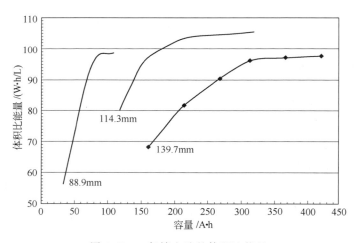

图 15F.5　氢镍电池的体积比能量

15F.3.4　氢镍电池组的设计

氢镍电池组至今已开发出多种结构设计，分别适用于不同的应用及与不同的卫星接口相匹配。卫星对电池组力学性能和热性能的要求是促进电池结构和接口不断发展的主要因素。氢镍电池体系对温度敏感，最佳工作温度范围为 −10~10℃，因此热控制设计对于电池组尺寸及重量减小是很重要的一方面。

为了提高性能和可靠性，氢镍电池组的设计中采用了多项特色技术，包括：通过应变仪（或传感器）和压力信号放大电路对电池压力的监测，单体电池电压的监测，温度的监测，冗余式单体电池加热器及旁路二极管组件。每个电池上均设置旁路保护二极管，确保电池组不因一个电池开路而导致整组开路失效。充电电流方向上设置三只串联的硅二极管，放电电流方向上为一个肖特基二极管。二极管安装在电池底部的卡套热片上，或者安装在电池组底板支架上。

15F.3.4.1　电池结构

几种不同结构的氢镍电池组分别如图 15F.6～图 15F.10 所示。INTELSAT Ⅴ 项目采用了最早期的氢镍电池组设计，卫星共配置了 2 组 30A·h 的电池组，每组电池组由 27 只单体电池串联而成，在卫星发射、变轨和地影期提供电能[17]。

Eagle-Picher Technologies 公司制造了第一个采用双极组设计的氢镍电池组，并应用于 EUTELSAT Ⅱ 项目上。两颗卫星中的第一颗于 1990 年 2 月交付，并于当年 8 月发射[18]，卫星所用电池组见图 15F.7。

图 15F.6　DMPS 100A·h 氢镍电池组

图 15F.7　EUTELSAT Ⅱ 58A·h 氢镍电池组

图 15F.8　部分国际空间站 81A·h 氢镍电池模块（38 只电池组成）

国际空间站的光伏能源分系统采用氢镍电池作为储能电源，在阴影期及意外事故发生时提供能源。这些电池为 LEO 应用而设计，设计寿命为 6.5 年，并且设计为可在轨替换单元（ORU）。空间站的预期寿命为 30 年，在此期间可随时将老化失效电池替换掉[19]。基线储能系统包含两个电池组，每个电池组由 76 只 81A·h 的单体电池组成，每个电池组中包含 2 个 38 只电池组成的电池模块（图 15F.8），该系统的能量约 184.7kW·h。2000 年 10 月首批氢镍电池组开始在国际空间站上服务，2009 年 7 月的 STS127 太空项目将 6 组氢镍电池组送入空间站，2010 年 3 月的 STS132 太空维护项目将新的 6 组氢镍电池组送往空间站进行在轨服务。

图 15F.9　TRM 飞行项目用 81A·h 氢镍电池组　　　图 15F.10　MIDEX 23A·h 氢镍电池组

15F.3.4.2　设计特点

（1）机械设计

通常，每个电池都会在每个电芯周围有一个热保护套。电芯通过夹持在精密加工的套筒中而受到机械约束。卡套的材质为金属，如铝或者是绝缘并且传热性好的高强度复合物。卡套通过绝缘带（如 CHO-THERM）与电池绝缘。绝缘带包裹在圆柱形压力容器的表面，位于电池和卡套之间，具有良好的导热性能。为提高热传导特性，各接触面应紧密结合，同时卡套、绝缘带和电池之间的空间常常填充 RTV566 等材料。卡套既可以安装在电池组底板上，底板再安装在卫星结构件上；也可以直接安装在卫星结构件上，如卫星上突出来的热管组件上。电池暴露在外的表面涂上 Solithane 涂层加以保护，或者采用涂料和 Solithane 联合防护。电池组中单体电池数量由所需电池组电压决定。

（2）热设计

每个电池组都有一定的工作温度限制，该温度限制由具体应用的要求和卫星接口决定。电池组工作时的温度通常限制在 −10～15℃。在电池组的非工作时间内，如地球同步轨道项目中的电池组在春分/秋分时节两分点之间（全光照区）处于不工作状态，这时温度范围缩小，因为此时电池组中产生的热量减少。电池内部产生的热传导至压力容器壁，再通过绝缘带/RTV566 传导至卡套，然后向下传导到底板或安装面；通过安装面，热量再次传递到二次表面镜或者通过热管散发出去。充电控制和加热带组件在工作时必须联动起来，与被动或主动的散热措施协同调整工作温度处于正常范围内。电池的表面可通过阳极化处理提高辐射散热能力。

（3）质量比能量与体积比能量

绝大多数电池组设计都是通过应力和热分析进行优化的。图 15F.11 和图 15F.12 分别给出了由 22 只电池构成的 28V 电池组的质量比能量和体积比能量期望值。当然，具体性能数值会因生产商及特定应用的不同而异。

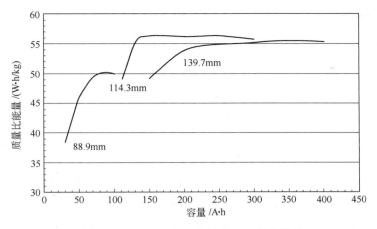

图 15F.11　28V 氢镍电池组的质量比能量

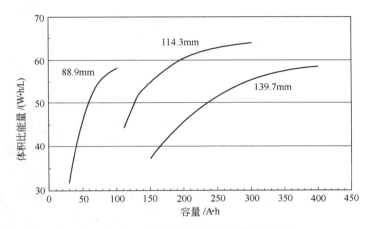

图 15F.12　28V 氢镍电池组的体积比能量

15F.4　应用和性能

15F.4.1　一般应用

　　氢镍电池是一些苛刻应用的绝佳选择。氢镍电池的航空航天应用包括各种轨道航天器，可分为 LEO 和 GEO 两类。氢镍电池也已开发并评估用于地面应用[20-21]。氢镍电池的优势包括长日历寿命和循环寿命、低维护和高可靠性，使其对地面应用同样非常具有吸引力，例如独立光伏系统、应急或远程站点使用的备用电源。制约氢镍电池更广泛使用的主要缺点是其高昂的初始成本。以下是针对氢镍电池地面应用的两个示例。

　　从 1983 年开始，Sandia 国家实验室、COMSAT 实验室以及 Johnson Controls 公司共同资助了一个项目，为需要深度放电的地面应用设计开发密封氢镍电池，要求电池的寿命为 20 年，并且成本与铅酸电池相比要具有竞争力。该开发项目旨在保持氢镍电池优势的同时降低成本。图 15F.13 给出了组装在压力容器内的 6V、100A·h 氢镍电池组（由 5 只电池构成）。Sandia 国家实验室将上述电池组和太阳能方阵结合在一起进行了测试，得出如下结论：电池在长时间内表现出良好的工作性能，预期能达到 20 年的使用寿命，与太阳能方阵匹配良好[21]。

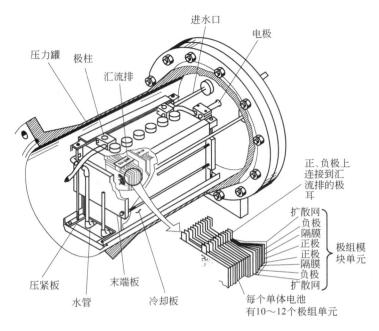

图 15F.13　6V、100A·h 地面应用氢镍电池组（COMSAT 实验室提供）

Eagler-Picher Technologies 公司设计了另一种结构的氢镍电池，用于地面应用中的远程备用电源。同样，该设计的主要目的也是要为地面应用提供一种成本更低、可靠性更高的电池。该设计结合了 DPV（独立压力容器）和 CPV（双电池共压力容器）两项技术。将 5 个双电池 DCPV 单元组装成一个 12V 电池组，其额定容量在 10℃时为 44A·h。DPV 电池组见图 15F.14。

图 15F.14　DPV 电池组

15F.4.2　一般性能特点

（1）电压特性

氢镍电池采用循环性能出色的电化学浸渍氧化镍电极[9,24]。这种电极的容量随着温度的降低而增大，10℃时的容量比 20℃时高出约 20%。NTS-2 型 35A·h 电池在不同温度下的容量见图 15F.15，从图中可以看出容量随温度的变化规律。NTS-2 型电池采用 $C/1.67$ 倍率放电，放电中值电压为 1.2～1.25V。

INTELSAT V 用电池在 200A（12min 倍率）下的高倍率放电性能见图 15F.16。可以看出，该放电曲线非常平坦，放电电压差几乎一直保持在 0.6V。600mV 的电池压降是由电池正负极终端电阻所引起的，终端电阻为 3mΩ（3mΩ×200A＝600mV）。如图 15F.15 所示，当放电倍率为 $C/1.67$ 时，电池的放电中值电压为 1.2～1.25V。空间用 IPV 氢镍电池并不适于高倍率放电，而适于在 $C/2～C/1.5$ 倍率下放电，此时获得的比能量最高。若增大放电倍率，电池正负极终端的 I^2R 降将导致电池有效能量减小。例如，INTELSAT V 电池在 0℃ 下，当放电倍率低于 1C 倍率（1h 倍率）时，质量比能量为 $50W \cdot h/kg$；当放电倍率高于 1C（30A）时，比能量开始下降，如图 15F.17 所示。

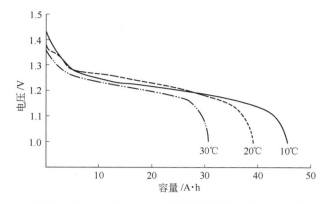

图 15F.15　NTS-2 型 35A·h 电池在不同温度下的容量（放电倍率 C/1.67）

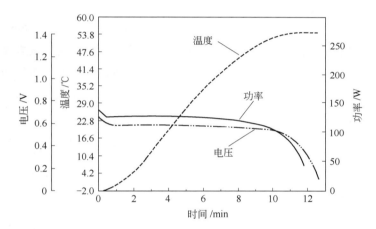

图 15F.16　INTELSAT V 用 30A·h 电池在 200A 下的放电曲线（放电倍率 6.7C）

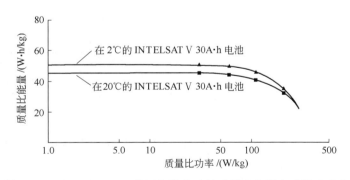

图 15F.17　INTELSAT V 用氢镍电池的质量比能量和质量比功率

　　氢镍电池的一个显著特点是压力能直接反映电池的荷电状态（图 15F.18）。充电时，氢气压力线性上升，直至氧化镍电极接近满荷电状态。过充电时，正极析出的氧气在负极发生复合反应，压力保持稳定。放电时，氢气压力又线性下降，直至氧化镍电极完全放电。如果过放电导致电池发生反极，则正极析出的氧气将在负极消耗掉，压力又恢复稳定。

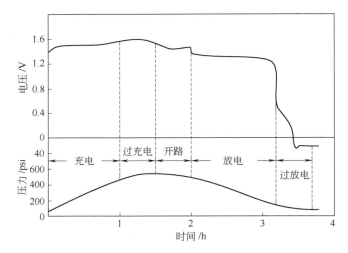

图 15F.18　NTS-2 型氢镍电池的压力和电压关系特性（23℃）
1psi＝6.8948kPa

对于哈勃空间望远镜用 90A·h 电池，不同放电倍率对电池电压和容量的影响如图 15F.19 所示，图中数据是电池在 10℃稳态下测得的。可以看出，电池放电至 1.00V 时容量随着放电电流的增大而减小。电压和容量的变化会受到电池内阻（0.9mΩ）的影响。

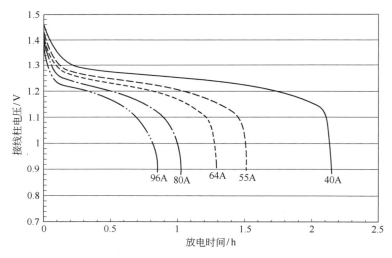

图 15F.19　哈勃空间望远镜用电池在不同放电倍率下的放电性能

（2）氢镍电池的自放电性能

INTELSAT Ⅵ 项目对空军 50A·h 电池的自放电率和温度的关系通过实验进行了研究[25]。电池在 10℃、20℃和 30℃下的容量保持率见图 15F.20，对应的 Arrhenius 温度曲线见图 15F.21。对图中的三个数据点进行线性回归拟合，从所拟合直线的斜率可以得知自放电反应的活化能为 56.90kJ/mol[25]。

（3）电解液浓度对容量的影响

通过实验对电解液浓度对容量的影响进行了研究，实验对象为 INTELSAT Ⅵ 项目中的空军用 50A·h 氢镍电池及其正极。空军用电池的正极基板采用干粉烧结工艺制造，活性物质的载入采用乙醇溶液电化学浸渍工艺。

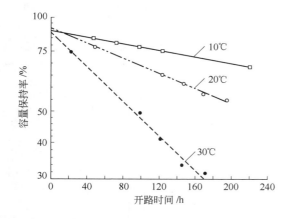

图 15F.20　50A·h 氢镍电池的容量保持率和温度的关系　　图 15F.21　自放电率与 Arrhenius 温度曲线
（COMSAT 实验室提供）　　　　　　　　　　　　　　（COMSAT 实验室提供）

对于空军标准 50A·h 氢镍电池，电解液中 KOH 浓度在充电状态时为 26％，在放电状态时为 31％[25]。使用 KOH 浓度分别为 25％、31％和 38％的电解液对电池进行活化，并测试电池在充电状态和放电状态时的电解液浓度。电池容量、电解液浓度以及平均放电电压见表 15F.2。

表 15F.2　电池容量、电解液浓度以及平均放电电压（10℃）

参数	电解液浓度		
	38％	31％	25％
电池容量/A·h	64	56	43
正极板数量	40	40	40
单个极板容量/A·h	1.60	1.40	1.08
电解质（KOH）浓度（质量分数）：充电状态/％	32①	26	21①
放电状态/％	38	31	25
平均放电电压/V	1.247	1.268	1.290

①估计值。

15F.4.3　GEO 应用性能

INTELSAT Ⅴ卫星上的氢镍电池已经在轨工作超过 9 年。

（1）在轨电池电压性能

INTELSAT Ⅴ电池的在轨性能可以通过观察电池在阴影期的最低放电终止电压进行判断。在允许电池组中有一只电池发生短路失效的情况下，对电池组的最低电压要求为 28.6V，即单体电池电压平均为 1.10V。表 15F.3 中列出了 1990 年秋季阴影期内 F-6 到 F-15 的 7 颗卫星上 14 组电池组的实际最低电压、对应的负载电流以及放电深度[26]，同时表中还给出了各电池组中单体电池的最低电压及平均电压。在轨工作 7 年后 14 组电池组在最长的阴影日中最低放电终止电压为 31.2～32.4V。在 1990 年秋季阴影期内，各电池组中单体电池的最低放电终止电压一致性好（同一电池组中单体电池间的最大电压差为±20mV）。唯一的例外是 F-6 卫星上 1 号电池组中的 22 号电池，该电池的电压比平均电压低 40mV。但该电池组的总电压远高于最低电压要求。

表 15F.3　1990 年秋季阴影期内电池组负载电流及最低电压

卫星	DOD/%		电流/A		电压/V		单体电池电压/V			
	1 号电池组	2 号电池组	1 号电池组	2 号电池组	1 号电池组	2 号电池组	1 号电池组平均电压	1 号电池组最低电压	2 号电池组平均电压	2 号电池组最低电压
F-6	55.8	53.1	14.2	13.5	32.0	32.4	1.20	1.16	1.20	1.19
F-8	54.0	54.4	13.7	13.8	32.0	32.0	1.20	1.18	1.20	1.18
F-10	56.9	55.7	14.4	14.3	31.8	32.0	1.19	1.18	1.20	1.18
F-11	55.3	60.0	14.1	15.4	32.0	32.0	1.20	·1.18	1.20	1.19
F-12	53.5	58.0	13.6	14.8	32.0	31.8	1.20	1.18	1.18	1.18
F-13	67.0	59.0	16.9	15.0	31.2	31.8	1.17	1.15	1.19	1.17
F-15	67.0	62.3	16.9	15.8	31.2	31.8	1.17	1.16	1.18	1.16

（2）在轨电池压力数据

在每个阴影期到来之前，INTELSAT Ⅴ 电池都要进行在轨数据处理。表 15F.4 中列出了 INTELSAT Ⅴ F-6 上 2 号电池组的在轨处理容量和压力数据[26]，其中的压力数据是在维护放电期间测得的。EOC 压力和 EOD 压力分别是在轨处理放电开始时和终止时的压力，压力常数为单位容量对应的 ΔP。

表 15F.4　INTELSAT Ⅴ 的维护容量和压力数据

阴影期	容量/A·h	最大 EOC 压力/(lb/in²)	最小 EOD 压力/(lb/in²)	ΔP/(lb/in²)	压力常数(ΔP/容量)/[lb/(in²·A·h)]
F83	38.1		NA	NA	NA
F84	35.4		NA	NA	NA
F84	37.7	516.39	13.87	502.62	13.33
F85	37.6	518.49	17.90	500.59	13.31
F85	37.5	515.14	17.23	497.9	13.27
F86	37.9	519.34	15.32	504.02	13.29
F86	37.6	519.73	22.03	497.70	13.23
F87	38.3	519.34	13.87	505.47	13.19
F87	37.2	519.73	22.03	497.7	13.37
F88	38.3	525.78	16.20	509.58	13.30
F88	37.8	521.86	17.90	503.96	13.33
F89	36.9	526.91	18.67	508.24	13.77
F89	4.02	534.22	−0.57	534.79	13.30
F90	38.6	551.73	19.22	532.51	13.79
F90	36.0	530.87	38.04	492.83	13.68
F91	39.5	546.52	17.23	529.29	13.39
F91	39.0	545.30	17.90	524.70	13.52
				平均	13.37

注：1lb/in² = 6895Pa。NA 表示数据库中没有压力值。

表 15F.4 中的数据表明以下几点：

① 应变桥电路提供了有价值的压力数据。

② 对于 INTELSAT V 电池组中的电池，EOD 压力不随时间变化。1991 年秋季的 EOD 压力几乎与在轨寿命初期时的 EOD 压力相同。

③ 表中数据表明很重要的一点是，所有电池组件中没有发生氧化或腐蚀。因为一旦电池组件发生了氧化，将会导致在轨处理放电末期的压力升高。

15F.4.4　LEO 应用性能

HST（哈勃太空望远镜）发射于 1990 年 4 月 24 日，采用了 6 只 88A·h 氢镍电池作为主要储能装置。这是采用氢镍电池的首次报道，而非实验性 LEO 应用[27]。电池充电至温度补偿限制电压（见第 25 章），放电深度为 7%～10%。正如 1991 年国际电工委员会的报道：电池的性能至今（1991 年 4 月）毫无问题[27]。在轨数据显示有效容量按预计的速率缓慢衰减，直到最后达到了满足 HST 要求的寿命极限。在 2009 年 5 月的 STS125 维护项目任务期间，在轨服务 18 年（超出设计寿命 13 年）的 6 组氢镍电池组被更换。

15F.4.5　先进电池

（1）IPV 氢镍电池的先进设计

为了改善深度放电下氢镍电池的循环寿命，并减少氢镍电池中常见的失效模式，IPV 氢镍电池采用了一系列先进的设计理念[28]，包括：①采用新的气体复合途径（有催化活性的压力容器内壁涂层）；②采用边缘为锯齿形的隔膜，在保证和电池壁相接触的同时，促进气体在极组中的扩散；③采用 Belleville 垫圈，使极组在轴向上具有伸展性，以适应镍电极在循环过程中发生的膨胀；④降低 KOH 浓度，提高循环寿命。

压力容器内壁采用催化活性涂层的技术已经应用在电池中。由于复合反应发生在压力容器壁上，复合过程中产生的热量可立即通过压力容器壁传导到电池卡套上，电池的热设计得以改善；同时，由于复合反应点位于极组之外，因此该设计同时也降低了因极组内部发生爆鸣而造成的损害。

边缘为锯齿形的设计通常使用石棉隔膜。不规则的边缘可使氧气沿极组边缘无障碍通过；同时，保证隔膜与压力容器内壁涂层的接触，使电解液回流至极组，并将极组的热量传出。

Belleville 垫圈就像一个弹簧，能被进一步压缩以适应极组在循环过程中发生的膨胀。

KOH 浓度对氢镍电池循环寿命的影响已经取得成果[29]。据报道 IPV 电池 LEO 循环寿命的研究获得了重大突破，完全放电状态下当 KOH 浓度从 31% 降到 26% 时，电池的循环寿命可提高 10 倍以上。随着 KOH 浓度的降低，在循环寿命得到提高的同时，放电中值电压稍有提高，电池放电至 1.00V 时容量略有减小。

（2）先进电池组设计理念

共压力容器（CPV）氢镍电池和双极性氢镍电池是两种先进电池设计理念，旨在提高 IPV 氢镍电池和电池组的质量比能量与体积比能量。

共压力容器从概念上讲，CPV 氢镍电池组由数个串联在一起并置于同一个压力容器中的电池构成[30]。对于 IPV 设计，每个氢镍电池都置于各自的压力容器内。CPV 氢镍电池组的潜在优势在于能够大幅度提高体积比能量（体积减小），降低生产成本，降低 IPV 电池间连接和布线的复杂程度，减小电池内阻，强化极组和压力容器壁间的传热。

现已开发出多种型号的双单体 CPV 电池，并已完成了测试。该设计利用了 IPV 电池中的双极组结构。在 CPV 电池中，两个极组采用串联方式，如图 15F.22 所示。双单体 CPV 电池与由 IPV 电池构成的电池组相比，体积减小了 30%，质量减轻了 7%～14%[31]。

包括 LEO 和星际计划在内的多项航天项目已经采用了由上述电池构成的电池组。"火星环球勘探者"号探测器和"火星极地着陆者"号探测器项目采用的两种电池组见图 15F.23、图 15F.24。图中电池组的电压为 28V，容量分别为 23A·h 和 16A·h。

图 15F.22　EPT CPV 电池组（2.5V）
由 Power Sub systems Group 和 Eagle-Picher Technologies，公司提供

图 15F.23　"火星环球勘探者"号探测器
用 23A·h CPV 电池组

图 15F.24　"火星极地着陆者"号探测器用 16A·h CPV 电池组

轻型 CPV 氢镍电池组由 COMSAT 和 Johnson Controls 公司共同设计开发[32]。为了证明这种轻型设计在 LEO 应用中的可行性，研制方制造了一只 CPV 样品电池，并进行了测试。该电池的直径为 25.4cm，由 26 只单体电池构成，容量为 24A·h。电池组将两个均由 13 个半极组形式单体串联，然后置于同一个压力容器中，所得电池组的标称电压为 32V。

这种 25.4cm 空间用电池组采用半圆形单体电池对放的双分流设计来改善电流分布。CPV 样品电池组组件及固定式散热翅片卡槽、轻型压力容器见图 15F.25。

图 15F.25　COMSAT/JCI CPV 氢镍电池组（直径 10in）

1in＝2.54cm；全书同

Johnson Controls 公司开发了一种采用分散式散热翅片（图 15F.26）的新型 CPV 电池，其直径为 12.7cm，容量为 9.6A・h。分散式散热翅片设计是为了克服之前的 CPV（直径 10in）电池的将电池插入散热片卡槽时遇到的问题[33]。

(a) 圆形电池和分散式散热翅片

(b) 10单体极组

图 15F.26　CPV 氢镍电池组

Clementine 卫星项目采用了直径 5in、电压 28V、容量 15A・h、分散式散热翅片设计的 CPV 电池组。该电池组由 Johnson Controls 公司根据与海军研究实验室的合同研制。该卫星于 1994 年成功发射。

CPV 氢镍电池具有的优势使其有望应用于大型千瓦时级 LEO 储能，如国际空间站或 Iridium® 等卫星群系统。与此同时，对于需要低成本、轻型、电池容量为 100～400W・h 的小型应用，CPV 氢镍电池同样极具吸引力[34]。

Eagle-Picher Technologies 公司为 Iridium® 项目提供了直径为 25.4cm、电压为 28V、容量为 50A・h 和 60A・h 的 CPV 电池组。采用了这些 CPV 电池组的卫星至今

图 15F.27　Iridium® 28V、60A・h 的 CPV 电池

有 80 多颗已发射升空。为 Iridium® 项目制造的 28V、60A·h 的 CPV 电池见图 15F.27，其电阻小于 25mΩ，质量比能量为 55W·h/kg，体积比能量为 68W·h/L。

（3）双极性氢镍电池

研究表明，与 IPV 电池相比，双极性电池能够进一步减小质量和体积[35]。目前的研究方向主要针对大型储能电池的 LEO 应用，如国际空间站计划。NASA（美国航空航天局）的 Lewis 研究中心已经设计、制造并测试了几种双极性氢镍电池，其中于 1983 年完成的第二个电池是由 10 只单体组成的 6.5A·h 双极性氢镍电池组，该电池组的测试数据非常有价值，将有助于进一步提高电池性能[35]。

参考文献

1. J. Dunlop, J. Giner, G. van Ommering, and J. Stockel, "Nickel-Hydrogen Cell," U.S. Patent 3,867,199, 1975.

2. S. U. Falk and A. J. Salkind, *Alkaline Storage Batteries*, Wiley, New York, 1969, sec. 2.5.

3. R. L. Beauchamp, "Positive Electrodes for Use in Nickel Cadmium Cells and the Method for Producing Same and Products Utilizing Same," U.S. Patent 3,653,967, April 4, 1972.

4. D. F. Pickett, H. H. Rogers, L. A. Tinker, C. Bleser, J. M. Hill, and J. Meador, "Establishment of Parameters for Production of Long Life Nickel Oxide Electrodes for Nickel-Hydrogen Cells," *Proc. 15th IECEC*, Seattle, WA, 1980, p. 1918.

5. L. W. Niedrach and H. R. Alford, *J. Electrochem. Soc.* **112**:117–124 (1965).

6. G. Holleck, "Failure Mechanisms in Nickel-Hydrogen Cells," *Proc. 1976 Goddard Space Flight Center Battery Workshop*, pp. 279–315.

7. E. Adler, S. Stadnick, and H. Rogers, "Nickel-Hydrogen Battery Advanced Development Program Status Report," *Proc. 15th IECEC*, Seattle, WA, 1980, p. 189.

8. G. van Ommering and J. F. Stockel, "Characteristics of Nickel-Hydrogen Flight Cells," *Proc. 27th Power Sources Conf.*, June 1976.

9. J. Dunlop, J. Stockel, and G. van Ommering, "Sealed Metal Oxide-Hydrogen Secondary Cells," in D. H. Collins (ed.), *Proceedings Of the 9th International Symposium on Power Sources*, 1974, Vol. 5, Academic, New York, 1975, pp. 315–329.

10. E. McHenry and P. Hubbauer, "Hermetic Compression Seals for Alkaline Batteries," *J. Electrochem. Soc.* **119**:564–568 (May 1972).

11. H. H. Rogers, S. J. Krause, and E. Levy, Jr., "Design of Long Life Nickel-Hydrogen Cells," *Proc. 28th Power Sources Conf.*, June 1978.

12. G. L. Holleck, M. J. Turchan, and D. DeBiccari, "Improvement and Cycle Testing of Ni/H2 Cells," *Proc. 28th Power Sources Symp.*, June 1978, pp. 139–141.

13. H. H. Rogers, U.S. Patent 4,177,325, December 4, 1979.

14. S. J. Stadnick, U.S. Patent 4,224,388, September 23, 1980.

15. L. Miller, J. Brill, and G. Dodson, "Multi-Mission Ni-H2 Battery Cells for the 1990s," *Proc. 24th IECEC*, Washington, DC, 1989, p. 1387.

16. T. M. Yang, C. W. Koehler, and A. Z. Applewhite, "An 83-Ah Ni-H2 Battery for Geosynchronous Satellite Applications," *Proc. 24th IECEC*, Washington, DC, 1989, p. 1375.

17. G. van Ommering, C. W. Koehler, and D. C. Briggs, "Nickel-Hydrogen Batteries for INTELSAT V," *Proc. 15th IECEC*, Seattle, WA, 1980, p. 1885.

18. P. Duff, "EUTELSAT II Nickel-Hydrogen Storage Battery System Design and Performance," *Proc. 25th IECEC*, Reno, NV, 1990, Vol. 6, p. 79.

19. R. J. Hass, A. K. Chawathe, and G. van Ommering, "Space Station Battery System Design and Development," *Proc. 23d IECEC*, 1988, Vol. 3, pp. 577–582.

20. D. Bush, "Evaluation of Terrestrial Nickel/Hydrogen Cells and Batteries," SAND88-0435, May 1988.

21. D. Bush, "Terrestrial Nickel/Hydrogen Battery Evaluation," SAND90-0390, July 1990.

22. D. E. Nawrocki, J. D. Armantrout, D. J. Standlee, and R. C. Baker, "The Hubble Space Telescope Nickel-Hydrogen Battery Design," *Proc. 25th IECEC*, Vol. 3, Reno, NV, 1990, pp. 1–6.

23. J. E. Lowery, J. R. Lanier, Jr., C. I. Hall, and T. H. Whitt, "Ongoing Nickel-Hydrogen Energy Storage Device Testing at George C. Marshall Space Flight Center," *Proc. 25th IECEC*, Reno, NV, 1990, pp. 28–32.

24. M. P. Bernhardt and D. W. Mauer, "Results of a Study on Rate of Thickening of Nickel Electrodes," *Proc. 29th Power Sources Conf.*, Electrochemical Society, Pennington, NJ, 1980.

25. J. F. Stockel, "Self-Discharge Performance and Effects of Electrolyte Concentration on Capacity of Nickel-Hydrogen (Ni/H₂) Cells," *Proc. 20th IECEC*, Vol. 1, 1986, p. 1171.

26. J. D. Dunlop, A. Dunnet, and A. Cooper, "Performance of INTELSAT V Ni-H2 Batteries in Orbit (1983–1991)," *Proc. 27th IECEC*, 1992.

27. J. C. Brewer, T. H. Whitt, and J. R. Lanier, Jr., "Hubble Space Telescope Nickel-Hydrogen Batteries Testing and Flight Performance," *Proc. 26th IECEC*, 1991.

28. J. J. Smithrick, M. A. Manzo, and O. Gonzalez-Sanabria, "Advanced Designs for IPV Nickel-Hydrogen Cells," *Proc. 19th IECEC,* San Francisco, CA, 1984, p. 631.

29. H. S. Lim and S. A. Verzwyvelt, "KOH Concentration Effects on the Cycle Life of Nickel-Hydrogen Cells," *Proc. 20th IECEC,* Miami Beach, FL, 1985, p. 1165.

30. D. Warnock, U.S. Patent 2,975,210, 1976.

31. T. Harvey and L. Miller, private communication on EPI handout.

32. M. Earl, J. Dunlop, R. Beauchamp, J. Sindorf, and K. Jones, "Design and Development of an Aerospace CPV Ni-H$_2$ Battery," *Proc. 24th IECEC*, Vol. 3, 1989, pp. 1395–1400.

33. J. Zagrodnik and K. Jones, "Development of Common Pressure Vessel Nickel-Hydrogen Batteries," *Proc. 25th IECEC*, Reno, NV, 1990.

34. J. Dunlop and R. Beauchamp, "Making Space Nickel-Hydrogen Batteries Lighter and Less Expensive," *AIAA/DARPA Meeting on Lightweight Satellite Systems*, Monterey, CA, August 1987, NTIS N88-13530.

35. R. L. Cataldo, "Life Cycle Test Results of a Bipolar Nickel-Hydrogen Battery," *Proc. 20th IECEC*, Vol. 1, 1985, pp. 1346–1351.

参考书目

NASA Handbook for Nickel-Hydrogen Batteries, NASA Reference Publ. 1314, September 1993.

第16章

金属氧化物正极碱性蓄电池

16.0　概述

具有多样化电极组合的碱性蓄电池已存在近两个世纪。本书第 15 章介绍了使用镍基正极 $[NiOOH/Ni(OH)_2]$ 和各种负极的电池。然而，正如前文所阐述的，各种其他正极材料可能会用于碱性电池，包括碱性蓄电池体系。本章详细介绍了三种可充电的使用金属氧化物正极的碱性蓄电池，主要内容包括：16A 部分，氧化银电池；16B 部分，氧化锰电池；16C 部分，氧化铁电池。

这些电池大多使用锌作为负极，但其他金属也得到了一些成功应用，包括镉和铁。

由于电化学变化的广泛性，电池设计需要与每个特定体系兼容。一般而言，该类电池使用氢氧化钾电解质和纤维素基或耐碱聚合物（即尼龙）隔膜（通常是两者的组合）。电池结构可以是平板式、圆柱形卷绕式、纽扣式或其他电池配置结构。与大多数碱性体系一样，由于采用的是水系电解液，电池最高开路电压限制在低于 2V（通常约为 1.5V）。本章的三个部分详细介绍了金属氧化物正极碱性蓄电池。

16A 氧化银电池

Alexander P. Karpinski

16A.1 概述

可充电氧化银电池以高质量比能量、体积比能量和比功率而著称。然而，银电极的高成本使其应用受到限制，仅应用于将高比能量和高比功率作为首要要求的场合，如轻便医疗和电子设备、潜艇、鱼雷和空间应用。氧化银二次电池的特性总结于表 16A.1 中。

表 16A.1 氧化银二次电池的优点和缺点

优点	缺点
锌银电池（锌-氧化银电池）①	
最高的质量比能量、体积比能量和比功率	成本高
高倍率放电能力	相对短的循环寿命
中倍率充电能力	对过充电敏感
好的荷电保持能力	
放电电压平稳	
少维护	
安全	
镉银电池（镉-氧化银电池）①	
高的质量比能量、体积比能量和比功率（大约是锌银电池的 60%）	成本高
循环寿命（开口循环次数 250 次，密封循环次数 100 次）	低温下性能降低
放电电压平稳	
少维护	
无磁性构造	
安全	
铁银电池（铁-氧化银电池）①	
高能量、高功率	高成本
良好的容量保持能力	需要水和气体管理
耐过充能力	还没有被实际应用验证

① 括号里是对这些电池系统的设计校正，但是最初的设计（如锌银电池）更加广泛和通用。

世界上记录最早的"银电池"是 Volta 于 1800 年发表的历史性的锌银电池[1]。这种电池在 19 世纪早期处于统治地位。在随后的 100 多年间，许多实验围绕具有银电极和锌电极的电池展开。然而，所有这些电池都是原电池（不可充电）。

瑞典科学家 Jungner 在 19 世纪 80 年代后期第一次报道了银蓄电池[2]。虽然在早期阶段，他实验了铁-氧化银电池和铜-氧化银电池（据报道比能量为 40W·h/kg），但在电车推进实验中安装的是镉-氧化银电池。然而这些电池的短循环寿命和高成本，限制了其商业应用。在随后的40年间，其他科学家（包括爱迪生）实验了各种电极配方和隔膜，但都没有获得实质性进展。1941年，法国教授 Henri Andre 找到了可实际应用的可充电锌-氧化银（锌银）电池的关键[3-4]。他使用一种半透膜玻璃纸作为隔膜，这种隔膜减缓了可溶性氧化银向负极板的迁移，并且阻碍了锌枝晶从负极向正极的生长，而这两种现象是导致电池短路的主要因素。

20世纪50年代，当时新型的锌银电池和镍镉电池结合的镉银电池再度兴起。这种电池提供了比锌银电池系统更好的循环寿命。Yardney 公司最早将其商业化。随后，西屋公司报道了铁银电池的商业应用（见第18章），在该电池中致力于"用不带来麻烦的铁电极来消除锌电极带来的问题，解决隔膜材料和电池的寿命问题，并且使深度放电容量稳定性仅受银极板限制[5]"。相对于过去的两个世纪，目前的目标是通过保持银电极的高能量密度和高功率性能来提供一种长寿命、廉价、可商业应用的可充电电池。

① 锌-氧化银电池。锌-氧化银电池在所有商业化的水系蓄电池中具有最高的质量比能量和体积比能量。它们可以在极高的放电倍率下高效运行，同时在中等倍率下表现出良好的充电接受能力，且自放电率低。其缺点是循环寿命短（通常取决于设计和使用，寿命在10~150次深度循环和高达4000次局部放电）、低温性能下降、对过充电敏感和成本高。由于内阻低，特别设计的锌银电池倍率可以高达标称容量的20倍（20C倍率）。然而，这些高倍率的持续时间通常必须受到限制，以避免产生破坏性温升。

② 镉-氧化银电池。镉-氧化银电池被看成是高比能量但短寿命的锌银电池体系和长寿命但低比能量的镍镉电池体系的折中产物。它的能量密度大约是镉镍、铁镍电池或铅酸电池的2~3倍，循环寿命相对较长，尤其是在浅循环时；充电保持率非常好。此外，这种电池在制造过程中不采用磁性材料，因此被很多科学卫星所采用。镉银电池的主要缺点是成本高，其单位能量的成本甚至比锌银电池还高。

③ 铁-氧化银电池。铁-氧化银电池可提供高能量和功率能力，在深度放电下使用寿命长。它能够承受过充电和过放电而不会损坏，并且可以通过循环提供良好的容量保持能力。不足之处依然是成本偏高，以及在过充应用中需要对气体和水进行管理。其额定电压为1.1V，与镉银电池相当，但低于锌银电池的1.5V。迄今为止，这种电池尚未公布足够的数据，无法对其特性进行完整描述。

所有这三种体系，都可以提供长的干储存寿命，并且在放电的大部分时间电压平稳。后一特性主要是因为在放电过程中氧化银被还原为金属银，银电极的导电性增加，抵消了极化作用。值得注意的是，在其他电极对中也成功应用了氧化银电极，包括金属氢化物-氧化银电池、氢-氧化银电池和铝-氧化银电池，后者已在鱼雷中成功应用。

16A.2 化学原理

16A.2.1 正极反应

碱性体系中银电极的充电和放电过程特别令人感兴趣，因为充放电这两个分立的阶段在充电和放电曲线中表现为两个平台。发生在银电极上的反应具有较高的（过氧化物）电压平台，其反应表示为：

$$2AgO + H_2O + 2e^- \Longleftrightarrow Ag_2O + 2OH^-$$

在较低电压（一氧化物）平台上发生的反应可以表示为：

$$Ag_2O + H_2O + 2e^- \rightleftharpoons 2Ag + 2OH^-$$

如以上反应所示，这些反应是可逆的。

16A.2.2　总电池反应

以氢氧化钾（KOH）水系溶液作为电解液的电池电化学反应可总结如下。

锌银电池：
$$AgO + Zn + H_2O \xrightleftharpoons[\text{充电}]{\text{放电}} Zn(OH)_2 + Ag$$

镉银电池：
$$AgO + Cd + H_2O \xrightleftharpoons[\text{充电}]{\text{放电}} Cd(OH)_2 + Ag$$

铁银电池：
$$4AgO + 3Fe + 4H_2O \xrightleftharpoons[\text{充电}]{\text{放电}} Fe_3O_4 \cdot 4H_2O + 4Ag$$

金属氢化物银电池：
$$AgO + 2MH \xrightleftharpoons[\text{充电}]{\text{放电}} Ag + 2M + H_2O$$

氢银电池：
$$AgO + H_2 \xrightleftharpoons[\text{充电}]{\text{放电}} Ag + H_2O$$

铝银电池：
$$3AgO + 2Al \xrightarrow{\text{放电}} 3Ag + Al_2O_3$$

这些均是简化的反应式，原因在于对这些反应的详细机制或所有反应产物的确切形式，仍然没有普遍的共识。关于锌和镉负极反应的更多细节已在第15章和第12章论述过。

铁银电池的反应式为：

$$Fe + 2AgO + H_2O \xrightleftharpoons[\text{充电}]{\text{放电}} Fe(OH)_2 + Ag_2O \quad （第一平台）$$

$$Fe + Ag_2O + H_2O \xrightleftharpoons[\text{充电}]{\text{放电}} Fe(OH)_2 + 2Ag \quad （第二平台）$$

$$3Fe(OH)_2 + Ag_2O \xrightleftharpoons[\text{充电}]{\text{放电}} Fe_3O_4 + 3H_2O + 2Ag \quad （第三平台）$$

在实际应用中，仅采用第一和第二放电平台。总反应式为：

$$2Fe + 2AgO + 2H_2O \xrightleftharpoons[\text{充电}]{\text{放电}} 2Fe(OH)_2 + 2Ag \quad E^\ominus = 1.34V$$

16A.3　电池构造和组成

二次银电池产品有方形、螺旋卷绕柱形和纽扣式结构。最常见的是方形结构。典型的方形电池构造如图16A.1所示。在电池中，平板电极由多层隔膜包裹，隔膜将极板机械隔离，并阻止银向锌极板迁移和锌枝晶向正极板生长。极板组互相配合，极组放入紧密配合的壳里（图16A.2）。因为激活后的银电池搁置寿命较短，所以制造商通常将其以干荷电状态或干放电状态提供，并附带注液装置和使用指南。电池在使用前注入电解液并被激活。根据用户要求，电池也可以湿态提供，做到随时可用。

这些电池的机械强度通常非常好，电极结实并与壳体紧密配合。电池壳体由高抗冲击塑料制成。经适当包装，特殊设计的电池可以满足运载火箭、导弹和鱼雷的高冲击、振动和加速要求，且性能不会降低。

16A.3.1　氧化银正极

最常见的银电极制造技术是将银粉烧结在起支撑作用的银网上。电极在模具中制造（作

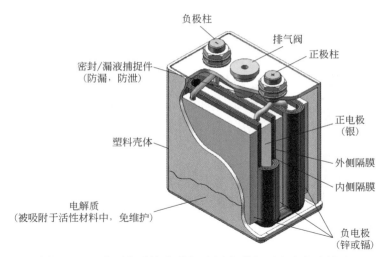

图 16A.1　典型方形锌-氧化银或镉-氧化银可充电电池剖面

图 16A.2　LR-190 型 210A·h 锌银电池组装进电池壳过程（Yardney 公司提供）

为单独的板或作为随后切割成一定尺寸的母板）或通过连续轧制技术制造，然后在大约700℃的熔炉中烧结。

其他可选择的方法包括干法加工和压制，以及将 AgO 或 Ag_2O 浆料涂覆到骨架上。如果采用涂浆法，极板通常经烧结使氧化银转换为金属银，并烧去有机添加剂。骨架通常是编织的或网状的银或镀银铜。

电极首先裁成所需的尺寸，然后在适当的区域热锻上导线或导耳，以便将电流传导电池极柱。电极在装配入电池前进行化成（在容器中相对惰性电极充电），或以金属状态装入电池中，以后再在电池中充电以产生氧化银。

骨架材料、密度、厚度、导耳类型、尺寸、电极最终尺寸都是设计变量，取决于电池的目标应用。银粉粒径也是多样的。较细的银粉可以达到接近银的理论利用率 2.0g/A·h。然而，使用非常细的银粉会导致在中等倍率到高倍率放电时初始电压骤降（通常低于 120ms）。

16A.3.2　负极

（1）锌负极

锌负极广泛地以干压法、拉浆法或电沉积法制造。在干压法中，金属锌或氧化锌、黏结剂和添加剂的混合物被压制在金属骨架上，这一过程通常在模具中完成。骨架上通常有预焊接到位的集流导耳。因为未成型的粉末电极强度较差，作为电极制作过程的一个步骤，负极内隔膜包覆于电极周围，成为电池隔膜体系中的一部分。辊压技术经过发展也可用于连续生产干粉电极[6]。

在拉浆法中，氧化锌、黏结剂、添加剂的混合物与水混合，并且连续涂于载体纸上或直接涂于合适的金属骨架上。通常也使用负极内隔膜来获得所需的物理强度。干燥后多层这样的膏状极片压制在预先焊好导耳的骨架上形成最终的电极。这些电极以未化成的形式装入电池中，或在容器内相对惰性电极进行化成。

电沉积负极是在容器中将锌镀在金属骨架上来制造的。必须进行极板组合、压制或碾压到所需的厚度和密度，然后再进行干燥。

锌银电池体系和锌镍电池体系的寿命都受到锌电极的限制。为此，人们在电极添加剂方面进行了很多工作来减少析氢，提高循环寿命。传统的最常用的氢析出抑制剂是汞（总混合物的 1%～4%），但目前由于人员安全和环保原因正在被取代，取代物包括少量的铅、镉、铟、铊、镓[7-11] 和铋[12-13] 的氧化物及其混合物。为了提高寿命，很多制造商还向锌电极中引入了很多其他添加剂。

锌电极还由于"变形"或活性物质从电极边缘和顶部向中间和底部迁移等原因而引起容量损失。

有很多方法用来提高锌电极的稳定性，包括：锌电极过量以补偿在循环中的容量损失；由于变形开始于电流密度较大的电极边缘，所以采用过量尺寸的电极；采用各种黏结剂如聚四氟乙烯（PTFE）、钛酸钾、氯丁橡胶或其他高聚合物材料来固定活性物质；使用电解液添加剂[12-14]。

像银电极一样，骨架材料、添加剂、最终电极尺寸、厚度、密度都是根据最终应用来进行电池参数设计的。

（2）镉电极

大多数镉银电池所使用的镉电极都是由压制法或拉浆技术制造的。虽然也采用其他方法，如与镍镉电池相似，将镍基板在镉盐中浸渍，但是在镉银电池中，最普遍的方法是将氧化镉和黏结剂的混合物压制或拉浆于银或镍骨架上，与锌电极制备方法相似。

（3）铁电极

铁电极通常是通过粉末冶金技术制造的。为了生产负极活性材料，将纯铁溶解在硫酸中。生成的 $FeSO_4$ 经重结晶、干燥和焙烧（815～915℃）成 Fe_2O_3。将材料洗去硫酸盐，经过干燥并在氢气中部分还原，所得材料（Fe_3O_4 和 Fe）则经过部分氧化、干燥、研磨和混合。混入少量添加剂如硫、FeS 和 HgO 作为钝化剂，以及通过减少气体逸出或提高导电性等方式来延长电池寿命。

将钢带穿孔并镀镍，用来制造负极集流体。带材干燥和退火后制成口袋形状，宽13mm，长 7.6mm。其中，一端敞开并填充有铁活性物质。机器会自动填入活性材料，并将其压入袋中。填充后，负极被卷曲并压入开口的镀镍钢框架中。

16A.3.3 隔膜

（1）锌和镉负极隔膜

银电池中的隔膜主要必须满足以下要求：在正、负极之间形成物理隔绝；电解液和离子通过的阻抗最小；阻止颗粒和溶解的银化合物在正、负极之间迁移；在电解液和电池工作环境中稳定。

总体而言，如图 16A.1 所示，二次锌银电池和镉银电池最多要求三层不同功能的隔膜。内层膜或正极内隔膜用来保存电解液，并作为屏障来减少高度氧化性银电极对主隔膜的氧化。这层膜通常由惰性纤维如尼龙或聚丙烯制成，通常加有润湿剂。

外层膜或负极内隔膜也用于保存电解液，在理想情况下可以稳定锌电极，阻止锌穿透主隔膜，减少枝晶生长。人们进行了很多研究，如利用石棉和钛酸钾纤维等材料来改进无机正负极内隔膜，以延长寿命[7,11,15]。然而，考虑到对健康的危害，很多上述隔膜没有实现商业化。

主隔膜或离子交换膜，依然是决定二次银电池湿寿命的关键。Andre 采用了赛璐玢作为主隔膜，第一次使二次银电池成为可能。通常在电池中采用多层纤维素膜（赛璐玢、经处理的赛璐玢、纤维肠衣）作为主隔膜。同样在近些年来，人们利用诸如辐射接枝聚乙烯[16]、无机膜[10-11,15,17,24,26]、其他合成聚合物等材料进行了很多工作来开发新型隔膜。据报道，这些隔膜单独使用或与纤维素膜复合使用，可以提高电池寿命。由于高阻抗、有限的应用性、高成本等缺点，其中一些尚未应用于商业银电池中。

（2）铁负极隔膜

多层微孔聚乙烯、无纺布聚丙烯毡和赛璐玢是该体系中常用的隔膜材料。需要指出的是，隔膜的选择与铁电极关系不大，铁电极在 KOH 中极其稳定，不与隔膜发生反应。但是，隔膜必须优化选择以阻止银迁移到铁电极上，并且隔膜要耐受银电极本身的氧化作用；选择的隔膜将决定循环寿命、储存寿命和功率性能。因此，隔膜通常是根据特定应用选择的。铁负极电池中使用的典型隔膜系统的性能数据展示于第 16A.4.4 部分。

16A.3.4 电池壳

电池壳必须耐高浓度氢氧化钾电解液的腐蚀和银电极的氧化；同时，必须有足够的强度承受电池内部产生的压力，并在电池要经受的可预期的环境条件范围内保持电池结构的完整性。

大多数二次银电池都用塑料壳封装。通常使用的塑料是丙烯腈-苯乙烯共聚物（SAN）。这种材料相对透明，并易于用液状固化剂或环氧树脂密封。然而，它相对低的软化温度（80℃）使其不能用于某些场合。有很多其他塑料可用于电池壳。表 16A.2 列出了一些材料，并给出了它们的特性。金属壳体用于某些密封电池，但会带来密封问题和电池壳体与电极之间的绝缘问题，因而除了纽扣式电池外应用并不广泛。

表 16A.2 典型塑料电池壳和盖材料的特性

材料④	MABS	ABS		聚砜	聚苯醚（PPO）		尼龙①
商品名	Terlux 2802HD	MG37EP	Lustran 448	P-1700	Noryl 731	Noryl SE1X	Zytel 151 或 151L
相对密度	1.08	1.05	1.05	1.24	1.04~1.09	1.06~1.10	1.05~1.07
最小拉伸强度/psi	6960	4900	6100	10200	8000	9800	8850
最小抗冲强度（带凹口）/(ft·lb/in)	1.31,73°F 0.37,−22°F	6.5,73°F	6.2,73°F 1.2,−22°F	6.5,73°F	3.0,min	3.9,min	1.29
热导率/[Btu·in/(h·ft²·°F)]		1.3~2.3	1.3~2.3	1.8			1.5

材料[4]	MABS	ABS		聚砜	聚苯醚（PPO）		尼龙[1]
商品名	Terlux 2802HD	MG37EP	Lustran 448	P-1700	Noryl 731	Noryl SE1X	Zytel 151 或 151L
弯曲模量/psi		355000	348000	380000	351000	363000	247000
比热容/[Btu/(lb·°F)][2]		0.30～0.40	0.30～0.40	0.31			0.3～0.4
热偏差温度/°F							
66psi 下	273	210	约 252	358	274	262	275
264psi 下	194	185	221,min	345	240,min	244,min	131
使用温度/°F[3]	167	140～210	190～230	320			180～250
硬度（洛氏硬度）		R75～105	R109	R120	R119		R110
透明性	是	否	否	是	否	否	半透明
热处理温度/°F	185±5	180±5		333±5	214±5	214±5	
制造商	BASF	SABIC	BAYER	AMOCO	SABIC	SABIC	E. I. DuPont

① 数据来源：ASTM D4066。

② 或 cal/(g·℃)。

③ 无负载时，连续最大值。

④ MABS 表示甲基丙烯酸甲酯-丙烯腈-丁二烯-苯乙烯；ABS 表示丙烯腈-丁二烯-苯乙烯三元共聚物；PPO 表示为聚苯醚；尼龙为聚酰胺纤维的俗称。

注：1psi＝6894.757Pa；1ft·lb/in＝53.35J/m；1Btu·in/(h·ft^2·°F)＝5.67826W/(m^2·K)；1Btu/(lb·°F)＝4.1868J/(g·K)。

16A.3.5　电解液和其他组件

用于可充电电池的电解液通常是氢氧化钾（KOH）水溶液（浓度 35%～45%）。较低浓度的电解液凝固点较低并且电阻较低，因而负载输出电压较高。然而，当电解液浓度低于45%时，对银电池中的纤维素膜的腐蚀会加剧，因此不能用于长湿寿命电池。表 16A.3 描述了不同浓度氢氧化钾溶液的重要参数。氧化锌、氢氧化锂、氟化钾、硼化钾、锡、铅曾作为添加剂加入电解液中来降低锌电极的溶解[14]。

表 16A.3　氢氧化钾溶液物理和化学特性

KOH 含量/%	相对密度 (15.6℃)	电导率 (18℃) /Ω^{-1}·cm^{-1}	比热容 (18℃) /[cal/(g·℃)]	凝固点/℃	沸点/℃		蒸气压 /mmHg		黏度/cP	
					760mm Hg 下	100mm Hg 下	20℃时	80℃时	20℃时	40℃时
0	1.0000		0.999	0	100	52	17.5	355	1.00	0.66
5	1.0452	0.170	0.928	−3	101	52.5	17.0	342	1.10	0.74
10	1.0918	0.310	0.861	−8	102	53	16.1	327	1.23	0.83
15	1.1396	0.420	0.801	−14	104	54	15.1	306	1.40	0.95
20	1.1884	0.500	0.768	−23	106	56	13.8	280	1.63	1.10
25	1.2387	0.545	0.742	−36	109	59	11.9	250	1.95	1.31
30	1.2905	0.505	0.723	−58	113	62	10.1	215	2.42	1.61
35	1.3440	0.450	0.707	−48	118	66	8.2	178	3.09	1.99
38	1.3769	0.415	0.699	−40	122	69	7.0	156	3.70	2.35
40	1.3991	0.395	0.694	−36	124	71	6.2	140	4.16	2.59
45	1.4558	0.340	0.678	−31	134	80	4.5	106	5.84	3.49
50	1.5143	0.285	0.660	+6	145	89	2.6	70	8.67	4.85

注：1mmHg＝133.3224Pa；1cP＝0.001Pa·s；1cal/(g·℃)＝4.1868J/(g·K)。

氢氧化钾易与空气中的二氧化碳结合生成碳酸钾使导电性降低。因此，电池泄气孔通常用气孔塞盖住或使用低压泄气阀。

电池极柱通常采用钢或铜，并且几乎总是镀银或镍来提高抗腐蚀性。

16A.4 性能特征和电池应用

16A.4.1 性能和设计权衡

二次银电池具有高能量性能，同时重量和体积最小。各种体系的优点和缺点已经在本章前面的部分描述过。特定用途电池的性能取决于电池的内部设计。一种现成的电池满足所有特定应用的要求是不可能的。

从最基本的参数开始，电池设计包括在允许的电池质量和体积范围内进行一系列的折中选择，以获得电压、容量、循环寿命等的最佳组合。

例如，假设在低电流密度下（$0.01 \sim 0.03 A/cm^3$）每只锌银电池的额定电压为 1.5V，而在较大电流下电压更低，设计者则需要选择采用的单体数。如果要求大电流脉冲放电，这时所面临的问题是，电池电压必须高于高倍率下最低允许电压，并且不能超过初始低倍率时的最高允许电压。这时，可以根据计算所得的单体电池数量及电池所允许的总体积来确定单体电池的尺寸，即总体积除以单体电池的数量。

下一步必须结合电池允许的质量和电池必须承受的环境条件来考虑电压、电流、容量和循环寿命要求。这些都是选择电池隔膜材料时要考虑的因素。为保证电池在这些条件下的湿寿命，隔膜的稳定性和层数必须足够；同时，隔膜阻抗必须足够低，以防止在高倍率下出现非预期的压降。所有这些因素在决定电极数量时也必须考虑到。随着电极数量（即活性电极区域）增加，放电电流密度（A/cm^2）降低，从而输出电压升高。需要注意的是，针对高倍率放电的电池进行的优化设计，其低倍率放电时必然容量相对较低。这是随着电极数量增加，相应包裹的隔膜数量增加的必然结果。对一个给定的内部体积，电池放电倍率越高，可供给电极活性物质的空间越小。

设计电池时，银和锌电极活性物质的量必须满足全循环周期的容量需求。理论上，每安时容量需要 2.01g 银和 1.22g 锌。这些数值是对纯物质而言，但每个充放电循环都会有一些活性物质进入溶液中。设计者在设计长寿命电池时必须采用更高的数值——达到每额定安时容量 3.5g 银和 3.0g 锌这一量级。其他设计参数，如银粉粒度，也会影响最终电池性能。

基于这些考虑，下面给出的性能曲线只能视为该体系的总体特性，而不是针对某一特定应用场合的特定电池。

16A.4.2 锌-氧化银电池的放电特性

充满电的锌-氧化银电池的开路电压为 $1.82 \sim 1.86V$。放电分为两步进行：第一步对应于二价氧化物；第二步对应于一价氧化物，如图 16A.3 所示。曲线中平坦的部分即"平台电压"。这个电压由放电倍率决定，在高倍率下电压分布不明显。

从图 16A.4～图 16A.6 可以看出电池在各种放电倍率和温度时的性能，包括温度对平台电压、容量和比能量的影响。锌-氧化银电池的高倍率放电是一个复杂的过程，是银骨架导电性、放电后正极的导电性和电池的多片薄型极板设计等众多因素共同作用的结果。随着温度降低，特别是低于-20℃时，电池性能降低。采用外部加热器加热电池或在电池放电时使产生的热量保持在电池内部可以提高电池的低温性能。不同温度的放电曲线如图 16A.5所示。

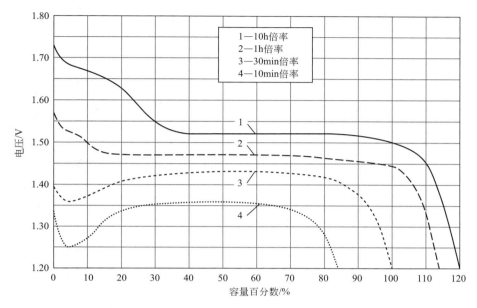

图 16A.3　20℃下锌银电池以不同的倍率放电时的典型曲线

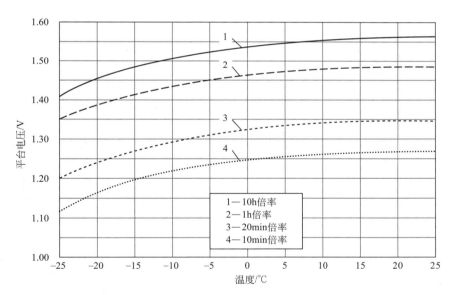

图 16A.4　温度对高倍率锌银电池放电平台电压的影响

　　锌-氧化银电池的性能特征汇总于图 16A.7、图 16A.8 中。这些图给出的是典型的性能数据，可以用来确定在各种放电条件下的容量、使用寿命和电压。对某种特定的电池设计甚至对于每只电池都会存在性能差异，取决于循环历程、充电状态、储存时间、温度和其他使用条件。

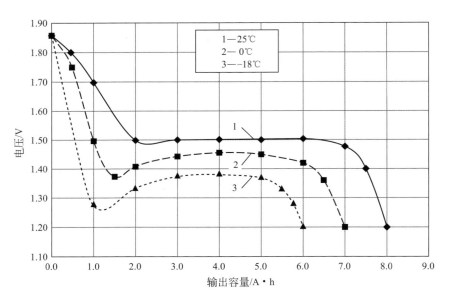

图 16A.5　HR-5 锌银电池不同温度下放电时的典型曲线（无保温）

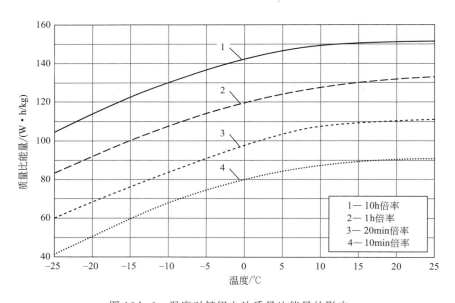

图 16A.6　温度对锌银电池质量比能量的影响

　　图 16A.3～图 16A.8 是针对高倍率应用的电池。在很多应用中，可以采取折中方案牺牲一些比能量来获得较长的寿命。可选择的低倍率设计方案包括采用更多层的隔膜等。这必然意味着，在给定的体积内，电极数较少，而阻抗较大，容量较低。典型的低倍率电池不能以高于 1h 倍率放电，并且当以 1h 倍率放电时，会比其相对应的高倍率电池的平均电压和容量低 3%～5%。但是，低倍率电池具有相当好的湿搁置寿命和循环寿命优势（参见表 16A.4）。

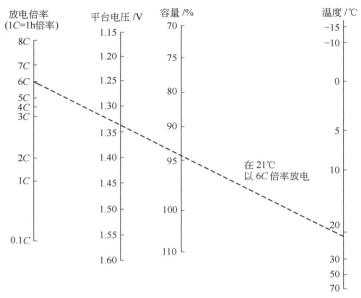

图 16A.7　在不同放电条件下锌银电池的性能

为求出锌银电池的容量和平台电压，可在电池所处的环境温度与放电倍率之间通过一条直线求出

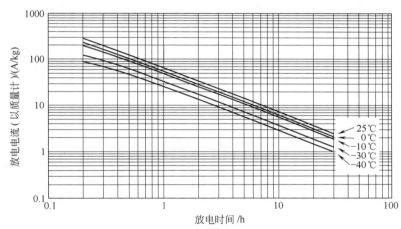

(a) 在不同温度和放电倍率(以质量计)下锌银电池的工作时间特性

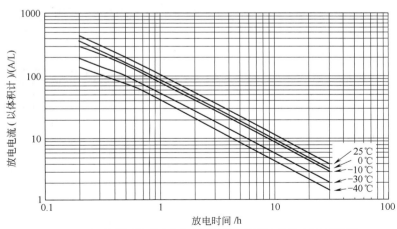

(b) 在不同温度和放电倍率(以体积计)下锌银电池的工作时间特性

图 16A.8　锌银电池的工作时间特性

表 16A. 4　二次银电池额定寿命特性[1]

项目	高倍率(HR)锌银电池	低倍率(LR)锌银电池	镉银电池	铁银电池
湿搁置寿命	6～18 月	1～2.5 年	2～3 年	2～4 年
循环寿命[2]/循环次数	10～50	50～150	150～1000	100～300

① 这些数据都是额定值，将随使用条件和个别的设计而变化。
② 指放电深度为 80%～100% 时的循环寿命。部分放电时循环寿命显著增加。

16A. 4.3　镉-氧化银电池的放电特性

镉-氧化银电池的开路电压为 1.38～1.42V。图 16A. 9 给出了在 20℃时的典型放电曲线，显示出氧化银电极典型的两步放电平台。除了工作电压较低外，放电特性与锌-氧化银电池相似，容量大致相同。

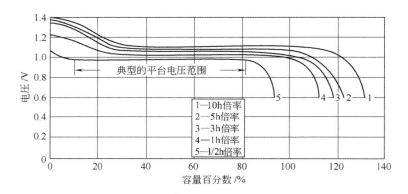

图 16A. 9　20℃下镉银电池以不同倍率放电的典型曲线

与锌-氧化银电池相似，电池容量和放电电压取决于温度，图 16A. 10 和图 6A. 11 分别表示温度和放电倍率对电压和容量的影响。推荐的工作温度为 -25～70℃，最佳工作温度为 10～55℃。有外部加热时，温度范围可以放宽到 -60℃。

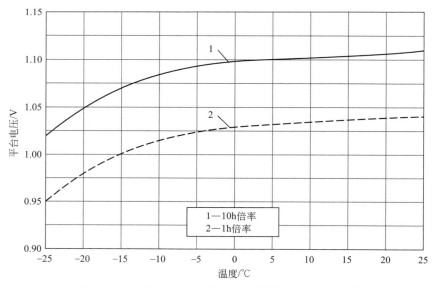

图 16A. 10　温度对镉银电池平台电压的影响（无加热器）

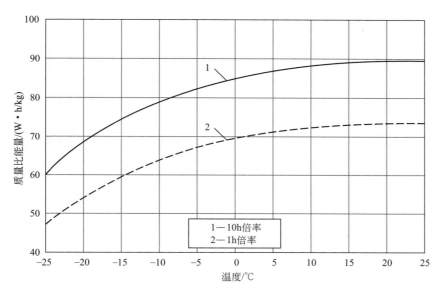

图 16A.11　温度对镉银电池质量比能量的影响

镉-氧化银电池的性能特征汇总于图 16A.12 和图 16A.13。这些图可以用来确定在各种放电条件下的容量、使用寿命和电压。

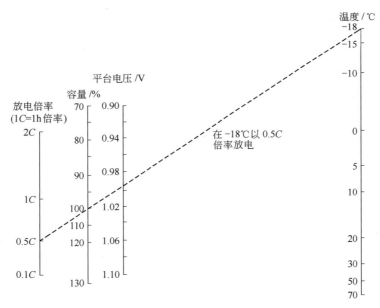

图 16A.12　在不同放电条件下镉银电池的性能
为求出镉银电池的容量和平台电压，可在电池所处环境温度与放电倍率之间画一直线求出

16A.4.4　铁-氧化银电池的充放电特性

图 16A.14 给出了铁银电池（铁-氧化银电池，参见 16A.4.11 节）的典型充放电曲线，电解液为 KOH 溶液（相对密度 1.31），并添加了 15g/L 的 LiOH。电池可以承受多次完全极性反转，而不会对容量产生明显的不利影响。通过典型隔膜的循环寿命测试，将电池与锌和铁负极进行比较，在 100% 放电深度和过充 10% 条件下的循环寿命如图 16A.15 所示。

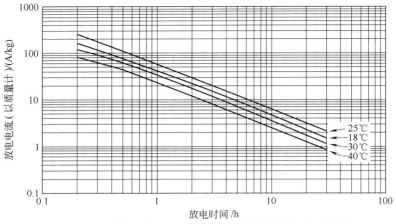

(a) 在不同温度和放电倍率(以质量计)下镉银电池的工作时间特性

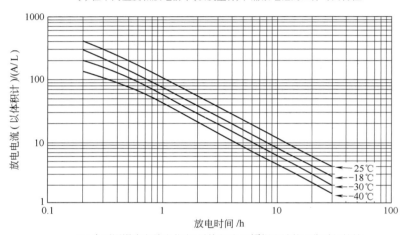

(b) 在不同温度和放电倍率(以体积计)下镉银电池的工作时间特性

图 16A.13 镉银电池的工作时间特性

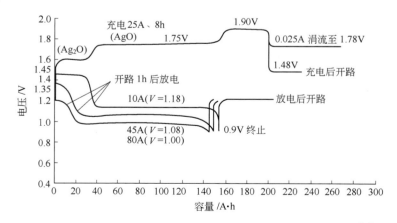

图 16A.14 额定容量为 140A·h 的铁银电池的充放电特性曲线[29]

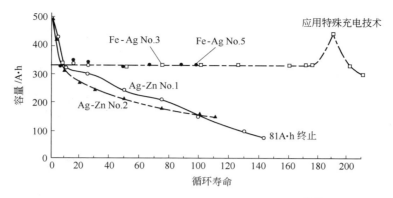

图 16A.15　锌银电池和铁银电池的循环寿命[29]

16A.4.5　阻抗

氧化银电池的阻抗通常较低，但一些因素的影响会引起其显著变化。这些因素包括隔膜系统、电流密度、荷电状态、保持时间、电池寿命、温度。此外，还有电池尺寸。据报道[18]，在考察储存时间对锌银电池阻抗的影响时发现，部分充电的电池其初始阻抗值为 $5\sim11m\Omega$，经过在 21℃下储存 8 个月，阻抗升高到 3Ω；若经过在 38℃下搁置 8 个月，则阻抗升高到 $9\sim15\Omega$。以全放电状态储存的电池，在整个测试期间保持其低阻抗（$2\sim10m\Omega$）。但是，高阻抗电池在放电开始几秒后，返回其低阻抗状态。

锌银电池的交流阻抗高度依赖于负载频率，当高于 5kHz 时，阻抗急剧上升。图 16A.16 给出了 50%DOD 放电状态的 6 单体 350A·h 锌银电池的阻抗图。相应的相位角在图 16A.17 中给出。

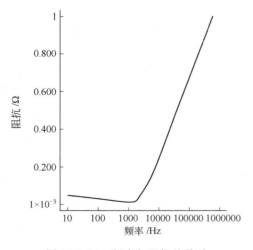

图 16A.16　频率与阻抗的关系

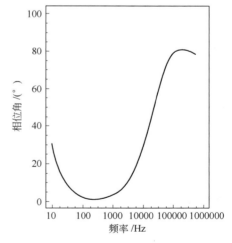

图 16A.17　频率与阻抗相位角的关系

16A.4.6　荷电保持能力

激活并充电后的氧化银电池比大多数二次电池的荷电保持能力强，20℃储存 3 个月后荷电保持率超过 85%。

同其他化学反应一样，荷电容量的损失率也取决于储存温度，见图 16A.18。在 −20～0℃ 储存时可以将充电保持能力最大化。处于干充电状态的电池，正确密封和储存可以使容量保持超过 10 年。低温储存依然是强烈推荐的。

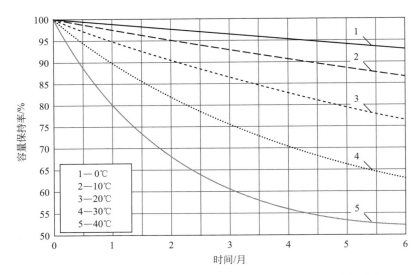

图 16A.18　在不同储存温度下锌银电池和镉银电池的容量保持率

16A.4.7　循环寿命和湿寿命

隔膜系统和活性物质的溶解度对银基电池的湿寿命和循环寿命起决定作用。隔膜必须在高倍率放电时具有低的电解液阻抗，但同时必须对银有高的抗氧化能力，且对胶体银、锌、镉、铁有低的透过率。

镉和铁在高浓度碱性电解液中溶解度低，因此镉银电池和铁银电池的寿命受限于隔膜系统各层膜中银的迁移率。当有金属桥通过隔膜在正负极之间形成时，电池就会失效（内部短路）。一般通过使用多层隔膜来延长电池寿命，但会增加内部阻抗。

锌银电池的寿命还进一步受限于锌在碱溶液中的高溶解性。这个问题以两种失效机理表现出来：变形和枝晶生长。变形是指锌从电极顶端和边缘向底部和中心迁移，使顶端和边缘变薄，同时底部和中心变厚，从而使容量损失。枝晶是在过充电时形成的尖锐的金属针状物，它们可以穿透隔膜导致内部短路。锌银电池因变形造成的容量损失表示在图 16A.19 中。如图 16A.20 所示，镉银电池的容量衰减速度要慢得多。

除因为湿寿命和循环寿命造成正常的容量损失外，干荷电锌-氧化银电池在第二次循环放电时可能会出现容量偏差（通常比初始容量小 20%），被称为"第二次循环综合征"。这种偏差表现为在第二次循环时无法完全充电。该现象一直没有得到充分解释，但却被用户所熟知。可以通过两种方式解决：

① 如果这种容量降低是应用过程中可以接受的，可不采取任何措施，在后面的循环中容量可恢复正常；

② 如果不可接受，可以通过部分预放电然后抽真空和再充电来使容量提高，适宜低倍率操作。值得注意的是，过充电不能提高容量，反而对电池有害。

表 16A.5 给出了密封镉-氧化银电池循环寿命与放电深度的关系。氧化银电池的寿命也

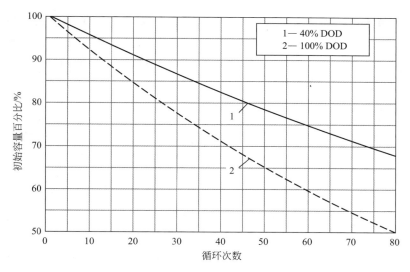

图 16A.19　低倍率放电时锌银电池的容量衰减程度

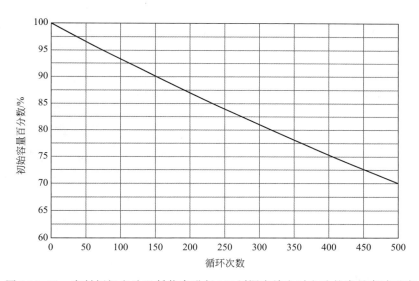

图 16A.20　密封镉银电池以低倍率进行 100％深度放电时电池的容量衰减程度

会随使用和储存条件而发生很大变化。高倍率 100％深度放电和暴露于高温环境（超过 30 天）会显著降低电池的湿寿命和循环寿命。不使用时，低温储存（低于－10℃）时会极大地延长电池寿命。降低放电深度也会延长湿寿命和循环寿命。

表 16A.5　3V、3A·h 密封镉-氧化银电池循环寿命与放电深度的关系

放电深度/%	第一只单体失效时的循环寿命
65	1800
50	3979
50	>5400(375 天)
35	>5400(375 天)
25	>5400(375 天)

注：来源于参考文献 [20]。

在一项评估镉银电池在卫星上应用能力的研究中，对各种放电深度的 3 单体 3A·h 镉银电池进行了测试，见表 16A.5。该研究表明，降低放电深度可以提高循环寿命[20]。对 250A·h 锌银电池进行了另一项研究，除 14 个全容量循环外，其他循环放电深度小于 1%，在 38 个月内共获得了 7280 次循环[21]。

16A.4.8　充电特性

① 效率。锌银电池和镉银电池在正常操作条件下安时效率（输出安时数与输入安时数之比）较高，高于 99%，这是因为在正常充电倍率下没有副反应发生。在常规条件下，瓦时效率［输出瓦时（W·h）数与输入瓦时（W·h）数之比］约为 70%，这是由于充放电时的电压不同。

② 锌-氧化银电池。制造商推荐在大多数应用场合下采用 10～20h 倍率恒流充电。但是，恒压充电和脉冲充电也常被采用。

图 16A.21 给出了典型的恒流充电曲线。两个平台反映了银电极的两级氧化：第一步从银到一价氧化银（Ag_2O），电压大约为 1.6V；第二步从一价氧化银（Ag_2O）到二价氧化银（AgO），电压大约为 1.9V。需要指出的是，在从一价银向二价银转化时，当电压稳定在 1.90～1.95V 平台前，会有一个高达 2.0V 的短时电压升高。为确保全充电，必须将充电系统设计成忽略这个短暂的电压升高。

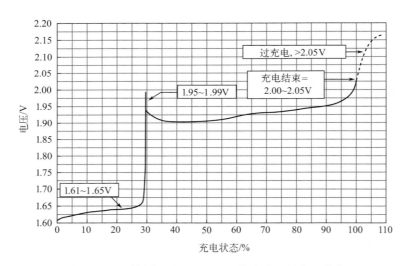

图 16A.21　锌银电池以 10～20h 倍率充电的典型曲线

通常在充电电压达到 2.0V 时终止充电。当充电电压高于 2.1V 时，会电解水，在银电极上产生氧气，并且在锌电极上产生氢气。过充电会促进锌枝晶的生长而引起短路，因而对电池寿命是有害的。

合适的充电方式对电池寿命的重要性无论如何强调都不为过。

③ 镉-氧化银电池。除了每个平台电压较低外（低平台 1.2V，高平台 1.5V），镉银电池的充电特性与锌银电池相似。图 16A.22 给出了典型的充电曲线。

与锌银电池一样，镉银电池通常采用 10～20h 倍率恒流充电。推荐单体电池的终止电压一般为 1.6V。

然而，镉银电池不像锌银电池那样对过充电敏感。其他充电方式也可以采用，并已经应用到一些特殊场合。

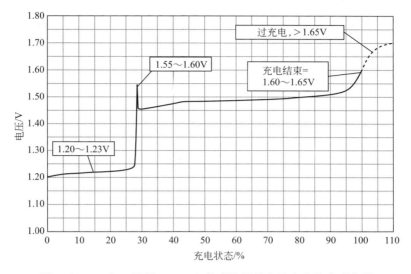

图 16A.22　在 20℃以 10～20h 倍率给镉银电池充电的典型曲线

16A.4.9　电池类型和尺寸

　　表 16A.6～表 16A.8 展示了两个主要银电池制造商，即 Yardney 公司和 Eagle-Picher 公司的早期产品。它们仅作为参考，因为设计参数可以为满足具体客户需求而改变。实际上很多高能量银电池的应用需要特殊设计，经常要求设计新的电池壳和盖以及工装应用。这些将成为今后应用的模型。

表 16A.6　典型开口锌-氧化银电池的额定特性（一）

电池型号	容量/A·h	单体尺寸（包括极柱）/mm			单体质量（包括电解质）/g	最大连续电流/A
		长	宽	高		
HR-02	0.2	5.6	16.0	49.3	6.5	2.0
HR-05	1.3	13.7	27.4	39.6	21.3	4.0
HR-1	2.0	13.7	27.4	51.3	31.2	6.0
HR-2	4.5	15.0	43.7	63.5	68.0	20.0
PMV-2(4.5)①	5.0	15.2	43.7	64.3	72.6	100
HR-5	8.5	20.3	52.8	73.7	127.6	60.0
PM-15①	21.8	20.3	58.9	125.5	295	200
HR-21	35.9	20.6	58.4	191.5	439	160
PM-30①	44.0	25.4	77.7	166.4	607	400
HR-40	46.0	25.1	82.6	180.3	646	200
HR-105	121	35.2	96.9	137.4	950	120
HR-140	190	72.4	82.5	183.4	1721	600
PML-170①	221	35.3	97.0	184.4	1520	120
HR-190	238	39.4	152.6	165.4	2217	400
PML-2500①	2750	107.2	107.2	479.0	18150	600
MR-200	250	53.5	101.6	206	2156	200

电池型号	容量/A·h	单体尺寸(包括极柱)/mm			单体质量 (包括电解质) /g	最大连续 电流/A
		长	宽	高		
低倍率类型						
LR-1	2.1	13.7	27.4	51.3	30.1	4.5
LR-4	7.5	15.0	43.7	85.3	99.2	16.0
LR-8	10.0	16.3	29.9	120.1	116.3	16.0
LR-12	16.0	19.1	47.2	100.1	163.0	20.0
LR-40	64.0	25.1	82.6	180.3	638	64.0
LR-70	100	36.1	92.5	155.4	1055	160
LR-90	155	54.9	82.9	179.3	1588	150
LR-190	220	39.1	151.6	162.6	2048	200
LR-350	560	107.4	107.4	222.3	5615	350
LR-360	570	69.9	147.3	162.6	4391	300
LR-660	840	79.2	161.3	177.8	6183	180
特殊深潜型						
LR625	692	161	80	187	5470	125
LR-700(DS)[2]	1060	107	107	486	11200	900
LR-750(DS)[2]	1075	142	97	513	12500	750
LR-850	1200	119	114	479	13200	800
LR-875	1050	160	79.6	183	7000	125
LR-1000(DS)	1072	137	137	513	18500	1250

① 原电池，手动激活。

② 压力补偿型。

表 16A.7　典型开口锌-氧化银电池的额定特性（二）

高倍率						低倍率					物理尺寸/mm			
电池 型号	额定 容量 /A·h	不同倍 率下额定容量			质量 /g	电池 型号	额定 容量 /A·h	不同倍 率下额定容量			质量 /g	长	宽	高
		15min	30min	60min				4h	10h	20h				
SZHR0.8	0.8	0.7	0.7	0.8	22.7	SZLR0.8	0.8	0.8	0.8	0.8	22.7	10.9	26.9	51.6
1.5	1.5	1.4	1.5	1.5	39.7	1.5	1.5	1.5	1.5	1.5	42.6	12.4	30.7	57.2
2.8	2.8	2.6	2.7	2.8	53.9	3.0	3.0	3.0	3.0	3.0	56.7	14.2	35.1	63.2
5.0	5.0	4.8	5.0	5.0	76.6	5.3	5.3	5.3	5.3	5.3	85.1	16.3	40.1	70.9
6.5	6.5	6.2	6.4	6.5	119.1	7.5	7.5	7.4	7.5	7.5	124.6	14.9	43.7	90.2
10.5	10.5	10.0	10.3	10.5	170.2	11.5	11.5	11.5	11.4	11.5	184.4	20.1	49.5	84.8
15	15	12	14	15	210.0	16.5	16.5	15.5	16.5	16.5	215.6	21.3	41.1	120.7
26	26	20	24	26	312.1	30	30	28.0	30.0	30.0	362.3	25.4	62.7	103.9
48	48	①	40	48	595.9	51	51	48	51	51	624.2	18.5	89.9	167.9
65	65	①	50	65	737.8	70	70	65	70	70	780.3	26.9	83.1	155.4
100	100	①	80	100	1107	115	115	100	110	115	1220	37.3	92.7	150.9
140	140	①	①	140	1944	160	160	①	150	160	2049	74.17	75.7	161.8

① 该倍率下不适用。

电池型号	容量/A·h	单体尺寸(包括极柱)/mm			单体质量(包括电解质)/g	最大连续电流/A
		长	宽	高		
YS-1	1.5	13.7	27.4	51.3	31.2	5.0
YS-3	4.2	15.2	43.7	72.6	82.2	12.0
YS-5	7.8	19.1	51.1	73.9	130.5	25.0
YS-5(密封)	6.8	20.1	52.8	73.9	141.8	15.0
YS-10	14.5	18.8	58.9	122.2	246.7	30.0
YS-16(密封)	21.0	20.6	58.4	146.1	348.8	50.0
YS-20	32	43.9	52.1	108.7	450.9	40.0
YS-40	54	25.1	82.6	179.8	745.9	100
YS-100	132	70.6	87.4	122.2	1503	150
YS-150	240	45.2	106.4	272.0	2978	150
YS-300	420	45.2	106.4	444.5	5190	150

16A.4.10　需要特别注意的问题和处理方法

如果短路，银电池会产生极高电流。因此，要采取措施保证所有工具和电池的绝缘，并防止电池在应用中接地。

电解液是具有腐蚀性的氢氧化钾溶液。当处理电解液时，要采取戴手套和防护镜等措施。在大多数应用场合中不需要添加电解液或水。然而，一定要按照制造商的建议定期检查维护电解液。

尽管与其他电池体系相比，通风问题不那么严重，但还是要采取适当的通风措施，以避免在充电过程中积聚易燃的氢气。对更大的电池组来说，要采取强制通风来防止非预期的温度升高。当在低温下要求对电池进行精确电压控制时，经常对电池采用带恒温控制器的加热器。

因为水下武器装备用电池的体积和能量巨大，同时保护人身安全又极其重要（例如，美国海军的 NR-1 型深潜器使用 240V、850A·h 的锌银备用电源，安装于甲板下面，并向操作室排气），所以为这些水下应用的电池开发了全新的工程技术，包括：完全不加汞，在电池内部设置防火墙；安装用来补偿船体外壳压力的压力补偿装置；开发了电子系统来连续扫描单体电池电压，以尽可能地延长电池寿命。当然，这些工程技术的成功实现需要电池设计师、制造商和使用者在设计阶段紧密合作。

16A.4.11　应用

（1）锌银电池

由于银价格的波动，这种电池历来并将继续主要用于国家有关部门。然而，因为其具有高功率和能量密度，这些电池也用在空间应用和对质量有严格限制的场合。此外，银的高昂价格可以通过回收寿命终止的电池中的金属得到补偿。

锌银电池最初应用在鱼雷上[22]。最初的研究工作是由美国海军资助的，随后在水下的应用领域得到开发，包括水雷、浮标、特种测试船、游泳者辅助工具和人工潜水器如深潜救生艇（DSRV），以及先进的密封传输系统（ASDS），如水下探测器 UUV、NR-1 和各种反潜武器（ASW）。图 16A.23 展示的是 MK40ADMATT 诱饵鱼雷电池。MK40ADMATT 动力电池有两种结构：$60 \times$ HR300DC/58 $\times$ HR300DC 中等性能电池和 $120 \times$ HR215DC/216 $\times$ HR215DC 高性能电池。在室温条件下，额定电压为 147V 的中等性能电池的放电电流是 325A，工作时间为 35min；额定电压为 290V 的高性能电池的放电电流是 650A，工作时间为 6min。图 16A.24 展示的深潜救生艇电池，具有压力补偿设计，在下潜时以矿物油注入电池的空隙。115V 电池的额定容量是 700A·h，具备压力补偿装置，可以安装在受压的船体之外。

图 16A. 23　MK40ADMATT 中等性能动力电池
（Yardney Technical Products Inc. 提供）

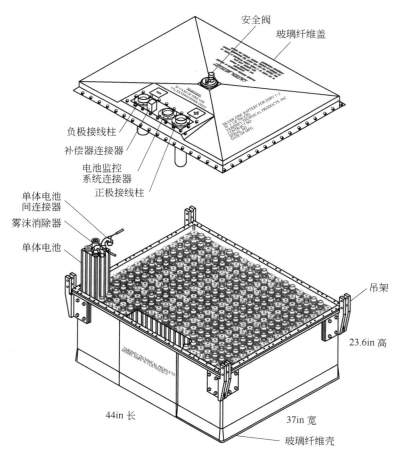

图 16A. 24　DSRV 压力补偿电池 76×LR700（DS）
（Yardney Technical Products Inc. 提供）

锌银电池有很多空间应用，包括：飞船发射的导航和控制、遥测、自毁电源；阿波罗月球飞船、月球和火星探测器、月球钻孔机电源；航天飞船载荷发射与逃逸装置电源、美国宇航员出舱活动（EVA）时用到的生命支持设备的电源。图16A.25展示了典型的航空航天电池（Model 20×HR2DC），它由20只2A·h锌银电池单体组成。这些单体装入铸造成型的铝质壳体中，装配有泄压阀、压力控制阀和电池连接器。

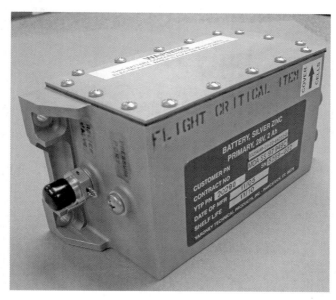

图16A.25　空间用锌银电池28V 2A·h
（Yardney Technical Products Inc. 提供）

（2）镉银电池

镉银电池在很多要求非磁性的空间领域内得到应用。比如在Giotto号哈雷彗星拦截器上作为主电源，欧洲宇航局2000年发射的ClusterⅡ科学太空船使用了镉银电池作为太阳能电池的备份电源（当地球处在太阳阴影中时）。尽管只要求运行2年，但直到2009年5月这些电池仍在工作。

地面应用包括通信设备、便携摄像机、手提灯、照相设备驱动装置、医疗设备、车辆动力电源及类似的需要高比能量二次电源的应用场合。

（3）铁银电池

铁银电池由于成本高而受到限制。其理论能量密度与更流行的锌银电池体系基本相同。与锌银电池相比，铁银电池具有良好的循环寿命，并可提供高可靠性、长寿命和更好的耐用性，同时具有高比能量[27-32]。图16A.26展示了用于电信领域的3.5kW·h电池，图16A.27展示了用于潜水器的9.5kW·h电池。

① 温度效应。与其他碱性电池体系一样，铁银电池性能取决于工作温度；设计用于长寿命和高容量保持率的电池，通常比高倍率和较短寿命的电

图16A.26　3.5kW·h通信用铁银电池
（西屋电力公司提供）

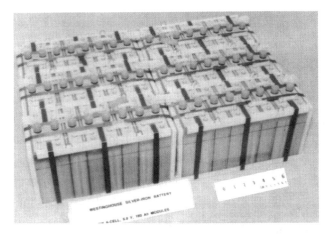

图 16A.27　9.5kW·h 潜水器用铁氧化银电池
(西屋电力公司提供)

池具有更高的内阻。因此，当放电温度降低时，两种电池表现不同，分别如图 16A.28 和图 16A.29 所示。

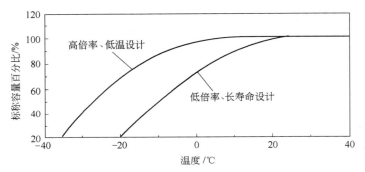

图 16A.28　温度对不同电池设计的 $C/10$ 倍率放电容量的影响
(西屋电力公司提供)

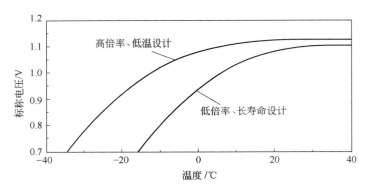

图 16A.29　温度对不同电池设计的 $C/10$ 倍率放电电压的影响
(西屋电力公司提供)

　　② 电池设计。除了上面讨论的单极性、方形电池之外，实验测试的电池还包括双极性电池和圆柱形卷绕电池。图 16A.30 中对比了这些设计的电压极化测试结果。随着组装的改进和自动化程度的提升，圆柱形卷绕式电池的电压特性有望得到显著改善。这类电池将适用于较小的便携式系统，例如可能需要高功率和能量密度的通信设备。

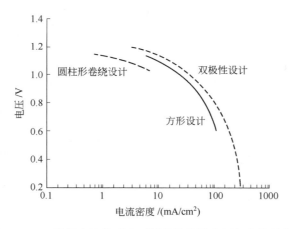

图 16A. 30　铁银电池体系中不同结构设计电压极化特性曲线

16A. 4. 12　总结

　　锌银电池为便携式计算机、手机和消费电子产品使用的锂离子电池提供了一种更安全的替代方案。用户应理解，没有一种电池适用于所有应用。电池在应用中的最佳性能通常只能在满足应用的关键需求的同时服从其他应用才能实现。电池选择的最佳方法是在设备设计的早期阶段与电池制造商合作，而不是试图将电池改装到电子设备的剩余空间。

参考文献

1. A. Volta, "On the Electricity Excited by the Mere Contact of Conducting Substances of Different Kinds," *Phil. Trans. R. Soc. London* **90**:403–431 (1800).
2. S.U. Falk and A.J. Salkind, *Alkaline Storage Batteries*, Wiley, New York, 1967.
3. H. André, *Bull. Soc. Fr. Electrochem.* (6th ser.) **1**:132 (1941).
4. H. André, U.S. Patent 2,317,711 (1943).
5. J.T. Brown, "Iron-Silver Battery—A New High Energy Density Power Source," Westinghouse Corp., Rep. 77-5E6-SILEL-RI, 1977.
6. "Design & Cost Study, Zinc/Nickel Oxide Battery for Electric Vehicle Propulsion," Yardney Electric Corp., Final Rep., Contract 31-109-38-3543, Oct. 1976.
7. R. Serenyi, "Recent Developments in Silver-Zinc Batteries," Yardney Electric Corp., Internal Rep. 2449–79, Oct. 1979.
8. G.W. Work and P.A. Karpinski, "Energy Systems for Underwater Use," *Marine Tech. Expo. Int. Conf*, New Orleans, LA, Oct. 1979.
9. A. Himy, "Substitutes for Mercury in Alkaline Zinc Batteries," *Proc. 28th Annual Power Sources Symp.*, 1978, pp. 167–169.
10. R. Serenyi and P. Karpinski, "Final Report on Silver-Zinc Battery Development," Yardney Electric Corp., Contract N00140-76-C-6726, Nov. 1978.
11. "Medium Rate Rechargeable Silver-Zinc 850 Ah Cell," Eagle-Picher Industries, Final Rep., USN Conract N00140-76-C-6729, Mar. 1978.
12. R. Serenyi, U.S. Patent 5,773,176.
13. *Proceedings of the 5th Workshop for Battery Exploratory Development*, Burlington, VT, July 1997, pp. 153–157.
14. R. Einerhand, W. Visscher, J. de Goeij, and E. Barendrecht, "Zinc Electrode Shape Change," *J. Electrochem. Soc.* **138**:7–17 (1991).
15. K. Choi, D. Bennion, and J. Newman, "Engineering Analysis of Shape Change in Zinc Secondary Electrodes," *J. Electrochem. Soc.* **123**:1616–1627 (1976).
16. K. Bass, P.J. Mitchell, G.D. Wilcox, and J. Smith, "Methods for the Reduction of Shape Change and Dendritic Growth in Zinc-Based Secondary Cells," *J. Power Sources* **35**:333–351 (1991).
17. A. Charkey, "Long Life Zinc-Silver Oxide Cells," *Proc. 26th Ann. Power Sources Symp.*, 1976, pp. 87–89.

18. V. D'Agostino, J. Lee, and G. Orban, "Grafted Membranes," in A. Fleischer and J. Lander (eds.), *Zinc-Silver Oxide Batteries*, Wiley, New York, 1971, Chap. 19, pp. 271–281.

19. C.P. Donnel, "Evaluation of Inorganic/Organic Separators," Yardney Electric Corp., Contract NAS3-18530, Oct. 1976.

20. A.P. Karpinski, B. Makovetski, S.J. Russell, J.R. Serenyi, and D.C. Williams, "Silver-Zinc: Status of Technology and Applications," *J. Power Sources* **80**:53–60 (1999).

21. *Proceedings of the 38th Power Sources Conference*, Cherry Hill, NJ, June 1998, pp. 175–178.

22. H.A. Frank, W.L. Long, and A.A. Uchiyama, "Impedance of Silver Oxide-Zinc Cells," *J. Electrochem. Soc.* **123**(1):1–9 (1976).

23. J.C. Brewer, R. Doreswamy, and L.G. Jackson, "Life Testing of Secondary Silver-Zinc Cells for the Orbital Maneuvering Vehicle," *Proc. 25th IECEC*, Reno, NV, Aug. 1990.

24. "Evaluation of Silver-Cadmium Batteries for Satellite Applications," Boeing Co., Test D2-90023, Feb. 1962.

25. A.P. Karpinski and J.A. Patten, "Performance Characteristics of Silver-Zinc Cells for Orbiting Spacecraft," *Proc. 25th IECEC*, Reno, NV, Aug. 1990.

26. A. Fleischer and J. Lander (eds.), *Zinc-Silver Oxide Batteries*, Wiley, New York, 1971.

27. O. Lindstrom, in D.H. Collins (ed.), *Power Sources*, vol. 5, Academic, London, 1975, p. 283.

28. *The Silver Institute Letter*, vol. 7, no. 3 (1977).

29. J.T. Brown, Extended Abstract No. 28, Battery Div., the Electrochemical Society, Las Vegas, NV, pp. 76–77 (1977).

30. E. Buzzelli, "Silver-Iron Battery Performance Characteristics," *Proc. 28th Power Sources Symp.*, Electrochemical Society, Pennington, NJ, 1978, p. 160.

31. G.A. Bayles, E.S. Buzzelli, and J.S. Lauer, "Progress in the Development of a Silver-Iron Communications Battery," *Proc. 34th Int. Power Sources Symp.*, Cherry Hill, NJ, June 1990.

32. G.A. Bayles, J.S. Lauer, E.S. Buzzelli, and J.F. Jackovitz, "Silver-Iron Batteries for Submersible Applications," *Proc. 3rd Annual Underwater Vehicle Conf.*, Baltimore, June 1989.

16B　氧化锰正极

Josef Daniel-lvad
荣誉撰稿人：Karl Kordesch

16B.1　概述

可充电碱性锌-二氧化锰电池由原电池发展而来。锌作为负极活性材料（放电时的阳极），二氧化锰作为正极活性材料（放电时的阴极），并使用氢氧化钾溶液作为电解质。

可充电碱性锌-二氧化锰电池的主要优点和缺点列于表16B.1。

表 16B.1　可充电碱性锌-二氧化锰电池的主要优点和缺点

优点	缺点
初始成本低(使用成本有可能比其他可充电电池低)	可用容量是一次电池的2/3,但是高于大多数可充电电池
以完全充电状态制造	循环寿命低
容量保持能力好(和其他可充电电池相比)	随循环和放电深度可用能量迅速降低
全密封,免维护	内阻比镍镉电池和镍氢电池大
无记忆效应	
材料无毒,绿色环保	

16B.2　化学原理

电解二氧化锰（EMD）的放电机制，本质上是 $\gamma\text{-}MnO_2$，已经被深入地研究过。通常认为该材料得到第一个电子的过程是一个均相反应，它包含了一个质子和一个电子进入材料晶格，并在其内部移动的过程。此过程导致 MnO_x 中的 x 值从2逐渐降低到1.5。在这个反应中，固体结构的 MnO_2 转化为另一种固体结构三价锰的 $MnOOH$[1]。

$$MnO_2 + H_2O + e^- \longrightarrow MnOOH + OH^-$$

如果继续放电，特别是当正极材料在得到第二个电子后，将生成可溶性的锰组分[2]。

当电解二氧化锰充电时，则与上述过程相反。充放电循环次数和放电深度有关，有不可逆电极过程发生。循环次数和放电深度呈对数关系。库仑法研究表明，在几次循环后充电效率接近100%。众多研究组研究了初始损失的原因，并提出了解决该问题的方法，但迄今为止还没有商业上可行的解决方案[3-8]。

图16B.1表明了正极控制的可充电电池循环特性，容量损失与循环次数之间呈对数关系。为了在第一次循环获得高的放电容量，通常在AA型电池中锌电极容量为 $2A \cdot h$，应同时防止 MnO_2 放电超过一个电子的容量。当放电限制在每个循环的预定容量以内，直到达到0.9V的截止电压时，可以估算出循环寿命和累积容量，如图16B.1所示。

对于碱性锌-二氧化锰电池充电，在标准充电16h时，必须将充电电压限制在1.75V；最长充电1周时，需要控制在1.65V；浮充时，控制在1.60V。充电到更高的电压会产生六价锰酸盐和氧气。可溶性锰酸盐歧化成四价 MnO_2 和不可充电的二价锰，会导致循环容量

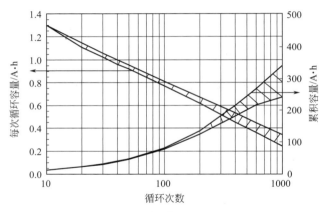

图 16B. 1　碱性锌-二氧化锰可充电电池在 20℃下的循环性能
每次放完电后再充电，Blizzard 公司提供

损失。氧气与锌反应生成氧化锌。

　　人们已经尝试用特殊制备的铋掺杂二氧化锰（BMD）代替电解二氧化锰（EMD），以利用深度双电子 $MnO_2 \rightarrow Mn(OH)_2$ 可逆放电。然而，这种方法还没有成功的商业实践[9]。

16B. 3　电池设计和组成

　　圆柱形锌-二氧化锰 AA 型可充电电池如图 16B. 2 所示。该结构类似于原电池，采用由内而外的设计。正极由 3 个或 4 个阴极环组成，在高压下直径略大，并且被插入钢壳中。阴极混合配方使用电解 MnO_2 以及高达 10% 的石墨和添加剂以提高可充电性。负电极由含有 KOH 和胶凝剂的粉末锌块组成，位于中心。位于凝胶中心的集流柱用作负极集流体；电池卷边密封，并设置有排气装置。

　　可充电碱性电池具有以下特征。正极添加剂（例如钡、锶和钙的化合物）用于增加正极容量和改善循环[10]，还包含氢复合催化剂，例如负载在乙炔黑或碳上的银，以复合电池中可能产生的任何氢。起容量限制作用的锌粉负极含有 KOH 和胶凝剂。锌的量决定了放电深度和电池容量。负极不添加汞，使用特殊的锌合金和/或有机抑制剂结合的负极制备工艺来减少锌腐蚀并控制充电时的枝晶生长[11]。氧化锌溶解在 KOH 中以确保在充电（或过充电）时，电解只能生成氧气，而不是氢气。多层隔膜采用再生纤维素等，对苛性碱具有高抗腐蚀性，还可以防止由于锌枝晶形成引起的内部短路[12-13]。

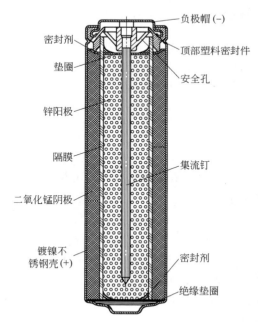

图 16B. 2　碱性锌-二氧化锰 AA 型可充电电池
（Blizzard 公司提供）

16B.4 电池性能和应用

16B.4.1 首次循环放电特性

如同原电池一样，可充电电池是以荷电状态制造和运输的。因为它的储存寿命好，可以保持住大部分的容量（取决于使用前的储存条件），所以在第一次使用前不必再充电。可充电碱性锌-二氧化锰电池的放电特性和原电池相似。然而，由于设计上对锌使用的限制，当在中高倍率放电时，其电压在达到0.8V后将迅速下降。在低倍率放电时，可以观察到端电压在达到0.6～0.7V后才有可能迅速下降至0V。图16B.3为新的AA型可充电电池在不同电流下的恒流放电曲线。

16B.4.2 循环性能

可充电电池在第一次循环的放电容量最高，在20℃下其容量相当于原电池的70%～80%。在随后的充放电循环中，如果电池在充电前完全放电，则每次循环后容量会逐渐降低。放电曲线形状在循环过程中略有变化，但电压水平随着循环而下降，见图16B.4[14]。

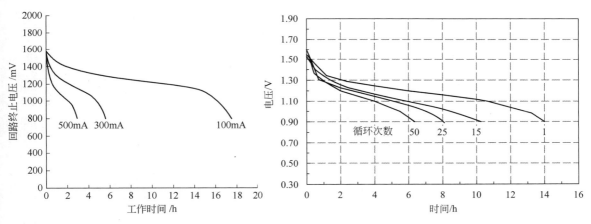

图 16B.3　碱性锌-二氧化锰 AA 型可充电电池在 22℃、不同的电流、恒流放电时电池第一个循环周期的放电特性
（Blizzard 公司提供）

图 16B.4　碱性锌-二氧化锰 AA 型可充电电池在 20℃、10Ω 负载时连续放电特性

当电池在使用中仅部分放电和再充电时，循环次数和循环容量增加。图16B.5显示了在10Ω负载上放电的AA型电池，每天使用4h（约25%DOD），然后以1.65V的恒定电压充电后，循环寿命增加。端电压0.9V以上时可获得300次以上的循环寿命[14]。

当电池放电到较低的放电深度（DOD）时，循环寿命如图16B.6所示。该图显示了可充电AA型电池重复放电至约15%DOD、20%DOD和25%DOD，然后再充电的结果。循环寿命随着DOD的降低而增加，而电压降随着DOD的降低而减少。当放电深度非常浅时，实验室测试中已经进行数千次循环。图16B.7显示了浅放电-频繁充电模式的循环性能，进行了高达5000次的循环，也没有达到截止的判断标准[14]。

16B.4.3 温度影响

图16B.8给出了可充电碱性锌-二氧化锰电池在各温度下的性能。在-30℃的低温下，

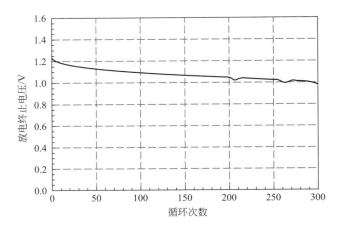

图 16B.5　碱性锌-二氧化锰 AA 型可充电电池放电特性曲线
电池在 20℃、10Ω 负载时，以每天 4h 倍率放电再充电

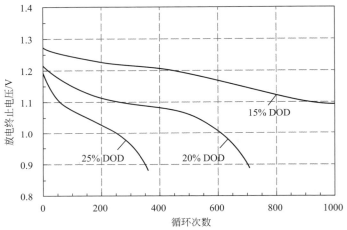

图 16B.6　电池在 10Ω 负载下的循环寿命
三种放电深度的循环寿命；每次浅放电后电池均充满电

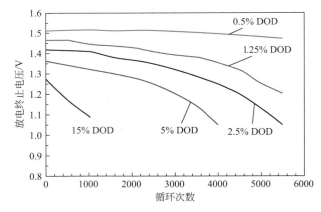

图 16B.7　碱性锌-二氧化锰可充电电池在 20℃时放电深度非常浅的放电模式下的循环性能

电池虽然可以工作，但是性能降低；在中等以及较高倍率下，降低幅度尤其明显。在 50℃

的高温下，低倍率性能没有变化，而中等倍率和高倍率下的性能得到了改善。图 16B.9 为 AA 型电池于 21℃、45℃和 65℃下的性能。还应注意的是，在较高温度下电池的容量更高且大电流放电能力增强。这是由于高温下扩散作用增强，MnO_2 的利用率更高[15-16]。

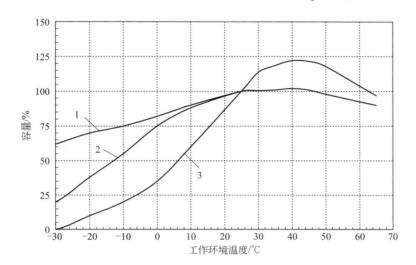

图 16B.8　环境温度对碱性锌-二氧化锰可充电电池在不同放电倍率下容量的影响
曲线 1，很低倍率 1～5mA；曲线 2，低倍率 50～100mA；曲线 3，中等倍率 250～300mA

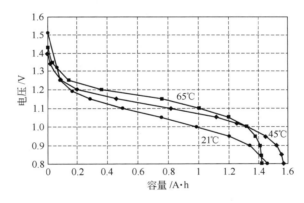

图 16B.9　碱性锌-二氧化锰 AA 型可充电电池
在不同环境温度下以 3.9Ω 负载放电时的电性能[15]

16B.4.4　储存寿命

新的、未使用过的（未充过电的）可充电碱性锌-二氧化锰电池的储存寿命与原电池相似（室温下储存 10 年容量损失 20%～25%）。图 16B.10 为高温储存下的开路电压数据。在 71℃下储存超过 12 个星期后（等效于在 21℃下储存 7 年），开路电压只降低了 6%，这说明没有发生明显的自放电反应。

已经循环使用过的电池储存寿命取决于它是以充电状态还是以放电状态储存的。循环后以充电状态储存的电池，其容量损失与"新鲜"电池大致相同。若电池以放电状态储存，特别是在高温（65℃）下，对负极的循环性能是有害的。然而，在正常使用时，电池可以充电到接近之前循环的容量水平。

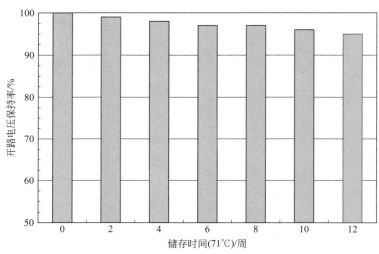

图 16B.10　20℃时无汞碱性锌-二氧化锰 AA 型可充电电池在 71℃下的开路电压稳定性
（Blizzard 公司提供）

16B.4.5　充电方法

在碱性锌-二氧化锰电池的充电过程中，放电状态的正极活性物质水锰石（MnOOH，碱式氧化锰）被氧化为二氧化锰（MnO_2）。负极中的氧化锌被还原为金属锌。二氧化锰可以被进一步氧化为可溶性的更高价态氧化物（六价锰化合物），导致再充电能力损失。因此，恰当的充电控制对获得最佳寿命是很重要的。当电池充电至 1.75V 以上超过数天，或充电至 1.70V 超过数周时都会对电池产生损害。当充电容量达到电池安时数的 105％后，就不应再充电了。电池可以以 1.60V/单体的电压长时间浮充[16]。

① 恒压充电。恒压充电是首选方法。这相当于逐渐减小电流的充电方法。充电电压不应超过 1.65～1.68V。图 16B.11 显示了充电期间的电压和电流曲线[14]。

② 恒流充电。长时间不受控制的恒流充电会导致电解液分解，从而导致内部气压升高，并导致安全阀打开释放气体。如果充电电压限制在 1.65V/单体（无电阻）并在电路中设置切断控制，则恒流充电是可行的。

③ 脉冲充电。脉冲充电可用于可充电碱性锌-二氧化锰电池的快速充电。在脉冲间歇期间，电路测量电池电压。由于在间歇期间没有充电电流流过电池，因此测量的是没有任何欧姆电阻的真实电化学电压。该电压通常称为无电阻或无负载电压（RFV）。脉冲充电器电路通过将实际无负载电池电压与预设截止电压进行比较来调节充电时间。只要 RFV 低于截止电压，充电电流就会流入电池。如果 RFV 等于或高于充电截止电压，则充电电流被切断。只要 RFV 不超过充电截止电压，充电电压可以远高于指定的充电截止电压。这

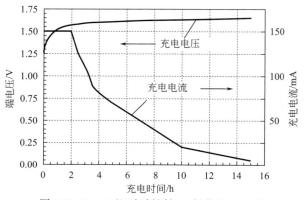

图 16B.11　20℃时碱性锌-二氧化锰 AA 型
可充电电池恒压充电曲线

会导致初始充电电流高得多，从而使快速充电成为可能。脉冲式充电提高了锌的再沉积能

力，也因此提高了电池的循环寿命[17]。图 16B.12 显示了 1~4 只碱性锌-二氧化锰 AA 型电池并联后的脉冲充电曲线[14]。

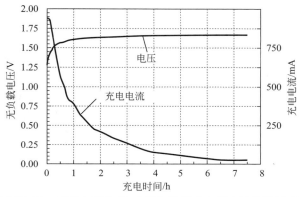

图 16B.12　可充电碱性锌-二氧化锰锌 AA 型电池的脉冲充电
设置无负载电压（RFV）上限为 1.65V，初始充电电流限制为 1A

16B.4.6　单体电池和电池组型号

典型的可充电碱性锌-二氧化锰电池性能列于表 16B.2 中。表 16B.3 展示了 AA 型可充电碱性锌-二氧化锰电池按一次碱性电池的国际标准（根据 IEC 60086-2 标准）进行测试的电池性能。表 16B.4 展示了 AAA 型可充电碱性锌-二氧化锰电池性能。

表 16B.2　典型的可充电碱性锌-二氧化锰电池性能

电池型号	尺寸/mm		质量/g	额定容量（初期放电）/A·h[①]
	高度	直径		
AAA	44	10	11	0.90，以 75Ω 放电
AA	50	14	22	2.00，以 43Ω 放电
并联 C(3AAA)	50	26	58	2.40，以 10Ω 放电
并联 D(3AA)	60	34	104	6.00，以 10Ω 放电

① 性能参数由放电得到，在指定的电阻下放电至单体电压为 0.9V。

表 16B.3　AA 型可充电碱性锌-二氧化锰电池根据标准 IEC 60086-2
（一次碱性电池的国际标准）进行测试的性能

应用测试	负载	负载周期	截止电压	IEC 最小平均工作时间	典型工作时间
收音机	43Ω	4h/d	0.9V	60h	75h
玩具	3.9Ω	1h/d	0.8V	4.0h	6.0h
盒式录音带	10Ω	1h/d	0.9V	11.5h	16h
CD/MD/游戏机	250mA	1h/d	0.9V	4.5h	6.4h
相机闪光灯	1000mA	10s/min,1h/d	0.9V	200 个脉冲	315 个脉冲
遥控器	24Ω	15s/min,8h/d	1.0V	31h	40h

表 16B.4　AAA 型可充电碱性锌-二氧化锰电池根据标准
IEC 60086-2（一次碱性电池的国际标准）进行测试的性能

应用测试	负载	负载周期	截止电压	IEC 最小平均工作时间	典型工作时间
收音机	75Ω	4h/d	0.9V	44h	65h
盒式录音带	10Ω	1h/d	0.9V	5h	6.8h
照明	5.1Ω	4min/h,8h/d	0.9V	130min	190min
相机闪光灯	600mA	10s/min,1h/d	0.9V	140 个脉冲	250 个脉冲
遥控器	24Ω	15s/min,8h/d	1.0V	14.5h	17h

16B. 4. 7　应用

实际上，目前使用一次性碱性电池的所有应用都可以使用可充电碱性锌-二氧化锰电池。原电池的高使用率主要体现在一些玩具和游戏机、个人音频播放器、手电筒、遥控器、无线鼠标和键盘等应用中。

此外，越来越多的应用转化为无线化应用或需要备用电源，因此需要配备可充电电池。在某些应用中，充电前 DOD 较低且需要备用电源或应急电源时，可充电碱性锌-二氧化锰电池是最佳且经济的选择。这些类型的应用通常都将电池作为内置电池，由原始设备制造商选择更合适的电池系统，包括太阳能装饰照明灯、太阳能时钟、烟雾探测器、传感器、恒温器、数据监控/传输设备、无线数据通信、无线鼠标和键盘以及全球定位卫星跟踪设备。此外，通过集成太阳能充电功能，还可实现真正的无线化和自给自足。

参考文献

1. A. Kozawa, "Electrochemistry of Manganese Oxide," in K. Kordesch (ed.), *Batteries*, vol. 1, Dekker, New York, 1974, Chap. 3.

2. S.W. Donne, G.A. Lawrance, and D.A.J. Swinkels, "Redox Process at the Manganese Dioxide Electrode", *J. Electrochem. Soc.* 144:2949–2967 (1997).

3. L. Bai, D.Y. Qu, B.E. Conway, Y.H. Zhou, G. Chowdhury, and W.A. Adams, "Role of Dissolution of Mn(III) Species in Discharge and Recharge of Chemically Modified MnO_2 Battery Cathode Materials," *J. Electrochem. Soc.* 140:884–889 (1993).

4. D. Im and A. Manthiram, "Role of Bismuth and Factors Influencing the Formation of Mn_3O_4 in Rechargeable Alkaline Batteries Based on Bismuth-Containing Manganese Oxides," *J. Electrochem. Soc.* 150(1):A68–A73 (2003).

5. M.R. Bailey and S.W. Donne, "The Effect of Barium Hydroxide on the Rechargeable Performance of Alkaline γ-MnO_2," *J. Electrochem. Soc.* 159(7):A999–A1004 (2012).

6. M.R. Bailey and S.W. Donne, "Electrode Additives and the Rechargeability of the Alkaline Manganese Dioxide Cathode," *J. Electrochem. Soc.* 161(3):A403–A409 (2014).

7. B. Hertzberg, L. Sviridov, E.A. Stach, T. Gupta, and D. Steingart, "A Manganese-Doped Barium Carbonate Cathode for Alkaline Batteries Batteries and Energy Storage," *J. Electrochem. Soc.* 161(6):A835–A840 (2014).

8. G.G. Yadav, J.W. Gallaway, D.E. Turney, M. Nyce, J. Huang, X. Wei, and S. Banerjee, "Regenerable Cu-intercalated MnO_2 layered cathode for highly cyclable energy dense batteries," *Nature Comm.* 14424 (2017).

9. D. Qu , D. Diehl, B.E. Conway, W.G. Pell, and S.Y. Qian, "Development of high-capacity primary alkaline manganese dioxide/zinc cells consisting of Bi-doping of MnO_2," *J. Applied Electrochem.* 35:1111–1120 (2005).

10. J. Daniel-Ivad, "Rechargeable Alkaline Cell Having Reduced Capacity Fade and Improved Cycle Life," U.S. Patent No. 7,754,386 (2010).

11. J. Daniel-Ivad, R.J. Book, and E. Daniel-Ivad, "Method of Manufacturing Anode Compositions for Use in Rechargeable Electrochemical Cells," U.S. Patent No. 7,008,723 (2006).

12. K. Kordesch, L. Binder, J. Gsellmann, W. Taucher, and Ch. Faistauer, "Rechargeable Alkaline Zinc-Manganese Dioxide Batteries," *36th Power Sources Conference*, Palisades Institute for Research Services, Inc., New York, 1994.

13. T. Messing, R. Jacus, and S. Megahed, "Improved Components for Rechargeable Alkaline Manganese-Zinc Batteries," *36th Power Sources Conference*, Palisades Institute for Research Services, Inc., New York, 1994.

14. J. Daniel-Ivad, Zinc-Manganese, in J. Garche, C. Dyer, P. Moseley, Z. Ogumi, D. Rand, and B. Scrosati (eds.) *Encyclopedia of Electrochemical Power Sources*, vol 5, Amsterdam: Elsevier; 2009, pp. 497–512.

15. J. Daniel-Ivad, K. Kordesch, and E. Daniel-Ivad, "Performance Improvements of Low-Cost RAM˜ Batteries," *Proc. 38th Power Sources Conf.*, Cherry Hill, NJ, pp. 155–158, 1998.

16. J. Daniel-Ivad, K. Kordesch, and E. Daniel-Ivad, "High-Rate Performance Improvements of Rechargeable Alkaline (RAM˜) Batteries," *Proc. Vol. 98-15 Aqueous Batteries of the 194th Electrochem. Soc. Meeting*, Boston, Nov. 1–6, 1998.

17. K.V. Kordesch, "Charging Methods for Batteries Using the Resistance-Free Voltage as Endpoint Indication," *J. Electrochem. Soc.* 119:1053–1055 (1972).

16C　氧化铁正极

Gary A. Bayles

16C.1　概述

长期以来，铁基电极一直作为电池体系的负极。除了本书 16A 部分介绍的电池设计之外，在 19 世纪末 20 世纪初，欧洲的 Junger 和美国的爱迪生将铁负极引入铁镍充电电池中（参见本书 15A 部分）。此外，FeS 和 FeS_2 等铁基正极已在锂原电池中使用多年（参见第 13 章）。

研究人员探索了在碱性电池中使用铁化合物作为阴极（或正极活性材料）。在 20 世纪 90 年代后期，具有高价态的氧化铁材料，被称为"超级铁"，首次报道用于正极活性材料[1]。

16C.2　电化学原理

铁通常以金属或 Fe（Ⅱ）和 Fe（Ⅲ）的价态存在。新型"超级铁"正极材料是一种 Fe（Ⅵ）化合物，还原时发生三电子反应而具有高比容量：

$$FeO_4^{2-} + 3H_2O + 3e^- \longrightarrow FeOOH + 5OH^- \qquad E^{\ominus} \approx 0.9V$$

表 16C.1 列出了几种 Fe（Ⅵ）化合物的理论容量，可与常用正极材料的理论容量作对比（参见第 1 章）。Fe（Ⅵ）盐包括 Cs_2FeO_4、Rb_2FeO_4、$K_xNa_{2-x}FeO_4$ 和 $SrFeO_4$ 及过渡金属化合物 Ag_2FeO_4[2]。

表 16C.1　Fe（Ⅵ）化合物的理论容量

材料	分子量	化合价变化	容量性能	
			mA·h/g	g/A·h
Li_2FeO_4	133.7	3	601	1.66
Na_2FeO_4	165.8	3	485	2.06
K_2FeO_4	198.1	3	406	2.46
$BaFeO_4$	257.2	3	313	3.19

16C.3　电池设计和组成

迄今为止评估的锌-氧化铁测试电池包括纽扣式电池和传统圆柱形电池，其构造类似于其他碱性可充电电池。

16C.4　电池性能及应用

由于认为 Fe（Ⅵ）化合物非常不稳定，因此未对 Fe（Ⅵ）化合物的性质进行过广泛研究。Li_2FeO_4 和 Na_2FeO_4 溶于碱，而 $BaFeO_4$ 和 K_2FeO_4 却在碱中表现出低溶解性和高稳定性，见图 16C.1。此外，对于浓度越大的碱性电解质，Fe（Ⅵ）化合物的稳定性越高。采用外推法可以得知，高纯度电极材料在高浓度氢氧化钾溶液中的 Fe（Ⅵ）损失，在 10 年内不超过 10%。

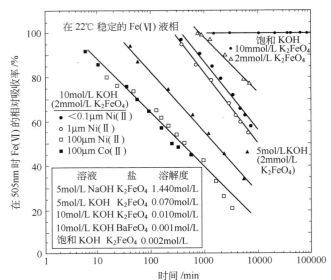

图 16C.1 Fe（Ⅵ）［不同 K_2FeO_4 浓度及 Co（Ⅱ）、Ni（Ⅱ）杂质含量］
在不同浓度碱性电解质中的稳定性[1]

从电化学角度看，FeO_4^{2-} 具有高还原电位，约为 0.9V。以锌为负极、K_2FeO_4 或 $BaFeO_4$ 为正极时，电池的开路电压分别为 1.75V 和 1.85V。目前已提出如下放电反应机理：

$$MFe(Ⅵ)O_4 + 3/2\ Zn \longrightarrow 1/2Fe(Ⅲ)_2O_3 + 1/2ZnO + MZnO_2$$

式中，M 为 K_2 或 Ba。

表 16C.2 给出了上述电池的容量性能和质量比能量，相关数据可与其他电化学电对进行比较（见第 1 章）。锌-氧化铁电池的理论容量和比能量高于其他大多数电池，但锂电池体系和空气电池体系除外。

表 16C.2 $MFeO_4$ 电池的容量性能和质量比能量

电对	开路电压/V	容量性能		质量比能量/(W·h/kg)
		每安时质量/[g/(A·h)]	质量比容量/(A·h/g)	
$Zn-K_2FeO_4$	1.75	3.68	0.271	475
$Zn-BaFeO_4$	1.85	4.41	0.226	419

实验中以锌为负极、以 Fe（Ⅵ）化合物为正极，组成碱性纽扣式原电池，对其放电特性和比能量进行了测量，并与锌-二氧化锰电池进行了对比，见图 16C.2。可以看出，正极为 Fe（Ⅵ）化合物的电池输出能量更高。常见的圆柱形电池也得到了相似结果。

Fe（Ⅵ）化合物还可以进行二次充电。以金属氢化物为负极、K_2FeO_4 为正极的纽扣式电池以 75% 的放电深度可以循环数次，以 30% 的放电深度可以循环 400 余次。电池的开路

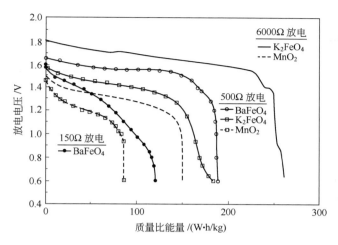

图 16C.2　几种以 Fe（Ⅵ）化合物为正极、Zn 为负极的纽扣式电池质量
比能量以及与锌-二氧化锰纽扣式电池的比较[1]

电压为 1.3V，中值电压为 1.1V，这与镍-金属氢化物电池的电压特性相似。最近一些工作曾尝试努力增加膜厚，避免三价铁钝化层以提高实际容量和长期循环特性[3]。

　　Fe（Ⅵ）化合物非常有望成为碱性原电池和蓄电池的正极材料。研究表明，与现在用于碱性电池的其他正极材料相比，它们具有更高的比能量。使用超级铁正极和金属硼化物负极（例如 VB_2、TiB_2、TaB_2）的碱性原电池也得到了研究[4]，并且有可能超过广泛应用的锌-二氧化锰电池的容量。最近的研究探索了在非水性锂离子电对中，使用超级铁材料作为正极的低成本替代品，也获得了有趣的结果[3,5]。

参考文献

1. S. Licht, B. Wang, and S. Ghosh, *Science* **128**:1039–1042 (1999).
2. X. Yu and S. Licht, *J. Power Sources* **171**:966–980 (2007).
3. X. Yu and S. Licht, *J. Power Sources* **171**:1010–1022 (2007).
4. S. Licht, X. Yu, Y. Wang, and H. Wu, *J. Electrochem. Soc.* **155**(4):A297–A303 (2008).
5. S. Licht, *Energies* **3**:960–972 (2010).

第 17 章

锂蓄电池

17.0　锂基电池概述

17.0.1　简介

锂基电化学体系有以下几个关键要素：

- 最具电正性（最高还原电位）的元素；
- 最小的正离子（氢质子除外）；
- 密度最低的金属；
- 与水的高反应性（排除使用水性电解质）。

这些特性使得锂金属、合金和化合物能够在各种电池系统中得到应用。然而，可充电锂电池的开发并不简单，需要数十亿美元的投资。特别是在过去几十年中人们已经进行了很大努力。虽然电池组件和生产成本、安全性、处理等可能还存在问题，但该行业已成功解决了大部分问题，已有超过 50 年的历史。锂电池市场已经从小众应用扩展到 21 世纪最占主导地位的电池技术。锂电池已经建立的高标准很难被超越，也为更深入地探索其他非锂体系提供了动力。

17.0.2　历史和背景

第一种锂电池是 20 世纪 60 年代开发的原电池（见第 13 章）。此后不久，人们认识到锂与各种化合物之间的可逆反应，例如硫化物（如 Ti 和 Mo 的硫化物）和过渡金属氧化物（如 Li_xMnO_2 和其他嵌入材料），为锂蓄电池的实现提供了可能的技术与方法。1976 年，埃克森公司（目前为 Exxon Mobil，即埃克森·美孚公司）为可充放电锂金属-TiS_2 体系申请了专利［参见 U. S. Patent（美国专利）4091191A，L. H. Gaines］。锂离子导电聚合物的发现（参见本书 17B 部分，Armand，1978 年），为其他更安全的设计提供了可能性（例如，防止锂枝晶短路和热失控）。

随着新型电解质的开发和各种锂过渡金属氧化物（如 $LiCoO_2$）的发现（参见本书 17A 部分，Goodengough，他于 2019 年获得了诺贝尔化学奖，译者著），引入了许多新的锂金属负极蓄电池。众多公司大力推行聚合物和凝胶聚合物电池体系的商业化，包括：Mead-Hope JV（后来的 Valence Technology 和 Lithium Technology Corp.）、Hydro-Quebec/Yuasa/3M（后来的 Avestor）、EIC 等公司。然而，能量和功率的权衡以及挥之不去的安全问题阻碍了锂电池的商业化进程。一些公司继续寻求埃克森·美孚公司电池的替代品（例如加拿大的 Moli Energy 公司）。到 20 世纪 80 年代后期，人们开始认真地选择和寻找其他方法。1990 年，使用钛酸锂（LTO）负极（而不是锂金属）的实用锂离子电池申请了专利［参见 U. S. Patent（美国专利）5284721A，K. W. Beard］。其理论能量密度高达 $300\sim400W \cdot h/kg$

（约为 Li-LiCoO$_2$ 体系的一半），并且在 2.5～3V 标称电压下完全放电循环次数超过 1000 次。

然而，锂电池最大的突破是在一年后，索尼公司宣布基于碳负极的锂离子电池实现了商业化生产。虽然最初的电池质量比能量仅约 90W·h/kg，但经过 25 年的改进能量密度增加了两倍（参见本书 17A 部分）。

锂离子电池和其他锂金属负极电池组件的开发在 20 世纪 90 年代并没有减退。Tadiran（以色列）和 Bellcore、Telcordia（前身为贝尔实验室）分别研究了使用安全添加剂和凝胶聚合物层压板，以改进其设计。尽管当时还没有满足需求的合适充电设备（参阅第 23 章和第 31 章，电池管理系统），隔膜尚不能满足此类苛刻要求，人们还是开发了雄心勃勃的项目，如开发、制造和测试带有液体电解质的 24V、65A·h 的 Li/LiCoO$_2$ 电池模块（参见本书 25B 部分）。

17.0.3　展望

直到 21 世纪，几乎所有主流研究都逐渐转向了碳基负极和改性的 LiCoO$_2$ 正极材料，例如 NMC、LMO、NCA 等（参见本书 2A 和 17A 部分）。然而，随着这些新型锂离子电池性能提升幅度的逐渐减小以及锂金属负极体系的改进，研究工作将继续转向锂硫电池（本书 17B 部分）、固态电池（本书 22C 部分）等体系以及复合电解质（本书 22A 部分）和其他可选的负极（LTO 和 Si）等方面。

17A 锂离子电池

Jeff Dahn，Grant M. Ehrlich

17A.1 概述

锂离子电池是采用储锂化合物作为正、负极材料的电池。当电池充放电时，锂离子（Li^+）在正、负极间来回穿梭。由于电池充电与放电时，锂离子是在正、负极间来回"摇摆"，故锂离子电池又称为摇椅式电池。有的正极材料具有层状结构，例如钴酸锂 $LiCoO_2$（LCO）、镍锰钴酸锂 $LiNi_{1-x-y}Mn_xCo_yO_2$（NMC 或 NCM）三元材料和镍钴铝酸锂 $LiNi_{0.8}Co_{0.15}Al_{0.05}O_2$（NCA）三元材料；有的具有隧道结构，例如尖晶石结构的锰酸锂 $LiMn_2O_4$（LMO）、橄榄石结构的磷酸铁锂 $LiFePO_4$（LFP）。正极材料涂覆于铝集流体上。负极材料通常是具有层状结构的石墨，或者是碳和准金属性质的复合物，例如与锂形成合金的硅（Si），负极涂覆于铜集流体上。在充放电过程中，锂离子从层状或隧道结构材料的原子层间隙中嵌入或脱出，如果包含金属或准金属（例如 Si）则发生合金化和去合金化。

索尼公司于 1991 年推出了世界上第一款商用化电池，该电池使用 LCO 作为正极材料。LCO 提供了良好的质量比容量和体积比容量，分别为 274mA·h/g 和 1363mA·h/cm^3。它还具有长循环寿命、低自放电、易于制备等特点，并且对工艺变化和水分相对不敏感。然而，由于钴的成本较高，该行业已转向到低钴含量的氧化物材料（如 NMC 和 NCA）、锰基材料（如 LMO）和磷酸盐（如 LFP）。此外，除了成本因素，转向非 LCO（锂钴氧化物）材料的原因之一是需要具有更好安全性能的材料。除了成本更低之外，LCO 替代品还具有其他优势，包括更高的倍率性能、更高的热稳定性、更长的循环寿命和更高的容量。

索尼公司第一批商业化的锂离子电池使用了焦炭负极材料。随着改进石墨的出现，相关行业转向石墨碳负极材料。因为石墨碳可提供比焦炭更大的比容量，碳原子与锂原子的计量比接近 6，其理论比容量达到 372mA·h/g。最近，硅和尖晶石结构的 $Li_{4/3}Ti_{5/3}O_4$（LTO）也用作锂离子电池负极。硅用于提供更高的能量密度，而 LTO 用于提供更高的热稳定性、更长的循环寿命和更高的倍率性能，从而拓宽锂离子电池技术的适用性。

锂离子电池性能的显著提高和成本的降低，使锂离子电池市场显著增长。自 1991 年商业推出以来，锂离子电池的销售额以每年超过 15% 的速度增长，到 2016 年超过 220 亿美元；如果所有电池都充电一次，大约有 56 亿只电池可提供约 80GW·h 的储存能量。2017年，几乎所有个人便携式电子设备（手机、平板电脑、个人电脑）都使用锂离子电池。自 2004 年进入电动工具市场以来，2017 年锂离子电池的市场份额已增长至 60% 以上。锂离子电池现在已用于电网储能和调频。例如 2014 年 NextEra Energy 公司在伊利诺伊州迪卡布尔县使用的电池系统具有 20MW 功率和 170000 只电池[1]。更大的锂离子电池系统也正在安装，例如南加州爱迪生公司安装的 100MW、400MW·h 的储能系统[2]。在 2010~2016 年间，锂离子电池组成本从约 1000 美元/kW·h 降至约 250 美元/kW·h，并且成本持续大幅度降低。就单体电池而言，锂离子电池的能源成本从 2000 年的 2.60 美元/W·h 下降到 2016 年的 0.15 美元/W·h，其中一部分归因于能量密度提高了约 45%。在 2000~2015 年间，锂离子电池成本每年下降 14%[3]，在 2005~2017 年间，圆柱形电池的平均成本下降约

50%，降至约 0.20 美元/W·h[4]。

如图 17A.1 和图 17A.2 所示，分别提供了基于美元价值和总能量的锂离子（电池）市场发展的历史数据和预测规模。虽然锂离子市场曾一直以电子设备为主导，但电动汽车（EV）市场预计将在未来十年发挥重要作用。总体而言，锂离子电池市场预计将从 2016 年的 80GW·h 增长到 2025 年的 210GW·h，年增长率为 13%。未来十年的大部分增长将发生在电动汽车市场，预计年增长率为 20%～30%[5]。

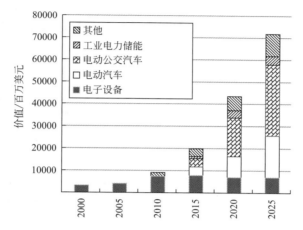

图 17A.1　世界锂离子电池市场 2000～2025 年（一）
Christophe Pillot 与 Avicenne Energy 公司提供

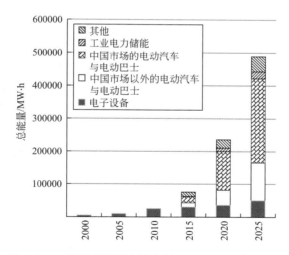

图 17A.2　世界锂离子电池市场 2000～2025 年（二）
Christophe Pillot 与 Avicenne Energy 公司提供

17A.1.1　优点和缺点

表 17A.1 总结了锂离子电池相对于其他类型电池的主要优点和缺点。商用电池的高质量比能量（275W·h/kg）、高体积比能量（730W·h/L）和高比功率（600～3000W/kg）使锂离子电池对重量或体积敏感的应用更具吸引力。锂离子电池的自放电率低（每个月 1%～5%，取决于充电状态和温度）、循环寿命长（500～10000 次循环）、工作温度范围更宽（市

售电池可在 0~45℃时充电，并在 −40~65℃下放电），使其可应用于各种领域。从制造商处可以获得各种尺寸和形状的锂离子电池。单体电池的工作电压通常在 2.5~4.3V 之间（一些智能手机使用充电至 4.4V 的电池），约是 Ni-Cd 电池或 Ni-MH 电池的 3 倍，因此给定电压的电池组所需的电池数低于使用水系电解质的电池组所需的电池数。锂离子电池还能提供高倍率能力，用于电动工具的市售电池在 10C 放电时可提供约 88% 的容量，而在 10C 充电时可提供 0.5C 容量的 73%。制造商通常会提供为最佳质量比能量和体积比能量而设计的"能量型电池"，以及为最佳质量比功率和体积比功率而设计的"功率型电池"且同时仍保持比竞争技术更高的体积比能量。将这些具有优异品质的电池整合成成本适宜的电池包，使得锂离子电池技术能够得到多样化的应用。

表 17A.1　锂离子电池的优点和缺点

优点	缺点
密封电池，不需要维护	中等程度的初始价格
长循环寿命	高温下衰减
宽工作温度范围	需要保护电路
长储存寿命	过充电时，会出现容量损失或可能热失控
低自放电率	电池撞击破裂时，会排气或可能发生热失控
快充电能力	如果在低温下快速充电（<0℃），可能会失败
安全	
高放电倍率和高功率放电能力	
高库仑效率和能量效率	
高质量比能量和体积比能量	
无记忆效应	
可进行圆柱形、方形和聚合物电池等灵活设计	

锂离子电池的缺点是它们在放电低于 2V 时性能衰减，并且在过充电时可能会泄放，因为与大多数水性电池化学机制不同，它们本身没有控制过充电的化学机制。因此，锂离子电池通常采用管理电路和机械断开装置来提供针对过放电、过充电或过热情况的保护。对于"0 伏特"应用，即必须容忍放电至 0 伏特的应用，市场上已有可以放电至 0 伏特的配置可供选择。锂离子产品的其他缺点是：在高温（65℃）下锂离子可能会永久失去容量，尽管损失速度低于大多数 Ni-Cd 或 Ni-MH 电池产品，如果在低温（<0℃）下快速充电可能会不安全。

17A.1.2　命名与标识

国际电工委员会（IEC）出版了 61960 标准，提供了锂离子电池和电池组的标准命名、标识、电性能实验和安全实验的标准。IEC 61960 标准包含电性能测试的标准程序，还包含在 20℃ 和 −20℃ 以标准和高倍率进行充电和放电、荷电保持、长期储存后的充电恢复、耐久循环以及电池内阻等的测量。

在 IEC 61960 标准为锂离子电池提供的 IEC 命名和标识体系中，圆柱形电池使用五位数字，方形电池使用六位数字。对于圆柱形电池，前两位数字指直径，以 mm 为单位；后三个数字指长度，以 1/10mm 为单位。例如，一个 18650 电池是直径为 18mm，高度为 65.0mm。对于方形电池，前两位数字指厚度，以 1/10mm 为单位；接着的两个数字表示宽度，以 mm 为单位；最后两个数字表示长度，以 mm 为单位。例如一个 564656P 方形电池是 5.6mm 厚、46mm 宽和 56mm 长。

对于电池组，命名和标识体系扩展为 $N_1 A_1 A_2 A_3 N_2/N_3/N_4-N_5$，其中 N_1 表示串联电池的数量；A_1 表示负极信息，其中 I 为碳，L 为锂金属或锂合金，T 为钛，X 为其他材料；A_2 表示正极信息，可以是 C、F、Fp、N、M、Mp、T、V 或 X，分别对应于钴、铁、磷酸铁、镍、锰、磷酸锰、钛、钒或其他材料；A_3 表示电池的形状，R 表示圆柱形，P 表示方形；N_2 为最大直径（圆柱形）或厚度（棱形），单位为 mm；N_3 表示方形的最大宽度，单位为 mm；N_4 为最大总高度，单位为 mm。如果使用两个或多个电池并联，N_5 表示并联电池的数量（如果值为 1，则省略）。IEC 命名规则示意见图 17A.3。

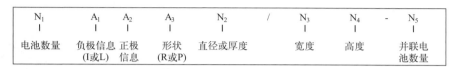

N_1	A_1	A_2	A_3	N_2	/	N_3	N_4	-	N_5
电池数量	负极信息 (I或L)	正极 信息	形状 (R或P)	直径或厚度		宽度	高度		并联电 池数量

图 17A.3　IEC 61960 命名规则

从不同制造商的公开信息来看，很明显这些命名法尚未完全实现标准化。这是由于锂离子电池的化学组成类型众多，其中包括石墨、Si、SiO 或 LTO 等负极材料和 LCO、尖晶石、LFP、NMC 或 NCA 等正极材料，混合型电池材料也经常在电池中使用。最新标准应包括命名规则、电池性能和安全指南的详细信息。此外，ANSI 标准 C18.2M "便携式蓄电池和电池组标准"包括便携式锂离子电池标准。

17A.2　化学原理

锂离子电池的电化学活性材料包括以含锂氧化物或含锂磷酸盐作为正极材料，锂化石墨作为负极材料的体系。目前在高能量密度锂离子电池中，含硅的石墨负极也是很常见的，这方面在第 17A.2.3 节中将做进一步讨论。这些材料通过黏结剂（通常为聚偏二氟乙烯PVDF、羧甲基纤维素和/或丁苯橡胶）和导电稀释剂（通常为炭黑或石墨）黏附到金属箔集流体上。在某些设计中，电极表面还涂覆一薄层如 Al_2O_3 的陶瓷材料（厚度约 $2\mu m$），用来降低内部短路的可能性以提高稳定性[6]。在正极与负极之间使用微孔聚乙烯（PE）或聚丙烯（PP）隔膜实现电绝缘。一些隔膜含有表面涂覆或浸渍在其中的陶瓷颗粒（参见 17A.2.6 节）。

自 1991 年索尼公司将锂离子电池实现商业化以来，已经推出了一系列广泛的"变体"，包括圆柱形、方形和软包型或"聚合物"型锂离子电池（图17A.4）。尽管正极和负极材料有多种选择，但圆柱形、方形和软包电池中的活性化学成分是相同的。

图 17A.4　聚合物或软包电池
聚合物电池可以制成各种尺寸，
可由铝塑膜包裹，如本图所示

17A.2.1　嵌入反应过程

传统锂离子电池的活性材料是基于锂可逆嵌入/脱嵌反应进行的，反应期间锂离子（客体）可逆地移出和插入宿主中，而不引起宿主结构发生明显变化。锂离子电池的正极材料是金属氧化物，它们具有层状结构或者隧道结构。石墨型碳负极材料也具有类似于石墨的层状结构。因此，金属氧化物、石墨和其他材料作为宿主，结合作为客体的锂离子，可逆地形成如三明治一样的结构[7]。负极还可使用含硅的负极材料。含硅负极材料会发生合金化/去合金化过程，这会引起宿主主体的结构变化。含硅材料将在 17A.2.2 节中进一步讨论。

中国人早在 2700 年前便首次发现了插层材料[8]。但是，直到最近 80 年才成为当代化学研究的主题。嵌入化合物通常被用于各种电池化学中的电极材料，不仅限于锂离子。例如，在 Ni-Cd 和 Ni-MH 电池中发现 $Ni(OH)_2$ 是一种嵌入化合物，在电池充电期间脱氢形成 NiOOH。目前正在开发的钠离子电池在两个电极上都使用嵌入化合物。人们已经研究了众多电子给体（包括锂）和电子受体（例如卤素）嵌入石墨中的过程[9]。无论是在化学研究的多样性方面，还是在研究深度方面，石墨嵌入化合物领域尤其丰富[10]。

碱金属嵌入石墨和相关碳材料，特别是 Li_xC_6（$0 \leqslant x \leqslant 1$），得到了详细的研究[11]。当锂离子电池充电时，正极活性材料被氧化，负极活性材料被还原。在这个过程中，锂离子从正极材料中脱出并嵌入负极材料中。电池充电和放电时发生的反应如图 17A.5（a）所示。其中，$LiMO_2$ 代表金属氧化物正极材料，如 $LiCoO_2$；C 代表碳质负极材料，如石墨。x 和 y 的数值基于电极材料对锂的摩尔容量。通常，x 约为 0.65，y 约为 0.16。因此，x/y 约为 4。放电时则反过来。由于电池中不存在金属锂，因此与使用锂金属作为负极材料的可充电锂电池相比，锂离子电池化学反应性更低、更安全，并且具有更长的循环寿命。图 17A.5（b）进一步显示了锂离子电池中的充放电过程。在该图中，层状活性材料覆盖在金属集流体上。

$$正极： \quad LiMO_2 \xrightleftharpoons[\text{放电}]{\text{充电}} Li_{1-x}MO_2 + xLi^+ + xe^-$$

$$负极： \quad C + yLi^+ + ye^- \xrightleftharpoons[\text{放电}]{\text{充电}} Li_yC$$

$$全电池反应： LiMO_2 + x/y\,C \xrightleftharpoons[\text{放电}]{\text{充电}} x/y\,Li_yC + Li_{1-x}MO_2$$

(a) 锂离子电池反应过程

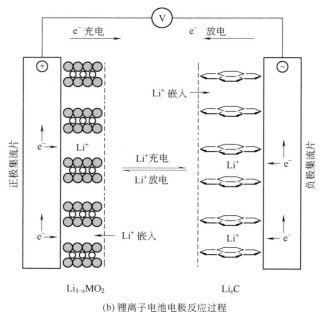

(b) 锂离子电池电极反应过程

图 17A.5 锂离子电池与电极反应过程

17A.2.2 正极材料

商用锂离子电池中的正极材料采用嵌锂的金属氧化物或金属磷酸盐作为活性物质。索尼公司推出的第一个锂离子电池产品就使用了 $LiCO_2$。Goodenough 和 Mizushima 最早研究了这类材料，并申请了系列专利[12]。近年来的电池开始采用更便宜的材料，如 LMO、NMC、LFP，以及更高比容量的材料，如 NCA 和含有更高镍含量、更低钴和铝含量的 NCA 类材料。目前 $LiNi_{1/3}Mn_{1/3}Co_{1/3}O_2$、$LiNi_{0.5}Mn_{0.3}Co_{0.2}O_2$ 和 $LiNi_{0.6}Mn_{0.2}Co_{0.2}O_2$ 是已实现商品化且最为常用的 NMC 材料系列。图 17A.6 展示了 2016 年正极材料应用情况和 2025 年预期应用的各种正极材料的用量占比。LMO 的市场份额正在下降，因为使用这种材料难以制造具有长寿命的高能量密度型电池。因此，LMO 在本章中仅作简要讨论。

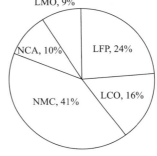

2016年正极活性材料：>180000t
LMO, 8%
NCA, 9%
LFP, 36%
NMC, 26%
LCO, 21%

2025年正极活性材料(预期)：>400000t
LMO, 9%
NCA, 10%
LFP, 24%
NMC, 41%
LCO, 16%

图 17A.6　2016 年、2025 年（预期）世界正极材料应用情况

合格的电极材料必须满足一系列要求，如表 17A.2 所示。这些因素影响着正极材料的选择和发展。锂离子电池中的锂离子都来源于正极材料。因此，为了能够得到高比容量，材料必须能够结合大量锂；而且，材料必须在可逆交换锂时，不发生明显的结构变化，由此才可得到长的循环寿命、高的库仑效率和高的能量效率。为了获得高电压和高比能量，锂离子交换反应必须在相对较高的电位下进行。由于电池充电或放电时，电子从正极材料移出或返回到正极材料，因此要使该过程可以在高放电倍率下进行，电子电导率和 Li^+ 在材料中的迁移率必须高。但 $LiFePO_4$ 材料是一个例外，在 $LiFePO_4$ 中，足够快的锂离子迁移可以通过具有纳米尺度的电极材料实现。同时，该材料必须与电池中的其他材料相容，特别是必须不溶解于电解液。此外，材料价格必须是可以接受的。为了最小化成本，最好能采用廉价的原材料和低成本工艺过程来进行制备。

表 17A.2　对锂离子电池正极材料的要求

与锂有高的反应自由能（对金属锂有高的电位）	在电解液中不溶解
可以结合大量锂	原料成本低
可逆结合锂时，较少的结构变化	可以低成本合成
高的锂离子扩散速率	具有较高的堆积密度从而提供高的能量密度
良好的电子导体或者可制备导电层	

（1）正极材料的性能

许多正极材料已经实现商品化，这些正极材料可归纳为三种结构类型：有序的岩盐型结构、尖晶石型结构和橄榄石型结构。有序的岩盐型结构是一种层状结构，其中锂原子、过渡金属原子与氧原子占据交替层的八面体位置。典型的层状材料包括 LCO、NMC 和 NCA。
$LiCoO_2$ 的理想层状结构见图 17A.7。

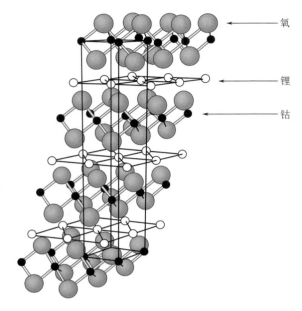

图 17A.7　$LiCoO_2$ 的理想层状结构
突出显示可移动的锂原子层，还显示重复单元或元胞

尖晶石结构与橄榄石结构都具有三维"框架"结构。虽然尖晶石这个名称可用于诸如
$LiMn_2O_4$ 等具有相同结构的材料，但是这个名称在学术上却是指矿物质（$MgAl_2O_4$）。同
样，橄榄石结构在学术上是指矿物质（Mg，Fe）$_2SiO_4$，但也可用于诸如 $LiFePO_4$ 与 $LiMn$-
PO_4 等具有相同结构的物质。$LiMn_2O_4$（尖晶石结构）材料基于 $\lambda\text{-}MnO_2$ 的三维框架或隧
道结构，如图 17A.8 所示。在尖晶石结构的 $LiMn_2O_4$ 中，锂填充到 $\lambda\text{-}MnO_2$ 结构中八分之
一的四面体位置；在该结构中，锰居于氧八面体的中央，占据了一半的八面体位置。

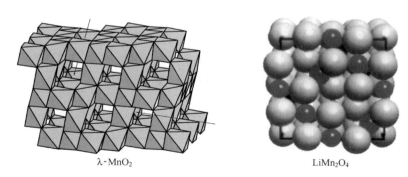

$\lambda\text{-}MnO_2$　　　　　　　　　　　　$LiMn_2O_4$

图 17A.8　尖晶石型 $\lambda\text{-}MnO_2$ 和 $LiMn_2O_4$ 的结构
左图展示了锰原子居于氧八面体中心的 $\lambda\text{-}MnO_2$；右图 $LiMn_2O_4$ 模型中，氧原子为灰色，锂原子为黑色

具有橄榄石结构的材料有 PO_4 四面体和 FeO_6 八面体的三维框架结构，如图 17A.9 所
示。在 $LiFePO_4$ 中，Li 原子沿着一维隧道移动。这些隧道中的缺陷和杂质会导致该材料较
差的倍率性能。

真正令人惊奇的是，John Goodenough
研究小组首次明确证明这三种结构类型中
的每一种都可以用于正极材料。他们在
1980 年的《材料研究公报》（*Materials Re-
search Bulletin*）中发表了题为《Li_xCoO_2
（$0 \leqslant x \leqslant 1.0$）：一种新的具有高比能量的正
极材料》的文章[13]，介绍了层状材料。接
着又在《材料研究公报》[14] 中发表了题为
《锂离子在锰尖晶石中的嵌入》的文章，介
绍了尖晶石材料。橄榄石结构材料则在
《磷-橄榄石结构作为可充电锂电池正极材
料》一文[15] 中给予了介绍。截至 2018 年
1 月 26 日，这三篇论文已经分别被引用

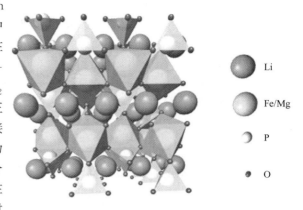

图 17A.9　$LiFe_{1-x}Mg_xPO_4$ 橄榄石结构
显示出了 FeO_6 八面体与 PO_4 四面体

2532 次、1507 次和 7373 次。Jonh Goodenough 也因此获得众多重要奖项，得到人们的认
可。这些奖项包括 2000 年日本奖、2009 年恩里科·费米（Enrico Fermi）奖、2013 年美国
国家科学奖（National Medal of Science）、2014 年德雷珀奖（Draper Award）、2017 年韦尔
奇化学奖（Welch Award in Chemistry）、2018 年富兰克林奖章（Franklin Medal），这些奖
项是对其研究组关于锂离子电池正极材料研究工作的肯定。英国皇家化学学会还授予他荣誉
奖。在撰写本文时，Jonh Goodenough 教授唯一未能获得的主要奖项是诺贝尔奖（译者注：
Jonh Goodenough 教授与其他锂离子电池的共同发明者，于 2019 年荣获诺贝尔化学奖）。诺
贝尔奖通常授予改变世界的发明或发现。毫无疑问，Jonh Goodenough 教授发明的正极材料
做到了这一点。

常见正极材料的电压和容量总结在表 17A.3 中。在最常使用的正极材料中，$LiCoO_2$ 具
有高的比容量，当充电至 4.3V（vs. Li/Li$^+$）时为 155mA·h/g，且具有高的平均电压
3.9V（vs. Li/Li$^+$）。NMC 材料具有相同的结构，并提供与 $LiCoO_2$ 基本相当的性能。但
是，它的优势是原材料成本低，滥用时的热稳定性高[17]。$LiNi_{0.8}Co_{0.15}Al_{0.05}O_2$ 材料提供
更高的比容量，达到 200mA·h/g，但平台电压比 $LiCoO_2$ 或 $LiMn_2O_4$ 低了约 0.2V。其他
NCA 类材料可提供更高的比容量，高达 220mA·h/g。近年来，采用特殊包覆来提高层状
正极材料对充电至更高电压的耐受性，有一些商品电池已经采用了包覆正极材料，其性能超
过了表 17A.3 所列出的值。$LiMn_2O_4$ 也已经有了商业应用，特别是对价格或滥用稳定性有
特殊要求的场合。

与使用 $LiCoO_2$、NMC、LFP 或 NCA 的电池相比，$LiMn_2O_4$ 比容量较低，约为
120mA·h/g；电压略高，为 4.0V（vs. Li/Li$^+$）；但其储存或循环时有较高的容量损失，
特别是在高温下格外明显。$LiFePO_4$ 的比容量大约为 165mA·h/g，平均电压为 3.45V
（vs. Li/Li$^+$）。充电状态或放电状态的 $LiFePO_4$ 在 350℃ 以下时都不与电解质发生反应。
$LiFePO_4$ 的缺点是比容量低和堆积效率低（振实密度小），因此很难生产出具有高能量密度
的 $LiFePO_4$ 电池。

有几种新的正极材料正在实现商业化。例如，$Li[Li_{1/3-2x/3}Ni_xMn_{2/3-x/3}]O_2$（$0 \leqslant x \leqslant$
0.5）[18] 和含 Co 的相关材料，可提供高达 300mA·h/g 的比容量。然而，正如 Hy 等的综

述中所述，目前这些材料具有低结晶密度、低振实密度和低倍率性能[19]。正在开发的还有"5V"材料，例如 $LiNi_{0.5}Mn_{1.5}O_4$，其与 LMO 同样具有尖晶石结构。但为 $LiNi_{0.5}Mn_{1.5}O_4$ 寻找合适的稳定电解质一直是个问题。

表 17A.3　几种正极材料的性能

材料	比容量 /(mA·h/g)	中值电压 (vs. Li/Li$^+$ C/20)/V	评价
$LiCoO_2$	155～185	3.9～3.95	Co 价格贵,智能手机占主导,容量取决于截止电压上限
$LiNi_{1-x-y}Mn_xCo_yO_2$(NMC)	140～190	约 3.8～3.9	比 $LiCoO_2$ 更安全且价格更便宜;容量取决于截止电压上限
$LiNi_{0.8}Co_{0.15}Al_{0.05}O_2$(NCA)	200	3.73	与 $LiCoO_2$ 安全性相当,高容量
改进的 NCA	220	3.70	Co 含量低,成本降低;非常高的容量
$LiMn_2O_4$	120	4.05	较便宜,比 $LiCoO_2$ 更安全;高温稳定性差,市场份额正在减少
$LiFePO_4$	165	3.45	在惰性气氛下合成导致成本增加;非常安全,低体积比能量
$Li[Li_{1/9}Ni_{1/3}Mn_{5/9}]O_2$	275	3.8	高比容量;处于研发阶段;较低的倍率能力;相关材料含 Co
$LiNi_{0.5}Mn_{1.5}O_4$	130	4.6	需要对高电压稳定的电解质,尚未实现商业化

（2）正极材料的物理性质

正极材料的粒度分布、颗粒形状、比表面积和振实密度对锂离子电池性能起着重要的作用。这是因为粒度决定了固体扩散路径长度，由此粒度分布控制了倍率特性。此外，粒度分布与比表面积决定着涂覆电极的浆料性质。对于含锂过渡金属氧化物而言，其颗粒比表面积也影响着充电材料与电解质在较高温度下的反应活性。这是因为正极材料颗粒与电解质之间的相互作用主要发生在颗粒的表面，因此应减小表面积以使材料更安全。最后，材料的振实密度与碾压电极最终压实密度有关，具有高振实密度的材料，通常可以得到高密度电极。

正极材料有三种常见形貌，主要包括：单晶颗粒［LCO、LMO 和一些新的 NMC 类材料，见图 17A.10（a）］；球形多晶颗粒［NMC 和 NCA，见图 17A.10（b）］和纳米材料［LFP，见图 17A.10（c）］。

(a) 单晶　　　　　　　(b) 球形多晶　　　　　　　(c) 纳米材料

图 17A.10　锂离子电池正极材料的常见形貌

LCO、LMO 和一些新的 NMC[20] 类材料的颗粒通常具有非常光滑的表面，如图

17A.10（a）所示。光滑的表面是因为每个颗粒都是单晶或可能由几个晶粒组成。相比之下，NMC 和 NCA 的颗粒通常是球形的，由数千个小的初级颗粒组成，如图 17A.10（b）所示，因此它们是多晶材料。由于 LCO、LMO、NMC 和 NCA 可以支持锂离子快速扩散，因此这些材料的粒径分布在 $3\sim20\mu m$ 范围内。图 17A.10（c）为 $LiFePO_4$ 扫描电子显微镜（SEM）图像。$LiFePO_4$ 具有非常小的粒径，以适应材料中较慢的 Li 扩散速率。

$LiCoO_2$、NMC、NCA、$LiFePO_4$ 和 $LiMn_2O_4$ 材料的合成过程对其颗粒形状和尺寸有很大影响。$LiCoO_2$ 很容易通过将氧化钴或碳酸钴与碳酸锂或氢氧化锂混合并在 $700\sim1000\,℃$ 下在空气中烧结来制备。生产 $LiCoO_2$ 的各种方法已被人们所熟知[21]。通常，$LiCoO_2$ 由 Li∶Co 化学计量比为 1∶1 或略微过量（0%～5%）的锂制成。$LiCoO_2$ 烧结速度非常快，表面光滑的颗粒包含大单晶颗粒［图 17A.10（a）］，在合成温度下的生长时间缩短至 1h。

NMC 和 NCA 材料有赖于过渡金属层中各种阳离子的均匀分布（图 17A.7），确保达到这一状态的更常用方法是采用混合的过渡金属氢氧化物或碳酸盐前驱体，其中各种阳离子以原子状态完美混合在一起。这种前驱体通常是将混合的金属硫酸盐置于碱或碳酸盐里沉积得到。采用这种工艺路线得到的前驱体可形成由一次颗粒组成的球形团聚体，使其表面粗糙化。这种球形前驱体的粒度与振实密度可以通过调节沉积过程的 pH 值、温度以及氨的浓度来实现[22]。氧化物通过烧结混合过渡金属氢氧化物前驱体与碳酸锂或单水氢氧化锂而制备，而且前驱体具有的球形与粗糙表面都保留在所得到的 NMC 和 NCA 氧化物上，如图 17A.11 所示。

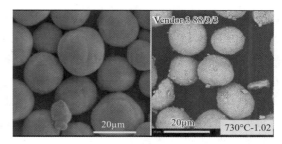

图 17A.11　典型的镍钴铝酸锂（NCA）氧化物前驱体
此处为 $Ni_{0.88}Co_{0.09}Al_{0.03}(OH)_2$（左图）
和 NCA（右图，此处为 $LiNi_{0.88}Co_{0.09}Al_{0.03}O_2$，它由
左图的前驱体与 $LiOH\cdot H_2O$ 在 $730\,℃$ 下加热制备而成）

$LiFePO_4$ 不同于层状氧化物和尖晶石材料，它必须在惰性气氛中合成以抑制二价铁氧化成三价铁。对惰性气氛的要求增加了工艺的复杂性，也提高了材料的制备成本。此外，$LiFePO_4$ 初级粒子要小于 500nm，才能保证足够的倍率性能。廉价的 $LiFePO_4$ 通常由 Fe^{3+} 前驱体制成，在合成过程中必须将其还原为 Fe^{2+}，这种还原可以通过高温碳还原[23] 的方法来实现，因为 $LiFePO_4$ 在高温下与碳接触是稳定的。对于层状和尖晶石氧化物，情况并非如此，它们在高温下会被碳还原。高温碳还原合成法还可以在 $LiFePO_4$ 颗粒表面上形成一层薄薄的碳。Ravet 等研究表明 $LiFePO_4$ 颗粒表面上的薄碳层提升了电子电导率并提高了倍率能力[24]。图 17A.10（c）中所示的商业 $LiFePO_4$ 材料是通过类似工艺将有机前驱体热解生产的。

（3）锂离子电池的电极容量比和电池电压

图 17A.12 表示 $Li-LiCoO_2$ 电池和 Li-石墨电池的电位与比容量关系曲线，其中 Li-石墨半电池的比容量坐标数值被除以 2。通常研究者都采用金属锂为对电极，测试锂离子电极的比容量、微分容量以及充放电循环寿命（研究纽扣式电池系统时可从 NRC 加拿大公司获得）。如果这些初步结果令人满意，那么就可以将适当比例的该活性物质做成电极，进而制成全电池。

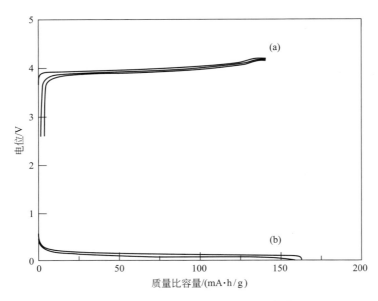

图 17A. 12　电位与比容量关系曲线[25]
(a) Li-LiCoO₂ 电池；(b) Li-石墨电池 Li-石墨电池的比容量坐标数值被除以 2

正极和负极的容量必须匹配。例如，图 17A.12 中石墨的比容量约是 350mA·h/g，而 LiCoO₂ 的比容量（电压 4.2V）大约是 140mA·h/g。因此，石墨与 LiCoO₂ 构成的锂离子电池中，单位电极面积的石墨质量约为 LiCoO₂ 质量的 50%。此外，通常将大约 10% 的过量石墨添加到负电极中，以防止锂析出现象的发生。如图 17A.12 所示，在选定的荷电状态下，锂离子电池的电压可以由曲线间的电位差计算得到。如果充电至更高的电位，LiCoO₂ 可以输出更多的容量。例如，在 4.3V 下，比容量约为 155mA·h/g。但是，这也许需要对材料进行包覆处理和/或元素掺杂，以避免高电压下对循环寿命与热稳定性产生不利影响。

（4）正极材料的电化学性质

图 17A.13 表示了尖晶石 $LiNi_{0.5}Mn_{1.5}O_4$、$Li[Li_{0.1}Al_{0.1}Mn_{1.8}]O_4$（LAMO，一种铝稳定的尖晶石）、$LiNi_{1/3}Mn_{1/3}Co_{1/3}O_2$（NMC111）、$LiFePO_4$、尖晶石 $Li_{4/3}Ti_{5/3}O_4$（一种潜在的负极材料，也写作 $Li_4Ti_5O_{12}$）几种材料的电位和比容量的关系曲线。该图显示，在这些正极材料中，$LiNi_{0.5}Mn_{1.5}O_4$ 具有最高的电位，$LiFePO_4$ 具有最低电位。LAMO 的比容量最低。如果充电至 4.6V，NMC111 能提供非常高的比容量，即 200mA·h/g。然而综合考虑容量与循环寿命两个因素，NMC 材料通常只充电至约 4.3V，此时其比容量与 LiCoO₂ 接近。

图 17A.14 显示了 LCO、NMC 和 NCA 正极材料的电位（vs. Li/Li⁺）。NMC532、NMC622、NMC811 和 NCA801505 在分别充电至 4.5V、4.6V、4.3V 和 4.3V 时提供的可逆比容量都高达 200mA·h/g。NCA920503 等 Ni 含量较高的 NCA 材料，在充电至 4.3V 时可提供 220mA·h/g 的可逆比容量。制造商根据不同要求在各种正极材料之间进行选择，包括循环寿命（优先选择 NMC）；能量密度（因高密度特性，优先选择 LCO，或选择可高电压充电的 NMC 及 NCA 材料）；成本（优先选择 NMC 或 NCA 材料）。可以通过改变合成条件来调整各种材料的粒径，以制备用于动力电池（较小颗粒）或能量电池（通常为较大颗粒）的材料。

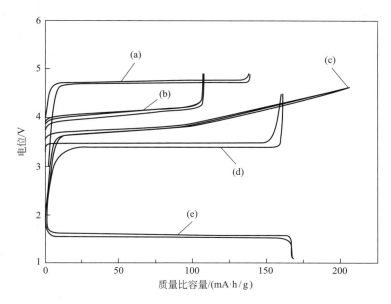

图 17A.13　电位与比容量关系曲线

(a) 尖晶石 $LiMn_{0.5}Ni_{1.5}O_4$；(b) Li $[Li_{0.1}Al_{0.1}Mn_{1.8}]$ O$_4$
(LAMO)；(c) $LiNi_{1/3}Mn_{1/3}Co_{1/3}O_2$（NMC111）；(d) $LiFePO_4$；
(e) 尖晶石 $Li_{4/3}Ti_{5/3}O_4$

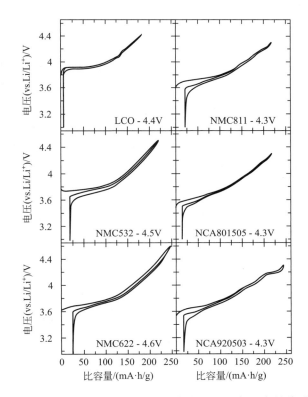

图 17A.14　锂离子电池中应用的正极材料的电压与比容量关系曲线
由达尔豪斯大学的 Jeremy Peters、Alex Louli、Ning Zhang 和 Jing Li 提供

常见的 NMC 类材料有很多，包括 NMC111、NMC442、NMC532、NMC622 和 NMC811。Noh 等在其综述文章中讨论了这些材料的优点和缺点[26]。图 17A.15 总结了各种 NMC 类材料充电到 4.3V 的截止电位上限时的性质。由于钴的成本，钴含量较低的材料在商业上更具有吸引力；然而，如图 17A.15 所示，镍含量较高的材料往往稳定性较差。

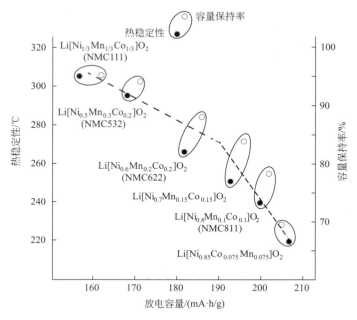

图 17A.15　NMC 类材料放电容量与热稳定性和容量保持率的关系[26]

这些电极材料在金属-绝缘体转变、堆叠重排和插层锂在可用位点内的有序化方面，显示出惊人的物理和化学特性。最著名的是 Li-Li$_x$CoO$_2$ 电池在 $x=1/2$ 时出现的微分容量特征，它是由锂原子在晶体结构轴方向的排列位置引起的[27]。

图 17A.16 展示了 Li-LiCoO$_2$ 电池的微分容量与电压的关系曲线。4.14V 附近的局部最小值（Li$_x$CoO$_2$ 中的 $x=1/2$）对应于这种结构，其中 Li 沿着图 17A.7 所示的 Li 层中每隔一行的可用位点排列。最小值两侧的峰值对应于有序-无序相变。由于镍的替换或者引入过量的锂破坏了 Co 层，百分之几的替换位原子就可以破坏这种有序与无序转变，导致微分容量图上（dQ/dV-电压）的特征峰消失。一些商用 LiCoO$_2$ 材料就没有显示这种有序与无序转变的特征。

学者们和电池制造商们已经对锂离子正极的容量损失机制开展了大量工作。图 17A.17 总结了被认为是影响正极材料活性和非活性相的最重要的机制。电解质添加剂和正极材料表面涂层被认为是缓解这些问题的有效方法。

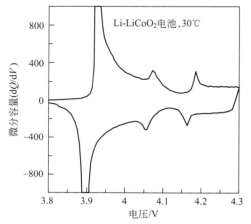

图 17A.16　Li-LiCoO$_2$ 电池的微分容量与电位的关系曲线

充放电以 0.1C 倍率在 30℃下进行

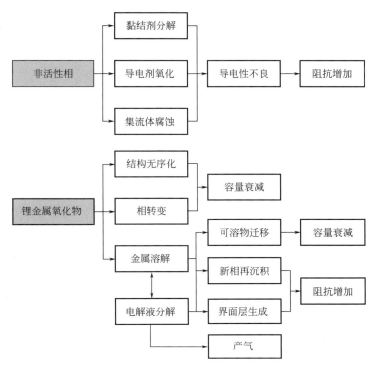

图 17A.17　锂离子电池正极材料容量衰减机制[28]

17A.2.3　负极材料

（1）历史回顾

自 20 世纪 70 年代初，嵌入化合物开始作为锂蓄电池的电极材料。然而，整个 20 世纪 70 年代乃至 80 年代初，由于金属锂的高比容量，人们的努力都集中在使用金属锂负极的锂蓄电池研制方面。曾经一些金属锂电池被研制成功，具有优异性能，其中一些甚至进入过商业化过程。但是，金属锂电池的安全问题[29] 使得工业界将注意力转向可以嵌锂的碳材料，以替代金属锂负极[30]。锂金属蓄电池的安全问题，可归因于电池循环时发生的锂形貌变化。此外，由于反应性是表面积的函数，负电极的安全特性可能与其表面积相关。

锂金属负极的特性会随着使用过程而改变，但碳电极可提供稳定的表面形态，从而能在使用寿命内保持一致的安全特性[30]；同时，利用具有低表面积的碳材料，可以制备出具有适宜自放热速率的电极。

索尼公司销售的第一款锂离子电池使用焦炭作为负极。焦炭材料具有良好的容量，即 180mA·h/g，并且在碳酸丙烯酯（PC）中是稳定的，这与石墨材料相反。对于石墨，除非使用稳定剂，否则 PC 可以嵌入石墨材料造成石墨层剥落。焦炭材料的无序结构被认为会固定石墨烯层，从而在 PC 存在下抑制反应或剥落[30]。在 20 世纪 90 年代中期，大多数锂离子电池采用球形石墨电极，特别是中间相炭微球（MCMB）。MCMB 具有更高的比容量（300～350mA·h/g）和低表面积，从而提供较小不可逆容量（IRC）和良好的安全性能。近年来，更多种类的碳材料已经用作锂离子电池负极。许多商用电池使用人造（合成）石墨或天然石墨，它们的成本非常低，并且通过高度石墨化处理以提供最高的比容量和良好的填充效率。图 17A.18 显示了 2015 年锂离子电池行业使用人造和天然石墨的总质量和两者的市场份额以及对 2025 年的预测。

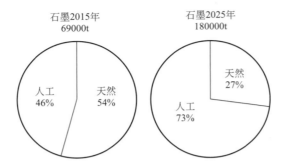

图 17A.18　2015 年和 2025 年（预测）锂离子电池石墨用量
Avicenne Energy 公司于 2017 年 3 月提供

（2）碳的类型

众多类型的碳材料已经实现商业化。碳的结构极大地影响其电化学性质，包括锂嵌入容量和电位。碳材料的基本构架是石墨烯，它是排列成六边形阵列的碳原子平面层，如图 17A.19 所示。这些平面层以堆叠的方式形成石墨。在伯纳尔（Bernal）石墨中，最常见的形式为 ABABAB 堆积，形成六边形或 2H 石墨；ABCABC 堆积形成菱形六面体或 3R 石墨不常见[7]。

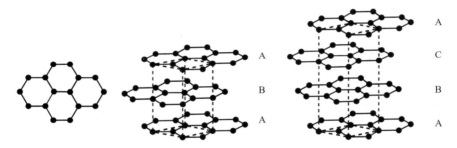

图 17A.19　六边形结构石墨烯（单层碳）以及六边形（2H）
石墨和菱形六面体（3R）石墨的结构

大多数实用化材料都有无序性，包括 2H 和 3R 堆积以及自由堆积。因此，区分石墨的更精确方式就是确定其 2H、3R 和自由堆积的相对比例。具有某一长程范围内堆积无序化和不同形貌的碳材料已经开发出来。堆积无序化包括平行石墨平面发生移动或旋转，称为乱层位错[31]，以及不平行石墨面，称为非组织碳[30]。颗粒形貌包括平板状或扁平状结构，这种结构存在于天然石墨、碳纤维和球形颗粒中。

碳材料可以看成是一个基本结构单元（BSU）的不同聚集体，它由直径为 2nm 的两或三层平行平面组成[32]。BSU 是自由取向形成了炭黑；定向于一个平面、晶轴或点，则形成了平面石墨、晶须或晶球。由于前驱体材料和其加工参数决定了所制备碳材料的性质，因此通过选择前驱体材

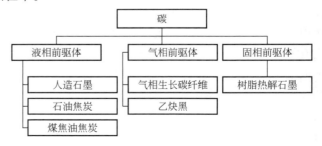

图 17A.20　按前驱体的相态进行分类的碳材料

料类型，就可以得到各种类型碳材料，如图 17A.20 所示。一般经过高温处理（2000～3000℃）可以实现石墨化的材料称为软碳。在石墨化过程中，随着热处理温度的上升，乱层位错逐渐消失，材料中的应力得到释放[33]。如酚醛树脂制备的硬碳材料，即使在 3000℃ 下也不可能直接石墨化。焦炭类材料一般由芳香族石油前驱体在约 1000℃ 下制备而得。

（3）碳材料的电化学嵌锂行为和阶段

当锂嵌入石墨时，ABAB 结构转变成 AAAA 结构，随着不同相（阶段）的形成，出现明显的电压平台[10]。石墨的不同变化阶段如图 17A.21 所示，显示了高度有序的石墨材料中，Li-石墨电池以低倍率进行一个完整循环时的电压变化。锂化阶段的经典模型见图 17A.22，锂在石墨内形成"岛"状分布而不是均匀分布。当达到最大嵌锂量的阶段，LiC_6 即阶段 1，电池电压达到最低；而当锂从石墨中脱出时，为更高的阶段，如图 17A.21 和图 17A.22 所示。

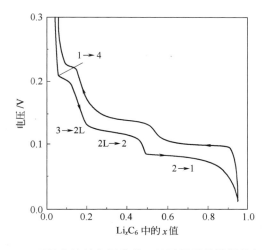

图 17A.21　Li-石墨电池的电压曲线，显示了石墨嵌锂的各个阶段[33]

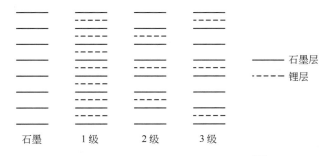

图 17A.22　石墨嵌锂的各阶段示意[33]

石墨碳的比容量是由相邻石墨烯层之间的错层排列比例决定的。研究发现，锂离子无法插入到涡轮层错排列的平行石墨烯片层之间。石墨的比容量 Q（mA·h/g）由此可以简单按下式进行计算：

$$Q = 372(1 - P)$$

式中，P 是相邻堆叠方向错位层数所占的比例。换一种方式，Li_xC_6 容量（x_{max}）可表示为：

$$x_{max} = 1 - P$$

石墨样品的乱位错位比例可以通过 X 射线衍射图得到。Hang Shi 等编写了一个测定 P 值的软件包，按照如图 17A. 23 所示的说明，可以对测量衍射图与计算得到的衍射图进行比较，求出 P 值。当 P 降低时，衍射峰变得更窄，而且有更多的峰出现。

图 17A. 24 显示了锂化石墨的电位-容量关系曲线与处理温度以及 P 值间的依赖关系。为了便于观察，图 17A. 24 中曲线依次移动了 0.1V。当 P 向 0 接近时，容量不断增加。这些容量的增加可以理解为是由于热处理温度的增加减轻了乱层错位。

表 17A. 4 提供了图 17A. 23～图 17A. 25 中介绍的石墨碳的结构参数。

表 17A. 4 图 17A. 23～图 17A. 25 中介绍的石墨碳的结构参数

样品	加热温度/℃	$d_{(002)}$/Å	P
JMI	无	3.356	0.05
MCMB2800	2800	3.352	0.10
MCMB2700	2700	3.357	0.17
MCMB2600	2600	3.358	0.21
MCMB2500	2500	3.359	0.24
MCMB2400	2400	3.363	0.29
MCMB2300	2300	3.369	0.37

注：1Å=0.1nm，全书同。

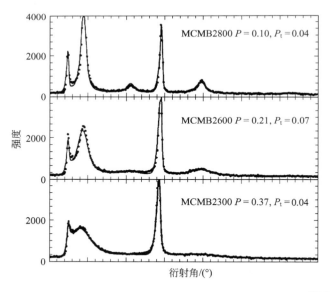

图 17A. 23 表 17A. 4 中的三种 MCMB 材料的 X 射线衍射图[33-34]
实线是拟合曲线用来提取 P 值；P_t 代表菱形六面体堆积（ABC）替换六边形堆积（ABAB）的概率

图 17A. 25 展示了表 17A. 4 所列石墨以及其他更多石墨材料的容量随无序概率 P 的变化关系，说明了乱层错位的比例与容量降低之间的线性关系。显然，为了获得最高的比容量，有必要采用具有最高有序排列度的石墨碳。此外，粒度、比表面积、振实密度、杂质含量和表面处理也会影响锂嵌入石墨的性能。下面将进一步介绍期望较小比表面积的原因。

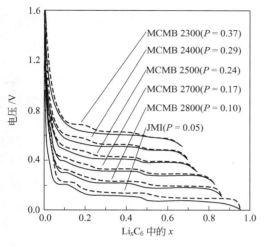

图 17A.24　不同温度下热处理的锂化石墨的第二次
充放电的电压与容量关系曲线[33-34]
清晰起见，图中曲线均依次移动了 0.1V

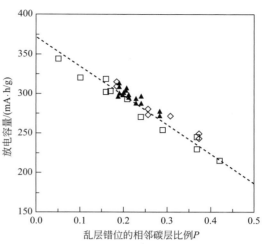

图 17A.25　Li-石墨电池的可逆比容量与乱层
错位的相邻碳层比例 P 值的关系[33]

　　锂与石墨的第一次电化学反应过程中，部分转移到石墨上的锂与电解质发生反应，在电极-电解质界面形成钝化层，通常被称为固态电解质界面（SEI）膜。SEI 膜包含不再具有电化学活性的锂，因此 SEI 膜的形成导致不可逆容量（IRC）。图 17A.26 中充电和放电曲线之间的容量差异来自 IRC。这种初始容量损失是所有电极材料所不希望的特性，并且主要发生在第一次循环中。然而，形成的 SEI 膜可保护石墨表面免于与电解质进一步反应。

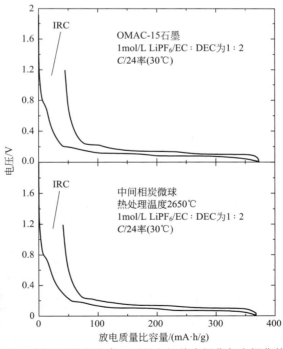

图 17A.26　在锂-石墨电池中，石墨电极首次锂化与去锂化特性曲线
所展示的不可逆容量是由于石墨表面 SEI 膜的形成

（4）商品石墨作为锂离子电池负极的性质

选择用于锂离子电池负极材料的石墨，最重要因素包括乱层错位的比例、比表面积、杂质含量与粒度以及振实密度。

乱层错位的比例是由参数 P 表征的，它代表了相邻平行层中乱层错位的概率。由于 P 与处理温度及间距 $d_{(002)}$（碳层间的距离，见表 17A.4）相关，因此热处理温度和晶格参数通常可以用来表示石墨的特征。如上所述，石墨的可逆比容量与 P 直接相关。P 的降低可以通过增加加热时间和/或温度来实现，但是这会增加产品成本。

形成 SEI 膜和导致不可逆容量（IRC）的反应是与比表面积成正比的。Fong 等研究表明比表面积与不可逆容量[51]之间存在线性关系[35]。此外，负极与电解质的反应性也与表面积成比例，应尽量减少表面积以避免 IRC 并提高稳定性[36]。然而，为了保持合理的倍率性能，比表面积不能太低，不能使用不满足倍率需要的大颗粒。石墨通常是片状材料，然而，使用片状石墨会导致电极在压缩后具有极高的弯曲度，进而导致较差的倍率性能。中间相石墨和球形或"马铃薯形"石墨具有更好的弯曲度，它们在锂离子电池中很常见，因为球形可最大限度地减少表面积和材料中锂扩散路径长度。

通常石墨中的杂质不会对电池性能产生不利影响，但会增加电极的自重。天然石墨经过提纯后可以减少杂质含量。

粒度与振实密度并不总是与表面积全然分开的，它们决定着材料可以得到完好的表面涂层以及在碾压之后具有高密度的能力。制备高密度电极，对于锂离子电池能量密度最大化十分重要。

近来锂离子电池石墨材料的进展还包括在石墨表面采用碳涂层以降低比表面积和抑制剥落，由此可以降低不可逆容量（IRC），并提高充电状态材料在电解质中的热稳定性。在石墨制造方面，日本 Toyo Tanso 公司的 Nozaki 等[37] 和韩国 Carbonix 公司的 Park 等[38] 分别讨论了涂层在天然石墨上的应用。图 17A.27 展示了有涂层与无涂层的天然石墨的 SEM 照片。

如图 17A.27 所示，无涂层的天然石墨表面粗糙，而有涂层的天然石墨表面光滑。涂层不会改变整体颗粒尺寸或形状。在 BET 测试中，涂层使碳材料表面积从约 $5.7\text{m}^2/\text{g}$ 降低至约 $0.6\text{m}^2/\text{g}$，并将 IRC 从约 $55\text{mA} \cdot \text{h/g}$ 降低至约 $25\text{mA} \cdot \text{h/g}$[38]。此外，如图 17A.28 所示，锂化包覆天然石墨（LiC_6）的差示扫描量热法（DSC）分析表明，包覆石墨热量变化更慢，这是由于表面积较小，降低了 LiC_6 和电解质之间的反应速度[38]。

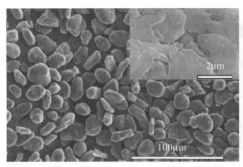

（a）无涂层

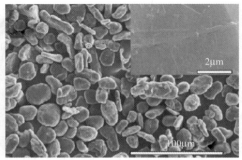

（b）有涂层

图 17A.27 天然石墨的 SEM 照片

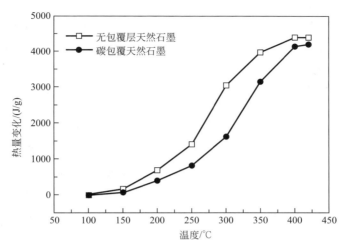

图 17A.28　含电解液情况下全锂化态的无包覆层和碳包覆天然石墨（NG）热量变化[38]

表 17A.5 总结了来自中国两大制造商的市售石墨碳负极材料的性能。目前，用于锂离子电池的石墨材料首次循环效率高达 94%。许多材料提供的容量接近石墨的理论容量，即 372mA·h/g，这表明这些材料中的 P 接近于零。

表 17A.5　锂离子电池用石墨碳负极材料的性能

制造商	型号	类型	振实密度/（g/mL）	BET 比表面积/（m²/g）	粒度(d_{50})/μm	可逆质量比容量/(mA·h/g)	首次循环效率/%
贝特瑞新材料集团股份有限公司(BTR)	918	天然	1.0～1.2	3～4.5	16～20	＞360	＞94
贝特瑞新材料集团股份有限公司(BTR)	S360M	人造	0.95～1.15	2.2～3.2	18.5～21.5	＞360	＞94
贝特瑞新材料集团股份有限公司(BTR)	MSG18	天然	1.0～1.1	＜1.7～2.7	16～19	＞355	＞92
杉杉科技有限公司	GF～1S2	天然	1.04	3.3	11	363	92
杉杉科技有限公司	CMS～G15	天然	1.42	1.2	16	324	94
杉杉科技有限公司	CAG～3MT	天然	1.11	1.5	11	336	94

（5）钛酸锂负极材料 $Li_{4/3}Ti_{5/3}O_4$

① 概述。正如 Zhu 等所述[39]，有许多锂钛氧化物可以作为锂离子电池负极材料。在这些材料中，只有钛酸锂 $Li_4Ti_5O_{12}$（鉴于其尖晶石结构，通常写为 $Li_{4/3}Ti_{5/3}O_4$）已经在锂离子电池中实现了商业化。$Li_{4/3}Ti_{5/3}O_4$（LTO）作为石墨的替代品，具有极长的循环寿命和更好的安全特性，但电压和能量密度较低。LTO 稳定性的提高归因于其与电解质的反应活性降低，钛酸锂（LTO）的电位（vs. Li/Li⁺）约为 1.55V，而 LiC_6 的电位约为 0.1V。然而与石墨相比，锂离子电池采用 LTO 后，电池电压将降低 1.5V。此外，LTO 的低填充效率使得电池的体积与质量比能量均明显降低。因此，它适合于需要电源极长寿命的固定应用，比如电网储能和植入医疗器械。

关于 LTO 初始的一些研究工作是由 Murphy[40]、Dahn[41] 和 Ohzuku[42] 等研究组进行的。LTO 具有与锰酸锂相同的尖晶石结构，但是一些锂占据 16d 位置。LTO 是

$Li_{1+x}Ti_{2-x}O_4$，$x=1/3$ 固溶体系列中最后一个成员[41]。

图 17A.13 中曲线（e）展示了 LTO 的电化学行为。其充放电曲线包含一个平台，代表两相共存，即 $Li_{4/3}Ti_{5/3}O_4$ 起始相和 $Li_{4/3}Ti_{5/3}O_4$ 完全锂化的最终相。Ohzuku 等[42] 研究表明这两相有着相同的晶格常数，因此嵌入与脱嵌反应十分顺畅，没有任何体积变化。Ohzuku 称这种材料为 "零应变" 嵌入电极材料，这种零应变是 LTO 具有优异充放电循环性能的原因。

② 商品化 $Li_{4/3}Ti_{5/3}O_4$ 材料的特性。LTO 是现在已经实现商品化的一种材料，可从多家供应商处获得，包括 Süd-Chemie 公司和贝特瑞新材料集团股份有限公司（BTR New Energy Materials Inc.）。市售材料提供约 160mA·h/g 的比容量，非常接近 170mA·h/g 的理论极限。表 17A.6 比较了 BTR 新材料集团股份有限公司的几种型号 LTO 的性能。比表面积较高和较低的材料均可获得，分别适用于高倍率和长寿命的应用。LTO 材料非常稳定，可提供数千次循环。

表 17A.6　BTR 新材料集团股份有限公司的 LTO（$Li_{4/3}Ti_{5/3}O_4$）性能

型号	$d_{(50)}$ /μm	比表面积/ (m^2/g)	振实密度/ (g/mL)	比容量(1C 倍率)/ (mA·h/g)	不可逆容量/ %
LTO-1	1	<16	>0.9	>160	<6
LTO-2	1	<6	>1	>160	<7
LTO-S	0.9	<4	>0.9	>160	<8

（6）含 Si 的负极材料

① 概述。在过去的二十多年中，人们在含 Si 和含 Sn 负极材料方面进行了大量工作，因为 Si 和 Sn 比石墨具有更高的体积比能量和质量比能量。然而，大多数研究人员和制造商已经放弃了基于锡（Sn）的负极。因为与硅相比，锡的摩尔成本更高。相比之下，含硅材料目前出现在车辆、手机和其他产品所使用的数十亿只锂离子电池中。Obrovac 和 Chevrier 详细提供了可用于锂离子电池负极材料的各种硅合金和其他合金材料的信息[43]。

图 17A.29 比较了不同金属锂合金的质量比容量与体积比容量，并用石墨的数据作对比。该图清楚地说明从石墨向合金基负极材料转变的吸引力。但是，所有合金金属与锂反应时，都会经历大的体积变化（高达 280%），这会导致性能故障，例如粉化，因为材料在循环时会发生膨胀和收缩。

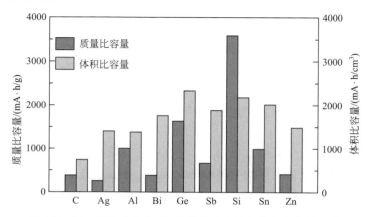

图 17A.29　锂合金和 LiC_6 的质量比容量与体积比容量比较

材料的体积比容量是基于完全锂化体积计算得出的

锂和硅之间的电化学反应已得到广泛研究[43]。从晶体硅开始，在第一次锂化过程中，形成 x 接近 3.5 的非晶 Li_xSi。如果进一步向硅中添加锂，则会形成 $Li_{15}Si_4$（$x=3.75$）。当锂从硅中去除时，形成非晶硅。图 17A.30 说明了相关反应机理。

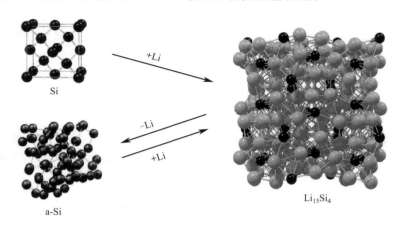

图 17A.30　硅与锂的反应机理

当晶体硅（Si）被锂化之后，随后的循环过程发生在非晶硅（a-Si）和 $Li_{15}Si_4$ 之间

Al-Maghrabi 等从溅射非晶硅（a-Si）开始，仔细测量了硅的电压-比容量曲线[44]。如图 17A.31 所示，Si 提供了出色的可逆比容量，约为 3580mA·h/g，相当于 $Li_{15}Si_4$。并且，溅射的 a-Si 膜具有最小的 IRC，标称值为 2%。此外，研究还显示在充电和放电期间，电压会发生偏移并导致滞后现象，这是 Si 的特性，见图 17A.31。

即使 Si 的锂化和脱锂速度非常缓慢，充电和放电之间的滞后也仍然存在。这是因为在形成 Li_xSi 的过程中，晶体硅或非晶硅中的原始 Si—Si 键被破坏，只有 Li—Si 键和 Li—Li 键存在于 $Li_{15}Si_4$ 中，这种键的断裂和重组导致了固有滞后的发生。石墨和 LCO 不会表现出固有的滞后，这是因为在锂嵌入过程中，主体结构中的化学键没有发生改变。所有含硅材料包括碳包覆的硅、纳米硅、硅合金和 SiO，均在充电和放电之间显示出这种滞后现象。虽然使用硅含量较高电极的锂离子电池在实现商业化方面仍存在重大挑战，但 SiO 依然很有发展潜力。

② SiO_x。通过与负极中的石墨混合，氧化亚硅（SiO_x，其中 $x \approx 1$）目前在锂离子电池中得到应用。SiO 由 SiO_2 基体和纳米硅颗粒组成。根据 Shin-Etsu 公司的专利，可以通过将硅和 SiO_2 粉末的混合物加热到高温进行气相沉积来制造 SiO_x。SiO 的理论可逆比容量接近 1710mA·h/g。根据 Al-Maghrabi 等人的研究，锂与 SiO 的反应如下[45]：

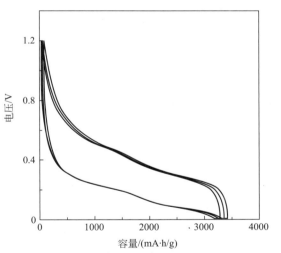

图 17A.31　a-Si 溅射膜电极前三次充放电循环的电压-比容量曲线[44]

说明 Si 的滞后特性，可逆比容量为 3580mA·h/g，不可逆容量为 2%

$$Li + SiO \longrightarrow 1/4Li_4SiO_4 + 3/4Si \quad (不可逆) \qquad (17A.1)$$

$$45/16Li + 1/4Li_4SiO_4 + 3/4Si \Longleftrightarrow 1/4Li_4SiO_4 + 3/4Li_{3.75}Si \quad (可逆) \qquad (17A.2)$$

反应式（17A.2）对应于图 17A.30，Li_4SiO_4 的存在有助于提高充放电容量保持率。Li_4SiO_4 是反应式（17A.1）的产物，并且在反应式（17A.2）中没有发生变化。

尽管 SiO_x 具有与硅合金材料相似的体积比容量，但由于在初始锂化过程中形成了硅酸锂，造成较大的 IRC 损失（约为 30%），如反应式（17A.1）所示[46]。图 17A.32 为 Li-SiO 电池的比容量与电压的关系[47]。

最初的 IRC 可以通过在高温下 SiO 与锂反应来进行补偿，使得反应式（17A.1）在电池外进行。Yom 等[48] 加热了不同摩尔比的 SiO-Li 材料［摩尔比范围为（7∶1）～（12∶1）］，试图找到最小的 IRC。热处理后，材料在空气和水中均表现稳定。如图 17A.33 所示，初始库仑效率低于理论值，表明存在其他不可逆过程，例如 SEI 膜的形成或锂钝化层的形成。

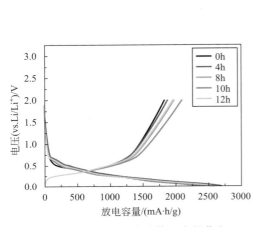

图 17A.32　Li-SiO 电池第一次锂化和脱锂的电压与放电容量的关系[47]

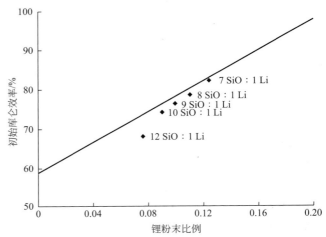

图 17A.33　SiO 与不同含量的 Li 反应的初始库仑效率[48]
直线代表基于 Li 粉末含量的理论初始库仑效率。其中，不可逆容量最低的材料 7SiO∶1Li 的首次循环容量在放电时为 1220mA·h/g，在充电时为 1001mA·h/g，因此不可逆容量为 17.9%

与其他含硅材料相比，SiO 在充放电循环期间可提供最小的颗粒粉化和破裂。如图 17A.34 所示，Chae 等[46] 已经证明，尽管可逆体积变化为 117%，但 SiO 可以维持超过 400 次完整的锂化和脱锂循环而不会破裂或破碎[43]，这是 SiO 的一个重要特征，许多其他含硅材料则不具备该特征。

图 17A.34 显示了石墨和 SiO 复合电极的性能，其中 SiO 质量分数为 5%～25%。如图 17A.34（a）所示，石墨有助于在 SiO 颗粒膨胀和收缩时保持与它们的电接触，并且颗粒本身保持其完整性［图 17A.34（b）］。从贝特瑞（BTR）新材料集团股份有限公司获得的市售 SiO-石墨复合材料，牌号为 BSO-650，其组成为质量分数约为 79% 的石墨和约为 21% 的 SiO，具有 650mA·h/g 的可逆比容量和约 11% 的 IRC。石墨-SiO（或其他石墨-Si 材料）复合负极的电池充放电循环寿命不如纯石墨负极。然而，在许多应用中，尤其是电动汽车，石墨-SiO（或另外一种石墨-Si 材料）能够提供可接受的循环寿命和更高的能量密度。

SiO 首次锂化时，式（17A.1）反应发生后（$Li + SiO \longrightarrow 1/4Li_4SiO_4 + 3/4Si$），非晶硅

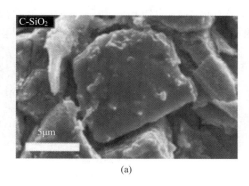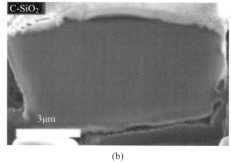

图 17A.34 脱锂状态和 400 次充放电循环后的 SiO 颗粒的 SEM 图像[46]
（a）电极表面的图像，由于脱锂过程中的剧烈收缩，粒子与其相邻
粒子之间存在较大间隙；（b）横截面图像没有破裂或破碎

是 SiO 中的活性物质。非晶硅的电压-比容量曲线如图 17A.31 所示，在锂化和脱锂之间存在电压滞后现象。石墨没有表现出这种滞后现象，这意味着在锂化过程中，石墨和硅的电压-容量曲线在电压上发生重叠，并且如果它们之前都处于完全脱锂状态，那么它们几乎同时发生锂化。在脱锂过程中，硅和石墨的电压-容量关系不重叠，在完全锂化时，石墨首先脱锂。

图 17A.35 显示了石墨-SiO 复合负极在锂离子电池中的运行情况。左图显示了锂离子电池的充电过程，表明负极锂化发生在相同的电压范围内。右图显示了锂离子电池的放电过程，表明石墨（较低电压）将首先脱锂，而 SiO 的 Li_xSi 组分保持完全锂化。这是由 Si 组分中的电压滞后造成的。假设锂离子电池仅部分放电，则 Li_xSi 组分将保持完全锂化并且不会发生体积变化。只有在深度放电时，锂才能从 Li_xSi 中脱出。

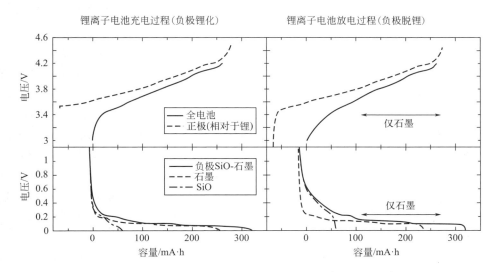

图 17A.35 石墨和 SiO 复合电极在锂离子电池中工作的电压与容量关系图
如果电池充满电，然后部分放电，则只有电极的石墨部分是活性的，如右图所示

图 17A.36 展示了这些性质在电动汽车（EV）上的应用。在图 17A.36[49] 的上半部分中，Smart 等给出了 EV 的典型行驶里程。该图下半部分显示，对于大多数汽车来说，通常情况下仅利用复合电极中石墨的容量，只有在长途旅行时才会用到硅的容量。因此，在典型

的电动汽车（EV）中，硅容量很少使用，起到"增程器"的作用，并且在影响电池寿命方面只发挥很小的作用。一些电动汽车中使用的锂离子电池所含 SiO 或其他含硅材料，可以增加能量密度，从而增加行驶里程。

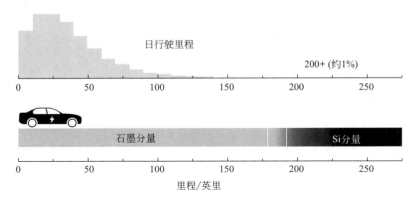

图 17A.36　具有石墨-硅复合负极的锂离子电池的硅部分
仅在电动汽车深度放电（长途旅行）期间使用

未来几年，预计锂离子电池负极中含硅材料的占比会增加。含硅材料 100% 的负极硅正在开发中，比如安普瑞斯科技（Amprius Technology）生产的硅纳米线材料。

17A.2.4　非水溶液电解质

绝大多数锂离子电池使用液体电解质，因此这里只讨论液体电解质。液体电解质是锂盐溶解在一种或多种有机溶剂（通常是碳酸酯）中形成的溶液。在典型的使用液体电解质的锂离子电池中，电解质几乎完全被电极和隔膜材料吸收。

大多数商业锂离子电池电解质以 LiPF$_6$ 作为锂盐，因为 LiPF$_6$ 溶液可提供高离子电导率（10^{-2} S/cm），具有高锂离子转移数（约 0.35），并提供可接受的安全性能。许多其他盐类已经引起了工业界的兴趣，特别是 LiBF$_4$、LiN(CF$_3$SO$_2$)$_2$、双草酸硼酸锂（LiBOB）、双氟磺酰亚胺锂 [LiN(FSO$_2$)$_2$，LiFSI] 和二氟磷酸锂（LiPO$_2$F$_2$）。目前使用的电解质几乎完全使用碳酸酯溶剂配制而成，尽管酯类溶剂，如乙酸甲酯（MA）和丙酸甲酯（MP）等可用于高功率、快速充电或低温锂离子电池中。碳酸酯类溶剂属质子惰性溶剂，呈极性并有高介电常数，因此可以与锂盐形成高浓度的溶液（≥1mol/L），也能与电极材料在较宽的电位范围内保持相容性。目前的配方主要使用碳酸乙烯酯（EC）、碳酸二甲酯（DMC）、碳酸甲乙酯（EMC）和碳酸二乙酯（DEC），在某些情况下还使用碳酸酯和氟代碳酸乙烯酯（FEC）。锂离子电解质溶剂的选择，受到低温、高功率或快速充电要求的影响。低温、高功率和快速充电的电解质需要采用具有低凝固点和低黏度的溶液。

（1）电解质盐类

锂离子电池中常用的锂盐在表 17A.7 中列出。LiPF$_6$ 是最常见的锂盐，因为 LiPF$_6$ 溶液具有高导电性和良好的安全性能。但是，LiPF$_6$ 具有吸水性，与水反应会生成氢氟酸（HF），因此必须在干燥环境中处理 LiPF$_6$。有机盐也有了发展，相比于 LiPF$_6$，有机盐对水更稳定，更易于处理。特别是双三氟甲磺酰亚胺锂 [LiN(CF$_3$SO$_2$)$_2$] 作为碳酸酯电解质中的添加剂受到了极大关注，它可改进电池高温性能并减少气体形成。过去十年引入的新电解质盐包括 LiFSI 和 LiPO$_2$F$_2$。当与 LiPF$_6$ 混合时，LiFSI 可提供更高的电导率，并在某些情况下可提高电池寿命[50]。$LiPO_2F_2$ 也作为添加剂用来提高寿命[51]。在碳酸酯溶剂中 $LiPO_2F_2$ 的溶解度限制在约 0.1mol/L。

表 17A.7　在锂离子电池中通常使用的锂盐

名称	分子式	摩尔质量/(g/mol)	典型杂质	评价
六氟磷酸锂	$LiPF_6$	151.9	H_2O,HF	最常用
四氟硼酸锂	$LiBF_4$	93.74	H_2O,HF	吸水性比 $LiPF_6$ 低
双草酸硼酸锂	$LiB(C_2O_4)_2$	193.7	H_2O	有助于 SEI 膜的形成
双三氟甲磺酰亚胺锂	$LiN(CF_3SO_2)_2$	286.9	H_2O	减少气体释放量和改善高温循环寿命
二氟磷酸锂	$LiPO_2F_2$	107.9	H_2O,HF	添加剂,用于提高寿命
双氟磺酰亚胺锂	$LiN(FSO_2)_2$	187	H_2O	提高离子电导率和寿命

（2）溶剂

溶剂包括碳酸酯类、醚类和酯类等多种有机液体，用于非水性电解液。业界一直专注于碳酸酯类溶剂，因为它们具有出色的稳定性、良好的安全性能和相容性，例如它们在 SEI 膜形成后与电极材料不发生反应。在一些使用含硅电极材料的商用电池和专为高电压（＞4.3V）设计的电池中，氟化溶剂（例如氟代碳酸乙烯酯，FEC）可作为助溶剂（超过电解质溶液的 10%）[52] 使用。Markevic 等研究表明，在不同的先进锂离子电池体系中，包括具有 Si 负极和高压 $LiCoPO_4$ 和 $LiNi_{0.5}Mn_{1.5}O_4$ 正极的体系，基于 FEC 的电解液比最常用的基于 EC 的电解液更有优势。FEC 的优势源于 SEI 膜的组成和特性，在正极和负极表面形成的 SEI 膜是 FEC 电化学还原或氧化的结果。MA 和 MP 等酯类可用于为高倍率和低温应用设计的电池。纯碳酸酯溶剂通常具有小于 10^{-7} S/cm 的固有电导率，其介电常数 ≥3，并且对锂盐的溶解度高。表 17A.8 列出了一些常用有机溶剂的结构和性质。

表 17A.8　锂离子电池用有机溶剂的结构和性质

特性	EC	PC	DMC	EMC	DEC	FEC	MA	MP
结构								
沸点/℃	248[53]	242[53]	90	109	126	212	57	80
熔点/℃	36.4[53]	−48[53]	4.6	−55	−74[54]	20	−98	−88
密度/(g/mL)	1.32	1.20[55]	1.07	1.0	0.97		0.932	0.915
黏度/cP	1.86(40℃)	2.5	0.59	0.65	0.75		0.38	0.43
介电常数	89.6(40℃)	64.9[55]	3.12	2.9	2.82		6.7	6.2
施主数	16.4	15	8.7[66]	6.5[66]	8[66]			
摩尔质量/(g/mol)	88.1	102.1	90.1	104.1	118.1	106.5	74.08	88.11

EC=碳酸乙烯酯；PC=聚碳酸酯；DMC=碳酸二甲酯；EMC=碳酸甲乙酯；DEC=碳酸二乙酯；FEC=氟代碳酸乙烯酯；MA=乙酸甲酯；MP=丙酸甲酯。

目前锂离子电池的电解质配方中通常使用3～5种溶剂和一种或者多种添加剂。添加剂的质量分数通常约为2%或更少。与单一溶剂电解质相比，具有多种溶剂的配方可以提供更好的电池性能、更高的电导率和更宽的温度范围。例如，当与石墨负极结合使用时，EC与低不可逆容量（IRC）和低容量衰减相关，EC存在于许多商业电解质配方中，但在室温下是固体，为了利用EC的优良特性，需使用其他溶剂来降低电解液的凝固点和黏度。在一些综述中对电解质溶剂性质和配方策略进行了更进一步介绍[56]。

（3）电解液电导率

锂离子电池中普遍使用各种1mol/L LiPF$_6$电解液，它们的电导率列于表17A.9中，图17A.37显示了它们在-40～80℃之间的电导率变化。这些电解液一般具有高的电导率（为10^{-2}S/cm），其中少数几种溶剂如PC和EMC具有良好的低温电导率和高的沸点。

表17A.9　1mol/L LiPF$_6$电解液在不同有机溶剂中的溶液电导率　单位：mS/cm

溶剂	-40.0℃	-20.0℃	0.0℃	20.0℃	40.0℃	60.0℃	80.0℃
DEC	—	1.4	2.1	2.9	3.6	4.3	4.9
EMC	1.1	2.2	3.2	4.3	5.2	6.2	7.1
PC	0.2	1.1	2.8	5.2	8.4	12.2	16.3
DMC	—	1.4	4.7	6.5	7.9	9.1	10.0
EC	—	—	—	6.9	10.6	15.5	20.6
MA	8.3	12.0	14.9	17.1	18.7	20.0	—
MF	15.8	20.8	25.0	28.3	—	—	—

DEC＝碳酸二乙酯；EMC＝碳酸甲乙酯；PC＝聚碳酸酯；DMC＝碳酸二甲酯；EC＝碳酸乙烯酯；MA＝乙酸甲酯；MF＝甲酸甲酯。

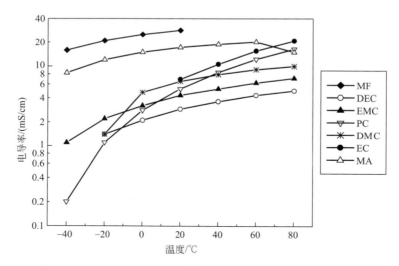

图17A.37　1mol/L LiPF$_6$电解液在不同溶剂中的溶液电导率

EC和锂离子电池常的有机溶剂组成了一系列二元1:1混合溶剂，它们在不同温度、不同盐浓度下的电导率列于表17A.10中。对于许多溶剂而言，1mol/L LiPF$_6$的电导率最高，而且在-40～80℃之间都是液体。图17A.38为含有EC的二元溶剂在溶解了1mol/L LiPF$_6$的电导率，EC:MA混合溶剂提供了最高的电导率，尽管这种水平的MA通常与高容量衰减有关[57]。最近的研究表明，MP可以提供更长的寿命[58]。此外，Li等研究表明，使用MA助溶剂的锂离子电池寿命长并支持高倍率充电[59]，其他混合溶剂如EC:DEC、EC:DMC和EC:EMC具有适中的导电性和较低的容量衰减，特别是EC:EMC混合溶剂

在 $-40℃$ 下具有 $0.9mS/cm$ 的电导率和低容量衰减。

表 17A.10 LiPF$_6$ 在二元混合溶剂中的溶液电导率　　　　　　单位：mS/cm

溶剂	浓度	$-40℃$	$-20℃$	0℃	20℃	40℃	60℃	80℃
EC∶DEC	0.25mol/L	—	—	1.7(C)	4.2	5.8	7.3	8.8
	0.50mol/L	—	2.5(C)	3.0	6.4	8.7	11.1	13.6
	1.00mol/L	0.7	2.2	4.2	7.0	10.3	13.9	17.5
	1.25mol/L	0.4	1.7	3.6	6.4	9.7	13.5	17.4
	1.50mol/L	—	—	—	5.6			
	1.75mol/L	—	—	—	4.8(S)			
EC∶DMC	0.25mol/L	—	—	4.2	5.8	7.8	9.7	11.5
	0.50mol/L	—	—	6.5	9.3	12.8	16.0	19.1
	0.75mol/L	—	3.8	6.9	10.3	14.0	17.9	21.6
	1.00mol/L	—	3.7	7.0		15.0	19.5	24.0
	1.25mol/L	0.7	2.7	5.6	9.3	13.7	18.4	23.3
	1.50mol/L	—	2.2	5.4	9.3	14.1	19.2	24.7
	1.75mol/L	—	—	—	7.5	—	—	—
	2.00mol/L	—	—	—	6.7	—	—	—
	2.25mol/L	—	—	—	0.9(S)	—	—	—
EC∶EMC	0.25mol/L	—	—	3.7	5.3	7.2	9.1	10.9
	0.50mol/L	—	3.0	5.1	7.5	10.2	12.8	15.4
	1.00mol/L	0.9	2.7	5.3	8.5	12.2	16.3	20.3
	1.25mol/L	0.6	2.3	4.7	8.0	12.0	16.2	20.6
	3.50mol/L	—	—	—	0.9(S)	—	—	—
EC∶MA	0.25mol/L	2.4(C)	4.6	6.3	8.3	10.4	12.4	
	0.50mol/L	3.1(C)	6.7	9.8	13.1	16.0	19.3	—
	1.00mol/L	3.8	7.8	12.2	17.1	22.3	27.3	
	1.25mol/L	—	7.1	11.8	17.2	22.7	28.4	
	3.0mol/L	—	0.5	2.1	5.2		15.4	21.8
	3.5mol/L	—	—	—	3.4(S)			
EC∶MPC	1.00mol/L	C	1.5	3.6	6.3	9.5	12.9	16.8

DEC＝碳酸二乙酯；EMC＝碳酸甲乙酯；DMC＝碳酸二甲酯；EC＝碳酸乙烯酯；MA＝乙酸甲酯。

混合溶剂的质量比为 1∶1，C 表示有部分结晶的电解液；S 表示饱和电解液。

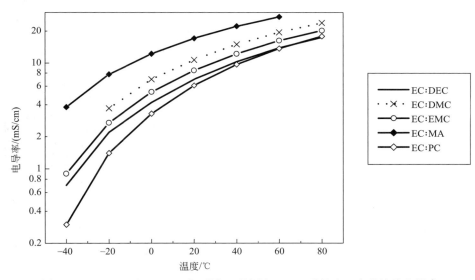

图 17A.38　1mol/L LiPF$_6$ 在不同二元溶剂（1∶1 质量比）中的溶液电导率

表 17A.11 提供了 1mol/L LiPF$_6$ 在选定的三元混合溶剂中的电导率，并绘制在图 17A.39 中。这些混合物含有 33％的 EC，是目前锂离子电解液中常用的配比，并可提供高电导率和宽温度范围，说明多组分混合溶剂的实用性强。例如，其中四种混合溶剂在－40℃下至少可提供 1mS/cm 的电导率，其中三种在 80℃下为液体。四元混合溶剂电解液也被开发出来以提供更好的低温性能。1mol/L LiPF$_6$ 在各种四元混合溶剂中的电导率如图 17A.40 所示，这些电解液的电导率在－40℃下超过 1mS/cm，在－60℃下高达 0.6mS/cm。

表 17A.11 1mol/L LiPF$_6$ 在不同三元混合溶剂中的溶液电导率 单位：mS/cm

溶剂	质量比	－40℃	－20℃	0℃	20℃	40℃	60℃	80℃
EC：PC：DMC	20：20：60	—	—	6.9	10.6	14.5	18.4	22.2
EC：PC：EA	15：25：60	3	6.2	9.8	13.7	17.8	21.6	25.1
EC：PC：EMC	15：25：60	1	2.8	5.3	8.1	11.5	14.6	17.8
EC：PC：MA	15：25：60	4.1	8.1	12.9	17.8	22.8	27.6	沸腾
EC：PC：MPC	15：25：60	0.5	1.4	3.3	5.6	8.2	10.9	13.9
EC：DMC：EMC	15：25：60	1.4	3.2	5.3	7.6	10	12.1	14.1
EC：DMC：MPC	15：25：60	0.7	1.8	3.4	5.3	7.2	9	10.9

EMC＝碳酸甲乙酯；PC＝碳酸丙烯酯；DMC＝碳酸二甲酯；EC＝碳酸乙烯酯；MA＝乙酸甲酯；MPC＝碳酸丙甲酯；EA＝乙酸乙酯。

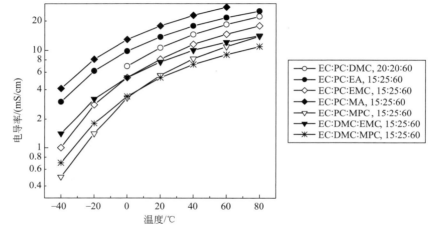

图 17A.39 1mol/L LiPF$_6$ 在不同三元溶剂中的溶液电导率

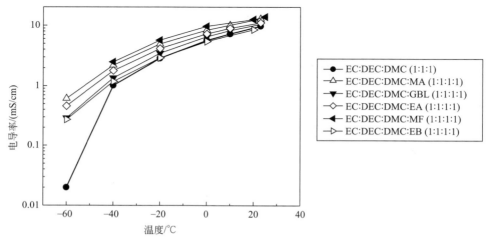

图 17A.40 1mol/L LiPF$_6$ 在不同四元混合溶剂中的溶液电导率

在电解液设计方面，最新进展是由美国爱达荷国家实验室的 Kevin Gering 开发的"先进电解液模型（AEM）"[60]。通过商用 AEM 软件[61] 可以准确计算最常见的锂离子电池电解液的关键特性，从而减少物理测量需求。AEM 的结果已经过第三方验证。图 17A.41 和图 17A.42 分别显示了 $LiPF_6$：EC：DMC：MA 溶液测量的电导率和黏度以及 AEM 预测结果[62]。AEM 的输出结果与锂离子电池物理模型非常吻合。

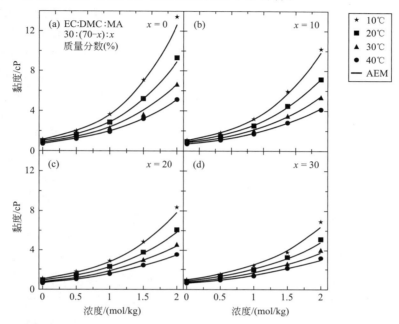

图 17A.41　对于溶剂组成为 EC：DMC：MA＝30：（70－x）：x 的电解液，黏度与 $LiPF_6$ 浓度的关系
测试温度为 10～40℃；符号代表实际测量的结果，实线代表 AEM 的预测结果

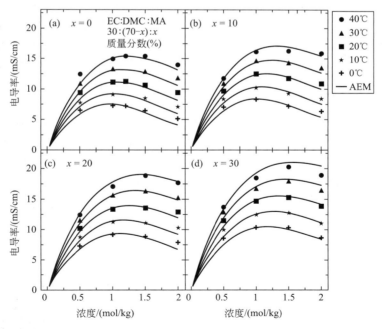

图 17A.42　对于溶剂组成为 EC：EMC：MA＝30：（70－x）：x 的电解液，电导率与 $LiPF_6$ 浓度的关系
0≤x≤30；测试温度为 0～40℃；符号代表实际测量的结果，实线代表 AEM 的预测结果

（4）电解液配方、不可逆容量与 SEI 膜

为了使锂离子电池充分发挥作用，电解液必须在锂离子电池的正极和负极电位下都保持稳定；电位约为 $0 \sim 4.4V$（vs. Li/Li$^+$），甚至为 $4.5V$（vs. Li/Li$^+$）。事实上没有一种溶剂热力学上对锂或 Li$_x$C$_6$ 在接近 $0V$（vs. Li/Li$^+$）时是稳定的。但是，许多溶剂都能与电极表面发生自限反应形成钝化层，称为 SEI 膜，因此在动力学上是稳定的。产生的 SEI 膜在空间上将电解液与电极颗粒分开，但仍具有离子导电性，允许锂离子通过。SEI 膜为电池体系提供了良好的稳定性，从而使制备的电池在长时间内稳定而无明显衰退[57]。

当 SEI 膜形成时，锂被结合到钝化层中。这个过程是不可逆的，因此观察到电池容量的损失主要发生在第一次循环中。不可逆容量（IRC）的大小取决于电解液配方和电极材料，特别是负极中使用的碳（和/或含硅材料）。由于反应发生在颗粒表面，因此比表面积较低的材料通常表现出较小的 IRC。

与电解液表面的溶剂连续反应会消耗锂，形成不良的 SEI 膜，导致容量衰减和/或容量保持率下降。电解液耗尽和电解液分解产物沉积层变厚，形成了高的电池阻抗。在正常情况下，要得到稳定的 SEI 膜，需要多个循环才能实现。为了在负极表面建立稳定的 SEI 膜，商品电池在出厂前一般都需要经历充电、恒压与放电过程，有时该过程还要在较高温度下进行。最大限度地减少电池"化成"时间，对电池的批量制造至关重要。

包含烷基碳酸酯电解质的电池，尤其是含有 EC 的电池，已经显示出低的容量损失率、低的不可逆容量和高容量[63]。在含有 EC 的电解液中，锂离子电池电极表面上生成的钝化层内含锂量最低。该 SEI 膜已经证明主要包含 Li$_2$［OCO$_2$(CH$_2$)$_2$OCO$_2$］$_2$[64] 和相关反应产物，如 Li$_2$CO$_3$ 和 LiOCH$_3$[65]，这些反应产物由电解质溶剂和锂或锂化材料如 Li$_x$C$_6$ 或 Li$_x$Si 组成。如果使用 1mol/L LiPF$_6$ 电解质盐，许多溶剂［如乙腈（AN）和乙酸乙酯（EA）］不会在石墨上形成稳定的钝化层。然而，Yamada 等研究发现，LiPF$_6$ 溶解于 AN 中的高浓度溶液（例如 4mol/L 溶液）会形成稳定的钝化层[66]。Petibon 发现 EA 基电解液也出现类似现象[67]。如果向电解液中加入添加剂，如冠醚[68] 或 CO$_2$[69]，石墨可以在不能形成稳定钝化膜的溶剂中循环。添加剂的使用可以显著改变 SEI 膜的化学性质，并提高其保护电极表面的能力，以阻止与电解质的反应。下一节将详细讨论添加剂的使用。

17A.2.5 电解液添加剂

在锂离子电池中，在正极或负极上发生的一些副反应会导致电池容量损失。如上一节所述，SEI 膜的形成和修复会消耗负极表面的锂，导致 IRC 损失[70]。正极表面的电解液氧化[71] 以及水或 HF 等杂质的存在也会导致容量损失。这些反应还可能引起气体的析出，这在方形或软包电池设计中尤为严重，可能会导致电池膨胀和电压损失。采用高纯度电解液、电极包覆[72] 以及特殊电极材料[73] 可以延长循环寿命和降低气体析出量。采用不同的电解液添加剂，包括有机物、盐类、无机物或者气体[74]，可以改善 SEI 膜稳定性，清除 HF 与水，从而显著地提高电池性能[75]。添加剂也可以显著提高电池安全性能。Xu 对锂离子电池的电解液和添加剂进行了较全面的介绍[76]。

在电解液配方中，添加剂量一般都低于 5%（质量分数），通常仅有 1% 或者 2%。制造商在完成电池化成后，许多添加剂实际上全部消耗在 SEI 膜的生成上，很难或不可能在电池中被检测到。Petibon 等通过追踪化成过程中碳酸亚乙烯酯（VC）的消耗，发现如果 1% 的 VC 掺入电解液中，则在化成后是检测不到的[77]。因为添加剂在商品电池中难以被检测，

所以可以作为商业机密被保留；使用的添加剂特性和数量在电池制造商中属于专利或专有技术。然而，已知有少量添加剂被人们常用。VC 的发现非常有价值，这种添加剂如今已用于许多商业化锂离子电池中。Aurbach 等[78] 研究表明，VC 是一种反应添加剂，它既在负极表面反应，也在正极表面反应。这种添加剂对锂化石墨负极的行为有非常积极的影响，它提高了锂石墨负极的循环性能，尤其是在高温下，降低了 IRC。光谱研究表明，VC 在锂化石墨表面聚合，形成聚烷基碳酸酯锂盐，可抑制溶剂和锂盐阴离子的还原。Broussely 等[70] 证明了 VC 作为添加剂的有效性，可以促进稳定 SEI 膜的形成，经过多次循环后几乎只有非常少的锂被消耗掉。

FEC 也是许多锂离子电池中常见的添加剂。Markevich 等[52] 研究表明，FEC 不仅可以作为添加剂，而且可以作为具有先进正极和负极的锂离子电池的主要溶剂。

Patoux 等[79] 介绍了多种添加剂的使用，如 1,3-丙烷磺内酯用来减少 4.7V $LiNi_{0.5}Mn_{1.5}O_4$ 正极电池的自放电。Zhang[80] 在综述中介绍了数百种添加剂，可用于稳定石墨上的 SEI 膜，保护正极，去除 HF 并减轻过充电的影响。El-Ouatani 等[81] 研究了 VC 在 $LiCoO_2$-石墨、$LiFePO_4$-石墨和 $LiCoO_2$-$Li_{4/3}Ti_{5/3}O_4$ 电池中的影响。人们对电解液添加剂及其对锂离子电池寿命的影响进行了广泛而系统的研究。Wang 等[82] 和 Burns 等[83] 详述了数十种添加剂的研究成果。Wang 等还阐明了硫酸乙烯酯、甲烷二磺酸亚甲酯（MMDS）和丙烯磺酸内酯添加剂在 NMC 锂离子电池中的效用[84]。此外，Yang 等说明了 $LiPO_2F_2$ 作为电解液添加剂的实用性[51]。

除了电解液添加剂可改变表面膜外，电极颗粒上的涂层可以直接改变与电解液表面的接触。目前商业化的 LCO、NMC 和 NCA 正极材料通常都带有涂层[85]。Al_2O_3 是常见的涂层，许多研究表明它是有益的。Arumugam 等发现可以通过湿法、干法和原子层沉积（ALD）法制备 Al_2O_3 涂层[86]。通过 ALD 制备的 Al_2O_3 涂层经过精细表征证明可以增强锂离子电池性能[87]。Patoux 等研究了多种涂层对 4.7V 尖晶石 $LiNi_{0.5}Mn_{1.5}O_4$ 容量保持率的影响[73]。

联苯作为一种添加剂，已在商业化电池中用作过充电保护添加剂。联苯在电池过充电的高电位时会发生聚合，显著降低电解液的离子电导率并有效切断电池电流。其他已知常用的添加剂包括 FEC、琥珀腈和双三氟甲磺酰亚胺锂。Xu 等综述了电解液添加剂[88]。

毫无疑问，电解液添加剂和电极材料包覆涂层是有益的，而且锂离子电池制造商已经使用了这些技术。然而，因为许多添加剂是在电池化成时被消耗，同时厂家又不愿意透露其采用的添加剂配方，所以很难确定在一个特定的锂离子电池体系内所采用的添加剂或电极材料涂层。

17A.2.6　隔膜材料

电池中的隔膜将正极和负极绝缘并隔离开来，同时允许离子传输。大多数市售液体电解质的锂离子电池产品都使用微孔聚烯烃材料作为隔膜材料（10～25μm），这是因为它在可以接受的价格范围内，具有优良的力学性能和化学稳定性。聚烯烃非织造材料也已开发并正在使用中[89]。对锂离子电池隔膜的要求包括：

- 机械强度高，可实现自动卷绕；
- 高屈服强度以防止收缩，例如在高温下；
- 耐电极材料刺穿；

- 有效孔径小于 $1\mu m$，以防止电极材料穿透隔膜；
- 易于被电解液浸润，在电池组装过程中便于吸收电解液；
- 与电解液和电极材料接触时相容，并保持性质稳定。

目前使用的微孔聚烯烃隔膜包括单层 PE 或 PP 材料，以及 PE 和 PP 的三层复合材料；还可使用表面活性剂涂层材料，以改善电解液的浸润性。图 17A.43 和图 17A.44 分别显示了 PE、PP 以及 PP/PE/PP 三层隔膜的俯视图和横截面图。

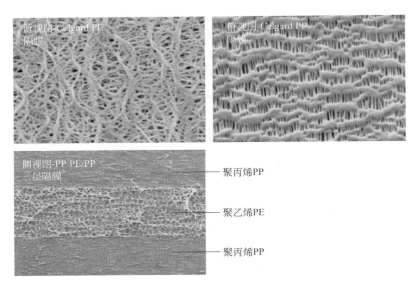

图 17A.43　PE（上图左）、PP（上图右）以及 PP/PE/PP 三层
（侧视图）隔膜的 SEM 照片
（Celgard 公司提供）

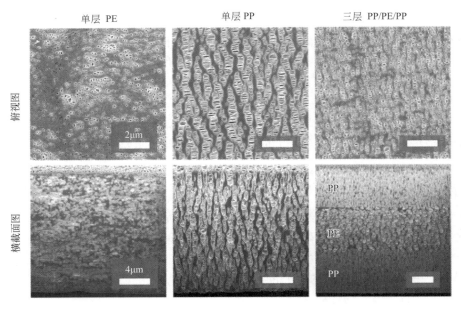

图 17A.44　隔膜俯视图和横截面扫描电镜图
单层聚乙烯（左，CelgardK1640）；单层聚丙烯（中，Celgard PP1615）；
PP/PE/PP 三层膜（右，Celgard 2325）

如图 17A.44 所示，PE、PP 和 PP/PE/PP 隔膜的孔结构在平面内和垂直平面的方向是不同的。这些材料可以通过单轴拉伸的干法挤出工艺制造，也可以通过双轴拉伸的湿法溶剂工艺制造[90]。这些工艺已经有超过 40 年的行业标准。PE 隔膜可以使用这两种工艺制造，但 PP 隔膜几乎完全是干法加工的。聚烯烃非织造膜是通过干法或湿法化学和机械方法将随机取向的纤维粘接在一起而生产的[91]，并且已经被使用[89]。

商用隔膜的特性包括孔径、孔隙率和透气性（如格利数，Gurley number），这些参数都有报道[92]，并可在制造商的网站上找到。商用材料可提供 0.03~0.1μm 的孔径和 30%~55% 的孔隙率。三维分析表明，不同商用材料具有不同的微观结构，例如不同的曲率和不同的死孔含量[93]。图 17A.45 给出了 PE 和 PP 隔膜的三维渲染示例。

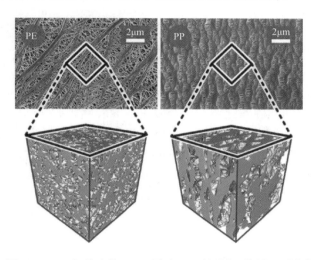

图 17A.45　扫描电镜 SEM 图及 3D 透视图：单层 PE 隔膜
（左，Targray PE16A）；单层 PP 隔膜（右，Celgard PP1615）
三维渲染是基于聚焦离子束 SEM 的断层扫描

聚烯烃的低熔点性质可用作热熔断器以阻止离子传输并提供"关闭"特性。如果电池的温度局部接近聚合物的熔点（PE 为 135℃，PP 为 155℃），则当聚合物熔化且孔关闭时，孔隙会消失，从而阻止 Li^+ 穿过隔膜的传输[95]。理想状态是当"关闭"之后，隔膜尺寸稳定并且不收缩。为了提高闭孔后隔膜的尺寸稳定性，三层材料（PP/PE/PP）中 PP 层能够保持薄膜完整性，而熔点较低的 PE 层在电池出现超温情况时闭孔。这种多组分隔膜设计提高了锂离子电池的安全性。最后，所需的隔膜既要有可以闭孔的组分，也要有在任何温度下不熔化的组分[96]。陶瓷涂层聚烯烃隔膜就是为此目的而设计的，并广泛用于大型锂离子电池（容量大于 10A·h）。

陶瓷涂层隔膜可从许多制造商处获得，并且通常在隔膜的一个或两个表面上涂有一层薄的（几微米厚）难熔金属氧化物（例如，Al_2O_3 或 AlOOH）涂层，如图 17A.46 所示。这些涂层改善了隔膜的浸润性。当锂离子电池被热、电或机械滥用时，这些涂层改善了隔膜的润湿性能，并限制隔膜的尺寸变化。有多种方法可以把陶瓷颗粒结合在隔膜上或隔膜内。例如，一些隔膜具有陶瓷和聚合物的混合涂层，在熔化过程中可提供闭孔和尺寸稳定性能。Weber 等撰写了一些隔膜材料的综述，列出了主要供应商的名单[97]。

具有陶瓷涂层的隔膜的另一个优点是可以放置在高压锂离子电池的正极附近，以防止正极和聚合物隔膜之间的电接触，避免了聚烯烃的电化学氧化和损坏[98]。

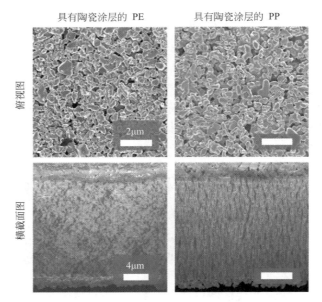

图 17A.46　具有陶瓷涂层的 PE 隔膜（20μm）和 PP 隔膜（16μm）的俯视图和横截面图

17A.3　结构

目前，全球有超过 100 多家制造商正在批量生产锂离子电池。圆柱形电池具有卷绕式结构；对于方形电池而言，有两种商业化结构：堆叠的方形电池和平面卷芯卷绕式的伪方形电池或者卷电极结构。方形电池具有层状结构，如"袋式"或者"聚合物"电池。

由于锂离子电池是在放电状态下制造的，因此在使用前必须对其进行充电。至少第一次充电循环是由制造商完成的，这一过程被称为化成（formation）。在化成过程中，锂离子从正电极材料传输到负电极，其中一些被消耗以形成 SEI 膜。对于利基（niche，是指针对企业的优势细分出来的市场）特定的应用时，电池可以循环几次，还可以通过监测电池容量和电压分布以进行质量控制。其中一种测试方法是将电池放电至约 30% 的容量，然后在监测开路电压的同时储存数周。该过程允许识别具有更高自放电速率的单体电池，自放电率通常小于 2%。

锂离子电池设计的一个重要参数是正极和负极的容量比例，更具体地说是正极和负极具有相同的容量比例。在理想情况下，正极的第一次循环容量与负极的第一次循环容量比例相匹配。如果正极比例超过负极比例，则可能发生锂金属的析出，这可能导致不希望的容量衰减和安全问题。如果负极超过正极比例，则电池的可逆容量受限于正极提供的锂量，并导致与负极相关的 IRC 降低。

17A.3.1　卷绕式锂离子电池结构

卷绕式圆柱形锂离子电池的结构如图 17A.47 所示。该结构包括 12～20μm 厚的微孔隔板分隔的正极和负极，如本章第 17A.2.6 节所述。

正极通常是 10～20μm 厚的铝箔，涂覆有活性物质（两侧），总厚度典型值约为 100～

$150\mu m$。负极一般采用 $8\sim15\mu m$ 厚的铜箔，涂覆有石墨型活性物质（总厚度 $100\sim150\mu m$）。对于不适合使用 Cu 的用途，例如零伏应用时，可以采用不同的负极集流体材料，例如钛或不锈钢。

能量型电池中的电极活性材料涂层（用于高能量密度的设计）通常在箔的每侧约为 $70\sim100\mu m$ 厚，并通过压延等方式进行致密化。在能量型电池中，每个卷芯只有一个极耳将集流体与相应端子相连。涂层厚度受到制造过程中涂层处理能力的限制。涂层过厚在卷绕时容易开裂。

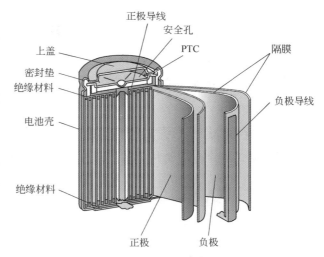

图 17A.47　卷绕式圆柱形锂离子电池横截面

在为电力应用设计的电池中，涂层可以采用多孔和更薄的设计，以适应非水电解质相对较低的电导率（约为 $10mS/cm$），以及正极和负极材料中相对较慢的锂离子扩散速率（约为 $10^{-9}cm^2/s$）。功率型电池的典型涂层厚度在箔的每一侧约为 $50\mu m$，沿集流体间隔开的多个极耳是功率型电池的常见特征。

壳体一般由镀镍钢材制成，它常常作为负极端子。在有些设计中，将壳体作为正极端子，此时一般要采用铝制壳体。大多数商用电池都采用一个装有断电连接结构的盖子，包含一种或多种断开装置，主要靠压力或温度驱动，例如 PTC 装置、电流中断设备（CID）或安全阀（参见第 23 章和 32B 部分）。图 17A.48 展示了其中的一种设计。盖头与壳体的密封一般是通过卷边压缩实现的。PTC 装置在高温下提供高电阻，导致材料熔化并断开电路。当电池内部的压力导致机械打开电路的变形时，CID 被激活。图 17A.48 展示了一种包含 PTC 装置和刻痕爆破片头部的设计，盖头与壳体的密封是通过压缩实现的。一些制造商，例如松下公司，使用双卷边头设计。该设计在壳体的上部形成的外卷边内结合了内部卷边密封。排气口并入集管，可以设计为以大约 $2.5\sim3MPa$ 的压力排气。如果有爆破片的话，可以设计成在大约 $6MPa$ 的压力下排气。大多数市售电池装有排气阀和爆破片。

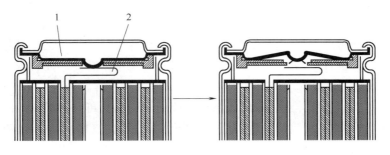

图 17A.48　为避免电池内部压力异常升高而使用了断路器和
有安全气孔的电池盖的局部细节结构
1—铝爆破片；2—铝导线

通风口或爆破片也经常设计在壳体底部。图 17A.49（a）显示了索尼公司 US18650VC7

电池的仰视图，以及破裂前后底部通风口的示意图。索尼电池中的通风区域是被标刻的，壳体内部有刻痕。在该电池单元中，底部通风口在大约 3.5MPa 下操作。图 17A.49（b）中还显示了一种可替代设计。该设计中，标称厚度为 0.3mm 的壳体底部通过其厚度的 90％ 进行刻痕，以留下 30μm 厚的刻痕，以此界定泄压片。工作中，这种替代设计在大约 2MPa 的压力下完全分离。

17A.3.2　卷绕式方形锂离子电池结构

方形电池的卷绕电芯结构类似于圆柱形结构，最显著的区别是使用扁平卷芯而不是圆柱形卷轴。图 17A.50 显示了卷绕式方形电池横截面。在壳体和卷芯之间，使用弹性板以向电芯施加压力。

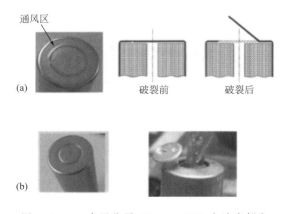

图 17A.49　索尼公司 US18650VC7 电池底部和破裂前后底部通风口的图示（a）以及 LG 公司可替代设计中电池底部操作前后的图示（b）

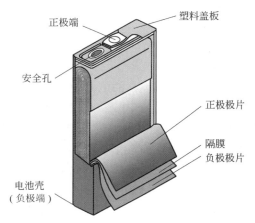

图 17A.50　卷绕式方形电池横截面
（日本蓄电池株式会社提供）

17A.3.3　叠片式方形锂离子电池结构

图 17A.51 展示了叠片式方形电池的结构。如同在卷绕式电池中一样，微孔隔膜用于将正负极隔开。一般电池中每个电极片都有一个极耳，这些极耳被捆扎在一起，再焊接到相应的极柱上或者焊接到电池壳体上。电池壳体可以采用铝、镀镍钢或 304L 不锈钢制成。如图所示，一般电池盖子上包含一个或两个极柱、一个注液口和一个爆破片（安全膜）。虽然低成本应用时采用压缩密封，但是极柱可以采用玻璃与金属密封。极柱上也可包含如圆柱形产品盖上所具有的类似装置，以提供压力、温度以及过电流中断功能。壳、盖之间的密封采用氩弧焊（TIG）或激光焊接。

方形电池组对于改装和体积受限的设备极具吸引力，因为可以根据有效的空间来选择电池组的尺寸。举例来说，方形锂离子电池组已经取代原先飞机和海洋应用的镍镉电池组或铅酸电池组。方形锂离子电池组也已经实现空间应用，例如为火星探测车（MER）开发的 28V、10A·h 方形电池以及为火星科学实验室（MSL）"好奇号"开发的 2.6kW·h 方形电池。火星探测车"机遇号"于 2004 年 1 月 25 日登陆火星，并在 2018 年仍然保持活跃，超过其运行计划 13 年（地球时间）。火星科学实验室"好奇号"于 2012 年 8 月 6 日登陆，并在 2018 年仍然保持运行。

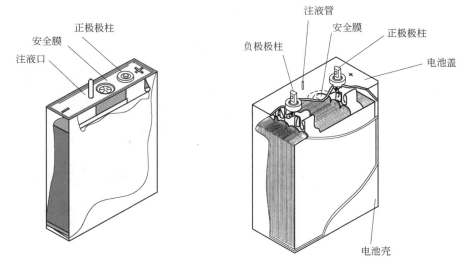

图 17A.51 7A·h（电池壳为负极）和 40A·h（电池壳无极性）
方形锂离子电池的接头和电极示意

17A.3.4 "聚合物"锂离子电池结构

所谓"聚合物"锂离子电池，也称为袋式（pouch）或软包电池，使用柔性铝塑膜作为电池外壳材料。层状结构允许薄而轻的配置，适用于高功率应用。但由于外壳缺乏刚性，电池容易膨胀。柔性包装由热封铝塑膜制成。通常铝塑膜由聚丙烯/铝箔/聚丙烯三层膜热压而成，铝经过耐腐蚀处理，例如通过铬酸盐处理或通过陶瓷涂层钝化表面。

图 17A.52 展示了采用平面轴卷绕极组的方形聚合物锂离子电池的结构。卷绕极组有平面极耳，分别与正极和负极相连。当塑料外壳密封后，极耳突出到包装的外面。包装则可以通过加热或超声焊接实现密封。电解液在真空下注入壳体内，并且当电池密封后，电解液可以添加到抽空的外壳中，并通过加热或外部空气压力向电极组施加约 95kPa 的压力。

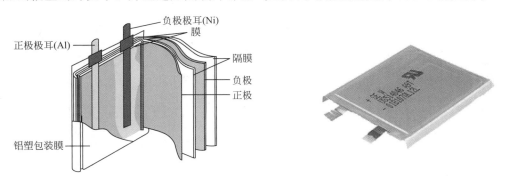

图 17A.52 "聚合物"锂离子电池结构示意和照片
（比亚迪公司提供）

图 17A.53 展示了聚合物锂离子电池制造工艺流程。图中最上面一行描述了通过电极涂覆、剪切和卷绕等步骤制造卷绕极组。中间一行由左至右为剪切铝塑膜，形成容纳卷绕极组的口袋，并留下过剩的膜用于制成"气袋"以收集第一次充电期间产生的气体；然后，放入卷绕极组，将口袋的一面密封起来。注入电解液后，将超过尺寸的口袋完全密封起来。充电后，电池在平板之间被挤压，以去除多余的铝塑膜。一些制造商会在高温下将电池压缩几个小时。

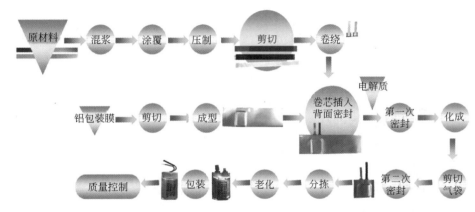

图 17A.53　聚合物锂离子电池制造工艺流程示意
(杭州金色能源科技有限公司提供)

17A.4　特点与性能

表 17A.12 概括了锂离子电池的一般性能与特点。如表所示，锂离子电池具有高电压平台，典型工作电压在 2.5～4.2V 范围内，约为镍镉电池或 Ni-MH 电池的 3 倍，因此组装成一定电压的电池组所需要的单体电池数量较少。锂离子电池具有高的质量比能量和体积比能量。市售商品电池（18650 型）的质量比能量达到 275W·h/kg，体积比能量达到 735W·h/L。为功率型应用设计的锂离子电池同样具有高倍率放电能力。

表 17A.12　锂离子电池的一般性能与特点
(圆柱形、方形和聚合物锂离子电池采用常见的电池体系)

主要特性	$LiCoO_2$/石墨 NMC/石墨 NCA/石墨 能量型电池	NMC/石墨 LMO/石墨功率型电池	$LiFePO_4$/石墨 功率型电池	LMO/ $Li_{3/4}Ti_{5/3}O_4$
工作电压范围/V	2.5～4.2，一般 2.5～4.4，特定	2.5～4.2	2.5～3.6	2.8～1.5
平均电压/V	3.7～3.85	3.7	3.3	2.3
质量比能量/(W·h/kg)	175～275，圆柱形 120～240，聚合物	100～150	60～110	70
体积比能量/(W·h/L)	400～735，圆柱形 370～600，聚合物	250～460	125～250	120
连续倍率能力(C)	约 3	超过 30	10～125	10
脉冲倍率能力(C)	5	超过 100	最高 250	20
100%DOD 下的循环寿命(至 80%容量)	500 以上	500 以上	1000 以上	4000 以上
使用寿命/a	＞5	＞5	＞5	＞5
自放电率/(%/月)	1～5	1～5	1～5	1～5
充电温度范围/℃	0～45	0～45	0～45	-20～45
放电温度范围/℃	-20～60	-30～60	-30～60	-30～60
记忆效应	无	无	无	无
体积比功率(脉冲)/(W/L)	约 2000	约 10000	约 10000	约 2000
质量比功率(脉冲)/(W/kg)	约 1000	约 4000	约 4000	约 1100

注：NMC 为 $LiNi_{1/3}Mn_{1/3}Co_{1/3}O_2$、$LiNi_{0.5}Mn_{0.3}Co_{0.2}O_2$ 或 $LiNi_{0.42}Mn_{0.42}Co_{0.16}O_2$ 等；NCA 为 $LiNi_{0.8}Co_{0.15}Al_{0.05}O_2$ 等；LMO 为 $Li_{1+x}Mn_{2-x}O_4$ 等。

一些小的（例如 18650 型）卷绕电池可以提供 20C 倍率的放电能力。一些功率型电池可以在 100C 倍率下放电。此外，特殊的方形和聚合物电池可以 60C 倍率持续放电和 200C 脉冲倍率放电。锂离子电池具有低的自放电率（20℃条件下每月 2% 的自放电率）和长达数年的寿命，无记忆效应，工作温度范围宽。锂离子电池可以在 0～45℃ 范围内充电，在 −40～60℃ 范围内放电。锂离子电池突出的性价比和密封包装使其得到了广泛应用。

锂离子电池持续得到快速改进。例如，索尼公司最初于 1991 年生产的 18650 型电池可提供 700mA·h 容量和 90W·h/kg 质量比能量，仅是索尼公司当前 US18650VC7 电池容量的 20% 和质量比能量的 33%。

17A.4.1　锂离子电池的特点

如表 17A.13 所示，实用化锂离子电池可以是圆柱形、方形或所谓聚合物形式，在制造商的网站上都可以查阅到最新的技术指标，表 17A.13 中所列是截至 2018 年 1 月 1 日的数据。尽管表中的圆柱形电池已经分为"能量型"与"功率型"两类，但是许多制造商都能提供涵盖以上范围的电池。最常用的圆柱形电池是 18650 型和 26650 型，其他尺寸圆柱形电池（例如 14500 型）也是可以采购到的。大量中国制造商可以提供许多尺寸范围的聚合物锂离子电池，如哈尔滨光宇电源股份有限公司和比亚迪公司，均能提供一百种以上尺寸的电池。

表 17A.13　市售锂离子电池规格

制造商	电池型号	正极材料	容量/mA·h	最大电流/A	质量/g	质量比能量/(W·h/kg)	体积比能量/(W·h/L)	直流等效内阻/mΩ	交流等效内阻/mΩ
能量型电池									
LG 化学	INR18650 MJ1	NMC	3.41	10	47	266	720	33	
LG 化学	ICP103450A1		2.0	4	41				
三星公司	INR18650-35E		3.5		46	276	733	35	
索尼公司	US18650VC7		3.5		47.4	269	735	31	
松下公司	NCR18650GA		3.34		47	259	704	38	
Kokam	SLPB065070180	NMC	12	48	170	257	480		2.8
功率型电池									
LG 化学	INR18650HG2		2.9			228	620		
Moli Energy	INR18650A	NCA	2.5	20	45	200	530	20	12
Moli Energy	IHR18650C	NMC	2.0	20	45	160	425	20	<15
Kokam	SLPB8043128H	NMC	3.2	128	80	141	263		5
Kokam	SLPB130255255N	LTO	65	600	1760	77	149		0.4

具有最高的质量比能量和体积比能量的圆柱形电池采用 $LiCoO_2$、NMC 和 NCA 正极材料，可以充电至 4.4V，以替代原先的 4.2V。当充电至 4.4V 时，这些材料都能输出更高的容量；而充电至 4.6V 时，输出容量还要高很多。制造商正在努力试图通过结合电解液添加剂[99]、电极材料处理或包覆等措施，使电池在充电至 4.4V 的条件下，具有可接受的循环寿命。提高充电电压是使锂离子电池获得更高比能量最简便的方法。因此，在今后几年，提高充电电压上限的技术将得到实际应用，同时还可增加功率型电池的能量输出。

输出功率常常是在决定选取多少只电池或哪种类型电池用于特定应用要求时所需要考量的因素；电池的输出能力由电池电压和阻抗决定。

电池的阻抗是复杂的，随着放电（或充电）时间、电流、荷电状态以及温度而变化。因此，当选择合适的电池尺寸以满足应用时，还应指定工作温度、工作时间（指定功率下）以及最低（或最高）截止电压。

电池阻抗与温度间一般符合阿伦尼乌斯（Arrhenius）关系式，即 $\lg Z$（实值）对 $1/T$ 成线性关系。虽然采用凝固点在 $-20℃$ 以下的电解液的锂离子电池已经在特殊应用中得到确认，但是在 $-40\sim-20℃$ 之间的电解液凝固点处会有一个中断。在电解液凝固点处，电池阻抗会显著增加。电池的阻抗随着通过电流时间延长而增加。短时间内的增加是由电极表面双层电容引起的，而长时间内的增加则是由锂离子在电解液中的扩散以及锂在嵌入材料中的扩散引起的，这包括正极与负极材料。在一些化学体系中，阻抗随着荷电状态改变而明显变化，因此不可能达到一个恒定值。在其他化学体系中，在电流经过几秒到几分钟的持续时间后，阻抗可能会在某个相对恒定的值下"饱和"，饱和的时间取决于电池的设计。阻抗与时间的相互关系通常可以用交流阻抗来表征，如图 17A.54 中奈奎斯特（Nyquist）曲线所示，是虚部阻抗对实部阻抗的坐标图。

Nyquist 曲线包含三个特征，与电池阻抗的三个部分相关：与实轴的截距代表欧姆电阻部分，是由电子与离子迁移阻力产生的；半圆是由电解液/电极材料界面上的电荷转移过程产生的；后面低频部分是锂离子在电解液中的扩散和在正负极材料中的扩散产生的。阻抗的这三个部分受电流的影响是不同的。欧姆阻抗与电流无关；电荷转移阻抗在高电流区随电流增加而下降（即 Tafel 动力学现象）；而扩散阻抗是随电流增加而增大的。同样，阻抗的三个部分受温度的影响也有所不同。因此，阻抗对电流的依赖关系或许在不同温度下会有所不同。

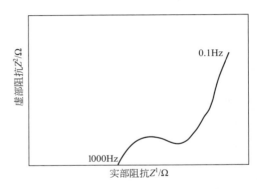

图 17A.54 锂离子电池的奈奎斯特曲线示意
频率（时间的倒数）从左到右递减

典型的实例是在 $0℃$ 以上时阻抗对电流的依赖较小，其中欧姆部分或许是电池阻抗的主要部分。但是，在低温时阻抗可能随着电流改变而明显变化，而且其相互关系将取决于究竟是电荷转移还是扩散是特定电池设计中的主要阻抗。

17A.4.2　商用锂离子电池的性能

如表 17A.12 和表 17A.13 所示，锂离子电池商品中有众多电极材料和多种电池结构。初步来看，同一种电化学体系的圆柱形、方形或聚合物锂离子电池间并没有太大的差别。因此，本节将不介绍每种电池结构的实例，主要介绍 18650 型电池。将要讨论的化学体系包括：$LiCoO_2$-石墨体系；$LiCoO_2$-硬碳体系；NCA-碳体系；NMC-碳体系；NCO-中间相炭微球体系；$LiFePO_4$-碳体系。本书过去的版本曾回顾了在商用电池中使用较少的 $LiMn_2O_4$ 等化学体系的情况。

（1）$LiCoO_2$-石墨体系

图 17A.55 显示出 E-One Moli 公司的 ICR-18650M 型电池的放电曲线。该电池具有

2.85A·h 的容量，比能量大约为 225W·h/kg。在 20℃、0.1C 放电倍率、50%DOD（放电深度）下电压为 3.8V。在 1C 倍率下也是相同的，容量（减小 3% 时）为 2.77A·h。由于电池电压的降低，传递的比能量（减小 9% 时）降低到 205W·h/kg，电压在 1C 倍率、50%DOD 时为 2.55V。放电曲线相对平坦，具有 $LiCoO_2$ 正极材料及石墨负极材料的特征。请注意 95%DOD 时电池电压为 3.7V。

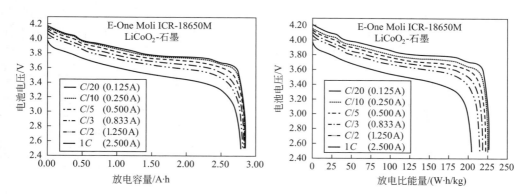

图 17A.55　E-One Moli 公司的 ICR-18650M 型电池在 20℃时的电池电压与放电容量（A·h）和放电比能量（W·h/kg）的关系
电池以 0.25A（C/10 倍率）充电至 4.2V，保持在 4.2V，直到电流逐渐减小至 0.025A（C/100 倍率）；然后，电池分别以 C/20 倍率、C/10 倍率、C/5 倍率、C/2 倍率和 1C 倍率放电至 2.5V

E-One Moli 公司的 ICR-18650M 型电池的温度性能如图 17A.56 所示，显示了 −20～30℃温度范围内 C/5 倍率（0.5A）放电的结果。如图所示，放电容量（变化 4% 时）在 0～30℃之间几乎没有发生变化；−20℃时输出容量为 2.5A·h，即为 20℃时容量的 87%。此外，电池电压在 0～30℃之间几乎没有发生变化。在 −10℃时，50%DOD 时的电压为 3.6V；而在 −20℃时，50%DOD 时的电压为 3.4V，即比 20℃时低 0.35V。

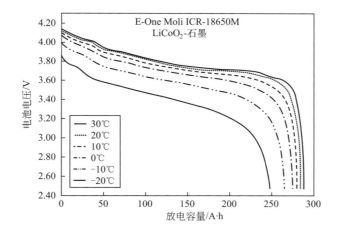

图 17A.56　E-One Moli 公司的 ICR-18650M 型电池在 −20℃、−10℃、0℃、10℃、20℃和 30℃下的电池电压与放电容量（A·h）的关系
电池以 0.25A（C/10 倍率）充电至 4.2V，保持在 4.2V，直到电流逐渐减小至 0.025A（C/100 倍率）；然后，将电池以 C/5 倍率（0.5A）放电至 2.5V

（2）LiCoO$_2$-硬碳体系

图 17A.57 显示了索尼（Sony）公司 HCM-18650 型电池在 20℃下的放电曲线。20℃下以 $C/5$ 倍率放电时，该电池可提供 1.45A·h 的容量或约 130W·h/kg 的比能量（大致相当于 LiCoO$_2$-石墨电池比能量的一半），以及约 3.9V 的电压（50%DOD 下 $C/5$ 倍率放电）。在 1C 倍率下，容量为 1.3A·h（相当于 $C/10$ 倍率降低 10%）。由于电池电压降低，比能量为 110W·h/kg（减小 15%），以 1C 倍率放电 50%DOD 时电压为 3.6V。放电曲线的倾斜形状是该电池所使用的硬碳负极材料的特征。值得注意的是，95%DOD 时电池电压为 2.6V，而 95%DOD 时 LiCoO$_2$-石墨电池提供的电压为 3.7V。

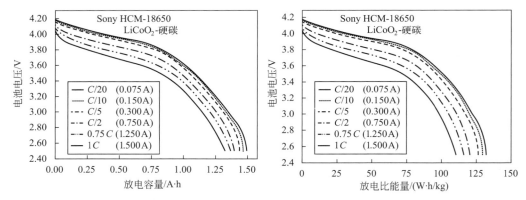

图 17A.57 索尼公司 HCM-18650 型电池在 20℃时的电池电压与放电容量（A·h）和放电比能量（W·h/kg）的关系

电池以 0.15A（$C/10$ 倍率）充电至 4.2V，保持在 4.2V，直到电流逐渐减小至 0.015A（$C/100$ 倍率）；然后将电池分别以 $C/20$ 倍率、$C/10$ 倍率、$C/5$ 倍率、$C/2$ 倍率、0.75C 倍率和 1C 倍率放电至 2.5V

索尼公司 HCM-18650 型电池的温度性能如图 17A.58 所示，显示了在 −20～25℃ 温度范围内 $C/5$ 倍率（0.3A）放电的结果。如图所示，放电容量在 0～20℃ 之间下降了 10%，−20℃ 时的容量为 1.15A·h（或为 20℃ 时容量的 80%）。在 −10℃、50%DOD 时的电压为 3.7V，即比 20℃ 时低 0.2V。

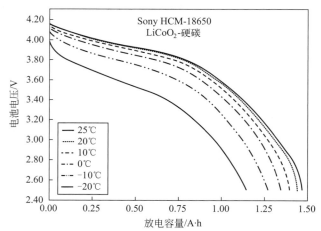

图 17A.58 索尼公司 HCM-18650 型电池在 −20℃、−10℃、0℃、10℃、20℃ 和 25℃下的电池电压与放电容量（A·h）的关系

电池以 0.15A（$C/10$ 倍率）充电至 4.2V，保持在 4.2V，直到电流逐渐减小至 0.015A（$C/100$ 倍率）；然后，将电池以 $C/5$ 倍率（0.3A）放电至 2.5V

尽管 LiCoO₂（LCO）-硬碳体系提供的能量密度明显低于替代品，为 LCO-石墨体系提供容量的 58%，但其电压曲线的斜率和更大的线性度对于基于电池电压确定剩余容量的应用来说，LCO-硬碳电池体系的特性是有用的。

（3）$LiNi_{1-x-y}Co_xAl_yO_2$（NCA）-碳体系

图 17A.59 显示了松下公司 NCR-18650B 型电池的放电曲线。该电池可提供 3.25A·h（或约 257W·h/kg），在 C/10 倍率（0.28A）时 50%DOD 下，电压约为 3.7V。在 1C 倍率下，容量约为 2.9A·h（减小 10%），所输出比能量为 224W·h/kg（减小 3%）。

放电曲线的倾斜形状是该电池使用的 NCA 正极材料和石墨负极材料的特征。当以 C/10 倍率放电、95%DOD 时，电池电压为 3.65V。

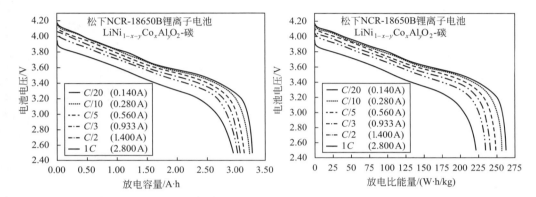

图 17A.59　松下公司 NCR-18650B 型电池在 20℃时的电池电压与放电容量（A·h）和放电比能量（W·h/kg）的关系
电池以 0.28A（C/10 倍率）充电至 4.2V，保持在 4.2V，直到电流逐渐减小至 0.028A（C/100 倍率）；然后，将电池以 C/20 倍率、C/10 倍率、C/5 倍率、C/3 倍率、C/2 倍率和 1C 倍率放电至 2.5V

松下公司 NCR-18650B 型电池的温度性能如图 17A.60 所示，显示了在 −20～30℃温度范围内 C/5 倍率（0.56A）放电的结果。如图所示，放电容量在 0～20℃之间下降了 13%；然而，−20℃下的输出容量仅为 1.2A·h，表明电解液是为更高温度配制的。在 20℃、50%DOD 时的电压为 3.7V；而在 0℃、50%DOD 时的电压为 3.5V。

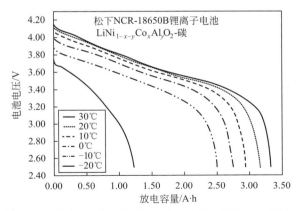

图 17A.60　松下公司 NCR-18650B 型电池在 −20℃、−10℃、0℃、10℃、20℃和 30℃下的电池电压与放电容量（A·h）的关系
电池以 0.28A（C/10 倍率）充电至 4.2V，保持在 4.2V，直到电流逐渐减小至 0.028A（C/100 倍率）；然后，将电池以 C/5 倍率（0.560A）放电至 2.5V

图 17A.61 和图 17A.62 展示了 E-One Moli 公司 INR-18650A 功率型电池倍率性能和温度性能。该电池具有一个中心正极极耳和双负极极耳,具有 $20m\Omega$ 的直流阻抗(每秒 10A)和小于 $12m\Omega$(1kHz)的交流阻抗。该电池使用 NCA 正极材料和石墨负极材料。在低倍率和环境温度下,该电池提供的容量低于松下公司 NCR-18650B 型电池;然而,在 $-20℃$ 时,INR-18650A 型电池提供的容量大约是松下公司 NCR-18650B 型电池的两倍。此外,该电池具有 20A 放电能力,因此可以提供松下公司 NCR-18650B 型电池无法提供的电力。图 17A.62 在 $-20℃$ 和 $-30℃$ 的放电曲线中电压增加是由自加热造成的。INR-18650A 型电池的循环寿命如图 17A.63 所示。当充电至 4.1V 或以下时,可进行 2500 次循环;充电至 4.2V 使容量增加 10%。然而,较高的充电电压将使循环寿命降低到约 1500 次。

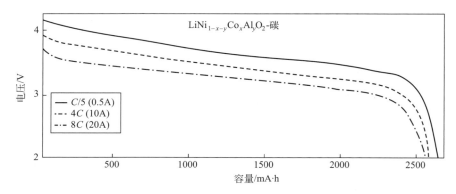

图 17A.61　E-One Moli 公司 INR-18650A 型电池在 23℃ 下放电的放电容量
电池以 2.5A 充电至 4.2V,逐渐减小至 50mA,然后放电至 2V

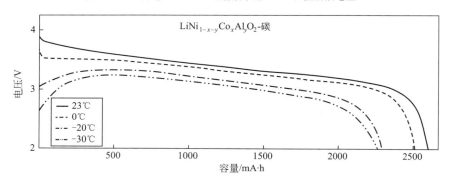

图 17A.62　E-One Moli 公司 INR-18650A 型电池以 4C 倍率(10A)放电的放电容量
电池以 2.5A 充电至 4.2V,逐渐减小至 50mA,然后以 10A 放电至 2V

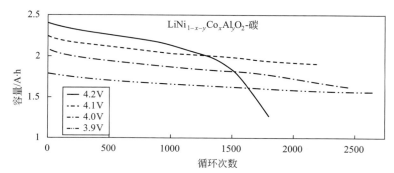

图 17A.63　E-One Moli 公司 INR-18650A 型电池在 23℃ 下充电至 3.9V、4.0V、4.1V 或 4.2V 时的循环寿命
电池以 2A 充电至截止电压,然后逐渐减小至 50mA,并以 2A 放电至 3V

NCA 也已用于高功率方形电池。图 17A.64 显示了 Yardney 公司 5A·h 的 NCA-石墨电池在 25℃下以高达 48C 倍率（240A）放电的放电曲线。电池提供的容量如下：在 0.5C 倍率时，为 6A·h（100%）；10C 倍率时，为 5A·h（83%）；48C 倍率时，为 4.5A·h（75%）。15℃时的性能相似，电池提供的容量如下：0.5C 倍率时，为 5.9A·h；10C 倍率时，为 4.9A·h；48C 时，为 4.5A·h。在 45℃、0.5C 倍率时，电池提供的容量为 6A·h；10C 倍率时，为 5.3A·h；48C 倍率时，为 4.8A·h。

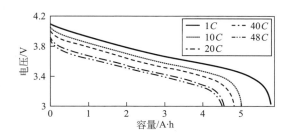

图 17A.64　Yardney 公司 5A·h 的 NCA-石墨电池在 25℃下
（240A 时）以 1C 倍率至 48C 倍率放电的放电曲线
在 0.5C 倍率时，电池提供 6A·h 的容量；在 10C 倍率时，电池
提供 5A·h 的容量；而在 48C 时，电池提供 4.5A·h 的容量

NCA 也已用于高倍率聚合物电池。如图 17A.65 和图 17A.66 所示，NCA-石墨聚合物电池可以提供优异的倍率性能。

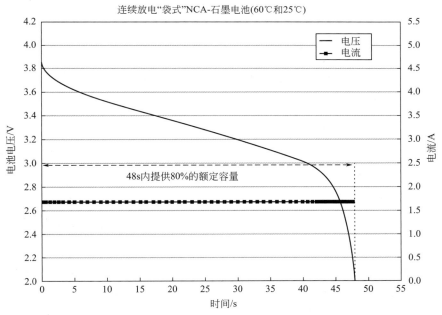

图 17A.65　Yardney 公司 NCA-石墨高倍率聚合物电池以 60C 倍率放电
电池在 48s 内提供 80% 的额定容量；50% 放电深度（DOD）时的电压为 3.3V

松下公司是特斯拉公司生产电动车所使用的 NCA 电池的供应商。根据图 17A.67 对 409 辆电动车的分析显示，这些电池实际提供了更长的使用寿命[100]。在最初的 50000 英里

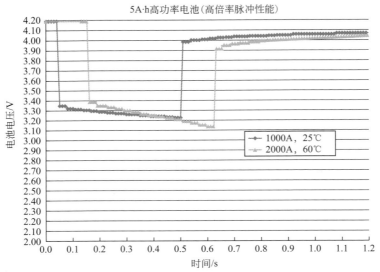

图 17A.66　Yardney 公司 NCA-石墨高倍率聚合物电池的脉冲放电
电池电压在 25℃、200C 倍率（1000A）时不低于 3.2V

[1 英里（mi）＝1.60934 千米（km），全书同] 内，电池平均损失了约 5％ 的容量。此外，数据表明电池在达到 90％ 的容量之前将提供超过 15000 英里的容量，并且在平均 278000 英里或 14 年后剩余 80％ 的容量。

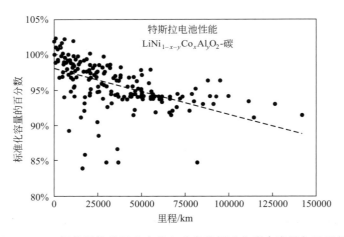

图 17A.67　409 辆特斯拉公司生产的电动车的标准化剩余容量与里程的关系

（4）$LiNi_{1-x-y}Mn_xCo_yO_2$（NMC）-碳体系

NMC 用于高能量电池和高功率电池中，使用 NMC 的电池比使用 $LiCoO_2$ 具有更低的成本和更好的内在安全性。图 17A.68 和图 17A.69 显示了其放电曲线，展示了 E-One Moli 公司 INR-18650A 功率型电池的倍率性能和温度性能。该电池具有一个中心正极极耳和双负极极耳，以提供 20mΩ 的直流阻抗（每秒 10A）和小于 15mΩ（1kHz）的交流阻抗。该电池使用 NMC 正极材料和石墨负极材料，提供的容量低于使用 NCA 正极材料的 INR-18650A 型电池。INR-18650A 型电池的循环寿命如图 17A.70 所示。当充电至 4.1V 或以下时，可进行 4000 多次循环。充电至 4.2V 时容量增加 8％；然而，较高的充电电压将使循环寿命降低到约 1500 次。

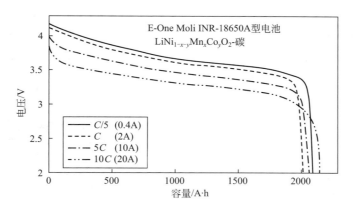

图 17A.68　E-One Moli 公司 INR-18650A 型电池在 23℃下的放电容量

电池以 2A 充电至 4.2V，逐渐减小至 50mA，然后放电至 2V

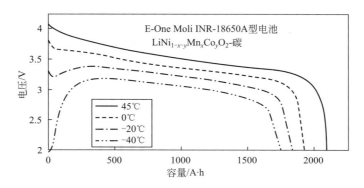

图 17A.69　E-One Moli 公司 INR-18650A 型电池以 5C 倍率（10A）放电的放电容量

电池在 23℃以 2A 充电至 4.2V，逐渐减小至 50mA，然后以 10A 放电至 2V

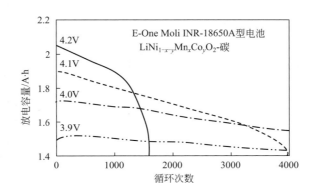

图 17A.70　E-One Moli 公司 INR-18650A 型电池在 23℃时充电
至 3.9V、4.0V、4.1V 或 4.2V 时的循环寿命

电池以 2A 充电至截止电压，然后逐渐减小至 50mA，并以 2A 放电至 3V

（5）$LiNi_{1-x}Co_xO_2$（NCO)-中间相炭微球（MCMB）体系

图 17A.71 显示了 Yardney 公司为火星科学实验室（MSL）开发的 NCP-43-3 电池在充电至 4.10V 并放电至 2.50V 的放电曲线。如图所示，该电池可提供 48.4A・h 的容量或约

145W·h/kg 的比能量，并且在 $C/4$ 倍率（10.75A）时 50%DOD 下的电压约为 3.65V。放电曲线的倾斜形状是该电池使用的 NCO 正极材料和 MCMB 负极材料的特征。

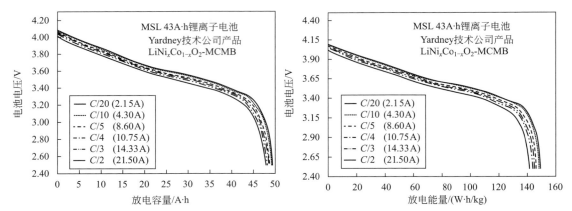

图 17A.71　Yardney 公司方形电池在 20℃时的电池电压与放电
容量（A·h）和放电比能量（W·h/kg）的关系
电池以 4.3A（$C/10$ 倍率）充电至 4.1V，然后保持在 4.1V，直到电流逐渐减小
至 0.43A（$C/100$ 倍率）；然后，将电池以 $C/20$ 倍率、$C/10$ 倍率、
$C/5$ 倍率、$C/4$ 倍率、$C/3$ 倍率和 $C/2$ 倍率放电至 2.5V

　　Yardney 公司方形电池的温度特性如图 17A.72 所示，显示了在 $-30\sim20$℃温度范围内 $C/5$ 倍率（5.8A）的放电结果，放电容量在 $0\sim20$℃之间下降了 6%。在 -30℃时，电池在 50%DOD 下提供 35A·h 的容量和 3.3V 的电压。

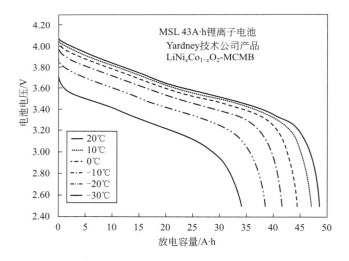

图 17A.72　Yardney 公司方形电池在 -30℃、-20℃、-10℃、
0℃、10℃和 20℃下的电池电压与放电容量（A·h）的关系
电池以 4.3A（$C/10$ 倍率）充电至 4.1V，然后保持在 4.1V，直到电流逐渐减小
至 0.430A（$C/100$ 倍率）；然后，将电池以 $C/5$ 倍率（8.60A）放电至 2.5V

（6）$LiFePO_4$-碳体系
　　磷酸铁锂材料以具备高充电和放电倍率能力（高达 100C 倍率或比功率 3000W/kg）而著称，但是由于较低的工作电压（3.3V）而具有较小的能量密度，并且比其他材料具有更大的自放电。图 17A.73 显示了 A123 公司 IFpR-26650 型电池的放电曲线。该电池可提供

2.25A·h的容量或约105W·h/kg的比能量，在50%DOD、1.1A电流、23℃下可提供约3.25V的电压。放电曲线相对平坦是该电池使用的LiFePO$_4$正极材料和石墨负极材料的特征。其电池电压在放电过程中下降最少，在5%DOD至95%DOD间大约下降0.2V。

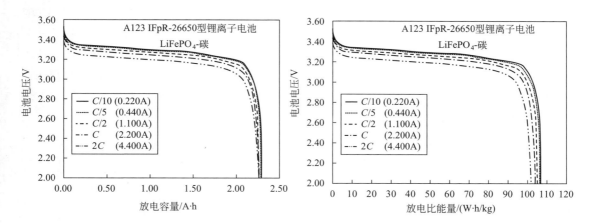

图17A.73　A123公司IFpR-26650型电池在23℃下的电池电压与放电
容量（A·h）和放电比能量（W·h/kg）的关系
电池以0.22A（C/10倍率）充电至3.6V，然后保持在3.6V，直到电流逐渐减小
至0.11A（C/20倍率）；然后，将电池以C/10倍率、C/5倍率、
C/2倍率、1C倍率、2C倍率放电至2.5V

A123公司IFpR-26650型电池在20℃下快速放电的结果如图17A.74所示。电池的容量在高达6.8C倍率下保持不变，这是评估的最高倍率；电池电压变化最小，在3.4C倍率时保持在3V附近，说明该电池具有出色的倍率性能。

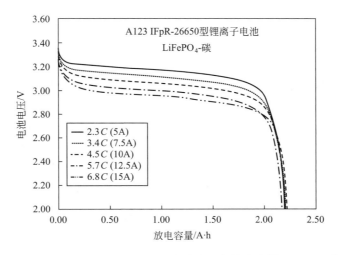

图17A.74　A123公司IFpR-26650型电池电压与放电容量（A·h）的关系
23℃时在5A（2.3C倍率）、7.5A（3.4C倍率）、10A（4.5C倍率）、
12.5A（5.7C倍率）和15A（6.8C倍率）下放电，电池以C/5倍率（0.44A）充电至3.6V

（7）自放电

自放电是一种现象，在电极之间没有外部连接的情况下，电池内部的化学反应会减少电池的储存电量。由于自放电，充电电池在储存后提供的电量将比最初充电时少。

由于可逆和不可逆的锂消耗反应，锂离子电池可能发生自放电[101]。可逆反应导致自放电造成的储存电量损失对电池容量影响较小，而不可逆反应自放电不仅导致储存电量的降低同时还减小电池容量。Yazami 等认为锂离子电池在自放电过程中形成离子溶剂复合物，该复合物可以解离，导致自放电或反应形成 SEI 膜，从而造成可逆的容量损失[102]。商用电池的自放电率约为每月 1%～4%，具体取决于温度和充电状态。自放电率是非线性的。可以使用与经验数据拟合良好的模型进行预测[103]。

如图 17A.75 所示，对于 NMC-石墨电池[104]，自放电与温度强烈相关，并且自放电率随温度呈指数衰减。此外，如图 17A.76 所示，充电状态是影响自放电率的一个重要因素，自放电率在充电状态低于 100% 时明显降低。

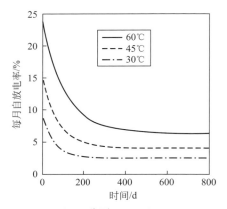
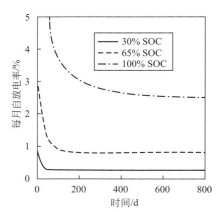

图 17A.75　Kokam 公司 12A·h SLPB 70205130P 型 NMC-石墨电池在 30℃、45℃ 和 65℃ 时充电至 100% 状态后的自放电

图 17A.76　Kokam 公司 12A·h SLPB 70205130P 型 NMC-石墨电池在 30℃ 时充电至 30%、65% 和 100% 充电状态（SOC）时的自放电

17A.5　安全特性

17A.5.1　充电电极材料与电解液之间反应对温度的依赖性

已经有许多文献报道了锂离子电池的安全事故，其中不少事故导致大量电池产品被召回[105]。此外，电子烟[106]、悬浮滑板（或气垫板）[107] 等新产品也存在诸多涉及锂离子电池的安全问题。在客机[108]、货运[109] 和电动汽车[110] 上发生了几起涉及锂离子电池的严重事故。尽管如此，锂离子电池仍然保持着良好的安全记录。由于在全球范围内锂离子电池制造商、原始设备制造商（OEM）、设备设计师和监管机构的努力，电池性能得到了改善。假设全球生产 70 亿只电池，每年约有 700 起安全事故，那么意味着安全事故率仅为每 1000万只电池中发生一次安全事故。

与锂离子电池相关的所有安全问题最终都源于充电状态的正极与负极材料和电解质在较高温度下的反应。图 17A.77 为采用加速量热仪（ARC）检测的各种锂化碳负极与含 1mol/L LiPF$_6$ 电解液反应的数据。

图 17A.77 显示，所有这些材料在 80℃ 附近开始以低速率与电解液反应（这就是锂离子电池在 60℃ 以上循环时会损失容量的原因，锂化石墨与电解质之间的反应不是"猛然爆发"，而是随温度呈指数增长）。当温度升高时，高比表面积的 KS 和 SFG 样品的反应更加

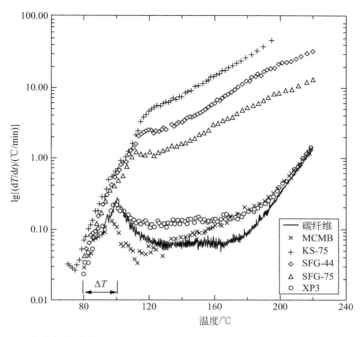

图 17A.77　各种锂化碳在 $LiPF_6 + EC : DEC$（33:67）电解液中的自加热速率曲线

剧烈；MCMB 和碳纤维样品具有较低的比表面积，其反应在 100℃ 以上时形成一个平台，但 200℃ 以上急剧增大。一个常见的错误认知是，对于 $Li_{7/3}Ti_{5/3}O_4$（荷电状态钛酸锂）中的锂，一般认为它与电解液在较高温度下是不反应的，因此采用 LTO 负极的锂离子电池在提高温度时，不存在负极与电解液的放热反应。Jiang 等[111] 曾说明锂化负极材料与电解液间的反应热随负极电位（相对锂电位）呈线性减少，达到 3.0V 时接近零值。这意味储存了相同量锂的 LTO 负极（1.5V）在与电解液反应期间释放的总热量应该只有石墨负极的一半。

　　有大量的基础研究工作来表征锂化负极与电解液的反应。但需要指出，可检出的负极反应活性开始于一个相对较低的温度，大约在 80℃ 左右。充电时正极材料与电解液的反应已经在 MacNeil 等[112] 的文章中予以描述，差示扫描量热仪（DSC）曾经用于研究充电状态的 $LiCoO_2$、$LiNiO_2$、$LiNi_{0.8}Co_{0.2}O_2$、$Li_{1+x}Mn_{2-x}O_4$、$LiNi_{0.7}Co_{0.2}Ti_{0.05}Mg_{0.05}O_2$、$LiNi_{3/8}Co_{1/4}Mn_{3/8}O_2$（NMC 的一种组分）或 $LiFePO_4$ 与电解液间的反应特性。文章得出结论，正极材料按最安全至较不安全排序如下：$LiFePO_4$、$LiNi_{3/8}Co_{1/4}Mn_{3/8}O_2$、$Li_{1+x}Mn_{2-x}O_4$、$LiCoO_2$、$LiNi_{0.7}Co_{0.2}Ti_{0.05}Mg_{0.05}O_2$、$LiNi_{0.8}Co_{0.2}O_2$ 和 $LiNiO_2$。虽然其中许多研究材料并没有在商业化锂离子电池中应用，但是文章确认了 $LiFePO_4$、NMC、$LiMn_2O_4$ 是潜在最安全的正极材料，这与目前的认识是一致的。Wang 等[113] 阐述了当前技术水平的 $LiCoO_2$、$LiNi_{0.8}Co_{0.15}Al_{0.05}O_2$（NCA）、$LiNi_{1/3}Mn_{1/3}Co_{1/3}O_2$（NMC-A）、$LiNi_{0.42}Mn_{0.42}Co_{0.16}O_2$（NMC-C）样品与电解液的反应特征。图 17A.78 是这些材料与电解液反应的 ARC 测试结果，NMC 样品与电解液发生强烈反应的起始温度最高。Wang 等得出以下结论：虽然 $LiCoO_2$ 样品在所有研究的样品中具有最低的比表面积，但在 180℃ 以下时它却是所有样品中最具反应活性的；$LiCoO_2$ 和 NCA 在大约相同的温度下达到了 10℃/min 的自加热速率，表明从 $LiCoO_2$ 转向更先进的 NCA 时应该不会导致重大的安全隐患（如果有的话）；在所有样品中，NMC 显示了在 250℃ 以下最低的自加热速率，因此为了使锂离子电池具有更好的安全特性，建议采用 NMC 材料。

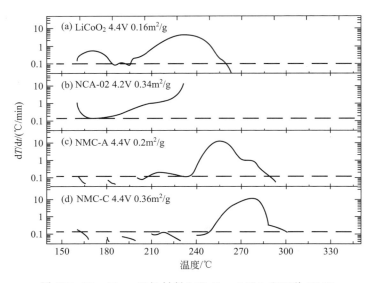

图 17A.78　56mg 正极材料 $LiCoO_2$、NCA 和两种 NMC
（含 18mg、1mol/L $LiPF_6$＋EC：DEC）的自加热速率与温度的关系[113]
水平虚线表示 0.12℃/min 的自加热速率；在放热扫描开始之前，ARC 以 5℃/min 的速率强制升至 160℃ 的起始温度

在 Noh 等[26] 和 Ma 等[114] 发表的论文中，在相同条件下比较了各种 NMC 材料的安全特性。两位作者都得出了相同的结论。荷电 NMC 正极的热稳定性随着充电电压的增加和 Ni 含量的增加而降低。采用 NMC622 正极（60％Ni）的锂离子电池目前在世界范围内得到广泛使用，这表明采用 NMC622 的电池非常安全。目前尚不清楚使用 NMC811 的大型电池能否通过所有必需的安全测试。

虽然以上数据是引人注目的，但是量热仪数据一般都是在相对较低温度和较低的加热速率下测得的，主要用于了解在类似条件下（例如热箱实验）可滥用的限度。电池在极其滥用时的情况（如针刺、挤压以及内部短路等）以及其他热滥用下总释放热量的多少应当在选择材料时都予以考虑，以保证所制备的电池具有一定的安全性。因为充电的正负极材料都可与电解液在低到 130℃（至少对于 $LiCoO_2$ 电池如此）的温度下开始反应，锂离子电池的安全设计与实验必须保证电池在这些温度下是安全的，即使较长时间暴露在该温度下。在电与机械（例如，挤压实验或内部短路实验）滥用条件下，部分电池有可能达到更高的温度。如果热的产生速率低于热的散失速率，则电池依然可以是安全的。这些因素已在 SAFT 研究团队[115] 的综述中得到了详细讨论。

17A.5.2　锂离子电池安全与设计的监管标准

锂离子电池应尽可能安全，以符合消费者、原始设备制造商（OEM）和电池制造商的要求。电池制造商和原始设备制造商应将锂离子电池的安全性放在首位。为此，已经确定了许多标准和认证，以确保锂离子电池的安全性。大多数原始设备制造商不会在其产品中使用锂离子电池，除非它们符合这些标准中的一项或多项。在本节中，将讨论以下标准：

① UL 实验室确定的 UL1642《锂离子电池标准》（2012 年）；

② 国际电工委员会 IEC 62133《含有碱性或其他非酸性电解质的蓄电池与电池组》（2017 年 2 月）。

选择这些标准是因为它们包括了锂离子电池所必需的安全实验和设计规则，锂离子电池一定要通过或符合它们，才能满足这些标准或其他认证。也存在一些其他标准，例如日本电池协会（BAJ）和联合国都有许多标准。联合国专家委员会提出了空运实验要求，已经被国际航空运输协会（IATA）采纳。

表 17A.14 列出了所需的安全测试和获得 UL1642 认证所需的结果。这些测试要求新电池（充满电）和已循环至指定循环寿命的 25%（或循环 90 天，以较短者为准）然后充满电的电池均应满足测试要求。这些实验涵盖了电、机械与环境三个主要类型的滥用。事实上几乎所有用于电动工具与小型电子装置的锂离子电池都要通过这些测试。

国际电工委员会标准 IEC 62133 与 UL1642 十分接近。但是，也有非常重要的差别。首先，IEC 标准包括了自由落体实验，在这个实验中已充电的单体电池或含有电池组的装置要在 1m 高度下跌落三次，要求不着火、不爆炸。IEC 标准还包含了额外的过充电实验。电池以连续 2C 倍率充电，其壳体上带有热电偶，实验一直进行到电池温度达到稳定或恢复到室温为止。整个过程中电池没有着火或爆炸状况发生。

IEC 标准与 UL 标准之间最大的差别是前者将强制内部短路实验加进了标准中。由于大多数现场发生的电池安全事故被认为是内部短路引起的，因此强制性短路实验是极其重要的。在 IEC 指导性文件中提出了一个详细的基本实验程序，即将一个 L 形的小镍颗粒放置到一个充电状态电池的卷绕极组中，然后在一定压力下挤压电池。

表 17A.14　UL1642 锂离子电池安全测试概要

测试	测试描述	单体电池数	结果要求
电学测试			
短路(23℃)	低于 0.08Ω 时放电至 0.2V,监测电池温度回到 33℃ 为止	5 只处于充电状态的新电池,以及 5 只循环后处于充电状态的电池	不爆炸、不着火
短路(55℃)	低于 0.08Ω 时放电至 0.2V,监测电池温度回到 33℃ 为止	5 只处于充电状态的新电池,以及 5 只循环后处于充电状态的电池	不爆炸、不着火
异常充电	以 3 倍于厂商的推荐倍率对电池充电 7h	5 只处于充电状态的新电池,以及 5 只循环后处于充电状态的电池	不爆炸、不着火
强制放电	将 1 只放过电的电池与装置中的数个电池(充电状态)串联在一起,整个电池组通过一个低于 0.08Ω 的电阻放电至 0.2V;监视温度回升至室温以上 10℃ 为止	5 只处于充电状态的新电池,以及 5 只循环后处于充电状态的电池	不爆炸、不着火
机械测试			
平板挤压	在平整表面间压力达到 13kN;在两个方向上测试方形电池	5 只处于充电状态的新电池,以及 5 只循环后处于充电状态的电池	不爆炸、不着火
碰撞测试	15.8mm 直径的圆块放置于整个电池或电池组上,使一个 9.1kg 的重物自 61cm 高度落到圆块上;方形电池要做两个方向的实验	5 只处于充电状态的新电池,以及 5 只循环后处于充电状态的电池	不爆炸、不着火

测试	测试描述	单体电池数	结果要求
机械测试			
冲击测试	3 个轴向,最低 75g;峰值 125～175g	5 只处于充电状态的新电池,以及 5 只循环后处于充电状态的电池	不爆炸、不着火不漏液、不排气
振动测试	以 0.8mm 振幅于 10～55Hz,以 1Hz/min 速率测试,并再反向测试	5 只处于充电状态的新电池,以及 5 只循环后处于充电状态的电池	不爆炸、不着火不漏液、不排气
环境测试			
加热测试	以 5℃/min 加热至 130℃,在 130℃ 保持 10min;恢复到室温检查	5 只处于充电状态的新电池,以及 5 只循环后处于充电状态的电池	不爆炸、不着火
温度循环测试	70℃、4h;室温 4h;−40℃、4h;重复 10 次	5 只处于充电状态的新电池,以及 5 只循环后处于充电状态的电池	不爆炸、不着火不漏液、不排气
海拔测试	11.6kPa 下 6h	5 只处于充电状态的新电池和 5 只循环后处于充电状态的电池	不爆炸、不着火不漏液、不排气
喷射测试	电池被焚化	5 只处于充电状态的新电池	电池中的组分不允许穿透实验中使用的筛网

注:喷射测试是将电池放在燃烧器上面的筛网上,当发生爆炸或排气或燃烧时,电池必须不会刺穿筛网。在整个测试中,借助抛射使电池留在筛网上。

图 17A.79 显示了 Ni(镍)颗粒的形状。图 17A.80 显示了根据 IEC 61233 标准将 Ni 颗粒插入方形电池的卷芯中。当重新组装卷芯后,将其进行平板挤压形成内部短路。一旦短路开始,电池就会受到监控并且不应着火以通过测试。BAJ 使用类似的测试,在电池组装期间将 Ni 颗粒放置在电池的卷芯中以模拟内部短路。

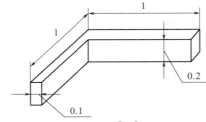

图 17A.79 按照 IEC 标准的内部短路实验要求[116],放置于正极与隔膜之间的 Ni 颗粒形状
单位:mm

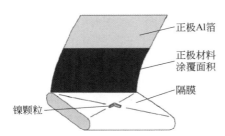

将镍颗粒放到隔膜上

将电极与隔膜卷回,并在镍颗粒所处的位置贴上两层聚酰亚胺胶带

图 17A.80 按照 IEC 标准的内部短路实验要求[116],将一个镍颗粒插入正极与隔膜之间

还有许多其他标准，原始设备制造商可以要求在购买和使用锂离子电池之前应通过相关标准。例如，电气和电子工程师协会（IEEE）的 1625 标准和 1725 标准分别规定用于计算设备和手机的锂离子电池的设计、组装和安全响应。为了获得这些认证，电池必须符合 UL 1642 或 IEC 62133 安全标准，并符合相关设计和质量保证指南。许多指南旨在防止电池在使用过程中可能最终导致内部短路的电池缺陷。IEEE 1625 标准还包括多节电池组安全操作的规定。

17A.6　结论与未来发展趋势

事实上几乎所有可充电便携式电子装置，包括便携式计算机、手机以及数码相机等都采用了锂离子电池，而且在商品化的大部分电动工具中也采用了锂离子电池。在欧洲与亚洲，锂离子电池正在用于电动自行车和轻便摩托车。锂离子电池的未来应用新领域包括电驱动车辆（HEV、PHEV、增程式电动汽车和纯电动汽车）以及电网储能。推动锂离子电池技术被接受的动力是其本身的多方面高品质性能，这包括在安全与低成本基础上，具有高质量比能量与体积比能量、高比功率、长循环寿命与储存寿命以及宽的工作温度区间等。市售锂离子电池可提供接近 $300W \cdot h/kg$ 的比能量，能量密度接近 $800W \cdot h/L$。大量生产的锂离子电池成本目前约为 125 美元/kW·h，目前仍在下降[4]。可以想象，在不久的将来 50kW·h 的锂离子电池组价格将接近 5000 美元。按照这个价格，电动汽车的"燃料"和维护成本显著较低，与化石燃料汽车相比，电动汽车的"回报"时间只有几年。许多汽车制造商已经看到了这一趋势，并表示他们将在几十年内淘汰化石燃料汽车，这与一些政府关于在可预见的未来将禁止化石燃料汽车的声明一致。

低成本和长寿命的锂离子电池也意味着太阳能电池和风能电池的发电和储存设施变得具有成本效益，并在许多地方受到青睐，例如太平洋岛屿以及加勒比地区。事实上，可再生能源的发电和储存正在以非常快的速度增长。例如，德国政府部门已经表示，到 2050 年[119]该国电力将完全来自可再生能源。

随着锂离子电池继续渗透到更广泛的电池市场和历史上曾由其他技术提供服务的应用领域，对降低成本和提高安全性的需求将始终存在。由于在电池的机械设计方面几乎没有改进的空间，如图 17A.81 所示，加之目前电化学活性材料占据了电池至少一半的成本，因此应将继续关注改进电池材料的开发，特别是正极、负极、隔膜和电解液材料。能提供更高的能量、更高的功率、更长的寿命、更低的成本和更高的安全性能的正极材料正在研发中；负极材料（如硅基材料），将进一步改善质量比能量、体积比能量、倍率性能和寿命；电解液添加剂和电极材料涂层也将被用于延长寿命。

正极材料约占当前商用电池成本的 22%。如前所述，钴的成本和可用性是该行业持续关注的一个问题，为开发低钴含量的材料提供了

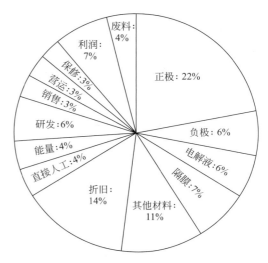

图 17A.81　锂离子成本明细

充足的诱因或动机。使用大量的镍和更少的钴可以降低成本，尽管降低了稳定性。目前可用的镍基材料，如 NMC811（$LiNi_{0.8}Mn_{0.1}Co_{0.1}O_2$），提供了很有前途的电化学性能。然而，还需要更稳定的体系来实现持续的市场渗透。因此，应继续关注提高低钴材料的稳定性，如 NCA 型和 NMC 型材料。

提高锂和锰含量是提高容量的常用途径[120]。然而，由于存在性能缺陷，如 IRC（不可逆容量）[121]、容量衰减[122]、内阻增加和过渡金属溶解等方面的问题[123]，提高锂和锰含量的材料尚未实现商业化。

提高锂含量、降低钴含量的材料包括通式为 $x Li_2MnO_3 \cdot (1-x) LiMO_2$（M＝Mn，Ni，Co）的双组分"层状"材料，以及通式为 $x Li_2MnO_3 \cdot (1-x) LiM_2O_4$ 的"层状尖晶石"材料。这些材料的某些性能是令人兴奋的，如容量超过 $250mA \cdot h/g$。最初，这些材料被认为具有集成结构，其中 Li_2MnO_3（层状）组分在结构上与层状 $LiMO_2$ 组分或尖晶石 LiM_2O_4 组分在结构上是集成的。最近的研究结果表明，实际上这些材料是单相随机堆叠结构，对应于单斜结构的变体[124]。Shukla 等解释说，这些材料结构的混淆源于这样一个事实，即至少三种可能的结构与传统的结构表征方法（如 X 射线衍射和中子衍射）的结果一致[124]。他们进一步解释了这种模糊性可以通过分析主粒子内的离散晶粒来解决，以避免晶粒取向和晶界的影响[125]。Shukla 等得出结论，含有过量锂的 NMC 材料具有由某些晶粒晶面表面的尖晶石相组成的体积结构。尖晶石相对于本体成分具有较高的镍和钴含量。此外，从未观察到只有三角形 $LiMO_2$ 或单斜 Li_2MnO_3 的离散区域。这些结果表明，过去关于表面积代表体积组成的假设可能是不正确的，而对实际体积组成的更准确的理解将产生进一步的见解。

还有人担心，可能没有足够的锂（更不用说钴）来满足市场需求。汽车和电网能源储存市场都在快速增长，促使矿业公司重新寻找新的资源。此外，在回收锂离子电池方面还需更多的投资，以回收废电池中有价值的锂和过渡金属，并避免环境成本。

相反，具有改善可持续性的相关电池技术，如钠离子电池[126] 替代方案，如使用硫基热化学循环储存热量［集中式太阳能发电（CSP）][127]、普鲁士蓝电池[128]、水系锌电池[129] 和锌混合阴极电池[130] 等，可以为下一代能源储存提供平台。

参考文献

1. https://www.energystorageexchange.org/AESDB/projects/2017, accessed March 1, 2018.

2. Russell Gold, "Sun + Batteries = Peak Power," *Wall Street Journal*, February 13, 2018, at B1. See also https://cleantechnica.com/2018/01/24/100-mw-400-mwh-fluence-energy-storage-project-long-beach-worlds-largest-li-ion-battery-storage-project, accessed March 1, 2018.

3. B. Nykvist and M. Nilsson, "Rapidly Falling Costs of Battery Packs for Electric Vehicles," *Nat. Climate Change* **5**, 329–332 (2015).

4. C. Pillot, "The Rechargeable Battery Market and Main Trends 2016–2025," International Battery Seminar and Exhibit (March 20, 2017).

5. Goldman Sachs Global Lithium Market Outlook, 2016.

6. www.ubergizmo.com/15/archives/2009/12/panasonic_lithium_ion_battery_enters_production.html. Accessed February 22, 2018.

7. M. S. Whittingham and M. B. Dines, *Surv. Prog. Chem.* **9**, 55 (1980).

8. A. Weiss, *Angew. Chem.*, **75**, 755–761 (1963).

9. A. Herold, in *Intercalated Materials,* F. Levy (ed), D. Reidel Publishing, Dordrecht, the Netherlands, 1979, p. 323; D. M. Adams, *Inorganic Solids,* Wiley, New York, 1974.

10. H. Selig and L. B. Ebert, *Adv. Inorg. Chem. Radiochem.* **23**, 281 (1980).

11. J. R. Dahn, A. K. Sleigh, H. Shi, B. M. Way, W. J. Weydanz, J. N. Reimers, and Q. Zhong et al., in *Lithium Batteries—New Materials, Developments and Perspectives*, G. Pistoia (ed.) 1994, pp. 1–97. T. Zheng, J. N. Reimers, and J. R. Dahn, *Phys. Rev. B.* **51**, 734–741 (1995).

12. U.S. Patent 4,357,215. U.S. Patent 4,302,518.

13. K. Mizushima, P. C. Jones, P. J. Wiseman, and J. B. Goodenough, *Mater. Res. Bull.* **15**, 783–789 (1980).

14. M. M. Thackeray, W. I. F. David, P. G. Bruce, and J. B. Goodenough, *Mater. Res. Bull.* **18**, 461–472 (1983).

15. A. K. Padhi, K. S. Nanjundaswamy, and J. B. Goodenough, *J. Electrochem. Soc.* **144**, 1188 (1997).

16. Prof. Goodenough is a member of the National Academy of Engineering, the National Academy of Sciences, the Royal Society, French Academy of Sciences, the Real Academia de Ciencias Exactas, Físicas y Naturales of Spain, and has authored more than 550 articles, 85 book chapters and reviews, and five books, including two seminal works, Magnetism and the Chemical Bond (1963), and Les oxydes des metaux de transition (1973).

17. Z. Lu, D. D. MacNeil, and J. R. Dahn, "Layered Li[Ni$_x$Co$_{1-2x}$Mn$_x$]O$_2$ Cathode Materials for Lithium Ion Batteries," *Electrochem. Solid-State Lett.* **4**, A200–A203 (2001).

18. Z. Lu, D. D. MacNeil, and J. R. Dahn, "New Layered Cathode Materials Li[Ni$_x$Li$_{(1/3-2x/3)}$Mn$_{(2/3-x/3)}$]O$_2$ for Lithium Ion Batteries," *Electrochem. Solid-State Lett.* **4**, A191–A194 (2001).

19. S. Hy, H. Liu, M. Zhang, D. Qian, B.-J. Hwang, and Y. S. Meng, *Energy Environ. Sci.* **9**, 1931 (2016).

20. J. Li, A. R. Cameron, H. Li, S. Glazier, D. Xiong, M. Chatzidakis, and J. Allen et al., *J. Electrochem. Soc.* **164**, 1534–1544 (2017).

21. M. Yoshio, H. Tanaka, K. Tominaga, and H. Noguchi, *J. Power Sources* **40**, 347–353 (1992); K. Mizushima, P. C. Jones, P. J. Wiseman, and J. B. Goodenough, *Mater. Res. Bull.* **15**, 783–789 (1980); W. D. Johnson, R. R. Heikes, and D. Sestrich, *Phys. Chem. Solids* **7**, 1–13 (1958); E. Jeong, M. Won, and Y. Shim, *J. Power Sources* **70**, 70–77 (1998); E. Zhecheva, R. Stoyanova, M. Gorova, R. Alcantra, J. Moales, and J. L. Tirado, *Chem. Mater.* **8**, 1429–1440 (1996); B. Garcia, J. Farcy, J. P. Pereira-Ramos, J. Perichon, and N. Baffier, *J. Power Sources* **54**, 373–377 (1995); P. N. Kumta, D. Gallet, A. Waghray, G. E. Blomgren, and M. P. Setter, *J. Power Sources* **72**, 91–98 (1998); Y. Chiang, Y. Jang, H. Wang, B. Huang, D. Sadoway, and P. Ye, *J. Electrochem. Soc.* **145**, 887 (1998); T. J. Boyle, D. Ingersoll, T. M. Alam, C. J. Tafoya, M. A. Rodriguez, K. Vanheusden, and D. H. Doughty, *Chem. Mater.* **10**, 2270–2276 (1998); G. G. Amatucci, J.-M. Tarascon, D. Larcher, and L. C. Klein, *Solid State Ionics* **84**, 169–180 (1996); D. Larcher, M. R. Palacin, G. G. Amatucci, and J.-M. Tarascon, *J. Electrochem. Soc.* **144**, 408 (1997); M. Antaya, J. R. Dahn, J. S. Preston, E. Rossen, and J. N. Reimers, *J. Electrochem. Soc.* **140**, 575 (1993); M. Antaya, K. Cearns, J. S. Preston, J. N. Reimers, and J. R. Dahn, *J. Appl. Phys.* **75**, 2799 (1994); P. Frajnaud, R. Nagarajan, D. M. Schleich, and D. Vujic, *J. Power Sources* **54**, 362–366 (1995); E. Antolini, *J. Eur. Ceram. Soc.* **18**(10), 1405–1411 (1998).

22. A. van Bommel and J. R. Dahn, *J. Electrochem. Soc.*, **156**, A362–A366 (2009); A. van Bommel and J. R. Dahn, *Chem. Mater.* **21**, 1500–1503 (2009).

23. J. Barker, M. Y. Saidi, and J. L. Swoyer, *Electrochem. Solid-State Lett.* **6**, A53–A55 (2003).

24. N. Ravet, S. Besner, M. Simoneau, A. Vallee, M. Armand, and J. F. Magnan, U.S. Patent No. 6,855,273 (2005).

25. T. Ohzuku and R. J. Brodd, *J. Power Sources* **174**, 449–456 (2007).

26. H.-J. Noh, S. Youn, C. S. Yoon, and Y.-K. Sun, *J. Power Sources* **233**, 121–130 (2013).

27. J. N. Reimers and J. R. Dahn, *J. Electrochem. Soc.* **139**, 2091 (1992); A. Van der Ven, M. K. Aydinol, G. Ceder, G. Kresse, and J. Hafner, *Phys. Rev. B.* **58**, 2975 (1998).

28. M. Wohlfahrt-Mehrens, C. Vogler, and J. Garche, *J. Power Sources* **127**, 58–64 (2004).

29. "Cellular Phone Recall May Cause Setback for Moli," *Toronto Globe and Mail*, August 15, 1989 (Toronto, Canada). *Adv. Batt. Technology* **25**(10), 4 (1989).

30. J. R. Dahn, A. K. Sleigh, H. Shi, B. M. Way, W. J. Weydanz, J. N. Reimers, and Q. Zong et al., in *Lithium Batteries—New Materials, Developments and Perspectives*, G. Pistoia (ed.) 1994, pp. 1–97.

31. R. E. Franklin, *Proc. Roy. Soc.* (London) **A209**, 196 (1951).

32. M. Inagaki, *Solid State Ionics* **86–88**, 833–839 (1996).

33. T. Zheng, J. N. Reimers, and J. R. Dahn, *Phys. Rev. B.* **51**, 734 (1995).

34. H. Shi, J. N. Reimers, and J. R. Dahn, *J. Appl. Crystallogr.* **26**, 827–836 (1993).

35. R. Fong, U. von Sacken, and J. R. Dahn, *J. Electrochem. Soc.* **137**, 2009–2013 (1990).

36. D. D. MacNeil, D. Larcher, and J. R. Dahn, *J. Electrochem. Soc.* **146**, 3596–3602 (1999).

37. H. Nozaki, K. Nagaoka, K. Hoshi, N. Ohta, and M. Inagaki, *J. Power Sources* **194**, 486–493 (2009); Y.-S. Park, H. J. Bang, S.-M. Oh, Y.-K. Sun, and S.-M. Lee, *J. Power Sources* **190**, 553–557 (2009).

38. Y.-S. Park, H. J. Bang, S.-M. Oh, Y.-K. Sun, and S.-M. Lee, *J. Power Sources* **190**, 553–557 (2009).

39. G.-N. Zhu, Y.-G. Wang, and Y.-Y. Xia, *Energy Environ. Sci.* **5**, 6652 (2012).

40. D. W. Murphy, R. J. Cava, S. M. Zahurak, and A. Santaro, *Solid State Ionics* **9–10**, 413 (1983).

41. K. M. Colbow, R. R. Haering, and J. R. Dahn, *J. Power Sources* **26**, 397–402 (1989).

42. T. Ohzuku, A. Ueda, and N. Yamamoto, *J. Electrochem. Soc.* **142**, 1431 (1995).

43. M. N. Obrovac and V. L. Chevrier, *Chem. Rev.* **114**(23), 11444–11502 (2014).

44. M. A. Al-Maghrabi, N. van der Bosch, R. J. Sanderson, D. A Stevens, R. A. Dunlap, and J. R. Dahn, *Electrochem. Solid-State Lett.* **14** (4), A42–A44 (2011).

45. M. A.Al-Maghrabi, J. Suzuki, R. J. Sanderson, V. L. Chevrier, R. A. Dunlap, and J. R. Dahn, *J. Electrochem. Soc.* **160**, A1587 (2013).

46. S. Chae, N. Kim, J. Ma, J. Cho, and M. Ko, *Adv. Energy Mater.* **7**, 1700071 (2017).

47. T. Huang, Y. Yang, K. Pu, J. Zhang, M. Gao, H. Pan, and Y. Liu, *RSC Adv.* **7**, 2273–2280 (2017).

48. J. H. Yom, S. W. Hwang, S. M. Cho, and W. Y. Yoon, *J. Power Sources* **311**, 159–166 (2016).

49. J. Smart, W. Powell, and S. Schey, "Extended Range Electric Vehicle Driving and Charging Behavior Observed Early in the EV Project," SAE Technical Paper 2013-01-1441, 2013, available at https://doi.org/10.4271/2013-01-1441, accessed February 21, 2018.

50. D. Y. Wang, A. Xiao, L. Wells, and J. R. Dahn, *J. Electrochem. Soc.* **162**(1), A169–A175 (2015).

51. G. Yang, J. Shi, C. Shen, S. Wang, L. Xia, and H. Hu, *RSC Adv.* **7**, 26052 (2017).

52. E. Markevich, G. Salitra, and D. Aurbach, *ACS Energy Lett.* **2**, 1337–1345 (2017).

53. *Handbook of Organic Solvents,* D. R. Lide (ed.), CRC Press, Boca Raton, FL (1995).

54. M. S. Ding, K. Xu, S. Zhang, and T. R. Jow, *J. Electrochem. Soc.* **148**(4), A299–A304 (2001).

55. *Electrolyte Data Collection, Part 1d, Conductivities, Transference Numbers and Limiting Ionic Conductivities of Solutions of Aprotic, Protophobic Solvents II. Carbonates,* J. Barthel and R. Neueder (eds.), Chemistry Data Series, vol. XII, DECHEMA, Frankfurt (2000).

56. A. B. McEwen, H. L. Ngo, K. LeCompte, and J. L. Goldman, *J. Electrochem. Soc.* **146**, 1687–1695 (1999); A. B. McEwen, S. F. McDevitt, and V. R. Koch, *J. Electrochem. Soc.* **144**, L84 (1997); K. Xu, "Nonaqueous Liquid Electrolytes for Lithium-Based Rechargeable Batteries," *Chem. Rev.* **104**, 4303–4418 (2004); K. Xu, "Electrolytes and Interphases in Li-Ion Batteries and Beyond," *Chem. Rev.* **114**, 11503–11618 (2014).

57. S. T. Mayer, H. C. Yoon, C. Bragg, and J. H. Lee, "Low Temperature Ethylene Carbonate Based Electrolyte for Lithium-Ion Batteries," Polystor Corporation, Dublin, CA, 1997.

58. X. Ma, R. S. Arumugam, L. Ma, E. Logan, E. Tonita, J. Xia, and R. Petibon et al., *J. Electrochem. Soc.* **164** (14), A3556–A3562 (2017).

59. J. Li, X. Ma, H. Li, W. Stone, S. Glazier, E. Logan, E. M. Tonita, K. L. Gering, and J. R. Dahn, *J. Electrochem. Society* **165** (5), A1027–A1037 (2018).

60. K. L. Gering, *Electrochim. Acta* **225**, 175 (2017); K. L. Gering, *Electrochim. Acta* **51**, 3125 (2006).

61. Contact Kevin Gering at the Idaho National Laboratory, email: kevin.Gering@inl.gov.

62. E. R. Logan, E. M. Tonita, K. L. Gering, J. Li, X. Ma, L. Y. Beaulieu, and J. R. Dahn, *J. Electrochem. Soc.* **165** (2), A21–A30 (2018).

63. D. Guyomard and J. M. Tarascon, *J. Electrochem. Soc.* **54**, 92 (1995); T. Zheng, Y. Liu, E. W. Fuller, U. von Sacken, and J. R. Dahn, *J. Electrochem. Soc.* **142**, 2581 (1995); D. Aurbach, B. Markovsky, A. Schechter, Y. Ein-Eli, and H. Cohen, *J. Electrochem. Soc.* **143**, 3809 (1996).

64. D. Aurbach, Y. Ein-Eli, B. Markovsky, A. Zaban, S. Luski, Y. Carmeli, and H. Yamin, *J. Electrochem. Soc.* **142**, 2882 (1995).

65. H. Yoshida, T. Fukunaga, T. Hazama, M. Terasaki, M. Mizutani, and M. Yamachi, *J. Power Sources* **68**, 311–315 (1997).

66. Y. Yamada, M. Yaegashi, T. Abe, and A. Yamada, "A Superconcentrated Ether Electrolyte for Fast-charging Li-ion Batteries," *Chem. Commun.* **49**, 11194–11196 (2013).

67. R. Petibon, C. P. Aiken, L. Ma, D. Xiong, and J. R. Dahn, "The Use of Ethyl Acetate as a Sole Solvent in Highly Concentrated Electrolyte for Li-ion Batteries," *Electrochim. Acta.* **154**, 287–293 (2015).

68. Z. X. Shu, R. S. McMillian, and J. J. Murray, *J. Electrochem. Soc.* **140**, 922 (1993).

69. D. Aurbach, Y. Ein-Eli, B. Markovsky, A. Zaban, S. Luski, Y. Carmeli, and H. Yamin, *J. Electrochem. Soc.* **142**, 2882 (1995); O. Chusid, Y. Ein-Eli, M. Babai, Y. Carmeli, and D. Aurbach, *J. Power Sources* **43–44**, 47 (1993).

70. M. Broussely, Ph. Biensan, F. Bonhomme, Ph. Blanchard, S. Herreyre, K. Nechev, and R.J. Staniewicz, *J. Power Sources* **146**, 90–96 (2006).

71. K. Xu, "Nonaqueous Liquid Electrolytes for Lithium-Based Rechargeable Batteries," *Chem. Rev.* **104**, 4303–4418 (2004).

72. K.-S. Lee, S.-T. Myung, K. Amine, H. Yashiro, and Y.-K. Sun, *J. Mater. Chem.* **19**, 1995 (2009); Y.-K. Sun, S.-T. Myung, C. S. Yoon, and D.-W. Kim, *Electrochem. Solid-State Lett.* **12**, A163 (2009); Y.-K. Sun, S.-W. Cho, S.-W. Lee, C. S. Yoon, and K. Amine, *J. Electrochem. Soc.* **154**, A168 (2007); Y.-K. Sun, S.-T. Myung, B.-C. Park, J. Prakash, I. Belharouk, and K. Amine, *Nat. Mater.* **8**, 320 (2009); G. Li, Z. Yang, and W. Yang, *J. Power Sources* **183**, 741 (2008); Z. H. Chen and J. R. Dahn, *Electrochim. Acta* **49**, 1079 (2004).

73. S. Patoux, F. Le Cras, C. Bourbon, and S. Jouanneau, U.S. Patent Application Publication No. 2008/0107968 A1 (2008).

74. K. Abe, Y. Ushigoe, H. Yoshitake, and M. Yoshio, *J. Power Sources* **153**, 328 (2006); Y. Li, R. Zhang, J. Liu, and C. Yang, *J. Power Sources* **189**, 685 (2009); S. Patoux, L. Daniel, C. Bourbon, H. Lignier, C. Pagano, F. Le Cras, and S. Jouanneau,

J. Power Sources **189**, 344 (2009); S. S. Zhang, J. Power Sources **162**, 1379 (2006); L. El-Ouatani, R. Dedryvere, C. Siret, P. Biensan, and D. Gonbeau, J. Electrochem. Soc. **156**, A468 (2009); K. Abe, K. Miyoshi, T. Hattori, Y. Ushigoe, and H. Yoshitake, J. Power Sources **184**, 449 (2008); G. H. Wrodnigg, J. O. Besenhard, and M. Winter, J. Electrochem. Soc. **146**, 470 (1999).

75. H. Yamane, T. Inoue, M. Fujita, and M. Sano, J. Power Sources **99**, 60 (2001).

76. K. Xu, "Nonaqueous Liquid Electrolytes for Lithium-Based Rechargeable Batteries," Chem. Rev. **104**, 4303–4418 (2004); K. Xu, "Electrolytes and Interphases in Li-Ion Batteries and Beyond," Chem. Rev. **114**, 11503–11618 (2014).

77. R. Petibon, J. Xia, J. C. Burns, J. R. Dahn, "Study of the Consumption of Vinylene Carbonate in Li[Ni$_{0.33}$Mn$_{0.33}$Co$_{0.33}$]O$_2$/Graphite Pouch Cells," J. Electrochem. Soc. **161**, A1618–A1624 (2014).

78. D. Aurbach, K. Gamolsky, B. Markovsky, Y. Gofer, M. Schmidt, and U. Heider, Electrochim. Acta **47**, 1423 (2002).

79. S. Patoux, L. Daniel, C. Bourbon, H. Lignier, C. Pagano, F. Le Cras, and S. Jouanneau, J. Power Sources **189**, 344 (2009).

80. S. S. Zhang, J. Power Sources **162**, 1379 (2006).

81. L. El-Ouatani, R. Dedryvere, C. Siret, P. Biensan, and D. Gonbeau, J. Electrochem. Soc. **156**, A468 (2009).

82. D. Y. Wang, N. N. Sinha, R. Petibon, J. C. Burns, and J. R. Dahn, "A Systematic Study of Well-Known Electrolyte Additives in LiCoO$_2$/Graphite Pouch Cells," J. Power Sources **251**, 311–318 (2014); D. Y. Wang, J. Xia, L. Ma, K. J. Nelson, J. E. Harlow, D. Xiong, and L. E. Downie et al., "A Systematic Study of Electrolyte Additives in Li[Ni$_{1/3}$Mn$_{1/3}$Co$_{1/3}$]O$_2$ (NMC)/Graphite Pouch Cells," J. Electrochem. Soc. **161**, A1818–A1827 (2014).

83. J. C. Burns, A. Kassam, N. N. Sinha, L. E. Downie, L. Solnickova, B. M. Way, and J. R. Dahn, "Predicting and Extending the Lifetime of Li-Ion Batteries," J. Electrochem. Soc. **160**, A1451–A1456 (2013).

84. D. Y. Wang, J. Xia, L. Ma, K. J. Nelson, J. E. Harlow, and D. Xiong et al., "A Systematic Study of Electrolyte Additives in Li[Ni$_{1/3}$Mn$_{1/3}$Co$_{1/3}$]O$_2$ (NMC)/Graphite Pouch Cells," J. Electrochem. Soc. **161**, A1818–A1827 (2014).

85. X. XIA, J. Paulsen, J. Kim, and S.-Y. Han, Patent Application WO2016116862 A1 (2016).

86. R. S. Arumugam, L. Ma, J. Li, X. Xia, J. M. Paulsen, and J. R. Dahn, J. Electrochem. Soc. **163**, A2531–A2538 (2016).

87. D. Mohanty, K. Dahlberg, D. M. King, L. A. David, A. S. Sefat, D. L. Wood, and C. Daniel et al., Scientific Reports, 6:26532 (2016), DOI: 10.1038/srep26532.

88. K. Xu, "Nonaqueous Liquid Electrolytes for Lithium-Based Rechargeable Batteries," Chem. Rev. **104**, 4303–4418 (2004).

89. C. J. Weber, S. Geiger, S. Falusi, and M. Roth, "Material Review of Li ion Battery Separators," AIP Conf. Proc. **1597**, 66–81 (2014).

90. H. S. Bierenbaum, R. B. Isaacson, M. L. Druin, and S. G. Plovan, Ind. Eng. Chem. Prod. Res. Dev. **13**, 2 (1974).

91. H. Lee, M. Yanilmaz, O. Toprakci, K. Fu, and X. Zhang, Energy Environ. Sci. **7**, 3857–3886 (2014).

92. G. Venugopal, J. Moore, J. Howard, and S. Pendalwar, J. Power Sources **77**, 34–41 (1999).

93. M. F. Lagadec, M. Ebner, R. Zahn, and V. Wood, J. Electrochem. Soc. **163**, A992–A994 (2016); D. P. Finegan, S. J. Cooper, B. Tjaden, O. O. Taiwo, J. Gelb, G. Hinds, and D. J. L. Brett, J. Power Sources **333**, 184–192 (2016); M. F. Lagadec, M. Ebner, and V. Wood, Microstructure of Targray PE16A Lithium-Ion Battery Separator. doi: 10.5905/ethz-1007-32 (2016); M. F. Lagadec and V. Wood, Microstructure of Celgard® PP1615 Lithium-Ion Battery Separator. doi: 10.3929/ethz-b-000265085 (2018).

94. M. F. Lagadec, M. Ebner, and V. Wood, Microstructure of Targray PE16A Lithium-Ion Battery Separator. doi:http://doi.org/10.5905/ethz-1007-32 (2016); M. F. Lagadec, R. Zahn, and V. Wood, Microstructure of Celgard® PP1615 Lithium-Ion Battery Separator, submitted for publication (2018).

95. R. P. Quirk and M. A. A. Alsamarraie, in Polymer Handbook, J. Brandrup and E. H. Immergut (eds.), Wiley, New York, 1989.

96. C. J. Orendorff, Electrochem. Soc. Interface **21**, 61–65 (2012).

97. C. J. Weber, S. Geiger, S. Falusi, and M. Roth, "Material review of Li ion battery separators," AIP Conf. Proc. **1597**, 66–81 (2014); also see T. Nestler, R. Schmid, W. Münchgesang, V. Bazhenov, J. Schilm, T. Leisegang, and D. C. Meyer, "Ceramic Based Separators for Secondary Batteries," AIP Conf. Proc. **1597**, 155–184 (2014).

98. Y. Obana and H. Akashi, "Improvement of Cycle Performance for 4.4V Class 18650 Size Li-ion Battery," in 209th ECS Meeting, The Electrochemical Society, Pennington, NJ, Abstract #105, (2006).

99. K. J. Nelson, J. E. Harlow, and J. R. Dahn, J. Electrochem. Soc. **165** (3), A456–A462 (2018).

100. https://docs.google.com/spreadsheets/d/t024bMoRiDPIDialGnuKPsg/edit#gid=154312675, last accessed February 27, 2018.

101. A. H. Zimmerman, "Self-discharge Losses in Lithium-ion Cells," IEEE AESS Systems Magazine, February 2004.

102. R. Yazami and Y. F. Reynier, "Mechanism of Self-discharge in Graphite–lithium Anode," Electrochim. Acta **47**, 1217–1223 (2002). See also C. Wang, X. Zhang, A. J. Appleby, X. Chen, and F. E. Little, "Self-discharge of Secondary Lithium-ion Graphite Anodes," J. Power Sources **112**, 98–104 (2002).

103. M. Valentin de Hoog, J. Brazil, M. Thomas, and D. Mareels Iven, "Modeling Reversible Self-Discharge in Series-Connected Li-ion Battery Cells," IEEE TENCON Spring 2013—Conference Proceedings, April, 2013. 10.1109/TENCONSpring.2013.6584489.

104. E. Redondo-Iglesias, P. Venet, and S. Pelissier, "Global Model for Self-discharge and Capacity Fade in Lithium-ion Batteries Based on the Generalized Eyring Relationship," IEEE Transactions on Vehicular Technology, Institute of Electrical and Electronics Engineers, September 25, 2017, doi: 10.1109/TVT.2017.2751218.

105. See, for example, the HP laptop recall (http://www8.hp.com/us/en/hp-information/recalls.html), the Lenovo ThinkPad recall (https://support.lenovo.com/us/en/solutions/hf004122), and the Note 7 recall (http://www.samsung.com/us/note7recall/).

106. https://www.theguardian.com/society/video/2016/nov/04/no-smoke-without-fire-e-cigarette-explodes-in-mans-pocket-video.

107. https://www.npr.org/sections/thetwo-way/2016/07/06/484988211/half-a-million-hoverboards-recalled-over-risk-of-fire-explosions.

108. NTSB Incident Report No. NTSB/AIR-14/01, PB2014-108867. Available at https://www.ntsb.gov/investigations/AccidentReports/Reports/AIR1401.pdf.

109. James Graham, "FAA Plans to Impose Its Largest-ever Hazmat Fine," Air Cargo Week, December 14, 2017.

110. Tycho de Feijter, "Visiting the Scene of the May 1 Beijing Electric Bus Charging Station Fire," CarNewsChina.com, August 9, 2017.

111. J. Jiang and J. R. Dahn, *J. Electrochem. Soc.* **153**, A310 (2006).

112. D. D. MacNeil, Z. Lu, Z. Chen, and J. R. Dahn, *J. Power Sources* **108**, 8 (2002).

113. Y. Wang, J. Jiang, and J. R. Dahn, *Electrochem. Commun.* **9**, 2534 (2007).

114. L. Ma, M. Nie, J. Xia, and J. R. Dahn, "A Systematic Study on the Reactivity of Different Grades of Charged Li[Ni$_x$Mn$_y$Co$_z$]O$_2$ with Electrolyte at Elevated Temperatures using Accelerating Rate Calorimetry," *J. Power Sources* **327**, 145–150 (2016).

115. Jim Mc Dowell, Philippe Biensan, and Michel Broussely, "Industrial Lithium Ion Battery Safety—What Are the Tradeoffs?" IEEE document # 978-1-4244-1628-8/07 (2007).

116. IEC 61233.

117. Steven Castle, "Britain to Ban New Diesel and Gas Cars by 2040," N. Y. Times, July 26, 2017. J. Ewing, "France Plans to End Sales of Gas and Diesel Cars by 2040," N. Y. Times, July 6, 2017. See also "Volkswagen plans electric option for all models by 2030," BBC News, September 11, 2017.

118. D. B. Gray, "Tesla Switches on World's Biggest Lithium Ion Battery," Reuters, December 1, 2017. Jordan Golson, "Tesla built a huge solar energy plant on the island of Kauai," The Verge, March 8, 2017.

119. R. Kunzig, "Germany Could Be a Model for How We'll Get Power in the Future," National Geographic, November, 2015.

120. M. M. Thackeray, C. S. Johnson, J. T. Vaughey, N. Lia, and S. A. Hackney, *J. Mater. Chem.* **15**, 2257–2267 (2005).

121. Z. Lu and J. R. Dahn, "Understanding the Anomalous Capacity of Li/Li[Ni$_x$Li$_{(1/3−2x/3)}$Mn$_{(2/3−x/3)}$]O$_2$ Cells Using *In Situ* X-Ray Diffraction and Electrochemical Studies," *J. Electrochem. Soc.* **149** (7), A815–A822 (2002).

122. J. R. Croy, S.-H. Kang, M. Balasubramanian, and M. M. Thackeray, "Li$_2$MnO$_3$-based Composite Cathodes for Lithium Batteries: A Novel Synthesis Approach and New Structures," *Electrochem. Commun.* **13**, 1063–1066 (2011).

123. S. Kang and M. M. Thackeray, "Enhancing the Rate Capability of High Capacity xLi$_2$MnO$_3$ · $(1 − x)$LiMO$_2$ (M = Mn, Ni, Co) Electrodes by Li–Ni–PO$_4$ Treatment," *Electrochem. Commun.* **11**, 748–751 (2009).

124. A. K. Shukla, Q. M. Ramasse, C. Ophus, H. Duncan, F. Hage, and G. Chen, "Unravelling Structural Ambiguities in Lithium- and Manganese-rich Transition Metal Oxides," *Nat. Comm.*, DOI: 10.1038/ncomms9711 (2015).

125. A. K. Shukla, Q. M. Ramasse, C. Ophus, D. M. Kepaptsoglou, F. S. Hage, C. Gammer, C. Bowling, P. A. H. Gallegos, and S. Venkatachalam, "Effect of Composition on the Structure of Lithium- and Manganese-rich Transition Metal Oxides," *Energy Environ. Sci.* 2018, DOI: 10.1039/C7EE02443F (2018).

126. J.-Y. Hwang, S.-T. Myung, and Y.-K. Sun, "Sodium-ion Batteries: Present and Future," *Chem. Soc. Rev.* **46**, 3529–3614 (2017). Kei Kubota and Shinichi Komaba, "Review—Practical Issues and Future Perspective for Na-Ion Batteries," *J. Electrochem. Soc.* **162** (14), A2538–A2550 (2015).

127. Wong, Bunsen, "Sulfur Based Thermochemical Heat Storage for Baseload Concentrated Solar Power Generation," No. DE-EE0003588 (2014). doi: 10.2172/1165341.

128. U.S. Patent Publication No. 2014/0220392; U.S. Patent No. 9,123,966; U.S. Patent No. 9,893,382.

129. D. Kundu, B. D. Adams, V. Duffort, S. H. Vajargah, and L. F. Nazar, "A High-capacity and Long-life Aqueous Rechargeable Zinc Battery Using a Metal Oxide Intercalation Cathode," *Nature Energy*, vol. 1, Article No.: 16119 (2016), doi:10.1038/nenergy.2016.119.

130. PCT Publication No. WO/2012/012558.

17B　锂金属负极电池
Daniel H. Doughty

17B.1　概述

17B.1.1　综合特性

在 20 世纪 80 年代末之前，金属锂（Li）电池一直是锂电池的关注点。但因其自身安全性的问题和难以达到令人满意的性能，直到 1991 年索尼公司的锂离子电池实现商业化之后，因其巨大的优势才将关注点转移到锂离子电池。虽然目前只有少数锂金属蓄电池制造商，但在过去十年左右的时间里，作为深受关注的"后锂离子电池"的一部分，人们又将关注的目光转向了锂金属蓄电池，并引发了全球范围内的研究热潮。其中很重要的原因是，在室温或接近室温下运行的锂金属蓄电池相比于锂离子（石墨负极）电池，有望提供更高的质量和体积能量密度（图 17B.1）[1]。然而，对于许多其他电池特性而言，锂离子电池具有更好的性能指标。除了提高能量密度外，锂金属蓄电池的开发还侧重于其他性能方面，如实现更长的循环寿命、更宽的工作温度范围和提高安全性。

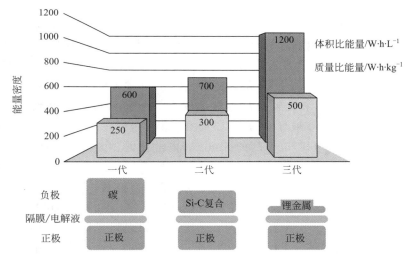

图 17B.1　不同锂电池负极的发展阶段
第一代：石墨负极；第二代：硅-石墨复合物负极；第三代：锂金属负极

目前商用锂金属蓄电池的安时容量范围为 0.1mA·h 至数安时，且主要集中在毫安时范围内。但法国 Bolloré 子公司 Blue Solutions 已经可以生产该类大型电池（容量高达 75A·h）。锂金属蓄电池通常根据使用的电解质类型进行分类：液体 [包括离子液体（ILs）]、固体聚合物或固体无机电解质。某些电池设计可能同时结合了这三种电解质类型。正极通常是氧气（空气）、硫正极或某一种用于锂离子电池的金属氧化物正极。由于锂离子电池中使用的正极材料在本书 17A 部分已有介绍，本章将不再讨论。

17B.1.2　发展历史

20 世纪 70 年代末，Armand 等提出将离子导电聚合物应用于固态电池中[2-3]，并在此领域进行了大量工作。这种电池的独特之处在于，它使用的电解质是由聚合物"溶剂"基质和溶解的锂盐（LiX）组成的固态柔性薄膜。所以，采用薄膜固态聚合物电解质的电池有可能具有良好的安全性，并简化了设计和制造环节。聚环氧乙烷（PEO）材料是第一种作为真正的（干）固体聚合物电解质（SPE）的材料[4]，并沿用至今。尽管人们对聚合物电解质进行了大量研究，但 Avestor 公司（原加拿大 Argotech 公司）的电池仍是唯一实现商业化的电池。该电池最初是要设计成纯电动汽车（EV）用的电池模块，是为电信应用而设计的。因此，也受到了由美国先进电池联合会（USABC）和美国能源部（DOE）共同发起的探索项目的资助。2006 年，法国 Bolloré 公司收购 Avestor 公司，并宣布将锂金属聚合物电池（LMP）应用于电动汽车、推向市场的计划[5]。

使用液体电解质和固体正极的锂金属蓄电池是在 20 世纪 80 年代早期由美国 EIC 公司（位于马萨诸塞州诺伍德）开发的。这些电池体系中以金属锂为负极，钒氧化物、TiS_2 和 MoO_xS_{3-x}[6-10] 等无机化合物为正极，而电解液中则包含四氢呋喃（THF）、二甲基四氢呋喃（2Me-THF）、甲基呋喃（一种稳定剂）和 $LiAsF_6$。这种采用有机电解质的锂金属蓄电池在研发初期就可循环放电超过 100 次。它们能在 $-10\sim50℃$ 之间正常工作，并可在 70℃ 下稳定储存。尽管当时其安全性还受到质疑，但完全可以应用在各种空间和军事装备中。

加拿大 Moli Energy 公司则研发了另一种锂金属蓄电池体系（$Li-MoS_2$），并使之商业化。在 20 世纪 80 年代中期该类商品化电池为圆柱形卷绕式 AA 型电池[11-12]。该电池使用化学计量过量的薄锂金属负极（$125\mu m$），约为电池初始放电容量的三倍。将 MoS_2 正极浆料涂覆到铝箔（$150\mu m$）上。工作电压为 $2.2\sim1.4V$。电极采用卷绕式结构，电解液是溶解在体积比 1∶1 的聚碳酸酯（PC）和碳酸乙烯酯（EC）混合物中的 $1mol/L$ $LiAsF_6$。然而令人遗憾的是 20 世纪 80 年代末发生的几起电池安全事故使得该类产品黯然退出市场[13]。Moli Energy 公司也在 1990 年被日本的 NEC 集团（旗下包括三井公司和汤浅公司）收购。

直到 20 世纪 90 年代中期，以色列的 Tadiran 电池公司才又推出了锂金属蓄电池产品。该电池产品规格为 AA 型，开路电压为 3V。其中，以 Li_xMnO_2（$0.3<x<1$）为正极材料。电解液中则以 1,3-二氧戊环（DOL）为溶剂，$LiAsF_6$ 为锂盐，少量三丁基胺（tributyl-amine，TBA）为稳定剂。电池工作电压在 $3.4\sim2.0V$ 之间。该电池的优势十分突出，电池能量密度大于 $140W\cdot h/kg$，工作温度范围在 $-30\sim60℃$ 之间，具有优异的电池储存性能、稳定的循环性能（完全放电至少可以循环 300 次）和较好的安全性[14]。由于该电池在滥用情况（如短路，加热到 130℃ 和过充）下可以实现溶剂聚合、切断内部回路，避免了电池热失控的发生[15]，从而使其具有可靠的安全性而具有商业价值[16]。然而该电池的循环寿命有限，在电池充电时充电倍率非常低（小于 $C/9$ 倍率，相当于不到 $0.5mA/cm^2$ 的电流密度）才能避免因锂负极表面"苔藓"形貌的形成而导致的电池寿命提前结束。众所周知，锂金属表面积越大，与电解液间的副反应越多，对电池寿命的危害越大[17]。由于随后出现的锂离子电池具有相似的能量密度和更长的循环寿命，该公司生产的这类电池很快退出市场，并没有开展后续研究。

锂-空气蓄电池具有极高的理论能量密度，考虑氧气质量后依然有 $5200W\cdot h/kg$ 的理论比能量。1987 年就有采用高温陶瓷电解质在 650℃ 下运行的电池报道[17]，而 1996 年则有研究者在美国 EIC 公司展示了他们采用常温有机电解液进行电池测试的研究工作[18-19]，该电池开路电压达到 3.0V，工作电压区间为 $2.8\sim2.0V$。聚丙烯腈（PAN）聚合物电解质膜浸入聚碳酸酯（PC）中，同时选用含钴化合物催化空气电极。金属-空气电池将在本书 18B 和 18C 部分详细介绍。

1979 年，Rauh 和 EIC 公司人员首次报道的锂-硫（Li-S）蓄电池的理论比能量为 2500W·h/kg，是所有密封可充电系统中最高的[20]。他们观察到在低电流和高温（50℃）下这种电池有良好的电化学可逆性。已经认识到，硫还原的多硫化物（Li_2S_x）反应产物的溶解度严重影响正极的性能。而最终的放电产物 Li_2S 是不溶的，具有电子绝缘性，这对该体系来说是一个挑战。这种电池的工作电压是 1.7～2.3V。

薄膜固态电池是一种专门为低电流半导体和微电子应用开发的锂金属蓄电池。这些微型电池采用金属锂负极，固态电解质和过渡金属氧化物正极材料可以在硅衬底上通过大批量制造技术制造，为芯片等微电子设备提供能量。Bates 公司首次将 LiPON 膜技术应用于锂-空气电池中[21]。该膜在 $-26～140℃$ 时以单相形式存在，25℃时膜电导率约为 $2.3×10^{-6}$S/cm。LiPON 膜力学性能稳定，而且电化学窗口高达 5V。LiPON 膜虽然是刚性的，但即使在电池长时间循环后，正极材料经过反复的体积变化也不会导致膜破损。这种电池的循环寿命通常很长。$Li-LiCoO_2$ 电池在 25℃时以 96% 的放电深度进行充放电循环超过 40000 次，容量损失率低于 5%。

利用锂离子正极材料开发锂金属蓄电池的商业兴趣再次高涨，目前许多大公司（如巴斯夫、丰田、宝马、博世和戴森）并购了较小的公司，并增加了在这一领域的投资。尽管博世和戴森已经停止了与他们收购的公司（如 SEEO 和 Sakti3）相关的锂金属蓄电池生产工作。电池的安全性和稳定性仍然是商业化所要面对的阻碍。其他在 20 世纪 90 年代及以前没有相关产品面市的锂金属蓄电池，其相关详细信息可以在本手册的早期版本中查阅，这里不再介绍。

17B. 2 化学原理

锂金属蓄电池的发展目标是制造出具有高比能量、高比功率、长循环寿命、低自放电速率，并具有可靠性和安全性的电池。因此，明智地选择电池组件和设计必然是实现最佳平衡的折中方案。许多选择的特性和标准类似于锂一次电池（第 13 章）和锂离子蓄电池（本书 17A 部分）。但是，该过程对于锂金属蓄电池来说更加复杂，因为在充放电过程中发生的反应将影响电池的循环特征与性能。

17B. 2. 1 负极

由于金属锂的独特电化学特征，研究人员在寻找具有高能量密度的一次（原）或二次（蓄）电池时，不可避免地想到将锂作为电池负极材料。众所周知，锂是最轻和电极电位最负的金属，其比容量达到 3862mA·h/g[22]，远高于锂离子电池中常用的负极材料 LiC_6（372mA·h/g）；而且，金属锂的体积比容量为 2061A·h/L，明显高于 LiC_6 的 837A·h/L。当然，金属锂的密度仅为 $0.534g/cm^3$，使得它在体积能量密度方面的优势有所减小。同其他碱金属相比，金属锂更容易处理（对水和污染物的反应性较低）。

值得注意的是，实验研究表明锂金属倾向于从溶液中以弯曲的晶须/细丝或颗粒状结核的形式析出（图 17B. 2）[23-24]，而不是呈"树枝状"结构。但由于"树枝状"描述更为常用，在本章中将予以保留。部分文献中关于锂形貌的图像可能不能准确描述实际实验观察到的结构，虽然这样的图像或相关插图在视觉上有吸引力，但它们可能会导致对锂沉积时实际形态的误解[25-26]。

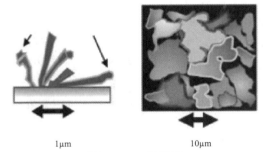

1μm   10μm

图 17B.2　锂沉积

(a) 1mol/L（EC：DMC＝1：1，质量比）-LiPF$_6$；(b) 1mol/L DOL-LiAsF$_6$（含 TBA 添加剂）

锂金属蓄电池与锂离子电池的一个重要区别是，锂金属的低密度导致了锂金属蓄电池在循环中出现明显的体积变化[27-29]。图 17B.3 对比了充放电循环中 Li$_y$MnO$_2$/Li$_x$MnO$_2$ 电池（锂阳离子从一个电极脱嵌，并嵌入另一个电极）和 Li/Li$_x$MnO$_2$ 电池（其中，锂阳离子从正极脱嵌，并以锂金属的形式嵌入负极）[27-29] 在充电过程中体积的差异。这种巨大的体积变化会引起充放电循环中电池内部明显的机械变化，是影响电池循环性能的一个重要因素，特别是对于具有刚性电解质的电池尤为明显。

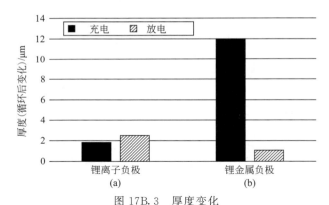

图 17B.3　厚度变化

(a) Li$_y$MnO$_2$（负极）/Li$_x$MnO$_2$（正极）于 130psi（1psi＝6894.757Pa，全书同）堆栈压力下的电池；
(b) 处在不同充电状态的含 1mol/L（PC：EC＝85：15 体积比）-LiAsF$_6$ 的 Li（负极）/Li$_x$MnO$_2$
（正极）于 200psi 堆栈压力下的平板电池

与锂原电池相比，锂金属蓄电池由于存在安全性问题，且可逆容量不高，难以投入大规模商业应用。在锂金属蓄电池中，树枝晶（即细丝）的形成和由此引起的短路是一个主要失效机制（低阻抗失效）[30]。短路可能导致热失控（其特征是不受控制的电池自加热导致火灾或爆炸）。虽然早在 1974 年[31]，就有研究者提出了金属锂表面在有机电解液体系中存在的问题，在 1980 年[32] 更是在金属锂表面直接观察到上述现象，但直到 1988 年[33] 才清楚地认识到锂枝晶的生长是电池失效的主要原因。充放电前，电池里的锂金属在有机电解液中较为稳定，直到在锂的熔点附近才开始少量放热；在充放电循环开始后，金属锂的比表面积迅速增加，其与电解液间的反应活性也随之增加，最终导致电池体系安全性能迅速恶化。所以，电池在充放电循环过程中，对滥用条件十分敏感。

电池失效的第二个主要原因通常容易被人们忽略。在锂离子电池中，电解液在最初几次循环中与石墨表面发生反应，生成固态电解质界面层（SEI 膜），在随后的循环中进一步反应。该界面层在很大程度上钝化了电极表面，部分活性物质会被消耗掉，但通过对初始循环条件的优化以及添加剂和其他电解质成分的选择，可以将这个问题最小化，并确保相对稳定和高导电性（对于锂离子）SEI 膜的形成。而对于锂金属负极来说，则是另外一种情况。在电镀过程中（以及一定程度的剥离过程中）会产生新的锂表面。这些新鲜的 Li 表面与电解液反应生成新的 SEI 膜；金属的表面积越大，反应的程度就越严重。这一过程通过锂被 SEI 反应产物消耗，以及锂金属因电化学隔离而被捕获，最终导致苔藓状锂的形成（即死锂，见图 17B.4）[34]。因此，树枝状的镀锂形貌（类似细丝）通常会导致锂的快速衰减。苔藓状锂的形成、电解液溶剂的消耗，以及这些反应可能持续形成的气体，进一步增加了电池的电阻和电池的体积，最终导致（高阻抗的）电池失效[23,30,35-37]。

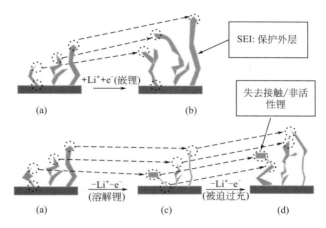

图 17B.4　苔藓状锂的生长机制
（a）沉积的 SEI 膜；（b）进一步电沉积后的生长机制（虚线圈表示随着时间的推移，由于锂沉积导致这些特征之间的距离加大，整体高度的增加表明整体结构的扩张）；（c）溶解步骤后，该结构的尖端仍然含有锂金属（"死锂"），它与衬底无电接触，但仍被前 SEI 膜固定在原位；（d）在额外的电沉积步骤之后，顶部从下方生长的新苔藓状锂上升

Monroe 和 Newman[38] 以及后来 Ferrese 和 Newman[39] 对具有锂负极和聚合物电解质或隔膜的电池体系进行了枝晶形成的分析与建模。根据他们的模型预测，在两个电极之间引入高刚性电解质（电解质的弹性模量超过约 1GPa，而 PEO 弹性模量低于 1MPa）将传递压力，从而产生平滑的锂界面。已证明在电池中施加堆叠压力可抑制或消除枝晶以形成稳定锂表面，进而减少苔藓状锂的形成（图 17B.4），从而提高循环库仑效率（CE）并延长电池循环寿命[27-29,40-45]。影响锂金属形态的其他因素包括电镀和剥离过程中使用的充电条件[46-50] 以及电极的表面结构[44,51,52]。虽然后一种因素对实际电池的影响可能有限，但在研究锂负极性能的决定因素时，确实提供了重要的见解。研究中另一个重要考虑因素是与锂负极一起使用的集流体。根据所使用的集流体金属，在某些情况下，锂可以与集流体形成合金，这与文献中报道的"锂金属"电镀的一些研究结果相关。在环境温度下，Li 不与 Cu 形成合金，也不与 Ni、Ti、W、Mo、Ta 或 Fe（以及不锈钢）形成合金，但 Li 可与 Al、Ag、Au、Pd 和 Pt 形成合金[46]。

最近的一篇论文深入探讨了可用于锂析出（Plating，指均匀沉积如同电镀）/剥离时精

确定 CE 的方法[53]。然而，除了循环库仑效率（CE）外，另一个在研究中经常被忽视的关键因素是静置/储存时间。如果在电镀过程中锂表面没有完全钝化，锂金属和电解质之间可能会发生化学反应，被称为"锂腐蚀""锂自放电"或"锂封装"[54-57]。在储存过程中，负极上进行的化学反应会导致电活性锂金属随时间的推移而不断流失（图 17B.5）[56]。基于储存时间的锂腐蚀测量，可以采用库仑效率测定方法[53]。此方法广泛用于锂金属蓄电池研究和电池评估，以帮助确定将新材料/组合物用于实际电池时的优点。

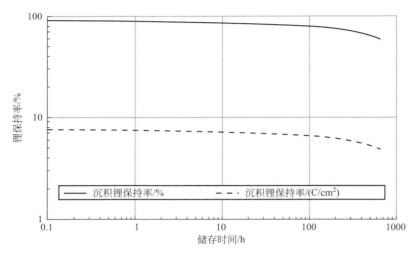

图 17B.5　在 1mol/L 乙酸甲酯（MA）-LiAsF$_6$ 电解液中，镍集流体上镀锂的腐蚀[56]

在电池寿命期间消除高比表面积锂的产生将大大提高循环寿命和安全性。最近发表的许多综述总结的成果表明，可通过改进电解质配方以及使用添加剂、保护层和固态电解质来改变锂析出形态和反应性[1,46,58-71]。控制锂负极表面积的增长仍然是一个关键性问题，限制了锂金属蓄电池的商业化。研究发现，更快速的锂析出会导致衰减反应加剧（图 17B.6）[72]。

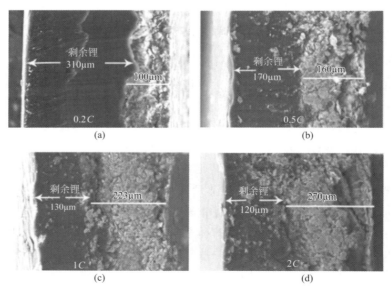

图 17B.6　循环 100 次后以不同倍率（充电/放电）从 Li-NMC 电池中提取的锂负极[72]
（a）0.2C/1C；（b）0.5C/0.5C；（c）1C/1C；（d）2C/2C
先前与隔板接触的苔藓状锂层在右边，具有所指示的厚度

最后，负极材料放电深度（DOD）和循环寿命（通过所有循环期间获得的累积容量测量）之间也存在权衡。观察到的总体趋势是，每次循环的锂镀层（单位为 μm 或 $mA \cdot h/cm^2$）越少，累积容量越大，获得的循环寿命越长；这可能是由于降解（锂损失、溶剂干燥、产生苔藓状锂）和电极体积变化（膨胀/收缩和苔藓状锂的积聚）[73]。在评估已发表的研究成果和电池创新技术的优点时，这是另一个重要的考虑因素。

17B.2.2 正极

锂金属蓄电池的正极材料种类繁多。用于锂离子电池的正极材料也适用于锂金属蓄电池。除了与锂金属蓄电池相关的特定信息外，此处不再讨论锂离子电池正极材料。此外，还使用了其他正极。为使锂金属蓄电池使用氧（或空气）正极，已经进行了大量的工作，但正极的裸露结构与该技术复杂且通常为不可逆的化学反应仍然具有挑战性。然而，对于密封电池系统而言，硫与锂金属特别匹配。因为这两种电极活性材料均具有非常高的容量。

① 氧（空气）正极。锂-空气电池具有卓越的理论价值，研究人员广泛宣称能够达到锂离子电池 10 倍的能量密度。因此，在过去八年左右的时间里，对 $Li-O_2$ 蓄电池进行了大量研究。尽管如此，仍然存在许多相同的挑战。这些挑战似乎使这些电池成为广泛商业化不可逾越的障碍。其中，包括低充放能量效率（由于反应动力学缓慢和充电所需的高过电位）、低实际容量和较差的循环寿命[74-79]。对于锂金属负极，与正极中的 O_2、CO_2、H_2O 和其他污染物的反应尤其令人烦恼[80-81]。这将导致许多研究小组将努力转向其他电池体系，如锂硫电池。第 18 章将讨论锂-空气电池系统。

② 硫正极。元素硫（S_8）还原为硫化物离子（即 Li_2S 中的 S^{2-}）的理论容量为 $1675mA \cdot h/g$，比锂离子蓄电池中使用的锂化过渡金属氧化物高一个数量级。已经探索了两种方法：将单质硫或锂化的多硫化物作为固体加入 C-S 正极或将活性材料作为液体（溶解的 Li_2S_x 多硫化物形式的硫，即正极电解液）添加到电解质中。对于后者，早期的研究[20]表明，具有高路易斯碱性的溶剂可以溶解大量锂化的多硫化物。在二甲基亚砜（DMSO）或醚（如 THF）[82] 中，Li_2S_x 的硫溶解度可超过 $10mol/L$。非水溶液中多硫化物的光谱和电化学研究表明，其动态平衡、氧化还原化学和动力学受到溶剂及其浓度的强烈影响[20,83-87]。

固态 C-S 正极通常通过把含有单质硫、各种形式碳（因为硫和 Li_2S 是绝缘体，所以需要导电框架）和黏结剂的浆料涂覆在集流体上来制备。硫通常以某种方式浸渍在碳中。可以使用多种正极集流体，但铝箔是常见的。硫逐步还原，形成一系列锂化的多硫化物。锂硫电池在环境温度下的第一次放电曲线由两个平台组成，如图 17B.7 所示；区域 1～区域 4 是不同多硫化物物种占主导地位的区域。值得注意的是，硫物种彼此处于平衡状态，因此预计正极（或电解液）中随时都会存在多物种混合物。

在区域 1 中硫被还原成 Li_2S_8：

$$S_8 + 2e^- + 2Li^+ \rightleftharpoons Li_2S_8$$

随着区域 2 中 Li_2S_6 的形成，还原反应继续进行。区域 3 包含低阶多硫化物如 Li_2S_4、Li_2S_2 和 Li_2S。尽管 Li_2S 通常高度不溶，但其他多硫化物可以溶解在不同的溶剂中，如 DOL、1,2-二甲氧基乙烷（DME）、聚乙烯醚类（glymes）以及锂硫电池中常用的其他溶剂和离子液体[84-87]。电解质中的阴离子也会影响多硫化物的溶解度[85-86]。只有在低放电倍率下，硫才能完全还原为 Li_2S，这是因为固体 Li_2S_2 和 Li_2S 反应产物（包括电解质-正极界面上的硫重新分布）堵塞了正极孔隙（即电解液通道）而导致的高极化（区域 4），以及这些

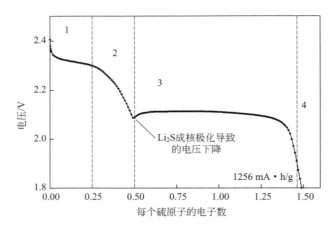

图 17B.7 锂硫电池的第一次放电曲线

在低倍率（C/30）下实现了高达 1256mA·h/g 的硫利用率

数据来源于 SION Power Corp.，Tucson AZ.

反应产物的绝缘性质而导致的反应物电子隔离。多硫化物的溶解度和反应物（即 e^- 和 Li^+）的可接受性是限制硫充分利用的主要因素。

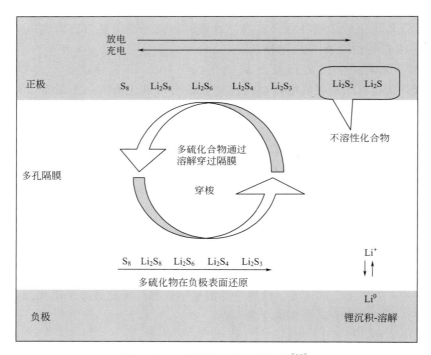

图 17B.8 锂硫电池的穿梭机制[88]

锂硫化合物的电化学性能还受到多硫化物穿梭机制[88]（图 17B.8）的强烈影响，该机制已被描述和建模[89-90]。这种穿梭反应影响许多电池特性，包括自放电、充放电效率和电荷分布。锂硫电池在充电后期会产生一定量的高阶多硫化物（如 Li_2S_8），而不是元素硫[88]。这些较长的多硫化物溶解在电解液中并扩散到锂负极，并与锂发生寄生反应，生成较低阶（较短）的多硫化物。溶解的多硫化物也可能在放电期间在正极电解质-碳界面发生反应，生成不溶性、较短的多硫化物绝缘层（即硫重新分布），进一步限制电池反应[90-91]。基于储存时间的锂腐蚀测量对于锂硫电池的评估尤为重要。

17B.2.3 电解质

锂蓄电池电解质的选择至关重要。在理想情况下，锂电池的液体电解质应具有以下特性：

- 在-40~70℃（20℃时约 10^{-3} S/cm）范围内具有高离子导电性，以最大限度地降低内阻；
- 锂离子迁移数尽量接近 1（限制浓差极化）；
- 宽电化学电压窗口（0~5V），尽管上限要求取决于正极；
- 热稳定性（高达 70℃或更高）；
- 与正极、隔膜、电池体和其他电池组件具有化学和电化学兼容性；
- 低挥发性、低易燃性。

此外，电解液还必须具有以下特性：

- 应能使锂金属镀层呈结节状，而不是树枝状（即长丝状）；
- 应具有较高的化学稳定性或对锂金属的钝化能力，以防止储存时发生持续的副反应（锂腐蚀）。

（1）液体电解质

选择非质子液体电解质溶剂时，醚类（如 DOL、DME 和其他聚乙烯醚类）最为常用，因为它们与锂的反应性较低。相反，碳酸酯如 EC、PC 和碳酸二甲酯（DMC）与锂的反应性更强。从分子轨道（MO）理论出发，溶剂稳定性可以通过最高占据分子轨道（HOMO）和最低未占据分子轨道（LUMO）来衡量[92]。HOMO 较高（电负性较小）的溶剂是较强的电子供体（因此，更容易在正极氧化）；而 LUMO 较低表明溶剂是较强的电子受体（因此，更容易在锂负极还原）。图 17B.9 显示溶剂的 MO 能量值可以根据溶剂官能团和结构判断[92]。HOMO/LUMO 数据表明，线型和环状碳酸酯预计对氧化反应相当稳定，但还原稳定性较差（相对于 Li 的稳定性而言）。相比之下，醚对锂的还原性非常稳定，但在高电位（通常高于 4V，相对于 Li/Li^+）正极，更具有反应性。因此，由于这种低氧化稳定性，醚溶剂的使用通常被排除在许多电池正极中。但是，硫的情况并非如此，因为它的反应电位较低（图 17B.7）。

应注意溶剂相互作用对电化学稳定性的强烈影响。当溶剂与 Li 形成配位键时（即当溶剂通过孤对电子向缺电子阳离子提供电子密度时），氧化溶剂（失去电子）[93-95] 更为困难，但配位溶剂也更容易还原。对于未配位阴离子和配位阴离子，也具有同样的影

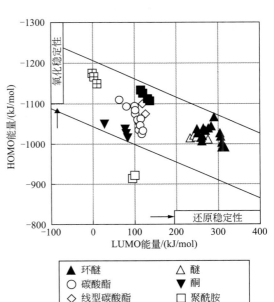

图 17B.9 溶剂的分子轨道能[92]

响。这表明高浓度电解液可使醚与更高电压的锂离子插层正极一起使用，但通常情况并非如此。因为稳定性增强是一种动力学效应，而不是热力学效应。当这种电池保持在高电位（即充满电）时，正极上的衰减速度比稀释电解质（如 1mol/L）要慢，但仍然会发生[96]。

添加剂一直是液体电解质中改进锂析出的焦点之一，但由于其在循环和其他因素中的快速消耗，这些添加剂通常无效。例如，据报道添加少量 Cs^+（即将 0.05mol/L $CsPF_6$ 添加到 1mol/L PC-$LiPF_6$ 中）可利用自修复静电屏蔽（SHES）机制防止锂枝晶形成[97]。尽管从此类电解液中析出的初始 Li 由于形成 Li 呈柱状排列的纳米棒而产生具有光滑表面的 Li 镀层，但由于 CE 较低（例如 76%），导致 Li 循环非常差，并导致苔藓状锂的相间层快速积累[98-99]。通过向 1mol/L PC-$LiPF_6$ 电解液中添加少量 H_2O，也可以获得非常相似的锂析出形态[100]。改善锂负极性能最成功的电解液添加剂是 $LiNO_3$[101-109]。

离子液体（ILs）是另一类具有重要特性的"液体溶剂"，在电化学应用中具有吸引力，锂金属蓄电池就是此类应用之一。某些离子液体的特性包括宽电化学稳定性窗口、高热稳定性和低安全性。需要克服的限制包括因高黏度（尤其是含有锂盐）而导致电池电极和隔膜润湿性较差，以及室温下 ILs-LiX 电解质的离子电导率相对较低，更不用说提纯困难和成本高。使用 ILs 的主要原因是其不易挥发，因此易燃性低。在使用离子液体基电解液循环时，获得了均匀、非枝晶的锂金属镀层，然而也有研究观察到枝晶形态的出现[110-114]；变化可能是由于 SEI 膜涂层的不同。SEI 膜涂层具有与非质子溶剂不同的特性，通常主要由阴离子降解产物组成（但也有一些有机阳离子的成分）[115-117]。值得注意的是，关于 ILs 中锂循环的 CE[53] 的信息非常少，因此很难评估此类电解液相对基于非质子溶剂的电解液对锂析出/剥离的功效。

（2）固体聚合物电解质

液体电解质的另一种替代方法是将锂盐加入聚合物基体并浇铸成薄膜形成固体聚合物电解质（SPE）[118]。这些薄膜既可以作为电解质，也可以作为隔膜。与液体电解质相比，SPE 具有较低的离子导电性。但 PEO 基电解质与锂的反应性较低，相应提高了电池的安全性。固体聚合物具有"非液体"电池的设计优势，可以灵活地制造各种配置的薄电池。最初，使用了 PEO 等高分子量聚合物和 $LiClO_4$、LiTFSI 等锂盐[119-120]。这些 PEO 锂盐电解质在 25℃下的电导率约为 $10^{-8} \sim 10^{-5}$ S/cm，比大多数有机液体电解质低两个或更多数量级。为了改善 SPE 的 Li^+ 传输特性，可以在 PEO-LiX 和其他 SPE 中添加胶凝剂，例如分子溶剂或离子液体。

凝胶电解质是另一种 SPE 形式，通过将非质子有机溶剂中的锂盐液体溶液（例如 PC/EC 中的 $LiClO_4$）捕获到固体聚合物基质（如聚偏氟乙烯，PVDF）[121] 或 PAN 中制备[122-123]。此类电解质是通过固化方法（如交联、凝胶或浇铸）以液体电解质溶液填充聚合物孔隙制成的。交联可以通过紫外线、电子束或 γ 射线照射进行。在 25℃ 条件下，电导率超过 10^{-3} S/cm。含锂凝胶电解质的稳定性通常与相应含锂液体电解质的稳定性相当。

设计用于锂金属负极的单离子导电 SPE（离聚物）也已制备，例如接枝共聚物和梳状支化聚环氧醚[124-125]。调整接枝共聚物力学性能的灵活性，同时保持锂迁移数的统一性[126]，是这类 SPE 的一个吸引人的特点。此外，根据所使用的聚合物，电压稳定窗口可以扩展到 4.5V（相对于 Li/Li^+，比 PEO 基聚合物电解质高 0.5V 以上）。但要求电池在高温（60～80℃）下运行，低电导率[127] 和困难的合成方法仍然成为该方法的关键限制。

（3）无机固态电解质

无机固态电解质可以是晶体或非晶（玻璃状）材料。一些无机固态电解质是通过薄膜沉积技术制备的，但对于其他材料，这些粉末很难制备成具有商业吸引力的大面积、薄的用于电化学电池的固态电解质。

20 世纪 90 年代初，美国橡树岭国家实验室发明的 LiPON 薄膜玻璃状固态电解质是薄膜电池中使用最广泛的固态电解质[128]。根据 Bates 的主要观点，向玻璃结构中添加氮可能会提高锂玻璃的化学稳定性和热稳定性，如同磷酸钠和硅酸钠玻璃一样。使用氮气工艺气体从 Li_3PO_4 陶瓷靶通过射频（RF）磁控溅射沉积 Li_3PO_4 电解质以形成等离子体[129-130]。薄膜为非晶态，无任何柱状微结构或边界。氮/氧比例低于 0.1，离子电导率为 10^{-6} S/cm，比无氮 Li_3PO_4 玻璃膜高约 40 倍。更重要的是，锂的阳离子迁移数为 1，电化学稳定性扩展到 5.5V（相对于 Li/Li^+），并且 LiPON 在升高的温度下与 Li 接触时都是稳定的[21]。尽管电导率比许多液体电解质低三个数量级，但因为 $1\mu m$ 厚的薄膜足以在大多数薄膜电极上形成无针孔的屏障。此外，LiPON 的电阻率非常高，大于 $10^{14}\Omega\cdot cm$。因此，LiPON 可满足薄膜电池的要求，但不适用于需要较厚电解质的大型电池。

已知多种无机电解质具有不同的导电性和性能（图 17B.10）[131-135]。据报道，一些基于硫化物的无机电解质，如 $Li_7P_3S_{11}$、$Li_{10}GeP_2S_{12}$（LGPS）和 $Li_{9.54}Si_{1.74}P_{1.44}S_{11.7}Cl_{0.3}$ 在 25℃条件下，具有高于 10^{-2} S/cm 的异常导电性[131,135-139]。然而，大多数硫化物在与锂以及限制其使用的正极[140-142] 接触时稳定性较差。相比之下，石榴石状 $Li_5La_3M_2O_{12}$（M＝Ta、Nb、Ba 或 Zr）等氧化物材料受到了广泛关注，因为据报道它们对锂和普通正极材料都具有优异的稳定性，但其相对较低的导电性（约 10^{-5} S/cm）也限制了其适用性[131,135,143]。

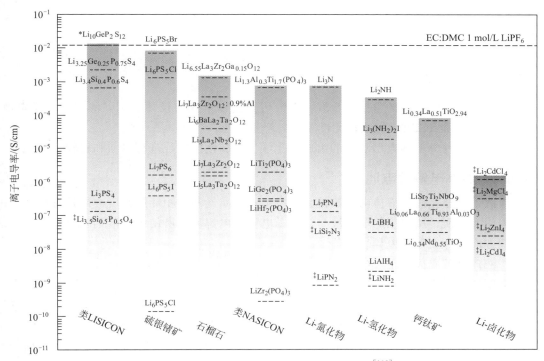

图 17B.10　无机电解质在室温下的电导率[132]
1mol/L EC/DMC-$LiPF_6$ 的电导率显示为虚线以进行比较

其他无机固态电解质包括 Li_3N、氢化物（如 $LiBH_4$、$LiBH_4$-LiX、$LiNH_2$ 等）、卤化物（如 LiI、Li_3OCl 等）和硼酸盐或磷酸盐（如 $Li_2B_4O_7$、Li_3PO_4 等）[135]。氢化物与锂稳定，晶界电阻低，但对水分敏感，与许多正极不相容。卤化物也具有类似的特性。所有这些材料往往具有相对较低的环境温度电导率（10^{-8}～10^{-4} S/cm）。

注意，第一性原理计算预测大多数无机电解质具有有限的电化学稳定性（图 17B.11）[144]。有人认为，在某些情况下实验观察到的良好稳定性并非来自固有的热力学稳定性，而是来自缓慢的反应动力学，以及无机电解质和电极之间形成的界面相（反应生成）[144]。

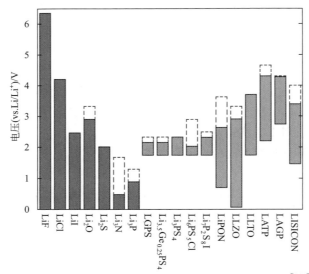

图 17B.11 无机电解质和其他材料的电化学稳定性窗口[144]
第一性原理计算结果用纯色条表示；使材料完全脱锂的氧化电位用虚线标出

17B.3 电池设计和比较

如上所述，不同类型的室温锂金属蓄电池可分为以下三个设计类别：液体电解质电池；固体聚合物电解质（SPE）电池；无机固态电解质电池。

下面对这三种类型的典型示例的组成、化学反应和性能特征进行总结和比较。

17B.3.1 液体电解质电池

与锂离子电池相比，液体电解质锂金属蓄电池在质量和体积能量密度方面具有优势，因此深受关注。然而，所使用的电解液与锂离子电池的电解液在所使用的溶剂和盐以及盐浓度和添加剂方面均存在显著差异。

（1）液体电解质插层正极电池

如上所述，可用于锂离子可充电电池的插层正极材料也可用于锂金属蓄电池（见本书 3A 和 17A 部分）。发展商用电池的主要障碍是控制循环过程中锂负极的表面形态。遗憾的是，针对锂负极优化的电解质，往往会导致同一电解质在与高压金属氧化物正极搭配时表现出不利特性。对于传统的非质子溶剂型电解质，锂析出/剥离库仑效率（CE）强烈依赖于所使用的溶剂（图 17B.12）、盐（图 17B.13）和添加剂（例如 VC、FEC 等）[145]。

通常情况下，此类电解液的库仑效率（CE）保持在 96% 以下，这导致锂负极快速降

图 17B.12 包含 1mol/L LiPF$_6$ 电解液的锂沉积形态的 SEM 图像（库仑效率以百分比表示）[145]

(a) PC；(b) EC；(c) DMC 和（d) EMC

图 17B.13 包含 1mol/L PC-LiX 电解液的锂沉积形态的 SEM 图像（库仑效率以百分比表示）[145]

(a) LiBOB；(b) LiPF$_6$；(c) LiAsF$_6$；(d) LiTFSI；(e) LiI；(f) LiDFOB；(g) LiBF$_4$；(h) LiCF$_3$SO$_3$；(i) LiClO$_4$

解。然而近年来，锂金属沉积的一个新的焦点在高浓度电解质（没有或很少有不协调的溶剂）方面获得了关注。2008 年的一份早期报告表明，提高 PC-LiTFSI 电解液中的盐浓度会抑制沉积过程中的树枝状锂生长，并提高锂的可循环性[146]。但 CE 仍然较低，仅实现了有限数量的循环次数（50 次）。2015 年，Qian 和其同事证明，通过用二甲醚（DME）代替聚碳酸酯（PC）溶剂，以及用 LiN(SO$_2$F)$_2$ 或 LiFSI 代替 LiTFSI 并使用高浓度盐（≥4mol/

L），有可能形成结节状（非枝晶）Li[147]。Li-Li "对称"电池可以以 10mA/cm² 的电流密度循环超过 6000 次，而 Cu-Li 电池（在铜集流体上沉积）可以以 4mA/cm² 的电流密度循环超过 1000 次，平均 CE 为 98.4%。进一步证明，"无负极" Cu-LiFePO₄ 电池（其中所有 Li 最初都在正极中）可以以高于 99.8% 的极高 CE 进行循环[148]。然而，这篇论文指出，要在 1000 次或更多次循环（每次循环 100% 的锂利用率）内保持电池初始容量的 80% 以上，CE 需要高于 99.9%。虽然这样的 CE 可能无法实现，但可以使用这些电解质制备实用的电池，并且最初供给电池的过量锂量大大减少。另一组也报道了对高浓度电解质有利的锂金属循环，例如用于 Li-LiFePO₄ 电池的 2mol/L DME-LiFSI ＋ 2mol/L DME-LiFTFSI [LiN (SO₂F) (SO₂CF₃)][149]。但是请注意，对于前面提到的 1mol/L DOL-LiAsF₆ 电解质（具有 TBA 稳定剂）[23] 以及具有 1,4-二噁烷（DX）的电解质，例如 1mol/L DX/DME（体积比 1：2）-LiFSI[150]，也实现了这种具有优异锂循环能力的结节状形态。

尽管离子液体（ILs）基电解质具有异常的氧化稳定性［高于 5V（vs. Li/Li⁺）］，但当与插层正极在高电压下使用时［如 4.6～4.8V（vs. Li/Li⁺）］，并不一定具有相应的稳定性[151]。虽然当电池以较低的上限电压［如 4.2V（vs. Li/Li⁺）］和中等倍率（如 C/8 倍率）进行循环时，可以实现相对稳定的循环[152]。此类电解质与某些电池组件的润湿性较差，因此需要使用针对此类应用优化的隔膜[153]。为了克服润湿性和离子传输的限制，已经做出了努力来配制由离子液体（ILs）、LiX 和一种或多种非质子溶剂的混合物组成的电解质。

（2）液体电解质锂硫电池

锂硫（Li-S）电池是目前可用的能量最高的锂金属密封可充电电池。硫黄价格低廉，无毒。锂硫电池优点是将最高容量的负极（Li 金属）和正极（硫）结合在一起，从而产生极高的理论比能量（2500W·h/kg）。然而，对于实际电池来说，只有一小部分是可以实现的。商用电池的比能量为 360W·h/kg，但锂硫电池的体积能量密度（W·h/L）和循环寿命相对较低。锂硫电池的详细评估表明，这些电池要与锂离子电池竞争，需要具备以下特征：硫负载（必须）≥6mg/cm²，硫含量≥70%，硫利用率≥80%，E/S（电解质/硫）质量比为 3/1 或更低（更好）[154-156]。文献中报道的大多数电池测试没有使用可比的测试条件，当使用含硫量低且电解液过量的薄正极进行测试时，新锂硫材料评估的有利结果通常不在上述所需电池条件下保持[157-159]。因此，锂硫电池的大部分科学"进步"无法用于实际电池。评估的另一个复杂因素来自应用的测量协议。因为已经证明，锂硫电池的倍率放电能力评估不仅对应用电流敏感，而且对电池的循环次数及日历过程也敏感[160]。

锂硫电池的电解液优化一直具有挑战性[161-163]。尽管硫基正极的工作电压相对较低（因此不需要具有极高氧化稳定性的材料），但自由基硫化学副反应、锂负极循环不良、Li₂Sₓ 多硫化物在电解质中的溶解以及硫的再分配，阻碍了长循环寿命的实现。Bryantsev 及其同事发表了两项关于锂-空气电池溶剂稳定性的研究，由于氧和硫自由基反应的相似性，这些研究可能与锂硫电池也有很强的相关性[164-165]。对于液体电解质而言，减少/消除多硫化物溶解的方式包括使用基于离子液体的电解质[85,166]，以及高浓度的电解质配方中含有或不含有氟化溶剂［如氢氟醚（HFE）］，包括乙腈（AN）-LiTFSI-HFE（摩尔比 2：1：1）、四乙二醇二甲醚（G4）-LiTFSI-HFE（摩尔比 1：1：4），以及 0.5mol/L 二乙二醇二甲醚（G2）-LiTFSI＋3mol/L G2-LiNO₃[167-169]。

对于商用电池，美国 Sion 电力公司（Sion Power Corporation）是无人机（UAV）应用领域高能锂硫电池的主要开发商。目前，该公司锂硫电池的容量为 2.8A·h，比能量为 350 W·h/kg。有关该公司锂硫电池的更多信息，请参阅本手册的上一版。

17B.3.2　固体聚合物电解质电池

固体聚合物电解质（SPE）锂电池全部由固态组件构成：锂作为负极材料；薄固体聚合物电解质（SPE）膜作为固态电解质/隔膜，并且通常是嵌入型正极（具有过渡金属硫化物、氧化物或磷酸盐）或基于硫的正极。这些特性提供了以下优势：固态电解质降低锂的活性，提高了安全性；由于电池可以制造成各种尺寸和形状，因此设计上具有灵活性；能量密度高。负极（通常包含一些 SPE）和 SPE 膜被涂覆到集流体上，形成一个薄板，称为负极层压板。然后，将锂金属箔施加到负极层压板上以形成具有 SPE 的层状结构，SPE 将锂与正极分离。这些电池通常使用具有高比表面积的薄组件，以最小化内阻并补偿 SPE 较低的导电性；厚度取决于特定电池设计和所需容量。较厚的层压板可提供较高的单位面积电极容量，但在较高的电流消耗下效率较低。相对于使用液体电解质和惰性多孔聚合物隔膜的标准电池，锂金属聚合物（LMP）电池有以下两个主要优点：

• 电极层和电解质层是层压的（通常这些层是经过加热和挤压的），因此允许更多不同的电池形状而不会失去接触；

• 即使添加低分子量（液体）增塑剂以在环境温度和亚环境温度下获得高导电性，电池中也不存在游离液体，从而防止泄漏问题。

（1）嵌入正极聚合物电解质电池

Avestor 公司从事 SPE 电池的开发、制造和商业化。该系列电池采用锂金属负极，用于固定通信市场和电动汽车应用。LMP 电池由以下四种薄材料制成：

• 金属锂箔负极，超薄锂箔（厚度小于 $50\mu m$）同时充当锂源和集流体；

• SPE，通过将锂盐（LiTFSI）溶解在溶解性（类 PEO）共聚物中获得；

• 金属氧化物正极，基于氧化钒（V_3O_8）的可逆嵌入化合物，与锂盐和聚合物混合以形成塑性复合材料；

• 铝箔集流体。

固体、干燥、锂离子导电的 PEO 聚合物膜既可用于电解质，也可用于负极和正极箔之间的隔膜，可制成固态电化学电池，既没有液体成分，也没有凝胶成分[170]；电池的工作电压为 2.0～3.1V，最低工作温度为 60℃。电池模块包含热管理控制系统。这些模块配备了电池均衡和平衡功能，以将所有电池保持在 3.1V（统一浮动电压）。安全系统，如充电控制和断开开关，被集成在一起，以防止在异常条件下运行。该模块还具有一个机械压力子系统，以确保负极和电解质之间界面的稳定性。如果锂析出速率低，机械压力系统（50～100psi）只能保持锂箔表面的均匀性。因此，充电电流被限制在 C/8 倍率的最大值，以防止电池更快速地退化，从而导致电池寿命缩短[170]。

Avestor 公司的主要产品是 80A·h 的 SE48S80 电池，工作电压为 48V。2006 年 8 月，该公司生产并出货了 20000 只电池。当时 Avestor 公司表示，已经与北美的主要电信服务提供商签订了数百万美元的长年合同。然而 2006 年 10 月该公司被关闭；直至 2007 年 3 月，Avestor 公司被 Bathium 公司（现为加拿大 BlueSolutions 公司）收购。后者随后开发并商业化 LMP 电池，为欧盟电动汽车项目 "Blue Car" 提供动力。Blue Solutions 公司的 LMP 电池[5] 不含重金属和有毒液体，可被完全回收。负极、正极和 SPE 电解质薄膜（几十微米厚，宽度随应用而变化）通过挤压生产，然后组装成电池。其使用 $LiFePO_4$ 正极活性材料。SPE 电池的最佳电导率温度范围在 70~80℃ 之间，采用方形设计以实现高容量（75A·h）。串联电池的模块设计灵活，可用于各种应用；然后，通过几个模块创建一个电池组。"Blue Car"项目的车辆，35 kW·h 电池组包含 6 个 5.8 kW·h 模块（每个模块包含 20 只电池），包装轻巧、紧凑（质量比能量和体积比能量分别为 100W·h/kg、100W·h/L）。该电池通常在 70℃ 下工作。但据估计，车载应用的温度可降至 60℃，静止应用的温度可降至 50℃。在正常使用情况下，LMP 电池的使用寿命超过 3000 次循环（在移动驱动应用中使用时，电池失去 20％ 的额定容量后，可以重新分配，以便在功率要求较低的固定应用中使用）。然而在 2017 年，法国 Bolloré 子公司 Blue Solutions 公司生产的 SA LMP 电池（表 17B.1）[5,171] 与其他电动汽车电池相比没有成本竞争力，因此这些 LMP 电池主要被转移到公共汽车、其他服务和固定储存方面，而不再用于电动汽车[172]。

表 17B.1　Bolloré 子公司 Blue Solutions 公司生产的 SA LMP 电池特性[5]

项目	数值
能量/kW·h	35
峰值功率(30s)/kW	45
标称电压/V	410
最小、最大电压/V	300、450
容量(C/4 倍率)/A·h	75
质量比能量/(W·h/kg)	100
体积比能量/(W·h/L)	100
质量/kg	300
体积/L	300

Monroe 和 Newman 发表的成果[38,173,174] 引发了对一类新型 SPE 的研究，具有高弹性模量（约 1GPa）的 SPE 通过计算预测将抑制或消除枝晶的形成。由于聚合物的链段运动对于离子迁移率非常重要，高电导率和高模量几乎成为高聚物电解质相互矛盾的目标。例如，PEO 的弹性模量小于 1MPa，而聚苯乙烯等玻璃态聚合物的弹性模量非常高（约 3GPa），但不传导锂离子。Niitani 及其同事[175-176] 于 2005 年和 Balsara 及其同事[177] 于 2007 合成了所谓"SEO"型聚苯乙烯/PEO 嵌段共聚物，以获得满足锂金属蓄电池要求的高模量 SPE。在这些纳米结构电解质中，含有溶解盐的 PEO 相是共聚物的离子导电部分，而聚苯乙烯则提供高弹性模量。

嵌段共聚物可自组装成明确的结构，如具有几十纳米微区间距（domain spacing）的薄片或圆柱体，具体取决于每个嵌段的分子量和体积分数，电导率在一定程度上取决于 PEO 链段的分子量。由于"SEO"型 SPE 的导电性较低，有必要使电池在高温（如 90℃）下工作[178]。尽管可以增加"SPE"基的锂枝晶穿透时间（相对于 PEO 电解质），但仍然会发生锂穿透（图 17B.14）[178]。

研究发现，Li-Li 对称电池的循环会由于枝晶（或 Li 球）短路而导致低阻抗电池故障[179-180]。而在 Li-LiFePO_4 电池中测试的高阻抗电池故障是由电极从刚性 SPE 电解质分层造成的[181]。成立于 2007 年的初创公司 Seeo Inc.[182] 试图将基于"SEO"型 SPE 的电池商业化，但未能获得成功，并于 2015 年被博世公司收购。

已经有许多关于采用 SPE 的锂金属蓄电池的报道[133,183-184]。一种获得显著成功的方法是将离子液体（ILs）添加到基于 PEO 的电解质中以改善其 Li^+ 传输性能[185-187]。使用

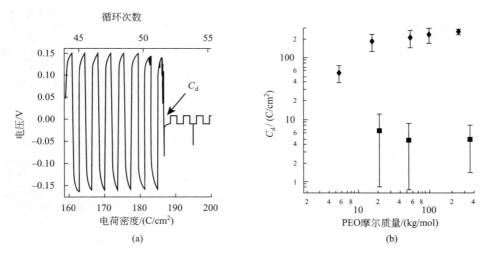

图 17B.14 "SEO"型电解质的典型 Li-Li 电池循环（由 C_d 指示短路）（a）和循环数据
显示 C_d 是"SEO"型电解质（菱形）和 PEO 电解质（方形）的分子量的函数（b）

PEO-LiX-ILs 的固体聚合物电解质（SPE）工作温度可从 60℃ 降至 40℃（相对于使用 PEO-LiX 的电池）。此类电池可使用锂金属负极进行数百次循环而容量衰减减少（图 17B.15）[188]。但电解质相对较低的电导率和锂电解质界面的高阻抗限制了此类电池的倍率性能，而 PEO 的加入限制了这些电解质在较低电压［小于 4.0V（vs. Li/Li$^+$）］正极（如 LiFePO$_4$ 和 V$_2$O$_5$）中的使用[188-192]。

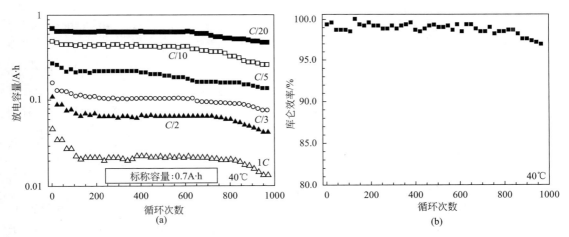

图 17B.15 Li/LiFePO$_4$ LMP 电池（0.7A·h）原型在 40℃ 和不同电流速率下使用
PEO-LiX-ILs 固体聚合物电解质的放电容量（a）和库仑效率（b）变化[188]

PEO 可以用其他聚合物代替。例如，当在 25℃ 以低倍率（如 C/10 倍率）循环时，在 PVDF 聚合物中含有 ILs-LiX 混合物的 SPE 在 Li-LiMn$_2$O$_4$ 电池中表现相当好［高达 4.3V（vs. Li/Li$^+$）］[193]。注意，对于此类电解质，通过 SPE 的 Li 枝晶生长仍然是可能的，但加入 ILs 抑制了生长速率（图 17B.16）[194]。

（2）聚合物电解质锂硫电池

硫和多硫聚合物可以硫化不饱和聚合物，可以取代氟化聚合物中的氟（形成硫醇）[162]。

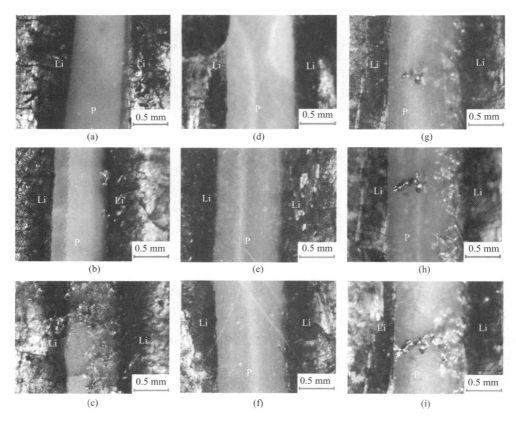

图 17B.16　在 0.5mA/cm^2 和 60℃ 下循环的 Li-Li 对称电池的 SPE 中的锂枝晶生长时间（t）[194]

对于 Li-P(EO)$_{18}$-LiTFSI/Li 电池：（a）0h；（b）15h；（c）20h；对于 Li-P(EO)$_{18}$-LiTFSI-ILs/Li 电池：

（d）0h；（e）30h；（f）35h；（g）45h；（h）65h；（i）75h

因此，将 SPE 用于锂硫电池的许多努力都集中在稳定的聚合物上，如 PEO；但 PEO-LiX 电解质的低电导率仍然存在问题。一种替代方法的实例是 poly（DDA）TFSI-ILs-LiTFSI 电解质，其中 DDA 代表二烯丙基二甲基铵（diallyldimethylammonium）。该电解质可同时用于隔膜和黏结剂（在正极中）[195]。然而，这种电解质仍然不能阻止多硫化物在 SPE 中的溶解或与锂负极的反应。

17B.3.3　无机固态电解质电池

由于这种电池结构具有诸多潜在优势，包括高安全性（不易燃）、锂离子迁移数接近 1、物理阻碍多硫化物溶解/迁移、高能量密度和可定制的电池配置，因此全球范围内都在大力研发采用新型无机固态电解质的大容量全尺寸电池。然而，这方面的挑战仍然存在。尽管人们认为，对于采用锂金属负极的电池，可以通过使用无机固态电解质来防止锂枝晶的生长，但这往往并不准确，因为锂枝晶会通过晶界和/或固态电解质中的空隙/裂纹生长[196-198]。人们通常认为这种电池没有锂枝晶，但几乎没有实验证据来验证这一观点。因此，有必要研究在各种循环条件下锂金属-固态电解质界面的锂枝晶形成行为。此外，尽管非常薄的陶瓷或玻璃状无机电解质可以制成柔性的，但这并不一定能防止缺陷的产生和裂纹的缓慢扩展（例如，铜线很柔韧，但反复弯曲就会断裂）。因此，在电池多次循环时，由电极内部和电极-电解质界面上的活性材料体积变化引起的机械滥用或应力可能会导致陶瓷材料因裂纹而失效。

非常薄的材料也更容易出现针孔和其他缺陷，这些缺陷可能导致锂枝晶短路，尤其是大规模生产的薄陶瓷隔膜。

综上所述，硫化物基无机固态电解质往往具有非常高的离子导电性，但此类电解质在与锂接触时本质上不稳定。相比之下，氧化物基无机电解质的电导率较低，但与锂接触时更稳定。因此，导电性和稳定性之间需要权衡。由于硫化物基电解质的柔性/延展性，不需要高温处理；但氧化物基电解质是刚性的，需要进行高温处理，如烧结。但是，所有无机固态电解质（包括硫化物），由于接触不良以及化学转化和/或与电极反应降解而形成表面电阻层，其与电极之间具有较高的界面电阻[144]。特别是许多无机固态电解质需要粉末致密化过程，而作为常用手段的高温热处理存在困难[199]。在合成的众多氧化物导体中，石榴石 LLZO（$Li_7La_3Zr_2O_{12}$）因其高锂离子电导率（25℃时大于 $10^{-4}S/cm$）、稳定的电化学性能（与锂的低反应性）和低晶界电阻而深受关注。然而，石榴石在与水分接触时不稳定，在所需的高温处理过程中（1100℃以上）分解为电导率较低的四方相或 $La_2Zr_2O_7$（锂挥发），从而在电解质表面形成电阻层[199]。玻璃陶瓷无机固态电解质，如 LAGP [$Li_{1.5}Al_{0.5}Ge_{1.5}(PO_4)_3$] 和 LATP [$Li_{1.4}Al_{0.4}Ti_{1.6}(PO_4)_3$] 具有高导电性（$>10^{-4}S/cm$），可在 800℃的较低温度下烧结。这些玻璃陶瓷氧化物电解质也具有抗湿稳定性，但它们与锂接触时会分解，在热处理过程中与电极材料具有高反应性。化学/电化学稳定性、高接触电阻、枝晶生长、循环过程中的机械稳定性以及加工困难，阻碍了使用无机固态电解质的大型电池（相较薄电池而言）的商业化。

（1）嵌入式正极的无机电解质电池

许多小型薄膜锂金属蓄电池已实现商业化，用于便携式应用，如电子设备电源、存储器备份和其他类型的辅助电源。薄膜、全固态电池基于 Bates 等[200] 开发的技术，通过一系列物理气相沉积工艺制造。相似之处在于使用 LiPON 玻璃电解质，该电解质应用于各种正极薄膜上。主要问题是固态电解质的离子电导率低和电极-固态电解质界面的电荷转移阻抗大。

对于典型的薄膜固态锂电池，每个组件层的厚度为 $0.1\mu m$ 至几微米[201]。理想情况下，基板也是装置的一个组件；否则，即使基板非常薄，电池的质量和体积也很大程度上取决于非活性支撑。薄膜电池已开发使用多种载体，包括硅、石英、云母、氧化铝、聚合物、钠钙玻璃和金属箔。许多电池不仅薄而且非常柔韧[202]。这些电池中电池组件（正极、电解质、负极）是通过射频磁控溅射技术逐层沉积；金属锂层是通过蒸发法制备的；金属集流体则是通过直流（DC）磁控溅射沉积的。$LiCoO_2$[200] 和 LiPON 电解质的沉积条件在文献中有报道[203]。使用了 Au 或 Pt（$0.1\sim0.3\mu m$）正极集流体，覆盖在一层钴（$0.01\sim0.05\mu m$，以提高附着力）上。已经制造了使用 $LiCoO_2$ 或 $LiMn_2O_4$ 正极材料的电池。实验室测试电池的正极层厚度通常为 $0.05\sim5\mu m$，面积为 $0.04\sim25cm^2$，具体取决于应用所需的容量。Cu、Ti 或 TiN（$0.1\sim0.3\mu m$）是典型的负极集流体。为了提高电池的气密性，使用了 LiPON（$1\mu m$）或聚对二甲苯（$6\mu m$）[204]，以及 Ti 或 Al（$0.1\mu m$）的保护涂层。

这些 LiPON 电池的容量取决于正极材料、涂层厚度、正极结晶度和其他加工条件。本手册的上一版曾提供了典型结果。厚 $LiCoO_2$ 正极容量为最高。容量通常由有效电池面积来评定，但研究表明[205] 电池质量比能量在 1kW/kg 时可以达到 100W·h/kg，体积比能量在 1kW/L 时可以达到 100W·h/L（不包括基板质量和体积）。使用 LiPON 薄膜的电池的倍率性能强烈依赖于正极，$LiCoO_2$ 对于大功率应用具有吸引力。此外，电极-电解质界面的电荷转移会影响充放电速率[207]。使用替代电极材料，如 $Li_4Ti_5O_{12}$（一种在锂化过程中具有零应变的嵌入材料[208]），已证明可提供更快速的动力学。从美国橡树岭国家实验室的早期开发开始，商业化进程迅速，至少进行了六次商业化努力。电池可以从这些公司获得（如 Infinite Power Solutions and Front Edge Technology Inc.）[209-210]。

（2）无机电解质锂硫电池

所有固态锂硫电池都是采用无机电解质制备的，部分原因是可提高安全性、增加能量密度、防止多硫化物溶解和迁移到负极[211-214]。这种电池配置的困难包括负极的体积变化，以及 C-S 正极的体积变化。其化学不相容性通常会导致高界面接触电阻。如上所述，锂枝晶穿透无机电解质也是一个挑战[215]。

17B.3.4 混合电解质电池

使用单一电解质来满足与锂负极和正极（使用不同的嵌入式正极或硫正极）稳定循环相关的许多要求非常困难。因此，人们致力于使用混合电解质，其目的是利用不同电解质的有利特性（参见本书 22A 部分）。

将石榴石无机电解质（如 LLZO）颗粒与 SPE（如 PEO-LiX）结合的混合 SPE 无机电解质就是一个实例[216-218]。此类电解质不需要高温烧结，不易燃，不发生机械衰减，并与电极保持低接触电阻。它们可与嵌入式正极（如 $LiFePO_4$）[219-221]（由于 PEO 的氧化稳定性有限，仍限于较低电压正极）的所有固态锂电池以及锂硫电池一起使用[222]。一种有趣的变体是含有 PEO-LLZO 的电解质，但不添加 LiX 盐[223]。锂电池可以采用这种电解质和具有合理循环稳定性的 $LiFePO_4$ 或 $LiFe_{0.15}Mn_{0.85}PO_4$ 正极。请注意，由于混合电解质的低电导率，所有这些混合电解质都需要在高温（例如 60℃）下进行电池循环。

17B.4 应用和性能

Sion Power® 公司正在扩展其新的 Licerion® 锂金属蓄电池技术，包括锂离子嵌入正极。该技术的核心是受保护的金属锂薄膜负极，具有多层次的物理和化学保护，以提高锂金属负极的安全性和寿命。其物理保护由陶瓷聚合物复合膜提供（图 17B.17）。它与专门的电池设计和电解质体系相结合，以提供平滑、无枝晶的锂剥离和再沉积。

在与 BASF（巴斯夫）公司合作下，Sion Power® 公司展示了这项技术的潜力，Licerion® 电池的商业化生产于 2018 年在位于亚利桑那州图森市的工厂开始。单只 Licerion® 电池的尺寸为 10cm×10cm×1cm，容量为 25A·h，提供最高的体积比能量

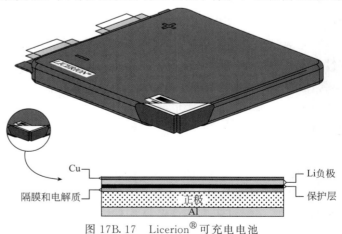

图 17B.17 Licerion® 可充电电池
外形尺寸为 10cm×10cm×1cm，电池容量为 25A·h

和质量比能量（分别超过 1000W·h/L、500W·h/kg）。2017 年，Licerion® 电池的 100％ DOD 循环寿命在 500W·h/kg 时达到近 350 次循环（图 17B.18）。该公司技术主要针对电动汽车、垂直起降无人机（VTOL）以及城市航空运输的各种电池应用。

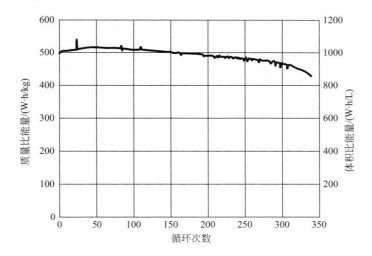

图 17B.18　Licerion® 电池在 C/4 倍率放电和 C/12 倍率充电下的循环行为

100％DOD 循环到 80％ 的额定容量；预计的质量比能量和体积比能量，采用 10cm×10cm×1cm 电池设计；使用与实验室 0.4A·h 电池相同的活性材料平衡，并考虑所有大型电池组件的质量和体积

SolidEnergy 公司使用超薄锂负极和 NMC 正极。对于 450W·h/kg 和 1200W·h/L 的 3A·h 电池，其质量比能量和体积比能量极高（图 17B.19），这大大减小了电池相对于同类锂离子电池的尺寸（图 17B.20）[224]。传统隔膜与浓电解液配合 NMC 正极使用，保护涂层（固态电解质）用于稳定锂负极（图 17B.21）[224]。最初的 Hermes™ 电池（用于太空的高能锂金属蓄电池）设计可用于高空长航时（HALE）、垂直起降运输和无人机等应用[224]。

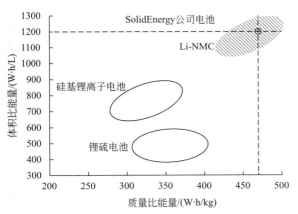

图 17B.19　SolidEnergy 公司质量比能量和体积比能量与其他电池技术的比较[223]

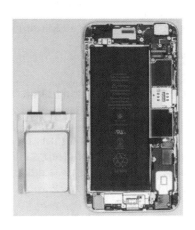

图 17B.20　SolidEnergy 公司的 3A·h 锂金属电池（左）与 iPhone 6 Plus 手机的 3A·h 锂离子电池（右）对比（尺寸减半，重量减半）[223]

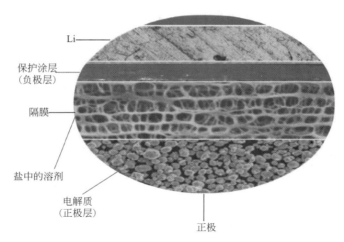

图 17B. 21　SolidEnergy 公司使用混合电解质的半固态锂金属电池设计[223]

17B. 5　结论

超高能量储存设备的开发将为社会的许多迫切需求提供解决方案。市售锂金属蓄电池体积小、性能优良，其温度稳定性、循环寿命和安全性方面的限制正在得到解决。较大尺寸的电池（高于 3A·h）仍在开发中或处于早期商业化阶段。未来可能会有一系列高容量锂金属蓄电池实现商业化，其性能指标将满足市场需求。

参考文献

1. A. Varzi, R. Raccichini, S. Passerini, and B. Scrosati, *J. Mater. Chem. A* **4**, 17251 (2016).

2. M. B. Armand, J. M. Chabagno, and M. Duclot, "Extended Abstracts," *2nd Int. Meeting on Solid Electrolytes*, St. Andrews, Scotland, Sept. 1978.

3. M. B. Armand, J. M. Chabagno, and M. Duclot, in *Fast Ion Transfer in Solids*, P. Vashishta (ed.), p. 131, North Holland, New York, 1979.

4. M. Gauthier, D. Fauteux, G. Vassort, A. Bélanger, M. Duval, P. Ricoux, and J.-M. Chabagno et al., *J. Electrochem. Soc.* **132**, 1333 (1985).

5. Blue Solutions Registration Document 2016. https://www.blue-solutions.com/wp-content/uploads/2017/01/0612_BLUE_1701280_DR_2016_GB_MEL.pdf.

6. K. M. Abraham, J. L. Goldman, and M. D. Dempsey, *J. Electrochem. Soc.* **128**, 2493 (1981).

7. M. W. Rupich, L. Pitts, and K. M. Abraham, *J. Electrochem. Soc.* **129**, 1857 (1982).

8. K. M. Abraham, J. S. Foos, and J. L. Goldman, *J. Electrochem. Soc.* **131**, 2197 (1984).

9. G. L. Holleck and T. Nguyen, U.S. Patent 4,911,996 (1990).

10. K. M. Abraham, D. M. Pasquariello, and E. B. Willstaedt, *J. Electrochem. Soc.* **136**, 576 (1989).

11. D. Fouchard, in *Proc. 33rd Power Sources Symp.*, The Electrochemical Society, Pennington, NJ, 1988.

12. J. A. R. Stilb, *J. Power Sources* **26**, 233 (1989).

13. L. Dominey, in *Non-Aqueous Electrochemistry*, D. Aurbach (ed.), Chap. 8, pp. 437–460, Marcel Dekker, New York, 1999. Also see "Cellular Phone Recall May Cause Setback for Moli," *Toronto Globe and Mail*, August 15, 1989 and *Adv. Batt. Technology* **25**, 4 (1989).

14. P. Dan, E. Mengeritsky, Y. Geronov, D. Aurbach, and I. Weissman, *J. Power Sources* **54**, 143 (1995).

15. D. Aurbach, I. Weissman, A. Zaban, Y. Ein-Eli, E. Mengeritsky, and P. Dan, *J. Electrochem. Soc.* **143**, 2110 (1996).

16. D. Aurbach, E. Zinigrad, H. Teller, Y. Cohen, G. Salitra, H. Yamin, and P. Dan et al., *J. Electrochem. Soc.* **149**, A1267 (2002).

17. K. W. Semkow and A. F. Sammells, *J. Electrochem. Soc.* **134**, 2084 (1987).

18. K. M. Abraham and Z. Jiang, *J. Electrochem. Soc.* **143**, 1 (1996).

19. K. M. Abraham, *ECS Trans.* **3**, 67 (2008).

20. R. D. Rauh, K. M. Abraham, G. F. Pearson, J. K. Surprenant, and S. B. Brummer, *J. Electrochem. Soc.* **126**, 523 (1979).

21. X. Yu, J. B. Bates, G. E. Jellison, Jr., and F. X. Hart, *J. Electrochem. Soc.* **144**, 524 (1997).

22. D. Linden, *Handbook of Batteries,* 2nd ed., McGraw-Hill, Inc., New York, 1995, p. 36.9.

23. E. Zinigrad, E. Levi, H. Teller, G. Salitra, D. Aurbach, and P. Dan, *J. Electrochem. Soc.* **151**, A111 (2004).

24. J. Steiger, D. Kramer, and R. Mönig, *J. Power Sources* **261**, 112 (2014).

25. R. R. Chianelli, *J. Crystal Growth* **34**, 239 (1976).

26. https://areweanycloser.wordpress.com/2013/06/21/dendritic-lithium-and-battery-fires/.

27. D. P. Wilkinson, H. Blom, K. Brandt, and D. Wainwright, *J. Power Sources* **36**, 517 (1991).

28. D. Wainwright and R. Shimizu, *J. Power Sources* **34**, 31 (1991).

29. D. P. Wilkinson and D. Wainwright, *J. Electroanal. Chem.* **355**, 193 (1993).

30. B. Wu, J. Lochala, T. Taverne, and J. Xiao, *Nano Energy* **40**, 34 (2017).

31. R. Selim and P. Bro, *J. Electrochem. Soc.* **121**, 1457 (1974).

32. I. Epelboin, *J. Electrochem. Soc.* **127**, 2100 (1980).

33. I. Yoshimatsu, T. Hirai, and J. I. Yamaki, *J. Electrochem. Soc.* **135**, 2422 (1988).

34. J. Steiger, D. Kramer, and R. Mönig, *Electrochim. Acta* **136**, 529 (2014).

35. X.-B. Cheng, C. Yan, J.-Q. Huang, P. Li, L. Zhu, L. Zhao, and Y. Zhang et al., *Energy Storage Mater.* **6**, 18 (2017).

36. K. N. Wood, M. Noked, and N. P. Dasgupta, *ACS Energy Lett.* **2**, 664 (2017).

37. K.-H. Chen, K. N. Wood, E. Kazyak, W. S. LePage, A. L. Davis, A. J. Sanchez, and N. P. Dasgupta, *J. Mater. Chem. A* **5**, 11671 (22017).

38. C. Monroe and J. Newman, *J. Electrochem. Soc.* **150**, A1377 (2003).

39. A. Ferrese and J. Newman, *J. Electrochem. Soc.* **161**, A1350 (2014).

40. M. Gauthier, A. Belanger, and A. Vallee, U.S. Patent 6,007,935 (1999).

41. T. Hirai, I. Yoshimatsu, and J. Yamaki, *J. Electrochem. Soc.* **141**, 611 (1994).

42. T. Hirai, I. Yoshimatsu, and J. Yamaki, *J. Electrochem. Soc.* **141**, 2300 (1994).

43. E. Eweka, J. R. Owens, and A. Ritchie, *J. Power Sources* **65**, 247 (1997).

44. L. Gireaud, S. Grugeon, S. Laruelle, B. Yrieix, and J.-M. Tarascon, *Electrochem. Commun.* **8**, 1639 (2006).

45. H. J. Chang, N. M. Trease, A. J. Ilott, D. Zeng, L.-S. Du, A. Jerschow, and C. P. Grey, *J. Phys. Chem. C* **119**, 16443 (2015).

46. J.-G. Zhang, W. Xu, and W. A. Henderson, *Lithium Metal Anodes and Rechargeable Lithium Metal Batteries*, Springer International Publishing, 2017, Switzerland.

47. A. Aryanfar, D. J. Brooks, A. J. Colussi, and M. R. Hoffmann, *Phys. Chem. Chem. Phys.* **16**, 24965 (2014).

48. H. Yang, E. O. Fey, B. D. Trimm, N. Dimitrov, and M. S. Whittingham, *J. Power Sources* **272**, 900 (2014).

49. J. Zheng, P. Yan, D. Mei, M. H. Engelhard, S. S. Cartmell, B. J. Polzin, and C. Wang et al., *Adv. Energy Mater.* **6**, 1502151 (2016).

50. Q. Li, S. Tan, L. Li, Y. Lu, and Y. He, *Sci. Adv.* **3**, e1701246 (2017).

51. M.-H. Ryou, Y. M. Lee, Y. Lee, M. Winter, and P. Bieker, *Adv. Funct. Mater.* **25**, 834 (2015).

52. J. Park, J. Jeong, Y. Lee, M. Oh, M.-H. Ryou, and Y. M. Lee, *Adv. Mater. Interfaces* **3**, 1600140 (2016).

53. B. D. Adams, J. Zheng, X. Ren, W. Xu, and J.-G. Zhang, *Adv. Energy Mater.* 1702097 (2017).

54. R. D. Rauh and S. B. Brummer, *Electrochim. Acta* **22**, 75 (1977).

55. R. D. Rauh and S. B. Brummer, *Electrochim. Acta* **22**, 85 (1977).

56. F. W. Dampier and S. B. Brummer, *Electrochim. Acta* **22**, 1339 (1977).

57. J. O. Besenhard, *J. Electroanal. Chem.* **78**, 189 (1977).

58. Z. Li, J. Huang, B. Y. Liaw, V. Metzler, and J. Zhang, *J. Power Sources* **254**, 168 (2014).

59. K. Zhang, G.-H. Lee, M. Park, W. Li, and Y.-M. Kang, *Adv. Energy Mater.* **6**, 1600811 (2016).

60. X.-B. Cheng, R. Zhang, C.-Z. Zhao, F. Wei, J.-G. Zhang, and Q. Zhang, *Adv. Sci.* **3**, 1500213 (2016).

61. A. Mauger, M. Armand, C. M. Julien, and K. Zaghib, *J. Power Sources* **353**, 333 (2017).

62. C. Sun, J. Liu, Y. Gong, D. P. Wilkinson, and J. Zhang, *Nano Energy* **33**, 363 (2017).

63. J. Lang, L. Qi, Y. Luo, and H. Wu, *Energy Storage Mater.* **7**, 115 (2017).

64. T. Tao, S. Lu, S. Fan, W. Lei, S. Huang, and Y. Chen, *Adv. Mater.* 1700542 (2017).

65. X.-B. Cheng, R. Zhang, C.-Z. Zhao, and Q. Zhang, *Chem. Rev.* **117**, 10403 (2017).

66. Y. Guo, H. Li, and T. Zhai, *Adv. Mater.* **29**, 1700007 (2017).

67. S. F. Liu, X. L. Wang, D. Xie, X. H. Xia, C. D. Gu, J. B. Wu, and J. P. Tu, *J. Alloys Compd.* **730**, 135 (2018).

68. X.-B. Cheng, J.-Q. Huang, and Q. Zhang, *J. Electrochem. Soc.* **165**, A6058 (2018).

69. X.-L. Xu, S.-J. Wang, H. Wang, B. Xu, C. Hu, Y. Jin, and J.-B. Liu et al., *J. Energy Storage* **13**, 387 (2017).

70. R. Cao, W. Xu, D. Lv, J. Xiao, and J.-G. Zhang, *Adv. Energy Mater.* **5**, 1402273 (2015).

71. X.-Q. Zhang, X.-B. Cheng, and Q. Zhang, *Adv. Mater. Interfaces* 1701097 (2017).

72. D. Lu, Y. Shao, T. Lozano, W. D. Bennett, G. L. Graff, B. Polzin, and J. Zhang et al., *Adv. Energy Mater.* **5**, 1400993 (2015).

73. S. Jiao, J. Zheng, Q. Li, X. Li, M. H. Engelhard, R. Cao, and J.-G. Zhang et al., *Joule* **2**, 1 (2018).

74. K. G. Gallagher, S. Goebel, T. Greszler, M. Mathias, W. Oelerich, D. Eroglu, and V. Srinivasan, *Energy Environ. Sci.* **7**, 1555 (2014).

75. N. Imanishi and O. Yamamoto, *Mater. Today* **17**, 24 (2014).

76. J. Lu, K. C. Lau, Y. K. Sun, L. A. Curtiss, and K. Amine, *J. Electrochem. Soc.* **162**, A2439 (2015).

77. L. Grande, E. Paillard, J. Hassoun, J.-B. Park, Y.-J. Lee, Y.-K. Sun, and S. Passerini et al., *Adv. Mater.* **27**, 784 (2015).

78. X. Zhang, X.-G. Wang, Z. Xie, and Z. Zhou, *Green Energy Environ.* **1**, 4 (2016).

79. D. Aurbach, B. D. McCloskey, L. F. Nazar, and P. G. Bruce, *Nat. Energy* **1**, 16128 (2016).

80. H. Song, H. Deng, C. Li, N. Feng, P. He, and H. Zhou, *Small Methods* **1**, 1700135 (2017).

81. D. Geng, N. Ding, T. S. A. Hor, S. W. Chien, Z. Liu, D. Wuu, and X. Sun, *Adv. Energy Mater.* **6**, 1502164 (2016).

82. R. D. Rauh, F. S. Shuker, J. M. Marston, and S. B. Brummer, *J. Inorg. Nucl. Chem.* **39**, 1761 (1977).

83. M. Wild, L. O'Neill, T. Zhang, R. Purkayastha, G. Minton, M. Marinescu, and G. J. Offer, *Energy Environ. Sci.* **8**, 3477 (2015).

84. M. Hagen, P. Schiffels, M. Hammer, S. Dörfler, J. Tübke, M. J. Hoffmann, and H. Althues et al., *J. Electrochem. Soc.* **160**, A1205 (2013).

85. J.-W. Park, K. Ueno, N. Tachikawa, K. Dokko, and M. Watanabe, *J. Phys. Chem. C* **117**, 20531 (2013).

86. K. Ueno, J.-W. Park, A. Yamazaki, T. Mandai, N. Tachikawa, K. Dokko, and M. Watanabe, *J. Phys. Chem. C* **117**, 20509 (2013).

87. C. Zhang, A. Yamazaki, J. Murai, J.-W. Park, T. Mandai, K. Ueno, and K. Dokko et al., *J. Phys. Chem. C* **118**, 17362 (2014).

88. J. R. Akridge, Y. V. Mikhaylik, and N. White, *Solid State Ionics* **175**, 243 (2004).

89. Y. V. Mikhaylik and J. R. Akridge, *J. Electrochem. Soc.* **151**, A1969 (2004) and references therein.

90. R. Xu, J. Lu, and K. Amine, *Adv. Energy Mater.* **5**, 1500408 (2015).

91. X. Yu, H. Pan, Y. Zhou, P. Northrup, J. Xiao, S. Bak, and M. Liu et al., *Adv. Energy Mater.* **5**, 1500072 (2015).

92. X. Wang, E. Yasukawa, and S. Mori, *J. Electrochem. Soc.* **146**, 3992 (1999).

93. T. M. Pappenfus, W. A. Henderson, B. B. Owens, K. R. Mann, and W. H. Smyrl, *J. Electrochem. Soc.* **151**, A209 (2004).

94. K. Yoshida, M. Nakamura, Y. Kazue, N. Tachikawa, S. Tsuzuki, S. Seki, and K. Dokko et al., *J. Am. Chem. Soc.* **133**, 13121 (2011).

95. C. Zhang, K. Ueno, A. Yamazaki, K. Yoshida, H. Moon, T. Mandai, and Y. Umebayashi et al., *J. Phys. Chem. B* **118**, 5144 (2014).

96. S. Seki, N. Serizawa, K. Takei, K. Dokko, and M. Watanabe, *J. Power Sources* **243**, 323 (2013).

97. F. Ding, W. Xu, G. L. Graff, J. Zhang, M. L. Sushko, X. Chen, and Y. Shao et al., *J. Am. Chem. Soc.* **135**, 4450 (2013).

98. F. Ding, W. Xu, X. Chen, J. Zhang, Y. Shao, M. H. Engelhard, and Y. Zhang et al., *J. Phys. Chem. C* **118**, 4043 (2014).

99. Y. Zhang, J. Qian, W. Xu, S. M. Russell, X. Chen, E. Nasybulin, and P. Bhattacharya et al., *Nano Lett.* **14**, 6889 (2014).

100. J. Qian, W. Xu, P. Bhattacharya, M. Engelhard, W. A. Henderson, Y. Zhang, and J.-G. Zhang, *Nano Energy* **15**, 135 (2015).

101. Y. V. Mikhaylik, U.S. Patent 7,352,680 (2008).

102. D. Aurbach, E. Pollak, R. Elazari, G. Salitra, C. S. Kelley, and J. Affinito, *J. Electrochem. Soc.* **156**, A694 (2009).

103. X. Liang, Z. Wen, Y. Liu, M. Wu, J. Jin, H. Zhang, and X. Wu, *J. Power Sources* **196**, 9839 (2011).

104. S. S. Zhang and J. A. Read, *J. Power Sources* **200**, 77 (2012).

105. S. S. Zhang, *Electrochim. Acta* **70**, 344 (2012).

106. S. Xiong, K. Xie, Y. Diao, and X. Hong, *Electrochim. Acta* **83**, 78 (2012).

107. S. Xiong, K. Xie, Y. Diao, and X. Hong, *J. Power Sources* **246**, 840 (2014).

108. L. Carbone, M. Gobet, J. Peng, M. Devany, B. Scrosati, S. Greenbaum, and J. Hassoun, *J. Power Sources* **299**, 460 (2015).

109. W. Li, H. Yao, K. Yan, G. Zheng, Z. Liang, Y.-M. Chiang, and Y. Cui, *Nat. Commun.* **6**, 7436 (2015).

110. T. Nishida, K. Nishikawa, M. Rosso, and Y. Fukunaka, *Electrochim. Acta* **100**, 333 (2013).

111. H. Sano, H. Sakaebe, H. Senoh, and H. Matsumoto, *J. Electrochem. Soc.* **161**, A1236 (2014).

112. L. Grande, J. von Zamory, S. L. Koch, J. Kalhoff, E. Paillard, and S. Passerini, *ACS Appl. Mater. Interfaces* **7**, 5950 (2015).

113. H. Sano, M. Kitta, and H. Matsumoto, *J. Electrochem. Soc.* **163**, D3076 (2016).

114. G. M. A. Girard, M. Hilder, D. Nucciarone, K. Whitbread, S. Zavorine, M. Moser, and M. Forsyth et al., *J. Phys. Chem. C* **121**, 21087 (2017).

115. P. C. Howlett, D. R. MacFarlane, and A. F. Hollenkamp, *Electrochem. Solid-State Lett.* **7**, A97 (2004).

116. P. C. Howlett, N. Brack, A. F. Hollenkamp, M. Forsyth, and D. R. MacFarlane, *J. Electrochem. Soc.* **153**, A595 (2006).

117. S. Xiong, K. Xie, E. Blomberg, P. Jacobsson, and A. Matic, *J. Power Sources* **252**, 150 (2014).

118. A. Arya and A. L. Sharma, *Ionics* **23**, 497 (2017).

119. M. B. Armand, J. M. Chubagno, and M. Duclot, in *Fast Ion Transport in Solids*, P. Vashista, J. M. Mundy, G. K. Sherroy (eds.), North-Holland, Amsterdam, 1979.

120. M. B. Armand, *Solid State Ionics* **9 & 10**, 745 (1979).

121. A. S. Gozdz, C. N. Schmutz, J.-M. Tarascon, and P. C. Warren, U.S. Patent 5,456,000 (1995).

122. K. M. Abraham, in *Applications of Electroactive Polymers*, B. Scrosati (ed.), Chapman and Hall, London, 1993.

123. D. H. Shen, G. Nagasubramanian, C. K. Huang, S. Surampudi, and G. Halpert, in *Proc. 36th Power Sources Conf.*, pp. 261–263, Cherry Hill, NJ, 1994.

124. P. E. Trapa, Y.-Y. Won, S. C. Mui, E. A. Olivetti, B. Huang, D. R. Sadoway, and A. M. Mayes et al., *J. Electrochem. Soc.* **152**, A1 (2005).

125. X.-G. Sun and J. B. Kerr, *Macromolecules* **39**, 362 (2006).

126. P. E. Trapa, M. H. Acar, D. R. Sadoway, and A. M. Mayes, *J. Electrochem. Soc.* **152**, A2281 (2005).

127. R. Bouchet, S. Maria, R. Meziane, A. Aboulaich, L. Lienafa, J.-P. Bonnet, and T. N. T. Phan et al., *Nat. Mater.* **12**, 452 (2013).

128. N. J. Dudney, *Electrochem. Soc. Interface* **17**, 44 (2008).

129. J. B. Bates, N. J. Dudney, G. R. Gruzalski, R. A. Zuhr, A. Choudhury, C. F. Luck, and J. D. Robertson, *Solid State Ionics* **53–56**, 647 (1992).

130. J. B. Bates, N. J. Dudney, G. R. Gruzalski, R. A. Zuhr, A. Choudhury, C. F. Luck, and J. D. Robertson, *J. Power Sources* **43–44**, 103 (1993).

131. Y.-Z. Sun, J.-Q. Huang, C.-Z. Zhao, and Q. Zhang, *Sci. China Chem.* **60**, 1508 (2017).

132. J. C. Bachman, S. Muy, A. Grimaud, H.-H. Chang, N. Pour, S. F. Lux, and O. Paschos et al., *Chem. Rev.* **116**, 140 (2016).

133. C. Jiang, H. Li, and C. Wang, *Sci. Bull.* **62**, 1473 (2017).

134. B. Zhang, R. Tan, L. Yang, J. Zheng, K. Zhang, S. Mo, and Z. Lin et al., *Energy Storage Mater.* **10**, 139 (2018).

135. A. Manthiram, X. Yu, and S. Wang, *Nat. Rev.* **2**, 16103 (2017).

136. N. Kamaya, K. Homma, Y. Yamakawa, M. Hirayama, R. Kanno, M. Yonemura, and T. Kamiyama et al., *Nat. Mater.* **10**, 682 (2011).

137. G. Oh, M. Hirayama, O. Kwon, K. Suzuki, and R. Kanno, *Chem. Mater.* **28**, 2634 (2016).

138. Y. Seino, T. Ota, K. Takada, A. Hayashi, and M. Tatsumisago, *Energy Environ. Sci.* **7**, 627 (2014).

139. Y. Kato, S. Hori, T. Saito, K. Suzuki, M. Hirayama, A. Mitsui, and M. Yonemura et al., *Nat. Energy* **1**, 16030 (2016).

140. S. Wenzel, D. A. Weber, T. Leichtweiss, M. R. Busche, J. Sann, and J. Janek, *Solid State Ionics* **286**, 24 (2016).

141. S. Wenzel, S. Randau, T. Leichtweiß, D. A. Weber, J. Sann, W. G. Zeier, and J. Janek, *Chem. Mater.* **28**, 2400 (2016).

142. S. Wenzel, S. J. Sedlmaier, C. Dietrich, W. G. Zeier, and J. Janek, *Solid State Ionics* in-press (2018). https://doi.org/10.1016/j.ssi.2017.07.005.

143. V. Thangadurai, H. Kaack, and W. J. F. Weppner, *J. Am. Ceram. Soc.* **86**, 437 (2003).

144. Y. Zhu, X. He, and Y. Mo, *ACS Appl. Mater. Interfaces* **7**, 23685 (2015).

145. F. Ding, W. Xu, X. Chen, J. Zhang, M. H. Engelhard, Y. Zhang, and B. R. Johnson et al., *J. Electrochem. Soc.* **160**, A1894 (2013).

146. S.-K. Jeong, H.-Y. Seo, D.-K. Kim, H.-K, Han, J.-G. Kim, Y. B. Lee, and Y. Iriyama et al., *Electrochem. Commun.* **10**, 635 (2008).

147. J. Qian, W. A. Henderson, W. Xu, P. Bhattacharya, M. Engelhard, O. Borodin, and J.-G. Zhang, *Nat. Commun.* **6**, 6362 (2015).

148. J. Qian, B. D. Adams, J. Zheng, W. Xu, W. A. Henderson, J. Wang, and M. E. Bowden et al., *Adv. Funct. Mater.* **26**, 7094 (2016).

149. Q. Ma, Z. Fang, P. Liu, J. Ma, X. Qi, W. Feng, and J. Nie et al., *Chem. Electro. Chem* **3**, 531 (2016).

150. R. Miao, J. Yang, Z. Xu, J. Wang, Y. Nuli, and L. Sun, *Sci. Rep.* **6**, 21771 (2016).

151. S. Seki, Y. Ohno, H. Miyashiro, Y. Kobayashi, A. Usami, Y. Mita, and N. Terada et al., *J. Electrochem. Soc.* **155**, A421 (2008).

152. S. Seki, Y. Kobayashi, H. Miyashiro, Y. Ohno, Y. Mita, A. Usami, and N. Terada et al., *Electrochem. Solid-State Lett.* **8**, A577 (2005).

153. M. Kirchhöfer, J. von Zamory, E. Paillard, and S. Passerini, *Int. J. Mol. Sci.* **15**, 14868 (2014).

154. D. Eroglu, K. R. Zavadil, and K. G. Gallagher, *J. Electrochem. Soc.* **162**, A982 (2015).

155. M. Hagen, D. Hanselmann, K. Ahlbrecht, R. Maça, D. Gerber, and J. Tübke, *Adv. Energy Mater.* 1401986 (2015).

156. W. Xue, L. Miao, L. Qie, C. Wang, S. Li, J. Wang, and J. Li, *Curr. Op. Electrochem.* **6**, 92 (2017).

157. J. Brückner, S. Thieme, H. T. Grossmann, S. Dörfler, H. Althues, and S. Kaskel, *J. Power Sources* **268**, 82 (2014).

158. D. Lv, J. Zheng, Q. Li, X. Xie, S. Ferrara, Z. Nie, and L. B. Mehdi et al., *Adv. Energy Mater.* **5**, 1402290 (2015).

159. S. Urbonaite, T. Poux, and P. Novák, *Adv. Energy Mater.* **5**, 1500118 (2015).

160. T. Poux, P. Novák, and S. Trabesinger, *J. Electrochem. Soc.* **163**, A1139 (2016).

161. J. Scheers, S. Fantini, and P. Johansson, *J. Power Sources* **255**, 204 (2014).

162. S. Zhang, K. Ueno, K. Dokko, and M. Watanabe, *Adv. Energy Mater.* **5**, 1500117 (2015).

163. Q. Pang, X. Liang, C. Y. Kwok, and L. F. Nazar, *Nat. Energy* **1**, 16132 (2016).

164. V. S. Bryantsev, V. Giordani, W. Walker, M. Blanco, S. Zecevic, K. Sasaki, and J. Uddin et al., *J. Phys. Chem. A.* **115**, 12399 (2011).

165. V. S. Bryantsev and F. Faglioni, *J. Phys. Chem. A.* **116**, 7128 (2012).

166. A. Rosenman, E. Markevich, G. Salitra, D. Aurbach, A. Garsuch, and F. F. Chesneau, *Adv. Energy Mater.* **5**, 1500212 (2015).

167. M. Cuisinier, P.-E. Cabelguen, B. D. Adams, A. Garsuch, M. Balasubramanian, and L. F. Nazar, *Energy Environ. Sci.* **7**, 2697 (2014).

168. K. Dokko, N. Tachikawa, K. Yamauchi, M. Tsuchiya, A. Yamazaki, E. Takashima, and J.-W. Park et al., *J. Electrochem. Soc.* **160**, A1304 (2013).

169. B. D. Adams, E. V. Carino, J. G. Connell, K. S. Han, R. Cao, J. Chen, and J. Zheng et al., *Nano Energy* **40**, 607 (2017).

170. V. Dorval, C. St-Pierre, and A. Vallee, *Proc. of 2004 BATCON Conf.,* p. 19-1; available at www.battcon.com/PapersFinal2004/ValleePaper2004.pdf.

171. https://www.blue-solutions.com/en/blue-solutions/technology/lmp-batteries/.

172. https://www.blue-solutions.com/en/blue-solutions/technology/batteries-lmp/.

173. C. Monroe and J. Newman, *J. Electrochem. Soc.* **151**, A880 (2004).

174. C. Monroe and J. Newman, *J. Electrochem. Soc.* **152**, A396 (2005).

175. T. Niitani, M. Shimada, K. Kawamura, and K. Kanamura, *J. Power Sources* **146**, 386 (2005).

176. T. Niitani, M. Shimada, K. Kawamura, K. Dokko, Y.-H. Rho, and K. Kanamura, *Electrochem. Solid-State Lett.* **8**, A385 (2005).

177. M. Singh, O. Odusanya, G. M. Wilmes, H. B. Eitouni, E. D. Gomez, A. J. Patel, and V. L. Chen et al., *Macromolecules* **40**, 4578 (2007).

178. G. M. Stone, S. A. Mullin, A. A. Teran, D. T. Hallinan Jr., A. M. Minor, A. Hexemer, and N. P. Balsara, *J. Electrochem. Soc.* **159**, A222 (2012).

179. D. T. Hallinan, S. A. Mullin, G. M. Stone, and N. P. Balsara, *J. Electrochem. Soc.* **160**, A464 (2013).

180. K. J. Harry, X. Liao, D. Y. Parkinson, A. M. Minor, and N. P. Balsara, *J. Electrochem. Soc.* **162**, A2699 (2015).

181. D. Devaux, K. J. Harry, D. Y. Parkinson, R. Yuan, D. T. Hallinan, A. A. MacDowell, and N. P. Balsara, *J. Electrochem. Soc.* **162**, A1301 (2015).

182. www.seeo.com.

183. Q. Zhang, K. Liu, F. Ding, and X. Liu, *Nano Research* **10**, 4139 (2017).

184. C. Yang, K. Fu, Y. Zhang, E. Hitz, and L. Hu, *Adv. Mater.* **29**, 1701169 (2017).

185. J.-H. Shin, W. A. Henderson, and S. Passerini, *Electrochem. Solid-State Lett.* **8**, A125 (2005).

186. J.-H. Shin, W. A. Henderson, and S. Passerini, *J. Electrochem. Soc.* **152**, A978 (2005).

187. J.-H. Shin, W. A. Henderson, S. Scaccia, P. P. Prosini, and S. Passerini, *J. Power Sources* **156**, 560 (2006).

188. G.-T. Kim, S. S. Jeong, M.-Z. Xue, A. Balducci, M. Winter, S. Passerini, and F. Alessandrini et al., *J. Power Sources* **199**, 239 (2012).

189. M. Wetjen, G.-T. Kim, M. Joost, M. Winter, and S. Passerini, *Electrochim. Acta* **87**, 779 (2013).

190. I. Osada, J. von Zamory, E. Paillard, and S. Passerini, *J. Power Sources* **271**, 334 (2014).

191. H. de Vries, S. Jeong, and S. Passerini, *RSC Adv.* **5**, 13598 (2015).

192. I. Osada, H. de Vries, B. Scrosati, and S. Passerini, *Angew. Chem. Int. Ed.* **55**, 500 (2016).

193. A. Swiderska-Mocek and D. Naparstek, *Solid State Ionics* **267**, 32 (2014).

194. S. Liu, N. Imanishi, T. Zhang, A. Hirano, Y. Takeda, O. Yamamoto, and J. Yang, *J. Electrochem. Soc.* **157**, A1092 (2010).

195. M. Baloch, A. Vizintin, R. K. Chellappan, J. Moskon, D. Shanmukaraj, R. Dedryvère, and T. Rojo et al., *J. Electrochem. Soc.* **163**, A2390 (2016).

196. R. Sudo, Y. Nakata, K. Ishiguro, M. Matsui, A. Hirano, Y. Takeda, and O. Yamamoto et al., *Solid State Ionics* **262**, 151 (2014).

197. Y. Ren, Y. Shen, Y. Lin, and C.-W. Nan, *Electrochem. Commun.* **57**, 27 (2015).

198. Y. Suzuki, K. Kami, K. Watanabe, A. Watanabe, N. Saito, T. Ohnishi, and K. Takada et al., *Solid State Ionics* **278**, 172 (2015).

199. S.-W. Baek, J.-M. Lee, T. Y. Kim, M.-S. Song, and Y. Park, *J. Power Sources* **249**, 197 (2014).

200. J. B. Bates, N. J. Dudney, B. J. Neudecker, F. X. Hart, H. P. Jun, and S. A. Hackney, *J. Electrochem. Soc.* **147**, 59 (2000).

201. N. J. Dudney, *Electrochem. Soc. Interface* **17**, 44 (2008).

202. N. J. Dudney, "Thin Film Batteries for Energy Harvesting," in *Energy Harvesting Technologies*, S. Priya and D. J. Inman (eds.), pp. 349–357, Springer Publisher, Dec. 2008.

203. B. J. Neudecker, R. A. Zhur, and J. B. Bates, *J. Power Sources* **81–82**, 27 (1999).

204. www.vp-scientific.com/parylene_properties.htm.

205. N. J. Dudney, *Mat. Sci. Eng.* B. **116**, 245 (2005).

206. N. J. Dudney and Y. I. Jang, *J. Power Sources* **119**, 300 (2003).

207. Y. Origami, D. Shimizu, T. Abe, M. Sodom, and Z. Ogumi, *ECS Trans.* **16**, 45 (2009).

208. T. Ohzuku, A. Ueda, and N. Yamamoto, *J. Electrochem. Soc.* **142**, 1431 (1995).

209. www.infinitepowersolutions.com.

210. www.frontedgetechnology.com.

211. T. Yamada, S. Ito, R. Omoda, T. Watanabe, Y. Aihara, M. Agostini, and U. Ulissi et al., *J. Electrochem. Soc.* **162**, A646 (2015).

212. R.-C. Xu, X.-H. Xia, X.-L. Wang, Y. Xia, and J.-P. Tu, *J. Mater. Chem. A* **5**, 2829 (2017).

213. R.-C. Xu, X.-H. Xia, S.-H. Li, S.-Z. Zhang, X.-L. Wang, and J.-P. Tu, *J. Mater. Chem. A* **5**, 6310 (2017).

214. X. Huang, C. Liu, Y. Lu, T. Xiu, J. Jin, M. E. Badding, and Z. Wen, *J. Power Sources*, in-press (2018). https://doi.org/10.1016/j.jpowsour.2017.11.074.

215. X. Yu and A. Manthiram, *Acc. Chem. Res.* **50**, 2653 (2017).

216. J.-H. Choi, C.-H. Lee, J.-H. Yu, C.-H. Doh, and S.-M. Lee, *J. Power Sources* **274**, 458 (2015).

217. F. Langer, I. Bardenhagen, J. Glenneberg, and R. Kun, *Solid State Ionics* **291**, 8 (2016).

218. K. Fu, Y. Gong, J. Dai, A. Gong, X. Han, Y. Yao, and C. Wang et al., *Proc. Natl. Acad. Sci.* **113**, 7094 (2016).

219. S. H.-S. Cheng, K.-Q. He, Y. Liu, J.-W. Zha, M. Kamruzzaman, R. L.-W. Ma, and Z.-M. Dang et al., *Electrochim. Acta* **253**, 430 (2017).

220. F. Chen, D. Yang, W. Zha, B. Zhu, Y. Zhang, J. Li, and Y. Gu et al., *Electrochim. Acta* **258**, 1106 (2017).

221. R.-J. Chen, Y.-B. Zhang, T. Liu, B.-Q. Xu, Y.-H. Lin, C.-W. Nan, and Y. Shen, *ACS Appl. Mater. Interfaces* **9**, 9654 (2017).

222. X. Tao, Y. Liu, W. Liu, G. Zhou, J. Zhao, D. Lin, and C. Zu et al., *Nano Lett.* **17**, 2967 (2017).

223. J. Zhang, N. Zhao, M. Zhang, Y. Li, P. K. Chu, X. Guo, and Z. Di et al., *Nano Energy* **28**, 447 (2016).

224. http://www.solidenergysystems.com/.

第四部分C
其他电池和特种电池

第**18**章

金属-空气电池

18.0　基本特性

金属-空气电池由具有反应活性的负极和空气电极组成，它的正极反应物取之不尽。在某些情况下，金属-空气电池具有很高的比能量和能量密度。这一体系的极限容量取决于负极的安时（A·h）容量和反应产物的储存与处理技术。鉴于金属-空气电池的性能潜力，人们对其进行了大量卓有成效的开发工作[1-2]。表18.1总结了金属-空气电池体系的主要优点和缺点。

表 18.1　金属-空气电池的主要优点和缺点

优点	缺点
高体积比能量	依赖于环境条件
放电电压平稳	一旦暴露在空气中,电解质干涸,缩短极板寿命
极板寿命长(干态储存)	电极被淹会减小输出功率
无生态问题	功率输出有限
低成本(基于所使用的金属)	操作温度范围窄
操作范围内,容量与载荷和温度无关	负极腐蚀产生氢
	碱性电解质碳酸盐化

已经研究和开发过的金属-空气电池有原电池、储备电池、蓄电池和机械充电电池等。在机械充电电池设计（即更换放完电的金属负极）中，电池的功能本质上相当于原电池，它的空气电极为相对简单的"单功能"电极，只需要在放电模式下工作。常规可充电金属-空气电池需要一个第三电极（用来维持充电时放出氧气）或者一个"双功能"电极（一个既可以还原氧又可以析氧的电极）。

表18.2列举了一些被认为可以用于金属-空气电池的金属以及电化学特性。在金属-空气电池中，锌最受人们关注。这是因为锌在水溶液和碱性电解质中比较稳定且添加适当的抑制剂后不发生显著腐蚀，同时具有最高的电位。

表 18.2　金属-空气电池的特性

金属负极	金属电化学当量 /(A·h/g)	热力学电 池电位/V[①]	价态变化	金属理论质量比 能量/(kW·h/kg)	实际工作电位/V
Li	3.86	3.4	1	13.0	2.4
Ca	1.34	3.4	2	4.6	2.0
Mg	2.20	3.1	2	6.8	1.2~1.4
Al	2.98	2.7	3	8.1	1.1~1.4
Zn	0.82	1.6	2	1.3	1.0~1.2
Fe	0.96	1.3	2	1.2	1.0

① 氧气正极电池电压。

商品化的锌-空气原电池已经应用了多年。最初，这些产品是使用碱性电解质的大型电池，应用于铁路信号灯、远距离通信，以及需要长时间、低倍率放电的海上导航装置。随着薄层电极技术的开发，应用于助听器、寻呼机和类似用途的小型（纽扣式）、高容量锌-空气原电池都采用了此项技术。

因为锌在碱性电解质中相对稳定，而且它还是能够从电解质溶液（电解液）中电沉积的最活泼的金属，所以对可充电金属-空气电池体系而言，锌也具有吸引力。开发循环寿命长且实用的可充电式锌-空气电池，将为许多便携式应用场合（计算机、通信设备）和电动汽车用大尺寸电池提供一种有前景的高容量电源。枝晶形成、锌溶解和沉积不一致、反应产物溶解度小和空气电极性能差等问题，延缓了开发商品化蓄电池的进展。但是，鉴于锌-空气电池的潜力，对实用蓄电池体系的研究仍在继续。

锂-空气电池具有最高的理论电压和电化学当量（3800A·h/kg），电池放电过程中消耗锂、空气中的氧、水，生成 LiOH。该体系电池可以在负极锂表面形成保护膜后阻止快速腐蚀反应，从而可以给出较高的库仑效率；但在开路和低倍率放电时存在由于锂的腐蚀反应而引起快速自放电的问题。所以，为实现锂的高利用率必须控制自放电反应，同时在电池处于待用状态时有必要把电解液从电池中移走。

锂-空气电池理论上的优势在于高电压，这关系到体系的高功率及高比能。但基于可行性、成本及安全性的考虑，过去金属-空气电池的开发集中在锌、铝体系。

人们对金属-空气电池用其他金属电极材料也进行过研究，钙、镁和铝都具有诱人的体积比能量。锂-空气[3-4]、钙-空气和镁-空气[5-6]电池都有过研究。但到目前为止，诸如负极的极化或不稳定、伴生腐蚀、非均匀溶解、安全性、实际操作等问题和成本阻碍了商业产品的开发。铁-空气电池的电压和比能量较低，而且与其他金属-空气电池相比它的价格高。但铁电极寿命长且更适宜于充电，因此这类电池的开发集中在蓄电池体系。

铝的地质储量丰富（地壳中储量第三的元素），具有低成本潜力，而且加工比较容易[7-9]，因而铝也是有吸引力的。但是，铝-空气电池充电电压太高，甚至不能在水溶液体系（水优先电解）中充电。所以，人们把精力集中于储备式和机械充电式电池。图 18.1 概括了不同类型和设计的金属-空气电池方面的研究工作。

18.0.1 化学原理

正在开发中的金属-空气电池采用中性或者碱性电解质，放电过程的氧还原半电池反应为：

$$O_2 + 2H_2O + 4e^- \Longleftrightarrow 4OH^- \qquad E^\ominus = +0.401V$$

当氧电极和不同的金属负极配对时，电池的理论电压、金属电化学当量和理论比能量如表 18.2 所示。在实际倍率下放电，正极和负极极化使表中所示电压下降。值得注意的是，因为负极是电池唯一必须包含的反应物，金属-空气电池理论比能量只以负极（放电过程的负极或燃料电极）为基准。在放电过程中，另一反应物氧从周围空气中引入电池。

负极或金属电极（放电时为负极）的放电反应取决于所用的特定金属、电解质和电池内的其他因素。负极电化学反应可归纳为：

$$M \longrightarrow M^{n+} + ne^-$$

总放电反应的通式可写为：

$$4M + nO_2 + 2nH_2O \longrightarrow 4M(OH)_n$$

这里 M 表示金属，n 的值取决于金属氧化反应的价态变化，如表 18.2 所列。

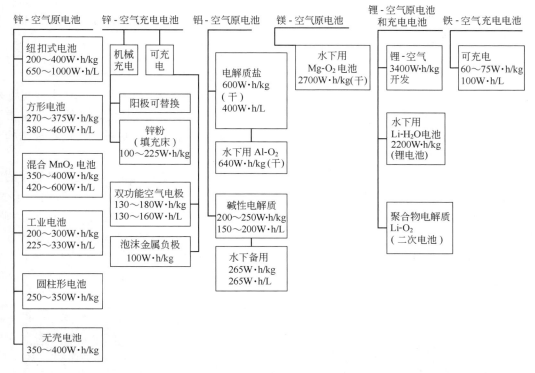

图 18.1　不同类型和设计的金属-空气电池

在电解质溶液中大多数金属是热力学不稳定的，可与电解质发生腐蚀反应，或者发生如下的金属氧化析氢反应：

$$M + nH_2O \longrightarrow M(OH)_n + \frac{n}{2}H_2$$

这种伴生腐蚀反应或者自放电降低了负极的库仑效率，所以必须得到控制，以减小电池的容量损失。影响金属-空气电池性能的其他因素如下。

① 极化。由于正极内氧气或空气的扩散和其他限制，随着放电电流增大，金属-空气电池的电压比其他电池下降得快。这就意味着金属-空气体系更适用于中低功率场合，而不是高功率场合。

② 电解质碳酸盐化。由于电池敞开于空气中，电解质可以吸收 CO_2，导致多孔空气电极内碳酸盐结晶，这将阻碍空气进入电极，并引起机械损伤和电极性能下降，而且碳酸钾的导电能力比金属-空气电池常用的 KOH 电解质要差。

③ 水蒸发。同样由于电池敞开于空气中，如果电解质和环境中水蒸气的分压不同，那么水蒸气就会发生迁移。失水过多会增大电解质的浓度，引起电池干涸和电池永久失效；水增加则会稀释电解质，还可能引起空气电极孔隙被淹，进一步阻碍空气到达反应位而造成电极极化增大。

④ 效率。无论在充电还是在放电过程中，中温下氧电极都表现出很大的不可逆性。在相同条件下，实际充电电压和放电电压与可逆电压之间一般相差约 0.2V。例如，锌-空气电池通常放电电压约为 1.2V，但充电电压约为 1.6V 或者更高。这种现象导致的总能量效率损失甚至比其他任何因素都要严重。

⑤ 充电。对那些充电体系如锌-空气电池和铁-空气电池而言，充电过程中催化剂和电极支撑体的氧化可能是一个难题。解决难题的方法通常包括：使用抗氧化的基材和催化剂；使用第三充电电极或者在电池外部给负极（金属）材料充电。

18.0.2 空气电极

金属-空气电池的成功运行依赖于有效的空气电极。由于过去 40 多年对气体燃料电池和金属-空气电池方面的兴趣，人们以改良高放电率的薄层空气电极为目的，开展了具有重要意义的工作。这些努力包括为气体扩散电极开发更为优越的催化剂、更长寿命的物理结构和低成本制造方法。

另一个方法是使用性能更为适中的低成本空气正极，但这使得每个单电池需要更大的正极面积。图 18.2 是一种使用低成本材料连续生产的电极[10-12]。此电极由双层活性层组成，活性层黏结在集流丝网两侧，面向空气一侧的电极则黏结一层微孔聚四氟乙烯（Teflon）膜。活性层的连续化制备工艺是：将碳纤维［图 18.2（b）］无纺布依次通过含催化剂的浆料、分散剂和黏结剂，再进行干燥和压紧；然后，将活性层、丝网和 Teflon 膜连续地黏结在一起。这些电极可应用于铝-空气储备电池（见 18B.4.1 采用碱性电解液的铝-空气电池部分）。

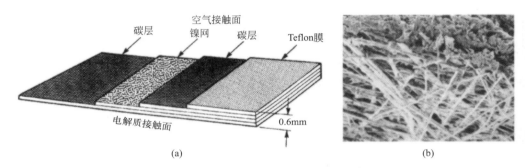

图 18.2　多层空气电极（a）和碳纤维基材（b）

参考文献

1. D. A. J. Rand, "Battery Systems for Electric Vehicles: State of Art Review," *J. Power Sources* **4**:101 (1979).

2. K. F. Blurton and A. F. Sammells, "Metal/Air Batteries: Their Status and Potential—A Review," *J. Power Sources* **4**:263 (1979).

3. H. F. Bauman and G. B. Adams, "Lithium-Water-Air Battery for Automotive Propulsion," Lockheed Palo Alto Research Laboratory, Final Rep., COO/1262-1, October 1977.

4. W. P. Moyer and E. L. Littauer, "Development of a Lithium-Water-Air Primary Battery," *Proc. IECEC*, Seattle, WA, August 1980.

5. W. N. Carson and C. E. Kent, "The Magnesium-Air Cell," in D. H. Collins (ed.), *Power Sources,* 1966.

6. R. P. Hamlen, E. C. Jerabek, J. C. Ruzzo, and E. G. Siwek, "Anodes for Refuelable Magnesium-Air Batteries," *J. Electrochem. Soc.* **116**:1588 (1969).

7. J. F. Cooper, "Estimates of the Cost and Energy Consumption of Aluminum-Air Electric Vehicles," *ECS Fall Meeting*, Hollywood, FL, October 1980; Lawrence Livermore, UCRL-84445, June 1980; update UCRL-94445 rev. 1, August 1981.

8. R. P. Hamlen, G. M. Scamans, W. B. O'Callaghan, J. H. Stannard, and N. P. Fitzpatrick, "Progress in Metal-Air Battery Systems," *International Conference on New Materials for Automotive Applications*, October 10–11, 1990.

9. A. S. Homa and E. J. Rudd, "The Development of Aluminum-Air Batteries for Electric Vehicles," *Proceedings of the 24th IECEC*, vol. 3, 1989, pp. 1331–1334.

10. W. H. Hoge, "Air Cathodes and Materials Therefore," U.S. Patent 4,885,217, 1989.

11. W. H. Hoge, "Electrochemical Cathode and Materials Therefore," U.S. Patent 4,906,535, 1990.

12. W. H. Hoge, R. P. Hamlen, J. H. Stannard, N. P. Fitzpatrick, and W. B. O'Callaghan, "Progress in Metal-Air Systems," *Electrochem. Soc.*, Seattle, WA, October 14–19, 1990.

18A 碱性锌-空气电池

Arthur Dobley，Terrill B. Atwater
（荣誉撰稿人：Joseph Passaniti，Denis Carpenter，
Rodney McKenzie）

18A. 1 概述

商品化的锌-空气电池以纽扣式原电池的形式应用已经有近 100 年的历史，包括 20 世纪 90 年代后期的 5～30A·h 的方形电池，以及更大型的工业用原电池。蓄电池被认为既可供便携使用又可供电动汽车使用，但锌的充电（替换）控制和有效的高倍率双功能空气电极的开发仍然是一个挑战。在一些设计中，可以使用第三氧气逸出电极给电池充电或者在电池外进行充电，从而不需要使用双功能空气电极。避开再充电难题的另一个方法是机械式充电，即取出耗完的锌电极和/或放电产物，替换上新的电极。锌-空气原电池的开发过程可以分为以下四代。

第一代锌-空气电池首次出现是在 20 世纪 30 年代，结构类似于 SLI 电池，其被用于偏远地点的电源，如航标灯、铁路信号灯（见 18A.4.3 节）。

第二代锌-空气电池是纽扣式电池，在 20 世纪 70 年代作为助听器电池实现商业化。电池比能量超过 400W·h/kg，纽扣式电池的典型功率一般限制在 10mW，寿命为 1 个月。

第三代锌-空气电池采用注塑一体成型外壳，环氧型黏结剂密封（见 18A.4.2 节）。2003 年，首次制造出了由 30A·h 第三代锌-空气电池单体组成的 12/24V、750W·h 电池组。该电池设计输出中等功率（达到 50W），工作寿命为几个月。这种电池在典型负载条件下可为军用电台提供超过一周的电力供应。

第四代锌-空气电池自 20 世纪 90 年代末到 21 世纪初开始研发（关于第四代锌-空气电池的详细信息见 18A.4.2 节）。图 18.1 总结了不同类型的锌-空气电池。

18A. 2 化学特性

碱性电解质中，锌-空气电池放电的总反应可表示为：

$$Zn + \frac{1}{2}O_2 + H_2O + 2OH^- \longrightarrow Zn(OH)_4^{2-} \qquad E^\ominus = 1.62V$$

锌电极初始放电反应可简化成：

$$Zn + 4OH^- \rightleftharpoons Zn(OH)_4^{2-} + 2e^-$$

这个反应随着锌酸盐阴离子在电解质中溶解而进行，直至锌酸盐到达饱和点。由于溶液过饱和的程度与时间有关，因此锌酸盐并没有明确的溶解度。当电池部分放电后，锌酸盐的溶解度超过了溶解平衡，随后发生氧化锌的沉淀，如下式所示：

$$Zn(OH)_4^{2-} \longrightarrow ZnO + H_2O + 2OH^-$$

电池总反应变为：

$$Zn + 1/2O_2 \rightleftharpoons ZnO$$

锌酸盐的这种瞬间溶解性是难以成功制备可充电式锌-空气电池的主要原因之一。由于

反应产物沉淀位置不可控制，导致后续充电时，电池的不同电极区域上锌的沉积量不同。

18A.3 电池设计和构造

18A.3.1 纽扣式锌-空气原电池

纽扣式电池是锌-空气电池最常见的形式，因此锌-空气电池的电化学和电池设计以这种配置作为主要考量依据。其他形式的电池如圆柱形和方形电池开发受到限制，这不仅是基于成本原因，而且还有空气通路的设计以及非连续使用时性能较差的缘故。除非正极可以在不使用期间与环境隔离，否则电池将遭受水分增加或者减少的不利影响。因为在空气-电解质界面处的碳酸盐积累将会引起电池性能衰退。

（1）电池设计

类似于锌-氧化汞电池和锌-氧化银电池，锌-空气纽扣式电池旨在有限的空间内最大化储存能量。一种典型锌-空气纽扣式电池的结构示意见图18A.1。锌-空气电池比能量高的主要原因是锌-空气电池使用很薄的正极，即可完成电池内部化学反应，因此允许负极侧使用尽量多的锌。两种较早的电池体系中，电池尺寸类似，都采用 Rayovac 公司在 20 世纪 80 年代中期开发的 10 号电池（IEC PR70），该电池主要应用于助听器，如深耳道式（CIC）助听器。

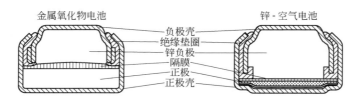

图 18A.1 纽扣式金属氧化物电池和锌-空气电池截面

如图 18A.2 所示，锌-空气电池的结构中没有多余配件。每个组件都具有多种功能，并且同时以多功能的方式产生作用。因此电池内部可以最大量地放置锌，从而提供数小时或者长至数天的放电性能。电池的负极顶部是一个不透水的锌容器，充当收集器，将其密封在密封垫上并承受密封压力。顶部还形成电触点，将电流从电池中引出到外部设备或电路。正极壳充当电池的外部容器，与正极电极连接。其中，通气孔允许空气进入阴极，外表面提供与外部电路的互连。最后，壳体和顶部之间的垫圈提供密封以防止电解液泄漏，并防止顶部和壳体之间发生短路。垫圈通常由硬质聚合材料制成，通常是工程塑料（如聚酰胺），并且可能涂有额外的密封剂材料以增强其抗泄漏性。

在电池容器内，阴极平放（图 18A.3），并占据壳体内部中的底部。它是由气体扩散膜组成的多层结构[1-2]。第一层是疏水性微孔膜，可渗透氧气和水蒸气等气体，且其小尺寸可以阻挡液体从电池内部流向外部。在大多数商业锌-空气电池中，该层采用

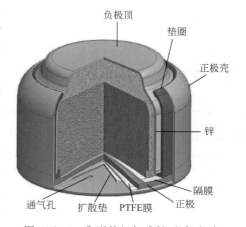

图 18A.2 典型的纽扣式锌-空气电池

聚四氟乙烯薄膜。

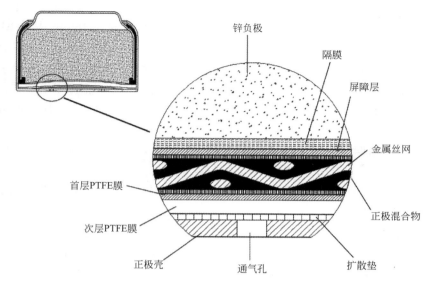

图 18A.3　纽扣式锌-空气电池的关键结构

下一层则是由电解质浸润的碳和催化剂组成的导电混合物。这为氧附着在活性位点上提供了一定的环境，从而使电解质中产生氢氧根的电化学反应能够进行，进而消耗电解质中的水。其中，需要有电子源来维持此反应的顺利进行。这些电子由外接回路引入，并由负极锌电势驱动。电流的电子路径则经过集流体，而集流体通常为导线网状或膨胀金属层压入正极活性材料中。在大部分纽扣式电池中，集流体是从大片中切下来的小圆盘，而这些小圆盘能够与正极壳的内径很好地匹配。

空气是通过位于壳底部的进气孔进入正极的。空气的进入通过进气孔的大小和数量来控制，另外还与 PTFE 薄膜的多孔程度有关。这些薄膜与正极材料相邻，在部件的生产过程中根据电池的用途以及电流的需要进行阻隔或压缩处理，进气口的尺寸、数量以及正极的倍率性能都可以为了满足应用的需要进行相应的增加或减小。

在正极结构的负极一侧是可被电解质浸泡的隔膜/屏障层，可以阻止锌或氧化锌直接接触正极。如果这种情况发生，那么将会形成直接的电子路径，从而产生自放电。隔膜通常为多孔聚合物膜，这些聚合物膜不会在强碱的环境下破裂，并在放电过程中成为良好的离子导体。这些隔膜一般为无纺类纤维素膜，对电解质有很强的吸收性并能阻止枝晶短路。如果隔膜/屏障层与电池的导电性相互干扰，那么倍率性能、电池容量或两者都将会受到可逆影响。

纽扣式电池的负极端容纳所有的锌以及大部分电解质。由于疏水层的作用，只有一小部分电解质会渗到负极。为了给负极膨胀提供空间，不可能在开始就装满负极端。锌金属的密度大约为 $7.14g/mL$，而氧化锌的密度大约为 $5.47g/mL$。锌转化为氧化锌时质量增加了 1.25 倍，相应地由于密度减小 $1.67g/mL$，体积增加了，在初始阶段必须事先考虑到这种膨胀空间。在平衡条件下，在充电过程中，电解质的质量不会变化，因此在电池充电结束后，电解质所占的体积实质上和开始组装时没有什么变化。

高纯锌是负极的活性组分。它通常以完全分离、雾化颗粒的形式来分布。在一些实例中，锌合金化可降低金属的催化腐蚀趋势。在所有的纽扣式电池中，曾经采用少量的汞（每只电池小于 25mg）进行汞齐化来减小氢的过电位，这主要是由于汞倾向于在颗粒界面富集，痕量汞阻隔了锌在固化（发生在锌原子化过程中）时的颗粒界面。由于汞不溶于氧化锌，因而其趋向富集于残留的锌中，从而最终以液态金属的液珠形式释放，并悬浮于已放完电的负极中。2011 年通过引入零汞锌-空气电池，大多数商业化电池产品中的汞已不再使用。

锌-空气电池的电解质通常为浓度 30% 的 KOH 水溶液，电解质具有高电导率并能快速浸润正极，可以快速提供与锌负极及正极活性点的良好离子接触。室温下电解质的水蒸气平衡湿度为 50%。如果水流失过快将影响锌-空气电池的性能。在负极中干燥条件会加速部分放电负极提前凝固，通常会增加电池内部阻抗。

锌-空气电池包括四个主要电参数测试：开路电压、闭路或工作电压、电池内部阻抗、极限电流。

上述第一个、第二个参数很容易测量。开路电压代表驱动电流流动的潜力，而商业化锌-空气电池一般开路电压为 1.4～1.5V。闭路电压是在加载一定负荷的情况下，电池所能维持的实际电压。其测量需要电流流过测量回路或流过被测试的实际装置，输出的功率为电压乘以电流；而对于纽扣式锌-空气电池，功率一般在几毫瓦之间。

电池内部阻抗一般利用数字 LCR 表（又称数字电桥表）进行测量，能够说明电阻、电容和电感的交流分量。对于新型纽扣式锌-空气电池，当任何一个量进入低频时，阻抗就会上升。当电池放电时，阻抗下降；直到放电结束（当最后的锌转化成氧化锌时，放电结束），阻抗一直保持很低值。锌-空气电池中最令人感兴趣的电性能为极限电流，之所以这样命名是因为当外电路负荷增加到一定程度时，就会发生电流不再相应增加，而是出现电池电压骤减的情况。在极限电流之下，电池并不是通过内部速率控制，而是由外部电路限制电子的流动。在极限电流时存在一个极限速率控制过程。在放电之初，新电池的速率控制步骤一般基于氧气在正极中的扩散、PTFE 扩散速率或壳中进气孔的构造。随着放电的继续进行，负极活性电极区域（金属锌表面）减小成为速率控制步骤。

（2）电池尺寸

现有的纽扣式和硬币形锌-空气电池有许多不同的尺寸和型号，其容量为 35～1000mA·h。表 18A.1 列出了现有纽扣式锌-空气电池的物理与电化学特征。纽扣式电池主要用于助听设备，而硬币形电池则用于寻呼装置。随着耳蜗植入装置的发展，人们为此类应用设计出一种特殊的高功率电池 PR44（675 耳蜗）。

表 18A.1　纽扣式和硬币形锌-空气电池特征

类型	IEC 型号	ANSI 型号	最大高度/mm	最大直径/mm	质量/g	标准电流/mA	高功率电流/mA	标称容量/mA·h
5	—	—	2.15	5.8	0.2	0.4	—	33
10	PR70	7005ZD	3.6	5.8	0.3	0.7	1.0	75～105
312	PR41	7002ZD	3.6	7.9	0.5	1.2	2.0	145～180
13	PR48	7000ZD	5.4	7.9	0.8	2.0	3.0	265～310
675	PR44	7003ZD	5.4	11.6	1.8	5.0	8.0	600～650
675 耳蜗	—	—	5.4	11.6	1.8	10	20	550～570
2330	—	—	3.0	23.2	4	4.0	—	950

用于助听设备的锌-空气电池，在过去的几年里通过不断提高和完善来满足精密设备和使用者的需求。随着 20 世纪 90 年代后期电子助听设备的出现，电池设计则趋向于适应高电流和脉冲需求。现在用于助听的锌-空气电池提供的容量能够达到 20 世纪 70 年代后期最初

设计的 2 倍。

这些改善是在不超过标准电池外径的情况下，通过对内负极体积的最优化来实现的[3-4]。在不减少空余体积（空余体积是为锌金属转化为氧化锌的过程中的体积膨胀提供的余地）的情况下，使锌的含量最大化。如果空余的内体积不充分，电池会过度膨胀、漏液或者过早损坏。

18A.3.2 便携式锌-空气原电池

如上所述，纽扣式锌-空气原电池构成了锌-空气体系的大部分应用。纽扣式电池结构是一种以小尺寸封装锌-空气系统的有效方法，但按比例放大到更大的系统时往往会导致性能降低和泄漏问题。然而，这些可以通过 18A.4.2 节中描述的方形电池设计来解决。

典型的方形电池使用金属或塑料盘，其中装有锌阳极/电解质混合物，而隔膜和阴极则固定在托盘的边缘。阳极/电解质混合物类似于锌碱性原电池中使用的阳极混合物，在凝胶状氢氧化钾水溶液电解质中含有锌粉。阴极是薄的气体扩散电极，包括活性层和阻挡层。与电解质接触的阴极活性层使用高表面积碳与 Teflon（特氟龙）结合的金属氧化物催化剂。氧还原反应及金属氧化物（MnO_2）催化反应在高比表面积的碳表面完成。与空气接触的阻挡层由与特氟龙结合在一起的碳组成。高浓度的特氟龙可防止电解液泄漏。方形锌-空气电池设计一般具有中等倍率特性和容量。

18A.3.3 工业锌-空气原电池

多年来大型锌-空气原电池一直用于提供低倍率、长寿命的电源，并且有多种形式可供选择，如预激活型、水激活型和凝胶电解质型（详见 18A.4.3 节）。直到最近，锌还含有百分之几的汞，以减少活化后的自放电。最新开发的电池使用添加剂和合金来取代汞的使用，并最大限度地减少氢气的产生和腐蚀。

预激活的工业锌-空气电池，例如 Edison Carbonaire 电池，以 1100A·h 容量制造，外壳为有色透明丙烯酸塑料，可以检查电解液液位以及锌板和沉淀物的量。

水激活型电池和电池组是以密封形式提供的，通过去除密封件并向随附的氢氧化钾粉末中加入适量的水来激活。定期检查和加水是唯一需要的维护步骤。这些电池以 1100A·h 容量制造，可提供多节电池，电池为串联或并联连接。

凝胶电解质型电池消除了操作过程中泄漏的可能性。锌电极由锌粉与胶凝剂和电解液混合而成。放电反应产物是氧化锌而不是锌酸钙。Gelaire 电池由 Saft America 公司制造，标称容量为 1200A·h，可提供串联或并联连接的多节电池。

18A.3.4 混合型锌-空气-氧化锰原电池

另一种锌-空气原电池设计，是使用含有大量氧化锰的混合正极（详见 18A.4.4 节）。在低倍率使用时，该电池用锌-空气电池系统放电。在高倍率下，由于氧气可能耗尽，正极的放电功能由二氧化锰接替。这种锌-空气电池在低放电倍率下具有与锌-空气电池相近的容量，但在高放电倍率下特性类似于锌-二氧化锰电池。

18A.3.5 可充电式锌-空气电池

可充电式锌-空气电池使用双功能氧电极，因此充电过程和放电过程发生在电池内部。18A.4.5 节提供了关于双功能氧电极更多的细节。

18A.3.6 机械式充电锌-空气电池

机械式充电（或可再加注式）电池设计用于移除和更换已放电的阳极或放电产物。放电的阳极或放电产物可以再充电或通过外部再生，避免了锌电极的充放电循环产生的正极形状变化问题（参见18A.4.6节）。

18A.4 性能和应用

18A.4.1 纽扣式和硬币形原电池性能

① 电压。锌-空气电池的额定开路电压为1.4V。该值随生产厂家的不同而变化，这是由于负极和正极的化学组成不同。一般而言，开路电压值在1.4～1.5V的范围内变化。在20℃下，初始闭路电压随着放电负荷变化而在1.15～1.35V之间波动。其放电过程相对平稳，一般终止电压降低到0.9～1.1V之间。

为了保证电池的"鲜度"和长的储存寿命，锌-空气电池的空气孔用胶带标签封住。这种胶带标签用来减少空气的进入而指示开路电压（OCV）较低。该胶带标签密封电池电压可以用来帮助确定电池是否密封合适。

如果电池胶带标签没有正确黏结，导致空气进入过多，则OCV将高于1.40V。这与锌-空气电池几个小时未贴标签时的OCV相同。如果这些情况在储存过程中发生，电池可能会变干而在使用时不能正常工作。

粘贴保护胶带标签不能使电池电压降得过低，这一点很重要。当未使用保护胶带标签时，小于1.0V的电池OCV可能上升得不够快，无法正确启动电池供电的设备。

图18A.4说明了电池在初始标签电压的基础上，达到功能电压所需要的时间。标签电压越低，达到功能电压所需的时间越长。电压上升时间受空气电极的化学组成、电池极限电流或空气孔设计的影响。

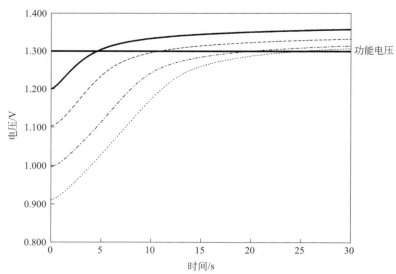

图 18A.4 选择不用胶带标签锌-空气电池 OCV 的典型电压上升时间

② 体积比能量。在所有一次纽扣式或硬币形电池化学系统中，锌-空气电池具有最高的

体积比能量。一般助听器电池的体积比能量在 PR70（10）的 1300W·h/L 至 PR44（675）的 1400W·h/L 之间变化。

③ 电池内部阻抗。PR48（13）纽扣式电池的放电深度及信号频率对阻抗的影响如图 18A.5 所示。"新鲜"电池在低频段具有最高的阻抗，低频阻抗随放电深度而降低。

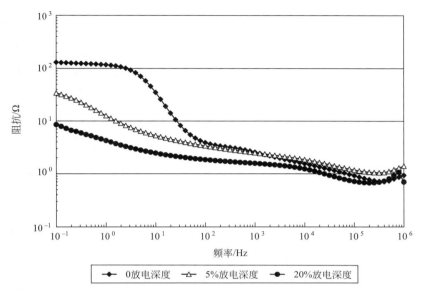

图 18A.5　PR48 纽扣式锌-空气电池的阻抗与放电深度及信号频率的关系

④ 放电特性。纽扣式锌-空气电池在 20℃的一组典型放电特性曲线如图 18A.6 所示，可以看出中低放电电流的放电曲线是比较平坦的。同时，可以看出放电电流越大，工作电压越低；在放电电流接近极限电流时，观察到电池极化增大，获得的容量降低。

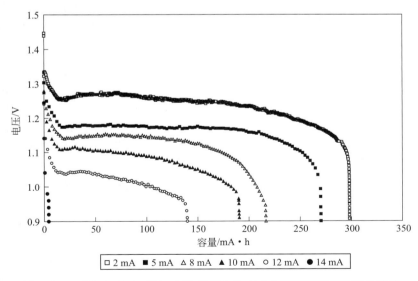

图 18A.6　PR48（13）纽扣式锌-空气电池在 6 个不同倍率下的放电曲线

⑤ 电压-电流特性。氧气进入正极的程度和正极材料的催化活性通常决定了锌-空气电池的电压-电流关系，氧气进入正极的程度由空气进入电池的程度确定。空气进入电池越多，

电池的输出功率越大。氧气进入量的提高可以通过提高电池壳上空气进入孔的数量和尺寸来实现。如果保持空气进入孔的尺寸为恒定值，电池输出功率能力的提高可以通过提升正极的极限电流来实现。为降低水蒸气迁移的有害作用，空气进入需要保持很好的平衡[5-6]。在较低相对湿度环境下，水蒸气的快速流失将加速电池干涸，从而降低电池容量。在高湿度环境下水蒸气将快速占满锌电极放电膨胀的空间而引起电池鼓胀甚至漏液，同样降低了电池容量。了解锌-空气电池的最大电流应用要求，对于减少水蒸气传质的有害作用非常重要。

图 18A.7 表示 PR48（13）锌-空气电池的进气孔总周长增加对极限电流的影响。极限电流是锌-空气电池或其正极在相应条件下能输出的最大电流。极限电流可由试验确定，即试验开始后，电池恒压极化达到 0.9V 时，在 1～5min 内测量到的最大输出电流，即为极限电流。

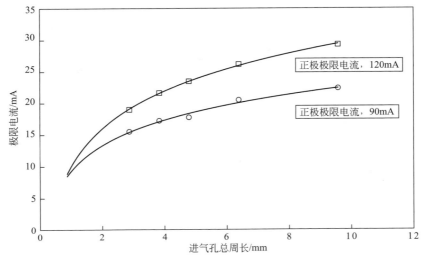

图 18A.7　PR48（13）锌-空气电池极限电流与进气孔总周长、正极极限电流的关系

因为极限电流是测量空气进入电池的极限值，此法也可以用于确定水蒸气传质速率（参见图 18A.8）。因为电池质量损失的主要原因是电解质的挥发，所以水蒸气传质速率与电池在一定湿度环境下的极限电流直接相关。

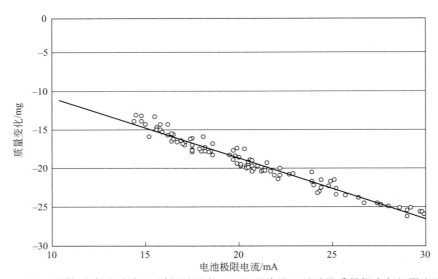

图 18A.8　PR48 型锌-空气电池在 20％相对湿度、20℃下放置 6 天后的质量损失与极限电流的关系

图 18A.9 显示电池极限电流与水蒸气在高相对湿度条件下传质速率的关系。高极限电流将提高水蒸气传质速率并使电池质量增加。

　　锌-空气电池的最大功率输出可以通过增加正极的催化活性来提高。催化剂通常混入碳材料中[7-8]。各种形式的 MnO_x 被用于锌-空气电池正极的典型催化剂。图 18A.10 比较了采用与不采用 MnO_x 催化剂的活性炭正极的塔费尔（Tafel）曲线。可以看出采用催化剂的正极显示出高工作电压。

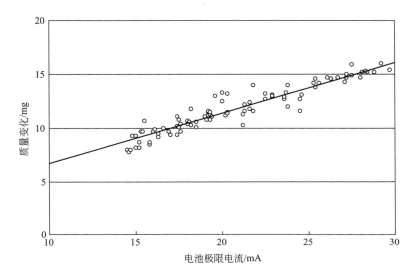

图 18A.9　PR48 型锌-空气电池在 80% 相对湿度、20℃下放置
6 天后的质量损失与极限电流的关系

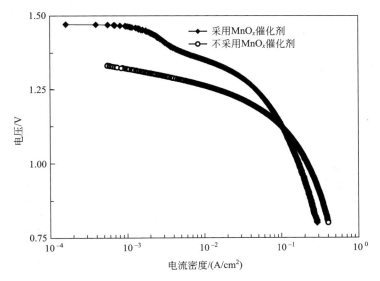

图 18A.10　采用与不采用 MnO_x 催化剂的活性炭正极电压-电流关系曲线

　　各种尺寸纽扣式锌-空气电池的平均电压-电流曲线如图 18A.11 所示。随着电流的上升，平均电压下降直至电池中的氧气枯竭。电池中一旦出现氧气枯竭，将不能支撑负载。增加电池尺寸可提高锌-空气电池的恒流工作能力。

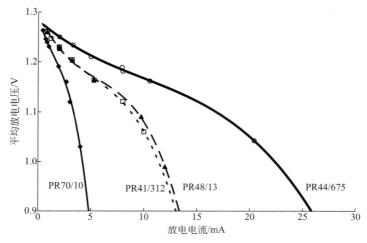

图 18A.11　各种尺寸纽扣式锌-空气电池在 20℃时的平均电压-电流曲线

⑥ 脉冲负荷性能。锌-空气电池能经受比极限电流大得多的脉冲电流（I_L），电流值取决于脉冲种类。这种能力是当负荷低于极限电流时，电池内部有一定量的氧气储存而产生的。

只要脉冲负载的平均电流（I_{ave}）不超过电池限制电流（I_L），锌-空气电池就能够承受脉冲负载。图 18A.12 展示了一系列 I_L 为 12mA 的 PR41（312）电池的电压曲线。电池在

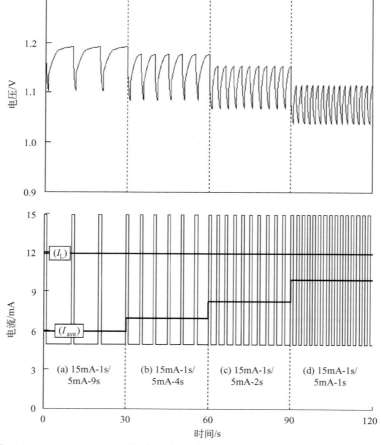

图 18A.12　PR41（312）锌-空气电池脉冲放电 20mA·h 后的脉冲负载特性

5mA 的背景电流消耗中经受了一系列 1s、15mA 脉冲放电的过程。在此图中，15mA 的脉冲占空比从 10% 增加至 50%。随着循环的增加，平均电流也增加，电池的整体运行电压降低。由于脉冲模式的平均电流从未超过电池的极限电流，电池能够维持脉冲状态。如果脉冲状态的平均电流超过电池限制电流，电池内部将变得缺氧，电池的电压水平将快速下降。

尽管电池内部可能不会缺氧，但必须考虑在脉冲状态下达到的电压水平。在此实例中，如果使用电池的设备在低于 1.1V 时无法工作，则增加脉冲占空比将导致出现故障。但是，如果器件工作电压降至 0.9V，则增加占空比不会影响器件的功能。只要脉冲的平均电流和背景电流不超过电池的限制电流，并且脉冲的电压电平不低于功能值，锌-空气电池就可以实现非常高的、短持续时间的脉冲。

⑦ 温度的影响。温度对不同放电倍率下的放电性能影响示于图 18A.13，这种性能的下降主要是由离子在电解质中的扩散能力减小引起的。增加氢氧化钾浓度，可降低锌-空气电池凝固点，甚至低于 -40℃。但当温度下降时，电导率降低，将降低放电反应速率。低温时只能在低放电倍率下工作。

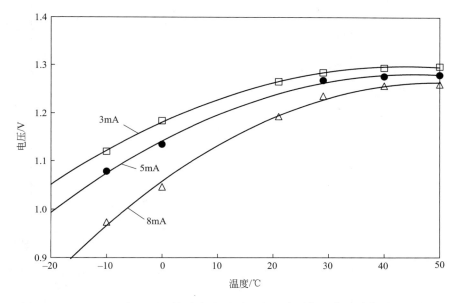

图 18A.13 PR44 型（675）锌-空气电池放电电压水平与温度及放电电流的关系

⑧ 高度影响。锌-空气电池的正极所依赖的氧气来自外部环境，如空气中的氧气（海平面压力 760mmHg 或空气中含 21% 氧气、氧分压 160mmHg；1mmHg＝0.133kPa，全书同）。在小电流应用情况下，放电时氧气扩散速率受限于放电时实际消耗的氧气量；但如果处在氧气受限制的状态时，情况会发生变化。随着高度增加，气压降低，空气中氧气等各种气体比例不变，其结果造成氧气浓度下降而电池的极限电流将比在海平面时低。比如当飞机的飞行高度为 2400m 时，极限电流将至少降低 25%。表 18A.2 显示了随高度的变化，氧分压的变化情况。

表 18A. 2 不同高度的氧分压

高度/m	气压/Pa	氧分压/Pa	相对于海平面的相对压力/%	地球上的位置
−450	106924	22398	105.5	死海,以色列
−150	103191	21665	101.8	死谷,加拿大
0	101325	21332	100.0	伦敦,英国
150	99458	20892	98.2	蒙马特,法国
300	97725	20518	96.4	瓦尔斯堡山,荷兰
600	94259	19785	93.0	坎布里亚郡,英国
1500	84393	17705	83.2	丹佛,美国
3000	69727	14639	77.2	落基山脉喀斯喀特山,加拿大
6000	46529	9786	46.0	麦金利峰
9000	30131	6330	29.8	珠穆朗玛峰

为模拟压力对电池极限电流的影响,把电池放置在可抽真空的容器内进行测试[闭路电压(CCV)保持在 0.9V]。目前的实测略高于理论模型的预测水平。PR48 型锌-空气电池极限电流(0.9V)及电流密度(1.1V)随等高压力的变化如图 18A.14 所示。

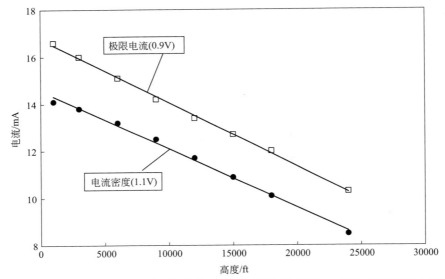

图 18A. 14 PR48 型锌-空气电池极限电流(0.9V)及电流密度(1.1V)随等高压力的变化
1ft=0.3048m

⑨ 储存寿命。在储存和工作期间锌-空气电池的使用容量存在四个主要影响机制。第一个机制是锌的自放电(腐蚀),这是一个内部反应。其他三个机制是由气体迁移引起的。气体迁移机制包括锌正极的直接氧化、电解质的碳酸化和电解质水分的增加或减少。

在储存期间锌-空气电池的气孔可以密封起来,以防止气体迁移引起的衰减。密封电池用的典型材料是聚酯胶带。注意不同于普通电池,在储存期间锌-空气电池的反应物之一,即氧气被隔离在电池外。该特点给予锌-空气电池极好的储存寿命和特性。

影响锌-空气电池储存寿命的主要机制是自放电反应。锌在碱性溶液(电解质)里呈热力学不稳定状态,并且会发生反应形成氧化锌(放电的锌)和氢气。在锌-空气电池中反应所产生的氢气能够通过封口胶带排出,防止产生压力,这对锌-空气电池而言是一个优势,因为对于普通电池这种压力可以造成变形。向锌中加入添加剂,如汞,可以限制自放电反应。但考虑到环境因素,不在负极中使用汞,可以通过新的添加剂控制自放电。

PR41（312）和 PR48（13）的容量保持率如图 18A.15 所示。在低倍率条件下，每年产生的平均容量损失小于 3%。如果提高放电倍率 2～3 倍，则每年容量损失率将达 7%～8%。控制自放电与放电电压平台相互矛盾，需要平衡把握。

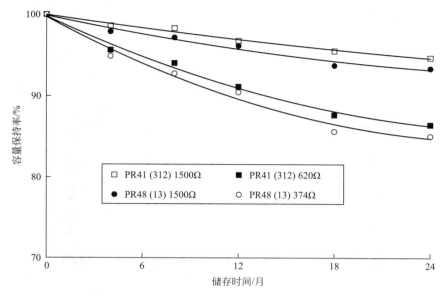

图 18A.15　PR41（312）和 PR48（13）在不同放电倍率条件下的容量保持率

高温会显著增大自放电反应速率，可以用于电池加速实验，并测试添加剂对自放电的作用。

⑩ 影响使用寿命的因素。锌-空气电池一般都暴露于大气中，即使有标签用来限制气体向电池中传输，情况也是如此。外界环境能对电池产生直接影响的因素就是相对湿度。虽然人们一般很少关注其他因素，但是也被很好地记录下来，其中包括电解质的碳酸盐化、直接氧化、在高海拔使用时对倍率性能的影响。对于耳蜗方面的应用（锌-空气电池最常见用途），上述这些影响很难评估。

⑪ 电解质的碳酸盐化。虽然碱性电解质对二氧化碳有较大的溶解度，但是大部分电池在被拆掉标签暴露于空气中以后，其使用时间在几个星期以内。所以，碳酸盐化并不是电池使用中的问题。极小负载下用完或间歇工作都会使其使用时间超过 1 个月，这就对锌-空气电池的使用寿命提出挑战。首先是相对湿度，其次就是靠近电极空气扩散膜的电解质中可能形成碳酸盐晶体，如果此类情况发生，那么晶体会直接使电解质泄漏。

⑫ 直接氧化。只要标签没被揭开并能恰当地限制氧气与电池接触，直接氧化就不是影响锌-空气电池中锌消耗的重要因素。任何碱性锌电池都需要氧气使锌放电，然后电子会通过外电路流回正极端。当氢氧根与锌相互作用生成氢氧化锌，并最终转化成 ZnO 时，电池将会进行正常的放电。电解质对于锌、氧化锌、锌的氢氧化物有很好的溶解性。氧气同样溶解于 KOH 电解质，成为会引发氧化金属锌的另外一种方式。氧气来自电极气体扩散层的气-液界面。

⑬ 水蒸发对使用寿命的影响。减少锌-空气电池使用寿命的主要原因是水的蒸发。如图 18A.16 所示，当电池内电解质的蒸气压和外部环境蒸气压存在差异时，水就会蒸发。在指定温度下，电池内蒸气压取决于电池的电解质。如果外界的湿度低于电池内的湿度（干燥的

天气里），那么电池就会失水。如果外界的湿度高于电池内的湿度（湿润的天气里），那么电池就会得到水。过量的水流失会使电解质变浓，从而增加电池的阻抗并加速碳酸化。最终，水流失会使电池干涸到能直接氧化的程度。过量的水会稀释电池电解质，从而降低导电性。多余的水蒸发到电池中以后，会淹没正极并填满，为氧化锌膨胀提供空间，最终会引发倍率性能的降低及电池膨胀或漏液。

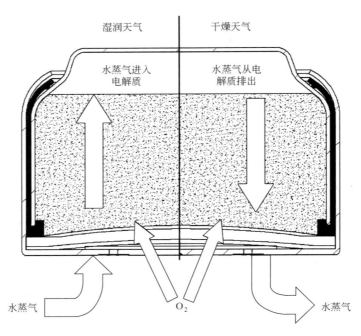

图 18A.16　锌-空气电池中水蒸气的传质机制

图 18A.17 表示室温下 KOH 浓度与相对湿度的关系。基于电池设计要求，理想的电解质浓度变化范围为 25%～40%（质量分数）。在指定温度下，降低电解质的浓度将会提高电池内部的相对湿度。降低电解质浓度，将会减缓在高相对湿度环境下的水挥发速率，但是会加快在低相对湿度环境中的挥发速率。如果电解质的浓度升高，则水的蒸发存在与之相反的情况。

为了设计合适的锌-空气电池，需要对电池应用目标有充分的理解。当了解应用中的倍率要求、功能电压以及使用环境以后，可以进行一定权衡，即在指定的条件下，对电池的性能进行优化。

水蒸气传输的效应通过下面的评估进行说明。表 18A.3 对三种商业化 P41（312）锌-空气电池（一般用于助听设备）

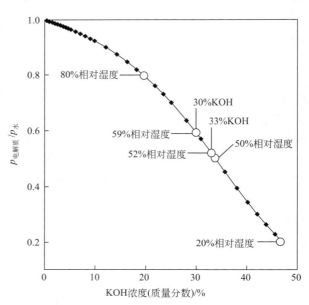

图 18A.17　密闭容器中相对湿度与 KOH 浓度的关系

的平均极限电流和敞开静置的质量变化进行了比较。揭开密封标签的电池称量后放置在三种不同相对湿度（20℃下）的环境中。7d后，再次称量电池并得到电池的质量变化。如图18A.16所示，人们认为电池质量的变化源于与环境间的水蒸气交换。

表 18A.3　三种商业化 P41（312）锌-空气电池在不同相对湿度（20℃下）
的环境中敞开静置 7d 后的平均质量变化

设计	电池极限电流/mA	电池质量变化/mg			
		20%相对湿度	50%相对湿度	80%相对湿度	总范围
A	7.5	−7.3	0	5.8	13.1
B	10.4	−10.4	−1.9	6.7	17.1
C	13.9	−11.7	−1.4	9.7	23.6

图 18A.18 比较了在不同相对湿度环境中，3 种设计的电池每周平均电池质量变化。具有最低平均极限电流的设计 A 在 7d 后质量变化总范围最小；设计 C 相对于设计 A 而言，平均极限电流提高 85%，总质量变化增加 80%。该图说明了设计与相对湿度环境是如何影响电池性能的。设计 A 在 50%相对湿度下不会有质量变化，而设计 B 则在 55%～60%之间。如果设计 A 与设计 B 具有相同的极限电流，那么设计 A 在低相对湿度环境中存在较小的质量变化，而在高相对湿度环境中具有较大的质量变化。

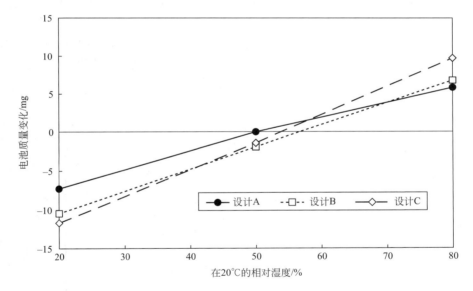

图 18A.18　三种不同 PR41（312）锌-空气电池分别在 20%、50%、
80%相对湿度下放置 7d 后电池质量的变化

开始时，在不同相对湿度下三种设计连接到两个测试负载上。第一项评估是在 1500Ω 的负载上进行每天 12h 的小功率测试。在 50%的相对湿度下，一般持续时间为 16～18d。图 18A.19 比较了在相对湿度为 20%和 50%的测试环境中三种设计的性能。因电池容量不同而需要进行归一化处理，不同设计容量的电池在 1500Ω、12h/d 条件下的测试结果经过归一化后展示在同一个图中。

第二项评估为在 620Ω 负载上进行每天 16h 的中等功率测试。在 50%的相对湿度下，一般持续时间为 5～6d。图 18A.20 比较了三种不同设计电池在 20%、50%及 80%相对湿度下

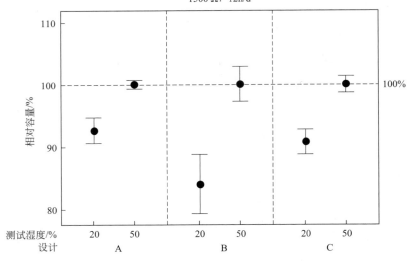

图 18A.19　以相对湿度 50％、20℃、1500Ω 每天放电 12h 放电的
容量保持率为基准，在 20％相对湿度下的测试结果

的测试结果。为规范比较标准，不同设计电池的相对容量在 50％相对湿度、620Ω、16h/d 条件下的测试结果经过归一化后展示在同一个图中。

在短期 620Ω 测试中，各种设计的电池在高、低相对湿度下的容量保持率损失不大。但是，随着时间延长到 16～18d，在 20％相对湿度下的性能衰减很大。B 设计电池具有中等的极限电流范围较宽的内部湿度，较低湿度条件下性能衰减 15％。

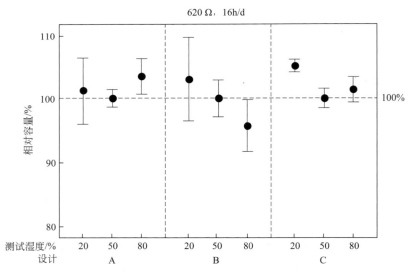

图 18A.20　以相对湿度 50％、20℃、620Ω 每天放电 16h 放电的
容量保持率为基准，在 20％、80％相对湿度下的测试结果

图 18A.21 总结了各种设计经过 7d 放置后在 620Ω 条件下进行测试后的性能状况，例如，设计 C 的样本是在 20℃、20％相对湿度的环境下。结果表明，电池平均失去了 11.7mg 的水蒸气；在 620Ω 测试中，在 20％相对湿度环境中进行测试时，为初始时容量的 65％

（20％相对湿度）。具有最低平均极限电流的设计 A 性能保持最好，因为与其他设计相比，它对水蒸气传输的限制高达 85％。

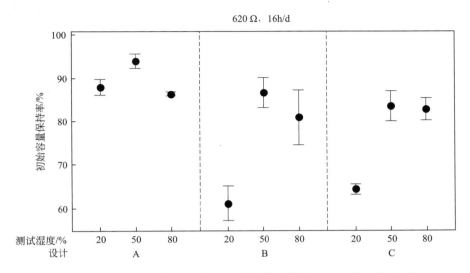

图 18A.21　于 20％、50％和 80％相对湿度条件下存放 7d 后，在 20℃时于 620Ω、16h/d 放电的条件下测试后的初始容量保持率

18A.4.2　便携式锌-空气电池

图 18A.22 是方形锌-空气原电池基本结构的示意。电池的厚度决定了负极的容量，而端面面积决定了最大放电倍率[10-11]。

锌-空气电池除方形之外，还有圆柱形锌-空气电池（图 18A.23）[12-14]。

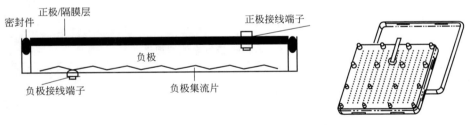

图 18A.22　方形锌-空气原电池设计

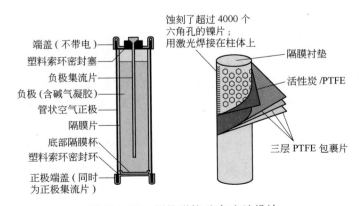

图 18A.23　圆柱形锌-空气电池设计

对于许多便携式电子设备应用，锌-空气电池比能量高、成本低而且安全，是一个不错的选择。由于锌-空气电池能实现高质量比能量和体积比能量，受环境（干涸、淹池和碳酸化）的影响小，因此在需要使用电源 1~14d 的场合，特别具有优势。25℃下锌-空气电池典型放电曲线如图 18A.24 所示。在整个放电过程的大部分时段，电池的电压曲线较为平坦。当电池容量很小时每个电池也都超过 0.9V。表 18A.4 总结了当前最新的方形锌-空气电池规格。

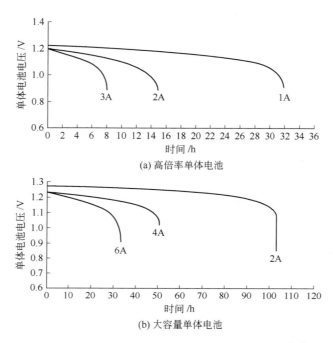

(a) 高倍率单体电池

(b) 大容量单体电池

图 18A.24　25℃下方形锌-空气电池典型放电曲线[10]

表 18A.4　方形锌-空气电池的规格

变量	蜂窝电话电池	野外充电电池
外形尺寸（长×宽）/cm	4.6×2.7	7.6×7.6
高度/cm	0.43	0.6
质量/g	15	87
容量/A·h	3.6	30
质量比能量/（W·h/kg）	300	500
体积比能量/（W·h/L）	800	1250

第三代（GEN3）便携式方形锌-空气电池有三种结构设计。第一种设计是金属盒式方形电池。这种设计基本采用了纽扣式电池技术。电池的正极组件安装于镀镍的钢罐内，负极组件安装在铜衬里的镀镍不锈钢罐内，正极组件的卷边焊接在负极组件上。模压成型的塑料绝缘密封件将负极和正极隔离开。对于小尺寸电池（5A·h 或者更小）而言，这种设计具有良好的性能。

第二种设计是塑料作为方形锌-空气电池盒，采用粘接技术将电池的负极和正极组件粘接在一起。这种塑料电池设计突破了金属电池的技术限制，因而成为大容量电池（大于 5A·h）的首选设计。特别是随着电池尺寸的增大，卷边密封需要的精密公差，成为一项挑战。塑料电池的主要挑战包括为正极、电池密封件，以及电流通道开发合适的设计和材料。塑料电池需要电流通道，而金属电池中罐体可以用于电接触终端，不需要此通道。图 18A.25 和图 18A.26 是专门为储备电池和远程使用的原型电池。

图 18A.25　野外充电用锌-空气电池　　图 18A.26　供野外充电使用的锌-空气电池（BA-8180）

　　第三种设计包括被称为第四代（GEN4）的方形锌-空气电池。该电池的开发始于 20 世纪 90 年代末和 21 世纪初期。该设计直接使用空气电极封装，把锌电极装入空气电极之间，边缘进行一体化密封。图 18A.27 显示了这种第四代锌-空气电池。这种无壳设计的第四代锌-空气电池提高了功率密度和比功率，但同时也带来了电池副反应的增加。

　　方形电池也被设计成含多个单电池的电池堆，供各种各样的便携式电子设备使用。电池堆需要定位板的装置让空气到达正极，以及风扇用于强制空气流动。如果定位板太薄，电池将逐渐缺乏氧气；但如果定位板太厚，电池的质量和体积将会增加。图 18A.28 展示了一个典型的锌-空气电池堆。促进氧气扩散的另一种方法是：将风扇和空气流道设计在电池内，给正极一个正的空气压力（图 18A.29）。

图 18A.27　第四代锌-空气电池　　　　　图 18A.28　典型的锌-空气电池堆（由第
　　　　　　　　　　　　　　　　　　　　　　　　　四代锌-空气电池单体堆叠而成）

　　圆柱形锌-空气电池最初设计成 AA 型。这种电池可用于直接替代碱性锌-氧化镁电池。为了给电池留出空间来容纳负极、电解质混合物，锌-空气电池使用非常薄的正极。AA 型电池有较高的表面积，可以高倍率放电。由一系列这些电池构成的电池组没有强制空气流动，但电池组内的温度梯度提供了空气对流的动力。

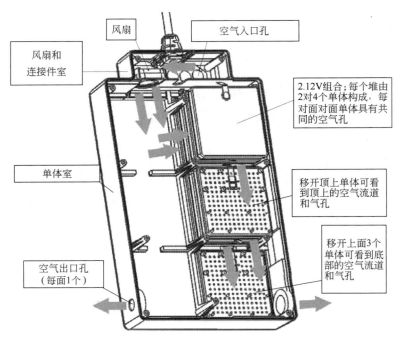

图 18A.29　BA-8180 锌-空气电池组设计

图 18A.30 是 12V 锌-空气电池组的两条典型放电曲线：12 节 30A·h 方形锌-空气电池组；48 节 AA 型锌-空气电池，每 12 节电池为一组并列组成 4 串。

从图 18A.31 可以看出锌-空气电池的进步，图中再现了各代电池的比能量-比功率特征。第二代纽扣式锌-空气电池具有 400W·h/kg 以上的最高比能量；经过优化的第四代电池具有 100W/kg 以上的比功率。但与第三代电池相比，第四代电池的比能量有所下降。第三代电池在低倍率（<10W/kg）时比能量接近纽扣式电池，但随着放电倍率的提高比能量迅速下降。这是因为阳极非常厚（5mm 以上，至少是第四代电池的两倍）。采用 30A·h 的第三代电池 BA-8180 可供无线电话工作数天到一周，而且成本低。

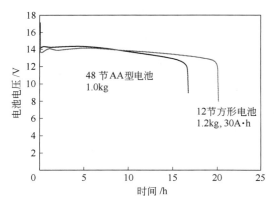

图 18A.30　在 18W 固定功率下 12V 锌-空气
电池组的连续放电曲线

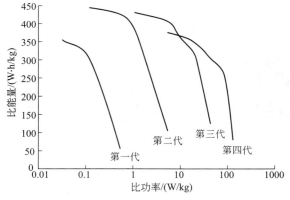

图 18A.31　便携电子设备用四代锌-空气
电池单体的放电特性

18A.4.3　工业锌-空气原电池

大型锌-空气原电池已经使用了许多年，它被用来为铁路信号、地震遥感探测、海上导航浮标和远程通信等场合提供低倍率、长寿命的电源。它们有水激活（含干态氢氧化钾）或者预先激活两种形式[16]。预先激活形式的电池也可以使用凝胶电解质来减少可能发生的电解质渗漏。

① 预先激活和水激活电池。典型的预先激活工业锌-空气电池，即 Edison Carbonaire 电池，有两电池和三电池两种结构，如图 18A.32 所示。电池箱和盖子由有色透明的丙烯酸塑料模压而成。这种构造的特征如图 18A.33 所示。从图中可以看出，浸蜡碳正极块、固体锌负极和充满石灰的储液器。电池通常有一个石灰床，用来吸收二氧化碳、除去溶液中可溶性锌化合物，并将它们沉淀为锌酸钙。电池采用透明的箱体，便于目视监测电解质的高度和荷电状态。电池的荷电状态可以通过观察锌板和石灰床的情况来监测。当石灰转化为锌酸盐后，石灰床变暗。

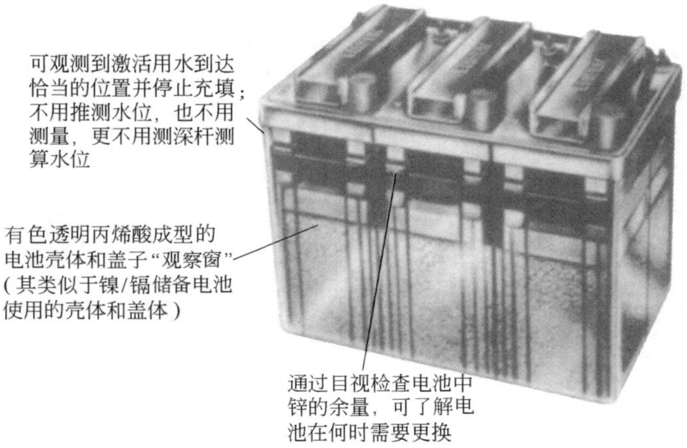

图 18A.32　Edison Carbonaire 锌-空气电池

水激活电池要求有额外的水来溶解碱性电解质（氢氧化钾）和石灰。电池组在 25℃ 下的最大连续放电电流为 0.75A。一个由 3 只单电池预先激活的 1100A·h 电池组的质量约为 2kg，比能量约为 180W·h/kg。

② 凝胶电解质型电池。另一种方式是使用凝胶电解质，在电池制造过程中就已经加入。图 18A.34 显示的是 Gelaire 单体电池截面。

18A.4.4　锌-空气/氧化锰混合原电池

锌-空气原电池的另一条技术途径是使用含过量氧化锰的混合正极[17]。在低放电倍率下，电池像锌-空气电池体系一样运行；在高放电倍率下，当氧耗尽后正极放电功能由氧化锰取代。这就意味着：此电池在低倍率放电时基本具有锌-空气电池的容量，而且还具备氧化锰电池的脉冲放电能力。在高电流脉冲后，氧化锰经空气氧化部分再生，从而恢复脉冲电流能力。

图 18A.35 是一个平板型电池的侧面图。此电池的比能量约为 350W·h/kg，单体电池和多电池组的容量可以达到 40～4800A·h。

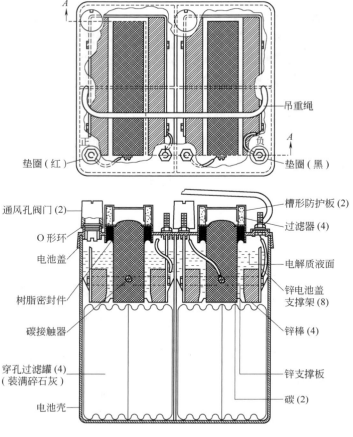

图 18A.33 ST-2 型 Carbonaire 锌-空气电池的俯视和侧视图

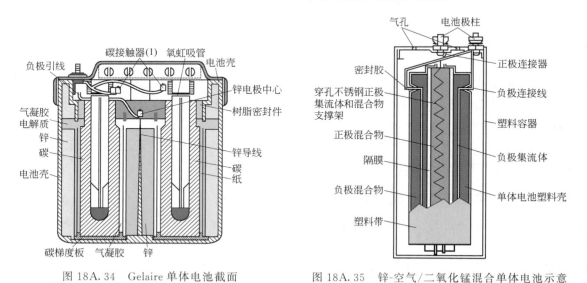

图 18A.34 Gelaire 单体电池截面

图 18A.35 锌-空气/二氧化锰混合单体电池示意

18A.4.5 锌-空气蓄电池

锌-空气蓄电池使用双功能氧电极，使充电和放电过程都可以在电池内部进行。

使用双功能氧电极的锌-空气蓄电池的基本反应示意于图 18A.36 中。锌-空气蓄电池的进展集中在双功能空气电极上[18-21]。基于 La、Sr、Mn 和 Ni 的钙钛矿电极表现出良好的循环寿命。图 18A.37 是研发计划的第一阶段到第二阶段中，双功能空气正极所达到的循环寿命。

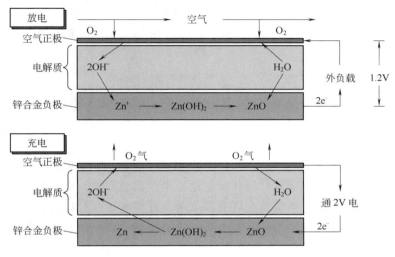

图 18A.36　锌-空气蓄电池的基本原理

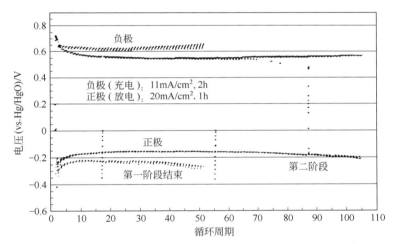

图 18A.37　双功能空气电极进展
LSNC 钙钛矿加上 Shawinigan 炭黑，面积 $25cm^2$，$8mol/L$ KOH，室温

　　为计算机和其他电子通信设备而设计的、带有双功能氧电极的锌-空气充电电池如图 18A.38 所示。电池采用方形或者薄的长方形设计。负极使用高孔隙率的锌，可以在循环过程中保持完整性和形态。空气电极是含有大量小孔和催化剂的抗腐蚀碳结构，它由低电阻集流体支撑，呈憎水性，可以透过氧气。平板锌负极和空气电极彼此相对，中间由一个低电阻、能吸收和保持氢氧化钾电解质的高孔隙率隔离层隔开。电池箱由聚丙烯注射模塑成型，箱体开口可供放电时流入氧气和排出充电时产生的氧气。

　　电池和电池组设计中一个关键因素是控制空气流入和流出电池的方式，而且电池必须与使用要求相匹配。空气量过多会引起电池干涸，空气太少（缺乏氧气）则将导致性能下降。

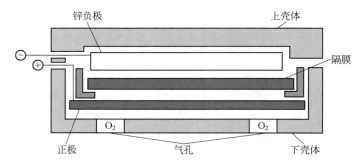

图 18A.38　锌-空气蓄电池的剖面图

电池中每安培电流所需化学计量的空气是 $18.1cm^3/min$。使用空气管理器来控制空气流动，放电时打开空气进入正极的通路；不使用电池时将电池与空气隔离，减少自放电。由电池驱动的风扇也常被用来促进空气流动。

当前正在为电动汽车开发一种室温下工作的锌-空气蓄电池。该电池采用平板双极板结构，负极含有膏状锌粒，类似于碱性氧化镁原电池中使用的电极。双功能空气电极由碳膜和含有适当催化剂的塑料组成。电解质是含有胶凝剂和纤维状吸收材料的氢氧化钾溶液。代表性的电池平均工作电压为 $1.2V$，容量为 $100A \cdot h$；电池以 $5 \sim 10h$ 速率放电，比能量达到 $180W \cdot h/kg$，寿命约为 $1500h$。技术障碍是比功率不高和隔离物寿命较短。为了去除二氧化碳、对电池进行湿度和热管理，必须对空气进行控制。表 18A.5 给出了这种不再开发的电池的一些特性[22-23]。

表 18A.5　锌-空气牵引电池的特性

物理特征	
电池尺寸/cm	$33 \times 35 \times 0.75$
电池质量/kg	1.0(典型值)
电池电压/V	
开路电压	1.5
平均值	1.2
高负荷	1.0
充电电压	1.9
结构	
总目标	$120W \cdot h/kg$(峰值 120W/kg)
高能量	$180W \cdot h/kg$(10W/kg 时)
高功率	$100W \cdot h/kg$(峰值 200W/kg)

数据来源：Dreisbach Electromotive 公司。

18A.4.6　机械式充电体系（替换负极）

20 世纪 60 年代后期，为了给便携式军用电子设备提供电力，可机械替换的锌-空气电池由于比能量高、充电容易，因此受到了重视。这种电池含有许多串联的双单体电池，以提供所需要的电压。如图 18A.39 所示，每个双单体电池有两个并联的空气电极，并由塑料框架支撑。它们一起形成了一个容纳锌负极的封套。负极是具有多孔结构的锌，它包裹于具有吸收能力的隔离物中，插在两个正极之间。电解质 KOH 以干态存在于锌负极中，只需要加水即可激活电池。"充电"是通过去除使用过的负极、洗涤电池和装上新的负极来实现的。由于这些电池的活性寿命短、间歇操作性能差，加上开发出容量更大、野外使用更方便的新型高性能锂原电池[24-25]，因此它们从来都没有被使用过。

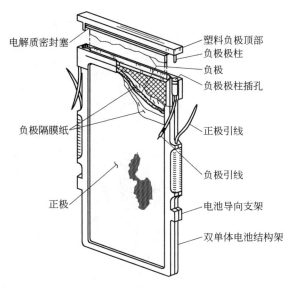

图 18A.39　双单体锌-空气电池

电解质密封塞
塑料负极顶部
负极极柱
负极
负极极柱插孔
负极隔膜纸
正极引线
负极引线
正极
电池导向支架
双单体电池结构架

对于机械式补充燃料电动汽车，已经考虑采用与便携式机械充电锌-空气电池相似的设计。电池在车队服务点或者公共服务站去除和更换使用过的负极盒，进行"自动"燃料补充。放完电的燃料在服务于地区配送网点的中心工厂内，采用改进的电解锌工艺，进行电化学再生[26]。

这种锌-空气电池组由电池堆模块构成，每个模块含有一串独立的双电池。每个双电池由夹在空气正极之间的负极盒和隔离层组成，负极盒内有锌基电解质浆料。浆料保存在固定床中，不需要循环。此外，电池组还含有供给空气和热管理的子系统，而且电池组也进行了改进，便于快速更换电池盒。

一个质量为 650kg、满容量为 264V、110kW·h 的电池组在改装为电驱动的厢式货车中进行过技术评估。该电池的比能量为 230W·h/kg 和 230W·h/L，比功率为 100W/kg。

使用机械式充电锌-空气电池驱动电动汽车的另一条途径，是采用锌-空气电池和可充电电池（如高功率铅酸电池）的混合结构[27]。这种方法用高比能量锌-空气电池作为能量来源，用高比能量充电电池来满足高功率的需要，使每种电池的性能都得到充分利用。功率电池组也可以调整大小以满足所希望的最高载荷和循环使命。在运行过程中载荷低时，锌-空气电池组满足负载并通过调压器给充电电池充电。在高载荷情况下，负载由这两种电池组共同分担。锌-空气电池完全放电后，去除并替换放电产物氧化锌，进行再生。氧化锌在指定的工厂内实现经济而有效的再生。图 18A.40 对混合电池组和单个电池组的性能进行了比较，显示了这种混合设计的优点。在这个实例中，混合铅酸电池组是为获得高放电倍率性能而特殊设计的。

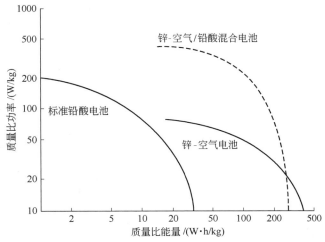

图 18A.40　锌-空气/铅酸混合电池组与锌-空气电池和标准铅酸电池的性能对比
铅酸电池采用特殊的高倍率放电设计

以下介绍机械式补充燃料体系——更换锌粉[28-30]。图 18A.41 是一个使用锌粉填充床的 80cm^2 实验室级电池，锌粉耗完后可以更换。电解质靠自然对流进行循环。当电池工作时，电解质由上而下流过锌床，再由石墨或者铜集流板背面向上流动。图 18A.42 是恒流放电时每块集流板上的电压特性曲线。

该电池的设计便于在放电后用泵将锌床和电解质抽出，并替换成新的锌和电解质，用来模拟它在电动汽车上的操作。电池在 2A 下放电 4h，然后一头连接在喷水抽气装置上，另一头通过电池顶部孔的管子，将大部分电解质和剩余的颗粒吸出电池的负极侧。不必经过洗涤，将新的锌粒和电解质从孔中放入电池，进行第二次放电。接下来，粗略地除去大约 90% 的放电产物颗粒，再给电池补充新的锌粒和电解质，进行第三次放电。图 18A.43 的数据显示三次放电基本相同。

在这些实验的基础上，研究人员进行了 55kW（最大功率）电动汽车电池组的概念性设计。依据《联邦城市驾驶计划简化法案修

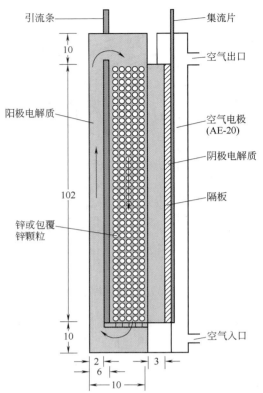

图 18A.41　机械式补充燃料的实验室级 80cm^2 锌-空气电池示意

正案》，该电池组在 97W/kg 比功率下的比能量为 110W·h/kg。根据电池组在 45℃下放电实验的结果，电池组设计为最佳容量，比功率为 100W/kg 时的比能量增加至 228W·h/kg。电池组设计为最佳输出功率，比功率 150W/kg 时的比能量为 100W·h/kg。

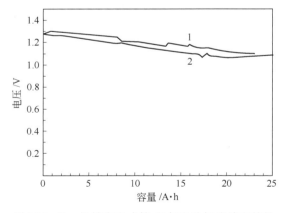

图 18A.42　机械充电式锌-空气电池恒流放电特性
分别使用石墨引流条和铜引流条，其中曲线 1 使用 1.5mm 厚的铜引流条；曲线 2 使用 4.0mm 厚的石墨引流条；负极电解质/正极电解质为 45%KOH；负极为 30 目锌粉；正极为 AE-20 空气电极；电流为 2A；面积为 78cm^2

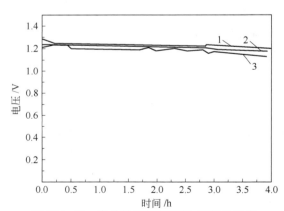

图 18A.43　自动补充燃料的锌-空气电池在连续充电时电压-时间曲线
负极电解质/正极电解质为 45%KOH；负极为 20 目锌粉；正极为 AE-20 空气电极；电流为 2A；面积为 76cm^2；曲线 1：首次充电；曲线 2：把负极电解质/包覆颗粒全部吸出，不留残渣，并重新注入新的；曲线 3：把负极电解质/包覆颗粒吸出 90%，并重新注入新的

要想获得一个实用、高效的电池系统，就需要有效地再生锌颗粒。根据设计，对于实用的电池系统而言，使用过的电解质和剩余的锌粒将在当地的服务中心去除，再添加再生过的锌粉和电解质，使电池快速补充容量。正在开发的系统在电池电压降低至一个实用值后可中止电池组放电，而不是等电压降到零[30]。在这种情况下，电池内没有沉淀物出现，电解质是澄清的。去除电池产物则是一个将锌再沉积到颗粒上的简单过程。

参考文献

1. G. W. Elmore and H. A. Tanner, U.S. Patent 3,419,900.

2. A. M. Moos, U.S. Patent 3,267,909.

3. J. Oltman, B. Dopp, and J. Burns, U.S. Patent 5,567,538.

4. J. Oltman, U.S. Patent 6,245,452 B1.

5. A. Ohta, A. Hanafusa, H. Yoshizawa, and Z. Ogumi, "Design of Air Holes on Button Type Zinc-Air Batteries. I. New Evaluation Method of Both Water Vapor and Oxygen Permeabilities," *Denki Kagaku (Electrochemistry)*, **65**(5) (1997).

6. A. Ohta, H. Yoshizawa, A. Hanafusa, and Z. Ogumi, "Design of Air Holes on Button Type Zinc-Air Batteries. II. Simulation of Gas Flow Though Air Holes," *Denki Kagaku (Electrochemistry)*, **66**(4) (1998).

7. J. Passanti and R. Dopp, U.S. Patent 5,308,711.

8. A. Ohta, Y. Morita et al., "Manganese Oxide as a Catalyst for Zinc-Air Cells," *Proc. Battery Material Symp.*, 1985.

9. Energizer Zinc Air Prismatic Handbook, www/energizer.com, Winter 2009.

10. T. Atwater, R. Putt, D. Bouland, and B. Bragg, "High-Energy Density Primary Zinc/Air Battery Characterization," *Proceedings of the 36th Power Sources Conference*, Cherry Hill, NJ, 1994.

11. R. Putt, N. Naimer, B. Koretz, and T. Atwater, "Advanced Zinc-Air Primary Batteries," *Proceedings of the 6th Workshop for Battery Exploratory Development*, Williamsburg, VA, 1999.

12. J. Passanitti, "Development of a High Rate Primary Zinc-Air Cylindrical Cell," *Proceedings 5th Workshop for Battery Exploratory Development*, Burlington, VT, 1997.

13. J. Passanitti, "Development of a High Rate Primary Zinc-Air Cylindrical Cell," *Proceedings of the 38th Power Sources Conference*, Cherry Hill, NJ, 1998.

14. J. Passanitti and T. Haberski, "Development of a High Rate Primary Zinc-Air Battery," *Proceedings of the 6th Workshop for Battery Exploratory Development*, Williamsburg, VA, 1999.

15. R. A. Putt and G. W. Merry, "Zinc-Air Primary Batteries," *Proceedings of the 35th Power Sources Symposium*, IEEE, 1992.

16. Sales literature, SAFT, Greenville, NC.

17. Celair Corp., Lawrenceville, GA.

18. A. Karpinski, "Advanced Development Program for a Lightweight Rechargeable AA Zinc-Air Battery," *Proceedings of the 5th Workshop for Battery Exploratory Development*, Burlington, VT, 1997.

19. A. Karpinski, B. Makovetski, and W. Halliop, "Progress on the Development of a Lightweight Rechargeable Zinc-Air Battery," *Proceedings of the 6th Workshop for Battery Exploratory Development*, Williamsburg, VA, 1999.

20. A. Karpinski and W. Halliop, "Development of Electrically Rechargeable Zinc/Air Batteries," *Proc. 38th Power Sources Conf.*, Cherry Hill, NJ, 1998.

21. AER Energy Resources, Inc., Atlanta, GA.

22. L. G. Danczyk, R. L. Scheffler, and R. S. Hobbs, "A High Performance Zinc-Air Powered Electric Vehicle," *SAE Future Transportation Technology Conference and Exposition*, Portland, OR, August 5–7, 1991, paper 911633.

23. M. C. Cheiky, L. G. Danczyk, and M. C. Wehrey, "Second Generation Zinc-Air Powered Electric Minivans," *SAE International Congress and Exposition*, Detroit, MI, February 24–28, 1992, paper 920448.

24. S. M. Chodosh, M. G. Rosansky, and B. E. Jagid, "Metal-Air Primary Batteries, Replaceable Zinc Anode Radio Battery," *Proceedings of the 21st Annual Power Sources Conference*, Electrochemical Society, Pennington, NJ, 1967.

25. D. Linden and H. R. Knapp, "Metal-Air Primary Batteries, Metal-Air Standard Family," *Proceedings of the 21st Annual Power Sources Conference*, Electrochemical Society, Pennington, NJ, 1967.

26. Electric Fuel, Ltd., Jerusalem, Israel.

27. R. A. Putt, "Zinc-Air Batteries for Electric Vehicles," *Zinc/Air Battery Workshop*, Albuquerque, NM, December 1993.

28. H. B. Sierra Alcazar, P. D. Nguyen, G. E. Mason, and A. A. Pinoli, "The Secondary Slurry-Zinc/Air Battery," LBL Rep. 27466, July 1989.

29. G. Savaskan, T. Huh, and J. W. Evans, "Further Studies of a Zinc-Air Cell Intended for Electric Vehicle Applications, Part I: Discharge," *J. Appl. Electrochem.* (Aug. 1991).

30. T. Huh, G. Savaskan, and J. W. Evans, "Further Studies of a Zinc-Air Cell Intended for Electric Vehicle Applications, Part II: Regeneration of Zinc Particles and Electrolyte by Fluidized Bed Electrodeposition," *J. Appl. Electrochem.* (Aug. 1991).

18B 水溶液电解质体系金属-空气电池
Arthur Dobley，Terrill B. Atwater
（荣誉撰稿人：Gary A. Bayles）

18B. 1 概述

金属-空气电池优于传统电池体系，因为只需要一种反应物（阳极材料）装在电池内。本节讨论的某些金属阳极材料也能够在盐水溶液中发挥作用，不同于锌-空气电池需要更高化学反应活性的碱性电解质（参见本书18A部分）。

18B.1.1 铝-空气电池

铝作为电池负极具有较高的理论安时容量、电压以及比能量，因而一直受到人们的关注。由于铝和空气电极过电势的存在，以及放电反应中水的消耗，这些值在实际情况中均有所下降，但其实际体积比能量仍高于大多数电池系统。铝负极在电解质溶液中会析出氢气，所以电池被设计成在使用前加注电解质，或者在每次放电结束后重新更换铝负极进行"机械式"充电。可充电的铝-空气电池不能使用水溶液体系的电解质。

18B.1.2 镁-空气电池

镁-空气电池商业化尚未成功，但目前已致力开发通过使用海水中的溶解氧作为反应物进行海底应用。该电池使用镁合金阳极和催化膜阴极，并由海水激活。该体系的主要优点是：除镁外，所有反应物均由海水供应；电池具有约700W·h/kg的比能量。

海水中氧气的浓度仅为$0.3mol/m^3$，对应28A·h/t的海水。因此，阴极必须具有开放式结构，以确保与海水有充分接触。此外，由于海水具有高导电性，因此使用多个电池组成模组是不可行的。DC-DC转换器用于将低电池电压增加至所需的电压范围。

18B.1.3 铁-空气电池

可充电的铁-空气电池的比能量低于机械式可充电电池，但它具有潜在的降低生命周期成本的优势。与锌不同，铁电极在长时间电化学循环后不会出现活性材料的严重重新分布或总体形状变化。可铁-空气电池是另一种候选动力源，尤其是对于电动汽车。

18B. 2 化学原理

18B.2.1 铝-空气电池

铝-空气电池放电反应方程式如下：

负极 $$Al \longrightarrow Al^{3+} + 3e^-$$

正极 $$O_2 + 2H_2O + 4e^- \longrightarrow 4OH^-$$

总反应 $$4Al + 3O_2 + 6H_2O \longrightarrow 4Al(OH)_3$$

伴生的析氢反应方程式为：

$$Al + 3H_2O \longrightarrow Al(OH)_3 + 3/2H_2$$

铝可以在中性（盐）溶液以及苛性碱溶液中放电，其中采用中性电解质更具有吸引力，因为其开路腐蚀速率较低，与高浓度苛性碱电解质相比，带来的危害较小。满足低功率应用的中性电解质电池体系正在开发中，例如海洋浮标以及便携式电源，其"干"电池的比能量可高达 $800W \cdot h/kg$。对于水下运输工具推动和其他场合应用的海水电池，使用海水中的溶解氧气而不是空气，或者类似腐蚀电池的工作机制，它的输出能量高，也引起了人们的兴趣。

① 碱性电解液中的铝-空气电池。碱性体系与中性体系相比其优点在于：碱性电解质的电导率更高，反应产物氢氧化铝的溶解度较高。因此，在高功率应用方面碱性铝-空气电池是一个不错的选择，例如储备电池、水下无人交通器的推进动力以及电动车辆推进动力，其比能量可达 $400W \cdot h/kg$。铝-空气电池（以及锌-空气电池）因其较高的比能量也可以作为充电电源为低能量蓄电池充电，应用于电网不能到达的偏远地区。

② 中性电解质铝-空气电池。采用中性电解质的铝-空气电池已经在便携设备、固定电源和海洋用途等方面得到应用。目前人们研制出了在中性电解质中应用并具有较小极化电势的铝合金，这种铝合金可以使得电池的库仑效率达到 $50\% \sim 80\%$。当电流存在时合金元素促进负极表面膜的瓦解。有趣的是，在中性电解质中铝的腐蚀反应直接导致了氢的析出，而且腐蚀速率与电流密度成正比，在电流为零时也几乎为零[1]。

如前所述，正极是符合性能要求的。但是，在中性溶液中应用对其有一些特殊要求。镍不是一种合适的基片，这是由于基片会长时间处于开路状态，这种情况下与金属网接触的活性物质的电势过高，将导致金属网被氧化。减轻这一影响的一种方法是在开路情况下仍以较小的电流放电，这样可以有效地防止正极电位在开路情况下升高到其开路电压值。

12%（质量分数）的氯化钠溶液是一种合适的中性电解质，已接近其最大电导率。由于电解质电导率的限制，电池的电流密度被限定在 $30 \sim 50mA/cm^2$。这种电池也可以在海水中使用，其电流密度明显受海水电导率的制约。

在铝-空气电池中，由于反应产物氢氧化铝的影响，必须对电解质进行管理。在电解质中，氢氧化铝具有较高的暂态溶解度，并且在开始出现沉淀时易形成凝胶状。在没有搅拌的体系中，当总放电量超过 $0.1A \cdot h/cm^3$ 时，电解质将变得较难流动，此时电解质与反应产物可以倾倒出电池并重新注入更多的电解质来继续放电，直到负极铝被完全消耗掉；如果不排空电解质而继续放电，电池也可以完好地放电到总电量约 $0.2A \cdot h/cm^3$，此时电池内部将几乎变成固体状。

人们对减小电池电解质用量的方法进行了研究[2]。一种方法是以往复方式搅拌电解质，这样可以减少凝胶物的形成并使产物很好地分散在电解质中。采用 20%（质量分数）KCl 电解质往复循环时，电解质总容量可以达到 $0.42A \cdot h/cm^3$。另一种方法是在每只电池底部通入脉冲空气流，也达到了相近的结果。后一种方法具备的优点是，可以将电池内部产生的氢气吹出，使氢气浓度低于可燃极限。在电解质很容易排出的电池体系中，电解质的利用可以放电到 $0.2A \cdot h/cm^3$。

18B.2.2 镁-空气电池

镁-空气电池的放电反应机理如下：

负极 $\qquad\qquad Mg \longrightarrow Mg^{2+} + 2e^-$

正极 $\qquad\quad O_2 + 2H_2O + 4e^- \longrightarrow 4OH^-$

总反应 $$2Mg+O_2+2H_2O \longrightarrow 2Mg(OH)_2$$

这个反应的理论电压是 3.1V，但实际上开路电压只有 1.6V。

镁负极倾向于与电解质直接反应生成氢氧化镁和氢气：

$$Mg+2H_2O \longrightarrow Mg(OH)_2+H_2$$

在碱性电解液中，由于电极表面形成的不溶性氢氧化镁薄膜，具有隔离电极与电解液的作用，使得反应无法继续进行。酸可以溶解这层膜。镁电极表面形成的这层膜带来另一个重要影响是外部负载增大时电池响应会滞后。这是由于功率的增加必须破坏这层钝化膜，使镁电极形成能参与反应的"新鲜"表面。"纯"镁负极的性能通常并不理想，现已开发出多种镁合金负极以满足所需要的特性。

18B.2.3 铁-空气电池

铁-空气电池的反应机理如下：

$$O_2+2Fe+2H_2O \underset{充电}{\overset{放电}{\rightleftharpoons}} 2Fe(OH)_2 \quad (第一阶段反应)$$

$$3Fe(OH)_2+1/2O_2 \underset{充电}{\overset{放电}{\rightleftharpoons}} Fe_3O_4+3H_2O \quad (第二阶段反应)$$

铁在碱性介质中最初溶解为 +2 价物质，二价铁与电解质络合形成 $Fe(OH)_2$，为一种低溶解度的复合物。过饱和倾向在电极工作中有重要作用，并对电极性能有重要影响。持续放电形成 +3 价铁，后者又与 +2 价铁相互作用形成 Fe_3O_4。

铁电极优越的循环寿命特性源于反应中间体和氧化物质的低溶解度。放电时的过饱和导致氧化材料在反应位点附近形成小晶粒。在充电时，低溶解度也减缓了铁晶体的生长，从而有助于保持原始的高活性表面结构。由于产生的（氧化）物质在反应位点处或附近沉淀并阻塞活性表面，因此低溶解度也导致了较差的高倍率和低温性能。然而，在先进的铁镍电池中，通过使用优良的电极网格结构（例如纤维金属），倍率性能得到了显著改善，可在多孔结构的整个体积内提供与铁活性材料的密切接触。

氧电极反应遵循动力学路径，以过氧化物作为中间体。简单的氧电极反应如下：

$$O_2+2H_2O+2e^- \longrightarrow H_2O_2+2OH^-$$

$$H_2O_2+2e^- \longrightarrow 2OH^-$$

该电池系统中最重要的寿命限制因素是空气电极的稳定性，空气电极在反复充电和放电时失去了可逆功能。在充电和放电时可能会放出氧气和过氧化物，侵蚀基板而改变催化剂的活性，并导致抗水层脱落。在充电和放电模式下，可以分别使用空气（氧气）电极和电路；然而，考虑到系统的重量和体积因素，更倾向于使用双功能电极，即单个电极能够同时支持氧气的还原和析出反应。这些电极必须在两种反应的电位范围内保持稳定，因此对材料稳定性和电极设计构成了限制。

18B.3 设计和结构

18B.3.1 铝-空气电池

目前已经设计了许多采用盐类电解质的电池。一般而言，它们被制备成储备电池并且通过注入电解质来激活。如图 18B.1 所示是设计用来给镍镉或铅酸蓄电池进行野外充电的一种盐水电池。

18B.3.2 镁-空气电池

图 18B.2 给出了用于海底中的电池设计。电池以 3～4W 的功率进行持续 1 年或更长时间的输出，总质量为 32kg。在此设计中，氧还原阴极位于圆柱体的圆周上，阴极总面积为 $3m^2$。阳极为 19kg 的圆柱形镁，位于空气阴极内部。阴极的质量约为 1.8kg，其余质量源自支撑件和其他必要的部件。单个电池在干燥、未活化状态下具有很长的保质期。当它浸入海水电解液中时可以立即激活。

图 18B.1 600W·h、6V 用于野外充电的铝-空气电池

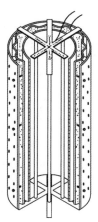

图 18B.2 圆柱形海水电池示意 柱体由涂有防污剂的多孔玻璃纤维组成；空气阴极是波纹结构，它位于镁阳极的外部；整个结构可以保证海水进入

18B.3.3 铁-空气电池

近年来，铁-空气电池的研究相对较少。18B.4.3 节详细介绍了几种报道过的电池设计和性能。

18B.4 性能与应用

18B.4.1 铝-空气电池

（1）盐水电解质铝-空气电池

图 18B.3 为 2A·h、24V 密封式镍镉电池的充放电曲线，电池在 4h 内充电完毕。在铝被耗尽之前，铝-空气电池可以给镍镉电池充电 7 次。若金属负极以及电解质盐充足时完全放电，干态电池比能量约为 600W·h/kg。

关于海洋能源供应方面的内容如下。与其他电池相比，利用海水中溶解氧的电池具有一个明显的优点，就是除负极材料以外的所有反应物全部来源于海水。这种

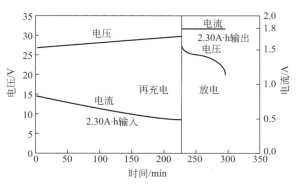

图 18B.3 为镍镉电池野外充电的铝-空气电池的放电曲线及镍镉电池的充电曲线

电池的正极位于负极周围，并敞开于海洋中，因此其反应产物能够直接排入海洋[4]。由于海水中没有足够的氧，所以电极面积相应较大。此外，由于海水导电，电池组的设计通常不采用串联方式，而采用 DC-DC 转换器以获得较高的电压。

许多应用于海洋的设备和器件不得不长时间运行。对于那些需要几个月或几年时间长期放电的电池，铝是可选的负极材料。

图 18B.4 是一个平板式铝-海水溶解氧电池[5]。这个电池大约 1.5m 高，其干态比能量为 500W·h/kg，最大比功率为 1W/m^2。如图所示，电池可以安装在浮标下方，并使用 DC-DC 转换器给铅酸蓄电池充电。

（2）碱性电解质铝-空气电池

具有高能量以及高比功率的铝-空气电池的工作原理在 20 世纪 70 年代初就已基本明确，但实现商业化是在突破一系列技术障碍之后实现的，技术障碍包括铝合金在碱性电解质中较高的开路腐蚀速率、难以制得薄层大面积空气电极，以及处理和去除电池反应产物困难（沉淀的氢氧化铝）等。

降低铝合金在碱性电解质中腐蚀速率的研究已获得了重大进展[6-7]。在开路情况下含有锰和锡的铝合金的腐蚀电流较之前降低了大约 2 个数量级，并且在较宽的电流密度范围内其库仑效率超过 98%。即使在开路情况下，合金自放电速度仍比较低。在开发这一合金之前，电池在开路状态下会产生大量的氢气和热量，甚至需要排空电解质来防止电解质沸腾。

图 18B.4　平板式铝-海水溶解氧电池
安装于伍兹霍尔海洋研究所的
海洋观测浮标下方

使铝能够以碎片或颗粒状连续地添加进电池的技术也已开发成功[8]。有一种方法是采用 1~5mm 的铝小球[9]。电极是口袋状的，其壁由镀镉拉伸钢网构成。电池通过专门的系统进料，这种使用铝颗粒的系统使电池维持在最佳状态。图 18B.5 给出 50 ℃ 下，使用 8mol/L 含锡酸盐的 KOH 电解质时电池的性能。该电池的电极面积为 360cm^2，每隔 20min 自动添加铝负极，它能在 1.35V、56A 的电流下放电 110h。

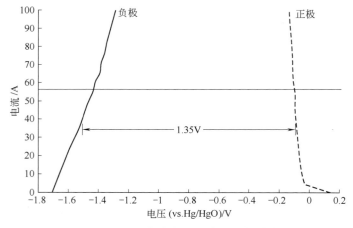

图 18B.5　颗粒装填式铝-空气电池极化曲线

为了从电解质中除去反应产物,有必要对电解质进行管理,因为随着反应产物浓度的增加,电解质电导率下降。如图18B.6所示,如果不移除反应产物,电池的电压将下降。研究者已经开发出多种移除反应产物的技术,这将在本节后面的部分进行讨论。

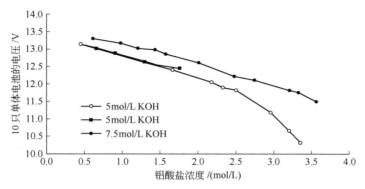

图 18B.6 电压与铝酸盐浓度关系曲线

关于碱性铝-空气电池的应用如下。碱性铝-空气电池已经应用于许多领域,包括紧急备用动力供应、偏远地区的便携电源和水下交通工具。大部分被设计成使用前进行激活的储备电源,或者通过更换已消耗尽的铝负极进行"机械式"充电的模式。

关于备用电源装置(储备电池)内容如下[10-11]。这种储备电池与传统的铅酸蓄电池联用,使备用电源具有长久的工作寿命。含有相同电量的铝-空气电池大约是铅酸蓄电池质量的十分之一,为其体积的七分之一。其基本设计如图18B.7所示。铝-空气电池包括上部的电池堆和下部的电解质池(不使用时电解质不进入电池堆内),以及泵送、电解质冷却和电池内空气循环的辅助系统。电解质是含有锡酸盐添加剂的8mol/L KOH溶液。

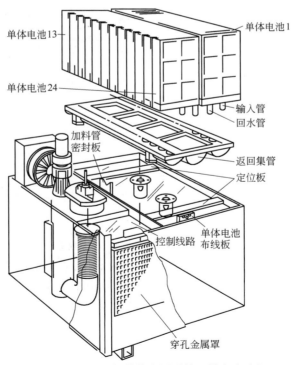

图 18B.7 铝-空气储能电源系统(储备电池组)

在电池放电期间电解质中铝酸钾逐渐饱和，接着达到过饱和，最终电解质的电导率降低到电池无法承受负载的程度。这时它已经达到了基于总电解质体积（VLD）容量的极限，即有限容积放电。电解质可以在此时更换，并且放电持续到阳极中的铝耗尽（ALD），即有限负极放电。图 18B.8 显示了标称 1200W 的铝-空气电池在两种模式下的放电性能。在电解质容量模式下，电池总放电时间为 36h，而在更换一次电解质且负极耗尽模式下，电池总放电时间为 48h。总体积比能量和质量比能量分别超过了 150W·h/L 和 250W·h/kg。

这个电池的控制系统在需要输出功率时先让铅酸蓄电池供电 1~3h，当铅酸蓄电池电压下降后，再把电池内的电解质注入干的电池堆内，将铝-空气电池激活。一旦铝-空气电池达到全功率输出（大约需要 15min），在满足所有负载功率要求的同时对铅酸蓄电池进行充电。图 18B.9 是该电池系统的放电特性。铝-空气电池的再启动能力较弱，但可以通过更换干电池堆和电解质来恢复再启动能力。

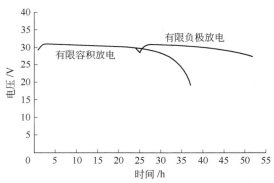

图 18B.8　铝-空气储能电源系统分别进行有限容积放电和有限负极放电时的性能对比

关于战场电源单元的内容如下。这种电源被称为 SOFAL 电池[12]，也是一种专为支持特殊军事通信而开发的备用电源系统。SOFAL 电池激活后质量约为 7.3kg，可以提供 12V 和 24V 的直流电；峰值电流为 10A，持续放电电流为 4A，总容量为 120A·h。为了减小质量，电池以干态携带，可以用任何水源来激活。

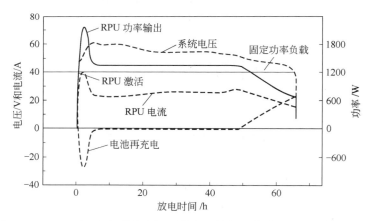

图 18B.9　6kW 铝-空气储能电源系统放电特性（直接连接在功率负载上）

SOFAL 电池组包含 16 个串联的单体电池，见图 18B.10（a），单电池以印刷电路板相连接。电池堆干重为 3.5kg，如图 18B.10（b）所示。电源系统通过管路将 2.5L 的水注入各个电池从而激活整个电池堆，并溶解添加锡酸盐的 KOH，形成 30%（质量分数）的电解质溶液。激活后每个单体电池的电压为 1.7V，整个电池堆电压为 27.2V。该电池组的电化学过程如前所述。KOH 溶解与铝腐蚀提供的热量可以使系统在低温下也能正常工作。按照设计，电池组每分钟需要 1.6L 空气来进行低功率输出。如果常用空气流量不足，系统会激活一个小风扇来提供所需要的气流量，并排出高功率输出时的余热。SOFAL 电池组激活后最高可以工作 2 周。

图 18B. 10（c）是一个内含电子元件的电子模块包（EMP），它可为安装可充电电池和风扇提供空间。电子模块包有保证内部可充电电池完全充电的能量管理电路，能提供 24V 与调整的 12V 的输出电压，并可以直接给电子设备供电或者给其他电池充电。图 18B. 11 是 SOFAL

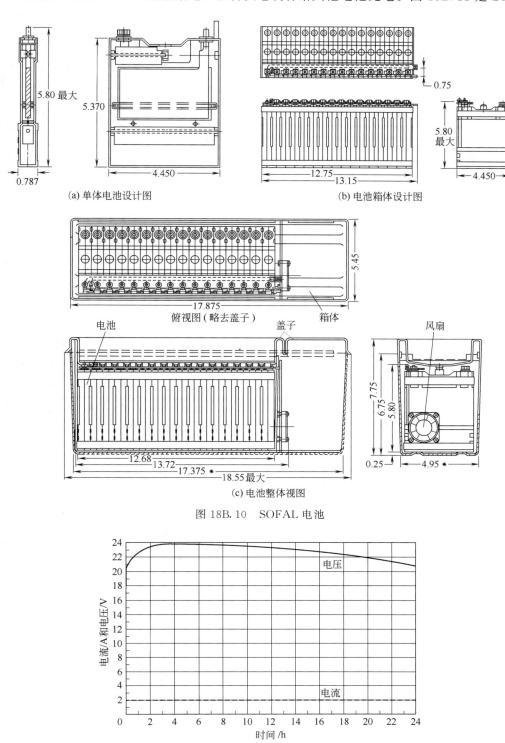

(a) 单体电池设计图   (b) 电池箱体设计图

(c) 电池整体视图

图 18B. 10　SOFAL 电池

图 18B. 11　含 16 个单体电池的 SOFAL 电池组以 2.0A 恒流放电

电池在 24V、2A 时的连续放电曲线。图 18B.12 是其中 2 个单电池的放电曲线：1 号电池用 8mol/L KOH 溶液激活；2 号电池内部存有片状 KOH，用水来激活。2 个单电池均以约 0.5A 放电并放出 135A·h 的电量。但是，1 号电池的电压稍高，尤其是在放电末端。放电后，电池堆可以更换从而提供一个新的战场电源装置。

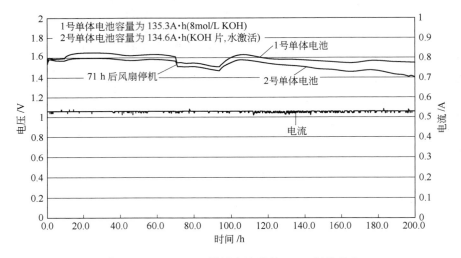

图 18B.12　SOFAL 测试电池以约 0.5A 恒流放电

关于水下推进的内容如下。碱性铝-空气电池的另一个应用领域是水下交通工具，如无人潜艇、扫雷装置、长程鱼雷、潜水员运输工具和潜艇辅助电源等领域的自支持、长时间电源[13-14]。在这些应用中，氧气可以在高压或低温容器中储存携带或者通过过氧化氢分解或氧烛来获得。因为铝-氧气电池的工作电压为 1.2~1.4V，几乎是燃料电池的 2 倍，所以每公斤氧可提供的能量几乎是氢氧燃料电池的 2 倍。图 18B.13 是一种为水下交通工具配备的铝-氧气电池，其特性列于表 18B.1。

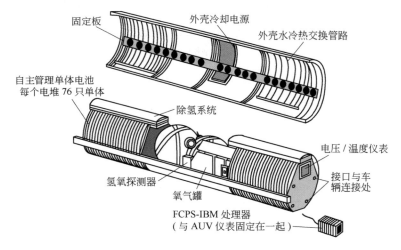

图 18B.13　铝-氧气动力电源系统

表 18B.1　铝-氧气电池特性

性能	
功率/kW	2.5
能量/kW·h	100
电压/V	额定 120
放电时间/h	满负荷 40
燃料	25kg 铝
氧化剂	22kg 氧,4000L/in^2
浮力	中等,含铝壳部分
补充燃料时间/h	3
尺寸大小	
质量/kg	360
电池直径/mm	470
外壳直径/mm	533
系统长度/mm	2235
性能	
体积比能量/(W·h/L)	265
质量比能量/(W·h/kg)	265

注:1in=25.4mm,全书同。

　　该电池采用"自主管理"电解质系统,即电解质的循环以及产物沉积发生在电池室内部,而不需要泵来推动。这样的好处是不需要电解质循环泵。每个单电池都是独立的,因而不存在分路电流,而且单电池间不存在电解质通道。此外,电池可以设计成各种形状以适应系统需要。图 18B.14 为相关系统设计,单电池直径为 19 英寸(约 48.25cm),每个电池大约 0.5 英寸(约 1.25cm)厚,电池内部的热量和浓度梯度及其产生的对流使得反应产物沉积到电池底部。采用这种设计,电解质容量有可能达到 0.8A·h/cm^3。图 18B.15 给出了图 18B.14 中半个电池的放电曲线,电池以 50mA/cm^2 的电流密度稳定提供 18W 的功率;图中还显示在大部分放电区间放电电压平台相当平缓,维持在 1.4～1.5V 之间。

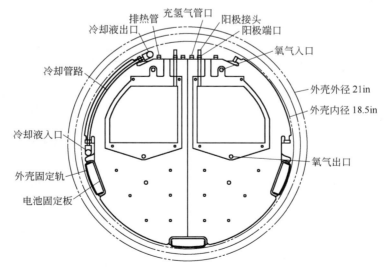

图 18B.14　自主管理的电池系统

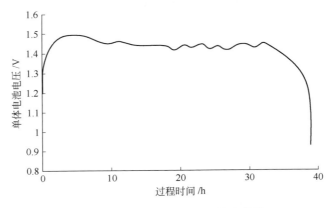

图 18B.15　自主管理电池的放电曲线

　　为了使电池容量达到最大，铝负极和电解质的用量要相互匹配。这样电池在放电结束时，铝全部消耗，电解质内也充满了反应产物。这时电池模块可以丢弃，也可以再充电。另一种模式是采用高浓度的电解质，电池在反应产物出现沉淀之前就结束放电。在这种模式下，电池内铝的量足够放电多次，每次放电之前只需要更换电解质。

　　水下能源系统还需要除氢系统来安全地去除负极腐蚀产生的氢气。在对系统的体积和能量效率有严格要求时，用催化复合的方法来去除氢气特别具有吸引力[15]。图 18B.13 所示电源使用了一套除氢系统，但是由于负极使用了低腐蚀速率的铝合金，因而产生的氢气量也不太多。

　　另一种去除反应产物的方法是使用过滤器或者沉降器[15]，如图 18B.16 所示。铝酸盐的浓度由电解质抽出电池堆和通过过滤装置的速率来进行控制。过滤器促进了氢氧化铝的生成和氢氧化钾的再生：

$$KAl(OH)_4 \longrightarrow KOH + Al(OH)_3$$

　　随着滤饼逐渐增厚，过滤装置两边的压差也在增大。当压差达到预先设定的值时，滤饼被反冲流冲出过滤器，并收集在沉降器的底部。

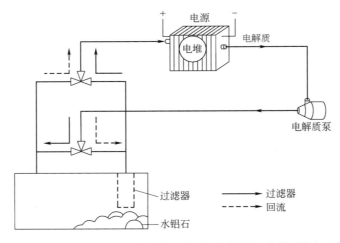

图 18B.16　与铝-氧气电池集成在一起的过滤器/沉降器系统概念图

18B.4.2 镁-空气电池

图 18B.17 是测试电池（参见图 18B.2）的放电曲线，当负载增加时电压曲线呈现周期性向下的尖刺状[16]。

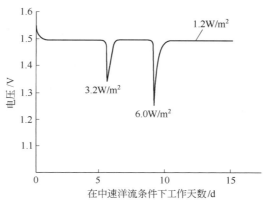

图 18B.17　在 20℃、80μA 条件下海水电池放电曲线
图中尖峰代表在给小型银-铁电池充电；周期性地加入盐酸以维持 pH 值中性

18B.4.3　铁-空气电池[17]

瑞典国家开发公司的铁-空气电池采用烧结式铁网作为负极[22-24]。通过加入造孔剂控制形成最佳电极结构。然后，将压制的基体用 H_2 在 650℃ 下进行还原处理，除去造孔剂，活性物质的利用率接近 65%。空气电极是由粗孔烧结镍层和细孔烧结镍层构成的双层多孔镍结构（0.6mm 厚）。与电解质接触的粗孔烧结层使用银作为催化剂，并浸渍憎水剂。将电极焊接到聚合物框架上，制成的电池如图 18B.18 所示。可以看出，一个铁电极对应两个空气电极。电池工作时，强制通过电极的空气量大约是需求的 2 倍。铁-空气电池（30kW·h）的结构示意和照片分别如图 18B.19 和图 18B.20 所示。该电池体系利用电解质循环来控制热平衡，并除去工作过程中产生的气体。在空气进入电池前先用 NaOH 脱去其中的 CO_2，然后将空气加湿，以将电解质的损失降至最低。总体而言，仅有不到 10% 的系统输出能量用于辅助系统。

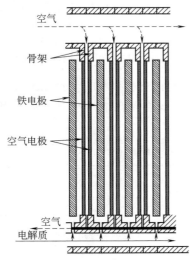

图 18B.18　铁-空气电池剖面图

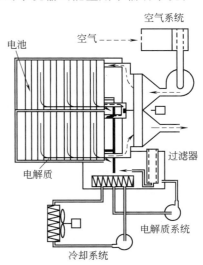

图 18B.19　瑞典国家开发公司开发的铁-空气电池

在铁-空气电池中，处于平均水平的电池充放电特性曲线如图18B.21所示。从图中可以看出，充放电电压相差很大，这主要是由于整个体系的效率较低。图18B.22给出电池的功率输出特性。该电池的循环寿命可超过1000次。由于空气电极在使用中逐渐损坏，所以电池寿命主要取决于空气电极。

图18B.20 瑞典国家开发公司开发的30kW·h铁-空气电池

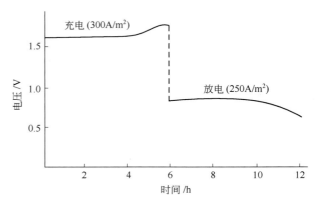

图18B.21 瑞典国家开发公司开发的铁-空气电池的充放电曲线

西屋公司开发的铁-空气电池与瑞典国家开发公司的产品结构相似[25]。其烧结式铁电极也有些类似。不同的是该电极的活性铁含量高，循环寿命短，这种铁电极不使用钢纤维，直接将铁粉颗粒烧结成型，制成极板。实验表明，该种结构的电极比容量高达0.44A·h/g。空气电极为双功能电极，采用Teflon（特氟龙）黏结的碳基结构，镀银镍网上涂有复合银催化剂（银含量小于2mg/cm²）。西屋公司的铁-空气电池采用水平流原理来提高电池性能，并对气体和热进行控制。实验表明，该电池的循环寿命长，可达300次以上，并且空气电极的成本非常低。西屋公司40kW·h铁-空气电池的特性见表18B.2。

西门子公司的铁-空气电池的结构与上述电池体系相似，只是其空气电极采用的是双层结构：一层是与

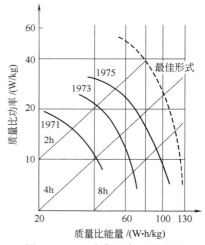

图18B.22 瑞典国家开发公司开发的铁-空气电池的性能

电解质接触的多孔镍亲水层，氧气在该层析出；另一层是与空气接触的憎水层（用Teflon黏结炭黑，并使用银作为催化剂），氧气在该层发生还原。双层多孔结构有助于防止银催化剂氧化，电池的循环寿命可达200次[26]。

表18B.2 西屋公司生产的电动汽车用铁-空气电池

电动汽车：	
质量	900kg（空载）
续航里程	240km
电池组：	
能量	40kW·h
功率	10kW（持续功率）
质量	530kg
体积	0.04m³
成本	150美元/（kW·h）

参考文献

1. A. R. Despic, "The Use of Aluminum in Energy Conversion and Storage," *First European East-West Workshop on Energy Conversion and Storage*, Sintra, Portugal, March 1990.

2. N. P. Fitzpatrick and D. S. Strong, "An Aluminum-Air Battery Hybrid System," *Elec. Vehicle Develop.* **8**:79-81 (July 1989).

3. T. Dougerty, A. Karpinski, J. Stannard, W. Halliop, V. Alminauskas, and J. Billingsley, "Aluminum-Air Battery for Communications Equipment," *Proceedings Of the 37th Power Sources Conference,* Cherry Hill, NJ, 1996.

4. C. L. Opitz, "Salt Water Galvanic Cell with Steel Wool Cathode," U.S. Patent 3,401,063, 1968.

5. D. S. Hosom, R. A. Weller, A. A. Hinton, and B. M. L. Rao, "Seawater Battery for Long-Lived Upper Ocean Systems," *IEEE Ocean Proceedings*, vol. 3, October 1-3, 1991.

6. J. A. Hunter, G. M. Scamans, and J. Sykes, "Anode Development for High Energy Density Aluminium Batteries," *Power Sources 13* (Bournemouth, England, April 1991).

7. R. P. Hamlen, W. H. Hoge, J. A. Hunter, and W. B. O'Callaghan, "Applications of Aluminum-Air Batteries," *IEEE Aerosp. Electron. Mag.* **6**:11-14 (October 1991).

8. S. Zaromb, C. N. Cochran, and R. M. Mazgaj, "Aluminum-Consuming Fluidized Bed Anodes," *J. Electrochem. Soc.* **137**:1851-1856 (June 1990).

9. G. Bronoel, A. Millott, R. Rouget, and N. Tassin, "Aluminum Battery with Automatic Feeding of Aluminium," *Power Sources 13* (Bournemouth, England, April 1991); also French Patents 88.15703, 1988; 90.07031, 1990; 90.14797, 1990.

10. W. B. O'Callaghan, N. Fitzpatrick, and K. Peters, "The Aluminum-Air Reserve Battery—A Power Supply for Prolonged Emergencies," *Proceedings of the 11th International Telecommunications Energy Conference,* Florence, Italy, October 15-18, 1989.

11. J. A. O'Conner, "A New Dual Reserve Power System for Small Telephone Exchanges," *Proceedings of the 11th International Telecommunications Energy Conference,* Florence, Italy, October 15-18, 1989.

12. A. P. Karpinski, J. Billingsley, J. H. Stannard, and W. Halliop, *Proceedings of the 33rd IECEC,* 1998.

13. K. Collins et al., "An Aluminum-Oxygen Fuel Cell Power System for Underwater Vehicles," Applied Remote Technology, San Diego, 1992.

14. D. W. Gibbons and E. J. Rudd, "The Development of Aluminum/Air Batteries for Propulsion Applications," *Proceedings of the 28th IECEC,* 1993.

15. D. W. Gibbons and K. J. Gregg, "Closed Cycle Aluminum/Oxygen Fuel Cell with Increased Mission Duration," *Proceedings of the 35th Power Sources Symposium,* IEEE, 1992.

16. J. S. Lauer, J. F. Jackovitz, and E. S. Buzzelli, "Seawater Activated Power Source for Long-Term Missions," *Proceedings of the 35th Power Sources Symposium,* IEEE, 1992.

17. S. U. Falk and A. J. Salkind, *Alkaline Storage Batteries*, Wiley, New York, 1969.

18. C. A. C. Souza, I. A. Carlos, M. Lopes, G. A. Finazzi, and M. R. H de Almeida, "Self-Discharge of Fe-Ni Alkaline Batteries," *J. Power Sources* **132**:288-290 (2004).

19. B. T. Hang, T. Watanabe, M. Egashira, S. Okadab, J. Yamaki, S. Hata, S-H. Yoon et al., "The Electrochemical Properties of Fe_2O_3-Loaded Carbon Electrodes for Iron-Air Battery Anodes," *J. Power Sources* **150**:261-271 (2005).

20. B. T. Hang, H. Hayashi, S. H. Yoon, S. Okada, and J. Yamaki, "Fe_2O_3-Filled Carbon Nano-tubes as a Negative Electrode for an Fe-Air Battery," *J. Power Sources* **178**:393-401 (2008).

21. B. T. Hang, T. Watanabe, M. Egashira, I. Watanabe, S. Okada, and J. Yamaki, "The Effect of Additives on the Electrochemical Properties of Fe/C Composite for Fe/Air Battery Anode," *J. Power Sources* **155**:461-469 (2006).

22. B. Anderson and L. Ojefors, in J. H. Thompson (ed.), *Power Sources*, vol. 7, Academic, London, 1979, p. 329.

23. L. Carlsson and L. Ojefors, "Bifunctional Air Electrode for Metal-Air Batteries," *J. Electrochem. Soc.* **127**:525 (1980).

24. L. Ojefors and L. Carlson, "An Iron-Air Vehicle Battery," *J. Power Sources* **2**:287 (1977/1978).

25. J. F. Jackovitz and C. T. Liu, *Extended Abstracts: 9th Battery and Electrochemical Contractors' Conf.*, USDOE, Alexandria, VA, November 12-16, 1989, pp. 319-324.

26. H. Cnoblock, D. Groppel, D. Kahl, W. Nippe, and G. Siemsen, in D. H. Collins (ed.), *Power Sources*, vol. 5, Academic, London, 1975, p. 261.

18C 锂金属负极体系

Arthur Dobley, Terrill B. Atwater

18C.1 背景

锂-空气电池是由锂负极与耦合空气中氧气的正极构成的电化学体系。锂-空气电池也归类于锂-氧电池。相关的体系还有后面章节将要讨论的锂-水电池。锂-空气电池中的氧气通过空气正极进入电池中，其来源是无限的。理论上讲，以氧气作为正极反应物，电池容量受锂负极限制。锂-氧气体系的理论比能量达 13.0kW·h/kg，是金属-空气电池中最高的，并且锂-空气电池放电电压平稳、环境友好、储存寿命长。

锂-空气电池的缺点因电池设计而不同，主要包括环境依赖性、干涸、低放电倍率、安全性等。过去锂-空气电池使用碱性电解液，由于腐蚀副反应而导致金属锂负极和电池故障[1]。采用有机电解液和/或保护金属锂电极可避免锂腐蚀，这种非水锂-空气电池设计解决了安全性问题。最近几年的技术进步均聚焦在非水体系锂-空气原电池和二次电池。

18C.2 电化学原理

锂-空气电池由锂负极以及大气中的氧气组成，其中氧气（O_2）由空气正极进入电池内部，理论上是不受限制的正极反应源。因此，空气正极是其中最重要的组成部分。在非水体系锂-空气电池中，金属锂通过与氧气发生如下反应来供能。

$$放电:4Li \longrightarrow 4Li^+ + 4e^- \qquad (锂电极,负极)$$
$$O_2 + 4e^- \longrightarrow 2O^{2-} \qquad (气体电极,正极)$$
$$4Li + O_2 \longrightarrow 2Li_2O \qquad (电池) \qquad E^\ominus = 2.91V$$
$$2Li + O_2 \longrightarrow Li_2O_2 \qquad (电池) \qquad E^\ominus = 3.10V$$

这个体系是可以再充电的，充电后生成金属锂和氧气，反应如下。

$$充电：4Li^+ + 4e^- \longrightarrow 4Li \qquad (锂电极,负极,还原)$$
$$2O^{2-} \longrightarrow O_2 + 4e^- \qquad (气体电极,正极,氧化)$$
$$2Li_2O \longrightarrow 4Li + O_2 \qquad (电池)$$
$$Li_2O_2 \longrightarrow 2Li + O_2 \qquad (电池)$$

由于氧气取之不尽，电池容量仅受锂负极的限制，理论比能量高达 13kW·h/kg（不包括氧）。锂-空气电池比能量高，元件重量轻，可充电，具有低成本潜力。但上述计算未考虑电池内部反应产物的重量。

18C.3 电池设计和组成

18C.3.1 负极

锂-空气电池的典型负极是集流体承载的金属锂。这种负极制备简单、工作性能良好。更进一步的设计基本相同但采用了保护层，而保护层经常采用陶瓷或玻璃锂离子导体。第一个金属锂的陶瓷或玻璃电解质保护层专利开辟了锂-空气电池的新领域（图 18C.1）。其他后续工作包括 LiSICON[2]、LiPON[3]、LATP[3] 和 LiGC 等固态电解质[4]。许多锂电极防护手段都采用特殊的集成技术把金属锂和离子导体组装起来。

第一个保护金属锂电极包含了 LMP（固体离子导电层）、特殊集成、锂金属（参见图 18C.2 和图 18C.3）[5]。这种保护金属锂电极在水溶液和非水溶液中都很稳定，并成功用于各种类型电池。这种保护金属锂电极还成功用于水溶液体系锂-空气电池，并成功地以三种不同电流密度放电（图 18C.4）。保护金属锂电极可以用于锂-空气电池、锂-水电池甚至锂离子电池体系。

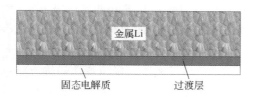

图 18C.1　保护金属锂电极纵切面示意
金属锂-过渡层/固态电解质：
美国专利 7282295、7282296、7282302、
7390591 及 7491458（PolyPlus 电池公司提供）

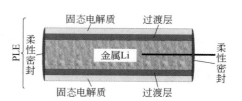

图 18C.2　具有柔性密封的
保护金属锂电极纵切面示意
专利保护（PolyPlus 电池公司提供）

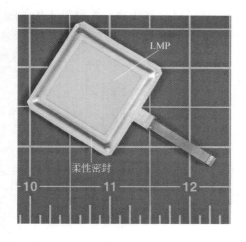

图 18C.3　全功能保护金属锂电极
锂电极在水溶液等质子及非质子溶剂
中是稳定的，采用 2.8V 正极的比能量
为 2400W·h/kg（PolyPlus 电池公司提供）

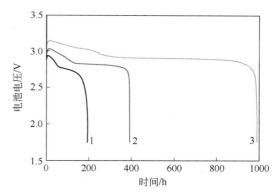

图 18C.4　采用保护金属锂电极的锂-空气电池在
水溶液中以三种电流密度放电的电压-时间曲线
1—1.0mA/cm²；2—0.5mA/cm²；3—0.2mA/cm²
比能量约为 800W·h/kg
（Yardney Technical Products 提供）

18C.3.2　电解质和隔膜

锂-空气电池最近的主要研究集中在非水电解质性能的提高，首先是有机电解液和聚合物电解质用锂盐的研究[6]。表 18C.1 列举了最常用的锂盐和溶剂，与锂离子电池用锂盐及溶剂相同。另外，电解质的最新研究工作还包括水溶液体系[5,7-8]和离子液体[9-10]。锂-空气电池所用隔膜主要为 Setela® 和 Celgard® 的聚烯烃隔膜，也采用玻璃纤维和固体离子导电膜。

表 18C.1　锂-空气电池最常用的盐和溶剂

电解质盐	溶　剂
$LiPF_6$	碳酸丙烯酯（PC）
$LiBF_4$	二甲醚（DME）
$LiCF_3SO_3$	碳酸乙烯酯（EC）
$LiN(SO_2CF_3)_2$	碳酸二乙酯（DEC）
$LiClO_4$	碳酸二甲酯（DMC）

18C.3.3　正极

几乎所有金属-空气电池中的空气正极都是限制因素（也包括熟知的氧电极）[6]。空气电极化学反应速度较慢主要是由于氧气从空气电极扩散到电池内部速度较慢。锂-空气电池性能也受限于空气正极。

空气电极的典型制备方法是把碳、黏结剂、催化剂通过涂膜、浸渍或压制等方法承载在集流体上。在此基础上也可用衬底来提高表面积，或在正极上表面覆上透气膜防止环境对电池产生影响。这样生产的空气电极适用于实验室测试及实际应用。

商业化空气电极是碳基双面电极[11-13]。它是集流体两面包碳的三明治结构，外表面覆盖有 PTFE 膜。碳层中包含高比表面积的碳和金属催化剂。碳电极中引入催化剂可提高氧还原的动力学活性并提高正极比容量，其重要性可参考图 18C.5。图 18C.5 给出几种采用不同催化剂（如银、铂、钌金属及锰氧化物、钴氧化物和锰钴复合氧化物）的空气正极的催化活性。PTFE 膜可阻止环境中的水分进入电池，提高电池安全性和电学性能。

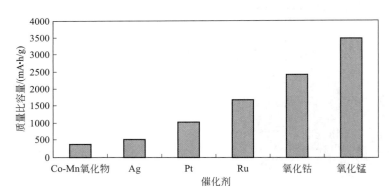

图 18C.5　采用各种催化剂的锂-空气电池的比容量
比容量根据空气电极中的碳重量计算，放电电流为 1.0mA（相当于 0.1mA/cm²）

18C.4　应用和性能

18C.4.1　初步电池测试

Abraham 和 Jiang 最早报道了一种采用聚合物电解质的非水锂-空气电池[6]。它由金属锂箔负极、复合碳电极以及夹在它们中间的一层锂离子导电聚合物膜构成。电池放电时，正极活性物质即氧在复合碳电极上被还原。图 18C.6 是该电池的结构示意，整个电池密封在金属-塑料盒内，正极表面留有供氧气进入的气孔，电池激活前需要用胶带封闭此通道。正极由 20%（质量分数）的乙炔黑（或石墨粉）和 80%（质量分数）的聚合物电解质组成，在某些情况下，使用钴酞菁进行催化，并压在 Ni 或 Al 筛网集流体上。聚合物电解质由以下成分按质量比组成：12％的聚丙烯腈（PAN）、40％的碳酸二乙酯、40％的碳酸二丙酯以及 8％的 $LiPF_6$，形成厚度为 75～100μm 的膜。锂电极的厚度为 50μm。

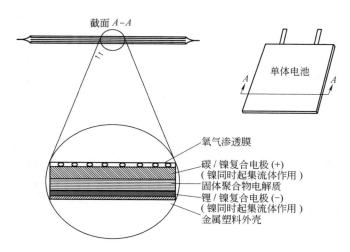

图 18C.6　密封在金属-塑料盒内的锂-氧气电池

采用处于常压氧气流中的乙炔黑为正极且电流密度为 0.1mA/cm² 时，Li-PAN 基聚合物电解质-氧气电池的间歇放电曲线如图 18C.7 所示，电池容量与碳含量成正比。电池放电前开路电压为 2.85V。间歇放电期间开路电压保持稳定，说明电极表面保持了两相平衡。拉曼光谱显示电极表面吸附的反应产物为 Li_2O_2，因此放电过程中存在如下反应：

$$2Li + O_2 \longrightarrow Li_2O_2 \quad E^\ominus = 3.10V$$

同时，也证实了催化电极表面吸附的 Li_2O_2 能被继续氧化生成氧气。图 18C.8 是其第一次充放电后第二次放电的曲线。尽管该电池技术引起了人们相当大的兴趣，但它的活性寿命受到氧气扩散通过 PAN 基电解质（氧在此与锂发生反应）的限制。目前还没有进一步的研究。

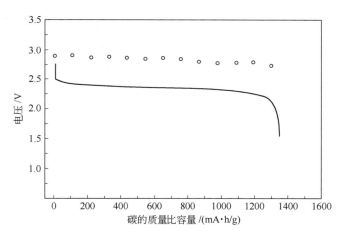

图 18C.7　Li-PAN 基聚合物电解质-氧气电池在室温、大气环境中以 0.1mA/cm²
电流密度周期性间歇放电时的加载电压与开路电压
正极中含有 Chevron 乙炔黑；图中圆圈代表开路电压；实线代表加载电压

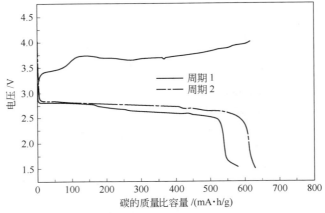

图 18C.8 Li-PAN 基聚合物电解质-氧气电池在室温、大气环境中的循环特性
正极中含有 20%（质量分数）的 Chevron 乙炔黑和 80%（质量分数）的聚合物电解质；
电池以 0.1mA/cm² 电流密度放电，以 0.05mA/cm² 电流密度充电

18C.4.2 软包电池测试

锂-空气电池的结构有多种形式，包括 Swagelok® 装配型[14]、软包型[15]、纽扣式[16] 和塑料壳型[12,15]。最普遍的结构是采用软包结构，因为它设计灵活、易于制备，采用这种设计的锂-空气电池适合在各种环境下测试，单体由各部件层叠而成并密封在塑料壳内。锂电极、隔膜、电解质及碳-空气电极密封在金属-塑料复合包装壳内。图 18C.9 展示了一只软包测试电池。

图 18C.9 软包锂-空气电池
窗口在空气电极的上部，允许氧气进入电池内；电池的各边长约为 3in（Yardney Technical Products 提供）

负极是压在带有镍极耳的镍集流体上的锂箔，面积略大于 10cm²；隔膜是 Setela® 制备的聚烯烃微孔膜；电解液是 1mol/L LiPF₆ 的 EC/DEC/DMC（1∶1∶1）溶液；空气电极是承载在集流体上的碳、金属催化剂和黏结剂的复合物，黏结剂采用 PTFE。正极的外表面有 PTFE 薄膜，既可以阻止水分进入电池内，又可以提供氧气扩散通道。

该电池在室温、0.1MPa 的氧气氛下运行。如图 18C.10 所示，该软包锂-空气电池的容量为 91mA·h，放电曲线相对平坦，放电到 1.5V 时容量达 100mA·h，相应能量输出为 246mW·h；空气电极集流体饱和负载量为 0.028g 碳，碳的比容量为 3137mA·h/g。该体系锂-空气电池的完整电池比能量目标为 3000W·h/kg。

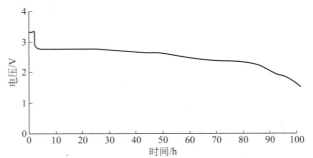

图 18C.10 氧化锰催化正极的软包锂-空气电池的放电曲线
放电电流为 0.1mA/cm²；放电前在开路状态放置 2h

18C. 4. 3　可充电性

可充电锂-空气电池最近在电动汽车市场上深受关注。迄今为止，一种具有长寿命和高效率的可充电锂-空气电池仍然难以开发成功[17]，大部分工作都集中在锂金属负极、非水电解质和使用及不使用催化剂的空气电极上。实际电池中电化学过程因使用的电极和电解质材料不同而差异较大。在电动汽车市场采用可充电锂-空气电池来替代现有电池体系仍然存在诸多挑战。

参考文献

1. E. L. Littauer and K. C. Tsai, "Anodic Behavior of Lithium in Aqueous Electrolytes, ii. Mechanical Passivation," *J. Electrochem. Soc.* **123**:964 (1976); "Corrosion of Lithium in Aqueous Electrolytes," ibid. **124**:850 (1977); "Anodic Behavior of Lithium in Aqueous Electrolytes, iii. Influence of Flow Velocity, Contact Pressure and Concentration," ibid. **125**:845 (1978).

2. D. L. Foster, J. R. Read, M. Shichtman, S. Balagopal, J. Watkins, and J. Gordon, "High Energy Lithium-Air Batteries for Soldier Power," http://oai.dtic.mil/oai/oai?verb=getRecord&metadataPrefix=html&identifier=ADA481576. Accessed October 2009. Paper from unspecified conference.

3. N. Imanishi, S. Hasegawa, T. Zhang, A. Hirano, Y. Takeda, and O. Yamamoto, "Lithium Anode for Lithium-Air Secondary Batteries," *J. Power Sources* **185**:1392 (2008).

4. I. Kowalczk, J. Read, and M. Salomon, "Li-Air Batteries: A Classic Example of Limitations Owing to Solubilities," *Pure Appl. Chem.* **79**(5):851 (2007).

5. S. J. Visco, E. Nimon, B. Katz, L. D. Jonghe, and M.-Y. Chu, "The Development of High Energy Density Lithium/Air and Lithium/Water Batteries with No Self-Discharge," *210th Meeting of the Electrochemical Society*, Cancun, Mexico, 2006.

6. K. M. Abraham and Z. Jiang, *J. Electrochem. Soc.* **143**:1 (1996).

7. T. Zhang, N. Imanishi, S. Hasegawa, A. Hirano, J. Xie, Y. Takeda, O. Yamamoto et al., "Water-Stable Lithium Anode with the Three-Layer Construction for Aqueous Lithium-Air Secondary Batteries," *Electrochem. Solid State Lett.* **12**(7):A132 (2009).

8. M. B. Marx and J. A. Read, "Performance of Carbon/Polyetraflouroethylene (PTFE) Air Cathodes from pH 0 to 14 for Li-Air Batteries," Army Research Laboratory Summary Report ARL-TR-4334 (2007).

9. H. Ye, J. Huang, J. J. Xu, A. Khalfan, and S. G. Greenbaum, "Li Ion Conducting Polymer Gel Electrolytes Based on Ionic Liquid/PVDF-HFP Blends," *J. Electrochem. Soc.* **154**(11):A1048 (2007).

10. T. Kuboki, T. Okuyama, T. Ohsaki, and N. Takami, "Lithium/Air Batteries Using Hydrophobic Room Temperature Ionic Liquid Electrolyte," *J. Power Sources* **146**:766 (2005).

11. A. Dobley, R. Rodriguez, and K. M. Abraham, "High Capacity Cathodes for Lithium-Air Batteries," *Electrochemical Society Conference*, Honolulu, HI, Oct. 2004.

12. A. Dobley, C. Morein, and R. Roark, "Lithium Air Cells with High Capacity Cathodes," *Electrochemical Society 210th Meeting Proceedings*, Cancun, Mexico, 2006.

13. A. Dobley, J. DiCarlo, and K. M. Abraham, "Non-aqueous Lithium-Air Batteries with an Advanced Cathode Structure," *41st Power Sources Conference,* Philadelphia, PA, June 2004.

14. S. D. Beattie, D. M. Manolescu, and S. L. Blair, "High-Capacity Lithium-Air Cathodes," *J. Electrochem. Soc.* **156**(1):A44 (2009).

15. A. Dobley, C. Morein, and R. Roark, "Design Options for Emerging Lithium-Air Technology," *212th Electrochemical Society Conference*, Washington, DC, October 2007.

16. J. Ostroha, "Lithium-Air System Development," *11th Electrochemical Power Sources R&D Symposium*, Baltimore, MD, July 2009.

17. A. C. Luntz and B. D. McCloskey, "Nonaqueous Li-Air Batteries: A Status Report," *Chem. Rev.* **114**:11721–11750 (2014).

第**19**章

燃料电池

H. Frank Gibbard，Zhigang Qi
(荣誉撰稿人：David Linden，Arthur Kaufman)

19.1 概述

19.1.1 背景与简介

与传统热机相比，燃料电池是一种更高效、污染更小的将氢气转化为电能的技术，已经引起了人们长达 170 多年的兴趣。因为燃料可在这类装置中转变为电能，所以该类装置被通俗地称为燃料电池。50 多年前，美国航空航天局（NASA）在宇宙飞船和航天飞机中的氢氧燃料电池应用成为燃料电池的一个里程碑式的应用实例。燃料电池在陆地上的应用已经持续了很长时间，获得了明显进步，如便携电源、备用电源、市电和移动电源等领域。截至 2017 年 10 月，全世界范围内已经有大约 20 万套热电联产（CHP）系统、2 万套燃料电池叉车功能系统、1 万套燃料电池备用电源系统，以及 2 万套直接甲醇燃料电池（DMFC）系统。

由于分布式或者原位供电、移动装置以及千瓦级以下的其他此类应用需要取代小型发电机和较大尺寸的电池，小型燃料电池开始受到人们的关注。50W 以上规模的小型燃料电池系统获得了较大进展，尤其是长期供电系统。但是，在研制尺寸和性能比蓄电池更有竞争力的便携式燃料电池（通过置换小型燃料罐以实现"再充电"）方面，仍然存在挑战。

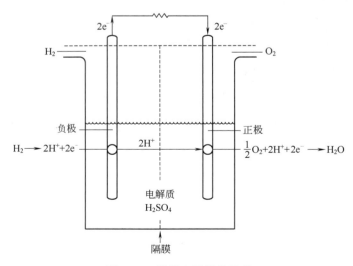

图 19.1　燃料电池结构示意

燃料电池是一种持续将燃料（和氧化剂）的化学能连续地转换为电能的装置。图19.1为燃料电池结构的简单示意，两个带催化剂的电极插入电解质（图中为硫酸 H_2SO_4）中，中间由气体分隔层隔开。燃料（图中为氢气）通过鼓泡到达一个电极表面；同时，氧化剂（图中为大气中的氧气）通过鼓泡到达另一电极的表面。当两电极通过外部负载进行电连接后，发生如下反应。

① 氢气在燃料电极的催化剂表面发生离解，形成氢离子和电子。

② 氢离子通过电解质（和气体分隔层）迁移到氧电极的催化剂表面。

③ 同时，电子通过外电路做有用功，到达氧电极催化剂表面。

④ 氧气、氢离子和电子在氧电极催化剂表面结合，反应生成水。

该过程的净反应为：$H_2 + 1/2O_2 \longrightarrow H_2O$，氢气和氧气反应生成水并产生电能（以及热量）。在25℃时，该反应的吉布斯自由能 $\Delta G^{\ominus}$ 为 $-237.1kJ/mol$，因此氢氧燃料电池的热力学可逆电压 $E^{\ominus}$ 为 $1.23V$（$E^{\ominus} = -\Delta G^{\ominus}/2F$；其中，$F$ 为法拉第常数，$96485C/mol$）。

与蓄电池类似，燃料电池以电化学方式实现能量转换，不受热力发动机卡诺循环的限制，因此具有较高的转换效率。燃料电池和蓄电池最本质的区别在于反应物供应的方式不同。在燃料电池中，燃料和氧化剂可以根据需要从外部连续不断地供应，只要有活性物质供应给电极，燃料电池就会产生电能；在蓄电池中，燃料和氧化剂是电池内部的一部分，因此当有限的反应物质消耗完时，蓄电池就会停止产生电能，必须进行更换或再充电。在燃料电池发电过程中，电池材料和催化剂是惰性物质，不发生物理化学反应，只是加速反应物和电极间的电子交换过程，促进电化学氧化还原反应的进程。而在蓄电池中，活性材料包含在电极中，在电池放电过程中，活性材料发生化学反应，因而循环过程中存在活性材料的形变，导致电池性能恶化和最终失效。图19.2给出了固体氧化物燃料电池（SOFC）单体的重要组成部分，各部分功能如下。

① 负极（燃料电极）提供燃料和电解质的共存界面，使燃料发生催化氧化反应，并将电子从反应位点传导到外电路中（或者首先至集流板上，然后集流板再将电子传导到外电路中）。

② 正极（氧电极）必须提供一个氧气和电解质的共存界面，使氧气发生催化还原反应，并将电子从外电路传导到氧电极反应位点。

③ 电解质传递电化学反应中的某种离子，但是

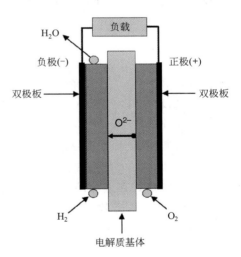

图19.2　固体氧化物燃料电池结构示意

必须通过电子绝缘。此外，在实际燃料电池中，通常由电解质系统来作为气体分隔层。在水溶液电解质系统中，如磷酸燃料电池（PAFC）中的磷酸和碱性燃料电池（AFC）中的氢氧化钾，气体隔离是通过借助基体孔中保持的电解质来实现的。目前便携式环境温度燃料电池的电解质是 Nafion 膜。

19.1.2　分类

从某种角度分类，燃料电池可以分为以下两大类。

① 直接燃料电池系统，燃料可以直接在燃料电池中发生反应，如氢气、甲醇、甲酸、

肼等。

　　② 间接燃料电池系统，燃料首先通过重整转化为富含氢的气体混合物，然后该气体在燃料电池的负极进一步氧化，如天然气、丙烷或者其他化石燃料。

19.2　不同种类燃料电池电化学特性

19.2.1　燃料电池类型

　　传统上按照电解质类型的不同，燃料电池主要分为以下五类。

　　① 固体氧化物燃料电池（SOFC）。该类燃料电池采用氧离子导电的固体金属氧化物为电解质。如图 19.2 所示，正极产生氧离子 O^{2-}，通过电解质迁移到负极。电极采用非贵金属，其工作温度范围为 $700\sim1000℃$，发电效率高达 60%，但是启动速度较慢，一旦启动可以提供高质量的热量。该热量可以用于二次发电和余热供热。SOFC 主要用于小的便携装置和大规模工业应用。SOFC 的电池反应如下。

　　负极：
$$H_2+O^{2-}\!=\!=\!=H_2O+2e^-$$

　　正极：
$$1/2O_2+2e^-\!=\!=\!=O^{2-}$$

　　电池总反应：
$$H_2+1/2O_2\!=\!=\!=H_2O$$

　　② 熔融碳酸盐燃料电池（MCFC）。该类燃料电池采用混合的熔融碳酸盐为电解质，工作温度大约为 $650℃$。正极产生碳酸根离子 CO_3^{2-}，通过电解质迁移到负极。电极采用非贵金属。MCFC 主要应用于 100kW 至兆瓦（MW）级的连续供电系统。MCFC 的电池反应如下。

　　负极：
$$H_2+CO_3^{2-}\!=\!=\!=H_2O+CO_2+2e^-$$

　　正极：
$$1/2O_2+CO_2+2e^-\!=\!=\!=CO_3^{2-}$$

　　电池总反应：$H_2+1/2O_2+CO_2（正极）\!=\!=\!=H_2O+CO_2$（负极）

　　③ 磷酸燃料电池（PAFC）。该类燃料电池主要应用于固定建筑，如医院、宾馆和办公楼。该类燃料电池采用高浓度磷酸为电解质，承载于固态基体［如 SiC 或者聚苯并咪唑（PBI）膜］上。负极产生的氢离子 H^+，通过电解质迁移到正极。其电极通常由防水处理的碳纤维基底支撑，其上涂覆树脂黏结的碳载铂基催化剂层，工作温度范围为 $160\sim200℃$，具有很高的热电联产效率，最高可以达到 85% 的总效率（40% 电效率和 45% 热效率）。PAFC 的电池反应如下。

　　负极：
$$H_2\!=\!=\!=2H^++2e^-$$

　　正极：
$$1/2O_2+2H^++2e^-\!=\!=\!=H_2O$$

　　电池总反应：
$$H_2+1/2O_2\!=\!=\!=H_2O$$

　　④ 碱性燃料电池（AFC）。AFC 已经应用于 NASA 的载人航天任务，工作温度约为 $70℃$。该类燃料电池采用循环的氢氧化钾溶液作为碱性电解质；正极产生 OH^-，通过电解质迁移到负极。电极采用一般的非贵金属网状结构，正极有可能采用贵金属。该类燃料电池的最大缺点在于电解质吸收大气中的 CO_2（生成碳酸盐），因此燃料和氧化物必须不含 CO_2、不产生 CO_2。最新的研究主要集中在研发氢氧根离子交换膜，以降低 CO_2 的影响。AFC 的电池反应如下。

　　负极：
$$H_2+2OH^-\!=\!=\!=2H_2O+2e^-$$

正极：	$1/2O_2 + 2e^- + H_2O \rule[0.5ex]{1.5em}{0.4pt}\hspace{-1.5em}= 2OH^-$
电池总反应：	$H_2 + 1/2O_2 \rule[0.5ex]{1.5em}{0.4pt}\hspace{-1.5em}= H_2O$

⑤ 质子交换膜燃料电池（PEMFC）。该类燃料电池（图 19.3）采用全氟磺酸离子交换膜为电解质，如杜邦公司的 Nafion 膜；工作温度范围通常从稍高于环境温度直至约 80℃。负极产生的氢离子 H^+，通过电解质迁移到正极。其电极通常由防水处理的碳纤维基底支撑，其上涂覆离聚物黏结的碳载铂基催化剂层。PEMFC 可以快速启动，已经广泛应用于交通领域、小型固定装置和便携设备中。PEMFC 的电池反应与 PAFC 相同。

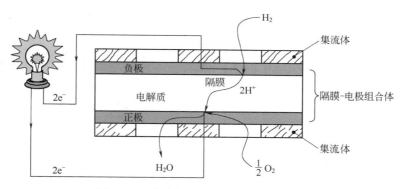

图 19.3　质子交换膜燃料电池结构示意

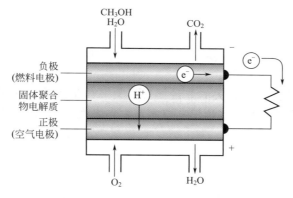

图 19.4　直接甲醇燃料电池结构示意

直接甲醇燃料电池（DMFC）一般也采用质子交换膜作为电解质，因此属于 PEMFC（图 19.4）。负极产生的氢离子 H^+，通过电解质迁移到正极。DMFC 的最主要优势为不必预处理直接使用液态燃料，因此受到了很大关注。目前千瓦（kW）以下功率的 DMFC 已开始小规模应用。DMFC 的电池反应如下。

负极：	$CH_3OH + H_2O \rule[0.5ex]{1.5em}{0.4pt}\hspace{-1.5em}= CO_2 + 6H^+ + 6e^-$
正极：	$3/2O_2 + 6H^+ + 6e^- \rule[0.5ex]{1.5em}{0.4pt}\hspace{-1.5em}= 3H_2O$
电池总反应：	$CH_3OH + 3/2O_2 \rule[0.5ex]{1.5em}{0.4pt}\hspace{-1.5em}= CO_2 + 2H_2O$

19.2.2　电化学特性

在标准状态下，氢氧（H_2-O_2）燃料电池单体的理论电压是 1.23V，如图 19.5 中虚线（水平）所示。但是，燃料电池的实际输出电压比理论电压低一些，并且随着放电深度（电流密度）的增加而降低，如图 19.5 中曲线所示。燃料电池极化曲线可以描述如下。

$$E = E^{\ominus} - \eta_{\mathrm{c,act}} - \eta_{\mathrm{a,act}} - \eta_{\mathrm{c,conc}} - \eta_{\mathrm{a,conc}} - iR_{\mathrm{int}}$$

式中　$\eta_{\mathrm{c,conc}}$，$\eta_{\mathrm{a,conc}}$——负极和正极的浓差过电势，V；

$\eta_{\mathrm{c,act}}$，$\eta_{\mathrm{a,act}}$——负极和正极的活化过电势，V；

i——电流密度，A/cm^2；

R_{int}——电池内阻，Ω·cm^2；

$E^{\ominus}$——电池可逆电压，V。

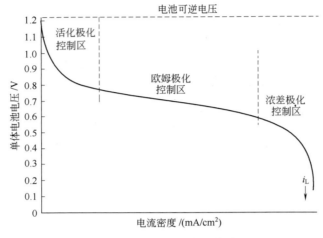

图 19.5　燃料电池极化曲线

造成燃料电池的实际输出电压低于理论电压的原因主要是"极化"和"过电势"，包括如下。

① 活化极化，与电极反应有关的能量损失。大多数化学反应都存在活化能，这是反应进行必须克服的能量势垒。对于电化学反应而言，克服能量势垒的活化极化电位可以用以下公式表示：

$$\eta_{\mathrm{act}} = a + b\ln i$$

式中，a，b 为常数；η_{act} 为活化极化电位，等于 $\eta_{\mathrm{a,act}} + \eta_{\mathrm{c,act}}$，单位为 V。

② 欧姆极化，电池内总的欧姆压降，包括电极、气体扩散层、双极板、集流体内进行电子传导时的电阻和接触电阻，以及离子在电解质和电极中传导时产生的离子阻抗。这部分压降遵从欧姆定律：

$$\eta_{\mathrm{ohm}} = iR_{\mathrm{int}}$$

③ 浓差极化，与物质传递效应相关的能量损失。例如，电极反应的性能可能因为反应物不能扩散到反应位点或产物不能从反应位点扩散走而下降。实际上，当到达催化剂表面的反应物完全被消耗时，可以得到电化学反应的极限电流密度 i_{L}，此时电流密度受控于反应物的扩散过程。浓差极化电位可以表示为：

$$\eta_{\mathrm{conc}} = \frac{RT}{nF}\ln\left(1 - \frac{i}{i_{\mathrm{L}}}\right)$$

式中　η_{conc}——浓差极化电位，等于 $\eta_{\mathrm{c,conc}} + \eta_{\mathrm{a,conc}}$；

R——气体常数，8.314J/(mol·K)；

T——温度，K；

n——反应电子数；

F——法拉第常数，96485C/mol；

i_L——极限电流密度，A/cm^2。

上述极化作用对燃料电池发电效率的共同影响，导致燃料电池单体工作电压处于 $0.6\sim$ $0.8V$ 之间。提高电池温度和反应气体分压，可以提高燃料电池的性能。但是，小型或便携式燃料电池通常需要在接近室温条件下工作，尤其是燃料电池取代蓄电池时。

19.3 燃料电池设计和结构

19.3.1 电堆设计

由于燃料电池的单体电压通常为 $0.6\sim0.8V$（对于 DMFC，大约为 $0.4V$），因此需要多个单体电池串联组合来达到实际需要的电压。燃料电池电堆通常采用双极性组合电堆的形式，即图 19.6 所示的 PEMFC 电堆。图 19.2～图 19.4 中的电化学活性组件一般是指膜电极组件（MEA）。膜电极组件依次插入双极板之间，双极板具有多重功能：①单体与单体之间电流的传导；②活性物质氢气和氧气（空气）通过流道在相反的两表面上分布；③防止气体混合；④在许多情况下，对燃料电池工作时产生的热提供散热途径。由于单体电池间为串联，因而可以通过增加单体的数量提高电堆的电压。

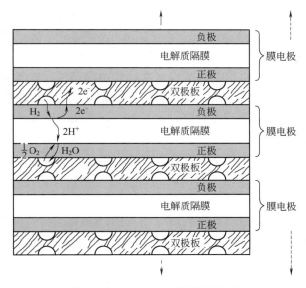

图 19.6 PEMFC 电堆结构示意

双极堆叠布置的替代方案是平面单极方法，其中各个 MEA 并排布置，使得电子电流在一个电极边缘收集并传递到相邻 MEA 的相反电极[4]。组合电堆的电压随相连 MEA 数量的增加而提高，该类 MEA 的连接方式一般为串联。电流随单体的活性面积或并联单体数的增加而增加。这种连接方式免除了双极板的必要性，并可能大大减小体积和减轻重量。为了提高效率，设计上必须减小电流的不均匀分布以及膜电极内离子和电子传导损失。

燃料电池除了上面介绍的平面结构外，小功率用 SOFC 技术还采用了微管结构。每个微管包含了负极、正极和电解质，并提供燃料和空气的传输。根据对电池电压、电流的需求，单体可以进行串并联组合。这种设计与单极板组合电池的方法相似。

19.3.2　燃料电池系统整体设计

作为发电装置，实际应用的燃料电池系统作为一个发电站如图 19.7 所示，图中主要包括 6 个子系统和其他系统。

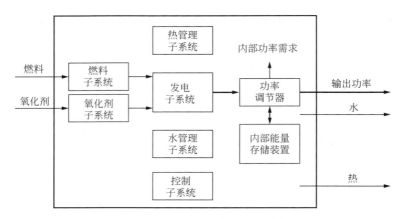

图 19.7　燃料电池系统构成示意

① 发电子系统，由一个或多个燃料电池电堆组成。为满足从几伏到几百伏（直流）电堆电压的输出，电堆间多采用串联方式连接。该子系统将燃料和氧化剂转换成直流电流。

② 燃料子系统，保证将燃料供应到发电子系统。该子系统可以从简单的流量控制至复杂的燃料处理设备。大部分燃料电池系统中采用纯氢作为燃料，氢气以合适的压力（一般标准压力范围为 10～100kPa）供应到负极，并形成闭路形式。负极消耗一定量的氢气，以维持给定功率下的电化学反应。为了使负极部分积累的杂质和水排放掉，在氢气出口处按规定时间间隔进行瞬时"净化"。

如果使用通过燃料处理产生的富氢气体，负极使用的氢气要多些，以保持燃料消耗、处理器温度及电池性能的平衡。其比例范围根据系统的不同可为 70%～90%，未用燃料将在燃料处理器部分燃烧发热以维持反应器的温度需求。

直接使用甲醇为燃料的质子交换膜燃料电池（PEMFC）称为直接甲醇燃料电池（DM-FC），一般以甲醇水溶液形式供给负极（甲醇通常以纯甲醇的形式储存；需要时可形成循环的甲醇水溶液）。产生的二氧化碳必须从循环气中分离。在最佳设计中，纯甲醇可以直接进入燃料电池负极，不需要通过预先混合得到甲醇水溶液，也不需要对空气进行预润湿。燃料电池本身产生的水可以同时满足甲醇反应的需要和 MEA 电极润湿的需要。因此，DMFC 系统明显简化，大幅度提升了系统的能量密度和功率密度。

③ 氧化剂子系统，保证将氧化剂（通常为空气）供应到发电子系统。根据燃料电池系统的规模、类型、应用方式的不同，该系统可能是风扇、鼓风机或者压缩机。扩散空气（空气呼吸）的电堆由于空气供应速率问题以及对电堆结构的影响，因而限制了其应用。在这种结构的电堆中，空气侧必须开放，并且易受大气环境条件的影响。因此，扩散空气（静态）燃料电池一般只适用于某些功率特别低的场合，不超过 25W，只需要进行最基本的简单操控。

强制空气传质燃料电池电堆适用于所有功率范围的燃料电池。为克服电堆和相关管路带来的压降，反应物空气需要以一定的压力传输到燃料电池正极。该压力取决于电堆设计特性，一般在1~20kPa范围内。空气传输装置通常为小型风扇、泵（如旋片式、隔膜式或者少见的压电式）、鼓风机或者压缩机。反应物空气中氧气的利用率随电堆工作条件的不同而变化。对于空气冷却式燃料电池，由于空气同时具有冷却电堆的功能，氧气利用率随环境温度的变化而变化范围非常大。剩余的空气排放到大气中，而DMFC可以补充部分水蒸气到电堆中以充抵正极上的水消耗。

④ 水管理子系统，保证燃料电池系统中的水平衡。PEMFC系统中燃料电堆的水管理是系统设计中的关键。目前燃料电池主要采用三氟甲磺酸基电解质膜，这种膜需要一定的水含量来有效地传导质子，因为水分子是质子在膜中迁移的有效载体。因此，系统设计时，必须在反应物通道和电解质膜内提供较高的相对湿度。

⑤ 热管理子系统，保证电堆和发热部件处在合适的温度范围，同时将热量提供给所需要的部件或装置。传统的PEMFC热管理要求与水管理直接相关。如上所述，电解质膜必须保持一定的含水量，以防止膜干涸以及质子导电性能下降，因此电堆温度必须相应地进行控制。必须对电堆每个单体电池进行冷却，以确保电堆温度适中并且均匀一致。

由于液体有较高的热导率和体积热容，较大功率的PEMFC系统一般采用液体冷却。但是，由于小型燃料电池应用场合要求系统简单、紧凑，因此最佳冷却方式为空气冷却。风冷方式需要强制将空气直接传送到每个单体电池的外表面，或者通过增加电堆的表面积使热量从内部传出（优化几何结构），延伸双极板可以达到增加电池外部表面积的目的。液体冷却的潜在优点显著，简化的水冷系统已经在小型电源上采用[8]。一些典型的设计是电池内部采用水冷循环，出口水蒸气采用空冷。高运行温度和单体排列结构使SOFC系统可以采用简单的空气冷却方式。

DMFC热管理也比较容易，因为可以通过循环的甲醇-水蒸气来控制电池温度。

⑥ 功率调节器，将电源部分的输出转换成为实际应用所需的各种形式的电源和功率大小。该子系统可以是DC-DC转换器，也可以是DC-DC转换器加上DC-AC变换器。

⑦ 内部能量储存装置，为燃料电池系统的启动提供能量，这些能量用于启动控制板、监视器、传感器和阀门等组件，使其从空挡状态转换到运行状态。当燃料电堆输出不足时，还需要提供多余能量以保证负载运行，同时在能量储存不足时可以通过功率调节器利用电堆进行充电。内部能量储存装置一般为电池或者超级电容器。

⑧ 控制子系统，保证燃料电池的运行参数控制，如温度、流量、功率输出以及和其他系统的连接。根据负荷大小控制反应物空气的流速，确保既不出现过量的水积存（较低流速下），也不出现电池干涸（较高流速下）。这就需要测量电堆的电流，并对空气流动速度进行相应调节。为了防止电堆在干涸（太热）条件下工作，必须控制电堆的温度。这就要求电堆冷却风扇对电堆温度传感器的高温信号作出响应、启动或者以更高速度运转。由于氢气燃料系统是闭路形式，这就要求出口管路中有计时器或库仑计的通-断循环的电磁阀，定期对负极侧积累的杂质和水进行净化。还可以根据具体应用场合，采取合适的其他控制方法。

19.3.3 燃料供给体系

燃料电池的负极活性材料在负极侧被氧化产生电子，一般为气态或者液态燃料，如氢气、甲醇或者甲酸。烃类（碳氢化合物）也可以作为粗原料使用。例如，天然气在进入燃料电池被氧化前需要重整成富氢气体。氧气一般为空气，作为燃料电池的氧化剂进入电堆的正极侧。

各种用途的小型燃料电池的便利性由所用燃料的种类决定。小型 PEM 燃料电池主要以氢气和甲醇为燃料。氢气可以间接通过其他化学过程制备而得或直接使用已有的氢气。DM-FC 负极使用的甲醇燃料通常以纯甲醇形式储存。小型 SOFC 在更高温度下工作，它对燃料具有非常高的接受性，使用的典型燃料为压缩或液态的烃类气体。

（1）压缩储氢系统

燃料电池系统燃料储存和使用的最简单形式是高压氢气。质量和体积是压缩储氢的优先考虑因素，因此一般使用轻质的高压容器和压力调节阀，同时必须考虑相关的成本因素。图 19.8 给出了 20 世纪 90 年代后期开发成功的 50W 系统，设计储能量为 $1kW \cdot h$，可工作 20h。该系统采用的是小型商品气瓶（1.5L，1.3kg），储氢压力为 5000psi（1psi＝6.894757kPa，全书同）时，能量约为 $1750W \cdot h$（低热值）。而为电动汽车开发的大型轻型储氢罐的工作压力可超过 10000 psi，含氢量约为 10%（质量分数）。

（2）间接储氢系统

小型燃料电池系统所用间接氢气储存技术包括金属合金氢化物制氢和化学氢化物制氢两种。

对于小型燃料电池系统，使用金属合金氢化物来储存氢气是一种有吸引力和方便的能量储存模式。这归因于它们操作的简单性和紧凑性，以及接近液态氢的体积密度。这些材料的能量密度可以达到 $500 \sim 1000W \cdot h/L$。金属合金氢化物是室温下就能释放出所需压力氢气的合金（以 AB_2 型为代表，A 是 Zr 或 Zr

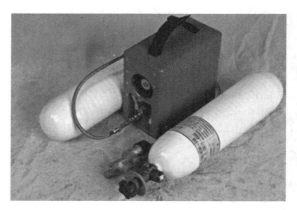

图 19.8　采用压缩氢气的 50W 燃料电池

和 Ti 的混合物，B 是过渡金属的混合物），典型的储氢质量分数为 2%。许多金属氢化物可以重新储氢，在一定压力和温度条件下金属氢化物可以重新吸附氢气，以达到一定的平衡氢压。

Mg 基合金的氢气质量分数可以达到 5% 左右，但是它释放氢气的分解温度为 300℃，这需要牺牲一定量的氢气，通过燃烧以产生热量，并且系统更加庞大和复杂。

对于化学氢化物而言，金属氢化物制氢是各种小型燃料电池系统的基本供氢方式之一，通过不可逆（一次性）化学反应以产生所需的氢气。该类活性物质一般为碱金属氢化物或者碱土金属氢化物（有时是混合物形式），与水发生反应生成氢气、金属氧化物（或混合的金属氧化物）。其他类似的化学氢化物也在研究之中。

与可逆金属氢化物相比，化学氢化物有更高的含氢量，因此该系统具有高比能量的潜在优势。另外，由于反应物的密度相当低，因此系统的体积比能量（$W \cdot h/L$）不具有吸引力。表 19.1 列出了几种典型化学氢化物的制氢化学反应式、理论含氢量和理论比能量。化学氢化物的含氢量和比能量包括了反应所需水的质量。如果燃料电池产生的水能在化学氢化物的反应中回收使用，那么化学氢化物的优势就会更明显，因为在这种情况下，系统可以简单地通过添加储备的反应物粉末或颗粒来补充燃料。

表 19.1　典型化学氢化物的制氢化学反应式、理论含氢量和理论比能量

反应式	理论含氢量/%	理论质量比能量/(W·h/kg)
$LiH + H_2O \longrightarrow LiOH + H_2$	7.8	2540
$CaH_2 + 2H_2O \longrightarrow Ca(OH)_2 + 2H_2$	5.2	1700
$NaBH_4 + 2H_2O \longrightarrow NaBO_2 + 4H_2$	10.9	3590

注：理论值的计算是基于氢气-空气燃料电池、1.23V/单体，包括氢化物和水的质量。

化学氢化物面临的挑战包括各种反应物的接触要求，以使反应速率能够满足燃料电池所需的氢气量。同时，由于反应产物需要进行处理，不能再生，因此评估系统的经济性时，必须考虑补充的化学反应物的成本。在小型燃料电池中，使用化学氢化物最大的可能性在于高性能的军用燃料电池系统。

（3）燃料处理系统

如果采用传统燃料的紧凑型系统，小型燃料电池的适用性可以得到大幅度提高。在大多数情况下，需要燃料处理器将燃料转化为富含氢气的气体，该气体将被输送到燃料电池中。这种方法的大部分挑战在于足够紧凑、低成本的燃料处理器。小型燃料电池可以考虑使用以下几种普通燃料和化合物。

① 氨。氨通常用于工业和农业，一般是在适当的压力下，以液态形式储存。液态氨具有高质量比能量和高体积比能量的特点，热催化分解反应制氢相当简单。

$$NH_3 \Longleftrightarrow 3/2H_2 + 1/2N_2 \quad \Delta H^\ominus = -45.9kJ/mol$$

氨的含氢量为 17%（质量分数），相当于 3kW·h/kg 和 2kW·h/L。然而，产生的一部分氢气需要消耗掉以产生热量维持吸热分解反应的进行。

与氨相比，LPG（液化石油气）是更好的燃料，因为 LPG 具有分布更广泛的基础设施、更高的体积比能量以及更低的成本，而且氨还是有毒化学物质。尽管如此，由于氨制氢过程非常简单，因此在小型燃料电池应用方面仍将起到重要作用。

② 甲醇。甲醇是一种可以广泛获得的化学物质，使用比较方便，并且在常压下以液态形式储存。甲醇也可以通过处理转换成富氢气体，并且它的处理是所有含碳燃料中最简单的。该吸热反应方程为：

$$CH_3OH + H_2O \longrightarrow CO_2 + 3H_2 \quad \Delta H^\ominus = 49.3kJ/mol$$

该反应温度比较适中（约 250℃），在该温度下使用常规甲醇水蒸气重整催化剂就不产生甲烷。尽管 LPG 在体积比能量和成本方面占优势，但是由于甲醇处理容易，故对小型燃料电池系统吸引力更大。有很多公司可以向用户提供采用甲醇处理的小型 PEMFC 系统。

③ 乙醇。乙醇在使用和储存方面，与甲醇相似。它与水蒸气的反应方程为：

$$C_2H_5OH + 3H_2O \longrightarrow 2CO_2 + 6H_2 \quad \Delta H^\ominus = 173.3kJ/mol$$

与甲醇不同，乙醇无毒；作为燃料时，其便利性与成本具有不确定性。乙醇的重整需要打开碳-碳键，反应温度维持在 350℃ 左右。对于低温 PEMFC 而言需要后续处理过程。

④ 液化石油气（LPG）。对于分散的燃料电池系统，LPG（在美国主要为丙烷，但是在日本有时为丁烷）是一种比较好的燃料。与氨和甲醇相比，LPG 具有非常高的体积比能量和更低的成本。实际上，当没有管道天然气时，LPG 是固定式燃料电池的燃料选择。但是，小型燃料电池有不同的燃料选择标准，紧凑的体积、系统的简单性与硬件成本比燃料成本更重要。然而，这种情况不是普遍适用，如长时间运行可能就是例外。与天然气和交通燃料类似，LPG 需要进行高温处理，因此对于 SOFC 很有吸引力，原因在于它的处理过程可以和

燃料电池的高温、耐副产物结合起来。

⑤ 天然气。对于容易接入天然气管网的小型固定式燃料电池，主要利用天然气作为燃料，天然气的主要成分为甲烷。与 LPG 相比，使用管道天然气除了可免除燃料储存的负担外，还具有更低的单元能量成本，并且在燃料处理过程中，甲烷比丙烷具有更高的产氢率。但是，同样对某些小型燃料系统而言，以上这些可能都不是主要问题。例如，在必须有现场储备燃料的情况下（如便携式或移动式），LPG 在体积紧凑、燃料供给方面更占优势。

⑥ 交通燃料。对于军用场合而言，航空燃料（如 JP-8）作为后勤补给燃料，具有易获取和高安全（低蒸气压）的特点，因此更具有使用方面的优势。柴油（广泛用在大型车辆中，少量应用于汽车中；在不发达地区，则是多用途的燃料）由于分子链较长难以断裂、含硫量太高，不适合于小型燃料电池。低硫（15×10^{-6}）柴油燃料目前在美国得到应用。实际上，较长分子链难于断裂和含硫量太高同样也是航空燃料处理时遇到的挑战，这是因为大分子结构难以气化和断链，在处理过程中难以避免积碳和催化剂硫中毒。

紧凑性和低硬件成本是小型燃料电池应用必须考虑的因素，所以航空燃料只是小型 SOFC 系统的潜在燃料。汽油具有更小的分子量，易于蒸发和反应，几乎不含硫，比航空燃料更易处理。但由于操作性以及由高蒸气压和易燃造成的安全性问题，汽油并不是小型燃料电池系统的理想燃料。

⑦ 燃料处理方法。含碳燃料（甲醇除外）制备氢气需要高温（通常需要催化条件）过程。主要有三种反应类型：水蒸气重整（SR），燃料与水蒸气发生催化反应；部分氧化重整（POX），燃料与空气中的氧气发生部分氧化反应；自热重整（ATR），燃料与水蒸气、氧气同时发生催化反应。水蒸气重整是吸热反应，反应温度一般为 700℃ 或更高。部分氧化重整是放热过程，反应温度更高（可能达到 $900 \sim 1000$℃）。自热重整基本处于热平衡状态，与外界不进行热交换，反应温度比水蒸气重整稍高一些。以甲烷为例，以上三种反应类型的典型反应式如下。

$$SR: CH_4 + H_2O \longrightarrow CO + 3H_2 \qquad \Delta H^{\ominus} = 205.9 kJ/mol$$
$$POX: CH_4 + 1/2 O_2 \longrightarrow CO + 2H_2 \qquad \Delta H^{\ominus} = -247 kJ/mol$$
$$ATR: CH_4 + 0.23 O_2 + 0.54 H_2O \longrightarrow CO + 2.54 H_2 \quad \Delta H^{\ominus} = 0 kJ/mol$$

简单地说，水蒸气重整的氢含量最高，效率也最高。但由于它是吸热反应，因此热管理最复杂，体积也最大。相反，部分氧化重整效率最低，但结构最简单。自热重整则介于水蒸气重整和部分氧化重整之间。

燃料处理方法的选择很大程度上取决于应用场合的需求。例如，以天然气为燃料、连续运行的传统固定式燃料电池系统可能更适合采用水蒸气重整处理，以将成本降到最低。而需要快速启动的小型移动系统，则更适合采用部分氧化重整或自热重整。

⑧ 重整气改良。上述高温过程产生的重整气体中一氧化碳量较高（一般大于 10%），低温燃料电池如 PEMFC，一般需要进一步处理，以提高氢气含量并降低造成催化剂中毒的 CO 的含量。因此，重整气还需要在较低温度下发生水煤气转换催化反应（有时是两个阶段，其中第二阶段温度较低），反应方程式为：

$$CO + H_2O \longrightarrow CO_2 + H_2 \qquad \Delta H^{\ominus} = -41.2 kJ/mol$$

再次指出，在甲醇水蒸气重整过程中，需要通过特定的转换催化剂来阻止甲烷的生成。对于 PEMFC，还必须进一步降低 CO 浓度（从大约 2% 降到 20×10^{-6} 以下）。这可以通过 CO 在氢气存在时，添加一定流速的空气进行催化氧化反应来实现。其中，空气流速是 CO

完全氧化的化学计量的几倍（一般为 2 倍）。

从上述讨论可以看出，水蒸气在燃料处理中是必不可少的，无论是在重整反应阶段，还是随后的水蒸气转换阶段都起着重要作用。水必须进行储存、补充或冷凝，以及从燃料电池系统回收。在任何情况下，系统必须考虑水管理的设计和水输送系统，并且选择的模式必须反映特定应用场合的要求。对于潜在的便携式燃料电池军事应用而言，不需要携带系统外的附加水源，其具有非常大的优势。

含碳燃料的整个燃料处理系统的复杂性决定了小型燃料电池系统在使用传统燃料时的挑战性。为了满足应用场合所需的体积最小化和低成本，对于燃料系统的设计和优化还需要付出许多努力。这种条件下最理想的体系是可以直接使用重整气的 SOFC（对于 SOFC 系统，CO 可以作为燃料），该体系具有可以采用宽泛燃料并应用于小功率电源的潜力。

19.4　燃料电池产品、应用和性能

19.4.1　概述

功率小于 1000W 的小型燃料电池正被广泛应用于许多场合，表 19.2 列出了其典型应用实例。根据需求，这些正在应用或即将应用的电源系统可以是单独的燃料电池、燃料电池/电池混合系统、燃料电池/太阳能电池/蓄电池混合系统等。

表 19.2　小型燃料电池应用

应用	应用
野外电源,包括为蓄电池充电	手机电源
便携式电源,包括士兵可穿戴电源	移动数码装备电源
移动电源,包括车用等辅助电源	备用电源
无人交通工具及机器人电源	通用目的电源

小型燃料电池的主要优势有高质量比能量和体积比能量，有可能取代蓄电池，是更便携、更高效、更环保的能量转换发电机。但是，由于便携电源的独特需求，小于 20W 的小型燃料电池在取代蓄电池方面还存在较大的技术挑战。

燃料电池系统的能量储存和发电组件是分开的实体，而除液流电池之外，蓄电池的能量储存和发电组件是同一个实体。因此，燃料电池系统能设计成较为理想的工作模式——燃料电池电堆满足功率需求，燃料储存则满足能量需求。这对于能量需求高、功率需求低，即长寿命的应用场合特别有利。在该应用条件下，燃料电池电堆与辅助系统的质量对于整个系统而言已经不重要了，系统的体积比能量和质量比能量取决于燃料供应子系统本身。在使用期间，燃料电池由于可以根据具体应用需求提供更小和/或更轻的系统，因此比蓄电池更为有利。

根据使用工况需求特点，某些应用场合非常适合燃料电池/蓄电池混合系统，特别是那些平均负荷峰值功率大、峰值负荷时间相对短的场合。在这类混合系统中，燃料电池以平均功率供电，蓄电池进行补充，提供工况所需的峰值功率，并且当系统以额定负荷工作时，燃料电池为蓄电池充电。混合系统充分利用了蓄电池和燃料电池的优点——前者有较宽的功率范围，后者有较高的质量或体积比能量。

太阳能电池/蓄电池能源系统也可以与燃料电池结合，发挥各自优势，应用于各种场合。

燃料电池的利用，可以使太阳能电池不必再配备体积和质量过大的蓄电池，在避免蓄电池超长时间供电的同时不再担心太阳能电池意外供电中断。在某些应用场合中，小型燃料电池系统在寿命、可靠性、效率（燃料消耗）、噪声以及排放物等方面占有优势，可以替代小型发电机。但是，当燃料相同时，大型发电机在体积尺寸和重量上比燃料电池系统占有优势；当系统的功率变小时，这些优势就会减少。在低功率应用方面，小型燃料电池具有很强的竞争力，其成本则是最关键的挑战。

与蓄电池中通常用的活性物质相比，氢和富氢燃料具有更高的体积比能量。表 19.3 列出了部分燃料的理论质量比能量和体积比能量，明显高于蓄电池的活性材料。这些燃料已经在便携式燃料电池中得到了实际使用。其中氢气最为突出，因为氢不仅比能量高，而且可以在室温下直接转换成电能。对于替换蓄电池的小型便携式设备而言，配备一个燃料处理单元是不可行的，因此天然气、丙烷、汽油以及其他化石燃料由于不能直接转换而不在考虑之列。在这种情况下，甲醇是唯一一种有希望在适当温度下能够直接转换的液体燃料。

表 19.3　便携式燃料电池用燃料特征

项目	理论值[①]		目前水平[②]	
	质量比能量 /(W·h/kg)	体积比能量 /(W·h/L)	质量比能量 /(W·h/kg)	体积比能量 /(W·h/L)
氢气				
氢气（气体）	32705	—		
低温氢气（液态）	32705	2310		
高压氢气瓶（70MPa）	3925			
金属氢化物				
MH（2%H$_2$）	655		164	426
MH（7%H$_2$）	2290	3400		
化学氢化物				
LiH+H$_2$O	2539	—	592[③]	
NaBH$_4$+2H$_2$O	3590	—		
30% NaBH$_4$ 溶液	2375	2080		
甲醇（MeOH）				
100% MeOH	6088	4810	289~805[④]	141~385[④]
MeOH 水溶液（摩尔当量）	约 3900	约 3350		

① 基于 1.23V 氢氧燃料电池。
② 基于以特定氢气源工作的燃料电池的实际瓦时输出。
③ 包括容器、包装物和所需要的水。
④ 取决于功率及运行时间，见图 19.9。

实用性和安全性是燃料电池中氢气供给所必须考虑的，因而在很大程度上降低了实际比能量。目前有很多制氢技术，包括高压气瓶、氢化物以及化学制氢等，每种技术都需要特定的方法来产生并控制氢气的供给。表 19.3 也列出了不同供应氢气方法的比能量理论值以及目前的技术水平。但是，因为上述对比只考虑了燃料电池的燃料供应与整个蓄电池系统（忽略了燃料电池电堆和其他燃料电池组件），所以这种比较并不全面。图 19.9 展示了一种更为合理的对比方法。

图 19.9 对比了几种原电池、蓄电池和燃料电池的性能，表示了在设计功率输出为 20W 时，每种系统的总质量与工作时间的关系。蓄电池系统即使在最高的放电倍率下也能输出额

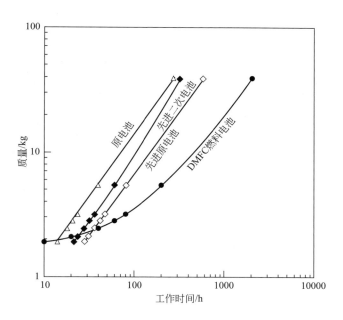

图 19.9　不同电化学系统质量与工作时间特性对比（基于 20W 功率输出和规定的质量）
原电池（一次电池）系统，145W·h/kg；先进原电池（一次电池）系统，300W·h/kg；
先进蓄电池（二次电池）系统，225W·h/kg

定容量，因此其性能曲线以倾斜的直线为特征。如图所示，直线的斜率为比能量，且电池质量几乎随使用时间的减少成比例降低。在较低的运行时间内，燃料电池的曲线趋于平坦，反映了燃料电池电堆和其他辅助件（BOP）的质量占主要因素，燃料的质量对于系统而言基本没有影响。在较长时间工作时，燃料电池电堆的质量就成为次要因素，整个系统的能量密度逐渐趋向于燃料供给系统的能量密度。

图 19.9 很好地展示了蓄电池和燃料电池各自的优点，在短时间使用时，蓄电池占优势，燃料电池由于电堆的较大质量而处于不利地位。但是，在较长时间工作时，燃料电池占据优势，因为燃料电池可以替换燃料，其比能量高于许多蓄电池系统。如果对以上电化学体系进行体积和工作时间的比较，也存在相似的关系。

图 19.9 同时还指出了研究方向，即燃料电池的开发必须考虑如何在低功率范围、短工作时间（比如，小于 10h）内，相较蓄电池系统更具有优势。因为便携式设备设计的趋向是更小的体积尺寸、更轻的质量。因此，即使减少使用时间，电堆的质量和体积也必须大幅度降低。否则，燃料电池的优势以及更轻的燃料替换的作用将不明显。目前小型燃料电池的发展缺乏必需的廉价、高效、小型化的组件，如尺寸和容量满足要求的气体、液体泵。这些组件的进步，会将小型燃料电池推向更广阔的燃料电池市场。

在燃料电池系统设计中，燃料电池组件和燃料源需要进行折中处理。例如，直接甲醇燃料电池（DMFC）需要添加水来维持甲醇的反应。如果燃料电池中采取了合理的水管理或回收措施，那么反应产生的水可以得到循环使用，但这将会增加燃料电池的尺寸、质量以及复杂性和一次性成本。如果将水直接加入甲醇燃料中，则将以牺牲燃料源的比能量为代价。

表 19.4 列出了 2020 年美国能源部（DOE）关于 2.5～150W 便携式电源应用的储氢系统发展目标。该目标基于氢的低热值，而没有考虑燃料电池的效率。该目标针对完整的氢储存和输送系统，包括燃料罐、阀、调节器、管路、装配、绝缘、制冷/加热以及其他辅助部

件（BOP）。这取决于在典型应用中被传递到燃料电池发电部位的活性物质，要求达到从头到尾的所有目标。

表 19.4　2020 年美国能源部关于 2.5～150W 便携式电源应用的储氢系统发展目标

储存参数	一次使用	可再生
氢容量/g	1～50 以上	1～50 以上
质量比能量（系统）/(kW·h/kg)	1.3	1.0
质量比能量（氢气系统，H_2）/(kg/kg)	0.04	0.03
体积比能量（系统）/(kW·h/L)	1.7	1.3
体积比能量（氢气系统，H_2）/(kg/L)	0.05	0.04
储存系统成本（输出净值）/(美元/W·h)	0.1	0.5
储存系统成本（氢气储存，H_2）/(美元/g)	3.3	17
耐久性/可操作性		
运行环境温度范围/℃	-40～60	-40～60
氢气传到到燃料电池的温度（最低/最高）/℃	10/85	10/85
储存系统的最小传输压力（绝对压力）/bar	1.5	1.5
储存系统的最大传输压力（绝对压力）/bar	3	3
储存容器的最高外表面温度/℃	≤40	≤40
氢气释放速率		
最小满载流速（H_2）/[(g/s)/kW]	0.02	0.02
20℃时从开始到满流速时间/s	5	5
-20℃时从开始到满流速时间/s	10	10
10%～90% 的瞬时响应时间/s	2	2
燃料纯度（H_2）/%	满足应用标准	满足应用标准

注：1bar＝0.1MPa，全书同。

19.4.2　燃料电池使用要求

小型燃料电池要想发挥最大效率需要具备如下特征：室温环境下可以启动和运行（可以快速启动）、负载快速响应、采用非流动（固态）电解质以获得高功率密度。符合上述特征的最佳燃料电池类型是质子交换膜燃料电池（PEMFC）。PEMFC 可以在凝固点以下启动，具有自加热的优势，还可以在常规条件下运行。但是，需要来自蓄电池或者电网的外加热部件，以完成凝固点之下的启动或者防止结冰。

使用氢气或者甲醇的 PEMFC 系统在小型燃料电池系统的发展和应用领域占有绝对优势。同时，尽管 SOFC 为高温运行，但借助技术创新也使其已经作为小型能源系统开始进入客户评估阶段。

为了减重和缩小尺寸，燃料电池系统在设计时应尽可能简化，使用不带加湿的风扇空冷方式直接进行空气供给成为简化系统的最佳选择。小型燃料电池系统为了更加简化和紧凑，直接利用环境空气（不加湿）成为首选。直接利用环境空气意味着在设计时必须考虑如何防止交换膜干涸，为减少干燥空气的影响还必须限定空气流量，电堆必须设计为可以利用产物

（即水）。在环境温度升高、相对湿度下降以及电流密度上升时，燃料电池电堆的温度也随之上升，此时如何抑制干涸成为更为严峻的问题。

水管理的目的不仅限于防止膜的干涸，燃料电池还需要以较高的氧气利用率（相当低的空气流速）工作，因此增加了电池内部正极侧生成水形成水滴的可能性。这将造成电极基体内部或表面以及正极流场空气分布沟槽中水的积累，导致空气不能有效地进入电催化剂反应区，从而导致电池性能明显下降。因此，燃料电池的设计必须防止水滴的积累。

DMFC 采用与传统 PEMFC 相同的质子交换膜，但水管理要求不同。因为 DMFC 负极采用的是甲醇的水溶液，正极反应产生的水又可以返回负极，所以它不存在干涸问题。但该体系设计必须考虑正极水累积的潜在影响。SOFC 在非常高的温度下工作，因此不存在水管理问题。图 19.10 和图 19.11 展示了 Pearl Hydrogen 技术公司开发的 220W 和 1800W 的空冷燃料电池电堆。表 19.5 和表 19.6 列出了这两个电堆在 15～35℃、相对湿度 30％～90％ 条件下的特性。

图 19.10　Pearl Hydrogen 技术公司
开发的 220W PEMFC 电堆

图 19.11　Pearl Hydrogen 技术公司
开发的 1800W PEMFC 电堆

表 19.5　Pearl Hydrogen 技术公司开发的 220W PEMFC 电堆特性

项目	基于该技术公司的 PASH 技术的电堆特性	
性能	标称功率	220W
	标称电压	24V
	标称电流	9.2A
	DC 电压范围	20～38V
	电效率	≥50％
燃料	氢气纯度	≥99.95％
	压力	0.4～0.5bar
	耗氢量（标称功率）	3L/min
空气		
氧化剂/冷却介质	压力	环境压力
物理参数	质量	1800g
	长×宽×高	208mm×138mm×98mm
使用条件	环境温度	−10～40℃
	相对湿度	10％～95％

表 19.6　Pearl Hydrogen 技术公司开发的 1800W PEMFC 电堆特性

项目	基于该技术公司的 PASH 技术的电堆特性	
性能	标称功率	1800W
	标称电压	36V
	标称电流	50A
	DC 电压范围	30～58V
	电效率	≥50%
燃料	氢气纯度	≥99.95%
	压力	0.5～0.6bar
	耗氢量(标称功率)	21.6L/min
空气		
氧化剂/冷却介质	压力	环境压力
物理参数	质量	4800g
	长×宽×高	288mm×178mm×216mm
使用条件	环境温度	−10～40℃
	相对湿度	10%～95%

19.4.3　燃料电池系统原型和商品

各种形式的 PEMFC、DMFC 和 SOFC 小型燃料电池已经实现或接近实现商业化。现将各种类型燃料电池系统实例进行介绍。

（1）基于氢气的质子交换膜燃料电池（PEMFC）

多种小型燃料电池采用压缩氢气作为燃料。图 19.8 展示了 20 世纪 90 年代晚期开发的燃料电池系统，该系统满足短期应用（20h），系统比能量接近 200W·h/kg（系统质量 5.22kg，1000W·h 的能量以 50W 功率输出），采用十年前的燃料电池堆和氢气瓶技术。压缩氢气被设计或开发用于各种能源系统，如图 19.12 所示的 EnergyOr 技术公司开发的无人机（UAV）采用第六代电源，该系统采用了压缩氢气储罐。表 19.7 列出了该系统的技术规格。

图 19.12　EnergyOr 公司的 EO-310-XLE 燃料电池供电系统（压缩氢气为燃料）

表 19.7　EO-310-XLE 燃料电池供电系统的技术规格

项目	技术参数	数据
系统性能	标称净输出功率	310W
	最大连续净输出功率	450W
	峰值净输出功率(起飞)	1000W
	DC 输出电压范围	32～45V
	310W 时系统效率	54%
	设计使用寿命	大于 3000h
	310W 时可能的净能量	1790W·h
运行环境	环境温度(最高)	40℃
	飞行高度	1000m
物理参数	系统总质量(包括 H_2 传输系统、H_2 燃料和蓄电池)	3.95kg
	尺寸/体积	完整结构由无人机机身决定

图 19.13 展示了使用 Pearl Hydrogen 技术公司 1800W PEMFC 电堆的旋翼无人机的高空实验。其采用压缩氢气为燃料，一罐氢气可以保证无人机航行 4h。

图 19.13　使用 Pearl Hydrogen 技术公司 1800W PEMFC 系统的旋翼无人机

（2）直接甲醇燃料电池（DMFC）

SFC Energy AG 公司强力推进 DMFC 系统，其商业化应用曾以 EFOY 作为商品名称进行展示，参考文献 [14] 详细介绍了 45W 和 110W 标称功率下运行的系统参数。

中国科学院大连化学物理研究所（简称大连化物所）开发了标称功率从 25W 到 200W 的系列 DMFC 系统。无燃料的 DICP-50W 系统质量为 5.2kg（图19.14）。纯甲醇燃料储存在 3 个燃料罐中，每个燃料罐质量为 0.8kg，可以提供 1200W·h 能量；3 个燃料罐可以运行 72h，系统平均能量密度达到 474W·h/kg。

图 19.14　DICP-50W 型直接甲醇燃料电池系统
（大连化物所提供）

图 19.15 展示了大连化物所的 DMFC/蓄电池混合系统。该系统平均输出功率为 650W，最大输出功率为 1250W，质量为 9kg（不含燃料），纯甲醇燃料质量为 7kg，可以提供 11.3kW·h 能量；在标称功率下可运行 17.5h，系统能量密度达到 700W·h/kg。

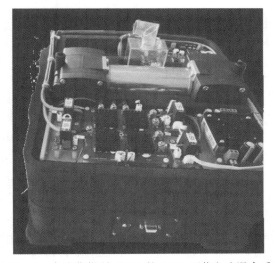

图 19.15　大连化物所 650W 的 DMFC/蓄电池混合系统
（大连化物所提供）

（3）固体氧化物燃料电池（SOFC）

初步看来，传统固体氧化物燃料电池（SOFC）是在 1000℃ 下工作，好像不适合小型化应用。小型系统的表面积与体积之比似乎需要更多的隔热，以防止过多的热损失和随之而来的燃料能量损失。尽管如此，相关研究单位也开发出了 25～250W 功率范围的 SOFC 系统。该系统采用了微管设计，单体直径只有数毫米，采用氧离子导电的陶瓷电解质可以保证 SOFC 在 600～800℃ 温度区间工作。该燃料电池系统可以承受温度骤变的冲击，可快速达到运行温度；还非常适合使用丙烷、丁烷等烃类，因为它们在系统高的工作温度下只需要进行极少的燃料处理。

Adaptive Materials 公司开发出了小型 SOFC，用于无人地面车辆和无人机。图 19.16 展示了一个 25W 的 SOFC 电堆，其质量为 1.5 kg（不含燃料），体积为 2.0L，在考虑了燃料和容器质量的基础上，系统比能量高达 661W·h/kg。

图 19.16　25W 便携式 SOFC
（Adaptive Materials 公司提供）

与许多其他正在开发的燃料电池系统一样，SOFC 的最初市场似乎是军事领域，如无人机、现场电池充电器、小型机器人车辆以及电子设备和传感器。上述应用要求 SOFC 在恶劣条件下坚固耐用，也可以承受相对较高的初始价格，并要求具有数百或数千小时的使用寿命。军事领域的成功应用也可能为工业和消费者应用打开更大的市场。在全球范围内，装在 0.5～10kg 罐中的丙烷和丁烷将为消费应用提供一个完全不必借助氢气的现成燃料基础设施。

19.4.4　商业化系统总结

燃料电池安全，用户与环境友好，设计相对简单，在许多应用中都优于发电机和蓄电池。但是，燃料电池由于没有实现大规模商业化，造成产品成本较高，同时氢气供给基础设施也严重匮乏。持续的技术改进，以及潜在客户对燃料电池系统应用中的运营优势和更多可行性的认识，加快了小型燃料电池商业化和开展商业化前活动的步伐。

目前正在评估的小型燃料电池代表了各种燃料电池技术。这些燃料电池技术主要基于低温运行质子交换膜，包括质子交换膜燃料电池和 DMFC，但 SOFC 系统也参与其中，可以期待其进一步发展。

该阶段的发展主要基于小型燃料电池的应用和随之而来的商业化可能性，为燃料电池系统提供更多的评估。这些燃料电池系统的商业化考虑因素包括成本、可靠性、燃料供给以及由此带来的市场规模优势。

19.4.5 发展趋势和市场因素

截至 2017 年 10 月，许多国家或地区的政府和组织公布了禁售燃油车辆时间规划（表 19.8）。中国、日本、韩国和一些欧洲国家也都先后发布了本国的禁售燃油车辆时间规划。

表 19.8 禁售燃油车辆时间规划

国家或地区	开始年份/年	细节
挪威	2025	禁售燃油车
荷兰	2025	禁售燃油车
加利福尼亚州（美国）	2030	禁售传统燃油车
德国	2030 年后	禁售传统燃油车辆和基于 IEC 标准的车辆
印度	2030	彻底禁售燃油车
法国	2040	彻底禁售燃油车
英国	2040	彻底禁售传统柴油/汽油车

目前相关政府和组织是否会实施这些规划还不能最终确定。尽管如此，与纯电动汽车和插电式混合动力汽车等其他电动汽车一样，燃料电池电动汽车将大幅度增加。

一辆燃料电池乘用车可以行驶 500km 或更长时间，每次补充燃料大约需要 3～5min，但缺乏加氢基础设施是限制燃料电池汽车大规模发展的一个重要障碍。为了改变这种现状，一些国家或地区公布了氢能发展计划，表 19.9 列出了一些国家或地区的预期发展规划。截至 2016/2017 年，全世界范围内约有 220 个加氢站，日本（78 个）为最多；其后紧随的有美国加利福尼亚州（52 个）、德国（50 个）、英国（15 个）、丹麦（11 个）、韩国（10 个）、中国（4 个）。在北美地区，除加利福尼亚州外还有 12 个加氢站正在规划中。预计 2020 年，全世界范围内加氢站数量将超过 550 个，日本为最多，预期达到 160 个；韩国和中国均预计超过 100 个。预计到 2030 年，加氢站数量可能超过 5000 个。其中，中国、日本和英国均可能超过 1000 个，法国超过 600 个，韩国超过 500 个，德国和美国均为 500～1000 个。

表 19.9 加氢站现状和规划　　　　　　　　　　　　　　　　单位：个

年份/年	国家或地区								
	英国	德国	法国	丹麦	加利福尼亚州（美国）	日本	韩国	中国	合计
2016/2017	15	50		11	52	78	10	4	约 220
2018		100			67	90			约 300
2020	65				87	160	100	100	约 550
2025	330	400			100	320	210		约 1500
2030	1150	>500	600		>500	900	500	1000	约 5000

注：本表"合计"一栏为估算值，与实际运算之和存在偏差。

燃料电池技术涉及化学、材料科学、流体力学、热力学、电子电路、电磁学、软件、控制、机械等多学科或领域，是复杂的跨学科应用技术。其发展道路崎岖不平。20 世纪 60 年代燃料电池首次在航天计划中得到应用。20 世纪 70 年代实现了磷酸盐燃料电池（PAFC）的小规模商业化应用。20 世纪 80 年代中期，得益于固态聚合物电解质的发展，PEMFC 得到了快速发展，并在 2000 年左右达到顶峰。2008/2009 年，美国三大汽车公司因经济危机面临破产，时任美国能源部（DOE）部长的朱棣文博士（Dr. Steven Chu）宣布不再支持燃料电池项目，燃料电池的发展面临低点。该声明沉重打击了燃料电池的发展和美国及其他国家燃料电池相关企业的发展。然而，日本、韩国和许多欧洲国家并没有跟随美国放慢他们的步伐，现在这些国家的燃料电池技术已经超过美国并成为技术领跑者。

燃料电池的发展受到许多因素的影响。从外部来看，这些因素包括：化石燃料供应，全球变暖，空气、水和土壤污染等环境问题，政府的态度和决心，成熟的现有技术以及政治因素。从内部来看，相关因素包括性能、耐用性、寿命、成本、供应链和供氢基础设施等。

经过约半个世纪的发展，燃料电池产业仍然规模小、脆弱且无利可图。早期很多参与者消亡的原因在于缺乏连续的资金流。但是经过这么多年的发展，燃料电池已经悄然进入早期商业化模式阶段。在 2013 年、2014 年和 2016 年，现代、丰田和本田公司已经将小批量燃料电池汽车（FCV）推向了市场。这些 FCV 的寿命已经接近 DOE 的 5000h 目标，成本已经降低到早期原型的 5%～10%，市场价位在 50000 美元左右。2017 年 8 月，巴拉德（Ballard）电力公司宣布该公司组装的 FCvelocity®-HD6 燃料电池公共汽车已经超过 25000h 的运行时间，其他几种燃料电池公共汽车也已接近 DOE 的 25000h 的运行目标。据报道，某些固定应用的 PEMFC 和 PAFC 几年前已经超过 DOE 的 60000h 运行目标。显然，燃料电池的寿命正变得与传统技术相当，这是其实现商业化的关键。

最成功的燃料电池项目是日本的"能源农场"（Ene-Farm）项目。该项目已安装约 20 万台 1kW 以下的小型热电联产（CHP）系统。该 CHP 系统可以提供 700～750W 的电力输出和超过 1kW 的热量输出，热电联用效率达到 95%，单位成本在 1 万美元左右。日本政府计划到 2020 年和 2030 年分别累计安装 140 万台和 530 万台。

PEMFC 成功地应用于搬运设备中，如叉车。全世界范围内约有 2 万台燃料电池叉车，主要位于美国，并在欧洲和日本获得发展。

基于 PEMFC 的燃料电池汽车是目前最主要的发展方向，尤其是在日本、韩国和中国。全世界范围内已经有几千辆燃料电池乘用车、几百辆燃料电池公共汽车和燃料电池卡车在运行。丰田公司计划在 2015 年、2016 年和 2017 年分别推出 700 辆、2000 辆和 3000 辆氢燃料电池车（Mirai），到 2020 年达到 30000 辆。中国的发展重心是燃料电池公共汽车和燃料电池卡车，这两种车具有更大的空间，适合燃料电池系统的安装，加氢站则可以建立在公共汽车和卡车的终点站。

DMFC 的发展主要是 SFC 公司主导，其生产的 EFOY Comfort 系列产品可以提供 40～105W 的功率输出，主要针对车队和野营的休闲市场；而其 EFOY Pro 系列产品可以提供 45～500W 的电力用于工业和安全应用。

表 19.10 总结了 2011 年至 2016 年燃料电池在便携式、固定式、交通领域的出货量（单位为台或辆）和兆瓦（MW）数，输出功率范围分别是 1W～20kW、0.5～400kW、1～100kW。表 19.10 中的出货量四舍五入到百（单位为台或辆），兆瓦数四舍五入到 0.1MW。便携式燃料电池的出货量在 2014 年达到峰值，并在 2015 年和 2016 年大幅度萎缩，这表明便携式市场一直在放缓。固定式领域的出货量稳步增长但较缓慢，这意味着固定式市场正在趋于平稳。2015 年和 2016 年，交通领域的出货量急剧增加，这反映出市场正处于快速扩张阶段。

表 19.10　按应用划分的燃料电池出货量和兆瓦数

应用领域	2011 年	2012 年	2013 年	2014 年	2015 年	2016 年	总计
便携式领域：							
出货量	6900	18900	13000	21200	8700	4000	72700
兆瓦数	0.4	0.5	0.3	0.4	0.9	0.3	2.8
固定式领域：							
出货量	16100	24100	51800	39500	47000	54800	233300
兆瓦数	81.4	124.9	186.9	147.8	183.6	200.8	925.4
交通领域：							
出货量	1600	2700	2000	2900	5200	6400	20800
兆瓦数	27.6	41.3	28.1	37.2	113.6	277.5	525.3
总计：							
出货量	24600	45700	66800	63600	60900	65200	326800
兆瓦数	109.4	166.7	215.3	184.4	298.1	478.6	1453.5

表 19.11 总结了 2011 年至 2016 年按燃料电池类型划分的燃料电池出货量（单位为台或辆）和兆瓦（MW）数[16]。对于 PEMFC，出货量平稳，但兆瓦数在 2015 年和 2016 年大幅度增加，反映出使用额定功率高于 50kW 燃料电池的燃料电池汽车和燃料电池公共汽车快速增长，而用于电信备份和便携式设备的低功率燃料电池数量下降。对于 DMFC，出货量和兆瓦数都显示出总体下降趋势，表明市场放缓。SOFC 的出货量在 2015 年大幅度增加，2016 年进一步增加，但 2015 年和 2016 年的兆瓦数几乎相同，这意味着低功率机组的市场正在扩张。PAFC 在 2015 年和 2016 年的出货量相似，但兆瓦数几乎翻了一番，这表明 2016 年安装了更多、更大的机组。对于 MCFC，2015 年和 2016 年的出货量比 2014 年有所下降，而兆瓦数持平，这表明 MCFC 的商业环境更具挑战性。对于 AFC，基本上没有出货量和兆瓦数，这意味着它远未实现商业化。

总之，在最近几年中 PEMFC 和 SOFC 发展快速，PAFC 和 MCFC 继续持平，DMFC 萎缩，AFC 继续处于"休眠"状态。PEMFC 主要应用于汽车、公共汽车、卡车、叉车和小型热电联产（CHP）系统等，SOFC 主要应用于微型热电联产系统。

表 19.11　按燃料电池类型划分的出货量和兆瓦数

燃料电池类型	2011 年	2012 年	2013 年	2014 年	2015 年	2016 年	总计
PEMFC：							
出货量	20400	40400	58700	58400	53500	46900	278300
兆瓦数	49.2	68.3	68.0	72.7	151.8	311.2	721.2
DMFC：							
出货量	3600	3000	2600	2500	2100	2200	16000
兆瓦数	0.4	0.3	0.2	0.2	0.2	0.2	1.5
SOFC：							
出货量	600	2300	5500	2700	5299	16000	32300
兆瓦数	10.6	26.9	47.0	38.2	53.3	53.7	229.7
PAFC：							
出货量	—	—	—	100	100	200	
兆瓦数	4.6	9.2	7.9	3.8	24.0	46.6	96.1

燃料电池类型	2011 年	2012 年	2013 年	2014 年	2015 年	2016 年	总计
MCFC:							
出货量							100
兆瓦数	44.5	62.0	91.9	70.5	68.6	66.9	404.4
AFC:							
出货量							
兆瓦数	0.1	0.0	0.3	0.0	0.2	0.0	0.6
总计:							
出货量	24600	45700	66800	63600	60900	65200	326800
兆瓦数	109.4	166.7	215.3	185.4	298.1	478.6	1453.5

参考文献

1. K. Kordesch and G. Simader, *Fuel Cells and Their Applications*, VCH Publishers, NY, 1996.

2. B. V. Tilak, R. S. Yeo, and S. Srinivasan, "Electrochemical Energy Conversion—Principles," in J. O'M. Bockris, B. E. Conway, E. Yeager, and R. E. White (eds.), *Comprehensive Treatise of Electrochemistry*, Vol. 3, Plenum Press, New York, 1981, pp. 39–122.

3. Z. Qi, *Proton Exchange Membrane Fuel Cells*, CRC Press, Boca Raton, FL, London, New York, 2014.

4. S. R. Narayan and T. I. Valdez, "High-Energy Portable Fuel Cell Power Sources," *Interface*, The Electrochemical Society, Winter, 2008, pp. 40–44.

5. S. Srinivasan, *Fuel Cells: From Fundamentals to Applications*, Springer, New York, 2006.

6. S. Calabrese Barton, T. Patterson, E. Wang, T. F. Fuller, and A. C. West, "Mixed-Reactant, Strip-Cell Direct Methanol Fuel Cells," *J. Power Sources* 96:329–336 (2001).

7. M. Daugherty, D. Haberman, N. Stetson, S. Ibrahim, O. Lokken, D. Dunn, M. Cherniack et al., *Proceedings of the Conference on Portable Fuel Cells*, Lucerne, Switzerland, June 21–24, 1999, pp. 69–78.

8. www.energyor.com.

9. M. de Jong, J. J. Kowal, E. Ferry, J. Cristiani, and M. Dominick. "CERDEC Fuel Cell Team: Military Transitions for Soldier Fuel Cells," Fuel Cell Seminar, Phoenix AZ, October 27–30, 2008. (Available in the public domain.)

10. www.luxfercylinders.com.

11. Quantum Technologies, www.qtww.com.

12. https://energy.gov/eere/fuelcells/.

13. www.pearlhydrogen.com.

14. www.sfc.com/en/.

15. www.dicp.ac.cn.

16. www.FuelCellIndustryReview.com.

第20章

电化学电容器
Andrew F. Burke

20.1 引言

20.1.1 电化学电容器与电池的比较

许多应用需要电能储存，如手机、寻呼机、备用电源系统，以及电动或混合动力汽车等。各种能量储存装置的指标包括储存的能量（W·h），以及最大功率（W）、尺寸、重量（质量）、初始成本和寿命。对于一些特殊应用，储能装置必须满足所有要求。多数应用对功率的要求更多，通常可以考虑用一次电源单元（电池）周期性地给脉冲功率装置（电容）充电，从而实现能量和功率要求的分离。然而，对于一些严格要求兼顾脉冲功率和能量的应用，用于电路的传统电容器显然不能在有限的体积和重量（质量）下满足能量储存的要求。因此，针对上述应用，全球许多研究小组正在进行高能量密度电容器的开发（超级电容器或电化学电容器）。本章将详细介绍为什么开发这些电容器，其特性如何，以及现在的技术状态和今后的技术发展趋势。

因为电池能在相对较小的体积和重量（质量）条件下储存大量能量并提供合适的功率输出，所以电池作为最普通的电能储存装置被广泛选择和应用。虽然大部分电池均存在搁置和循环寿命问题，但是由于缺少合适的替代品，人们已经学会容忍这个短处。最近，许多用户对功率的要求快速增加并已经超过了标准电池的设计能力，所开发的电化学电容器就是用于取代脉冲电池的。作为具有吸引力的替代品，电容器必须具有比电池更高的功率和更长的搁置和循环寿命（至少高一个数量级）。电化学电容器比能量比电池低许多，而比能量又是许多应用的重要参数，因而电化学电容器的应用限定在高功率应用的特殊场合。

对于电化学电容器，从设计角度考虑，如何处理能量密度与 RC 时间常数（RC time constant）的关系非常重要。通常对于特定的材料体系，为了大幅度减小时间常数，从而大幅度提高功率放电能力，需要牺牲比能量。表 20.1 和表 20.2 分别给出了多种电化学电容器及脉冲电池的特性。

表 20.1　电化学电容器与脉冲电池的能量、功率特性比较

装置	标准单体电压/V	质量比能量/(W·h/kg)	质量比功率（根据阻抗计算）/(kW/kg)	质量比功率（根据 90% 效率计算）/(kW/kg)
碳-碳超级电容器	2.7	5	10~25	2.5~10
碳基锂离子电容器	3.8	12	10~25	2.5~5
锂离子电池				

装置	标准单体电压/V	质量比能量/(W·h/kg)	质量比功率(根据阻抗计算)/(kW/kg)	质量比功率(根据90%效率计算)/(kW/kg)
磷酸铁锂	3.25	90～150	2～4	0.7～1.4
钛酸锂	2.4	35～100	2～6	0.7～2.5
Li(NiCoMn)O₂	3.7	100～200	1～4	0.5～2.0
Ni-MH(混合动力汽车,HEV)	1.2	46	1.1	0.4
铅酸电池(混合动力汽车,HEV)	2.0	26	0.4	0.15
锌-空气电池	1.3	450	0.6～1.2	0.20～0.40

表 20.2　超级电容器特性汇总

制造商名称	标称电压/V	电容/F	电阻[1]/mΩ	RC时间常数/s	质量比能量[2]/(W·h/kg)	质量比功率[3](根据95%效率计算)/(W/kg)	质量比功率(根据阻抗计算)/(W/kg)	质量/kg	体积/L
Maxwell	2.7	2885	0.375	1.08	4.2	994	8836	0.55	0.414
Maxwell	2.7	605	0.90	0.55	2.35	1139	9597	0.20	0.211
Ioxus	2.85	3095	0.33	1.0	5.0	1355	12065	0.51	0.41
Ioxus	2.85	1348	0.56	0.85	3.7	1372	12292	0.295	0.228
Skeleton 技术	2.85	350	1.2	0.42	4.0	2714	24200	0.07	0.037
Skeleton 技术	2.85	3450	0.13	0.45	5.4	3353	29809	0.52	0.39
Skeleton 技术	3.4	3200	0.48	1.5	8.9	1730	15400	0.40	0.096
Yunasko[4]	2.7	510	0.9	0.46	5.0	2919	25962	0.078	0.055
Yunasko[4]	2.75	480	0.25	0.12	4.45	10241	91115	0.060	0.044
Yunasko[4]	2.75	1275	0.11	0.13	4.55	8791	78125	0.22	0.15
Yunasko[4]	2.7	7200	1.4	10	26	1230	10947	0.119	0.065
Yunasko[4]	2.7	3200	1.5	7.8	30	3395	30200	0.068	0.038
Ness Maxwell	3.0	3650	0.27	0.98	6.5	1875	16666	0.50	0.394
Ness	2.7	1800	0.55	1.00	3.6	975	8674	0.38	0.277
Ness	2.7	3640	0.30	1.10	4.2	928	8010	0.65	0.514
Ness(圆柱形)	2.7	3160	0.4	1.26	4.4	982	8728	0.522	0.38
DAE(中国)	2.7	1660	0.6	1.0	6.1	1734	15420	0.197	
DAE(中国)	2.7	440	2.3	1.0	5.5	1536	13662	0.058	
JSR Micro	3.8	1100	1.15	1.21	10	2450	21880	0.144	0.077
		2300	0.77	1.6	7.6	1366	12200	0.387	0.214
		3225	1.0	3.2	11	1167	10374	0.348	0.213
DAE(中国)	3.8	850	4.7	3.5	12.4	993	8828	0.087	

① 稳态电阻，包括孔隙电阻。
② 400W/kg 恒定功率时的比能量，从额定电压到1/2额定电压恒定功率放电。
③ 功率基于 $P = 9/16 \times (1-EF) V^2/R$，$EF$ 为放电效率。
④ 此为软包装，除此以外的所有电容器均采用金属壳体。

表 20.1中指出了峰值比功率的两种计算方法。第一种计算方法是根据用于放电的能量和用于发热的能量各占一半时的阻抗进行计算的。该点为最大功率（P_{mi}）点，计算式如下：

$$P_{mi} = V_{oc}^2 / 4R_b$$

式中，V_{oc} 是开路电压；R_b 是它的电阻；该点的放电效率为 50%。电池的放电-充电功率与效率的关系如下：

$$P_{ef} = EF(1-EF)(V_{oc}^2/R_b)$$

式中，EF 是高功率脉冲的效率。当 EF 为 0.95 时，$P_{ef}/P_{mi} = 0.19$。电池制造商经常应用 P_{mi}，实际上电池可用功率远小于这个值。对于电化学电容器，其在 $1/2V_o \sim V_o$ 电压间的最大脉冲功率可以用下式表示：

$$P_{uc} = (9/16)(1-EF)(V_o^2/R_{uc})$$

式中，V_o 为电容器的额定电压；R_{uc} 为电化学电容器内阻。表 20.1 汇总和比较了电池和电容器基于不同算法的比功率。很显然，电化学电容器的功率无论采用何种方法计算，均比电池比功率更高。但经常有人错误地把根据阻抗计算的电容器比功率与电池功率进行比较。储能装置的高功率放电能力评价的关键是脉冲时阻抗的测量。

此外，关注电化学电容器的原因还在于它的优良储存特性及循环寿命，特别是采用活性炭电极的纯电容器。大部分蓄电池放置几个月不用，将迅速衰减并由于自放电而基本不能再用。电化学电容器也将自放电到低电压，但保持它的电容值还可以再充电到原来水平。经验表明，电化学电容器即使几年不用也仍然可以保持初始性能。电化学电容器在室温下，可以高倍率（放电时间为秒级）深度循环 50 万～100 万次，其性能衰减也很小（10%～20% 的容量和电阻衰减）。但电化学电容器在高温条件下，寿命将显著降低（>50℃）。

作为功率脉冲装置，电化学电容器与电池相比具有高功率密度、高效率、长储存寿命和长循环寿命等优点。电容器与电池相比，主要不足是能量密度（W·h/kg、W·h/L）比较低，而仅限于较小能量需求的应用。但如果某种设备或系统能在高功率水平下提供能量，则电化学电容器与电池相比可以在一个很短的时间内实现再充电（数秒甚至 0.1s）。

20.1.2　电化学电容器的能量储存

最普通的电能储存装置是电容器和电池，电容器储能靠电荷分离。最简单的电容器是承载于金属板上的电介质薄层储能，储存的能量可以表示为：$1/2CV^2$。式中，C 为它的电容（F，法拉）；V 为两个金属板间的电压。

电容器的最高电压取决于电介质材料的击穿特性。储存在电容器中的电量 Q（C，库仑）由 CV 给出。电介质电容器的电容取决于介电常数（κ）、电介质厚度（δ_{th}）和它的几何面积（A）。

$$C = \kappa A / \delta_{th}$$

对于电池，其能量是储存在电极中活性物质的化学能，通过连接于电池端子的负载以电的形式放出，在电池内浸渍在电解质中的电极材料发生电化学反应。储存于电池中的可用能量以 VQ 表示：V 为电池电压；Q 是化学反应过程中通过负载的电荷量（或表示为 It，即电流随时间的流动）。电压取决于电池中的活性材料（化学耦合），接近这些材料的开路电压（V_{oc}）。

电化学电容器有时被称为超级电容器，它是一种储能装置，结构更类似电池（参见图 20.1）；含两个浸渍在电解质中的电极，两极间由隔膜隔开。电极由具有高比表面积、孔径在纳米范围的多孔材料制成。电化学电容器电极材料的表面积比电池材料大得多，处于 500～2000m²/g 范围。电荷储存在固体电极和电解质的界面层中，储存的电量和能量与上述简单电介质电容器的计算式相同。但电化学电容器电容值的计算很困难，它依赖电极的微孔中发生的复杂过程。

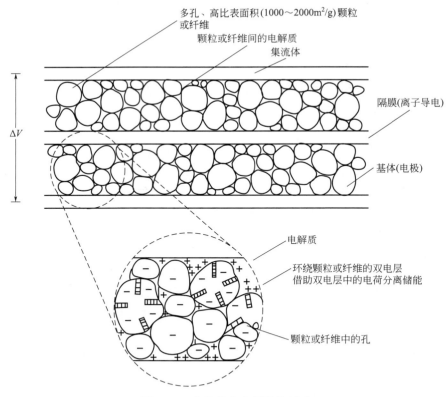

图 20.1　电化学电容器结构示意

　　为便于讨论电化学电容器的储能机制，将双电层电容和赝电容过程分开。文献中已详细解释了电化学电容器的物理化学过程，下面仅简要讨论电极材料性质和电解质作用机制。

　　① 双电层电容器（EDLC）。能量储存于双电层中，即借助在固体电极和电极微孔中的电解液界面形成双电层中的电荷分离储能。EDLC 的恒流充放电特性如图 20.2 所示。电压对时间为简单的线性响应是两个电极均使用活性炭的特征。

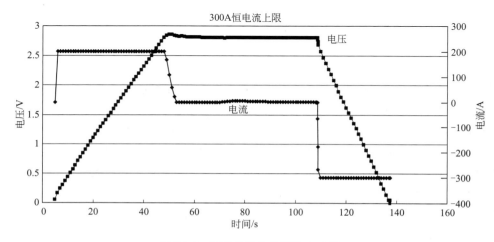

图 20.2　EDLC 器件的充放电响应

图 20.1 显示了一种超级电容器的结构示意。细孔内双电层中的离子在电极和电解液间传递，储存于电化学电容器中的能量和电荷可以分别用 $1/2CV^2$ 和 CV 来表示。电容值主要取决于电极材料（表面积和孔径分布）。电极材料的比电容可以用下式表示。

$$C/g = (F/cm^2)_{act} \times (cm^2/g)_{act}$$

式中的表面积是指形成双电层的孔的活性面积。

单位活性面积的电容值可简化成下式：

$$(F/cm^2)_{act} = k/\delta_{dleff}$$

正如参考文献 [6-10] 中所讨论的那样，电解质的有效电容 $(F/cm^2)_{act}$ 是复杂且不很清楚的。双电层非常薄（在液体电解质中为数分之一纳米），而导致非常高的比电容 $15\sim 30\mu F/cm^2$。如果电极材料的比表面积为 $1000m^2/g$，则它的潜在比电容可以达到 $150\sim 300F/g$。如表 20.3 所示，用于电化学电容器的碳材料测得的比电容大多数情况下小于理论值：对于水性电解质，其范围为 $75\sim 175F/g$；而对于有机电解质，其范围为 $40\sim 120F/g$。这些较低的比电容值（F/g）是因为对于大多数碳材料，电解质中的离子只能进入孔隙中的一小部分表面积，并且多孔碳的有效电容 $(F/cm^2)_{act}$ 测量值比理论值低，为 $8\sim 20\mu F/cm^2$。特别是在有机电解质中更为明显，因为其离子尺寸远大于水溶液中的离子。超级电容器用多孔碳的孔径最好集中在 $0.5\sim 5nm$ 范围。如果孔径过小（$<0.5nm$），特别是对于有机电解液体系在放电电流高于 $100mA/cm^2$ 时将放不出容量；而对于大孔径多孔材料即使以 $500mA/cm^2$ 以上的大电流放电，电容衰减很小。

超级电容器的电压依赖于所采用的电解质体系。水溶液体系超级电容器单体的电压大约为 $1\sim 1.6V$，有机电解液体系为 $2.5\sim 3.0V$[11]。

表 20.3 各种电极材料的比电容

材料	密度/(g/cm³)	电解质	比电容(质量)/(F/g)	比电容(体积)/(F/cm³)
碳布	0.35	KOH	200	70
		有机	100	35
活性炭	0.7	KOH	160	112
		有机	100	70
气溶胶碳	0.2	KOH	140	
		有机(PC)	80	16
源于 TiC 的碳粒	0.5	KOH	220	110
		有机	120	60
改进型石墨碳	0.7	有机	180	126

② 赝电容电化学电容器。作为理想的双电层电容器，电极和电解质间的双电层中的电荷传递是没有法拉第反应的，其电容（dQ/dV）是一个常数，不随电压变化。而对于采用赝电容的电化学电容器，电荷在固体电极的表面或表层传递，固体电极与电解液间的相互作用包含了法拉第反应过程即电荷传递反应。电荷传递反应过程是依赖于电压的，其赝电容（dQ/dV）也具有电压依赖性。采用赝电容机制的电容器称为赝电容电化学电容器，包括电极表面对电解质离子的吸附、表面氧化还原反应，以及电极材料中活性导电聚合物的掺杂与脱出。前两种机制主要是表面过程，强烈依赖于电极材料的表面积；而第三种包括导电聚合物材料，是本体过程。所以，尽管要求具有微孔高比表面积以保证更多的离子分布在电极中，但比电容对表面积的依赖性很小。无论如何，所有材料均要求必须具有高电子导电性，以保证电流收集。电荷传递机制可以通过循环伏安法测试，从 $C(V)$ 推测出。

为评估电容器的特性，常常简便地使用平均电容（C_{av}），用下式计算。

$$C_{av} = Q_{tot}/V_{tot}$$

式中，Q_{tot} 和 V_{tot} 分别为电极充电或放电的总电量和电压变化。各种材料在目标电解质中的比电容可以用这种方法来确定。如表 20.4 所示，赝电容材料的比电容比碳材料高得多，也因此可以通过采用赝电容材料以提高电容器能量密度。

表 20.4　各种电极材料和电解质的赝电容

电极材料	法拉第过程	电解质	电压范围/V	比电容（质量）/（F/g）	比电容（体积）/（F/cm³）
活性炭	双电层	EC/DMC/LiBF$_4$	1.35～2.7	80～110	48～66
活性炭	氧化还原	Li$_2$SO$_4$+KI	0.75～1.5	240	145
钛酸锂-碳纳米管	插层 Li$^+$	EC/DMC/LiBF$_4$	1.0～3.0	225	50
石墨烯-聚吡咯复合物	插层 H$^+$	H$_2$SO$_4$ 水溶液（1mol/L）	0～1.5	270	不适用

③ 水系电解质的氧化还原电容器。在水系电解质电化学电容器的大部分研究中，都使用硫酸或氢氧化钾作为电解质。在这些情况下，对称单体电容器（两个活性炭电极）的最大电压为 1V 或更低；对于一个完整的单体电容器而言，很难获得大于 2W·h/kg 的能量密度（为 5～7W·h/kg，仅基于单体电容器中活性材料的质量）。参考文献［3］中给出了关于水性电解质电化学电容器研究的概括性讨论。最有希望的方法[12-14] 是使用近中性的水性电解质（Li$_2$SO$_4$）和氧化还原盐（KI），最大电压为 1.5～1.6V。电极和单体测试显示，电极比电容为 240F/g，单体为 145F/cm³，因而基于电极活性材料的单体能量密度为 14W·h/kg。

④ 新型混合电容器。如图 20.3 所示，电化学电容器可以通过一侧采用双电层电容器材料（碳），另一侧采用赝电容材料来制备，这种电容器称为混合电容器。参考文献［15-17］中详细讨论了混合电化学电容器的研究。正如这些参考文献中所讨论的，已经将预先锂化的石墨和金属氧化物等赝电容材料［如氧化镍、氧化铅、钛酸锂（LTO）、氧化锰］用于器件的单个电极中并进行了测试。如图 20.4 所示，它们的充电/放电特性（电压 V 相对时间 t）与双层器件明显不同（非线性）。

混合型器件的能量密度明显高于使用相同碳材料和电解质的双电层单体电容器。这是由多个因素造成的。首先，混合器件中单位质量碳材料储存的电荷远大于对称器件中的电荷，因为混合器件中碳材料的有用电压范围几乎是对称器件中的两倍。其次，器件的最小（肩）电压由法拉第电极化学体系的开路电压决定。如同 20.4.5 节所述，这些因素可能导致能量密度增加至 20～50W·h/kg。关于混合电化学电容器的研究可以在参考文献［15-17］中找到。混合器件的测试数据将在 20.4.3 节中给出。

图 20.3　混合电容器示意

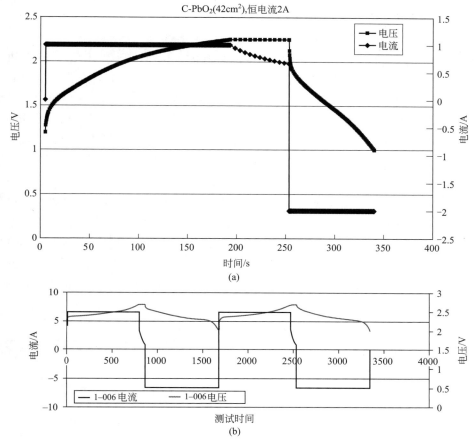

图 20.4 碳-PbO$_2$ 混合电容器的电压与电流曲线 （a） 和
Yunasko 金属氧化物混合电容器的电压与电流曲线 （b）

20.2 化学反应

在电化学电容器中，化学反应在其设计和工作中的作用与其在电池中完全不同，电池中的化学反应在能量储存过程中起关键作用。在电容器中，如前一节所述，电荷转移到双电层碳材料中是决定器件性能的关键过程。正如下一节所讨论的，电极材料的特性依赖于它们储存电荷的能力，这是器件整体设计的关键。电解质的作用是允许电极之间的电荷/离子转移。

20.3 材料特性和电容器设计

20.3.1 活性炭电极

电化学电容器的电极通常是涂在集流体上的薄层。其制备过程是首先把活性材料与黏结剂混合制成浆料，然后按一定厚度涂膜，经辊压和干燥可形成多孔电极[18-19]。电极的厚度一般在 $100\sim200\mu m$ 范围，孔隙率在 $65\%\sim80\%$ 范围。为获得低电阻的电极，必须控制活性材料层与集流体间接触电阻非常小。这就要求涂膜前要特别注意集流体的表面状态[20-21]。

如前所述，一个关键的电极材料参数是它的比电容（F/g、F/cm³）。具有一定几何尺寸（δ_{th}，A_x）的电极电容值可以通过比电容和密度精确计算出来：

$$C=F/g(\rho_c)\delta_{th}A_x$$

如表 20.3 所指出的，活性炭的比电容覆盖很宽的范围（80～220F/g），这取决于制作方法和采用何种电解质。而活性炭的密度可在 $0.3～0.8g/cm^3$ 范围内变化。碳材料的比电容依赖于它的表面积（m^2/g）、孔径分布以及固有的表面双电层容量（$\mu F/cm$）。了解造成这种差异的原因很重要，因为它影响电化学电容器电极用碳材料的选择。孔径分布对多孔碳材料的比电容影响巨大，碳的选择必须考虑电解质溶解离子的尺寸与碳孔径的匹配。离子在孔中扩散进出的物理过程不是很清楚，而比电容与碳的比表面积的相互关系也比较模糊[6-10]。优选碳对提高碳-碳双电层电容器能量密度是关键。

电极材料的比电容随电流密度（A/cm^2）变化而显著变化。研究人员通常将其活性电极材料的比电容用 F/g 与 A/g 来表示。如果给出了电极上活性材料负载的量（g/cm^2），则可以从 A/g 数据确定 F/g 与 A/cm^2 的关系。因此，评价电化学电容器用材料时，活性材料比电容的测试将采用相对薄的电极（小于 $200\mu m$）制成小型电容器，电流密度至少上升到 $300mA/cm^2$。评估活性材料的最直接方法是用材料制成薄电极，并对由电极组装的小单体电容进行恒流测试（参见表 20.5，出自参考文献 [22]）。

表 20.5   电流密度对比电容（F/g）的影响

电流 I/A	电流密度/ （mA/cm^2）	电容 C/F	电阻 R/Ω	阻抗/ $\Omega\cdot cm^2$	比电容（干电极）/ （F/g）
0.2	66	5.72	0.123	0.37	163
0.3	100	5.58	0.151	0.45	159
0.5	167	5.30	0.120	0.36	151
0.75	250	4.96	0.144	0.43	142
1.0	333	4.80	0.164	0.49	153

注：采用实验室级电容单体，电极面积为 $3cm^2$；采用硫酸电解液，电极厚度为 $200\mu m$[22]。

20.3.2   新型碳材料电极

电化学电容器的能量密度既依赖于碳材料的比电容（F/g），也依赖于电容器的最大可用电压。目前销售的大多数商业化器件使用颗粒活性炭电极，但仍在继续开展更高比电容碳材料的研究。正在研究的其他形式的碳材料有气溶胶[23-24]、碳纳米管[25-26] 以及聚合物碳材料[27-29]。这些碳材料的优点之一是，在制备过程中可以严格控制碳的孔径和结构。但是，迄今为止（截至 2017 年），这些新型碳材料没有一个在电化学电容器中表现出比活性炭粉更具吸引力的特性（参见表 20.3、表 20.4）。

采用碳纳米管制备电极的研究一直在继续，可以通过气态烃原料在催化位点的催化反应，生长出垂直于集流体表面的碳纳米管层。在制备这些适用于电化学电容器的碳材料方面已获得了相当大的进展。对于碳纳米管而言，其关键问题是它们的低固有比电容（20～80F/g）和低材料密度（小于 $0.3g/cm^3$）。对于气溶胶碳，有机和水性电解质的比电容为80～140F/g，但密度较低。然而，正如下一节所讨论的，这些新型碳材料的结构将使它们在赝电容材料的纳米粒子嵌入结构中具有吸引力，这样就可以形成具有比电容值非常高的复合材料。

20.3.3　新型复合材料电极

正在开展的主要研究[31-35]是为了开发比电容远高于活性炭的电极复合材料。在大多数情况下，这些材料涉及金属氧化物和石墨烯的纳米级颗粒的制备，这些颗粒可以与活性炭混合或嵌入（修饰）在纳米结构的碳（如气溶胶或碳纳米管）上。如表 20.4 所示，这些复合材料的比电容可以为 $200\sim300F/g$。使用有机电解质时，使用这些材料的单体电压可以为 $3\sim4V$。新型材料中的电荷储存机制比简单的双电层更复杂，涉及表面电荷转移或电解质离子嵌入多孔碳结构中的纳米颗粒。这些复合材料可用于混合电容器，在一个电极中使用双电层或赝电容材料，在另一个电极中使用类似电池的法拉第电极[36]，以实现 $30\sim35W\cdot h/kg$ 的能量密度。

这些复合赝电容材料的关键问题之一是，它们在循环中的稳定性以及用这些材料组装器件的循环寿命问题。复合赝电容材料的循环寿命不可能接近双电层电容器器件的循环寿命水平。

20.3.4　使用锂化法拉第电极的混合电容器

商用混合电化学电容器使用的是锂化石墨负极、活性炭正极和有机电解质，已经对在负极中使用钛酸锂（LTO）的单体进行了大量研究[31-32]。使用 LTO 的主要限制是电芯的额定电压只有 $2.5\sim3V$，LTO 的充电容量只有 $150mA\cdot h/g$ 左右。此外，LTO 的电子电导率也非常低，因此需要将 LTO 复合到纳米级碳结构上以实现器件高功率能力。在锂化石墨作为负极的情况下，主要的难点是如何以可控的方式将锂带入石墨中。单体额定电压可以是 $3.5\sim4V$，充电容量约为 $350mA\cdot h/g$。高电压和高充电容量均增加了单体高能量密度的潜力。目前已经开发出能量密度为 $10\sim13W\cdot h/kg$、$15\sim20W\cdot h/L$（表 20.2）的商用单体电容。大多数单体电容目前使用牺牲金属锂箔或稳定化金属锂粉作为在第一次充电期间嵌入石墨中的锂的来源。研究人员们正在继续寻找更好的方法，以锂化石墨或开发不需要锂化的负极材料[37]。

20.3.5　集流体材料

几乎所有储能装置均需要将活性材料薄层涂覆在高导电性的集流体上。集流体的关键是近于零的涂层接触电阻，以及材料（金属或导电塑料）或涂层在电容器环境下（电压和电解质）的长期稳定性。这些因素非常重要，因为电化学电容器电阻非常小，其循环寿命达数十万次且日历寿命达 $10\sim15$ 年。作为解决上述问题的方法，一些有意义的研究是对集流体进行清洗和预涂膜[20-21]，采用导电塑料薄片[38]制备双极性电容器和电池。

集流体材料的密度和电导率对组装单体的能量密度和电阻都有很大影响。表 20.6 给出了用于电化学电容器中集流体的多种金属的特性。集流体可以显著增加电池的重量及其电阻，尤其是在集流体中使用铝以外的材料时。集流体的重量通过使其变得非常薄而被最小化，但这可能导致单体电阻增加而不被接受。

表 20.6　集流体材料的特性

材料	密度/(g/cm³)	电阻率/Ω·cm
铝	2.7	2.65×10^{-6}
铜	9.0	1.68×10^{-6}
不锈钢	7.9	74×10^{-6}

20.3.6 电解质

电化学电容器的电容主要依赖于电极材料的比电容（F/g），但电容器的电压和内阻主要取决于所用的电解质。有三种电解质已用于电化学电容器：水溶液（硫酸和 KOH）、有机电解质（碳酸丙烯酯和乙腈）、离子液体。最近的研究[12-14]是使用近中性水性电解液进行的。这些电解液具有相对较高的离子电导率，但比硫酸和 KOH 的腐蚀性小得多。盐加入有机溶剂中提供离子进出碳微孔以形成双电层。各种电解液的特性列于表 20.7 中。电解液的离子电导率取决于其中使用的溶剂和盐。碳材料的比电容取决于添加的盐和盐分子的直径相对于电极材料的孔径分布[12-14]。在使用氧化还原反应的单体电容情况下，加入溶剂中的盐是在单体中实现高比电容的关键[3]。有关电解质溶剂的各种组合及盐的详细讨论请见参考文献[7]。

表 20.7　各种电解液的特性

溶剂	盐	密度/(g/cm³)	电阻率/Ω·cm	电压/V
水系（水）				
KOH 水溶液		1.29	1.9	1.0
硫酸水溶液		1.2	1.35	1.0
近中性水溶液	Li_2SO_4＋KI	1.03	10.6	1.5
有机系				
碳酸丙烯酯(PC)	$TEABF_4$	1.2	52	2.5～3.0
乙腈(AN)	$TEABF_4$	0.78	18	2.5～3.0
离子液体				
咪唑类	$[C_2C_1im][BF_4]$	1.3	72(25℃)	2.2～4.3
吡咯烷类	$[nC_4C_1pyrr][N(CF_3SO_2)_2]$		455(25℃)	2.5～5.5

不同电解质的电阻率、单体电压（电化学窗口）差别很大，这些差别导致了不同的电容行为。因为比能量与电容器电压的平方成正比，所以提高电化学电容器电压是一个重要方向。使用活性炭、有机电解液的单体电压为 2.5～3.0V/单体，使用水性电解质的单体电压为 1～1.5V/单体。据报道，结构化石墨碳的电池电压高达 3.5V/单体[39-40]。

电解液离子电阻率的差异对电阻有很大影响，因此对器件的功率容量也有很大影响。碳酸丙烯酯的电阻率大约是乙腈电阻率的三倍。因此，具有最佳性能（最高能量密度和功率容量）的电化学电容器都是使用乙腈作为电解液。与使用碳酸丙烯酯的单体相比，使用乙腈的单体在低温（－20℃以下）下的性能下降更少。然而，使用碳酸丙烯酯的单体电容比使用乙腈的单体电容可在更高的温度下运行，因为它在此温度下具有更适宜的蒸气压。碳酸丙烯酯的沸点为 240℃，而乙腈的沸点为 82℃。

由于乙腈的毒性和易燃性，乙腈的安全性一直存在争议[41]，尤其是在车辆中。已经有很多研究致力于开发一种低电阻率、无毒的溶剂来替代乙腈。虽然研究人员通过使用混合有机溶剂[7]已经获得了一些进展，但迄今为止乙腈仍然是高功率器件的首选溶剂。

一些研究工作致力于开发采用离子液体的电化学电容器[7,42-44]。原因如下：首先，离子液体即使在 300℃的高温下也是热力学稳定的，蒸气压接近零且不燃和毒性极低。其次，离子液体的稳定电化学窗口非常大，采用一些碳电极的电容器单体电压可高达 4～5V/单体。离子液体的缺点是室温电阻率高和高成本。离子液体对温度的依赖性强，如果温度提高到

$125℃$，其电导率可与乙腈相比。把离子液体与乙腈混合使用[43-44] 可大大降低电解质的可燃性，而室温电导率和电压窗口变化很小。但不含乙腈的离子液体混合物不燃且无毒，电阻率大幅度上升，电压窗口降低 $0.5 \sim 1.0V$[7,44]。

20.4　电容器性能特征

20.4.1　小型碳-碳电容器

大部分小型（容量小于 10F）电化学电容器商品通常为具有 $4 \sim 8V$ 电压的 $2 \sim 3$ 个单体串联而成的模块，模块电容小于 10F，时间常数为 $1 \sim 10ms$。水溶液体系和有机体系均可，有机体系比能量高于水溶液体系。小型电化学电容器模块可制成纽扣式（薄形圆片）、方形薄片式（类似信用卡）。大部分小型电化学电容器与电池联用，应用于寻呼机、手机、计算机等消费电子的功率辅助或电池备份。小型电化学电容器模块的价格比较低（约为 50 美分），但仍然比传统陶瓷电容器贵得多。对这些电容器的要求包括容量、时间常数、体积或者厚度（方形电容器）。对于电容器，具有一定时间放电能力的比能量特性往往是第二重要的参数，用户最关心的是数毫秒级的脉冲放电能力。为提高电容器的短脉冲性能，时间常数将小于 50ms。

表 20.8　小型双电层电容器的物理参数及电性能特征

电压/V	电容/F	内阻/mΩ	质量/g	体积/cm³	RC 时间常数/ms	体积比能量/(W·h/L)	质量比能量/(W·h/kg)	功率密度①（基于阻抗）/(kW/L)	功率密度①（基于 95% 效率）/(kW/L)
2.4	0.18	45	0.6	0.44	8.1	0.25	0.18	73	8.2
2.4	0.3	34	0.9	0.60	10.2	0.3	0.2	70.5	7.9
2.4	0.65	18	—	0.93	11.7	0.42	—	86	9.7
2.4	1.1	26	—	0.80	28.6	0.825	—	69	7.8
2.4	2.3	28	1.2	1.02	64	1.35	1.15	50.5	5.7
2.4	4.0	22	1.5	1.40	88	1.7	1.6	47	5.3
2.7②	10.5	25	2.5	1.50	262	4.8	2.9	29.2	3.3
2.7②	15	30	4.15	2.83	438	3.6	2.5	14.6	1.65
7③	0.047	120	—	2.20	5.6	0.11	—	46.4	5.2
4.2③	0.022	200	—	1.10	4.4	0.04	—	20.0	2.5

① 基于脉冲阻抗计算的功率 $V_0^2/4R$，基于效率计算的功率 $(9/16)(1-EF)V_0^2/R$（$EF=0.95$）。
② 圆形电容器，其他为信用卡式电容器（参考文献 [35-38]）。
③ 采用水溶液体系的多单体电容器；其他单体电容器为有机电解质体系。

如表 20.8 所示，一些制造商开发的小型电容器的时间常数为 $10 \sim 200ms$[45-48]。测试表明[49]，小型电容器单元能以 RC 时间常数的 1/50 的脉冲宽度进行脉冲充放电而不会显著影响其电容；当以 RC 时间常数 $5 \sim 10$ 倍的时间脉冲充放电时，电容器接近理想状态（电容和内阻恒定）。从表 20.8 中同样可以发现，小型电容器具有非常高的功率密度（大于 10kW/L）。这些器件可以高效率（大于 90%）提供几安培的脉冲电流。但比能量（W·h/kg）相对比较低，根据电容器的大小及使用电解质的不同，比能量通常在 $0.1 \sim 1.0W·h/kg$ 范围。不过如前所述，比能量是第二重要的，而高功率短脉冲能力是更重要的。

20.4.2　大型碳-碳电容器

数家公司可以提供碳-碳电化学电容器单体和模块，如 Maxwell（麦克斯韦）、Panasonic

（松下）、Ness、Nippon、Chem-Con 等。这些公司商业化的大型电容器容量为 1000～5000F。碳-碳电容器因为具有高功率和长循环寿命特性而更适合车用，各家制造商生产的电容器性能见参考文献［45-48］并列于表 20.2。表中的比能量对应的是从 V_0 到 $1/2V_0$ 恒定功率放电时的可用能量，峰值功率是基于阻抗和 95％脉冲效率进行计算的。对于大部分超级电容器的应用，高有效功率密度是其功率能力的合适评估方法。大部分电容器的可用比能量为 4～5W·h/kg，95％效率比功率为 900～1000W/kg。近年来，碳-碳（双电层）器件能量密度逐渐提高到 5.5～6.5W·h/kg，使用乙腈作为电解质的单体电压从 2.7V 提高到 3.0V。采用碳酸丙烯酯电解液的电容器能量密度和功率性能相对差些。

车用电容器往往将单体串联以得到具有高电压的模块，模块电压根据需要从约 16V 到约 60V，各公司的模块特性列于表 20.9。模块的电性能（电容和内阻）与单体直接相关。模块的体积和重量远大于单体的总和，装配系数为 0.5～0.6。所用模块装有平衡电路以防止每个单体过充，并减小循环过程中单体性能的离散。因此，模块的储能和功率能力基于单体的体积和重量计算，而装车模块的体积和重量则要考虑装配系数。模块特性和单体平衡问题将在 20.4.7 节中"模块和使用寿命注意事项"部分进行详细讨论。

表 20.9　超级电容器特性汇总表

模块	质量与体积之比/(kg/L)	电压/V	容量(W·h)/质量比能量(W·h/kg)	功率(基于90%效率)/kW	重量装配系数	体积装配系数
Ness(166F)	16/13.7	48	41/2.56	17.5	0.52	0.468
Maxwell(145F)	13.5/13.4	48	36/2.7	14.5	0.627	0.484
DAE(中国,175F)	12.7/10.1	48	40.3/3.17	17.5	0.567	0.565
Ness(500F)	5/4.3	16	13.6/2.26	6.0	0.52	0.56
Maxwell(430F)	5.0/4.85	16	11.8/2.36	4.8	0.564	0.445
DAE(中国,514F)	5.4/4.2	16	13.1/2.43	5.2	0.436	0.561
Yunasko(205F)	3.2/2.6	16	5.44/1.7	27.2	0.413	0.35

20.4.3　采用新型材料的单体电容器性能

表 20.9 中列出的大多数电容器均在 2018 年上市，代表了活性炭电容器的最新技术水平。有几家公司正在开发具有更高能量密度的电化学电容器，但只有 JSR Micro 在 2018 年销售了能量密度大于 10W·h/kg 的单体和模块。JSR Micro 的技术是在负极使用预锂化石墨，在正极使用活性炭。这种混合型单体在 2.2～3.8V 之间工作。其他几家制造商正在开发混合型单体电容器，但在 2018 年尚未进行销售。表 20.10 显示了采用各种技术的新型单体电容器的性能特征，主要基于加利福尼亚州大学戴维斯分校的单体测试[50-51]，并总结了新型单体的电极技术和状态（产品、样机、实验室级别）。所采用的所有电容器的能量密度都明显高于表 20.2 中所出售的碳-碳单体电容器。大多数新型电容器是在其中一个电极中使用活性炭的混合电容器。大多数新型电容器的循环寿命远低于碳-碳电容器，但在一个电极中使用碳可以得到相对较长的循环寿命，在完全（深度）放电情况下，至少能循环 10 万次，远高于锂电池的寿命。JSR Micro 单体电容器据称[52] 具有 100 万次的循环寿命，与碳-碳电容单体相同。预锂化混合电容器单体的主要问题是一些单体即使在室温下也会产气。

在大多数情况下，表 20.10 中所示的新型电容器单体的功率能力高于表 20.2 中所列出的大多数出售的碳-碳单体。

表 20.10　各种新型电化学电容器技术性能

技术类型	制造(或开发)商	状态	标称电压/V	电容/F	RC 时间常数/s	质量比能量[①]/(W·h/kg)	质量比功率[②](基于95%效率)/(W/kg)
碳化物基碳与石墨烯	Skeleton 技术	样机	3.4	3200	1.5	8.9	1730
活性炭/有机电解液	Ness/Maxwell	产品	3.0	3650	0.98	6.5	1875
活性炭/有机电解液	Skeleton 技术	产品	2.85	3450	0.26	5.4	5891
预锂化石墨/活性炭	JSR Micro	产品	3.8	1100	1.2	10	2450
				1366	1.6	7.6	1366
预锂化石墨/活性炭	DAE(中国)	样机	3.8	850	3.5	12.4	993
活性炭与金属氧化物混合(双电极)	Yunasko	样机	2.7	3200	7.8	30～35	3395
混合碳-PbO$_2$-硫酸	UCDavis	实验室[③]	2.2	13	2.8	9.7	1300
钛酸锂-CNF/活性炭/有机电解液	东京大学 Agric./Nippon Chemi-Con	实验室[③]	3.0	不适用	不适用	30(估算)	3000(估算)

① 可用比能量。

② 功率密度按照 $P=(9/16)(1-EF)V^2/R$ 计算，$EF=0.95$。

③ 未封装，基于所有活性材料计算。

20.4.4　电化学电容器模型

本节涉及各种电化学电容器模型，一些模型是半经验模型（本节"等效电路和交流阻抗"），一些模型则更偏向于数学模型。但不管哪一种模型，均依赖于对电容器中电极材料的理解。

（1）等效电路和交流阻抗

电化学电容器由活性炭等微孔材料构成的多孔电极制备而成。储存的电容和电能发生在碳微孔中的双电层，其复杂过程被简化为如图 20.5 所示的等效电路。多个依次连接的 RC 元件表现的是离子向沿着微孔长度（深度）方向形成的双电层的传递过程。

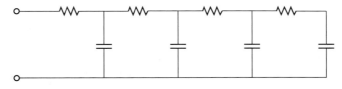

图 20.5　多个 RC 元件串联的等效电路

实验结果[53] 表明，对于功率变化时间在几个时间常数水平时，这个简单的 RC 等效电路模型预测精度比较合适。而对于包括快速功率变化等的其他应用，则需要多个 RC 元件构成的等效电路模型来表现电容器行为。如果电容器可以用简单的 RC 电路模型表示，则 R、C 值可以恒流测试确定（请参考 20.4.6 节）。但是，如果电容器用多个 RC 连接电路表示，则每个 R、C 值可以用交流阻抗测试来确定[54-55]，即将交流电压加在电容器上测试阻抗的角频率 ω 的函数。

（2）数学模型

电化学电容器模型可以从简化碳电极材料特性与离子在电解液和电极间的移动过程等假设条件下的基本方程入手，详细的电化学电容器数学模型请参阅相关资料[56-58]。这些模型是一维的（x 表示电流方向垂直于电极）和时间（t）相关的函数。电容器参数的分析求解是通过直流恒流放电和交流电压正弦波微扰的电流响应而进行的。数学求解有助于理解电容器，特别是对碳-碳双电层电容器的设计平衡和测试数据的解释。如图 20.1 所示，电容器是由固体多孔碳和液体电解质组成的。电流（电子）通过金属集流体被带到电容器和从电容器中引出，并通过碳颗粒分布在电极中。在碳微孔中形成双层电容的正离子和负离子由于其离子导电性而通过扩散移动并通过电解质。隔膜允许离子在正、负电极之间扩散，但不具有电子导电性，迫使电子进入外部电路。如果忽略离子进出孔隙的细节，并且仅根据碳材料的比电容来概括离子传输的细节，则描述碳和电解质中的这些过程所需的方程可以相对简单。方程的求解可根据电子和离子电流的欧姆定律以及电极上所有点的电荷守恒来进行，相关方程组如下。

欧姆定律：

$$i_1 = -\sigma \partial \Phi_1 / \partial x$$
$$i_2 = -\kappa \partial \Phi_2 / \partial x$$

式中，i_1 为碳中的电子电流密度；i_2 为电解液中的离子电流密度；Φ_1 和 Φ_2 分别为碳和电解液的电位。

电荷守恒：

$$I(t) = i_1 + i_2$$

式中，$I(t)$ 为电池的使用电流。

$$\partial i_1 / \partial x = -\partial i_2 / \partial x = a i_n$$

式中，a 为单位体积（每立方厘米）碳的表面积；i_n 为碳孔的界面电流密度，A/cm^2。

$$i_n = -C \partial (\Phi_1 - \Phi_2) / \partial t$$

式中，C 为碳的比电容，F/cm^2。

上面的等式联立，可以得到：

$$[\sigma \kappa / (\sigma + \kappa)](\partial^2 \Phi_1 / \partial x^2 - \partial^2 \Phi_2 / \partial x^2) = -aC \partial (\Phi_1 - \Phi_2) / \partial t$$

变换为无量纲形式：

$$\partial^2 \eta / \partial^2 \xi = \partial \eta / \partial \tau \tag{20.1}$$

其中，$\eta = \Phi_1 - \dfrac{\Phi_2}{V_0}$；$\xi = \dfrac{x}{\delta}$；$\tau = aC\delta^2 \dfrac{(\sigma + \kappa)}{\sigma} \kappa$。

式中，δ 为电极厚度；σ 为碳的电导率；κ 为电解液的电导率；η 为碳表面的过电势（双层中的电压）。所有方程式都是基于每平方厘米的电极面积表示的，所有电流密度为 A/cm^2。

电极充电时，边界条件如下：

$$x = 0（金属集流体表面）\quad i_2 = I(t); i_i = 0; \eta = 0$$
$$x = \delta（隔膜表面）\quad\quad i_2 = 0; i_1 = I(t)$$

上述等式适用于单个电极。假设电池内所有电极完全相同，则电极的储存能量和电阻也完全相同，将各电极的解决方案相整合从而形成整个电池的解决方案。

求解类似公式（20.1）的等式最著名的方法就是不稳定的一维热传导分析。碳-碳电化学电容器中恒定 DC 电流和 AC 正弦曲线电流的解决方法在参考文献 [52-54] 中给出。

恒流放电：电容器恒流放电时，式（20.1）可以表示如下。

$$V = V_0 - IR_0 - 2\frac{It}{\delta}aC - I \sum_n \frac{4\left[\kappa + (-1)^n \sigma\right]^2 \delta}{\sigma \kappa (\sigma + \kappa) n^2 \pi^2}\left[1 - \exp\left(\frac{-n^2 \pi^2 t}{\tau}\right)\right] \tag{20.2}$$

式中，R_0（$\Omega \cdot cm^2$）$= 2\dfrac{\delta}{\sigma + \kappa} + \dfrac{\delta_{sep}}{\kappa_{sep}} + R_{contact}$。

电容器阻抗（$\Omega \cdot cm^2$）是时间的函数，由下式给出：

$$R = R_0 + \sum_n \frac{4[\kappa + (-1)^n \sigma]^2 \delta}{\sigma\kappa(\sigma + \kappa)n^2\pi^2}\left[1 - \exp\left(\frac{-n^2\pi^2 t}{\tau}\right)\right]$$

在 $t = 0$ 时，电阻为 R_0。式（20.2）给出的关于电容器性能的解，表示电池是一个电阻随时间改变的简单的 RC 电路。

在大多数情况下，碳的电导率远大于电解液的电导率，因此电容器的电阻可以写成：

$$R = 2\frac{\delta}{\sigma} + \frac{\delta_{sep}}{\kappa_{sep}} + R_{contact} + 4\frac{\delta}{\kappa}\sum_n\left(\frac{1}{\pi^2 n^2}\right)\left[1 - \exp\left(\frac{-n^2\pi^2 t}{\tau}\right)\right] \tag{20.3}$$

$$\tau = aC\frac{\delta^2}{\kappa}$$

电容器的电容和电阻分别为 $C_{cell} = \dfrac{1}{2}A_x\delta aC$ 和 $R_{cell} = 2\dfrac{\delta}{\kappa A_x}$，可以得到如下近似：

$$\tau = (RC)_{cell}$$

对于较大的 $\dfrac{t}{\tau}$ 值，最后总和近似为 $\dfrac{\pi^2}{6}$，R 的稳态值为：

$$R = 2\frac{\delta}{\sigma} + \frac{\delta_{sep}}{\kappa_{sep}} + R_{contact} + \frac{2}{3}\times\frac{\delta}{\kappa}$$

式（20.3）中的指数项则为 $\dfrac{n^2\pi^2 t}{(RC)_{cell}}$。即使在 $t = (RC)_{cell}$ 和 $n = 1$ 时，该项对总电阻的影响也仍然很小。忽略碳微孔内离子传递的简单求解表明，除了放电时间作为电池 RC 时间常数的小部分外，电池电阻本质上是稳态值。但是，如同 20.4.6 节所讨论的，恒流放电的实验数据表明，直到 RC 时间常数的 1~2 倍，电容器电阻才能达到稳定值，这表明在较短的时间内微孔内的离子传递非常重要。

因此计算中所用的电解液离子电导率 κ 值必须考虑碳的孔隙率效应，即：

$$\kappa = \kappa_0 \varepsilon^{1.5}$$

式中，κ_0 为电解液的体相电导率；ε 为碳的孔隙率。

（3）恒定功率放电

前面都是关于恒流放电的分析。如果电容器的电容和电阻假设为恒定值，可以直接写出恒定功率放电的电压表达式，电池放电过程遵守如下等式：

$$V_0 - V = IR + \int_{V_0'}^{V}\frac{dq}{C}, \quad dq = I\,dt \tag{20.4}$$

式中，V_0' 为放电开始后的瞬间电压。

恒定功率放电时电流可以表示为：

$$I = \frac{P}{V}$$

因此，式（20.4）可以改写为：

$$1 - V/V_0 = (PR/V_0^2)/(V/V_0) + [P/(CV_0^2)]\left[\int dt/(V/V_0)\right] \tag{20.5}$$

定义 $z = \dfrac{V}{V_0}$，$K_1 = \dfrac{PR}{V_0^2}$，$K_2 = \dfrac{P}{CV_0^2}$，式（20.5）变为：

$$1 - z = \frac{K_1}{z} + K_2 \int_{z'_0}^{z} \frac{\mathrm{d}t}{z} \tag{20.6}$$

式中，$z'_0 = 1 - \dfrac{(IR)_0}{V_0} = 1 - \dfrac{PR}{V_0^2} = 1 - K_1$。

式（20.6）积分变为紧凑形式可以得到：

$$K_1(\ln z - \ln z'_0) - 1/2(z^2 - {z'_0}^2) = K_2 t \tag{20.7}$$

输入定义变量，上式变形为：

$$t/RC = [\ln V/V_0 - \ln(1 - K_1)] - (1/2)K_2[(V/V_0)^2 - (1 - K_1)^2] \tag{20.8}$$

上式可以改写成：

$$t = (1/2)CV_0^2/P[(1 - K_1)^2 - (V/V_0)^2] + RC\ln[(V/V_0)/(1 - K_1)]$$

$K_1 = PR/V_0^2 = I_0 R/V_0$，是第一个电流脉冲效率的指标值。因此，恒定功率放电的能量密度可以表示为：

$$W \cdot h/kg = t_{disch} P / 电池质量（以 kg 为单位）$$

示例如下。

假设：$C = 2900F$，$R = 0.375m\Omega$，质量为 0.55kg，RC 时间常数为 1.09s，$P = 500W$，909W/kg。

计算值：$t = 14.1s$，$3.6W \cdot h/kg$，$V_{final}/V_0 = 1/2$。

测试值：$t = 15.1s$，$3.8W \cdot h/kg$。

20.4.5　电化学电容器设计分析

作为设计分析的一个实例，考虑了混合电容器的情况（参见图 20.3）。通过相同的方法，可用于双层电容器以及两个电极均采用金属氧化物与碳混合物的器件中。

所有混合电容器设计都需要考虑至少一个电极中碳的使用情况。在相关设计中，电极间的电荷转移通过碳电极电荷容量和电压差来决定。电池式电极的设计使其处于充/放电操作范围内，电容器中的放电深度相对较小（10%～20%），因此与普通电池寿命相比，其预期寿命可以非常长。碳电极操作电压范围和电池类电极在电解液中的标准电势的总和，决定了混合型器件的单体电压。下面给出的方法，忽略了所有界面电阻，并且假设碳的比电容与倍率无关，计算得到的性能是混合电容器的理想性能。另外，该方法假设混合电容器的电阻主要由多孔电极的大孔电阻决定，忽略了碳的微孔电阻。计算孔隙阻力是困难和不确定的[61]。对于高性能超级电容器而言，单体电阻的测试数据表明，稳态电阻（包括微孔电阻）与 $t = 0$ 时的电阻（仅包括大孔电阻）之间的差异相对较小（参见 20.4.6 节 测试程序在碳-碳双电层电容器上的应用）。因此，忽略微孔电阻时不会大幅低估单体电阻。以下为具体步骤。

首先必须知道所有组成混合电容器的材料性质的量纲。碳电极的关键参数包括：电极厚度、碳材料的比电容（F/g）、密度（g/cm^3）和孔隙率（%）。电池类电极的主要参数包括：电极材料的充电容量（$A \cdot s/g$）、密度（g/cm^3）和孔隙率（%）。集流体的参数包括：材料种类（铅、铜、镍或铝）、电极材料的覆盖厚度；电解液的组成（硫酸、KOH、乙腈）、密度（g/cm^3）、电阻率（$\Omega \cdot cm$），以及隔膜的厚度和孔隙率。可以通过电池的横截面积或在单位面积（$1cm^2$）基础上进行计算。

步骤 1：计算碳电极的质量（W_{carb}）并得到电极的电容（C_{carb}）。根据设定的电极电压曲线（ΔV_{carb}）和电容，可以计算得到充放电过程中电极的电荷转移量：

$$\text{Chg} = C_{carb}\Delta V_{carb}, C_{carb} = W_{carb}(\text{F/g})_{carb}$$

步骤 2：电容器设计的关键因素是电池类电极的电荷转移量必须与碳电极的电荷转移量相等。因为电池类电极只提供放电深度变化在 5%～10% 范围内的电荷转移量，所以必须设计好电池类电极的尺寸。充电状态的改变以符号 SOC_{bl} 表示。所需要的电池类电极质量（W_{bl}）可以通过下式计算得到：

$$W_{bl} = \text{Chg}/[\Delta SOC_{bl} \times (\text{A} \cdot \text{s/g})_{bl}]$$

因而，电池类电极的厚度（th_{bl}）为：

$$th_{bl} = W_{bl}/(\text{dens}_{bl} \times A_{cell})$$

步骤 3：通过电解液所在材料大孔中的孔隙率（porosity），计算电极和隔膜中电解液的质量。每层中的电解液质量为：

$$W_{elypor} = th \times A_{cell} \times \text{porosity} \times \text{dens}_{ely}$$

电池中电解液的总质量是混合电容器中各组成层中电解液质量的总和。

步骤 4：集流体的质量为：

$$W_{curcl} = th_{curcl} \times A_{cell} \times \text{dens}_{curcl}$$

步骤 5：接下来计算单元质量。这是通过简单地将组件质量相加来完成的。

$$W_{cell} = W_{curcl} + W_{carb} + W_{bl} + W_{ely}$$

步骤 6：电池中储存的能量是当电压从 V_{max} 变为（$V_{max} - \Delta V_{carb}$）时储存在碳中的能量。

$$E_{carb} = 1/2 C_{carb}(2V_{max}\Delta V_{carb} - \Delta V_{carb})^2$$

当电池的电压接近负电极的标准电势时，额外的能量被储存在电池中，但该能量不包括在电池估计的能量密度中，电池的能量密度为：

$$(\text{W} \cdot \text{h/kg})_{cell} = E_{carb}/W_{cell}$$

该能量密度不包括包装质量，但包括电池所有活性成分的质量。

步骤 7：电池的电阻是通过以下关系式将电解质的体积电阻率（R_{ely}）与多孔电极中的体积电阻率相关联来计算的：

$$R_{elypor} = R_{ely} \times \text{porosity}^{-1.5}$$

每个电极层的阻抗（$\Omega \cdot \text{cm}^2$）由下式给出：

$$\Omega \cdot \text{cm}^2 = R_{elypor} \times th/2$$

电池的比电阻（或阻抗）是碳和电池类电极以及隔板的比电阻（或阻抗）之和。这种方法忽略了电极的孔隙碳电阻和电池类电极材料以及电池层之间的界面电阻。电池电阻由下式给出：

$$R_{cell} = (\Omega \cdot \text{cm}^2)_{cell}/A_{cell}$$

这个计算的电阻应该被认为是理想电池的电阻，而实际电池的电阻肯定会更高。由集流体引起的电阻 R_{cc} 取决于流向集流体电流的路径长度 L_{cc} 和集流体材料的导电性（集流体材料的特性见表 20.6）。

$$R_{cc} = R_{ccmat}/(wd_{el} \times th_{cc}/L_{cc})$$

式中，R_{ccmat} 为材料的电阻率；wd_{el} 为电极的宽度；th_{cc} 为集流体的厚度。

步骤 8：电池的功率特性可以使用以下关系式通过电池电压和电阻计算得到：

$$P_{max} = 9/16(1-EF)(V_{cell}^2/R_{cell})$$

式中，EF 为放电效率。

电池的额定电压 V_{cell} 由电解质/碳界面的最大允许电压 V_{max} 给定，最小电压 $V_{cell,min}$ 为 $V_{stpot,neg}$ 或 $V_{max} - \Delta V_{carb}$。电池在 V_{max} 和 $V_{cell,min}$ 之间的电压下工作。

所分析的器件设计能量密度为：

$$(W/kg)_{max} = P_{max}/W_{cell}$$

$$P_{max} = 9/16 \times (1 - EF)V_{max}^2/R_{cell}, EF = 0.95$$

这种分析方法已用于评估使用各种材料组合的电化学电容器的性能（能量密度和功率能力），结果如表 20.11 所示。如表中所示，该方法可以应用于除混合型以外的电化学电容器，对于每个电容器设计可采用适当的材料特性和电压。

表 20.11　各种电化学电容器的计算质量比能量、体积比能量、质量比功率特性

类　型	容量/(F/g)或(mA·h/g)	电压/V	质量比能量[1][2]/(W·h/kg)	体积比能量[1][2]/(W·h/L)	阻抗[3]/Ω·cm²	RC 时间常数/s	质量比功率（基于 95%效率)/(kW/kg)
活性炭/活性炭/硫酸	150F/g	1.0～0.5	1.7	2.2	0.17	0.29	1.2
活性炭/活性炭/乙腈	100F/g	2.7～1.35	5.7	7.6	0.78	0.18	6.4
活性炭/活性炭/乙腈	120F/g	3.0～1.5	6.8	9.1	0.78	0.22	6.4
活性炭/PbO₂/硫酸	150F/g,220mA·h/g	2.25～1.0	16	39	0.12	0.36	8.9
活性炭/活性炭/水系 NaSO₄＋KI	240F/g(氧化还原)	1.5～0.75	3.9	6.2	3.1	3.5	0.26
活性炭/NiOOH/KOH	150F/g,290mA·h/g	1.6～0.6	14	31	0.16	0.71	4.0
钛酸锂-活性炭/乙腈	160mA·h/g(50%上限),120F/g	3.0～1.5	20(1.4g/cm³)	28	3.4	3.7	1.1
预锂化石墨/活性炭	370mA·h/g(75%上限)，预锂化石墨 Li₂DHBNₓ,120F/g	4.0～2.0	38(1.6g/cm³)	61	3.0	3.2	3.1

① 可用能量——指定电压范围内的能量。

② 未包装，所有其他质量和体积包括在内。

③ 不包括界面或微孔阻抗，包括所有其他阻抗。

20.4.6　电化学电容器测试

已经对电化学电容器的材料进行了许多研究，并对小型实验室和原型样品以及各种大型商业产品进行了测试，相关材料和小型实验室样品的大部分测试都涉及循环伏安法和阻抗谱测试方法的应用[3,62-63]。这些研究的绝大部分是采用小电流、有限的电压范围及交流频率以确定材料及电容器电极的电化学特性；大型样机及商品电容器的测试往往采用与电池测试类似的直流测试过程。本节讨论直流测试程序以及如何使用这些程序来表征/评估用于各种工业和车辆应用的电化学电容器。

① 测试过程概述。电化学电容器与电池的测试过程有些类似，也有些不同，参考资料[3,64] 中给出了电化学电容器测试程序的详细总结。两种储能装置习惯上均进行恒流和恒定功率测试。从恒流测试中可确定电荷容量（电容 F 和/或 A·h）、电阻；从恒定功率测试中可以确定装置的能量储存特征 ［比能量（W·h/kg）与比功率（W/kg）的关系曲线为 Ragone 曲线］。所用测试电流和功率与样品的充放电能力相匹配。对于电容器，放电时间一

般控制在5~60s的范围；对于电池，即使是高功率型电池，放电时间也一般控制在数分钟到数分之一小时。不同储能装置的再充电时间也有较大差异，例如电容器可以很容易在5~10s内充满电。而对于高功率电池，即使初始充电电流很大，充满电至少需要10~20min。在电容器和电池恒流和恒定功率测试基础之上，可以进行5~15s的充放电脉冲测试。以上这些电容器和高功率电池的测试条件是类似的。根据一些特殊需求，对电容器和电池可以进行一系列充放电脉冲（特定时间的比功率）循环测试[3,64]，测试结果汇总在表20.12和表20.13中。

表 20.12　电化学电容器的特征参数

1. 比能量与比功率($W \cdot h/kg$与W/kg)	5. 内阻和电容的温度依赖性,特别是在低温下($-20℃$)
2. 单体电压(V)和电容(F)	6. 满充电的循环寿命
3. 串并联阻抗(Ω与$\Omega \cdot cm^2$)	7. 在各种电压和温度条件下的自放电
4. 充放电效率为95%时的比功率(W/kg)	8. 充满电状态和高温条件下($40~60℃$)的日历寿命(h)

表 20.13　电化学电容器的测试

1. 恒流充放电 • 电容和内阻测试时间分别为60s和5s 2. 脉冲测试确定内阻 3. 恒定功率充放电 • 确定Ragone曲线,在电压$V_{标称}~1/2V_{标称}$范围内,比功率为100~1000W/kg • 比功率(W/kg)自测试到放电时间小于5s。充电通常以恒流方式,充电时间至少30s	4. 连续充放电阶跃循环 • 最大功率阶跃500W/kg和更高的PSFUDS[瞬时工况试验,脉冲简化的联邦城市运行工况(FUDS)]测试循环 • 从测试数据确定充放电往返效率 5. 通过15~20单体串联的模块测试

② 测试程序在碳-碳双电层电容器上的应用。本节将讨论各种上述测试方法在碳-碳电容器中的应用，以确定其电容、内阻、比能量以及功率能力。这些电容器采用活性炭作为正负极材料，几乎都采用有机电解液。这些电容器的储能机制主要基于电荷分离（双电层电容）。

③ 电容。电容器的电容可以直接从恒流放电测试数据来确定。电容定义为：

$$C = I/(dV/dt) \text{ 或 } C = I(t_2 - t_1)/(V_1 - V_2), V = V(t)$$

因为电压轨迹实际上不是直线，所以C值的计算依赖于所用的V_1和V_2值。而电压范围曾选在$V_0~V_0/2$和$V_0~0$之间，V_0'包括了有效电压值V_1和IR降。表20.14的结果表明测试过程影响电容值。

表 20.14　电压范围及测试电流对电容的影响

装置/开发商	$V_0~0V$	$V_0~1.35V$
3000F/Maxwell	100A,2880F；200A,2893F	100A,3160F；200A,3223F
3000F/Nesscap	50A,3190F；200A,3149F	50A,3214F；200A,3238F
	3.8~2.2V	3.8~2.6V
2000F/JSR Micro	80A,1897F；200A,1817F	80A,1914F；200A,1938F

④ 内阻。电容器和电池的内阻可以用各种方法确定。

• 用恒流放电的初始IR降。

• 在指定充电状态进行电流脉冲（5~30s）。

• 在某电流下充电或放电后的电压恢复。

• 在1kHz频率进行交流阻抗测试。

采用的恒流放电测试方法中通常包含了 IR 降和初始电压变化分析。借助电压降来确定电容器内阻是比较复杂的，因为电压降是由内阻和电容共同引起的，而且在电极内的电流分布完全建立之前，初期电容器的内阻和电容是随时间变化的。这个问题的数学分析请参照 20.4.4 节。分析结果表明：初始内阻值（R_0）可低到稳态电阻（R_{ss}）的一半。稳态电阻的求解如图 20.6 所示，通过线性外推电压-时间曲线至 $t=0$ 得到 IR 值后再计算出内阻 R。在许多超级电容器的应用中，R_{ss} 值很好反映了电容器的功率能力、电损耗、发热值等，而非比较小的 R_0 值。所以，确认报告中是哪一种电阻值非常重要。孔隙电阻对单体电阻的影响可以通过 R_0 和 R_{ss} 之差表示。

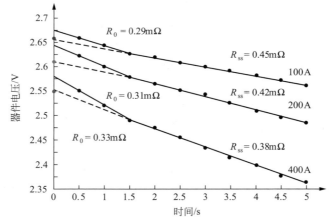

图 20.6　将电压外推至 $t=0$ 来确定稳态电阻
（Nesscap/2.7V/3000F）

电容器和电池的内阻也可以通过电流脉冲后电流回零（$I=0$）的电压恢复进行推算。一些研究者比较喜欢这种方法而不是初始脉冲，这是因为电流为零且不存在装置电容对电压的影响。$I=0$ 时的电荷分布影响及对电压的作用机制尚不明确。电流回零的时间不是很明确，但我们还是以 $I=0$ 点的电压来计算 $R=\Delta V/I$。这种效果反映在图 20.7 中。这些结果表明，电流启动和中断方法对于 R_0 和 R_{ss} 产生几乎相同的电阻值。电压的恢复时间相对较短，约等于被测装置的 RC 时间常数。

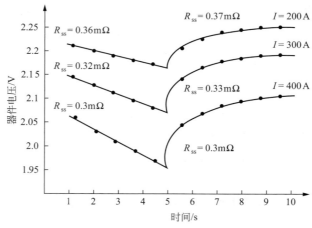

图 20.7　采用电流中断后的电压恢复方法确定电阻
（Ioxus/2.85V/3000F，60% SOC）

表 20.15 中还给出了 Maxwell 2800F 单体使用脉冲启动和电流中断方法测得的电阻值比较。比较结果表明，两种方法产生的单体电阻值基本相同。

表 20.15 采用电流启动和中断方法的 Maxwell 2800F 电容器的电阻

电流/A	中断电压/V	2.7V 电流启动 R 值/mΩ	电流中断 R 值/mΩ
200	2.3	0.36	0.4
	1.3		0.4
300	2.3	0.37	0.37
	1.3		0.37
400	2.3	0.4	0.35
	1.3		0.375

对于电化学电容器，其制造商一般会列出采用交流阻抗法在 1kHz 测出的内阻。而这个电阻值显著低于直流方法的测试值，通常为一半左右。所以，电容器的功率特性不能用交流阻抗测试的电阻来计算。

⑤ 比能量。碳-碳双电层电容器储存的总能量可以按 $E = 1/2\ CV_0^2$ 计算。如果电容器的电压限制在 V_0 至 $V_0/2$ 范围内，则只有 75% 的储存能量可用。所以可用比能量由下式计算。

$$比能量（W \cdot h/kg）= 3/8CV_0^2/m（电容器质量）$$

这个简单关系式经常用于计算超级电容的比能量。大部分电容器储存能量的可靠测试是在一定比功率范围内进行的。通常情况下，比功率设定为 $100 \sim 1000W/kg$，对于高功率电容器的测试其比功率将更高些。而比能量对应比功率的关系图称为 Ragone 图。3500F 商品电容器的典型数据列于表 20.16。可以看出，随着比功率的提高比能量迅速减小，所有超级电容器均如此。制造商所报告的比能量经常采用式 $1/2CV_0^2$ 进行计算，并基于标称电压和比电容计算。这个计算值太高，并不是可用比能量，而且对应的比功率低（100W/kg 或更低）。如表 20.16 和表 20.17 所示，电容器的有效电容 C_{eff} 随功率的提高显著降低，而厂商标称的电容值只与低功率水平的有效电容值一致。结合可用能量系数（0.75）和有效电容降系数（从表 20.16 和表 20.17 可知为 0.9）可知：由 $1/2CV_0^2$ 得到的简单计算值，至少超出了电容器实际值的 $1/3$。

表 20.16 Nesscap 制造的圆柱形 3500F、3V 电容器的测试数据
（器件特性：包装质量 500g、包装体积 394cm³ ）

恒流放电数据				
电流/A	时间/s	电容/F	稳态电阻 R_{ss}/mΩ	初始内阻 R_0/mΩ
60	90.8	3632		
85	64.2	3638		
130	42.2	3657		
200	27.0	3673		
300	17.8	3657		
400	12.7	3629	0.28	0.188
500	9.9	3600	0.27	0.22

放电电压范围：3.05～1.50V；从电压外推至 $t=0$ 计算出的电阻；电容由 $C = It_{放电}/\Delta V$（从 $V_t=0$）计算得出。

恒定功率放电数据

功率/W	比功率/(W/kg)	时间/s	容量/W·h	质量比能量/(W·h/kg)	体积比能量/(W·h/L)	有效电容 C_{eff}/F
100	200	119	3.31	6.6	8.4	3532
200	400	58.6	3.26	6.5	8.3	3478
400	800	28.8	3.23	6.4	8.1	3446
500	1000	22.7	3.15	6.3	8.0	3361
600	1200	18.7	3.12	6.2	7.9	3329
700	1400	15.9	3.09	6.2	7.8	3298
800	1600	13.9	3.09	6.2	7.8	3298

注：1.95%效率下的脉冲功率为 $P=9/16\,(1-EF)\,V_R^2/R_{ss}$，$R_{ss}=0.27m\Omega$，$(W/kg)_{95\%}=1875$，$(W/L)_{95\%}=2379$。

2. 匹配阻抗功率：$P=V_R^2/4R_{ss}$，$(W/kg)=16666$。

表 20.17 Skeleton 制造的 2.85V 电容器器件的测试数据
（器件特性：包装质量 524g、包装体积 390cm³）

恒流放电数据

电流/A	时间/s	电容/F	稳态电阻 R_{ss}/mΩ	初始内阻 R_0/mΩ
60	84.1	3541		
85	58.6	3495		
130	38.2	3473		
200	24.4	3461		
300	16.3	3469	0.14	0.067
400	12.0	3357	0.125	0.0875
500	9.6	3357	0.13	0.074

放电电压范围：2.85~1.425V；从电压外推至 $t=0$ 计算出的电阻；电容由 $C=It_{放电}/\Delta V$（从 $V_t=0$）计算得出。

恒定功率放电数据

功率/W	比功率/(W/kg)	时间/s	容量/W·h	质量比能量/(W·h/kg)	体积比能量/(W·h/L)
100	191	104.6	2.91	5.55	7.45
200	382	51.7	2.87	5.48	7.36
400	763	25.4	2.82	5.39	7.24
500	954	20.4	2.83	5.40	7.26
600	1145	16.8	2.80	5.34	7.18
700	1336	14.4	2.80	5.34	7.18
800	1527	12.5	2.78	5.31	7.13

注：1.95%效率下的脉冲功率为 $P=9/16(1-EF)V_R^2/R_{ss}$，$R_{ss}=0.13m\Omega$，$(W/kg)_{95\%}=3353$，$(W/L)_{95\%}=4505$。

2. 匹配阻抗功率：$P=V_R^2/4R_{ss}$，$(W/kg)=29809$。

⑥ 功率输出能力。在一些文献中，有关超级电容器和电池的功率输出能力的信息比较混乱且不可靠[64-65]。这种现象源于采用简单公式 $P=V_0^2/4R$ 来计算电化学储能装置的最大功率。该公式大大高估了最大功率，因为它对应的是器件在阻抗匹配点，此时放电能量中有一半转化为电能，另一半以热能形式耗散，相对应的效率为50%。这使得该操作条件几乎不适用于所有应用，更适合的方法是采用脉冲效率（EF）来表达器件的功率能力。对于超级电容和电池在一定脉冲效率（EF）情况下的功率输出能力，更为合理的描述如下。

超级电容器：$$P=9/16(1-EF)\,V_0^2/R$$

电池：$$P=EF(1-EF)\,V_{oc}^2/R$$

以上这些关系式适用于脉冲功率放电和非恒定功率放电。对于超级电容器，功率脉冲发生在 $3/4V_0$ 的电压下，且仅释放器件储存能量的较小部分。对于电池，功率脉冲可以在任意 SOC 条件下（开路电压 V_{oc} 和内阻 R）进行。需要注意，匹配阻抗和效率（EF）条件下的输出功率均与 V^2/R 成正比。因此，确定功率能力的关键参数是 R 和 V_0。大功率设备必须具有低电阻。一旦知道了储能装置的内阻，其功率输出能力就可以立即知晓。遗憾的是，制造商时常不提供我们所关心的内阻信息，因此准确测试内阻非常重要（正如上一节所讨论的）。对于电容器的简单脉冲，阻抗拟合值与有效功率的比率关系是（4/9）/（1－EF）；对于电池，比率系数是（1/4）/[EF（1－EF）]。表 20.18 给出了超级电容器和电池的效率（EF）和匹配阻抗功率之比。美国先进电池联盟（USABC）[66-67] 给出的超级电容器效率是 95％，可用最大功率只有按阻抗计算的最大功率（$V^2/4R$）的 1/10。对于电容器，采用 $V^2/4R$ 计算的最大可用功率值对于大部分应用，特别是车辆应用是不可靠的。请注意，在表 20.11 中，给出了各种器件的匹配阻抗和效率为 95％时的特性。

表 20.18　超级电容器和电池的效率和匹配阻抗功率之比

效率	超级电容器	电池
0.5	1.1	1.0
0.6	0.9	0.96
0.7	0.68	0.84
0.8	0.45	0.64
0.9	0.22	0.36
0.95	0.11	0.19

⑦ 脉冲循环测试。因为超级电容器的许多应用都是特别短时间放电，所以其性能应包括脉冲循环测试内容。脉冲循环是在特定电流（A）或功率（W）条件下，进行指定持续时间（秒级）的简单连续充放电测试。如文献 [68] 所定义的 PSFUDS（瞬时工况试验）模式被广泛应用于超级电容器和高功率电池的测试。表 20.19 给出了 PSFUDS 循环测试的指定比功率-时间阶梯模式，图 20.8 给出了相关测试结果。通过调整比功率（W/kg）和最大功率步骤的持续时间，这个模式可以用于所有尺寸和性能的储能装置测试。PSFUDS 循环测试结果中最有价值的数据是循环周期效率，典型测试结果如表 20.20 所示。

表 20.19　PSFUDS 循环测试的指定比功率-时间阶梯模式

步骤	时间间隔/s	充电 C/放电 D	P/P_{max} (P_{max}=500W/kg)
1	8	D	0.20
2	12	D	0.40
3	12	D	0.10
4	50	C	0.10
5	12	D	0.20
6	12	D	1.0
7	8	D	0.40
8	50	C	0.30
9	12	D	0.20
10	12	D	0.40
11	18	D	0.10
12	50	C	0.20
13	8	D	0.20
14	12	D	1.0
15	12	D	0.10
16	50	C	0.30
17	8	D	0.20
18	12	D	1.0
19	38	C	0.25
20	12	D	0.40
21	12	D	0.20
22	≥50	充电到 V_0	0.30

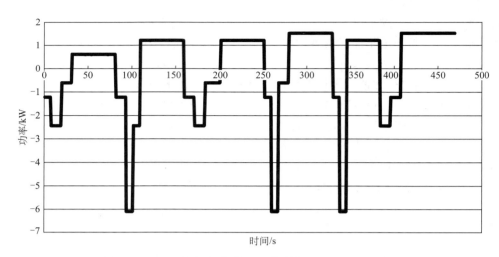

图 20.8　Ness 超级电容器 45V 模块的 PSFUDS 测试结果

表 20.20　Ness 超级电容器 45V 模块的 PSFUDS 循环周期效率

循环[1]	输入能量/W·h	输出能量/W·h	效率/%
1	102.84	97.94	95.2
2	101.92	97.94	96.1
3	101.67	97.94	96.3

① 基于最大质量比功率 500W/kg 和单体总质量的 PSFUDS 功率模式。

⑧ 混合电容器和赝电容电容器的测试。大多数已用于测试的电化学电容器是碳-碳类型，其特点是在双电极使用活性炭，并利用双电层电容来储存能量。本节考虑对在至少一个电极中使用嵌入碳或其他类似电池（赝电容）材料的混合电容器进行测试。目前可用的大多数混合电容器在负极中使用预锂化石墨，在正极中使用活性炭。研究人员已经完成混合电容器的一些测试，测试时发现不同碳-碳和混合电容器之间的差异十分明显。下面将讨论这些差异，重点讨论的是它们将如何影响测试程序和进行数据解释。

a. 关于电容的内容如下。碳-碳超级电容器的电容是通过恒流放电测试数据确定的。但如图 20.9 所示，混合电容器的电压-时间特性与碳-碳超级电容器显著不同。

如图 20.9 所示，混合电容器的电压-时间曲线特别是在额定电压附近的充电过程是非线性的，而远离额定电压的电容比较小。所测电压-时间曲线只是针对某一种特定混合电容器。对于碳混合电容器［图 20.9（a）］，其电压将限制在每个单体额定电压（3.8V）和端电压（2V）之间。表 20.21 给出了几种混合电容器的恒流和恒定功率放电的测试数据。

从表 20.21（Yunasko-5000F 器件数据）可以明显看出，与碳-碳单体相比，选择的电压限值在计算混合电容器的电容时产生了更大的差异。最佳方案是从额定电压到端电压的全范围内计算电容，但要考虑 IR 降以修正起始电压 V_1。对于混合电容器，应先观察电压-时间曲线，再选用合适的容量计算方法。

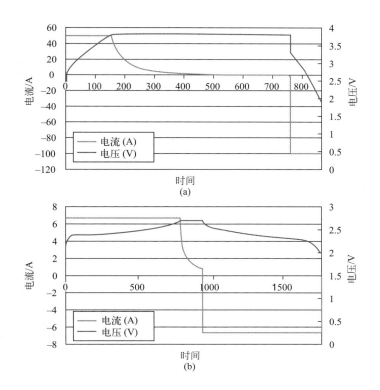

图 20.9　混合电容器（Yunasko-5000F 器件）恒流放电的电压-时间曲线
（a）预锂化石墨/活性炭 ［DAE（中国）-900F 器件］；（b）在双电极中均有金属氧化物与活性炭的混合物

表 20.21　几种混合电容器的放电测试数据

(a) JSR Energy 1100 F 单体的特性[①]			
电流/A	放电时间/s	电容/F	稳态电阻/mΩ
20	86.4	1096	—
40	41.9	1078	—
60	27.2	1067	—
75	21.4	1063	1.2
100	15.7	1057	1.15
150	10.1	1056	1.1

功率/W	比功率/(W/kg)	时间/s	能量/W·h	质量比能量/(W·h/kg)	体积比能量/(W·h/L)	有效电容 C_{eff}/F
50	347	106.7	1.47	10.2	14.1	1105
83	576	61.9	1.43	9.9	12.1	1075
122	847	40.1	1.36	9.4	11.5	1023
180	1250	26.2	1.31	9.1	11.1	985
240	1667	19.1	1.27	8.8	10.7	955

① 叠层软包电池参数：质量 144g，体积 118cm³，密度 1.22g/cm³。

恒流放电 3.8~2.2V；95% 效率下的峰值脉冲功率，$R=1.15mΩ$。

$P=(9/16)×0.05×3.8^2/0.00115=353(W)$，2452W/kg。

(b)DAE(中国)3.8V 单体的特性[②]

电流/A	放电时间/s	容量/A·h	容量/A·s	电容/F
15	104.6	0.44	1569	867
30	47.3	0.39	1419	802
50	26.2	0.36	1310	749
75	15.8	0.33	1185	765
100	10.5	0.29	1050	778
150	6.2	0.26	930	705

功率/ W	时间/ s	能量/ W·h	能量/ W·s	质量比能量/ (W·h/kg)	有效电容 C_{eff}/F
40	80.3	1.08	3877	12.38	733
80	44.3	0.98	3544	11.32	655
120	28	0.93	3360	10.73	622
175	18.6	0.90	3255	10.39	603
250	11.8	0.82	2950	9.42	549
350	7	0.68	2450	7.82	456

② 恒流放电 3.8~1.9V；叠层软包电池质量 87g。

(c)Yunasko/2.7V/5000 F 混合型器件的特性[③]

恒流	$V_r \sim 2V$			$V_r \sim 1.35V$			
电流/A	时间/s	容量/A·h	电阻/mΩ	时间/s	容量/A·h	电容/F	电阻/mΩ
50	83.7	1.16	—	105	1.46	4256	—
100	36.1	1	1.58	44.9	1.25	4170	1.59
150	25.1	1.05	1.59	29.5	1.23	4060	1.58
200	7.1	0.39	1.58	21.1	1.17	3901	1.58
250	4.1	0.28	1.56	15.2	1.06	3830	1.57

功率/ W	比功率/ (W/kg)	时间/ s	能量/ W·h	比能量/ (W·h/kg)	时间/ s	能量/ W·h	比能量/ (W·h/kg)
55	743	164	2.5	33.8	172	2.63	35.5
150	2094	58.1	2.5	33.8	62.8	2.7	36.5
300	4095	16.6	1.4	18.9	28.3	2.38	32.2
350	4730	11.9	1.16	15.7	22.4	2.18	29.5
400	5405	8.3	0.92	12.4	17.3	1.92	25.9
500	6756	4.3	0.6	8.1	10.8	1.5	20.3

电流脉冲(10s)	放电电阻/mΩ	反弹电阻/mΩ
150	1.59	1.58
200	1.57	1.56
250	1.56	1.56

③ 叠层软包电池参数：质量 74g，体积 38cm³，密度 1.95g/cm³。

95% 效率下的峰值脉冲功率，$R=1.15m\Omega$。

$P = 0.95 \times 0.05 \times 2.7^2 / 0.0015 = 231(W)$；$(W/kg)_{95\%} = 3120$，$(W/L)_{95\%} = 6078$。

b. 关于电阻的内容如下。可以采用与碳-碳电容器相同的方法确定混合电容器的稳态电阻（R_{ss}）。混合电容器恒流放电电压-时间曲线在数秒内变成一条直线，其 IR 降可以通过反向延长放电曲线至 $t=0$ 通过截距来确定。因此，$R_{ss} = (\Delta V)_{t=0} / I$。当测试任何一个新型混合电容器时，要检查放电的初始电压-时间曲线是否为线性，再确定简易直线外推法是否可用。JSR 电容器的脉冲测试结果与直线外推计算的内阻能够基本吻合。

c. 关于能量密度的内容如下。假设有效电容 C_{eff} 为常数，混合电容器储存的能量可以简单计算如下：

$$E = 1/2 C_{eff}(V_{额定}^2 - V_{最小}^2)$$

对于碳-碳超级电容器，$V_{最小} = 1/2 V_{额定}$；对于混合电容器，$V_{最小}$是大量储存电荷的最低点电压。C_{eff}已根据混合电容器的测试数据计算得出。将计算的C_{eff}值与恒流测试中的电容进行比较，从表 20.16 可以清楚地看出，采用简单的 $1/2CV^2$ 不会像碳-碳电容器那样准确地评估混合电容器的储存能量（W·h）。与碳-碳电容器相似，由于电阻对器件工作电压范围的影响，能量密度随着功率密度的增加而降低。

d. 关于功率输出能力及脉冲循环测试的内容如下。与碳-碳超级电容器相同，混合电容器的内阻脉冲测试及 PSFUDS 模式循环周期效率必不可少。如果额定电压和内阻为已知，混合电容器的功率输出能力可以按照与碳-碳超级电容器相同的方程计算。

20.4.7　电容器和电池的成本及系统

（1）材料与电容器的成本

为了在未来市场占有更多的份额，降低现行电化学电容器或超级电容器特别是中、大型电容器的成本/价格成为关键。尽管近年超级电容器的价格大幅度下降，但由于还是太贵，导致其目前在许多应用中被排除或未得到认真考虑。任何产品的制造成本均与生产规模密切相关，随着规模的扩大和生产效率的提高其价格会显著降低。只有规模达到数百万套的情况下，其成本才能降低，从而获得较大市场的机会。现在有许多公司具有生产全规格电容器的半自动生产设施。实际上，产能超过了市场容量，也直接导致了其价格迅速下降。电容器的价格是按美分/F 或美元/W·h 来进行销售的。当不考虑电容器的电压和可用能量时，很容易基于美分/F 计算出电容器的价格。例如，对于 10F 的电容器，如果其单价为 10 美分/F，则可算出其成本为 1 美元/只。同样，对于 2500F 的电容器，如果其单价为 1 美分/F，则其成本为 25 美元。

碳-碳电容器的成本取决于材料和制造成本。目前材料成本较高，超级电容器用碳材料成本为 100 美元/kg，而一般碳材料的价格仅为 30～50 美元/kg。电解质溶剂成本也较高，无论是碳酸丙烯酯还是乙腈，一般为 5～10 美元/L。电解质盐价格也很高，一般为 50～100 美元/kg。超级电容器相对比较简单，其材料成本易于精确计算[63-64]。表 20.22 显示的是典型成本计算结果，应注意到电容器成本显著依赖于材料成本，现行超级电容器价格较高，既源于高成本的原材料，也源于高制造成本。随着生产的高度自动化和材料成本的下降，预计规模生产的小型电容器的价格将为 1～2 美分/F，车辆等用大容量电容器的价格应为 0.25～0.5 美分/F。

表 20.22　一种 2.7V、3500F 电容器的材料成本[①]

碳比电容 /(F/g)	碳总量 /g	单价 /(美元/kg)	电解质(乙腈) /(美元/L)	盐成本 /(美元/kg)	材料总价 /美元	电容器单价 /(美元/kg)	成本		
							美元 /W·h	美元 /kW	美分/ F
75	187	50	10	125	17.0	29	6.4	29	0.48
120	117	100	10	125	15.5	26	6	26	0.44
75	187	5	2	50	3.6	6.0	1.3	6	0.10
120	117	10	2	50	2.5	4.2	0.93	4.2	0.070

① 电容器：4.5W·h/kg，1000W/kg，95%效率。

超级电容器在单位能量成本方面无法与电池竞争，但它可以在单位功率成本及单元成本方面与电池竞争以满足部分车用需求。任何储能技术必须提供相应的功率、循环寿命和合适的能量以满足应用需求。超级电容器只适合需求能量较小的用途，而对于其他应用则可采用更小、更轻的电池。超级电容器的重量是根据需求的最小储存能量计算的。而电容器很容易满足功率和寿命需求。尽管电容器的比能量低于电池的 1/10，但是可以通过优化设计来满足许多应用需求。

例如，对于普锐斯等混合动力汽车等的电力驱动而言，如果电容器的储能是 125W·h，电池是 1500W·h，则电容器和电池单元的成本关系如下：

$$电容器成本(美元/W·h)=0.012 电池成本(美元/kW·h)$$

对应的电容器成本为：

$$电容器成本(美分/F)=0.125×10^{-3}×电池成本(美元/kW·h)×V^2_{电容器}$$

$$电容器成本(美元/kW·h)=9.6×10^4×电容器成本(美分/F)/V^2_{电容器}$$

表 20.23 中给出了电容器与电池成本。其中，电容器成本以美分/F 计，电池成本以美元/kW·h 计。

表 20.23 电容器与电池的成本

电池成本/ (美元/kW·h)	电池成本[①]/ (美元/kW)	超级电容器 成本(V=2.6V)/ (美分/F)	超级电容器 成本(V=3.0V)/ (美分/F)	超级电容器 成本[②](V=3.0V)/ (美元/kW·h)	超级电容器 成本(V=3.0V)/ (美元/kW)
200	20	0.17	0.23	2453	4.9
300	30	0.25	0.34	3626	7.3
400	40	0.34	0.45	4800	9.6
500	50	0.42	0.56	5973	11.9

①电池：100W·h/kg，1000W/kg。
②电容器：5W·h/kg，2500W/kg。

从表 20.23 可以知道，对于混合动力汽车的电量消耗，0.25～0.5 美分/F 的超级电容器与 200～500 美元/kW·h 的电池成本相比是具有竞争力的。同时，电容器的功率成本（美元/kW）只是电池的 1/4。

（2）电容器与电池组合

超级电容器和电池的结合可以显著降低电池的压力，特别是在插电式混合动力汽车（PHEV）应用中，在使用大功率电动机并且电池在车辆加速和制动能量回收过程中都会受到高电流脉冲的压力。已经有一些电容器和电池组合的实验室测试[71-73]，但很少直接在车辆中进行测试。一般而言，如果电池可以同时满足车辆设计的能量和功率要求，车辆设计者会选择单独使用电池，即使其知道电池＋超级电容器会有一些优势。因此，与超级电容器与电池组合的情况相比，所选电池的大小取决于功率要求而不是能量要求，从而导致电池更大、更昂贵[71-73]。

换句话说，除非有明显的巨大优势，否则设计人员不会选择电池与电容器组合。当人们考虑在 PHEV 和电动汽车（EV）中使用先进的锂电池（比能量＞200W·h/kg）时，可能就是这种情况。这些车辆使用的大功率电动机通常大于 100kW，并且需要大功率电池来满足电动机的峰值功率，如表 20.24 所示。在这些情况下，可以使用超级电容器（见表 20.10，Skeleton 3200）与电池组合来满足电动机峰值功率，与电动汽车续航里程无关。这将允许采用具有接近最大能量密度和循环寿命，以及比动力电池成本更低（美元/kW·h）的电池，动力电池的能量密度和成本将显著降低。如表 20.24 所示，高能量密度（＞300W·h/kg）电池似乎不太可能具有所需的高功率性能。

表 20.24　具有各种续航里程和电动机功率的 PHEV 电池尺寸和功率

电池范围和尺寸			200W·h/kg 电池			300W·h/kg 电池		
续航里程/mile	所需能量/kW·h[①]	储存能量/kW·h[②]	质量/kg[②]	比功率(100kW)/(kW/kg)	比功率(150kW)/(kW/kg)	质量/kg[②]	比功率(100kW)/(kW/kg)	比功率(150kW)/(kW/kg)
10	2.52	3.6	18	5.6	8.3	12	7.8	9.17
15	3.78	5.4	27	3.7	5.6	18	5.4	8.1
20	5.04	7.2	36	2.8	4.2	24	4.1	7.4
30	7.56	10.8	54	1.9	2.9	36	2.8	4.2
40	10.1	14.4	72	1.4	2.1	48	2.1	3.2

① 电动车辆能量使用需求：250W·h/mile；1mile（英里）=1.609km（千米），全书同。
② 电池可用的充电状态为 70%；质量仅指单体质量总和。

（3）模块和使用寿命注意事项

关于模块特性与设计内容如下。电化学电容器的单体电压较低，所以一般组成模块使用。通过串联可得到 200～600V 电压的电源系统，对模块进行冷却及电压-温度管理。由于电容器电阻小（高效率），其冷却[74-75] 比电池稍微困难。如表 20.9 所示，一些电容器开发商制备电压范围在 16～48V 的模块。电容器的模块装配系数比较小，模块的质量和体积远大于单体总和，其质量和体积的装配系数分别为 0.5～0.7 或 0.4～0.6。因此，电化学电容器模块的系统比能量远低于单体。

关于电容器单体和组合的寿命内容如下。电化学电容器与电池相比，其优点之一就是具有相对长的循环寿命，它在室温和额定电压内甚至可以循环 100 万次。但遗憾的是，实际上确定电容器寿命（年）比室温循环寿命更为复杂。一个主要原因是为满足系统电压（如汽车）需要多个单体串联在一起，组合内单体间的温度分布即使在具有冷却系统的条件下也不尽相同，而且即使具有均衡控制系统，获得一致的电压也需要时间。所以，这些因素使电容器系统的寿命显著降低。

电容器单体和组合的寿命预测在文献［3］和文献［76］中进行了详细分析。该分析基于这样的假设，即寿命统计数据可以用威布尔（Weibull）分布表示。

$$F(t)=1-\exp[-(t/\alpha)^{\beta}]$$

式中，F 是单体故障分数；t 是测试时间；α 是单体的特征寿命；β 是形状因子。

电容器寿命测试必须在同样的老化机制和应用条件下完成。电化学电容器测试既可以在规定的功率水平、电压范围和温度条件下进行，也可以在一定的温度和电压下进行浮充来完成。车用电容器的寿命数据以浮充测试方式更为合适[76]。通过测试曲线拟合，可以得到单体的 α、β 值，而测得的参数在比较宽的范围内依赖于测试电压和温度。活性炭电容器在室温和 2.3V 的条件下特征寿命可达 10000h 以上，形状因子约为 4；而在 60℃、2.8V 的条件下，则特征寿命小于 500h，形状因子约为 15。较小的形状因子 β 意味着电容器衰减缓慢，较大的 β 值则表示所有单体短时间内会快速衰减。

组合的寿命特性在很大程度上取决于串联连接的单体数量（N）。假设电容器组合的统计数据也是威布尔分布，组合的形状因子与组合单体的形状因子相同，并且每个单体故障独立于其他单体，则它的故障函数 F_{pack} 可以表示如下：

$$F_{pack} = 1 - \exp\left[-(t/\alpha_c)^\beta\right]^N$$
$$R_{pack} = \exp\left[-(t/\alpha_c)^\beta\right]^N$$

式中，R_{pack} 为正常（无故障）单体所占比例（份额）。

电容器组合的特征寿命时间 α_p 计算如下：

$$\left[(t/\alpha_c)^\beta\right]^N = (t/\alpha_p)^\beta$$

进一步求解：

$$\alpha_p = \alpha_c / N^{1/\beta}$$

因此，电容器组合的特征寿命远远小于单体。例如，200 个单体（串）的电容器组合，如果 β 是 4，则寿命因子 α_p 降至 3.76；如果 β 是 15，则寿命因子 α_p 降至 1.42。大部分组合的特征寿命将降至单体特征寿命的 $1/3 \sim 1/2$。

另一个影响电容器组合寿命的因素是单体间电压和温度分布的不均匀性。即使采用冷却系统和平衡电路，上述的不均匀性仍然存在。这种现象尤其对动态高功率应用如汽车的影响更为严重，文献［76-77］分析了这种不均匀性的影响。该分析基于温度和电压对电容器单体失效影响的以下假设进行的：对于温度的影响，可以说温度每降低 10℃，寿命延长一倍；对于电压的影响，则电压每降低 0.1V，则寿命延长一倍。温度（T，K）和电压（V）对单体特征寿命时间 τ 的影响可以表述如下：

$$\tau = a \exp(b/T), \tau/\tau_0 = \exp\left[-6155(T-T_0)/T_0^2\right]$$
$$\tau = A \exp(-BV), \tau/\tau_0 = \exp\left[-6.93(V-V_0)\right]$$

从式中可以得出温度每变化 5℃ 或电压每变化 0.05V，则寿命将降低 $1/\sqrt{2}$。这个结果表明：平均温度为 30℃ 时，最大温差为 10℃ 时的寿命衰减与平均温差为 5℃ 时相当。同样，最大电压差 0.1V 与平均电压差 0.05V 衰减相当。

将上述关系应用到具体实例中，还需要了解单体工作条件和衰减速率。在把电容器组合用于混合动力汽车时，5 年的可靠度是 98%、12 年的可靠度是 80%，分别对应 50000mile 和 120000mile。如果平均速度是 25mile/h，对应的电容器组合的工作时间分别是 2000h 和 4800h。电容器组合由 125 个单体串联，输出电压是 300V。要解决的问题是，如果单体故障分布的形状因子为 10，那么单体需要多少单体特征寿命（h）？故障比例（P）、故障时间（t_F）与分布特征参数（α_{pack}）间的相互关系如下：

$$t_F = \alpha_{pack}\left[-\ln(1-P)\right]^{1/\beta}$$

2000h 和 4800h 的无故障时间对应的 α_{pack} 值是 2954h 和 5581h。取最大值 5581h，则对于 $N=125$、β 为 10 时单体的 α_c 值为 9041h。假设组合中的平均温度变化为 5℃，单体平均电压变化为 0.05V；以 30℃ 和单体电压 2.5V 为基本值，在温度和电压的基本值下，浮充测试的单体统计数据显示，$\alpha_c = 18082h$、$\beta = 10$，对应于 30℃、单体电压为 2.5V 时约 2 年的浮充时间。

（4）单体平衡注意事项

关于单体平衡背景介绍如下。许多应用均需要超级电容器组合给出高电压（60～500V），并在充放电时提供高功率。电容器及其组合同样可以通过多个单体（20～200）串联构成电容器装置。如果每只电容器单体都具有相同的电容、串联电阻和并联电阻，则所有单体在全部工作时间内将具有相同的电压，并等于平均单体电压（电压/单体数量 N）。不必担心工作时一些单体电压超出厂家限定的最大电压值。最大电压经常被作为单体工作电压的极限。如果工作时电压超过限制值几秒钟，也可使单体寿命显著降低。虽然没有安全问题，但电压超出会影响寿命、最大可用能量以及高功率循环效率。单体平衡就是为了减小单体间的差别，不超出最大工作电压。平衡电路可以监控单体电压，并保持在一定范围内。为确保长循环寿命（10 年以上），监控单体的电压和温度是完全必要的。

平衡电路的复杂性取决于单体特性（电容和内阻）的差异大小，而单体的一致性取决于所用材料的均匀性和单体制备过程控制。±（15%～20%）的电容和内阻偏差是常见的，明显大于串联高电压电容器的可接受范围。经验显示（通过测试数据[78]），大型单体的电容值偏差较小，为 1%～1.5%；而标准偏差则在 0.5% 左右。而低内阻（数分之一毫欧姆）电容器的内阻偏差较大，接近内阻测试仪的精度（0.01 mΩ）。自放电 1h 的最大电压偏差在 5mV 以内，标准偏差小于 1mV。与几年前相比，目前电容器的制备技术有所提高，而且平衡电路以简单为好。

将电容器单体电压差异特性与复杂的充放电循环联系起来不是一件简单的事情[5,79-80]。我们更感兴趣的是单体间高电压最大差异，特别是在不借助平衡电路或在均衡化手段的情况下，经过长期循环后的电压差变化。一些数据[81-82]表明，循环过程中单体间电压差没有增加，即使没有平衡电路也比较稳定。

单体间的电容差将导致比较大的电压差。但这种差异，由于充放电脉冲过程中的电容器自补偿作用而不会随着循环而增加。单体间的内阻（串联和并联）差异导致较小的单体间电压差，这种差异也可以自补偿。如果没有平衡电路，则自放电（并联电阻）的不同，会在间歇期间带来明显的单体间电压差，当充放电时单体间的电压差很大。车用电容器单体间的电压不均匀性，可以通过短时间循环测试来确定，测试时间需要足够长以使电容器达到热力学平衡。

关于单体均衡内容介绍如下。所有电容器制造商均开发了均衡电路用于多电容器串联电路中，电容器模块均装有均衡电路。如图 20.10 所示，有多种方法保障单体平衡。均衡方法分为主动均衡和被动均衡。对于单体差异较小（相差几个百分点）的电容器组合包，可采用最简单的被动均衡方法，即在每个电容器单体上并联一个电阻，每个电容器分别充放电可降低单体间的电压差。在由于制造过程质量控制较差、温度梯度大、老化不完善而造成一致性很差的情况下，可以采用更为复杂的主动均衡方法。

从一开始就应该认识到，与单体均衡有关的电流很小，为 1A 或更小。因此，在大多数应用中，它们比流入/流出单体的脉冲电流小得多。这也意味着在电容器充放电的高功率部分，单体均衡对单体电压的影响很小。单体均衡在低功率需求或间歇期间具有更大的影响。因此，无论使用何种单体均衡方法，如果要控制单体间电压的变化，则单体特性的变化必须相对较小。

如同第 20.4.7 节中所述"模块和使用寿命注意事项"，单体的寿命（发生重大故障的时间）随着最大单体电压每增加 0.1V 而减少约 1/2（如果电压增加的时间占很大一部分）。通常，当单体均衡电路的最大设定电压增加到超过约 2.6V/单体时，碳/碳单体的寿命将显著降低。因此，单体电压似乎应限制在平均约 2.6V/单体，单体间变化小于 0.1V/单体。这将得到较长的循环寿命和浮充时间，在接近室温（25～30℃）浮充时超过 500000 次循环和 15000h。

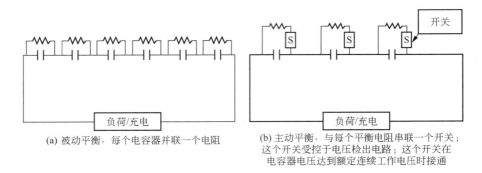

(a) 被动平衡，每个电容器并联一个电阻

(b) 主动平衡，与每个平衡电阻串联一个开关；
这个开关受控于电压检出电路；这个开关在
电容器电压达到额定连续工作电压时接通

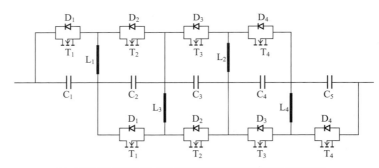

(c) 主动电压平衡电路：基于反向增压拓扑结构的充电平衡装置

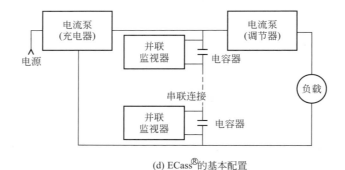

(d) ECass® 的基本配置

图 20.10　单体均衡电路

参考文献

1. Conway, B.E., *Electrochemical Capacitors: Scientific Fundamentals and Technological Applications,* Kluwer Academic/Plenum, 1999.

2. Chandrasekhar, P., *Conducting Polymers, Fundamentals and Applications,* Kluwer Academic Publishers, 1999.

3. Beguin, F., and Frackowiak, E., *Supercapacitors-Materials, Systems, and Applications,* Wily-VCH, 2013.

4. Nishino, A., and Naoi, K., *Technologies and Materials for Large Supercapacitors,* CMC International, 2010.

5. Yu, A., Chabot, V., and Zhang, J., *Electrochemical Supercapacitors for Energy Storage and Delivery,* CRC Press, 2013.

6. Simon, P., and Gogotsi, Y., Capacitive energy storage in nano-structured carbon-electrolyte system, *Acc. Chem. Res.* **46:** 1094–1103 (2013).

7. Kiyohara, K., Sugino, T., and Asaka, K., Electrolytes in porous electrodes: Effects of the pore size and dielectric constant of the medium, *J. Chem. Phys.* **132:**144705 (2010).

8. Interface, Electrochemical Capacitors Powering the 21st Century, publication of the Electrochemical Society, vol. 17, No. 1, Spring 2008.

9. Taberna, P.L., Portet, C., and Simon, P., The role of the interfaces on supercapacitor performance, *Proceedings of the 2nd European Symposium on Supercapacitors and Applications*, Luasanne, Switzerland, November 2006.

10. Simon, P., and Burke, A.F., Nanostructure carbon: Double-layer capacitance and more, Electrochemical Society, Interface Magazine, April 2008.

11. Zhong, C., Deng, Y., Hu, W., Sun, D., Han, X., Qiao, J., and Zhang, J., *Electrolytes for Electrochemical Supercapacitors,* CRC Press, 2016.

12. Fic, K., Lota, G., Meller, M., and Frackowiak, E., Novel insights into neutral medium as electrolyte for high-voltage supercapacitors, *Energy Environ. Sci.* **5**:5842–5850 (2012).

13. Abbas, Q., Babuchowska, P., Frackowiak, E., and Beguin, F., Sustainable AC/AC hybrid electrochemical capacitors in aqueous electrolyte approaching the performance of organic systems, *J. Power Sources* **326**:652–659 (2016).

14. Menzel, J., Fic, K., and Frackowiak, E., Hybrid aqueous capacitors with improved energy/power density performance, *Prog.Nat. Sci–Mat. Int.* **25**:642–649 (2015).

15. Rong, C., Chen, S., Han, J., Zhang, K., Wang, D., Mi, X., and Wei, X., Hybrid supercapacitors integrated rice based activated carbon with $LiMn_2O_4$, *J. Renew. Sustain. Energy* **7**:023104 (2015).

16. Yoo, H.D., Han, S.D., Bayliss, R.D., Andrew, A., Gewirth, A.A., Bostjan Genorio, B., Rajput, N.N., Kristin, A., and Persson, K.A., et al., "Rocking-chair"-type metal hybrid supercapacitors, *ACS Appl. Mater. Interfaces* **8**:30853–30862 (2016).

17. Lazzari, M., Sovavi, F., and Mastraggostini, M., Dynamic pulse power and energy of ionic-liquid supercapacitor for HEV applications, *J. Electrochem. Soc.* **156**(8):A661–A666 (2009).

18. Pandolfo, A.G., and Hollenkamp, A.F., Carbon properties and their role in supercapacitors, *J. Power Sources* **157**:11–27 (2006).

19. Choi, J.H., Lee, C., Cho, S., Moon, G.D., Kim, B.S., Chang, H., and Jang, H.D., High capacitance and energy density supercapacitor based on biomass-derived activated carbons with reduced graphene oxide binder, *Carbon* **132**:16–24 (2018).

20. Taberna, P.L., Portet, C., and Simon, P., Electrode surface treatment and electrochemical spectroscopy study on carbon/carbon supercapacitors, *Appl. Phys. A* **82**:639–646 (2006).

21. Portet, C., Taberna, P.L., Simom, P., and Laberty-Robert, C., Modification of AL current collector surface for sol-gel deposit for carbon-carbon supercapacitor applications, *Electrochim. Acta* **49**:905–912 (2004).

22. Burke, A.F., Kershaw, T., and Miller, M., Development of Advanced Electrochemical Capacitors using Carbon and Lead-Oxide Electrodes for Hybrid Vehicle Applications, UC Davis Institute of Transportation Studies report, UCD-ITS-RR-03-2, June 2003 (paper available on www.its.ucdavis.edu).

23. Fang, B., Wei, K., Maruyama, K., and Kumagai, M., High capacity supercapacitors based on modified carbon aerogel, *J. Appl. Electrochem.* **35**:229–233 (2005).

24. Yang, C., Chen, C., Pan, Y., Li, S., Wang, F., Li, J., and Li, N., et al., Flexible highly specific capacitance aerogel electrodes based on cellulose nanofibers, carbon nanotubes and polyaniline, *Electrochim. Acta* **182**:264–271 (2015).

25. Signorelli, R., Ku, D., Kassakian, J., and Schindall, J., Fabrication and Electrochemical Testing of First Generation Carbon-Nanotube Based Ultracapacitor Cells, *Proceedings of 17th International Seminar on Double-layer Capacitors and Hybrid Energy Storage Devices*, pp. 70–78, Deerfield Beach, December 2007.

26. Lu, W., and Dai, L., Carbon Nanotube Supercapacitors, INTECH, www.intertechopen.com/books/carbon-nanotubes.

27. Basnayaka, P.A., Ram, M.K., Stefanakos, L., and Kumar, A., Graphene/polypyrrole nanocomposite as electrochemical supercapacitor electrode: Electrochemical impedance studies, *Graphene* **2**:81–87 (2013).

28. Zheng, X., Yu, H., Xing, R., Ge, X., Sun, H., Li, R., and Zhang, Q., Multi-growth site graphene/polyaniline composites with highly enhanced specific capacitance and rate capability for supercapacitor application, *Electrochim. Acta* **260**:504–513 (2018).

29. Zhang, J., and Zhao, X.S., Conducting polymers directly coated on reduced graphene oxide sheets as high performance supercapacitor electrodes, *J. Phys. Chem.* **116**:5420–5426 (2012).

30. Ruch, P., Kotz, W., and Wokaun, A., Electrochemical characterization of single-wall carbon nanotubes for electrochemical double-layer capacitors using non-aqueous electrolyte, *Electrochem. Acta* **54**:4451–4458 (2009).

31. Naoi, K., Naoi, W., Aoyagi, S., Miyamoto, J., and Kamino, T., New generation "nanohybrid supercapacitor," *Acc. Chem. Res.* **46**(5):1075–1083 (2013).

32. Iwama, E., Simon, P., and Naoi, K., Ultracentrifugation: An effective novel route to ultrafast nanomaterials for hybrid supercapacitors, *Curr. Opin. Electrochem.* **6**:120–126 (2017).

33. Wu, C., Yang, S., Cai, J., Zhang, Q., Zhu, Y., and Zhang, K., Activated microporus carbon derived from Almond Shells for high energy density asymmetric supercapacitors, *ACS Appl. Mater. Interfaces*, **8**:15288–15296 (2016).

34. Campagnol, N., Romero-Vara, R., DEleu, W., Stappers, L., Binnemans, K., DeVos, D.E., and Fransaer, J., A hybrid supercapacitor based on porous carbon and the Metal-Organic Framework MIL-100(Fe), *Chem. Electro Chem.* **1**:1182–1188 (2014).

35. Salanne, M., Rotenber, B., Naoi, K., Kaneko, K., Taberna, P.L., Grey, C.P., and Dunn, B., et al., Efficient storage mechanisms for building better supercapacitors, *Nat. Energy* **1**:16070 (2016).

36. Chernukhin, S., Tretyakov, D., and Maletin, Y., Hybrid Electrochemical Energy Storage Device, US Pat. Appl., 2014/0085773 A1, publ. March 27, 2014.

37. Jezowski, P., Crosnier, O., Deunf, E., Poizot, P., Beguin, F., and Brousse, T., Safe and recyclable lithium-ion capacitors using a sacrificial organic lithium salt, *Nat. Mater.* **17**:167–173 (2018).

38. Yun, J.H., Han, G.B., Lee, Y.M., Lee, Y.G., Kim, M., Park, J.K., and Cho, K.Y., Low resistance flexible current collector for lithium—ion battery, *Electrochem. Solid-State Lett.* **14**(8):A116–A119 (2011).

39. Fujino, T., Lee, B., Oyama, S., and Noguchi, M., Characterization of Advanced Mesophase Carbons Using a Novel Mass Production Method, *Proceedings of the 15th International Seminar on Double-layer Capacitors and Hybrid Energy Storage Devices*, Deerfield Beach, Florida, December 2005.

40. Okamura, M., et al., The Nanogate Capacitor: A Potential Replacement for Batteries, *Proceedings of the 22nd International Battery Seminar and Exhibit*, Florida, pp. 14–17, March 2005.

41. Furukawa, T., The Reliability, Performance, and Safety of DLCAP, *Proceedings of the 2nd International Symposium on Large Ultracapacitor Technology and Applications*, Baltimore, Maryland, May 2006.

42. Eftekhari, A., Supercapacitors utilizing ionic liquids, *Energy Storage Mater.* **9**:47–69 (2017).

43. Demarconnay, L., Calvo, E.G., Timperman, L., Anouti, M., Lemordant, D., Raymundo-Piñero, E., and Arenillas, A., et al., Optimizing the performance of supercapacitors based on carbon electrodes and protic ionic liquids as electrolytes, *Electrochim. Acta* **108**:361–368 (2013).

44. Lin, Z., Taberna, P-L., and Simon, P., Graphene-based supercapacitors using eutectic ionic liquid mixture electrolytes, *Electrochim. Acta* **206**:446–451 (2016).

45. Web site: www.cap-xx.com/products.

46. Web site: www.nec-tokin.com/english/products/supercapacitors.

47. Web site: www.lscable.com/products.

48. Web site: www.tjdoublewin.com/products.

49. Burke, A.F., Ultracapacitor Technology: Present and Future, *Proceedings of the Advanced Capacitor World Summit 2003*, Washington, D.C., August 11–13, 2003.

50. Burke, A.F., and Miller, M., Electrochemical Capacitors as Energy Storage in Hybrid-Electric Vehicles: Present Status and Future Prospects, EVS-24, Stavanger, Norway, May 2009 (paper on the CD of the meeting).

51. Burke, A.F., and Park, J., Tests of state-of-the art supercapacitors using aqueous and organic electrolytes, presented at AABC Europe, Mainz, Germany, January 2018.

52. JM Energy, www.jmenergy.co.jp/en.

53. Dougal, R.A., Gao, L., and Liu, S., Ultracapacitor model with automatic order selection and capacity scaling for dynamic system simulation, *J. Power Sources* **126**(1–2):250–257 (2004).

54. Barsoukov, B., and MacDonald, J.R., *Impedance Spectroscopy-Theory, Experiment, and Applications,* Wiley-Interscience, 2005.

55. Farma, R., Deraman, M., Awitdrus, Talib, I.A., Omar, R., Manjunatha, J.G., and Ishak, M.M., et al., Physical and electrochemical properties of supercapacitor electrodes derived from carbon nanotubes and biomass carbon, *Int. J. Electrochem. Sci.* **8**:257–273 (2013).

56. Farahmandi, C.J., Analytical Solution to an Impedance Model for Electrochemical Capacitors, Advanced Capacitor World Summit 2007, San Diego, California, June 2007, also Electrochemical Society Proceedings PV96-25, 1996.

57. Srinivasan, V., and Weidner, J.W., Mathematical modeling of electrochemical capacitors, *J. Electrochem. Soc.* **146**:1650–1658 (1999).

58. Dunn, D., and Newman, J., Predictions of specific energies and specific powers of double-layer capacitors using a simplified model, *J. Electrochem. Soc.* **147**(3):820–830 (2000).

59. Carslaw, H.S., and Jaeger, J.C., *Conduction of Heat in Solids,* Oxford Press, 1947.

60. Newman, J.S., *Electrochemical Systems,* Prentice-Hall Publishers, 1991.

61. Griffin, J.M., Forse, A.C., Tsai, W.-Y., Taberna, P.-L., Simon, P., and Grey, C.P., *In situ* NMR and electrochemical quartz crystal microbalance techniques reveal the structure of the electrical double layer in supercapacitors, *Nat. Mater.* **14**:812–819 (2015).

62. DeLevie, R., *Electrochemical Response of Porous and Rough Electrodes, Advances in Electrochemistry and Electrochemical Engineering,* Paul Delahay (ed.), vol. 6, Interscience Publishers, 1967.

63. Carlen, M., Christen, T., and Ohler, C., Energy-Power Relations for Supercaps from Impedance Spectroscopy Data, *Proceedings of the 9th International Seminar on Double-Layer Capacitors and Similar Energy Storage Devices*, Deerfield Beach, Florida, December 1999.

64. Burke, A.F., and Miller, M., The power capability of ultracapacitors and lithium batteries for electric and hybrid vehicle applications, *J. Power Sources* **196**(1):514–522 (2011).

65. Zhao, J., Gao, Y., and Burke, A.F., Performance testing of supercapacitors: Important issues and uncertainties, *J. Power Sources* **363**:1–14 (2017).

66. FreedomCar Ultracapacitor Test Manual, Idaho National Engineering Laboratory Report DOE/NE-ID-11173, September 21, 2004.

67. Battery Test Manual for Plug-in Hybrid Electric Vehicles, U.S. Department of Energy, INL/EXT-07-12536, March 2008.

68. Miller, J.R., and Burke, A.F., Electric Vehicle Capacitor Test Procedures Manual, Idaho National Engineering Laboratory Report DOE/ID-10491, October 1994.

69. Anderman, M., Could Ultracapacitors Become the Preferred Energy Storage Device for Future Vehicles? *Proceedings of the 5th International Advanced Automotive Battery Conference*, Honolulu, Hawaii, June 15–17, 2005.

70. Burke, A.F., and Miller, M., Ultracapacitor Update: Cell and Module Performance and Cost Projections, *Proceedings of the15th International Seminar on Double-layer Capacitors and Hybrid Energy Storage Devices*, Deerfield Beach, Florida, Dec 5–7, 2005.

71. Angerer, C., Krapf, S., Wassiliadis, N., and Lienkamp, M., Reduction of aging-effects by supporting a conventional battery pack with ultracapacitors, 2017 Twelfth International Conference on Ecological Vehicles and Renewable Energies (EVER).

72. Zhao, C., Yin, H., and Ma, C., Quantitative evaluation of LiFePO$_4$ battery cycle life improvement using ultracapacitors, *IEEE Trans. Power Electron.* **31**(6):3989–3993 (2016).

73. Burke, A.F., and Zhao, H., Considerations in the use of supercapacitors in combination with batteries in vehicles, on the CD for EVS30, Stuttgart, Germany, October 2017.

74. Parvini, Y., Siegel, J.B., Stepanopoulou, A.G., and Vahidi, A., Supercapacitor electrical and thermal modeling, identification, and validation for a wide range of temperature and power applications, *IEEE Trans. Ind. Electron.* **63**(3):1574–1585 (2016).

75. Wang, K., Zhang, L., Ji, B., and Yuan, J., Thermal analysis on the stackable supercapacitor, *Energy* **59**:440–444 (2013).

76. Miller, J.R., Butler, S.M., and Goltser, I., Electrochemical Capacitor Life Predictions Using Accelerated Test Methods, *Proceedings of the 42nd Power Sources Conference*, paper 24.6, p 581, Philadelphia, Pa., June 2006.

77. Miller, J.R., and Butler, S.B., Capacitor System Life Reduction caused by Cell Temperature Variation, *Proceedings of the Advanced Capacitor World Summit*, San Diego, California, July 2006.

78. Burke, A.F., Characterization of a 25 Wh Ultracapacitor Module for High-Power, Mild Hybrid Applications, *Proceedings of the Large Capacitor Technology and Applications Symposium*, Honolulu, Hawaii, June 13–14, 2005.

79. Jung, D.Y., Shield Ultracapacitor Strings from Overvoltage Yet Maintain Efficiency, Electronic Design, May 27, 2002.

80. Kim, Y., Ultracapacitor Technology Powers Electronic Circuits, Power Electronics Technology, October 2003.

81. Kotz, R., Sauter, J.C., Ruch, P., Dietrich, P., Büchi, F.N., Magne, P.A., and Varenne, P., Voltage Balancing of a 250 V Super-capacitor Module for a Hybrid Fuel Cell Vehicle, *Proceedings of the 16th International Seminar on Double-layer Capacitors and Hybrid Energy Storage Devices*, Deerfield Beach, Florida, December 2007.

82. Burke, A.F., and Miller, M., Cell Balancing Considerations for Long Series Strings of Ultracapacitors in Vehicle Applications, *Proceedings of the Advanced Capacitor World Summit*, San Diego, California, July 11–13, 2005.

第 21 章

热电池

Paul F. Schisselbauer，Nicholas Shuster，Chase B. Whitman，Monica V. Stoka（荣誉撰稿人：Charles M. Lamb）

21.1 概述

随着储能技术的不断进步，热电池的重要性逐年增长。目前，最先进的热电池具有以下特点。

① 在所有实用电池体系中功率密度最高。

② 储存寿命达到 25 年以上。

③ 具备极端温度范围工作能力。

④ 能够在自动化制造设备上生产，确保性能的一致性和最低的成本。

上述特点使得热电池在更具挑战性的战略和战术应用中得到应用。

热电池是以无机盐作为电解质的一次储备电池。在室温下，无机盐电解质是相对不导电的固体。热电池集成了烟火材料，可提供足够的热能来熔化电解质。熔融的电解质是高度导电的，因而可以从电池中获得高电流。

热电池的激活寿命取决于电池的化学体系和结构等因素。热电池一旦被激活，只要电解质保持熔融状态，其就可以源源不断地输出电能，直到参加反应的活性物质被耗尽为止。另外，即使活性物质是过量的，但由于热电池内部热量的散失致使电解质重新凝固，热电池也会停止输出电能。因此，激活后热电池正常工作的两个基本条件如下。

① 活化单体电池叠层的组成和数量（例如负极和正极）。

② 其他结构因素，包括整个电池的形状以及其中所用的隔热材料类型与数量。

某些热电池在激活后只需要提供几秒钟的电能，而另外一些则需要提供 1h 以上的电能，这些特殊的使用要求决定了电池的最终设计。

热电池的激活通常是由外设信号源向装在电池内部的激活装置提供一个能量脉冲来实现的。典型的激活装置如电点火头、电起爆器和机械撞击火帽等都可以引燃电堆里的烟火材料。激活时间是从输入激活信号开始直至电池达到一定的电压，并可以维持一定的电流输出所需要的时间，它与电池尺寸、电池设计以及电化学体系直接相关。对大型电池来讲，几百毫秒的激活时间并不罕见；已经实现高可靠性设计的小型电池可以在 $10 \sim 20ms$ 内达到工作状态。

未激活的热电池的保质期通常为 $10 \sim 25$ 年，具体取决于设计。然而，一旦激活并放电，它们就不能重复使用或充电。当前随着延长热电池激活寿命方面的发展，扩大了其在军事以及工业/民用系统中的适用性和应用潜力。

热电池最早于 20 世纪 40 年代在德国开发，主要用在武器系统中[1-3]。1947 年[4]，包含多单体的整体电堆并带有烟火材料的热电池开始生产。由于热电池具有高可靠性以及较长的储存寿命，因此其特别适用于军火系统。目前，它们被广泛用于导弹、炸弹、水雷、诱饵装置、干扰装置、鱼雷、空间探索系统、紧急逃生系统和其他类似应用。图 21.1 展示了几种典型的热电池。

图 21.1　几种典型的热电池

热电池的主要优点如下。

① 准备就绪状态下具有非常长的储存寿命（达 25 年），基本无性能衰减。

② 几乎是"瞬间"激活；可以在百分之几秒内提供电能输出。

③ 峰值功率密度可以超过 $16W/cm^2$。

④ 经过长时间、宽温度范围的储存与严酷的力学试验验证，仍具有非常高的可靠性和耐用性。

⑤ 免维护，热电池可以永久地安装在装备里。

⑥ 自放电可以忽略不计，未激活的热电池没有电流输出。

⑦ 具有宽的工作温度范围。

⑧ 无气体排放，热电池是严格密封的。

⑨ 可根据用户要求的电压、激活时间、电流及电池形状等进行设计。

热电池的主要缺点如下。

① 总体而言，激活后的工作时间较短（通常不超过 10min），但已设计出工作时间超过 2h 的热电池。

② 中等偏低的质量比能量与体积比能量。

③ 一般电池表面温度可以达到 230℃，甚至更高。

④ 电压输出是非线性的，并随电池工作时间的增加而降低。

⑤ 一次性使用。热电池一旦被激活，就不能被终止或者重新使用（或者充电）。

21.2　热电池电化学体系

热电池已经开发并应用了多个电化学体系，主要包括：

- 锂-二硫化铁（Li-FeS$_2$）；
- 锂-二硫化钴（Li-CoS$_2$）；
- 钙-铬酸钙（Ca-CaCrO$_4$）；
- 钙-重铬酸钾（Ca-K$_2$Cr$_2$O$_7$）；
- 钙-铬酸铅（Ca-PbCrO$_4$）；
- 钙-五氧化二钒（Ca-V$_2$O$_5$）；
- 钙-三氧化钨（Ca-WO$_3$）和其他。

目前，最广泛使用的电化学体系是 Li-FeS$_2$ 和 Li-CoS$_2$。这些电化学体系比其他热电池体系具有更大的优势。但是，在某些应用中，较少使用的某种电化学体系可能会具有特殊优势。例如，Ca/LiCl-KCl/K$_2$Cr$_2$O$_7$ 体系或 Ca/LiCl-KCl/PbCrO$_4$ 体系可以具有非常短的激活时间以及相对较短的活化寿命。就本手册而言，我们的讨论将仅限于最广泛使用的电化学体系。要想了解有关较旧体系的更多信息，请参阅行业出版物和报告。

21.2.1 锂-二硫化铁体系

常用的锂负极共有三种形态：LiSi 合金、LiAl 合金及带有金属基体材料的锂负极 Li（M），它通常用铁粉作为基体材料。这几种负极的区别在于：激活后，锂合金负极是固态的，而在 Li（Fe）混合物中的金属锂是熔融状态的，但这三种负极在单体中的化学反应都是相似的。LiSi 合金、LiAl 合金及锂负极 Li（M）都可以和 FeS$_2$ 配对使用，而且都可以配以相同的电解质。所使用的电解质，既可以是传统的 LiCl-KCl 共晶盐电解质，也可以是具有高离子电导率的 LiF-LiCl-LiBr 全锂电解质，或者使用低熔点的 LiF-KBr-LiBr 电解质以延长电池激活后的工作时间。由于 FeS$_2$ 是良好的电子导体，所以必须要有电解质层，以防止正极和负极直接接触及单体短路。当熔化时，正极和负极之间的电解质通过化学相容（惰性）黏结剂材料的毛细管作用保持在适当的位置。MgO 是该应用的优选材料[5]。

由于没有任何的伴生副反应发生，Li-FeS$_2$ 电化学体系已成为最优先和广泛采用的电化学体系。热电池自放电的程度取决于所用电解质的类型及电池的温度[6]。正极的主要放电过程为：

$$3Li + 2FeS_2 \longrightarrow Li_3Fe_2S_4 (2.1V)$$
$$Li_3Fe_2S_4 + Li \longrightarrow 2Li_2FeS_2 (1.9V)$$
$$Li_2FeS_2 + 2Li \longrightarrow Fe + 2Li_2S (1.6V)$$

大多数电池设计只采用第一个正极材料转换，有时会用到第二个正极材料转换，以避免单体电池电压变化。

使用的负极不同，负极所发生的相变也不一样。对 LiAl 合金，有如下反应：

$$\beta\text{-LiAl}[约 20\% 的 Li(质量分数，下同)] \longrightarrow \alpha\text{- Al}(固溶相)$$

当金属锂的含量低于 18.4%（全部形成 β-LiAl 相的最低锂含量）而高于 10.0%（全部形成 α-Al 固溶相的最高锂含量）时，LiAl 合金就形成（α+β）-LiAl 两相混合物。当 LiAl 合金处于（α+β）-LiAl 两相混合时，出现电压平台。LiAl 合金的这个电压平台，比纯锂的电压平台低 300mV 左右。

Li（Si）合金，其相变过程如下：

$$Li_{22}Si_5 \longrightarrow Li_{13}Si_4 \longrightarrow Li_7Si_3 \longrightarrow Li_{12}Si_7$$

一个负极电压平台包含每对相邻合金之间多组分的产生。例如，它的第一个电压平台就

出现在由 $Li_{22}Si_5$ 相向 $Li_{13}Si_4$ 相转变的过程中。含 44％ Li 的 Li（Si）合金就在此时生成，而它的起始放电电压比纯锂低 150mV 左右。

使用 FeS_2 作正极时会引起较大的电压瞬变现象，即每个单体会出现 0.2V 甚至更高的"峰压"，这种现象在电池激活后的瞬间比较明显，可以持续几毫秒甚至几秒钟。与这种现象有关的因素是：瞬间的温度冲击；正极原材料中的电化学活性杂质（如氧化铁与硫酸盐）的量；FeS_2 分解出的单质硫以及活性锂没有固定在正极中。在要求输出电压规整的情况下，这种"峰压"是不能接受的。这种电压瞬变现象可以通过"多相锂化"法消除[7]，即在正极中（FeS_2 和电解质的混合物）加入少量的 Li_2O 或 Li_2S（典型配比为 0.16mol Li∶1mol FeS_2）。通过对 FeS_2 进行洗涤和真空处理以去除酸溶性的杂质和单质硫，可以降低"峰压"，但不能完全消除。

Li-FeS_2 电化学体系比其他电化学体系（包括 Ca-$CaCrO_4$）有许多重要的优点，主要包括：

- 对放电条件的兼容性较广，可开路搁置，也可大电流密度放电；
- 大电流负载能力，负载能力是 Ca-$CaCrO_4$ 的 3～5 倍；
- 对电性能有较高的可预测性；
- 结构简单；
- 处理工艺多样化；
- 在特别严苛的动力学环境下稳定性较好。

由于 Li-FeS_2 电化学体系具备这些优点，因此在众多的要求高可靠性的军事应用与空间应用领域，Li-FeS_2 电化学体系成了首选的热电池体系。

21.2.2 锂-二硫化钴体系

在熔融盐电解质中，二硫化钴与锂配对使用时，其电压明显低于二硫化铁。然而在有关硫损失方面，CoS_2 的热稳定性比 FeS_2 高。随着温度的升高，CoS_2 的分解过程为：

$$3CoS_2 \longrightarrow Co_3S_4 + S_2(g)$$
$$3Co_3S_4 \longrightarrow Co_9S_8 + 2S_2(g)$$

而 FeS_2 的分解过程为：

$$2FeS_2 \longrightarrow 2FeS + S_2(g)$$

当温度达到 700℃时，由 FeS_2 分解产生的硫的蒸气压可达到 1atm（1atm＝101.325kPa，全书同）；而由 CoS_2 分解产生的硫的蒸气压达到 1atm 时的温度为 800℃。这可以大致对比二者的相对稳定性。毫无疑问，用 CoS_2 替代 FeS_2 后，可以制造出高温下热稳定性更高的单体电池，也因此可以有效地把热电池的活化工作寿命提高到 1h 以上[8]。在激活的热电池中，温度大约在 550℃时 FeS_2 分解为 FeS 和单质硫的倾向很明显。自由硫可以直接和负极结合，发生放热量极高的化学反应，不但降低了负极可利用容量，而且放出的过量热量更加速了 FeS_2 的分解。由于 CoS_2 的热稳定温度超过 650℃，这可以使得电堆的初始工作温度设计较高，而不会导致正极有较明显的热分解。已经证明，与 FeS_2 正极相比，具有 CoS_2 正极的电池在激活寿命后期具有更低的内阻。

21.2.3 钙-铬酸钙体系

为使钙-铬酸钙（Ca-$CaCrO_4$）热电池能正常工作，在电池激活期间发生的化学反应必须平衡。激活后 Ca 负极立即和 LiCl-KCl 共晶盐电解质中的锂离子发生反应，并形成 Ca-Li 合金液珠。随后，这些 Ca-Li 合金就成为发生电化学反应的真正工作负极。负极的半电池反应为：

$$CaLi_x \longrightarrow CaLi_{x-y} + yLi^+ + ye^-$$

Ca-Li 合金液珠同样也会和溶解的 $CaCrO_4$ 发生反应，形成一层 $Ca_5(CrO_4)_3Cl$ 膜[10-11]。这种 Cr^{5+} 的化合物与在正极的半电池反应中形成的反应产物相同：

$$3CrO_4^{2-} + 5Ca^{2+} + Cl^- + 3e^- \longrightarrow Ca_5(CrO_4)_3Cl$$

这种反应产物 $Ca_5(CrO_4)_3Cl$ 在正极和负极间发挥了隔膜或物质迁移阻挡层的作用，从而阻止了电化学自放电的进行。一旦反应产物 $Ca_5(CrO_4)_3Cl$ 膜的完整性被破坏，会造成活性电化学物质发生化学反应并伴生大量的热，导致热电池出现"热失控"现象。同时，如果反应生成的 Ca-Li 合金过量，而过量的 Ca-Li 合金又不能及时地被负极半电池反应消耗掉，过量的合金会引起电池间歇性短路。这种"合金噪声"有时出现在低温放电的电池中。

在 $Ca-CaCrO_4$ 体系中，化学反应与电化学反应的平衡主要取决于所用原材料，特别是 $CaCrO_4$ 的来源，以及工艺差别、压制电极片颗粒的密度、单体电池的工作温度、输出电流密度的大小及其他条件的变化等[12]。因此，$Ca-CaCrO_4$ 体系逐渐被更稳定并具有高比能量的 $Li-FeS_2$ 体系所取代。

21.3 体系设计与构建

热电池已经采用了多个电化学体系。随着材料与技术的发展，热电池的技术水平与性能都已经得到了提升，传统设计在逐渐消失。但采用以前较陈旧技术设计的电池，目前仍在继续生产。在某些情况下，继续生产这些"陈旧"体系的电池是由经济利益驱动的。表 21.1 列出了多年来已经得到应用的常见电化学体系。

所有热电池单体都由碱金属或碱土金属负极、熔融盐电解质和金属盐正极组成。烟火加热材料通常插在串联电堆的每一个单体电池中间。

表 21.1 热电池电化学体系

电化学体系： 负极/电解质/正极	工作电压/V	特征和/或应用
$Ca/LiCl-KCl/K_2Cr_2O_7$	2.8～3.3	激活非常快；工作时间短；适合于"脉冲"工作
$Ca/LiCl-KCl/WO_3$	2.4～2.6	中短期工作寿命；电噪声低；用于物理环境条件不严苛的情况
$Ca/LiCl-KCl/CaCrO_4$	2.2～2.6	中等工作寿命；用于严苛的力学环境条件
$Mg/LiCl-KCl/V_2O_5$	2.2～2.7	中短期工作寿命；用于物理环境条件严苛的情况
$Ca/LiCl-KCl/PbCrO_4$	2.0～2.7	快速激活；工作寿命短
$Ca/KBr-LiBr/K_2CrO_4$	2.0～2.5	工作寿命短；用于高电压、小电流输出的情况
$Li(合金)/LiCl-LiBr-LiF/FeS_2$	1.6～2.1	中短期工作寿命；能大电流放电；用于物理环境条件严苛的情况
$Li(金属)/LiCl-KCl/FeS_2$	1.6～2.2	长的工作寿命；能大电流放电；用于物理环境条件严苛的情况
$Li(合金)/LiBr-KBr-LiF/CoS_2$	1.6～2.1	长的工作寿命（超过 1h）；能大电流放电；用于物理环境条件严苛的情况

21.3.1 电池组成

① 负极材料。20 世纪 80 年代以前，绝大多数热电池都采用了金属钙负极，通常是将钙箔附在铁、不锈钢或者镍箔等金属集流片或基片上。自 20 世纪 70 年代中期首次引入以来，锂已成为热电池中使用最广泛的负极材料，基本上取代了钙负极。锂负极有两种主要形态：锂合金和纯金属锂。使用最广泛的锂合金是含 20%（质量分数，下同）锂的锂铝合金，以及含 44%锂的锂硅合金；还对锂硼合金进行了评价，然而由于加工难度和成本的原因，这种合金并没有得到广泛应用。

LiAl 和 Li（Si）合金被加工成粉末，在与各种其他成分混合后，这些粉末被冷压成厚度通常在 0.3~1.5mm 之间的负极片或颗粒。在多电池堆叠结构中，合金压块背面附有铁、不锈钢或镍集流体，其用于将负极与其相邻的烟火芯块，从而保护负极在电池激活期间免受热损伤。在激活的热电池中，锂合金负极是以固态负极的形式出现的，因此负极的温度必须低于熔点或者只使其部分熔化。含 44%锂的锂硅合金在 709℃时会部分熔化；而(α+β)-LiAl 在 600℃时就会部分熔化。一旦超过熔点，熔融的负极就会直接和正极材料接触，导致高度放热反应、电池短路和热失控。

在激活的热电池中，纯金属锂负极在高于其熔点 181℃的温度下工作并发挥作用。为了防止熔融的锂从负极流出并使电池短路，必须使用具有高比表面积的金属粉末黏结材料或者金属海绵来吸附锂。黏结剂通过表面张力将锂固定在适当的位置。

将黏结材料与熔融金属锂结合，然后将固化的混合物压制成箔片（通常厚度为 0.07~0.65mm）来制备锂金属负极。随后，这种箔片被冲切成与单体尺寸匹配的负极部件。负极部件被封装在铁箔杯中，铁箔杯提供了额外的保护，防止任何游离锂迁移（这可能导致电池短路），还可以用作集流片。这种负极可以在温度超过 700℃的情况下使用，而不会显著损失性能[13]。热电池的设计者或者制造厂商已经研制出了多种热电池用的负极，可以根据不同电池的性能要求选择适用的负极。

② 电解质。过去多数热电池都采用氯化锂与氯化钾共晶盐（LiCl：KCl＝45：55，质量比；熔点 352℃）作电解质。含锂的卤盐混合物由于具有较高的离子导电性，而且与负极材料及正极材料有很好的相容性，所以已成为首选的电解质。与许多低熔点的含氧盐相比，卤盐混合物不易因热分解或其他副反应而产生气体。最近，许多新研究出来的电解质中都含有溴化物，以获得低熔点电解质（从而可以延长热电池的工作时间），并降低电池内阻（可以提高电池的电流负载能力）。含溴化物的电解质有：LiBr-KBr-LiF（熔点 320℃），LiCl-LiBr-LiF（熔点 321℃）和全锂电解质 LiCl-LiBr-LiF（熔点 430℃）[14]。含有混合阳离子的电解质（即同时含有 Li^+ 和 K^+，而非全部是 Li^+）在放电过程中容易产生 Li^+ 的浓度梯度。这些浓度梯度会导致电解质共晶盐的局部固化，尤其是在高电流密度操作期间[15]。

在电池工作温度下，熔盐电解质的黏度非常低（约 1cP；1cP＝1mPa·s，全书同）。为了使熔融盐电解质不流动，需要在其中加入黏结剂。早期在 Ca-CaCrO$_4$ 和 LiAl-FeS$_2$ 体系中使用了黏土，如高岭土和气相二氧化硅。但是，这些硅酸盐都会和 Li（Si）合金及金属锂负极发生反应。而具有高比表面积的 MgO 对易反应的负极则呈明显的惰性。目前，大多数体系都选择了 MgO 作熔融盐电解质的黏结剂。

③ 正极材料。热电池已经采用了很多种正极材料。这些材料包括：铬酸钙（CaCrO$_4$）、

铬酸钾（K_2CrO_4）、重铬酸钾（$K_2Cr_2O_7$）、金属氧化物（V_2O_5，WO_3），以及硫化物（CoS_2、FeS_2 和 NiS_2）等。对正极材料的技术要求有：与合适的负极配对后具有高的电压；与熔融的卤盐具有较好的相容性，并且热分解温度要接近于 600℃。最常用的两种正极材料为 FeS_2 和 CoS_2，其热稳定温度分别接近 550℃ 和 650℃。

④ 烟火加热材料。在热电池中加热源已经采用的两种基本形态分别是加热纸和加热片。加热纸是由在一块无机纤维垫上黏结 Zr 粉和 $BaCrO_4$ 的一种类似纸的材料。加热片是由 Fe 粉和 $KClO_4$ 组成的混合物压制成片状的加热材料。

Zr-$BaCrO_4$ 加热纸是由烟火级 Zr 粉和 $BaCrO_4$ 制备的，这两种物质的粒度均在 $10\mu m$ 以下。各种纤维（包括无机纤维），例如陶瓷纤维和玻璃纤维，经常被作为加热纸垫的结构材料[16]。Zr 粉、$BaCrO_4$ 和无机纤维在加入水后通过湿法造纸技术制成类似纸的材料；可采用单个模具，也可以用造纸法连续生产。经过造纸法得到的这种类似纸的材料，被冲切成部件并干燥。一旦烘干，就要特别小心地处理这些加热材料，因为如果有静电或者摩擦，它们极易被点燃。加热纸的燃速通常在 $10\sim300cm/s$，燃烧热约为 $1675J/g$。加热纸燃烧后成为电阻比较大的无机灰分。如果把加热纸插在单体与单体之间，那么就要通过高电导率的集流片把两个单体连接起来。在一些电池设计中，用加热纸片燃烧后产生的灰分作为单体间的电绝缘材料。在这种情况下，可能还会有另外一种陶瓷纤维材料作为"基底"，以提高电绝缘性能。目前，在现代先进的片型热电池中，加热纸只被用作点火条或者引燃条。在这种应用情况下，引燃条被点火头点燃，然后引燃条再依次把加热片点燃，而加热片就是热电池的主加热源。

加热片是由细 Fe 粉（粒度 $1\sim10\mu m$）和 $KClO_4$ 组成的混合材料经冷压成型后制得的。Fe 粉的质量分数从 80% 到 88% 不等，远超过与 $KClO_4$ 的化学计量比。过量的 Fe 粉大大增加了加热片燃烧后的导电能力，代替了单体间的集流片（省去了单体间连接用集流片）。Fe-$KClO_4$ 加热片的燃烧热从 88% Fe 粉的 $920J/g$ 直至 82% Fe 粉的 $1420J/g$。一旦燃烧，多余的铁粉就会烧结成固体颗粒，提供足够的电子导电性，从而免除了对单体电池间连接的需要。燃烧后能保持原来的形状，在力学环境（例如，冲击、振动和旋转）中也非常稳定，因而在很大程度上有助于提高电池设计的整体耐用性。由于其相当大的热熔值，加热片的作用相当于储热器，燃烧后产生相当大的热量并可延长电池的使用寿命，特别是在最低温度条件下。

加热片燃烧速度通常比加热纸慢，点燃加热片需要的能量更高。因此，在电池制造过程中，加热片不易被引燃。但是，加热粉尤其是还未被压制成片的粉末材料必须谨慎处理与保存，并与潜在的火源隔离。

21.3.2 单体电池结构

单体电池的设计由许多因素决定，包括热电池所选用的电化学体系、电池工作环境及设计者的偏好等。所有单体电池的基本设计分为三大类：杯式单体电池、开放式单体电池和片式单体电池。为了满足特定的性能要求，一些设计可能包含多个单元电池类别。图 21.2 给出了不同的热电池单体结构所决定的单体厚度变化范围。

① 杯式单体电池。杯式单体电池的一个主要特征是有一个双层的负极（Ca 或 Mg），即负极活性物质放在中心集流片的两侧。在负极的每一侧都有浸渍了电解质共晶盐的玻璃纤维带制成的电解质片。紧接着每一层电解质片的是去极剂片，去极剂片由正极材料（$CaCrO_4$

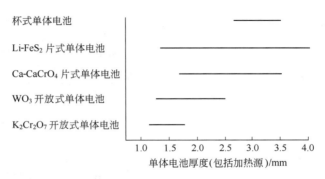

图 21.2　不同的热电池单体结构所决定的单体厚度变化范围

或 WO_3）和无机纤维基体（或无机纤维纸）组成；然后，被封装在镍箔制成的带有微小褶皱的杯和盖子里面 [图 21.3(a)]。在一些电池的设计中，用镍螺栓配以无机纤维密封垫等来防止单体电池激活后熔融电解质发生泄漏。$Zr-BaCrO_4$ 加热纸片放在杯式单体电池的两边为单体电池提供热量。

杯式单体的优点在于反应面积很大（单体为两面或双电极结构），并含有较多的反应活性物质。杯式单体的缺点在于难以做到不使电解质发生泄漏；同时，它的热容也比较低。$Ca-CaCrO_4$ 体系易于"合金化"（产生过量熔融的 Ca-Li 合金），容易导致单体电池短路。为了缩短激活时间，一般杯式单体电池在装配到电堆之前还要"预熔"。单体与单体之间是通过输出导线之间点焊连接的，这种连接方式存在着潜在的可靠性问题。

当前杯式电池的应用有限，只能在一些早期设计的电池中找到这种结构。

② 开放式单体电池。除了不用杯和盖子封装外，开放式单体电池的结构与杯式单体电池的结构是相似的 [图 21.3(b)]。去掉封装的设计是可行的，这是因为可减少电解质的量，使其可以被玻璃纤维布基体的表面张力牢牢吸附。在一些电池设计中，使用了均一的电解质（去极剂片）。另外，在一些电池设计中则分为单独的电解质片和去极剂片。在开放式单体电池设计中特别使用了"哑铃"式负极集流片。在这种"哑铃"式结构的负极集流片的单片上真空蒸镀了一层负极材料（在其中一个单体电池里作为负极）；而另外一片则直接作为相邻串联单体电池的集流片。"哑铃"式负极集流片的中间通过一段较窄的桥式导流条连接（可通过一次冲切成型）。桥式导流条起到连接单体的作用，免去了单体间点焊连接。加热单体电池的 $Zr-BaCrO_4$ 加热纸被折叠的"哑铃"式负极集流片夹在中间。开放式单体电池结构用于激活后工作寿命相对较短，并有脉冲输出的热电池；各个电极片可以做得很薄，以促进非常快速的热传递并获得更短的活化时间。

③ 片式单体电池。在片式单体电池中，电解质、正极和加热源都是圆片式的。在片式单体电极片的生产过程中，各种电极材料被加工成粉末，然后将这些粉末单轴压缩成电极片。在单体电池组分压实过程中施加的压力对颗粒密度至关重要。如果正极、隔膜和加热片的密度变化很大，则电池性能可能会很差。

加热片的密度变化会影响点火敏感性和燃烧速率，而正极和隔膜密度的变化会抑制反应性。片式电池常见粉末成分如下。

a. 负极片：含有锂和硅。

b. 隔膜片：包含盐和黏结剂粉末的各种混合物，也称为电解质。常用的盐如碱金属卤化物盐混合物，包括 LiCl-KCl 共晶、LiBr-KBr-LiF 或 LiCl-LiBr-KBr。常用的惰性黏结剂是

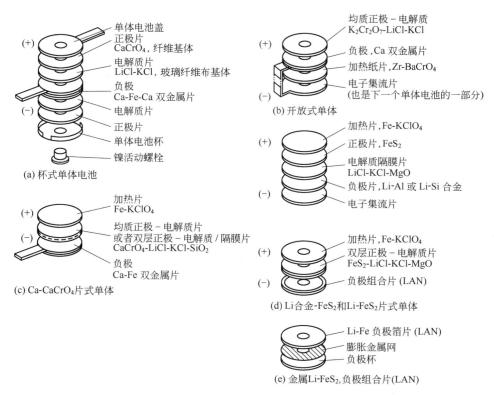

图 21.3　不同的单体电池结构

氧化镁（MgO）。在激活的热电池中，MgO 通过毛细作用或表面张力或两者兼而有之，将熔融盐固定在适当的位置。

　　c. 正极片：包含金属二硫化物活性材料（如 FeS_2 或 CoS_2）与各种盐的混合物，如在隔膜片中提到的盐类。

　　d. 加热片：含有铁粉和高氯酸钾（$KClO_4$）的混合物。在激活过程中，$KClO_4$ 与铁反应产生热量。热量传递到剩余的铁和相邻的片式结构中，多余的铁在运行期间作为蓄热器和导电路径。

　　片式单体电池的变化包括：使用两层片，将原本分离的电解质和正极层作为一个整体；以及使用将电解质与正极粉末混合均匀制成的均质小片［图 21.3（c）］。典型的锂-金属二硫化物电池如图 21.3（d）和图 21.3（e）所示。图 21.4 和表 21.2 显示了有关片式单体电池结构的更多详细信息。

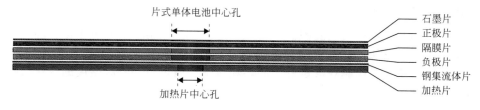

图 21.4　片式单体电池结构和组件
由 EnerSys Advanced Systems 提供

表 21.2　典型的片式单体热电池结构

组件	化学成分	典型组成(质量分数)/%	密度/(g/cm³)	成型压力/t
石墨片(圆盘)①	石墨(六边形)	100	—	—
正极(阴极)片②	FeS₂/电解质/MgO	64/16/20	3.00	200
隔膜片③	电解质/MgO	65/35	1.75	100
负极片④	锂/硅	44/56	1.00	100
钢集流体片⑤	304 不锈钢	—	7.75	—
加热片⑥	Fe/KClO₄	88/12	3.40	60

① 石墨圆盘被切割为与阴极的尺寸相匹配，通常在压实过程中形成颗粒。该圆盘起到热缓冲的作用，以保护阴极在活化过程中不被分解。

② 一种颗粒状阴极，为 FeS_2 或 CoS_2 和具有 MgO 黏结剂的电解质。

③ 一种颗粒状电解质粉末混合物，由盐混合物和 MgO 黏结剂组成。

④ 一种由锂和硅树脂组成的颗粒状负极粉末。

⑤ 钢集流体片为激光切割、冲压或喷水切割的不锈钢片，用于在加热颗粒和负极颗粒之间提供热缓冲。

⑥ 一种由烟火级铁粉和 $KClO_4$ 混合而成的颗粒状加热粉末。

21.3.3　电池设计

（1）电堆结构设计

所有的热电池都是为满足一系列具体性能要求而设计的，其中包括输出电压、输出电流和激活后的工作时间等。在具体的电池设计中，输出电压的大小决定了串联单体的个数。由于每一个单体电池的最高电压是固定的（按照电化学体系的不同，单体电池的开路电压为 $1.6\sim3.3V$ 不等），因此电池的输出电压是多个独立的单体电池电压的倍数。已成功制造出包含 180 多个串联单体的电池，总输出电压将近 400V。典型的电池有 $14\sim80$ 个单体，输出电压为 $28\sim140V$。图 21.5 给出了两种不同单体电池的电堆结构，其中一个是杯式单体电池，另外一个是片式单体电池。

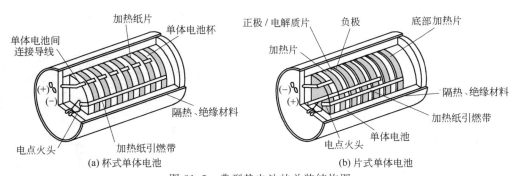

(a) 杯式单体电池　　　　　　　　(b) 片式单体电池

图 21.5　典型热电池的总装结构图

单体电池的电流负载能力取决于单体电池的反应面积，最直接相关的就是单体的尺寸（直径）。单体电池电压和可用的最大电流密度（单位面积上的电流）随电化学体系的不同差异很大（如表 21.3 和表 21.4 所示）。单体电池有效反应面积和由此决定的电池负载能力可以用并联一定数量的单体电池来解决。

表 21.3 不同单体电池结构所能得到的电流密度

单体电池结构	电流密度/(mA/cm²)		
	10s 倍率	100s 倍率	1000s 倍率
杯式单体电池	620	35	—
开放式单体电池/$K_2Cr_2O_7$	54	—	—
片式单体电池/双层 Ca-CaCrO₄	790	46	—
片式单体/DEB Ca-CaCrO₄	930	122	—
片式单体/Li-FeS₂	>2500	610	150

表 21.4 Li-FeS₂ 热电池的功率密度和体积比能量

电池体积/cm³	功率密度/(W/cm²)	体积比能量/(W·h/L)	激活工作寿命/s
20	11.25	46.87	15
29	1.44	34.20	85
70	2.59	35.97	50
108	0.65	32.41	180
170	1.98	109.80	200
171	10.64	118.26	40
183	2.29	63.75	100
306	0.51	39.65	280
311	2.25	75.03	700
552	0.15	67.63	1600
1176	0.40	101.19	900
1312	0.17	85.37	1800
3120	1.11	83.30	270

　　热电池串联所需要数量的单体电池后，就可以实现多路电压输出；既可以从特定数量的单体输出多路电压，也可以一组电压由一组单独的单体电池提供而不与其他电压组共享单体。在同一系统中，一个独立的电压组的电路不能与其他电压组的电路相互干扰。在同一个电池中，电堆的不同部分可以使用不同的电化学体系，这样在同一产品中会出现两种电化学体系不同的特性。这种设计的一个典型实例就是在一个电池中，向由能够快速激活的电化学体系组成的电堆提供快速激活时间，并向另一种可以长时间大电流输出的电化学体系组成的电堆提供激活后的电流输出。在这种设计的电池输出中，必须用二极管连接两个由不同电化学体系组成的电堆电路，以防止其中一个电堆对另外一个电堆充电。在一些热电池的设计中，将两个或更多个独立的电池组结合在一起形成热电池组，以提供多组相互独立、有多种电流负载能力的电压输出。

　　通常电堆通过电池壳与电池盖焊接后所形成的压力固定。而在另外一些电池设计中，使用电池内壳提供电堆固定的装配压力，采用外壳和电池盖提供严格的密封。图 21.6 给出了使用电池内壳的典型热电池结构。

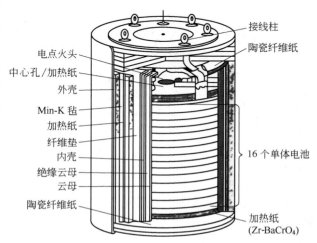

电点火头
中心孔/加热纸
外壳
Min-K 毡
加热纸
纤维垫
内壳
绝缘云母
云母
陶瓷纤维纸
接线柱
陶瓷纤维纸
16 个单体电池
加热纸（Zr-BaCrO₄）

图 21.6 使用了电池内壳的典型热电池结构

（2）激活方法

热电池的激活是通过将外部信号施加到电池中的启动装置来激活而实现的。目前有四种基本的激活方法：电信号激活电点火装置；机械脉冲激活撞击火帽；机械冲击激活惯性激活装置；光能信号（如激光）激活烟火装置。

电点火装置通常有一个或多个桥丝并含有热敏烟火材料。一旦给点火头通以点火电流，电桥就会点燃烟火材料，然后烟火材料又会引燃热电池中的加热源。通常电点火装置分为两类：电爆管和电点火头。典型的电爆管被封装在一个金属或者陶瓷的密封装置里，并只有一个或两个桥丝。通常使用的电爆管所需的最小激活电流是 3.5A，并且最大安全电流极限为 1A 或者 1W（取较大者）。电点火头不带有封装装置，并且只有一个桥丝。电点火头所需的激活电流为 500mA～5A 不等，可测试的安全电流极限不超过 20mA。电爆管的价格通常为电点火头的 4～10 倍，但在有电磁辐射的环境中使用的热电池必须使用电爆管。

撞击火帽是靠机械撞击装置点燃烟火材料的火工品。通常使用球面半径 0.6～1.1mm 的撞针施加冲击来激活。火帽被固定在电池外壳的火帽台上。

惯性激活装置是由迫击炮或大炮发射时产生的巨大冲击或加速度激活的装置。它被设计成对某个已知的冲击力及其作用时间的预期组合效果作出反应。惯性激活装置必须牢牢固定在电池的内部结构件上，以保证其可以经受严苛的动力学条件。

光能（如激光）激活烟火装置是用激光束通过装在电池外壳上的光学窗口来点燃电池内部的烟火材料以实现热电池激活。这种激活方法特别适用于有强烈的电磁干扰，严重影响电点火方式的情况。

热电池可以装配不止一种激活装置。根据电池的应用情况，热电池上可以装配相同类型的多个激活装置，也可以选择多种激活装置的任意组合。

（3）绝缘、隔热材料

热电池在整个服役期间都应保持严格的密封，即使在其内部温度达到或超过 600℃ 时也应如此。用来减缓电堆热损失及降低电池表面温度的隔热材料必须是无水的，而且必须具有较高的热稳定性。陶瓷纤维、玻璃纤维、某些耐高温聚合物以及它们的组合，都已经被用于热电池的隔热材料。在某些旧的电池设计中仍在用石棉作隔热材料，在 20 世纪 80 年代以前，石棉曾被广泛用于热电池的隔热材料。

通常在热电池中，用于导流线、极柱、点火装置及其他导电零部件的电绝缘材料，为云母、玻璃或陶瓷纤维布以及耐高温聚合物。

隔热层位于电池组的外围和两端。一些设计还采用高温环氧灌封材料，作为电池末端（插头）上启动器和导电体的绝缘和结构支撑。长寿命电池（工作时间超过 20min）采用高效隔热材料，如 Min-K®（Morgan Advanced Materials 公司）或 Microtherm®（Promat 公司）。如果要进一步延长热电池的寿命（如 1h 甚至更长），就需要使用真空毯以及具有双层壳壁的真空整体壳来减少热损失。图 21.7 显示了有典型热绝缘层和带启动器（点火装置）的热电池封装组件布置。

延长被激活热电池的工作寿命并降低热量对邻近电池的热敏零部件影响的一个有效方法，就是使用外用保温毯。如果热散失是以电池外表面的散失为主，那么使用外用保温毯的保温效果要比单纯在电池内部使用隔热材料要好，主要是因为在激活过程中电池内部产生的高温气体无法穿透电池。此外，外部绝缘、安装方法和周围环境对电池的热损失也有很大影响，在设计热电池时必须考虑所有这些因素。

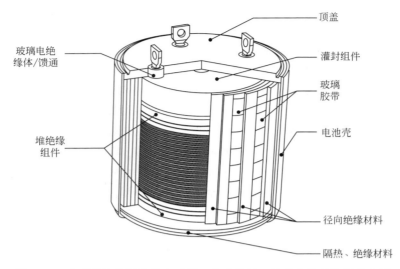

图 21.7　典型热绝缘层和带启动器（点火装置）的热电池封装组件布置

图中标注：
- 顶盖
- 灌封组件
- 玻璃胶带
- 电池壳
- 径向绝缘材料
- 隔热、绝缘材料
- 玻璃电绝缘体/馈通
- 堆绝缘组件

21.4　性能特点和应用技术规格

热电池是为满足特定的性能要求而设计的，不仅包括输出电压、电流、激活寿命和电压上升时间（启动），还包括储存环境和激活寿命期间环境、安装要求、表面温度、激活方法和能量以及其他要求。因此，在电池设计和开发阶段，用户和系统设计者与电池设计者建立密切的技术沟通关系是非常重要的。

21.4.1　激活时间

激活时间（电压上升时间）是从施加能量到点火装置启动，直至电池输出电压达到规定的最低电压时所需要的时间。激活时间受操作温度、施加的负载和电池化学性质的影响。降低操作温度或增加负载通常会增加激活时间。典型的片状热电池的激活时间为 0.3～2.0s 不等，在很大程度上取决于电池直径。图 21.8 给出 $Li-FeS_2$ 热电池的激活时间、工作时间与温度之间的关系。

21.4.2　电压调节

热电池输出电压不是线性的。在达到峰值水平后，通常在激活后 1 秒内，输出电压开始衰减，直到其最终降至最低可用电压水平以下。电压调节是指在最低可用电压与最高可用电压之间调整输出电压的能力或过程。通常，最低电压极限是峰值电压的 75％。电池输出曲线（包括电压上升时间、峰值电压和电压衰减率）取决于电池的化学性质，并受到工作温度和施加负载的显著影响。图 21.9 给出了在三种不同输出负载下 $Li-FeS_2$ 热电池电压特征曲线。

21.4.3　激活寿命

激活寿命通常是指从初始施加激活能量直至电池电压降至指定的最小限度以下时所需要的时间。激活寿命受电池所用电化学体系、工作环境温度和电流消耗的影响。通常必须严格保证热电池的热量平衡（所有单体质量与输入热量的比值），以保证在高极限和低极限操作温度之间或接近周围环境时具有最长的激活寿命。当接近某一个温度极限时，激活寿命都会变短。这是因为在低极限使用温度下，电解质很快就会固化；在高极限使用温度下，则会引起 FeS_2 的快速热分解，从而导致活性物质耗尽。

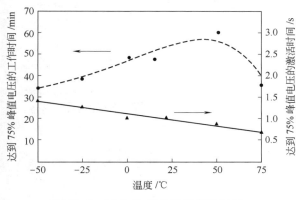

图 21.8　Li-FeS_2 热电池的激活时间、
工作时间与温度之间的关系[17]

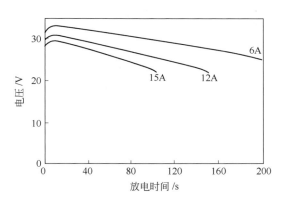

图 21.9　在三种不同输出负载下 Li-FeS_2
热电池电压特征曲线

21.4.4　接合系统注意事项

在设计热电池接合系统时，必须注意以下性能和设计特征。

① 未激活的电池具有非常高的内阻（MΩ）。一旦激活，依单体设计的不同，单个单体的内阻为 0.003～0.02 Ω。电池组的内阻等于所有串联的单体电池内阻之和。

② 有的电化学体系，如 Li-FeS_2，可容许在放完电后由外接电源进行充电（反向充电）；而其他电化学体系完全不容许反向充电。

③ 电启动器包含桥接导线，这些桥接导线在激活过程中可能不会烧穿；如果未断开，可能会成为外部点火电路上的附加负载。

④ 在激活热电池中带电部件与热电池外壳或激活器回路之间，可能会形成对热电池产生不利负载的漏电现象。必须规定外壳接地、电堆共用输出端和激活器回路接地等系统要求，以便在电池设计中采用特殊绝缘预防措施。

⑤ 激活电池的表面温度有可能达到 400℃。必须考虑电池安装的类型、安装的传热特性、高温对周围部件的影响以及可燃材料的靠近程度。电池表面温度通常可以通过添加（或许更有效）隔热材料来显著降低，但会增加成本和电池体积。图 21.10 和图 21.11 显示了热电池的典型表面温度曲线。

21.4.5　热电池检测和监测

自热电池首次开发以来，其安全性和可靠性一直是一个持续研究的问题。为了检测出有缺陷的单元，作为制造过程的一部分，大多数设计都要

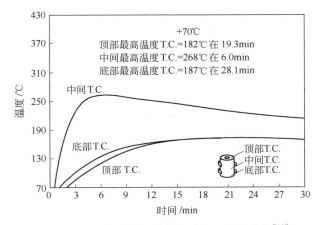

图 21.10　长寿命热电池的电池表面温度曲线[18]

100%测试气密性、极性、绝缘电阻和激活回路电阻（如适用）。大多数单体电池也进行了射线检查。在开始生产之前，对 10～500 个电池样本组进行鉴定测试。这一系列测试包括特定电池设计在实际现场使用中所面临的最严苛的环境和放电条件。几乎所有热电池都是以均匀的组或批次制造的，每个批次的样品都经过放电测试，以证明符合性能要求。通常，样品在最大指定负载下放电，同时施加环境条件。通过使用此类测试程序，可靠性大于 99%、安全性大于 99.9%。

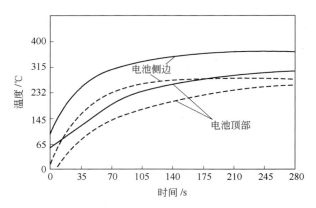

图 21.11　中等寿命热电池的电池表面温度曲线
实线数据是电池在 71℃下放电；虚线数据是电池在 −53℃下放电

　　根据技术手册 S9310-AQ-SAF《电池、海军用锂电池安全计划责任和程序》，设计用于美国海军系统的锂热电池应进行安全测试。这些测试旨在确保电池设计不仅在正确储存和使用时是安全的，而且在意外误用和发生事故的情况下也是安全的，如反向充电、短路和火灾。

21.4.6　热电池的新发展

　　热电池领域研发的主要目标是提高质量比能量和体积比能量。实现这一目标的两种可能方法是：降低电池的总体积和重量；提高单位体积和单位质量单体的电压或者电流负载能力。

　　在降低电池重量方面，已经在研究用较轻的材料制作电池壳来取代当前使用的不锈钢电池壳。已经对钛、铝和复合材料及其他一些材料做了研究，并获得了不同程度的成功。钛壳和盖已经成功研制和使用，但其成本较高。

　　通过等离子体喷涂将薄的 FeS_2 膜沉积在不锈钢基底上的研究已获得了有希望的成果[21]。这种尝试已经成功用于 FeS_2 正极[19] 和 Li（Si）负极[20]。通过等离子体喷涂，可以使得活性物质的密度增加，从而能够降低热电池的体积和质量。最近，一些组织和机构证明了涂膜法[21-22] 和传统喷涂法[23] 可以得到薄层部件。目前正在研究将纳米材料作为改善热电池性能的潜在方法。使用纳米粉末可以提供更高的电压和更高的能量密度[24]。为了开发出具有较高单体电压的电池，研究人员经过努力已经证实可以使用熔融硝酸盐电解质和锂负极[25]。这种体系附带的好处在于，可以使热电池的工作温度降低 200℃以上。

　　最近在热电池领域发展的新成果就是使热电池的激活寿命突破了 2h，从而达到了 4h，这就要求发展更加高效的隔热材料，例如双层可抽真空的封装壳、多层复合隔热毡以及低熔点电解质等。

　　长期使用的 $Fe-KClO_4$ 加热片与正极结合在一起的技术路径，已引起越来越多的关注，最近报道称其有所改进[26]。在该项技术中，用于加热的铁粉被氧化成氧化铁，而它也可以作为正极活性材料；早在 1981 年就被催化剂研究公司所采用[27]。

参考文献

1. G. O. Erb, "Theory and Practice of Thermal Cells," *Publication BIOS/Gp 2/HEC 182 Part II*, Halstead Exploiting Centre, June 6, 1945.

2. O. G. Bennett et al., U.S. Patent 3,575,714, Apr. 20, 1971.

3. B. H. van Domelen, and R. D. Wehrle, "A Review of Thermal Battery Technology," *Intersoc. Energy Convers. Conf.*, 1974.

4. F. Tepper, "A Survey of Thermal Battery Designs and Their Performance Characteristics," *Intersoc. Energy Convers. Conf.*, 1974.

5. Z. Tomczuk, T. Tani, N. C. Otto, M. F. Roche, and D. R. Vissers, *J. Electrochem. Soc.* **129**(5):925–932 (1992).

6. R. A. Guidotti, R. M. Reinhardt, and J. A. Smaga, "Self-Discharge Study of Li-Alloy/FeS$_2$ Thermal Cells," *Proc. 34th Int. Power Sources Symp.*, 1990, pp. 132–135.

7. R. A. Guidotti, "Methods of Achieving the Equilibrium Number of Phases in Mixtures Suitable for Use in Battery Electrodes, e.g., for Lithiating FeS$_2$," U.S. Patent 4,731,307, Mar. 15, 1988.

8. R. A. Guidotti and F. W. Reinhardt, "The Relative Performance of FeS$_2$ and CoS$_2$ in Long-Life Thermal-Battery Applications," *Proc. 9th Int. Symp. Molten Salts*, 1994.

9. R. A. Guidotti and F. W. Reinhardt, "Characterization of the Li(Si)/CoS$_2$ Couple for a High-Voltage, High-Power Thermal Battery," *SAND2000-0396*, 2000.

10. R. A. Guidotti, and F. W. Reinhardt, "Anodic Reactions in the Ca/CaCrO$_4$ Thermal Battery," *SAND83-2271*, 1985.

11. R. A. Guidotti, and W. N. Cathey, "Characterization of Cathodic Reaction Products in the Ca/CaCrO$_4$ Thermal Battery," *SAND84-1098*, 1985.

12. R. A. Guidotti, F. W. Reinhardt, D. R. Tallant, and K. L. Higgins, "Dissolution of CaCrO$_4$ in Molten LiCl-KCl Eutectic," *SAND83-2272*, 1984.

13. G. C. Bowser, D. E. Harney, and F. Tepper, "A High Energy Density Molten Anode Thermal Battery," *Power Sources* **6** (1976).

14. R. A. Guidotti, and F. W. Reinhardt, "Evaluation of Alternate Electrolytes for Use in Li(Si)/FeS$_2$ Thermal Batteries," *Proc. 33rd Power Sources Symp.*, 1988, pp. 369–376.

15. L. Redey, J. A. Smaga, J. E. Battles, and R. Guidotti, "Investigation of Primary Li-Si/FeS$_2$ Cells," *ANL-87-6*, Argonne National Laboratory, Argonne, IL, June 1987.

16. W. H. Collins, U.S. Patent 4,053,337, Oct. 11, 1977.

17. R. K. Quinn, and A. R. Baldwin, "Performance Data for Lithium-Silicon/Iron Disulfide Long Life Primary Thermal Battery," *Proc. 29th Power Sources Symp.*, 1980.

18. H. K. Street, "Characteristics and Development Report of the MC3573 Thermal Battery," *SAND82-0695*, 1983.

19. H. Ye et al., "Novel Design and Fabrication of Thermal Battery Cathodes Using Thermal Spray," Spring Meeting of the Materials Research Society, San Francisco, CA, April 5–9, 1999.

20. C. J. Crowley et al., "Development of Fabricating Processes for Plasma-Sprayed Li-Si Anodes," *Proc. 40th Power Sources Conference*, 2002, pp. 303–306.

21. J. K. Pugh, A. Lang, E. Dayalan, and D. Harney, "Tape Cast Technology as Applied to Thermal Batteries," *Proc. 43rd Power Sources Conference*, 2008, pp. 369–372.

22. J. Edington, G. Swift, and C. Lamb, "Development of Thin Components for Thermal Batteries," *Proc. 43rd Power Sources Conference*, 2008, pp. 177–180.

23. S. B. Preston, Z. Johnson, and R. Guidotti, "Development of Coating Process for Production of Low-Cost Thermal Batteries," *Proc. 43rd Power Sources Conference*, 2008, pp. 373–376.

24. R. Carpenter, and G. Di Benedetto, "Enhanced Nanostructuring Approach for Thermal Battery Cathode Materials," *Proceedings of the 47th Power Sources Conference*, 2016.

25. M. H. Miles, "Lithium Batteries Using Molten Nitrate Electrolytes," *Proc. 14th Annual Battery Conf.*, Long Beach, 1999.

26. D. R. Dekel, and D. Laser, U.S. Patent Appl. 2007/0292748.

27. C. S. Winchester, NSWC Carderock, personal communication.

第**22**章

新兴技术

22. 1 概述

    《电池手册》第四部分中的章节介绍了历史上和目前的一些主流电池技术。本书未详细说明一些值得注意的例外情况，包括放射性同位素、生物和"冷聚变"电化学装置。也许有一天，这些或其他边缘想法将被证明是实用的，并变得司空见惯。就目前而言，电化学领域充满了新的想法，这些想法有望转化成为商业产品。在许多情况下，这些新发明依赖于组件的改进，但更成功的创新更有可能来自材料、组件和系统架构的独特组合。"第四代研发"和"主导设计和平台技术"等概念为实现技术和财务成功开辟了道路。本章中的部分内容为电化学领域正在取得的进展，这些进展有朝一日可能会影响整个储能技术的发展。

22. 2 各部分主题

    以下部分讨论了当前主要研究和努力的三个领域，这些领域在前几章中没有完全涵盖，总结如下。

    22A 部分：混合电解质，即包含两相（种类）及以上离子导电材料的电解质，其应用通常涉及固态电解质（参见 22C 部分），也可能包含液体或凝胶电解质。

    22B 部分：氧化还原液流电池，一种将燃料电池元素与传统电池相结合的电化学电池设计。

    22C 部分：固态电解质，仅基于固体的离子导电材料，通常是聚合物、玻璃或陶瓷，在正常使用条件下不会熔化、溶解或流动。

    虽然其他一些创新性工作也在如火如荼地进行，例如硅基锂离子电池负极和碳基铅酸电池负极，但选择上述主题是为了提供一些当前具有潜在重大进步趋势的实例。虽然其他几十个同样有前景的研究领域也可以包括在内，然而还有许多其他概念可能不应成为深入研究的重点。在受到严格审查之前，某些风险技术或商业项目应仅限于秘密研发或在大学地下室实验室进行。失误是任何新突破的必要组成部分。

22. 3 警示性建议

    选择任何主题进行科学调查和随后实现商业化的标准依赖于技术和经济因素。如本书32E 部分所述，为项目提供资金始终是一个巨大的挑战。从经济合理性的角度来看，开发和实施激进的新型电池技术的时间线几乎令人望而却步。

    因此，研究人员、企业高管和投资者/利益相关者有义务保证最重要的资源使用。如本手册各章所述（特别是如前言部分所述），稀缺资源的配给在电池行业中尤为重要。主要资金通常只应用于最基本合理的概念。选择成功和失败的技术并不容易，在不太重要的技术的过度资助和伟大想法的资金不足之间获得适当的平衡是典型的挑战。

最重要的是，电化学反应很难完全指定或充分控制。虽然本章中详细介绍的创新看起来很有希望，但任何新概念的潜在商业回报都存在相当大的不确定性。电池研发的历程充满了许多成功的案例，但也伴随着众多的失败。

22A 混合电解质

Rose E. Ruther, Nancy J. Dudney, Kang Xu

22A.1 概述

与使用有机液体电解质的同类电池相比，固态电池有望具有更好的安全性、更长的循环寿命、更宽的工作温度范围和更高的能量密度，特别是如果可以消除 Li^0 电极（即锂金属箔）的枝晶问题[1-3]时。为了满足这些目标，固态电解质应具有高的离子电导率、好的力学性能、宽电压范围内的电化学稳定性，以及在两个界面与活性电极材料的紧密接触。固态电解质还应该与低成本加工方法兼容，通过这种方法可以大批量生产大面积的薄片或没有针孔的层压电极。迄今为止，还没有研究出满足所有这些要求的单一电解质。两种或多种电解质的组合可以形成不同类别（液体、固体、聚合物等）的"混合体"，为制造可大规模生产的实用固态电池提供了一条可能的途径。本节概述了这些混合电解质在固态或混合电池中面临的挑战和优势。

22A.2 固态和混合正极

开发固态电解质的目的主要是使锂（或钠）金属负极在低电位下提供极高的容量（锂金属为 3860mA·h/g、钠金属为 1166mA·h/g）。最新的正极，例如 $LiNi_{1-x-y}Co_xAl_yO_2$（NCA）和 $LiNi_{1-x-y}Co_xMn_yO_2$（NCM），其容量仅为碱金属负极的一小部分（≤200mA·h/g）。因此，为了匹配 Li 或 Na 金属的高容量需要具有高面积载量的厚正极。加工厚固态正极是实现高能量密度固态电池的主要挑战之一[4]。理想的固态正极应具有高活性材料载量［高于 90%（质量分数）；>2mA·h/cm²］以及高电子和离子电导率，才能与使用液体电解质的商业正极相竞争。目前，仅有少数关于具有合理载量［70%（质量分数）活性材料；>10mg/cm² 或 <1.4mA·h/cm²］的全固态正极的报道[5-6]。在全固态正极中实现通畅的离子传输也很重要，因为它需要陶瓷电解质和正极材料之间紧密接触，并具有最小的界面阻抗。

在室温下，对于通过物理气相沉积形成的扁平双层结构，固态电解质和固态正极之间的界面电导率通常为 $10^{-5} \sim 10^{-3}$ S/cm²（图 22A.1）[7-9]。此电导率比液体电解质界面的电导率低 $1 \sim 3$ 个数量级[10]。然而，并非所有固态电解质与正极的界面都是这种情况。使用 Li-PON 电解质的薄膜电池具有较好前景[11-12]，电池整体面积阻抗（包括体相电解质、锂负极界面和正极界面），在约 50% 充电状态下，仅为 $100 \sim 300\Omega\cdot cm^2$。由于体相电解质与界面电阻大小相当，正极界面对其贡献量非常不确定，需要复杂的电池结构并使用精心设计的参比电极才能准确测定。为了进行比较，图 22A.1 中给出的是保守估计。

粉末电极加工和长期电化学循环对全固态正极提出了其他限制要求。石榴石型 $Li_7La_3Zr_2O_{12}$（LLZO）或 NASICON 型 $Li_{1.5}Al_{0.5}Ge_{1.5}(PO_4)_3$（LAGP）等氧化物固态电解质较脆，需要较高的共烧结温度（600~700℃）以促进电解质和正极材料之间的良好接触。高温处理通常会导致分解反应和电阻界面层的形成[13-15]。$xLi_2S\text{-}yP_2S_5$（LPS）等含硫固态电解质柔软且可塑，可以在低温下形成具有良好接触的致密正极复合材料。然而，硫化

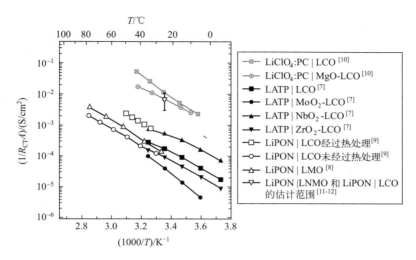

图 22A.1　正极与液态（顶部的两条线）和固态
（剩余较低的数据点）电解质界面的界面电阻与温度关系
数据是从有关扁平、无孔双层结构的现有文献中收集的

物对高压（＞3.0V）正极在热力学上不稳定，容易发生反应形成阻抗界面层[16-19]。提高界面稳定性的一种实用方法是用另一种材料（如 $LiNbO_3$ 或 Li_2SiO_3）包覆正极以防止相互扩散[16-18]。然而，即使最初形成了良好的界面，活性材料脱锂与嵌锂的反复体积膨胀与收缩也会导致正极/电解质界面开裂和分层[20-21]。Bucci 等开发了模型进行预测，发现更具柔韧性的固态电解质（如硫化物）比更坚硬的氧化物电解质更容易出现微裂纹和断裂，这与直觉相反[22]。

　　将正极中某些非晶和有机物（液体或聚合物电解质）的"软"组分与陶瓷电解质相结合形成混合结构，这种结构将克服在全固态正极难以形成良好界面而引起的许多问题。液态电解质的加入可能会抵消全固态电解质的一些优势，例如简化封装[4]。然而，如果混合型电池降低了易燃液体的总体积，它们仍然可以比全液态电池在安全性上有所提高。量热法和针刺试验结果表明，即使使用带有有机电解质的传统正极，固态电解质膜也比多孔聚丙烯隔膜具有更高的安全性[23]。

　　混合固态电池的正极结合了传统的有机电解质[23-26]、聚合物电解质[21,27-29]、塑晶电解质[30] 和离子液体[31-34]。这些辅助电解质可以是包含固态电解质相的正极复合材料的一部分，也可以是与固态电解质隔板接触的正极中唯一的电解质[23-31]。在任何形式中，向正极中添加辅助电解质都旨在改善接触效果、降低界面阻抗并提高性能。例如，与全固态电池相比，向固态电解质/正极复合材料中添加少量离子液体可显著提高混合电池的容量和容量保持率[32-33]。在某些情况下，即使在正极和固态电解质隔膜之间添加简单的聚合物或凝胶夹层，也能提高黏附性和润湿性[21,25]。在石榴石型结构的固态电解质和磷酸铁锂（LFP）正极之间添加凝胶夹层可将界面电阻降低两个数量级以上[25]。尽管这种方法很有前景，但只有少数报道中的混合正极具有足够的厚度和活性材料载量，以实现高能量电池[27]。

22A.3　锂金属负极的多层界面

　　为锂金属创建稳定的低阻抗界面也是一个重大挑战。大部分电解质在与锂金属接触时是热力学不稳定的[18-19]。石榴石型 LLZO 和 LiPON（$Li_xPO_yN_z$）是少数与锂金属负极兼容的固态电解质，它们可能是动力学稳定的，或者在与锂的界面处形成薄的、离子导电的钝化层。对于相对锂金属稳定的电解质，锂金属和固态电解质之间的界面阻抗对合成和加工条件高度敏感。例如，锂金属和石榴石型结构固态电解质之间界面处的阻抗会因制备方法不同而变化几乎两个数量级（表 22A.1）[26,28,35-36]。石榴石型结构固态电解质和锂金属之间的低阻抗界面可以通过多种方式来实现，包括控制晶粒尺寸[35-36]、减少表面碳酸锂的量[28,35] 以及包覆固态电解质（改善表面润湿性）[26]。

表 22A.1　锂金属电解质界面阻抗

界面	温度	阻抗/$\Omega \cdot cm^2$	参考文献
LLCZN|Li	室温	1710	[26]
LLCZN-Al_2O_3|Li	室温	34	
LLZO(小颗粒)|Li	25℃	37	[35-36]
LLZO(大颗粒)|Li	25℃	130	
LLZO(大颗粒,暴露于空气中)|Li	25℃	880	
LLZT|Li	25℃	1260	[28]
LLZT-LiF|Li	25℃	345	
LiPON|Li	室温	21	[9]

注：不同合成和处理方法生产的石榴石型结构固态电解质与锂磷氧氮（LiPON）的比较。

大多数固态电解质，如硫化物和 NASICON 型，对锂金属不稳定，会形成阻抗界面层[18-19,37-40]。尽管如此，通过添加辅助电解质作为缓冲，一些此类固态电解质已经成功地用于锂金属负极电池中。锂金属和固态电解质之间的夹层可以是固态电解质，如 LiPON[41-42]、聚合物[28,43-45]、有机液体[34,46-47] 或凝胶电解质[25]。这种多层保护的锂金属负极的大部分研究都集中在具有水性和非水性电解液的锂硫电池[46-47] 和锂-空气电池[34,43,48] 方面。然而，这种方法在固态电池中同样能发挥优势，主要通过改善与锂金属的接触来实现[25,28]。Manthiram 及其同事推出了一种多孔聚合物隔膜，该隔膜在锂金属和 LISICON 固态电解质之间填充了液体电解质。液体/聚合物界面比固态电解质能更好地润湿锂金属，并且比提高机械压力方法能更有效地改善循环[46-47]。

22A.4　用于固态电解质隔膜的陶瓷聚合物复合材料

文献中报道的大多数固态电池使用非常厚的固态电解质膜来分隔正极和负极，典型的厚度范围为 $200\mu m \sim 2mm$[5,49-55]。这比使用液体电解质的锂离子电池中常用的多孔聚合物膜厚 1～2 个数量级，从而大大降低了电池能量密度。将固态电解质加工成薄而无孔的薄片，是非常具有挑战性的。人们已经通过原子层沉积[56-57] 和溅射[58] 成功地沉积了固态电解质薄膜，并且正在努力将这些技术扩展到批量化电池制造中[59]。

另一种比当前制造方法更兼容、有吸引力的方案是聚合物和陶瓷电解质形成的复合隔膜。其目标是使复合材料同时具有足够的刚度来阻止锂枝晶的发生，具有灵活性来适应循环过程中体积变化以及提高锂离子电导率[60-63]。

对复合聚合物电解质（CPEs）的研究得到了不同的结果。在许多情况下，与纯聚合物电解质或与非导电陶瓷填料（如 Al_2O_3）混合的聚合物相比，添加固态电解质相并没有显著提高离子电导率[64-66]。聚合物电解质，例如基于聚氧化乙烯（PEO）的电解质，在室温下通常具有低电导率（约 $10^{-7} \sim 10^{-6}\,S/cm$）。有关复合聚合物电解质的电导率的改进已经有报道，主要通过使用固态电解质纳米颗粒[67]或纳米线[68-69]来实现。在这些研究中，固态电解质的比例很低 [$\leqslant 15\%$（质量分数）]，电导率的增加归因于颗粒或纳米线周围中间相中锂离子传输的增强。

在理想情况下，复合聚合物电解质中的锂离子传输主要通过陶瓷电解质来完成，因为陶瓷电解质往往比聚合物具有更高的电导率。然而，聚合物和固态电解质之间的界面阻抗可能非常大，阻碍了离子传输路径（图 22A.2）[70-71]。据报道，固态电解质和聚合物电解质之间的界面阻抗变化很大，跨越 5 个数量级。Tenhaeff 及其同事通过研究证明，简单改变固态电解质/聚合物电解质双层的加工和制造过程，可以显著降低界面阻抗[63]。在某些情况下，陶瓷和聚合物之间的阻抗可以忽略不计，甚至低于固态电解质与液体电解质界面所报道的值[72-74]。要深入了解影响离子跨电解质界面传输的基本因素，还需要进一步研究。最重要的是，迫切需要建立可靠且可重复的方法来准确测量离子传输特性，但即使在更成熟的液体电解质领域，该问题也没有得到很好的解决。此难题可以通过一个矛盾的陈述来表达，即理想的界面是"不可见的"，因此是不可测量的。该领域还将受益于对复合聚合物电解质力学性能的准确测量，这对于实现锂金属负极的实用化至关重要[60-61,64]。

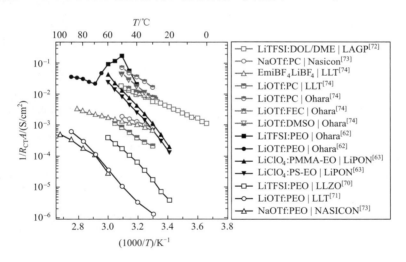

图 22A.2 固态电解质与液体（灰色）和聚合物（黑色）电解质界面的界面阻抗的温度依赖性
这些数据是从关于扁平、无孔双层结构的现有相关文献中收集的

22A.5 展望

电解质的性质往往会限制电池的性能。固态电池的候选电解质数量有限，没有一种是没有缺点的。单一固态电解质的选择只能在导电性、可加工性、电化学窗口、界面阻抗和循环稳定性之间进行权衡。合理地选择两种或多种电解质可以克服其中的许多限制，但也带来了新的挑战。特别地，必须优化所添加电解质界面上的电荷转移。具有最小阻抗的稳定界面的形成，对于材料的选择和加工条件都非常敏感。需要更多的基础研究来确定影响电荷转移的

所有因素。电解质界面的智能设计，对于实现高能量、高功率和低成本固态混合电池至关重要。

参考文献

1. Sun, C. W., Liu, J., Gong, Y. D., Wilkinson, D. P., and Zhang, J. J., Recent Advances in All-Solid-State Rechargeable Lithium Batteries. *Nano Energy* **33**:363–386 (2017).

2. Takada, K., Progress and Prospective of Solid-State Lithium Batteries. *Acta Mater.* **61**(3):759–770 (2013).

3. Kim, J. G., Son, B., Mukherjee, S., Schuppert, N., Bates, A., Kwon, O., and Choi, M. J., et al., A Review of Lithium and Non-Lithium Based Solid State Batteries. *J. Power Sources* **282**:299–322 (2015).

4. Kerman, K., Luntz, A., Viswanathan, V., Chiang, Y. M., and Chen, Z. B., Review-Practical Challenges Hindering the Development of Solid State Li Ion Batteries. *J. Electrochem. Soc.* **164**(7):A1731–A1744 (2017).

5. Ohtomo, T., Hayashi, A., Tatsumisago, M., Tsuchida, Y., Hama, S., and Kawamoto, K., All-Solid-State Lithium Secondary Batteries Using the 75Li$_2$S·25P$_2$S$_5$ Glass and the 70Li$_2$S·30P$_2$S$_5$ Glass-Ceramic as Solid Electrolytes. *J. Power Sources* **233**:231–235 (2013).

6. Seino, Y., Ota, T., and Takada, K., High Rate Capabilities of All-Solid-State Lithium Secondary Batteries Using Li$_4$Ti$_5$O$_{12}$-Coated LiNi$_{0.8}$Co$_{0.15}$Al$_{0.05}$O$_2$ and a Sulfide-Based Solid Electrolyte. *J. Power Sources* **196**(15):6488–6492 (2011).

7. Okumura, T., Nakatsutsumi, T., Ina, T., Orikasa, Y., Arai, H., Fukutsuka, T., and Iriyama, Y., et al., Depth-Resolved X-Ray Absorption Spectroscopic Study on Nanoscale Observation of the Electrode-Solid Electrolyte Interface for All Solid State Lithium Ion Batteries. *J. Mater. Chem.* **21**(27):10051–10060 (2011).

8. Iriyama, Y., Nishimoto, K., Yada, C., Abe, T., Ogumi, Z., and Kikuchi, K., Charge-Transfer Reaction at the Lithium Phosphorus Oxynitride Glass Electrolyte/Lithium Manganese Oxide Thin-Film Interface and Its Stability on Cycling. *J. Electrochem. Soc.* **153**(5):A821–A825 (2006).

9. Iriyama, Y., Kako, T., Yada, C., Abe, T., and Ogumi, Z., Charge Transfer Reaction at the Lithium Phosphorus Oxynitride Glass Electrolyte/Lithium Cobalt Oxide Thin Film Interface. *Solid State Ionics* **176**(31–34):2371–2376 (2005).

10. Iriyama, Y., Kurita, H., Yamada, I., Abe, T., and Ogumi, Z., Effects of Surface Modification by MgO on Interfacial Reactions of Lithium Cobalt Oxide Thin Film Electrode. *J. Power Sources* **137**(1):111–116 (2004).

11. Li, J. C., Ma, C., Chi, M. F., Liang, C. D., and Dudney, N. J., Solid Electrolyte: The Key for High-Voltage Lithium Batteries. *Adv. Energy Mater.* **5**(4):6 (2015).

12. Dudney, N. J., and Jang, Y. I., Analysis of Thin-Film Lithium Batteries with Cathodes of 50 nm to 4 micron Thick LiCoO$_2$. *J. Power Sources* **119**:300–304 (2003).

13. Kim, K. H., Iriyama, Y., Yamamoto, K., Kumazaki, S., Asaka, T., Tanabe, K., and Fisher, C. A., et al., Characterization of the Interface between LiCoO$_2$ and Li$_7$La$_3$Zr$_2$O$_{12}$ in an All-Solid-State Rechargeable Lithium Battery. *J. Power Sources* **196**(2):764–767 (2011).

14. Miara, L., Windmuller, A., Tsai, C. L., Richards, W. D., Ma, Q. L., Uhlenbruck, S., and Guillon, O., et al., About the Compatibility between High Voltage Spinel Cathode Materials and Solid Oxide Electrolytes as a Function of Temperature. *ACS Appl. Mater. Interfaces* **8**(40):26842–26850 (2016).

15. Iriyama, Y., Kako, T., Yada, C., Abe, T., and Ogumi, Z., Reduction of Charge Transfer Resistance at the Lithium Phosphorus Oxynitride/Lithium Cobalt Oxide Interface by Thermal Treatment. *J. Power Sources* **146**(1–2):745–748 (2005).

16. Haruyama, J., Sodeyama, K., and Tateyama, Y., Cation Mixing Properties Toward Co Diffusion at the LiCoO$_2$ Cathode/Sulfide Electrolyte Interface in a Solid-State Battery. *ACS Appl. Mater. Interfaces* **9**(1):286–292 (2017).

17. Sakuda, A., Hayashi, A., and Tatsumisago, M., Interfacial Observation between LiCoO$_2$ Electrode and Li$_2$S-P$_2$S$_5$ Solid Electrolytes of All-Solid-State Lithium Secondary Batteries Using Transmission Electron Microscopy. *Chem. Mater.* **22**(3):949–956 (2010).

18. Zhu, Y. Z., He, X. F., and Mo, Y. F., First Principles Study on Electrochemical and Chemical Stability of Solid Electrolyte-Electrode Interfaces in All-Solid-State Li-Ion Batteries. *J. Mater. Chem. A* **4**(9):3253–3266 (2016).

19. Richards, W. D., Miara, L. J., Wang, Y., Kim, J. C., and Ceder, G., Interface Stability in Solid-State Batteries. *Chem. Mater.* **28**(1):266–273 (2016).

20. Bucci, G., Swamy, T., Chiang, Y. M., and Carter, W. C., Random Walk Analysis of the Effect of Mechanical Degradation on All-Solid-State Battery Power. *J. Electrochem. Soc.* **64**(12):A2660–A2664 (2017).

21. Knutz, B., and Skaarup, S., Discharge of Solid-State Li$_3$N+TiS$_2$ Composite Electrodes. *Solid State Ionics* **18-9**:783–787 (1986).

22. Bucci, G., Swamy, T., Chiang, Y. M., and Carter, W. C., Modeling of Internal Mechanical Failure of All-Solid-State Batteries During Electrochemical Cycling, and Implications for Battery Design. *J. Mater. Chem. A* **5**(36):19422–19430 (2017).

23. Jung, Y. C., Kim, S. K., Kim, M. S., Lee, J. H., Han, M. S., Kim, D. H., and Shin, W. C., et al., Ceramic Separators Based on Li$^+$-Conducting Inorganic Electrolyte for High-Performance Lithium-Ion Batteries with Enhanced Safety. *J. Power Sources* **293**:675–683 (2015).

24. Fu, K. K., Gong, Y. H., Liu, B. Y., Zhu, Y. Z., Xu, S. M., Yao, Y. G., and Luo, W., et al., Toward Garnet Electrolyte-Based Li Metal Batteries: An Ultrathin, Highly Effective, Artificial Solid-State Electrolyte/Metallic Li Interface. *Sci. Adv.* **3**(4):11 (2017).

25. Liu, B. Y., Gong, Y. H., Fu, K., Han, X. G., Yao, Y. G., Pastel, G., and Yang, C. P., et al., Garnet Solid Electrolyte Protected Li-Metal Batteries. *ACS Appl. Mater. Interfaces* **9**(22):18809–18815 (2017).

26. Han, X. G., Gong, Y. H., Fu, K., He, X. F., Hitz, G. T., Dai, J. Q., and Pearse, A., et al., Negating Interfacial Impedance in Garnet-Based Solid-State Li Metal Batteries. *Nat. Mater.* **16**(5):572–579 (2017).

27. Chen, R. J., Zhang, Y. B., Liu, T., Xu, B. Q., Lin, Y. H., Nan, C. W., and Shen, Y., Addressing the Interface Issues in All-Solid-State Bulk-Type Lithium Ion Battery via an All-Composite Approach. *ACS Appl. Mater. Interfaces* **9**(11):9654–9661 (2017).

28. Li, Y. T., Xu, B. Y., Xu, H. H., Duan, H. N., Lu, X. J., Xin, S., and Zhou, W. D., et al., Hybrid Polymer/Garnet Electrolyte with a Small Interfacial Resistance for Lithium-Ion Batteries. *Angew. Chem.-Int. Edit.* **56**(3):753–756 (2017).

29. Zhou, W. D., Wang, S. F., Li, Y. T., Xin, S., Manthiram, A., and Goodenough, J. B., Plating a Dendrite-Free Lithium Anode with a Polymer/Ceramic/Polymer Sandwich Electrolyte. *J. Am. Chem. Soc.* **138**(30):9385–9388 (2016).

30. Gao, H. C., Xue, L. G., Xin, S., Park, K., and Goodenough, J. B., A Plastic-Crystal Electrolyte Interphase for All-Solid-State Sodium Batteries. *Angew. Chem.-Int. Edit.* **56**(20):5541–5545 (2017).

31. Liu, L. L., Qi, X. G., Ma, Q., Rong, X. H., Hu, Y. S., Zhou, Z. B., and Li, H., et al., Toothpaste-Like Electrode: A Novel Approach to Optimize the Interface for Solid-State Sodium-Ion Batteries with Ultralong Cycle Life. *ACS Appl. Mater. Interfaces* **8**(48):32631–32636 (2016).

32. Oh, D. Y., Nam, Y. J., Park, K. H., Jung, S. H., Cho, S. J., Kim, Y. K., and Lee, Y. G., et al., Excellent Compatibility of Solvate Ionic Liquids with Sulfide Solid Electrolytes: Toward Favorable Ionic Contacts in Bulk-Type All-Solid-State Lithium-Ion Batteries. *Adv. Energy Mater.* **5**(22):7 (2015).

33. Zhang, Z. Z., Zhang, Q. H., Shi, J. A., Chu, Y. S., Yu, X. Q., Xu, K. Q., and Ge, M. Y., et al., A Self-Forming Composite Electrolyte for Solid-State Sodium Battery with Ultralong Cycle Life. *Adv. Energy Mater.* **7**(4):11 (2017).

34. Zhang, T., and Zhou, H. S., A Reversible Long-Life Lithium-Air Battery in Ambient Air. *Nat. Commun.* **4**:7 (2013).

35. Cheng, L., Wu, C. H., Jarry, A., Chen, W., Ye, Y. F., Zhu, J. F., and Kostecki, R., et al., Interrelationships Among Grain Size, Surface Composition, Air Stability, and Interfacial Resistance of Al-Substituted $Li_7La_3Zr_2O_{12}$ Solid Electrolytes. *ACS Appl. Mater. Interfaces* **7**(32):17649–17655 (2015).

36. Cheng, L., Chen, W., Kunz, M., Persson, K., Tamura, N., Chen, G. Y., and Doeff, M., Effect of Surface Microstructure on Electrochemical Performance of Garnet Solid Electrolytes. *ACS Appl. Mater. Interfaces* **7**(3):2073–2081 (2015).

37. Wenzel, S., Randau, S., Leichtweiss, T., Weber, D. A., Sann, J., Zeier, W. G., and Janek, J., Direct Observation of the Interfacial Instability of the Fast Ionic Conductor $Li_{10}GeP_2S_{12}$ at the Lithium Metal Anode. *Chem. Mater.* **28**(7):2400–2407 (2016).

38. Wenzel, S., Weber, D. A., Leichtweiss, T., Busche, M. R., Sann, J., and Janek, J., Interphase Formation and Degradation of Charge Transfer Kinetics between a Lithium Metal Anode and Highly Crystalline $Li_7P_3S_{11}$ Solid Electrolyte. *Solid State Ionics* **286**:24–33 (2016).

39. Whiteley, J. M., Woo, J. H., Hu, E. Y., Nam, K. W., and Lee, S. H., Empowering the Lithium Metal Battery Through a Silicon-Based Superionic Conductor. *J. Electrochem. Soc.* **161**(12):A1812–A1817 (2014).

40. Hartmann, P., Leichtweiss, T., Busche, M. R., Schneider, M., Reich, M., Sann, J., and Adelhelm, P., et al., Degradation of NASICON-Type Materials in Contact with Lithium Metal: Formation of Mixed Conducting Interphases (MCI) on Solid Electrolytes. *J. Phys. Chem. C* **117**(41):21064–21074 (2013).

41. Visco, S. J., Nimon, Y. S., Katz, B. D., and De Jonghe, L. C., Active Metal Fuel Cells. US Patent 8,709,679. Issued April 29, 2014.

42. Visco, S. J., Katz, B. D., Nimon, Y. S., and De Jonghe, L. C., Protected Active Metal Electrode and Battery Cell Structures with Non-Aqueous Interlayer Architecture. US Patent 9,123,941. Issued September 1, 2015.

43. Zhang, T., Imanishi, N., Shimonishi, Y., Hirano, A., Takeda, Y., Yamamoto, O., and Sammes, N., A Novel High Energy Density Rechargeable Lithium/Air Battery. *Chem. Commun.* **46**(10):1661–1663 (2010).

44. Kubanska, A., Castro, L., Tortet, L., Dolle, M., and Bouchet, R., Effect of Composite Electrode Thickness on the Electrochemical Performances of All-Solid-State Li-Ion Batteries. *J. Electroceram.* **38**(2–4):189–196 (2017).

45. Chinnam, P. R., and Wunder, S. L., Engineered Interfaces in Hybrid Ceramic—Polymer Electrolytes for Use in All-Solid-State Li Batteries. *ACS Energy Lett.* **2**(1):134–138 (2017).

46. Yu, X. W., Bi, Z. H., Zhao, F., and Manthiram, A., Hybrid Lithium-Sulfur Batteries with a Solid Electrolyte Membrane and Lithium Polysulfide Catholyte. *ACS Appl. Mater. Interfaces* **7**(30):16625–16631 (2015).

47. Yu, X. W., Bi, Z. H., Zhao, F., and Manthiram, A., Polysulfide-Shuttle Control in Lithium-Sulfur Batteries with a Chemically/Electrochemically Compatible NaSICON-Type Solid Electrolyte. *Adv. Energy Mater.* **6**(24):8 (2016).

48. Visco, S. J., Nimon, V. Y., Petrov, A., Pridatko, K., Goncharenko, N., Nimon, E., and De Jonghe, L., et al. Aqueous and Nonaqueous Lithium-Air Batteries Enabled by Water-Stable Lithium Metal Electrodes. *J. Solid State Electrochem.* **18**(5):1443–1456 (2014).

49. Ito, S., Fujiki, S., Yamada, T., Aihara, Y., Park, Y., Kim, T. Y., and Baek, S. W., et al., A Rocking Chair Type All-Solid-State Lithium Ion Battery Adopting Li_2O-ZrO_2 Coated $LiNi_{0.8}Co_{0.15}Al_{0.05}O_2$ and a Sulfide Based Electrolyte. *J. Power Sources* **248**:943–950 (2014).

50. Kato, Y., Hori, S., Saito, T., Suzuki, K., Hirayama, M., Mitsui, A., and Yonemura, M., et al., High-Power All-Solid-State Batteries Using Sulfide Superionic Conductors. *Nat. Energy* **1**:16030 (2016).

51. Yubuchi, S., Ito, Y., Matsuyama, T., Hayashi, A., and Tatsumisago, M., 5 V Class $LiNi_{0.5}Mn_{1.5}O_4$ Positive Electrode Coated with Li_3PO_4 Thin Film for All-Solid-State Batteries Using Sulfide Solid Electrolyte. *Solid State Ionics* **285**:79–82 (2016).

52. Iwamoto, K., Aotani, N., Takada, K., and Kondo, S., Rechargeable Solid-State Battery with Lithium Conductive Glass, Li_3PO_4-Li_2S-SiS_2. *Solid State Ionics* **70**:658–661 (1994).

53. Ohta, S., Komagata, S., Seki, J., Saeki, T., Morishita, S., and Asaoka, T., All-Solid-State Lithium Ion Battery Using Garnet-Type Oxide and Li_3BO_3 Solid Electrolytes Fabricated by Screen-Printing. *J. Power Sources* **238**:53–56 (2013).

54. Ohta, S., Kobayashi, T., Seki, J., and Asaoka, T., Electrochemical Performance of an All-Solid-State Lithium Ion Battery with Garnet-Type Oxide Electrolyte. *J. Power Sources* **202**:332–335 (2012).

55. van den Broek, J., Afyon, S., and Rupp, J. L. M., Interface-Engineered All-Solid-State Li-Ion Batteries Based on Garnet-Type Fast Li^+ Conductors. *Adv. Energy Mater.* **6**(19):11 (2016).

56. Kozen, A. C., Pearse, A. J., Lin, C. F., Noked, M., and Rubloff, G. W., Atomic Layer Deposition of the Solid Electrolyte LiPON. *Chem. Mater.* **27**(15):5324–5331 (2015).

57. Nisula, M., Shindo, Y., Koga, H., and Karppinen, M., Atomic Layer Deposition of Lithium Phosphorus Oxynitride. *Chem. Mater.* **27**(20):6987–6993 (2015).

58. Bates, J. B., Dudney, N. J., Gruzalski, G. R., Zuhr, R. A., Choudhury, A., Luck, C. F., and Robertson, J. D., Fabrication and Characterization of Amorphous Lithium Electrolyte Thin-Films and Rechargeable Thin-Film Batteries. *J. Power Sources* **43**(1–3):103–110 (1993).

59. Yersak, A. S., Sharma, K., Wallas, J. M., Dameron, A. A., Li, X. M., Yang, Y. G., and Hurst, K. E., et al., Spatial Atomic Layer Deposition for Coating Flexible Porous Li-Ion Battery Electrodes. *J. Vac. Sci. Technol. A* **36**(1):11 (2018).

60. Kalnaus, S., Tenhaeff, W. E., Sakamoto, J., Sabau, A. S., Daniel, C., and Dudney, N. J., Analysis of Composite Electrolytes with Sintered Reinforcement Structure for Energy Storage Applications. *J. Power Sources* **241**:178–185 (2013).

61. Kalnaus, S., Sabau, A. S., Tenhaeff, W. E., Dudney, N. J., and Daniel, C., Design of Composite Polymer Electrolytes for Li Ion Batteries Based on Mechanical Stability Criteria. *J. Power Sources* **201**:280–287 (2012).

62. Tenhaeff, W. E., Perry, K. A., and Dudney, N. J., Impedance Characterization of Li Ion Transport at the Interface between Laminated Ceramic and Polymeric Electrolytes. *J. Electrochem. Soc.* **159**(12):A2118–A2123 (2012).

63. Tenhaeff, W. E., Yu, X., Hong, K., Perry, K. A., and Dudney, N. J., Ionic Transport Across Interfaces of Solid Glass and Polymer Electrolytes for Lithium Ion Batteries. *J. Electrochem. Soc.* **158**(10):A1143–A1149 (2011).

64. Leo, C. J., Rao, G. V. S., and Chowdari, B. V. R., Studies on Plasticized PEO-Lithium Triflate-Ceramic Filler Composite Electrolyte System. *Solid State Ionics* **148**(1–2):159–171 (2002).

65. Nairn, K. M., Best, A. S., Newman, P. J., MacFarlane, D. R., and Forsyth, M., Ceramic-Polymer Interface in Composite Electrolytes of Lithium Aluminium Titanium Phosphate and Polyetherurethane Polymer Electrolyte. *Solid State Ionics* **121**(1–4):115–119 (1999).

66. Wang, Y. J., and Pan, Y., $L_{1.3}Al_{0.3}Ti_{1.7}(PO_4)_3$ Filler Effect on $(PEO)LiClO_4$ Solid Polymer Electrolyte. *J. Poly. Sci. B* **43**(6):743–751 (2005).

67. Wang, W. M., Yi, E. Y., Fici, A. J., Laine, R. M., and Kieffer, J., Lithium Ion Conducting Poly(ethylene oxide)-Based Solid Electrolytes Containing Active or Passive Ceramic Nanoparticles. *J. Phys. Chem. C* **121**(5):2563–2573 (2017).

68. Liu, W., Liu, N., Sun, J., Hsu, P. C., Li, Y. Z., Lee, H. W., and Cui, Y., Ionic Conductivity Enhancement of Polymer Electrolytes with Ceramic Nanowire Fillers. *Nano Lett.* **15**(4):2740–2745 (2015).

69. Yang, T., Zheng, J., Cheng, Q., Hu, Y. Y., and Chan, C. K., Composite Polymer Electrolytes with $Li_7La_3Zr_2O_{12}$ Garnet-Type Nanowires as Ceramic Fillers: Mechanism of Conductivity Enhancement and Role of Doping and Morphology. *ACS Appl. Mater. Interfaces* **9**(26):21773–21780 (2017).

70. Dudney, N. J., *Composite Electrolyte to Stabilize Metallic Lithium Anodes*; Project ID: ES182; Vehicle Technologies Program Annual Merit Review and Peer Evaluation Meeting, 2013.

71. Abe, T., Ohtsuka, M., Sagane, F., Iriyama, Y., and Ogumi, Z., Lithium Ion Transfer at the Interface between Lithium-Ion-Conductive Solid Crystalline Electrolyte and Polymer Electrolyte. *J. Electrochem. Soc.* **151**(11):A1950–A1953 (2004).

72. Busche, M. R., Drossel, T., Leichtweiss, T., Weber, D. A., Falk, M., Schneider, M., and Reich, M. L., et al., Dynamic Formation of a Solid-Liquid Electrolyte Interphase and Its Consequences for Hybrid-Battery Concepts. *Nat. Chem.* **8**(5):426–434 (2016).

73. Sagane, F., Abe, T., Iriyama, Y., and Ogumi, Z., Li^+ and Na^+ Transfer through Interfaces between Inorganic Solid Electrolytes and Polymer or Liquid Electrolytes. *J. Power Sources* **146**(1–2):749–752 (2005).

74. Abe, T., Sagane, F., Ohtsuka, M., Iriyama, Y., and Ogumi, Z., Lithium-Ion Transfer at the Interface between Lithium-Ion Conductive Ceramic Electrolyte and Liquid Electrolyte—A Key to Enhancing the Rate Capability of Lithium-Ion Batteries. *J. Electrochem. Soc.* **152**(11):A2151–A2154 (2005).

22B　氧化还原液流电池
H. Frank Gibbard

22B.1　概述

22B.1.1　简介和背景

氧化还原液流电池（RFB）是可充电电池，其中电化学活性材料溶解在溶液中并循环通过或穿过电极，其唯一功能是在电池充电或放电时将电子转移到活性材料或从活性材料转移。这种电池的优点包括：

- 由于循环过程中无体积变化，固体材料没有应变，因此使用寿命很长。
- 由于功率属性（取决于电池结构和操作方法）和能量属性（由负极和正极电解质的体积和组成决定，此处分别称为"负极电解液"和"正极电解液"）分离而带来的设计灵活性。

这些优势在 Kangro 的早期工作中得到了证实[1-2]，他根据无机离子的不同氧化态提出了几种氧化还原液流电池。

氧化还原液流电池的工作原理如图 22B.1 所示，与燃料电池的工作原理非常相似，事实上，一些作者将氧化还原液流电池描述为"再生燃料电池"。然而，氧化还原液流电池和燃料电池之间的一个重要区别是，氧化还原液流电池正极和负极材料都储存在储罐中，而燃料电池则通常利用大气中的氧气。其他作者将一些体系涵盖在氧化还原液流电池范畴内，这些系统的特点是其中一个组件可以是气体（如氢溴液流电池），也可以是固体（如锌-溴系统）。在本节中，后一类系统被划分为混合液流电池，而氧化还原液流电池系统仅限于所有组件都以液相存在。其他系统在 Soloveichik 的综述中有描述[3]。

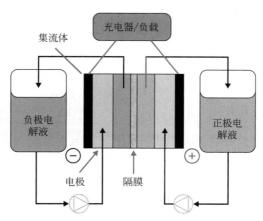

图 22B.1　氧化还原液流电池单体示意

图 22B.1 为氧化还原液流电池的内部结构示意，盛放在储罐中的正极和负极活性材料通过液体电解质泵而在电池内部进行循环。活性物质通过多孔电极，与惰性电极板交换电子并进行氧化还原反应而形成不同的可溶性离子，然后再流回储罐。离子电流通过隔板（隔膜）穿过电池。隔膜通常是离子交换膜，或者在某些情况下为微孔或纳米孔板[4]。

22B.1.2　特性和优点

氧化还原液流电池的开发主要源于以下理想特性:
- 高单体电池电压
- 活性物质的高溶解度
- 电解质的高能量密度
- 高效率
- 快速电极动力学
- 低内阻
- 最少的副反应
- 电池电极的高功率密度
- 宽工作温度范围
- 低电解液毒性
- 低电解液腐蚀性
- 正负极电解液相互渗透混合的影响最小化
- 长日历寿命和循环寿命 (即 20 年和 10000 次深度循环)
- 电极堆材料、电解质和辅助控制系统的低成本

图 22B.1 还描述了氧化还原液流电池单体的工作原理。多节电池采用串联双极性电池阵列结构,与质子交换膜 (PEM) 燃料电池的设计大致相同。

22B.2　氧化还原液流电池的类型

22B.2.1　铁-铬液流电池

20 世纪 70 年代,美国国家航空航天局 (NASA) 对一些可能用于大规模储能的氧化还原电对进行了广泛研究[4]。在这项工作中所确定的最有前途的系统是铁-铬系统,具有以下反应。

正极:　　　　　　　　$Fe^{3+} + e^- \longrightarrow Fe^{2+}$　　　$E^{\ominus} = +0.77V$

负极:　　　　　　　　　　$Cr^{2+} \longrightarrow Cr^{3+} + e^-$　　　$E^{\ominus} = -0.41V$

放电净反应:　　　$Fe^{3+} + Cr^{2+} \longrightarrow Fe^{2+} + Cr^{3+}$　　　$E^{\ominus} = +1.18V$

作为 20 世纪 80 年代初期日本新能源产业技术综合开发机构 (NEDO) 月光项目的一部分,Fe-Cr 液流电池系统被扩展到 20kW 功率水平,住友电工测试了 60kW 系统[5]。人们发现该系统存在几个技术问题。其中一个问题就是当铁离子和铬离子扩散穿过阳离子交换分离器时,无法分离到它们原来的储罐中,从而造成容量损失;可以通过混合每个罐中的离子来改善,以达到目标电容量所需的浓度。一个更棘手的问题就是带电负极的低氧化还原电位会导致析氢。最终,日本开发商放弃 Fe-Cr 电池体系的研发工作,转而支持全钒液流电池系统 (本章稍后描述)。

分别于 2008 年和 2009 年成立的两家美国公司 (EnerVault 和 Deeya),其目标是实现 Fe-Cr 液流电池的商业化。但两家公司最终都申请破产:Deeya 更名为 Imergy 并从铁-铬体系转向全钒氧化还原液流电池;EnerVault 的开发工作达到 250kW 的规模且电容量达 1MW·h,但最终因技术和业务问题而失败。

22B.2.2　全钒液流电池

迄今为止，全钒氧化还原液流电池（简称全钒液流电池）在实现大规模商业化目标方面是最先进的。它是由 Maria Skyllas-Kazacos 于 1988 年发明的[6]。该系统的电化学体系是一项"绝技"，因为它仅依赖一种元素来给出四种稳态或亚稳态的氧化态，以提供给氧化还原液流电池所需的所有离子（为正极电解液和负极电解液提供所需的还原和氧化物质）。该体系电化学反应如下。

正极：　　　　　　$VO_2^+ + 2H^+ + e^- \rightleftharpoons VO^{2+} + H_2O$　　　$E^\ominus = +0.991V$

负极：　　　　　　　　　$V^{2+} \rightleftharpoons V^{3+} + e^-$　　　$E^\ominus = -0.255V$

单体净反应：$VO_2^+ + 2H^+ + V^{2+} \rightleftharpoons VO^{2+} + H_2O + V^{3+}$　　　$E^\ominus = +1.246V$

从概述中列出的氧化还原液流电池的理想属性来看，全钒液流电池系统具有以下特点：

- 单体电池电压适中；
- 钒溶解度为 1.6～2.5mol/L；
- 混合电解质的中等能量密度为 15～25W·h/L；
- 直流往返循环效率高（为 80%）；
- 在很宽的温度范围内（-20～70℃）的电解质稳定；
- 中等毒性和腐蚀性；
- 负极电解液和正极电解液混合后无不可逆变化；
- 非常长的循环寿命和日历寿命潜力；
- 对于放电持续时间长的大型系统而言，与包括锂离子电池在内的所有其他固定式储能电池相比，成本具有竞争力。

这些特性，特别是极长寿命的潜力，以及在混合正极和负极电解质后使系统恢复到原始状态的能力，使全钒液流电池系统成为最先进、可实现大规模商业化的氧化还原液流电池。

在过去二十多年中，全钒液流电池的技术虽然在许多项目中发展到了千瓦级和兆瓦级，但仍有几个缺点。最近几家学术机构和美国政府实验室的研究人员已经解决了这些缺点。美国太平洋西北国家实验室（PNNL）[7] 的研究人员在全钒氧化还原液流电池中使用含有氯离子支撑的电解质。Skyllas-Kazacos 在原始电解质中使用由硫酸组成的支撑电解质，采用这种电解液制成的电池有两个明显的局限性，如下所述。

① 带电电解液的最高工作温度约为 35℃。如果高于此温度，五价钒从正极电解液中析出。在电极或流动通道中形成固体，会使氧化还原液流电池无法运行。这就需要对电解液进行主动冷却，然而制冷设备价格昂贵降低了系统可靠性以及电效率。

② 全硫酸盐电解液中钒离子浓度上限仅为 1.6mol/L 左右。这就要求使用更大的储罐和具有更大的泵送能力，从而导致更高的系统成本和更低的电效率。PNNL 混合酸电解液的钒浓度上限为 2.5mol/L，温度上限为 55℃。此电解液显著提高了全钒氧化还原液流电池的性能。PNNL 的技术只授权给了数量有限的几家公司，用在它们的氧化还原液流电池中；这些公司包括：UniEnergy Technologies（UET）；PNNL 的子公司；Imergy 公司和 Watt-Joule 公司。

电解液占全钒氧化还原液流电池成本的很大一部分，另外一部分成本源于双极性电堆。电堆中的化学能可转换为电能，反之电能也可转换成化学能。直到最近，氧化还原液流电池的一个固有缺点仍是工作电流密度较低（通常为 60～120mA/cm²），因此在此类堆叠电极上功率密度较低（为 $70\sim150mW/cm^2$）。田纳西大学诺克斯维尔分校和美国橡树岭国家实验室[8] 的研究人员对有用电流密度进行了量化改进，产生了一种称为"零间隙架构"的电池设计。该技术由 WattJoule 公司独家授权，其额定工作电流密度和功率密度分别达到 $350mA/cm^2$ 和 $420mW/cm^2$，最大功率密度超过 $1500mW/cm^2$。功率密度的增加能够减少制造电堆所需的材料用量，从而显著降低系统成本。

住友电工在日本北海道安装的 $10MW$、$60MW\cdot h$ 系统，以及大连融科储能技术发展有限公司在大连制造的世界最大储能系统之一的 $200MW$、$800MW\cdot h$ 系统，都已经证明了全钒液流电池有能力满足电网的规模储能需求。

22B.2.3　钒-溴液流电池

全钒液流电池系统商业化相较其他氧化还原液流电池有很大的优势，那么问题自然是下一步应该开发什么体系，并且这个体系要比全钒液流电池系统具有更重要的优势。由于钒的价格和供应来源有些不确定，因此较少使用这种材料或根本不使用这种材料的系统成为突破点。在全钒系统的优缺点讨论中提到的其他对先进系统有用的优势，促使 M. Skyllas-Kazacos 及其同事提议开发钒-溴（V-Br）系统。他们将其命名为第二代液流电池（Gen2），而第一代则为全钒液流电池系统。相关系统的工作原理如图 22B.2 所示。

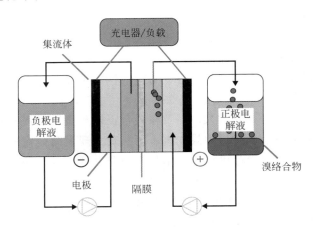

图 22B.2　钒-溴氧化还原液流电池示意

活性材料溶解在正极电解液和负极电解液中，并储存在电池储罐内。电池电极仅用于将电子转移到活性物质和从活性物质转出，电极在充电和放电过程中不会发生化学或物理变化。在充电过程中，电极上会发生以下反应。

负极反应：
$$2V^{3+}+2e^- \longrightarrow 2V^{2+}$$

正极反应：
$$2Br^- +QBr_n \longrightarrow QBr_{n+2}+2e^-$$

单体净反应：
$$2V^{3+}+2Br^- +QBr_n \longrightarrow 2V^{2+}+QBr_{n+2}$$

V-Br 体系的有趣之处在于它在很大程度上与全钒氧化还原液流电池类似：如果活性材料穿过隔膜，则正、负电解液储罐内的物质会混合在一起，此体系能容易恢复到其原始状态（通过将一些水相从一个储罐转移到另一个储罐来实现）。这是因为尽管一种元素不能提供活性材料的所有氧化态，但溴化钒是能提供所有氧化态的独特物质。

因为元素溴具有相当高的蒸气压，当它在正极生成时，它将以元素 Br_2 和多溴化物（如 Br_3^- 和 Br_5^-）的形式存在于水相中。这些复合离子中的溴会与正极电解液上方气相中的元素溴达到平衡。当钒-溴液流电池循环时，有一个很明显的现象印证了这一点：充电时，在正极电解液上方可以看到红棕色蒸气，而在放电时蒸气又消失。由于环境原因，以及正极电解液中溴的高活性增加了含溴物质穿过隔膜进入负极电解液隔室的驱动力，因此需要尽量降低正极电解液中溴的热力学活性。幸运的是，由于锌-溴电池经过大量工作已得到完善，因此可以找到降低水溶液中溴活性的方法，因而促进了络合剂的发展，如一种名为 QBr 的溴化季铵盐，其与溶解溴的反应方程式如下：

$$QBr + nBr_2 \longrightarrow QBr_{2n+1}$$

图 22B.2 中的电池运行中，正极产生的溴与络合剂 QBr 反应形成非水性多溴化物油（QBr_{2n+1}，其中 $n=1$、2、3 或 4）。此产物基本不溶于水相，并以液滴的形式被带至正极电解液罐中。由于其密度大于水相密度，因此会沉入正极电解液罐底部。最近一篇关于锌-溴电池的文章为了解溴络合的现有技术提供了许多参考[10]。WattJoule 公司的早期实验对 V-Br 单电池的性能得到了有希望的结果，包括以下条件和结果：

- $25cm^2$ 的有效电极面积；
- 工作温度 45℃；
- 专用溴络合剂；
- 液态电解质能量密度≥50W·h/kg；
- 工作电极电流密度≥200mA/cm^2；
- 最大功率密度≥1000mW/cm^2；
- 往返直流电效率为 80%。

这些性能，特别是比以前研究报道的工作电流密度高出 5～10 倍，为 V-Br 系统的未来发展提供了一些希望，使其可成为一种实用的大规模储能系统。

22B.3 氧化还原液流电池候选体系

22B.3.1 过去的工作

除了 Fe-Cr、全钒和 V-Br 体系之外，还提出并研究了许多其他基于无机氧化还原对的候选氧化还原液流电池，有少数体系达到了千瓦级的开发阶段。例如，参考文献［11］的表 1 列出了 10 种已评估的氧化还原液流电池的化学物质。此外，本节中引用的许多其他相近体系都经过了测试，其中一些花费了数百万美元，但没有开发出能够实现商业化的储能系统[12]。这些系统包括其中一个组件是气体的系统，或其中一个组件被镀上金属的系统。在笔者看来，在可行的氧化还原液流系统开发过程中，最好不要将宝贵的资源浪费在寻找众所周知的无机氧化还原对的新组合之中。相反，应将研究重点放在可能符合本章第一部分所述标准的、新的氧化还原对方面，可能会更有成效。特别是，具有低毒性和低腐蚀性的物质对（电池中的化学物质组合）很可能会被拥有实施氧化还原液流电池所需资源的公司采用，因为它们在大规模制造和广泛商业化应用方面更为简单。

22B.3.2 未来的工作

如果采用上述方案，那么合乎逻辑的方法似乎是利用有机化学和有机金属化学结构及性质的无限灵活性。许多研究人员目前正在探索这条道路[13-14]，追随流行的观点，认为"绿色化学"更有可能成为解决现在日益明显的环境问题的有效策略。开发此类有机材料的挑战是巨大的，包括证明实现长日历寿命和循环寿命所需的稳定性、低成本，以及通过混合正电解液和负电解液来防止容量损失的可取性。如果有机化学家、有机金属化学家、材料科学家、电池科学家和工程师在新的氧化还原液流电池化学物质的研发中能够尽早协同合作，那么成功解决这些问题的概率将会大大提高。

参考文献

1. W. Kangro, "Process for Storage of Electrical Energy," German Patent, June, 1949.
2. W. Kangro and H. Pieper, "On the Problem of Storing Electrical Energy in Liquids," *Electrochim. Acta* **7**:435–448 (1962).
3. G.L. Soloveichik, "Flow Batteries: Current Status and Trends," *Chem. Rev.* **115**:11533–11558, 2015.
4. N.H. Hagedorn, "NASA Redox Storage System Development Project. Final Report," DOE/NASA/12726-24 NASA TM-83677, October, 1984.
5. T. Shigematsu, "Redox Battery for Energy Storage," SEI Technical Review—Number 73–October 2011.
6. M. Skyllas-Kazacos, M. Rychick, and M. Robins, U.S. Patent 4,786,567, "All-Vanadium Redox Battery" 1988.
7. L. Li, S. Kim, Z. Yang, W. Wang, J. Zhang, B. Chen, Z. Nie, and G. Xia, U.S. Patent 9,819,039, "Redox Flow Batteries Based on Supporting Solutions Containing Chloride," 2017.
8. M. Mench, T. Zawodzinski, and C.N. Sun, "High Power High Efficiency Flow Type Battery," U.S. Patent Application 2015/0072261, March 2015.
9. M. Skyllas-Kazacos, "G1 and G2 Vanadium Redox Batteries for Renewable Energy Storage," http://www.eurosolar.org/new/pdfs_neu/electric/IRES2006_Skyllas-Kazacos.pdf.
10. B.G. McMillan, M. Spicer, A. Wark, and L. Berlouis, "Complexing Additives to Reduce the Immiscible Phase Formed in the Hybrid ZnBr Flow Battery," *J. Electrochem. Soc.* **164**(13):A3342–A3348 (2017).
11. L.F. Arenas, C. Ponce de Leon, and F. Walsh, "Engineering Aspects of the Design, Construction and Performance of Modular Redox Flow Batteries for Energy Storage," *J. Energy Storage* **11**:119–153 (2017).
12. P. Leung, X. Li, C. Ponce de Leon, C.T. John Low, L. Berlouis, and F.C. Walsh, "Progress in Redox Flow Batteries, Remaining Challenges and Their Applications," *RSC Adv.* **2**:10125–10156 (2012).
13. J.D. Milshtein, A.P. Kaur, M.D. Casselman, J.A. Kowalski, S. Modekrutti, P.L. Zhang, and N.H. Attanayake, et al., "High Current Density, Long Duration Cycling of Soluble Organic Active Species for Non-aqueous Redox Flow Batteries," *Energy Environ. Sci.* **9**:3531 (2016).
14. R.G. Gordon, A.A. Guzik, and M.J. Aziz, "Aqueous Flow Batteries Using Organics and Organometallics," International Flow Battery Forum, Manchester, U.K., 2017-06-28.

22C 固态电解质（陶瓷、玻璃、聚合物）
Ron Turi

22C. 1 引言

在电池应用中，固态电解质（SSE）材料是指通过晶格、无定形玻璃或非流动聚合物基质传导离子的介质。一些固态电解质材料传导电流，这对电池电极是有利的，而电极之间隔膜中的固态电解质材料必须是电子绝缘体。固态电解质材料通常会传导特定的可移动离子，并且专为特定的电池化学而设计。例如，传导 Na^+ 的 β-氧化铝玻璃用于商业 Na-S 和 Na-NiCl$_2$ 电网储能电池，这些电池在高于 Na 金属熔点（300℃）的温度下运行。然而，目前电池行业固态电解质材料的大部分开发都集中在锂离子传输上，以满足当前新兴电动汽车市场所需要的下一代电池需求。本部分重点综述了近年来锂离子固态电解质材料的发展情况。

22C. 1. 1 优势

与液体电解质溶液相比，固态电解质材料通常可提供更好的电化学稳定性、更低的可燃性和更高的热稳定性。对于锂离子电池，采用固态电解质材料代替液体电解质溶液，可以改善或消除安全隐患和电池化学性能衰减。通过消除电解质溶液中的液体溶剂，还能消除或减少与固态电解质界面（SEI）形成相关的首次循环容量损失。SEI 层消耗了电池中可用锂含量的 8%～10%。同样重要的是，固态电解质更高的电化学稳定性通常使锂电池能够在更高的电压下运行并可使用锂金属负极，从而显著提高材料利用率和比容量[1]。总之，这些性能的提高可有效地将电池材料的单位成本降低到普遍预期的水平（低于 100 美元/kW·h），并有望将比能量提高到远大于 250W·h/kg 的水平（此指标与锂离子电池商业化发展目标一致）。这些电池性能的提高以及安全故障风险的降低，推动了电池用固态电解质的发展，对电动汽车电池等大型应用的影响最大。

此外，使用固态电解质能够提供一种简单可行的方法来制造双极性电池。用液体电解质构建双极性电池的挑战在于负极和正极之间的液体。电极对之间的任何电解液泄漏都会导致电池短路。使用固态电解质则消除了电解液泄漏的风险。电动汽车应用中的电池电压趋向于更高的电压，这能使汽车能够在较低的电流下运行以减少线路和电机中导体的电阻损耗。然而，随着电压升高以实现电动汽车的更高能效，必然需要电池的容量降低，串联电池的数量增加。这一趋势表明，内集成的较小电池在新兴电动汽车平台中将更可行。它不是将数百个电池串联焊接在一起，而是将双极性电池构建为内串联式的集成。此外，在单个电极区域更容易降低电池容量——这是双极性电池的理想情况，因为它们只有一个电极表面。锂固态电解质可以"解锁"双极性电池设计，以促进高压电池的应用，例如用于电动汽车。

22C. 1. 2 挑战

人们期望用于锂电池的固态电解质（SSE）材料，能够满足或超过液体电解质溶液的离子电导率，在室温下可达到 10^{-3}～10^{-2} mS/cm。虽然这个目标可以在实验室规模和电池样品中实现，但在固态电解质材料规模化生产中会遇到工程性问题，限制其商业化进程。例如，陶瓷基材料往往又硬又脆，这会导致机械耐久性不足（即开裂），并且与液体电解质溶液相比，由于接触完整性差，导致电极表面的界面阻抗较高。同时，由于使用反应性前驱体或新兴工艺技术也无法限制晶界的形成，许多陶瓷和玻璃基固态电解质材料会面临一些关于合成的问题。此外，并非全部有前景的固态电解质材料对锂负极或高压正极材料都是电化学稳定的。例如，具有可还原阳离子的固态电解质离子导体，如 NASICON（钠超离子导体）类和钙钛矿材料中的 Ti^{4+}，容易在锂或石墨负极处被还原。

固态电解质聚合物在高于玻璃化转变温度（T_g）的温度下工作良好，但在较低温度下，随着聚合物形态变成刚性玻璃或结晶固体，离子导电性能往往会降低到很低的水平。以聚氧化乙烯（PEO）为基的固态电解质材料，通过加入溶解的锂盐，可在 60℃ 以上运行。包含液体电解质溶液的其他聚合介质（如 Bellcore Telcordia 技术），在本书 22A 部分进行了讨论。

22C.1.3　技术方案

目前的商业化项目通过开发不同类型 SSE 材料的复合材料来解决其使用中所面临的各种挑战。例如，一些工作侧重于聚合物-陶瓷复合固态电解质材料的开发，旨在提高 SSE 的柔韧性和与电极材料表面的贴合度，同时保持 SSE 相对于液体电解质系统的整体优势。此外，还开发了一类非玻璃质聚合物 SSE 材料，其设计原理类似于陶瓷和刚性玻璃 SSE 材料的设计原则。

随着人们发现更多的固态电解质材料，材料的结构和相应的离子传输测量数据将有助于改进模型，并加深对控制固态离子传输的理解。对 Arrhenius（阿伦尼乌斯）模型的各种改进结合了 Marcus 理论和多体问题概念，以解释在给定传输机制下偏离线性经验数据拟合的情况。

22C.2　固态离子在刚性晶体和玻璃态固体中的传输机制

由于刚性晶体和玻璃态固体中的原子或离子保持固定位置，离子的传输通常需要结构上的不规则性以形成空位。具有足够活化能的移动离子在电场作用下在空位间移动，形成离子电流。

离子通过晶体固体的一种传输模式为通过本征缺陷机制进行移动。在这种机制中，空位是由晶格原子移动到晶体中的间隙位置而形成的，被称为弗仑克尔（Frenkel）缺陷。在盐晶体中，本征缺陷空位形成时，一个离子从其规则有序的晶格位置移动到晶格的间隙位置。较小或电荷密度较低的离子更有利于从规则的离子晶格移动到间隙位置，例如 AgI 中的 Ag^+ 和 CaF_2 中的 F^-。Frenkel 开发了一个 Arrhenius 模型来解释盐晶体中离子电导率与温度的关系，将能量项作为缺陷形成热和离子运动所需能量的估计值[2]。Arrhenius 模型的以下形式被广为人知：

$$\sigma = (\sigma_0/T) e^{(E_A/k_B T)}$$

在弗仑克尔（Frenkel）模型中，缺陷浓度随温度的升高而增加，从而有效地增加了系统能量，以克服离子穿过晶体晶格所需的活化能。式中的离子电导率 σ 依赖于热力学温度 T，而 σ_0 是与该温度下的内能相对于能量势垒 E_A 的事件频率相关的参考离子电导率值。通过玻尔兹曼常数 k_B，可以分析事件频率与温度之间的关系。因此，通过了解和利用这些关系，我们可以更好地设计和优化固态离子导体材料，实现更高效和更可靠的能量储存和传输应用。

肖特基（Schottky）将离子传导中的本征缺陷概念扩展到了由阳-阴离子对位移形成的空位对。阿伦尼乌斯模型分析也适用于 Schottky 缺陷，其中温度可增加空位和位错浓度，更有效地克服活化能。对于含有 Li^+ 和其他碱金属离子的离子化合物，计算的生成热表明，形成 Frenkel 缺陷所需的能量低于形成 Schottky 缺陷所需的能量。在这两种情况下，很明显需要高温才能形成本征缺陷，从而实现离子传导。

另一种离子在固体中的传输机制涉及外在缺陷机制，通过添加掺杂原子破坏晶体晶格的规则结构。许多电池电极作为离子导体具有外在缺陷。例如，在商业化锂离子电池中，Li^+ 在常规石墨负极材料以及过渡金属氧化物和磷酸盐正极材料中的导电，所有这些材料都在环境温度下运行。当锂离子电池放电时，它会进入并破坏如 NiO_2 这样的正极晶体晶格，通过调整晶格结构和降低镍的氧化态来容纳 Li^+。金属氧化物中较小的 Li^+ 传输可以视为通过"外在缺陷机制"进行的传输，该机制遵循阿伦尼乌斯型温度关系。

离子通过外在缺陷传输的活化能低于形成本征缺陷所需的能量。因此，在较低温度下，离子通过外在缺陷传输占主导地位；而在较高温度下，本征缺陷主导离子传输。表 22C.1 详细说明了开发固态电解质材料时需要考虑的因素。固态电解质材料的开发主要围绕了解材料组成和结构对离子传输、缺陷形成和浓度的影响而进行。

表 22C.1 影响固态电解质材料性能的关键因素

因素	变量	机制	影响
内在缺陷	浓度	弗仑克尔或肖特基	形成能量
外在缺陷	掺杂剂和浓度	异价、超大的离子取代	无序的晶格结构，扩大物理通路
移动离子	浓度	尺寸、电荷	迁移率
晶胞的特性	摩尔体积	物理路径和瓶颈，分子几何学	空位跳跃的能量势垒
晶胞的组成	内核中的配体	混合配体	控制移动离子分布、无序和吸引力
	内核中的阳离子	使配位键混乱，使价态改变	在内核内增加电荷流动性，使缺陷形成和流动性增加
电子电导率	带有空最低未占据分子轨道能级（LUMO）的阳离子	未填充的 d 轨道过渡金属离子	电子绝缘用介电材料

如图 22C.1 所示，Bachman 等[3] 通过在元素周期表上标出类别，简要概述了移动离子、配体和内核元素的选择。

Bachman 等[3] 在图 22C.2 中总结了上述元素在多种晶体结构材料中的应用以及各类材料的电导率范围（归一化为室温值）。值得注意的是，一些室温离子电导率值是通过使用 Arrhenius 关系式，从较高温度下的数据外推得到的。

扩散类

配体

形成多面体骨架的阳离子

图 22C.1　各种固态电解质导电范围

经许可转自《化学评论》：J. C. Bachman，S. Muy，A. Grimaud 等；《锂离子电池无机
固态电解质：控制离子传导的机制和性质》；版权所有 © 2016 美国化学学会

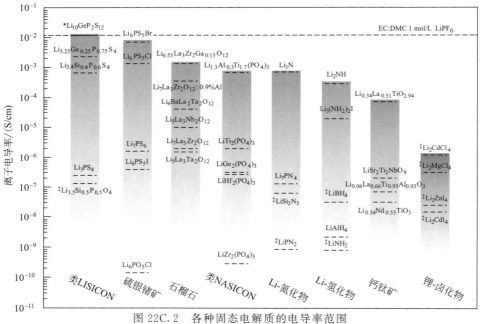

图 22C.2　各种固态电解质的电导率范围

经许可转自《化学评论》：J. C. Bachman，S. Muy，A. Grimaud 等；《锂离子电池无机固态
电解质：控制离子传导的机制和性质》；版权所有 © 2016 美国化学学会（请参阅参考文献中的脚注）

22C.3　锂离子固态电解质——陶瓷和硬质玻璃

Bachman 等[3] 确定的锂离子固态离子导体主要类型包括类 LISICON（LISICON-like）、硫银锗矿（argyrodite）、石榴石型、类 NASICON（NAISICON-like）、氮化锂、氢化锂、钙钛矿和卤化锂。下面将对这些材料进行详细介绍。

22C.3.1 类 LISICON 固态电解质

迄今为止报道的具有最高室温离子电导率的锂离子固态电解质材料[4] 是 $Li_{10}GeP_2S_{12}$。如图 22C.3 所示，该材料的离子电导率在室温下与液体电解质溶液相当，在较低温度下远高于其他离子导体。因此，这种材料的研究重点转移到硫和磷前驱体，以及与负极锂的电化学稳定性相关的问题。

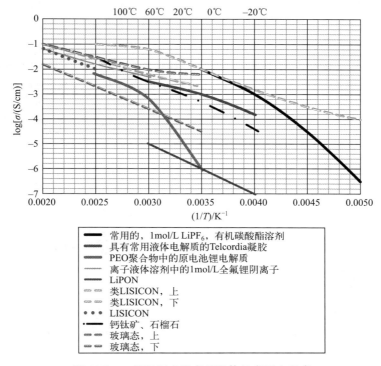

图 22C.3　新兴固态锂离子导体的离子电导率

22C.3.2　硫银锗矿结构固态电解质

近年来，更有前景的进展围绕着 LISICON 型和硫银锗矿型陶瓷晶体和玻璃态固态电解质（SSE）材料。这些材料的特点是含有大量具有分散性、可接近的孤对电子的配体，特别是硫和磷。这些配体为 Li^+ 占据提供了多种状态，与空位形成了动态平衡。上一代的 SSE 材料中包含大量的氧和氮作为配体，例如 LiPON 材料。然而，较大的配体原子会导致孤对电子的更大分散程度，而异价原子的混合物进一步促进了这种分散，这可能会导致四面体晶体结构的无序，从而有助于降低离子传输的活化能。Argyrodite 材料通常包含卤素，这增加了晶体单元中的孤对电子数量，并进一步增加了配体混合物的无序性——所有这些目标都是为了降低离子传输的活化能。

22C.3.3　石榴石型结构固态电解质

石榴石型固态电解质材料在电池中具有出色的电化学稳定性窗口，覆盖了从锂金属到电压高于 5V 的正极材料[5]，但是与电极材料的界面接触不良是其应用的主要障碍。石榴石型固态电解质材料固有的高离子电导率驱动人们进行了大量研究。石榴石型固态电解质材料具有高锂离子载量，但也有空位以在晶胞内形成动态平衡。

锂离子浓度和空位浓度对于确定材料中离子传输速率很重要。虽然人们认为缺陷的形成是一个与温度有关的过程，但锂离子浓度取决于化学组成和晶胞的体积。尽管石榴石类材料化学组成中的锂含量很高（锂离子位于晶胞中的多个四面体和八面体位点），但晶胞体积对离子电导率影响的研究表明，在石榴石晶胞中大部分锂离子对离子电导率没有贡献。相比之下，类 LISICON、硫银锗矿和钙钛矿材料似乎在更大程度上利用了锂离子含量[3]。

Thangadurai 等[6] 提供了固态锂核磁共振数据来解释位于石榴石晶体八面体位置的锂离子是可移动的，而位于四面体位置的锂离子是不可移动的。图 22C.4 来自 Thangadurai 等的研究，描绘了相反和相邻石榴石四面体的三种可能的锂离子占据状态。八面体位点在四面体晶体之间形成并相互连接，形成锂离子的传导通道。锂离子可以在通道中移动或进入四面体位点（实际上是个死角）。晶胞中高浓度的锂离子使四面体位点部分填充，同时还有足够的锂离子留在八面体通道中。同时，锂离子可能会被晶胞中的孤对电子束缚在四面体位点上，因为晶胞中的阳离子（通常是 La^+）可以接受并稳定这些孤对电子。La^+ 在石榴石结构中的 d 轨道上只有最少数量的电子，这使其成为非导体 SSE 材料的良好选择。

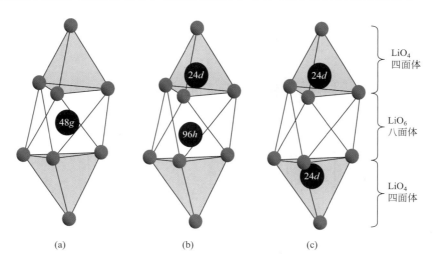

图 22C.4　石榴石四面体的锂离子占据状态

经许可转自：V. Thangadurai，S. Narayanan，D. Pinzaru 等；《石榴石型固态快锂离子导体在锂电池中的应用：重要综述》；版权所有© 2014 英国皇家化学学会

Thangadurai 等研究了 50 多种石榴石配方，以验证石榴石型结构中 Li^+ 与 Li^+ 的排斥作用，并分析了这种排斥如何促进 Li^+ 迁移。基于这种分析，石榴石型固态电解质材料的结构迫使锂离子在可用位置的不均匀分布，随着移动离子的相互排斥，可以促进动态平衡下晶胞内的 Li^+ 迁移。

值得注意的是，Thangadurai 等在全面研究石榴石结构的过程中，报道了活化能值，这些值大多在 0.3～0.6eV 之间，但也有少数例外。这表明，即使石榴石材料的化学组成和合成全部变化，Li^+ 传输机制只会受到两个或更少因素的影响。根据阿伦尼乌斯图得到的这些数据斜率变化相对较小，而石榴石材料之间离子电导率的绝对值确实存在数量级变化。粗略分析表明，用 Zr 代替 La 可以提高离子电导率，这也证实了 Bachman 等[3] 报道的趋势。此外，Peng 等[7] 发现，同时含有 Ge 和 Nb 的石榴石型固态电解质材料提高了离子电导率，这可能是由于对晶体结构的扰动与破坏，从而拓宽了离子传输路径或为结构中的锂离子引入了动态相互作用。

22C. 3. 4　其他结晶或玻璃态固态电解质材料

尽管基于氢化物的固态电解质材料在室温下离子电导率不高，但 Suzuki 等[8] 证明使用 $LiBH_4$ 和 $LiNH_2$ 混合物的电池在高温下运行良好。这些固态电解质材料成本低，从而可以满足有高温工作需要的应用场景，例如数据中心。此外，这些氢化物 SSE 材料可与其他低成本组件一起实现新的电池化学体系[9-10]。

类 NASICON 材料通常含有 Ti^{4+} 阳离子，可与负极中的锂反应。然而，使用保护性 PVDF-HFP 聚合物层的复合材料可以保护固态电解质免受降解[11]。

LiPON 是一种玻璃态固态电解质材料，在小型电池中表现很好，这些电池通常通过逐层溅射到硅基体上并封装成电子元件用于电路板。尽管大型电池尚未实现商业化，但 Li-PON 在小型电子备用电源终端用途中的重要性推动了相关研究，以了解支配 Li^+ 传导的机制[12]。新的工艺和前驱体材料可以改善大规模商业化并扩大其用途，因为它们可以改善界面接触[13]。

其他材料将多种结构结合在一起，以产生玻璃状混合物，例如具有类似石榴石晶体结构的 LISICON[14]。

22C. 4　锂离子固态电解质——聚合物材料

对于高于玻璃化转变温度 T_g 的聚合物固态电解质材料，Vogel-Tammann-Fulcher (VTF) 方程提供了一个经验关系，该关系解释了接近 T_g 时离子传输特性的快速变化。这种关系与 Arrhenius 型方程的形式相似，如下式所示：

$$\sigma = (\sigma_0 / T^x) e^{E_A / k_B (T - T_g)}$$

式中，离子电导率 σ 取决于热力学温度 T；σ_0 是与事件频率相关的参考离子电导率值；k_B 为玻尔兹曼常数；E_A 是活化能。这个方程通常适用于高于玻璃化转变温度 T_g 以上 $10\sim 100K$ 的离子电导率。这种形式的 VTF 方程允许将活化能和参考离子电导率值与非聚合物材料进行比较。

直到最近几年，PEO 基聚合物主导了聚合物锂离子固态电解质材料的发展。星形聚合物通常是在 PEO 链的单个顶点处使用多种交联剂进行交联，以形成具有柔性但受到流动限制的链段网络。将盐（例如三氟甲磺酸锂盐）溶解到交联的聚合物网络中，由于聚合物溶剂中醚氧的孤对电子与盐发生配位和离子化，因而可提供离子电导率。室温下的离子电导率较差，但在电池温度高于 60℃时，电解质离子化和聚合物链段的流动性增加，因此有所改善。PEO 仍然是新兴电池化学领域令人感兴趣的聚合物之一，并且一些研究人员将 PEO 与离子液体结合使用。

除 PEO 外的其他聚合物及聚合物混合电解质[17-18] 已突破传统理论框架，并取得突破性进展。Agrawal 和 Pandey[19] 于 2008 年在聚合物综述中提到基于 PEO 材料的不足，并展示了与纳米级陶瓷粒子复合的潜力。

近年来，一家初创公司 Ionic Materials 开发了一类新型聚合物电解质，该电解质是基于其他富含醚的聚合物和一系列专有添加剂。初步报道表明结果很有希望。其他聚合物含有磺酸基团，生成的材料与质子交换膜（PEM）燃料电池应用的材料相似，但旨在降低操作温度[20]。

22C.5 商业化和工程解决方案

Kerman 等[21] 和 Sun 等[22] 回顾了商业锂离子电池固态电解质（SSE）材料应用中仍需解决的许多实际问题。由于电化学稳定性、界面接触和合成工艺因材料而异，并且每年的研究都在获得进展，因此详细信息的最佳来源是参考文献。以下部分概述了解决这些问题的一些方法。

22C.5.1 复合固态电解质材料

结晶或玻璃态固态电解质材料与固态电解质聚合物的组合遵循制备电池组件的常规方法，类似于传统液态锂离子电池制造涂层电极。然而，SSE 复合材料不能在颗粒或层之间形成孔隙，并且必须有足够数量的聚合物来填充复合材料中的间隙。层状材料是简单的复合材料，带有一层连续的结晶或玻璃态固态电解质材料，上面涂覆聚合物，以实现与电极表面的紧密接触。在石榴石型固态电解质材料存在的情况下，这种方法可以克服锂负极接触和枝晶生长的问题[23]。

另一种直接方法是使用固态电解质聚合物作为黏结剂制备结晶或玻璃态固态电解质材料的浆料。Tao 等[24] 成功地将 PEO 作为石榴石型固态电解质材料的黏结剂用于薄隔膜层，并将其与正极材料结合到碳泡沫中——在相同的电池结构中使用薄膜层和黏结剂复合形式。

有趣的是，Liang 等[25] 和 Zhang 等[26] 使用石榴石型固态电解质和 PVDF-HFP（聚偏二氟乙烯-六氟丙烯共聚物）制备的复合 SSE 材料在电池中实现了良好的离子电导率。PVDF-HFP 是传统锂离子电池中使用的液态电解质溶液的 Telcordia "聚合物"技术中的一类黏结剂。这种简单的方法避免了使用通常不如成膜聚合物结合性能好的固态电解质聚合物。

22C.5.2 界面问题

由于硫银锗矿结构固态电解质（SSE）材料含有硫和磷（通常还有卤素），负极中的锂可以与这些物质发生反应，导致 SSE 降解或至少负极 SSE 界面降解。这些副反应发生在锂金属箔负极和充电电压接近锂金属电位的石墨负极上，一些结果似乎证实了这一点[27]。对硫银锗矿结构固态电解质材料的一些研究表明，它们可与 $Li_4Ti_5O_{12}$ 负极材料匹配使用，其电位约为 1.5V（相对于锂金属）[28]，尽管这会导致电池整体电压下降相同的数值。然而，硫似乎与正极相容，特别是对于含有硫化物的正极材料[29-31]。

在负极界面，石榴石型固态电解质材料中的锂金属接触不良，导致锂枝晶生长进入并穿过石榴石型固态电解质材料。这个问题可以通过在石榴石材料的表面添加铝掺杂剂来逐步解决[4,32]；同时，这种技术使得固态电解质材料合成更加复杂。另一种方法是合成致密石榴石型固态电解质材料，但所得材料与活性材料界面不相符。作为解决方案，Fu 等[33] 展示了具有多孔层的双层石榴石型固态电解质材料。该多孔层通过机械方式稳定第二层，该层更致密且不易受到锂枝晶的影响。此外，用熔融锂金属预润湿石榴石型固态电解质材料可以改善后续润湿性并有助于减少枝晶问题[34]。添加阳离子掺杂剂可以进一步提高这些石榴石型固态电解质适应电极界面的能力[35]。

由于 Ge 是加入固态电解质材料中的物质之一，Luo 等[36] 利用原子层沉积（ALD）技术将其用于石榴石型固态电解质材料上，进行了 Ge 涂层，解决了有关锂枝晶生长和锂润湿的负极界面问题。利用基于 PEO 的聚合物层，将电极材料直接沉积在石榴石型固态电解质表面上，可以对这些界面进行详细的微观研究[37]。另一种确保良好界面接触的解决方案是将电极材料沉积到固态电解质材料上[38]。

22C.5.3　固态电解质材料合成过程

聚合物固态电解质材料的制备通常包括聚合或交联，并将电解质盐直接溶解或通过溶液介质分散至聚合物薄膜或熔融态基材中。结晶和玻璃态固态电解质材料的制备更为复杂。例如，硫和磷的前驱体使硫银锗矿结构材料的合成变得复杂且难以控制，促进了各种加工技术和工艺的发展[27]。

虽然存在复杂的合成工艺、各种固态电解质材料可能的锂反应性等负面因素，但富含硫化物的固态电解质材料的室温离子导电性仍然很有吸引力。具有高离子导电性的部分原因在于通过压缩这些含硫化物的固态电解质材料，可以消除晶界和相关的离子流动障碍[29]。而对结晶和玻璃材料的其他研究表明，施加压缩力会降低离子电导率[3]。

由于结晶和玻璃态固态电解质材料通常在高温下烧结，因此冷却步骤会影响晶界形成的程度甚至材料中的空隙，从而最终影响离子电导率[39]。将冷却速率对离子电导率的影响降至最低的另一种方法是向固态电解质材料中添加异价阳离子，以降低烧结温度和时间[40]。

参考文献

1. A. Manthiram, X. Yu, and S. Wang, "Lithium battery chemistries enabled by solid-state electrolytes," *Nat. Rev. Mater.* **2**(4):16103 (2017).

2. K. Funke, "Solid state ionics: From Michael Faraday to green energy—the European dimension," *Sci. Technol. Adv. Mater.* **14**(4) (2013).

3. J. C. Bachman, S. Muy, A. Grimaud, H.-H. Chang, N. Pour, S. F. Lux, and O. Paschos, et al., "Inorganic Solid-State Electrolytes for Lithium Batteries: Mechanisms and Properties Governing Ion Conduction," https://pubs.acs.org/doi/abs/10.1021/acs.chemrev.5b00563. Accessed March 21, 2018.

4. N. Kamaya, K. Homma, Y. Yamakawa, M. Hirayama, R. Kanno, M. Yonemura, and T. Kamiyama, et al., "A lithium superionic conductor," *Nat. Mater.* **10**(9):682–686 (2011).

5. X. Han, Y. Gong, K. K. Fu, X. He, G. T. Hitz, J. Dai, and A. Pearse, et al., "Negating interfacial impedance in garnet-based solid-state Li metal batteries," *Nat. Mater.* **16**(5):572 (2017).

6. V. Thangadurai, S. Narayanan, and D. Pinzaru, "Garnet-type solid-state fast Li ion conductors for Li batteries: Critical review," *Chem. Soc. Rev.* **43**(13):4714 (2014).

7. H. Peng, L. Feng, L. Li, Y. Zhang, and Y. Zou, "Effect of Ge substitution for Nb on Li ion conductivity of Li5La3Nb2O12 solid state electrolyte," *Electrochim. Acta* **251**:482–487 (2017).

8. S. Suzuki, J. Kawaji, K. Yoshida, A. Unemoto, and S. Orimo, "Development of complex hydride-based all-solid-state lithium ion battery applying low melting point electrolyte," *J. Power Sources* **359**:97–103 (2017).

9. J. A. Weeks, S. C. Tinkey, P. A. Ward, R. Lascola, R. Zidan, and J. A. Teprovich, "Investigation of the reversible lithiation of an oxide free aluminum anode by a LiBH4 solid state electrolyte," *Inorganics* **5**(4):83 (2017).

10. Y. Yan, R.-S. Kühnel, A. Remhof, L. Duchêne, E. C. Reyes, D. Rentsch, and Z. Łodziana, et al., "A lithium amide-borohydride solid-state electrolyte with lithium-ion conductivities comparable to liquid electrolytes," *Adv. Energy Mater.* **7**(19):1700294 (2017).

11. Y. Xia, X. Wang, X. Xia, R. Xu, S. Zhang, J. Wu, and Y. Liang, et al., "A newly designed composite gel polymer electrolyte based on poly (vinylidene fluoride-hexafluoropropylene) (PVDF-HFP) for enhanced solid-state lithium-sulfur batteries," *Chem.-A Eur. J.* **23**(60):15203–15209 (2017).

12. Y. Aizawa, K. Yamamoto, T. Sato, H. Murata, R. Yoshida, Craig A. J. Fisher, and Takehisa Kato, et al., "In situ electron holography of electric potentials inside a solid-state electrolyte: Effect of electric-field leakage," *Ultramicroscopy* **178**:20–26 (2017).

13. A. J. Pearse, T. E. Schmitt, E. J. Fuller, F. El-Gabaly, C.-Fu Lin, K. Gerasopoulos, and A. C. Kozen, et al., "Nanoscale solid state batteries enabled by thermal atomic layer deposition of a lithium polyphosphazene solid state electrolyte," *Chem. Mater.* **29**(8):3740–3753 (2017).

14. P. Lu, F. Ding, Z. Xu, J. Liu, X. Liu, and Q. Xu, "Study on (100-x)(70Li2S-30P2S5)-xLi2ZrO3 glass-ceramic electrolyte for all-solid-state lithium-ion batteries," *J. Power Sources* **356**:163–171 (2017).

15. W. Li, L. Chen, Y. Sun, C. Wang, Y. Wang, and Y. Xia, "All-solid-state secondary lithium battery using solid polymer electrolyte and anthraquinone cathode," *Solid State Ionics* **300**:114–119 (2017).

16. O. Sheng, C. Jin, J. Luo, H. Yuan, C. Fang, H. Huang, and Y. Gan, et al., "Ionic conductivity promotion of polymer electrolyte with ionic liquid grafted oxides for all-solid-state lithium–sulfur batteries," *J. Mater. Chem. A* **5**(25):12934–12942 (2017).

17. H. Duan, Y.-X. Yinab, X.-X. Zeng, J.-Y. Li, J.-L. Shi, Y. Shi, and R. Wen, et al., "In-situ plasticized polymer electrolyte with double-network for flexible solid-state lithium-metal batteries," *Energy Storage Mater.* **10**:85–91 (2018).

18. B. Jinisha, K. M. Anilkumar, M. Manoj, V. S. Pradeep, and S. Jayalekshmi, "Development of a novel type of solid polymer electrolyte for solid state lithium battery applications based on lithium enriched poly (ethylene oxide)(PEO)/poly (vinyl pyrrolidone)(PVP) blend polymer," *Electrochim. Acta* **235**:210–222 (2017).

19. R. C. Agrawal and G. P. Pandey, "Solid polymer electrolytes: materials designing and all-solid-state battery applications: an overview," *J. Phys. D-Appl. Phys.* **41**(22):223001 (2008).

20. X. Judez, H. Zhang, C. Li, J. A. González-Marcos, Z. Zhou, M. Armand, and L. M. Rodriguez-Martinez, "Lithium bis (fluorosulfonyl) imide/poly (ethylene oxide) polymer electrolyte for all solid-state Li–S cell," *J. Phys. Chem. Lett.* **8**(9):1956–1960 (2017).

21. K. Kerman, A. Luntz, V. Viswanathan, Y.-M. Chiang, and Z. Chen, "Practical challenges hindering the development of solid state Li ion batteries," *J. Electrochem. Soc.* **164**(7):A1731–A1744 (2017).

22. C. Sun, J. Liu, Y. Gong, D. P. Wilkinson, and J. Zhang, "Recent advances in all-solid-state rechargeable lithium batteries," *Nano Energy* **33**:363–386 (2017).

23. Y. Li, B. Xu, H. Xu, H. Duan, X. Lü, S. Xin, and W. Zhou, et al., "Hybrid polymer/Garnet electrolyte with a small interfacial resistance for lithium-ion batteries," *Angew. Chem. Int. Ed.* **56**(3):753–756 (2017).

24. X. Tao, Y. Liu, W. Liu, G. Zhou, J. Zhao, D. Lin, and C. Zu, et al., "Solid-state lithium–sulfur batteries operated at 37°C with composites of nanostructured Li7La3Zr2O12/carbon foam and polymer," *Nano Lett.* **17**(5):2967–2972 (2017).

25. Y. F. Liang, S. J. Deng, Y. Xia, X. Wang, X. H. Zia, J. B. Wu, and C. D. Gu, et al., "A superior composite gel polymer electrolyte of Li$_7$ La$_3$ Zr$_2$ O$_{12}$-poly (vinylidene fluoride-hexafluoropropylene) (PVDF-HFP) for rechargeable solid-state lithium ion batteries," *Mater. Res. Bull.* **102**:412–417 (2018).

26. W. Zhang, J. Nie, F. Li, Z. L. Wang, and C. Sun, "A durable and safe solid-state lithium battery with a hybrid electrolyte membrane," *Nano Energy* **45**:413–419 (2018).

27. S. Chida, A. Miura, N. C. Rosero-Navarro, M. Higuchi, N. H. H. Phuc, H. Muto, and A. Matsuda, et al., "Liquid-phase synthesis of Li 6 PS 5 Br using ultrasonication and application to cathode composite electrodes in all-solid-state batteries," *Ceram. Int.* **44**(1):742–746 (2018).

28. J. Auvergniot, A. Cassel, D. Foix, V. Viallet, V. Seznec, and R. Dedryvère, "Redox activity of argyrodite Li6PS5Cl electrolyte in all-solid-state Li-ion battery: An XPS study," *Solid State Ionics* **300**:78–85 (2017).

29. M. Tatsumisago, M. Nagao, and A. Hayashi, "Recent development of sulfide solid electrolytes and interfacial modification for all-solid-state rechargeable lithium batteries," *J. Asian Ceram. Soc.* **1**(1):17–25 (2013).

30. R. C. Xu, X. L. Wang, S. Z. Zhang, Y. Xia, X. H. Xia, J. B. Wu, and J. P. Tu, "Rational coating of Li 7 P 3 S 11 solid electrolyte on MoS 2 electrode for all-solid-state lithium ion batteries," *J. Power Sources* **374**:107–112 (2018).

31. R. Xu, X. Xia, X. Wang, Y. Xia, and J. Tu, "Tailored Li 2 S–P 2 S 5 glass-ceramic electrolyte by MoS 2 doping, possessing high ionic conductivity for all-solid-state lithium-sulfur batteries," *J. Mater. Chem. A* **5**(6):2829–2834 (2017).

32. Y. Arinicheva, H. Zhenga, C. L. Tsaic, J. Nonemachere, J. Malzbendere, D. Fattakhova-Rohlfinga, and O. Guillon, et al., "Intrinsic improvement of LLZO solid-state electrolyte to suppress Li dendrite growth," *ECS Meeting Abstracts*, 480, 2018.

33. K. K. Fu, Y. Gong, G. T. Hitz, D. W. McOwen, Y. Li, S. Xu, and Y. Wen, et al., "Three-dimensional bilayer garnet solid electrolyte based high energy density lithium metal–sulfur batteries," *Energ. Environ. Sci.* **10**(7):1568–1575 (2017).

34. K. K. Fu, Y. Gong, B. Liu, Y. Zhu, S. Xu, Y. Yao, and W. Luo, et al., "Toward garnet electrolyte–based Li metal batteries: An ultrathin, highly effective, artificial solid-state electrolyte/metallic Li interface," *Sci. Adv.* **3**(4):e1601659 (2017).

35. Z. Fu, Y. Gonga, L. Zhang, E. Grittona, G. L. Godbeya, Y. Rena, and D. W. McOwen, et al., "Mechanical properties of Li7La2. 75Ca0. 25Zr1. 75Nb0. 25O12 garnet electrolyte—A preliminary study of a porous layer support all-solid state battery," *ECS Meeting Abstracts* 550–550 (2017).

36. W. Luo, Y. Gong, Y. Zhu, Y. Li, Y. Yao, Y. Zhang, and K. K. Fu, et al., "Reducing interfacial resistance between garnet-structured solid-state electrolyte and Li-metal anode by a germanium layer," *Adv. Mater.* **29**(22):1606042 (2017).

37. C. Wang, Y. Yang, X. Liu, H. Zhong, H. Xu, Z. Xu, and H. Shao, et al., "Suppression of lithium dendrite formation by using LAGP-PEO (LiTFSI) composite solid electrolyte and lithium metal anode modified by PEO (LiTFSI) in all-solid-state lithium batteries," *ACS Appl. Mater. Interfaces* **9**(15):13694–13702 (2017).

38. R. Wang, J. S. Dauberta, M. Ning, Y. Yang, Y. Liua, and G. N. Parsons, et al., "Development of a Li-ion electrochemical platform for in-situ tem of solid state electrode/electrolyte interfaces," *ECS Meeting Abstracts* 103 (2017).

39. H. Peng, Y. Zhang, L. Li, and L. Feng, "Effect of quenching method on Li ion conductivity of Li5La3Bi2O12 solid state electrolyte," *Solid State Ionics* **304**:71–74 (2017).

40. X. Yang, D. Kong, Z. Chen, Y. Sun, and Y. Liu, "Low-temperature fabrication for transparency Mg doping Li 7 La 3 Zr 2 O 12 solid state electrolyte," *J. Mater. Sci.-Mater. El.* **29**(2):1523–1529 (2018).

第五部分
电池应用

第23章

消费电子产品的电池选择

JohnA. Wozniak

23.1 概述

近几年随着消费电子产品市场的扩大，电池技术成为设计新产品时人们关注的焦点。除了传统的 3C 产品（计算机、通信和消费电子产品）外，应用已拓展至便携式清洗机、个人护理产品以及其他非传统应用领域。运行时间、通话时间、待机时间和保质期等都是重要的热门词汇，它们直接影响着产品在市场上的销售情况，而这些术语的具体数值取决于电池的选择。锂电池监管要求的最新变化也会影响决策。本章将介绍典型和新兴消费电子设备、家庭设备的需求，以及常见电池化学成分和关键选择标准。

近年来，电池技术取得了许多进步：新的化学体系以实现更高的能量密度、更高的功率密度，新的外形尺寸和新的涂布工艺以提高可靠性。然而，仍然没有一种能在所有电气和环境条件下均表现完美的电池。理想电池将具有无限的能量和功率能力，在所有环境条件下都能良好运行，价格低廉，保质期无限，绝对安全且不易被消费者损坏。人们可能会发现，一种电池可以具有其中两个或三个特性，但是难以兼顾其他特性。

电池组成材料的电化学性质差别很大，对于设计者而言，不能无休止地追求更高的能量和功率密度。随着消费电子产品不断要求体积更小、能量更高的电池，出现能量控制问题的概率越来越大。对于特定的电子产品而言，选择合适的电池是一种合理的权衡。在权衡过程中，还必须考虑到消费者对正确使用和保养电子产品的接受程度。

为了更好地满足电子产品的应用需求，在选择电池时必须考虑很多因素。必须将现有电池的特性与电子设备的需求进行匹配。由于电池直接影响到电子设备的尺寸和重量，因而在设计电子产品前首先要考虑清楚。一个好的产品设计，需要从设计初期就权衡好这些因素，做出合理的选择。关键因素包括如下。

- 电池种类：一次电池（单次使用电池，即原电池）或二次电池（可充电电池，即蓄电池）。

- 电压：标称电压或开路电压、放电曲线、最高和最低允许电压。

- 物理尺寸：重量、形状、大小和对接口的要求。

- 容量：满足运行时间、通话时间、待机时间所需安时（A·h）或瓦时（W·h）数。

- 负载电流和负载变化：恒定功率、恒流、恒阻或其他；负载电流值或负载变化大小；恒定负载、非定值负载或脉冲负载和循环周期要求。

- 温度要求：使用温度范围和储存温度范围。

- 保质期（搁置寿命）：储存中荷电状态的变化；储存时间与温度、湿度及其他环境因素间的关系；激活/待机/睡眠模式。

• 充电过程（如果可充电）：浮充或充电循环；循环寿命需求；简单可用的充电电源、充电效率。

• 安全性和可靠性：允许的变化和失效比率；使用潜在危险或有毒材料；严苛、危险、滥用时的操作；失效模式（排气、泄漏、膨胀）。

• 成本：初始成本；运营成本或生命周期成本；使用可能具有波动价格的稀有或关键材料；如果可充电，则包括充电电路或充电器的成本。

• 法规要求：相关原产地和交货地点的要求；特殊运输要求；回收要求和标识（标签）。

• 环境条件：冲击和振动、加速度或其他机械和力学要求；大气条件（压力、湿度、海拔等）。

23.1.1 典型的便携式应用

消费电子产品对便携性的需求推动了各种电化学电池技术的发展。这些设备对电力和环境的广泛要求需要相应的电池技术以更好地满足这些需求。便携式消费电子产品是一个迅速扩展的领域，因为越来越多的便携式设备被推出，这些设备设计为仅使用电池工作；或在某些情况下，如笔记本电脑，既可以使用电池，也可以使用交流电源工作。

消费电子产品通常包括日常使用的电子设备。通信、娱乐和办公应用是这个产品类别的主要部分，而据美国消费技术协会（CTA）估计，2017 年美国零售相关收入超过 2900 亿美元。归类为消费电子产品的设备包括个人电脑、手机、DVD/CD/视频播放器、MP3 播放器、蓝牙耳机、GPS 导航系统、电视、数码相机、摄像机、电子玩具、智能家居设备、电子烟和计算器，甚至像激光笔和助听器这样的简单设备也被归入这一类别。行业的发展趋势是设备融合，其中单个设备提供多种功能。一个例子是提供如数字名片和日程安排等办公功能的 PDAs（个人数字助理）被合并到手机中，PDAs 几乎已经被淘汰。表 23.1 列出了通用便携式电子产品的耗电电流。这些设备的电流需求范围从毫安级到几安培。尽管这些设备的电流为特定值，但对电池而言，许多设备被视为非恒定负载；而其他设备则需要更多的恒定功率消耗，为了获得更高的电流，会导致电池电压下降。

表 23.1　电池供电的便携式电子设备电流消耗

设备	耗电电流/mA
CD 播放器	100~350
手机(通话)	300~600
数码相机	500~1200
摄像机	500~1000
笔记本电脑	200~3000
内存备份	微安培
收音机	20~50
无线电遥控玩具	600~1500
便携式电视	300~700
旅行剃须刀	300~500
遥控器	10~50
手表(LED)	10~40

除了上述提到的便携式电子设备，家庭中还有其他便携式设备，例如个人护理电器、清洁设备和不间断电源。这些设备具有广泛的功率需求，可能与典型的 3C 应用完全不同，其中功率密度比能量密度更为重要。这些设备通常需要单个电池单元提供 $10 \sim 20A$ 或更高的电流。第 24 章将介绍如何为这些类型的设备选择电池。消费电子产品的电池解决方案可分为两大类：一次电池（原电池）；二次电池（蓄电池）。一次电池通常用于低至中等功率的应用，而二次电池几乎用于其他所有应用。以下部分将涵盖一次和二次电池的典型应用，并以一些具体的例子来总结最终选择时需要考虑的因素。表 23.2 列出了一些常见应用及适合一次和二次电池解决方案的情况。这两者之间存在很大的重叠，最终应将电池的关键特性与设备要求进行比较，以得出一个可接受的解决方案。

表 23.2　原电池和蓄电池的应用对比

应用	原电池或蓄电池
便携工具	蓄电池
手持吸尘器	↑
笔记本电脑	
无绳电话	
摄像机	
视频播放器	
便携剃须刀	
手机	
音频播放器	
数码相机	
玩具	
助听器	
遥控器	
手表	↓
烟雾报警器	
内存备份	原电池

23.2　原电池

当设备的功率要求较低时，原电池非常适合。类似于车库门启动器和遥控器等设备仅在非常短的时间内使用或每天只使用很短的时间时，应该选择原电池。手表和数字挂钟是另一类设备，这类设备需要长期持续的低功率电流，应该选择使用时间超过一年而不必更换的原电池。内存备份电源是原电池的另一种典型应用，例如支持互联网的手机或笔记本电脑可能使用蓄电池为设备供电，但同时也需要原电池以保持内存活跃（如 RTC 电池，其也被称为 CMOS 电池）。

原电池的形状、大小变化范围很大，从纽扣式电池到大的圆柱形电池和方形电池（灯笼电池）。同时，原电池包含很多化学体系，如锌-碳电池、碱性电池、锂金属电池等。

原电池通常生产成本较低，物理尺寸较小，能够满足相同的功率需求。然而，随着全球针对电子废弃物对环境造成影响认识的不断提高，许多曾经使用原电池供电的设备（数码相机、MP3 播放器）目前被设计成可以使用蓄电池了。

在消费电子产品中应用最多的原电池体系有锌-空气电池、碱性（$Zn-MnO_2$）电池、锂-

二氧化锰（Li-MnO$_2$）电池、锂-二硫化铁（Li-FeS$_2$）电池和锂-二氧化硫（Li-SO$_2$）电池。锂-二氧化硫电池广泛应用于军用电子产品，在消费电子产品中的应用还不是很多。如第 13 章和本书第 18C 部分所述，还有其他几种锂原电池化学体系，但由于成本或安全问题，这些电池体系不适用于消费电子应用。

锌-空气电池的详细描述可以在第 18A 部分中找到。这类电池具有较高的能量密度和稳定的电压曲线，并且环境友好。但是，它们对空气中的相对湿度和氧含量非常敏感。暴露在空气中后，保质期有限，并且间歇放电性能不好。这类电池主要应用于助听器中，在狭小的空间内以恒定的低功率供电。

碱性（原）电池是目前应用普遍的电池。更换简单，初始成本较低，因而在玩具、钟表、收音机、遥控器等低成本电子产品中具有很大的吸引力。放电倍率和负荷功率对这类电池的性能影响不大，并且碱性电池具有较宽的使用温度范围和各种各样的形状和尺寸，因此适用于大多数消费电子产品。碱性原电池应用于类似音频播放器和视频播放器等中等至高放电率的应用中，需要定期更换。此外，它们的放电曲线为斜线，因而限制在需要恒压应用中使用。

锂-二氧化锰电池通常以纽扣式应用于手表、车库门遥控器和内存备份。较长的保质期、较好的脉冲容量和高能量密度使其成为常用的锂原电池。与 Li-SO$_2$ 电池相比，较低的挥发性和较低的价格使它们对消费电子产品具有吸引力。但是，也受到与其他锂原电池相同的限制。

锂-二硫化铁电池以 AAA 型号和 AA 型号生产，适用于消费者。这类电池的电压较低（1.5V），但是能量密度和锂-二氧化锰电池相近，放电性能也类似。较低的电压使其成为碱性电池的优秀替代品。这类电池比较适合于需要较高脉冲能量的设备，如带有闪光的数码相机，它们可以满足两种应用模式：基本用途和高级应用；前者提供足够的能量，而后者提供更高的功率。

锂-二氧化硫电池具有较高的能量密度、较好的低温性能、优异的倍率性能和较长的搁置寿命。然而，由于相对较高的成本以及安全和环境问题，它们在消费应用中的使用仅限于更昂贵的产品，如安全系统和某些电信系统。这些电池更适合军事、航空航天和一些生物医学应用；同时，为了对比，它们也被包含在后续的图和表中。

23.2.1　原电池性能的对比

第 1 章和第 9 章总结了基于理论容量的常见原电池的性能，很多表格中也列出了这些电池在接近真实操作条件下的性能。必须注意以下几点。

- 电池的实际使用容量远低于其活性材料的理论容量。
- 电池的实际容量也低于实验电池的理论容量。因为实际使用的电池包含不能提供能量的组成部分，这些辅助部分增加了电池重量和体积。
- 电池的容量可能和第 1 章和第 9 章中的数值差别很大。这些数值是在电池的优化条件下得到的，与电池的真实使用条件有很大差别。因此，在最后选择前必须进行真实使用条件下的电池测试。

以下图表比较了上述原电池的一些关键特性。更详细的特性，可以在本手册的相应章节中找到。这些数据，而不仅仅是本节中所列的一般数据，可以评估每种电池的具体性能。

图 23.1 比较了原电池体积比功率与输出持续时间，而图 23.2 则是一个 Ragone 图，展

示了基于质量的功率和能量数据。锂电池在重量方面具有相当大的优势，超过了碱性电池。

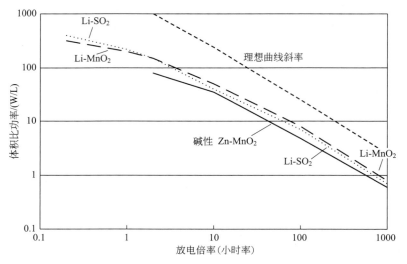

图 23.1　20℃ 基于体积的原电池性能特征曲线

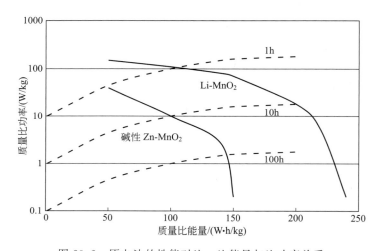

图 23.2　原电池的性能对比：比能量与比功率关系

图 9.7 和图 9.8（第 9 章），分别给出了各类原电池在不同温度下质量比能量（W·h/kg）和体积比能量（W·h/L）的性能对比，可以看出原电池的低温性能很差。与锌电池相比，锂原电池具有更好的低温性能。

23.3　蓄电池

可充电电池（蓄电池）在消费电子产品中的应用已经成为一个年产值达 8000 亿美元的行业，而且这一行业仍在持续增长。其不仅包括电池本身，还包括原材料、组件和电池组制造所需的包装。电池的"环保性"是市场上的一个关键卖点，因为蓄电池可以重复使用数月或数年。尽管蓄电池的体积比同等功率的一次电池（原电池）要大一些，但消费者需要的是不必经常更换电池的便利性。当然，当设计蓄电池应用于某个产品时，充电器是一个关键因素。在开发阶段就需要决定充电器是嵌入设备中，还是独立于设备，或者两者兼而有之。虽然初始拥有成本可能较高，但长期拥有成本通常会低得多。

手机、笔记本电脑、音乐和视频播放器与录音机、无绳电话和导航设备等都严重依赖于蓄电池供电。这些设备每天使用数小时，预期使用寿命长达数年。几乎所有消费电子产品都可以使用蓄电池。环保意识较强的消费者，甚至在遥控器和电子玩具等简单设备中也开始使用蓄电池，而过去这些设备通常使用一次电池。

消费电子产品常用的蓄电池包括 Ni-Cd（镍镉）蓄电池、Ni-MH 蓄电池和各种锂离子电池。锂离子电池包括锂钴氧化物（$LiCoO_2$）、尖晶石型锂锰氧化物（$LiMn_2O_4$）、磷酸铁锂（$LiFePO_4$）和一系列混合氧化物 $Li(Ni-Co-Mn)O_2$ 电池。在混合氧化物中，锰、镍和/或铝取代 $LiCoO_2$ 中钴的位置。几乎所有锂离子电池都使用碳/石墨作为负极，因此锂离子电池的差别主要在正极材料。

因为镉带来的环境问题，所以镍镉蓄电池迅速被 Ni-MH 电池代替。除了一些以成本为出发点的发展中国家，很少能发现使用镍镉电池的新产品。镍镉电池成本较低，但监管限制和处置成本使它们在许多国家失去吸引力。镍镉电池相对于 Ni-MH 电池的一个关键优势在于高温性能。两者都适用于高负载应用。镍镉电池通常用于低成本的消费设备，如无绳电话和廉价的电力和园艺工具。Ni-MH 电池可以通过适当的设计改装到许多镍镉电池应用中，以在相同空间内获得更大的容量。Ni-MH 电池仍然可以在一些低成本的数码相机、音频播放器和录音机中找到，但这些应用通常更适合使用锂离子电池。镍镉电池和 Ni-MH 电池都有各种各样的形状，从纽扣式电池到 F 尺寸的圆柱形电池。

锂离子电池具有较高的电压、高能量密度、良好的循环性能和合理的运行温度范围，成为便携式消费电子产品的主要电源。大多电子设备都得益于锂离子电池无可比拟的优势。价格是影响锂离子电池应用于低成本电子设备的关键因素。锂离子电池的高成本不仅仅是电池本身造成的，也包括保护设备和更复杂的充电需求。笔记本电脑、手机、视频和音频播放器和录音机以及 GPS 设备都因锂离子电池技术而变得更加便携和普及。锂离子电池通常以圆柱形、方形或"袋装"（软包装）形式制造。

值得注意的是，"聚合物电池"一词经常被误用来描述"袋装"（软包装）电池。这两种都是锂离子电池，被集成在一个相对较薄的密封袋中，而非金属壳内。这种"薄"电池通常使用胶体聚合物电解质，因此被称为"聚合物电池"。然而，也有许多锂离子电池与圆柱形或方形电池类似采用液态电解质。这些通常被称为"贫液"电解质电池，因为它们在电池中几乎没有游离电解质。"袋装"形式允许极薄电池有很大的 X-Y 方向变化。由于软包装形式更利于电极膨胀，因此和金属壳电池相比，具有更好的循环寿命。然而，当尺寸固定时，这种膨胀也是一个设计挑战，因为必须保持固定尺寸。

本书 17A 部分详细介绍了锂离子电池的化学体系，下一节将对一些蓄电池的关键性能进行对比。

23.3.1 蓄电池性能的对比

基于理论极限的传统蓄电池特性的总结见第 1 章和第 10 章。各种表格中也列出了每种特定类型电池在接近最优条件下实际性能特性。必须注意与第 23.2 节中主要电池相同的因素。

表 23.3 对比了几种常见蓄电池的关键特性。这些数据是该书出版时能够得到的常用商

业数据，不包括特殊数据。例如，现在有一些锂离子化学体系可以在牺牲能量密度的情况下实现快速充电。图 23.3 是常用蓄电池的比能量-比功率曲线（Ragone 图）。可以看到，使用锂离子电池替代镍基电池可以大大减轻重量，这对于消费电子产品在市场上的销售情况至关重要。

表 23.3 消费电子产品中常用蓄电池的对比

特性	Ni-Cd	Ni-MH	锂离子
电压/V	1.2	1.2	3.6～3.7
80%DOD 循环寿命/次	高于 1000	高于 500	500～800
温度范围	−40～70℃	−40～50℃	−20～60℃
记忆效应	有	有	无
高倍率放电	高于 $10C$	达到 $5C$	$>5C$（典型的）
快充时间	$<1h$	2h	1h
存储一年后容量(25℃)/%	<30	<20	>80
能量密度(10h 放电倍率)/(W·h/kg)	60	90	250

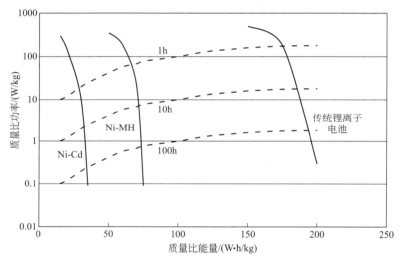

图 23.3 蓄电池的性能对比：比能量与比功率的关系

表 23.4 进一步比较了市场上可用的不同锂离子化学体系之间的一些关键差异。LiFePO$_4$ 的电压较低，但通常具有更高的功率能力。同时，LiFePO$_4$ 电池对安全保护电路要求较低，对热失控的抵抗力更强。

表 23.4 常用锂离子电池的对比

特性	LiCoO$_2$	LiMn$_2$O$_4$	Li(Ni-Co-Mn)O$_2$	LiFePO$_4$
电压/V	高于 3.6	3.6	3.5～3.8	3.2
循环寿命/次	400～500	400～500	400～800	1000+
温度范围/℃	−20～60	−20～60	−20～50	−20～60
放电倍率	最大 $2C$	最大 $5C$	最大 $1.5C$	高于 $10C$
充电倍率/h	2	1～2	2～3	<1
能量密度($C/5$ 放电)/(W·h/kg)	200	150	230	120

下面将讨论一些关键应用和挑战，并探讨未来电池技术可能的发展方向。

23.4 电池选择的性能标准

23.4.1 原电池和蓄电池的对比

原电池还是蓄电池更合适？这似乎是个简单的问题，但答案其实非常复杂。原电池通常应用于低功率或中等功率的设备中，而蓄电池几乎可用于所有消费电子应用。其中，Li-FeS$_2$ 电池比较特殊，与碱性锰电池相比，它具有提供高功率能力，但成本也更高。为消费电子产品供电的原电池，优点是更换简单而非充电的便利性，但在中等到高功率设备中，运营的长期成本会迅速增加。这是在考虑哪种电池适合某个设备时的主要权衡因素。标准尺寸（AAA、AA、C）免维护可充电电池的发展，使低价位和中等价位设备的电子设计师完全不需要考虑这个问题。由于镍镉电池和镍氢电池可以提供与原电池相似的电压，这个问题变得无关紧要。消费者唯一需要做的就是在原电池的低初始成本和可充电电池的高初始成本之间进行选择，并配备适当的充电器。这也意味着终端用户的偏好也必须考虑。最后，其他因素可能会影响最终的决定。

23.4.2 电压

电池选择的一个关键因素是工作电压范围与电子设备的匹配。图 23.4 给出了电池的电压特性。许多电子器件的最低电压要求在 3V 左右。锂原电池和锂离子电池具有较高的运行电压，可以使用单电池而不是串联两个或三个单体电池来简化电池设计。值得注意的是，为了充分利用镍镉或镍氢电池的容量代替碱性电池，电子设备必须在单电池电压接近 1.0V 左右工作，而不是碱性电池的 1.2V。一般而言，蓄电池体系的正常工作电压处在原电池电压的低端。除了电压范围外，如果想要使用电池的全部容量，该电压的实际放电曲线也很重要。图 23.5 给出了常用蓄电池（S）较为平缓的放电曲线，并与大多数原电池（P）进行了对比。

23.4.3 物理尺寸

电池一般可以分为四种：纽扣式电池、圆柱形电池、方形电池和软包（"袋装"）电池。

纽扣式电池的编号通常表示电池的尺寸和电化学体系。例如，BR2032 纽扣式电池编号含义如下：

- BR：电化学体系/电池制造商；
- 20：直径 20mm；
- 32：厚度/10＝3.2mm。

有些纽扣式电池带有插口，有些带有焊接拉环，有的带有连接线。应查看制造商的规格。圆柱形电池一般遵照表

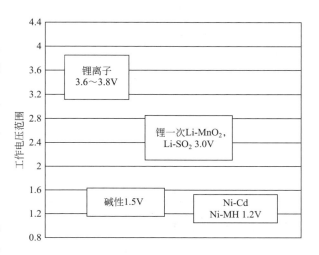

图 23.4　原电池和蓄电池的标称电压比较

23.5 中列出的 ANSI 准则，但经常以标准电池的分数形式表示（4/3A、1/2AA、2/3D）。标准锂离子电池实际上类似 "短胖 A 电池" 或 18650 型电池（直径 18mm，长 65mm）。Ni-MH 电池的最初标准是 17670 电池（直径 17mm，长 67mm）。在行业中 Ni-MH 电池尺寸与

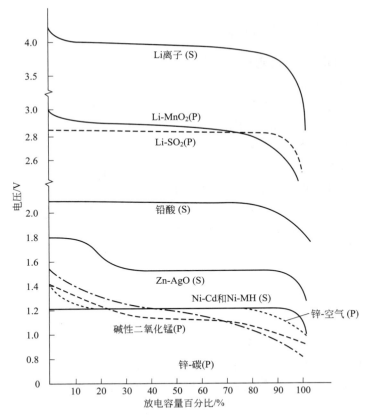

图 23.5 原电池（P）和蓄电池（S）的放电曲线

锂离子电池尺寸不一致，这是有意为之的，目的是防止锂离子电池意外过充电。

表 23.5 标准的圆柱形电池尺寸　　　　　　　　单位：mm

尺寸	直径	长度
N	12	30
AAA	10.5	44.5
AA	14.5	50
A	17	50
Af(粗 A 型)	18	67
SC(小 C 型)	23	43
C	25.8	50
D	33	61

　　方形电池也有各种尺寸，编号通常以毫米（mm）为单位表示实际尺寸。例如，ICP103450 方形电池编号含义如下：

- ICP：电化学体系/制造商；
- 10：标称厚度 10mm；
- 34：宽度 34mm；
- 50：长度 50mm。

必须注意的是，所谓的标定厚度不一定是电池产品设计的厚度。方形电池在循环过程和高温条件下会发生膨胀。良好的电池设计应该允许在产品寿命期间膨胀 10% 的标称厚度。可以从电池制造商处得到最大厚度规格和影响它的因素。这一点在电池堆叠到其他电池上面并焊接成电池包时非常重要。图 23.6 给出了焊接时在垂直方向上如何正确固定电池的示意。在"不好的设计"中电池组装的风险是：电池膨胀可能造成镍板脱离，最终可能会造成电池包断路，无法实现其功能；也有可能造成电池包内部短路。还有一点必须注意，大多数厚度大于 10mm 的方形电池内部一般带有类似于热熔断器或双金属开关等的安全器件。较小的方形电池一般不具备这些功能。

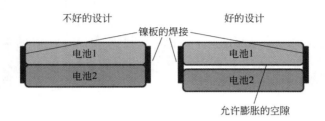

图 23.6　方形电池的正确堆叠方式

软包电池也有各种尺寸。它们可以制造为厚度小于 2mm，通常可达 7～8mm。最大厚度取决于制造技术。软包电池可以使用卷绕、折叠或堆叠电极设计，相关设计已经在本书 17A 部分进行了讨论。同样，在设计产品时，重要的是还要考虑到膨胀后的最大厚度。早期的软包电池因为干燥不足而导致内部存在水分，容易发生膨胀。随着制造工艺的改进，造成超过最大膨胀规格的主要原因是电池损坏，使得环境中的水分侵入。应当注意查看制造商的最大膨胀规格和发生膨胀的条件。

23.4.4　容量

电池的额定容量（以毫安时或毫瓦时为单位）是确定满足特定设备运行时间、通话时间或待机时间所需的电池数量、尺寸和类型的决定性因素。额定容量与电池所使用材料的能量密度直接相关。表 23.6 是 AA 尺寸（14.5mm×50mm）的原电池和蓄电池化学体系性能比较。制造商给予电池的容量评级是基于室温（20～25℃）下的特定放电速率（或放电倍率）。对于蓄电池，放电速率通常为 $C/5$；对于原电池，放电速率通常为 $C/100$ 或更低。由于 AA 尺寸的锂离子电池容量并不比其他蓄电池高，因此相关开发工作很少。

表 23.6　AA 尺寸的原电池和蓄电池化学体系性能比较

原电池				
电池体系	电压	容量/mA·h	耗电电流/mA	能量/mW·h
碱性电池	1.2	2850	25	3420
$Li-FeS_2$	1.5	3000	500	4500
$Li-SO_2$	3.0	2450	2	7350
$Li-MnO_2$	3.0	2000	10	6000
蓄电池				
Ni-Cd	1.2	700	140	840
Ni-MH	1.2	2100	420	2520
锂离子	3.6	800	160	2880

23.4.5 负载电流和负载曲线

表 23.6 是基于特定放电倍率下的测试结果。电池在不同负载条件下的性能有所不同。这也表明，根据规格说明，一只电池可能看似比另一只电池具有更好的容量，但在实际应用中，如果负载更高，它的性能可能会更差。

图 23.7 对比了几种 AA 尺寸的原电池和蓄电池的性能，展示了在一定的放电电流范围内电池的实际容量。一般而言，原电池在低放电条件下表现更好，但随着放电速率的增加，就失去了这种优势。同样，AA 锂离子电池的数据也不具有可比性，因为对这种尺寸的研究工作很少。目前的 18650 型锂离子电池可提供 3200mA·h 的容量，是 AA 尺寸电池体积的两倍。因此，经过优化的 AA 尺寸锂离子电池可以提供 1600mA·h 的容量。

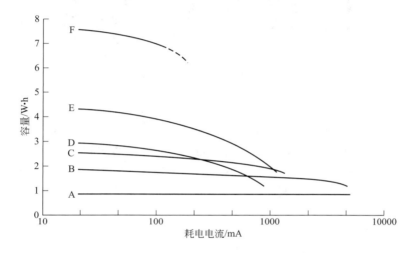

图 23.7　20℃时不同放电电流下各种 AA 尺寸（或等效尺寸）电池的性能
A—Ni-Cd 电池；B—Ni-MH 电池；C—锂离子电池；D—碱性锌电池；
E—Li-MnO$_2$（2/3A 尺寸）电池；F—锌-空气电池（纽扣式）。A～C 为蓄电池；D～F 为原电池

23.4.6 温度要求

便携式设备的运行温度是选择电池的另一个关键因素。一些消费电子产品设计为在室内使用，并且对温度的要求较为保守。其他产品有时必须在室外使用，有时在极端条件下使用，这对电池来说可能是一个问题。图 9.7 和图 9.8（参见第 9 章）显示了温度如何影响原电池的质量比能量和体积比能量。温度对蓄电池的影响要小得多，但蓄电池的整体工作温度范围受到更多限制，如图 23.8 所示。

此外，需要考虑温度对蓄电池充电的影响。镍镉和镍氢电池都可以通过电池温度来确定电池的完全充电状态。在高环境温度下操作，可能会掩盖充电终止或导致充电过早终止。

锂离子电池则呈现出不同的问题。通常，它们只能在相对狭窄的温度窗口（约为 20～45℃）内以最大速率充电。如果低于或高于此温度，必须使用低得多的电流和/或电压，因而可能导致在某些热环境中充电时间非常长。事实上，高放电率下的自放热可以使常规锂离子电池温度升高到必须冷却后才能开始充电的程度。在电池的操作规格中"工作温度"可以规定为 -20～60℃，但正常的充电温度范围可能仅为 -10～45℃。当电池温度低于 5℃ 或 10℃ 时，为防止锂沉积必须进行涓流充电。当电池温度高于 45℃ 时，必须限

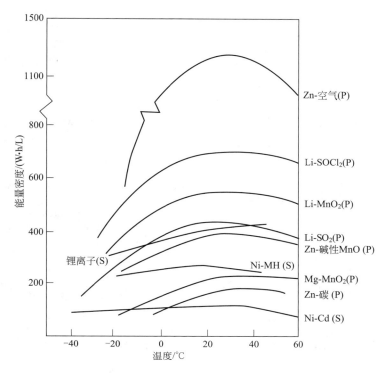

图 23.8 温度对原电池（P）和蓄电池（S）容量的影响

定电压。

23.4.7 搁置寿命

电池在使用之前可以在货架上或仓库中存放多长时间？这是由特定电池的自放电率或荷电保持能力决定的。原电池的自放电率通常比蓄电池低一个数量级或更多，因此它们可以具有以年为单位的搁置寿命，而不是蓄电池的几个月。一个例外是新型镍氢电池，它在室温下放置一年后容量保持率为 70%～85%，而常规镍氢电池仅为 20%～30%。温度对搁置寿命的影响也非常大，一般规律是温度每升高 10℃，自放电率就会增加一倍。这意味着通过保持电池低温放置，可以最大限度地延长所有电池的搁置寿命，这一点在前面几章（第 9 章为原电池，第 10 章为蓄电池），以及图 23.9 中进行了说明。

23.4.8 充电

蓄电池的充电方式多种多样，从简单的浮充几天到快速充电不到一小时，各不相同。消费电子应用通常需要一种介于两者之间的充电方式，尽管也存在一些快速充电应用。充电倍率（即充电速率）会直接影响电池的循环寿命。

较高的充电倍率通常意味着较低的充电效率和较高的温度，这会导致锂离子电池的容量加速损失。对于 Ni-Cd 电池和 Ni-MH 电池而言，高充电倍率可能会导致充电过早终止，从而造成容量损失。然而，有些蓄电池是专门为高功率应用设计的，能够承受较高的速率而不损失性能。但这种电池的能量密度通常较低。

图 23.10 说明了充电倍率对采用常规恒流-恒压（CC-CV）方法充电的典型锂离子电池容量的影响。

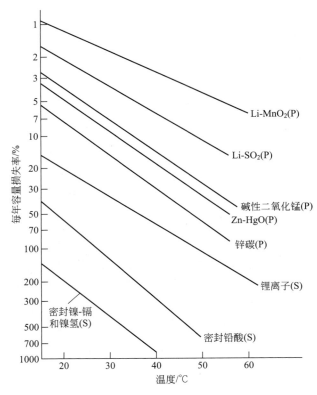

图 23.9　不同类型的原电池（P）和蓄电池（S）的搁置寿命（荷电保持率）

充电倍率对循环寿命的影响可能因温度升高或降低而加剧，具体取决于电解质中使用的添加剂。因此，使用过程应尽可能严格遵循电池制造商的充电建议。

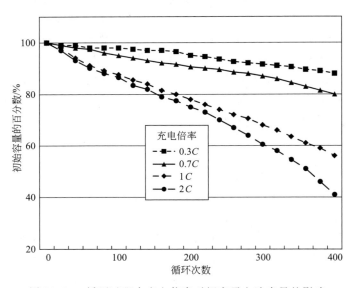

图 23.10　循环过程中充电倍率对锂离子电池容量的影响

23.5　安全与监管问题

电池是能量供给装置，在很小的空间内存储了大量的能量，如果误操作、滥用或在不适合的环境中应用，可能会在很短时间内快速释放所有能量。蓄电池在充电时与供电电源连接，增加了发生事故的可能。为防止消费者滥用，蓄电池需要多层次的防护措施。

第一层防护措施是充电器。充电器应具备保护功能，以避免过电流，并在特定环境条件（例如高温）下禁止充电。

第二层防护措施是电池包。好的电池包设计应该能够中断短路，跌落时保护电池不被破坏。电池包中的电子设备应该具备防止对电池组中的电池造成伤害的条件。典型的保护装置包括 PTCs（正温度系数电流限制装置）、恒温器、化学保险装置和专用安全集成电路。这些保护装置可以防止过电压、欠电压、过热、高电流等（请参阅第 7 章和第 31 章以获取更多详细信息）。

最后一层防护措施是电池本身。自淬灭隔膜材料已被应用于提高电池在过热情况下的安全性。此外，对于内置于金属壳体中的电池而言，可靠的泄放机制可以缓解过度的内部压力。如果没有这些排放装置，当热失控发生时，电池内部过高的压力将会导致外壳破裂和内部物质泄漏。有些电池具有内部电流中断器件或热熔断器以阻断电池工作。

在电池设计前进行失效模式与影响分析（FMEA）是一种很好的习惯（参见本书 32B 部分）。应当研究电池可能的失效模式，并根据失效造成的严重程度进行分类。潜在的灾难性失效可以通过独立的、冗余的安全机制进行缓解。FMEA 分析需要通过电池本身、电池包和整个电池系统/主机设备进行综合分析。这一概念是在 IEEE 1625 和 IEEE 1725 中提出的。

监管要求也必须考虑在内，特别是对于将在不同国家和地区之间运输的产品。有些运输法规规定了包装、标签和文件的要求，这些要求因国家和地区而异，并不断变化。政府机构还要求在电池上加上某些标记，这些标记也因国家和地区而异。此外，还有环境法规规定了电池的回收或处置。在消费电子行业，对电池寿命的终止进行规划和设计是至关重要的（见第 8 章）。

23.6　经济/生产标准

通过比较原电池和蓄电池的成本效果与循环寿命，可以评估并选择更合适的电池类型。表 23.7 给出了一个分析实例，对比分析了锌碱性原电池和 Ni-MH 蓄电池中哪种电池更适合应用于低功率便携电子产品。较低的使用率使原电池呈现更好的成本效果，并且因为不需要定期充电而更加方便。此外，还提供了不必定期充电的便利性。在投资回收期计算中，假设 Ni-MH 电池的容量基本不衰减，并且由于 Ni-MH 电池放电截止电压低于 1.0V，因此假设使用两只 AA 尺寸电池的电子设备的运行电压必能从 3V 降至 2V，否则 Ni-MH 电池的容量效率更低，资金回收周期变长。

表 23.7 原电池（Zn-MnO$_2$）和蓄电池（Ni-MH）的成本效果对比

假设

标称电压:3V

耗电电流:150mA

2 只 AA 尺寸 Zn-MnO$_2$(2500mA·h):0.64 美元

2 只 AA 尺寸 Ni-MH(2300mA·h):6.20 美元

Ni-MH 充电器:4.00 美元

使用率/(h/天)	Ni-MH 充电时间/天	Zn-MnO$_2$ 更换时间/天	Ni-MH 资金回收周期/天
0.5	30.7	33.3	530
1.0	15.3	16.7	266
2.0	7.7	8.3	133
4.0	3.8	4.2	66
6.0	2.6	2.8	44
8.0	1.9	2.1	33

表 23.8 给出了设备用电功率较大时的实例分析。1A 是某些数码摄像机和电动遥控玩具的典型负载电流。在这个实例中，将高功率的锂原电池和 Ni-MH 蓄电池进行了对比。常用的碱性原电池不能承受这么高的功率负载。显然，即使使用率适中或较低，蓄电池的资金回收周期也相对较短。这是因锂原电池的费用较高造成的。

表 23.8 原电池（Li-FeS$_2$）和蓄电池（Ni-MH）的成本效果对比

假设

标称电压:3V

耗电电流:1000mA

2 只 AA 尺寸 Li-FeS$_2$(3000mA·h):4.10 美元

2 只 AA 尺寸 Ni-MH(2300mA·h):6.20 美元

Ni-MH 充电器:4.00 美元

使用率/(h/周)	Ni-MH 充电时间/天	Li-FeS$_2$ 更换时间/天	Ni-MH 资金回收周期/天
1.0	14	21	53
3.0	4.7	7	17.5
7.0	2	3	7.5
14.0	1	1.5	4
21.0	0.7	1	2.5

如果选择使用蓄电池，在重量、尺寸非常重要的情况下，必须考虑锂离子电池的费用。和方形电池、软包电池相比，圆柱形锂离子电池的每瓦时费用最低，这是由于圆柱形电池生产过程中具有较高的自动化程度以及主要制造商的产量巨大。低容量（2200mA·h）18650型电池的成本为 0.20 美元/W·h，优质电池（3200mA·h）的每瓦时成本高达其两倍。不同供应商之间的成本差异很大，日本和韩国的供应商比中国制造商更昂贵。当然，电池质量也必须考虑。明智的做法是选择有多家供应商的电池，以确保良好的供应和具有竞争力的价格。

软包锂离子电池的制造过程较慢，工厂产量略低，其成本比相同容量圆柱形电池高出

1.2～1.5 倍，也高于其他形式的电池。

与 Ni-Cd 电池或 Ni-MH 电池相比，锂离子电池需要更复杂的充电电路和保护电路。一套完整的保护电路的费用约为 1.25 美元。另外，锂离子电池充电器成本约是 Ni-Cd 电池、Ni-MH 电池充电器成本的两倍。尽管有通用锂离子充电器，但是针对特定的应用条件，设计匹配的充电器还是必要的。具有更好的电压、电流灵活性的充电器的设计，可能因为费用较高而被迫放弃。

电池总成本的预估，不能仅仅考虑电池本身的成本，保护电路成本、充电电路成本、法规认证、回收处理成本和责任以及运输成本都必须统一考虑。另外，特殊的装配工艺也会增加电池的成本。

23.7   总体选择标准

为消费电子产品选择电池方案并没有完美方案，需要缩小可能选项的范围，然后根据关键标准进行权衡，以得出最佳方案。请记住，可能没有一个最佳方案。考虑以下五点有助于减少可用选项的数量：功能/应用、性能、成本、完整性和安全性。在考虑这些因素时需要考虑的问题，将在下文进行讨论。

23.7.1   减少可能的选项

对于特定的应用，必须首先明确是否需要充电。回答了这个问题，还应收集许多与应用相关的其他信息。

- 原电池还是蓄电池？
- 嵌入式充电器还是外接式充电器？
- 电池荷电状态是一个重要的因素。购买时是否需要处于荷电状态，以及是否需要定期充电？
- 电池封装和应用需求的匹配如何？
- 可接受的总体尺寸是多少？电池如何连接到设备上？
- 电池是嵌入产品内部，还是可以卸下和替换？
- 需要什么样的保护电路（如果有的话）？

一旦确定了基本尺寸、形状和封装形式，就必须考虑性能特征。还需要对 23.4 节中已经讨论过的许多因素进行筛选，以除去不兼容的化学体系。以下性能特征应包括在此过程中。进一步的比较和权衡将在本节的后面部分进行讨论。

- 能量密度；
- 电压范围、放电深度、放电曲线；
- 放电速率、持续放电能力、脉冲放电；
- 工作和储存要求的温度；
- 可靠性、环境因素；
- 自放电、搁置寿命、容量衰减、充电速率、涓流充电与保护。

当然，成本是消费电子产品必须考虑的一个关键因素。但对于某些设备而言，电池的成本不如其他设备敏感。对于笔记本电脑来说，电池成本可能占设备总成本的 10%；而对于MP3 播放器，这一比例高达 50%。与成本相关的因素包括如下。

- 电池初始成本：
  - 和其他组成部件的对比；
  - 预算限制。
- 电池使用成本——每次循环费用（原电池与蓄电池对比）。
- 与主机设备相关的成本；保护装置成本、充电器成本、特殊装配工艺成本。
- 回收处理成本和责任。

电池选择所涉及的整体性考虑常常被忽视。电池选择的整体性包括与设计、营销和制造相关的主题。以下几个关键点将被考虑。

- 声誉：电池供应商，电池包装配商。
- 采购：
  - 是否需要从多个来源采购？
  - 是否存在有竞争性的可替代技术（如燃料电池等）？
- 接受度：
  - 消费者对产品的感觉如何？
  - 产品在市场中的竞争力如何？
- 政府/监管：
  - 安全性。
  - 运输：在运输过程中对以锂电池为基础的产品具有严格规定。
  - 回收再利用的要求。

最后必须考虑的因素是安全问题。安全问题不仅仅在于是否需要特殊电路，还涉及设备和电池的使用方式和地点。预测消费者实际上会如何使用设备是至关重要的。设备是否会被留在炎热的车内？是否会被频繁摔落？是否会暴露在高湿度或水中？这些是在设计中必须考虑的误用条件。还有一些难以设计的滥用条件，但通过考虑潜在的滥用，可以降低风险。在进行安全设计时以下这些问题将需要考虑。

- 机械滥用：需要承受多大的撞击/振动。
- 热滥用：在操作、储存、充电过程中的温度极限值。
- 电气风险：电池挤压或者电芯短路风险。
- 电池处理/环境问题。
- 毒性：特殊危险以及预防措施。

23.7.2 性能标准的权衡

对于特定应用来说，所有性能特性不可能同等重要。在将设备用作营销工具的消费电子应用中，容量成为关键参数。为了提高电池容量，可以牺牲哪些因素？通过简单地使用更大的电池，可以获得更高的容量。对于所讨论的设备，增加尺寸和/或重量是可以接受的吗？是否可以减少其他因素以增加容量，例如循环寿命、充电速率和高温或低温性能？但应注意在所有情况下，都不应牺牲安全性。

对于特定的便携式设备，从消费者的角度进行思考通常很有用。表 23.9 列出了一些常见应用以及需要考虑的特性。对于每种应用，给出了特性的相对重要性或参数。值得注意的是，对于低电流消耗的应用，从电池的容量角度来看，电池可能很小，因此尺寸、重量和成本不太重要，因为电池只是设备中的一小部分。在特定应用中，例如笔记本电脑，可以着重考虑这一点。这些设备尺寸各异，针对不同类型的用户。这些应用范围包括作为台式计算机替代品的 17 英寸❶显示器，直到作为网络浏览器（上网本）的 10 英寸屏幕。表 23.10 说明了便携式计算机几类相对重要的关键电池特性。

表 23.9　电子产品的主要特性对比

特性	便携式计算机	手机	MP3 播放器	内存备份
最小使用电压	6V	3V	3V	3V
最大电流	3～4A	800mA	60mA	100μA
运行时间	2～3h	2～4h 通话，超过 24h 待机	6～8h	24h
重量	一般重要	非常重要	非常重要	不重要
尺寸	非常重要	非常重要	非常重要	不重要
成本	一般重要	一般重要	非常重要	不重要

表 23.10　便携式计算机的电池特性

项目	尺寸	成本	能量	运行时间	重量/尺寸
便携式工作站	15～17 英寸		+++		
可移动台式计算机	15～20 英寸	++	++	+	
主流计算机	14～16 英寸	+++	+	++	+
轻薄计算机	13～14 英寸		++	+++	++
超级便携式计算机	10～12 英寸			+++	+++
上网本	≤10 英寸	+++	++	+++	

注：＋号表示级别；＋号越多，则级别越高。

电池选择策略可以总结如下。

• 工作站类型通常具有高性能的图形和 CPU/芯片组，通常价位较高并极少切断交流电电源，功率要求很高。

• 成本敏感（主流计算机、上网本、可移动台式计算机）产品，一般配备满足最低运行时间要求的容量。

• 更多的移动装备（轻薄计算机、超便携式计算机、上网本）对重量和外形尺寸要求敏感。性能也非常重要，因此出现多种电池以满足市场需求。

• 上网本需要低成本。这就需要牺牲尺寸和重量，尺寸问题就变成工业设计问题。超便携式计算机是市场的一个亮点，如果超薄程度比成本更有意义，或许必须使用软包电池。

总之，在电池选择中存在很多性能权衡。

23.8　风险规避标准

在考虑设备要求、研究不同的电池选择、分析电池特性，并权衡各种标准的相对重要性之后，可以设计出电池解决方案。但有没有什么被忽视了呢？这一节列出了一些常见的应避免的误区。

---

❶ 1in＝25.4cm。

- 不要忽视电池的保质期。一些电池，如锂离子电池，可能需要定期充电以避免不可恢复的容量损失。如果产品有可能在几个月内一直存放在商店或仓库中，应考虑这一参数。还要考虑电池的存放地点，例如仓库是否很热；如果电池的化学性质需要的话，应采取环境控制措施。

- 为电池留出足够的空间。

- 所有电池在其尺寸规格上都存在公差。使用直径为 18.1mm 的电池可以消除一些最大直径为 18.3mm 或 18.5mm 电池的潜在问题（这是因为如果电池直径过大，可能会导致安装电池时遇到困难；选择合适的电池直径，也可以确保电池的兼容性和性能）。

- 方形和软包电池也有膨胀，必须为此留出余量。

- 不要忽视温度。电池有一个有限的运行温度范围。超过指定范围使用电池，会导致性能下降，并可能随着时间的推移而损失容量；还可能导致与安全相关的问题。

- 考虑采购。许多电池都有标准尺寸，可从多个制造商处购买。如果批量交货至关重要，可能需要对多个供应商进行资格预审。一旦选定了特定尺寸，在定价和交货方面就只能受制于供应商了。

- 不要忽视设备功率曲线特性。需要完整考量电池在预期负载下的放电电压全程曲线，以确保满足系统运行时间要求。

- 只要可能，使用实际性能数据进行决策。电池规格并非总是精确的，电池通常以标称容量和最小容量进行评级。务必了解规格。

- 不要忽视循环寿命。不同电池的化学成分老化程度不同。通常需要在循环寿命和电池容量之间进行权衡。随着电池的老化，预计运行时间会缩短。

- 充分了解充电对容量和循环寿命的影响。特定设备可能需要更快的充电速度，但这通常会导致容量更快地降低和循环寿命缩短。

- 不可忽视寄生电流风险。部分设备搭载的易失性存储器在关机状态下仍然继续消耗电量。多数"智能"电池需要与主机保持通信交互，导致电池本身产生寄生电流损耗，且部分安全保护电路的微小漏电流，也不应忽视！

- 考虑电池的异常行为。随着负载增加或温度降低，电池电压会下降。此外，突然的功率需求激增，尤其是在低温下，可能导致电压降至设备的截止电压以下。

最后一点：尽早将电池纳入消费电子产品系统设计中！

参考文献

1. CTA: Press Releases, www.cta.tech.

第24章

个人动力设备

24.0 概述

一个多世纪以来，电池一直被用于为各种个人便携式电气设备提供动力。这些设备旨在提高个人舒适度并提供额外的实用性，包括第 23 章中详细介绍的各种消费电子产品，但也涵盖了旨在替代汽油发动机（内燃机）、体力劳动、有线（插电式/交流电源）电器或机械动力（即弹簧驱动）系统的各种设备。这类动力设备的电池要求在许多方面与电子产品的要求相似，只是使用条件的范围更广泛、更复杂。环境条件（温度、水/湿度等）、滥用因素（冲击、挤压、化学品等），以及能源/电力需求都比典型的手机或平板电脑要求更为严苛。

电池供电的便携式设备起源可以追溯到 1915 年，当时 Mine Safety Appliances 公司制造的爱迪生（Edison）无火焰矿工帽灯获得了批准。在此之前的十年里，数千名矿工因使用可燃燃料的头灯引发地下爆炸和火灾而丧生。图 24.1 展示了带有头灯的现代矿工头盔。这种应用是出于迫切的需要而发展起来的。然而，如今旨在供个人使用的助力产品种类还是受限于产品设计师的想象力，以及电池供电设备制造商的资金支持。过去，采用电池供电的工业工具、手电筒和玩具等物品已经得到了很好的利用。但现在，许多新的创意和其他新设备正在涌入市场。这些用途包括电子鱼饵、钥匙丢失寻找器、个人供暖、通风和空调（HVAC）设备（风扇、加热器、冷却器、空气净化器）、电子烟、无人机、食物切片机/切丁机/切碎机以及成千上万其他实用和新奇的物品。

然而，小型便携式电池供电设备的最大类别可能是草坪、家庭和花园的动力工具。本书 24A 部分"电动工具"和 24B 部分"可充电手电筒"中对几种消费者应用、住宅应用进行了介绍。第 25 章详细介绍了先进的便携式、可运输式、移动设备（即自主机器人、航空航天/太空飞行器、水下交通工具、特殊用途的机电设备、工业工具等），这些设备需要比本章介绍的更先进且尺寸通常更大/功能更强大的电池系统。最后，第 26 章~第 29 章详细介绍了电池在电动车辆和可植入医疗设备领域的应用。

图 24.1 带有头灯的现代矿工头盔

24A　电动工具

Lisa Michelle King，Rouse Roby Bailey

24A.1　引言

无绳电动工具始于 1961 年由 Black & Decker 公司推出的世界上第一台无绳电钻。该电钻由四节整体式镍镉电池供电，输出功率为 36W。一年后，该公司推出了户外草坪和园林设备（带有可拆卸电池包的修枝剪）和四款无绳工业钻。

20 世纪 60 年代和 70 年代，镍镉电池成为电动工具的首选电源。还引入了可拆卸电池包（电池组）的概念，这种电池包可以在各种产品中通用，因而加速了无绳电动工具在市场上的普及。随着镍镉电池技术的进步，电池包的工作电压逐渐增加，最终在 20 世纪 90 年代中期稳定在 18V，成为手持式专业无绳工具的行业标准。这个电压在功率和人体工程学之间获得了平衡。

输出功率在很大程度上受到镍镉电池内阻的限制。在 18V 条件下，系统的最大输出功率限制在 400~500W 之间，并且很大程度上是自动限制的，不需要任何特殊的电子控制。21 世纪初，锂离子电池的引入极大地改变了这一局面。由于锂离子电池的低内阻和高功率密度，采用锂离子电池的无绳工具大幅度增加，同时也增加了系统对过流、欠压和过热控制等安全性的关注。通过电子控制获得的效率使输出功率翻了一番，而且由于锂离子电池能量和功率密度的增加，人体工程学也得到了极大改善（图 24A.1）。

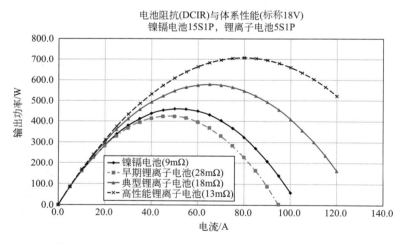

图 24A.1　镍镉电池与锂离子 18V 电池包性能优化对比

从早期开始，无绳电动工具产品的种类迅速增加，到 2016 年已经发展成为一个 150 亿美元的全球市场。这个市场的稳步增长率为每年 5%，主要是由于世界各地正在进行的建设和开发对电动工具的需求。与镍镉或铅酸等水系电池相比，锂离子电池功效以及功率更高，同时也提升了传统上使用石油或交流电源的户外和家用产品的便携性。

在这一章中，我们将探讨无绳便携式消费工具系列，其中包括电动工具、园林工具和吸尘器。这些类别各自拥有多样化的消费群体：从各个行业（包括工业建筑）的专业用户（他们每天依赖这些工具谋生）到对高质量工具有着适度使用的热衷者，再到偶尔执行轻量级任务的房主。对于专业用户来说，无绳电动工具必须能够经受严苛使用，同时还要保持高效和可靠。这些用户需要依靠他们的工具来完成工作，因此工具的耐用性、性能和电池寿命都是至关重要的考虑因素。

24A.2 动力电池设计

功率型手持式工具倍率范围在 $3C\sim15C$ 之间。截至 2015 年，这类产品基本都是基于锂离子电池体系，主要是由于与镍基碱性蓄电池产品相比，锂离子电池具备更高的比能量、比功率以及更长的储存寿命。针对这一消费类别的电池，其他要求还包括宽温度工作范围、高充电速率、固有的安全设计特性、良好的保存期限和储存特性，以及适中的循环寿命。电池组的人体工程学在工具的便携性方面起着重要作用。

便携式电动工具首次引入市场时，通常采用的是镍镉电池。常见的镍镉电池组配置为 12V 和 18V，分别包含 10 个和 15 个单体电池。典型的电池容量范围为 $1.1\sim2.4\mathrm{A\cdot h}$。工作量更繁重的产品需要更高的容量和运行时间，因而重量也更大。目前，镍镉电池占据全球工具电池总量的四分之一，且逐年递减。

锂离子电池在 20 世纪末期进入市场，电池组的体积和能量密度有一定提升。工具行业不希望过多改变已经应用的额定功率，因此更加倾向于 12V 和 18V 两种规格。随着更高 Ni 含量锂金属氧化物电极的引入，如 NCM（镍钴锰）和 NCA（镍钴铝），锂离子电池的容量从最初的 $1.1\mathrm{A\cdot h}$（最早的磷酸铁锂电池组）提升至现在的 $4\mathrm{A\cdot h}$。

迄今为止，圆柱形卷绕电池由于能够使用长而连续的高表面积电极，从而具有低内阻，可低成本地大规模生产，该设计已被用于功率型应用。由于更好的工效、更高的功率和能量，预计未来具有更加灵活外形的软包装（袋式）电池会被应用到这类产品中。然而，在每瓦时的成本与圆柱形电池相比具有竞争力之前，应用还是集中在圆柱形电池上。

镍镉电池由采用冲压箔和延展金属网格集流体的膏状电极或烧结膏电极组成。与正极裸露边缘的连接是通过许多电阻焊接到冲压集流体上完成的，集流体位于卷绕体顶部并直接焊接到外盖上。罐底的负极连接由底部的单个电阻焊接制成。隔膜是非织造聚烯烃类型，结构内部的曲折路径可以阻碍枝晶生长。电池配有重新密封的安全泄气阀，以在出现滥用情况时释放压力。

锂离子动力电池的结构一般与高能电池设计类似，例如用于个人计算机/信息技术（PC/IT）的设计。然而，动力电池电极层、箔材以及隔膜更薄，孔隙率更高，且 N/P 比（负极和正极板储存能量之比）更低，以此优化传质过程并最大化容量释放。同时，还引入不同类型的添加剂以提升电导率；在正负极上采用多极耳设计，以进一步降低电池内阻。

PC/IT 产品锂离子电池的设计与动力电池之间最大的区别在于电池内部的安全装置。两款电池都具有可熔断隔膜和安全泄放通道。区别在于：由于动力电池的电流比能量电池大一个数量级，因此动力电池还包含可熔断正极片和电流中断装置（CID）。动力电池中不使用正温度系数（PTC）设备，因为潜在的高电流和高温条件通常非常接近热失控激活温度，这需要通过激活 CID 或熔断器来永久性地使电池失效。此外，与 PC/IT 产品电池相比，位于电极极耳上的内部保护胶带以及垫圈密封聚合物的熔点也会更高，以确保在使用大电流时保持完整。

24A.3 包装、系统设计与安全

24A.3.1 包装

消费类产品使用的可拆卸电池包通常包括如下部件：热塑性绝缘外壳、安全闪锁、用于连接外部系统工具和充电器的端口、单体之间的金属互连、电池管理系统（BMS）、热敏电阻和熔断器。

外壳通常由填充物和耐化学腐蚀、耐火和抗冲击性聚合物混合制成。材料必须具有良好的热循环特性，因为电动工具电池在使用过程中可以变得非常热，同时要适应寒冷的环境。部分产品外壳还包含散热系统。

用于互连的材料多种多样，主要取决于产品价格、内阻设计以及兼容性要求。单体之间隔断和互连焊接件设计需要考虑冲击和振动因素。电池包保险丝从物理上防止极端过电流条件（如短路），可以通过熔断器、电熔丝或两者组合来实现。

电动工具电池组中的 BMS 具有安全监控软件和硬件，会在过电流、超压或欠压、超温或者温度过低等不安全的情况下对系统或充电器发出警告。电池组中包含热敏电阻，为 BMS 提供温度控制信号。电路板采用全覆盖涂层，以保护电子元件免受灰尘和水分等污染。

24A.3.2 工具

系统工具会从 BMS 接收信号，从而实现与电池的交互。此类系统工具包含控制器和软件，采用关闭功能的方式限制过流、过温和欠压。电动工具典型的截止电流为 $80\sim100A$，锂离子电池系统欠压限制通常为单体电压 $2.5V$。

24A.3.3 充电器

锂离子系统充电器配备有初级过压保护芯片，可响应电池组的高电压，防止过充电这一锂离子电池严重的安全问题发生。充电器还可以包含欠压保护芯片，阻止对低电压、过度放电的电池组充电，这也是一个安全问题，因为电池中可能存在广泛的铜镀层（铜沉积）。

电池组 BMS 会配备极载的次级保护层级——针对每个单体电池的过压保护芯片，可以在充电器主过电压控制失效的情况下阻断电池组继续充电。

充电器还将读取电池热敏电阻数据，以防止电池组在温度过低（锂镀层）或者温度过高（气体产生、热失控）的情况下继续充电。典型的电动工具充电器将最低充电温度限制为 $0℃$，许多充电器的电流在 $0\sim10℃$ 范围内逐步降低。大多数充电器将运行的最高温度设置为 $60℃$。然而，许多充电器包含"电池包热延迟"功能，即充电器进入待机状态直到电池包冷却到较低的设定温度（通常为 $50℃$），然后再恢复充电。

24A.4 应用

电动工具适用于许多专业领域，可分为四个广泛应用的类别：钻孔和紧固、切割和磨削、园艺设备、吸尘器。每个类别应用过程中都需要类似的平均负载，但占空比和特殊情况下可能会有所不同（参见图 24A.2 和表 24A.1）。

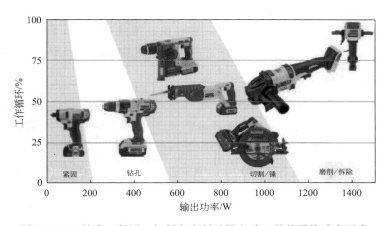

图 24A.2　钻孔、紧固、切割和磨削无绳电动工具的平均功率要求

表 24A.1　个人无绳电动设备的电流负载

设备类型	典型电流消耗		
	平均电流/A	峰值电流/A	占空比
圆锯	30	60	低
斜切锯	30	60	低
磨床	20	60	不固定
钻头	10	25	低
修剪器	7	10	轻微变化
手推式割草机	15	25	持续
手持式吸尘器	8	20	低
立式吸尘器	15	30	持续

24A.4.1　钻孔和紧固工具

钻孔和紧固类工具包括螺丝刀（螺钉旋具）、冲击起子、钻孔器、冲击扳手和锤子等工具，如图24A.3所示。大多数常见的电动螺丝刀电压为4V和8V，常用的为一体化或不可拆卸的电池。这类工具配备的可拆卸电池包通常在12～18V范围，其中用于混凝土钻孔的大型锤子所需电压在36V或54V。配套电钻使用的电池包容量在1.3～2.0A·h之间，足够支持用户完成数万个紧固件的安装操作。对于大多数应用，平均电流为10A；更高的扭矩则需要更高的电流，例如在混凝土和结疤木材等硬质材料上钻孔的操作，或者管道和电器粗加工等需要大孔的情况。

图 24A.3　冲击起子、小型钻机和锤钻实例

由于这类工具的市场趋势是结构单元越来越紧凑，因此人体工程学因素的影响至关重要。这些手持工具在使用过程中面临的挑战主要是冲击和振动问题，特别是在汽车维修和管

道行业中，用户还会特别关注工具和包装壳体与存在的燃油成分和水的相容性问题。在钻孔过程中，一个独特的安全问题是锁定转子，其中钻头在基础材料中被卡住时，电机电流激增。此时，工具的电子控制装置可能会通过切断电源来限制偏差的持续时间，以保护电池和电机。

24A.4.2 切割和磨削工具

相比于有线工具，越来越多的消费者会选择更重的直流无线工具，原因如下。许多工地上缺少交流电，需要具有现场移动性。通过取消交流电源线，提高了施工现场的安全性，并消除了与之相关的跌倒和坠落危险。一些切割工具历来使用石油作为燃料，由于燃烧烟雾的危险而不可在室内使用。使用无刷电机，通过电子控制，提高了性能和电机效率。高端电池组现在设计有更高的能量和功率水平，以应对这些大型应用。

锯是切割类中最广泛使用的工具，便携式圆锯又是其中最常见的。市场上可用的其他无绳便携锯包括往复式锯、台锯、带锯、劈锯、切断锯和斜切锯（图 24A.4）。各种手持式锯可进行短时间、不同形状的切割。可以切割的材料多种多样，最常见的是典型建筑材料，如木材、混凝土、金属或塑料。

图 24A.4 无绳复合斜切锯

磨削工具在功能上都大同小异，其差异主要在于研磨轮的大小。磨削工具最常见的用途是平整表面，例如在汽车车身修理工作中或焊接中平整金属焊接缝，形成无缝的外观。磨削工具的另一种用途是作为管道切割机。

磨削工具的使用方式非常依赖于最终用户的行为。如果工具在较大的表面上使用，例如抛光，施加在工具上的力较小，从电池中获取的电流也较小，大约在 20A 的范围内。然而，当磨削接缝时，最终用户可能会施加自身的体重以找到快速去除材料的最佳力或"最佳点"。

为了获得更高的功率，这类产品的电池包电压通常较高（18～54V）。对于长时间的切割作业，平均电流为 20～30A，峰值电流范围为 60～80A。焊接缝磨削等应用，可以在非常高的连续电流（例如 50～60A）下运行。这种类型工具的电池组容量范围较高，为 3～9A·h。这些工具短时间运行采用 30C 倍率，长时间运行则采用 15C 倍率，这会导致电池过热，影响循环寿命并导致 CID 开启或泄气等故障。电池组内部会设置通风筛网和碎片偏转防护装置，以保护电池组免受研磨污染和碎片的影响。在进行湿切割应用（例如混凝土）的时候需要为电池组设计防水隔间。

24A.4.3 园艺设备

在过去的几年里，电池供电的户外设备类别获得了大幅增长。迄今为止，这一类别中最受欢迎的工具是线锯和篱笆修剪机。鼓风机和手推式割草机原先的推广使用速度较慢，但随着越来越多的人从交流电转向锂电池，预计在未来几年内它们的推广使用速度会加快，因为电池功率水平已经达到了交流电和燃油动力工具的水平。其他常见的工具包括链锯、修枝剪和耕地机，如图 24A.5 所示。使用电池供电设备的用户最常见的抱怨是，一次充电无法完成草坪和花园的维护工作。

许多原本采用镍镉电池的工具现在已转变为锂离子电池，这是出于人机工程学和易于维护的考虑。常见的电池组电压为：18V 用于修剪机、36V 用于较大的修剪机和链锯、54V 用于割草机。许多户外工具的平均电流为 15A，有些峰值电流为 35A。电池组容量在 1.5～7.5A·h 范围内。园艺设备的特殊考虑因素包括当地环境温度、用于维护大型庄园的充足运行时间（能量），以及电池组污染与环保问题。

24A.4.4 吸尘器

由于现代家庭忙碌的生活方式，家庭用品类别中最近的一个趋势是从交流立式和罐式吸尘器转向无线立式和机器人吸尘器。专门应用于家庭的应用包括宠物毛发去除（需要特殊设计的打浆杆和高吸力）、过敏原的 HEPA（高效颗粒空气过滤器，需要高功率以通过精细过滤产生吸力）、机器人技术（由于连续运行模式和与家庭基站的持续通信，需要高电池容量）和湿清洁（需要高吸力功率以施以真空清洁剂）。

手持式真空吸尘器（图 24A.6）可以配备中等功率电池（约 35mΩ，直流）；更高功率要求的任务（例如立式）需要高功率电池，例如专业电动工具中使用的电池（约 20mΩ，直流）。手持式和立式真空吸尘器的工作电流范围为 8～12A，有时在启动时峰值达到 20A。有些设计包含一个瞬时开关，可防止锁定。立式真空吸尘器平均电流范围为 15～20A，启动时峰值达到 30A。与其他电动工具相比，许多真空吸尘器产品具有不可拆卸的一体化电池。机器人吸尘器的平均连续电流为 2A。

图 24A.5　常见无线手持园艺工具：耕地机、
线锯、篱笆修剪机、链锯、修枝剪和鼓风机

图 24A.6　手持式真空吸尘器

24B　可充电手电筒
Kirby W. Beard

24B.1　引言

手持式手电筒是体现电池供电设备在个人便利方面实用性的典型例子。第一个手持式电池供电手电筒的发明紧随 1879 年电灯泡的发明（美国专利 223898T，托马斯·爱迪生）和 1896 年首个商业电池单元的销售（国家碳公司）。康拉德·胡伯（Conrad Huber）于 1903 年 8 月 26 日详细设计了一种在管子中放置圆柱形电池的设计［美国专利 737107（电路闭合器）］。这种设计在今天仍然很常见（参见图 24B.1）[1-2]。手电筒主体方便握持，包括一个开关和一个连接到一端的抛物面反射器。

在接下来的 50 年里，便携式手电筒的设计、类型和规模激增，包括小型 AA 尺寸电池手电筒、带有头灯式灯泡的"灯笼"电池、大型 6V 罐式电池[3]。50 年后，出现了更多选择：由小型锂离子电池供电的 LED 频闪灯、纽扣式电池激光笔、各种电动工具套件中包含的可拆卸 18V 照明配件等。

然而，除了比蜡烛和油灯更方便外，手持式电子照明设备的出现成为整个先进消费电子领域的一个里程碑，促进了便携式计算机、无线通信设备、便携式电动工具等的出现。虽然一次电池（即原电池）的手电筒偶尔使用是可以的，但用于繁重或日常服务的一次电池的成本、性能和物流却是不可接受的。更先进的照明应用（例如便携式聚光灯、商业摄影、摄像机等）需要有更好的电池选择。第一个为这些更具挑战性的照明产品提供电力的突破出现在 20 世纪 50 年代，使用了镍镉蓄电池（见第 15 章）和氧化银电池（见第 16 章）。

当时，重型电力设备依赖于使用可拆卸或辅助电池组，这些电池组的质量至少为 1kg，

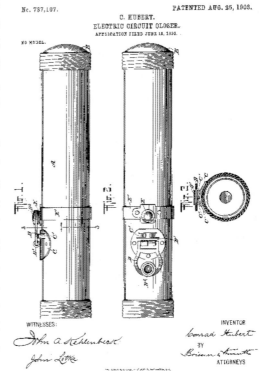

图 24B.1　第一支获得专利的手持式手电筒
（美国专利 737107，康拉德·胡伯，1903 年）

但通常远远超过 10kg。携带和为满足相当简单的远程电力需求的便携式电池组充电是一项艰巨的任务。早期大型可充电电池对于为小型个人电子设备供电而言，更加不实用。电池通常比所供电的设备大得多。如果没有电池和电子设备方面的进步，消费电子产品的发展将会受到阻碍。这种脱节的实例是，第一部便携式手机（摩托罗拉 DynaTAC 8000X）质量近 1kg，通话时间为 1h，成本（1983 年）近 4000 美元[4]。为了支持消费电子设备的增长，需要同时改进电池和电子产品。如图 24B.2 所示，十年内更现代化的设计推动了手机的实用化进程。

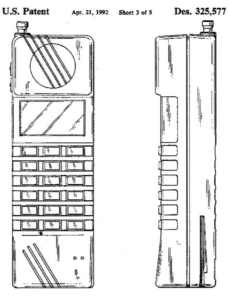

图 24B.2　美国专利设计 325577

（诺基亚手机，1992 年）

　　总体而言，便携式个人电源设备的演变依赖于电池电源和电子电路的并行发展。在过去的半个世纪里，在这两个方面都获得了迅速的进步，小型设备的操作时间也变得更长，例如三星（Samsung Gear）和苹果（Apple）手表（即缩小版的摩托罗拉 DynaTAC，适合佩戴在手腕上并全天使用）。这一进步源于数百万人在开发、制造和营销数千种产品方面所付出的努力。然而，鲜为人知的是便携式可充电照明设备在小型二次电池（即蓄电池）行业的早期发展阶段所起的作用。以下部分通过可充电手电筒作为开发实例，介绍了这一技术进步的发展历程。

24B.2　Gates 能源产品公司——西尔斯可充电手电筒

　　在个人电源产品市场扩张的众多关键里程碑中，Gates 能源产品公司（Gates Energy Products，有时简称 Gates 或盖茨）于 1980 年生产的可充电手电筒是电池行业所展示的创新类型的标志。这款产品由西尔斯（Sears，当时领先的零售商）独家销售，按照今天的标准来看相当简单。然而，这款手电筒在产品设计方面是一项值得注意的进步，它的关注点是基于以消费者为中心。具体来说，该手电筒基于标准的 Ray-O-Vac® "双电池圆柱形管设计（即壳体适合两个 D 型原电池）"[5]。

　　直到现在，这种手电筒仍然是一种常见的款式，它使用两个电池，首尾相连地放置在圆柱形外壳中，带有旋入式反射灯顶部部件和底盖。顶部可以拆除以更换灯泡，底部可以拆除以更换原电池。

　　Gates 能源产品公司与西尔斯的买家、设计师和工程师合作，用两个相同尺寸的组件替换了两个原电池：单个 2V Gates 密封铅酸（VRLA）D 型电池；一个圆柱形充电器，其尺寸公差与典型的 D 型电池相同。Gates 电池是市场上第一种高电压、无排气口的铅酸电池；通过使用吸收式玻璃垫分离器和泄压阀消除酸雾的排放，可以在电子电路附近使用，而不必担心腐蚀或泄漏（参见第 14 章）。

该手电筒使用了一种适用于 2V 负载的改良灯泡（而不是需要两个碳基电池或碱性电池串联供电的 3V 灯泡）。单个 Gates 电池被永久密封在反射器隔间下方的外壳中，不可更换，这也许是第一个具有可充电电池的消费电子设备设计。该电池在手电筒顶部的一端设置有正极和负极端子，导线连接到端子上。一根导线连接到开关电路，并且两根导线都连接到交流适配器上。充电器是专门为此应用开发的特殊定制圆柱形设计。尽管在定制充电器的大小以适应通常由第二个 D 型电池占据的空间方面存在许多挑战，但结果则是一个与标准双电池手电筒相同的手电筒。

这种电池和充电器的布局提供了这样一种设计，用户只需拆下底部的螺帽，拉出充电器（带有一个约 0.5m 长的线），并将充电器的接口插入标准的 120V、60Hz 的墙壁插座即可充电。单个 Gates D 型电池可提供 2.5A·h 的容量，即使在低温下也能提供长达数小时的光照（参见第 14 章）。Gates 电池的充电时间通常为 4~6h，接近满容量，但偶尔需要延长充电时间以消除硫酸盐化。电池电量可以保存近 6 个月，还可以提供数百次全放电深度循环和数千次较短的持续时间。此外，铅酸电池的回收利用也很容易。

24B.3 总结

虽然西尔斯的可充电手电筒不具有当今电子设备的高度复杂性，但与现代设备有许多相似之处。运行时间、充电时间、循环寿命、存储损失、温度性能等问题，在 20 世纪 80 年代生产的这款手电筒中都存在，就像现在手机和其他消费电子产品中存在的问题一样。当时，将充电器放置在西尔斯手电筒中的设计决策被认为是必要的。作为首款电子设备，当时认为用户并不希望每次电量低时都要携带并寻找充电器。

由于尺寸限制，那个时代的其他小型消费设备很少将充电器内置在设备中。典型的交流适配器的额外重量被认为是过大的。然而，Gates 充电器的较小尺寸和新颖的电子技术改变了行业标准和参数。相比之下，如今很少在大多数便携式消费电子设备上找到内置充电器。虽然有多种壁挂式手电筒（即插入并悬挂在墙壁插座上），但这些手电筒中的大多数仅在断电时作为临时照明源。光的亮度和持续时间通常不适用于实用型应用。

西尔斯/盖茨手电筒是便携式电子设备设计的基准。然而，对内置充电器和固定电池的偏好已经发生了变化。尤其是对于大多数当代消费者而言，与可拆卸电源线和充电器必须存放、携带、定位、连接等的不便相比，内置电源转换器增加的额外重量和体积更不方便。

与过去一样，便携式手电筒的改进依赖于灯泡和电池技术的发展。目前，几种新技术的结合正在催生下一代消费电子设备。例如，使用低功率 LED 光源、车载太阳能电池阵列和无线充电是影响未来产品设计的趋势。电池行业的关键是与各利益相关方保持密切联系，以实现必要的突破。盖茨依靠客户（如西尔斯）的引领，与关键零部件供应商（如 Ray-O-Vac® 塑料手电筒外壳制造商）和先进电子设备供应商（如定制的交流适配器制造商）紧密合作，并最终获得成功。

最后，尽管使用的新型电池技术在大众消费市场尚未经过广泛测试，但 Gates 的保修计划相当慷慨。如果客户遇到与电池或充电器相关的问题，Gates 通常会提供更换服务。显然，电池制造商、OEM 电子供应商、零售商和其他利益相关方的未来目标将是加强合作，为消费电子设备提供几乎不需要用户干预的电源解决方案：能够在各种正常使用和滥用条件下提供充足运行时间的电池；几乎自动充电（如"随用随充"）；在设备技术过时或磨损之前不需要更换电池。最后，产品设计师应该牢记的另一个目标是，确保电池、外壳材料（塑料）和电子电路容易回收。

参考文献

1. http://www.ideafinder.com/history/inventions/flashlight.html (extracted from the world wide web, March 31, 2018).
2. http://www.flashlightmuseum.com/Eveready-Flashlight-2-Cell-Celluloid-Light-7-Long-with-Blank-Endcap-Similar-to-Eveready-7-3-Cell-2C-1899 (extracted from the world wide web, March 31, 2018).
3. http://www.flashlightmuseum.com (extracted from the world wide web, March 31, 2018).
4. https://www.pcworld.com/article/131450/in_pictures_a_history_of_cell_phones.html (extracted from the world wide web, March 31, 2018).
5. http://www.flashlightmuseum.com/Rayovac-Flashlight-2-Cell-Yellow-Plastic-Light-with-Black-Trim-2D-1975.

第**25**章

先进电池系统

25.0　概述

前面两章回顾了最大的两个电池应用类别：消费电子（第 23 章　手机、电脑等）和小型便携式个人设备（第 24 章　电动工具、手电筒、玩具等）。之后的章节将介绍其他一些重要专用电池应用的细节和重点：电池驱动运输（第 26 章　电动汽车、拖车和电动飞机）、电网储能（第 27 章）、植入式医疗设备（第 28 章）和特殊储备电池（第 29 章）。虽然这些章节涵盖了主要的电池供电产品类别，但本章将介绍一个重要的电池类别：先进电池系统应用。

这些电池系统被广泛应用于先进消费产品和国防、军用、航空航天领域。第一个类别，包括电动摩托车和全地形车（电池系统价格可能超过 1 万美元）；第二个类别，主要涵盖飞机、航天器、大型无人机以及海洋系统（如船舶、水下车辆和远程/系留设备等），还包括先进的自主机器人和其他高度工程化、复杂且昂贵的电池和电子设备。在电池系统应用的成功案例中，不得不提到的是探索者巴拉德（Ballard）使用电池系统支持的深海探索技术，发现"长尾鲨"（Thresher）号核潜艇残骸和"泰坦尼克号"沉船，以及"火星漫游者"（Mars Rover）所搭载的先进电池系统，支持了其长达 10 多年的任务。同样，电池系统的失败案例也值得警惕，如"阿波罗（Apollo）13 号"探月任务中的电力系统故障，以及阿根廷"圣胡安"（San Juan）号潜艇因电池故障导致的事故。

一些电池项目往往需要几十年的专门研究和开发，这些应用大多数是数百万美元的投入，需要团队合作才能完成。系统硬件通常很复杂，采用尖端技术，需要进行多次电池重新配置和重新测试后才能完成部署。也许最重要的是，这些努力经常推动了新型电化学系统的开发和/或充分验证了已知电池技术。

在本书 25A 部分中，讨论了轻型电动车（悬浮滑板或平衡车、电动自行车、电动摩托车等）的最新发展。第 25B 章详细介绍了各种航空航天电池应用。关于其他先进电池系统的信息，可从政府、航空航天/国防承包商和私营公司等来源获得。

25A 轻型电动车（驾驶技术浪潮）
Rob Sweney

25A.1 引言：可以供人骑行的电动车

  轻型电动车（LEVs）是可以用来骑行的。这些电动车包含1～4个轮子，开始仅限于儿童玩具、电动轮椅、通勤工具、新奇或昂贵的玩具。里程短、价格高昂限制了电池技术的早期应用。然而，在过去的十年中，电池、处理器、传感器、电动机和制造工艺性能和成本方面的改进，使得轻型电动车成为日常交通工具的主流。电动自行车是中国销量最大的电动车[1]，与欧洲通勤自行车类似。电动滑板车、电动滑板和悬浮滑板（平衡车）借助便携式包装具有足够的续航里程和功率，被城市通勤者和爱好者广泛使用。一些轻型电动车成为国际热点，如2015年的悬浮滑板热潮，最终因作为未经认证/不受管制的专利侵权产品[2] 和涉及电池火灾的多个安全事件[3] 而终结。在中国台北和德国柏林，小型电动摩托车超越了汽油车，证明了电池交换站的可应用性[4]。从泥道到城市街道和赛道，电动摩托车与内燃机（ICE）的竞争越来越激烈。许多不同的轻型电动车的快速成功可以追溯到其与可应用的电池技术的融合：商业化锂离子电池，主要是18650型（参见25A.4.2节）。表25A.1（a）和表25A.1（b）总结了各种轻型电动车的一系列特征。

表 25A.1 （a）不同种类轻型电动车区别与共同点（一）

类别	电动踏板车、电动轮滑车、电动悬浮滑板（平衡车）	电动滑板	电动轮椅	电动自行车	电动摩托车
产品举例	Swagtron 公司的 Swagger 5 型	Boosted Boards 公司的 plus 版	Innuovo 公司的电动轮椅	Faraday Bicycle 的 Cortland	Gogoro 公司的智能摩托车 Gogoro 2 型
图片			无图片		
◇是否需要人的辅助？	不需要	不需要	不需要	需要	不需要
◇制造商参考零售价/美元	599	1399	2199	3499	2700
◇整车质量/kg	11.8	7.7	22.6	18	122
◇轮胎直径（驱动轮胎）/cm	21.6	8.5	23	66	48
◇里程/mile	18.6	12～14	12.5	15～20	60～65
◇最高时速/(mile/h)	18	22	3	20	56
◇电池质量/kg	1.5	2.3	2.8	1.45	18(2×9)
◇电池能量/W·h	222	199	288	306	2500
◇电池峰值功耗/W	740	约2100	约500	约600	约7500
◇持续 E 倍率/[W/(W·h)]	约1.1	1～2	0.25	1～1.5	0.5～1
◇峰值 E 倍率/[W/(W·h)]	3.33	11	1.75	2	3
◇额定损耗/(W·h/mile)	12～15	14～18	23～25	15～20	40

  注：1.1mile（英里）=1.609km（千米），全书同。

  2.E 倍率是指电池单元无量纲化放电速率，通过放电功率除以标称能量来计算；E 倍率与 C 倍率密切相关，都是以 h（小时）的倒数为单位的测量参数；C 倍率中的 A/（A·h）乘以平均放电电压，再除以电池寿命初期的标称电压，即为以 W/（W·h）为单位的 E 倍率。本章内容中关于"E 倍率"的含义相同。

类别	电动摩托车（越野/摩托车越野赛）	电动摩托车（公路）	电动摩托车（赛车）	电动汽车(UTV,多功能运动车；ATV,全地形车)	纯电动汽车（BEV）
产品举例	Alta Motorcycles 公司的 Redshift	Zero Motorcycles 公司的 Zero SR ZF14.4	Energica Motor 公司的 Ego	北极星游侠电动版（Polaris Ranger EV）；北极星游侠电动版锂离子版（Ranger EV Li-ion）	2017 款雪佛兰 Bolt EV
图片					
◇是否需要人的辅助？	不需要	不需要	不需要	不需要	不需要
◇制造商参考零售价/美元	10900	16495	26460	铅酸 11299；锂离子 22999	37495
◇整车质量/kg	116	188	258	铅酸 602.4；锂离子 584	1624
◇轮胎直径(驱动轮胎)/cm	63	63	63	64	65
◇里程/mile	50～55	90～135	90～125	铅酸 20～40；锂离子 30～50	238
◇最高时速/(mile/h)	70	102	150	25	92
◇电池质量/kg	32	约80～90	90	铅酸 312；锂离子（无）	435
◇电池能量/W·h	5770	12600	11700	铅酸 11700；锂离子 12400	60000
◇电池峰值功耗/W	约41000	约62000	约122000	约30000	约166000
◇持续 E 倍率/[W/(W·h)]	1～2	0.5	约3	约1	0.25
◇峰值 E 倍率/[W/(W·h)]	7	5	10.5	3	2.75
◇额定损耗/(W·h/mile)	105～115	90～115	95～125（375,赛车）	200～400	252

注：表中的"铅酸"为铅酸电池简称；"锂离子"为锂离子电池简称。

25A.2 轻型电动车：区别与联系

本章中的产品跨越了令人难以置信的形状和尺寸范围，并且它们似乎没有统一的电池性能特性。尽管如此，这些车辆具有许多共性，因此具有类似的电池组解决方案，而又与全尺寸纯电动汽车（BEV）电池的设计不同。轻型电动车电池解决方案使用非传统架构，如单轮或者两个并排轮子的电动平衡车以及车辆质量仅为8kg的电动滑板；然而，与电池驱动电动车（如电动摩托车）相比，它们可以提供更高续航里程以及更高功率。表25A.2基于电池组的大小，将轻型电动车分为两类，并将其产品特性与汽车行业产品进行了比较。

表 25A.2 轻型电动车与纯电动汽车（BEV）产品特性比较

类别	轻型电动车与纯电动汽车（BEV）对比	电动滑板车及其他小型轻型电动车(本章)	电动摩托及其他大型轻型电动车(本章)	纯电动汽车（BEV）
单人骑手额定损耗/(W·h/mile)	↓	20～40	90～170	250～350
电池包能量/kW·h	↓	0.2～2.5	6～12	20～100
整车质量/kg	↓	8～20	116～188	1200～2500
持续 E 倍率/[W/(W·h)]	↑	1～2	0.5～3	0.2～0.4
峰值 E 倍率/[W/(W·h)]	↑	2～10	5～10	3～5

类别	轻型电动车与纯电动汽车(BEV)对比	电动滑板车及其他小型轻型电动车(本章)	电动摩托及其他大型轻型电动车(本章)	纯电动汽车(BEV)
典型损耗/(W·h/mile)	↓	15~40	100~200	250~350
典型日常放电深度/%	↑	20~80	20~40	≤20
制造商建议零售价/美元	↓	500~3500	10000~26000	28000~80000+
车型年销售量	↓	1000~5000;10000+(电动自行车)	500~1000	10000~40000+
年度电池产量/MW·h	↓	0.5~3;3~10(电动自行车)	1~6	300~3000
碰撞和安全法规	↓	直流电压≤60V,系统	直流电压≤60V或为高电压系统;没有或为低调节能力	高电压系统,法规严格
电池保修/年	↓	0.5~2	1~5	5~8+
电池组更换需要考虑的因素	↓	100~300美元,客户更换或1小时服务,最小特殊工具	800~4000美元,客户更换或1~2小时服务,需要专业工具	5500~16000美元,4~8小时服务,需要专业工具

注：↓表示低于；↑表示高于；＋表示高于此值。

这项对比揭示了一些明确的产品特性及共性。轻型电动车旨在运输单人，它们比汽车效率高得多（以 W·h/mile 为基准）。这使得里程范围内所需电池能量降低，从而获得更高的倍率和更大的日常放电深度波动。轻型电动车目前每次充电可提供 15~60mile 的续航里程，这一实用阈值涵盖了个人的大部分日常出行需求，尤其是城市居民（参见第 25A.3 节）。然而，尽管轻型电动车货物容量较低，乘员能力有限，并且全天候舒适度受到影响，但由于"可自由支配的购买"，其相对销售量仍远低于汽车类别，但中国的电动自行车除外（参见第 25A.4 节）。对于价格敏感的市场而言，轻型电动车和低成本小型电池组导致了较低的保修期望、不严格的碰撞和安全法规以及较低的使用寿命要求。同时，这些电池组还具有模块化、可更换和/或可升级的特点。随着轻型电动车的普及，制造商通过定制模块和包装以实现外观和性能的差异化，这些设计仍然围绕现有的电池单元进行设计（参见表 25A.1 中列出的所有实例）。相反，纯电动汽车（BEV）电池组以及其中的单体电池被认为是核心知识产权，并在车企内部进行设计和制造，或与领先的电池单元供应商建立合资企业开展合作。有关轻型电动车电池组的实例，请参见表 25A.3 和表 25A.4。

表 25A.3　轻型电动车和电动工具电池组中常见的电池单体或模块构建实例
（详见 25A.4.2 节对 18650 型电池的进一步讨论）

电池单体	NP 12-12 型密封铅酸(SLA)[①]	小尺寸 C 型(sub-C)镍镉	镍氢(Ni-MH)	1C 倍率、"高容量"18650 型锂离子	10A、"高倍率"18650 型锂离子	30A、"高功率"18650 型锂离子
图片		无图片[②]	无图片[②]			
常规电压/V	12	1.2	1.2	3.65	3.6	3.6

电池单体	NP 12-12 型密封铅酸(SLA)[①]	小尺寸 C 型(sub-C)镍镉	镍氢(Ni-MH)	1C 倍率、"高容量"18650 型锂离子	10A、"高倍率"18650 型锂离子	30A、"高功率"18650 型锂离子
常规容量/A·h	12	2.5	3.75	3.5	3.35	3.0
能量/W·h	144	3	14.5	12.7	12.2	11
质量/g	4050	55	58	48	47	46
尺寸/mm	151 长×98 宽×97.5 高	22 直径×42.5 高	18.1 直径×67.0 高	18.3 直径×65.0 高	18.3 直径×65.1 高	18.3 直径×65.0 高
最大额定持续 E 倍率/[W/(W·h)]	2~3	8	7	1~2	2.5~3	5~6
在 1E 倍率连续放电时释放能量的百分比/%	60	95	95	92	92	96
在 1E 倍率连续放电时的能量密度(单位分别为 W·h/L;W·h/kg)	60;21	176;52	261;78	676;240	654;240	620;230
常见的串、并联配置(以轻型电动车电池组为例)	电动自行车:1 并 4 串的 48V 电池组	电动工具:1 并 14 串的 18V 电池组	不常见	电动轮椅:4 并 7 串的 25V 电池组	电动自行车:2~3 并、10~14 串的 36~48V 电池组	电动滑板:2~3 并、7~12 串的 25~43V 电池组

① Yuasa Battery 公司产品。

② 参见第 15 章。

注：表中的"铅酸"为铅酸电池简称；"镍镉"为镍镉电池简称；"镍氢"为镍氢电池简称；"锂离子"为锂离子电池简称。

表 25A.4 用于电动自行车的铅酸电池组和锂离子电池组

电池组	用于电动自行车的 48V 铅酸电池组	用于电动自行车的 36V 锂离子电池组
单体串、并联数量	1 并×4 串	4 并×10 串
电压/V	48	36
容量/A·h	12	12~14
能量/W·h	576	432~504
1E 倍率放电能量/W·h	约 346	约 400~470
质量/kg	16.3	2.5~3.0
体积/L	5.8	1.9~3.0
1E 倍率持续放电能量密度(单位分别为 W·h/L;W·h/kg)	60;21	150~250;120~190
单体成组系数	约 100%(体积和质量)	25%~50%(体积);50%~80%(质量)

25A.3 骑行的要求：功率、能量和效率

与纯电动汽车相比，轻型电动车电池的一个特点是高连续和峰值放电速率（参见表 25A.2）。由于轻型电动车需要承受相对较高的空气阻力和轮胎滚动阻力，并且电池尺寸更小，因此与乘用车相比，轻型电动车每英里需要更大的放电深度。

25A. 3. 1　非流线体

车辆气动阻力由形状阻力或压差阻力主导，这种阻力是由移动车辆尾部形成的类似低压空气"袋"（pockets）造成的。一个无量纲的阻力系数 C_D 与向前运动期间与空气粒子相交的前部面积 $A_{frontal}$ 相乘，用于量化向前运动对应的压力差。计算气动阻力的方程为：$F_{aerodynamic\_drag} = 1/2\rho_{ambient} v^2 C_D A_{frontal}$[5]，即将这个阻力面积与空气的动态压力相乘。式中，$1/2\rho_{ambient} v^2$ 为单位体积位移空气粒子的动能。

轻型电动车骑手具有相对较大的正面区域和"平板"形状（参见图 25A. 1[5]）。尽管轻型电动车的质量仅为汽车的 5% ～ 15%，但阻力（$C_D A_{frontal}$）却为汽车的 50% ～ 100%。因此，按单位质量计算，轻型电动车阻力为乘用车的 300% ～ 2000%。由于轮胎质量差或牵引力设计过高，轻型电动车的滚动阻力与乘用车相比也不利。表 25A. 5 表明，除了电动自行车外，轻型电动车轮胎的 C_{rr1} 通常为乘用车的 200%。

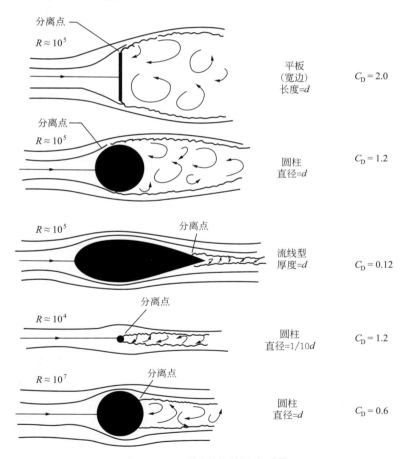

图 25A. 1　不同形状的阻力系数

表 25A. 5　轻型电动车电力需求和能量损耗推导[①]

项目	电动滑板车	电动自行车	电动摩托车	纯电动汽车（BEV）
车辆整装质量/kg	8	18	250	1600
骑手质量/kg	80	80	80	80

项目	电动滑板车	电动自行车	电动摩托车	纯电动汽车（BEV）
骑手质量占整体质量比例/%	91	82	24	5
气动平板阻力系数$(C_{D}A_{frontal})$/m^2	$1.0\times0.4=0.4$	$1.15\times0.63=0.71$	$0.7\times0.65=0.46$	$0.3\times2.33=0.7$
单位质量阻力$\left(\dfrac{C_{D}A_{frontal}}{100kg}\right)$/（m^2/100kg）	0.45	0.74	0.14	0.04
滚动阻力系数(C_{rr1}/C_{rr2})	0.018/0.0	0.007/0	0.02/0	0.010/0
总效率(η_{total})	0.85	0.8	0.8	0.8
水平地面相关参数				
行驶速度/（mile/h）	10	20	60	60
电池理论续航功率/W	107	463[②]	8753	15637
非流线体气动阻力功率占比/%	24	84	75	65
续航电池能耗/（W·h/mile）	11	23[②]	146	261
续航电池质量比能量/[W·h/(mile·100kg)]	12	24	44	16
爬坡相关参数				
25%坡度爬坡速度/（mile/h）	5	5	20	20
爬坡电池功率/W	563	662[②]	9190	45474
爬坡电池能耗/（W·h/mile）	113	132[②]	460	2274
道路坡度消耗的功率百分比/%	98	98	95	98

① 力的单位是牛顿（N）。

C_{rr1} 和 C_{rr2} 为滚动阻力系数；以环境空气密度 $\rho_{ambient}$ 为 1.2kg/m^3 计。

C_{D} 为阻力系数；以前部面积 $A_{frontal}$ 计，单位为 m^2。

速度 v，单位为 m/s；坡度角 $\theta_{gradient}$（弧度，rad）$=\tan^{-1}$（坡度百分比）。

重力 F_{weight}＝质量×重力加速度 g，其中重力加速度 $g=9.8$m/s^2。

② 电动自行车相关计算包括骑手的贡献，因此骑手踩踏板时所做的任何贡献将减少电池功率和能耗。

25A.3.2　峰值和谷值

表 25A.5 详细介绍了两个恒定速度场景下的功率和能量需求：水平地面；爬坡。

由于低空气动力学前部面积、低速度和高滚动阻力系数（其橡胶或聚氨酯车轮设计用于牵引而不是效率），电动自行车在平地和恒定速度下受到滚动阻力拖曳的限制。相反，电动自行车和电动摩托车具有高效的轮胎，但它们的行驶速度更快，反而导致了它们较大的空气动力学前部面积和较差的阻力系数（即主体阻力占主导地位）。纯电动汽车（BEV）的滚动阻力和空气阻力得到了平衡：出色的 C_{rr1} 且质量高，优异的 C_{D} 且前部面积大。在坡度为 25% 的爬坡过程中，道路坡度功率消耗是总功率消耗的主要部分，这在一些城市中很常见，而在其他城市中则很少见[6]。

25A.3.3　实际骑行测试

图 25A.2 展示了不同轻型电动车产品的两种实际放电曲线[7-8]。

图 25A.2（a）展示了 Boosted Boards 公司电动滑板车在爬升和下坡过程中 E 倍率（均方根）和荷电状态随时间的变化。图 25A.2（b）展示了一辆 Alta Redshift 电动摩托车在越野比赛过程中的 E 倍率与放电深度曲线。这些实例验证了轻型电动车的高连续放电和峰值放电额定值。

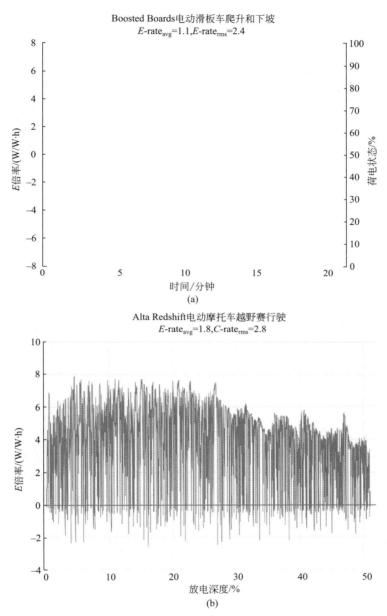

图 25A.2　两款轻型电动车的实际放电曲线
（a）E 倍率；（b）C 倍率和 E 倍率

25A.3.4　续航里程

轻型电动车的设计需要在续航里程（电池能量、质量、体积和成本）与车辆尺寸和成本之间进行权衡。锂离子电池组通常是一个较差的权衡选择，特别是对于较小的轻型电动车而言。表25A.2和表25A.5显示，轻型电动车消耗的能量是纯电动汽车的一半，但重量仅为后者的六分之一[9]。较小的轻型电动车可在室内充电：通过限制整车质量或电池质量并使其可拆卸来实现这一点；质量限制通常为8~12kg，类似于一件手提行李。

图25A.3为不同国家个人每日平均旅行里程累积概率[10]。在日本和欧洲国家，假设天气和道路条件良好，续航里程为8mile（约13km）的轻型电动车将能够满足典型单日行程的25%。在现实中，对于城市人口而言，假设货物有限且采用多模式出行（即在地铁交通中"最初/最后一英里"使用轻型电动车出行），轻型电动车可以覆盖更多的行程。现代小型轻型电动车（如表25A.1所示）已经可提供10~20mile（约16~33km）的续航里程，同时配备了3kg的电池组。

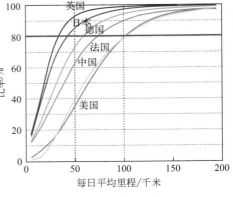

图25A.3　不同国家个人每日平均旅行里程累积概率

25A.3.5　快速、简便地支付：按需求灵活出行

城市轻型电动车共享网络正在全球迅速发展，允许客户在地理区域内按每分钟付费或每英里付费租赁。这可能使得每辆车每天被骑行2~5次以上，因而单日里程更高。在一些城市，这类服务使得日常出行中的公共交通部分受到影响[11-13]。从20世纪中期开始[12]使用的是传统自行车，城市安装了停靠/锁定站点、客户付款点和网络信息中心[14]，用户可以在任何有空余容量的站点，在此租用和返还车辆[1]。2014年，当电子自行车共享网络BiciMAD在马德里被推出后，轻型电动车开始进入这一领域，许多城市紧随其后[15]。

充电或电池更换的问题给轻型电动车共享带来了额外的运营挑战。迄今为止，许多城市选择将自行车共享集成到现有的（无动力）存放站点网络，因此需要对模块化电池组进行系统操作实现远程充电。一些城市已经建造或改造了这些停靠位置，包括电池充电器和电气互联，这些充电器和互联设备可以无缝地与电动自行车连接以进行充电。

自2012年以来，一系列采用智能手机的无桩轻型电动车网络放弃了停放站点，而开始使用近场传感器、GPS天线和蜂巢无线电（其成本从200美元降至20美元）。因此，车辆可以定位、检查、停放并锁定在任何地方[18]。无桩电动滑板车在2012~2016年间被引入中国台湾地区，以及欧洲和北美地区[16]。现代电动摩托车每次充电可提供多次乘坐甚至多天服务的续航里程，骑手可将车返回给系统运营商设立的充电站点或停车位，进而获得折扣或积分（图25A.4）[17]。无桩电动自行车共享网络开始于2012年，紧随其后的是无桩电动滑板车网络。消费者可以随意停放和骑行这些小型轻型电动车，它们提供了灵活性出行，但是往往会导致混乱和危险停车以及人行道的占用，因而存在安全隐患（图25A.5）[29]。

电动摩托车的使用已经得到了很好的监管，但是（截至2018年），电动自行车和电动滑板车对人行道的占用、速度限制和头盔使用等要求仍不严格。初创公司经常推出推广策略以击败竞争对手，但由于与当地监管机构沟通不及时，这些监管机构可能会扣除车辆、禁止新产品、发布临时法令或加快更新规范[18]。尽管有多种短距离出行方式[19]，但是轻型电动车通常是在拥挤的城市中从A点到B点最快的方式，因此电动车共享网络可以作为汽车的替代品，具有可持续性和城市适应性，为公共交通服务不足的地方提供出行解决方案[20]。

图 25A.4 Scoot 网络系统共享电动摩托车图片
（如果电量充足，则车辆不必停放在充电中心）

图 25A.5 对于城市居民而言，无桩电动自行车和
无桩电动滑板车各有利弊

　　许多系统运营商都没有对其电池充电方案进行标准化。共享电动自行车不易运输到充电中心，因此需要依靠可更换的电池组。共享电动滑板车使用不可拆卸电池组，并通过独立承包商每晚收集、充电和重新分发车辆[19,21]。从长远来看，标准化电池组可以提高这些网络的运营效率，并有可能实现客户拥有和更换电池组。随着电池能量密度不断提升和成本不断下降，这种电池组甚至可以放入手提包中携带。目前，电池能量密度已经达到了 $180W \cdot h/kg$。也就是说，一个 1kg 轻型电动车电池组可以提供足够个人日常使用的续航里程（如 5～6mile）和功率（如 500W 以上），参见 25A.4.1 节。

　　面向用户的电池更换站是一种新模式，例如由 Gogoro 公司为其产品 Smartscooter 实施的，允许用户在附近的售货亭中仅花费几秒钟的时间更换标准化电池组。Gogoro 公司销售的电动滑板车，还可提供电池更换服务作为订购服务。在中国台北，GoStations（其为 Gogoro 公司智能能源基础设施的一部分）的部署间距为每千米或更短[22]。在其他城市中，Gogoro 公司还提供电动滑板车按需服务，并与电池更换网络相结合[23]。

　　图 25A.6 展示的是用户在 GoStations 电池更换亭安装两个新的 9kg 电池组。这种针对轻型电动车的新模式同样影响着电池系统的设计。车辆共享模式旨在最大限度地提高车辆的利用率，即相比于单个用户车辆，电池将被更频繁、更完全地循环使用。电池的直接成本落在服务提供商身上，因此需要更合理地优化以充分利用好电池全寿命周期成本。相比之下，个别轻型电动车用户则可能会基于最糟糕的情况假设，使用重量过大且价格过高的电池组。这个商业模式可使公司近期回报率最大化，但是需要在可用时升级到新的电池组。因此，电池的更换允许无缝使用下一代电池。在车辆使用寿命期间，电池组的生产将受益于电池制造的规模经济，通过集中电池储能系统（处于"闲置"状态并接入电网）参与电力市场运营的电网服务收益（如需求响应）、废旧电池组的二次使用和电池回收。

图 25A.6 Gogoro 公司用户在 GoStations
电池更换亭安装两个新电池组

25A.4　它让车轮转动起来

目前，锂离子电池作为多数轻型电动车储能组件，在日本、美国和欧洲市场占有率接近100％，在中国也是大幅度增长[24]。这个趋势的例外情况是电动轮椅（采用铅酸电池）[25]。这类产品往往具有极端价格敏感性，主要是中国大陆地区的电动两轮车产品[26]。然而，即使在这些地区，锂离子电池也将在十年内占据大多数市场份额[24]。此外，全球范围内的电动两轮车数量已从2010年的1.4亿大幅度增加，在8年内翻了一番[25]。同样，电动滑板车、电动滑板等和其他新兴的轻型电动车产品细分市场的年销售额也呈现爆炸性增长[27]。

25A.4.1　良性循环

在中国，锂离子电池的使用和轻型电动车市场的扩张之间形成了一个良性循环。在21世纪初，中国市场上曾涌现出大量使用密封阀控式铅酸电池的助力电动自行车[28-31]。这些产品中的铅酸电池虽然较重但价格低廉，通常一辆电动自行车的电池成本为20～50美元，而整车的零售价为300～350美元（包括电池）。随着高性能锂离子电池的成本下降，轻型电动车价格也随之降低，并且性能得到了提升，这使得锂离子电池成为轻型电动车市场有吸引力的选择，特别是针对日本和欧洲城市电动自行车消费者。图25A.7展示了锂离子电池与当时的主流技术——密封阀控式铅酸电池相比，在价格和性能上的快速改进[32-36]。

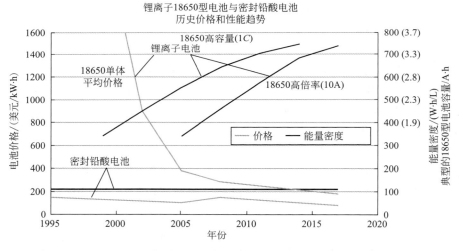

图 25A.7　18650 型锂离子电池与密封阀控式铅酸电池历史价格和性能趋势

在2005～2015年期间，高功率型锂离子电池的体积能量密度提高了一倍，而价格却降低了50％～75％。对商品化锂离子电池轻型电动车（LEV）的需求促进了新行业的发展，推动了制造业投资并鼓励了创新。目前，轻型电动车锂离子电池组体积能量密度是之前的3～5倍，质量能量密度是之前的5～8倍；而单位能量的价格则为铅酸电池的2～4倍。例如，300～500W·h的电动自行车锂离子电池成本约为100～200美元。这一成本对于西方市场的轻型电动车产品消费者来说负担较小（表25A.2）。由于采用了锂离子电池，现代轻型电动车在价格、性能和实用性方面获得了更好的平衡；未来还将有更多的发展：需求将上升，良性循环将继续。图25A.8～图25A.10详细介绍了一些市场统计数据[37]。

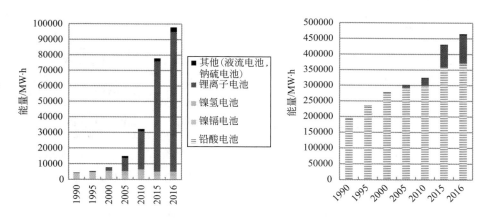

图 25A.8　全球可充电储能电池市场规模

锂离子电池已成为增长最快的部分：2010～2016 年年均复合增长率

达到 25％；2016 年超过 90GW·h，同期铅酸电池为 360GW·h

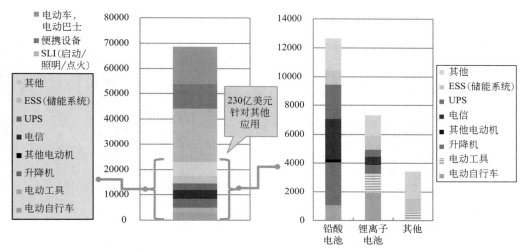

图 25A.9　以美元计算的全球可充电储能电池组市场规模

包括电池单体、电池组、电池管理系统和连接装置；在电动

自行车领域，锂离子电池的市场规模已超过铅酸电池

25A.4.2　没有两块电池是完全相同的

考虑到轻型电动车的种类和制造商不同，大多数轻型电动车电池组采用的是高倍率体系，典型的倍率为 $3C\sim10C$。表 25A.3 列出了大多数商品化的 18650 型电池单体性能。叠层软包电池的设计越来越受欢迎，例如 Zero Motorcycles（高性能电动摩托车）采用的 29A·h 电池[38]。18650 型电池最先被应用于消费类电子产品中，主要是便携式计算机，此后在电动工具、轻型电动车、电子烟以及纯电动汽车领域迅速扩张。基于特斯拉汽车公司当时的制造规模，其第一款电动汽车就选择了 18650 型电池（即松下公司的笔记本电脑电池业务）[39]。特斯拉公司继续使用 18650 型电池，同时引入以 2170 型（直径 21mm、高 70mm）单体为基础的电池组，体积增加了约 146％。增加单体电池中的活性材料，可以更好地分摊间接费用并减少电池部件数量，而选择圆柱状和类似的卷绕高度则可利用现有的制造工艺来确保低生产成本。轻型电动车制造商从 2018 年开始推出配备 2170 型电池单体的电池组。

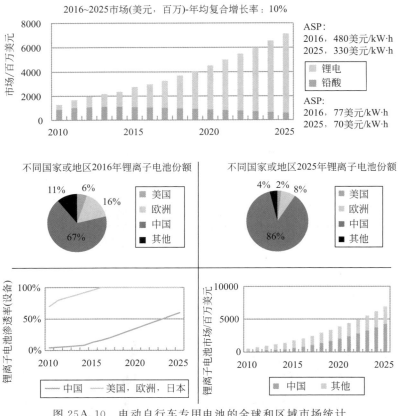

图 25A.10 电动自行车专用电池的全球和区域市场统计
日本、美国、欧盟完全由锂离子电池占据了市场，中国市场占有率不断增长

25A.5 戴上头盔：轻型电动车电池管理和安全

轻型电动车的安全问题介于两类产品之间：一类是电池供电的消费电子产品，其中基本的电气安全和无线电频率发射受到监管，但产品通常被认为是无害的[40-42]；另一类是乘用车，其中的人为错误、设计缺陷或故障很容易造成事故。而轻型电动车需要综合考虑速度、质量、电池容量、充电方法和最大工作电压。随着许多新类别进入市场，监管机构为轻型电动车制定了新标准[43]。图 25A.11 展示了典型的电池包。

图 25A.11 轻型电动车电池组架构剖视图
包括电池管理系统（BMS）电路板

电池驱动的消费电子产品已经发生了多次产品召回事件。索尼公司在 2004～2006 年期间召回了超过 960 万块笔记本电脑电池[30-31]。在 2016～2017 年期间，由于电池起火问题，三星 Galaxy Note 7 智能手机被召回 430 万台，并被全球禁止携带上飞机，给该公司造成了 50 亿美元的损失[33]。

欧洲国家于 2017 年为该年度的新型电动两轮车产品引入了监管框架，这可能也会在其他轻型电动车类别中得到体现：电动自行车受到 L1e-A 类 "助力自行车" 或 L1e-B 类 "两轮轻便摩托车" 的监管。对于 L1e-A 类，电动机必须在 25km/h 的速度下切断，并且最大连续电机功率不得超过 1000W；对于 L1e-B 类，车辆最大设计速度不得超过 45km/h，最大连续电机功率不得超过 4000W[34]。

25A.5.1 电池故障和蔓延

任何多电池单体的电池组都存在一定的 "蔓延" 风险，即电池组内一个或多个电池单体放热故障产生的极端热量会导致相邻的电池单元依次过热（并且经常会引发燃烧），这种放热失效现象称为热失控[44]。导致热失控的途径很多（参见图 25A.12[45]），最常见的是以下几种：

- 外部滥用，例如一个或多个电池单体被车辆撞击；
- 电池单体制造缺陷，例如在制造过程中有金属颗粒嵌入单体中导致短路；
- 电池管理误差，例如充电电子产品和电池监控系统故障导致电池单元过充电。

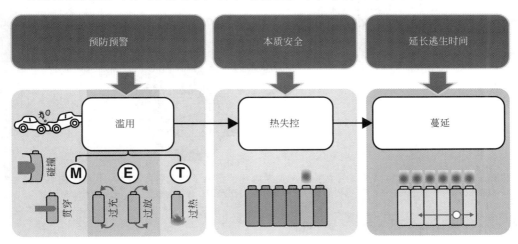

图 25A.12　电池组的三重安全保障措施

轻型电动车通常设计为高 E 倍率，并且由于其高电流能力、更好的热传导能力以及更宽的温度稳定性，因此具有本征安全性。对于较小的轻型电动车（如 ≤40 个电池单体，18650 型，200～500W·h），电池组的总可燃能量通常被认为是一个严重但有限的安全隐患，因此制造商可以在考虑滥用耐受性和抑制或预防热蔓延之前，优先考虑降低成本和提升电池组堆积密度。另外，电动摩托车的电池组具有 10～20 倍以上的可燃能量，足以造成严重的安全危害。因此，控制热失控蔓延是一个重要卖点[46]。由于轻型电动车允许的电池组件空间和质量有限，因此轻型电动车创造性地采用了与电动汽车不同的热失控蔓延控制技术[47]。

25A.5.2 肘部擦伤、膝盖划伤

在发生非撞击性事故进而引发热失控时，轻型电动车驾驶员容易逃脱。然而，使用个人防护设备（头盔、护具等）可以降低与电池相关事故的伤害风险。因此，撞击的安全隐患与

骑手有重要关系，而不取决于车辆设计标准。此外，由于这些车辆被视为可选的或作为业余爱好购买，相对于汽车而言，人们对轻型电动车产品责任的期望较低。

25A.5.3　车库安全

轻型电动车电池起火给消费者带来的危险比碰撞事故更为严重，特别是在电池充电期间。美国的平衡车热曾被称为"现代商业史上最快速的全球繁荣与萧条周期之一的代表"[47]，但发生了许多悲剧。

到 2015 年底，仅输送到美国的平衡车数量每天就有 4 万台。未经许可的进口产品导致灾难发生：平衡车冒烟、起火并引发伤害性火灾，造成数百万美元的财产损失，甚至有人因房屋被烧毁而丧生[48]。截至 2016 年 2 月，除了一系列专利侵权诉讼，主要零售商、航空公司、大学和交通部门禁止了平衡车。美国安全检测实验室公司（UL）宣布了新的安全标准，但市场上很少有产品符合这些标准；美国消费品安全委员会（CPSC）通知制造商，不符合新 UL 标准的产品将被扣押和召回。由于销量暴跌，数百家工厂被迫关闭其生产线。截至 2018 年，平衡车市场再次恢复，领先制造商的销售受到专利保护或获得了许可，其产品配备的电池组获得了 UL 认证（图 25A.13[49]）。

图 25A.13　平衡车于 2015 年 1 月在拉斯维加斯国际消费电子展（简称 CES）上首次在美国亮相
截至 2018 年，像 Swagtron T1 这样的新一代平衡车配备了经 UL 认证的电池组，比早期的型号更安全

25A.5.4　高电压

较大的轻型电动车通常需要串联堆叠更多的单体以获得更高的工作电压，而这会在设计和制造中产生额外的成本和复杂性。大多数监管机构认为 60V 直流电是电动车辆"低电压"和"高电压"之间的分界线[50]。车辆上的高电压增加了触电的风险（如果用户接触到通电的电路），还需要更加关注安全问题，例如防止接触通电的金属部件、防水、冗余安全措施以及监控以确保安全系统正常运行。许多国家还为制造和维修高压车辆的人员提供了特定的高压安全培训。对于较小的车辆，则没有必要采用复杂的高压系统。

25A.5.5　电池管理系统

与大多数其他多电池系统一样，轻型电动车电池组也需要电池管理系统（BMS）。第 31章提供了有关充电和 BMS 控件的详细信息。BMS 将监测电池组内单个电池的电压和温度，保持安全操作，并最大限度地提高可用能量和电池寿命。BMS 还可以具有更高级的功能，如跟踪充电状态并使用继电器或晶体管对电池输出终端进行通断控制。

轻型电动车（LEV）的电子系统通常设计为低成本且简单的系统，这意味着电池管理系统（BMS）和控制算法的处理器还可以同时执行车辆级别的控制功能。在某些实施过程中，BMS 甚至直接从电池组中的电池获取电力，而不是如同电动汽车一样从独立的（通常是电气隔离的）电源获取。由于这一点，以及电池系统相对较小的容量，LEV 的 BMS 通过精心设计断电状态下的功耗（包括特殊的"休眠"电源状态）来防止电池组在长时间不使用的情况下过度放电。因此，LEV 的车主手册通常会建议车主在长期存放期间将车辆接通电源以保持电量。与纯电动汽车（BEV）相比，LEV 的 E 倍率和每日放电深度更高，这意味着在使用过程中电池组电压会更快地变化，电池的充放电循环速度会更快。这可能会影响传感器的选择、平衡电路的设计以及其他 BMS 电子设备。

25A. 6　骑入未来

轻型电动车正在迅速成为城市景观的一部分。它们能够在拥堵的城市中穿梭，提供个性化的点对点交通和便捷的停车体验，相对较低的成本和较小的占地面积也使其成为城市交通服务的理想选择。而在城市之外，电动摩托车和多用途运载车则展现了另一种风貌，它们遵循着更传统的商业模式，但同样提供了新颖的功能。轻型电动车易于使用、维护要求低且噪声小，在某些方面超过了燃油车。电池技术的进步直接促成了这些产品和市场的出现[1]。

轻型电动车的特点是其电池方案与大型电动汽车不同。电池组配置趋向于较低容量但高倍率的电池体系，从而满足爬坡和每英里高能耗的双重要求。同时，对轻型电动车的电池电压、冷却方法、设计寿命和安全性也做了不同的设计。

轻型电动车处于消费电子产品和大型电动车辆之间的独特交叉点，较短的车型周期和负担得起的整车价格意味着 LEV 细分市场是交通领域新商业模式和新型车辆类别的"摇篮"。随着时间的推移，轻型电动车将改变人们在城市里的日常出行方式。在不久的将来，配备轻量级高度集成电池组的小型电动车可能会变得普遍，届时自行车和电动自行车之间的界限可能会变得模糊。电池将成为这一未来的主角。

参考文献

1. Per total units sales volumes. Christophe Pillot, Avicenne Energy.
2. https://qz.com/641471/the-us-has-banned-all-hoverboard-imports-that-arent-from-segway/ (retrieved 2018/05/07).
3. https://mashable.com/2016/04/16/rise-and-fall-hoverboard/#kloXZfuK9Squ (retrieved 2018/05/07).
4. https://qz.com/1084282/the-future-of-transportation-may-be-about-sharing-batteries-not-vehicles (retrieved 2018/04/29).
5. Talay, Theodore A. "Introduction to the aerodynamics of flight [NASA SP-367]." Langley Research Center. Langley, VA, 1975.
6. https://www.citylab.com/transportation/2014/02/10-truly-hellish-hills-american-cyclists/8511/ (retrieved 2018/05/05).
7. John Ulmen, Boosted Boards.
8. Rob Sweney, Alta Motors.
9. Gogoro, Inc.
10. Shigetoshi Tokuoka, NISSAN MOTOR CO., LTD. "Development of the Nissan LEAF." (2011 Hybrid and Electric Vehicle Symposium.) 560-2, Okatsukoku, Atsugi-shi, Kanagawa 243-0192, Japan.
11. https://www.seattlebikeblog.com/2017/12/15/bike-share-pilots-daily-ridership-blows-past-prontos-lifetime-totals-rivals-both-streetcars-combined/ (retrieved 2018/05/10).
12. https://medium.com/transit-app/docked-vs-dockless-bikes-five-months-in-a86ac801f4c7 (retrieved 2018/05/10).
13. https://www.citylab.com/transportation/2018/03/scoot-scoot/555746/ (retrieved 2018/05/08).

14. https://www.economist.com/news/christmas-specials/21732701-two-wheeled-journey-anarchist-provocation-high-stakes-capitalism-how (retrieved 2018/05/10).

15. https://gizmodo.com/why-dont-more-cities-have-e-bike-shares-1595348781 (retrieved 2018/05/10).

16. https://wagner.nyu.edu/rudincenter/2016/12/scooter-share-primer (retrieved 2018/05/11).

17. Image of shared electric scooters from Scoot Networks.

18. http://www.chicagotribune.com/bluesky/techandculture/sns-tns-bc-tech-culture-bike-sharing-20180409-htmlstory.html (retrieved 2018/05/11).

19. https://www.forbes.com/sites/jimmcpherson/2018/04/03/the-micro-mobility-wars-have-begun/#7067ba3b90c3 (retrieved 2018/05/10).

20. https://www.recode.net/2018/4/29/17286194/scooters-bird-limebike-spin-san-francisco-dockless (retrieved 2018/05/10).

21. https://therideshareguy.com/i-signed-up-to-be-a-bird-electric-scooter-charger-heres-what-its-like-2/ (retrieved 2018/05/10).

22. Gogoro, Inc.

23. https://www.wired.com/story/gogoro-electric-scooters-japan/ (retrieved 2018/05/10).

24. Christophe Pillot, Avicenne Energy.

25. Frost and Sullivan.

26. The Freedonia Group: "A more expensive battery inflates the cost of the wheelchair and makes it more problematic for consumers to afford and insurance companies to subsidize....[Sales growth] will be limited by more restrictive Medicare reimbursement protocols and reduced reimbursement rates, which will make it more difficult for seniors to afford battery-powered mobility vehicles like scooters."

27. https://www.cnet.com/news/electric-scooters-bikes-dockless-ride-share-bird-lime-jump-spin-scoot/ (retrieved 2018/05/15).

28. Jacek Korec and Chris Bull, Power Stage Group, Texas Instruments. "History of FET Technology and the Move to NexFET™." May, 2009. http://www.ti.com/lit/ml/slpa007/slpa007.pdf (retrieved 2018/05/09).

29. https://www.ecmag.com/section/your-business/100-years-innovation-history-electric-drill (retrieved 2018/04/29).

30. https://en.wikipedia.org/wiki/Peugeot_Scoot%27Elec (retrieved 2018/05/09).

31. https://www.electricbike.com/e-bike-patents-from-the-1800s/ (retrieved 2018/05/09).

32. Christophe Pillot, Avicenne Energy.

33. Matteson, Schuyler & Williams, Eric. (2015). Residual learning rates in lead-acid batteries: Effects on emerging technologies. Energy Policy. 85. 10.1016/j.enpol.2015.05.014.

34. Takeshita, IIT. AABC 2012 Conference.

35. Takeshita, IIT. Battery Japan 2013 BJ-3 Conference.

36. Straubel, JB, Tesla. Silicon Valley/SEEDZ Energy Storage Symposium on May 21, 2014.

37. Christophe Pillot, Avicenne Energy.

38. Farasis Energy: Pouch, NMC, $160 \times 230 \times 6$ mm, 3.65 V, 29 Ah. http://www.farasis.com/solutions/cells/ (retrieved 2018/05/09).

39. Eberhard, Martin. "A Bit About Batteries". November 30, 2006. https://www.tesla.com/blog/bit-about-batteries (retrieved 2018/05/09).

40. http://www.kyria.co.uk/blog-the-25th-anniversary-of-the-lithium-ion-battery/ (retrieved 2018/05/09).

41. https://www.nytimes.com/2006/08/15/technology/15battery.html (retrieved 2018/05/08).

42. https://www.cnet.com/news/samsung-galaxy-note-7-return-exchange-faq/ (retrieved 2018/05/08).

43. Commission Delegated Regulation (EU) 2018/295 of 15 December 2017 amending Delegated Regulation (EU) No 44/2014, as regards vehicle construction and general requirements, and Delegated Regulation (EU) No 134/2014, as regards environmental and propulsion unit performance requirements for the approval of two- or three-wheel vehicles and quadricycles: http://eur-lex.europa.eu/eli/reg_del/2018/295/oj (retrieved 2018/05/09).

44. Battery Safety Council Forum 3. "Lithium-ion Cell Internal Shorting: 1. Early Detection 2. Simulation." Washington, DC. January 12, 2017. http://www.prba.org/wp-content/uploads/17-Battery-Safety-Council-January-2017-Barnett.pdf.

45. Reprinted from Energy Storage Materials, Vol 10, Xuning Feng, Minggao Ouyang, Xiang Liu, Languang Lu, Yong Xia, and Xiangming He, "Thermal runaway mechanism of lithium ion battery for electric vehicles: A review," 246–267 (2018), with permission from Elsevier.

46. https://chargedevs.com/features/alta-motors-says-its-electric-dirt-bike-has-world-class-energy-density/ (retrieved 2018/05/08).

47. http://fortune.com/hoverboard-industry/ (retrieved 2018/05/07).

48. https://www.forbes.com/sites/dianahembree/2017/06/30/exploding-hoverboards-top-consumer-watchdog-blacklist-for-summer-toys/#5b2b161b60d2 (retrieved 2018/05/07).

49. Swagtron.

50. United Nations Economic Commission for Europe (UN ECE) R.100 Revision 2 http://www.unece.org/fileadmin/DAM/trans/main/wp29/wp29regs/2013/R100r2e.pdf (retrieved 2018/05/08); United States Federal Motor Vehicle Safety Standard (FMVSS) No. 305 (https://www.federalregister.gov/documents/2017/09/27/2017-20350/federal-motor-vehicle-safety-standards-electric-powered-vehicles-electrolyte-spillage-and-electrical [retrieved 2018/05/08]).

25B　航空航天电池应用
Kirby W. Beard
(荣誉撰稿人：Jack N. Brill)

25B.1　简介

专为先进飞机、卫星、导弹和其他高空或深空环境设计的电池代表了电池技术所面临的终极挑战。为这些应用设计电池时，没有简单、快速、直接或便宜的方法。典型要求包括极端温度（高温和低温）、严重的冲击和振动、长期的储存期、循环寿命，以及对单位质量和体积的能量、功率的最严格要求。虽然成本通常不是首要考虑因素，但开发、测试和部署航空航天电池所需的大量资源和时间可能是决定项目是否得以实施的关键因素。

航空航天应用通常可以按照图 25B.1 进行分类。该图不包括通用航空、商用飞机、无人机或其他更常见的飞机应用。

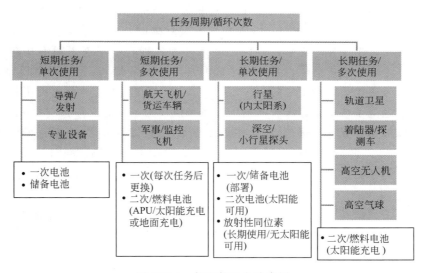

图 25B.1　航空航天电池应用

图 25B.1 中有许多变体，但清晰地展示了各种非地面应用中潜在的电池技术的多样性。本节的目的不是罗列所有这些应用，而是介绍各种航空航天电池开发的细节。这些示例包括各种电池技术以及一次电池和二次电池。此外，应注意的是，由于任务要求的不断变化和保密问题，这些应用中的电池要求通常并不明确。例如，里根政府确定的战略防御倡议（通常称为"星球大战"计划）对电池的要求并不总是包含完整的规格。一种特定导弹电池的比能量描述为"待确定"。数百万美元的电池计划被执行，却从未知道实际所需的电池容量是多少。在其他情况下，直到新设备技术得到完善或任务概况最终确定后，航天器的电力需求才会被最终确定。

以下部分提供了一些不同类型的航空航天电池应用示例。还有许多其他案例研究可供参考，从而带来对电池的更深入认识。例如，索尼公司最近展示了在罗塞塔（Rosetta）航天器和着陆器中使用原始 18650 型电池设计（硬碳负极/$LiCoO_2$ 正极电池）的数据[1]。该航天器和着陆器于 2004 年发射，2014 年着陆彗星（历经 10 年，飞行距离约 48.3 亿千米）。其他一些重要事件，包括阿波罗 13 号登月计划（其发生电力系统故障）和火星漫游者 Mars Rover（其扩展任务获得成功）。

25B. 2　军用飞机电池

25B. 2. 1　第一款军用飞机铅酸电池：F/A-18A

20 世纪 70 年代末，美国海军和麦克唐纳·道格拉斯公司为航空母舰开发了一款新型战机——F/A-18A 喷气式战斗机。传统上，军用飞机上使用的是密封镍镉（Ni-Cd）电池，主要原因是其在苛刻环境中的长期可靠性能已经得到证明。然而，Ni-Cd 电池性能的几个问题导致美国海军决定寻找替代技术。具体而言，当时 Gates 能源产品公司（Gates Energy Products）正处于将第一款密封阀控式铅酸（VLRA）电池和吸收式玻璃纤维（AGM）电池实现商品化的过程中。第一款商业电池是容量 2.5A·h、电压 2V 的 D 型电池。然而，美国海军要求使用更大的电池，即由 12 个单体组成的模块（容量 12.5A·h，24V）。

电池的功能是在任务之前或之后提供地面电源，为机上辅助动力装置（APU）提供启动电源，以及在飞行过程中 APU 和/或发动机发生故障时提供应急电源。因此，虽然能量和重量要求很重要，但 APU 需要在各种温度条件和各种充电状态下具有出色的冷启动能力。当然，循环寿命和维护需求也是关键考虑因素。总体而言，铅酸电池在重量和维护方面比镍镉电池具有一些优势，但决定转向 VLRA、AGM 技术的决定性因素是低温、高性能。

然而，铅酸电池系统也并非没有问题。具体来说，为了满足工作温度要求，电池外壳配备了内部硅橡胶加热装置（加热毯），这些加热毯编织在 12 个圆柱形盖茨（Gates）电池之间，这些电池呈 4×3 阵列排列。电池可以通过地面辅助电源加热，同时也设计为远程中电池本身可以为加热器提供足够的电流，并在有限的时间内达到一定值，以在低温条件下成功启动 APU。

为了满足冲击和振动要求，电池的底部灌注了几厘米的导热银填充环氧树脂，并且在电池的顶部用精确的压力水平安装了热成型的塑料接头。最初的原型设计经历了几种不同的故障。在一次振动测试中，由于未对电池进行正确固定，电池内部物质完全被粉碎。铅网、玻璃纤维垫与酸形成了可以从电池中倒出的浆料。

因此，这项工作的一个重要发现是，虽然电池的设计（顶部带有焊接凸耳的圆柱形缠绕结构）很重要，但电池本身无法承受振动测试，需要额外的工程修复来支撑和限制电池。还需要一个专门的焊接铝电池外壳，以进一步限制电池的移动，才能取得成功。同样，电化学体系也需要通过电池加热装置激活。

25B. 2. 2　全电动军用飞机

20 世纪 90 年代初期，锂金属负极二次电池首次商业化，一家航空航天公司提出全电动军用飞机的概念。这个动力系统放弃传统的辅助动力装置（APU）的使用，而依靠电池电力直接启动喷气发动机（这是一项严峻的冷启动测试）。更重要的是，全电动飞机还将不需要飞机上的所有液压动力系统。这个概念现在正在被应用（即电动飞行控制系统），但没有配置锂金属负极电池。机载交流发电机将在飞行中提供电力，并为电池充电。在紧急情况

（如交流发电机发生故障）下，电池将提供足够的电力使飞机着陆。

初始电池设计采用金属锂作为负极，$LiCoO_2$ 作为正极，电解液为传统的 $LiPF_6/LiBF_4/$ 甲基甲酸酯溶液。为了获得高倍率性能以支撑发动机启动，提出了一种创新性的负极基底。所需电池包的规格如表 25B.1 所示，同时与 F/A-18A 飞机上使用的密封阀控式铅酸电池数据进行了比较。

表 25B.1 先进军用飞机电池

项目	单位	全电动飞机($Li-CoO_2$)	F/A-18A 飞机(密封阀控式铅酸电池)[1]
单体电池			
电压	V	4(常规)，3.75(中/低倍率)	2(常规)
容量	A·h	65	12.5(估计)
质量	kg	1.75	0.84(估计)
体积	L	0.65	0.3(估计)
质量比能量	W·h/kg	140	30(估计)
体积比能量	W·h/L	375	80(估计)
峰电流	A	425(升高至 25% DOD)	100(估计)
质量比功率	W/kg	450	120(估计)
体积比功率	W/L	1230	333(估计)
电池包			
常规电压	V	24(常规)，22.5(中/低倍率)	24(常规)
容量	A·h	65	7.5(美国)，10(欧洲)
质量	kg	16(估计)	10.5
体积	L	7.1	
质量比能量	W·h/kg	100	17~23
体积比能量	W·h/L	225	
质量比功率	W/kg	300	
体积比功率	W/L	675	

① 根据最初电池规格，以及 1982 年 Gates 能源产品公司电池使用手册估计。

25B.3 深空任务（木星的伽利略号宇宙飞船探测器）

20 世纪 80 年代末，美国喷气推进实验室（Jet Propulsion Laboratory）开展了一项任务，以研究木星的卫星（已知有 53 颗卫星）和大气层。将一艘宇宙飞船送入木星的轨道，然后向该行星发送一个探测器。对木星大气层的前期研究仅限于遥感，但人们希望直接测量其组成、温度、压力等。人们知道热量和压力最终会破坏探测器，但其目标是将探测器的数据尽可能长时间地传至飞船，然后再传回地球。

宇宙飞船最初计划于 1982 年直接发射到木星，但由于各种延误，发射时间推迟了七年。半人马座（Centaur）火箭的问题迫使人们重新考虑这次任务。在延误期间，该计划演变为使用行星引力辅助（即弹射机动）来完成任务，使用功率较小的发射器。最终，这艘伽利略号宇宙飞船于 1989 年 10 月 18 日由亚特兰蒂斯号航天飞机送入太空。伽利略号宇宙飞船首先被送到金星周围，然后返回地球，接着从地球轨道加速飞往木星。金星、地球和木星连接在一起的轨迹（称为 VEEGA，代表金星、地球、地球引力辅助）的复杂性决定了执行发射的发射时间被限制。因此，伽利略号宇宙飞船及其搭载的探测器设备和探测器电池的开发和建造需要与发射窗口同步。

综合考虑能量密度、温度和储存特性，为探测器选择了锂-二氧化硫（Li-SO$_2$）电化学体系。在设计该航天器时主要权衡了有效载荷和重量。木星探测的长期任务限制了可以携带的仪器和电池组数量。即使是当时最大的火箭发动机也无法支持过多的设备负荷。如果过分削减探测器的重量，那么探测任务的价值将被削弱。

该计划选择了信誉良好的航空航天电池制造商（Alliant Techsystems），同时选择了已有电池设计以缩短交货时间并消除风险；之后重点转变为按计划交货并根据拟议的飞行条件确认性能。通过制造多个相同的电池模块，在多年持续飞行时间内对未装载的电池进行实验室测试，任何电池响应变化都将在探测器进入木星大气之前被了解。相关电池规格[4] 如表25B.2所示。

表 25B.2　伽利略号宇宙飞船探测器锂-二氧化硫电池规格

规格	单位	数值
模块数量	个	3
电池包设计	串/并联阵列	13 串,3 个模组
电流负载（下降过程）	A	初始 0.44,结束 4.5
电压	V	开路电压（OCV）最初高于 37；当其使用寿命结束（EOL）时,开路电压下降至 27
模块（长度）	cm	35.56
模块（高度）	cm	8.89
模块（宽度）	cm	7.11
总质量	kg	18.7
电池占探测器总质量分数	%	6.0
漏电流	nA(最高)	150

此外，还设置了一系列电子控制装置以提供冗余和隔离故障。单独的连接器用于测试电池并在负载下使用。对电池的其他要求包括为点燃热电池引信提供电力（可用于降落伞的 8 个电池接头，最大载荷为 6.3A），以及在巡航阶段为时钟提供 155d 的电力。

伽利略号宇宙飞船于 1995 年 7 月 12 日发射，经过 5 年的飞行，于 12 月 7 日进入木星大气层。其探测器重 339kg、直径 1.3m、高 0.86m，进入速度为 47.8km/s，外部隔热罩温度达到 14000K，风速为 724km/h。容量为 21A·h 的 Li-SO$_2$ 电池具有 16.3A·h 的任务要求，预计使用时间从 48min（取决于容量）到 75min（取决于压力故障）。最终，探测器下降了 153km，并传输了 57.6min 的数据[2-3]。

探测器电池模块支持各种科学仪器的运行，并成功地在下降过程中向伽利略宇宙飞船传输了以下大气数据：温度、压力和减速度；组成；蒸汽/冷凝云；颗粒物；闪电和高能粒子的电磁辐射。

显然，电池技术能够在经过发射的严苛考验和各种引力助推后，在 40 亿千米的深空"冷藏"中持续 6 年，然后在重新进入木星炽热、密集、电磁性的大气层过程中，仍然能够按照计划执行任务，这确实相当了不起。这些数据的科学价值不可低估，即使是在 2018 年，通过数据分析仍在不断揭示新发现[4]。后续任务得到的结论如下[5]：电池性能满足任务要求；将会实现在探测器部署之前进行的地面和飞行测试所预测的实际性能。

电池的选择之所以成功，原因在于：高的能量密度；经过验证的制造能力；良好的长期存储性能；激活时电压延迟最小化。

25B.4 陆地卫星应用：LEO 和 GEO[6]

25B.4.1 概述

低地球轨道（LEO）和地球同步轨道（GEO）卫星是两种不同的电池应用类型。LEO 电池需要持续 3~6 年，每年大约 6000 次充放电循环（总共 18000~36000 次循环）。而 GEO 电池必须持续 15~20 年，但每年充放电循环次数约为 100 次（总共 1500~2000 次循环）。过去，这些应用中广泛使用了镍氢电池，但最近开始使用锂电池。

25B.4.2 GEO 电池

① 电池要求。通信卫星需要持续、不间断地运行，包括在春分和秋分时节每天发生的阴影期（卫星阴影运行周期）。当卫星被地球的阴影遮蔽时，太阳能电池板会在阴影期（大约 3 月 21 日或 9 月 23 日）断电长达 72min。因此，在这 45 天的期间内，电池需要在阴影期的黑暗时段为航天器供电，然后在每个阴影期的阳光时段进行充电。在春分和秋分时节之间的夏季和冬季（大约分别为 138 天），电池不会被使用，只需要进行涓流充电或浮充电。

② 充电控制。在阴影期高峰期间，典型的镍氢电池会放电至其初始额定容量的 70%。在运行 15 年后，电池仍必须满足相同的初始负载要求。在某些情况下，为了减轻重量，电池被设计为在 100% 的放电深度（DOD）下运行，不留任何备用容量。对于地球同步轨道（GEO）卫星，电池通常在固定的充放电比率下进行最优充电，以在高充电速率下恢复 105%~115% 的容量，然后在阴影期剩余时间的 24h 内转为涓流充电。

25B.4.3 LEO 电池

① 电池要求。低地球轨道（LEO）卫星距离地球更近，通常在典型的 555km 高度、倾角 28.3° 的轨道上平均每 96min 完成一次轨道运行。在每天完成 15 次绕轨期间，每次阳光和阴影期会发生变化。例如，在 1991 年 12 月期间，阴影期持续时间从 12 月 1 日的最高值 35.58min 降低至 12 月 30 日的最低值 26.97min。

② 充电控制。电池在阳光期间由太阳能电池板充电，并在阴影期为航天器供电。这种深度的工作周期会在充电过程中产生热量，必须消散。放电深度的大幅度变化（由于阴影期持续时间的变化）需要一种可适应的、复杂的充电器。对于镍氢电池，在 0~10℃ 的温度下充电，将提供近 100% 的安时充电效率和约 85% 的瓦时效率。锂离子电池具有不同的响应程度，仍需要仔细控制温度和充电速率。

在一种应用中[7]，使用了一种温度补偿的电压限制充电方法[8-9]。电池的电压限制和充电倍率随温度在其使用寿命内变化（即从高倍率降至 $C/100$ 倍率涓流充电并且在 0℃ 时，对于由 22 个单体电池构成电池组中每个电池而言，有 1.513V 的电压限制）。电池只能在此限制电压下充电至约 73A·h（为其额定容量的 83%）。通过这些控制措施维持了热稳定性，整体电池的瓦时效率为 80%~85%。更高的电压充电限制将降低库仑效率和整体能量效率，并增加热量的产生，可能导致超过允许的温度限制。单体电池的电压也可以作为电池荷电状态的指示，并可用于部分荷电状态条件。

25B.4.4 GEO 性能数据

以下是轨道上运行 9 年后的 "INTELSAT V" 卫星（国际通信卫星组织发射的一系列

商用通信卫星）上所使用镍氢电池的概述。

① 在轨电压性能。"INTELSAT V"卫星电池的评估依据是在阴影期期间观察到的最低放电终止电压，其最低要求为28.6V，即每个电池平均为1.10V，并允许一个电池因短路而失效。表25B.3中给出了1990年秋季阴影期期间卫星上14个单体电池的实际电池电压、负载电流和放电深度[10]。表中还显示了每个电池内的最低单体电池电压和相应的平均单体电池电压。在最长的阴影期，放电终止后的电池最低电压在运行7年后介于31.2~32.4V之间。在1990年秋季阴影期期间，电池内的单体电池具有均匀的放电终止电压。

表25B.3 1990年秋季阴影期间卫星的电池负载和最小电压

航天器项目编号	放电深度（DOD）/%		电流/A		电压/V		单体电池电压/V			
	电池1	电池2	电池1	电池2	电池1	电池2	电池1（平均）	电池1（最小）	电池2（平均）	电池2（最小）
F-6	55.8	53.1	14.2	13.5	32.0	32.4	1.20	1.16	1.20	1.19
F-8	54.0	54.4	13.7	13.8	32.0	32.0	1.20	1.18	1.20	1.18
F-10	56.9	55.7	14.4	14.3	31.8	32.0	1.19	1.18	1.20	1.18
F-11	55.3	60.0	14.1	15.4	32.0	32.0	1.20	1.18	1.20	1.19
F-12	53.5	58.0	13.6	14.8	32.0	31.8	1.20	1.18	1.18	1.18
F-13	67.0	59.0	16.9	15.0	31.2	31.8	1.17	1.15	1.19	1.17
F-15	67.0	62.3	16.9	15.8	31.2	31.8	1.17	1.16	1.18	1.16

唯一的例外是F-6航天器上1号电池（即电池1）的第22号单体电池。这个单体电池的电压比平均单体电池电压低40mV，但仍然远高于最低电压要求。

② 压力数据。在每个阴影期之前，都会根据表25B.4[10]所示的"INTELSAT V"F-6电池2的数据对电池进行重新调节。重新调节放电过程中的压力数据列在重新调节周期的开始（即充电结束）和结束（即放电结束）处。相关数据揭示了以下信息：应变仪桥接电路提供了有用的压力数据；重新调节的放电结束（EOD）压力没有随时间变化。结果表明，没有发生氧化或腐蚀。

表25B.4 "INTELSAT V"F-6电池2恢复运行后的容量和压力数据

阴影期	测试容量/A·h	最大充电结束（EOC）压力/(lb/in²)	最小放电结束（EOD）压力/(lb/in²)	压力变化 Δp/(lb/in²)	压力变化（Δp）与测量容量之比/[(lb/in²)/A·h]
F83	38.1	数据库中无压力数据			
S84	35.4	数据库中无压力数据			
F84	37.7	516.39	13.87	502.62	13.33
S85	37.6	518.49	17.90	500.59	13.31
F85	37.5	515.14	17.23	497.9	13.27
S86	37.9	519.34	15.32	504.02	13.29
F86	37.6	519.73	22.03	497.70	13.23
S87	38.3	514.34	13.87	505.47	13.19
F87	37.2	519.73	22.03	497.7	13.37
S88	38.3	525.78	16.20	509.58	13.30
F88	37.8	521.86	17.90	503.96	13.33
S89	36.9	526.91	18.67	508.24	13.77

阴影期	测试容量/ A·h	最大充电结束 (EOC)压力/(lb/in²)	最小放电结束 (EOD)压力/(lb/in²)	压力变化 Δp /(lb/in²)	压力变化(Δp)与 测量容量之比/ [(lb/in²)/A·h]
F89	40.2	534.22	−0.57	534.79	13.30
S90	38.6	551.73	19.22	532.51	13.79
F90	36.0	530.87	38.04	492.83	13.68
S91	39.5	546.52	17.23	529.29	13.39
F91	39.0	545.30	17.90	527.40	13.52
					平均 13.37

注：1lb/in² = 6894.76Pa。

25B.4.5　LEO 性能数据

哈勃太空望远镜（HST）于 1990 年 4 月 24 日发射升空，包含 6 个 88A·h 的镍氢电池，这是在 LEO 应用常规任务中采用镍氢电池的首次报道[11]。这些电池按照上述方式充电到温度补偿电压限制，放电至 7%～10% 的深度。据 1991 年国际电化学会议（IECEC）报道，"迄今为止（1991 年 4 月），电池的性能无可挑剔"[11]。轨道数据显示，预计的有用容量会以正常速度缓慢减少，最终可能会限制对 HST 的支持。在 2009 年 5 月的维修任务"STS 125"期间，经过 18 年的服务（超出设计轨道寿命 13 年），更换了 6 个电池以延长 HST 的寿命。

25B.5　总结

飞机、导弹、卫星和其他航空航天应用是电池最具挑战的应用领域之一。虽然成本最终会成为一个主要因素，但在许多情况下，电池技术限制了任务的开启。因此，尽管存在成本、复杂性或开发周期长的问题，但还是会考虑采用具有创新性但高风险的选项。通常，人们会尝试从这些选项中寻找技术转移的可能性，以证明这些努力是合理的。

参考文献

1. Y. Nishi, Past, present and future of LIB. Can new technologies open up new horizons? 35th Annual International Battery Seminar and Exhibit, March 26–29, 2018, Ft Lauderdale, Florida.
2. https://solarsystem.nasa.gov/missions/galileo/in-depth/ (extracted from the World Wide Web, May 7, 2018).
3. https://nssdc.gsfc.nasa.gov/nmc/spacecraftDisplay.do?id=1989-084E (extracted from the World Wide Web, May 7, 2018).
4. https://www.sciencedaily.com/releases/2018/04/180430131826.htm (extracted from the World Wide Web, May 7, 2018).
5. https://ntrs.nasa.gov/archive/nasa/casi.ntrs.nasa.gov/19970013722.pdf.
6. Content from *Linden's Handbook of Batteries*, Chapter 24, Nickel-Hydrogen Batteries, 4th edition, Jack N. Brill.
7. NASA's Marshall Space Flight Center (MSFC) and Lockheed Missile and Space Company (LMSC), 88 Ah Ni-H₂ batteries that replaced the Ni-Cd batteries on board the Hubble Space Telescope (HST) satellite as per NASA's Marshall Space Flight Center (MSFC) and Lockheed Missile and Space Company (LMSC).
8. D. E. Nawrocki, J. D. Armantrout, et al., "The Hubble Space Telescope Nickel-Hydrogen Battery Design," *Proc. 25th IECEC*, Reno, NV, 1990, Vol. 3, pp. 1–6.
9. J. E. Lowery, J. R. Lanier Jr., C. I. Hall, and T. H. Whitt, "Ongoing Nickel-Hydrogen Energy Storage Device Testing at George C. Marshall Space Flight Center," *Proc. 25th IECEC*, Reno, NV, 1990, pp. 28–32.
10. J. D. Dunlop, A. Dunnet, and A. Cooper, "Performance of INTELSAT V Ni-H₂ Batteries in Orbit (1983–1991)," *Proc. 27th IECEC*, 1992.
11. J. C. Brewer, T. H. Whitt, and J. R. Lanier, Jr., "Hubble Space Telescope Nickel-Hydrogen Batteries Testing and Flight Performance," *Proc. 26th IECEC*, 1991.

第**26**章

电驱动交通工具

26.0 概述

自古以来,人员、设备和材料/物资的运输一直是人类的基本需求,在历史上,人类、动物和自然力(风、水流和重力)是主要的运输动力来源。现代文明依赖于各种类型的发动机(蒸汽、燃烧、电力等)来运输。在过去的一个世纪里,电动车辆在某些领域很常见:叉车、拖车、货盘搬运车,以及许多其他实际应用。但仅仅在过去的几十年里,人们投入了巨大的努力,致力于开发并商业化电池供电的运输车辆,并推动其广泛应用。电动汽车是最突出的例子,但其他为陆地、空中和海上提供电池动力输送系统的努力也在进行。

在评估这个市场时,需要采用系列指标来比较电池系统以及竞争推进方式。表 26.1 总结了交通运输电池系统应用工程决策可以单独或组合使用的一些关键指标。

表 26.1 电池供电运输系统的应用工程指标

类别	优化目标	计量单位
电池外观	尺寸和重量	kg,L,kg/L,形状因子
电池能量	放电输出	W·h(A·h),W·h/kg,W·h/L
电池功率	放电倍率	W(A),W/kg,W/L
电池续航	运行时间	h,km(mile),占空比
电池寿命	使用期限	年,km(mile),充电次数
电池充电	充电接受能力	A,W,h
电压稳定程度	充电/放电(最小和最大)	V(开路电压 OCV 和负载)
储存特性	容量保持	每月或每年损失的百分比
温度特性	充电、放电、储存	℃
电池阻抗	欧姆损耗/电压下降	Ω,ΔV(焦耳热)
整车性能	运行参数	km/kW·h,h/kW·h,km/h
采购成本	电池、电池系统、整车	美元(基于各种单位度量)
操作成本	循环、维护、全寿命周期	美元(基于各种单位度量)
安全性	多种	用户特定/无法具体量化
可靠性	多种	用户特定/无法具体量化
耐久性	多种	用户特定/无法具体量化

本章所涵盖的三个示范性市场定位概述将在下面进行讨论。

26.0.1 电动汽车和混合动力汽车

本章 26A 部分详细阐述了电动汽车的最新进展及其创新解决方案。显然,这一领域已经取得了巨大的进步，全球范围内用于运输人员和物品的汽车电气化进程已呈不可逆转之势。当然，电网电力在铁路和其他闭环系统中的应用将持续增长，但向独立局部使用的电池动力汽车的过渡无疑是一个引人注目的新现象。

26.0.2　牵引和动力汽车

牵引和动力车辆是运输车辆市场的一部分，主要侧重于工业和特殊用途的公用事业应用。本章26B部分涵盖了这类重要且不断增长的应用领域的基础知识。这些车辆通常用于替代人力、有线电网电力系统，以及用于移动人员、设备、物资等的内燃机，通常处于有限的区域或空间内，如工厂、机场、矿山、商业综合体等。那些归类为"休闲"或"个人使用"的设备，如高尔夫球车、小型无人机和电动滑板车，通常不包括在这一类别中，但已经在其他章节中进行了讨论。

26.0.3　电动飞机

为了展示电池动力运输的潜力，本书26C部分详细介绍了载人电池动力飞机的进展。虽然多年来滑翔机和带有电池动力推进器的无人机已经存在，但最近的努力旨在面向与仅使用航空燃料的小型固定翼飞机从起飞到着陆的直接竞争。与电动汽车类似，电池动力飞机也有可能降低运营和维护成本。其他可能性，如生物燃料发动机和太阳能电池板的混合动力系统，也是可行的选择。

26.0.4　总结

电驱动运输是一个古老的概念，但经过了许多新的改进。第26章提供了三个不同应用领域的示例。其他类似的电池动力车辆和设备的更多详细信息将在其他章节中进行讨论。例如，本书25A部分详细介绍了各种供个人使用的较小型运输设备（即电动滑板车、自行车和摩托车）。类似地，数十年来一直在努力开发和实施许多其他电池动力运输单元，主要包括自主移动机器人、水面和水下船只，例如用于休闲钓鱼的小型电动拖网船、大型拖船和运煤车（参见第1章）。此外，第29章还详细介绍了电池在军用鱼雷、无人水下潜艇中的使用。

其他实例，如火星漫游者（Mars Rover）和阿尔文［Alvin，即第一艘深海载人潜水器（HOV）］，是在最具挑战性的环境中使用电池动力运输设备的成功案例。混合动力和全电池动力系统正逐渐进入包括卡车、公共交通（公共汽车）、铁路、包裹递送无人机等在内的许多其他行业。以下三个部分提供了将电池技术成功应用于运输领域的关键指导。这些努力的核心是对应用（在整个工作周期内，对于各种环境和服务条件下的能源和功率要求）的详细分析，以及对相关电池技术的深入理解。

26A　电动汽车和混合动力汽车用电池

Dennis A. Corrigan, Alvaro Masias
(荣誉撰稿人：Jack N. Brill)

26A.0　引言

26A.0.1　概述

在 21 世纪初，当传统的内燃机（ICE）车辆完全主导汽车市场数十年之后，新一代电动驱动乘用车，包括电动汽车和混合动力汽车被引入市场。这些替代动力车辆在全球范围内被认为具有巨大潜力，可以为社会提供重大价值：

- 消除或减少汽车的尾气排放，尤其是在空气污染严重的城市地区；
- 通过减少对用于运输的国外石油的依赖，为国家能源政策提供战略灵活性；
- 减少二氧化碳温室气体的排放，应对全球气候变化。

电动汽车（EV），也称为电池电动汽车（BEV）或纯电动汽车，利用充电电池给电机提供推进动力[1-6]。BEV 主要从外部电源（通常是电网）进行充电。最近的一项创新已经扩展了 EV 的行驶范围，它结合了可以使用汽油燃料的小型 ICE 发电机。这些车辆被称为插电式混合动力汽车（PHEV），它们可以像 EV 一样以全电动模式运行，也可以在混合动力模式下进行长途旅行[3-5]。EV 和 PHEV 共同构成了插电式电动汽车（PEV），它们利用电网电力，为满足社会在环境和能源安全方面的需求提供了最优解决方案。

混合动力汽车（HEV 或 HEVs）将由电池供电的电机与 ICE 结合使用，但它们不利用电网电力，也不需要插电[1-6]。虽然它们不是零排放车辆，但 HEV 可以提供比传统 ICE 车辆更高的能源效率，并为社会对环境和能源安全的需求作出重大贡献。HEV 的商业化进展更为迅速，因为它们在没有商业激励措施的情况下在经济上更为可行。

26A.0.2　电动汽车的发展史

电动汽车的发展最早可以追溯到 1837 年，即在 1800 年左右原电池（即一次电池）和 1832 年电机发明之后不久。1860 年，当铅酸蓄电池发明之后，电动汽车已成为切实可行的装置，当时内燃机（ICE）甚至还没有出现。在 19 世纪的大部分时间里，电动汽车与蒸汽动力汽车和内燃机汽车相比极具竞争力。在电动汽车的黄金期（1900～1912 年），美国有超过 3 万辆电动汽车，而全球的数量则是上述数量的几倍。它们由铅酸电池和爱迪生（Edison）发明的铁镍电池供电。电动汽车在城市中特别受欢迎，因为它们有助于解决当时的污染问题（如马粪），因而替代了马车。此外，电动汽车没有内燃机汽车的一个主要缺点：启动内燃机需要手动摇动曲轴，这既困难又危险。图 26A.1 是一辆早期的电动汽车。

有趣的是，另一种电池驱动的设备——电启动发动机的发展，使得燃油车逐渐占据了主导地位。一旦手动摇杆启动的问题得到解决，燃油车，尤其是其续航里程更长和成本更低的优点，使其在 20 世纪剩余的时间里完全主导了汽车工业。由于电池成本高昂，电动汽车的价格是燃油车的几倍。在 20 世纪剩余的时间里，电动汽车被局限于特定的应用领域，如英国的牛奶运输车、高尔夫球车和叉车。然而，由于环境问题和高燃料成本等因素［如 20 世

图 26A.1　托马斯·爱迪生（Thomas Edison）与 1912 年的底特律电动汽车
（Detroit Electric Vehicle，美国历史博物馆提供）

纪 70 年代石油输出国组织（OPEC）的石油禁运事件]，汽车公司仍会在特定时期内重新投入电动汽车的研发。

1990 年，为了应对城市严重的空气污染问题，加利福尼亚州空气资源委员会（CARB）颁布了一项零排放车辆（ZEV）法令，最初要求汽车原始设备制造商（OEM）在 1998 年和 2003 年分别可将相当于其拥有数量 2% 和 10% 的电动汽车投放市场。为此，美国汽车制造商积极开发各种电动汽车；通过与美国能源部（DOE）合作，成立了美国先进电池联盟（USABC），以开发能量密度高于商业上可用的铅酸电池的先进电池。

为响应这一法令而开发的电动汽车大多使用铅酸电池和 Ni-MH 电池，尽管也评估了镍镉、硫化钠、锂离子等其他类型电池。特别值得一提的是通用汽车公司的 EV1（图 26A.2），这是一款专为电动汽车而设计的车型，以其高性能、从 0 加速到 60mile/h[1] 仅需 7s 以及配备 Ni-MH 电池时接近 200mile（约 320km）的续航里程而闻名。其他汽车公司也开发了有限量产的电动汽车，包括克莱斯勒公司的 EPIC 小型货车和福特公司的 Ecostar（图 26A.2），以及丰田公司的 RAV4 电动版和本田公司的 EV Plus。

图 26A.2　为响应加利福尼亚州零排放车辆（ZEV）法令而开发的电动汽车
从左到右依次为通用汽车公司的 EV1、克莱斯勒公司的 EPIC 小型货车和福特公司的 Ecostar

---

❶　1mile=1.609km。——译者注

上述法令并未得到全面实施，且为了响应 ZEV 法令而开发的电动汽车仅以有限数量提供，因为它们无法以盈利的方式制造和销售。对于用户来说，不利因素包括有限的续航里程、"充电缓慢"（即充电时间长），最重要的是这些电动汽车的成本高昂，特别是电池成本是关键问题。高昂的电池成本导致续航里程有限的电动汽车的价格比同等级别的燃油车高出两倍以上。

加利福尼亚州的法令也引发了巨大的冲突和争议，包括政府、汽车行业、石油行业、电力公用事业、电动汽车支持者和反对者在内的利益相关者之间的争议。当时的情况曾在 2006 年的纪录片《谁杀死了电动汽车？》中得到了体现，该纪录片将加利福尼亚州法令的废止视为一场巨大的阴谋。然而在现实生活中，许多社会经济因素都发挥了作用，但阻碍商业化的最大问题是电池的高成本。不过，经过多次修改的加利福尼亚州法令继续成为推动电池电动汽车技术持续进步的力量。

尽管零排放车辆法令失败了，但社会对电动汽车的推动力仍然很强，尤其是对环境问题的担忧，如二氧化碳排放量增加、全球变暖、石油供应有限、与当时地缘政治有关的战略性问题。尽管对电池电动汽车商业化的热情有所减少，但政府的重点很大程度上转向了燃料电池电动汽车的开发和示范。这种转变是希望通过新的质子交换膜（PEM）燃料电池技术能够制造出可快速加氢的长续航里程电动汽车所推动的。在布什政府于 2001 年提出和推动的"自由车"（Freedom CAR）计划中，美国政府发挥了在燃料电池汽车开发和示范方面的引领作用。然而，在 21 世纪的前十年中，尽管燃料电池汽车在技术方面取得了令人鼓舞的进展，但成本和基础设施问题（例如氢气的生产、分配和储存）严重阻碍了其商业化。

此外，国际社会对电池电动汽车的兴趣持续不断，特别是在中国和印度等发展中国家。这些人口众多、人口密集的国家在石油供应和空气污染方面比美国面临更严重的问题。在许多大城市，燃油汽车的数量受到了严格的限制。此外，这些拥挤的城市中使用的车辆并没有像工业化国家那样对加速度和续航里程提出同样的要求。即使存在续航里程的限制，电动汽车在人口更多的发展中国家也可能获得更广泛的接受。

在印度，一款名为 REVA（梵语意为"移动者"）的小型电动汽车被开发出来，并于 2001 年首次上市，生产了几千辆。随后，REVA 被印度大型汽车公司 Mahindra 收购。在中国，BYD（比亚迪）汽车公司于 2003 年成立，并于 2008 年开始生产电动汽车。如今，它已成为世界上最大的电动汽车制造商之一。

2003 年，特斯拉（Tesla）汽车公司成立，成为一家新的、专门致力于电池电动汽车的美国汽车公司。2008 年，特斯拉推出了高功率的 Tesla Roadster 电动跑车，从 0 加速至 60mile/h 的时间小于 4s。该车辆由 6831 只 18650 型锂离子电池串并联供电，车辆续航里程超过 200mile（约 320km）。特斯拉随后推出了其他更具吸引力的车型，包括 Model S 豪华中型电动汽车和 Model X 电动运动型多用途车（SUV）。

2007 年，通用汽车（GM）宣布计划开发一款名为雪佛兰伏特（Chevy Volt）的高性能插电式混合动力汽车（PHEV）。它采用 16kW·h 锂离子电池组，全电续航 40mile（约 65km）。通用汽车将这款串联式混合动力汽车（HEV）设计为增程式电动汽车（E-REV），预计它在美国的大部分行驶里程中都将以电动汽车的模式运行，因为美国的大多数行程都在 40mile 范围内。Chevy Volt 于 2010 年底推出，到 2015 年已售出超过 10 万辆。随后，福特、丰田和比亚迪等其他汽车公司也推出了插电式混合动力汽车，包括福特 C-Max、丰田普锐斯 Prime 和比亚迪·秦。为了降低成本，常使用较小的电池组，但这样会导致纯电动续航里程降低，并且在大多数行程中都会采用内燃机（ICE）和电动机混合驱动的方式。

从 2009 年奥巴马政府开始，美国政府通过"美国驾驶"（U. S. Drive）合作伙伴关系重新关注电动汽车的研发工作，这也是"自由车"（FreedomCAR）计划的后续计划，目标是在 2015 年实现 100 万辆插电式电动汽车的商业应用。与太阳能和风能产生的可再生能源相结合，向电动汽车过渡理论上可以消除汽车排放的温室气体（GHG），从而解决这一关键的环境问题。此外，插电式电动汽车过渡还可以缓解与石油进口相关的战略能源供应问题。虽然 2015 年未能实现 100 万辆插电式电动汽车的目标，但到 2017 年，美国已售出超过 60 万辆插电式电动汽车（图 26A.3）[9]。

2016 年，美国 PEV 的销量超过 16 万辆，市场份额达到 0.9%。市场上出现了各种新型号，包括日产聆风（Leaf）、雪佛兰伏特插电式混合汽车和雪佛兰博尔特（Bolt）电动汽车（图 26A.4）。在美国，通过法规和激励措施推动插电式电动汽车的势头可能正在减弱。然而，中国和欧洲强有力的激励措施和法规已加速全球插电式电动汽车的商业化。2016 年，欧洲售出 20 万辆插电式电动汽车。目前，中国在插电式电动汽车（PEV）商业化方面处于世界领先地位，2016 年售出超过 35 万辆插电式电动汽车，占全球最大汽车市场 1.5% 的市场份额[10]。

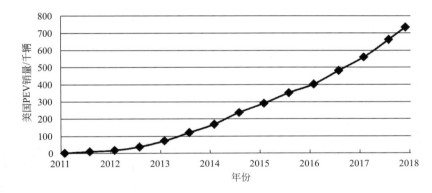

图 26A.3　美国已售插电式电动汽车[9]
EV 和 PHEV 的累计总数（数据来自阿贡国家实验室）

图 26A.4　21 世纪已实现商业化的插电式电动汽车
从左到右分别为日产聆风纯电动汽车、雪佛兰伏特插电式混合动力
汽车和雪佛兰博尔特纯电动汽车（由日产公司和通用汽车公司提供）

插电式电动汽车（PEV）的开发与商业化与大约十年前混合动力汽车（HEV）更广泛的商业化发展相辅相成。

26A.0.3 混合动力汽车的发展史

混合动力汽车（HEV）的发展可以追溯到 19 世纪末。费迪南德·保时捷（Ferdinand Porsche）于 1899 年开发了一款汽油-电动混合动力汽车。1906 年，多款混合动力汽车在巴黎车展上展出。然而，尽管工程概念得到了开发，但混合动力汽车并没有在早期获得商业化成功。在内燃机动力装置中，混合动力技术被用于一些特殊应用，如潜艇和柴油机车。从某种程度上，传统汽车也可以被视为混合动力汽车，因为它的启动器由电池供电，而转换器和发电机再对电池充电。

在整个 20 世纪的大部分时间里，混合动力汽车一直停留在汽车行业的研发领域。为了应对各种战略石油供应问题，混合动力汽车的开发大约从 1970 年开始加速。随着 1993 年由美国能源部发起的"新一代汽车合作伙伴关系"（PNGV）的启动，混合动力汽车的开发变得更加密集。克林顿政府创建了 PNGV 计划，作为美国原始设备制造商（克莱斯勒、福特和通用汽车）以及与政府机构之间的合作伙伴关系，旨在十年内生产高度省油的汽车。继承该计划的有关组织和机构，包括"自由车"（Freedom CAR）和"美国驾驶"（U.S. Drive），通过与美国能源部和美国先进电池联盟（USABC）合作，共同开发用于混合动力汽车的电池，并确定了共同采用的性能和成本目标。

到 2000 年，参与 PNGV 计划的美国原始设备制造商已经开发了三款 5 座概念车，它们的油耗超过 72 英里/加仑（miles/gal；其中，1mile＝1.609km，1gal＝3.78541L，全书同；约 3.27L/100km），分别为 GM Precept、Ford Prodigy 和 Chrysler ESX-3。这些原型车的开发为混合动力汽车的后续商业化提供了必要的技术。2001 年，美国能源部的 PNGV 计划被纳入一个名为"自由车"（Freedom CAR）的新计划中，该计划重点发展氢燃料电池汽车，但同时也继续开发混合动力汽车技术。

与此同时，第一辆量产混合动力汽车——丰田普锐斯（Toyota Prius）于 1997 年进入日本市场。普锐斯是一款风格独特的小轿车，由高能圆柱形镍-金属氢化物电池构成的 288V 小型电池组为电力传输系统供电。电动机可输出 21kW 的牵引动力，由一个能量不足 2kW·h 的电池组供电。电动驱动系统通过行星齿轮传动装置与高效 43kW 阿特金森循环发动机相连，构成串联并联架构。这款全混合动力汽车的燃油经济性超过 41 英里/加仑。它利用再生制动能量实现电启动和电机辅助功能。

在美国销售的第一款混合动力汽车是 1999 年上市的本田 Insight，这款三座车线条流畅、富有运动气质。这款中型混合动力汽车使用一个小的 144V 的镍-金属氢化物电池组和一个较低功耗的电力传输系统，输出 10kW 的牵引动力。Insight 车使用并联驱动结构，将电力传输系统与 52kW 内燃机（ICE）传输系统直接通过曲轴连接起来。这辆车利用再生制动能量在加速过程中提供动力辅助，但其电动驱动力不足以实现电启动。

配备手动变速器的本田 Insight 在市区的燃油经济性为 49 英里/加仑，而在高速公路上则达到 61 英里/加仑。这款车还达到了超低排放车辆（ULEV）的排放标准。本田还推出了一款采用连续变速器（CVT）的车型。该车型实现了较强的燃油经济性，并达到了更为严格的超级超低排放车辆（SULEV）的排放标准。这款车有力地证明了提高燃油经济性和减少排放的双重优势。

2001 年，技术升级后的丰田普锐斯（Toyota Prius）成功进入美国市场。它采用了松下电动汽车能源公司（Panasonic EV Energy，简称 PEVE）生产的 274V 方形镍-金属氢化物电池组，这是一家由丰田和松下合资成立的电池制造公司。2004年的新款车型采用了更小的202V镍-金属氢化物电池，实现了更高的燃油经济性。这款车还利用升压功率变换器为电动驱动系统提供500V的电力。2009年推出的普锐斯（第三代）具有更强的性能，燃油经济性提高到约50英里/加仑。在21世纪的第一个十年里，丰田普锐斯无疑是最受欢迎的混合动力汽车，到2009年全球销量超过150万辆。自那时以来，丰田一直在混合动力汽车领域占据主导地位，尤其是一系列普锐斯车型，其中包括紧凑型的普锐斯C到更大的普锐斯V，如图26A.5所示。此外，丰田还推出了多种其他混合动力汽车，包括雷克萨斯品牌下的豪华车。

图26A.5　丰田混合动力汽车系列
从左上角顺时针方向依次为普锐斯Prime、普锐斯、普锐斯V和普锐斯C（丰田公司提供）

在21世纪初期，丰田普锐斯和本田Insight等混合动力汽车，以及其他多种混合动力汽车进入了美国市场。2003年，本田推出了本田思域（Honda Civic）的并行轻型混合动力车型。通用汽车（GM）推出了多个混合动力汽车（HEV）型号，包括启停式和轻型混合动力式，如雪佛兰Silverado卡车混合动力车型（Chevy Silverado Truck HEV）和土星VUE混合动力车型（Saturn VUE HEV，现已停产）。2004年，福特推出了Escape混合动力车型，这是美国市场上第一款混合动力运动型多用途车（SUV），采用功率分流式传动架构实现全混合动力。福特每年销售约2万辆这种被誉为美国最省油的SUV。这款坚固耐用的车辆已证明其耐用性，在纽约出租车队中行驶里程超过20万英里（约32万千米）。福特在此车成功的基础上推出了福特Fusion混合动力车型，被誉为美国最省油的中型轿车。2017年其他受欢迎的混合动力汽车（HEV）型号包括福特C-MAX混合动力车型、林肯MKZ混合动力车型、雪佛兰Malibu混合动力车型、别克LaCrosse eAssist混合动力车型、本田雅阁混合动力车型，以及来自丰田和其雷克萨斯品牌总共12款混合动力车型。

混合动力汽车的主要优势在于燃油经济性。混合动力汽车在城市驾驶中可提供约50%的燃油经济性提升，因为在走走停停的驾驶中可以回收大量的再生制动能量。在高速公路驾驶中，燃油经济性提升较为有限，大约提升10%。因此，城市燃油经济性甚至优于高速公路燃油经济性。混合动力汽车配备小型油箱，与传统内燃机汽车相比，具有更长的城市行驶里程。受高油价推动，美国混合动力汽车的市场份额增加至约3%，但自那时以来似乎有所停滞，因为油价开始下降，如图26A.6所示。在油价更高的欧洲和日本，混合动力汽车（HEV）的市场份额更高，尤其在日本目前已经超过20%[10]。

图 26A.6　2000～2016 年美国 HEV 销售量和市场份额
数据来源：标普全球普氏分析公司（S&P Global Platt Analytics）、
沃德汽车（Ward's Auto）；图片来源：PIRA 能源集团

　　启停车辆（stop-start vehicles，SSV）是混合动力汽车（HEV）中电动化程度最低的一类，它们能够在滑行、制动和停车时关闭发动机，并在加速时频繁启动发动机。这种技术的起源可以追溯到 20 世纪末瑞士的法律，该法律要求司机在红绿灯处手动关闭汽车点火以减少空气污染和节省燃油。执行此功能的技术和硬件成本仅是实现全混合动力汽车功能成本的一小部分，但也带来了约 5%～10% 的燃油经济性提升。然而，由于 SSV 的价格实惠，其市场渗透率可能远大于更高效的助力式混合动力汽车（HEVs），因此可以在车队层面实现更大的整体燃油经济性改善。

　　启停车辆的商业化始于十多年前的欧洲，受法规推动，并得益于手动变速器车辆的广泛应用和易于实施。现在，SSV 在欧洲已经广泛使用，2016 年的市场份额超过 60%。在北美地区，自动挡车辆占主导地位，实施起来更加困难。然而，2012 年，奥巴马政府提高了企业平均燃油经济性（CAFE）标准，要求到 2025 年美国轻型车辆的企业燃油经济性达到每加仑 54.5 英里。随后，启停车辆迅速推出。2015 年，SSV 的市场份额为 7.5%；到 2016 年，这一比例已升至 15%。这是其他混合动力汽车和电动汽车市场份额的几倍，成为混合动力和电动汽车市场发展的最大推动力[12]。

26A.1　电动和混合动力汽车工程

26A.1.1　车辆推进基础

　　所有汽车，包括电动汽车和混合动力汽车都需要动力来加速和维持速度[1-6]。必须在车辆质量上施加力，以克服滚动阻力和空气动力阻力而加速车辆：

$$F = ma + mgC_{rr} + \frac{1}{2}\rho C_D A v^2$$

　　式中，F 为车辆车轮所需的力；m 为车辆质量；a 为车辆加速度；g 为重力加速度；C_{rr} 为轮胎与路面之间的滚动阻力系数；ρ 为环境空气密度；C_D 为车辆行驶方向的阻力系数；A 为车辆的横截面积；v 为行驶速度。

严格来说，还有两个额外的力：一个是驱动转动部件加速的力，这个力比较小；另一个是汽车在斜坡上启动的阻力（下坡时力的方向相反），这个力在陡坡情况下很大。

基于施加的力和车速，推进汽车所需要的功率如下：

$$P = Fv = mav + mgC_{rr}v + \frac{1}{2}\rho C_{D}Av^{3}$$

电动汽车和混合动力汽车还可以使用电动推进电机进行制动，以将制动能量储存在电池中。这被称为再生制动，因为它将制动能量转化为充电输入，以补充电池中的能量。制动力是通过车辆运动的动能转化为电能产生的，然后电能以化学能的形式储存在电池中。在恒定的均匀加速中，功率需求几乎随时间呈线性增长，在加速期结束时达到峰值。然而，由于空气动力阻力与速度的高度相关性，因此这种功率需求与速度成正比。

电动汽车的功率必须足以满足加速的需求，通常以从 0 到 60mile/h 的加速时间来规定。对于一辆 1400kg 的中型乘用车来说，典型的 10s 内从 0 加速到 60mile/h 需要大约 80～120kW 的功率。大部分功率用来加速，大约 10% 的功率用来克服空气阻力，3%～5% 的功率用来克服轮胎摩擦阻力。

电动汽车也可以用电机来制动，这样可以将制动能量储存在蓄电池中[1-6]。这被称为再生制动，因为它提供充电输入以再生电池中存储的能量。电力制动被称为再生制动。制动力通过将车移动的动能转换为电能，然后在电池中储存为化学能。在这种情况下，所需的制动力小于减速车辆所需的力，因为滚动阻力和空气阻力也起到减慢车辆速度的作用：

$$F = ma - mgC_{rr} - \frac{1}{2}\rho C_{D}Av^{2}$$

车辆制动所需的功率是这个力和车速的乘积：

$$P = Fv = mav - mgC_{rr}v - \frac{1}{2}\rho C_{D}Av^{3}$$

考虑到功率与速度之间的近似比例关系，所需的制动功率在均匀减速过程中随时间呈近似线性下降。因此，对于制动，峰值再生制动功率需求发生在制动的开始阶段。制动部分对空气阻力和滚动阻力具有协助作用。因此，与加速性能相当的适度减速所需的功率比加速时所需的功率略少。然而，制动过程中的减速可能比加速快几倍，因此制动所需的最大功率可能比加速所需的最大功率高几倍。电动汽车使用机械制动来补充再生制动，以确保安全制动[3-4]。

目前高性能电池能够为包括高速跑车在内的各种电动汽车提供出色的功率性能。能量，即随时间提供功率的能力，是为电动汽车提供实际续航里程的相关但独立的关键要求[1-6]。对于电池来说，能量需求是一个挑战。传统内燃机动力车辆通常使用汽油提供 300～400 英里（约 500～650 千米）的续航里程，理论比能量为 13000W·h/kg。这几乎是典型铅酸电池比能量 35W·h/kg 的近 400 倍。一个肤浅（错误）的结论是，一款续航里程为 300 英里（约 500 千米）的传统汽油车改成电池驱动，它的续航里程将低于 1 英里（约 1.6 千米）。

然而，由于包括电动传动系统高效率在内的几个因素，电动汽车（BEV）仍然可以实现实际续航里程。首先，内燃机是热机，受到卡诺效率的限制。在实际运行中，内燃机的实际运行效率可能低至 20% 或更低。而电池放电效率可超过 90%。即使考虑到电机和电力电子设备的损耗，电动汽车传动系统的效率超过 80% 也是可行的。因此，在使用车载能源方面，电动驱动具有 4:1 的效率优势。其次，电动汽车可以通过电机吸收制动动能发电，可以起到类似发电机的作用。特别是在启停频繁的城市驾驶中，可以带来显著的能效益处。最后，电机和电力电子设备的重量比汽车发动机系统和变速器轻。因此，电动汽车中电池的重量可以是传统汽油动力车辆中汽油箱重量的几倍。通过使用先进的电池，即使使用铅酸电池，也可实现超过 100 英里（约 160 千米）的实际车辆续航里程。

驾驶过程中的能耗强烈依赖于车辆的大小、重量和类型，以及驾驶方式。通常通过在车辆上进行标准驾驶计划［如美国环境保护署（EPA）为燃油经济性标准制定的驾驶计划］的测功机测试来获得代表性的能耗结果。标准驾驶方式包括代表城市驾驶的市区测功机驾驶计划（UDDS）和代表高速公路驾驶的高速公路燃油经济性测试（HWFET）。这些驾驶方式随时间变化的速度分布如图 26A.7 所示。可以根据这些条件下的平均功率需求来确定能量需求。

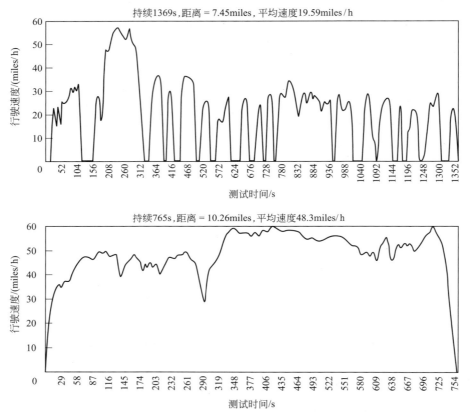

图 26A.7　美国环境保护署（EPA）标准：UDDS 驾驶计划模拟城市驾驶（上图）
和 HWFET 驾驶方式模拟高速公路驾驶（下图）

根据 UDDS 和 HWFET 驾驶方式，中型电动汽车的典型能耗结果分别为城市驾驶 225W·h/mile（约 140W·h/km）和高速驾驶 275W·h/mile（约 170W·h/km）[13]。美国常用的 US06 测试通常用于代表目前美国典型的、更激烈的高速公路驾驶，能耗通常更高，约为 400W·h/mile（约 250W·h/km）。与传统汽油动力车辆的结果相比，电动汽车在城市驾驶条件下更有效率，其中再生制动可以在启停频繁的驾驶中提供显著的能源效率。从推动车辆所需的能量中减去来自再生制动的能量输入，可以确定净能耗。通过这些驾驶周期结果的平均值得出 300W·h/mile（约 190W·h/km）作为典型能耗，因此 100mile（约

160km) 的续航里程需要 30kW · h 的电池组。40kW · h 的电池组可提供 133mile（约 215km）的续航里程。然而，我们习惯于采用续航里程为 300～400mile（约 500～650km）的普通车辆，这就需要 90～120kW · h 的电池组能量。若使用商业上可用的电池组成的电池组，即使采用 100W · h/kg 的技术体积也会非常庞大，质量为 900～1200kg。通过改进车辆设计以提高效率，可以降低能源需求。然而，这些大型电池组的重量、尺寸和成本是电动汽车行业的关键挑战。

电动汽车的另一个挑战与行驶结束时的电池充电有关。相比于普通汽车在加油站的再加油，由于可操作充电功率的限制，快充不是切实可行的。在 3min 内为 50kW · h 的电池组充电需要兆瓦级的功率能力。一个更实用的解决方案是在家里或工作地点充电，预计充满电需要 8～10h；给电池组整夜充电需要 220V 的电源装置提供大约 6kW 的功率。

在纯电动汽车（BEV）中，推进电池必须提供用于推进的功率和能量，如上文所述。然而，它们还必须为车辆电气系统提供功率和能量，以运行灯光、控制和附件以及加热和冷却装置。在混合动力汽车（HEV）中，内燃机（ICE）驱动系统的功率和能量有助于推进。然而，在确定电池大小时，还必须考虑电气附件，包括电动助力转向和空调以及发动机启动。

26A. 1. 2　混合动力汽车和电动汽车动力驱动系统

混合动力汽车和电动汽车的驱动系统范围广泛，从不带电动推进的常规内燃机车辆到没有内燃机的纯电动车辆（BEV）。驱动系统设计方案如图 26A. 8 所示。高度电动化的车辆是插电式电动汽车（PEV），包括纯电动汽车（BEV）和插电式混合动力汽车（PHEV）。图 26A. 8（a）中所示的电动汽车（EV）驱动系统相较于具有复杂变速器的传统内燃机驱动系统来说更为简化。在许多情况下，电动汽车的电动机直接耦合到驱动轴上，不必使用多速变速器。

在插电式混合动力汽车（PHEV）中，基本设计是如图 26A. 8（b）所示的串联设计。电池提供车辆的所有动力，而发动机同时为电池充电，从而延长了续航里程。没有插电能力的助力式混合动力汽车（power-assist HEV）通常采用并联或串并联架构。轻型混合动力汽车［如带发电机启动器的皮带传动（BAS）设计］则采用图 26A. 8（c）中简单而高效的并联设计。而像丰田普锐斯（Toyota Prius）这样的全助力式混合动力汽车则采用图 26A. 8（d）中的串并联架构，这虽然提供了出色的效率和操作灵活性，但同时也带来了更高的复杂性和成本。

26A. 1. 3　电动车辆的特点

与传统内燃机动力汽车相比，一系列功能的增加为汽车提供了额外的功能，这些功能随着汽车电气化程度的提高而不断增加，从启停微混合动力汽车到轻型混合动力汽车和重型混合动力汽车，再到插电式混合动力汽车和电动汽车。

① 启停功能。启停是指车辆在滑行、制动和停车过程中关闭发动机的功能，可以避免发动机怠速时的燃料消耗。当发动机关闭时，空调和电子设备之类的辅助功能由电池供电。此功能可将电气化程度降低至最低水平，仅需要 10kW 用于发动机启动。

② 再生制动功能。再生制动是指通过发电机或作为发电机运行的电动机反向运行，在制动过程中回收动能，从而为电池充电。再生制动与机械制动结合使用，以确保安全制动。所需的电能和能量取决于电气化程度，范围大约从 10kW 直到超过 100kW。

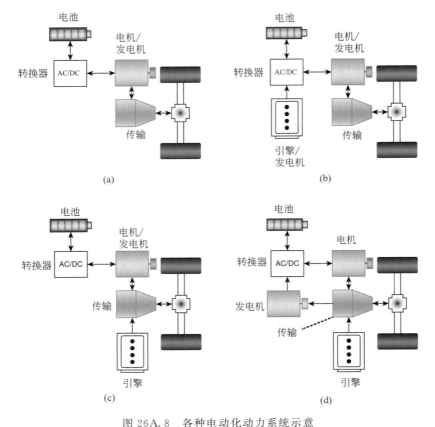

图 26A.8　各种电动化动力系统示意

（a）电动汽车（EV）；（b）串联混合动力汽车；（c）并联混合动力汽车；（d）串并联混合动力汽车

③ 电机辅助。电机辅助是指提供电动机扭矩以推动车辆行驶，通常比内燃机驱动系统具有更高的效率。在混合动力汽车中，电机助力提供 10～80kW 的扭矩，以补充混合运行过程中内燃机驱动系统提供的扭矩。

④ 电动汽车驱动。电动汽车驱动（EV Drive）是指为插电式车辆提供全电动模式运行的能力。所有推进和制动扭矩均由电池和电动机提供。对于电动汽车或插电式混合动力汽车，除了全电动行驶范围超出需要维持充电的情况外，不需要使用内燃机功率进行混合运行。由于电动汽车驱动系统必须能够全功率运行，因此电动汽车驱动需要大约 100kW 或更高的功率水平。

26A.1.4　电动和混合动力汽车的种类

各种类型的混合动力和电动汽车，包括启停微混合动力汽车、轻型混合动力汽车、重型或全混合动力汽车、插电式混合动力汽车和纯电动汽车（BEV）[14-17]，对电池的要求差异很大。虽然电动汽车类型的定义并不完全一致，但已经形成了普遍共识。特别是从理解电池需求的角度来看，根据混合动力汽车和电动汽车的性能特征和电气化程度对其进行分类是有用的，如图 26A.9 所示。在最小的混合动力设计中，启停式混合动力汽车（HEV）在怠速和/或减速期间关闭内燃机（ICE）。在轻型混合动力汽车中，电动机在加速过程中还提供额外的助力。在重度混合动力汽车或全混合动力汽车中，车辆由电动驱动装置驱动，发动机至少在一些速度范围内关闭。在插电式混合动力汽车（PHEV）中，增加了显著的纯电动行驶范围，并具备从电网为电池充电的能力。纯电动汽车（BEV）完全由电池供电，不包括内燃机驱动系统。在所有情况下，都可以捕获再生制动能量来为各种电动性能功能供电。所有设计都提高了燃油经济性，并且通常随着电气化程度的提高而益处增加。电池的大小也随着电气化程度的提高而增加，同时系统整体复杂性和混合动力汽车的成本也增加了。

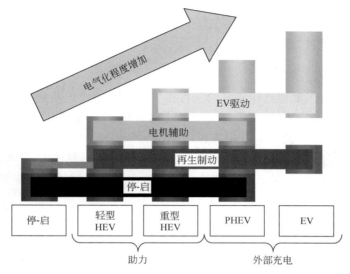

图 26A.9　基于性能特征的混合动力汽车类型

26A.1.5　电池组系统

电动汽车和混合动力汽车由电池组供电，其中包含多个电池模块，而电池模块则由多个单体电池组成，如图 26A.10 所示。单体电池的工作电压通常为 1～5V。镍-金属氢化物单体电池的标称放电电压为 1.2V。铅酸单体电池的工作电压为 2V。锂离子电池的工作电压通常取决于化学性质，一般为 3～4V。考虑到电动机和功率电子设备的电流应低于 500A，低电压范围不足以提供电动汽车应用所需的数十千瓦功率。纯电动汽车通常在 300～400V 的范围内运行。混合动力汽车的电压较低，范围从 SSV（启停车辆）的 12V 到全功率辅助混合动力汽车的 200V 以上。为了驱动 PEV 和 HEV，使用了多达数百个单体电池的串联或串并联组合。

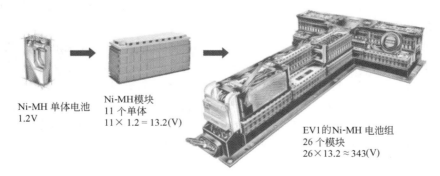

图 26A.10　由单体电池组成的电池模块作为电池组的构成单元
（通用汽车公司提供）

单体电池是一个单独的电化学电芯，多个单体电池通过电连接和机械连接构成高电压单元，称为电池模块。电池模块是装配电动汽车电池组的构建单元。电池模块通常包含 5～25个单体电池，电压低于 60V（防范触电危险），质量低于 50lb（1lb＝0.4536kg；全书同）以便于移动。根据具体技术和产品，模块中还可能包含热管理、电池电压监测和控制电子设备等。

电池模块通过电连接和机械连接构成电池组提供电动汽车所需全部动力和能量。电池组系统结合了串联连接的模块串、电源互连、机械包装、电子传感器和控制设备，以及电动推进操作所需的热管理组件。

26A.1.6 电子控制

电子控制用于保持电池组处于正常的工作条件下。电池管理系统（BMS）测量电池组、模块和电池的电压、电池的温度以及电池组的电流。BMS 的输入用于监控和控制电池的荷电状态（SOC），并在整个使用寿命中监控电池的健康状态（通过跟踪电池容量和电阻）。当电池电压低于规定的低电压限值时，通过减少和/或停止放电功率来避免电池过度放电。当电池电压高于规定的高电压限值时，通过减少和/或停止充电功率来避免电池过度充电。同样，BMS 也用于防止电池组超过高温限制。电压限制根据温度和电流的影响进行补偿。

PEV 使用车载和/或非车载充电器进行充电，这些充电器与 BMS 进行交互。充电器和BMS 共同作用，从而在正常的电池电压和温度条件下提供完全充电。BMS 还用于在充电和行驶过程中监控 EV 电池组的 SOC，通常通过计算电池的净放电容量（以 A·h 为单位）来实现。

对于锂离子电池而言，由于存在安全问题，且过度充电可能损害电池寿命，因此不能过度充电。电子控制对于保持电池在适当的操作电压范围内至关重要。这些电子控制可以在电池模块和电池组级别上实现。它们必须能够检测由于自放电和电池容量退化速率的变化而产生的电池间电压偏差。这些差异通常是由电池组内的热不均匀性造成的。电池组通常配备有用于平衡单个电池间 SOC（荷电状态）的电子电路。这些控制显著增加了锂离子电池组的复杂性和成本，尽管随着这些设备的成熟，成本近年来已有所下降。

混合动力汽车电池的电子控制取决于混合动力汽车的类型。对于用于 SSV 的铅酸电池，其控制需求较少，因为这些电池采用了与传统 SLI（启动、照明、点火）电池相似的简单集成。动力辅助混合动力汽车电池的控制通常比电动汽车应用的控制更为复杂。SOC 的控制更加困难，因为在每次驾驶后重新充电时，SOC 并不会重置为 100%。电池也不会完全放电，因为需要维持 SOC 在一定值，以便在可用的能量范围内保持放电和再生功率。基于安时容量计数的 SOC 算法很难，因为自放电和舍入引起的小误差可能导致 SOC 估计值出现误差。许多锂离子电池具有足够的电池电压对速率的依赖性，可以合理地通过电池电压测量值估计 SOC。对于镍-金属氢化物（Ni-MH）电池和磷酸铁锂（lithium-iron phosphate）电池（两者都具有非常平坦的放电曲线）而言，SOC 算法通常需要采用一种复杂的策略。该策略利用接近完全充电和深度放电状态的偶然电压偏差和/或基于行驶瞬态的电阻来计算。

26A.1.7 热管理

插电式电动汽车（PEV）和混合动力汽车（HEV）的电池组均采用热管理系统，旨在保持电池单元在正常工作范围内的均匀温度。对于铅酸电池、镍-金属氢化物电池和锂离子电池的工作环境温度而言，电池在 $20\sim40℃$ 的范围内运行效果最佳，恰好是人体感到舒适的温度范围。当电池接近凝固温度时，其功率性能会下降。超过 $40℃$ 的高温会导致充电效率降低，同时加速故障模式，缩短使用寿命。极端的高温不仅会加速故障模式，还会加剧安全问题。

电动驱动操作会在电池组内产生大量的废热，这些热量必须排出。生成的焦耳热量约为平均功率消耗的 10%。插电式混合动力汽车在运行过程中的平均生成热量可以达到 $2\sim5kW$。在混合动力汽车中观察到的生成热量较低，从 SSV 中的小于 $100W$ 到某些动力辅助混合动力汽车中的 $500W$。除了将平均单体电池温度保持在最佳操作范围内之外，保持单体电池温度的均匀性也很重要。电池组内单体电池间的温度变异性会导致不均匀的自放电，从而导致电池组中各单体电池的 SOC 不平衡。插电式混合动力汽车（PHEV）和混合动力汽车中的热管理方法包括利用自然对流的被动冷却、强制空气冷却和强制液体冷却。此外，还使用了冷却介质的制冷来提高热量排出率。最近，已经开发出使用相变复合材料作为另一种热管理技术的方法。

被动冷却是最简单且成本最低的冷却方法。它通常用于功率消耗较低的小型电池，如SLI 电池和 SSV 用 12V 电池。被动冷却在散热能力方面有限，且难以维持所有单体电池温度的均匀性，特别是在不对称电池组中。当在大型插电式混合动力汽车电池组中使用被动冷却时，通常会导致电池寿命问题。

强制空气冷却（强制风冷）一直是电动驱动电池组常用的方法。它具有设计简单的优势，并且通常比液体冷却可提供更轻、更便宜的解决方案。然而，空气的热容有限。空气流通道体积庞大，需要对称的几何形状，这在某些车辆设计中可能不切实际。风扇消耗能量且可能产生噪声。最后，必须清除进气空气中的灰尘和水，以避免接地故障问题。强制空气冷却技术被用于通用汽车 EV1 电动汽车以及丰田普锐斯混合动力汽车中。

利用液体冷却介质较高的热容和热导率，强制液体冷却可以获得更高的散热率。液体冷却还可以提供更均匀的单体电池温度分布。由于流动通道可以更小，因此可以实现更紧凑的电池组设计。由水-乙二醇组成的汽车冷却液在车辆运行下，可提供高热容和良好的流动特性。采用强制液体冷却的电动车辆有特斯拉电动汽车，以及通用汽车 Chevy Volt PHEV 和 Chevy Bolt EV。

液体冷却热管理在重量、复杂性和成本方面存在劣势。由于引入了冷却液体循环管路，需要采取额外措施以防止由于泄漏而引发的可靠性问题。液体冷却还需要第二个热交换器，如散热器。该散热器最终通过空气冷却。如果电池组能够与内燃机冷却系统共享冷却液循环，则将特别有效。对于当前需要较低温度的电池组电化学体系而言，目前还不切实际。但随着未来固态电池技术的发展，很可能成为现实。

空气冷却和液体冷却都可以利用主动制冷系统来进一步加速电池组的散热。例如，来自空调舱的空气可为丰田 Prius HEV 电池组降温。2004 年，福特 Escape 混合动力汽车利用独立的 HVAC 管道系统为其 Ni-MH 电池组调节温度。

26A.1.8 车辆集成

电动汽车（EV）的电池组必须在车辆内部得到物理上的固定，以确保在发生碰撞时的安全，并且与车辆电气系统保持隔离。这种结构和固定方式也会给电池组带来显著的重量和体积负担。由于电池组在体积上的限制，电池包装的设计在电动汽车的设计中总是至关重要的。一般来说，插电式电动汽车（PEV）的电池组质量通常小于车辆总质量的三分之一，甚至占车辆体积的比例更小。

对于混合动力汽车（HEV）而言，使用的是更小、更轻的电池组，但由于混合动力汽车中内燃机（ICE）驱动系统的体积和重量，电池组的包装仍然具有挑战性。特别是当开发传统内燃机车辆的混合动力车型时，往往很难找到一个合适的电池组安装位置。这个位置需要同时满足与驱动系统的轻松集成、避免碰撞安全问题以及环境问题（包括暴露于水或极端温度下）。

电动汽车利用电池组系统进行推进，因此对电池的要求是基于整个电池组系统的功率、能量、寿命、重量、体积和成本。除电池单体和模块之外的系统组件不提供任何功率或能量，但会对电池组系统的重量、体积和成本产生显著影响。因此，电池组系统的性能总是低于电池单体和模块的性能。同样，单位能量的成本（美元/kW·h）总是很高。因此，电动汽车和混合动力汽车的电池性能目标应合理地设定在电池系统级别范围内。

26A.1.9　电池组安全要求

在系统层面上，对各种类型的插电式电动汽车（PEV）和混合动力汽车（HEV）电池组进行机械、热、电气滥用的耐受性测试是固有的安全要求。为了指导电池组的设计和测试，确保车辆安全，已经制定了各种强制性的政府法规和工业标准。基于与国际汽车界常用的故障模式和影响分析（FMEA）相似的方法，美国先进电池联盟（USABC）已经发布了安全滥用测试程序[18]，并开发了电池危害模式和风险缓解分析[19]。这种关于电池组安全的严谨系统方法对于电池组、控制系统及其与车辆的集成设计非常重要。

机械滥用测试通常涉及机械完整性或压碎测试，但测试条件可能会有很大差异。大多数测试文件还要求进行跌落测试，以模拟事故或在某些情况下作为碰撞事件的替代。另一种常见但不普遍的测试是机械冲击或强烈的振动测试，旨在模拟碰撞冲击。热滥用测试包括模拟火灾暴露或热冲击方案进行的快速升温。热冲击测试通常使用受控温度烘箱进行，并可能涉及冷热循环。模拟火灾暴露测试通常涉及在受控时间内对燃烧液体燃料的直接和间接暴露。标准的电气滥用测试包括过充、过放和短路。根据应用的不同，可能会指定额外的电气测试。

欧洲汽车研发委员会（EUCAR）已经创建了一个评级系统，用于描述测试样本在滥用测试中的安全响应。响应得分值范围从0（无损坏）到7（爆炸）。响应得分为1～2表示轻微损坏，3～4表示排气，5～6表示火灾和破裂。

26A.1.10　电池标准化

汽车行业高度依赖部件标准化，通过规模经济降低其制造过程中的成本和复杂性。随着插电式电动汽车（PEV）和混合动力汽车（HEV）的商业化发展，标准化电池尺寸逐渐得到了关注，以降低成本。鉴于车辆和电池设计的多样性以及设计水平的快速提高，这种尺寸的标准化只取得了有限的成功。近年来，德国、美国和中国已经通过其国家标准机构和工业团体发布了对汽车锂离子电池尺寸的要求。此后，国际标准化组织（ISO）试图创建全球标准；然而，由于上述挑战的存在，2014年发布的一项标准列出了63种不同的电池尺寸，以适应国家之间的竞争。

26A.2 插电式电动汽车

26A.2.1 PEV应用：电池电动汽车

美国先进电池联盟（USABC）的使命是开发化学储能技术，以支持电动汽车、混合动力汽车和燃料电池车的商业化。USABC的一个重要贡献是为电动汽车和混合动力汽车电池制定了性能目标和详细的测试程序[20-25]。从20世纪90年代初开始，USABC为电动汽车应用的电池制定了定量性能目标。

中期目标包括80W·h/kg的额定能量、200W/kg的额定功率和1000次的充放电循环寿命。这些目标在很大程度上已经通过20世纪90年代开发的镍-金属氢化物电动汽车电池实现了，至少是在电池模块的基础上；加利福尼亚州空气资源委员会（CARB）零排放车辆（ZEV）法令的电动汽车示范项目也推动了目标的实现。然而，这种中期技术的续航里程限制了其商业吸引力。更重要的是，电池成本几倍于150美元/kW·h的成本目标，因此商品化没有进行下去。

自2000年以来，重点一直放在更高能量密度的锂离子电池上，以实现更广泛的商业化，并且一直作为更加激进的电动汽车电池长期目标。表26A.1列出了USABC提出的EV用先进电池目标（更新于2015年）[21]。为了能够在2020年内实现商业化，这些长期的性能和成本目标不仅针对电池系统，也换算成了基于单体电池的重量、体积和成本。

表26A.1 USABC提出的EV用先进电池目标

寿命终止时的性能特征	单位	系统水平	单体电池水平
放电体积比功率峰值（30s脉冲）	W/L	1000	1500
放电质量比功率峰值（30s脉冲）	W/kg	470	700
再生质量比功率峰值（10s脉冲）	W/kg	200	300
可用体积比能量（$C/3$放电倍率）	W·h/L	500	750
可用质量比能量（$C/3$放电倍率）	W·h/kg	235	350
可用能量（$C/3$放电倍率）	kW·h	45	—
日历寿命	年	15	15
DST（动态应力测试）循环寿命	次数	1000	1000
售价（按照每年10万单位计算）	美元/kW·h	125	100
工作环境温度范围	℃	−30～52	−30～52
标准充电时间	h	按照J1772标准，<7h	按照J1772标准，<7h
快速充电时间	min	在15min内，达到80%的电量变化（ΔSOC）	在15min内，达到80%的电量变化（ΔSOC）
最高工作电压	V	420	—
最低工作电压	V	220	—
峰值电流（30s）	A	400	400
低温无辅助操作可用能量百分比	%	−20℃、$C/3$放电倍率下，可用能量>70%	−20℃、$C/3$放电倍率下，可用能量>70%
温度范围（24h）	℃	−40～66	−40～66
最大自放电率	%/月	<1	<1

质量比功率和体积比功率要求基于30s恒流功率脉冲结束时测得的峰值放电功率进行计

算，具体的质量比功率和体积比功率由电池的峰值功率分别除以电池质量和体积计算获得。修订的规范中分别给出了电池系统和单体的性能目标：系统的要求为 470W/kg 和 1000W/L；必须考虑到系统中额外的质量和体积，因此单体的要求更具挑战，为 700W/kg 和 1500W/L。同样，系统 300W/kg 的再生质量比功率峰值要求是基于 10s 恒流功率脉冲结束时测得的峰值再生充电功率进行计算的。在不超过最大电压 420V 和不低于最小值 220V 的情况下（此电压范围表示驱动牵引电动机的电力电子设备的实际运行范围），系统必须实现功率和再生要求。此外，在整个放电深度范围内，从满充电到可用能量的完全释放，都必须同时满足脉冲功率和再生要求。

可用的能量目标是基于 C/3 倍率的恒定电流放电。要求系统的质量比能量为 235W·h/kg，体积比能量为 500W·h/L。要考虑到系统中额外的质量和体积，因此单体的比能量更具挑战，要求分别为 350W·h/kg 和 750W·h/L。此外，由于整个寿命期内都要满足目标，因此必须设计能量冗余以应对寿命结束时 10%～20% 的能量衰减。因此，接近 500W·h/kg 和 1000W·h/L 的初始电池质量比能量和体积比能量目标将需要使当前商业上可用的锂离子电池比能量翻倍。

虽然 USABC 的目标是通过比功率、功率密度、比能量和能量密度等内在变量制定的，但有一个隐含的假设，即基于功率与能量比为 2∶1 的 45kW·h 电池组，其脉冲功率放电能力为 90kW。这个电池组的质量不超过 191kg（约 421lb），体积为 90L（约 24gal）或更小，因此质量与体积比达到 2.1kg/L，正好同时满足这两个目标。再生功率目标对应于 38kW。

电池组的使用寿命要求基于这样的预期，即电池的使用寿命将与车辆的使用寿命相当，一般为 15 年和/或 150000mile（约 240000km）。循环寿命目标是基于动态应力测试（DST）模拟驾驶条件下的深度循环。DST 功率配置文件的开发是为了在有限的恒定功率步骤中模拟联邦城市驾驶计划（FUDS）更实际和更具积极性的版本，如图 26A.11 所示。USABC 循环寿命测试使电池经受重复的深度充放电循环，直到无法再达到功率和能量目标。US-ABC 测试规范要求在这些深度循环中完全放电以实现能量指标。1000 次深度循环的循环寿命目标旨在使电池能够持续维持 150000mile（约 240000km）的车辆寿命，隐含地假设使用 DST 放电电池组可以达到至少 150mile（约 240km）的续航里程[21]。

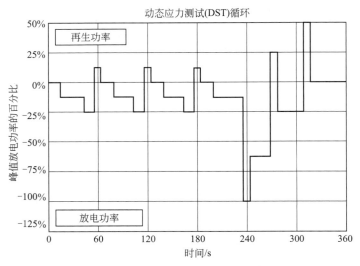

图 26A.11　USABC 动态应力测试功率配置文件（源自 USABC）

对电池功率和能量的测试相对较快，有时可以在一天内完成。但是，循环寿命测试非常耗时。假设充电时间为 6h、放电时间为 3h，那么执行 1000 次充放电循环需要大约 1 年的时间。即使在较高倍率下加速测试也需要几个月的时间。最近出现了一种有潜力的测试方法，即高精度库仑计量法，可以从早期效率测量中预测循环寿命[26]。

日历寿命与循环寿命是不同的问题[27-28]。一些故障模式与充放电循环无关，而是与时间有关的化学过程（如腐蚀）相关。一种常见的方法是加速已知的应力条件。例如，由于温度相关的故障模式引起的故障可以通过在高温下进行寿命测试来加速，然后通过在几个温度下得出的结果进行反推，以估计室温下的日历寿命。然而，加速日历寿命测试用来预测满足 USABC 目标的电池寿命（15 年或更长）是一种相当投机的方法，因为故障模式可能会随着应力条件的变化而变化。在这些未经证实的预测基础上作出商业决策存在固有风险。

每年生产 10 万台 45kW·h 电池组的销售价格目标为 5625 美元。即使不包括电动机，目标电池成本也高于传统车辆中油箱和内燃机（ICE）的成本，后者大约为 2000 美元或更低。然而，燃料成本的节约与较便宜的电能可以冲抵电池组的高成本。成本是电动汽车电池最具挑战性的目标，也一直是阻碍电动汽车商业化的关键问题。

表 26A.1 中 USABC 电动汽车用先进电源的目标包括环境温度 -30～52℃，它是对电池系统的要求。其目标是用 15min、80% 的快速充电来补充 6h 倍率下的整夜充电；目标也是能够获得高容量保持率，因此自放电率每月不能超过 1%。此外，电池系统应是完全免维护的。最后也是最重要的，电池组可以承受系统级别的电滥用和机械滥用。人们已经开发出一系列针对电滥用和机械滥用的测试，电动汽车电池组必须能够通过这些测试以确保安全运行[18]。

26A.2.2　插电式混合动力汽车的应用

插电式混合动力汽车（PHEV）具有在低成本下提供电动汽车（EV）大部分优势的潜力，同时避免了纯电动汽车（BEV）续航里程短和充电速度慢的关键性能劣势。在零排放车辆（ZEV）运营中，很大一部分是通过高效利用电网电力和减少石油基燃料的使用来实现高燃油经济性的。这种车型并非最初"新一代汽车合作伙伴关系"（PNGV）计划的目标，而是在 20 世纪 90 年代由大学车辆竞赛团队开发和推广[29-30]，最近由"Plug In America"和其他团体倡导，因为其具有战略性地减少美国对国外石油依赖的潜力。

插电式混合动力汽车的关键特征是能够通过接入电网进行电池充电。这些车辆同时使用电网电力和车载石油基燃料作为能源，其中电能的比例取决于电池的大小和运行策略。通常的运行策略是在从电网连接充电后，首先利用电损耗进行操作。全电模式运行中电动驱动系统提供全部牵引力，除非需要内燃机（ICE）驱动系统来满足动力需求。电损耗操作一直持续到电池组大部分耗尽，此时开始进行荷电维持型混合动力汽车（HEV）操作。在荷电维持型操作中，通过平衡电池的放电和来自再生制动的充电来维持 SOC（荷电状态）在目标水平，这与动力辅助（助力）混合动力汽车相似。荷电维持型操作本质上与助力式混合动力汽车的运行模式相同，但通常处于较低的 SOC 水平。PHEV 的运行模式如图 26A.12 中的 SOC 曲线所示。

插电式混合动力汽车（PHEV）结合了传统混合动力汽车和电动汽车的特点。它们可以被视为具有扩展电动驱动能力的强混合动力汽车，也可以被视为具有由内燃机驱动发电机提供扩展续航里程的电动汽车。在 PHEV 设计中，一个重要的变量是电气化程度。通常情况

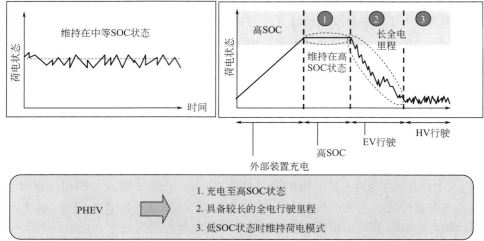

图 26A.12 PHEV 的电池荷电状态（SOC）在不同运行模式下的变化
（包括充电模式、待机模式、荷电耗尽操作模式和荷电维持操作模式）

下，PHEV 的电动驱动系统被设计为在重要的纯电动行驶范围内，不必使用内燃机驱动系统就能提供完整的加速功率能力。插电式混合动力汽车的纯电动行驶范围是一个重要的设计指标。大多数开发都集中在 10～40mile（约 16～64km）范围的设计上。纯电（全电或全电动）行驶范围越大，在改善燃油经济性和减少排放方面的益处就越大。然而，这需要更大的电池，因而会大大增加车辆的重量和成本。

插电式混合动力汽车设计的另一个关键是控制策略。由于大型电池组提供了实质性的纯电动行驶范围，电动驱动系统可能被设计为在电量消耗阶段提供全部牵引动力。这样，PHEV 可以完全作为 BEV（纯电动汽车）运行，除非超出了纯电动行驶范围。PHEV 可以被恰当地描述为 E-REV（扩展范围电动汽车）。使用像雪佛兰伏特（Chevy Volt）这样的 E-REV 串联混合动力汽车架构具有优势。另外，为了避免大型电池组和全功率电动驱动系统的高成本，一些 PHEV 被设计为混合模式电量消耗操作。在这种情况下，内燃机驱动系统会在达到电量维持操作之前，在特定的功率需求或车辆速度阈值时启动。这些 PHEV 通常使用串联-并联混合动力汽车架构。为了进行比较，对在电量消耗模式下具有混合电动和内燃机操作的 PHEV 进行测量，以提供等效的电动行驶范围，即减去电量消耗模式下内燃机驱动系统提供的行驶范围，仅考虑由电池能量支持的行驶距离。

插电式混合动力汽车（PHEV）控制策略的另一方面是完全充电和维持充电操作的充电设置点。为了最大化全电动行驶距离，以实现最大的车辆能源效率和排放效益，在理想情况下，应将电池组充满电，并在电量消耗模式下几乎完全放电。然而，对锂离子 PHEV 电池组进行完全充电会加速失效模式，并可能在随后的驾驶过程中再生制动时使电池组受到过充滥用的影响。通过将充电限制在额定容量的约 80%，可以延长电池组的使用寿命，并简化控制。同样，如果电池组的 SOC 过低，维持充电模式下的效率会降低。此外，在高功率需求条件下存在过度放电的风险。因此，通过将放电限制在约 30% 的 SOC 以在维持充电模式下运行，可以简化混合动力汽车（HEV）和控制。这导致可用能量减少到总额定放电能量的一半左右。因此，对于能量消耗为 200W·h/mile（约 125W·h/km）的车辆而言，需要

16kW·h 的电池组才能实现 40mile（约 64km）的行驶距离。

表 26A.2 总结了 2014 年更新的 USABC 针对插电式混合动力汽车的储能系统性能目标[22]。根据不同的全电动行驶里程的车辆，提出了三组目标。这些车辆，即 PHEV-20、PHEV-40 和 E-REV-50，旨在实现 20mile、40mile 和 50mile（分别相当于约 32km、64km 和 80km）的全电动行驶里程，估计分别需要 5.8kW·h、11.6kW·h 和 14.5kW·h 的能量用于电量消耗操作。请注意，PHEV 的可用能量要求比助力式混合动力汽车（HEV）的能量要求高一个数量级以上，但仅是无内燃机（ICE）驱动的纯电动汽车（BEV）所需能量的一小部分。E-REV-50 的功率要求更高，并与电动汽车（EV）电池系统的功率要求相当。PHEV-20 和 PHEV-40 功率要求较低，耗电模式比例更高。

表 26A.2　USABC 针对插电式混合动力汽车的先进电池目标

寿命终止时的性能特征	单位	PHEV-20	PHEV-40	E-REV-50
实现商业化时间		2018 年	2018 年	2020 年
全电动行驶里程（AER）	mile	20	40	50
放电功率峰值（10s 脉冲）	kW	37	38	100
放电功率峰值（2s 脉冲）	kW	45	46	110
再生功率峰值（10s 脉冲）	kW	25	25	60
可用于 CD（放电或电损耗）模式的能量	kW·h	5.8	11.6	14.5
可用于 CS（充电维持或荷电）模式的能量	kW·h	0.3	0.3	0.3
最小能量往返效率	%	90	90	90
−30℃下冷启动功率（2s,3 个脉冲）	kW	7	7	7
CD 模式下的循环寿命/放电能量	次数/MW·h	5000/29	5000/58	5000/72.5
CS 模式下 HEC 循环寿命（50W·h 配置）	次数	300000	300000	300000
30℃下日历寿命	年	15	15	15
最大系统质量	kg	70	120	150
最大系统体积	L	47	80	100
最高工作电压	V	420	420	420
最低工作电压	V	220	220	220
最大自放电率	%/月	<1	<1	<1
30℃下系统再充电速率	kW	3.3(240V/16A)	3.3(240V/16A)	6.6(240V/32A)
无辅助操作、充电温度范围：	℃	−30～52	−30～52	−30～52
30～52	能量（百分比）	100	100	100
0	能量（百分比）	50	50	50
−10	能量（百分比）	30	30	30
−20	能量（百分比）	15	15	15
−30	能量（百分比）	10	10	10
储存温度范围	℃	−46～66	−46～66	−46～66
最大系统生产价格（按照每年 10 万单位计算）	美元	2200	3400	4250

维持充电操作的目标与助力式混合动力汽车（HEV）的目标相似。除了维持充电循环寿命的目标外，还为电量消耗（耗电）循环寿命增加了具有挑战性的目标。然而，对于20mile、40mile 和 50mile（分别相当于约32km、64km 和80km）的全电动行驶里程，成本目标分别为 379 美元/kW·h、293 美元/kW·h 和 293 美元/kW·h，这些目标具有挑战性，但比激进的电动汽车（EV）成本目标 125 美元/kW·h 更容易实现。

26A.2.3　PEV 电池

随着电动汽车在 19 世纪的引入，几乎所有的电动汽车都是用铅酸电池驱动。20 世纪初期，爱迪生发明了铁镍电池以为电动汽车电池提供解决方案，它具有相对更高的比能量，更耐用，同时也更耐滥用。与铅酸电池相比，它的性能显著提高，但其高成本阻碍了更大范围的商品化。

在 20 世纪电动汽车的发展过程中，还使用了其他各种电池，包括镍镉、镍锌、钠硫、钠-金属氯化物、锌溴和锌氯电池[31]。这些先进的电池类型都提供了更高的体积比能量和质量比能量，以及更长的使用寿命。然而，有几种电池类型存在显著的毒性或安全问题。所有这些电池的价格都比铅酸电池高出数倍。尽管 20 世纪多年来一直在开发先进的电池，但这些电池在总体商业可行性方面都没有超过铅酸电池。值得注意的是，当通用汽车公司在 21 世纪初期推出其革命性的 EV1 时，它最初是由深循环铅酸电池供电的。然而，实际行驶里程不到 100mile（约 160km），并不令人满意。

20 世纪 90 年代电动汽车中期电池开发的成功在很大程度上集中在 Ni-MH 电池上，包括 Ovonic 电池公司（以前是 Energy Conversion Devices 的子公司，后来被 BASF 收购）及其制造业务公司 GM Ovonic（以前是与 GM 的合资企业，现在称为 Bosch Battery Systems）、Saft 和 PEVE 公司。GM Ovonic、Saft 和 PEVE 公司都为 2000 年左右加利福尼亚州主要汽车原始设备制造商（OEM）推出的电动汽车生产了 Ni-MH 电池组。表 26A.3 展示了 GM Ovonic Ni-MH（镍-金属氢化物）电池模块及 EV1 电池模块性能指标[32]。

表 26A.3　GM Ovonic Ni-MH 电池模块及 EV1 电池模块性能指标

项目	GM Ovonic 电池模块（11 串）	EV1 电池模块（26 串）
标称电压	13.2V	343V
放电容量	90A·h	90A·h
能量	1.2kW·h	30kW·h
功率	3.6kW	94kW
质量	18kg	535kg
比功率	200W/kg	175W/kg
比能量	66W·h/kg	56W·h/kg

在 EV1 的这种 Ni-MH 电池组中，电池模块以 T 形排列，如图 26A.10 所示。通过空气冷却实现热管理，但电池组形状的不对称性使得热管理变得复杂。电池组还包含电池管理系统（BMS），该系统可以有效地与模块电压和选定的温度传感器一起工作。此外，还包含安全断开装置、保险丝和功率接触器。电池组硬件增加了近 15% 的电池组重量（对电池组系统体积的影响更大）。

PEVE 公司开发了容量为 100A·h 的 12V Ni-MH 电池模块，这些模块用于为丰田 RAV-4EV 和本田 EV-Plus 提供空气冷却的电池组。Saft 公司开发了类似的 Ni-MH 电池模块，这些模块用于克莱斯勒 EPIC 小型货车的液体冷却电池组。Ni-MH 电池在电池模块级别通常提供 65W·h/kg 和 200W/kg 的能量和功率，足以使电动汽车的续航里程超过 100mile（约 160km）。此外，实现了 1000 次的循环寿命，提供了出色的耐用性和比铅酸电池组更长的使用寿命。Ni-MH 电动汽车的性能通常非常好，这些由 ZEV 法令推动的汽车很受欢迎。

虽然 Ni-MH 电池技术的能量密度仍然限制了其续航里程在 200mile（约 320km）以下，但更大的问题是镍-金属氢化物电池的成本。在产量较低的情况下，镍-金属氢化物电池模块的成本远远超过 1000 美元/kW·h。电池组组装和车辆集成使这一成本在电池组系统级别大致翻了一番。对于需要为大型电动汽车提供超过 100mile（约 320km）续航里程的情况，仅电池组系统的成本就超过 5 万美元。这是一个不可行的方法，因为这一组件的成本是整车期望售价的两倍多。根据 Ni-MH 电池开发商预测，在每年产量达到 2 万个电池组的情况下，生产成本将降至 300 美元/kW·h 以下。实际实现的产量比这个数字低一个数量级，并且没有实现大规模生产的成本潜力。因此，加利福尼亚州的 ZEV 生产目标有所放宽，商业化进程也推迟了。Ni-MH 电池技术尚不足以实现 PEV 的商业化。

在 20 世纪 90 年代初，索尼和日立公司开发了用于电动汽车的大型锂离子电池，因为它们在高能量密度方面具有巨大的潜力。然而，当时对高能量密度的期待受到了低功率性能和严重安全问题的制约。尽管如此，电动汽车用锂离子电池的开发速度因电池行业为便携式电子产品应用（尤其是手机和笔记本电脑）商业化小型锂离子电池而付出的巨大努力而加快。如今，不仅对高能量密度的期待已经实现，而且薄型电极设计也演变为具有极高功率的锂离子电池。通过改进制造技术、优化电池设计和引入新体系以降低挥发性，早期严重的安全性问题也逐渐消失[33-36]。

小型 18650 型锂离子电池（用于笔记本电脑的圆柱形电池，标准尺寸为直径 18mm、长 65mm）已经发展成为一个数十亿美元的市场。如图 26A.13 所示，该市场技术迅速发展，与高性能和低成本有关的竞争日益激烈。1990 年的质量比能量和体积比能量分别为不足 100W·h/kg 和 200W·h/L，2015 年则显著增长到了 250W·h/kg 和 600W·h/L。成本降低更加显著，截至 2010 年，18650 型单体电池成本从 3000 美元/kW·h 降低至不足 200 美元/kW·h[10]。

在一个创新方法中，直接使用了为便携式电子产品开发的小型 18650 型锂离子电池来为高性能电动汽车供电[37]。特斯拉汽车公司为其特斯拉跑车开发了一种新型电池组，该电池组采用了 6831 只这种电池，以串联和并联的方式排列，提供 53kW·h 的能量和约 200kW 的峰值功率。采用高比能量含钴氧化物正极化学材料，可在单个质量不到 50g 的电池中提供超过 2A·h 的容量，电压约为 3.6V，质量比能量为 200W·h/kg。由数千个小型电池组成的电池组的零部件数量和制造复杂性从成本角度来看具有挑战性。然而，使用高产量 18650 型电池具有非常有竞争力的电池成本，充分利用了大规模材料生产的优势。此外，在这个成熟的市场中，还有多种替代供应商可以提供高质量和可靠的电池。

这种高能化学体系的安全性因电池内部的安全设计而提高了，例如每个单体电池中均内置了正温度系数（PTC）电流限制装置和电流中断装置（CID）。这种串并联结构有固有的冗余，电池组设计有单体电池级的熔断器，使其在多个单体电池失效后还能继续工作。通过电池模块和电池组级别的精密电子器件设计，可使这种高能电池组具有安全控制系统。电池组的热管理系统采用液体制冷。整个电池组系统质量为 450kg，电池组的质量比能量达到令

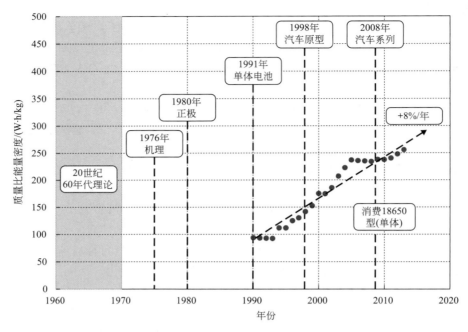

图 26A.13　锂离子电池的发展历史及其质量比能量的进展

人满意的 120W·h/kg，额定质量比功率超过 400W/kg。

　　大方形电池的电池组用在电动汽车上更为普遍。例如，为三菱（Mitsubishi）iMiEV 开发的电池组由 GS Yuasa 公司开发的 88 只方形锂离子电池串联而成[38]。该电池组如图 26A.14 所示，它包含 22 个串联的电池模块，每个模块含有 4 个串联的单体电池。单体电池额定容量为 50A·h，单体标称电压为 3.7V，质量比能量为 109W·h/kg。该电池组的热管理使用强制空气制冷；电池组包括电池、热管理系统和电子控制装置，总质量为 200kg，额定比能量为 82W·h/kg。表 26A.4 总结了 iMiEV 的单体电池、模块和电池组的性能指标。

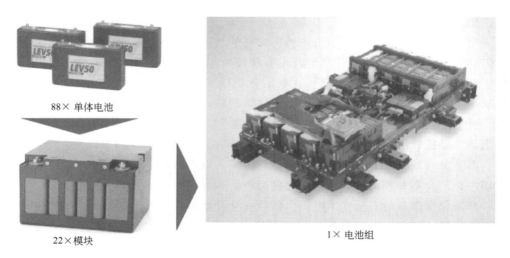

图 26A.14　三菱 iMiEV 用锂离子单体电池、电池模块、电池组（三菱公司提供）

项目	GS Yuasa LEV50 单体电池	GS Yuasa LEV50 电池模块 (4 个单体电池)	Mitsubishi iMiEV 电池组 (22 个模块)
标称(额定)电压/V	3.7	14.8	326
放电容量/A·h	50	50	50
能量/W·h	185	740	16000
功率/W	935	3740	60000
质量/kg	1.7	7.5	200
长/mm	171	175	1400
宽/mm	44	194	700
高/mm	114	116	200
体积/L	0.85	3.9	196
质量比功率/(W/kg)	550	500	300
体积比功率/(W/L)	1100	960	306
质量比能量/(W·h/kg)	109	100	82
体积比能量/(W·h/L)	218	190	83

锂离子电池包含多种化学体系和电池设计，为目前的 PEV 开发提供了多种技术选择[33-36]（详见第 17 章）。在便携式电子设备应用中占主导地位的钴氧化物正极化学体系提供了高能量密度，但由于其安全性和挥发性问题，许多电动汽车（EV）开发商都避免使用这种化学体系。层状混合氧化物正极材料，如镍钴铝氧化物和镍钴锰氧化物，具有相对较高的比能量以及改进的安全稳定性。从安全角度看，首选的化学体系包括尖晶石结构的锰酸锂正极材料和橄榄石结构的磷酸铁锂正极材料，但是它们的比能量较低。所有这些可选的化学体系在降低钴的成本方面均具有吸引力。此外，所有电化学体系电池都有多种设计，包括圆柱形电池、椭圆形电池、传统的大方形电池和层压式（或叠层式）软包电池。锂离子电池的巨大商业前景已经引发了激烈的国际竞争，因而出现了众多不同的供应商和开发商。

甚至在 2010 年之前，锂离子电池组就已经达到了商业化的特定功率、功率密度和循环寿命的最低目标；然而，其日历寿命仍存在问题，并且它们未能达到 300mile（约 480km）续航里程所需的特定能量和能量密度，同时价格也太贵。然而，还是开发出了多种有限续航里程的电动汽车，包括 2011 年日产 Leaf EV，它采用了锂离子电池软包，通过 360V、24kW·h 的电池组来实现约 80mile（约 130km）的行驶里程。该电池组由 48 个模块组成，每个模块由 4 个单体以串并联方式排列。基于 295kg 的电池组质量，该电池组的比能量为 82W·h/kg。该电池组的一个创新点是采用了全密封电池包中的被动冷却系统，如图 26A.15 所示。电池组的成本和能量密度限制了电池组的大小和车辆的续航里程。

在基于锂离子电池的 100mile（约 160km）续航里程电动汽车的同时，通用汽车率先提出了"扩展续航里程或增程式电动汽车"（Extended Range EV）的概念，作为电动汽车商业化的快捷策略[39-40]。这种车型也被称为插电式混合动力汽车（PHEV），它能够通过更小、更便宜的电池组实现全车的续航里程，即使电动汽车电池技术未能达到长期目标，也能制造

图 26A.15　日产 Leaf EV 锂离子电池组（由日产公司提供）

出实用的汽车。PHEV 的性能目标（参见表 26A.2）与纯电动汽车（BEV）相似，但对特定能量、能量密度和特定成本（美元/kW·h）的要求放宽了两倍，这几乎可以通过当前技术来实现。

正如通用汽车在 2011 年所介绍的，雪佛兰（Chevy）Volt 插电式混合动力汽车（PHEV）提供了约 40mile（160km）的纯电动续航里程，并利用车载内燃机（ICE）发电机实现了约 400mile（640km）的扩展续航里程。它采用了 LG Chem 公司提供的大型 T 形电池包中的锂离子电池软包技术，如图 26A.16 所示。该电池包呈 T 形，让人联想到通用汽车的 EV1，并且有利于车辆操控。然而，对于缺乏对称性的电池包设计，PHEV 电池的强制空气热管理可能比电动汽车（EV）电池更具挑战性。在 Volt 中采用了液体冷却，以保持其大型电池包处于推荐的工作温度范围内，并使电池单体保持在均匀的温度下[41-42]。

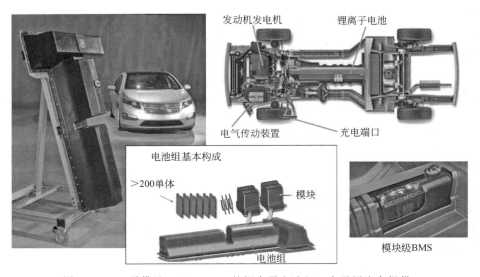

图 26A.16　雪佛兰 Volt PHEV 的锂离子电池组（由通用汽车提供）

2016 款第二代雪佛兰 Volt 电池组[43] 采用了 192 个锂离子电池软包，配置为 96 组串联、每组 2 个并联，总能量为 18.4kW·h，电压为 360V。单个电池提供 26A·h 的额定容量，额定电压为 3.75V。电池组总质量为 183kg，质量比能量为 101W·h/kg，体积比能量为 119W·h/L。电池组功率为 120kW，相当于质量比功率为 600W/kg。电池组采用液体冷却，冷却片之间有流道。这款电池组基本上达到了美国先进电池联盟（USABC）为 E-REV 50 扩展续航里程电动汽车所设定的、表 26A.2 中给出的性能目标（PHEV，续航里程为 50mile 即约 80km），只是质量和大小比目标分别高了 30% 和 50%。

2017 年，通用汽车（GM）推出了雪佛兰 Bolt，这是一款价格实惠的纯电动汽车（BEV），续航里程超过 200mile（约 320km）。Bolt 电池组[44] 采用了 288 个锂离子电池软包，以 96 组串联、每组 3 个并联的方式配置，提供 60kW·h 的能量，电压为 350V。这款电池组的特点是其扁平的外形，横跨车辆整个底板，从前往后延伸，如图 26A.17 所示。这为车辆提供了低重心，从而优化了车辆操控性。与 Volt 一样，Bolt 电池组也采用液体冷却。电池组的质量和体积分别为 436kg 和 298L，质量比能量为 138W·h/kg，体积比能量为 211W·h/L。电池组推进时可以产生 160kW 的功率，分别产生至少 367W/kg 和 537W/L 的质量比功率和体积比功率[36,44]。

图 26A.17　雪佛兰 Bolt EV 电池组及其与车辆的集成

图片来源：通用汽车公司

与美国先进电池联盟（USABC）为电动汽车电池所设定的性能目标相比，通用汽车（GM）在电池能量密度方面尽管存在显著不足，但该公司仍然实现了出色的车辆性能。此外，在成本目标方面，还取得了非常显著和实质性的进展，尽管历来这是电动汽车商业化的最大障碍[10]。

26A.3　混合动力汽车

26A.3.1　启停式混合动力汽车

启停式混合动力汽车（stop-start HEV，也称为微型混合动力汽车）通过在滑行、制动和停车期间关闭内燃机（ICE）而不是让其怠速运转，使车辆效率提高 5%～10%[14-17]。当发动机关闭时，启停电池为车辆的电气系统供电，包括灯光、音响系统、HVAC 风扇和车窗除霜器等附件。发动机重新启动以提供加速动力并在行驶过程中保持速度。启停车辆（SSV）系统的设计旨在实现发动机的无缝开/关过渡，从而在走走停停的城市驾驶中提供最大的好处。

对于启停车辆（SSV）的最简单方法是使用 14V 电气系统（交流发电机电压）和增强的 12V 铅酸电池。与传统的启动、照明和点火（SLI）操作类似，只要发动机在运行，电池就会充电，因此会保持高荷电状态（SOC）。尽管这限制了接受再生制动能量的机会，但避免了在部分荷电状态操作中铅酸电池过早发生硫化失效（参见第 14 章）。

USABC 为 12V 启停车辆应用设定的先进电池目标如表 26A.5 所示（于 2015 年发布）[23]。从表面上看，启停式混合动力汽车的功率和能量要求与传统的 SLI 应用相比，并不更具挑战性。质量比功率和质量比能量的要求分别为 600W/kg 和 25W·h/kg，可以通过铅酸电池技术实现。对于锂离子电池而言，在−30℃下提供 6kW 功率实现冷启动是比较困难的要求。

表 26A.5　USABC 为 12V 启停车辆设定的先进电池目标

寿命终止时的性能特征	单位	目标	
		发动机舱内	发动机舱外
放电脉冲(1s)	kW	6	
最大放电电流(0.5s)	A	900	
−30℃下冷启动功率(3 个 4.5s 脉冲，每次脉冲之间以最小 SOC 静置 10s)	kW	6kW 持续 0.5s，之后 4kW 持续 4s	

寿命终止时的性能特征	单位	目标	
		发动机舱内	发动机舱外
冷启动最小电压	V	8	
可用能量(750W 辅助负载功率)	W·h	360	
峰值充电速率(10s)	kW	2.2	
持续充电速率	W	750	
循环寿命(每 10% 循环寿命在最小 SOC 时冷启动)	mile(发动机启动里程)	450000/150000	
日历寿命(机舱内测试温度为 30℃ 或 45℃)	年	15(45℃)	15(30℃)
最小能量往返效率	%	95	
最大允许自放电速率	W·h/d	2	
工作电压峰值(10s)	V	15	
最大持续工作电压	V	14.6	
自启动时最小工作电压	V	10.5	
可用能量允许 6kW(1s 脉冲)时工作温度范围	℃	−30~75	−30~52
30~52℃	W·h	360(至 75℃)	360
0℃	W·h	180	
−10℃	W·h	108	
−20℃	W·h	54	
−30℃	W·h	36	
安全温度范围(24h)	℃	−46~100	−46~66
最大系统质量	kg	10	
最大系统体积	L	7	
最高系统生产价格(按照每年 25 万单位计算)	美元	220	180

注：表中 SOC 表示荷电状态。

在系统层面，与其他混合动力汽车型相比，启停式混合动力汽车的控制电子元件更简单。此外，由于功率负荷周期较小，可以利用被动热管理。然而，对于铅酸电池来说，数百万次的循环寿命和按照兆瓦时（MW·h）计的总能量输出要求使得这一应用变得非常困难。在运营期间，多次启动发动机需要 4~5 年内进行超过 10 万次的浅循环。据估计，在怠速期间的操作平均值为 1~5W·h；在有空调的情况下，高达 50W·h。因此，总能量输出的要求约为几兆瓦时。

鉴于传统的富液式铅酸 SLI 电池在浅放电循环中只能提供约 150 倍于额定容量的累积安时（A·h）数，因此在这种更具挑战性的应用中，它们不太可能提供 10000mile（约 16000km）的运行距离。在这些 SSV 应用中，已经应用了增强型富液式铅酸电池和 VRLA 电池，使其性能得到了数倍的提升。然而，USABC 设定的 45 万次启动和 15 年运行寿命的目标似乎超出了铅酸电池技术的能力范围。可能还需要使用更先进的电池，因为难以在基于单位功率成本的基础上满足约 30 美元/kW 的全系统成本目标（单位能量成本约为 600 美元/kW·h）。

还开发了使用 42V 电气系统的微型混合动力汽车（蓄电池充电电压 42V，额定电压 36V）。2003 年，USABC 给出了 42V 启停电池的目标性能（这些目标自此以后已被归档和存入数据库）。人们曾间歇性地尝试将传统汽车电气系统过渡到使用 36V 电池。由于系统的复杂性和所涉及的成本，这些尝试都失败了；类似的 42V 启停车辆同样目前没有支持者。研发工作已经过渡到 48V 轻型混合动力汽车，这种汽车具有启停功能以及再生和电机辅助功能（参见本章 26A.3.4 节）。

26A.3.2　HEV 应用：助力式混合动力汽车

在助力式混合动力汽车（power-assist HEV，或称为助力式 HEV）中，车辆的额外牵引力由车载电动动力系统提供。这种电机辅助是通过使用电池能量来为混合动力汽车的电动机供电实现的，使其能够为驱动轴提供动力。目前正在开发许多不同的混合动力汽车设计，它们集成到现有机械传动系统中的方式各不相同，例如通过简单的离合器或更复杂的功率分配装置。各动力系统可提供的电机辅助功率范围跨度较大。在低功率范围内，轻型混合动力汽车提供电机辅助，但不提供纯电动启动或全电动推进。更强大的助力式混合动力汽车则具备电动启动和发动机关闭的电动驱动功能。这些具有高功率电动驱动功能的混合动力汽车，被称为全混合动力汽车或重型混合动力汽车。由于它们具有电动驱动模式，因此也被称为双模式混合动力汽车（dual-mode hybrids）。所有助力式混合动力汽车，无论是轻型混合动力汽车还是重型混合动力汽车，都使用再生制动技术。

表 26A.6 总结了 Freedom CAR/USABC 关于助力式混合动力汽车的电池性能目标[24]。HEV 电池的最重要指标是功率，包括加速时的脉冲放电功率和再生制动时的脉冲充电功率。放电功率和再生制动充电功率也必须处于电机的电力电子器件的工作电压允许范围内。因此，放电时的最小电压不得低于充电时最大电压的 55%。放电和再生脉冲功率性能规定为 10s 的脉冲。"自由车"（Freedom CAR）规定了两个典型情况的目标：最小功率助力式（minimum power-assist）HEV 目标是放电 25kW，再生充电功率 20kW；最大功率助力式（maximum power-assist）HEV 目标是放电 40kW，再生充电功率 35kW。最小和最大功率助力式 HEV 的电池系统的质量目标分别是 40kg 和 60kg，体积目标分别是 32L 和 45L。因此，表示电池组系统级别要求的质量比功率应超过 600W/kg，体积比功率应超过大约 800W/L。

表 26A.6　FreedomCAR/USABC 关于助力式混合动力汽车的电池性能目标

寿命终止时的性能特征	条件	单位	助力最低目标	助力最高目标
脉冲放电功率	10s 脉冲	kW	25	40
脉冲充电功率峰值	10s 脉冲	kW	20	35
低温启动功率	−30℃下 3 个 2s 脉冲	kW	5	7
总可用能量	在满足功率需求的所有 DOD（放电深度）下，1C 倍率放电	kW·h	0.3	0.5
能量往返效率	最低目标:25W·h 循环 最高目标:50W·h 循环	%	90	90
HEV 循环寿命	最低目标:25W·h 循环 最高目标:50W·h 循环	次数	300000	300000
HEV 循环放电总能量		MW·h	7.5	15
日历寿命		年	15	15
最大质量		kg	40	60
最大体积		L	32	45
工作电压范围		V	<400(最高) >0.55(最低)	<400(最高) >0.55(最低)
自放电最大允许速率		W·h/d	50	50
工作温度范围	设备运行	℃	−30～52	−30～52
储存温度范围	设备储存	℃	−46～66	−46～66
系统售价(按照 10 万产量计算)		美元	500	800

助力式混合动力汽车应用的能量目标是指在 SOC 范围内可用的总能量，在该范围内，电池系统将提供指定的脉冲放电功率和脉冲再生充电功率。这种有效能量也称为可用能量，是指从满足再生功率目标的最高 SOC 到满足放电功率目标的最低 SOC，在 C 倍率放电下可以提供的能量，如图 26A.18 所示。功率和再生性能是通过混合脉冲功率特性（HPPC）测试确定的。该测试使用持续时间为 10s，在 C 倍率放电中以 10% 放电深度增量进行恒定电流脉冲。有效能量是指与荷电状态（SOC）区域相对应的放电能量，在该区域中同时满足放电功率和再生功率目标。

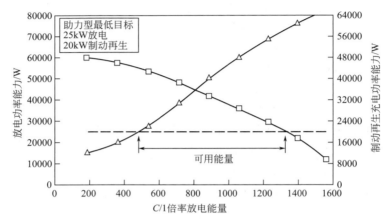

图 26A.18　可用能量示意：脉冲放电功率和制动再生功率与 SOC 关系（USABC 提供）

能量往返效率 90% 的目标是基于一系列简单的放电和充电脉冲试验，最大功率助力式 HEV 在峰值 24kW 脉冲放电，在峰值 21kW 脉冲充电。图 26A.19 展示了最大功率助力式 HEV 的能源效率测试工况曲线。试验数据表明，每次循环放电能量为 50W·h。最小功率助力式 HEV 有相似但功率更低的性能曲线，每次循环放电能量为 25W·h。

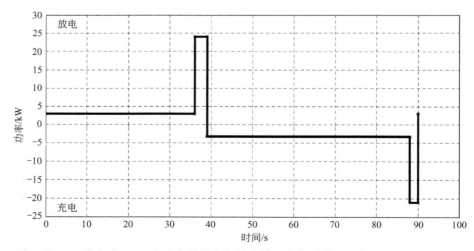

图 26A.19　助力式 HEV 电池能量效率与基准循环寿命测试工况曲线（USABC 提供）

25W·h 和 50W·h 的能源效率循环也分别用于最小和最大功率助力式 HEV 的循环寿命测试。最大和最小功率助力式 HEV 的电池组系统必须能够提供 30 万次 HEV 循环，分别相当于 7.5MW·h 和 15MW·h。这些目标旨在确保电池能够持续维持一辆汽车的使用寿命即 15 年，或 15 万英里（约 24 万千米）。由于能量输出和时间对某些故障模式的影响不同，因此单独设定了 15 年的日历寿命目标。对于混合动力汽车，FreedomCAR/USABC 寿命目标的关键在于：终止寿命被定义为不能满足功率或能量性能目标时的寿命。因此，为了满足 USABC 的寿命目标，HEV 电池需要设计有额外的功率和能量以提供缓冲，从而确保在寿命结束时仍能满足性能目标。这一点在图 26A.20 中得到了说明。图中"BOL"表示起始状态；"EOL"表示寿命终止状态；"EBOL"表示电池批次寿命结束状态。

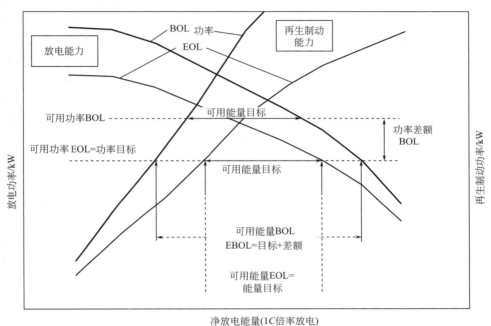

图 26A.20 电池系统在整个寿命期间可用能量和功率差额

26A.3.3 HEV 应用：重型混合动力汽车

重型混合动力汽车（也称重型 HEV）是助力式混合动力汽车（power-assist HEV，或称助力式 HEV）的一种，它们不仅能够提供电助力，还能够实现全电动推进，也包括电启动。其电动驱动系统的扭矩和功率能力与内燃机相当。为了在实用中维持电池的持续供电能力，可在 200V 以上的电压下提供 25～50kW 的功率能力。这种车辆需要 1000W/kg 以上的超高质量比功率电池，既能够接受再生制动能的高功率脉冲充电，又能够高功率脉冲放电。"自由车"（Freedom CAR）对助力式 HEV 的目标主要是针对重型混合动力汽车，尤其是针对最大功率的助力式混合动力汽车。

重型混合 HEV 利用内燃机（ICE）的石化燃料作为能源，但是通过使用电池组使 ICE 最大化地在最佳燃油效率状态工作，提高了车辆的工作效率，同时减少了有毒污染物排放。因此在城市行驶时，重型混合 HEV（或全混合动力汽车）将燃油效率提高了 50% 以上，而且大大降低了污染。这种技术和工程的成功范例是丰田普锐斯（Toyota Prius）和福特 Fusion 混合动力汽车。

26A.3.4　HEV 应用：轻型混合动力汽车

轻型混合动力汽车（或称轻型 HEV）是助力式混合动力汽车中的一种，其功率较低，具有电助力功能，但不具备全电动推进能力。这种设计方法解决了全混合动力汽车的成本挑战，并提供了一种替代性的低成本设计，同时仍具有显著的燃油经济性和减排优势。其电动驱动系统的扭矩和功率能力远低于内燃机；可在较低的电压下提供 10～20kW 的功率能力，该电压可能仍超过 100V，但一些轻型混合动力系统甚至使用 42V 系统。这种车辆仍然需要非常高的质量比功率电池，接近或超过 1000W/kg；但使用的电池容量更小，从而降低了系统成本。商业化生产的轻型混合动力汽车的实例包括本田思域（Civic）混合动力汽车，它使用了一个 144V 的 Ni-MH 电池组，功率能力为 10kW。此外，土星 VUE 混合动力汽车（Saturn VUE HEV，现已停产）使用了一个 42V 的 Ni-MH 电池组，功率能力低于 10kW。

轻型混合动力汽车的电池组涵盖了广泛的功率范围，从与表 26A.6 中给出的、与最小功率助力混合动力汽车相似的中等功率性能，到可满足启停式混合动力汽车的功率性能，同时还具有再生能力。最近有一种趋势是为轻型混合动力汽车提供标称电压为 48V 的电池组，最大限度地减少了电压高于 50V 时产生的电击风险（需要特殊安全措施）。

表 26A.7 总结了美国先进电池联盟（USABC）为轻型混合动力应用的 48V 系统设定的性能目标[25]。对于 10s 的峰值脉冲放电功率需求为 9kW，高于 12V 启停应用的需求，并且持续时间更长，以提供电助力能力。48V 轻型混合动力应用对于 5s 的再生脉冲功率峰值为 11kW，以利用显著的再生制动能量。虽然可用于循环的能量仅为 105W·h，但总可用能量需求为 313W·h，以便为高达 5min 的 5kW 配件负载提供能量。HEV 要求 7.5 万次持续的 48V 循环，每次循环包括 6 个停止-启动充放电循环，因此实际循环寿命要求是 45 万次充放电循环。

表 26A.7　48V 轻型 HEV 电池的 USABC 目标

寿命终止时的性能特征	单位	目标
脉冲放电功率峰值(10s)	kW	9
脉冲放电功率峰值(1s)	kW	11
再生脉冲功率峰值(5s)	kW	11
循环可用能量①	W·h	105
最小能量往返效率	%	95
−30℃下冷启动功率(3 个 4.5s 脉冲,每次脉冲中间间隔 10s 以保持最小 SOC)	kW	6kW 持续 0.5s,之后 4kW 持续 4s
配件负载功率(持续 2.5min)①	kW	5
持续充电 48V HEV 循环寿命②	循环次数/MW·h	75000/21
日历寿命(30℃)	年	15
最大系统质量	kg	<8
最大系统体积	L	<8
最高工作电压	V	52
最低工作电压	V	38
冷启动期间的最小电压	V	26
最高自放电速率	W·h/d	1

寿命终止时的性能特征	单位	目标
在最小和最大的荷电状态(SOC)和电压下,无辅助操作温度范围(提供足够的功率,以允许5s的充电和1s的放电脉冲):	℃	−30～52
30～52℃	kW	11
0℃	kW	5.5
−10℃	kW	3.3
−20℃	kW	1.7
−30℃	kW	1.1
安全温度范围	℃	−46～66
最大系统生产价格(按照每年25万单位计算)	美元	275

① 总可用能量包括循环能量和配件负载能量。在这个例子中,总可用能量被设定为313W·h。

② 每个单独的循环包括6个停止-启动过程。在整个测试期间,总共有45万次类似过程。

26A.3.5 HEV 电池性能需求比较

在表26A.8中,将基于表26A.5～表26A.7中美国先进电池联盟(USABC)的目标所推导出的混合动力汽车(HEV)电池特定性能目标与表26A.1和表26A.2中插电式电动汽车(PEV)电池的特定性能目标进行了比较。按照电动化程度递增的顺序,为混合动力汽车和电动汽车(EV)应用列出了特定的性能标准,包括比能量、比功率、功率与能量比(单位为W/W·h=1/h),以及能量成本(美元/kW·h)、功率成本(美元/W)。启停式、轻型和助力式混合动力汽车的比能量目标都适中,处于铅酸电池的能力范围内。插电式混合动力汽车的比能量要求更具挑战性,但可以通过锂离子电池来满足。大多数混合动力汽车电池所需的功率能力约为600W/kg,这完全在高功率Ni-MH和锂离子电池的能力范围内。高能量的插电式混合动力汽车(PHEV)和电动汽车(EV)应用需要相对较小的功率。已经开发了高功率Ni-MH和锂离子电池,这些电池可以轻松满足这些功率目标。

表 26A.8　HEV 和 EV 性能目标对比

项目	质量比能量/(W·h/kg)	质量比功率/(W/kg)	功率与能量比	能量成本/(美元/kW·h)	功率成本/(美元/kW)
12V 启停式 HEV(发动机舱内)	36	600	17	611	37
12V 启停式 HEV(发动机舱外)	36	600	17	500	30
48V HEV	39	1125	29	879	31
最小功率助力式 HEV	8	625	83	1667	20
最大功率助力式 HEV	8	667	80	1600	20
插电式混合动力汽车(PHEV-20)	87	529	6	361	59
插电式混合动力汽车(PHEV-40)	99	317	3	286	89
插电式混合动力汽车(PHEV-50)	99	667	7	287	43
电动汽车(EV)	235	470	2	125	63

混合动力汽车(HEV)和电动汽车(EV)应用之间的电池性能要求的主要区别在于功率与能量比。混合动力汽车需要高功率,但对能量的需求相对适中,插电式混合动力汽车

（PHEV）除外。因此，它们的比能量要求较低。电动汽车和插电式混合动力汽车需要高能量，导致电池体积更大。虽然功率要求也较高，但对于这些较大的电池，比功率要求较低。因此，对于混合动力汽车应用（插电式混合动力汽车除外，其要求更接近电动汽车），功率与能量比要高出一个数量级以上。

电池可以设计为具有高功率或高能量。高能量设计的特点通常是电极数量较少且较厚，活性材料的比例较高。而高功率电池则倾向于具有较多的较薄电极，并牺牲活性材料比例来使用更多的导电添加剂。例如，在比较混合动力汽车和电动汽车应用的 Ni-MH 电池时，高能量 Ni-MH 电动汽车电池的比能量已经达到 80W·h/kg，比功率约为 200W/kg。而高功率 Ni-MH 混合动力汽车电池的比功率已达到 1300W/kg。然而，这是通过设计权衡实现的，导致混合动力汽车电池的比能量降低到 45W·h/kg。

混合动力汽车和电动汽车应用的成本要求和标准是不同的。电动汽车电池的成本目标是 125 美元/kW·h。而在混合动力汽车电池中，单位功率的成本是关键。对于助力式混合动力汽车，成本目标是 20 美元/kW。以单位能量成本为基础，助力式混合动力汽车的成本目标约为 1600 美元/kW·h，比电动汽车电池的目标高一个数量级。即使考虑到高功率混合动力汽车设计的更高成本，这个成本目标也更容易实现。一种简化的看法是：混合动力汽车电池在提供功率的成本方面与发动机竞争更显优势，而电动汽车（EV）电池在提供能量的成本方面与油箱竞争则更为困难。

26A.3.6 混合动力汽车电池

对于混合动力汽车（HEV），在 1970~1990 年期间，许多 HEV 开发项目最初都使用了铅酸电池。对于助力式 HEV 应用，无论是轻型混合动力还是重型混合动力，铅酸电池都没有足够的耐用性。这是由于铅酸电池在半荷电状态工作时会因硫酸盐化提前而失效。如果保持铅酸电池处于完全充电状态，可以获得较长的使用寿命，但在使用再生制动的 HEV 应用中，这是不可行的。助力式 HEV 电池必须在中间充电状态下运行，以提供接受再生制动充电电流的能力。

对于微混型启停车辆（SSV）应用，铅酸电池仍然是首选电池，因其可以最低的成本执行必要的功能。然而，这种应用比传统内燃机（ICE）车辆中的 SLI 操作需要更多的发动机启动和更深的放电操作，需要更强大的电池，因此需要使用增强型富液式电池或 VRLA 电池等高端铅酸电池技术。即使如此，其使用寿命也仅限于几年。美国先进电池联盟（US-ABC）提出的使用寿命目标是在 15 年［行驶里程 15 万英里（约 24 万千米）］，这需要先进的技术和/或涉及铅酸电池与锂离子电池或超级电容器的混合动力系统。

此外，微型混合动力车开发者们正在探索如何在仍然使用相对廉价的铅酸电池技术的同时，接受再生制动能量。有关电池公司也正在开发能够在部分 SOC（荷电状态）下提高耐久性的铅酸电池，并通过使用碳添加剂来实现[45]。特别值得一提的是，由澳大利亚联邦科学与工业研究组织（CSIRO）开发的超级电池（Ultrabattery）。它在阳极中利用超级电容器碳材料，使其能够在部分荷电状态下运行[46]。East Penn 公司最近开发了生产设施，提供这种电池，显示出了对启停式 HEV 应用的潜力（详情参见第 14 章）。

从 20 世纪 90 年代开始，众多电池公司，包括 ECD Ovonics、PEVE、Sanyo、Varta 和 Saft 等，都开发了 HEV 应用的高功率 Ni-MH 电池。高功率 Ni-MH 电池首次商业应用是 1997 年的丰田普锐斯原型车。其高比功率和高再生能力使普锐斯在助力式 HEV 操作中实现了出色的燃油经济性，还能够在中间荷电状态下运行，并提供数十万次的浅充浅放循环，荷电状态（SOC）波动为 1%～2%。这使得电池组能够在适当的控制策略下运行 10 年或 10 万英里（约 16 万千米），因而促成了 HEV 在新世纪之交的商业化。

HEV 用 Ni-MH 电池最初来源于大批量生产的消费品市场高功率 Ni-MH 电池[47]。这种电池通常采用圆柱形卷绕结构，长薄电极通过端面焊连接到圆环形镍集流体上，可以提供高比功率。松下的圆柱形 Ni-MH 电池为第一代丰田普锐斯（Prius）提供动力。这种电池也用在了 1991 年本田 Insight（采用风冷电池组）。这个电池组包括 20 个电池模块（6 个单体电池串联），仅有不到 1kW·h 的能量，但可提供 10kW 的功率，使 Insight 获得了出色的燃油经济性。在模块级别，实现了 600W/kg 的比功率，接近 USABC 轻型 HEV 的目标。

随后 PEVE 开发了方形高功率 Ni-MH 电池，2001 年首次应用在丰田销往北美地区的 Prius 上[48-50]。其电池模块由 6 只 6.5A·h 的单体电池串联而成，不同的是单体电池采用了方形设计。如图 26A.21 所示，模块中的单体并排放置在一个长而薄的外壳中，使得单体具有大的冷却表面。PEVE 方形 Ni-MH 电池模块采用薄电极、薄隔膜，集流端设计在电极长边上，质量比功率提升至 1000W/kg。2003 年，通过提高单体电池间的电连接，PEVE 电池模块的质量比功率达到了 1300W/kg[50]。这些设计对功率的改善是以牺牲更"温和"的比能量为代价的。在模块级别上，其质量比能量为 45W·h/kg。相比之下，电动汽车（EV）电池的质量比能量约为 80W·h/kg。然而，其比能量仍然比助力式 HEV 所需的 8W·h/kg 大幅度提高了。HEV 循环寿命测试证实了其能力远超 30 万次循环的要求。

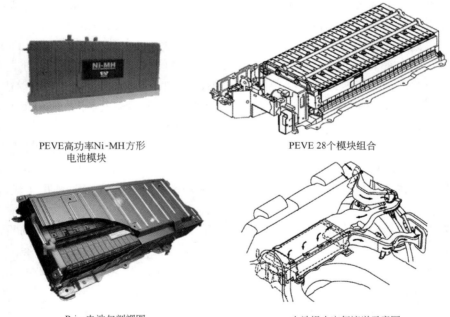

PEVE高功率Ni-MH方形　　　　　　　　　　PEVE 28个模块组合
电池模块

Prius电池包剖视图　　　　　　　　　　电池组内空气流道示意图

图 26A.21　PEVE 2003 年方形 Ni-MH 电池模块和 2004 年 Prius 电池组
（松下 EV Energy 提供）

在 2003 年丰田 Prius 混合动力车（HEV）的电池包系统中，PEVE 方形电池模块的包装方式如图 26A.21 所示。这些方形电池模块通过互锁式塑料定位结构（包含环形凸点与导流肋条）进行堆叠组装，该设计不仅将电池紧固，还为其留出空间，以便冷却空气能够顺畅流动。剖视图显示模块堆叠在一个钢制外壳内，该外壳设有上、下两个气室，用于引导空气在模块之间流动。与普锐斯之前使用的圆柱形电池组相比,这种设计提供了更均匀的冷却效果。与之前 Prius 采用的圆柱形电池组相比,方形排列冷却一致性更好,因为圆柱形电池组采用串联式风道设计,依次冷却每一个电池;而方形结构采用并联式风道设计,电池同时被冷却。

2003 年款普锐斯采用了由 28 个 Ni-MH 电池模块组成的电池组,每个模块提供 $6.5A \cdot h$ 的电流和 7.2V 的电压,每个模块质量为 1.04kg。整个集成电池组质量为 38kg,体积约为 40L。在电池组级别,峰值功率为 39kW,总能量为 $1.3kW \cdot h$,质量比功率为 1026W/kg,质量比能量为 $34W \cdot h/kg$。该 Ni-MH 电池组经证明,其循环寿命超过 50 万次,满足了美国先进电池联盟(USABC)对助力式 HEV 的所有性能要求(参见表 26A.6)。PEVE Ni-MH HEV 电池的进一步改进使得电池组更小、更轻,且在过去二十年的普锐斯混合动力车型中表现出卓越的可靠性和耐用性。至今,仍为丰田普锐斯混合动力车系列提供动力的 Ni-MH 电池仍沿用这一基本设计。

在 2012~2013 年期间,包括本田、福特和通用汽车在内的几家主要汽车公司将其混合动力车(HEV)的电池组技术从 Ni-MH 过渡到了锂离子电池[51]。推动这一变革的原因包括锂离子电池在功率密度、能效和耐用性方面的优势。尽管锂离子电池的控制系统更为复杂,增加了体积、重量和成本,以及存在安全隐患,但高能量密度的锂离子电池显然是电动汽车(EV)和插电式混合动力车(PHEV)的首选技术。目前的汽车公司对这项技术更有信心,同时也看到了随时间推移成本降低的潜力。此外,Ni-MH 电池供应商也在很大程度上进行了整合,最大的供应商 PEVE(2010 年更名为 Primearth EV Energy)收购了第二大供应商三洋(Sanyo)的 Ni-MH HEV 电池业务。丰田持有 Primearth 的控股权,并对其进行了大量投资以建立强大的生产能力,因此它仍在使用 Ni-MH 电池技术(详见第 15 章)。

2008 年,梅赛德斯-奔驰(Mercedes Benz,简称奔驰)率先使用锂离子电池进行混合动力车的批量生产,推出了 S 级豪华轿车 S400 轻型混合动力车型[52]。这款电池组由 Johnson Controls-Saft(JCS,合资公司)提供,包含 35 个高性能圆柱形锂离子电池,每个电池的容量为 $6.5A \cdot h$,额定电压为 3.6V。126V 的电池组能够提供 19kW 的功率,相当于电池组级别的质量比功率约为 750W/kg。奔驰公司利用 JCS 锂离子电池的高质量比功率和体积比功率,将其放置在发动机舱内,与铅酸启动、照明和点火(SLI)电池的位置相同。为了保持电池单元的温度在发动机舱内低于 50℃,电池组采用液冷,并在需要时利用车辆的 HVAC 系统冷却。

近年来进入市场的各种重型助力式 HEV 采用的均是锂离子电池。2016 年的雪佛兰迈锐宝(Chevrolet Malibu)HEV 就是其中之一[53]。这款 HEV 电池组[54] 如图 26A.22 所示,基于日立(Hitachi)公司的方形锂离子电池单体,电压为 3.7V,容量为 $5.2A \cdot h$,单体电池质量为 0.24kg。其比能量性能一般,为 $80W \cdot h/kg$;质量比功率较高,为 5000W/kg。电池组包含 80 个串联锂离子电池单体,分布在 8 个模块中,每个模块为 10 个单体。电池组的总能量为 $1.5kW \cdot h$,电压为 300V,可用能量为 $450W \cdot h$。电池组可以轻松提供动力传动系统所需的 52kW 放电功率,同时可以高效接受 65kW 的再生功率。空冷电池组质量为 43kg,质量比功率为 1200W/kg,基于可用能量的质量比能量为 $10W \cdot h/kg$。电池组被集成在后排座椅后面,采用发动机舱空气调节实现热管理。因此,这款电池组满足了 USABC 功率和能量的目标。由锂离子电池供电的 Malibu HEV 是一款高性能 HEV,其燃油经济性表现优异,市区行驶可达 49mile/gal(1mile=1.609km,1gal=3.78541L;全书同),高速公路行驶可达 43mile/gal。

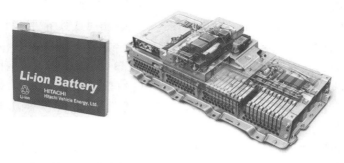

图 26A.22　2016 年雪佛兰迈锐宝锂离子电池单体和电池组（由通用汽车公司提供）

26A. 4　电池技术的未来趋势

锂离子电池技术是近年来美国电动汽车电池研发的主要投资方向，以挖掘这种高能量技术的潜力（参见本书 17A 部分）。通过提高能量密度和进一步降低材料成本，可以降低电池成本。一种有希望的方法是开发更高电压的正极材料。另一种方法是开发具有更高比容量的正极和负极。开发耐用且能量更高的硅基负极（参见第 17 章）特别具有发展前景。同时，也鼓励开发性能超过锂离子电池的其他电池技术。重点是提高能量密度，但需要同时满足包括功率和寿命在内的整套性能标准。锂-空气电池因其卓越的理论比能量而深受关注（参见本书 18C 部分）。然而，大量新的研究揭示了利用这种具有挑战性的燃料电池技术时所需要克服的问题，如双功能空气正极。锂硫电池在封闭系统简化方面显示出高能量密度和低成本的潜力（参见本书 17B 部分）。人们对固态锂电池的兴趣正浓，这种电池在能量密度和安全性方面具有显著优势，并且能够在更高温度下运行，可以使用更小、更便宜的热管理系统（参见本书 22C 部分）。

氢燃料电池长期以来一直被认为是终极高能电化学能量转换装置。氢是具有最高能量密度的电活性材料（能量密度超过汽油）。然而，氢的体积能量密度较低，且储氢问题也是一大挑战。氢燃料电池的吸引力在于能够快速添加燃料，可与传统燃油车相媲美。近几十年来，满足汽车推进力功率要求的 PEM 燃料电池的发展获得了实质性进展。然而，仍存在一些重大的技术和商业障碍，包括在实际驾驶条件下的耐用性、储氢系统的重量和尺寸，以及氢燃料的成本。铂基 PEM 燃料电池使用贵金属催化剂和昂贵的专用膜材料，这是一个严重的商业化障碍。燃料电池汽车还需要高功率电池来捕获并利用再生制动能量以及提供峰值加速度，因此，可以使用更小、更便宜的燃料电池堆。所以，现代燃料电池汽车称为燃料电池混合动力汽车（FCHEV）更为恰当。尽管商业化的时机似乎在 2020 年以后，但汽车行业对这一前景技术仍持乐观态度。对于长续航高功率汽车，比如长途半挂车，似乎没有其他可行的电动推进系统（参见第 19 章）。

用于 HEV 的高功率电池技术并未成为研发投资的重点。这是因为 Ni-MH 电池和锂离子电池技术均可满足 HEV 600W/kg 的比功率目标。Ni-MH 电池模块级的质量比功率可达 1500W/kg。各家电池公司，包括 LG Chem、SK Energy、Hitachi、AESC、松下、A123、三星、CATL 等，现在已经开发了超高功率 HEV 用锂离子电池，单体质量比功率范围在

2000～5000W/kg。然而，该电池尚未满足 HEV 的行业成本目标。混合动力汽车（HEV）电池之所以尺寸过大，是因为在混合动力汽车的加速和再生制动过程中（这些过程发生在数秒量级），电池无法完全放电和充电；而电池往往需要数小时或数分钟才能完成充放电。

超级电容器，也称为电化学电容器，是一种电化学电源，可以在数秒内完全充电或放电，可能在混合动力汽车（HEV）中具有应用前景（参见第 20 章）。这种电源已经由全球各地的多家公司开发，包括 Maxwell 和 Ioxus，并已在重型混合动力汽车应用中实现商业化。例如，在中国，它们已经为数百辆混合动力汽车提供动力，成为高功率电池储能的可行替代方案。

除了具有高功率性能，超级电容器在混合动力汽车（HEV）的循环寿命方面也具有优势，能够提供数十万次深度充放电循环。另一个显著的优势是其出色的低温性能，尤其是在一些设备中，在 -30℃的低温下，某些电容器的功率仅有小幅度降低。然而，超级电容器最大的缺点是比能量低，商品化超级电容器的比能量是 5W·h/kg，不能满足助力式 HEV 在汽车辅助应用过程中可用能量为 8W·h/kg 的特定能量要求。

不过，最近人们正在重新考虑这一目标。土星（Saturn）VUE 轻型混合 HEV 采用超级电容器，显示出了极佳的效果和应用前景[55]。建模研究也表明，实际 HEV 在行驶过程中仅需要 4W·h/kg 的质量比能量或更低。在不考虑运行附件所需能量的情况下，USABC 对重型助力式 HEV 提出的可用能量目标是 500W·h，这高于之前或某一标准下的 HEV 推进所需能量。因此，为了实现助力式 HEV 的高功率和低能量存储系统（LEESS），USABC 在目标中考虑采用低能量密度体系。LEESS 的目标能量降低至 165W·h，因而通过超级电容器可以很容易实现。

另一个有潜力的发展是将电池电极与电容器电极耦合起来的混合超级电容器。例如，锂离子电容器（LIC）是将锂负极与活性炭正极耦合，已经实现商业化并提供了卓越的功率。同时，其具有超过 10W·h/kg 的质量比能量，可以满足 USABC 助力式 HEV 的性能目标。在美国国家可再生能源实验室（NREL）最近的一项研究中，福特 Fusion 混合动力汽车的 Ni-MH 电池组被 JSR Micro 公司提供的 LIC 能量存储设备所取代，在 HEV 运行时获得了等效能量效率[56]。

参考文献

1. M. H. Westbrook, "The Electric and Hybrid Electric Car," Society of Automotive Engineers, Warrendale, Pennsylvania (2001).

2. C. C. Chan, "The State of the Art of Electric, Hybrid, and Fuel Cell Vehicles," *Proceedings of the IEEE* **95**:704–718 (2007).

3. I. Husain, "Electric and Hybrid Vehicles," CRC Press, Boca Raton, Florida (2003).

4. M. Ehasani, Y. Gao, S. Gay, and A. Emadi, "Modern Electric, Hybrid, and Fuel Cell Vehicles: Fundamentals, Theory, and Design," 2nd Edition, CRC Press, Boca Raton, Florida (2010).

5. J. Larminie and J. Lowry, "Electric Vehicle Technology Explained," 2nd edition, John Wiley, Hobroken, New Jersey (2012).

6. A. Emadi, "Advanced Electric Drive Vehicles," CRC Press, Boca Raton, Florida (2015).

7. M. Shnayerson, "The Car that Could: The Inside Story of GM's Revolutionary Electric Vehicle," Random House, New York, 1996.

8. "Who Killed the Electric Car," documentary film written and directed by Chris Paine, produced by Jessie Deeter, Sony Picture Classics (2006).

9. Argonne National Laboratory, Energy Systems, Light Duty Electric Drive Vehicles Monthly Sales Updates, https://www.anl.gov/es/light-duty-electric-drive-vehicles-monthly-sales-updates, accessed February 8, 2019.

10. M. Sanders, "The Rechargeable Battery Market and Main Trends 2016–2025," presented at The Battery Show, Novi, Michigan (2017).

11. John Voeker, "Hybrid Market Share Peaked in 2013—Down Since Then," Green Car Reports, http://www.greencarreports.com/news/1108483_hybrid-market-share-peaked-in-2013-down-since-then, accessed January 23, 2017.

12. E. Taubes, "Stop-Start Technology is Spreading (like it or not)," *New York Times*, April 7, 2017.

13. P. Savagian, "Driving the Volt," SAE Hybrid Vehicle Technology Conference, San Diego, California, February 2008.

14. M. Anderman, "The Challenge to Fulfill Electrical Power Requirements of Advanced Vehicles," *J. Power Sources* **127**:2–7 (2004).

15. O. Bitsche and G. Gutman, "Systems for Hybrid Cars," *J. Power Sources* **127**:8–15 (2004).

16. E. Karden, P. Shinn, P. Bostock, J. Cunningham, E. Schoultz, and D. Kok, "Requirements for Future Automotive Batteries—A Snapshot," *J. Power Sources* **144**:505–512 (2005).

17. E. Karden, S. Ploumen, B. Fricke, T. Miller, and K. Snyder, "Energy Storage Devices for Future Hybrid Electric Vehicles," *J. Power Sources* **168**:2–11 (2007).

18. D. H. Doughty and C. C. Craft, "FreedomCAR Electrical Energy Storage System Abuse Test Manual for Electric and Hybrid Vehicle Applications," Sandia National Laboratories, SAND 2005-3123, June 2005.

19. C. N. Ashtiani, "Battery Hazard Modes and Risk Mitigation Analysis," United States Advanced Battery Consortium Manual, August 2007.

20. USABC Energy Storage System Goals and Test Manuals, USABC web page, http://www.uscar.org/guest/teams/12/U-S-Advanced-Battery-Consortium-LLC, accessed February 8, 2019.

21. "Battery Test Manual for Electric Vehicles," Vehicle Technologies Program, U.S. Department of Energy, Idaho National Laboratory Report INL/EXT-15-34184, Rev 3, June 2015.

22. "Battery Test Manual for Plug-In Hybrid Electric Vehicles," Vehicle Technologies Program, U.S. Department of Energy, Idaho National Laboratory Report INL/EXT-14-32849, Rev 0, March 2017.

23. "Battery Test Manual for 12 Volt Start/Stop Vehicles," Vehicle Technologies Program, U.S. Department of Energy, Idaho National Laboratory Report INL/EXT-12-26503, Rev 1, May 2015.

24. "FreedomCAR Battery Test Manual for Power Assist Hybrid Electric Vehicles," Vehicle Technologies Program, U.S. Department of Energy, Idaho National Laboratory Report DOE/ID-11069, October 2003.

25. "Battery Test Manual for 48 Volt Mild Hybrid Electric Vehicles," Vehicle Technologies Program, U.S. Department of Energy, Idaho National Laboratory Report INL/EXT-15-36567, Rev 0, March 2017.

26. A. Smith, J. Burns, S. Trussler, and J. Dahn, "Precision Measurements of the Coulombic Efficiency of Lithium-Ion Batteries and of Electrode Materials for Lithium-Ion Batteries," *J. Electrochem. Soc.* **157**:A196–A202 (2010).

27. I. Bloom, B. Cole, J. Sohn, S. Jones, E. Polzin, V. Battaglia, and G. Henriksen, et al., "An Accelerated Calendar and Cycle Life Study of Li-Ion Cells," *J. Power Sources*, **101**:238–247 (2001).

28. J. Belt, D. Bernardi, and V. Utgikarb, "Development and Use of a Lithium-Metal Reference Electrode in Aging Studies of Lithium-Ion Batteries," *J. Electrochem. Soc.* **161**:A1116–A1126 (2014).

29. A. A. Frank, "Charge Depletion Control Method and Apparatus for Hybrid Powered Vehicles," U.S. Patent 5,842,534, December 1, 1998.

30. B. Johnston, T. McGoldrick, D. Funtson, H. Kwan, M. Alexander, F. Aliato, and N. Culaud, et al., University of California, Davis, PNGV FutureCar Technical Report, SP-1359 SAE, June 1997.

31. D. A. J. Rand, R. Woods, and R. M. Dell, "Batteries for Electric Vehicles," Society of Automotive Engineers, Warrendale, Pennsylvania (1998).

32. R. S. Stempel, S. R. Ovshinsky, P. R. Gifford, and D. A. Corrigan, "Nickel-Metal Hydride: Ready to Serve," *IEEE Spectrum* **35**:29 (1998).

33. R. Spotnitz, "Large Li Ion Battery Design Principles," Tutorial A, The 8th International Advanced Automotive Battery Conference, Tampa, Florida, May 2008.

34. M. S. Whittingham, "Lithium Batteries and Cathode Materials," *Chem. Rev.* **104**:4271 (2004).

35. G. Nazri and G. Pistoria, "Lithium Batteries: Science and Technology," Kluwer Academic Publishers, New York (2004).

36. M. Alamgir, "Lithium Has Transformed Vehicle Technology," *IEEE Electrification Magazine* **5**(1):43–52 (2017).

37. G. Berdichevsky, K. Kelty, J. B. Straubel, and E. Toomre, "The Tesla Roadster Battery System," Tesla Motors, December 2007.

38. T. Miyashita and Y. Tominga, "Development of High Energy Lithium-Ion Battery Pack for Pure EV Applications," Large Lithium-ion Battery Technology and Application Symposium, The 8th International Advanced Automotive Battery Conference, Tampa, Florida, May 2008.

39. K. Brooke, "Chevrolet Volt, Development Story of the Pioneering Electrified Vehicle," SAE International, Warrendale, Pennsylvania (2011).

40. E. Tate, M. Harpster, and P. Savagian, "The Electrification of the Automobile: From Conventional Hybrid, to Plug-In Hybrids, to Extended-Range Electric Vehicles," SAE Technical Paper No. 2008-01-0458, Society of Automotive Engineers, Warrendale, Pennsylvania (2008).

41. R. Parrish, K. Elankumaran, M. Gandhi, B. Nance, P. Meehan, D. Milburn, and S. Siddiqui, et al., "Voltec Battery Design and Manufacturing," SAE Technical Paper No. 2011-01-1360, Society of Automotive Engineers, Warrendale, Pennsylvania (2011).

42. R. Matthe, L. Turner, and H. Mettlach, "Voltec Battery System for Electric Vehicle with Extended Range," SAE Technical

Paper No. 2011-01-1373, Society of Automotive Engineers, Warrendale, Pennsylvania (2011).

43. 2016 Chevrolet Volt Battery System, https://media.gm.com/content/dam/Media/microsites/product/Volt_2016/doc/VOLT _BATTERY.pdf, accessed February 8, 2019.

44. Drive Unit and Battery at the Heart of the Chevrolet Bolt, http://media.chevrolet.com/media/us/en/chevrolet/news. detail.html/content/Pages/news/us/en/2016/Jan/naias/chevy/0111-bolt-du.html, accessed December 2017.

45. W. Buiel, "Axion Power's Asymmetric Ultracapacitor/Lead-Acid Technology Applied to High-Rate Partial State of Charge HEV Cycling," Large EC Capacitor Technology and Application Symposium, The 9th International Advanced Automotive Battery Conference, Long Beach, California, June 8, 2009.

46. A. Cooper, J. Furakawa, L. Lam, and M. Kellaway, "The UltraBattery—A New Battery Design for a New Beginning in Hybrid Electric Vehicle Energy Storage," *J. Power Sources* **188:**642–649 (2009).

47. A. Taniguchi, N. Fujioka, M. Ikoma, and A. Ohta, "Development of Nickel/Metal-Hydride Batteries for EVs and HEVs," *J. Power Sources* **100:**117–124 (2001).

48. B. G. Potter, T. Q. Duong, and I. Bloom, "Performance and Cycle Life Test Results of a PEVE First-Generation Prismatic Nickel/Metal Hydride Battery Pack," *J. Power Sources* **158:**760–764 (2006).

49. M. Zolot, A. A. Pesaran, and M. Mihalic, "Thermal Evaluation of Toyota Prius Battery Pack," SAE Technical Paper No. 2002-01-1962, Society of Automotive Engineers, Warrendale, Pennsylvania, 2002.

50. M. Ohnishi, K. Ito, S. Yuasa, N. Fujioka, T. Asahina, S. Hamada, and T. Eto, "Development of Prismatic Type Nickel/ Metal-Hydride Battery for HEV," The 3rd International Advanced Automotive Battery Conference, Nice, France, June 21, 2003.

51. K. Snyder, X. G. Yang, and T. J. Miller, "Hybrid Vehicle Battery Technology – The transition from NiMH to Li-Ion," SAE Technical Paper No. 2009-01-1385, Society of Automotive Engineers, Warrendale, Pennsylvania, 2009.

52. W. Wiedemann, O. Vollrath, N. Armstrong, J. Schenk, O. Bitsche, and A. Lamm, "Advanced Energy Storage Systems for Hybrids," The 9th International Advanced Automotive Battery Conference, Long Beach, California, June 2009.

53. 2016 Chevrolet Malibu Hybrid, http://media.chevrolet.com/media/us/en/chevrolet/vehicles/malibu-hybrid/2017.html, accessed February 10, 2019.

54. 2016 Chevrolet Malibu Hybrid Batteries, http://gmauthority.com/blog/2015/06/hitachi-talks-up-its-2016-chevrolet-malibu-hybrid-batteries/, accessed February 10, 2019.

55. J. Gonder, A. Pesaran, J. Lustbader, NREL; and H. Tataria, "Fuel Economy and Performance of Mild Hybrids with Ultra-capacitors: Simulations and Vehicle Test Results," Large EC Capacitor Technology and Application Symposium, The 9th International Advanced Automotive Battery Conference, Long Beach, California, June 2009.

56. J. Gonder, J. Cosgrove, and A. Pesaran, "Performance Evaluation of Lower-Energy Energy Storage Alternatives for Full-Hybrid Vehicles," NREL (National Renewable Energy Laboratory). NREL (National Renewable Energy Laboratory [NREL], Golden, CO [United States]); SAE2014 Hybrid and Electric Vehicle Technologies Symposium, La Jolla, California, February 2014.

26B　牵引和动力车辆

Ronald T. Moelker

26B.0　概述

近年来，工业动力车辆的设计有了很大变化。下文将列出典型的工业级电动车辆并进行简要描述，随后详细分析可用的电源组（电池），并分析根据所需工作周期及其设备利用率选择特定系统的理由。表 26B.1 列出了各种工业电动车辆的不同类型和用途。

表 26B.1　各种工业电动车辆的不同类型和用途

类型	描述	用途
类型 1:电动骑行式升降车辆	站立式骑行车辆	用于码头工作和货物码垛搬运
	三轮坐式骑行车辆	标准坐式货物搬运车,转弯半径大,适合狭窄区域
	四轮坐式骑行车辆	标准坐式货物搬运车,稳定性高,能承受重负载
类型 2:电动窄通道升降叉车	高提升跨度站立式叉车	设计用于狭窄空间,具有小转弯半径,使用负载跨度臂在前部支撑负载,而不是后部配重
	拣选车	站立式骑乘的货物拣选车,用于多层垂直货架的存取
	伸缩式叉车	短通道叉车,配备伸缩式货叉,转弯灵活,站立式骑乘
	侧面装载车、炮筒式叉车、摆动式叉车	用于储存和搬运特殊长度及形状货物的专用叉车
类型 3:电动手动控制或步行/骑行式托盘(货盘)搬运车	低提升平台/托盘搬运车	步行式托盘搬运车
	牵引车	电动牵引车
	低提升站驾式/中控式搬运车	操作者可以骑行在车辆上进行长距离移动的托盘搬运车,可以处理一个或两个托盘
	托盘跨度低提升或高提升(各种设计)	通常步行操作,能够将货物码垛在货架上的单托盘搬运车
自动导引车辆:无人驾驶	AGC(即自动导引小车)	非常小的全自动牵引或负重车辆
	AGV(即自动导引车)	大型负载无人驾驶车辆,是无人搬运车的主力
	自动导引叉车式 AGV	配备控制系统的标准平衡式叉车,使其完全无人驾驶
	轻负载 AGV	邮件收发室和医院的小型货物配送
	组装 AGV	产品通过无人装配线运输,用于代替装配拖拽线
航空	拖车和牵引车	在设施周围拖拽行李和其他物品的电动装置
	集装箱装载机	将集装箱装入飞机货舱的设备
	推力拖车与牵引车	为大型设备,用于在地面上操作无动力的飞机
	传送带装载机	为可操作的电动传送带单元,用于从飞机和建筑物中装载和卸载货物
地面清洁设备	地面擦洗机和扫地机	各种尺寸和类型的电力清洁设备(从步行式到骑行式)
人员运输车	人员运输车	在大型设施中用于运输人员、物资和设备的各种车辆,用于查看、拖运、拣选等任务。由于它们经常需要"随时待命",因此要求很高

类型	描述	用途
采矿车辆(零排放车辆,适用于有限或地下空间)	装载/运输卸料车	用于运输岩石的前置装载机(320V)
	移动卸料车	用于运输进出矿场的人员和材料的运输车(240V)
	铲斗车	采矿业典型的橡胶轮胎"叉车"(240V和128V)
	岩石钻机	特殊用途的硬岩钻探车,用于爆破、加固钢筋等(240~360V)
	煤炭运输车	主要是橡胶轮胎运输车,用于将物料从工作现场转移到外部传送带(240~360V)

26B.1 用于动力车辆的电池选择

随着电动车辆需求的增长,人们不断寻求更优质的电池/电源系统。交流电(AC)驱动的叉车以及每周7天、每天24小时工作的自动导引车(AGVs)的实际运行和吞吐量的提升,给动力电池技术带来了新的挑战。此外,可选的电池技术,如薄板纯铅酸(TPPL)电池、2V纯铅电池、燃料电池、锂电池和快充铅酸电池,为物料搬运行业带来了前所未有的新选择。无论是在仓储、制造、采矿,还是在航空地面操作中,用户现在都有多种选择,比传统的"运行和更换"电池系统更具优势。这些传统系统需要大型电池室、高昂的维护费用与电力费用,以及过高的劳动力成本。而新的选择可以在不必更换电池的情况下实现每周6天的工作时间,同时达到以下效果:

- 将所需的电源系统数量最多减少50%;
- 降低总电源系统成本;
- 减少与旧电池更换过程相关的劳动力,最多可减少80%;
- 减少空间需求,最多可减少80%;
- 降低30%的能源使用量。

使用这些新电源系统可以为下文描述的各种电池应用提供更高的操作效率和成本效益。

26B.1.1 应用I:可更换电池

多电池/车辆/充电器:传统的方法是一次只运行一个电池,直到电量耗尽,然后用另一个电池替换它,这需要一组存储设备和工作人员的支持。这个方法在物料搬运应用中不到50%,提供了80%的电池容量。表26B.2详细列出了替换操作的首选选项。

表 26B.2 需要替换电池的应用

类型1	类型2	类型3	AGC	AGV	AGV 货叉车	轻负载 AGV	组装 AGV	航空	地面清洁	人员运输车	采矿
优秀/很好	很好	良好	不建议	良好	良好	良好	不建议	良好	不建议	不建议	优秀

注:本表中从"优秀"到"不建议",表示不同车辆在不同应用中的适用性评级:"优秀"和"很好"表示最为合适;"良好"表示较为适合;"不建议"表示不适合。

然而,由于新型电池技术的发展,这种动力设备的传统充电技术得到了优化。例如,使用高输出电池(即比常规电池的比功率高18%~20%的铅酸电池)可以在有高吞吐量的仓库中大幅度减少电池空间,并有效节约劳动力。加上高效率的模块化充电器,电力成本可降低高达25%。此外,在电池更换室内使用完善的电池管理系统,显示屏会自动为操作员指示最需要充电/冷却的电池，从而提高劳动力效率。如 EZ-Select（一种自动化解决方案）这样的系统减少了人为判断，提高了升降机的生产效率，延长了电池的实际使用寿命，同时大大降低了维护成本。采用先进的方形管状电池技术的高输出电池，可以使每个放电周期的电池效率增加高达 35%，从而减少了电池数量、更换时间和存储空间。针对简单的操作，可能根本不需要第二组电池。如果需要更换电池，电池供应商能够提供经过验证的高容量（安时）电池，适合复杂的应用，如高层冷冻仓库、杂货仓库、"准时制"生产和其他高吞吐量操作。

26B.1.2 应用Ⅱ：不必更换/随时充电

一电一车一充：由于高化石燃料成本、高劳动成本和高吞吐量操作，人们已经逐渐放弃了旧的标准（更换）电池包（或电池组）的操作流程。由于设计和充电设备的限制，标准电池每天仅允许进行一次 80% 的充放电循环。汽车行业和其他使用 AGV 的行业已经促使人们重新评估电池需求和"循环/更换"操作模式。不需要离线充电或更换的电池系统，其性能将仅受限于制造商所规定的吞吐量。通过在休息时间使用先进的充电器进行充电或通过地面充电板充电，升降车、无人驾驶车辆和 AGV 在汽车工厂的大型操作中每年可能节省高达 100 万美元的成本。

通过使用高质量电池与高频率、高精度随时充电器（opportunity chargers）相结合，可以免除电池更换。这种随时充电器使用高充电电流和特殊的充电配置（例如，对于 100A·h 的电池，其充电倍率可以达到 0.25C，即 25% 的充电倍率），允许在午休、换班或其他休息时间插入电池，并运行两个完整的班次而不必更换。放置在工厂工作和休息区的高级"随用随充"充电器允许在 24 小时内使用 120% 的额定电池容量（按照 BCI 国际标准），使用寿命为 4~5 年。与更换电池系统相比，使用这种充电技术允许在同一天内从一块电池中获得高达 34% 的额外输出量。虽然每个应用都需要进行功耗研究，但信誉良好的供应商通常会保证产品符合预期的使用寿命和/或设备租赁期限条款。

这些研究通过测量电力需求峰值、空闲时间、温度曲线、休息时间和总运行时间，采用经过验证的电子表格程序可以获得合适尺寸的电池和充电器。用户可以看到准确的详细信息，并可以与电力系统供应商合作，以满足当前和未来的需求。虽然保修期或预期寿命可能会减少，但一个电池可以完成两个电池的工作，其总体效益使接近 50% 的北美动力用户采用了这样的方式，包括动力卡车、AGV、航空支持设备和采矿车辆。表 26B.3 详细说明了"不必更换/随时充电"电池系统的应用范围。

表 26B.3 "不必更换/随时充电"电池系统的应用范围

类型 1	类型 2	类型 3	AGC	AGV	AGV 货叉车	轻负载 AGV	组装 AGV	航空	地面清洁	人员运输车	采矿
很好	很好	很好	良好	优秀	优秀	良好	很好	很好	很好	良好	很好

注：本表表示不同车辆在不同应用中的适用性评级，"优秀"和"很好"表示最为适合；"良好"表示较为适合。

26B.1.3 应用Ⅲ：快速充电

"一电一车一充"：快速充电（FC）实际上只是随时充电的一种形式，但充电速率更高。这个概念规定了电池充电电流可以达到 50% 充电倍率/100A·h 或 0.5C。通常，在需要更换电池的应用中，1000A·h 电池以 160A（0.16C）充电；在空闲充电模式下（如 26B.1.2 节所述），电池以 250A（0.25C）充电；而在快充模式下，电池会以 500A（0.5C）充电，使得一辆卡车仅需配备一块电池即可连续工作三个班次而不必更换。同样，电池将在任何可能的停机时间进行充电。

然而，对于任何铅酸电池操作，每周必须有一天进行 12 小时的均衡充电。充电器必须使用可靠、完全合格的充电协议，并必须具有主动的电池温度管理功能。热量容易降低电池性能，这符合"对电池最糟糕的事情就是过热和过度充电"的说法。高充电速率需要使用高品质的充电器，其成本可能比普通更换模式充电器高三倍，而快速充电电池的成本也将高 30% 左右。然而，由于每辆车只需配备一块电池，并免除了更换电池所需的设备、时间和空间，这一概念的总体节省效益在电力研究电子表格的投资回报率（ROI）部分得到了证明。专为快速充电设计的优质电池应满足高充电速率的要求。

进行电力研究至关重要，以便根据车辆类型和操作环境，指定适当的电池和充电器，以满足产品寿命周期内所需的输出量。此外，由于电池随时间而容量下降，分析时必须进行补偿以保证预期寿命所需的工作周期。

总之，如果只需在操作中放置一块电池和一个充电器，它们就可以连续运行一周，这将大大简化操作。该系统免除了更换电池、电池室和大量劳动力的支持，同时大大减少了电池设备的数量。动力应用现在可以每周最多运行 6 天，每天 24 小时不间断。通过这种改进的操作模式实现的简化，一些用户已定制了自己的充电槽分配，并增加了额外的电动车辆，以实现每周 7 天的工作能力，同时与旧的更换过程相比还节省了大量资金。因此基于快速充电电动车辆的低成本，燃油叉车将处于极大的劣势。表 26B.4 详细列出了快速充电电池的应用。

表 26B.4　快速充电电池的应用

类型 1	类型 2	类型 3	AGC	AGV	AGV 货叉车	轻负载 AGV	组装 AGV	航空	地面清洁	人员运输车	采矿
很好	优秀	可行	很好	很好	优秀	可行	优秀	优秀	可行	可行	良好

注：本表反映了不同应用领域对快速充电电池的适用性。评价从"优秀"到"可行"，表示在这些领域中快速充电电池技术的实际应用和效果。

26B.1.4　各种操作模式的比较

图 26B.1 对比了上文中讨论的三种操作方案（即更换电池、随用随充和快速充电）。

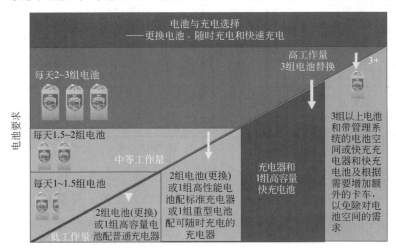

图 26B.1　各种动力应用和相关电池类型的比较

26B. 2　动力应用的新型电池技术

正如西奥多·罗斯福（Theodore Roosevelt）所说："在决定性的时刻，你能做的最好的事情就是做正确的事；你能做的最坏的事情就是什么也不做。"这一观点对当今的物料搬运领域也极具参考价值。如果不对物料搬运设备的动力供应做出新的决策，公司的运营将长期受到影响。然而，尽管目前铅酸电池在大多数应用中取得了重大进展，但时间、劳动力和设备数量的影响日益增加，要求物料搬运人员考虑其他选择。近年来，为动力应用的潜在使用而发展的相关新型电池技术选择如下：

① 薄板纯铅酸（TPPL）电池模块和 2V 纯铅酸电池技术（参见第 14 章）；

② 燃料电池技术（参见第 19 章）；

③ 锂电池技术（参见第 17 章）。

这些系统都可能在大多数应用中找到合适的应用场景。这三种系统还大大减少了充电时间，免除了电池的注水（watering）需求，将维护成本降低了高达 80%，并且无论使用何种类型的电动车辆，都只需要一辆车、一个电源和一个充电器。这些技术在动力应用中的情况将在下文进行介绍。

26B. 2. 1　薄板纯铅酸电池模块和 2V 纯铅酸电池

基于铅酸电池的 12V TPPL 电池模块或 2V 纯铅酸技术，可提供增强的性能。在随时充电或快充模式中，TPPL 在以下方面具有潜在优势：能量容量；载荷平衡（无问题）；成本；维护；处置。

TPPL 电池模块和最新的 2V 纯铅酸电池提供了所需的平衡载荷，并且与所有现有的车辆系统完全兼容。近乎纯的铅极板的可回收率高达 95%（远优于其他竞争系统，且对环境具有巨大益处）。由于能量增加和维护减少，与先进技术相比，单位能量的成本有所降低，如表 26B. 5 所示。

表 26B. 5　不同先进电池技术对比

电池类型	电池成本/（美元/kW·h）
铅酸电池（传统型）	255
TPPL 电池模块	380
燃料电池	190;2300（估计系统价格）
锂电池	700~1000

注：基于 2017 年产品报价的成本数据。

TPPL 电池模块已经存在了一段时间，由于其大功率优势、快速充电、几乎无待机损耗、免维护和常见的包装尺寸可用性，主要被军方使用。EnerSys/Hawker 公司于 2007 年将其投放市场，用于 AGV、人员运输车和地面清洁设备市场，它很快成为快速充电、不必更换、免维护、连续运行的车辆应用的首选电源。三级电动叉车是另一个重要市场。稍高的成本被更高的功率、零维护、不必更换以及 0.4C~1C 倍率（即仅需 1 个多小时即可充满）的充电能力所抵消。TPPL 电池模块配置是一种重要的铅酸电池技术，非常适合所有小型到中型车辆。对于大型车辆，可以使用更大的 2V 纯铅酸电池（充电倍率为 0.4C），配置为堆叠的 TPPL 电池模块（充电倍率为 $0.7C \sim 1C$），用于大多数物料搬运车辆。更大的工业用 2V 纯铅酸电池已经在欧洲得到全面应用（大型叉车和车辆），并且正在向美标尺寸过渡。通过免除更换和"注水"需求、缩短充电时间以及提高功率密度，已经开发出了一款真正适用于当今所有工业电动车辆的"免维护"铅酸电池产品。表 26B.6 比较了 TPPL 电池模块在各种动力应用中的使用情况。

表 26B.6　TPPL 电池模块在各种动力应用中的使用情况

类型1	类型2	类型3	AGC	AGV	AGV货叉车	轻负载AGV	组装AGV	航空	地面清洁	人员运输车	采矿
很好	很好	优秀	优秀	优秀	很好	优秀	很好	很好	优秀	优秀	可行

注：本表用于快速比较 TPPL 电池模块在不同应用中的适用性。评价从"优秀"到"可行"，表示在这些领域中电池技术的实际应用和效果。

26B.2.2　燃料电池

燃料电池已经存在很长时间了，早期的开发大多得到了政府的补贴，并且通常旨在针对汽车行业。目前美国政府和汽车行业都已经转变了关注点，新的燃料电池工程和开发正在向工业叉车行业推进。当前的选择是基于过去的技术，由少数几家制造商提供的解决方案，目前运行状况良好。作为燃料的氢气很便宜，功率密度也很好。在考虑车辆运营成本时，氢气的可用性和生产是更大的问题。与可更换的电池不同，燃料电池不需要更换，而是像化石燃料系统一样重新加注。由于氢气发生器实际上是一种"发动机"，因此存在维护和磨损问题，需要随时间进行更换。燃料电池被视为"绿色技术"，可在 $2 \sim 3min$ 内重新充电，不必更换。该技术的挑战在于基础设施和氢气运输、生产的成本。此外，高吞吐量车辆（堆高机）需要电池或超级电容器来满足高电流要求。尽管供应商很少，但这些公司正在努力提供一个"全套餐"概念来解决这些挑战。氢燃料作为一种转化燃料，其效率低于铅酸或锂电池。使用燃料电池时，必须解决燃料电池堆的维护和更换问题，以及氢气的供应来源和基础设施问题。总体而言，燃料电池目前是可用的，但必须在优质供应商的协助下实施。表 26B.7 展示了燃料电池的应用情况。

表 26B.7　燃料电池的应用情况

类型1	类型2	类型3	AGC	AGV	AGV货叉车	轻负载AGV	组装AGV	航空	地面清洁	人员运输车	采矿
很好	可行	很好	不建议	不建议	可行	不建议	可行	很好	不建议	不建议	未知

注：本表用于快速比较燃料电池在不同应用中的适用性。评价从"很好"到"可行"，表示在这些领域中电池技术的实际应用和效果。

26B.2.3　锂离子电池

用于各种物料搬运的锂电池包正在迅速增长。AGV（自动导引车）已经转向应用锂电池，使用现有的小型锂电池包，在严格管理的环境中运行良好。锂电池能量密度高，能够循环 $6000 \sim 10000$ 次。该技术正朝着更加"绿色"的方向发展，包括回收利用。锂电池不需要维护，几乎没有自放电，具有可接受的温度范围以及非常高的充电倍率（$1C$ 是常见的，$1h$ 或更短的时间即可完成再充电），这些体系正在获得更多的关注。然而，锂电池存在多种变化（包括至少 6 种基本化学体系），早期的设计通常仅适用于亚洲 18650 型电池组件

（LMO，锂锰氧化物）或者小型方形电池（LFP，磷酸亚铁锂），需要数百个电池连接在一个电池包中。

监控复杂的电池系统需要一个电池管理系统（BMS），但这方面的专业知识还不够，特别是在物料搬运领域，且车辆由技能水平各异的多个驾驶员使用。BMS 必须尽可能可靠且坚固，且几乎不需要用户界面。新型的大型锂离子电池技术正迅速应用于动力系统和车辆设计中。使用镍锰钴（NMC）的电池不仅结构更简单、更安全，而且功率更大，更易于在大型车辆设计中进行配置。由于锂离子电池具有更长的预期寿命、能够满足所有电力需求且具备快充能力，动力用户将很快接受这一技术。

对于大型高吞吐量车辆和"准时制"生产车辆，锂离子电池是一个潜在的选择。对于持续使用的小型车辆，更换电池和可用性是关键问题，因此也可以考虑将锂离子电池作为解决方案。由于锂离子电池系统的复杂性，维护问题会因此变得更为复杂。目前的市场规模将受限于高成本，尤其是在车辆高吞吐量和生产能力较高的领域。在全天候运营、地面支持和 AGV 业务中，锂离子电池将是理想的选择。在选择锂离子电池的应用时，除了成本，使用具有最佳 BMS 的合格供应商也是一个关键因素。表 26B.8 列出了锂离子电池的各种应用。

表 26B.8　锂离子电池的各种应用

类型 1	类型 2	类型 3	AGC	AGV	AGV 货叉车	轻负载 AGV	组装 AGV	航空	地面清洁	人员运输车	采矿
优秀	优秀	良好	很好	优秀	优秀	很好	很好	很好	良好	良好	未知

注：本表用于快速比较锂离子电池在不同应用中的适用性。评价从"优秀"到"良好"，表示在这些领域中电池技术的实际应用和效果。

26B.3　总结

即使有了这些全新的先进技术，出于成本考虑，近期许多用户仍选择先进的铅酸电池用于许多应用。然而，市场目前已经发展到可以为任何寻求运营利润最大化的企业提供一系列实用的选择，以满足各种级别的电力需求。

26C 电动飞机
George E. Bye

26C.0 概述

波音（Boeing）公司是商用喷气式飞机和国防、太空及安全系统的领先制造商。2017年，波音公司做出了一个惊人的预测，称未来 20 年将需要超过 63.7 万名新的航空运输飞行员[1]。此前，在 2016 年 7 月，空中客车公司曾预测，未来 20 年将需要超过 56 万名新的航空运输飞行员[2]。根据美国联邦航空管理局（FAA）的数据，截至 2016 年底，美国只有大约 15.8 万名航空运输飞行员[3]。

为什么会发生这种情况呢？美国航空运输飞行员数量减少到令人担忧的水平的原因有很多，其中包括军事飞行员数量减少的影响，例如美国空军培养的飞行员数量减少，从民用飞行员学校获得航空运输飞行员执照的成本高昂。在飞机训练方面，美国目前的飞行训练机队平均已有 50 年的历史。此外，为了获得适当的训练和经验，从而具备成为航空公司飞行员的能力，所需的飞行小时数已大幅度增加，达到 1500 小时，这对于希望成为航空公司飞行员的新飞行员来说，是一笔巨大的开销。培训新飞行员的挑战将促使飞行学校使用高科技、运营成本更低的训练机。鉴于这些飞行训练存在诸多问题，现在是寻找可行解决方法的时候了。

2014 年，Bye 航空航天公司（Bye Aerospace）启动了一项计划，旨在开发一款实用、经过认证的电动飞机，以服务于航空飞行训练市场。正在开发的经过美国联邦航空管理局认证的飞机训练机系列被称为"Sun Flyer"。2018 年 4 月，该公司完成了对"Sun Flyer"的 FAA 认证申请，这是首款完成此认证的电动飞机。一旦获得认证，预计两座的"Sun Flyer 2"飞机（见图 26C.1）将具有 3.5 小时的飞行续航能力，并配备再生式电动发电机螺旋桨；其电动能源运营成本将非常低，每飞行小时仅为 3 美元（相比之下，典型训练机的航空燃油成本为每飞行小时 50 多美元），且几乎没有任何噪声以及任何与航空燃油相关的铅和二氧化碳排放污染物。

图 26C.1 "Sun Flyer 2"原型机在飞行测试中

26C.1 技术方法

为什么电动飞机更适合解决飞行训练中的挑战？在过去的 10 年里，电池驱动技术取得了显著的进步。首先在于手机和其他个人电子设备以及电动汽车行业不断增长，电动机、电池以及管理电动推进系统的软件都在获得重大进展。此外，电池能量密度（单位质量储存的能量）的增加使得飞行续航能力可以以小时而不是分钟来衡量。

第一个关键是将高效轻型电机、控制器与锂离子电池结合，电池单体装配成电池组，可实现有效再充电。第二个关键是一种流线型、轻量化的碳纤维结构，具有低阻力机身和高效的长翼（高"展弦比"）先进空气动力学设计（图 26C.2）。

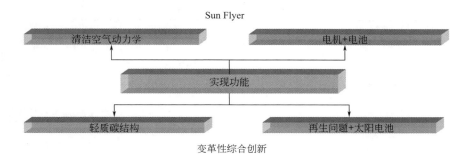

图 26C.2　"Sun Flyer"成功的关键要素

"Sun Flyer"飞机将根据《联邦航空条例》（FAR）第 23 部分进行认证，并将成为标准类别，适用于昼夜目视飞行规则（VFR），目标总质量小于 2000 磅［1 磅（lb）＝0.45359kg；全书同］。其设计旨在打造一架外形美观、性能卓越的飞机，在预计的速度为 135 节（1 节＝1 海里/小时＝1.852 千米/小时；全书同）、爬升率超过 1000 英尺/分钟［1 英尺（ft）＝30.48cm；全书同］的情况下，不会牺牲性能。更重要的是，电驱动系统具有更佳的运营成本效益（每飞行小时 50 美元的航空汽油，与电驱动"Sun Flyer"的安静、零污染、每小时 3 美元的电费相比）。

26C.2 申请要求

"Sun Flyer 2"电能需求取决于飞行过程。飞行任务可能因飞行时间、最高海拔以及飞行距离而异。表 26C.1～表 26C.3 总结了截至 2018 年续航约 3 小时的两种不同飞行过程，以及 1.2 小时训练飞行的电能需求。

表 26C.1　平均海平面（MSL）高度 2500 英尺、3 小时、飞行距离 240 海里（"Sun Flyer 2"）的电能需求

飞行任务	时间/min	能量/kW·h
启动和滑行	5	几乎可以忽略不计
起飞	0.4	1
爬升至地面以上高度（AGL）2500 英尺（假定 MSL 为 2500 英尺）	3.7	5

飞行任务	时间/min	能量/kW·h
巡航 80 KIAS（83 KTAS）	165.3	68
下降（保守起见,不包括回收至电池的再生能量）	5	0
着陆	0.3	几乎可以忽略不计
总计	179.7	73

注：1. 基础是 86kW·h 全电池，没有计算螺旋桨再生能量（13%～15%）；73kW·h 为可用能量，提供 30min 的 VFR 储备（认证前与 FAA 正式签订，需要进一步确认）。

2. KIAS 表示空速，以"节"为单位；KTAS 表示真实空速，也以"节"为单位。

表 26C.2　平均海平面（MSL）高度 10000 英尺、2.8 小时、飞行距离 256 海里（"Sun Flyer 2"）的电能需求

飞行任务	时间/min	能量/kW·h
启动和滑行	5	几乎可以忽略不计
起飞	0.4	1
爬升至地面以上高度 1000 英尺（假定 MSL 为 10000 英尺）	14.0	18
巡航 80KIAS（83KTAS）	131.1	54
下降（保守起见,不包括回收至电池的再生能量）	20	0
着陆	0.3	几乎可以忽略不计
总计	167.1	73

注：由于飞机特性越来越成熟，性能表中提供的信息可能会被更新。

表 26C.3　1.2 小时训练飞行（"Sun Flyer 2"）的电能需求

飞行任务	时间/min	能量/kW·h
启动和滑行	5	几乎可以忽略不计
起飞	0.4	1
爬升至地面以上高度 2500 英尺（假定 MSL 为 2500 英尺）	3.7	5
巡航至练习区域	12	7
练习区域	45	16
下降（保守起见,不包括回收至电池的再生能量）	5	0
着陆	0.3	—
总计	71.3	29

注：机场到练习区域的距离是 10 海里，往返总计 20 海里。

26C.3　应用工程展望

BYE Aerospace 于 2007 年成立是基于对市场突破点的理解，这种突破点可以通过预测关键电池技术的发展轨迹来实现，这些技术将很快发展到可以在某些飞机配置中替代内燃机的程度。就像其他项目一样，开发"Sun Flyer"也带来了独特的挑战。事实上，最大的障

碍是之前提到的系统组件——特别是电动机和电池。挑战在于使每个组件尽可能"高效"或节能。电池需要具有最大的能量密度，而专为电动飞机设计的电动机必须具有适合特定飞机的适当功率范围。

商业电子产品的微型化有助于动力电池和电池的进步。例如，手电筒中常用的典型 D 型电池已被更高效的照明电源所取代，因此电池的尺寸、重量和功率（SWAP）也变得更小。过去几十年的显著成就提高了电池的能量密度，并且满足特定应用要求的电池重量已大大减小。因此，带有电池的产品的使用寿命更长。随着能量密度的提高，几年前的一个通用航空研发项目变得可行。自 2012 年以来，能量密度已经翻了一番，为这款实用的两座通用航空飞行训练飞机提供了基础。

在航空领域使用高能量密度的电池时，必须采取适当的预防措施。在操作中，包括过充、过放电以及电路保护温度极值在内的每个电池单元的安全监测是必不可少的。与电动汽车一样，电池管理系统会监控所有这些要素，并将相应的数据传送到驾驶舱中的整体信息管理系统（参见图 26C.3）。在研究中，Bye Aerospace 曾与松下（Panasonic）和 Dow-Kokam 公司合作，但目前在其"Sun Flyer 2"原型电池中使用了 LG Chem MJ1 18650 型锂离子电池。

对于单个电池单元特性，很明显，现代电池设计在提高电池性能和安全性方面已经取得了巨大的进步。然而，必须设计一种实用的"电池组"，以提供能量，并正确配置以满足两座"Sun Flyer 2"的 3.5 小时飞行续航能力。需要多个电池单元，以串联和并联的方式排列，以满足电动机的电压和电流要求。必须充分解决多个电池单元的安全性问题，并增加足够的冗余层，以实现 FAA 认证飞机的预期结果——这是一项艰巨的工作！

图 26C.3　"Sun Flyer 2"原型机在地面测试中

总之，电动机和电池需要针对其应用进行工程设计和配置，并与所有适当的安全配置相结合，转化为符合 FAA 监管标准的形式，以便在通用航空中得到实际应用。

将电动"Sun Flyer"系列飞机推向市场的任务是艰巨的，但绝对值得付出努力。在这项工作中，成功的两个最关键因素可能是乐观和毅力，但肯定值得付出努力。如果不追求从未做过的事，就不会获得更有价值的成就。

参考文献

1. 2017 Boeing Pilot & Technician Outlook.
2. Airbus "Global services forecast," July 2016.
3. U.S. Civil Airmen Statistics; https://www.faa.gov/data_research/aviation_data_statistics/civil_airmen_statistics/.

第 27 章

固定储能用电池

Babu R. Chalamala, Summer R. Ferreira, Raymond H. Byrne, Daniel Borneo, Imre Gyuk

27.0　电网概述

电气化也许是历史上最重要的工程成就之一[1]。电能的应用是提升人类日常生活质量的关键，也是支持现代社会基础设施的核心。在过去的 100 年里，电网已经演变成一个数十年未变的模型，即集中式电力输送系统。这种传统的电力系统（图 27.1）由大型中央发电机（通常是煤炭、天然气或核燃料的大型发电厂）、电力传输系统和负载组成。在这种模型中，发电和负载总是以非常有限的灵活性保持平衡。

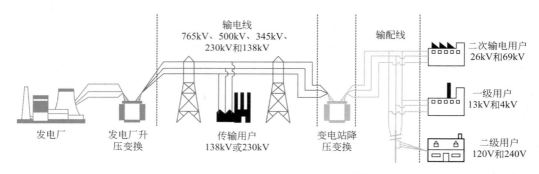

图 27.1　传统电力系统结构示意[2]

电网的成功运行有两个关键：合理、可预测的负载和对发电的控制措施。这种方法已经成功应用了数十年。在大多数电力市场中，电力部门按照政府机构或监管机构设定的价格提供可靠的电力供应，而在少数不受管制的市场采用市场化的可变定价[3]。在发达国家，电网是可靠且高效的能源供给方式，电力输送机制健全，公用事业市场结构透明且具有成本效益。

目前的电网基础设施稳定且具有韧性：能够影响系统状态的因素有限，输入到系统的能量波动性较小，大多数大容量负荷具备频率自适应降载特性——当频率下降时可自主削减用电需求。对于任何给定的区域，少数发电机和控制设备都可以可靠地维持频率和电压。电网架构和控制系统在设计时留有足够的裕量，因此可以迅速隔离和纠正如发电机损失或主要负载中心损失等破坏性事件，从而避免级联故障。

然而，电网正在从传统的、主要为集中式可控发电机和分布式独立控制的负载模型，迅速演变为一个更加灵活的电网，其中包含数量更多、分布更广的分布式可变发电机的接入，负荷端从被动消费向主动参与电网协同调节转变。推动电网发展的关键包括电力生成类型和

特性的不断变化、客户和供应方日益增
长的参与电力系统的机会，以及直流负
载（如计算机和电动汽车）作用的迅速
增加。虽然发电侧的投资有所增加，尤
其是大量的天然气和太阳能、风能发电，
但输电和配电（T&D）基础设施的更新
并未跟上这一步伐。此外，随着网络通
信和电子负载的作用日益增加，有必要
使能源系统更加健全，以抵御恶意攻击。

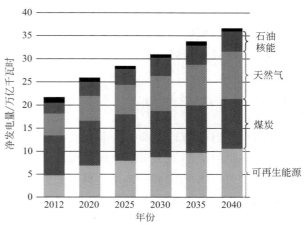

图 27.2　当前及预测全球各类能源净发电量[5]
以万亿千瓦时计；来源：美国能源信息署（EIA），2016 年

　　电网是一个非常复杂的系统，全球
总的发电能力超过 6TW（太瓦）。随着
发展中国家新增发电容量的明显提升，
全球 2020 年发电量估计将增长到
7.5TW 以上[4]。图 27.2[5] 给出了全球电能的各种来源。

　　电网正迅速向混合系统演变（图 27.3），其中发电、输电和配电以及消费之间的区别将
变得不那么清晰。可再生能源的增长速度很快，根据美国能源信息署（EIA）2016 年发布
的能源展望，从 2016 年到 2035 年，可再生能源的平均增长速度将约为每年 3.8%[6]。到
2020 年，总安装的可再生能源将达到约 1TW，某些地区的市场渗透率预计将达到 30%～
40%。这种转变是由多种趋势共同作用的结果：老旧煤电厂的退役，天然气成本低廉，为达
到政策目标而新增的可再生能源装机，以及对分布式发电、能源效率和需求响应的不断投
资。随着发电组合的多样性大大增加，输送系统面临着满足双向电力流动和大规模增加灵活
性需求的挑战。随着分布式发电和随机负载的增加，对灵活平衡资源（如储能）的需求变得

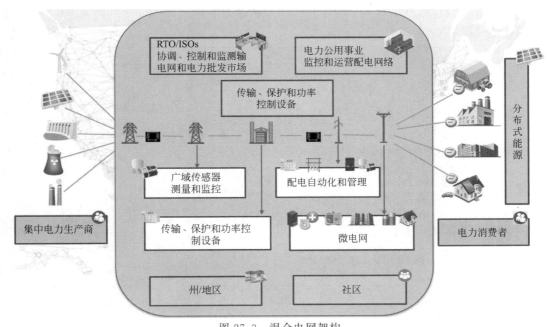

图 27.3　混合电网架构
来源：美国能源部电力输送和能源效率办公室，2017 年

越来越重要[7]。在今天的电网基础设施中更大规模地集成储能可以提高电网性能，同时降低电力成本。电网运营商越来越多地将储能视为一种灵活的资源，可以有效地管理电网。在本章中，仅描述连接到电力公用事业电网的储能，有时也称为"电表（计量）之前"。

27.1 电网中的储能

在所有类型的储能技术中，电网基础设施中的电池储能技术在过去几年中增长最为迅速。根据美国能源部（DOE）全球能源存储数据库的数据[8]，从 2012 年至 2017 年底，部署了超过 3GW·h 的电网连接电池储能系统。随着电池储能系统成本的持续下降和电网中对储能的更大需求，预计未来十年全球电池储能部署的步伐将继续加快[9]。

电网中大规模集成储能技术具有许多优点，包括提高配电系统的弹性、减少传输系统中的瓶颈问题以及提高发电设备的效率。据估计，储能技术有助于推迟美国输配电基础设施每年 1000 亿美元的升级需求[10]。此外，储能技术还可以在自然灾害期间提供备用电源和孤岛供应能力，从而减少商业和工业因停电造成的经济损失[11]。

电网规模的储能技术可以在提高基础设施可靠性和效率的同时，大大节约工业成本[12]。在储能技术遍布整个电力系统之前，需要改进电网储能系统（ESS）的性能、成本、安全性和可靠性。电网 ESS 很复杂，因为它们将电池与电力电子和电力转换系统以及先进的控制和能源管理系统（EMS）集成在一起，使电网运营商能够像管理其他电网资产一样管理这些系统。除了电池要安全可靠外，这些系统还必须具有很高的成本效益，才能在市场上实现商业可行性。同时，还必须明确并阐述与电网相连的储能的价值和好处。

如果适当部署，ESS 可以为电网运营商提供更多灵活性，以有效管理发电和需求的变化。图 27.4 比较了各种应用的系统功率评级和能源容量需求与一系列储能技术。虽然电池可以满足大量应用的电力和能源需求，但只有大规模抽水蓄能和压缩空气储能（CAES）才能提供长期储能功能。

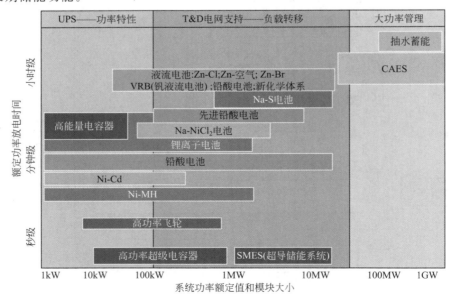

图 27.4 应用和储能系统需求范围

来源：美国能源部、电力研究协会与美国国家农村电力合作社协会（NRECA）合作编写的《电力储能手册》，2013 年

储能系统在电网中的应用通常被分类为"能量型应用"和"功率型应用"。表 27.1 概括了储能系统在电网中的应用。

表 27.1　储能系统在电网中的应用

能量型应用	功率型应用
能量套利	调频
可再生能源时间转移	电压稳定
降低需求费用	小信号稳定性
降低用时费用	降频
输配电(T&D)升级延迟	合成惯性;可再生能源容量储存

当前和未来电网对储能的需求非常大。例如，仅纽约独立系统运行机构（NYISO）管理的地区，为了储存供能总量的 15%，就需要大约 500GW·h 的储能系统（图 27.5）[13]。图中"ConEdison 年负荷持续曲线"描绘了电力负荷随时间的变化，通常用于电力系统规划和运营，以了解电力需求的分布和持续时间。

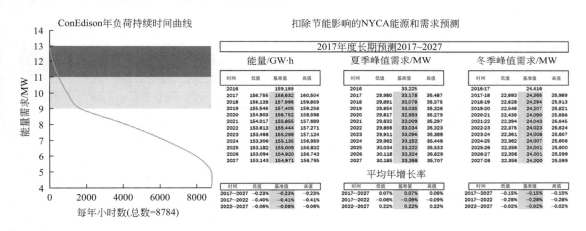

图 27.5　NYISO 管理地区的削峰潜力[13]
有关详细信息，请参阅参考文献

随着可再生能源发电占比的迅速增长，由加利福尼亚州独立系统运营机构（CAISO）管理的电力系统中可再生能源在 2017 年 5 月占比达到 42%，其爬坡支撑和削峰将要求至少 50GW·h 的储能系统（图 27.6[14]），应对 GW 级别的爬坡率成为 CAISO 的挑战。输配电（T&D）升级成本高昂，而储能可以有效地用于推迟 T&D 升级。在配电变电站安装少量储能装置，为增强配电系统的弹性提供了重大机遇。例如，仅在美国，就有超过 66000 个变电站目前尚未安装备份储能系统。

目前，电网上已安装的大部分储能容量主要由大型抽水蓄能电站提供[8]。与总装机容量相比，包括抽水蓄能在内的总安装储能容量相对较小。已安装的储能量（参见表 27.2）约占总装机容量的 2.5%。例如，全球装机容量估计约为 6TW（太瓦）。在美国，2017 年夏季峰值需求达到了 1250GW，而所有已安装的储能大约占峰值需求的 2.9%[15]。显然，储能在未来有巨大的增长空间，以满足这一需求。

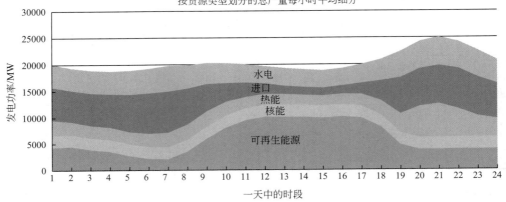

CAISO2017年5月16日发电情况
按资源类型划分的总产量每小时平均细分

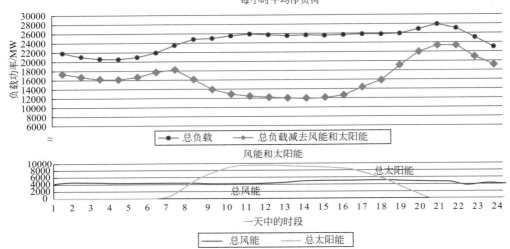

CAISO2017年5月16日需求情况
每小时平均净负荷

图 27.6　2017 年 5 月 CAISO 的生产和需求[14]
来源：加利福尼亚州独立系统运营机构

表 27.2　全球公共事业规模已安装储能容量

技术类型	项目数量	额定功率/MW
电化学储存	991	3259
抽水蓄能	352	183800
蓄热	206	3622
机电存储	70	2616

资料来源：美国能源部全球储能数据库，2017 年[8]。

　　2013 年，美国能源部（DOE）电网储能战略报告中明确了大规模部署储能的关键挑战[16]，该报告确定了美国储能未来的关键问题。这些问题包括储能技术需要在经济上与其他提供类似服务的技术相竞争；开发市场机制，准确认识储能技术同时提供的多种利益价值；最终，储能技术需要无缝集成到现有系统和子系统中。在过去几年中，锂离子电池技术的成本大幅度下降，已经实现了对电网服务（如调频）的初步市场渗透和收益，但仍需要技术进步，以经济地处理所有公共事业类应用。此外，储能技术提供的服务的价值在现有政策和监管框架内，并未得到充分理解和/或实现货币化[17]。

最近，储能部署的增长主要集中在锂离子电池储能系统上。其他技术，如钠硫（Na-S）电池和氧化还原液流电池（RFB）也开始得到广泛应用。根据美国能源部全球储能数据库的数据，2017年美国部署了1300MW的锂离子电池，而其他部署还包括89MW的铅酸电池、207MW的Na-S电池和75兆瓦的RFB，如图27.7所示。

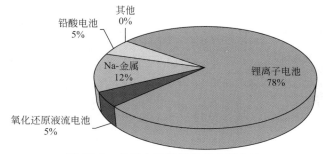

图 27.7　各类电池储能技术应用占比
来源：美国能源部全球储能数据库，2017 年

27.2　用于电网的电池储能技术类型

用于公共事业规模的储能技术成熟水平如图27.8所示。电网中部署的许多储能系统（ESS）都是基于成熟的电池技术，如铅酸电池、钠硫（Na-S）电池、锂离子电池和液流电池[18-19]。一些早期的大型储能项目还曾使用过镍镉（Ni-Cd）电池。例如，阿拉斯加费尔班克斯（Fairbanks）地区的46MW储能系统于2003年投入使用，至今仍在运营。黄金谷电力协会电池储能系统（GVEA）当时是世界上最大的电池储能系统，具有世界上最高的电池电压（高达5200V）[20]。锂离子电池技术的成本大幅度下降，使得其在电网服务的一小部分（如调频）开始实现市场渗透和收益，但仍需要进一步降低成本，以经济地处理所有公共事业类应用。对于电网规模的储能系统（ESS），最有前途的其他技术之一是氧化还原液流电池（RFB），它们可以在相对简单和直接的设计中储存大量电力。在几种RFB技术中（参见本书22B部分），全钒氧化还原液流电池（VRFB）因其优异的电化学可逆性、库仑效率高和正负极电解质之间可忽略不计的交叉污染而受到广泛关注[21]。

哪种储能系统（ESS）技术最适合特定应用，取决于输出功率、储能容量以及预期的循环和系统寿命等要求。可以根据这些特性和限制来比较不同的选择[22]。循环寿命影响很大，但尚未得到很好的表征，这影响了电池储能系统在电网基础设施中的大规模应用[23]。截至2015年的固定储能趋势表明，近50%的电池储能用于能量套利，其余大部分用于电能质量调节[24]。按容量计算，目前48%的电池储能是基于锂离子电池，15%是基于铅酸电池，4%是液流电池，2%是钠硫电池。按项目数量计算，65%的项目是锂离子电池，14%的项目是铅酸电池，液流电池和钠硫电池分别为8%和7%。因此，我们重点关注这四种技术类别，因为它们目前已在固定储能中得到实施，即锂离子电池、铅酸电池、氧化还原液流电池和钠硫电池（请参见本书17A部分、14章、22B部分和第1章，以获取这些技术的更多详细信息）。

图 27.8　储能技术成熟水平

资料来源：美国能源部，"电网储能"，2013 年 12 月

27.2.1　锂离子电池

锂离子电池是目前作为固定储能项目最常用的技术方式。锂离子电池具有长循环寿命、高效率以及高能量和功率密度。尽管传统观点认为，锂离子电池的高能量密度对于移动设备应用（如电动汽车）是必需的，但对于固定应用来说则不需要（因为移动储能技术的成本微不足道），但实际上，锂离子电池仍然是固定储能中最常选的技术[25]。储能系统的评估通常以锂离子电池为基准，以显示其他特定技术在储能应用中的优势[26-27]。尽管如此，实际应用的储能系统仍然继续使用锂离子电池。这很可能是基于它们在消费电子产品和电动汽车商业应用中的成熟程度。高产量制造带来的可重复性、已知的循环寿命和稳健的设计是重要考虑因素[28]。目前关于电化学储能系统性能的大部分研究是锂离子电池[29-30]。此外，关于电池的安全性也做了大量改进，并且一些正在进行的研究工作旨在进一步提高各种化学储能体系的安全性[33]。

随着公用事业或公共事业大规模锂离子电池储能成本的降低，整个电网正在部署许多大型锂离子电池系统。2017 年，圣地亚哥燃气和电力公司（San Diego Gas and Electric Co.）在加利福尼亚州埃斯科迪多（Escondido）部署了一个 30MW/120MW·h 的系统。该项目是加利福尼亚州公用事业委员会于 2016 年 5 月提出的，作为减少对天然气发电厂峰值依赖的多方面应对措施的一部分[34]。锂离子电池系统也正在被部署到小型市政和农村公用事业系统中，以提高电网的弹性。图 27.9 显示了马萨诸塞州斯特林市（Sterling）市政照明局的一个 2MW/3.9MW·h 的储能系统（ESS）。该系统可提供 2MW 的功率，持续时间 2h，作为弹性供电的首个提供者，具备应急供电服务能力[35]。锂离子电池储能系统有望成为电力市场中电力应用的主导技术。

27.2.2　先进铅酸电池

传统铅酸电池是在 19 世纪开发的。它们在汽车应用中作为启动电池和不间断电源（UPS）应用是普遍存在的。作为 UPS，铅酸电池长期以来一直被用作固定储能的备份电源。在这种应用中，铅酸电池的一个典型特点是电池大部分时间都保持在充满电或接近充满

图 27.9　马萨诸塞州斯特林市市政照明局的 2MW/3.9MW·h 的储能系统

电的状态，即 100％的荷电状态（SOC）。这对于保持电池性能良好至关重要。当铅酸电池处于中间充电状态并且没有恢复到完全充电状态时，由于硫酸铅（$PbSO_4$）晶体的形成和生长，电池会迅速降解。当这些晶体变得过大时，会发生硬硫酸盐化，即产生一种不可逆的沉积物，会损坏电极并降低电池的容量和循环寿命。公用事业应用可能需要短时间、高速率和部分（或浅）SOC 循环（HRPSOC）。在 HRPSOC 工况下，传统的阀控式密封铅酸（VRLA）电池会由于负极板上不可逆的 $PbSO_4$ 形成而过早失效[36]。定期循环至 100％ SOC，可以缓解 $PbSO_4$ 晶体的形成和生长。然而，对于许多公用事业储能应用来说，定期循环至 100％ SOC 是不可行的。在 HRPSOC 充电过程中，大量 $PbSO_4$ 晶体不容易在充电过程中还原为金属铅，从而降低了循环寿命。VRLA 电池循环寿命的降低会增加运营成本，从而限制了它们在公用事业应用中的实用性。在这类用途中，大多数情况下电池通常会定期维持在中间荷电状态（SOC）。虽然长期来看，VRLA 电池作为一种旧技术在固定储能中终究会被替代，但其具有成本竞争力，并将继续应用在固定储能中。目前该技术仍然用于一些示范项目，也在系统级项目中得到应用，这主要归因于铅酸电池符合固定储能的低成本需求[37-38]。此外，相对于其他固定式储能技术，铅酸电池失效后导致的热失控和燃烧风险较小。虽然 VRLA 电池中使用了大量铅，但铅是高度可回收的，在良好的控制下可以降低其对环境的影响[39-40]。

先进铅酸电池通常会在负极中添加碳，使其更稳定地应对硬硫酸盐化，从而提升其在固定储能应用中的适用性[41]。目前电网中超过 50％的铅酸电池项目采用这种先进铅酸电池技术，在 2010 年～2015 年间新投产的项目中有 81％开始使用先进铅酸电池，这也显示出铅酸电池具有持续的市场竞争力[11]。

大量的公用事业级铅电池正在提供电网服务，包括爬坡率支持、太阳能电厂的削峰填谷以及并网和离网应用中减少柴油使用。例如，图 27.10 显示了德国阿尔特达伯（Alt Daber）用于支持可再生能源的 1.3MW/1.9MW·h 先进铅酸电池系统。世界各地都可以找到许多类似的安装，特别是在发展中国家和岛屿。

部分 SOC 应用可以通过使用碳作为主要添加剂的先进凝胶型电池和更传统的铅酸电池（使用部分碳、管状极板和凝胶电解质）来有效服务较长时间[42]。特别有希望的是，将含碳负极的先进铅酸电池与设计在先进铅酸电池单元中并与之并联的电容器相结合。电容器可以

图 27.10　德国阿尔特达伯 1.3MW/1.9MW·h 先进铅酸电池系统为 68MW 太阳能电厂提供支持
来源：BAE 电池公司，2018 年

吸收高功率的充放电，有助于保护电池单元的电极，并在部分荷电状态下运行更长时间[43]。图 27.11 显示了一个在 PJM 市场（PJM 市场是美国的一个电力市场，负责中大西洋地区的电力传输和分配）提供调频服务的 3MW/3MW·h 系统。该系统主要用于调节美国大西洋中部地区的供电。

图 27.11　3MW/3MW·h 先进铅酸电池系统
来源：EastPenn 制造公司，宾夕法尼亚州

27.2.3　氧化还原液流电池

在氧化还原液流电池（RFB，常简称液流电池）中，电解质溶液储存在电化学电池外部，并通过电池堆两侧的多孔电极进行输送，如图 27.12 所示。每个半电池通过离子交换膜或多孔隔板分隔开，以防止电池混合和短路。液流电池独特的架构使其能够独立地扩展其功率和能量容量。功率由电池堆的大小和几何形状决定，而容量则由储罐中存储的材料量决定。这一特点使 RFB 在设计上更加灵活，适用于特定的应用。由于在任何时候只有一小部分电解质通过电池堆，因此它降低了故障和失控能量释放的风险。一般来说，与锂离子电池或铅酸电池相比，RFB 的充放电效率较低。然而，RFB 通常具有更长的循环寿命（＞10000次），并且其循环寿命不依赖于放电深度（DOD）[44]。

虽然有多种 RFB 化学体系可供选择，但只有钒液流电池和锌溴（Zn-Br）液流电池实现了商业化生产。基于钒液流电池在技术上更为成熟，这些系统开始在兆瓦级应用中实现规模

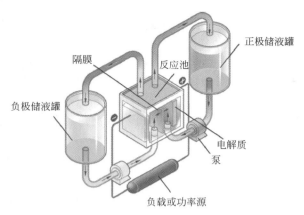

图 27.12　氧化还原液流电池系统的简化示意

由桑迪亚国家实验室的 T. M. Anderson 提供

部署。钒液流电池相对于其他类型 RFB 的一个重要优势在于，在完全放电后，两种电解质是相同的。这一特点极大地简化了电池电解质在运行、维护和运输过程中的管理。第一代钒液流电池的能量密度较低，需要对电解质进行充分的热管理，以减小在高温下电解质沉淀的潜在可能性[45]。第二代钒液流电池采用了改进的电解质，使得大规模的兆瓦级部署成为可能。事实上，正在实施的大型兆瓦时（MW·h）电厂，其规模甚至超过 100MW·h；其应用范围，包括从调节变电站的电网弹性（图 27.13）到大型风电站的 15MW/60MW·h 大型液流电池储能（日本横滨住友电工）。

液流电池技术的主要趋势是电池堆的尺寸不断增大，能量密度不断提高。例如，图 27.14 展示了一个功率容量为 32kW 的米级尺寸电池堆。如此大的电池堆尺寸提高了功率效率，并降低了电力转换系统的整体尺寸。对于更大规模的液流电池工厂，系统设计方面取得了相当大的进展。虽然较小的 1～10MW·h 的液流电池通常采用集装箱式架构（图 27.13），但对于更大的系统，这些电厂是根据实际情况定制的，并在部署地建造。

图 27.13　变电站 100kW/400kW·h 钒氧化还原液流电池系统

来源：田纳西州查塔努加电力局

图 27.14　功率容量为 32kW 的大型商用液流电池堆

资料来源：中国大连融科储能技术发展有限公司/优能科技公司（UniEnergy Technologies，UIT），2017 年

27.2.4　钠硫电池

最常见的钠电池系统是钠硫和钠-氯化镍（Na-NiCl$_2$）电池，它们通常在 270～350℃ 的

温度下运行[46]。在这些情况下，使用陶瓷、钠离子导电隔膜将熔融的钠负极与熔融的硫或氯化镍/氯化铝熔盐正极分开。在这些系统中，高温操作是确保负极和正极处于熔融状态，以及陶瓷隔膜的高离子电导率的必要条件。然而，高温会增加不期望或不安全的副反应的可能性和后果，降低电解质的循环容量，并限制这些独立储能系统中所使用材料的寿命。

钠硫（Na-S）电池是一种成熟的技术，是日本目前广泛采用的实用规模储能技术，其工业和公用事业应用的总装机容量超过 530MW/3700MW·h。2017 年，日本特殊陶业株式会社（NGK）在日本青森县六所村的一个 51MW 风电场部署了 34MW/245MW·h 联网钠硫（Na-S）电池系统，以稳定风电场。

高温钠电池具有为电网提供经济高效、可靠且长寿命电池的潜力，因为它们没有像铅酸或锂离子电池中的插层机制等转换化学物质的限制。对于电网而言，高温钠电池是具有低成本、高可靠性和长寿命的电池。研究工作仍在继续，旨在使基于钠材料的低温电池能够减轻高温操作所带来的问题，如电池性能、可靠性和安全性的长期下降。适用于钠系统的低温隔膜将允许使用有前途的高能量、长寿命碘或溴基阴极化学物质，这些化学物质不适合在传统的 270~350℃操作温度下运行[47]。显著降低操作温度还可以推动低成本、非毒性的水基电池化学体系的发展，如水基混合离子或新兴的碱性蓄电池技术。

27.2.5 其他电池技术

由于原料成本较低，基于 Zn-MnO$_2$ 体系的碱性电池仍然大有可为。该电池由 MnO$_2$ 正极、Zn 负极、隔膜和碱性电解质组成（图 27.15）。众所周知，这些材料具有低成本、长搁置寿命和高电流密度等优点[48]。目前的低成本水系 Zn-MnO$_2$ 电池一般都是基于低深度放电（DOD）操作，因此可以实现长达 3000~5000 次循环寿命。图 27.16 中所展示的早期商业电池原型体积比能量相对较低，约为 60W·h/L。材料的低深度放电和低电压是导致其体积比能量较低的主要原因。

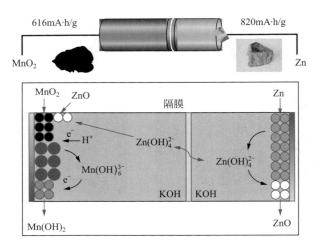

图 27.15 碱性 Zn-MnO$_2$ 电池

纽约市立大学能源研究所提供，2018 年

最近的研究表明，在没有锌的情况下，MnO$_2$ 正极可以在完全放电深度（DOD）条件下实现稳定的无限次数循环[49]。延长循环寿命可能意味着 Zn-MnO$_2$ 电池的成本有可能达

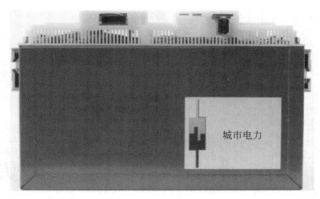

图 27.16 2kW/2kW·h 的 Zn-MnO$_2$ 原型系统
来源：纽约城市电力，2017 年

到承诺的 100 美元/kW·h。但目前仍有许多技术挑战有待解决，特别是关于锌负极。锌负极的循环性能随着 DOD 的增加而大幅度减小。其主要原因是枝晶形成、电极形状改变和 ZnO 钝化[50]。理解锌溶解/沉积机制，将为选择合适的添加剂以提升负极循环寿命提供新的视角。稳定锌负极不仅可以改善 Zn-MnO$_2$ 电池，同时也适用于任何基于锌负极的电池体系，包括锌-空气电池和锌镍（Zn-Ni）电池等。

27.3　电网储能电池在电力基础设施中的应用

大规模电池储能系统（ESS）的部署主要限于某些市场，这些市场已经充分实现了储能所能提供的必要服务。例如，在市场机制为快速响应支付费用的调频服务中，储能系统已经得到了应用。自 2011 年 PJM 市场首次允许使用储能技术以来，已经部署了超过 300MW 的新系统。储能可以在许多其他电网服务领域中提供比传统资源更快或更好的响应，但目前尚未建立市场机制来为这些服务提供收益。与调频服务不同，其他应用如能量套利、发电优化和可再生能源时间转移等由于当前技术成本相对较高，在经济上并不可行。因此，还需要进一步研究，以实现低成本技术而转向大规模制造，提高整体系统安全性和可靠性，并开发工程和市场解决方案，才能对美国及全球公用事业具有吸引力。本章介绍的电池储能系统潜在应用场景包括：输电系统（替代调峰电厂、输电和配电升级延期和电网稳定性）；可再生能源的集成和稳定；微电网。

27.3.1　储能在输电系统中的作用

（1）峰值替换（peaker replacement）

电力电网中的发电资源通常以最优方式调度。在能源市场不受单一运营实体控制的地方，最优调度是通过能源市场进行的。另外，垂直整合的公用事业公司通常利用生产成本建模软件来确定最低成本的调度。通常，由以最低成本或必须运行的发电机组（即发电厂）负责提供满足基本负荷的能源。随着需求的增加，将更多的机组投入运行以满足负荷。在许多管辖区，由于当地公用事业公司与可再生能源发电商之间存在协议，必须始终采购可再生能源发电，或者在发电超过负荷时进行削减。图 27.17[51] 显示了夏威夷茂宜岛的电力调度概况示例。

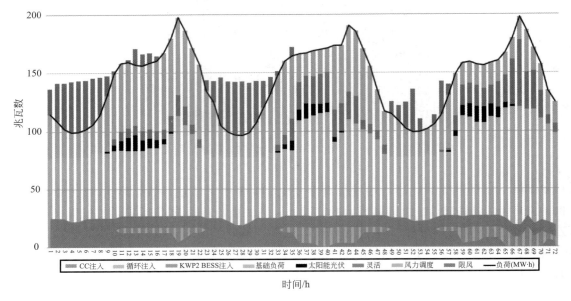

图 27.17　2015 年 1 月 1 日至 1 月 3 日夏威夷茂宜岛的电力调度概况
这张图的纵轴代表负荷的兆瓦（MW）数；横轴表示总共 3 天时间，按小时划分

　　为满足峰值负荷（即一天中电力需求最高的几个小时）而投入使用的发电厂通常被称为"峰值发电厂"。这些发电厂通常是灵活的资源，但能源生产成本通常较高。常采用燃气涡轮机以及水电和柴油发电。在许多情况下，这些资源只被偶尔调用，可能是季节性的，甚至一年中只有几个小时。在这些峰值需求时期，电价通常非常高。以得克萨斯州电力可靠性委员会（ERCOT）2016 年的负荷数据为例，图 27.18[52] 展示了累积密度。在这里，累积密度表示该年电网总负荷低于给定值的时间比例。2016 年的最小负荷为 25.1GW，而最大负荷为 71.1GW。然而，90％的时间负荷低于 54.9GW。这意味着 2016 年大约有 16GW 的发电能力只被使用了不到 10％的时间。这也是大型电力系统的典型特征。

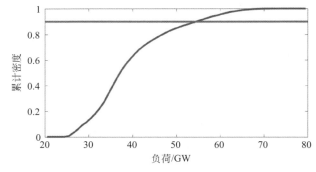

图 27.18　ERCOT 2016 年负载数据和累积密度[54]
该图说明了电网在一年中处于或低于给定负荷需求的时间比例；直线代表 90％的累积密度

　　尽管峰值发电厂的部署有限，但峰值使用期间的高能价也能证明建设峰值发电厂的投资

是合理的。在考虑将储能技术用于调峰电厂的应用时，必须考虑储能技术的经济效益。

另一个相关的解决方案是将能源存储与燃气涡轮机相结合。南加州爱迪生公司（SCE）最近部署了由通用电气公司开发的一种电池-涡轮机组合系统。该系统结合了 10MW 的锂离子电池储能系统（ESS）和 50MW 的 LM6000 燃气涡轮机。除了作为峰值发电厂外，这套混合系统还可以用于频率调节（调频）、主要频率响应和电压支持[54]。

（2）传输基础设施升级延期

随着负荷增长，传输线路在某一时刻会达到其最大传输限制。这会导致供电拥塞（即过载），而来自最低成本发电厂的能源可能无法输送到需求点。在这种情况下，必须采用具有不同传输路径的高成本发电。这会导致消费者电价上涨。如果没有其他路径，当负荷超过传输限制时，会无法满足负荷需求。补救措施包括减少负荷（例如通过需求响应）、升级传输系统（例如重新布线或新建线路）或在负荷附近部署储能或发电设备。

升级传输线路或变压器的成本可能非常高。例如，表 27.3 总结了典型的传输线路建设成本。这些基本成本在城市地区〔相当于西部电力协调委员会（WECC）的 1.59 倍〕以及短距离（如果小于 3mile 则为 1.5 倍）时会显著增加[55]。表 27.4 总结了典型的变电站变压器投资成本。如果电网传输设施达到极限，并且预期的负载增长要求设备升级，则可使用电池储能系统推迟电网升级，以实现较大的净利润。

表 27.3　传输线路建设成本（2014 年数据）

线路类型	新线路成本/（美元/mile）
230kV 单回路	959700
230kV 双回路	1536400
345kV 单回路	1343800
345kV 双回路	2150300
500kV 单回路	1919450
500kV 双回路	3071750
500kV HVDC 双极	1536400
600kV HVDC 双极	1613200

注：假设条件为采用铝包钢加强型（ACSR）导线，管状结构（230kV）/格构式结构（345～600kV），长度超过 10mile[23]；铝导线适用于 600kV。

表 27.4　变电站的变压器投资成本（2014 年数据）[55]　单位：美元/MV·A

变电器类型	230kV 变电站	345kV 变电站	500kV 变电站
115/230kV XFMR	7250	—	—
115/345kV XFMR	—	10350	—
115/500kV XFMR	—	—	10350
138/230kV XFMR	7250	—	—
138/345kV XFMR	—	10350	—
138/500kV XFMR	—	—	10350
230/345kV XFMR	10350	—	—
230/500kV XFMR	11400	—	11400
345/500kV XFMR	—	13450	13450

注：投资成本是按每兆伏安（MV·A；1MV·A＝1000kV·A）的变压器容量来计算的。表中 XFMR（变压器）可以用"变电站"代替。

（3）调频

调频（频率调节）是每秒钟内对电网频率进行调节，以保持系统频率稳定；在美国，这一频率为60Hz。如果发电量超过负荷，系统频率将增加。同样，如果发电量低于负荷，系统频率将下降。自动发电控制（AGC）信号被传输到所有提供频率调节的设备。根据平衡区域的不同，该信号通常每隔2～4s发送一次。图27.19显示了PJM的一个代表性信号。图中PJM是一家区域传输运营商，负责协调位于美国中部的13个州和哥伦比亚特区的电力传输。自2011年10月联邦能源监管委员会（FERC）第755号令颁布以来，区域传输运营商（RTO）和独立系统运营商（ISO）必须根据实际提供的服务对频率调节资源进行补偿，包括包含边际单位机会成本的容量支付和反映频率调节量的性能成本。前提是电能资源准确遵循调度信号[56]。

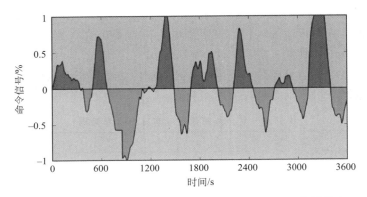

图27.19　PJM（REG-D）的自动发电控制（AGC）信号样本

以上为快速响应资源（如储能）创造了公平的竞争环境，通过补偿可以更好地追踪命令调节信号的性能。此外，一些独立系统运营商为快速响应资源实施了单独的调节信号，如图27.19所示的PJM动态调节信号（REG-D）。该图显示了调节资源在系统运营商规定的性能要求内追踪的典型调节信号。提供调频是电池储能技术有价值的应用方向，因为电池储能技术能够满足这一应用的长循环要求。

（4）电网稳定性

电力系统稳定性可分为两类：相位稳定性和电压稳定性[57]。相位稳定性是指互联的同步电机（例如，传统发电）保持同步的能力。相位稳定性可以进一步分解为小信号稳定性和瞬态稳定性。小信号稳定性是指系统对小扰动的响应，其中可以假定响应是线性的。瞬态稳定性是指系统对大扰动的响应。在电力系统中，瞬态稳定性分析侧重于大扰动后转子相位的第一个摆动[57]。电压稳定性关注的是在电力系统中所有母线维持一个稳定的可接受电压。当发生电压稳定性问题时，无功功率不足通常造成严重后果。储能技术可以通过注入有功功率和无功功率，以提高电力系统中的相位稳定性和电压稳定性。

（5）小信号稳定性

所有配备旋转发电机设备的大型电力系统都会受到0.2～1.0Hz范围内的低频电磁机械振荡的影响。通常情况下，这些振荡具有很好的阻尼。然而，在某些紧张的情况下，这些振荡可能会变为轻微阻尼，导致系统关闭。1996年，美国西海岸的大停电事故部分原因就是无阻尼区间振荡[59]。可以在电力电网的各个位置处采用有功功率注入来改善系统的阻尼特性[60]。由于响应是能量中性的，因此储能可以提供有功功率注入以增强小信号稳定性。控制原理是对电网各个位置的频率进行测量。因此，需要通过快速通信来实施广泛的区域阻尼控制方案。由于振荡周期相对较长（例如，长达 5s），因此可容忍的通信延迟时间长达 100ms，这对于使用现代光纤链路进行长距离通信来说很容易实现。太平洋直流互联系统（Pacific DC Intertie）已经演示了一个原型系统，该系统是一个连接俄勒冈州和加利福尼亚州的高压直流链路[61]。

（6）相位稳定性

图 27.20 展示了典型电力系统在发电损失时的响应。频率变化率（RoCoF）是电力系统惯性大小的函数；惯性越大，变化率越慢。频率最低点，即事件发生后的最低频率是初始变化率和系统中频率响应发电量的函数。大型传统旋转发电机为电力系统提供大部分惯性。较小的系统通常具有较小的惯性，并且用基于逆变器的可再生能源发电（除非实施了合成惯性，否则不提供惯性）替代传统发电会进一步减少惯性量。系统惯性的减少增加了因大扰动导致失步和低频减载的可能性。

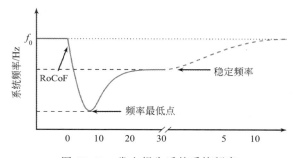

图 27.20　发电损失后的系统频率

通过注入有功功率，储能系统可以提高瞬态稳定性。可以采用合成惯性控制律来增加系统惯性，其中输出功率与转子角速度变化率（即频率变化率，RoCoF）成正比。这对于低惯性电网（例如，具有高可再生能源渗透率的微电网）尤为重要。最近的研究评估了有关孤岛电网储能提供合成惯性的优势[62-63]。

此外，储能系统还可以通过注入或吸收功率来减少线路故障对发电机造成的瞬态影响，从而提高发电机在发生线路故障时的首次摆动稳定性。储能系统还可以通过实施频率下垂控制提高电网频率最低点，其控制机制为使系统输出功率与频率偏差成正比。

（7）电压稳定性

电力系统中电压不稳定的主要原因包括以下几方面[64]：传输线路过载、电压源离负载距离过远、电压源电压过低、无功功率不足。

储能系统可以帮助解决上述问题。对于传输线路过载的情况，可以在线路末端、靠近负荷的地方部署储能系统。通过在高负荷时放电和在低负荷时充电，储能系统可以减少传输线路的过载。如果储能系统的部署能够推迟传输线路的升级，也相当于推迟了传输基础设施的升级。储能系统可以提供无功功率，前提是逆变器需要为此目的进行适当的设计和尺寸调整。这种能力在广泛的荷电状态（SOC）范围内都是可用的，并且对 SOC 的影响很小。典型的无功功率控制策略包括基于感兴趣节点的电压误差的比例或比例-积分控制。关于储能系统在防止电压崩溃方面可能带来的潜在好处，可以在文献中找到更多的讨论[65]。

27.3.2　用于可再生能源并网和稳定化的储能

可再生能源并网面临的最大挑战之一是确保在需要时能够提供产生的电力。与传统发电相比,传统发电是"可调度"的,而可再生能源发电本质上更不确定且可变,或者(以太阳能为例)有昼夜之分。例如,两种最普遍的可再生能源——太阳能和风能。太阳能只能在白天生成,并且受到云层和其他天气和大气条件的影响而波动很大。风力发电可能在一天中的任何时间都可用,但会随风速和方向而剧烈波动,难以预测,并且可能每秒都在发生变化。因此,当需要时可再生能源发电可能无法提供。因此,可再生能源发电并不适用于负载需要时进行发电。储能可以通过在可再生能源发电过剩时储存能源,并在需要时提供能源来缓解这一问题,从而使可再生能源发电变得"可调度"。随着可再生能源渗透率的增加,这一点变得越来越必要。

可再生能源发电的固有波动性可能导致电网并网面临挑战。两个值得关注的问题是供需(负荷)在一天中的不匹配,以及可再生能源发电快速波动的影响。第一种现象通常被称为"鸭曲线",如图 27.21 所示。"鸭曲线"的"腹部"是由在一天的中午时刻太阳能发电量大于电能需求所引起的。尖锐的颈部是由负荷开始增加时太阳能发电量下降造成的。这对其他发电机组提出了高爬坡率的要求。在加利福尼亚州,这一问题正在通过引入爬坡产品来解决。储能系统可以将中午的能源转移到傍晚,从而消除了对快速爬坡发电的需求。这种能力被称为可再生能源时间转移。

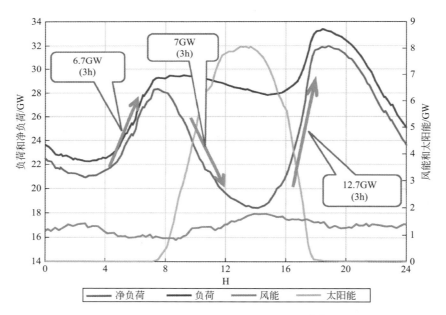

图 27.21　可再生能源时间转移示例[66]
2020 年 1 月加利福尼亚州负荷、风能和太阳能分布

在可再生能源并网中,储能系统的其他应用涉及"平滑"和"稳定"可再生能源发电。"平滑"是指减小可再生能源发电的波动性,使输出相对平稳,就像滤波器减少信号中的噪声一样。"稳定"是指调节可再生能源发电输出,使其达到特定值或遵循特定曲线。这些方案使发电更具可预测性,并便于调度以满足需求。图 27.22 展示了马萨诸塞州斯特林(Sterling)市在多云天气下的太阳能发电情况。

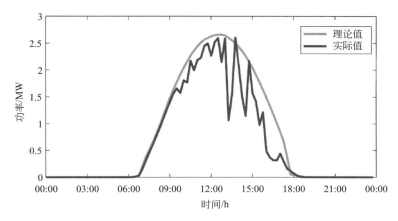

图 27.22　2015 年 9 月 28 日马萨诸塞州斯特林市太阳能发电波动性示例

可再生能源发电的持续波动性带来的电压波动会导致设备损坏，特别对有载分接开关变压器是有害的。在波多黎各和夏威夷等一些地区，对超出爬坡率限制的可再生能源进行了处罚（例如，在一定时期内超过铭牌容量的百分比）。这些处罚可以通过部署储能系统来提供平滑作用，从而限制爬坡率。

一个简单的控制律可以用来确定储能设备的注入或吸收功率，以提供平滑作用或限制爬坡率。这种控制律通常被设计为一个常数值（或"增益"），乘以生成功率与参考信号之间的差值，以确保储能和可再生能源发电的总功率满足爬坡率要求。这种控制律的框图如图 27.23 所示。可再生能源的功率（P_{gen}）经过滤波，以获得满足爬坡率或其他要求的信号（P_{ref}），然后向储能系统（ESS）发出的命令 P_t^c 则是可再生能源发电与平滑信号之间的差值。

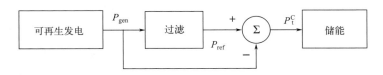

图 27.23　可再生能源容量稳定（例如，爬坡率限制）框图

27.3.3　微电网

微电网可以被描述为由分布式发电机、储能系统和本地负载组成的一个集群，这些组件由能源管理系统（EMS）进行管理。图 27.24 展示了一个典型的微电网系统示意。微电网有两种运行模式：并网模式和孤岛模式。在并网模式下，电网作为一个平衡实体，吸收来自可再生能源发电机（例如，太阳能电池板、风力涡轮机）的剩余功率，或提供缺失的功率以维持负载。当电网发生故障时，微电网应该能够无缝地将自己孤岛化，以最小的中断来维持其负载。在孤岛模式下，微电网必须独立供应全部或部分负载一段时间，直到电网问题得到解决。无论微电网处于何种运行模式，储能系统凭借其吸收和发电的能力，在实现提升性能和降低成本方面发挥着至关重要的作用。这些功能包括：

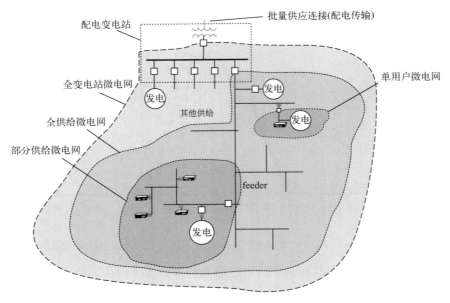

图 27.24　典型微电网系统示意
来源：桑迪亚国家实验室；图中"feeder"表示"输送"

• 可再生能源平滑与稳定。虽然可再生能源发电机提供清洁且廉价的能源，但其高度间歇性的输出对微电网的频率和电压控制造成了问题。储能系统可以通过平滑或稳定可再生能源发电机的输出来减少这种间歇性。短期和快速响应的储能系统，如电化学双层电容器和飞轮储能系统，更适合这种功能。

• 提高可靠性。在包括微电网在内的任何配电系统中，关键负载（例如医院、警察局）的电源始终需要维护。这需要大量的现场备用发电，因而显著增加了投资和运营成本。储能系统可以成为可靠的备用电源，从而提高整个系统的可靠性，同时还可提供其他功能。

• 时间转移和削峰填谷。在可再生能源微电网中，峰值负载和峰值可再生能源发电并不一定同时发生。例如，光伏系统通常在中午输出最大功率，而峰值负载可能发生在下午 6 点。因此，中午的过剩电力必须在低电价时被限制或被电网吸收。在这种情况下，可以利用储能在低负载时储存过剩的可再生能源，并在之后使用这些能源来支持峰值负载。此功能通常需要更长时间的储能，如采用电池储能。

• 调节电压与无功功率支持。随着电力电子技术的改进，储能系统可以提供必要的无功功率支持，这对于调节本地节点的电压和减少微电网中的总功率损耗至关重要。由于提供无功功率支持对储能系统的荷电状态（SOC）没有显著影响，因此可以同时实施此功能与其他功能，以增加储能系统在微电网中的整体效益。

• 合成惯性。在孤岛微电网中，柴油发电机通常用于发电，并提供系统稳定性所需的旋转质量。随着可再生能源渗透率的增加，柴油发电机不再是主要的电力供应来源。但是，微电网中相对较低的旋转质量可能会在发生扰动时导致稳定性问题。在这种情况下，储能系统可以通过控制算法提供所需的惯性。虽然储能系统可以提供广泛的应用，但将其纳入微电网时也存在一些挑战：

a. 储能部署的总体经济收益受到能量往返效率、储能设备容量及性能特性下降的限制。

b. 在微电网中协调多个能源系统很困难，因为它们通常在额定值、容量和技术方面各不相同，可能需要复杂的分布式通信和优化方法来有效地协调。

27.4 储能集成及发展

储能系统的合理集成能够将电网变得更高效、更灵活、更可靠。但是，其大范围推广仍然存在以下障碍。

- 优化配置工具缺失：储能容量规划、选址布局与价值评估的先进建模工具尚未普及。
- 监管机构未能公平补偿电网提供的储能服务。
- 需要构建主要由分布式能源资源组成的电网控制和通信架构。

通过在几个关键领域的应用和基础研究，可以显著减少大范围推广储能的障碍。下面就此展开讨论。

能源储存的价值评估困难。根据设备是否位于市场区域或垂直整合的公用事业之下，需要采取截然不同的方法。一些独立系统运营商（ISO）开始引入爬坡和电压支持产品，为能源储存提供额外的潜在收入来源。此外，还有许多电网功能尚未得到补偿，包括减少碳排放、合成惯性、调速器响应和小信号稳定性。为了大规模集成能源储存，需要建立健全的市场机制，对所有能源储存系统（ESS）可以提供的服务进行价值评估。

通常通过执行成本建模，以评估垂直整合的公用事业之中不同能源场景节约的运营成本。此外，必须执行动态模拟以评估满足技术目标（例如发电机停电后的最小频率值）所需的储存需求。然后，必须将能源储存成本与其他满足技术目标的方法（例如需求响应、峰值发电厂、新建传输等）进行比较。

动态模拟工具已用来建模和分析电网对小信号和瞬态稳定性的动态响应。一些工具实例包括 PSLF（通用电气）、PSS®E（西门子）和电力世界（Power World）等。这些工具也用于传输规划研究。它们通常统计负载并模拟大量传输系统。使用不同的建模工具（如 OpenDSS）进行配电级建模[67]。虽然 OpenDSS 可以进行动态模拟，但这种功能很少使用。因为在美国，任何类型的配电事件都不太可能对电网频率产生显著影响。因此，假设电网频率是恒定的，可采用准静态时间序列模拟。还需要开发新的技术和工具来建模和分析未来分布式、灵活的电网。该电网主要由通过通信控制的分布式资源组成。开发这些工具是确定可行的控制和通信架构的先决条件，这些架构必须被编制为标准以实现广泛的部署。

通信和控制对于主要由分布式可再生能源发电、能源储存和响应式负载组成的未来电网至关重要。由于加入了储存环节，这组资源可以在需要时从电网中断开并独立运行，因而被称为微电网。与当今的电网截然不同，因为它必须"优雅"地处理双向功率流，并需要一种尚未得到开发的通信和控制架构来维持预期的可靠性水平。已经对微电网设计优化和控制算法进行了大量研究，但如何更有效地运行主要由微电网组成的电网方面的研究却很少。因此，一个关键的研究领域是开发控制算法和相关的通信基础设施，这些基础设施将主要用于运行由分布式可再生能源发电、能源储存和响应式负载组成的电网。需要进行基础研究，以权衡控制和通信的复杂性，找到一种潜在的解决方案。该解决方案在合理成本下应满足技术性能要求，同时应尽可能利用现有基础设施。

27.5 电网电池储能的系统工程

电池储能系统包含四个主要组成部分：电池和电池管理系统（BMS）、电力调节系统

（PCS）、电厂辅助系统（balance of plant，BOP）和能量管理系统（EMS）。图 27.25 总结了电池储能系统的组成部分，下面对其进行更详细的描述。

图 27.25　电池储能系统

27.5.1　电池和电池管理系统

电池储能系统主要包括电池单体堆、电解液罐（当使用时）、模块、电池管理系统（BMS）、过载和短路保护，以及必要的机架装置。电池提供电化学能量储存，而模块则以适当的组合方式排列电池，以满足给定的千瓦（kW）和千瓦时（kW·h）额定值。因此，允许将电池放置在机架中组成系统。根据千瓦和千瓦时额定值，这些机架可以安装在运输型集装箱中以方便运输和安装，或放置在建筑物内。

由 BMS（与 EMS 结合）控制电池的充电和放电。如有必要，BMS 还可以提供电池涓流充电。BMS 还可以监控电池单体运行状况，并检测和报告电池单体和模块的故障。

图 27.26～图 27.29 展示了几种电池系统结构。图 27.26 展示了斯特林（马萨诸塞州）市政照明部门安装的 NEC 公司大型锂离子电池。图 27.27 是一个稍小一些的 NEC 公司锂离子电池储能系统，安装在传统的长 40ft（约 12.2m；1ft＝0.305m，全书同）的集装箱内。图 27.28 展示了 Kokam 公司 2.4MW·h 锂离子电池储能系统。图 27.29 展示了安装在位于新墨西哥州的 UniEnergy 公司液流电池的内部结构。

图 27.26　斯特林（Sterling）项目：额定值为 2000kW、3900kW·h 的
储能系统内部结构图（由 NEC 公司提供）

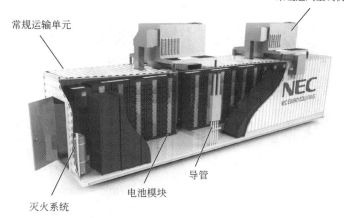

图 27.27　在一个长 40ft（约 12.2m）的集装箱中的锂离子电池储能系统
额定功率为 2800kW，额定能量为 2800kW·h

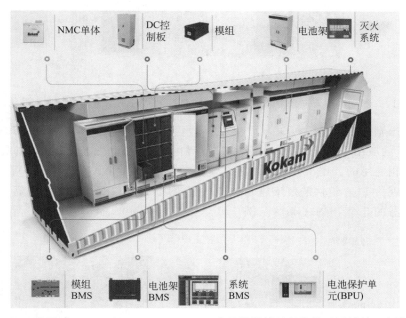

图 27.28　Kokam 公司 2.4MW·h LiMNC（LiMNC 表示锂锰镍钴氧化物正极材料）电池储能系统[68]

27.5.2　电力调节系统

电力调节系统（PCS）的主要目的是控制电池的直流（DC）输出（或输入），以匹配交流（AC）负载（或电源）。在放电过程中，PCS 将电池提供的直流电转换为交流电输出，以供电网连接使用。相反，在充电时，PCS 将交流电压整流为直流电压。因此，PCS 由双向逆变器组成，这些逆变器既能转换又能整流交流和直流，并可能包括隔离和/或升压/降压变压器。此外，PCS 还包括谐波滤波、具有保护协调断路器的配电开关设备（过载和短路保护），以及自动开关设备控制。

从 PCS 的角度来看，电池被视为一个电压源，因此 PCS 逆变器的额定功率和电压会根据应用的不同而有所差异。逆变器通常以千瓦（kW）为单位进行额定计量，目前最大范围可达 500kW。逆变器线路侧的交流电压通常不会超过 480V/三相交流电，而逆变器直流总

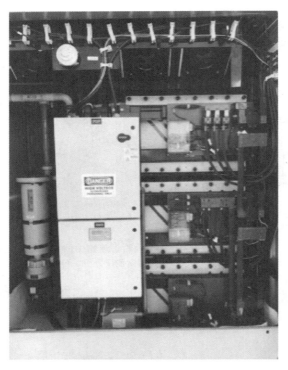

图 27.29　电池管理系统：桑迪亚国家实验室 1MW·h 钒液流电池内部结构

线上的直流电压则在 600~900V 之间。然而，随着新型绝缘栅双极晶体管（IGBT）和碳化硅（SiC）技术的应用，逆变器目前能够处理更高的交流电压。逆变器系统的另一个属性是它是单相和三相通用的。用于住宅的小型系统是单相的，而商业、工业和公用事业系统则可能是三相的。现代 PCS 组件的效率越来越高[69]。图 27.30 和图 27.31 分别展示了双向逆变器和三相变压器的几个 PCS 子系统示例。

冷却系统

连接点和熔断器

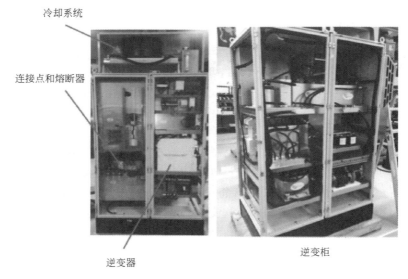

逆变器

逆变柜

图 27.30　125kW AC/DC 双向逆变器的两个视图
EPC Power 公司提供

27.5.3　电厂辅助系统

电厂辅助系统（BOP）包括所有不直接属于电池系统，但对于系统的安全、可靠运行至关重要的部分。这些部分因不同的电池技术而异，但可能包括但不限于容器（建筑设施、支架结构或运输集装箱）、空调和加热单元、泵、照明和消防保护。图 27.32 展示了图 27.30 中双向逆变器的冷却系统。

图 27.31　150kV·A、480V 三角形/星形
三相变压器

图 27.32　125kW 双向逆变器的内置冷却系统
能源存储安装实例由 EPC Power 公司提供

图 27.33　BOP 组件示例——液流电池的计量泵
UniEnergy Technologies 公司提供

图 27.33 展示了一个泵系统的示例。集装箱的左侧有两个长的细长圆柱体，这是钒氧化还原液流电池（RFB）系统上的两种计量泵：负极流量泵和正极流量泵。根据安装环境的温度，可能会有空调机组、风扇、加湿系统，或者三者都有。BOP 中可能还包含泄漏检测系统。这对于液流电池系统来说非常重要，因为它可以检测出可能发生的任何泄漏。通常，这个系统只安装在储能系统（ESS）外壳的堆叠部分，因为这个区域更容易发生泄漏。然而，储存负极电解质和正极电解质的容器通常以这种方式制造并具有足够的遏制漏液作用，并不需要泄漏检测。对于其他电池技术，一个关键组件将是火灾检测系统，它会在出现烟雾或火灾时关闭系统并向操作人员发出警报。

27.5.4　能源管理系统

能源管理系统（EMS）是一种基于计算机的系统，用于控制储能系统（ESS），使其能够为所有者提供有益的服务。EMS 在管理电池与电网的接口方面发挥着重要作用。它会读取电网上的信息，如用电时间费率、天气预报、负荷概况和负荷关键性以及电网稳定性。同时，它还监视电池的荷电状态（SOC）、负荷边界约束、爬坡速率，以及其他可能影响电池性能的变量，如累积循环次数。借助一些更先进的技术，EMS 可以就电池应如何运行做出合理的决策，并优化运行以增加 ESS 的效益。例如，EMS 可以根据用电时间费率和负荷概况来预测后续的能源需求，并相应地调整电池的充放电策略。此外，通过监视电网稳定性和负荷关键性，EMS 可以在必要时自动调整电池的输出，以保证电网的稳定运行。

27.6　设计电池储能系统

在设计与公用电力分配系统接口的电池储能系统（ESS）时，需要考虑一些事项。首要任务是进行分析，以确定哪种应用将为给定的市场和/或需求带来最大好处。如前所述，有许多应用[7]，所有这些都主要提供电力或能源优势[70]。这些类别大致根据电池的最佳放电时间进行划分。电力应用通常运行时间少于 15min，而能量应用通常需要超过 15min 的操作时间。一些技术同时属于这两个类别。常规储能系统应用总结在表 27.5 中。

表 27.5　常规储能系统应用

应用	功率<15min	能量>30min
可再生存储	×	×
输配电升级延期		×
需求减少		×
能量转移		×
电能质量/可靠性	×	×
旋转备用		×
频率调节	×	
容量		×

注：表中"×"表示不存在相应情况。

为了确定更适合电池储能系统的应用，需要了解和掌握系统运行所在的公用事业市场费率结构。此外，还需要确定所考虑应用的千瓦（kW）和千瓦时（kW·h）额定值。一种常见的方法是测试给定应用的功率负荷曲线。负荷曲线可向系统设计师提供最大需求（功率负荷）、持续时间和循环次数等信息。最大需求表明系统的千瓦额定值，而持续时间表明千瓦时额定值，循环次数对于确定系统在整个项目生命周期中以最大负荷和持续时间执行多少次循环非常重要。在选择电池时，另一个重要因素是系统所在环境的温度。这一信息对于确定电池是否需要额外的冷却或加热系统以按预期运行至关重要。上述信息将提供给电池供应商作为投标规范。图 27.34 和图 27.35 是测试各种应用的负荷曲线示例[71]。

在设计阶段，需要考虑的其他事项包括如下。

① 所有权模式，包括如购电协议（PPA）、开发商/运营商建设和运营及业主拥有并运

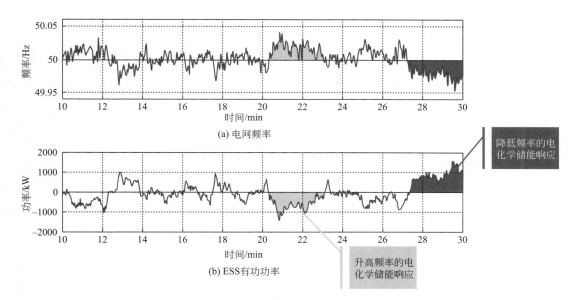

(a) 电网频率

(b) ESS有功功率

升高频率的电化学储能响应

降低频率的电化学储能响应

图 27.34　频率调节负荷曲线

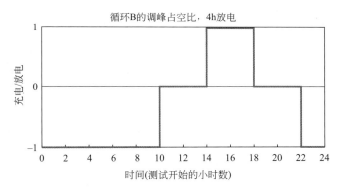

循环B的调峰占空比，4h放电

图 27.35　削峰填谷循环周期 B（4h 放电负荷曲线）

营。表 27.6 列出了不同所有权模式的特点（包括各自的优势和劣势）。

② 系统设计和建造的合同模式，表 27.7 给出了几种方法。

表 27.6　不同所有权模式的特点

所有权	优势	劣势
购电协议（PPA） 开发商/运营商负责建设和运营储能系统；业主支付所交付的千瓦时（kW·h）费用	风险由开发商承担，因为业主只需要为交付的千瓦时（kW·h）付费 由开发商/运营商负责维护；这对于没有支持人员的项目来说是非常宝贵的	缺乏所有权 可能会被锁定到与市场需求不一致的操作负载曲线和/或应用
由业主拥有并运营：业主支付开发商建设系统的费用；系统一旦投入运行，业主将拥有并运营该系统	对系统安装和运营的完全控制；能够根据市场需求调整操作负载曲线和应用	业主承担风险。如果系统未按指定要求运行，业主只能依靠合同要求、保修条款或运营维护协议来解决运行问题。对于不在保修或维护协议范围内的小型检查/调整，业主将需要获得维护支持

表 27.7　不同合同模式的特点

合同策略	简述	备注
设计-建造（D/B）	在这种策略中，一家公司受雇于业主，负责设计和建造储能系统（ESS）项目；有时被称为"交钥匙"系统	当业主在工程和/或施工管理方面的资源有限时，这是一种便利的策略；设计/建造公司可以签订全面合同，还可以充当业主代表
设计-招标-建造（DBB）或工程-采购-施工（EPC）	采用这种策略，业主将与一家设计公司签订合同；然后当设计完成后，设计将被用来供安装人员竞标	当业主拥有充足的人员时，这种策略可以使业主拥有更多的控制权，因为他们可以在设计和施工之间充当把关人

27.7　安装

在安装储能系统（ESS）时，应考虑以下几点。

① 建筑和消防规范。截至本文撰写时，安装规范才刚刚开始跟上 ESS 安装的步伐，在某些地区，几乎没有相关的规范。此外，对于某些技术，有关消防安全的关注度也有所增加。因此，对于任何规模（>5kW）的系统，应与当地机关和消防部门密切合作，了解安装要求是至关重要的。例如，根据系统的位置、建筑类型或所在地区，安装人员可能需要遵循的间距要求，以及对防护和安装材料的要求。此外，根据电池的化学特性，可能需要遵循消防部门的防火要求。许多规范都是基于以前安装的经验教训而制定的。由于规范内容会不断更新，因此与消防部门密切合作很重要。关于电池安全的具体说明，请参见本章第 27.10 节。

② 与公用事业公司的互联协议。由于公用事业公司关注正在接入其电网的发电设备，而电池系统在向电网放电时被视为发电源，因此需要获得将储能系统（ESS）连接到电网的许可。这主要是出于安全考虑，因为公用事业公司的线路工人不会在没有通电或认为没有通电的电路上工作，结果却发现它是由连接到电网的未知电池供电的。互联协议应告知公用事业公司 ESS 的规模、位置以及系统的应用类型。如果进行孤岛操作，则公用事业公司需要确保系统安装人员具有将系统与电网隔离的断开装置[72]。

③ 应用考虑因素。如将使用哪些应用，安装了哪些合适的配电组件。如果系统将用于孤岛应用，那么储能系统（ESS）逆变器必须具有黑启动功能。逆变器有两种工作模式：电网跟踪，逆变器在跟踪电网电压的同时提供电流；电网形成，逆变器提供电压，就像备用发电机一样。当逆变器处于电网形成模式时，具备黑启动能力，并在断电期间为 PCS 控制装置提供电源。具备此功能后，如果 ESS 有足够的电量，逆变器可以向电网提供电压。

④ 弹性。当将 ESS 作为弹性设备的一部分进行安装时，应注意将 ESS 安装在不易受洪水、雨水和风害以及火灾损害的地区。此外，与 ESS 连接的配电系统应选择或设计成能够最小化因自然事件或其他原因造成的故障。例如，应将配电线路安装在地下，最好将开关设备安装在洪水线以上区域。

最后，为了避免不必要的成本，应将 ESS 安装在靠近允许有效连接点的配电系统附近。

27.8　公用事业互联

公用事业互联可以简单到在分支面板的断路器上进行连接，也可以复杂到安装带有孤岛控制的独立开关设备。孤岛在第 27.3.3 节中已有解释。除了物理连接外，大多数公用事业公司还要求与公用事业管理系统建立监控或通信连接。可以通过之前讨论的能源管理系统（EMS）进行操作。

图 27.36 显示了不同的互联/配电面板，图 27.37 显示了典型的服务入口开关设备，图 27.38 显示了一个升压变压器。这些都位于桑迪亚国家实验室的 ESS 测试设施中。

图 27.36　用于连接到配电网的 300A 面板和 200A 面板

 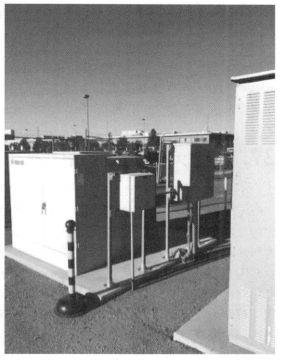

图 27.37　商业/工业/公用事业设施的典型
服务入口开关设备

图 27.38　用于连接到电网的 1.5MV·A、
12470/480-277 型号三相升压变压器

并非每个 ESS 公用事业系统都设计为孤岛模式。当设计为孤岛模式时，孤岛控制不仅包括电源组件（例如，电机操作断路器或静态开关），还包括基于计算机的操作电源设备实际控制器。孤岛模式可能还需要同步控制设备，以便当电网电源恢复时使电池与电网保持同步。这种同步允许无缝返回电网。互联的一个重要方面是，系统保护方案需要有能力保护将 ESS 作为负载和电源的系统。在大多数现代保护继电器系统中，这是通过双保护继电器设置来实现的。这些设置会根据电池是充电还是放电进行调整。

27.9　系统调试

系统调试是整个储能系统（ESS）安装过程中的重要环节。在系统投入运行之前，这一环节至关重要，它确保系统已按照设计要求正确安装，可以安全操作，并能够满足预定的应用需求。调试程序涵盖了设计验证清单、安全系统检查、安装符合规范和标准的验证、应用测试以及基线数据监控等多个方面。

图 27.39 展示了系统调试所需的不同阶段。这些阶段并非全部集中在建设和安装的结束阶段。实际上，在系统建设过程中，需要同时制定启动程序、测试程序、例行操作程序、维护程序和应急操作计划。可以在桑迪亚国家实验室/太平洋西北国家实验室（Pacific Northwest National Laboratory）的协议手册中找到相关的测试协议[73]。

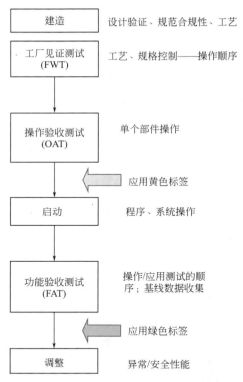

图 27.39　系统调试过程的阶段
黄色标记表示由承包商拥有、业主操作，尚未完成交接；绿色标记表示完成交接（移交）并开始操作

项目发起人负责确定工厂见证测试、操作验收测试和功能验收测试的详细要求。

27.10　大型电池储能系统的安全性和可靠性

公众和公用事业电网储能的利益相关者对电池安全性日益关注。随着电池使用量的增加和固定式储能系统规模的扩大，安全问题愈发突出。消费电子产品、航空和电动汽车电池发生的故障事件加剧了这种担忧，导致在某些情况下对储能持谨慎态度。这种情况在城市中尤为明显，在这些地方采用能源储存需要完善的安全规范和协议。

① 安全研究涵盖风险识别和缓解。内部引发的故障可能由制造缺陷、导致早期退化的老化效应、滥用条件、电力电子故障等引起。外部故障可能由相邻房间的火灾或导致电池受损的机械冲击引起。安全研究进一步分为材料和单元以及系统级别的影响因素。2014 年，美国能源部发布了一份战略文件，概述了这一领域的研究需求[74]。

② 风险确定是识别储能系统（ESS）故障场景和评估其后果的关键。为了更好地减轻后果的严重性，与系统级储能相关的研发（R&D）的优先领域是深入了解与热失控、燃烧行为、排放气体、火灾建模/分析和抑制测试相关的故障。此外，还需要解决无法释放能量问题。必须开发一种工具，用于评估无法释放的能量何时会构成危险，并制订故障后处理这些能量的最佳方案。此外，预测和缓解故障的高级监控和控制对于减轻风险至关重要。对电池的性能和老化进行评估，以及通过电化学特征或其他传感器技术识别潜在故障，是增加储能系统弹性的重要研究领域。

③ 必须制定与储能系统安全问题相关的法规、标准和规范（CSR）。这包括识别 CSR 环境中的差异和矛盾，以及通过研发来阐明最佳方案。这些努力还必须与严格的风险评估过程相结合，如故障模式和影响分析（FMEA）。无论现有法规和标准涵盖的安全考虑的一般领域如何，正如《储能系统合规指南》[75] 所概述的那样，以下方面都需要得到解决。

- 烟雾和火灾检测、火势控制及抑制、灭火。
- 通风与热管理。
- 出口与入口、安全、照明、标识。
- 电气安全。
- 固定与防护，抵御自然灾害和恶劣环境。
- 泄漏控制、中和及处置；人员防护；危险物质处理设备。
- 通信与电池管理。

关于这些方面的相关法规和标准，可以在参考文献［76-78］中找到。

电池设计可以通过多种途径减少故障，例如开发本征安全的化学体系。还包括电池单元级别的安全装置和改进的活性及非活性材料，范围从隔膜和电解质材料到塑料外壳。对标准锂离子电池设计的改进应包括工程化阻燃电解质。必须进行电池单元级别的热扩散实验和热建模，以提供有关缓解热失控传播的热管理策略。需要对排放气体进行分析和建模，以了解燃料中空气混合物以及电池故障产生的气体，这对于火灾研究和风险评估至关重要。在电力电子研究和软件设计方面，仍有大量改进空间，以实现在发生灾难性故障之前识别出故障条件。

迫切需要建立一个在线数据库、测试计划和讨论平台，以整合与储能系统安全研发相关的信息，并协调合作、及时分享发现，并寻求改进储能系统风险管理的关键路径。还应辅以协调一致的会议，如储能系统安全与可靠性论坛。

储能系统的安全和可靠性在成本预算中被视为最大的未知变量，而储能系统的安全是一个需要进行大量研究的关键领域[79]。为了保险和在安装系统时开发更有效的安全工程，需要确定系统的风险。目前重点关注的是锂离子电池储能应用和风险[80]。这是可以理解的，因为锂离子电池的普及以及高的能量密度增加了事故的可能性，从而形成了不断增长的风险。即使在实验室环境中，对电池单元级别的可靠性和寿命周期进行预测也是困难的。

在系统层面上，可靠性受到许多因素的影响：电池的化学性质及其相关的电池管理协议；预计的应用配置文件及其变化；安装过程中的处理和误操作；引线连接的可靠性；传感器的放置以及可用电化学信号进行电池诊断的算法；电池管理系统、数据管理、数据存储；电池温度、热管理（被动和主动）、HVAC 设计，以及热点检测和预防；电源问题、逆变器响应等。

据报道，一些地区由于对储能系统（ESS）不熟悉以及风险和缓解策略的不确定性，推迟了储能系统安装计划。纽约州能源研究和发展局（NYSERDA）最近进行了一项关于各种电池储能技术在滥用条件下的研究，旨在缓解对储能系统安装的担忧[81]。安装人员对于储能的安全性和可靠性仍存在不确定性，因而影响了对风险的评价和储能的均化成本。因此，对安全性和可靠性进行更深入的了解，对于在多种应用和市场中实施储能至关重要。

电力电子是储能系统的重要组成部分，可以提供交流电和直流电之间的转换等功能。电力电子控制方面有助于系统的安全性和可靠性[82-83]。然而，电力电子本身也代表一种安全风险，主要是由于电解电容器的潜在故障[84]。热管理是管理风险和提高系统安全性的重要组成部分[85]。评估热失控的潜在可能性[86]很大程度上依赖于建模[87]，因为电池单元故障会发展到电池组故障[88]，然后是系统故障。

因此，为了推进储能系统的广泛应用和接受度，需要深入研究并了解与之相关的所有风险和挑战。从电力电子到热管理，每个组件都需要经过严格的测试和验证，以确保整个系统的安全性和可靠性。此外，安装人员、操作人员和维护人员也需要接受相关培训，以熟悉储能系统的操作和可能的风险，从而能够迅速、准确地应对所面对的问题。

电池故障包括电压异常、电弧闪光/爆炸、火灾、燃烧、毒性、无法释放能量和复燃。在储能系统故障中，火灾是最常被考虑和讨论的问题[89]。需要标准化的故障测试方法，并通过可信度验证机制量化电池风险。一些报告已经提出了针对性能和安全性测试的建议做法[90-91]。到目前为止，已有几起系统故障导致的火灾被报道。由于示范项目和商业系统的专有性质，任何未导致火灾的险情和经验教训可能都没有被报道。在已知的火灾中，至少有一起是由电力电子设备故障引起的，这表明在处理系统时，安全考虑不能仅限于电池本身，参见表 27.8[92-95]。

表 27.8　导致火灾的储能系统故障概述

名称	技术	规模/kW	年份	备注
安吉利斯(Angeles)港购物中心	磷酸铁锂电池	75	2013[92]	
夏威夷州卡胡库(Kahuku)风能储能农场	先进铅酸电池	15000	2012[93]	火灾归因于逆变器中的 ECI 电容器
日本筑波工厂	钠硫电池(NGK 公司)	2000	2011[94]	
波多黎各电力公司第二个电池储能系统(BESS 2)项目	铅酸电池	20000	2006[93]	

27.11　未来电网中的储能系统

当前电网现代化的趋势及研发项目预示着一个充满进步和颠覆性变革的未来电网，涵盖从发电、输电到人们如何消费和支付能源等各个环节。这些颠覆性变革包括发电和配电中的双向功率流、全电网的电力电子基础设施、全系统协调的传感和控制、异步网络，以及多样化的能源产品和服务。储能的广泛采用和集成将影响电网的每一个层面，并在应对未来电网挑战方面发挥关键作用。然而，为了充分发挥未来储能的优势，电网规模的储能将需要降低投资成本（约 100 美元/kW·h），同时需要具有更长的循环寿命（可能高达 10000 次深度循环）和更深的放电能力，以服务于多种电网应用。

输配电网络集成的大量可再生能源发电将为储能发挥关键作用。目前全球发电能力达到 6TW，其中可再生能源发电在许多市场中的渗透率已经达到 20%，在某些市场中迅速提升至 30%~40%。在这些地区，处理可再生能源的波动性和间歇性至关重要。储能将被用于稳定可再生能源的发电能力，并使其与化石燃料和核能发电相竞争。为了实现这一目标，需要更先进的电力电子和 EMS 系统。

尽管储能技术的研发取得了重大进展，但仍有以下几个领域需要进一步研究：能够全面反映电池系统性能和循环寿命特性的电学模型；用于叠加多种电网应用价值的改进型操作优化方法；用于将储能作为分布式能源资源集成的改进型去中心化和分布式优化方法；结合输电和配电网络的改进型电网仿真工具，以评估在整个系统中安装储能等资源的影响；开发能够集成大规模分布式能源资源的能源/电力管理系统。

任何储能系统（ESS）都是一个由储能技术、电力转换系统和电网互联组成的复杂系统。材料研发在不断发展，并且在过去几十年中在理解电池失效的材料起源方面取得了重大进展。这些新材料可以显著扩大设计空间，并且可以开发出超越当前系统设计的新拓扑结构。通过战略性地投资新型、低成本、可靠且安全的技术，这些技术专门用于解决公用事业电网的需求和挑战，可以最大化市场渗透率。更新的技术包括氧化还原液流电池、高温电池和碱性电池。电力电子是储能系统的通用组成部分，尽管它们在储能系统中占据相当大的成本，并对系统效率有着重要贡献，但并未获得与之相称的研发关注。安全性是另一个普遍关注的问题，其风险等级因技术、部署位置和使用情况等因素而异，但对风险认知不足将推高系统成本，必须通过额外技术手段进行风险控制及对风险的进一步不确定性导致系统审批延迟，否则这些系统将能够继续推进。在潜在事件发生之前缓解风险，对于促进当前储能系统的增长至关重要。最后，必须以更加系统的方式解决集成问题，以更好地理解和最大化储能系统的价值。

参考文献

1. G. Constable and B. Somerville (eds.), *A Century of Innovation: Twenty Engineering Achievements That Transformed Our Lives, National Academy of Engineering*, Joseph Henry Press, Washington, DC, 2003.
2. DOE/EPRI Electricity Storage Handbook, 2013.
3. J. Makansi, *An Investor's Guide to the Electricity Economy*, John Wiley & Sons, New York, NY, 2002.
4. Key World Energy Statistics, International Energy Agency (IEA), 2016.
5. U.S. Energy Information Administration (EIA) Energy Outlook, 2016.
6. Annual Energy Outlook 2016 with Projections to 2040, U.S. Energy Information Administration, August 2016. Report: DOE/EIA-0383(2016).
7. D. Stenclik, P. Denholm, and B. Chalamala, "Maintaining Balance: The Increasing Role of Energy Storage for Renewable Integration," *IEEE Power Energy Mag.* **15**(6):31–39 (November to December 2017). doi: 10.1109/MPE.2017.2729098.
8. U.S. Department of Energy, Global Energy Storage Database at: http://www.energystorageexchange.org/ (accessed 2018).
9. International Energy Agency, Country Forecasts for Grid-Tied Energy Storage, 2015.
10. Grid 2030: A National Vision for Electricity's Second 100 Years, United States Department of Energy, Office of Electric Transmission and Distribution, July 2003.
11. K. H. LaCommare and J. Eto, "Understanding the Cost of Power Interruptions to U.S. Electricity Consumers," Lawrence Berkeley National Laboratory, 2004. https://escholarship.org/uc/item/1fv4c2fv.
12. U.S. Department of Energy, Quadrennial Technology Review: An Assessment of Energy Technologies and Research Opportunities, U.S. Department of Energy, Washington, DC, September 2015.
13. New York Independent System Operator (NYISO), 2017 Load & Capacity Data Report Gold Book, April 2017, NYISO, Albany, NY.
14. California Independent System Operator, Folsom, CA. http://www.caiso.com/market/Pages/ReportsBulletins/Default.aspx.
15. North American Electric Reliability Corporation (NERC), Atlanta, GA, 2017 Summer Reliability Assessment Report. Available at: http://www.nerc.com/pa/RAPA/ra/.
16. U.S. Department of Energy, Grid Energy Storage, December 2013.
17. R. D. Masiello, B. Roberts, and T. Sloan, "Business Models for Deploying and Operating Energy Storage and Risk Mitigation Aspects," *Proc. IEEE* **102**(7):1052–1064 (July 2014). doi: 10.1109/JPROC.2014.2326810.
18. Y. Zhang, V. Gevorgian, C. Wang, X. Lei, E. Chou, R. Yang, Q. Li et al., "Grid-Level Application of Electrical Energy Storage: Example Use Cases in the United States and China," *IEEE Power Energy Mag.* **15**(5):51–58 (2017).
19. B. Dunn, H. Kamath, and J.-M. Tarascon, "Electrical Energy Storage for the Grid: A Battery of Choices," *Science* **334**:928–935 (2011).

20. B. Roberts and J. McDowall, "Commercial Successes in Power Storage," *IEEE Power Energy Mag.* **3**(2):24–30 (2005). doi: 10.1109/MPAE.2005.1405867.

21. B. R. Chalamala, T. Soundappan, G. R. Fisher, M. R. Anstey, V. V. Viswanathan, and M. L. Perry, "Redox Flow Batteries: An Engineering Perspective," *Proc. IEEE* **102**(6):976–999 (June 2014). doi: 10.1109/JPROC.2014.2320317.

22. H, Ibrahim, A. Ilinca, and J. Perron, "Energy Storage Systems—Characteristics and Comparisons," *Renew. Sust. Energy Rev.* **12**(5):1221–125 (2005).

23. B. Zakeri and S. Syri, "Electrical Energy Storage Systems: A Comparative Life Cycle Cost Analysis," *Ren. Sust. Energy Rev.* **42**:569–596 (2015).

24. E. Telaretti and L. Dusonchet, "Stationary Battery Technologies in the U.S.: Development Trends and Prospects," *Ren. Sust. Energy Rev.* **75**:380–392 (2017).

25. J. Araiza, J. Hambrick, J. Moon, M. Starke, and C. Vartanian, "Grid Energy-Storage Projects: Engineers Building and Using Knowledge in Emerging Projects," *IEEE Electrification Magazine* **6**(3):14–19 (2018).

26. H. Chen, T. N. Cong, W. Yang, C. Tan, Y. Li, and Y. Ding, "Progress in Electrical Energy Storage System: A Critical Review," *Prog. Nat. Sci.* **19**(3):291–312 (2009).

27. X. Luo, J. Wang, M. Dooner, and J. Clarke, "Overview of Current Development in Electrical Energy Storage Technologies and the Application Potential in Power System Operation," *Appl. Energy* **137**:511–536 (2015).

28. K. Wu, Y. Zhang, Y. Zeng, and J. Yang, "Safety Performance of Lithium-Ion Battery," *Prog. Chem.* **23**:401–409 (2011).

29. A. Eddahech, O. Briat, and J.-M. Vinassa, "Performance Comparison of Four Lithium–Ion Battery Technologies under Calendar Aging," *Energy* **84**:542–550 (2015).

30. A. Barré, B. Deguilhem, S. Grolleau, M. Gérard, F. Suard, and D. Riu, "A Review on Lithium-Ion Battery Ageing Mechanisms and Estimations for Automotive Applications," *J. Power Sourc.* **241**:680–689 (2013).

31. S. Y. Chen, Z. Wang, Z. Hailei, and L. Chen, "Safety-Enhancing Additives for Lithium Ion Batteries," *Prog. Chem.* **21**(4):629–636 (2009).

32. H. M. Barkholtz, A. Fresquez, B. R. Chalamala, and S. R. Ferreira, "A Database for Comparative Electrochemical Performance of Commercial 18650-Format Lithium-Ion Cells," *J. Electrochem. Soc.* **164**(12):A2697–A2706, 2017.

33. B. Scrosati, J. Hassoun, and Y.-K. Sun, "Lithium-Ion Batteries: A Look into the Future," *Energy Environ. Sci.* **4**(9):3287–3295 (2011).

34. California Energy Commission, Tracking Progress in Energy Storage, November 2017. http://www.energy.ca.gov/renewables/tracking_progress/documents/energy_storage.pdf.

35. R. H. Byrne, S. Hamilton, D. R. Borneo, T. Olinsky-Paul, and I. Gyuk, "The Value Proposition for Energy Storage at the Sterling Municipal Light Department," 2017 IEEE Power & Energy Society General Meeting, Chicago, IL, 2017, 1–5. doi: 10.1109/PESGM.2017.8274631.

36. L. Lam, N. Haigh, C. Phyland, and A. Urban, "Failure Mode of Valve-Regulated Lead-Acid Batteries under High-Rate Partial-State-of-Charge Operation," *J. Power Sources* **133**:126–134 (2004). https://doi.org/10.1016/j.jpowsour.2003.11.048.

37. G. L. Soloveichik, "Battery Technologies for Large-Scale Stationary Energy Storage," *Ann. Rev. Chem. Biomol. Eng.* **2**(1):503–527 (2011).

38. B. Zakeri and S. Syri, "Electrical Energy Storage Systems: A Comparative Life Cycle Cost Analysis," *Renew. Sust. Energy Rev.* **42**:569–596 (2015).

39. C. J. Rydh, "Environmental Assessment of Vanadium Redox and Lead-Acid Batteries for Stationary Energy Storage," *J. Power Sources* **80**(1):21–29 (1999).

40. L. Unterreiner, V. Jülch, and S. Reith, "Recycling of Battery Technologies–Ecological Impact Analysis Using Life Cycle Assessment (LCA)," *Energy Procedia* **99**:229–234 (2016).

41. M. Perrin, Y. M. Saint-Drenan, F. Mattera, and P. Malbranche, "Lead–Acid Batteries in Stationary Applications: Competitors and New Markets for Large Penetration of Renewable Energies," *J. Power Sources* **44**(2):402–410 (2005).

42. M. Shiomi, T. Funato, K. Nakamura, and T. Takahashi, "Effects of Carbon in Negative Plates on Cycle-Life Performance of Valve-Regulated Lead/Acid Batteries," *J. Power Sources* **64**(1–2):147–152 (1997).

43. B. B. McKeon, J. Furukawa, and S. Fenstermacher, "Advanced Lead–Acid Batteries and the Development of Grid-Scale Energy Storage Systems," *Proc. IEEE* **102**(6):951–963 (June 2014). doi: 10.1109/JPROC.2014.2316823.

44. B. R. Chalamala, T. Soundappan, G. R. Fisher, M. R. Anstey, V. V. Viswanathan, and M. L. Perry, "Redox Flow Batteries: An Engineering Perspective," *Proc. IEEE* **102**(6):976–999 (June 2014). doi: 10.1109/JPROC.2014.2320317.

45. Z. Yang, J. Zhang, M. C. W. Kintner-Meyer, X. Lu, D. Choi, J. P. Lemmon, and J. Liu, "Electrochemical Energy Storage for Green Grid," *Chem. Rev.* **111**(5):3577–3613 (2011). doi: 10.1021/cr100290v.

46. J. L. Sudworth, "The Sodium/Nickel Chloride (ZEBRA) Battery," *J. Power Sources* **100**:149–163 (2001).

47. L. J. Small, A. Eccleston, J. Lamb, A. C. Read, M. Robins, T. Meaders, D. Ingersoll, et al., "Next Generation Molten NaI Batteries for Grid Scale Energy Storage," *J. Power Sources* **360**(6):569–574, 2017.

48. N. D. Ingale, J. W. Gallaway, M. Nyce, A. Couzis, and S. Banerjee, "Rechargeability and Economic Aspects of Alkaline Zinc-Manganese Dioxide Cells for Electrical Storage and Load Leveling," *J. Power Sources* **276**:7–18 (2015).

49. G. G. Yadav, J. W. Gallaway, D. E. Turney, M. Nyce, J. Huang, X. Wei, and S. Banerjee, "Regenerable Cu-Intercalated MnO_2 Layered Cathode for Highly Cyclable Energy Dense Batteries," *Nat. Commun.* **8**:1–9 (2017). doi:10.1038/ncomms14424.

50. F. R. McLarnon and E. J. Cairns, "The Secondary Alkaline Zinc Electrode," *J. Electrochem. Soc.* **138**(2):645–656 (1991).

51. J. Ellison, D. Bhatnagar, and B. Karlson, "Maui Energy Storage Study," Sandia National Laboratories, SAND2012-10314, Albuquerque, NM 87185, 2012.

52. ERCOT, "2016 ERCOT Hourly Load Data," December 2017. (Online.) Available at: www.ercot.com (accessed December 1, 2017).

53. Editors of Power Engineering, "GE, Southern California Edison Reveal World's First Battery-Gas Turbine Hybrid," Power Engineering, April 17, 2017.

54. General Electric, "LM6000 Hybrid EGT," General Electric, 2017. (Online.) Available: https://www.gepower.com/services/gas-turbines/upgrades/hybrid-egtv (accessed December 1, 2017).

55. R. Pletka, J. Khangura, A. Rawlins, E. Waldren, and D. Wilson, *Capital Costs for Transmission and Substations, Updated Recommendations for WECC Transmission Expansion Planning*, Western Electricity Coordinating Council (WECC), Salt Lake City, UT, 2014.

56. U.S. Federal Energy Regulatory Commission (FERC), "Final Rule Order No. 755: Frequency Regulation Compensation in the Organized Wholesale Power Markets," U.S. Federal Energy Regulatory Commission (FERC), Washington, DC, 2011.

57. P. Kundur, *Power System Stability and Control*, McGraw-Hill, Inc., New York, NY, 1994.

58. D. Trudnowski and J. Pierre, "Signal Processing Methods for Estimating Small-Signal Dynamic Properties from Measured Responses," in *Inter-Area Oscillations in Power Systems*, Springer, New York, New York, 2009.

59. North American Electric Reliability Corporation (NERC), *1996 System Disturbances: Review of Selected 1996 Disturbances in North America*, North American Electric Reliability Corporation (NERC), Princeton, NJ, 2002.

60. D. J. Trudnowski, D. Kosterev, and J. Undrill, "PDCI Damping Control Analysis for the Western North American Power System," in IEEE Power and Energy Society General Meeting, Vancouver, BC, 2013.

61. D. A. Schoenwald, B. J. Pierre, F. Wilches-Bernal, and D. J. Trudnowski, "Design and Implementation of a Wide-Area Damping Controller Using High Voltage DC Modulation and Synchrophasor," *IFAC-PapersOnLine* **50**(1):67–72 (2017).

62. B. J. Pierre, F. Wilches-Bernal, D. A. Schoenwald, R. T. Elliott, J. C. Neely, R. H. Byrne, and D. J. Trudnowski, "Open-Loop Testing Results for the Pacific DC Intertie Wide Area Damping Controller," IEEE Manchester PowerTech, Manchester, England, 2017.

63. G. Delille, B. François, and G. Malarange, "Dynamic Frequency Control Support by Energy Storage to Reduce the Impact of Wind and Solar Generation on Isolated Power System's Inertia," *IEEE Trans. Sust. Energy* **3**(4):931–939 (2012).

64. T. Van Cutsem and C. Vournas, *Voltage Stability of Electric Power Systems*, Springer-Verlag, 1998.

65. J. A. Diaz de Leon II, and C. W. Taylor, "Understanding and Solving Short-Term Voltage Stability Problems," IEEE Power Engineering Society Summer Meeting, Chicago, IL, 2002.

66. R. W. Cummings, "Energy Storage and Reliability," in *Energy Storage Workshop Southwest Public Utility Regulatory Commissioners*, Albuquerque, NM, 2016.

67. Electric Power Research Institute. OpenDSS. Available at: http://smartgrid.epri.com/SimulationTool.aspx.

68. http://microgridmedia.com/kepco-installs-worlds-largest-frequency-regulation-bess/.

69. S.A. "Role of WBG Power Electronics and Power Conversion Systems in Grid-Tied Energy Storage," Sandia National Laboratories, Report # SAND2016-11282C, 2016.

70. Energy Storage for the Electricity Grid: Benefits and Market Potential Assessment Guide A Study for the DOE Energy Storage Systems Program, p. 6, Jim Eyer Garth Corey. http://www.sandia.gov/ess/publications/SAND2010-0815.pdf.

71. http://www.sandia.gov/ess/publications/SAND2016-3078R.pdf.

72. According to IEEE 1547.

73. http://www.sandia.gov/ess/publications/SAND2016-3078R.pdf.

74. Energy Storage Safety Strategic Plan, U.S. Department of Energy Office of Electricity Delivery and Energy Reliability, December 2014. http://www.sandia.gov/ess/publication/doe-office-of-electricity-doe-publications-2/.

75. P. Cole and D. R. Conover, Energy Storage System Guide for Compliance with Safety Codes and Standards, Pacific Northwest National Laboratory and Sandia National Laboratory, Richland, WA, June 2016.

76. D. Conover, Inventory of Safety-Related Codes and Standards for Energy Storage Systems with Some Experiences Related to Approval and Acceptance, Pacific Northwest National Laboratory, 2014.

77. R. Schubert, "Code Compliance for Stationary Battery Systems," in IEEE Power and Energy Society: Energy Storage and Stationary Battery Committee, Energy Storage Tutorial, June 2017. Available at: IEEE PES Resource Center (resourcecenter.ieee-pes.org; sites.ieee.org/pes-essb/files/2017/07/2017-SM-Energy_Storage_Tutorial.pdf).

78. D. Conover, Overview of Development and Deployment of Codes, Standards and Regulations Affecting Energy Storage System Safety in the United States, Pacific Northwest National Laboratory, 2014.

79. S. Whittingham, "The Role of the Materials Scientist in Battery Safety," *MRS Bull.* **42**(6):413–413 (2017).

80. C. Mikolajczak, M. Kahn, K. White, and R. T. Long, *Lithium-Ion Batteries Hazard and Use Assessment*. Springer Science & Business Media, 2012.

81. D. Hill, N. Warner, W. Kovacs III, B. Reichborn-Kjennerud, *Considerations for ESS Fire Safety: Consolidated Edison and NYSERDA New York, NY*. 2017, DNV-GL: Dublin, OH. p. 97.

82. M. G. Molina, "Energy Storage and Power Electronics Technologies: A Strong Combination to Empower the Transformation to the Smart Grid," *Proc. IEEE* **105**(11):2191–2219 (November 2017). doi: 10.1109/JPROC.2017.2702627.

83. X. Hu, C. Zou, C. Zhang, and Y. Li, "Technological Developments in Batteries: A Survey of Principal Roles, Types, and Management Needs," *IEEE Power Energy Mag.* **15**(5):20–31 (September–October 2017). doi: 10.1109/MPE.2017.2708812.

84. J. R. Miller and A. F. Burke, "Electrochemical Capacitors: Challenges and Opportunities for Real-World Applications," *Electrochem. Soc. Interface* **17**(1):53 (2008).

85. Z. An, L. Jia, Y. Ding, C. Dang, and X. Li, "A Review on Lithium-Ion Power Battery Thermal Management Technologies and Thermal Safety," *J. Therm. Sci.* **26**(5):391–412 (October 2017).

86. T. M. Bandhauer, S. Garimella, and T. F. Fuller, "A Critical Review of Thermal Issues in Lithium-Ion Batteries," *J. Electrochem. Soc.* **158**(3):R1–R25 (2011).

87. P. T. Coman, E. C. Darcy, C. T. Veje, and R. E. White, "Numerical Analysis of Heat Propagation in a Battery Pack Using a Novel Technology for Triggering Thermal Runaway," *Appl. Energy* **203**:189–200 (2017).

88. J. Lamb, C. J. Orendorff, L. M. Steele, and S.W. Spangler, "Failure Propagation in Multi-Cell Lithium Ion Batteries," *J. Power Sources* **283**:517–523 (2015).

89. D. Rosewater and A. Williams, "Analyzing System Safety in Lithium-Ion Grid Energy Storage," *J. Power Sources* **300**:460–471 (2015).

90. D. H. Doughty and C. C. Crafts, FreedomCAR Electrical Energy Storage System Abuse Test Manual for Electric and Hybrid Electric Vehicle Applications. 2006, Sandia National Laboratories, Albuquerque, NM.

91. J. Lamb and C. J. Orendorff, "Evaluation of Mechanical Abuse Techniques in Lithium Ion Batteries," *J. Power Sources* **247**:189–196 (2014).

92. https://www.energystorageexchange.org/projects/71 (accessed December 2017); http://www.peninsuladailynews.com/news/wind-power-battery-reignites-at-port-angeles-landing-mall/ (accessed December 2017).

93. https://www.greentechmedia.com/articles/read/battery-room-fire-at-kahuku-wind-energy-storage-farm (accessed December 2017).

94. https://www.greentechmedia.com/articles/read/Exploding-Sodium-Sulfur-Batteries-From-NGK-Energy-Storage (accessed December 2017); https://www.energystorageexchange.org/projects/119 (accessed December 2017).

95. https://www.energystorageexchange.org/projects/1445 (accessed December 2017); http://www.energy.ca.gov/research/notices/2005-02-24_workshop/06%20Farber-deAnda022405.pdf (accessed December 2017).

第 **28** 章

可植入医用电池

Steven M. Davis, Christopher R. Feger, Timothy R. Marshall, Michael J. Root, Thomas F. Strange (荣誉撰稿人：Randolph A. Leising, Nancy R. Gleason, Barry C. Muffoletto, Curtis F. Holmes)

28.1 可植入医用电池的应用及要求

　　医疗应用的电池具有独特且多样化的要求，这些要求因各种医疗条件的众多设备而异。在过去的 50 年里，针对这些专门应用的电池材料、化学体系、设计和制造方面进行了大量的研究和开发。本节将介绍一些可植入医用电池的应用场景以及总体要求。

28.1.1 可植入医用电池

　　每年用于各种医疗设备的电池数量在迅速增加。本节将介绍一些由电池供电的可植入医疗设备，表 28.1 对其进行了总结，同时列出了这些设备所治疗或监测的一些疾病类型。在由电池供电的可植入医疗设备中，已经采用了多种不同的电池化学体系。目前使用的电池化学体系在表 28.2 中进行了总结。

表 28.1　电池供电的可植入医疗设备示例

疾病类型	装置	典型电池放电速率
心动过缓	心脏起搏器	低
心动过速	植入式心脏复律除颤器（ICD；又称植入式心脏转复除颤器，或简称植入式除颤器）；皮下植入式心脏转复除颤器（S-ICD）	低、中、高
心力衰竭	心脏再同步治疗除颤器（CRT-D）	低、中、高
晕厥	植入式心脏监测仪	中
终末期心力衰竭	左心室辅助装置（LVAD）；全人工心脏（TAH）	高
慢性疼痛	神经刺激器	中
癫痫	神经刺激器	中
听力损失	神经刺激器	中

表 28.2　目前使用的可植入式储备电池化学体系

化学电池类型	器件应用
锂-碘（Li-I$_2$）电池	起搏器
Li-CF$_x$（锂-氟化碳）	起搏器，心脏再同步治疗起搏器（CRT-P），神经刺激器，心脏监测仪，药泵
Li-SOCl$_2$	心脏监测仪
Li-SVO（锂-银钒氧化物）	神经刺激器，植入式心脏复律除颤器（ICD）
Li-(SVO+CF$_x$)	神经刺激器，起搏器，ICD
Li-MnO$_2$	中耳植入管，起搏器，CRT-P，ICD，S-ICD，CRT-D
锂离子电池	神经刺激器
锂-聚合物可充电电池	神经刺激器，脊髓振荡场刺激器

植入式设备所选用的电池化学体系必须在其整个使用寿命期间展现出预测的电压和内阻特性。电池通常在较低的负载功率下放电，同时也以间歇性和经常变化的高电流水平放电，以满足特定应用对治疗、无线通信和监测的需求。植入式设备电池还必须能在植入部位或附近承受多年连续的体温暴露。电池化学体系和设计取决于设备的总能量、功率需求、尺寸要求和外形因子，以及期望的治疗时间。

（1）植入式心脏起搏器

1958 年 10 月 8 日，瑞典斯德哥尔摩的心脏外科医生阿凯·森宁（Ake Senning）与电气工程师鲁内·埃尔姆奎斯特（Rune Elmquis）合作，为阿恩·拉尔森（Arne Larsson）植入了心脏起搏器，这是人类首次使用植入式电池供电医疗设备的开端。该设备仅持续了几个小时，而它的替代品也仅持续了几周[1]。与此同时，在美国，威尔逊·格雷特巴特（Wilson Greatbatch）也在开发植入式心脏起搏器。1958 年，查达克-格雷特巴特（Chardack-Greatbatch）起搏器被植入动物体内，1960 年又被植入 10 名患者体内。这些起搏器具有更长的使用寿命，但仍然性能不佳，这通常归因于使用的锌汞电池。然而，也有人认为设备故障可能有其他原因[2]。

虽然一些起搏器通过使用可充电的镍镉电池或核能源来避免设备使用寿命短的问题，但格雷特巴特又开发了一种更强大的起搏器主电源，从而推动了锂-碘电池的发展[3-5]。1972 年，首次在人体上使用锂-碘电池供电的植入式心脏起搏器，这是最早实现商业化应用的锂一次电池之一。这种电池技术的成功，使得心脏起搏器成为心脏病患者重要的治疗方式，每年全球估计有 100 多万台心脏起搏器被植入[6]。

顺便介绍一下，拉尔森（首位接受心脏起搏器植入的人）在第一次植入起搏器后，又活了 43 年，享年 86 岁。在此期间，他接受了 26 次起搏器植入手术。

心脏起搏器旨在通过低能量电脉冲刺激心脏组织收缩，治疗心动过缓（心跳过慢）。起搏器（图 28.1）由电池和产生起搏脉冲的电路组成。该设备还可监测患者的心率。起搏器检测到心率不足时，会发送电脉冲以维持正常的起搏速率。起搏导线连接到脉冲发生器，将低电压（1～5V）脉冲传递到心脏。通过放置在右心室或右心房中的单根导线，即可实现单个心室的起搏。双腔起搏需要在右心室和右心房各放置一根起搏导线。起搏器目前的体积通常为 8～15cm^3。最近开发的经导管起搏器，也称为无导线起搏器，体积已减小到大约 1cm^3，如图 28.2 所示，尽管其功能与传统经静脉导线起搏器相比有所限制。这些设备可通过经股静脉导入的导管直接植入心脏右心室[7]。

图 28.1　为儿科患者设计的可植入式心脏起搏器　图 28.2　经导管（无导线）可植入式心脏起搏器

　　起搏器电池的使用寿命取决于多个因素，包括患者需要起搏的频率和强度、设备中电路的效率以及电池的大小和设计。传统心脏起搏器的典型功耗约为 $10 \sim 100 \mu W$。由于这种相对较低的功耗要求，$Li-I_2$ 电池非常适合原始的带导线起搏器。然而，起搏器目前通常具有无线遥测功能，大大改善了患者监测功能，但代价是增加了设备的功耗。在许多情况下，这些先进的设备需要能够间歇性地提供数毫瓦（mW）电力的电池（参见表 28.2）。

　　当设备接近使用寿命时，应提前向患者和医生发出足够的警报，以便安排更换起搏器的手术。可以通过设备发出的声音或振动警报、家庭监测站通过无线通信发送的警报，或者在不久的将来通过无线传输到患者的手机来实现。

　　（2）植入式心脏转复除颤器

　　植入式心脏转复除颤器（ICD，又称植入式心脏复律除颤器，或简称植入式除颤器）是由米歇尔·米洛夫斯基博士（Dr. Michel Mirowski）于 1979 年发明的。米洛夫斯基目睹了同事因室性心动过速（心跳频率每分钟高达 $160 \sim 240$ 次）反复晕厥并最终死亡的过程。在这次经历之后，米洛夫斯基与马丁·莫沃博士（Dr. Martin Mower）和斯蒂芬·海尔曼博士（Dr. Stephen Heilman）合作，开发出了第一台 ICD，此台原型机是使用两个锌-氧化汞电池制成的[8]。米洛夫斯基从他的植入式除颤器的想法出发，借鉴了 20 世纪 40 年代首次开发的外部除颤器。这些设备成功地将室性心动过速转换为正常的心脏节律。

　　室性心动过速是一种威胁生命的心脏快速节律，可能阻碍心脏有效地泵血，并可能导致心室颤动。心室颤动是一种心脏电活动混乱的状况。心室以快速且不协调的方式收缩，心脏几乎或根本不泵血。植入式心脏转复除颤器（ICD）可以检测到这些状况，并向心脏施加高压冲击以暂时停止心脏跳动并中断心律失常，之后心脏通常会恢复正常的节律。此外，ICD 还起到起搏器的作用，提供所需的低电流脉冲来纠正缓慢的心脏节律（心动过缓）。ICD 主要内部组件如图 28.3 所示。多项临床研究已经证明了 ICD 的有效性。例如，在超过 1000 名患者的比较中发现，ICD 比抗心律失常药物在提高总体生存率方面更具优越性[9]。

　　电池作为一种低电压、高能量密度的电化学装置单独使用时，无法满足 ICD 心脏除颤对高电压（$600 \sim 800V$）的需求。ICD 中的电池为 $2 \sim 3$ 个高压电容器（铝或钽电解电容器）充电，然后由电容器提供高电压对心脏进行电击，这些额外的组件导致 ICD 相对于心脏起搏器体积更大。20 世纪 80 年代初期，第一代 ICD 体积巨大，超过 $160cm^3$[10]。由于装置体积巨大，因而需要进行腹部植入。产生高压电击的导线贴在心脏外面。随着技术的不断改进，ICD 的体积变得更小，在 20 世纪 90 年代中期降到 $60cm^3$ 左右，现用标准 ICD 体积范

围为 $30 \sim 40 cm^3$。图 28.4 是当前使用的 ICD 的一种,其体积为 $31 cm^3$,而更小的体积可以降到 $26.5 cm^3$,其关键在于使用连接线的数量。体积减小使 ICD 可植入胸部,这对 ICD 而言是一个更适合的植入位置,这是因为植入过程更加简单。另一个进步是心内膜引线(导线)被安装在右心房和右心室内部。

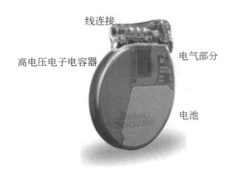

线连接
高电压电子电容器
电气部分
电池

图 28.3　植入式心脏转复除颤器主要内部组件

图 28.4　植入式心脏转复除颤器

最近,还推出了皮下植入式心脏转复除颤器(S-ICD,图 28.5)。与 ICD 和心脏再同步治疗除颤器(CRT-D)设备不同,S-ICD 可在不将电极直接接触心脏的情况下,实现高电压、高能量的电击治疗。

ICD 选择的电池化学体系是锂-银钒氧化物(Li-SVO)、锂-银钒氧化物-氟化碳(Li-SVO-CF$_x$)和锂-二氧化锰(Li-MnO$_2$)。最早的 ICD 使用锂-氧化钒电池,但是其性能不佳,很快就被 SVO 电池所取代。现在,

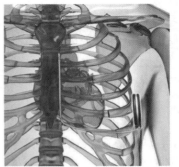

图 28.5　皮下植入式心脏转复除颤器
左侧为设备和导线,右侧为典型解剖安装位置

使用银钒氧化物与氟化碳相结合的混合阴极(正极)的锂电池在很大程度上已经取代了传统的 SVO 电池。这种混合电池系统分为混合型和层叠型两种。混合型混合电池系统由 SVO 与 CF$_x$ 混合制成均匀阴极。层叠型混合电池系统由离散的 SVO 和 CF$_x$ 层组成,这些层被组合在一起形成阴极。其他 ICD 和 S-ICD 使用 Li-MnO$_2$ 电池。这些电池类型均满足 ICD 的多样化电力需求:为监测和起搏功能提供低功耗;为无线通信(无线电遥测)提供中等功耗;按需提供高脉冲电流,以快速充电高压电容器。

ICD 的心脏起搏和监测功能通常消耗低功耗,通常为 $10 \sim 100 \mu W$。同时,用于充电高压电容器的脉冲电流可能在 $2 \sim 4A$ 的范围内,脉冲持续时间通常为 $5 \sim 15s$。虽然一个脉冲通常足以恢复患者的正常心脏节律,但该设备被编程为在单个心脏事件期间根据需要提供几个连续的脉冲。除了通过家庭监测站进行无线通信外,一些设备还配备有可听或振动警报,以在电池完全耗尽之前提前警示患者需要更换电池[11]。

(3)植入式心脏再同步治疗除颤器(即植入式 CRT-D)

现代 ICD 除了提供除颤治疗外,还具有起搏器功能,包括单腔和双腔起搏[12]。起搏导线放置在右心房或右心室进行单腔起搏。双腔除颤器在右心房有起搏导线,在右心室有起搏和除颤导线。三腔心力衰竭起搏系统则是利用另一条放置在左心室外心脏静脉中的起搏导

线[12]。除了提供 ICD 的起搏器和除颤器功能外，植入式 CRT-D 还利用心脏再同步治疗某些患者的心力衰竭。CRT-D 的形状和大小与 ICD 相似。较少植入的是心脏再同步治疗起搏器（CRT-P），它可作为心力衰竭装置和起搏器使用，但不具备除颤功能。

心力衰竭是一种心脏无法将足够的血液泵送到身体其他器官的疾病。虚弱且通常扩大的心肌无法泵出它接收到的所有血液，这会导致肺水肿（肺部积液）。心力衰竭可能由以下多种因素引起[13]：冠状动脉疾病；过去心脏病发作后形成的瘢痕组织；高血压；心脏瓣膜疾病；心肌疾病（cardiomyopathy）；先天性心脏病；心脏瓣膜和心肌感染。

关于 CRT（心脏再同步治疗）设备的电池的需求如下。尽管它在提供用于除颤的高功率脉冲电流方面与 ICD 相似，但其较低的功率起搏需求更高；对于 CRT 设备而言，可能是单腔或双腔起搏 ICD 或起搏器的五倍之多。因此，CRT 设备可能需要 $50\sim100\text{mA}$ 的起搏电流。

（4）植入式心脏监测器

这是一种植入患者胸部皮下区域的设备。这些设备持续监测曾出现晕厥（即晕厥发作）症状的患者的心脏输出，并记录其心电图。晕厥是由血液流量暂时减少导致大脑缺氧引起的。这种情况可能有不同的原因（包括许多非心脏原因），因此在晕厥发作期间进行持续的心脏监测对于病情的正确诊断至关重要。

这些装置体积小巧，大约为 $6\sim10\text{cm}^3$，因此需要一个小型电池（最初是 Li-SOCl_2）来为设备供电。新型设计通常为 $1\sim2\text{cm}^3$，并使用 Li-CF_x 电池。图 28.6 展示了较旧型号和较新型号的比较。监测功能需要微安（μA）级别的电流；而遥测功能则需要电池间歇性地产生毫安（mA）级别的电流。植入设备的典型使用寿命为 3 年。

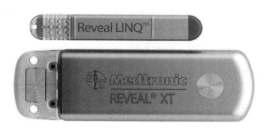

图 28.6　较新和较旧型号的植入式心脏监测器
（经 Medtronic 公司许可后重新制作）

（5）神经刺激器或神经调节器

它是一种植入式设备，提供电刺激以治疗各种神经疾病，包括运动障碍、膀胱控制、疼痛管理等。这个领域正在不断扩大，为手术或药物治疗提供了替代方案。通过电刺激脊髓进行疼痛管理的方法，是通过将导线放置在脊髓中并与植入在腰部的设备相连来实现的。另一种神经刺激应用是深部脑刺激，其中插入大脑的导线可用于治疗各种疾病，包括癫痫、帕金森病、肌张力障碍、特发性震颤等。深部脑神经刺激设备是植入胸部的。表 28.3 列出了可以通过神经刺激治疗的疾病。

表 28.3　可以通过神经刺激治疗的疾病

刺激区域	治疗病症
骨骼	骨折
耳蜗	重度至极重度听力损失
脑深部	帕金森病、特发性震颤、肌张力障碍、阿尔茨海默病、强迫症、妥瑞症
胃神经	肥胖症
耻骨肌	大便失禁
中耳	轻度至重度感音神经性听力损失
枕骨神经	慢性偏头痛
视神经	失明
膈神经	膈肌起搏以恢复呼吸

刺激区域	治疗病症
骶神经	小便失禁
脊髓	慢性疼痛
胃部肌肉	胃轻瘫
迷走神经	癫痫、抑郁症、肥胖症

植入式神经刺激器的大小通常介于植入式起搏器和除颤器之间。神经刺激器的电源需求通常是中等速率，脉冲电流大于起搏器，通常可以达到 1mA 或更高。装置（或设备）可以使用一次电池或二次电池，具体取决于设备的大小和所需的总能量，以及患者为设备充电的能力。这种应用的主要电池包括 Li-SOCl$_2$、Li-CF$_x$ 和 Li-SVO-CF$_x$，而二次电池则采用锂离子电池技术。

（6）植入式给药泵

已被用于将治疗药物输送到体内。由于它们的高容量和低自放电特性，通常使用 Li-CF$_x$ 电池。在某些设备中，可以直接将止痛药注射至问题区域。这些设备的主要问题是通过储液器填充口补充药物。此外，药物在体温下的长期储存可能会影响其长期稳定性。因此，外部给药泵经常代替这些植入式设备使用。

（7）植入式听力辅助设备

美国食品和药物管理局（FDA）已经批准了一种完全可植入的听力设备。该设备适用于神经性（感音神经性）听力损失，通过将声音转换为电信号，然后转换为机械振动来刺激内耳（图 28.7）。与传统助听器不同，这种设备可为患者提供更自然的声音。由于对治疗所需的电流要求较低，因此使用 Li-I$_2$ 电池，应用该电池的典型设备使用寿命为 4.5～9 年[14-15]。

图 28.7　植入式听力辅助设备的声处理器和导线

28.1.2　外部供电医疗设备电池

除了为植入式医疗设备供电的电池外，还有许多不同类型的一次和二次电池用于为外部佩戴或非植入式医疗设备供电。有些设备是植入的，但电池位于体外。这些系统的一个主要区别是，可以在不取出医疗设备的情况下更换电池。因此，这些设备中大多数采用商业电池中常见的化学体系、形状和尺寸。由于这些设备使用现有的电池技术，因此这些设备的进步在于治疗方面，而不是储能方面。目前使用的外部医疗设备包括：自动体外除颤器、听力辅助设备（助听器）、外部给药泵。使用外部电池的植入式医疗设备包括：左心室辅助装置（LVAD）、全人工心脏（TAH）、听力辅助设备（耳蜗植入物）。

28.2　植入式医疗设备电池的安全性和可靠性问题

植入式设备所用的电池，其性能若未能达到规格要求，往往会对患者造成直接的身体伤害。生物医学电池几乎总是与患者紧密或直接接触，因此必须确保在所有条件下都能安全运行。即便电池的性能符合预期，由于电池耗尽而需要更换设备时也会带来手术风险和经济成本[16-17]。对于植入式电池而言，可靠性和患者安全密不可分。植入式生物医学应用的电池受国家和国际机构监管，被视为危险物品、电气组件和医疗设备组件。除了监管机构要求的安全测试外，电池通常还要经过资格认证和设计保证测试。在生产过程中，通过抽样、破坏性测试和非破坏性测试来跟踪和验证安全性、一致性和预测性能。

28.2.1 安全标准

历史上，对生物医学应用要求最高的领域一直采用以锂为阳极（负极）的一次电池化学体系，而一些较新的应用则采用锂离子电池体系。锂基体系本身具有较高的功率和能量密度，但在温度接近或超过高活性锂金属的熔点（180℃）后会带来安全问题。锂离子电池，使用含有锂离子的碳负极，已成为深受关注的安全问题焦点，包括因火灾风险而被禁止在民用航空载体上使用的一款流行的便携式电子设备[18-19]。这一风险最终追溯到两家制造商，共分为两个问题。第一个问题，电池设计存在缺陷可能会导致短路；而第二个问题则是由制造环节中的焊接缺陷造成的。这两个问题都可能导致短路，并有可能引发电池起火[20]。锂离子电池在过去被认为是危险物品和材料，尽管其存在这类特殊风险，但仍可以通过单独的法规要求使其能够以陆路、海上和空中运输方式进行运输。这些安全法规和标准在全球范围内由多个监管机构制定，如表 28.4、表 28.5 所示。

对于锂离子电池来说，经常讨论的安全标准是运输标准。这些标准包括联合国关于锂离子电池的 38.3 号标准，通常称为 UN/DOT 38.3，以及 IEC 62281[21]。

表 28.4　标准组织

缩写	组织	缩写	组织
IATA	国际航空运输协会	FDA	美国食品和药物管理局
ICAO	国际民用航空组织	PHMSA	美国管道和危险材料安全管理局
IMO	国际海事组织	DOT	美国交通部
UN	联合国		

表 28.5　锂离子电池安全标准和法规

组织缩写	标准号	标准	FDA 共识标准（FDA Consensus Standard）
IEC	60086-4	一次电池 第 4 部分:锂离子电池的安全性	是
UL	1642	锂离子电池	是
IEC	61960	用于便携式应用的二次锂离子电池	否
IEC	62281	锂离子电池在运输过程中的安全性	否
IEC	62133(第二版)	包含碱性或其他非酸性电解质的二次电池:用于便携式应用的密封二次电池及其电池组的安全要求	是
ANSI	C18.3M(第二部分)	便携式锂离子电池的国家标准:安全标准	否
UN	38.3	锂离子电池的运输测试	否
IEEE	1679.1	锂离子电池的特性与评估	否
IATA	DGR(第 54 版)	危险品法规	否
ICAO	9284	危险货物航空安全运输技术指南	否
PHMSA	49 CFR 173.185	锂电池	否

注：表中 IEC、UL、ANSI、IEEE 分别为国际电工委员会、美国保险商实验所、美国国家标准协会、电气电子工程师协会的缩写。

这些测试除了需要满足严格的危险品限制外，还应通过额外的标准，以便将锂离子电池运送到大多数地点。不同的运输方式对于可以运输的电池的大小和数量以及包装要求都有不同的规定。需要注意的是，这些标准并非专门针对生物医学应用而制定的，而是作为锂离子电池安全的一般标准。在运输或使用锂离子电池之前，必须咨询所有适用的当地和国际法规及标准。

除了运输标准之外，还为锂离子电池制定了一些一般标准。在美国，FDA目前认可一些UL和IEC标准[22]，这些标准被称为"共识标准"，以"为医疗设备适用的许多方面提供安全和/或有效性的合理保证"。截至2017年8月，美国食品和药物管理局（FDA）的数据库中列出了10个与"电池"相关的"共识标准"[23]。这些标准既包括对预期用途的测试，也包括对可预见的误用或滥用的测试。FDA承认，其中有一些标准并不适用于植入式医疗设备电池[24-25]。FDA数据库会定期更新，在使用前应查阅所引用的确切"共识标准"。实际的书面标准可以从标准机构下载和/或购买。

锂离子电池存在几个独特的安全挑战。首要的是熔融的锂金属活性非常高。超出此温度范围，可能会导致电池立即发生剧烈排气并引发火灾。2016年12月，美国FDA向医疗机构管理者发出了一封信，包括有关电池供电的医疗车发生爆炸和火灾的报告[26]，以及使用可充电锂离子电池供电的电子烟和雾化器发生的事故[27]。

28.2.2 可靠性系统

如前所述，对于生物医学电池应用而言，确保患者安全的要求比正常安全标准更高。在消费电子产品中，设备的安全早期故障通常只会给用户带来不便。如果维持生命的生物医学设备未能按预期运行，可能会导致患者死亡或产生不良健康影响，包括因过早更换设备而产生的费用。Levy前期的工作强调了锂负极体系可靠性问题中的批次分析、单体可靠性和事后分析[28-31]。

2013年，FDA将其"质量案例"计划的重点放在电池和电池供电设备方面，该计划强调设备设计和生产过程中对确保设备质量和最终患者安全至关重要的方面[32]。此外，2013年同时启动了一项电池质量检查试点计划。该计划的实施报告于2015年发布。为确保电池可靠性在以下方面提出了具体建议：纠正和预防措施、设计控制和过程控制[33]。纠正和预防措施包括一项建议，即从已知的投诉、质量系统数据、设计验证中追溯疑似与电池相关的问题，找出根本原因，然后采取适当的纠正措施。还为设计控制子系统提出了多项建议，包括了解实际设备要求并通过预测模型、电气应力分析和探索性测试来验证可靠性。对于可能在生命周期中出现高阻抗的化学体系，例如银钒氧化物，必须进行合理设计，以避免这种失效机制。可充电锂离子电池体系特有的几种失效模式已经引起了人们的关注。加速寿命测试可以用来支持可靠性声明，但通常需要3年的电池数据来支持9~10年的寿命声明[33]。过程控制建议包括保持适当的环境控制，避免制造缺陷。验证包括所有焊缝在内的所有过程，并通过适当的过程控制、材料控制、工具控制和维护控制以确保符合规范。无论是在内部，还是在所有供应商处均应保持一致。

除了FDA之外，行业团体还为成功使用电池供电设备提出了建议[34]。

28.2.3 设计验证和确认

生物医学设备必须通过基于特定设备应用的资格认证协议。虽然每个制造商的具体协议各不相同，但 Visbisky 等[35] 提供了一个早期的心脏起搏器资格认证协议的示例。随着时间的推移，这些协议已经扩大到包括对新发现的失效模式的了解。已经建立的质量工具［如故障模式和影响分析（FMEA）、故障模式和影响及危害性分析（FMECA）以及故障树分析（FTA）］，可用于确定是否需要采取额外风险控制措施或改进流程。新的制造工艺以及供应商所做的任何更改，都必须进行全面审查和验证，以确保电池（和设备）的可靠性。

（1）破坏性试验

在最极端的情况下，破坏性物理分析（DPA）涉及为分析单个组件而仔细拆卸电池。这些组件通过目视检查，以及使用基本的分析技术，如 SEM/EDS（扫描电子显微镜/能谱分析仪）和 ICP-AES（电感耦合等离子体原子发射光谱）进行检查。这种方法对于批次抽样和产品发布，以及分析返回的失败设备电池组件都很有用。

寿命测试是指在类似实际设备使用条件下进行放电，消耗所有可用于治疗的电池容量。这些测试也通常在批次样本的基础上进行，并与现场电池同时进行。当最初为 Li-I$_2$ 电池实施寿命测试计划时，据报道它有三个目的。首先，它提供了实时验证加速电池性能预测的手段。其次，它提供了电池单元的可变性和故障率的衡量标准。最后，它可提供对任何意外电池行为的警告[35]。

（2）非破坏性测试

有几种非破坏性分析技术可用于估计给定电池系统的可靠性。通常，所有电池在使用前都要经过一些放电和脉冲协议。这种测试消耗的电池容量很小，但可以提供重要的可靠性信息。测试开路电压可能揭示不希望的电活性物质的存在，可能造成内部或外部短路[36]。脉冲测试揭示了电池寿命开始时的内阻信息，必须控制内阻以确保设备在整个放电过程中正确运行。通常还会进行尺寸和重量测量，以及 X 射线测量。泄漏测试可用于检查电池在生产过程后是否保持密封。这是对生物医学电池的特定要求，因为生物医学电池被密封在设备中。电池材料泄漏到设备中可能会损坏电路和其他组件，从而影响设备性能。

在 20 世纪 70 年代末，首次将微量热法用于分析电池的自放电[37-39]。这些仪器对微瓦级的功率敏感，有助于了解植入多年的电池化学体系和自放电特性。电池的热耗散与电池内部反应有关。如果很好地理解了电池反应，则可以用电池的总容量来表示。这种方法还可以分析失效的电池。可以通过热损耗分析来检测电池是否存在内部微短路。

电化学阻抗谱（EIS）可以用于非破坏性地有效评估电池的状态[40]。这个方法常被用于分析电池中正极、负极、隔膜和电解液等部分的内阻。

28.3 植入式生物医疗设备电池特点

植入式生物医疗设备电池一般使用商业化可用的体系，如纽扣式电池和圆柱形电池。然而，植入医疗设备时通常需要为该单一应用专门设计电池和制造过程。植入医疗设备电池设计师和开发人员必须考虑的关键特性包括以下几点：目标应用的所有电源要求，高水平的安全性和可靠性，可预测的放电电压和整个放电过程中的内阻，低自放电率，气密密封。

支持上述关键特性的电池的设计特点，将在下文进行描述。

28.3.1 输出功率

植入式电池供电医疗设备的功率要求通常分为三类。这些类别是根据设备可能需要的最大功率输出定义的,无论输出是连续还是间歇。

- 连续或频繁低倍率,数十至数百微瓦(μW)。
- 间歇式中等倍率,毫瓦(mW)。
- 长间歇高倍率,$1 \sim 10W$。

植入式电池的低倍率放电通常支持可能频繁的设备操作,例如心脏感应和起搏或神经调节治疗,或者用于支持连续的设备操作,例如维持电子电路的电源。无线射频遥测是目前植入式心脏起搏器和除颤器中常见的一项功能,它需要电池提供中等倍率的电力。高倍率放电可能是相对较短且不频繁的,如心脏除颤(一般从数月到几年只有 $5 \sim 15$ 个脉冲);或者是连续的,如左心室辅助装置(LVAD)、全人工心脏(TAH)系统。对于需要大功率脉冲的设备,如植入式除颤器,电池设计可能包括具有高表面积的薄负极和薄正极,以降低内阻[41-42]。

28.3.2 电池化学体系

除了电池的机械设计外,选择适当的电池化学体系对电池的功率输出能力也起着关键作用。植入式医疗设备中使用的许多一次电池和二次电池化学体系,与消费者、军事和 OEM 电池中使用的电池化学体系非常相似,包括 $Li-MnO_2$、$Li-CF_x$ 和锂离子电池(详见第四部分,第 11 章~第 22 章)。这些化学体系可以集成到定制设计的电池中,这些电池结合了对植入式医疗设备使用至关重要的其他属性,例如高倍率电极配置(见第 28.3.1 节)和气密外壳。

然而,有几种电池化学几乎专门用于各种医疗设备。以下部分描述了用于植入式心脏节律设备(起搏器和除颤器)的专用电池化学体系。

(1)锂-碘($Li-I_2$)电池

锂-碘电池是一种低倍率电池,专为植入式心脏起搏器而开发。最初的心脏起搏器使用 Zn-HgO 电池,但这些设备的使用寿命相对较短,约为 $3 \sim 5$ 年。为了延长设备的使用寿命,引入了可充电的 Ni-Cd 电池甚至高放射性核能源。然而,这两种电池都没有被广泛使用。

1972 年,锂-碘电池驱动的起搏器首次被植入人体内[43]。自那以后,已经植入了数百万个这种电池。还开发了其他起搏器电池化学体系,例如锂-铬酸银、锂-硫化铜和锂-亚硫酰氯。但是,这些化学物质已不再用于起搏器,仅锂-碘电池仍用于植入式起搏器[44]。

锂-碘电池的标准设计包括一个置于中心的锂负极,该负极呈波纹状以增加其表面积(图 28.8)。电池中的碘和聚乙烯吡咯烷酮(PVP)包围着锂负极,并与不锈钢接触从而形

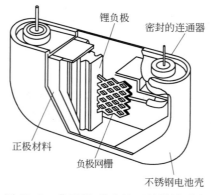

图 28.8 典型锂-碘电池正极设计示意

成正极覆盖电池。在锂负极上涂覆了一层 PVP 薄膜以降低电池放电过程中的内阻，如图 28.9 所示。

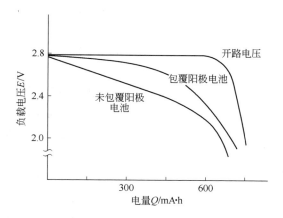

图 28.9　未包覆和包覆 PVP 的锂-碘电池负极在 37℃以 6.7mA/cm² 放电时的负载电压与放电状态的关系

锂-碘电池的放电反应如下：

$$Li + 1/2 I_2 \longrightarrow LiI$$

通过改进碘和有机络合剂（如聚乙烯吡咯烷酮，PVP）的电荷转移络合反应可以加快反应动力学过程。1967 年，Gutmann 等首次报道了碘络合反应[3]。随后在 1972 年的一项专利中介绍了一种固态一次电池，其使用了锂负极和碘正极，采用了固态锂卤化物电解质[4]。在 1973 年的专利中又报道了碘与 PVP 热反应形成 I_2-PVP 正极材料[46]。直到现在，I_2-PVP 电荷转移复合材料仍被用于心脏起搏器——锂-碘电池中。

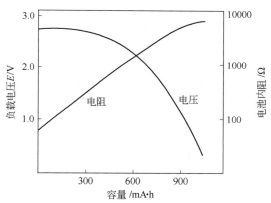

图 28.10　37℃以 100μA 放电的涂覆锂-碘电池负极的负载电压和电池内阻

反应产物碘化锂（LiI）在电池放电时原位形成，它既作为电池隔膜又作为电池的固态电解质。电池放电时，处于正负极之间的 LiI 厚度不断增加，导致电池内阻逐渐增加。图 28.10 展示的是 Li-I_2 电池放电电压-容量曲线与电池内阻-容量曲线的变化趋势。随着放电容量的增加，内阻呈线性增长。这种线性增长的内阻可以用来预测电池的剩余使用寿命。

在放电过程中，I_2-PVP 与锂负极之间形成的固态 LiI 电解质界面成为自修复隔膜；正极和负极之间的内部短路会在短路位置生成 LiI，形成一层固态电解质隔膜，从而终止短路。

锂-碘电池系统的自放电是通过锂与穿过 LiI 层的碘直接反应而发生的。能够穿过固态电解质隔膜层的碘的量取决于该隔膜的厚度。因此，在电池放电反应的初期，当 LiI 层最薄时，自放电更大。图 28.11 展示了通过微热量计在开路条件下测得的热量耗散数据随电池容量的变化。从图中可以看出，电池自放电过程的大部分发生在电池放电的前 25% 内。

最近，已经引入了可以通过无线射频遥测进行编程和通信的起搏器。锂-碘电池无法提供此功能所需的中等功率。因此，电池设计师采用了具有更高倍率能力的其他电池化学体系和设计，包括如 Li-CF_x、Li-MnO_2 和 Li-SVO-CF_x 起搏器电池（见下文）。

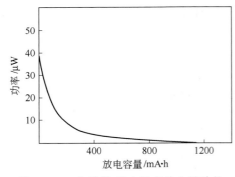

图 28.11 典型锂-碘电池自放电导致的
功率（热量）损失与放电容量的关系
（在开路电压下进行的量热测量）

（2）锂-银钒氧化物电池

当中等电流密度的心脏起搏器设备于 20 世纪 80 年代中期首次被植入时，它们使用的是锂-五氧化二钒（$Li-V_2O_5$）电池[47]。然而，设备制造商寻求使用不同的化学体系来改善其性能。锂-银钒氧化物（$Li-Ag_2V_4O_{11}$ 或 Li-SVO）电池最初是为高温商业应用而开发的[48]。然而，人们意识到 Li-SVO 可以改善心脏起搏器的性能，自 1987 年首次使用以来，它已成为这类设备的首选化学体系。后来，Li-SVO 也被应用于可植入的药物泵（给药泵）中。

电池中使用的 SVO（银钒氧化物）ε 相由 V_4O_{11} 簇中的共边扭曲八面体组成，这些八面体在层状结构中形成共角钒氧化物，呈层状结构[49]，银嵌入 V_4O_{11} 层间。Li-SVO 电池的放电化学反应如下。

负极反应：$$Li \longrightarrow Li^+ + e^-$$

正极反应：$$Ag_2V_4O_{11} + 7Li^+ + 7e^- \longrightarrow Li_7Ag_2V_4O_{11}$$

电池总反应：$$7Li + Ag_2V_4O_{11} \longrightarrow Li_7Ag_2V_4O_{11}$$

电解液是使用有机溶剂（丙烯碳酸酯和二甲氧基乙烷）配制的，其中添加如 $LiAsF_6$ 等锂盐。

SVO 的放电反应已通过物理、化学和电化学方法的组合进行了详细研究[50-52]。SVO 的第一步还原主要形成金属银（$Ag^+ + e^- \longrightarrow Ag^0$），同时 Li^+ 在钒氧化物层之间置换银[53]。银从钒氧化物结构中被挤出[54]。

形成的银金属产物极大地提高了正极材料的导电性，这有助于 Li-SVO 系统的高载流能力。在第一步放电反应过程中，一些五价钒也被还原[55]。随着放电反应的持续进行，五价钒被还原成为四价钒和三价钒。在 SVO 正极放电过程中，由于钒存在多种氧化态而呈现一个阶梯状的放电曲线（图 28.12）。这种电位阶梯状变化能够用于预测植入式装置的剩余寿命。

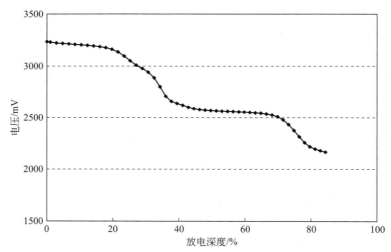

图 28.12　37℃下对 Li-SVO 电池施加 100kΩ 恒定电阻负载
每隔 30 天施加脉冲负载；放电总测试时间为 4 年

Li-SVO 电池放电的一个特点是在电池使用寿命中期，内阻增加[56-60]。这种行为是其固有的，可能会给电池性能带来挑战。当除颤器电池的内阻增加时，可能导致挽救生命的除颤治疗延迟。内阻的增加，表现为高电流脉冲放电过程中观察到的电压延迟。电压延迟是由锂负极上形成的薄膜引起的[56]。图 28.13 显示了 7 年测试方案下 Li-SVO 电池的放电情况。在放电 40%～50% 放电深度（DOD）区域，可以看到电压延迟（脉冲最小电压低于脉冲终止电压）。

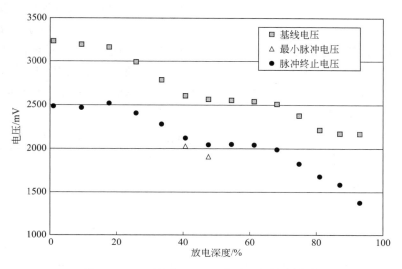

图 28.13   37℃下 Li-SVO 电池 7 年放电测试

电池负载为 80kΩ；每隔 180 天施加脉冲负载

在正常使用条件下，可以通过高电流脉冲放电来去除负极薄膜，并暂时降低电池内阻。如果电池没有以足够的水平和持续时间进行脉冲放电，则负极上的薄膜不会被充分去除，从而导致电池电阻永久增加。已经进行了许多研究来探索电解液添加剂在锂负极上形成的薄膜以减少电压延迟。据报道，添加 CO_2 和其他物质如碳酸二苄酯或琥珀酰亚胺基碳酸酯可以降低负极钝化。这些材料的引入可以降低锂负极表面 SEI 膜电阻[56-57,61]。

图 28.14 给出了用于植入式心脏转复除颤器（ICD）的方形 Li-SVO 电池设计示例。

（3）Li-SVO-CF$_x$ 电池

最近，其他 ICD 和 CRT-D 电池体系已经克服了 Li-SVO 体系因放电过程中内阻升高问题带来的性能短板并成功得到应用。其中，主要体系包括 Li-MnO$_2$ 和 Li-SVO-CF$_x$ 电池。目前它们已经大批量替代了除颤器中的 Li-SVO 电池[62]。

克服 Li-SVO 电池内阻升高问题的一种策略，是采用另一种正极材料如 MnO$_2$ 以替换 SVO。Li-MnO$_2$ 电池可以提供满足植入式除颤器使用需求的连续和频繁的低功率输出，以及间歇式高功率输出。更重要的

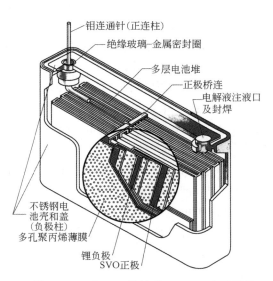

钽连通针(正连柱)
绝缘玻璃-金属密封圈
多层电池堆
正极桥连
电解液注液口及封焊

不锈钢电池壳和盖(负极柱)
多孔聚丙烯薄膜
锂负极
SVO正极

图 28.14   为 ICD 设计的 Li-SVO 电池结构

是，相比于 Li-SVO 电池，Li-MnO$_2$ 电池在放电中间过程中内阻不会升高[63]。

另一种策略是通过复合另一种材料来减少高倍率正极材料 SVO 的用量，从而消除放电过程中的内阻升高。基于这一诉求，CF$_x$ 材料被引入并形成了 Li-SVO-CF$_x$ 电池。这种方法结合了 SVO 材料的高功率特性和氟化碳材料的高能量密度特性。这对于满足 ICD 和 CRT-D 不同的功率需求，尤为重要。

Li-SVO 电池和 Li-CF$_x$ 电池在近 30 多年中已经成功被用在植入式医疗设备中。Li-SVO 电池和 Li-CF$_x$ 电池技术对比如表 28.6 所示[64]。Li-SVO 电池体系具有更高的放电电流和更低的内阻，而 Li-CF$_x$ 电池体系具有更高的体积比功率（比 Li-SVO 电池高出近 300W·h/L），并具有低的自放电率。在整个放电过程中，Li-CF$_x$ 部分具有更高的电压。这表明电池中的 Li-CF$_x$ 部分为装备的低倍率功能提供功率输出。当病人需要除颤治疗时，Li-SVO 部分则提供必要的高电流脉冲。

表 28.6　Li-SVO 和 Li-CF$_x$ 植入式电池技术比较

项目	Li-SVO	Li-CF$_x$
典型工作电压/V	2.7	2.9
体积比能量/(W·h/L)	730	1000
典型电流密度/(mA/cm^2)	35	1
典型内阻（BOL）/Ω	0.250	40
内阻随时间的增加/%	40~60	无
自放电率/(%/年)	1	<1
阶梯式放电曲线	是	否

注：BOL 表示电池使用寿命开始。

基于 SVO 和 CF$_x$ 复合正极的新型高倍率高容量植入式电池被开发出来。SVO 正极提供了更高的倍率放电能力，而 CF$_x$ 正极提供更高的容量。这种电池的一种形式是通过 SVO 和 CF$_x$ 混合形成复合型正极[65]；而另外一种形式是将分开的 SVO 层置于 CF$_x$ 层之上，集流体则在两者之间[66]。在单个植入式设备中使用两种不同的电池化学体系已有先例。两种能源，即高倍率 Li-SVO 电池和低倍率 Li-I$_2$ 电池，已被用于为 ICD 供电[67]。这里的 Li-SVO 电池提供除颤用的能量，Li-I$_2$ 电池提供监护用的能量。

Li-SVO-CF$_x$ 复合正极电池用于许多植入式设备，包括起搏器、血流动力学监测器、药物输送装置以及治疗心房颤动的脉冲发生器，并提供心脏再同步治疗[67]。这些电池中 SVO 与 CF$_x$ 的比例可根据应用要求进行调整。CF$_x$ 的比例越大，低速放电容量越大；而 SVO 的比例越大，则功率能力和服务结束检测特性越好。这些电池的能量密度与 Li-I$_2$ 电池相当，约为 1W·h/cm^3[68]。

针对 Li-SVO-CF$_x$ 复合正极电池进行了广泛的建模研究[68]。基于物理模型与收集的不同正极厚度、几何面积和 SVO-CF$_x$ 混合比例，复合正极电池数据具有良好的一致性。SVO-CF$_x$ 混合系统的优势在于：它有两个电压平台的变化，可以作为电池使用寿命即将结束的早期指标（图 28.15）[64]。

（4）锂离子电池

由于某些应用（如神经调节疼痛管理和心室辅助装置）对高功率的需求，一些植入式医疗设备使用二次电池。与使用一次电池的设备相比，电池的可充电能力可以延长使用寿命并使设备尺寸更小。对于植入式医疗设备的设计而言，寿命和尺寸都是重要的考虑因素。虽然其他二次电池化学体系也被用于某些医疗设备中，但锂离子电池已经在植入式医疗设备中得到广泛应用。

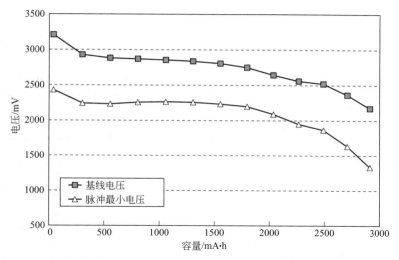

图 28.15　植入式高倍率 Li-SVO-CF$_x$ 夹层（三明治）电池的放电曲线

电池每 60 天以 3000mA 的电流脉冲放电 10s，负载为 20kW，温度为 37℃

　　在植入式医疗设备中使用二次电池的挑战之一是确保它们可以及时有效充电，以便在需要时提供治疗。如果病人忘记给电池充电，那么设备或自放电将继续消耗电池电量，直到电池过度放电，导致电压低于最低工作电压限值。当这种情况发生时，电池性能可能会降低，甚至可能引发安全问题。

　　植入式二次电池的充电是通过"经皮能量传输"实现的，这是一种感应充电方法。外部充电器使用感应线圈产生交变电磁场，在植入设备中的二次（通常较小的）线圈中感应出电流。在植入设备中使用谐振电路，可以提高能量传输的效率。在充电过程中，通过将外部充电器固定在植入设备上方，使用皮带或其他约束装置，使外部充电器与二次电池之间的距离最小。在减少充电时间以提高患者的配合度和舒适度，与限制通过皮肤屏障的功率传输以防止皮肤、充电器或设备产生热效应之间，必须获得平衡[69]。尽管存在这些限制，但由可充电电池供电的设备，如神经刺激器，目前仍由主要设备制造商在市场上销售。

　　电池性能下降的一个原因来自典型锂离子电池中使用的铜负极集流体[70]。当电池电压过低时，负极电位可能达到铜集流体的腐蚀电位（图 28.16）。使用具有更高腐蚀电位的金属作为负极集流体，例如钛，可以在电池放电到低电压时消除与腐蚀相关的性能问题。另一种解决方案是将正极材料更换为在较低电位下放电的材料[71]；或者将负极材料更换为在较高电位下放电的材料[72]。

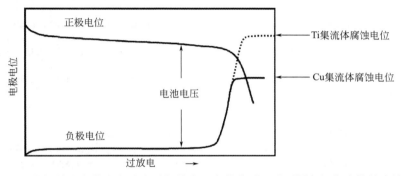

图 28.16　电极放电电位和电池电压与放电程度的关系以及不同负极集流体的腐蚀电位

参考文献

1. V. S. Mallela, V. Ilankumaran, and N. S. Rao, "Trends in Cardiac Pacemaker Batteries," *Indian Pacing Electrophysiol. J.* **4:**201 (2004).

2. B. Parker, "Obituary: A Vindication of the Zinc-Mercury Pacemaker Battery" *Pacing Clin. Electrophysiol.* **1:**148 (1978).

3. F. Gutmann, A. M. Hermann, and A. Rembaum, "Solid-State Electrochemical Cells Based on Charge Transfer Complexes," *J. Electrochem. Soc.* **114:**323 (1967).

4. J. R. Moser, "Solid State Lithium-Iodine Primary Battery," U.S. Patent 3,660,163, May 2, 1972.

5. R. T. Mead, C. F. Holmes, and W. Greatbatch, "Design Evolution of the Lithium Iodine Pacemaker Battery," *Proc. Electrochem. Soc.* **79**(1):327 (1979).

6. H. G. Mond and A. Proclemer, "The 11th World Survey of Cardiac Pacing and Implantable Cardioverter-Defibrillators: Calendar Year 2009—A World Society of Arrhythmia's Project," *Pacing Clin. Electrophysiol.* **34:**1013 (2011).

7. J. Sperzel, H. Burri, D. Gras, F. V. Tjong, R. E. Knops, G. Hindricks, C. Steinwender et al., "State of the Art of Leadless Pacing," *Europace* **17:**1508 (2015).

8. H. F. Clemo and K. A. Ellenbogen, Chapter 4 in A. W. C. Chow and A. E. Buxton (eds.), *Implantable Cardiac Pacemakers and Defibrillators*, Blackwell Publishing, Malden, MA, 2006.

9. D. P. Zipes, D. G. Wyse, P. L. Friedman, A. E. Epstein, A. P. Hallstrom, H. L. Greene, E. B. Schron et al., "A Comparison of Antiarrhythmic-Drug Therapy with Implantable Defibrillators in Patients Resuscitated from Near-Fatal Ventricular Arrhythmias," *N. Eng. J. Med.* **337:**1576 (1997).

10. R. S. Nelson, Chapter 12 in M. W. Kroll and M. H. Lehmann (eds.), *Implantable Cardioverter Defibrillator Therapy: The Engineering-Clinical Interface*, Kluwer Academic Publishers, Norwell, MA, 1996.

11. K. E. Ellison, Chapter 6 in A. W. C. Chow and A. E. Buxton (eds.), *Implantable Cardiac Pacemakers and Defibrillators*, Blackwell Publishing, Malden, MA, 2006.

12. M. Kirk, Chapter 1 in A. W. C. Chow and A. E. Buxton (eds.), *Implantable Cardiac Pacemakers and Defibrillators*, Blackwell Publishing, Malden, MA, 2006.

13. American Heart Association Website, www.americanheart.org (accessed August 9, 2017).

14. S. J. Marzo, J. M. Sappington, and J. A. Shohet, "The Envoy Esteem Implantable Hearing System," *Otol. Clin. N. Am.,* **47:**941 (2014).

15. FDA Website, https://www.accessdata.fda.gov/cdrh_docs/pdf9/p090018c.pdf (accessed December 1, 2017).

16. M. R. Sohail, C. A. Henrikson, M. J. Braid-Forbes, K. F. Forbes, and D. J. Lerner, "Mortality and Cost Associated with Cardiovascular Implantable Electronic Device Infections," *Arch. Intern. Med.* **171:**1821 (2011).

17. M. R. Sohail, C. A. Henrikson, M. J. Braid-Forbes, K. F. Forbes, and D. J. Lerner, "Increased Long-Term Mortality in Patients with Cardiovascular Implantable Electronic Device Infections," *Pacing Clin. Electrophysiol.* **38:**231 (2015).

18. DOT Bans All Samsung Galaxy Note7 Phones from Airplanes, https://www.transportation.gov/briefing-room/dot-bans-all-samsung-galaxy-note7-phones-airplanes/ (accessed September 12, 2017).

19. Samsung Recall Support Note7 Investigation, https://img.us.news.samsung.com/us/wp-content/uploads/2017/01/22201435/EXPONENT-Galaxy-Note7-Press-Conference.pdf (accessed September 12, 2017).

20. Samsung Says Two Separate Battery Issues Were to Blame for All of Its Galaxy Note 7 Problems, https://www.recode.net/2017/1/22/14330404/samsung-note-7-problems-battery-investigation-explanation (accessed October 16, 2017).

21. Recommendations on the Transport of Dangerous Goods: Manual of Tests and Criteria, 5th Revised ed., Amendment 1, Section 38.3, UN/DOT.

22. FDA website, https://www.fda.gov/downloads/MedicalDevices/DeviceRegulationandGuidance/GuidanceDocuments/ucm077295.pdf (accessed September 12, 2017).

23. FDA website, https://www.accessdata.fda.gov/scripts/cdrh/cfdocs/cfStandards/search.cfm (accessed September 12, 2017).

24. FDA website, https://www.accessdata.fda.gov/scripts/cdrh/cfdocs/cfstandards/detail.cfm?id=32330 (accessed October 18, 2017).

25. FDA website, https://www.accessdata.fda.gov/scripts/cdrh/cfdocs/cfStandards/detail.cfm?standard__identification_no=32632 (accessed October 18, 2017).

26. FDA website, https://www.fda.gov/MedicalDevices/ResourcesforYou/HealthCareProviders/ucm534566.htm (accessed September 12, 2017).

27. FDA website, https://www.fda.gov/TobaccoProducts/Labeling/ProductsIngredientsComponents/ucm539362.htm (accessed September 12, 2017).

28. K. Fester and S. C. Levy, Chapter 4 in B. B. Owens (ed.), *Batteries for Implantable Biomedical Devices*, Plenum Press, New York, 1986.

29. S. C. Levy and P. Bro, "Reliability Analysis of Lithium Cells," *J. Power Sources* **26:**223 (1989).

30. P. Bro and S. C. Levy, *Quality and Reliability Methods for Primary Batteries,* Wiley-Interscience, New York, 1990.

31. S. C. Levy, "Safety and Reliability Considerations for Lithium Batteries," *J. Power Sources* **68:**75 (1997).

32. FDA website, https://www.fda.gov/MedicalDevices/Device Regulation and Guidance/Medical Device Quality and Compliance/ucm378185.htm (accessed September 12, 2017).

33. FDA website, https://www.fda.gov/downloads/MedicalDevices/Device Regulation and Guidance/Medical Device Quality and Compliance/UCM469128.pdf (accessed September 12, 2017).

34. Successful Practices for Battery Powered Medical Devices, AdvaMed website, https://www.advamed.org/resource-center/successful-practices-battery-powered-medical-devices (accessed September 12, 2017).

35. M. Visbisky, R. C. Stinebring, and C. F. Holmes, The Reliability Evaluation of Medical Implantable Batteries, *Proceedings of the 3rd Annual Battery Conference on Applications and Advances*, California State University, Long Beach, 1988.

36. NASA Technical Reports Servers, https://ntrs.nasa.gov/search.jsp?R=20060013441 (accessed September 12, 2017).

37. L. D. Hansen and R. M. Hart, "The Characterization of Internal Power Losses in Pacemaker Batteries by Calorimetry," *J. Electrochem. Soc.* **125:**842 (1978).

38. D. F. Untereker, "The Use of a Microcalorimeter for Analysis of Load-Dependent Processes Occurring in a Primary Battery," *J. Electrochem. Soc.* **125:**1907 (1978).

39. W. Greatbatch, R. McLean, W. Holmes, and C. Holmes, "A Microcalorimeter for Nondestructive Analysis of Pacemakers and Pacemaker Batteries," *IEEE Trans. Biomed. Eng.* **26:**309 (1979).

40. M. E. Orazem and B. Tribollet, *Electrochemical Impedance Spectroscopy*, Wiley, Hoboken, NJ, 2008.

41. E. S. Takeuchi, "Reliability Systems for Implantable Cardiac Defibrillator Batteries," *J. Power Sources* **54:**115–119 (1995).

42. M. J. O'Phelan, T. G. Victor, B. J. Haasl, L. D. Swanson, R. J. Kavanagh, A. G. Barr, and R. M. Dillon, U.S. Patent 7,479,349, 2009.

43. G. Antonioli, F. Baggioni, F. Consiglio, G. Grassi, R. LeBrun, and F. Sanardi, "Stimulatore Cardiaco Impiantabile con Nuova Battaria a Stato Solido al Litio," *Minerva Med.* **64:**2298 (1973).

44. C. F. Holmes, "The Role of Electrochemical Power Sources in Modern Health Care," *Interface* **8:**32–34 (1999).

45. R. T. Mead, W. Greatbatch, and F. W. Rudolph, "Lithium-Iodine Battery Having Coated Anode," U.S. Patent 3,957,533, 1976.

46. R. T. Mead, "Solid State Battery," U.S. Patent 3,773,557, 1973.

47. C. F. Holmes, Chapter 10 in M. W. Kroll and M. H. Lehmann (eds.), *Implantable Cardioverter Defibrillator Therapy: The Engineering-Clinical Interface*, Kluwer Academic Publishers, Norwell, MA, 1996.

48. C. C. Liang, M. E. Bolster, and R. M. Murphy, "Metal Oxide Composite Cathode Material for High Energy Density Batteries," U.S. Patent 4,391,729, 1983.

49. M. Onoda and K. Kanbe, "Crystal Structure and Electronic Properties of the $Ag_2V_4O_{11}$ Insertion Electrode," *J. Phys. Condens. Matter* **13:**6675 (2001).

50. R. A. Leising, W. C. Thiebolt, and E. S. Takeuchi, "Solid-State Characterization of Reduced Silver Vanadium Oxide from the Li/SVO Discharge Reaction," *Inorg. Chem.* **33:**5733 (1994).

51. P. M. Skarstad, Lithium/Silver Vanadium Oxide Batteries for Implantable Cardioverter-Defibrillators, *Proceedings of the Twelfth Annual Battery Conference on Applications and Advances* (IEEE 97th 8226), IEEE, 1997, p. 151.

52. R. P. Ramasamy, C. Feger, T. Strange, and B. N. Popov, "Discharge Characteristics of Silver Vanadium Oxide Cathodes," *J. Appl. Electrochem.* **36:**487 (2006).

53. M. Morcrette, P. Martin, P. Rozier, H. Vezin, F. Chevallier, L. Laffont, P. Poizot et al., "$Cu_{1.1}V_4O_{11}$: A New Positive Electrode Material for Rechargeable Li Batteries," *Chem. Mater.* **17:**418 (2005).

54. N. R. Gleason, R. A. Leising, M. Palazzo, E. S. Takeuchi, and K. J. Takeuchi, Microscopic Study of the First Voltage Plateau in the Discharge of SVO and the Consequences on Electrical Conductivity, 208th Meeting of the Electrochemical Society, Los Angeles, October 21, 2005.

55. N. D. Leifer, A. Colon, K. Martocci, S. G. Greenbaum, F. M. Alamgir, T. B. Reddy, N. R. Gleason, et al., "Nuclear Magnetic Resonance and X-Ray Absorption Spectroscopic Studies of Lithium Insertion in Silver Vanadium Oxide Cathodes," *J. Electrochem. Soc.* **154:**A500 (2007).

56. H. Gan and E. S. Takeuchi, "Lithium Electrodes with and Without CO_2 Treatment: Electrochemical Behavior and Effect on High Rate Lithium Battery Performance," *J. Power Sources* **62:**45 (1996).

57. H. Gan and E.S. Takeuchi, "Correlation of Anode Surface Film Chemical Composition and Voltage Delay in Silver Vanadium Oxide Cell System," *198th Meeting of the Electrochemical Society*, Phoenix, October 22, 2000.

58. A. Crespi, C. Schmidt, J. Norton, K. Chen, and P. Skarstad, "Modeling and Characterization of the Resistance of Lithium/SVO Batteries for Implantable Cardioverter Defibrillators," *J. Electrochem. Soc.* **148:**A30–A37 (2001).

59. K. Syracuse, N. Waite, H. Gan, E. S. Takeuchi, U.S. Patent 6,930,468, 2005.

60. M. J. Root, "Resistance Model for Lithium-Silver Vanadium Oxide Cells," *J. Electrochem. Soc.* **158:**A1347–A1353 (2011).

61. H. Gan and E.S. Takeuchi, U.S. Patent *5,753,389*, 1998.

62. M. J. Root, "Implantable Cardiac Rhythm Device Batteries," *J. Cardiovasc. Trans. Res.* **1:**254 (2008).

63. M. J. Root, "Lithium–Manganese Dioxide Cells for Implantable Defibrillator Devices—Discharge Voltage Models," *J. Power Sources* **195:**5089 (2010).

64. H. Gan, R. Rubino, and E. Takeuchi, "Dual-Chemistry Cathode System for High-Rate Pulse Applications," *J. Power Sources* **146:**101 (2005).

65. C. L. Schmidt and P. M. Skarstad, "The Future of Lithium and Lithium-Ion Batteries in Implantable Medical Devices," *J. Power Sources* **97–98:**742 (2001).

66. H. Gan and E. Takeuchi, "Novel Electrode Design for High Rate Implantable Medical Cell Application," Abstract 219, *204th Meeting of the Electrochemical Society*, October 12–16, 2003.

67. K. Chen, D. R. Merritt, W. G. Howard, C. L. Schmidt, and P. M. Skarstad, "Hybrid Cathode Lithium Batteries for Implantable Medical Applications," *J. Power Sources* **162:**837 (2006).

68. P. M. Gomadam, D. R. Merritt, E. R. Scott, C. L. Schmidt, P. M. Skarstad, and J. W. Weidner, "Modeling Lithium/Hybrid-Cathode Batteries," *J. Power Sources* **174:**872 (2007).

69. C. Niu, H. Hao, L. Li, B. Ma, and M. Wu, The Transcutaneous Charger for Implanted Nerve Stimulation Device, *Proceedings of the 28th IEEE EMBS Annual International Conference*.

70. C. Kishiyama, M. Nagata, T. Piao, J. Dodd, P. Lam, and H. Tsukamoto, "Improvement of Deep Discharge Capability for Lithium Ion Batteries," *Proc. Electrochem. Soc.* **28:**352 (2004).

71. H. Tsukamoto, C. Kishiyama, M. Nagata, H. Nakahara, and T. Piao, U.S. Patent 6,596,439, 2003.

72. E. R. Scott, W. G. Howard, and C. L. Schmidt, U.S. Patent 7,811,705, 2010.

第 **29** 章

储备电池

R. David Lucero, Alexander P. Karpinski, Benjamin M. Meyer
(荣誉撰稿人：David L. Chua, William J. Eppley,
Jeffrey A. Swank, Michael Ding, Charles M. Lamb)

29.0 引言

储备电池是一类将电池控制在非活性状态从而满足长储存寿命要求的特殊电池，也称激活电池。这类电池一般是将电解质储存在一个单独的容器中；如果是热电池，可以采用常温下为固态的电解质。这类电池在激活之前是稳定的且不会产生电流。这类电池需要激活时，可以采用多种方法使电解质与电池中的电极直接接触。例如，热电池可以通过直接加热熔融固态电解质盐建立离子导电通道。

本章主要介绍以下几类储备电池：水激活镁电池；水激活锌-氧化银电池；水激活铝-氧化银电池；锂电池（非水系，室温电池）；自旋储备电池。

虽然本章对热电池进行了简要介绍，但读者可参考第 21 章对热电池电化学体系的更深入讨论。此外，关于本章讨论的用于储备电池的各种电化学体系的更多详细信息，可以在涵盖各种原电池（即一次电池）的章节中找到（参见本书 11B、12C 部分和第 13 章的相关细节）。

此外，本章所讨论的电池是一次（单次使用）电池系统。虽然二次电池（即蓄电池）电化学体系（通过适当的设计和测试）可以作为储备电池的可行替代品，但典型的储备电池应用不需要充电能力。一个值得注意的例外是一种干荷电的铅酸电池，它被制成预充电电池，在发货时不含电解质，但在安装到汽车中时会被激活。这种技术用于消除因在使用前长时间高温储存而导致的电池失效问题（有关铅酸电池的详细信息，请参阅第 14 章）。

29.1 典型储备电池概述

29.1.1 水激活储备电池

（1）镁储备电池的一般特性

水激活电池是在 20 世纪 40 年代开发的，以满足军事应用中对高能量密度、长储存寿命和良好低温性能电池的需求。

该电池是在干燥状态下构建和储存的，并在使用时通过添加水或水性电解质来激活。大多数水激活电池都使用镁作为负极材料。在不同类型的设计和应用中，已成功使用了多种正极材料。

贝尔电话实验室开发了镁-氯化银海水激活电池，作为电动鱼雷的动力源[1]。这项工作促进了小型高能量密度电池的开发，这些电池适宜作为声呐浮标、电动鱼雷、探空气球、空海救援设备、烟火装置、海洋浮标和应急灯的电源。

镁-氯化亚铜体系从 1949 年开始逐渐实现商业化[2-3]。与镁-氯化银电池相比，这一体系的体积比能量低、倍率性能差、高湿条件下不耐储存，但是它的成本特别低。虽然镁-氯化亚铜体系与镁-氯化银电池的用途相同，但是它主要应用于探空气象设备中。在这些设备中使用更昂贵的氯化银系统不适宜。氯化亚铜体系不具备用于电动鱼雷电源所需要的物理和电子特性。最近，镁-氯化亚铜化学体系已经开发用于航空和海洋救生衣灯照明电源。

由于银的成本高昂且在使用后难以回收，因此开发了其他非银、水激活电池，主要用作反潜战（ASW）设备的动力源。

已经研制并成功应用的储备电池体系有镁-氯化铅[4]、镁-碘化亚铜-硫添加物[5-7]、镁-硫氰酸亚铜-硫添加物[8]，以及包含高氯酸镁电解液[9-11] 的镁-二氧化锰体系。除成本外，这些体系的所有性能几乎都无法与镁-氯化银体系相比。

另外，还开发了使用海水中溶解的氧气作为正极反应物的镁海水激活电池，用于浮标、通信和水下推进应用。

另一种考虑用于低速、长期水下车辆应用的海水电池系统由镁负极、含有钯和铱催化剂的碳纸正极以及由海水、酸和过氧化氢组成的液相正极组成。镁-过氧化氢体系的电压为 2.12V，质量比能量超过 500W·h/kg，可以用于大型水下推进器动力电源[12]。

表 29.1 列出了银正极电池与非银正极电池的比较。

表 29.1　银正极电池与非银正极电池的比较

优点	缺点
氧化银正极	
可靠	原料成本高
安全	激活后自放电率高
高比功率	
高体积比能量	
对脉冲负载响应迅速	
瞬时激活	
非激活储存寿命长	
免维护	
非银正极	
资源丰富	需要导电栅极支持
原料成本低	在低电流密度下工作
瞬时激活	与氧化银正极相比,体积比能量较低
可靠、安全	激活后自放电率高
非激活储存寿命长	
免维护	

（2）锌-氧化银储备电池的一般特性

锌-氧化银电化学体系是一类重要的储备电池，特别适用于导弹和鱼雷的应用。其显著特点是高倍率放电能力和高比能量。电池设计时采用薄极板和大表面积电极，增加了电池高倍率放电和低温放电能力，且放电电压平稳。然而这种设计降低了电池激活后的储存寿命或湿储存寿命，因此必须采用能够满足储存要求的储备电池的设计方法。

锌-氧化银电化学系统是由 Alessandro Volta 提出来的，他展示了在"堆叠型"多单元结构中使用不同金属以获得高电压的可能性。该系统在某种程度上一直作为实验室设备存在，直到 Henri André 教授在第二次世界大战初期设计了一种实用的二次电池。

第二次世界大战后，美国军方对干充电的原电池产生了兴趣，因为它具有高的质量比能量及体积比能量输出特性和高倍率放电能力，可用于机载电子设备、导弹和鱼雷。美国军方最终开发了用于军事和民用航空航天行业的轻量级电池。整个载人航天计划都依赖于锌-氧化银储备电池作为各种飞行器的电源。

锌-氧化银储备电池分为两类：手动激活和远程激活。一般来说，手动激活的类型用于空间发射车辆和近地面设施，并且通常包装在更传统的配置中。远程或自动激活的类型主要用于鱼雷和导弹系统。这种应用需要长时间的准备（处于储存中），采用快速远程激活的方法，在高放电倍率下有效放电，典型的放电时间是 $10s \sim 4h$，包括开路湿待机时间。手动激活类型的质量比能量和体积比能量范围，分别为 $60 \sim 220W \cdot h/kg$ 和 $120 \sim 550W \cdot h/L$。对于远程激活的类型，由于自带激活装置，其质量比能量和体积比能量下降至 $11 \sim 88W \cdot h/kg$ 和 $24 \sim 320W \cdot h/L$。

（3）铝-氧化银储备电池的一般特性

铝-氧化银水溶液电池是 20 世纪 70 年代初由美国海军为鱼雷推进而开发的。与镁储备电池一样，该电池是在干燥状态下制造的，以干燥状态储存，并在使用时通过添加海水或水性电解质来激活。该体系具有非常高的倍率性能，在输出高达 $1600mA/cm^2$ 的放电电流密度时，仍能保持质量比能量（体积比能量）超过 $200W \cdot h/kg$（$264W \cdot h/L$）。

29.1.2 非水系室温锂储备电池

锂金属作为储备电池的负极，由于具有高电位和高质量比容量（$3.86A \cdot h/g$），与传统储备电池相比具有显著的能量优势。锂储备电池可以在接近传统水性电池两倍电压的条件下工作。由于锂在水性电解质中的反应性，除了特殊的锂-水电池和锂-空气电池外，锂电池必须使用与锂不反应的非水性电解质。表 29.2 列出了锂负极储备电池的典型特性。

表 29.2　锂负极储备电池的典型特性

工作温度范围/℃	$-55 \sim 70$
未激活储存寿命/年	$10 \sim 20$
密封性	良好
体积比能量	高
可靠性	良好
电噪声	较低
放电电压曲线	平坦
激活后电压	快速上升
机械环境承受性能	$20000g$ 的冲击加速；旋转速度高达 $20000r/min$；运输和配置过程中的振动水平
使用寿命	几秒至 1 年

各种常温活性（非储备式）锂原电池具有更高的能量密度和倍率能力，包括 Li-SO$_2$、Li-V$_2$O$_5$、Li-SOCl$_2$、Li-SO$_2$Cl$_2$ 和 Li-Li$_x$CoO$_2$。这些电池的放电特性见图 29.1，也是储备电池配置中主要采用的电化学系统。

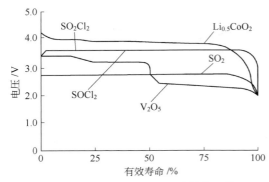

图 29.1　在20℃时锂原电池性能比较
SOCl₂ 为 3.6V；V₂O₅ 为 3.4V；SO₂ 为 2.9V；
Li$_x$CoO₂（$x=0.4\sim0.5$）为 4.0V，SO₂Cl₂ 为 3.8V

在锂储备电池的结构中，电解质被储存在与电极活性材料隔离的单独储槽中，直到电池被激活。这种设计特点即使在非活动状态下储存超过 20 年后，也能提供几乎不减少的输出能力。然而，与活性锂原电池相比，使用储槽系统会导致体积比能量降低高达50%。导致体积比能量降低的关键因素是激活装置和电解质储槽。

在设计锂负极储备电池时，需要考虑的重要因素包括电解质溶液的物理性质和它在放电条件下的性能，以及电解质与电解质储槽构造材料的稳定性和相容性等因素。使用环保系统具有额外的重要性，这导致对开发新型电池系统中基于有机电解质溶液的兴趣日益浓厚。

29.1.3　自旋储备电池

在各种军事领域及一些民用领域，要求电池有长的搁置（储存）寿命，因此青睐于采用储备电池作为其电源。当系统需要电源与电子器件组装成一个完整的结构，并且在系统的整个储存期内不能更换时，更是如此。这种应用的典型实例是火炮和其他依靠自旋保持稳定的抛射体上的点火、控制与装药系统。

高自旋力（如在火炮抛射体中经常遇到）是非常苛刻的环境条件，可能会给许多电池的设计带来困难，然而采用特殊设计的液体电解质储备电池已经有了进展。这种设计使电解质保持在电池结构中，而利用旋转来完成电池激活。

一种典型的自旋储备电池如图 29.2 所示。电极堆由环形电极片和环形隔离垫组成，干态存放，因此电池能够长时间储存。金属安瓿瓶插入电极堆中间的孔中，用于储存电解质。当火炮发射时，安瓿瓶打开；电解质被释放，通过离心作用分配到环形电池中，使电池激活。

在过去的几十年里，自旋液体电解质储备电池最常采用的化学体系是铅-氟硼酸-二氧化铅电池，其简化反应如下：

图 29.2　铅-氟硼酸-二氧化铅多
单体储备电池横截面
显示用于铜安瓿瓶的缓冲切割器

$$Pb+PbO_2+4HBF_4 \longrightarrow 2Pb(BF_4)_2+2H_2O$$

在这些军事应用中，由于需要在非常低的温度下工作，因此使用了氟硼酸而不是更常见的硫酸电解质。这种低温性能部分归因于在储备电池放电过程中没有产生不溶性反应产物。在 20 世纪 90 年代初，最后两家能够生产这些电池所用特种电极材料的工厂因商业原因而停产，这项技术的提供基本结束了。然而，由美国军队库存中的这种电化学体系供电的引信仍在使用。

为了替代铅-氟硼酸-二氧化铅体系，已经开发了使用锂负极的自旋液体电解质储备电池。目前最常见的体系是基于亚硫酰氯，它在电解质载体和活性正剂去极化剂的双重作用下发挥作用。这一体系的公认电池反应为：

$$4Li+2SOCl_2 \longrightarrow 4LiCl+S+SO_2$$

锌-氢氧化钾-氧化银体系曾经也用于自旋储备电池。然而，这个电池体系更频繁地用于非自旋应用，如导弹。其中，电解质是由气体发生器或其他激活方法驱动的。这个系统在一些应用中再次受到青睐。因为在这些应用中，锂系统的潜在危险可能会引发安全问题。

锌-氧化银电对的化学反应，可以根据氧化银的氧化价态由以下两个反应之一表示：

$$2AgO+Zn \longrightarrow Ag_2O+ZnO$$
$$Ag_2O+Zn \longrightarrow 2Ag+ZnO$$

20 世纪 70 年代初，桑迪亚国家实验室开发并成功演示了使用 $Ca/LiCl-KCl-CaCrO_4/Fe$ 体系的热电池，该电池可以在高自旋速度（300r/s）下工作。20 世纪 90 年代初，这个过程再次被用于现在大多数热电池中使用的标准锂（合金）-二硫化铁体系。

29.1.4 热储备电池

热储备电池（又称热电池）是一种使用无机盐电解质的储备电池。这些电解质在环境温度下是相对不导电的固体。热电池的重要组成部分是烟火材料（火药），这些材料足以提供足够的热能来熔化电解质。熔化的电解质具有很高的导电性，因此电池可以提供高电流。

热电池的激活寿命取决于电池化学体系和结构等多个因素。一旦激活，并且只要电解质保持熔化状态，热电池就可以提供电流，将活性材料放电到耗尽的程度。另外，即使存在过量的活性材料，电池最终也会因内部热量损失和电解质随后的重新固化而停止工作。因此，在激活后，热电池正常工作的两个主要因素包括：活性电池堆叠材料（即负极和正极）的组成和质量；其他结构细节，包括电池的整体形状以及隔热材料的类型和数量。

根据电池设计，最终取决于应用的具体要求，激活的热电池可能只供电几秒钟，也可能工作超过一个小时。热电池的启动（激活）通常是通过外部能量脉冲提供给内置启动器来实现的。启动器通常是电点火头、电爆炸装置（爆炸剂）或撞击引信，它点燃电池堆的烟火材料。启动时间，即从启动脉冲到电池能够以电压维持电流的时间间隔，因电池的大小、设计和化学性质而异。对于大型装置来说，几百毫秒的启动时间并不罕见。小型电池已被设计成能在 10～20ms 内可靠地达到工作条件。

未激活的热电池保质期（储存寿命）通常为 10～25 年，具体取决于设计。然而，一旦激活和放电，它们就不可重复使用或充电。目前随着热电池激活寿命能力的延长，已经提高了其在新型军事以及工业/民用系统中的适用性和应用潜力。

热电池是在 20 世纪 40 年代首次在德国开发的，主要用于武器[14-16]。自 1947 年以来，已经生产了包含多个单体电池和整体烟火材料的电池。由于其高可靠性和长保质期，热电池非常适合军事弹药用途。因此，它们已广泛用于导弹、炸弹、地雷、诱饵、干扰器、鱼雷、太空探测系统、紧急逃生系统和其他类似应用。

关于热电池技术、构造和性能的详细描述，请参见第 21 章。

29.2 储备电池系统/类型

29.2.1 水激活电池

水激活电池主要有以下几种基本类型。

① 浸没式电池。浸没式电池（immersion type batteries）是通过将电池浸没在电解质中而激活的。它们的外形尺寸不一，放电电流可以高达 50A，能够产生 1.0V 至几百伏的电

压。放电时间可以为几秒钟至几天之间。一种典型的浸没式水激活电池见图 29.3。

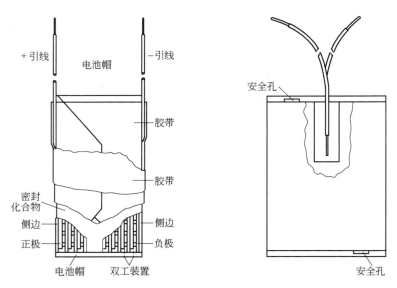

图 29.3　浸没式海水电池

　　② 控流式电池。控流式电池用于电动鱼雷的电源。这个名称来源于这样一个现象，即当鱼雷在水中行驶时，海水被强制流过电池。由于放电过程中产生的热量和电解质的再循环，这些系统可以在阴极电流密度超过 $500mA/cm^2$ 的情况下工作。已经开发出包含 $118\sim460$ 个单体电池、可产生 $25\sim460kW$ 输出功率的电池。放电时间通常约为 $10\sim15min$，但根据功率要求，放电时间可能超过一个小时。鱼雷电池和带有再循环电压控制的鱼雷电池示意如图 29.4 所示。

　　③ 浸润式电池。浸润式电池（dunk-type batteries）的设计特点是电极之间有一个吸液隔板，将电解质倒入电池中并被隔板吸收来激活。这种类型的电池已被设计为可产生 $1.5\sim130V$ 的电压，电流高达约 10A；放电时间从约 0.5h 到 15h 不等。图 29.5 是一个用于无线电探空仪应用的镁-氯化亚铜电池示意。它采用了堆叠式结构。镁板被一个多孔的隔板与氯化亚铜正极隔开。该隔板还用于保持电解质。正极是通过将氯化亚铜粉末和液体黏结剂制成的膏状物涂覆到铜网或铜栅板上而制成的。电池组件通过胶带粘接在一起，形成完整的电池。电池也可以采用螺旋式或卷绕式设计。在这种配置中，还可以使用其他正极材料，如氯化银。

29.2.2　锂储备电池

　　有多种锂负极储备电池设计可供选择：玻璃安瓿瓶电解质储存；单容器波纹管电解质储存；带有玻璃安瓿瓶或储液器的多容器电池组。

　　许多典型的锂电池化学体系可能都是可行的，包括使用各种有机和无机电解质的液体和固体正极。锂储备电池的关键特性包括极低的水分污染水平和气密性封装。这两个特性都使得这种类型的电池在设计和生产上具有挑战性。

　　一些已生产的锂储备电池的示例包括以下军事应用：MOFA（某种型号）用于近炸引信炮弹；M762/M767（某种型号）电子时间引信；"神剑"（Excalibur）155mm 炮弹预发射电池；自毁引信（SDF）。

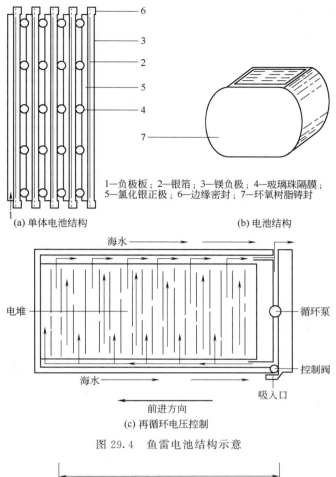

1—负极板；2—银箔；3—镁负极；4—玻璃珠隔膜；
5—氯化银正极；6—边缘密封；7—环氧树脂铸封

(a) 单体电池结构　　　　　　　　　　(b) 电池结构

海水 →

电堆　　　　　　　　　　　　　　　　循环泵

海水 →

　　　　　　　　　　　　　　　控制阀

← 前进方向　　　　　　　　吸入口

(c) 再循环电压控制

图 29.4　鱼雷电池结构示意

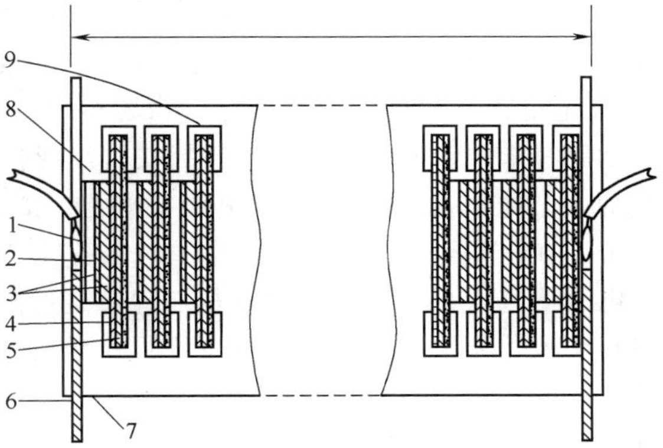

图 29.5　镁-氯化亚铜浸润式电池示意
1—铜箔；2—氯化亚铜和棉网；3—棉制联结纤维网（Kendall Mills）；4—纸隔板；
5—镁；6—酚醛胶木外壳；7—清漆涂层的纸板；8—空隙（存电解质）；9—胶带

29.2.3　自旋储备电池

① 电极堆叠排列。电极堆可以以两种方式排列：一种有利于高电压输出；另一种有利于高电流输出。前者通常使用双极性电极，即分别在金属基板的相对两侧涂负极和正极材料。这种双极性电极板以堆叠或串联的方式堆叠，使上一个单体与下一个单体自然接触。这种堆的电压输出是所有单体电池的总和。在高电流配置中，在基板的两侧都涂有负极材料的

电极板与两侧都涂有正极材料的电极板交替堆叠。所有负极板通过连接片并联在一起，所有正极板类似地连接在一起，正负极板的极耳分别连接形成了电池的极柱。这种电极并联堆实际上就是一个大电极面积的电化学单体电池。必要时多个串联堆可采用并联连接，从而可同时产生高电压和高电流输出（图 29.6）。

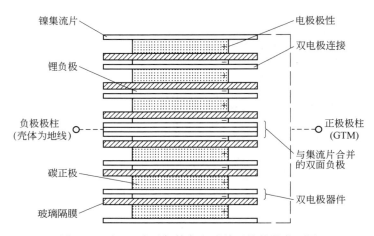

图 29.6　锂-亚硫酰氯储备电池单元堆栈的截面图
（展示串联和并联结构的示例）

　　② 电解质体积优化。安瓿瓶的电解质容量必须与电池中所有单元的总体积相匹配。由于并联电池实际上是一个单独的电池，因此它对电解质的过量或不足具有一定的容忍度。然而，串联配置可能会因电解质过量而大大降低性能，因为这种情况会在电解质填充通道或歧管中产生电池单元间短路。相反，电解质不足可能会使一个或多个单体电池无法充满，从而无法在整个电池堆中保持连续性。

　　由于温度极端条件对液体电解质（即电解液）的膨胀和收缩的影响大于对电池体积的影响，因此电池在低温下合理充满的电解质体积通常在高温下会导致电解质过多。在铅-氟硼酸-二氧化铅系统中，必须在电池设计中使用"集液池"来容纳这些多余的电解质，该集液池放置在电解质填充电池的路径末端。集液池不仅用于捕获由热膨胀产生的多余电解质，还用于捕获由偏心旋转产生的多余电解质。锂-亚硫酰氯储备电池可能对电池过量的容忍度更高，取决于具体设计的细节。在一些短寿命电池中，高温时电解液可以注满电池，低温时电解液将无法注满。为确保电解质进入每个单体电池（从而保持连续性），可以在电池之间设置调平孔。尽管这些调平孔的尺寸非常小，但可以减少不可避免的电池单元间短路的影响，但它们确实会消耗电池的一部分容量。

　　③ 电池密封。由于自旋液体电解质储备电池的单个电池形状通常是环形并通过离心力填充，因此电池的周边必须密封以防止电解质泄漏。这种密封通常是通过在电极-隔板堆栈外部的塑料隔离层实现的。对于铅-氟硼酸-二氧化铅电池，该隔离层是通过在相对较低的温度下熔化的聚乙烯涂层形成的"鱼纸"（fish paper，一种致密、不透气的纸）形成的。电池隔板从涂层的"鱼纸"上冲压出来并放置在电极之间。然后，将电堆夹在一起，并在足以使聚乙烯熔合的烤箱中加热，聚乙烯随后在电极之间起到黏结剂和密封剂的作用。在这个系统中，电池密封是至关重要的。因为电解质具有很高的导电性，任何导致电池单元间短路的泄漏，都会迅速耗尽电池的容量。

　　在一些锂-亚硫酰氯储备电池中，电池密封可能不那么关键，就像在炮兵应用中常用的现代雷达近炸引信中发现的中等功率电池那样。在最近生产的多单体电池（图 29.7）中，电池部件被设计成使得环形电极和隔板更容易插入 Tefzel® 电池杯中，以创建电池堆。这是为了简化自动化组装。电池堆外径的略微松弛导致的单元间短路问题，可通过导电性较差的正极电解液抵消掉（与采用氟硼酸有关）。对于导弹应用所需的高功率和高能量电池，电池密封和隔离仍然至关重要。

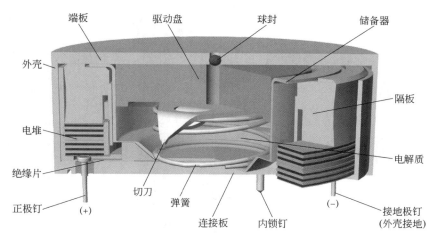

图 29.7　多单体锂-亚硫酰氯储备电池截面

　　④ 安瓿瓶。早期设计的液体电解质储备电池使用玻璃安瓿瓶来容纳电解质。事实上，一些现代电池仍然使用这种安瓿瓶。这些安瓿瓶通常通过枪击产生的加速度力或通过引信、引爆剂的爆炸输出而被破碎。虽然这些力是足够的，但也存在因处理不当或掉落在硬表面上而导致玻璃安瓿瓶意外破裂的问题。电解质过早泄漏到电池中，会破坏电池。

　　电池坚固性（或可靠性）的一个重大进步，来自带有内部切割机制的金属（通常是铅-氟硼酸-二氧化铅电池中的铜，锂-亚硫酰氯设计中的不锈钢）安瓿瓶（或储液器）的设计。

　　其中一种设计采用了切割器。该切割器通过旋转和加速度的组合来激活（图 29.8），这两种作用都来自枪击。其他设计则依赖于阻尼器切割机构（参考图 29.2 和图 29.7 以及图 29.9）。这种机制需要持续的加速度，在枪击中经历了几毫秒。但当受到因掉落在硬表面上而产生的时间更短（不到 1ms）的冲击脉冲时，它将不会起作用。这些"智能"安瓿瓶的使用，能够区分枪击作用和失误操作，从而使电池的可靠性和安全性有了实质性的提高。图 29.9 为典型铅-氟硼酸-二氧化铅多单体电池组件的结构示意。

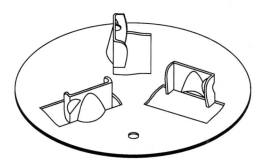

图 29.8　铜制安瓿瓶的三刃切割器
需要旋转和加速度才能激活

　　⑤ 锂电池的安全性。在过去的至少 20 年里，使用各种基于锂的电化学体系的储备单体电池已在许多引信中得到应用。这些电池通常将负极-隔膜-正极组件螺旋地缠绕在位于中央的玻璃电解质安瓿瓶周围。当枪击作用或电池壳底部受到引爆剂或弹簧驱动装置的撞击时，电解质安瓿瓶通常会破裂。由于这些是单体电池设备，因此不存在电池间短路和相应的安全问题。

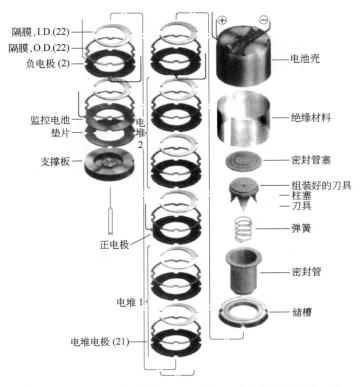

图 29.9　PS416 电源系统用铅-氟硼酸-二氧化铅储备电池组件

然而，在多单体电池堆叠配置的储备电池中，共用电解质歧管（分配道）中存在电池间短路的风险。这种电池间短路不仅会消耗电池的容量，而且还可能导致枝晶的生长，从而可能导致电池之间的短路并产生灾难性后果。经验表明，如果电池的所有内部金属表面都涂有非导电性（通常是聚四氟乙烯）涂层，那么这种枝晶生长可以最小化或消除。

29.3　水激活电池的构造和性能

29.3.1　镁负极电池

（1）结构

水激活单体电池由负极、正极、隔膜、极柱和某种形状的外壳组成。电池组由多个单体电池通过串联、并联组成。这种组合需要将电池单元按需要的方式连接，并控制漏电流（即通过电解质通道的内部电气短路）。电池的电压主要取决于内部的电化学体系。为了提高电压，必须将大量单体电池进行串联。如果以安时（A·h）容量来计算的话，单体电池的容量主要取决于电极中活性物质的量。电池在有效电压下产生给定电流的能力取决于电极面积。为了减小电流密度，提高负载电压，必须增大电极面积。温度和电解液盐浓度影响输出功率的大小。可以通过提高电解液的温度或盐度来增加输出功率。

水激活单体电池的基本组成、用于电池串联的复式组装以及组装完成的电池，分别如图 29.10 和图 29.11 所示[12,18-21]。这些图代表了浸入式电池，与将电解质倒入电池中的浸没式（无线电探空仪）电池或控流式电动鱼雷电池形成对比。在所有情况下，它们的构造原理虽相似但略有不同。

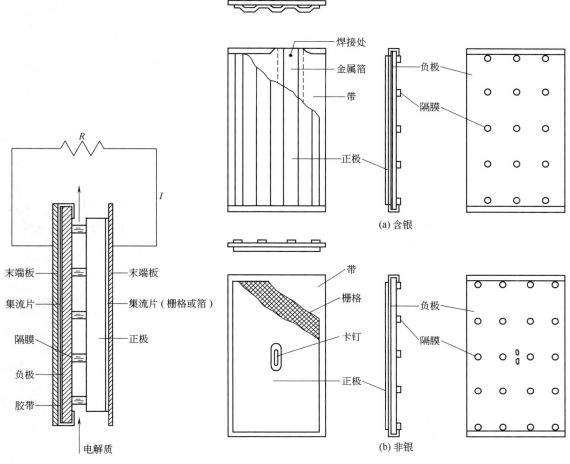

图 29.10　水激活单体电池基本结构　　　图 29.11　双极性电极结构

（2）组件

以下是关于各种电池和电池组件以及构造元件更详细的描述。

① 负极（负极板）。负极是用镁片制成的。优选使用镁 AZ61A，因为它倾向于产生较少的残渣和极化。有时也可使用 AZ31B 合金，但是该合金的电压略低，在高电流密度下易极化，残渣多。近年来，已经开发和评估了镁合金 AP65 和 MTA75。它们均为高电压合金，提供的负载电压比 AZ61A 高 0.1~0.3V。MTA75 是比 AP65 电压更高的合金。这些合金的残渣更多。在某些强制流动放电条件下，可以控制残渣问题。这些合金在美国没有得到广泛使用。它们在英国和欧洲用作电动鱼雷电池。这些电池极板合金的组成如表 29.3 所示。

表 29.3　电池极板合金的组成

元素	AZ31		AZ61		AP65		MELMEG75	
	最小值/%	最大值/%	最小值/%	最大值/%	最小值/%	最大值/%	最小值/%	最大值/%
Al	2.5	3.5	5.8	7.2	6.0	6.7	4.6	5.6
Zn	0.6	1.4	0.4	1.5	0.4	1.5	—	0.3
Pb	—	—	—	—	4.4	5.0	—	—

元素	AZ31		AZ61		AP65		MELMEG75	
	最小值/%	最大值/%	最小值/%	最大值/%	最小值/%	最大值/%	最小值/%	最大值/%
Tl	—	—	—	—	—	—	6.6	7.6
Mn	0.15	0.7	0.15	0.25	0.15	0.30	—	0.25
Si	—	0.1	—	0.05	—	0.3	—	0.3
Ca	—	0.04	—	0.3	—	0.3	0.3	—
Cu	—	0.05	0.05	0.05	0.05	—	—	—
Ni	—	0.005	—	0.005	—	0.005	—	0.005
Fe	—	0.006	—	0.006	—	0.010	—	0.006

② 正极（正极板）。正极包括去极化剂和集流体。去极化剂是不导电的粉末。为了使去极化剂发生作用，应添加碳以增加电导率；添加黏结剂以增强内聚力。金属网作为集流体和正极的基体，方便内部单体电池的连接和电池的端接。正极的组成见表 29.4。

表 29.4   正极的组成   单位:%

项目	氯化银[1]	碘化亚铜[5-6]	硫氰酸亚铜[8]	氯化铅[4]	氯化亚铜
去极化剂	100	73	75~80	80.7~82.5	95~100
硫	—	20	10~12	—	—
添加剂	—	—	0~4	2.3~4.4	—
碳	—	7	7~10	9.6~9.8	—
黏结剂	—	—	0~2	1.5~1.6	0~5
蜡	—	—	—	3.8	—

注：表中数据为质量分数。

氯化银是一个特例。氯化银可以熔化、铸造成锭，再碾压为厚度大约为 0.08mm 以上的薄板。由于这种材料具有延展性和韧性，几乎可以在任何配置中使用。氯化银是不导电的，但是如果浸入还原性溶液中对表面进行处理，将其还原为银，那么它就可以导电。对于氯化银，没有必要使用集流网。

非银正极通常是方形平板。氯化银正极通常在许多配置中采用扁平且带波纹的各种形状。

③ 隔膜。在浸没式和控流式电池组中，置于电极之间的不导电的隔离物是隔膜，它的存在为电解液的自由进入和腐蚀产物的排出提供了空间。隔膜的形状可以是盘状、棒状、玻璃珠状或编织形式[18-19]。

浸润式电池采用非织造、吸水性、非导电材料，用于隔离电极和吸收电解质。

④ 电池单元之间的连接。在串联堆叠式电池中，一个电池的负极连接到相邻电池的正极。为了在不产生短路的情况下实现这一点，在非银电池中，电极之间放置了绝缘胶带或薄膜。对于银电池，单独采用银箔或与绝缘胶带结合使用。

对于非银电池，通过将电极与绝缘体钉在一起进行连接[20]。对于银电池，将表面还原为银的氯化银通过热封与先前已粘接到正极上的银箔连接。当涉及大的表面积时，可以通过仅施加压力来使银和银箔接触。

⑤ 极柱。对于氯化银正极，导线直接与银箔进行焊接，该银箔已通过热封与氯化银的一个表面连接。非银正极的集流体直接与导线进行焊接，或者与一片铜箔进行焊接，铜箔已和集流体钉牢。

负极的连接可采用将导线焊在银箔上或直接焊在负极上的方法，银箔已提前被焊在负极上。

⑥ 封装。电池封装必须有效地使电池刚性化，并在相对两端提供开口，以便电解质和腐蚀副产物自由进出。

电池的周边必须密封，以确保单体电池仅通过电池顶部和底部提供的开口与外部电解质接触。封装可以使用预制件、填缝化合物、环氧树脂、绝缘片或热熔树脂来完成[18-21]。对于单体电池，这些预防措施是不必要的。

⑦ 漏电流。浸没式和控流式电池中的所有单体电池都在共用的电解质中运行。由于电解质是导电的，并且从一个单体电池到另一个单体电池是连续的，因此从电池中的每个点到其他任意一点都存在导电路径。不同的点与点之间有电流通过。这个电流被称为"漏电流"，是流过负载电流之外的额外电流。电极设计必须考虑补偿这些漏电流。

通过增加从单体电池到共用电解质的电阻路径或相邻单体电池之间共用电解质的电阻路径，可以减少单体电池的漏电流。对于大量单体电池而言，可以通过增加单个电池单元外部共用电解质的电阻来减少漏电流。

在电池构建过程中，单体电池单元之间的导电路径应被做得尽可能长。在许多情况下，电池的负极或正极连接到外部金属表面，漏电流则从电池流向该表面。通过在电池开口上方放置一个包含槽口的盖子来控制这些漏电流。如果一个端子连接到外部导电表面，则盖帽槽口仅在该侧电池面开放以接触电解液。当两个端子均未连接到外部导电表面时，可以打开盖子的任一端，但只能在电池的一侧。

槽口电阻（欧姆，Ω）可以通过下面的公式进行计算：

$$R = \rho \frac{l}{a}$$

式中，R 为电阻，Ω；l 为槽口的长度，cm；a 为槽口的横截面积，cm^2；ρ 为电池运行温度和盐度下电解质的电阻率，$\Omega \cdot cm$。

对于浸润式电池，当电解质被吸收到隔膜中时，单体电池之间的电解质连续性会被打破。多余的电解质会从电池上排出，或通过施加到电池上的某种外部力从单体电池中甩出。

⑧ 电解质。海水激活电池被设计为在无限电解质中运行，即全世界的海洋。然而，对于设计、开发和质量控制的目的，使用海水并不实际。因此，在整个行业中，使用模拟海水是一种常见的做法。由所有必需成分混合而成的商业化产品简化了模拟海水测试溶液的制造。

浸润式电池通过将电解质倒入电池中并由隔膜吸收来激活，当温度高于凝固点时，可以使用水或海水。在较低的温度下，可以使用特殊的电解质。使用导电的含水电解质会导致电压上升得更快。然而，电解质中盐的引入会增加自放电率。

（3）性能特点

表 29.5 概述了目前可用的主要海水激活电池的性能特征。

表 29.5　目前可用的主要海水激活电池的性能特征

正极	氯化银	氯化铅	碘化亚铜	硫氰酸亚铜	氯化亚铜[①]
负极	镁				
电解质	饮用水、海水或其他导电含水溶液				
开路电压/V	1.6~17	1.1~1.2	1.5~1.6	1.5~1.6	1.5~1.6
每个单体电池电压(5mA/cm²)[②]/V	1.42~1.52	0.90~1.06	1.33~1.49	1.24~1.43	1.2~1.4
激活时间/s					
35℃[③]	<1	<1	<1	<1	
室温[④]	—	—	—	—	1~10
0℃[⑤]	45~90	45~90	45~90	45~90	
内阻/Ω[⑥]	0.1~2	1~4	1~4	1~4	2
(正极理论[⑦])可用容量/(A·h/g)	0.187	0.193	0.141	0.220	0.271
可用容量(理论百分比)/%	60~75	60~75	60~75	60~75	60~75
质量比能量/(W·h/kg)	100~150	50~80	50~80	50~80	50~80
体积比能量/(W·h/L)	180~300	50~120	50~120	50~120	20~200
工作温度/℃[⑧]			—60~65		

① 除氯化亚铜外全部为浸没型，氯化亚铜是浸润型。

② 见电压与电流密度曲线。

③ 电池在 55℃ 预处理，然后浸没在 3.6%（质量分数）的模拟海水中。

④ 电解质在室温条件下灌入电池中，然后被隔层吸收。

⑤ 电池在 -20℃ 预处理，然后浸没在 1.5%（质量分数）的模拟海水中。

⑥ 取决于电池的设计。

⑦ 100% 活性材料。

⑧ 室温条件下激活后。

① 电压与电流密度。图 29.12 和图 29.13 分别为使用模拟海水电解质在 35℃ 和 0℃ 下，几种海水激活电池系统的电压与电流密度曲线。

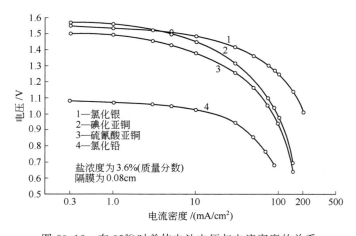

图 29.12　在 35℃ 时单体电池电压与电流密度的关系

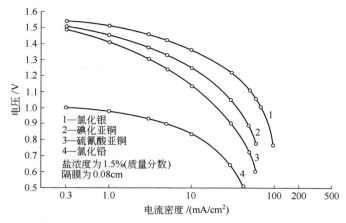

图 29.13　在 0℃ 时单体电池电压与电流密度的关系

② 放电曲线。图 29.14～图 29.21 分别为镁-氯化银、镁-硫氰酸亚铜-硫、镁-碘化亚铜、镁-氯化铅电化学系统在模拟海水中通过不同电阻连续放电的放电曲线，其中涵盖了高温、低温和高盐度、低盐度的条件。这些数据显示了氯化银体系的优良性能。

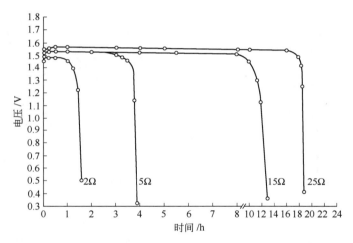

图 29.14　盐浓度为 3.6%（质量分数）的镁-氯化银海水激活电池连续放电曲线
（模拟海水环境，35℃ 条件）

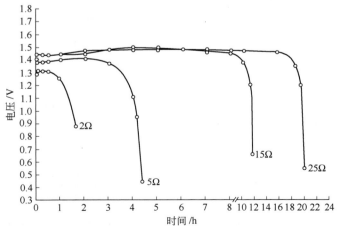

图 29.15　盐浓度为 1.5%（质量分数）的镁-氯化银海水激活电池连续放电曲线
（模拟海水环境，0℃ 条件）

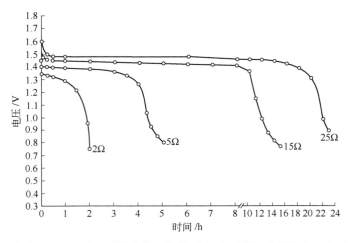

图 29.16　盐浓度为 3.6%（质量分数）的镁-硫氰酸亚铜海水激活电池连续放电曲线
（模拟海水环境，35℃条件）

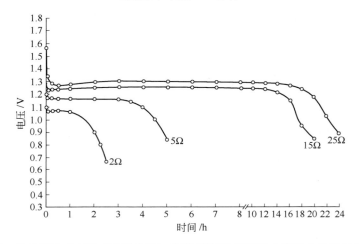

图 29.17　盐浓度为 1.5%（质量分数）的镁-硫氰酸亚铜海水激活电池连续放电曲线
（模拟海水环境，0℃条件）

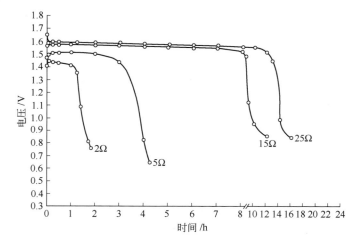

图 29.18　盐浓度为 3.6%（质量分数）的镁-碘化亚铜海水激活电池连续放电曲线
（模拟海水环境，35℃条件）

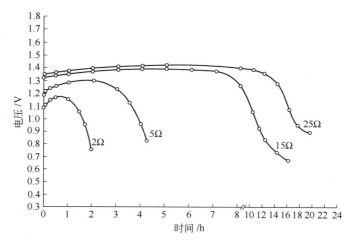

图 29.19　盐浓度为 1.5%（质量分数）的镁-碘化亚铜海水激活电池连续放电曲线
（模拟海水环境，0℃条件）

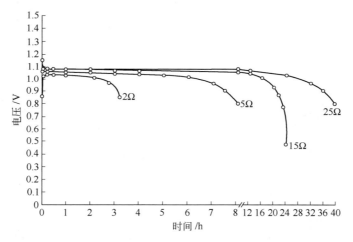

图 29.20　盐浓度为 3.6%（质量分数）的镁-氯化铅海水激活电池连续放电曲线
（模拟海水环境，35℃条件）

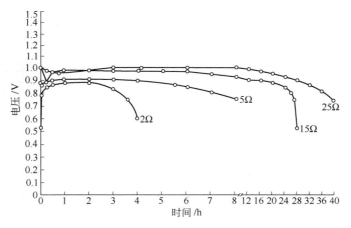

图 29.21　盐浓度为 1.5%（质量分数）的镁-氯化铅海水激活电池连续放电曲线
（模拟海水环境，0℃条件）

③ 工作寿命。图 29.22、图 29.23 是相同的电化学体系在不同温度和盐度中，质量比能量与平均输出功率的关系。

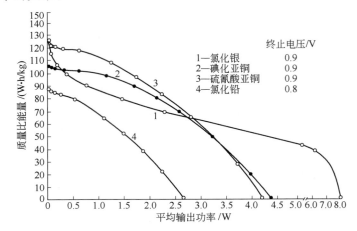

图 29.22　盐浓度为 3.6%（质量分数）的海水激活电池连续放电时能量与输出功率关系曲线
（模拟海水环境，35℃条件）

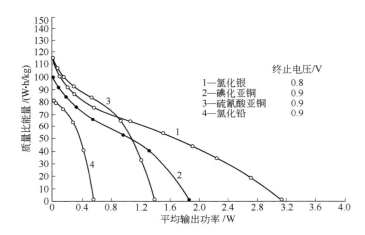

图 29.23　盐浓度为 1.5%（质量分数）的海水激活电池连续放电时能量与输出功率关系曲线
（模拟海水环境，0℃条件）

（4）浸没式电池

对于设计为浸没式电池的海水激活电池系统，应满足表 29.6 中列出的物理、电气和环境要求，其性能规格如图 29.24～图 29.26 所示。海水激活电池性能总结见表 29.7。

表 29.6　海水激活电池性能规格

负载/Ω	80±2
寿命/h	9
电压/V	15.0（90s～9h）
	19.0（最大）
激活[1]	60s 时达到 13.5V
	90s 时达到 15.0V

电池尺寸	银	非银
高度/cm	7.7（最大）	10.6（最大）
宽度/cm	5.7（最大）	7.6（最大）
厚度/cm	4.2（最大）	5.7（最大）
质量/g	255±14	482±85
环境		
储存	从−60～+70℃5年[②] −50～+40℃,相对湿度90%,90天 10d/MIL-T-5422E	
振动频率/Hz	5～500	
低温	（0±1）℃的1.5%盐浓度（质量分数）的海水	
高温	（34±1）℃的3.6%盐浓度（质量分数）的海水	

① 电池浸入（0±1）℃的1.5%盐浓度（质量分数）的海水前，对电池进行−20℃的预处理。

② 在密封的塑料容器内放置，容器内添加适量的干燥剂。

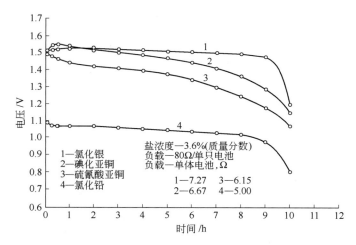

图 29.24　35℃时海水激活电池放电曲线

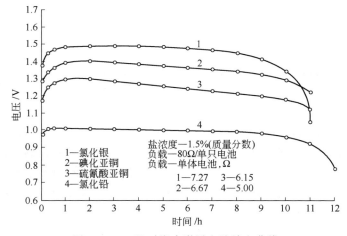

图 29.25　0℃时海水激活电池放电曲线

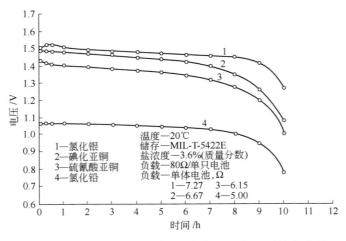

图 29.26　在相对湿度 90％下海水激活电池 10 天放电曲线

表 29.7　海水激活电池性能总结

项　目	氯化银	碘化亚铜	硫氰酸亚铜	氯化铅
电池数量	11	12	13	16
电池外形尺寸/cm				
高度	7.5	9.8	10.2	10.5
宽度	5.5	7.6	7.4	7.5
厚度	3.9	4.4	5.7	4.5
质量/g	252	516	478	458
激活时间/s				
低温				
达到 13.5V	<15	<15	<15	<15
达到 15.0V	60	60	60	15
高温				
达到 15.0V	<1	<1	<1	<1
寿命/h				
高温	9.67	9.4	9.3	9.5
低温	9.80	10.3	10.3	10.7
负载电阻(单只电池)/Ω[①]	7.27	6.67	6.15	5.0
终止电压(单只电池)/V[①]	1.364	1.25	1.154	0.9375
平均电流/A	0.206	0.220	0.236	0.219
单只电池平均电压/V[①]	1.497	1.463	1.378	1.048
体积比能量/(W·h/L)	204	110	90	100
质量比能量/(W·h/kg)	130	70	79	75

① 由于每个电池组体系包含不同数量的电池，因此电池负载电阻和电池电压对于每一电池组是不同的。

（5）控流式电池

随着再循环系统的开发，该系统可以控制新鲜电解质的流入，从而维持电解质的温度和电导率，使电动鱼雷电池的性能得到显著改善。通过再循环和流量控制，向电池系统中添加了一台再循环泵和电压感应装置。通过这种方法，电池的温度和海水电解质的电导率都会增加。由于电池电压直接随温度和电导率的增加而增加，因此可以通过电压感应装置控制电解质的流入来控制电池的输出。

图 29.27[22] 显示的是有循环电压控制和无循环电压控制的某种型号鱼雷电池的性能。封

闭区域表示具有再循环和流量控制的电动鱼雷电池在三条放电曲线的条件下放电时的性能。

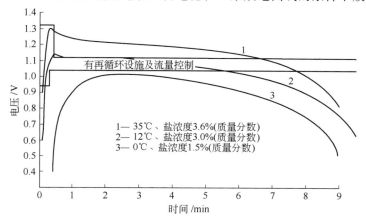

图 29.27   再循环和流量控制对鱼雷电池放电的影响

（6）浸润式电池

① 镁-氯化亚铜电池。镁-氯化亚铜电池广泛应用于需要低温性能的应用场景中，如无线电探空仪，已经取代了那些对重量和体积要求不高的应用中更昂贵的氯化镁-氯化银系统。图 29.28 展示了一个典型的镁-氯化亚铜电池。该电池采用图 29.5 所示的堆叠式结构。电池通过注水激活，并在 1～10min 内达到满电压。电池在室温条件下激活后，适合于在温度 −50～60℃ 之间，大约以 1h～3h 速率放电。在高电流消耗下，电池会过热和干燥，自放电会限制激活后的使用寿命。为了获得最佳性能，这些电池应在激活后尽快投入使用。放电过程中产生的热量在低温下运行的电池中可以加以利用，因此能量输出随温度降低而变化很小。图 29.29 显示了该电池在不同温度下的放电曲线。图 29.30 给出了该类型电池在不同放电负载下的典型放电曲线，其设计相似。

图 29.28   无线电探空仪用镁-氯化亚铜电池
尺寸：10.2cm×11.7cm×1.9cm；质量：450g；
容量：A_1 部分—1.5V、0.3A·h；A_2 部分—6.0V、
0.4A·h；B 部分—115V，0.08A·h

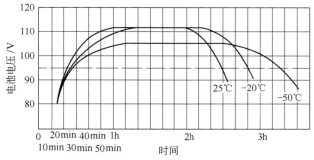

图 29.29   无线电探空仪用镁-氯化
亚铜电池放电曲线
115V 部分，放电负载 3050Ω

② 镁-二氧化锰电池。这种储备电池由镁负极和二氧化锰正极组成[10,23]。通过将含水的高氯酸镁电解质倒入电池的单体中并被隔板吸收来激活该电池。在 0℃ 或更高的温度下，电解质吸收在几秒钟内完成。但是，在 −40℃ 的条件下，电解液黏度增大，需要 3min 或更

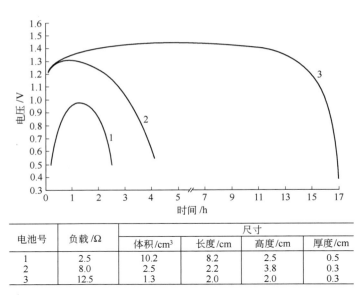

图 29.30　20℃时使用自来水作为电解质的镁-氯化亚铜水激活电池放电曲线

电池号	负载/Ω	尺寸			
		体积/cm³	长度/cm	高度/cm	厚度/cm
1	2.5	10.2	8.2	2.5	0.5
2	8.0	2.5	2.2	3.8	0.3
3	12.5	1.3	2.0	2.0	0.3

长的时间。

该电池温度范围在 $-40 \sim 45$℃，放电速率为 $10h \sim 20h$，电池质量比能量能够达到 $80 \sim 100 W \cdot h/kg$。在 20℃下激活后静置 7d，以及在 45℃下储存 4d 后，电池仍能提供超过 75% 的初始容量。图 29.31 显示了含 5 只单体电池的 $10A \cdot h$ 电池组的典型放电曲线，质量大约为 1kg，体积为 $655cm^3$。

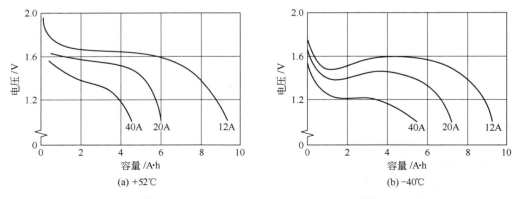

图 29.31　$10A \cdot h$ 镁-二氧化锰电池放电曲线

29.3.2　锌-氧化银电池

①　结构。人工激活的锌-氧化银储备电池的典型结构如图 29.32 所示。这些电池在使用之前才充满电解质。传统的电池设计是带有正负极柱和注液/出气口的方形容器。电池是由组装在一个单元容器内的多个单体串联而成的。用在空间项目上的电池采用薄的不锈钢、铝、钛、镁或复合材料容器，使电池质量降至最小。

②　电池组件。锌-氧化银储备电池由正极板（银）、负极板（锌）和隔膜组成。每片负极板与相邻的正极板之间用隔膜隔开，然后组装到电池壳体内，防止直接接触。电池组件被组装并包装在一个容器中。极板可以是干式荷电状态，也可以是干式非荷电状态。后者需要

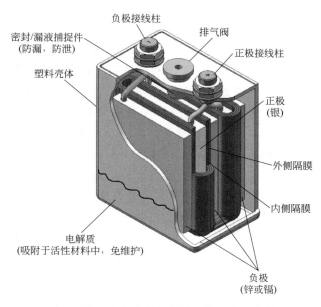

图 29.32 锌-氧化银储备原电池的典型结构

用户进行充电。

电池堆作为一种替换结构设计已在多项应用中成功使用。使用双极性单体电池组成电池堆的结构是为了取消单体电池间的连接片、其他大电流承载元件和单体电池槽等部件。此种结构设计大大减轻了电池重量,增加了电池组的比能量和比功率。而双极性电极的缺点在于只在电极表面发生电化学反应,且存在电池间电解质漏液的潜在危险,造成单体电池间寄生(parasitic)电流的产生。

这种电池设计通常采用双极性或双矩阵结构,正、负电极构建在同一个集流体上。所有电极码放成堆结构,隔膜位于双极性电极中间,从而构成高电压、多单体组成的电池组。每个单体电池由一个双极性电极的正极面、下一个双极性电极的负极面、隔膜和一个塑料框架组成。共同的集流体有两个主要功能:将每片双极性电极的正负部分分开;作为电池间连接器和电解质屏障。

③ 正极板。正极板是将银粉或氧化银粉涂于金属骨架上制成的。铜、镍和银均可用于骨架材料,由于银的电化学稳定性和导电性较好,所以银骨架用量最多。将银粉压制或烧结到骨架上,制成极板后,将极板在碱溶液中进行化成,然后彻底清洗,再在适宜温度(20～50℃)下自然干燥。化成中形成的少量二价氧化银在室温下比较稳定,但随着温度的升高和时间的延长,二价银趋向于放出氧气并分解为一价银。将二价银持续暴露在高温(70℃)下,在几个月内会还原为一价银。

④ 负极板。负极板是将锌粉或氧化锌粘贴压制到骨架上制成的,或在碱槽中将锌电沉积到骨架上,以形成活性非常高的海绵状锌沉积物。正极和负极的厚度可以从实用的最小值0.12mm变化到正极的最大值2.5mm和负极的最大值3.5mm。极薄的极板用于寿命极短、高放电率自动激活的电池;厚极板用于人工激活的电池,可在非常低的电流下连续放电数月。

⑤ 隔膜材料。在锌-氧化银电池中使用的典型隔膜材料包括再生纤维素膜(赛璐珞、纤维增强或银处理的赛璐珞),以及编织尼龙(尼龙的学名为"聚酰胺",全书同)或非编织尼龙合成纤维垫、麻组织、聚乙烯醇、人造丝、高 α-纤维素含量纸张。编织尼龙、纸张或合成

纤维垫通常放置在正极附近，以保护赛璐珞免受该材料高度氧化的影响。赛璐珞是一种半透膜，可防止极板间颗粒的堆积（同时允许离子转移），从而防止极板间短路。纤维垫吸收电解液并将其分布在电极表面上。对于自动激活的电池，通常不使用薄膜隔板，因为它们需要太长时间才能完成润湿。开放式垫隔板在几分钟到几小时内提供足够的防极板间短路保护。

隔膜材料对于电池运行是必要的，因为它们可以防止短路，但是隔膜会阻碍电流流动，导致电池内部产生 IR 压降。非常高放电速率的电池必须具有非常低的内部阻抗，因此隔膜材料用量最少。因此，这种类型的电池仅限于非常短的润湿寿命应用。半透膜是对 IR 压降贡献最大且对防止短路保护最好的隔膜。长寿命电池可能包含 5～6 层赛璐珞。因此，它们更适合于中等或低放电速率。

⑥ 电解液。对于锌-氧化银电池，电解液通常是氢氧化钾（KOH）水溶液。电解液的浓度（即 KOH 的质量分数）对电池的性能有重要影响。高放电速率和中放电速率的电池通常使用含量 31% 的电解液，因为这种组成具有最低的凝固点，并且接近最小电阻，最小电阻出现在质量分数为 28% 时。在低放电速率的电池中，由于较高的 KOH 浓度，纤维素隔膜的水解速率较低，因此可能使用含量 40%～45%（质量分数）的溶液。

⑦ 高放电速率和低放电速率设计。计划在 5～60min 放电速率下使用的电池被视为高放电速率设计。这些电池的设计主要是为了提供高电流，因此需要较大的极板表面积。因此，包含许多非常薄的极板。隔膜还必须具有尽可能低的阻抗，即与低放电速率电池的 5 层或 6 层相比，再生纤维素膜层数只有 1～2 层。31% 氢氧化钾电解液具有高电导率，因此用于高放电速率电池。

低放电速率电池属于以 10～1000h 的放电速率进行放电的类别，重点是高质量比能量和高体积比能量。极板很厚（2mm），并且使用相对高阻抗的隔膜。还可以使用允许更大安时容量的更高浓度的电解液（40%）。这种设计还大大提高了电池的激活或湿搁置能力。

⑧ 自动激活类型。自动激活电池是一种储备电池，旨在安装后经过不确定的时间后迅速做好使用准备。通过将原电池（一次电池）锌-氧化银系统的高功率输出与将电解液注入电池的整体设计系统的使用相结合，为武器和其他需要长期处于准备状态的系统提供了高效电源。图 29.33（a）显示了用于自动激活的锌-氧化银一次储备电池；图 29.33（b）显示了自动激活的锌-氧化银鱼雷电池。

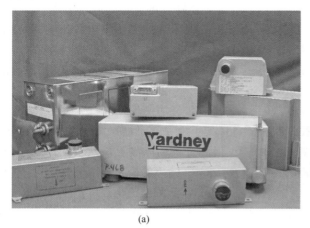
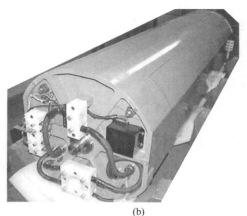

(a) (b)

图 29.33　典型军用自动激活电池
（a）用于自动激活的锌-氧化银一次储备电池；（b）自动激活的锌-氧化银鱼雷电池

这类电池有四种激活系统，用于将电解液从储液器转移到电池中。所有这些系统都借助高于环境的气体压力（例如压力比4∶1）来移动电解液，而气体的最常规来源是烟火装置。

"气体发生器"是一个小型火药筒，里面含有助燃剂和电点火器或电子"火柴"。图29.34展示了四种类型的电池激活设计。在某些情况下，对于较大的鱼雷电池，还使用了高压储罐。

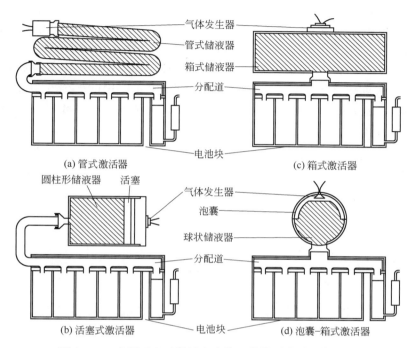

图 29.34　应用于自动激活电池的四种类型激活系统示意

管式储液器可以有多种形式，见图29.34（a）。它通常缠绕电池，如图29.35所示（电池与管式储液器的组合）；也可以形成180°弯曲成为扁平形状，或者可以设计成适合的非标准体积，通常应用于导弹电池。管式储液器在两端装有箔隔膜。位于一端的气体发生器可以电点火用于电池激活；气体使隔膜破裂，电解质被迫进入歧管，将其分配到电池单元中。

活塞式激活器见图29.34（b），通过在气体发生器后面推动圆柱形储液器中的电解质来工作。箱式激活器见图29.34（c），包含一个可变形状的储罐，其中装有电解质，气体发生器位于顶部。当气体

图 29.35　使用管式缠绕储液器的
自动激活锌-氧化银一次电池

从顶部进入时，电解质被迫通过底部的孔口流出。该系统对位置要求精确，只有在组件直立时才能正常工作。泡囊-箱式激活器见图29.34（d），使用带有隔膜的球体或球状箱体，泡

囊与箱体内部主要周边接触。当气体发生器点火时，隔膜移到相反的一侧，迫使电解质通过箱体侧面的孔口流出。

在这四种系统中，管式系统是最通用的，在简单的电池形状中可能较重。活塞和隔膜系统有移动部件，因此可能不太可靠；它们也不太适合特殊形状。箱式系统是非常有效的，但是要求位置非常精确。

根据电池设计和预期应用，电池可以设计为激活系统和电池正常放气产生的内部气体进行外部通风或保留内部气体。自动激活电池的操作顺序包括：施加点火电流，气体发生器推进剂的燃烧和相关气体产生，隔膜破裂，电解质从储液器移动到分配歧管，电解质填充电池单元。在典型操作中，整个序列完成时间少于 1s。在许多应用中，电气负载直接连接到电池上，因此电池在负载下激活。图 29.36 显示了 6h 后才使用的电池在负载（A）和空载（B）条件下的电压上升时间。延迟使用的电池具有膜分离器，并且较慢的润湿过程反映在更长的电压上升时间。

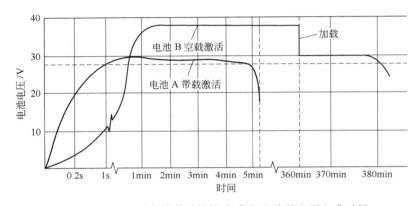

图 29.36　25℃下自动激活的锌-氧化银电池的电压上升时间

在有些应用中，储备电池装有多个功率输出端，同一个电池可以不同的放电容量工作。

与手动（或人工）激活的电池相比，自动激活电池在重量和体积上会有所增加，但这种设计允许在没有时间手动激活或设备处于不可触及位置时仍能使用高性能电池。在许多应用中，这两种情况都存在。通常，这种设计的体积比能量损失是基础电池的 2 倍，质量比能量损失是基础电池的 1.6 倍。大多数自动激活电池的设计都采用了内置的加热器。加热器将电解质保持在约 40℃，或在激活时使冷电池升温至 40℃。加热器的使用使得电池设计能够满足严格的电压精度要求，从而提高了武器电气和电子系统在宽温度范围内的工作能力。

⑨ 性能特点。锌-氧化银储备电池几乎完全应用于特定的场合，因此具有一定的独特性。这些应用需要电池体系提供平稳的电压曲线、高质量比能量和高体积比能量，并且往往需要对每个要求进行特殊设计。如果涉及低温环境，则需要使用电池加热器。如果设计倍率放电，则需要电流范围广且电压变化小，并使用许多非常薄的极板。在低倍率下要求高容量时需要使用更厚的极板和更浓缩的电解质。由于没有典型应用，因此没有标准的设计或尺寸。应用始终要求电池设计在容量和电压调节方面达到最大，同时保持最小的重量和体积。通常将多个电池包装为一个单元，以便在一个方便的包装中提供一系列负载电流和容量。

⑩ 电压。锌-氧化银电池的每个单体电池开路电压为 1.6～1.85V。标称负载电压为 1.5V，典型的终止电压为低倍率单体电池 1.35V，高倍率单体电池 1.2V。在高倍率下，例如 5～10min 的放电倍率，每个单体的输出电压约为 1.3～1.4V，而 2h 放电倍率电压将略

高于 1.5V。图 29.37 显示了四个不同电流密度下的放电曲线。电压水平与电流密度成反比（根据活性极板表面的面积计算）。因此，若正极极板面积为 $100cm^2$，放电电流为 10A 时，放电电流密度为 $0.1A/cm^2$。如果放电速率加倍，以 $0.2A/cm^2$ 放电，电压平台将下降；如果放电速率下降至 $0.05A/cm^2$ 放电，电压平台将上升。

在电池设计中，电池的容量由存在的氧化银活性材料的量决定。由于银的成本原因，锌活性材料过量。电压由电流密度决定。在固定体积中，通过使用更薄的极板（从而为每个电池元件提供更多的极板并降低电流密度），可以在不降低电池电压的情况下获得更高的放电速率，但容量会降低。电池可以工作的电流密度越低，随着放电速率的变化，电压稳定性越好。

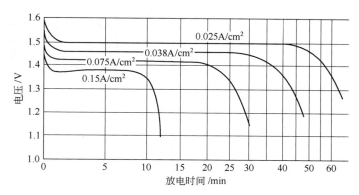

图 29.37　25℃时电流密度对电池电压的影响

⑪ 放电曲线。高倍率电池的放电曲线如图 29.38 所示，低倍率电池的放电曲线如图 29.39 所示。这两种电池的设计差异很大，主要差异在于极板的厚度。高倍率电池中使用的薄极板为较高的电流密度提供了更大的表面积，从而实现了更好的电压控制和活性材料的有效利用。在较低的放电速率下，由于电流密度较低，电压平台较高，活性材料的利用率非常好。请注意，低倍率放电曲线在一段时间内高于 1.6V。这是受到二价氧化银的影响，它仅在低电流密度下影响电压。大多数二价银容量是在高倍率下获得的，但由于施加的电流密度较高，其电压会降低。

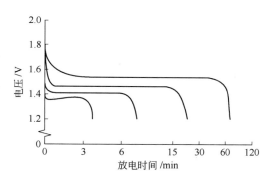

图 29.38　25℃时高倍率锌-氧化银电池放电曲线

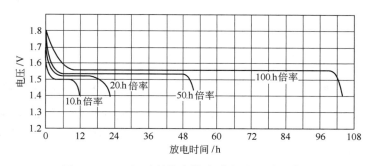

图 29.39　25℃时低倍率锌-氧化银电池放电曲线

⑫ 温度的影响。图 29.40 中所示的一系列曲线说明高倍率电池在不同温度下放电时的性能。应该理解的是，由温度引起的电压平台的变化与由电流密度引起的变化密切相关。因此，通过降低电池的电流密度可以改善低温的不利影响，而通过提高操作温度可以改善在高电流密度下放电的电池的电压和容量。图 29.41 显示了在不同温度下放电的低倍率电池的一系列曲线。这两组曲线表明，锌-氧化银体系在0℃以下受到温度的显著影响，因此不建议在没有加热器的情况下在此环境中使用。

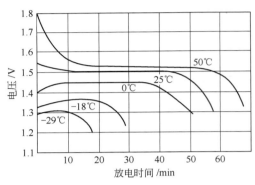

图 29.40　1h 倍率下温度对高倍率锌-氧化银储备原电池放电性能的影响

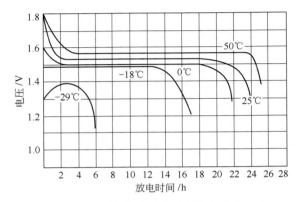

图 29.41　24h 倍率下温度对低倍率锌-氧化银储备原电池放电性能的影响

⑬ 电阻。图 29.42 显示了高倍率电池在不同温度下不同放电阶段的动态内阻（DIR）。这些曲线显示了一个下降的（$\Delta V/\Delta I$）比率，直到放电结束，此时动态内阻迅速上升。电阻下降的原因是正极板导电性的提高和放电过程中的温度升高。这个特性可能会因电池设计、放电的环境温度以及改变放电速率后观察电压变化的时间点而有很大差异。

⑭ 运行特性。锌-氧化银电池在单位质量和体积下的容量密度（即容量性能，以 A/kg 或 A/L 表示）随时间变化的情况如图 29.43 所示。值得注意的是，这种电池体系对0℃以下的温度特别敏感。这些数据对于高倍率和低倍率设计都适用，且具有较高的准确性。

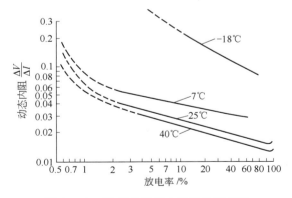

图 29.42　锌-氧化银原电池的动态内阻

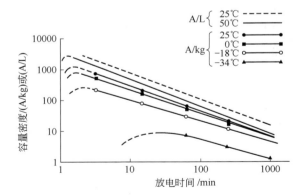

图 29.43　锌-氧化银储备原电池的工作时间

⑮ 储存寿命。图 29.44 显示了锌-氧化银电池的干储存寿命，给出了在 25℃、50℃和74℃下长达 2 年的储存数据。所显示的损失是基于正极活性材料为二价氧化银的假设，该材料在高于约 20℃的温度下会缓慢转化为一价氧化银，负极板的转化程度很小。预计当储存温度为 50℃时，将在约 30 个月内达到一价氧化银水平。经验表明，在平均环境温度为 25℃

或更低条件下储存的电池，其容量将保持在一价氧化银水平或更高水平，持续时间为 25 年或更长。

锌-氧化银电池的湿储存寿命因其设计和制造方法的不同而有很大差异。图 29.45 为大多数设计提供了预期性能指南。湿储存寿命的降低主要在于负极板容量的损失（海绵锌在电解质中的溶解）或纤维素隔膜形成的短路。

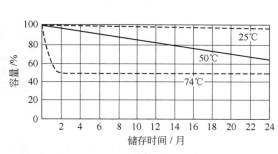

图 29.44　锌-氧化银储备原电池
的干储存寿命

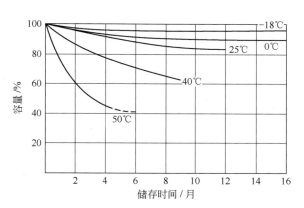

图 29.45　锌-氧化银储备原电池
（激活后）的湿储存寿命

⑯ 特殊性能及维护。人工激活和自动激活锌-氧化银电池都是为了满足高性能和高可靠性的需求而研发的。使用前存储的时间和温度都很重要，应保留记录以确保在允许范围内使用。必须特别注意，保证指定类型的电解液加入相应人工激活的电池中，并保证电池激活后在合适的温度和储存寿命期限内放电。一些电池容器装有减压阀或加热器，或两者兼有，这些必须得到仔细维护和监控。

自动激活的电池需要对气体发生器点火电路、加热电路和通风装置进行特殊的预装检查。对于长期安装，应监测环境温度以防止因暴露于高温而导致性能下降。应定期检查以确保点火电路完好无损，因为一些电路对电磁场敏感。激活后，如果电池未在指定时间内放电，则必须更换。

为了保证此类电池的最佳电气性能，就必须在室温或略高于室温的温度条件下工作。温度在 15℃ 以下时会对高倍率电池的电压有不利影响。在 0℃ 以下时，对两种型号的电池都造成相当大的容量损失。

⑰ 成本。高性能锌-氧化银一次电池的成本取决于其技术规格和数量。人工激活型电池每瓦时成本为 5～15 美元；远程激活型电池每瓦时成本为 15～20 美元。当银价上涨时，材料成本成为这类电池的主要缺点之一。但是，在很多应用中，还没有其他技术能够具备锌-氧化银电池体系的高体积比能量。

29.3.3　铝-氧化银电池

图 29.46 为使用银作为正极的三种最常见水系电池体系的电压电位与电流密度的关系。其中，铝-氧化银电池和镁-氯化银电池采用双极性结构设计，而锌银电池采用的是单极性结构设计。

① 铝-氧化银体系结构。与传统电池不同，铝-氧化银电池体系需要电解质在电池堆或电池容器内保持连续循环。电池堆由双极性氧化银正极和铝合金负极，以及保持电力平衡的电

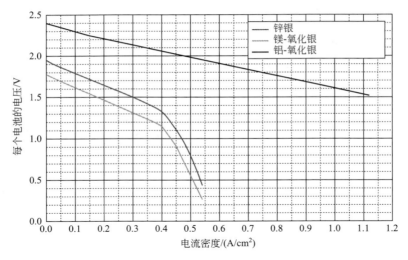

图 29.46　三种水系高功率电池比较

解质管理系统组成。电解质管理系统在工作期间精细调控铝-氧化银电池组的电解质特性[24]。该系统在引入海水之前保持惰性。图 29.47 是铝-氧化银储备电池能源部分示意，其中包含铝-氧化银电池堆。其操作过程包括通过热电池激活系统，直到激活阀和电解质泵开始工作。一旦海水进入混合室，电解液就会形成并通过电池堆进行热计量。还包含一个气体分离器，用于从电解质中去除不溶的氢气。

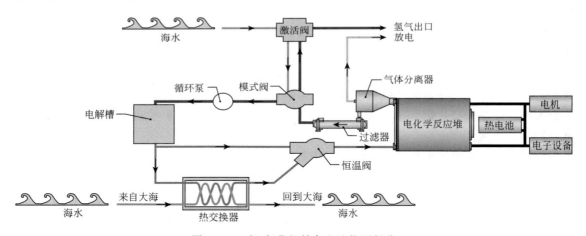

图 29.47　铝-氧化银储备电池能源部分

② 化学体系。电池堆在碱性电解质溶液中的反应方程式如下。

全反应：　　　$2Al + 3AgO + 2OH^- \longrightarrow 2AlO_2^- + 3Ag + H_2O$　　$E^0 = 2.69V$

负极：　　　　　$2Al + 8OH^- \longrightarrow 2AlO_2^- + 4H_2O + 6e^-$　　$E^0 = -2.34V$

正极：　　　　　$3AgO + 3H_2O + 6e^- \longrightarrow 3Ag + 6OH^-$　　$E^0 = 0.35V$

腐蚀：　　　　　$2Al + 2H_2O + 2OH^- \longrightarrow 2AlO_2^- + 3H_2$

正如上述反应方程式中所展示的，电池体系的反应除了消耗负极和电解质外，腐蚀还会产生大量的热量（每摩尔铝为 100kcal/g；1kcal＝4.186kJ，全书同）和不溶性气体（H_2），需要在电解质管理系统中进行管理。这些副反应产生的热量和氢气，一般是通过集成在鱼雷壳内的热交换器和在电解质流动管路上设置的旋风式气体分离器来控制的。

③ 电池组件和集成。铝-氧化银电池体系是使用双极性电极串联电连接的堆叠结构。电极柱的形状通常是圆形的，便于在圆柱形外壳内组装。在双极性体系设计中，随着电极片数量的增加（例如，每个电池正极和负极各一个），相应的电池组电压会累积增加，以反映电极对的总数。相反，在单极性电池结构中，所有电极对都是并联的。在此例中，电池电压将是负极和正极之间的电位差。与传统单极性电池结构相比，双极性结构的最大优势在于：由于使用较少的电池单体因而减小了系统的重量和体积；由于消除了电池间的电流导体，内部电阻（IR）降低，这对重量和体积产生有利影响。

图 29.48 是单极性电池与双极性电池结构的对比。

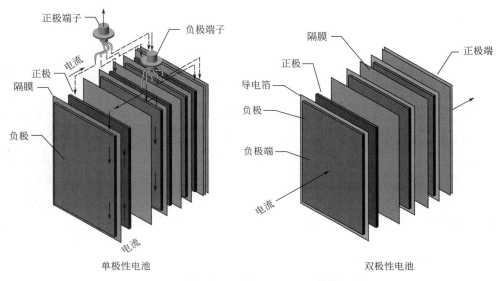

单极性电池   双极性电池

图 29.48 单极性电池与双极性电池结构的对比

铝-氧化银电池组的水力配置对于实现电解质均匀分布到每个电池单体至关重要。在一般情况下，希望将各个电池单体之间的静压波动限制在输送液体压降的 1% 以内。有限元分析（FEA）建模已经成功用于设计电池的最佳几何形状和布局，从而控制因电解质分配室中电解质流动速度梯度引起的静压变化。电解质不均匀的流量分布将导致电池单体之间的温度梯度，进而导致电池材料利用率和电池能量的降低。

电池堆设计的另一个影响因素是筒内（盒内）的单体或多个电池组存在漏电流或分流电流。电解质输送系统的设计，对于保持尽可能低的分流电流至关重要；而分流电流则会影响电池的电压和能量输出。电池之间的歧管几何形状和单体电池进出口侧的流道几何设计都对电解液分布均匀性产生影响，因而决定了过量电解液造成的压降。以一个包含 250 个单体电池的电池组（堆）为例，图 29.49 是一个水力模型，可以预测两种相反情况下的漏电流。第一种情况是为所有 250 个单体电池设置一个公共储液池，而第二种情况是将公共储液池限制在电池堆内有限数量的独立电池模块中。

④ 正极。氧化银正极的设计与其他基于银的化学电源（如锌银体系，参见第 16 章）的设计非常相似。氧化银正极的设计输出容量一般为 0.45A·h/g。其结构可以是聚合物粘接（如 AgO）或烧结电极，有或没有栅网。在某些情况下，可以在一侧层压一层薄而导电的金属箔（例如铜或银），以作为相邻电池中铝负极的电池单元间连接器。

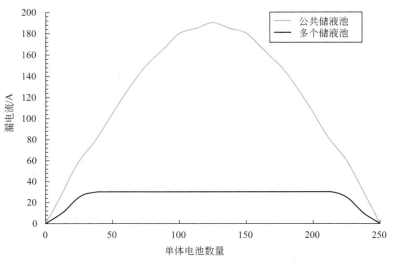

图 29.49　漏电流模拟

⑤ 负极。铝-氧化银体系中所使用的负极是高纯度铝金属，这种铝金属通过掺杂各种合金元素可以提高电池电压并减少氢气产生。铝负极的设计输出容量约为 $2.98A \cdot h/g$，并且通常表现出高于 95% 的高库仑效率。铝作为电池负极最早是由 Zaromb 开发的[25]。用于铝-氧化银电池系统的特种合金是在 20 世纪 70 年代由 Reynold 和 Alcoa 进一步开发的，随后在 20 世纪 80 年代由 Alcan 优化设计[26]。作为正极上的电池单元间连接功能的替代方案，铝负极的一侧也可以类似地包含一层薄且导电的金属箔层压在一侧。

⑥ 隔板。铝-氧化银电池堆体系中的隔板必须在负极和正极之间形成均匀的间隙，并防止电极之间发生短路。所形成的间隙决定了每个电池单元内的电解质流动区域，以促进电池内部的高效化学反应。隔板有多种形式，如聚合物圆盘（通常称为环串）或玻璃珠。这些圆盘或玻璃珠的大小和数量旨在最大限度地减少对电池表面积的影响（<10%），降低电阻（由间隙高度决定），同时使得电池之间的压降尽可能低（由隔板直径决定）。玻璃珠通常被压入银正极基体中。这种技术也用于镁-氯化银海水电池，而聚合物圆盘通常层压在铝负极上。无论是哪种情况，隔板都需要足够的抗压强度来承受电池堆的预加压，并保证电极无损伤。

⑦ 电解质。锌-氧化银体系通过无水碱性化合物的混合物进行激活，该化合物溶解在海水中以形成液体电解质。该系统通常使用氢氧化钠（NaOH）作为电解质，由于重量较轻且放热反应较强，应添加额外的颗粒状或粉末状的添加剂。表 29.8 比较了氢氧化钾和氢氧化钠作为电解质的不同之处。

表 29.8　氢氧化钠和氢氧化钾电解质特性比较

项目	氢氧化钠	氢氧化钾
重量（质量）	较低	较高
电导率	较低	较高
放热反应	较强	较弱
溶解度	较低	较高
沸点	较高	较低
成本	较低	较高

有许多研究集中在电解质操作条件上，包括对各种操作情况下的热、水力和化学操作条件进行仔细控制[27]。电解质浓度高达 9N（N 为当量浓度；当量浓度目前已经被摩尔浓度所取代；然而在电池技术或某些特定的化学反应中，当量浓度仍然是重要的参数），是用于电池激活的最佳热条件，这种电解质可以在没有钝化风险的情况下激活铝负极（钝化通常发生在 46℃ 以下）。通过调整流速、溶质浓度和温度，可以在操作期间优化系统的启动时间和功率输出。因此，某些电解质极端条件可能会加速铝负极的腐蚀，从而影响运行时间。

⑧ 放电特性。自 20 世纪 90 年代以来，铝-氧化银体系已应用于轻型鱼雷（MU90），随后于 2000 年扩展至重型鱼雷。其性能主要受电解质特性的影响，如当量浓度、流速和温度。这些特性可以调整，以实现低功率、长续航力的运行，或提供非常高的功率，用于短暂的高速爆发。图 29.50 和图 29.51 总结了全周期（全尺寸）放电在低功率（＞40kW）和高功率（＞240kW）下的典型放电情况。

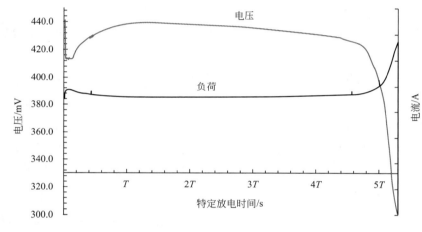

图 29.50　低功率放电

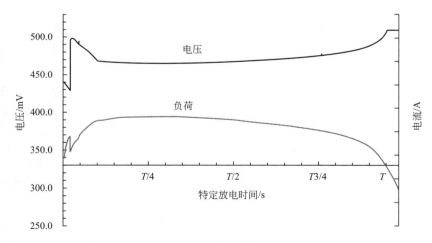

图 29.51　高功率放电

29.4 室温锂储备电池

29.4.1 结构

锂储备电池基本上由三大部分组成：激活与电解质输送系统；电解质储罐（储液室）；单体电池和（或）电池组。

然而，实际的设计会因应用的不同而有很大的差异。电池的设计可以从一个简单、小型、手动激活的单体电池，到一个庞大、复杂、多单体电池的电池组。该电池组配备有自动电启动机制，用于将电解质从储液室转移到高压电堆。电极和硬件组件在本质上与主要活动电池单元相同，但在激活时需要为电解质的储存和向电池中输送电解质留出空间。此外，电化学和硬件组件必须采用坚固的免维护设计，以满足严格的环境和性能要求，因为大多数电池都用于军事或特殊应用。表 29.2（参见第 29.1.2 节）列出了锂负极储备电池的典型特性要求，也说明了这种电池具有的独特结构和设计原理。

在锂储备电池的设计中，采用了一些常见的构造特征。外壳通常由 300 系列不锈钢制成，因为它在长期使用过程中既能抵抗内部系统的腐蚀，又能抵抗外部环境的腐蚀。可以应用各种焊接技术，如激光、氩弧焊（TIG）、电阻和电子束焊接技术，对 300 系列不锈钢进行焊接。因此，外壳提供了真正的 20 年的可靠性，能够保持锂储备电池所需的密封性。使用的电端子采用常见的玻璃-金属方式，这也为长期储存提供了所需的密封性。

29.4.2 锂储备电池的类型

目前生产的锂储备电池基本上有三种：电解质储存在玻璃安瓿瓶中的单体电池；使用可收缩箱体（类似波纹管）作为电解质储液罐的多单体电池；利用玻璃安瓿瓶或储液罐储备电解质的多极性多单体电池。

（1）安瓿瓶型

利用安瓿瓶储备电解质的单个单体电池，因其简单的结构且没有多单体电池存在的电池内部漏电问题而成为可靠性最好的储备型电池。其中一组电池的尺寸符合美国国家标准化协会（ANSI）的规格，而另一组则用于特殊应用，其尺寸不符合 ANSI 规格。然而，这两组电池的构造非常相似。

图 29.52 给出了一只容量约 1A·h 的 A 型结构 Li-SOCl$_2$ 体系锂储备电池截面[28]。该电池是圆柱形电池，锂负极紧贴着圆柱形不锈钢壳体的内壁，无纺玻璃纤维隔膜位于负极位置。将用聚四氟乙烯（Teflon®）粘接的碳正极塞入隔膜中间。圆柱形的镍集流体保证正极物质和极耳间的电子导通，并容纳密封的玻璃安瓿瓶。安瓿瓶由上方和下方的绝缘支撑体牢牢固定住，以防止在激活电池时容器底部传递的直接冲力过早破坏了安瓿瓶。电池单体严格密封，以保证在未激活状态下的储存寿命。电池的激活是通过在电池底部施加一个急剧的定向力，以打破安瓿瓶来实现。此时电解质会被多孔正极和玻璃隔膜吸收从而激活电池。

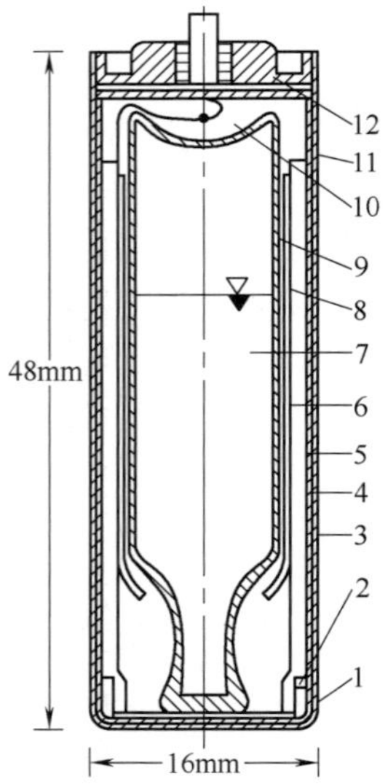

图 29.52 A 型结构 Li-SOCl$_2$
体系锂储备电池截面

1—绝缘材料；2—电池底部隔膜；
3—电池壳；4—负极锂；5—隔膜；
6—正极碳；7—电解质；8—集流片；
9—安瓿瓶；10—正极极柱接头；
11—顶部隔板；12—电池盖

针对矿山和导火索方面的应用，设计出采用 Li-V_2O_5 或 Li-$SOCl_2$ 体系的另一种电池形式，容量范围为 $100\sim500mA\cdot h$[29]。图 29.53 和图 29.54 分别为这两种电池的截面图。这两种电池在外部硬件和内部组件布置方面相似。电池的壳体和盖帽在电池的边缘凸焊在一起。盖帽作为电池的盖子，并通过玻璃-金属封口方法和铁镍合金制备的中心接线梢连接起来。接线柱是负极（两种电池设计都是），而盖帽接头和电池壳表面的其余部分具有正极性。为了长期保存而采用的严格密封部件可以使电池能够保存超过 20 年之久。

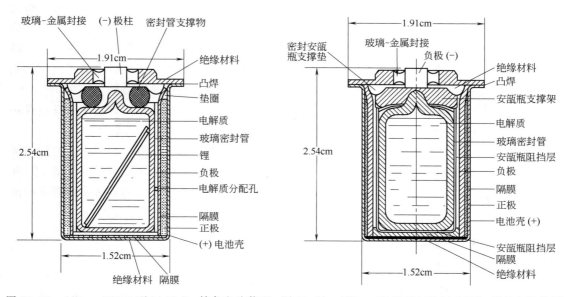

图 29.53　Alliant G2659 型 Li-V_2O_5 储备电池截面　图 29.54　Alliant G2659B1 型 Li-$SOCl_2$ 储备电池截面

这类电池的内部组件排列，包括围绕作为电解质溶液储罐的中央玻璃安瓿瓶环形布置的电极。此外，在电池的上下部分还有各种绝缘组件，用于防止内部短路。

但这两种电池在设计上也有一些不同之处。在 Li-$SOCl_2$ 储备电池中，玻璃安瓿瓶还装有正极活性物质 $SOCl_2$，而 Li-V_2O_5 储备电池的正极活性物质位于正极板中。Li-$SOCl_2$ 电池中和电池壳接触的是经过聚四氟乙烯处理的碳粉正极，而 Li-V_2O_5 电池中的正极是将 V_2O_5 和石墨的干混合物模压得到的。Li-$SOCl_2$ 电池中经过聚四氟乙烯处理的碳粉正极用来还原 $SOCl_2$，它是先制备成片状，并附着在金属网上，然后卷成一定形状并插入电池壳内壁上。

另一个区别是两种正极的电气连接方式。V_2O_5 的连接是通过模压正极的直接压力接触来实现的，而 $SOCl_2$ 系统则是通过正极引线与盖帽的焊接来实现的。锂负极结构由纯锂金属制成，它被压在 316L 不锈钢的扩展金属网上。316L 不锈钢引线的一端被点焊到玻璃-金属密封的引脚上。负极被卷成圆柱形，然后插入电池中的隔板旁边。两种电池都提供了安瓿瓶支撑，以便在指定的冲击环境中不受影响。在 Li-$SOCl_2$ 系统中，由于聚四氟乙烯和玻璃的化学稳定性，已被发现可以用作绝缘件、隔膜和固定件。Li-V_2O_5 系统则更加灵活，因为可以使用多种橡胶和塑料。

（2）多电池单体激活设计

对于需要高于单体电池电压的应用而言，电池由两个或更多单体电池组成，当然也取决于所需的电压。典型的电压是 12V 和 28V。对于工作电压为 $2.7\sim3.3V$ 的锂负极电池，每个电池需要 4~10 个单体电池。这类电池是特殊的，它具有特别的激活方式：将电解质储存在储液罐中，能够使多个电池单体获得电解质。这种类型的电池在双极性电池中很受重视，它能够获得更高的电池容量，并可以通过控制电池内部单体的漏电而使放电时间达到或超过 1 年。漏电流可被控制，一般限定在放电电流的百分之几以内。然而，这个特性限制了这些电池的小型化，而许多其他类型的双极性电池一般都可以实现小型化设计。

这种电池设计的一个示例是 Li-SO$_2$ 储备电池，如图 29.55 所示。该电池是圆柱形，主要包括三大部分：电解质储存部分；电解质分配（歧管）和激活系统；单体电池部分（电池室）。电池的内部空间几乎有一半用来放置电解质储存罐。电解质储存罐主要包含一个可收缩式箱体（类似波纹管），电解质存放在箱体中。在箱体周围，也就是箱体和电池外壳之间的空间内含有一定量的气体或液体。所选择的气体其蒸气压要始终大于电解质的蒸气压，从而为电池激活后最终将电解质转移到单体电池部分（电池室）提供驱动力。

在电池剩余一半的体积中，有一个位于中央的电解质歧管和激活系统，它们被安装在一个直径为 1.588cm 的管状结构以及围绕歧管/激活系统的 4 个环形堆叠的电池中。

歧管和电池通过一道中间隔板与电解质储液罐隔开。在隔板中，有一个位于中央的薄隔膜，隔膜可以被输送系统中的切割器打通。在制造过程中，隔膜被组装成歧管的一部分，而歧管又被焊接到中间隔板上，形成一个子组件。图 29.56 是电解质歧管和激活系统更详细的横截面图，其中标出了主要组件。

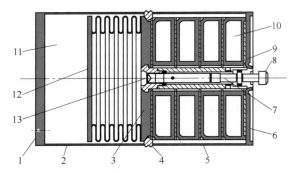

图 29.55　容量为 20A·h、含有多个
单体电池的 Li-SO$_2$ 储备电池截面

1—电池顶部挡板；2—上部电池壳；3—挡板；4—中部
挡板环；5—下部电池壳；6—电池底部挡板；7—激活总管；
8—激活螺栓；9—电池间绝缘材料；10—20A·h 单体电池；
11—氟利昂装填空间；12—电解质储存波纹管；13—激活总管隔膜

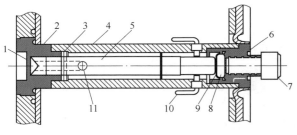

图 29.56　电解质歧管和激活系统的横截面图
1—激活总管隔膜；2—顶部套管；3—安全销；4—中心管；
5—刀具；6—底部套管；7—激活器销钉；8—驱动片；
9—毁坏杯；10—电解质供给管；11—电解质输入流

激活机制包括一个手动（人工）移动到隔膜中的切割器，切割隔膜时可以允许电解质流动。切割器的移动是通过转动电池底部基座上的一个外部螺丝来完成的。切割器部分和螺丝机构之间通过一个小型的可折叠金属杯（称为毁坏杯）相互隔离，该金属杯在两部分之间被密封，从而防止外部电解质泄漏。歧管部分由一系列小的非导电塑料管组成，一端连接中央圆柱体，另一端连接每个单独的单体电池。这些管子的长度很长，横截面积很小，因而可使在电解质存在于歧管结构中的时间内电池间的泄漏损失最小化。

在此应用中，需要 4 个单独的单体电池来满足电压要求（单体电池的数量可以进行微小的调整以满足各种电压需求）。每个单体电池都包含扁平的圆形负极和正极，它们分别并联连接，以实现所需的每个单体电池容量和极板面积。在制造过程中，组件与间隔件交替堆叠在电池中心管周围，之后进行并联连接。单体电池围绕内部管和外部环单独焊接，形成密封单元，在电池内进行串联堆叠。单体电池通过外部接线与外部连接，这些外部接线位于电池底部隔板上。

图 29.57 显示了组装前的主要电池组件。这些组件主要由 321 不锈钢制成，并通过一系列氩弧焊（TIG）完成构造。所给出的组件是专门为锂-二氧化硫电化学系统设计的。但是，通过微小的修改，它也可以适应其他液体和固体氧化剂系统。此外，该电池还可以适应电子激活，而不是手动激活。

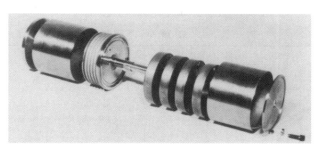

图 29.57 容量为 20A·h、含有多个单体电池的 Li-SO$_2$ 储备电池（组装前）

图 29.58（a）给出的是一个锂-亚硫酰氯（Li-SOCl$_2$）体系储备电池应用示例。这种由美国海军命名和设计的 BA-6511/SLQ 型高功率储备电池是为一系列海洋浮标提供电力的[30]。此处，选择储备电池的标准是要避免激活电池的自放电和钝化现象，同时为了安全，应保证电解质在激活前和电池分开存放。

(a) Li-SOCl$_2$ 储备电池

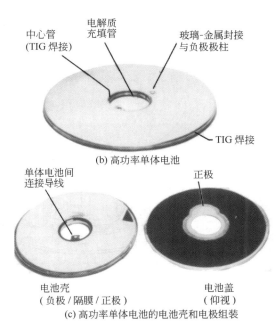

中心管
(TIG 焊接)

电解质充填管

玻璃-金属封接
与负极极柱

TIG 焊接

(b) 高功率单体电池

单体电池间连接导线

正极

电池壳
（负极/隔膜/正极）

电池盖
（仰视）

(c) 高功率单体电池的电池壳和电极组装

图 29.58 BA-6511/SLQ 型高功率储备电池

电池总质量大约为 145lb（1lb＝0.4536kg），存于直径 29.2cm、长 43.2cm 的密封装置中。这种电池包含 21 个单体，其中 18 个单体组成一个 56V 的部分，在额定容量 65A·h 时可输出 4kW 功率；另外 3 个单体组成一个 10V 的部分，在额定容量为 57A·h 时可输出 7A 电流。储存罐中的电解质通过一个输送系统分布到 21 个电池单体中。系统通过一个小型气体发生器触发激活，利用存于储存罐中的储能系统提供推力。这种电池单体设计成环状的圆片，中心处有孔以实现电路和管道连接，见图 29.58（b）。两类电池单体在结构上是近似的，不同的是极板厚度和容量。这是由于其中一组只有较少的单体数量。高电压高倍率部分的电池单体有 5 个负极片和 6 个正极片。负极是单面的，由金属锂压制到拉伸的镍网上。正极是冲切的 Teflonated® 粘接在镍网上的碳电极，如图 29.58（c）所示。隔膜材质为无纺玻璃纤维。表 29.9 列出了两种不同倍率储备电池的规格。

表 29.9 不同倍率 G3070A2 型 Li-SOCl$_2$ 储备电池参数

项目	低倍率储备电池	高倍率储备电池
性能		
开路电压(激活态)/V	3.67	3.67
负载电压	3.40V,7A,20℃	3.10V,72A,20℃
倍率容量	57A·h,7A 至 2.67V,20℃	65A·h,72A 至 2.63V,20℃
物理参数		
最大直径(外径)/cm	28.5	28.5
最大直径(内径)/cm	6.7	6.7
最大高度/cm	0.89	1.04
包含电解质的电池总质量/g	1310	1485
壳体材料	不锈钢	不锈钢

注：来源于 Alliant Techsystems，Inc.。

另一种储备电池采用预充电的 Li$_x$CoO$_2$（$0.5 \leqslant x < 1$）化学体系[31]，见图 29.59。这种储备电池包括三个密封焊接的电池单体，中间是一个电解质储液罐。这些部件都放在不锈钢电池容器中。这种电池是为了给"手投式大面积毁伤弹药（HWAM）"提供动力而开发的。

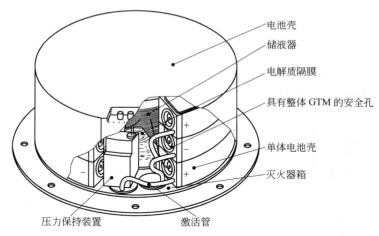

电池壳
储液器
电解质隔膜
具有整体 GTM 的安全孔
单体电池壳
灭火器箱
压力保持装置
激活管

图 29.59 研发的"手投式大面积毁伤弹药"Li-Li$_x$CoO$_2$ 储备电池

图 29.60 是另一种应用于轻型导弹上的多单体电池[15]。它是在锂-卤化物电池技术的基础上，利用先进的薄电极技术开发的，具有高能量利用率和低电阻；同时，采用了复合隔膜，具有更好的电解质吸收性能和力学性能。这种高功率设计被应用于"陆基拦截器（GBI）计划"中的"战区高空区域防御（THAAD）"杀伤战车（或反导弹）等

图 29.60 1kW 高功率锂-氯氧化物储备电池

场合[32]。这种轻型高能电池的其他优势包括：具有比热电池或锌银电池更小的重量；质量比能量超过 250W·h/kg；随着工作时间的延长或能量与功率比的增加，重量优势明显；低于 32℃ 且储存 10 年后，仍能提供高功率输出；较低的工作温度，允许电池放置在一些对温度敏感的电子设备附近。

（3）单电解质储液罐的多单体双极性电池

使用双极性结构的锂储备电池数量相对较少，并且总是为特定应用而开发的。双极性结构是指电池中的一个集流体部件既作为一个电池单体的负极集流体，又作为另一个堆叠中下一个电池单体的正极集流体。这种结构并不是锂储备电池所独有的，而是对其他类型电池技术的一种改进。

双极性结构具有如下优点：高压电池具有非常高的比能量和比功率；坚固的结构可以承受武器发射时的旋转力或后坐力；易于调整电堆电压；易于适应不同的能量和功率要求。

图 29.61 是采用双极性结构的锂-亚硫酰氯储备电池。这只电池质量接近 5.4kg，体积为 2000cm³。

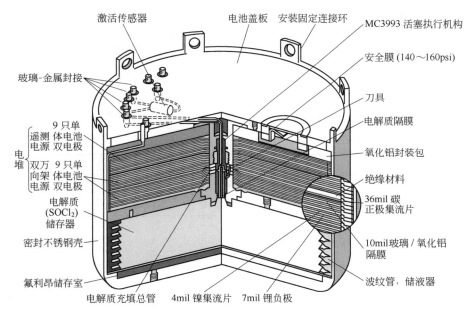

图 29.61　桑迪亚国家实验室 MC3945 型 Li-SOCl₂ 储备电池
1psi＝6894.76Pa；图中"mil（密尔）"常用于厚度，也被称为毫英寸；1mil＝0.0254mm

储备电池的激活是通过向电池施加电脉冲来完成的，可以通过引爆电雷管或执行器，或者通过某种机械手段来实现。这种类型的储备电池主要用于炮弹的电子引信电源和导弹的电子电源。因此，电脉冲可以在发射前或发射时提供。然而，对于火炮引信电源，电池通常通过发射加速度（后坐力）和/或旋转力来激活。炮弹的加速度释放一个撞针，撞针撞击并引爆引信。引信可以点燃气体发生器，或者直接通过打开金属隔膜释放储存的气体。

一旦电池按照上述方式启动，气体压力（如来自气体发生器、储存的气体/液体或二氧化碳）会迫使电解质通过歧管（电解质分配网络）进入每个电池单体。

电解质储液器通常采用一种可折叠的杯状、箱形或弯曲的管状结构制成。这些储液器在长期的非激活储存期间用于容纳电解质，并在激活期间作为输送机制。每个储液器都有某种类型的隔膜，该隔膜可以通过高压或机械手段破坏，这样电解质就可以进入电堆的单体电池部分。

　　电解质分配歧管位于中心，双极性电池堆叠构成了电池部分。当电解质进入中心歧管时，它通过围绕电池壳体的孔或通道分配给每个电池单体。歧管的设计是控制电池泄漏的关键。对于双极性电池而言，工作寿命要求相对较短（数秒到数小时），因此歧管相对简单。但是，当需要更长的工作寿命时，寄生电流是通过漏电路径的长度和面积来进行控制的。

　　另一种采用这种设计的电池是作为远程制导导弹（ERGM）的电源而开发的[33]。这种设计与图 29.60 所示的设计相似。然而，所使用的开发测试装置如图 29.62 所示。它采用 $Li-SOCl_2$ 化学体系，但使用一种经过特别优化的四氯镓酸锂电解质。测试装置利用气体压力来压缩储液器并破坏隔膜以激活电池。在实际应用中，发射时的后坐力就可以实现这一功能。ERGM 电池的规格见表 29.10。

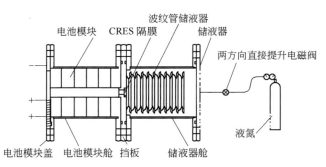

图 29.62　采用 $Li-SOCl_2$ 化学体系的 ERGM 电池激活实验室测试装置

表 29.10　ERGM 电池规格

项目	规格
12V 段调节	负载电压范围：9.5～16.0V； 持续应用功率：60W
28V 段调节	负载电压范围：24～40V； 持续应用功率：15W； 脉冲参数：125 次脉冲，8A，0.1s； 持续时间：均匀分布
工作寿命	最小 480s

29.4.3　性能与特点

（1）安瓿瓶式电池

　　"激活时间"是储备电池的特性，也是重要指标之一。该特性在军事应用中尤其重要，因为在军事应用中，储备电池通常必须设计在不到 1s 的时间内达到工作电压，在许多情况下甚至需要低于 500ms。对于非军事用途，达到所需工作电压的激活时间就没有如此苛刻了。但是，对于给定电池设计和电化学体系的储备电池，激活时间会受到放电倍率和温度的影响。

　　一般来说，$Li-SOCl_2$ 和 $Li-V_2O_5$ 体系的电压上升时间具有相似的特性。图 29.63 展示了在 $0.1mA/cm^2$ 的电流密度（大约 $C/500$ 倍率）下，$Li-SOCl_2$ 电池（图 29.54）在 5 种温度下的电压上升时间特性。在室温（24℃）和更高温度下，电压上升时间通常低于 20ms，但在较低温度下会增加到 500ms。这种快速激活的能力主要取决于电池设计，它允许电解质在安瓿瓶破裂的瞬间渗入多孔电极和隔膜中。

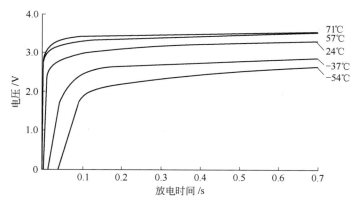

图 29.63　Alliant 公司 G2659B1 型 Li-SOCl$_2$ 储备电池激活后电压上升时间特性

负载为 4.35kΩ

图 29.64 展示了在稳态放电条件下，Li-V$_2$O$_5$ 和 Li-SOCl$_2$ 电池系统（分别如图 29.53 和图 29.54 所示）的电压水平。在较低温度下，这两个系统的电压非常接近，电流密度小于 1mA/cm^2 时，电压从 3.3V 降至 3.0V。在更高温度（室温及以上，最高至 74℃）下，Li-SOCl$_2$ 电池的电压高于 3.5V，而 Li-V$_2$O$_5$ 电池的电压通常在 3.2～3.4V 之间。由于电压更高、容量更大，SOCl$_2$ 电池比 V$_2$O$_5$ 电池具有更高的比能量。V$_2$O$_5$ 体系在很宽的温度范围内容量变化很小。但是，在以 0.1mA/cm^2 相同的电流密度下放电时，V$_2$O$_5$ 体系的容量远低于 SOCl$_2$ 体系。

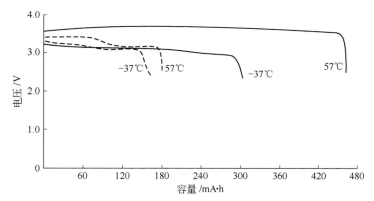

图 29.64　Li-V$_2$O$_5$ 储备电池（----）和 Li-SOCl$_2$ 储备电池（——）放电性能对比

电流密度为 0.1mA/cm^2

虽然 Li-SOCl$_2$ 电池在低温条件下容量和电压都比较低，但是仍然高于其他电池体系，而且该体系的电压特性表现为一个稳定且唯一的电压平台。高温曲线同样也非常平坦，并且在电流密度为 0.1mA/cm^2 的条件下，其放电电压超过 3.6V。在相同的放电倍率下，SOCl$_2$ 体系在室温条件下放电的电压特性与高温条件下基本相似，只是相同放电倍率下的负载电压略低，平均为 3.5V。表 29.11 是两种体系对相同的负载进行放电时测得的输出参数，显示了 Li-SOCl$_2$ 电池优越的性能。由于这两个体系的电压很相似以及两个系统使用相同组件和结构，因此它们可以一对一地进行替换。

表 29.11 Li-SOCl₂ 和 Li-V₂O₅ 电池体系性能比较

体系	温度/℃	单体电压/V	容量/mA·h	单体体积/cm³	单体质量/g	质量比能量/(W·h/kg)	体积比能量/(W·h/L)
Li-V₂O₅[①]	−37	3.15	160	5.1	10	50.4	98.8
	57	3.30	180	5.1	10	59.4	116.5
Li-SOCl₂[②]	−37	3.05	300	5.1	10.5	87.1	179.4
	57	3.60	450	5.1	10.5	154.3	317.6

① Alliant 公司 G2659 型。

② Alliant 公司 G2659B1 型。

图 29.65 展示了在 71℃下长达 12 个月的非激活储存，对 Li-SOCl₂ 电池在 −54～71℃ 温度范围内的性能影响。储存对电池特性没有明显影响。在激活（非储备）电池上首次加载负载时出现的放电期间电压略低或电压延迟的情况，在储备电池上没有出现。图 29.65 还对未储存的电池在各种负载和温度下放电的特性进行了对比。

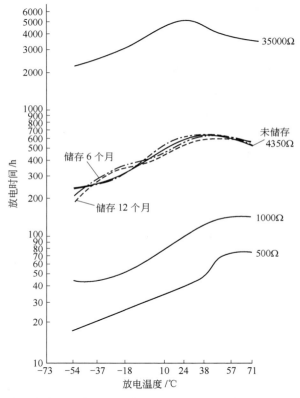

图 29.65 各种负载和非激活储存条件对 Li-SOCl₂ 储备电池的放电性能影响
Alliant 公司 G2659B1 型

图 29.66 展示了 Tadiran 公司 TL-5160 型 Li-SOCl₂ 储备电池的典型放电曲线。该储备电池的安时容量显著超过了同型号的激活一次电池的安时容量。图 29.66 还显示了该电池在负载 1.25kΩ（约 3mA）或 0.15mA/cm² 的电流密度下的放电特性。在 −10℃ 下，电压高于 2.0V 时，可以获得数分钟高于 1.5A（电流密度为 100mA/cm²）的电流。图 29.67 展示了该电池在不同温度下放电电流与截止电压为 2.0V 时的质量比能量之间的关系。其在高温下的性能接近 25℃时的性能。

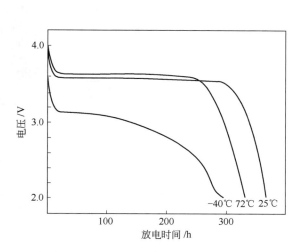

图 29.66　Li-SOCl$_2$ 储备电池的典型放电曲线
负载 1.25kΩ，Tadiran 公司 TL-5160 型

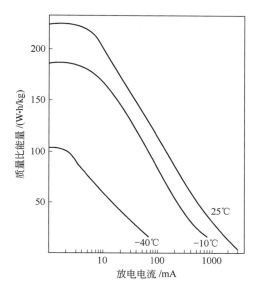

图 29.67　Li-SOCl$_2$ 储备电池质量比能量
与放电电流和温度之间的关系
Tadiran 公司 TL-5160 型

（2）多单体电池设计

采用单次激活多单体设计的 Li-SO$_2$ 电池组放电特性如图 29.68 所示。图中展示了使用 LiAsF$_6$ 溶于 AN-SO$_2$ 电解质中的 12V、100A·h 电池的激活和放电电压曲线。因为电池是人工激活的，所以电压上升速度较慢，主要是由于位于电池中间隔膜旁边的激活螺栓需要旋转几圈才能将隔膜切割。电池可以通过活塞执行器或引爆器的电动或机械输入来切割隔膜，以改善电压上升速度。虽然电池的使用寿命可能非常短，但数据表明，如果使用稳定的电解质，它具有在低放电倍率下长期放电的能力。

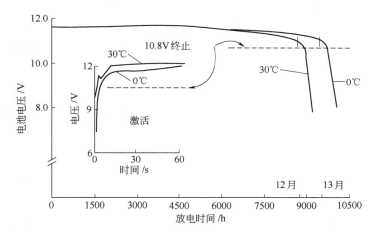

图 29.68　12V、100A·h 的 Li-SO$_2$ 电池组激活和放电电压曲线

图 29.58 中展示的 Li-SOCl$_2$ 储备电池中所使用的两种电池单体，在不同温度下的典型放电曲线如图 29.69 所示。

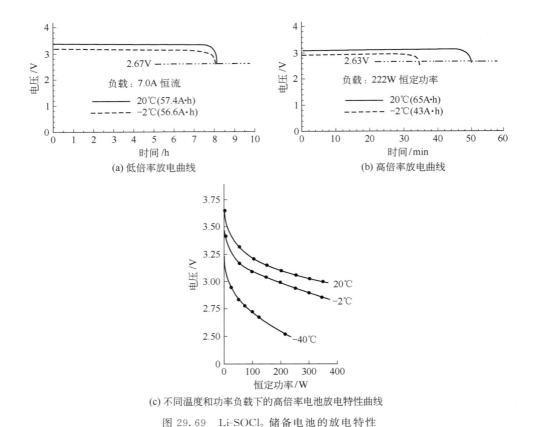

(a) 低倍率放电曲线

(b) 高倍率放电曲线

(c) 不同温度和功率负载下的高倍率电池放电特性曲线

图 29.69   Li-SOCl₂ 储备电池的放电特性

Alliant 公司 G3070A2 型

29.5   自旋储备电池设计

29.5.1   比能量和比功率

液体电解质储备电池通常不以单位质量或单位体积的能量或功率来衡量。因为这种电池需要为电解质提供两倍的空间（一半空间在安瓿瓶中，另一半空间在电池中），因此这种电池的空间利用率并不高。安瓿瓶的开启机构和电池的密封材料也占了一部分空间，而且由于装载电池的抛射体自旋偏心性的原因，电池表面有时并不与电解质接触。这种电池通常是为短寿命应用而设计的，例如短时间飞行（大约 3min）的炮弹。

29.5.2   工作温度范围

与大多数其他电池一样，液体电解质储备电池的性能也受到温度的影响。军事应用通常要求电池在 -40～60℃ 之间的温度下运行，储存温度限制为 -55～70℃。铅-氟硼酸-二氧化铅体系通常能满足这些要求，而锂-亚硫酰氯和锌-氢氧化钾-氧化银体系在低温条件下存在一些困难，在激活两个体系之前，偶尔会采取措施预热电解质。

29.5.3   电压调节

由于液体电解质储备电池在低温和重负载下的输出电压远低于其在高温下的输出电压，

因此经常会出现严重的电压调节问题。在某些情况下，高温与低温之间的输出电压比可能高达 2∶1。使用热电池（参见第 21 章）可以避免这个问题，热电池可以通过自身火药体系提供电池必需的工作温度，而避开环境温度的影响。直到最近，热电池在高速旋转时都不能正常工作，但在这个领域已经取得了进展，现在已有能够承受 300r/s 旋转速度的热电池。

29.5.4　搁置寿命

液体电解质储备电池的搁置（储存）寿命极大地依赖于储存温度，高温对电池的影响更大。由于高温下氧化银的还原和锌电极钝化，锌-氧化银电池可能是目前使用的体系中最容易受到温度影响的。除非电池设计的安全系数很大，否则很难达到 10 年的预期储存寿命。铅-氟硼酸-二氧化铅电池体系也随着时间的推移而发生衰减，容量产生损失，激活时间延长。然而，如果在电池制造过程中避免使用不良的有机材料，并且电池设计的安全系数高，则 20～25 年的搁置寿命也是可以实现的。使用中性正极电解质配方的锂-亚硫酰氯储备电池系统，如图 29.54 所示，在实际研究中表现出了出色的储存寿命，超过了 16 年。其他锂-亚硫酰氯储备电池（参见图 29.7）则采用了成型和/或焊接的不锈钢（304L 或 316L）储液器，其中填充了非中性正极电解质，可能还含有用于改善某些性能的添加剂。由于正极电解质的高腐蚀性以及与各种添加剂的潜在相互作用，在这种情况下预测储存期不那么直接，但几项研究已经预测了正确（干态）制造和密封电池具有长期储存能力。锂-亚硫酰氯储备电池仍然是一个新的体系，还没有储存历史的记录，然而可以预计正确（干态）制造和密封电池会有长时间的储存能力。

29.5.5　线加速度和角加速度限制

由于自旋储备电池通常预期在枪炮使用的环境中使用，因此它们必须能够承受枪（炮）火产生的力。随着安瓿瓶和制造方法的发展，这种电池能承受 20000～30000g 的线加速度和高达 30000r/min 的旋转速度。为小口径（20～40mm）弹药设计的电池，将能够承受高达 2～5 倍线加速度（g）的水平。

为了承受这些力，电池组件有时封装在一个塑料支撑体内。通常的设计是用一个模制塑料杯以容纳电池电堆和安瓿瓶组件，并采用环氧树脂将它们固定。最近，采用高抗冲聚氨酯泡沫，将电极堆和安瓿瓶组件采用 RIM（反应注塑成型）工艺原位封装，该过程允许在几分钟内脱模。这两种支撑体类型如图 29.70 所示。

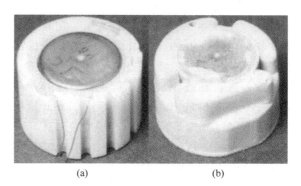

(a)　　　　　　　　(b)

图 29.70　铅-氟硼酸-二氧化铅储备电池电堆和安瓿瓶组件
(a) 在模制外壳中使用环氧树脂封装；
(b) RIM（反应注塑成型）工艺原位封装

29.5.6　激活时间

从电池启动到其在特定电气负载上提供并维持所需电压水平的时间定义为激活时间。对于液体电解质自旋储备电池，激活时间将包括安瓿瓶开启、电解质分布、清除填充歧管中的电解质、电极去钝化以及消除任何形式的极化所需的时间。在低温下，电解质黏度增加和离子迁移率降低最为显著，因此激活时间通常较长。

应用时通常会规定最大允许的激活时间，而储备电池通常被设计为在所需时间内达到其峰值电压的75%或80%。一个需要非常短的激活时间的应用实例是炮弹的时间引信，可能小于100ms。需要电池供电来启动计时器。因此，达到计时器电压所需时间的延长或不确定性可能导致严重的计时误差，从而降低炮火的效力。在某些情况下，定时错误可能会对安全产生不利影响。在要求不太严格的情况下，0.5～1.0s的激活时间是允许的。

几种典型自旋储备电池的物理和电气特性见表29.12。

表 29.12　典型自旋储备电池的物理和电气特性

图号	电化学体系	高度/cm	直径/cm	质量/g	额定电压/V	额定能量/W·h
图 29.2	铅-氟硼酸-二氧化铅	4.1	5.7	280	35	0.5
图 29.7	Li-SOCl₂	1.67	3.8	70	9	0.37
	Zn-KOH-AgO	1.3	5.1	80	1.4	0.65

29.6　各种类型储备电池的总结与应用示例

29.6.1　水激活电池应用

水激活电池可以作为许多类型设备的电源，其选择主要取决于经济因素。如果设计得当，它们的性能将非常相似。在需要高电流密度且成本不是首要考虑因素的情况下，镁-氯化银体系是最好的选择。所有这些电池都可以作为浸没式或浸润式电池使用。除了镁-氯化亚铜体系外，其他所有系统都能够承受高温和高湿度的长期储存。根据目前的技术水平，只有镁-氯化银系统适合用于控流式电池。

（1）水激活电池在航空和海上救生衣照明的应用

镁-氯化亚铜水激活电池系统正被用于美国联邦航空管理局（FAA）和美国海岸警卫队批准的航空和海上救生衣照明中。图29.71是一只典型的照明灯。

单只电池正极大约5mm厚，其尺寸为7.25mm×2mm。为了在淡水中获得足够的电压，向正极混合物中添加了食盐。电池壳上的孔经过优化，以在允许冲洗放电产物的同时保持电解质盐度。粉末经混合、加热、冷却、重新粉碎后，在自动液压机中压制并重新加热。正极被压在一个钛丝电流收集器上，该收集器在制造前用钢丝刷去除氧化物堆积。

该电池由两个负极组成，每个负极的尺寸与正极相同，并联连接并放置在正极的两侧。负极是AZ61电化学镁片。

图 29.71　使用镁-氯化亚铜水激活电池的救生衣灯

在220～240mA电流（C/12倍率）放电（针对小型白炽灯）时，典型电池电压在盐水中从1.77V开始，逐渐下降到约1.65V，之后电压急剧下降，表示放电结束。在淡水中，电压大约低0.1V。总容量约为3000mA·h。

对于海洋应用而言，将两个电池串联使用，由于需要更高的电压，因此使用了AT61片材。在340mA电流（C/8倍率）放电（针对高效充气小型灯）的情况下，盐水中的电池电压在放电初期高达1.87V，8h后降至约1.8V。同样，每个单体电池的淡水电压也低至约

0.1V。这种放电情况如图 29.72 所示。

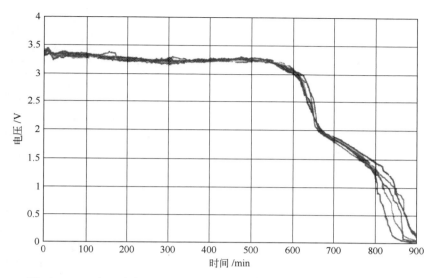

图 29.72　6 个型号为 WAB-MX8 的电池在新鲜自来水中的典型放电曲线
330mA 电流

由于向正极中添加的盐使正极比其本身更具吸湿性，因此最好使用可拆卸的拉拔塞来密封电池壳上的孔，以便储存电池。

救生衣灯的特性如表 29.13 所示。

表 29.13　救生衣灯的特性

电源型号	额定电压/V	额定尺寸/cm				额定放电容量/W·h	正常使用方式
		长度	宽度	高度	时间		
WAB-H12	1.7	2.9	1.6	9.3	12h	4.4	航空/海上救生衣灯
WAB-H18	1.7	2.9	1.6	9.3	8h 以上	3.3	航空救生衣灯
WAB-MX8	3.6	3.1	3.3	9.5	8h 以上	10.7	海上救生衣灯

（2）镁-氯化银电池应用

图 29.73 展示了当前生产的两种镁-氯化银电池。这些电池应用于以下类型的设备中：商业航空器的救生艇应急设备、声呐浮标、无线电和灯光信标以及水下武器、无线电探空装置（气球运输设备，高空、低温度环境操作）。

图 29.73　两种镁-氯化银电池（12023-1 型、12073 型）

尽管曾经生产过"标准"型水激活电池，但目前大多数电池都是为特定应用而设计和制造的。表 29.14 和表 29.15 列出了曾经生产的一些标准型和专用型镁-氯化亚铜和镁-氯化银电池。

表 29.14　镁-氯化亚铜水激活电池

E-P 编码	其他设计	额定电压 /V	额定尺寸/cm			额定放电容量		正常使用方式
			长度	宽度	高度	时间/min	能量 /W·h	
MAP-12037	PIBAL	3.0	1.3	3.2	5.1	30	0.8	空中的照明
MAP-12051	—	18.0	6.8	3.8	5.7	120	2.16	空中的无线电探空仪
MAP-12053	BA-259	A-1.5	11.7	10.2	6.0	A-90	0.34	空中的无线电探空仪
		B-6.0				B-90	1.89	
		C-115.0				C-90	650.4	
MAP-12060	—	18.0	5.1	5.4	5.1	120	5.4	空中的无线电探空仪
MAP-12061	—	22.5	5.1	7.0	5.1	90	7.59	空中的无线电探空仪
MAP-12064	BA-253	6.0	10.2	3.8	3.8	45	2.25	空中的照明
MAP-12071	—	20.0	6.3	7.6	16.0	8.1h	53.46	水下的浮标系统

注：Eagle-Picher Technologies，LLC 提供[21]。

表 29.15　镁-氯化银水激活电池

E-P 编码	其他设计	额定电压/V	额定尺寸/cm			额定放电容量		
			长度	宽度	高度	时间	能量/W·h	容量/A·h
MAP-2023-1	引线点火起爆电池	5.5	5.1	2.5	5.4	1min	0.315	0.0572
MAP-12062	—	48	12.1(直径)		33	20min	400	8.33
MAP-12065	—	4.5	6.3	6.7	13.9	50h	157.5	35
MAP-12066	—	7.5	5.1	5.1	16.5	14h	138	18.4
MAP-12067	MK-72 引线点火起爆电池	0.75	2.8(直径)		2.5	13s	0.0010	0.0014
MAP-12069	—	10	7.6	2.5	8.9	6h	1.5	0.15
MAP-12070	—	12	5.1	2.6	10	9h	53.2	4.44
MAP-12073	—	14.5	7.6	2.8	5.1	15h	14.55	1
MAP-12074	—	10.5	4.1	5.1	25	48h	95.35	9
1473132	MK61	130	9.88(直径)		12.875	6min	2925	20

注：Eagle-Picher Technologies，LLC 提供。

（3）锌-氧化银电池的类型和尺寸因不同应用而异

锌-氧化银储备单体电池的最小容量约为 0.375A·h，最大容量可达 775A·h。表 29.16、表 29.17 提供了一系列高倍率电池的规格，其容量范围为 1～250A·h，以及一系列低倍率电池的规格，其容量范围为 2～2680A·h，所有这些电池都是人工激活的。

表 29.18 列出了一些自动激活的电池，它们是为了满足各种特定应用而设计的。这些电池中的大多数都是高倍率电池，湿寿命较短。这种类型的电池重量和体积更多地取决于负载要求和提供的气室空间，而不是电压和容量。

表 29.16 人工激活锌-氧化银电池

电池型号	高倍率电池(15min 倍率) 容量/A·h	质量比能量/(W·h/kg)	体积比能量/(W·h/L)	质量/g	低倍率电池(20h 倍率) 电池/型号	容量/A·h	质量比能量/(W·h/kg)	体积比能量/(W·h/L)	质量/g	外形尺寸/cm 长	宽	高
SZH1.0	1.0	57	104	25	SZL1.7	1.7	84	171	30	1.09	2.69	5.16
SZH1.6	1.6	66	110	35	SZL2.8	2.8	88	201	50	1.25	3.07	5.72
SZH2.4	2.4	66	116	55	SZL4.5	4.5	92	220	75	1.42	3.50	6.32
SZH4.0	4.0	66	128	90	SZL7.5	7.5	97	250	120	1.63	4.00	7.09
SZH7.0	7.0	66	134	160	SZL16.8	16.8	106	305	240	2.00	4.95	8.48
SZH16.0	16.0	66	140	370	SZL43.2	43.2	125	397	520	2.54	6.27	10.39
SZH68.0	68.0	80	196	1290	SZL160.0	160.0	187	470	13330	3.73	9.27	15.09
SZH250.0	250.0	154	410	2450	—	—	—	—	—	4.32	9.45	22.43
—	—	—	—	—	SZL410.0	410.0	210	560	3000	4.22	13.84	19.35
—	—	—	—	—	SZL775.0	775.0	276	957	4380	6.96	8.36	21.70

表 29.17 人工激活锌-氧化银一次电池

电池型号	类型	电压/V	容量/A·h	质量比能量/(W·h/kg)	体积比能量/(W·h/L)	质量/g	外形尺寸/cm 长	宽	高	体积/L
PM1	HR	1.42	2.0	92	147	31	5.13	2.74	1.37	0.019
PMV2	HR	1.48	5.3	103	184	76	6.42	4.37	1.52	0.043
PM3	HR	1.41	6.4	106	187	85	7.26	4.37	1.52	0.048
PML4	HR	1.42	8.3	113	208	104	8.53	4.37	1.52	0.057
PM5	MR	1.49	9.9	119	187	124	7.36	5.28	2.03	0.079
PMC5	MR	1.48	12.3	141	231	129	7.36	5.28	2.03	0.079
PMC10	MR	1.48	28	152	312	272	12.00	5.89	1.88	0.133
PM15	HR	1.42	19	92	180	292	12.55	5.89	2.03	0.150
PMV16	HR	1.47	18	72	141	365	15.57	5.84	2.06	0.187
PM30	HR	1.44	41	98	169	600	16.64	8.28	2.54	0.350
PM58	HR	1.42	56	85	162	938	18.42	8.26	3.23	0.491
PML100	LR	1.50	118	180	376	982	13.74	9.70	3.53	0.470
PML140	LR	1.49	165	197	439	1250	16.36	9.70	3.53	0.560
PML170	LR	1.48	200	197	469	1500	18.44	9.70	3.53	0.631
PML400	LR	1.47	375	218	566	2525	16.10	15.27	3.96	0.974
PML2500	LR	1.48	2680	221	721	17960	47.90	10.72	10.72	5.505

注：1. 这些电池通常用于一次电池，但它们都可以再充电（典型的电池可充 3～10 周期）。

2. HR＝高倍率，MR＝中倍率，LR＝低倍率；HR＝15min 倍率，MR＝1h 倍率，LR＝5h 倍率。

表 29.18 自动激活锌-氧化银电池

部分代码①	应用	质量/kg	体积/L	电压/V	电流/A	容量/A·h	比能量 W·h/kg	W·h/L
EPI4331	AIM-7	1.0	0.45	26	10.0	0.8	21	46
EPI4568	停火执行者(Peace keeper)	3.3	1.89	30	2.0	3.8	35	60
EPI4500	爱国者(Patriot)	3.6	1.61	51	18.0	1.5	21	48
YTP15148	三叉戟式飞机[Trident I(C-4)]	5.0	1.20	28	6.0	12.0	65	284
EPI4567	停火执行者(Peace keeper)	6.2	3.46	30	11.0	16.0	77	139
EPI4470	标枪式导弹(Harpoon)	8.6	3.5	28	27,40	8,12	65	160
EPI4445	鱼雷(Torpedo)	9.3	4.8	28	30	20	60	117

部分代码[1]	应用	质量/kg	体积/L	电压/V	电流/A	容量/A·h	比能量	
							W·h/kg	W·h/L
YTP15066	三叉戟式飞机（Trident Ⅰ）	14.5	3.8	30,31	15,23	4,10	30	112
YTP5659985	三叉戟式飞机［Trident Ⅱ(D-5)]	30.0	31.2	34,32	113,10	15,7	21.7	20.83
YTP P-530	民兵导弹（Minuteman）	0.77	0.36	30	10.0	0.46	17.9	38.3
YTP P-515	麻雀（Sparrow）	0.99	0.45	24	11.0	0.45	10.9	24.0
YTP P-512	NMD	0.86	0.30	30	13.0	0.30	10.5	30.0
YTP P-468	AGM130	7.03	2.70	28	30	12.08	45.0	117.0
YTP P-471	停火执行者（Peace keeper）	19.5	12.1	76,31	16.7,40	5.46,40.90	86.3	139.3
YTP P329[2]	鹰（Hawk）	3.18	1.64	59,25,19,12	2.2,0.8	0.5	5.7	11.0
YTP 17511	MK37 鱼雷	120	96.6	85,76	900,450	79,22	67.5	83.9
YTP 19580	SST-4 鱼雷	408	467	210,115	480,525	29,110	54.3	47.4
YTP[3]	虎鱼	583	367	45,60	1200,750	240	54.3,47.6	75.61

[1] EPI：Eagle-Picher Industries；YTP：Yardney Technical Products。

[2] 6V 分接。

[3] 头、尾各一组电池。

29.6.2 自旋储备电池系统

表 29.12 中，列出了几种典型的自旋储备电池物理和电气特性。下面将讨论所列出的各种电池类型的进一步应用细节。

① 铅-氟硼酸-二氧化铅电池。图 29.74 给出了用于为炮弹近炸引信供电的典型铅-氟硼酸-二氧化铅液体电解质储备电池的放电曲线。低温曲线略有上升，这是由于在室温旋转测试器中其温度逐渐上升。与真正的恒温条件相比，高温放电曲线下降更快。

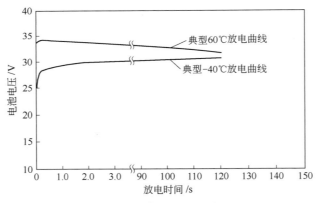

图 29.74 串联配置铅-氟硼酸-二氧化铅自旋储备电池放电曲线

电流密度：100mA/cm²

② 锂-亚硫酰氯电池。图 29.7 中所示的多单体液体电解质锂-亚硫酰氯储备电池的放电曲线如图 29.75、图 29.76 所示，该电池被设计为用于炮弹的近炸引信。这些曲线表明操作温度对电池输出电压、可提供容量和上升时间的影响。

除了简单地替换铅-氟硼酸-二氧化铅系统外，锂-亚硫酰氯电池还具有一些操作方面的优势。对于前者，自旋储备电池预期仅在短时间内并在持续旋转（必要时使电解质保持在电池内）下工作。目前出现了新的应用，要求电池能够承受火炮射击，并在短时间的旋转后，在非旋转模式下进行一段时间的实质性操作。这类应用包括在撞击地面后起作用的火炮布雷或通信干扰器，或在降落伞减速时仍在工作的抛射体（炮弹）和弹药。

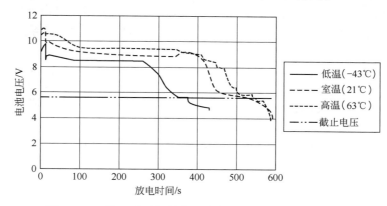

图 29.75　锂-亚硫酰氯储备电池在不同温度下的放电曲线
在 80r/s 的旋转速度下，以电流密度 2mA/cm² 放电 10s 后以 35mA/cm² 放电

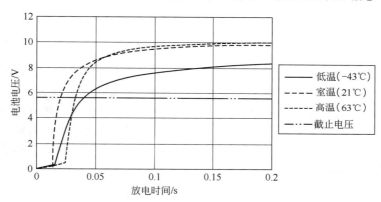

图 29.76　锂-亚硫酰氯储备电池在不同温度下的上升时间曲线
在 80r/s 的旋转速度下，放电电流密度为 2mA/cm²

　　锂-亚硫酰氯储备电池可以满足不同功能需求。如图 29.77 所示，典型的电池在电极之间采用了吸附性隔膜（如非织造玻璃毡），以及一条长且具有高电阻的电解质填充路径。

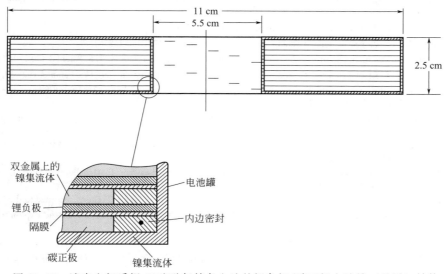

图 29.77　液态电解质锂-亚硫酰氯储备电池的锂负极/碳正极电池堆（叠层）结构

在旋转状态下填充电池后，吸附材料会使电解质从歧管处收缩，并在停止旋转后保留在电池内部。这种设计保证了锂-亚硫酰氯电池长时间湿搁置能力，同时满足激活时间很短的要求。这种具有长期湿搁置能力的多单体液体电解质储备电池的放电曲线，如图 29.78 所示。

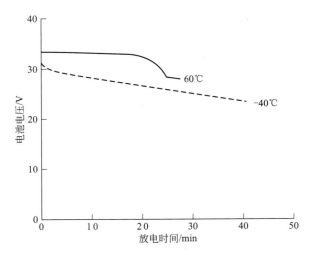

图 29.78　串联锂-亚硫酰氯系列储备电池放电曲线（电流密度为 $50mA/cm^2$）

③ 旋转热电池。由于其较低的对环境温度敏感性和已知的超长搁置寿命（无衰减），热电池一直被视为液体电解质储备电池的替代品。在高速旋转条件下，热电池的主要失效模式主要在于电池堆边缘的电池单元间短路，这是电池工作温度下熔融导电材料的泄漏所致。新型结构技术、允许更高电解质黏结剂含量的电化学体系，以及防止负极材料迁移的锂合金阳极，使得旋转热电池具备了实用性。

参考文献

1. National Defense Research Committee, Final Report on Seawater Batteries, Bell Telephone Laboratories, New York, 1945.

2. L. Pucher, "Cuprous Chloride-Magnesium Reserve Battery," *J. Electrochem. Soc.* **99:**203C (1952).

3. B. N. Adams, "Batteries," U.S. Patent 2,322,210, 1943.

4. H. N. Honer, F. P. Malaspina, and W. J. Martini, "Lead Chloride Electrode for Seawater Batteries," U.S. Patent 3,943,004, 1976.

5. H. N. Honor, "Deferred Action Battery," U.S. Patent 3,205,896, 1965.

6. N. Margalit, "Cathodes for Seawater Activated Cells," *J. Electrochem. Soc.* **122:**1005 (1975).

7. J. Root, "Method of Producing Semi-Conductive Electronegative Element of a Battery," U.S. Patent 3,450,570, 1969.

8. R. F. Koontz and L. E. Klein, "Deferred Action Battery Having an Improved Depolarizer," U.S. Patent 4,192,913, 1980.

9. E. P. Cupp, "Magnesium Perchlorate Batteries for Low Temperature Operation," *Proc. 23d Annual Power Sources Conf.*, Electrochemical Society, Pennington, NJ, 1969, p. 90.

10. N. T. Wilburn, "Magnesium Perchlorate Reserve Battery," *Proc. 21st Annual Power Sources Conf.,* Electrochemical Society, Pennington, NJ, 1967, p. 113.

11. W. A. West-Freeman and J. A. Barnes, "Snake Battery; Power Source Selection Alternatives," NAVSWX TR 90-366, Naval Surface Warfare Center, Carderock Div. 1990.

12. M. G. Medeiros and R. R. Bessette, "Magnesium-Solution Phase Catholyte Seawater Electrochemical System," *Proc. 39th Power Sources Conf.*, Cherry Hill, NJ, June 2000, p. 453.

13. Patent no. 3,953,239, Al-AgO Primary Battery dated April 27, 1976, issued to George Perkons, assigned to the U.S. Navy.

14. G. O. Erb, "Theory and Practice of Thermal Cells," *Publication BIOS/Gp 2/HEC 182 Part II*, Halstead Exploiting Centre, Jun. 6, 1945.

15. O. G. Bennett et al., U.S. Patent 3,575,714, Apr. 20, 1971.

16. B. H. van Domelen and R. D. Wehrle, "A Review of Thermal Battery Technology," *Intersoc. Energy Convers. Conf.*, 1974.

17. F. Tepper, "A Survey of Thermal Battery Designs and Their Performance Characteristics," *Intersoc. Energy Convers. Conf.*, 1974.

18. M. E. Wilkie and T. H. Loverude, "Reserve Electric Battery with Combined Electrode and Separator Member," U.S. Patent 3,061,659, 1962.

19. K. R. Jones, J. L. Burant, and D. R. Wolter, "Deferred Action Battery," U.S. Patent 3,451,855, 1969.

20. H. N. Honor, "Seawater Battery," U.S. Patent 3,966,497, 1976.

21. H. N. Honer, "Multicell Seawater Battery," U.S. Patent 2,953,238, 1976.

22. J. F. Donahue and S. D. Pierce, "A Discussion of Silver Chloride Seawater Batteries," Winter Meeting, American Institute of Electrical Engineers, New York, 1963.

23. H. R. Knapp and A. L. Almerini, "Perchlorate Reserve Batteries," *Proc. 17th Annual Power Sources Conf.*, Electrochemical Society, Pennington, NJ, 1963, p. 125.

24. Patent No. 5,506,065, Electrolyte Activated Battery dates April 9, 1996, issued to Silvano Tribioli et al, Whitehead Alenia Sistemi Subacquei.

25. Zaromb, S. The use and behavior of aluminum anodes in alkaline primary batteries. *J. Electrochem. Soc.*, 1962, 109, 1125–1130.

26. Patent no. 4,942,100, Aluminum Batteries dated 17 July 1990, issued to John Hunter et al, Alcan International Limited.

27. Eric Dow, The Development of Aluminum Aqueous Batteries for Torpedo Propulsion, NUWC-Newport Division.

28. M. Babai, U. Meishar, and B. Ravid, "Modified Li/SOCl$_2$ Reserve Cells with Improved Performance," *Proc. 29th Power Sources Conf.*, Jun. 1980.

29. W. J. Eppley and R. J. Horning, "Lithium/Thionyl Chloride Reserve Cell Development," *Proc. 28th Power Sources Symp.*, 1978.

30. J. Nolting and N. A. Remer, "Development and Manufacture of a Large Multicell Lithium-Thionyl Chloride Reserve Battery," *Proc. 35th International Power Sources Symp.*, 1992.

31. C. Kelly, "Development of HWAM Li$_x$CoO$_2$ Reserve Battery," Report No. NSWCCD-TR-98/005, Apr. 1997.

32. S. McKay, M. Peabody, and J. Brazzell, *Proc. 39th Power Sources Conf.*, pp. 73–76, 2000.

33. P. G. Russell, D. C. Williams, C. Marsh, and T. B. Reddy, *Proc. 6th Workshop for Battery Exploratory Development*, pp. 277–281, 1999.

第六部分
电池工业基础设施

第**30**章

单体电池和电池组制造概述
Anthony Sudano

30.1 引言

之前一些电池技术章节已经涵盖了有关单体电池构造和电池组装配的一般和具体细节。本章将在之前的讨论基础上，更好地解释用于建立并启用电池制造厂的整体通用工序和步骤流程。

30.2 整体工艺

图 30.1 概述了典型锂离子软包电池的整个生产过程。不同电化学体系和电池形式的具体细节会有所不同。例如，其他电池可能具有堆叠或缠绕（卷绕）的电极，并装入金属圆柱形罐中；原电池（即一次电池）甚至少数二次电池不需要任何类型的预充电或放电测试。

尽管不同的电池体系都可以修改、删除或重新排列各种工序，但此方框图提供了电池制造操作所需规划的示例。必须确定每个工艺步骤和所有相关设备的规格，以确保成功（高质量、高产出或高输出率、低成本、高效率等）。

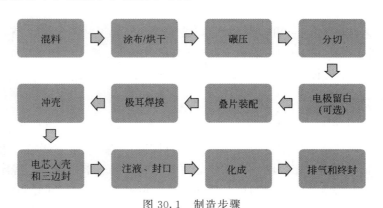

图 30.1　制造步骤

30.3 电池制造步骤

30.3.1 电极浆料的混合

如同食谱一样，高质量的电池来自对原料的正确选择、计量和混合。无论使用何种原料，都需要进行适当的混合以获得分散均匀和一致的加工处理。以下部分描述了图 30.1 中概述的典型锂离子电池制造的整体流程。

① 材料。负极和正极电极浆料分别在具有高剪切分散能力的行星式搅拌机中单独混合，以破坏固体组分中的团块或团聚物。使用溶剂（例如 NMP，N-甲基吡咯烷酮），其中加入聚合物黏结剂、固体活性材料（即电化学活性电极成分）和导电炭黑。混合顺序可能会有所不同。

② 设备。为了避免任何交叉污染的风险，为负极和正极提供专用的混合设备至关重要。虽然混合器的设备成本不容忽视，但物料处理、控制系统、溶剂和粉末兼容设备，以及容器、泵和管道的现场清洁，都为混合操作增加了更多成本。

这些材料在一个批量（间歇）过程中混合数小时，容器容量甚至高达 1000L，直到获得均匀的分散浆料。在大型设施中制备足够的混合浆料可能需要数台混料机，如图 30.2 所示。关键是确保导电和固体颗粒形成均匀分布的网络，使电子和离子能够轻松快速地迁移。混合容器外部的冷却夹套有助于控制浆料温度，避免降解。对容器内物料施加真空，有助于消除浆料中的气泡，并排出混合过程中产生的气体。

图 30.2　高剪切双行星式混料机
由 Charles Ross and Son 公司提供

虽然混合工艺传统上是一个间歇过程，但最近连续混合工艺的发展已经显现出明显的优势，如使用的容器更少、混合时间更短、设备资本和占地面积减少（图 30.3）。虽然只有少数电池制造商最近采用了这种工艺，但由于其经济优势，这种工艺作为一种选择无疑值得研究。

30.3.2　电解质和其他

① 电解质。用于各种电化学系统的电解质溶液需要对成分和污染物进行非常严格的控制。然而，锂电池对纯度的要求更为苛刻。溶解的盐类、气体、金属颗粒、水分或其他污染物对长期稳定性非常有害。用于电解质制备的原材料和设备非常昂贵，电解质通常由特种化学品生产商制备。有关电解质系统的更多详细信息，请参阅本书 3B 部分。

② 零部件制造。各种机械部件（集流体、绝缘体、极耳、包装部件等）构成了成品电池。这些部件来自各行各业，包括：
- 用于电极集流体的薄金属铝箔和铜箔；
- 用于电池隔膜的多孔聚合物薄膜，它在负极和正极之间提供电绝缘，同时允许离子通过填充隔膜孔隙的液态电解质流动；
- 带有黏结密封剂的金属条（极耳），作为包装内部电池堆与外部电路之间的导电通道；
- 用于电池包装的多层金属化塑料层压膜。

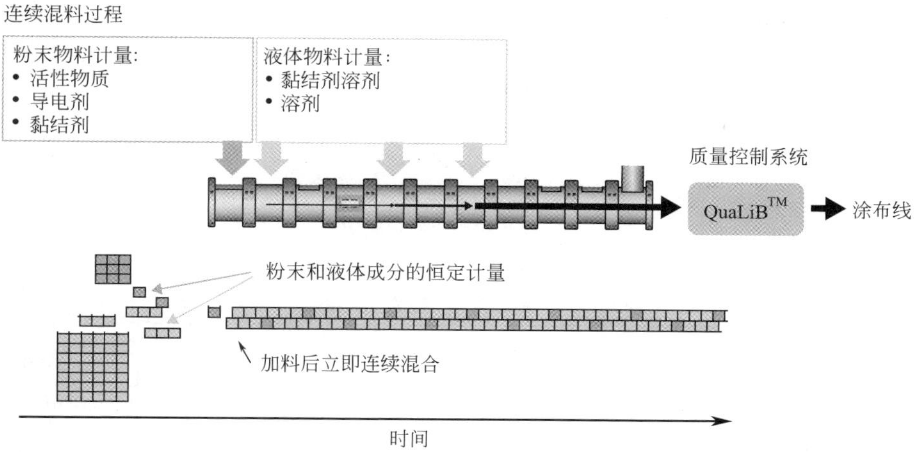

连续混料过程

粉末物料计量：
• 活性物质
• 导电剂
• 黏结剂

液体物料计量：
• 黏结剂溶剂
• 溶剂

质量控制系统

QuaLiB™ ➡ 涂布线

粉末和液体成分的恒定计量

加料后立即连续混合

时间

图 30.3　连续混料（由 Bühler AG 公司提供）

30.3.3　电极

（1）电极的制造：涂布/干燥

为了满足电池的性能要求，阳极（负极）和阴极（正极）电极需要分别涂布在薄导电箔材的两面。通常，完成的电极整体厚度范围为 $100\sim200\mu m$，并含有活性材料和导电材料，其厚度和孔隙率受到精确控制。负极涂布在铜箔上，而正极涂布在铝箔上。一旦组装为电池，集流体双侧涂有的活性物质涂层可以提高整体比能量。

涂布过程与在线干燥工艺相结合，以蒸发溶剂。为了将浆料精确地涂布在箔材上，狭（窄）缝模头涂布技术通常用于锂离子电池电极制备。混合的浆料通过狭缝模头被泵送到移动的箔材上。狭缝模头涂布技术可以更好地控制厚度，并可以进行连续或间歇涂布，包括跳跃涂布以及条纹或全幅宽涂布。涂布模式取决于所选的电池配置和下游电池组装工艺的要求。根据图 30.4，网材（有时称为箔材）和涂布宽度可以从 600mm 变化到超过 1m。传统上，网材的一面涂布和干燥一次；然而，在进入干燥烘箱之前同时涂布网材的两面也是可能的，并且越来越受欢迎（图 30.5）。

图 30.4　带集成干燥烘箱的涂布生产线（Durr MEGTEC 公司提供）

涂布后的箔材进入干燥烘箱，其中热风被导向移动的网材上，使其加热至溶剂的蒸发点，并通过排气风扇从干燥烘箱中排出。对于给定的涂布条件，干燥烘箱的长度基本上与网材速度成正比。在电池电极制造设备中，常见的为长度为 $20\sim40m$、移动速度为 $15\sim30m/min$ 的干燥烘箱，尽管这在很大程度上取决于涂布厚度和浆料中的固含量。

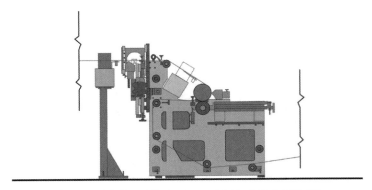

图 30.5 同时双面涂布（Durr MEGTEC 公司提供）

为了保护环境并出于成本因素，被排出的含溶剂空气通过焚烧、洗涤，或更常见的从气流中回收溶剂来进行处理，如图 30.6 所示。为了回收溶剂，含溶剂的废气经过多个步骤冷却，以使溶剂从气流中冷凝出来。回收的溶剂可以通过过滤或蒸馏进行提纯，以便在混合过程中重新利用。

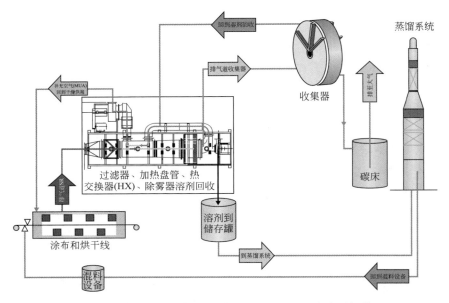

图 30.6 溶剂回收和提纯系统（Durr MEGTEC 公司提供）

（2）电极加工：压延/分切

在网材的两面涂布并干燥后，柔性电极卷材被移至卷对卷压延或辊压操作中（图 30.7）。涂布/干燥过程形成的电极在干燥后本质上是多孔的。然而，为了获得适当的电池性能和最大化容器中的活性材料量，需要减小电极的厚度，同时保持足够的孔隙率以供液态电解质使用。网材通过一组高压辊筒运行，有时会加热这些辊筒以使材料更容易压缩。

经过涂布和压延的电极随后被切割成符合电池尺寸和配置所需的最终宽度。在将电极卷绕成最终宽度的卷材之前，使用旋转的剪切切割刀和砧座将移动的网材切割开，如图 30.8 所示。在某些情况下，切割和压延操作的顺序是相反的，尽管这会导致对压延设备的需求增加，因为必须处理更长的电极长度，并且线速度是一个限制因素。有关其他类型电极制造技术的详细信息，请参阅本书 3A 部分。

图 30.7　电极辊压机（Innovative Machine 公司提供）

图 30.8　电极分切机（Innovative Machine 公司提供）

30.3.4　电池组装

（1）电极堆叠

　　虽然圆柱形电池非常常见，但本章将重点介绍图 30.9 所示的方形软包电池。为了保持成品电池中材料的水分含量较低，所有组装过程通常都在有湿度控制的干燥室中进行。通常维持的湿度水平约为相对湿度 0.5％或 −40℃露点。为了确保这种低湿度条件，生产车间需要昂贵的空气处理设备，而且需要高昂的运营（能源）成本。

　　实现扁平矩形电池结构有多种方法。常见的方法包括平绕、Z 形折叠堆叠、纯堆叠和堆叠绕制。最通用且更容易实现的

图 30.9　方形软包电池实例（由 Manz AG 提供）

是 Z 形折叠堆叠，因为这种方法可以很容易地从试制过渡到大规模生产。电极需要切槽，以形成用于接片的裸露箔片延伸部分，并需要冲裁，以获得电池尺寸所需的特定矩形尺寸。电极切槽是通过使用如图 30.10 所示的冲模装置，或如图 30.11 所示的激光切槽来实现的。切槽操作可以离线进行，将切槽后的电极片置于 Z 形折叠堆叠机的料盒中，也可以与电池组装操作一起在线进行切槽。

图 30.10　高速电极切槽过程（Manz AG 提供）

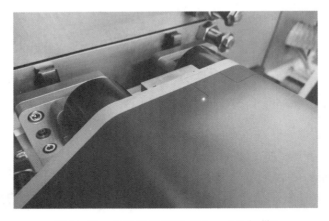

图 30.11　电极激光切槽（Manz AG 提供）

在 Z 形折叠堆叠机上，拾取头交替地从各自的料盒中拾取负极和正极电极（如果不是在线切槽），并将每个电极放置在连续的分隔材料带之间的通用堆叠平台上，如图 30.12 所示。被选择的分隔材料宽度覆盖电极的活性区域，确保电极之间的电绝缘，同时允许未涂覆的裸露箔片引线超出分隔材料的边缘。电极箔片应正确放置和对齐，以确保正确的极性并便于下游电池堆中电极的接片。堆叠适当数量的电极片以适应电池设计。使用分隔材料将堆叠的电池包裹起来，并用胶带固定，以固定电池堆。

对于堆叠绕制方法，无论是使用在线切割还是拾取和放置预先切割的电极，都可以采用

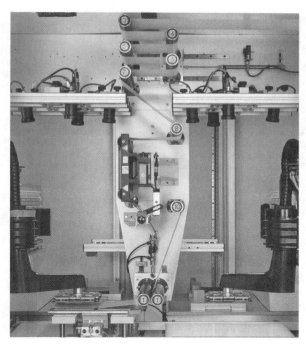

图 30.12　Z 形折叠堆叠机（Manz AG 提供）

热层压工艺将电极热粘接到连续的改性（即热激活）分隔条带上。在此过程中，电极之间的间距增加，因而绕制每个单体电池时电池厚度增加。带有粘接电极的连续分隔条带通常以高速绕在平轴上，以完成电池堆。与 Z 形折叠堆叠相比，该方法的速度通常更高。然而，为了避免在绕制过程中电极移位，需要更精确、更可控的在线功能来切割和放置电极，以及将电极热粘接到分隔条带上（图 30.13）。改性分隔条带比传统分隔方式更昂贵，但额外的成本，可以通过提高制造吞吐量（即更高的线速度，电极在组装期间和之后不太可能在电池内移位所提供的、改进的电池质量和产量）来抵消。

图 30.13　堆叠绕制机（Manz AG 提供）

　　纯堆叠过程还可以结合在线切割电极和隔膜。切割好的电极和隔膜片材通过高速机构交替拾取并堆叠，并压指固定，直到整个堆叠完成。在完成的堆叠上粘贴胶带，以防止片材组件相互之间移动，如图 30.14 所示。

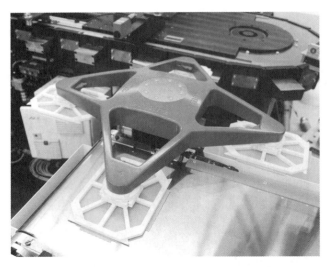

图 30.14　纯堆叠机制（由 Manz AG 提供）

（2）引线连接

由于单个电池堆叠需要密封包装以容纳液态电解质并禁止水分或氧气渗入，因此需要在包装内的堆叠电池与外界之间提供一种密封的电气通道。对于软包电池，导电金属导线或引脚通过超声波焊接到每组裸露箔片延伸部分上，形成正负极引线。首先，将裸露的箔片电极延伸部分压缩在一起，通过超声波焊接成一个焊点，并修剪成相同的长度。然后，将金属引脚放置在焊点上，并按照图 30.15 所示进行超声波焊接。对于相反的极性，重复此过程，或者可以同时焊接两个极性。

图 30.15　极耳焊接过程（由 Manz AG 提供）

（3）软包成型和电池堆叠插入（电芯入壳）

电池堆叠的包装材料通常由多层复合材料组成，以确保对水分和氧气的阻隔性，提供密闭封装以容纳液态电解质，并保持电池堆叠与外界之间的电绝缘。包装材料通常由铝箔、聚丙烯内层和保护性尼龙材料外层组成。使用冷拉冲头和模具将复合膜成型为电池堆叠的尺寸和深度。根据电池堆叠的厚度，可以成型软包的一侧或两侧。腔体的深度受限于铝层在拉伸过程中承受破裂或撕裂的能力，通常在 5mm 深的范围内。

当成型软包后，将电池堆叠（电芯）放入其中一个成型的包装部分中。如果电池堆叠不太厚，那么包装的另一半可以是一个简单的平面包装材料层，可以折叠或作为单独的一层应用。对于较厚的电池堆叠，则需要两个成型的包装部分。一旦将电池堆叠放置在包装内部，就使用热封条密封包装的外部周边，除了一侧用于后续电解质填充之外。

在电池堆叠的一个密封边缘上包含有金属电极片（导电极耳）。为了提供无泄漏密封，金属电极片的每一侧都带有聚合物黏结剂密封条，并且极耳的胶条与包装密封边缘区域对齐。密封条粘接到金属电极片上，确保无泄漏粘接，这样液态电解质、水分或空气就无法在金属电极片和密封条之间渗透。密封条是一种与电池包装材料的内层相似的聚合物材料，有助于确保包装材料的内层和电极片密封条之间形成牢固的塑料焊接。

请注意，对于更恶劣的环境和更长的使用寿命，通常会使用刚性金属壳而不是多层柔性层压包装（更多详细信息请参阅本书 3E 部分）。组装步骤相似，但闭合（压边、焊接等）和电解质填充（见下文）技术可能会更加复杂。

（4）电解质填充和电池闭合（封口）

四个边缘中有三个边缘已经被密封，剩下的开放边缘用于向电池中注入液态电解质。电池垂直放置，开放边缘朝上。一个填充喷嘴插入至包装袋的开放边缘中，然后向电池包装内注入精确定量的液态电解质。采用精密计量泵精确地计量要注入的电解质的量。这个过程可以在大气压下进行。在某些情况下，填充过程在真空室中进行，对电池内部进行高真空抽取操作，可以通过电极和隔膜的孔隙排出空气。一旦空气被排出，电解质就会被注入电池中。其中，负压更快地将液态电解质吸入孔隙中，并加速材料的润湿。

另一种方法是在大气压下向电池中注入液态电解质，然后将电池进行真空处理并单独进行密封。在真空下填充或只是密封已填充的电池时，需要真空室、泵、管道和控制装置。尽管需要额外的真空设备成本和处理时间，但一些电池制造商认为效果更好，因为电极和隔膜的孔隙可更容易且更均匀地填充液态电解质。同时，在大气压下进行填充时，可以假设电解质会逐渐但完全地渗入孔隙并取代深处材料中的气体。

相反，有些人认为在这个阶段进行真空抽取是徒劳且昂贵的，因为电池在下游会经历浸泡和脱气过程，在最终密封过程之前，从电池激活反应中产生的气态副产物和所有残留气体都会从电池中提取出来。从总体处理时间来看，这两种工艺最终是相似的，其中真空抽取时间被浸泡时间所取代。

30.3.5 完成电池制造

① 化成。化成过程需要通过电池的初始充电和放电在两极上形成一层保护膜（层）。最初的几个充放电循环也用于完成电解质对电极和隔膜的润湿。

化成过程是通过对每个单体电池进行一定量的充电、放电和静置来实现的，其中一些化成是在高温下进行的。整个过程可能需要超过 1 周的时间，其中大部分时间电池是在室温或高温下静置。尽管如此，从设备和所需储存空间的角度来看，充放电设备都非常昂贵，因为在整个漫长的过程中需要容纳大量电池。图 30.16 显示了一个典型的电池化成设施。

在化成过程中，涉及不同工作站之间的处理步骤可能多达 20 个，鉴于电池的

图 30.16　电池化成和老化仓库

数量，只能通过自动化系统高效完成。为了便于电池在各个工作站之间频繁移动，采用自动存储和检索系统（ASRS）在站与站之间运输包含多个电池的托盘，如图30.17所示。

在整个化成过程的最后阶段，带气袋的电池被放置在真空室中，袋子被刺穿以提取在化成过程中产生的气体。然后最后一次密封袋子，并修剪多余的包装材料，完成电池制造。

② 测试与质量控制。在整个组装和化成过程中，会进行多项测量以确定电池的质量。这些测量包括短路测试、开路电压、随时间变化的电压损失和阻抗。这些测量结果用于筛选掉质量差的电池，或者根据预先确定的一组质量参数对每个电池进行分类（评级）。这种评级系统用于匹配质量相似的电池，这对于未来的模块和包装组装过程是必要的。

③ 电池组组装与测试。一旦电池制造完成并经过测试，它们通常会被组装成模块和电池组。最终的应用包括从电动自行车应用的小型电池组，到电动汽车（EV）或非常大的固定式储能系统（ESS）等大型应用（有关这些应用的更多详细信息，请参阅第23章～第27章）。根据应用和电气要求（如电压、能量容量和功率），多个电池组成模块，然后在电池组内以串联或并联方式连接。电气互连方式可以通过机械连接器或焊接连接（参见本书3D部分）。必要时，可增加空气或液体热管理系统以控制电池在使用过

图30.17　自动存储和检索系统

程中的温度。此外，还增加了控制系统、逆变器和电池管理系统以实现系统的功能（参见第31章）。特别是对于大型储能系统和电动汽车而言，这一点尤为重要。

30.4　总结

建立电池制造工厂的总成本可能会受到多种因素的影响，包括设备质量、电池尺寸、劳动力成本等。一般来说，对于规模超过1GW·h的大型电池制造工厂而言，其投资和直接劳动力细分见表30.1。对于这一规模的工厂，预计需要1亿美元的投资。这些成本不包括模块或电池组的组装，因为取决于电池尺寸和配置以及最终电池组的尺寸和特性。

表30.1　典型电池工厂的投资和直接劳动力细分（规模超过1GW·h）

工序	投资分配比例/%	人力（按照操作工时）/%
电极制备	33	40
电池组装（包括干燥烘箱）	33	40
电池化成	33	20
合计	100（大约）	100

以上概括了制造电极和组装电池的步骤，旨在展示建立典型电池制造工厂的复杂性。在各个层面上，还存在许多组装的可能性和组合，通常取决于制造商的偏好和最终产品。随着对先进电池技术需求的不断增长，相关制造技术必须得到同步发展。

第**31**章

电池充电器、控制和安全电子设备

David Simm

31.0 引言

一次电池（原电池）和二次电池（蓄电池），这两种类型具有共同的以及独特的监测和控制要求。二次电池需要充电系统，而一次电池通常需要防止充电的保护措施。两者都需要安全功能，以防止因滥用和异常环境暴露而造成的损坏。满足这些要求的解决方案有多种形式，从单独的电池组和充电器保护到适用于较大电池的组合配置。然而，这些设计大多具有共同要素，这些要素因化学体系、尺寸和应用而有所不同。图 31.1 为这两种类型所需的电路。

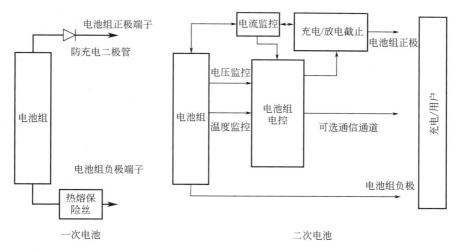

图 31.1 通用电池电子设备类型

31.1 电池组和充电器的要求

以下各节将讨论有关充电器和电池系统正常运行和安全性的各种考虑因素。

31.1.1 充电和放电控制

不同的电池体系具有不同的充电控制要求。例如，镍镉、镍-金属氢化物、铅酸以及镍氢等电化学体系，在超过其推荐的充电电压限制后，仍表现出较高的电压偏差容忍度。由于在高电压下水发生电解，它们能够承受有限的过充电，从而在规定的温度范围内工作时缓解了电池不平衡。然而，气体的产生（尤其是氢气），需要为电池排气，以减少过度的压力积聚。

锂电化学体系缺乏吸收过充电能量的机制，因此通常对充电操作的电池电压有更为严格的要求。必须监测单体电池的电压，以防止超过电池的电压限制。当电池的电压达到最大允许值时，充电电流必须减小或终止。然而，在允许的最大值范围内的高充电速率可能会由于电阻增加而导致单体电池电压升高，从而可能会过早地终止充电而限制总的再充电容量。放电控制也存在同样的问题，放电必须及时终止，以防止单体电池的电压超过其下限。

此外，过高的放电电流，例如电池输出端发生短路时产生的电流，也必须终止放电。当高负载被移除后，电池也必须能够恢复正常工作。

31.1.2 电池均衡

为了使串联连接的电池能够同时达到满充状态，每个电池必须在相同的荷电状态（SOC）下开始充电过程，并具有相同的温度和充放电特性。虽然这些条件在受控情况下和电池使用初期可能接近实现，但随着循环寿命的延长，会变得越来越困难。

对于镍镉和铅酸等电化学体系，串联组内的单体电池由于容量或内阻差异，部分先达到满充状态的电池将继续接受额外的充电（即过充），而充电较慢的电池则会逐渐达到满充状态。过充会导致各种副反应而产生热量，其影响可以通过限制充电电流来减轻。

锂离子电池绝对不能过充（或过度放电），以防止在循环寿命期间累积 SOC 不平衡，从而显著限制电池容量。对于锂离子电池，串联组中单体电池的最大充电和放电电压绝对不能超出限制。单体电池间电阻的差异会加剧充电时的电池电压差异，可能会导致电池过早达到充电电压限制，从而使整个串联组充电终止。

处理这个问题的一种方法是监测电池电压差，并限制充电电流，使电压差保持在设定的范围内，以便串联组中的电池能够在不超过充电电压限制的情况下达到尽可能高的充电状态。虽然这种方法对 SOC 不平衡有影响，但至少可以减轻因电池直流电阻引起的不平衡。在本章中，我们使用"直流电阻"这一术语，而不是"电池阻抗"。阻抗是通过向电池或电池单体施加交流信号并测量其可变响应来进行测量的。此处讨论的直流电阻效应是一个线性函数，描述了电池电流变化时的 IR（电流乘以电阻）电压降。

电池的直流电阻对放电也有类似影响，由于 IR 电压效应，高电阻电池的电压会下降到放电电压限值，从而触发过早的放电终止，限制了电池的放电容量。这些电压差异会随着充放电电流的增加而加剧，因此成为高速率电池的一个重要问题。从实际出发，应评估和控制允许的电池电压差异，以尽量减小对系统容量的影响。改善电池不平衡的方法既有主动方法也有被动方法，这两种方法将在后面的章节中进行讨论。

31.1.3 通信

向用户指示状态（即参与充电/放电控制过程的实时传达、历史状态和操作数据）的电池需要通信能力。信号可以像电池组本身的视觉指示器一样简单，专用的模拟信号线通常连接到外部充电器或采用复杂的命令和数据系统（图 31.2）。

电池组上的视觉指示器可以显示电池状态或荷电状态（SOC）。这种显示可以由专用的模拟或混合信号半导体或更复杂的微控制器系统支持，并可通过 LED 或 LCD 显示屏实现。

模拟参数，如热敏电阻输出，可以通过专用连接器触点导出电池组外部。这种方法常用于镍镉电动工具充电器，以控制充电过程，防止电池组过热。由于电池组上接触点的数量通常有限，这种方法通常仅限于一个或可能两个参数。

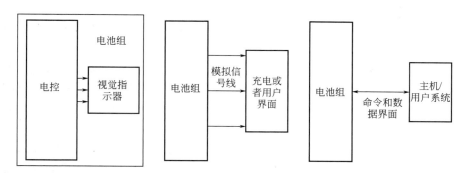

图 31.2　电池通信选项

系统参数也可以通过单向串行数据流的形式从电池组传输到充电器和/或用户，无论是时钟序列还是异步序列（单向流表示数据仅在一个方向上流动）。虽然可以使用并行数据传输，但需要多条数据线和相关触点，这种方法通常不受青睐。相反，可以通过专用混合信号半导体或微控制器来收集和格式化数据。市面上很容易找到支持串行通信、数据收集和处理的设备。有关这方面的内容将在后面的章节中讨论。

串行数据传输还可以使电池组外部系统能够与控电池组电子设备进行通信，并控制其操作。这种技术被称为半双向串行传输，意味着数据在两个方向上流动，但一次只能在一个方向上流动。因此，用户（充电器）和电池组共享一条信号线。这种方法可用于模式控制、存储参数修改、数据收集以及制造过程中的系统初始化。需要定义明确的数据结构，特别是针对微控制器情况，因为它需要被纳入系统软件中。专用半导体通常具有完全定义的通信结构。典型示例列于表 31.1 中。

表 31.1　电池/充电器芯片及其通信结构

半导体原始设备制造商（OEM）	设备	通信
德州仪器	BQ24721	类似于 SMBus
微芯科技	PIC 微控制器	UART，SPI，SDA
美信半导体	DS2438	1-Wire 带 CRC 校验
凌力尔特科技	LTC4100	SMBus
意法半导体	STC3117	I^2C

注：1-Wire 系统最初由达拉斯（Dallas）半导体公司开发。

在选择系统数据速率时，必须留出足够的时间用于收集、转换处理和控制。相对适中的数据速率允许系统有足够的处理时间，并且通常不会影响整个系统的精度。更多的数据并不一定更好。

较大的系统，例如动力牵引电池，可能受益于使用"蓝牙"硬件和软件进行数据交互，这对于管理拖车组和/或叉车特别有用。因此，可以开发用于电池系统交互的智能手机应用程序。

31.1.4　诊断信息

最常收集的信息类型是单体电池电压。这些数值被采样为模拟数据，并以模拟数据的形式使用或进行数字化处理。存储历史数据需要数字化数据，因为模拟数据通常只以最新值存在。存储的数据还允许计算差值。这对性能趋势分析很有用，但会受到存储量的限制。温度数据可以按与电池电压相同的方式进行收集和处理。

在具有足够计算能力的情况下，可以采用卡尔曼滤波和其他统计处理方法等，以捕获数据的趋势特征，从而最小化实际存储的数据量。

在更大或更关键的系统中，测量实际电池阻抗（交流，AC）可能是有用的。然而，在几乎所有情况下，所需的硬件都使得这一做法因结果的价值有限而不切实际。有效的直流电阻对于诊断趋势分析以及在 SOC 评估中作为辅助手段是有用的。电阻可以通过充电、放电和静置期间电池电压的变化来进行推算。

另一个重要的功能是监测和测量充电和放电电流。电流最好是在电池的高压侧进行监测，即电池正极和充放电连接的导体，因而可以很容易地测量两个方向的电流，充电和放电。低压侧测量似乎更容易，但由于考虑到参考电压，只能很容易地测量放电电流。

31.1.5　荷电状态监测

荷电状态（SOC）监测，也被称为"电量计量"，看似非常有用且直观。然而，使用水桶作为类比，桶的容量是固定的，而电池的"容量"在充放电过程中会发生变化。有效容量随温度和充放电速率而变化。因此，即使这种方法被广泛推崇，但对充放电电流的整合也不是特别有效。

在各种电化学体系中，电池 SOC 的最佳指示参数可能是开路电压。然而，在动态系统中，电压水平在不断变化。

系统设计人员首先需要明确了解实际 SOC 的重要性。用户将如何使用这些信息？这真的有区别吗？答案将决定设计结果的复杂性、成本和实用性。例如，如果 SOC 是 17% 或 22%，会有什么区别？在当前条件下，"预计运行时间"为 13min，而当前条件可能不同于未来条件，用户真的会在意这一点吗？用户或智能系统真正需要了解关于 SOC 哪些方面的信息？

31.1.6　原电池的特殊安全要求

原电池或不可充电电池绝对不能充电。充电的后果可能从无关紧要到灾难不等，具体取决于其化学性质。锂原电池可能是最危险的。小型碱性电池通常只存在性能下降和可能泄漏等较低的安全风险。由于电池可以以各种串并联方式连接，因此在串并联电池组时需要格外小心，以防止一个电池组给相邻的电池组充电。对于可能导致更严重后果的情况，应更加谨慎。对于能够实现特别高放电速率的化学体系，电池应配备由高温激活的放电控制装置进行保护。该电路的传感器需要安装在电池组内部，位于放电时产生最大加热量的位置（这些电路对于二次电池也很有用）。热熔断器通常用于此目的，既可以作为唯一的保护装置，也可以作为"智能"电池系统的备份。由于热熔断器的自热效应，这些设备也适用于放电速率保护。

一些原电池，如普遍使用的军用 BA-5590 电池，具有完全耗尽电池容量的能力，以消除电池丢弃后锂金属释放的危险。电路的设计需要保证足够的放电速率，以避免电池组过热。在使用此电路之前，必须确保目标电池的 SOC 足够低，可以安全放电，以防止过热和可能的火灾。在这种情况和大多数其他情况下，考虑不太可能发生的事件也是一项重要工作。

31.2　电池电子设计方法

在设计包含电子元件的电池时，需要考虑多个要素，这些要素下面将进行讨论。

31.2.1 电池组电子架构

非常简单的电池，如镍镉电动工具电池，通常几乎不需要电池组电子元件。一个例外可能是热敏电阻，其输出被充电器用来在电池组温度过高时终止充电。锂电池（以及可能的其他电化学体系）通常需要一个安全系统，通常至少包含一个热熔断器，对于原电池可能还需要一个二极管。"智能"电池组将包含用于数据监测、控制和通信的额外电路。这些电路通常与基本安全电路一起使用。

在设计过程中，初期就需要考虑制造、测试和初始化的需求。少数原型电池的制造、测试和初始化可能很容易完成，但成百上千甚至成千上万的电池会带来一系列新的问题。电子元件的设计应尽量减少电路基板上的元件数量，以使用最经济、易于自动化处理的基板。这里通常指的是玻璃纤维（FR4 或类似材料）电路板。有时，柔性电路替代有线方案比手工布线更有意义。这些薄膜最初可能更昂贵，但在组装过程中可以节省劳动力，从而降低总体成本。典型的测试设置如图 31.3 所示。

批量编程是初始化可编程组件的一种方法，在组装前进行，从而消除了对整个组装件进行初始化的步骤。当使用 EEPROM 或闪存设备时，这种方法会限制重新编程的能力。若要替换旧芯片，电路需要手动重新加工。因此，提供"在线"编程能力会更好。这样，参数可以在不必重新加工的情况下进行更改，而且通过使用闪存设备，整个操作程序可以在不更改硬件的情况下进行修改和更新。

为了有效地测试大量电路组装件，需要设计一种方法，使得当组件被插入模拟电池参数

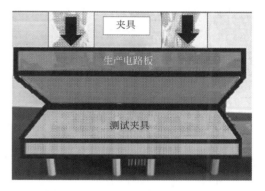

图 31.3　电子 PCB 样品测试夹具

输入的测试夹具时，可设置参考配置，以便观察和验证其正确运行。测试过程可以很容易地实现自动化，只需将电路插入测试夹具即可。此过程还可以生成测试结果日志。

31.2.2 监控和测量

许多应用需要在单体电池电压达到或低于特定值时终止充电或放电。可以配置半导体运算放大器（简称为"运放"）来执行这一功能（称为窗口比较器）。只要电池电压保持在定义的窗口范围内，"运放"的输出就会保持高电平（或低电平，取决于设计）。超出这个窗口的值会导致"运放"输出状态切换。这个输出与充放电电流切断装置相连。这种方法既可以用于单体电池的监控，也可以通过"堆叠"来监控一系列串联的电池，只要电池电压不超过"运放"供电电压。"运放"的输出通过数字方式监控以控制切断。

一种设计方法是利用一个差分运算放大器和一个 A/D 通道，并使用多路复用器。这种芯片根据其选择地址在输出端提供一个对应于多个模拟输入之一的模拟值。因而使得所有电池电压（最多 8 个）都可以由相同的电路进行采样，从而最小化样本之间的误差。如果为采样提供了已知的电压参考，那么对模拟过程可以进行校准。

模拟值可能不是一个有用的度量。热敏电阻的输出仅在有限的数值范围内近似线性，并且需要进行校准才能发挥其作用。可以通过应用校准多项式轻松实现，该多项式可以根据需要具有任意数量的项。最简单的线性多项式具有一项和一个常数。即使是最精确的校准，使

用五项也足够了。

充放电时的电池电流测量可以通过使用检测电阻来实现。检测电阻的典型值非常低，约为 0.10Ω，测量该电阻上的电压降，并用于计算电流值。由于相对于系统参考（即电池负极）的差分极性，电池正极导体或"高压侧"上的检测电阻可以检测充电和放电电流。而负极电池线上的检测电阻只能检测放电电流，因为充电电流产生的差分电压极性低于电池负极，因此不在可能的测量范围内。

智能电池系统需要 A/D 转换器以将采样的模拟值转换为数字值。A/D 转换器的重要特性之一是数字输出的精度，通常为 8 位、10 位、12 位或更高。这意味着模拟采样值会被量化为 256、1024 或 4096 个离散等级（相对于 A/D 参考电压）。较低的精度会使设计和操作变得更容易，因此精度应限制在有意义的值。由于噪声、稳定性和计算简便性等原因，0.1mV 的精度通常是不切实际的。

在设计高压电池时，可能需要将电池组电子部件的数据部分和控制部分分开，以防止半导体承受过高的电压。这可能需要某种形式的电流隔离。在电池组内部提供一条隔离的总线可能是必要的，以支持跨大端电压的通信。同样，充放电控制也可能需要隔离，以防止组件过压。这些不同的设计方案如图 31.4 所示。

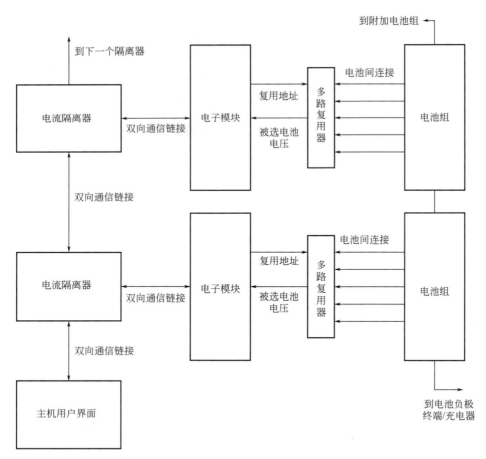

图 31.4 高压电池带有通信功能的堆叠式多路复用器

31.2.3　安全装置

热敏电阻是一种电阻值随温度变化的电阻器。它们被指定在特定的温度范围内工作，但在整个范围内具有非线性的响应。感兴趣的小区域可能足够线性可以直接使用，但大的工作范围将需要输出转换和校准。热敏电阻有两种类型：负温度系数（NTC）和正温度系数（PTC）。NTC 热敏电阻是最常用的类型。NTC 的输出随温度的升高而降低，而 PTC 的输出随温度的升高而增加。应当注意的是，热敏电阻用在分压电路中，可能会消耗相当多的系统电流（在电池组电子设计中始终需要考虑）。在热敏电阻远程连接到充电器的情况下，这种电流的消耗通常不是问题。

另一种方法是使用半导体温度传感器，其电压输出随温度直接变化。这些设备中的一些具有经过校准的输出，每摄氏度约为 0.1V。其他设备具有线性输出，易于转换以供使用。这些设备易于使用，并且具有非常低的静态电流，通常在数十微安量级。

有两种基本类型的熔断器：一次性熔断器和可复位熔断器。一次性熔断器限制电流的大小，并且通常尺寸设计为不太可能从过载中恢复，防止电池发生灾难性故障。可复位熔断器在超过电流或温度限制时会断开，但在故障条件消除后可以恢复运行。这些设备的应用，既涉及设计理念也涉及风险评估考量。

31.2.4　单体电池均衡

单体电池均衡的概念是指在电池中使各个单体电池的荷电状态（SOC）达到平衡。在充放电循环过程中，多种因素会导致单体电池的 SOC 出现差异，这些因素在本节中不进行讨论。我们将讨论一些有助于最小化这种差异的技术。

有人支持一种称为被动均衡的方案。该方案不直接采取行动来平衡单体电池，而是依赖单体电池的一致性和电气布置来最小化导致不平衡的"扰动力"。例如，一组并联连接的电池会通过它们的电气连接"钳制"彼此的电压。既然可以通过电池的电压来测量 SOC，那么这些电池的 SOC 就会相同，无论它们的实际容量如何。串联连接的电池都可以观察到相同的充放电电流，但可能具有不同的电压和 SOC。通过精心设计包含相对较多单体电池的电池串并联连接，可以制造出单体电池电压偏差最小的电池。

被动均衡的对立面是主动均衡，它分为电荷守恒和电荷耗散两种类型。电荷守恒需要从高容量电池中排出电荷，并将这些电荷转移到电荷较低的电池中。可以通过所谓的"飞电容"方法或一些复杂的磁性转换器来实现。然而，很快就会出现一个问题："在电子设备中将放多少电池？"

耗散型方法涉及将一个小电阻连接到高电荷电池上，以使它们的电荷与其他电池保持一致。其可以在电子控制下实现，无论是数据驱动还是模拟控制。已经发现，在充电周期中执行平衡的特定点对维持系统稳定性很重要。有人认为这会降低电池容量，但这种能量无论如何也无法使用，但为下一个充电周期的有效充电做好了准备。也有人认为，在电子设备上节省下来的资金可以用来制造更大的电池，从而在不产生"麻烦"的情况下达到类似的效果。

31.2.5　电量计量

关于电量计量或 SOC（荷电状态）的确定的传统观念是：对充放电进行积分是最好或唯一的方法。在有限的时间段内，这可能是正确的，但这种方法，就像所有积分过程一样，会迅速累积误差。因此，定期收集一个额外的 SOC 参考值将有助于校正积分值。目前可用的最佳可选 SOC 测量方法是开路电压。如果测量充放电电流，那么就可以确定电池电压等于开路电压的时段。通过应用转换算法或查阅相关数据表，可以获得 SOC 校正值。这些估计值均基于各种电池参数，因而使得准确评估变得困难。

31.3 微控制器硬件和软件注意事项

微控制器是单片计算机系统，包含 ROM 存储器、RAM 存储器、I/O 设备和一个核心处理器。通常针对单一或少数几个应用目标而设计，还可以包含一些外围设备，如 A/D 转换器、定时器和串行数据外围设备。

控制微控制器操作的程序留存在 ROM 存储器中，可以通过 EEPROM、EPROM 或闪存硬件来实现。EEPROM 和闪存可以在物理设备安装在电路板上时进行加载或修改。制造商（如摩托罗拉、美国国家半导体、Maxim、Microchip 等）通常会提供应用说明和支持的硬件和软件。

微控制器的 RAM 用于存储变量参数，通常仅限于数千字节，不适合大型数据数组。微控制器的编译器可以利用多种语言，有助于确定 RAM 和 ROM 的数据需求，并可实现浮点算法。

数据和命令管理是"智能"电池软件的重要组成部分。不仅需要提供所有必要和预期的命令和数据遥测，而且还需要在必要时为模块化扩展提供支持。在系统开发过程中，变化是常态，拥有应对修订的手段将使工作变得更容易。

电池电子设备需要尽可能少地使用电流，以最小化对整体能量存储的影响。由于微控制器的电流消耗与基本工作频率成正比，因此其选择非常重要。许多控制器具有内置休眠模式，在此模式下程序保持静态，芯片进入低功耗休眠模式。当然，同时程序需要在某个时间点"唤醒"以正确运行。通常是通过使用定时器和具有相应中断服务的处理器来实现的。

大多数微控制器还具有基于时间的看门狗功能，该功能需要由正常运行的程序定期重置。如果没有重置，计时器将"超时"并重置控制器程序。此功能可防止程序"锁定"导致的系统故障。

所有"智能"电池应用都需要某种类型的通信接口，通常是串行接口。串行数据可以是"带时钟"或"不带时钟"的。数据通过 I2C（包括 SMBus）和 SPI（Serial Peripheral Interface，串行外设接口）接口，以带时钟的方式进行传输。这两种功能都需要一个"主设备"来生成时钟信号，尽管 SMBus 可以作为多主设备服务运行。众所周知的 KISS（保持简单）原则表明，如果可能的话，应避免使用多主模式。

无时钟串行数据或异步数据不需要单独的时钟信号线，而是通过时序维持比特定义。异步串行系统可以使用一根或两根导线完成。两根导线的异步串行可以通过微控制器上的通用异步收发传输器（UART）外设提供（它也可以手动生成，或"位操作"，但需要非常小心以保持正确的时序）。单线串行或 DQ/HDQ 也可以这两种方式生成，但常采用专用芯片。如前所述，这些半导体的设计与使用获得了制造商提供的硬件、软件和应用指南的全面支持。请参阅图 31.5。图中，DQ/HDQ 是一种串行通信协议，常用于连接微控制器和特定的存储器或外设。

31.3.1 SMBus 的实现

系统管理总线规范（SMBus）[1] 是由英特尔和 Duracell 公司共同开发的。它包含一组

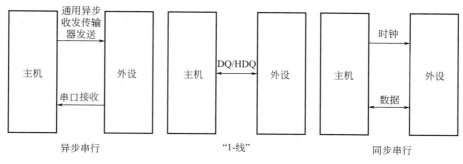

图 31.5　串行数据配置

命令和数据，可以在电池组、充电器和系统用户之间进行交换，旨在提高系统性能和组件的可互换性。虽然使用的大部分参数都是预定义的，但也有可供用户配置的命令和数据。该规范的硬件和位时序基于飞利浦半导体的 I2C 系统。SMBus 可以运行在单主模式，其中只有一个节点发送命令，其他节点响应；也可以运行在多主模式，其中所有节点都可以发起命令。

SMBus 系统可以使用可编程处理器实现，也可以使用集成混合信号的单芯片专用半导体实现。在这种情况下，电池组开发不需要编程。SMBus 并不直接解决某些特定化学体系的电流和电压限制所带来的安全问题。在这些情况下，需要额外的安全电路。SMBus 更普遍地针对电池化学体系和电池组识别以及电量计量。一个完全实现的 SMBus 系统允许充电器安全地为不同配置和化学体系的电池充电。

31.3.2　充电器的特定要求

在设计充电器时，需要确定充电电流的性质和来源。系统将是直流（DC）输入、交流（AC）输入，还是两者都有？电压是多少？电流要求是什么？如果是交流，频率是多少？如果是军用系统，是汽车用、海洋用还是航空用？商业系统也需要选择合适的、允许的电力系统，无论是 120V 家用交流系统，还是数据中心电源。

需要确定电源架构。大多数系统使用开关模式转换器，但在特殊应用中，线性调节在降低电气噪声方面提供了益处。如果充电器需要与电池组通信或向用户提供系统数据，则需要定义和提供实现这些通信通道的硬件和软件。

系统控制也是必需的。对于像铅酸、镍镉和镍-金属氢化物这样的简单电池系统，可能只需要相对简单的电路，而一个功能完备的"智能"电池则需要一个数据处理器来与电池和用户进行通信，同时保持充电状态。不同的电池制造商已经开发了专有的充电技术，有些使用脉冲充电和短周期放电等方法。系统控制需要一个数据处理器和控制系统。

31.3.3　充电器部署

相对较小的电池系统，如电动工具、家用电器和电子设备中使用的电池系统，通常使用与电池分开的充电器。这样可以最小化电器的重量，并使充电器能够支持多个电池。毕竟，如果充电器必须随设备一起携带，那么拥有便携式电池供电的设备还有什么意义呢？

较大的电池系统可能将充电电子元件部分或完全集成在电池壳体内。数据中心中的固定电池就是一个主要的实例。叉车电池通常配有独立的充电器，以最小化车辆重量，并允许对多台车辆进行连续、顺序的充电。像手机这样的设备，通过 USB 连接充电，需要在手机内具备一些充电控制功能，因为单节锂电池的充电电压通常控制在 4.1V 或更低。

最终，系统设计者需要考虑如何更好地分离功能，同时考虑电池和充电器系统的体积和重量。

31.3.4　充电器电子设备

从根本上说，充电器是直流电源，具有输出控制功能以限制电流和控制电压。在 SM-Bus 系统中，充电器还包含一个通信接口，可以实现对系统输出的部分控制。在更一般的情况下，智能充电器还会与用户进行通信。

电池/充电器原始设备制造商（OEM）在考虑新系统时，有众多的组件和子系统可以选择。一旦确定了操作要求，就可以选择设计选项。OEM 可能会选择向电源设计和制造厂家购买充电器的电源部分，而不是自行制造直流电源。在合适的数量和成本下，制造商可能会为 OEM 修改标准产品。如果进行内部开发，OEM 可以在其设计中使用一系列可用的组件。合同制造商也可以用其制造子系统或整个总成。

电池组电子元件的开发方式与此类似，尽管完整的电池组电子总成并不像电压转换器那样容易获得。由于有专门的公司，半导体制造商也易于提供设计支持，因此内部开发并非不可行。

正如预期的那样，充电器的重量、体积和成本与功率能力成正比。基于线性调节的充电器通常比开关模式的充电器便宜，但体积更大。它们通常比开关模式更安静（即电气噪声更小）。

31.3.5　充电器故障和故障安全问题

在设计将连接到电网的充电器时，确保在正常和极端条件下都能安全运行至关重要。显然，电网的"火线"输入必须防止用户接触。在没有提供电绝缘的充电器中，从电源的"火线"端到输出端可能存在导电的可能。这就是不建议在浴室或水边使用电子设备/充电器的原因。一些 OEM 提供极性插头以尽量减少这种危险，但如果墙上的插座接反了，或者通过非极性延长线或适配器连接，安全插头的作用就会受到限制。有时，设备的"接地"或公共连接也会产生类似的结果。大多数情况下，这些问题并不严重，但当连接独立的电气系统时，可能会出现问题。

设计不良的充电器在使用中不一定能发挥预期的作用。它可能会超过电池的充电电压、最大充电电流，忽略温度过高等情况，从而损害电池寿命和出现安全问题。电池体积越大，电池化学体系越危险，设计不良的充电器可能带来的潜在安全后果就越严重。

充电器与电池之间的相互作用也可能存在危险。在许多开发者的观点中，锂电池中的电子组件应该限制单体电池的放电截止电压。过度放电会损坏电池单元，导致它们在越来越低的电压下达到满充状态。充电器"不知道"这一点并继续按照设计进行充电，会导致电池过热和失效。在电池内部短路或存在其他电池故障的情况下，充电器通常无法"知道"发生了什么，并继续充电。电池的热反馈会提示出现故障，但为时已晚，尤其是在发生火灾或存在电池排气的情况下。

最近受到关注的故障，包括悬浮板（hoverboard）起火、波音 777 飞机电池起火和三星手机电池起火。这些故障主要是内部电池短路和其他故障导致的。在上述系统的故障初期，电池电子元件可能能够以某种方式作出响应，但响应程度并不明显。

31.4 电子设计的主要考虑因素

31.4.1 策略

以下部分详细说明了电池电子系统（即电池组电路和充电器）的一些事实和特点。首先，需要注意以下几点：

- 电池电子系统只能测量参数，指示系统模式或状态，终止充电/放电，与充电器或用户通信并提供一些基本的电气/热保护；
- 它无法限制因设计或结构不当所产生的影响；
- 无法纠正热特性认知偏差或错误；
- 增加电子元件并不会增加电池容量，无论增加多少组件。

当存在"设备无法直接接入电网，因此需要采用电池"的情况时，下面列出了一些基于以下场景的电池/充电器系统设计步骤。

a. 是原电池还是蓄电池？电池需要持续多久？如果是原电池，则可以持续很长时间，或者设备是一次性使用的（如某些火箭助推器），则不必为充电及其充电器操心。例如，使用锂原电池的相机就不需要充电器。

b. 如果使用原电池，其化学成分是什么？是否需要安全装置？系统的电压和电流具体设计为多少？是否已评估热问题？电池是否会过热？是否需要热熔断器？电池是否必须防止充电（取决于其化学成分）？是否已解决其他考虑因素，如端子保护和寿命终结问题？

c. 如果是蓄电池，其化学成分是什么？是否需要安全装置？尽管有些开发者认为不需要采取防护措施来针对某些放电限制，但这种安全问题一旦被忽视，可能会带来风险。是否已确定充放电控制？

d. 是否需要专用充电器或通用充电器？专用充电器是为单个电池应用设计的，而通用充电器必须适应几种不同的电池。使用通用充电器真的能节省成本，还是其复杂性会造成阻碍？

e. 使用"智能"电池是否有优势？（这可能是一个容易让人感到困惑的问题）"智能电池"所具有的功能，对于特定目标是否真的很重要？

31.4.2 总结

电池组电子设备和充电器的设计有很多选择，从最基本的电池组保护和不受监管的充电到非常复杂的数据驱动系统。这些系统支持数据通信，用于控制充电和用户交互。请特别注意本章31.4.1节中列出的电池电子设备无法实现的功能。

当然，最重要的考虑因素是安全性，但系统性能对于实现最大使用寿命也同样重要。系统设计者需要评估性能与成本和可靠性之间的关系。低可靠性会带来安全性和实用性问题。可以说，一个更简单、更可靠的系统比复杂的设计更具价值。重要的是，在电子设备方面，"更多并不总是更好"。达到某个点后，电子设备的额外成本应该用于增加电池尺寸或提高电池产品质量。

参考文献

1. www.smbus.org/specs.

第**32**章

电池行业中的辅助服务

32.0　概述

第 1 章～第 31 章详细描述了电化学储能行业的"机制"。然而，如果没有一系列辅助性或支持性服务和活动，如行业特定的法律和财务咨询、诊断和分析软件、测试设备、物流、信息技术、市场和技术数据库以及其他此类间接支持网络，那么该行业的增长和效率将受到影响。第 32 章（32A～32F）将提供一些关于上述活跃领域的见解。服务业的组成部分和具体内容可能会经常发生变化，但对咨询师、分析师和服务部门的需求，则不会发生太大的变化。

第 32 章内容主要包括以下内容：32A，知识产权；32B，故障分析；32C，电池测试设备；32D，安全和性能测试；32E，商业和融资策略；32F，战略市场分析。

上述服务清单并不完整。如果篇幅允许，我们可能也会针对其他主题，包括包装和运输[1]、危险废物处理[2]、自动化电池制造/测试系统[3]、先进分析设备[4] 以及质量体系[5]等展开讨论。当然，这些与服务相关的业务成功的关键在于它们能够为产品和企业提供增值的能力。将现有技术知识应用于电池行业，是一条成功的途径。开发新的服务模型和分析技术，也是另一种选择。正如本手册所强调的，一个潜在的高价值服务实例可能会来自行业服务部门，它有助于在电池原材料和组件采购的能源效率、产品设计、电池组装方法以及应用工程和系统部署/利用概念方面做出明智的决策[6]。

参考文献

1. B. Richard, The challenges of shipping damaged lithium batteries, 35th Annual International Battery Seminar and Exhibit, Ft. Lauderdale, FL, March 26–29, 2018.
2. G. Kerchner, Understanding the complexities of shipping new, refurbished, and waste lithium batteries, 35th Annual International Battery Seminar and Exhibit, Ft. Lauderdale, FL, March 26–29, 2018.
3. D. Strand, Accelerating development of high nickel NMC cathodes, 35th Annual International Battery Seminar and Exhibit, Ft. Lauderdale, FL, March 26–29, 2018.
4. M. Costello, R. Sterbenz, New battery test capability maximizing test coverage, 35th Annual International Battery Seminar and Exhibit, Ft. Lauderdale, FL, March 26–29, 2018.
5. B. Miller, Quality philosophy in the manufacture of lithium ion batteries, 35th Annual International Battery Seminar and Exhibit, Ft. Lauderdale, FL, March 26–29, 2018.
6. J. Spangenberger, L. Gaines, Q. Dai, Comparison of lithium-ion battery recycling processes using the ReCell Model, 35th Annual International Battery Seminar and Exhibit, Ft. Lauderdale, FL, March 26–29, 2018.

32A　先进电池行业的知识产权战略
Matthew Rappaport，Daniel Abraham

32A.0　引言

对于新兴电池技术而言，如先进锂离子电池、固态电池、液流电池等，知识产权（IP）非常重要。本手册的作者不是律师，对于法律方面的建议，应咨询律师。本节旨在向技术和商业专业人士介绍行业相关业务战略中的知识产权方面的内容。

32A.1　概述

高性能电池正在推动社会关键变革的实现，例如交通电动化、自动驾驶汽车、可再生能源利用和智能电网。创新和发展是提高能量和功率密度的核心驱动力，而任何创新背后都离不开基础技术的所有权或知识产权。因此，知识产权在许多新兴技术中都是关键的价值驱动因素。独特的创新并不总能成功。知识产权可以构建合法的市场准入壁垒，从而有利于商业成功。

公开的专利信息提供了一扇了解全球各地竞争性技术开发情况的窗口。知识产权不仅显示了谁在申请什么专利，还显示了申请的时间和地点以及许多其他有价值的标准，有助于了解市场。例如，自 2010 年以来，先进电池的专利申请量迅速增加，如图 32A.1 所示。图中，USG 为一个特定的数据库或分类标识，用于表示与美国相关的专利信息；USA 代表美国专利商标局；WO 代表世界专利组织；EPA 主要指的是欧洲专利局；EPB 表示欧洲专利公报或其他与欧洲专利有关的数据库或分类。

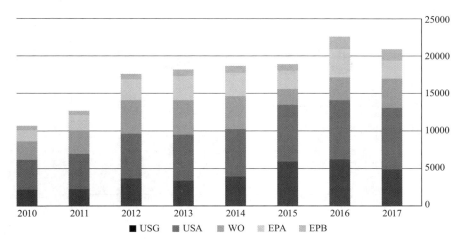

图 32A.1　2010 年至 2017 年全球电池专利申请量
来源：Advanced Battery and Capacitor PatentEdge™

此外，丰田（Toyota）、三星（Samsung）、松下（Panasonic）和 LG 等公司始终在电池专利申请数量上超过其他实体；其他大公司，如博世（Bosch）、日立（Hitachi）、三菱（Mitsubishi）、日产汽车（Nissan）、索尼（Sony）、通用汽车（GM）、本田（Honda）、东芝（Toshiba）、福特汽车（Ford）、通用电气（General Electric）、现代汽车（Hyundai）、江森自控（Johnson Controls）也紧随其后，见图 32A.2。

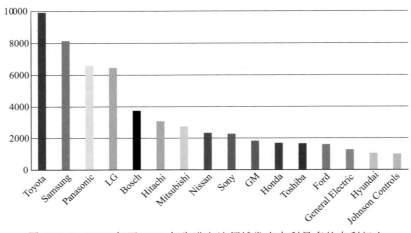

图 32A.2 2010 年至 2017 年先进电池领域发表专利最多的专利权人
来源：Advanced Battery and Capacitor PatentEdge™

32A.2 专利战略趋势

稳健的创新促使知识产权的增加，从而推动技术发展和商业化。在整体专利布局中，出现了保护同一技术重叠方面的密集专利群。这些所谓的"专利丛林"已经在与先进锂离子电池相关的几个领域中出现。例如，磷酸铁锂（LFP）正极、电解质和硅基负极等方面已经出现了大量的专利群。如图 32A.3 所示，分析硅基负极的专利以展示技术的不同方面，以及可能出现专利群的地方。

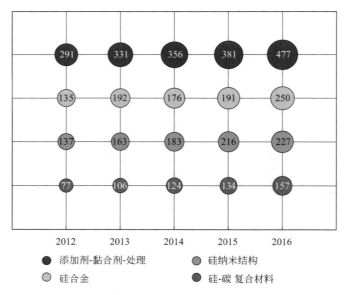

图 32A.3 硅基负极 2012～2016 年不同方面的专利发布

由单一实体拥有的"专利丛林"，可以构成实质性的市场准入壁垒，从而确保竞争优势。然而，如果"专利丛林"分布在多个实体之中，则可能导致专利诉讼、漫长的开发周期和其他阻碍市场准入的意外后果。

如图32A.4所示，许多公司和机构，如三星（Samsung）、LG化学（LG Chem）、松下-三洋（Panasonic-Sanyo）、索尼（Sony）、尼科森有限公司（Nexeon Limited）、日本电气股份有限公司（NEC Corporation）、通用汽车（GM）、信越化学（Shin-Etsu Chemical）、日产汽车、东芝公司、丰田自动织机株式会社（Toyota Jidoshokki）、日立、巴斯夫（BASF）、安普瑞斯公司（Amprius Inc.）和加利福尼亚大学（University of California），正在开发硅基负极。这些公司和机构，也有可能正在开发技术的重叠方面。

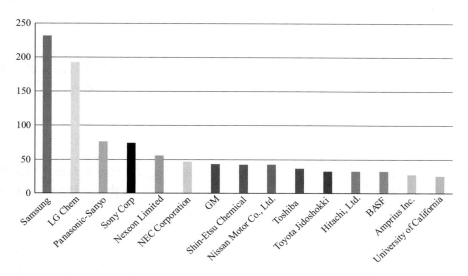

图32A.4　2012年至2016年间硅基负极领域的主要专利持有者

在其他领域，如智能手机和LED技术应用，已经表明专利密集区可能会带来诸如成本增加、利润降低、创新激励减少以及市场混乱等挑战。尽管专利密集区代表了大量的创造性活动，但协商过程却可能是一个复杂的问题。正如其他行业所证明的那样，解决这个问题有多种可能的途径。

32A.3　专利诉讼

从全球市场的角度来看，专利诉讼通常是最后的解决手段，各方通过它来维护其专利权益，针对涉嫌侵权的产品采取行动。法院诉讼往往导致原告和被告双方都承受沉重的成本，因为漫长的诉讼过程中会不断累积法律费用。这些费用最终都用于了调查取证、证人陈述和法律纠纷，而非用于新的研发工作。在过去十年中，智能手机专利领域的这类情况屡见不鲜，不仅造成了市场混乱，还使人们对专利产生了不必要的愤怒情绪。在锂离子电池领域，如图32A.5所示，诉讼案件也在不断增加。一个关键的新兴行业可能负担不起这些问题。图中，ITC表示国际贸易委员会；PTAB指美国专利商标局下属的专利审判和上诉委员会。

另外，发光二极管（LED）行业通过建立涉及主要专利持有者的多项交叉许可协议，解决了与白色LED相关的专利密集区问题。但耗费了数年时间，涉及数百万美元的资金，以

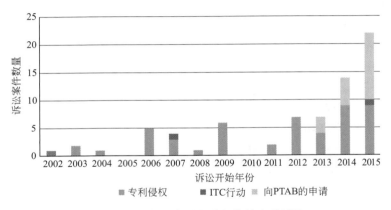

图 32A.5　与锂离子电池相关的专利诉讼

及进行了大量不同利益公司之间的谈判。交叉许可打破了僵局，促进了技术发展并降低了产品成本。然而，许多小型公司最终还是支付了相对较高的许可费，以避免专利侵权。

32A.4　知识产权战略

应采用全局或整体的方法应对"专利丛林"涉及的研发和市场，从而制定出深思熟虑的知识产权战略。这种方法要求公司认真审查自身的技术创新，同时考虑竞争专利和市场格局，以选择更有成果的战略。因而在一定程度上，是通过分析专利格局中的"空白区域"或相对稀疏区域来实现的。专门的研发工作可以"规避"他人的技术，并辅以收购，可能有助于更好地应对"专利丛林"。利用这种基于研究的方法，可以制定出与公司研发和商业发展目标相一致的知识产权战略。尽管这种解决方案能大大减少摩擦，但它同样需要研发、商业开发和法务部门之间采取一种精细且协调的方法，以确保所有内部组织能够步调一致地运作。

避免"专利丛林"的一个新兴模式是借助知识产权聚合或专利池的解决方案。如图32A.6所示，第三方可以直接购买专利（聚合者），或者管理一系列重叠的权利（专利池）。

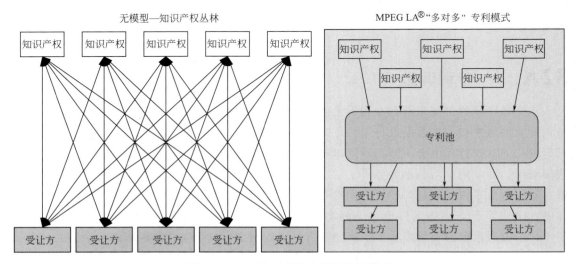

图 32A.6　"多对多"专利池许可模式
来源：MPEG LA LLC

图中，MPEG LA LLC 是一个专门管理专利池的组织，中文名称为 MPEG 专利许可有限公司。传统上，当事实上的技术标准包含多个专利所有者和多个专利使用者时，专利池最为有效。专利池提供了一种有效的市场解决方案，确保被许可人（制造、使用或销售使用知识产权产品的人）能够以公平的方式获得知识产权（IPR），而许可人（将知识产权投入专利池的人）则由专利池按照公平的市场价值进行补偿。

专利池模式为先进电池行业提供了一个有效的、市场导向的"专利丛林"问题解决方案。技术领域适合建立专利池的一个特点是，专利在多种技术和产品开发者之间分布。例如，如图 32A.4 所示，从锂离子电池硅负极的专利所有权统计数据来看，专利池可能有助于技术的采用和商业化。事实上，电池行业可能有许多领域可以从如图 32A.7 所示（简要描述图表内容或提供链接）的概念化专利池中获益。

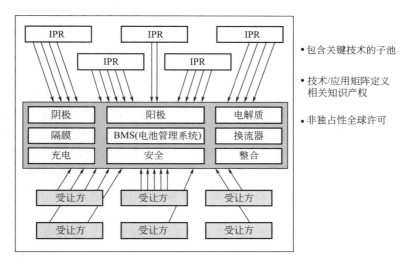

图 32A.7　先进电池行业的潜在专利池

32A.5　总结

电池储能技术在移动电子、电动和自动驾驶交通，以及可再生能源利用等关键产业中发挥着至关重要的作用。为了实现这些变革，创新和发展需要高效的商业化渠道。专利可以帮助将创新推向市场，但在某些情况下，"专利丛林"也会带来挑战。有效的知识产权策略可以通过从其他行业汲取的各种方法来应对这些挑战。其中，专利分析和专利池代表了长期且市场效率高的策略，将有助于在未来推动电池储能技术的发展。

32B　故障分析：电池质量、设计评估及发生故障根本原因分析

Vidyu Challa, Michael A. Howard,

Seth Ayliffe Binfield,

Lawrence Edward Weinstein

32B.1　引言：电池市场趋势和现场故障风险

　　近年来，电池市场经历了显著的变化，这些变化可能会增加消费者面临电池故障（或失效）的风险和影响。其中，高能量电池（包括可充电电池和一次电池）的趋势、供应链的分散性，以及电池在人体上或附近的使用都是重要的影响因素。

　　一次电池（即原电池）的市场份额有所下降，而可充电锂离子电池在通信和消费电子等传统小型电池市场中的使用却在上升。同时，工业、汽车和固定式电源等新的市场领域也在不断涌现。电池市场的主要趋势总结如下。

　　① 技术进步使得许多耗电设备不再像以前那样依赖大量的一次碱性电池。例如，曾经广泛使用一次电池的白炽手电筒现在逐渐被 LED 手电筒所取代，这些 LED 手电筒越来越多地使用可充电电池或锂一次电池。这种转变不仅提高了设备的能效，还降低了对环境的影响。

　　② 更便宜且性能更佳的可充电电池（即蓄电池或二次电池）的普及，使得终端用户越来越倾向于选择可充电电池。同时，随着公众对环境保护的意识不断提高，这也促使消费者更倾向于选择可充电电池，以减少废弃电池对环境的污染。这种消费偏好的转变将进一步推动可充电电池市场的发展。

　　③ 随着一次电池市场的持续萎缩和可充电电池市场的不断扩大，锂离子电池因其高能量密度而成为众多应用的优选。如今，大多数人一天都离不开使用内置锂离子电池的设备。这些电池广泛应用于可穿戴设备以及其他与人体紧密接触的设备中，因此一旦发生灾难性失效（故障），其影响将非常严重。这种趋势增加了消费者面临电池失效风险的可能性，也要求电池行业更加重视电池的质量和安全性。

　　④ 随着物联网（IoT）和机器对机器（M2M）应用的兴起，许多不具备核心电池技术的小型设备制造商开始购买和使用商用现货（COTS）锂离子电池。日本的大型企业曾经一直主导着锂离子电池的制造，但近年来，中国、韩国和其他亚洲国家的竞争者也开始崭露头角，而美国和欧洲的专业电池公司也参与其中。与此同时，许多小型参与者，也加入了这场竞争。电池供应链变得更加复杂，许多公司都在销售自己品牌的电池，而这些电池实际上是由其他公司生产的。有时，一些公司还会声称电池性能高于实际水平。过去，设备制造商可以依赖几家关键的电池供应商提供可靠的产品，这些产品通常不是锂离子电池，因此不需要像锂离子电池那样采取严格的安全预防措施。然而，如今为了更安全地使用锂离子电池，需要对电池的整个生命周期有更深入的了解，包括制造、运输、仓储、设备集成、使用以及回收。

⑤ 锂离子电池行业内部的竞争日趋激烈。在高端市场，电池容量和功率等级的提升成为趋势。容量的增加主要来源于电池内部活性材料含量的增加，有时也伴随着隔膜变薄。这会给电池组件带来更大的机械应力，需要更严格的制造公差，从而增加了失效的风险。而在低端市场，降低成本成为主要压力，导致质量较差的电池进入市场。

在一次电池行业中，低端市场也出现了价格竞争加剧的趋势，这导致制造商在追求成本最小化的同时，可能牺牲了产品的可靠性。而在高端市场，一些应用对电流消耗和/或可靠性的要求比以前更高。此外，相关法规要求碱性纽扣式电池中必须去除汞和铅等重金属，这些重金属有助于减少锌的腐蚀，但其去除要求采用新的策略来保证电池的保质（储存）期。

锂离子电池需要比其他类型的电池更严格的制造过程控制。这一事实，结合上述市场趋势，导致大多数电池现场故障都来自锂离子电池。事实上，因锂离子电池化学性质导致的电池故障比例已经变得非常高，甚至大多数电池故障都与这种特定的化学性质关联。由于锂离子电池具有高能量密度和使用易燃电解质的特点，当它们在其使用寿命中超出其工作范围时，可能会引发安全问题。锂离子电池的使用不断增加（特别是在可穿戴设备和物联网应用中，这些设备与人体紧密接触），同时为了追求更高的能量密度和复杂供应链原因，这些因素都增加了现场故障的风险。

32B. 2　电池故障

电池可能会以高能的形式（即在失效时会释放出大量的能量）失效，也可能会以一种较为温和的方式失效。绝大多数电池故障是以低能释放，会导致性能损失，但不会引发安全问题。高能释放故障在锂系电池中比水系电解质电池中更为常见。故障的严重程度取决于具体的电池化学体系以及电池尺寸大小和物理结构。例如，碱性电池中的电气短路产生的影响会比使用易燃电解质且功率密度更高的锂离子电池中的短路影响要小。同样，对于同一种化学体系构成的电池，采用卷绕式结构（bobbin construction）的电池中短路影响，会比使用表面积更大的堆叠式或果冻卷式结构（jellyroll construction）的电池中短路影响要小。容量为 1A·h 或更小的电池释放的能量较少，其失效情况不会像容量为数安时或更大的电池那样严重。

尽管电池在实际应用中的故障率从统计数据来看相当低，大致在百万分之一到十万分之一之间，但高能形式的故障的影响可能极为严重。由锂离子电池故障引发的爆炸和火灾已造成数十亿美元的损失，甚至有人因此丧生。美国消费品安全委员会（CPSC）2017 年的一份报告指出，在 hoverboard（一种悬浮板）应用中，有三起因电池火灾导致的死亡事故[2]。电子烟（e-cig）故障导致的剧烈爆炸已造成身体部位丧失、毁容和三级烧伤。2018 年，还报道了首例与电子烟相关的死亡事件[4]。电池故障对涉事公司的经济影响极为巨大。2016年，三星公司召回了 250 万部 Galaxy Note 7 手机，并最终放弃了整个产品线，总损失达 50 亿美元[5]。2007 年，诺基亚公司因制造缺陷导致的电池爆炸，召回了 4600 万块手机电池[6]。2006 年，索尼公司因制造缺陷导致的电池故障，召回了 1000 万块笔记本电脑电池[7]。

一些众所周知的电池故障案例，如三星公司 2016 年的 Galaxy Note 7[8]、波音公司 2012 年的故障[9]、诺基亚公司 2007 年的故障，以及索尼公司 2006 年的故障[7]，凸显了制造缺陷是锂离子电池在实际应用中故障的主要原因之一。此外，根据现场故障数据以及 DfR Solutions（失效分析与可靠性设计解决方案公司）在处理客户故障方面的经验，电池集成到主机设备中的不当是故障的第二大原因[3,8]。如果没有为电池老化提供足够的空间，就会产生不必要的机械应力，从而导致电池单元失效。产品中的周围电子元件或其他机械部件，可能会对膨胀的锂离子软包电池单元产生挤压，增加气体产生和电气短路的风险。

第三个导致现场故障的原因是锂离子电池长寿命周期内缺乏适当的处理程序。DfR Solutions 观察到，由于存储和充电程序不当导致的电池膨胀故障发生多起，最终导致了电池的深度放电。

第四个原因是电池保护设计和实施不足，虽然用户可能会无意中使用错误的充电器，导致热失控，但"可靠性设计"原则要求使用定制连接器来防止此类事故。电池安全和可靠性保证是一项系统性活动，涉及许多工序，包括制造、产品工程、质量、可靠性、合规性和物流。

因此，在将锂离子电池集成到设备中时，有必要进行设计和质量评估，以防止现场故障。DfR Solutions 的评估显示，故障通常发生在设备制造商不了解所用电池的制造质量，因此无法正确评估产品应用对电池的影响。因此，本章将重点介绍可用于设计和质量评估以及电池故障根本原因分析的技术。锂离子电池将是关注焦点，因为其故障影响大，对制造缺陷敏感。同时，也包括对原电池的一些分析。

32B. 3　电池故障的表征与根本原因分析技术

以下技术可用于诊断电池故障的根本原因，以及进行初步的设计和质量评估。

32B. 3. 1　计算机断层扫描

计算机断层扫描（CT 扫描）通过产生物体的"虚拟切片"来检测许多电池质量和设计问题。为了进行 CT 扫描，需要在物体旋转时收集样本的数百或数千张 X 射线图像，然后将这些图像重建为物体的三维表示。在二维 X 射线中，电池的整个体积都集成在一个图像中，因此不产生显著密度变化的缺陷或特征会被掩盖。CT 扫描的一个显著优点是非破坏性和非入侵性。因此，CT 扫描不需要拆卸电池所需的特殊预防措施，并且允许对充满电的电池进行安全分析。

图 32B. 1 显示了一个深度放电的商用手机电池，其保护电路已激活，开路电压为 0V。在扁平卷绕的电池中，气袋已将电极分开。当锂离子电池进入深度放电状态（通常低于 2V）时，固态电解质界面（SEI）层会被破坏并重新形成，同时可能导致铜负极集流体的溶解。SEI 层的破坏会导致电池内部产生气体和膨胀[12]。图 32B. 1 中的电池没有明显的变形，因为金属罐式外壳能够承受比聚合物层压材料包裹的袋式电池更高的内部压力。由气袋产生的更高内部压力在 CT 扫描图像中显而易见。尽管如此，气体的积聚显然能够改变电池的卷绕。定期为锂离子电池充电可以防止电池进入深度放电状态，从而防止类似图中所示的故障发生。

图 32B. 1　进行深度放电的方形 2.96W·h 电池

图 32B. 2 来自 Finegan 等的工作[13]，显示了商业 18650 型电池的 CT 扫描结果，这些电池完全充电至 4.2V，然后经受过高温（>250℃）。CT 图像是在电池排气后拍摄的，说

明了内部圆柱形支撑的必要性。如图 32B.2（a）所示，带内部支撑可以防止卷绕式结构的塌陷。如图 32B.2（b）所示，不带内部支撑会出现由卷芯某些区域应力集中引起的卷绕变形，增加了内部短路和热失控的风险。

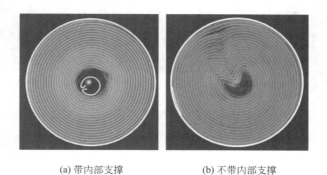

(a) 带内部支撑　　　　　　　　　(b) 不带内部支撑

图 32B.2　Finegan 等[13] 研究的螺旋绕制电池的 CT 扫描图像

图 32B.3 展示了商用锌-氧化银纽扣式电池的 CT 扫描图像，这种电池用于手表。较小的杯形隔室是负极，填充有锌颗粒。较大的隔室装有氧化银颗粒、导电添加剂和有助于制粒的 PTFE 黏结剂。在这种电池化学体系中，电池设计为负极受限，正极容量至少冗余 $5\% \sim 10\%$，这样做是为了防止正极受限的氢气析出。在图 32B.3 最右侧的侧视图切片中可以看到颗粒中的裂纹。虽然这对于低放电应用来说不一定是个问题，但这些图像展示了 CT 扫描对制造和设计缺陷的敏感性。

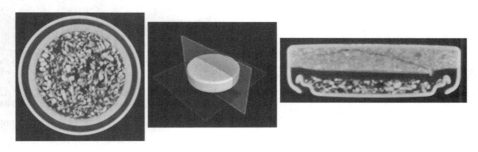

图 32B.3　商用锌-氧化银 364 型手表电池的 CT 扫描图像

图 32B.4 显示了商用助听器锌-空气纽扣式电池的 CT 扫描图像。请注意，与图 32B.3 相比，大部分电池体积被负极填充，负极由被电解质凝胶包围的锌颗粒组成。正极使用空气中的氧气，电池在使用前通过移除覆盖正极侧通风孔的密封片来激活。薄的多层正极结构由气体扩散膜、催化材料以及集流体网组成。大部分允许的电池体积填充负极活性材料，并依靠环境空气进行正极反应。这种电池能够实现非常高的能量密度。请注意，负极室内的锌颗粒堆积相当松散，空隙体积很大。这样做是因为在电池放电反应过程中锌转化为氧化锌时，质量和体积都会增加。

32B.3.2　电池拆解

电池拆解不仅有助于分析产生故障的根本原因，还是评估初始电池质量的一种方式。特别是对于电极分层或隔膜缺陷等，使用 CT 扫描的实际分辨率很难检测到。虽然有关如何进行锂离子电池拆解、相关的危险性，以及如何进行安全操作的全面描述可以在其他地方找

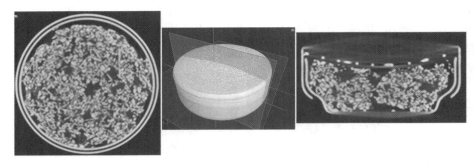

图 32B.4　商用 312 型锌-空气纽扣式电池的 CT 扫描图像

到[14]，但以下基本步骤必须遵循。破坏性分析必须始终在非破坏性分析之后进行。

锂离子电池的拆解只能由合格人员进行，并应有适当的工程控制措施。在进行任何电池拆解之前，必须审查安全数据表，识别安全风险，并制定应对措施，包括采用适当的工程控制措施和个人防护装备（PPE）。

① 电池的外表面状况应通过光学显微镜或照片进行记录，并注明所有缺陷，包括泄漏、腐蚀和任何变形。

② 应记录有关故障状态、产品使用历史和制造日期代码的背景信息。

③ 应测量开路电压和电池内阻等基本电学特性。电池的操作特性可从产品规格表中获取。

④ 初始切割操作的位置可通过 CT 扫描或二维 X 射线确定。图 32B.5 说明了如何确定不会造成电极短路的安全切割位置。

⑤ 出于安全考虑，对于锂钴氧化物电池，应将其放电至低于 3V（对于其他锂离子电池化学体系，应将电池放电至数据表中规定的截止电压）。这样做可以显著降低电池的能量，因为在该电压以下几乎没有残余容量。减少储存能量，可以降低发生高能事件的风险。

图 32B.5　CT 扫描显示不会造成电极短路的安全切割位置

⑥ 安全起见，建议在充满氩气的手套箱中拆解锂电池，确保手套箱内的氧气和水含量低于 5×10^{-6}。电极的化学状态与空气接触时可能发生变化，因此在惰性环境中进行拆解可以保持其状态以及任何故障特征。

⑦ 应避免在步骤④中通过 CT 扫描或二维 X 射线确定可能导致两个电极短路的位置进行初始切割。然后轻轻剥离金属罐或小袋，确保在拆解过程中卷绕或堆叠的电极不发生机械变形。

⑧ 可以将电极和隔膜分开，并采用进一步的分析技术。

32B.4　样品制备和表征技术

有关可能使用的表征技术的详细描述可以在其他地方找到[15]。下面列出了提供有用信息的更常见技术。

32B.4.1 肉眼检查

拆解后，轻轻展开卷绕体（或将方形堆叠电池拆层）后，对电极和隔膜层进行肉眼（目视）检查。以下是一些可以肉眼识别的缺陷示例，不必采取进一步的分析技术：负极区域涂层变薄（增加锂析出的风险）、隔膜/电极上的微短路、焊接缺陷、颗粒污染物以及锂析出的证据。图 32B.6 展示了一个原型锂离子电池负极上的锂析出情况。该电池的电极设计不佳，导致正极提供的锂离子数量超出了负极的容纳能力。锂析出是一种隐蔽的失效模式，已牵涉到许多现场故障[10]。

32B.4.2 扫描电子显微镜与能量色散 X 射线谱

扫描电子显微镜（SEM）可用于分析电极的形态、活性颗粒的形状和大小、导电添加剂以及隔膜的状况。同时，可以使用能量色散 X 射线谱（EDS）来评估和分析电池材料的化学成分和污染情况。图 32B.7 展示了锂离子电池中负极活性颗粒由于循环而产生的开裂。Vetter 等详细描述了充放电效应导致的活性材料开裂等老化效应[16]。

图 32B.6　石墨负极上的锂析出
图片经授权转载自 Matthew Gantner，锂离子电池制造研讨会，2018 年 4 月 25 日，纽约州罗切斯特

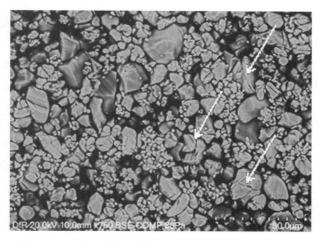

图 32B.7　由于充放电循环导致的锂钴氧化物颗粒开裂

32B.4.3 横截面分析

横截面分析是从电池中提取电解质，并用环氧树脂填充空出的电池体积。环氧树脂固化后，将内部组件固定在一起。通过机械研磨和抛光，可以暴露出电池的内部结构以进行分析。横截面可以揭示隔膜上的短路、活性颗粒迁移以及在卷边区域的泄漏或密封不良等问题。

32B.4.4 X 射线荧光光谱法

X 射线荧光光谱法（XRF）使用 X 射线源轰击样品表面，并检测产生的次级 X 射线。每种化学元素具有独特的 X 射线发射能量，因此 XRF 可用于无损地确定样品的组成，并判断金属样品是均匀组成的还是镀层材料（如镀层金属）。此外，XRF 还可用于测量基材上薄涂层的厚度。为了进行厚度测量，需要使用具有相同涂层和基材堆叠的工程标准参考样品，这些参考样品的涂层厚度已知且各不相同。通过检测到的元素比例来创建标准曲线。可以对样品的多个位置进行测量，以评估涂层的均匀性。

镀层材料有时用于电池连接器。例如，市面上有镀镍钢和铜电池端子等产品。这些产品结合了镍的可连接性和耐腐蚀性，以及铜的导电性或钢的力学性能和较低的成本。X射线荧光可用于快速区分纯镍电池极耳或端子和镀镍材料。在某些应用中，如电池组组装，纯镍极耳比镀镍钢更受青睐，但成本更高。使用适当的标准，XRF还可用于测量镀层厚度和均匀性。

刚性电池壳也通常由镀层材料制成，特别是镀镍钢。镀镍钢既可用于碱性电池，也可用于锂离子电池的壳体。XRF可以使用相关标准非破坏性地（无损）评估金属镀层的厚度，并检测局部较薄的区域。镍镀层用于保护底层的钢免受腐蚀，如果镀层过薄，则无法起到有效的保护作用。

32B.4.5 傅里叶变换红外光谱

傅里叶变换红外光谱（FTIR）是化学实验室中常见的分析仪器。通过检测化学键的振动，例如碳氧键，FTIR光谱能够分析许多有机和某些无机材料。每种材料都具有独特的FTIR光谱。确定电池中使用的聚合物有助于确定给定电池放气的温度或压力等参数，而FTIR能够快速确定制造商是否已更改材料，并有助于证明组件是否为假冒产品。电池中使用的有机材料包括用于隔膜的聚乙烯、纤维素和聚丙烯，用于垫圈的尼龙（学名为聚酰胺，全书同）和高密度聚丙烯，以及应用于垫圈以作为裂纹填充物的各种材料。聚丙烯和耐热材料（如尼龙）夹在软包电池层压板中的铝箔两侧，而热封性聚合物（如改性聚丙烯）则夹在具有较高熔点的聚合物核心之间，形成软包电池极耳的结构。

32B.4.6 粒径测量技术

电池电极原材料粉末的颗粒形状、表面积、振实密度和尺寸分布对浆料性质、电极涂层以及最终电池性能有着重要影响。更细小的颗粒更难分散，在电极浆料制备过程中需要高能量混合和更高的溶剂含量。这不仅降低了固体含量，从而降低了电池的能量密度，而且还带来了安全隐患。从安全角度来看，应尽量降低表面积并控制亚微米颗粒的比例，以减小电解质与带电电极材料在高温下发生放热反应所带来的危害。出于安全和经济的考虑，高功率电池的电极具有更大的空隙体积，而不是高细粉含量。电极中更大的可用空隙体积有利于增强电解质离子导电性并提高电池的输出功率，但会牺牲部分容量。

鉴于粒径分布（particle size distribution，PSD）对电池安全性和性能的重要影响，对进厂材料进行PSD测量至关重要，对于保证产品的可靠性和一致性也是必不可少的。有许多可用于测量PSD的技术，包括筛分、激光衍射、动态光散射和图像分析，这些技术都适用于测量负极、正极和导电粉末的PSD。

扫描电子显微镜图像（图32B.8）展示了来自两个不同供应商的$Ni(OH)_2$颗粒的形状和定性PSD。颗粒的形状、大小和PSD会影响电极的振实密度和堆积密度。更高的堆积密度能够实现更高的能量密度电池。在图32B.8（b）中，球形颗粒在此情况下有利于更高振实密度的实现，而图像中的不规则形状颗粒［图32B.8（a）］则导致了较低的堆积密度和能量密度。然而，在某些情况下，较小的不规则形状颗粒可以填充较大颗粒之间的间隙，从而形成更高的堆积密度。图32B.9为使用激光光散射法测定的PSD，与扫描电子显微镜（SEM）定量测量结果一致。

(a)   (b)

图 32B.8　不规则形状氢氧化镍活性颗粒（a）与具有较窄粒径分布的球形颗粒（b）比较

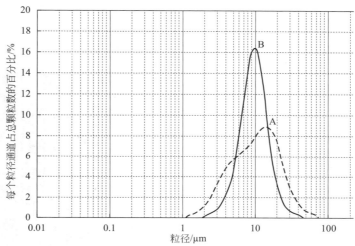

图 32B.9　使用激光光散射法测定的粒径分布
供应商 B 的粒径分布较窄，而供应商 A 的粒径分布呈双峰状且更宽

32B.5　根本原因分析技术的应用

本章不详细讨论电池失效（故障）的症状和失效的根本原因机制。这些内容可以在其他文献中找到[12,16-18]。然而，这里将使用上面讨论的一些技术和方法，举几个失效分析和质量/设计评估的实例。

32B.5.1　实例研究：假冒电池

近年来，用户为了获得更好的电子烟体验，在网上购买电子烟备用电池的情况日益增多。然而，并非所有在网上销售的锂离子电池都是正品，有些电池的容量和放电速率被严重夸大。锂离子电池在电子烟应用中已被报道会引起热失控和爆炸，其中假冒（伪劣）电池是一个主要问题。假冒电池包括欺诈性电池、假冒品牌和重新包装电池。假冒品牌电池是故意伪装成知名品牌的电池；而欺诈性电池则是对容量和电气性能做出"虚假描述"的电池；重新包装电池是由一家公司制造并由另一家公司以不同品牌名称销售的电池。顾名思义，涉及在电池上贴上与原始制造商名称不同的标签（包装）。有些重新包装的电池本质上是安全的，属于制造商生产的低性能电芯（如次品或降级品），以经济型产品定位销售。此外，有些电池则标有比实际更高的容量或放电速率能力，甚至其是有缺陷的、不安全且本应回收的电池。

DfR Solutions 最近在一家大型在线零售商的网站上发现了假冒电池。对电池外壳上的标识进行检查（图 32B.10）时发现拼写错误，这通常是欺诈性、重新包装或假冒电池的明显特征。这些电池的质量也明显轻于典型的 18650 型电池。18650 型电池通常至少质量为 42g，而疑似假冒电池的质量为 34g，这表明其活性材料较少，容量低于典型的 18650 型电池。

图 32B.10　带有拼写错误的假冒电池
（图片由 DfR Solutions 提供）

在图 32B.11 中，将可疑电池的 CT 扫描结果与已知的高质量 18650 型电池进行了比较。请注意，与"高质量"电池相比，可疑电池的卷绕式电极较短。这将导致电池容量和放电速率能力较低。对可疑电池的拆解（图 32B.12）也显示电极层间分离严重，表明涂层附着力差且电池质量低。此外，在电池内部或外部均未发现所声称的保护电路。一个在线论坛用户发现，当打开这个品牌的 18650 型锂离子电池后，里面有一个更小的电池[19]。

由于锂离子电池的安全性取决于电池制造质量、保护充分性、应用集成和用户行为，因此从网上采购锂离子电池的安全性可能会得不到保障。对于高倍率电子烟应用来说，这一点尤为重要，因为制造质量、特定的锂离子电池化学成分和保护电路的充分性通常不得而知。

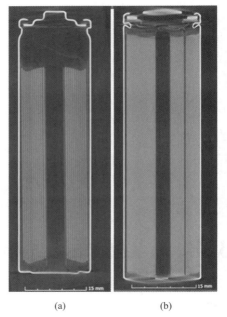

(a)　　　　　　(b)

图 32B.11　假冒电池（a）与正品电池（b）相比，卷绕式电极大约短 20%
（图片由 DfR Solutions 提供）

32B.5.2　实例研究：锂离子电池质量评估

锂离子电池内部短路是一个需要高度关注的问题，因为电池安全系统无法有效缓解这种短路，而基于标准的测试并未针对这种短路进行，这些测试主要关注滥用容忍度。为了防止和缓解制造缺陷，对制造过程的最佳控制至关重要。污染、电极的物理损伤以及箔片/电极上的毛刺都是危险的，因为它们可能穿透隔膜并在电池内部造成短路。

CT 扫描可以提供一种快速且无损的方式来检测许多电池设计和质量的异常。在图 32B.13 的示例中，负极绕组呈深灰色，而正极绕组呈浅灰色。美国电气和电子工程师协会（IEEE）针对锂离子电池的标准 1625[20] 和 1725[21]，要求负极绕组至少比正极绕组宽 0.1mm，并加上制造公差。这些指南旨在最大限度地降低由锂离子枝晶生长引起的短路风险。正极超出负极的区域可能会形成锂枝晶，因为电池内的锂最初位于正极，并且局部供应的锂可能超过负极所能容纳的量，从而导致锂析出。图 32B.13（b）中的电池未能满足 0.1mm 的标准，而图 32B.13（a）中的电池则具有良好的电极重叠。

图 32B.12　原始状态下假冒电池的负极脱层和铜集流体暴露

（图片由 DfR Solutions 提供）

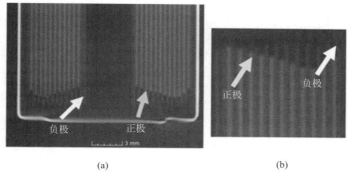

(a) 　　　　　　　　　　　　　　　　(b)

图 32B.13　CT 扫描显示负极与正极重叠

图 32B.14 中的扫描电子显微镜图像显示了锂离子电池石墨负极上的一个铜颗粒。在电极切割过程中，由于切割轮变钝，可能会产生金属颗粒。这些颗粒可能导致隔膜短路，或阻塞隔膜，从而导致负极过度锂化和锂析出。

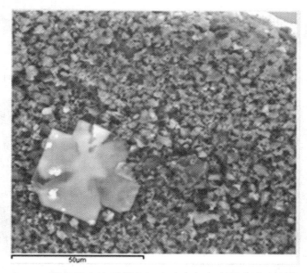

图 32B.14　锂离子电池石墨负极上由电极切割操作产生的铜颗粒

32B.5.3　实例研究：供应商设计比较评估

在这个案例研究中，使用 CT 扫描和电池拆解对两种不同商用的 CR 2032 纽扣式电池进行了评估，这两种电池都用于内存备份应用。对于这个特定应用来说，电池故障会对整个系统产生重大影响，因此有必要进行设计评估。

电池设计 A 见图 32B.15（a），显示了使用膨胀金属集流体的情况，该集流体焊接到正极杯并与正极颗粒接触。电池设计 B 见图 32B.15（b），不使用这样的集流体；正极颗粒直接与正极壳接触。随着电池放电和电极体积的变化，电池设计 B 更容易失去电接触，同时内部电阻增加以及倍率能力下降。这在图 32B.16 中得到了清晰的体现，其中如贯穿性裂纹（CT 扫描切片图像 2 中所见），将切断活性材料的重要电路连接。图 32B.17 显示了一个带有穿孔金属集流体的电池。该集流体类似于电池设计 A 中的集流体，然后焊接到电池壳上，以实现更好的正极活性材料利用率和均匀的电流密度。

(a)　　　　　　　　　　　(b)

图 32B.15　使用焊接到正极杯的膨胀金属正极集流体的 CR 2032 电池设计 A
（a）和不使用单独集流体的 CR 2032 电池设计 B（b）

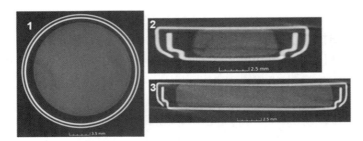

图 32B.16　图 32B.15（a）中的电池设计 A
颗粒中的贯穿性裂纹（见图像 2）导致接触损失的可能性增加

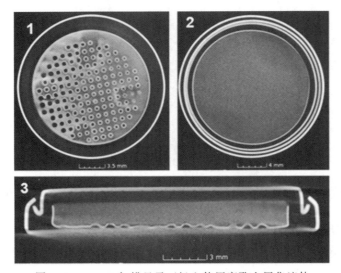

图 32B.17　CT 扫描显示正极上使用穿孔金属集流体

32B.5.4　实例研究：锂离子电池深度放电后的膨胀

图 32B.18 显示了一个智能手机的膨胀商用电池。CT 扫描（图 32B.19）显示内部产生气体，导致卷绕体（类似果冻卷）严重变形。

锂离子电池膨胀的原因有多种，包括如下。

① 过充条件，即电压升高导致电极与电解质之间的寄生反应加速。过充的一个典型特征是放热和释气（通常伴有负极锂析出）。

② 电池质量差和设计不佳，如负极与正极的化学计量比过低、正极电极悬垂（增加了锂析出和放气的风险）以及颗粒污染（导致自放电和放气）。

③ 电极在电池组装过程中或产品应用中受到的机械损伤可能导致放气。

④ 温度过高也会导致电解液分解产生气体。

⑤ 电池深度放电。

图 32B.18　智能手机的膨胀锂离子电池
（图片由 DfR Solutions 提供）

图 32B.19　电池深度放电膨胀的 CT 扫描
（图片由 DfR Solutions 提供）

锂离子电池深度放电或未能定期充电是导致电池膨胀的一个经常被忽视的原因。这种情况还可能带来安全隐患。当锂离子电池深度放电时，它会处于高度脱嵌状态，导致固态电解质界面（SEI）层损失并重新形成新的 SEI 层，从而产生气体。同时，负极上的铜集流体也开始溶解，如图 32B.20 所示。图中，SOC 表示荷电状态。在重新充电时，溶解的铜会重新沉积在电极或隔膜表面，这可能导致短路和热失控的风险。图 32B.21 为扫描电子显微镜（SEM）图像，显示了在较暗的灰色石墨负极表面上有浅灰色的铜沉积物。

另外，对于未深度放电的电池，溶解的铜集流体不会重新沉积在负极的石墨表面上。深度放电的电池不应重新充电，电池保护系统中必须设置深度放电电压切断，可以包括重新充电时的初始低倍率充电。如果在给定时间内未达到某个阈值电压，则判定电池已损坏，并阻止充电。如果电池安全，保护电路将在剩余充电周期内增加充电电流。

32B.5.5　实例研究：电池泄漏和电池封装设计

电池封装设计对于维持电池包的完整性至关重要。电池包必须允许电极与电池包上的外部端子之间建立电接触，因而要求端子延伸穿过电池，因此需要在一个或两个端子周围进行电气绝缘。同时，包装还必须将电池内部的物质与外界环境隔绝。一旦电池封装被破坏，电解液发生泄漏，就会引发各种不希望的反应，为电池故障埋下隐患。

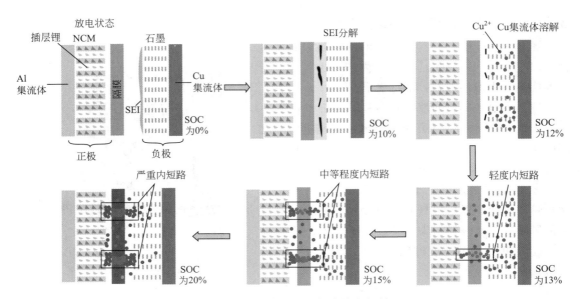

图 32B.20 锂离子电池深度放电机制

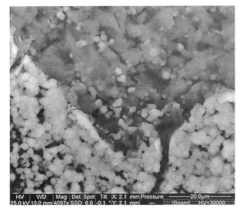

图 32B.21 深度放电锂离子
电池中石墨负极上的铜沉积物

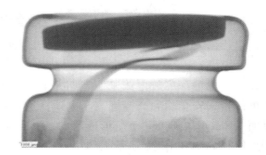

图 32B.22 二维 X 射线图像显示
垫片放置不当导致密封不良以及
随后盖帽位置不正确

　　电池包装通常也设计有适当的压力排气功能，可以防止在更高压力下发生灾难性的自发解体，并冷却电池，也让易挥发的电解液成分逸出，从而减缓或停止任何不希望发生的放热反应。如果排气不畅，可能会导致比正常情况下更严重的故障。

　　然而，当端子、垫片和/或压接模具错位时，可能会出现缺陷。图 32B.22 中的 X 射线图像显示了一个压接在垫片周围的电池外壳（在 X 射线中由于密度低而看不见）。该垫片将端子（即圆盘）固定到位。由于端子在压接密封处错位，压接区域产生了不均匀的压力。因此，一些区域没有被正确密封，导致电池泄漏；在电学性能上，则表现为电池开路电压下降。

　　金属电池外壳的防腐保护对于良好的电池密封性也很重要。电池包（无论是外部还是内部）的腐蚀可能导致电池包泄漏，进而导致电池失效。防止腐蚀的方法要么是将整个外壳制成耐腐蚀材料，要么是在易腐蚀材料上涂覆一层耐腐蚀涂层（如电镀或包覆）。例如，不锈

图 32B.23　SEM 和 EDS 图像
显示钢制电池罐上的镍镀层

钢外壳通常用于锂离子电池中；不锈钢能够抵抗电池内外的腐蚀。

镍镀层应用于碳钢表面，可作为碱性电池、镍-金属氢化物电池、镍镉电池和锂离子电池的电池外壳或端子材料。虽然碳钢的耐腐蚀性远不如镍或不锈钢，但其强度大且价格便宜。所需镍镀层的具体规格取决于化学性质。一般而言，即使只是部分暴露的铁也会导致腐蚀，并可能导致电池泄漏。电池罐由镀层钢板冲压而成，而非冲压后再进行镀层处理。

与 XRF 相比，在扫描电子显微镜（SEM）下使用能量色散 X 射线光谱（EDS）可以更容易地以更高的分辨率确定电池组件上镀层的厚度和连续性，如图 32B.23 所示。

该电池罐的 EDS 图像显示，碱性电池容器内壁的镍镀层不足。

32B.5.6　实例研究：电池保护电路故障

即使电池设计坚固，并采取了充分的控制措施，电池保护电路的故障也可能引发意外的热失控。电池保护电路通常由两部分组成，即保护电路模块（PCM）和智能电池充电器（SBC）。这两个系统与其他电子设计相比具有许多相同的特性，因此也易受到类似的故障机制影响。

由于需要满足多种性能要求（尺寸、成本、安全、电气等），电池保护电路中的故障机制有时可能有多个驱动原因。例如，观察到的一个故障是由于存在潜在的假冒部件。这对于所有电子设计都是一个重大风险，但对于电池保护电路来说尤其令人担忧，因为故障的影响更大。在这个特定的案例研究中，一家原始设备制造商（OEM）报告了与 p 型金属氧化物半导体场效应晶体管（MOSFET）有关的问题。通过简单比较发现了优质部件和可疑部件上的标识，可以明显看出字体粗细的差异，尽管这两个部件据称都是在 2010 年制造的（图 32B.24）。

图 32B.24　良好器件（左）和可疑器件（右）

进一步的物理表征确定了引线键合材料（铜与金）的差异，以及开封后芯片标识的差异。可疑部件似乎是 2000 年制造的 Fairchild 芯片。另一种电池保护电路中存在多个故障驱动因素的实例是在工业环境中使用的电池充电器。故障模式是电池过热。在对一些故障单元的调查过程中注意到，在焊料掩膜未完全覆盖的印制电路板（PCB）区域出现了腐蚀迹象。通过与客户交谈和进行元素分析，确定腐蚀可能是由天然气处理设施中的硫导致的（图 32B.25）。

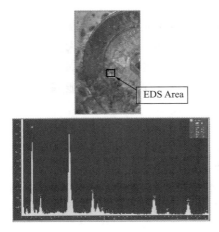

图 32B.25　检测到大量硫的 EDS 光谱

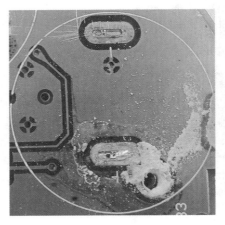

图 32B.26　电池保护电路板的腐蚀照片

通常情况下，电子产品的腐蚀是发生故障的一个明确的根本原因。然而，作为腐蚀产物的硫化铜，其生长和迁移是有限的。如果分离距离足够，硫腐蚀不一定会导致电气短路和相应的热失控。但是，在这个设计中，接地被放置在电池引线附近（图 32B.26）。这种间隙不足是发生故障的另一个根本原因，随后的缓解措施包括使用共形覆膜（conformal coating）和重新设计电路板布局。

32B.6　总结

最近，一系列市场因素的共同作用，使得电池故障成为比任何时候更为引人注目的问题。消费者的偏好推动了从众所周知的、更安全的原电池向锂离子二次电池的转变，而电子烟等新兴应用使电池行业承受了比以往更大的压力。与此同时，商品化和竞争促使电池公司为了降低低端市场价格而减少生产环节，为了增加高端市场的容量而封装更多的活性材料。这两种趋势都可能导致产生易发生故障的电池，而锂离子电池故障可能比碱性电池故障更为严重。

此外，即使是高质量的锂离子电池，如果因集成到设备中不当，也可能发生故障，而许多原始设备制造商（OEM）缺乏足够的内部电池专业知识，无法正确选择和将锂离子电池集成到其产品中。锂离子电池故障可能源于对从制造到回收的生命周期的不正确理解和管理。这个生命周期包括制造控制、应用集成、充分的电池保护电路，以及电池的使用和处理。经过充分验证的分析技术可以检测出电池设计和制造中的缺陷，这些缺陷可能会导致现场故障。对电池和保护系统进行合理的设计和质量评估，可以预防或缓解许多潜在的电池故障。

参考文献

1. Anonymous, "Out of Juice," January 18, 2014. (Online.) Available at https://www.economist.com/business/2014/01/18/out-of-juice (accessed May 21, 2018).

2. U.S. Consumer Product Safety Commission, "Lithium-Ion Battery Safety Standards for Consumer Product Import into the United States," May 16, 2017. (Online.) Available at https://www.cpsc.gov/s3fs-public/3LeeCPSC.En_.pdf?QMvz78vcq0web.KaXE_TJD.dpk7DbADF (accessed May 21, 2018).

3. L. A. McKenna, "Electronic Cigarette Fires and Explosions in the United States 2009–2016," July 2017. (Online.) Available at https://www.usfa.fema.gov/downloads/pdf/publications/electronic_cigarettes.pdf (accessed May 21, 2018).

4. E. Rosenberg, "Exploding Vape Pen Caused Florida Man's Death, Autopsy Says," May 17, 2018. (Online.) Available at https://www.washingtonpost.com/news/to-your-health/wp/2018/05/16/man-died-after-a-vape-pen-exploded-and-embedded-pieces-into-this-head-autopsy-says/?noredirect=on&utm_term=.15bb66e2568c (accessed May 25, 2018).

5. J. Mullen and M. Thompson, "Samsung takes $10 billion hit to end Galaxy Note 7 fiasco," October 11, 2016. (Online.) Available at http://money.cnn.com/2016/10/11/technology/samsung-galaxy-note-7-what-next/index.html (accessed May 25, 2018).

6. "Nokia Recalls 46 Million Cell-Phone Batteries," August 15, 2007. (Online.) Available at: http://www.foxnews.com/story/2007/08/15/nokia-recalls-46-million-cell-phone-batteries.html (accessed May 25, 2018).

7. J. Christman, "The Case of Burning Laptops," *J. Case Stud.* **30**(1):88–97 (June 2012).

8. M. Humrick, "Samsung Reveals Root Cause of Galaxy Note7 Battery Fires," January 23, 2017. (Online.) Available at: https://www.anandtech.com/show/11060/samsung-reveals-root-cause-of-galaxy-note7-battery-fires (accessed April 13, 2018).

9. U.S. National Transportation Safety Board, "Auxiliary Power Unit Battery Fire Japan Airlines Boeing 787-8, JA829J," November 21, 2014. (Online.) Available at: https://www.ntsb.gov/investigations/AccidentReports/Pages/AIR1401.aspx (accessed April 13, 2018).

10. Z. J. Zhang, P. Ramadass, and W. Fang, "Safety of Lithium-Ion Batteries," in G. Pistoia (ed.), *Lithium-Ion Batteries, Advances and Applications*, 1st ed., Elsevier, 2014, pp. 409–435.

11. V. Challa, "Top Causes of Lithium-Ion Battery Field Failures," in *Design for Reliability Conference*, Baltimore, MD, 2018.

12. R. Guo, L. Lu, M. Ouyang, and X. Feng, "Mechanism of the Entire Overdischarge Process and Overdischarge-Induced Internal Short Circuit in Lithium-Ion Batteries," *Sci. Rep.* **6** (2016).

13. D. P. Finegan, M. Scheel, J. B. Robinson, B. Tjaden, I. Hunt, T. J. Mason, J. Millichamp et al., "In-Operando High-Speed Tomography of Lithium-Ion Batteries During Thermal Runaway," *Nat. Commun.* 6 (2015).

14. B. Sood, L. Severn, M. Osterman, M. Pecht, A. Bougaev, and D. McElfresh, "Lithium-Ion Battery Degradation Mechanisms and Failure Analysis Methodology," *ISTFA 2012: Proceedings from the 38th International Symposium for Testing and Failure Analysis*, Phoenix, AZ, 2012.

15. T. Waldmann, A. Iturrondobeitia, M. Kasper, N. Ghanbari, F. Aguesse, E. Bekaert, L. Daniel et al., "Review—Post-Mortem Analysis of Aged Lithium-Ion Batteries: Disassembly Methodology and Physico-Chemical Analysis Techniques," *J. Electrochem. Soc.* **163**(10): A2149–A2164 (2016).

16. J. Vetter, P. Novák, M. Wagner, C. Veit, K.-C. Möller, J. Besenhard, M. Winter et al., "Ageing Mechanisms in Lithium-Ion Batteries," *J. Power Sources* **147**(1–2): 269–281 (September 9, 2005).

17. C. Mikolajczak, M. Kahn, K. White, and R. T. Long, "Lithium-Ion Batteries Hazard and Use Assessment," July 2011. (Online.) Available at http://www.prba.org/wp-content/uploads/Exponent_Report_for_NFPA_-_20111.pdf (accessed May 22, 2018).

18. Q. Liu, C. Du, B. Shen, P. Zuo, X. Cheng, Y. Ma, G. Yin et al., "Understanding Undesirable Anode Lithium Plating Issues in Lithium-Ion Batteries," *RSC Adv.* **91** (2016).

19. Kronological, "UltraFire Batts Meet OPUS Meet Pellet Gun—Teardown Photos Added to OP," March 9, 2015. (Online.) Available at http://budgetlightforum.com/node/38133 (accessed May 22, 2018).

20. ANSI, *ANSI/IEEE 1625-2008—IEEE Standard for Rechargeable Batteries for Multi-Cell Mobile Computing Devices*, American National Standards Institute, 2009.

21. IEEE, *IEEE Std 1725-2011(Revision to IEEE Std 1725-2006)—IEEE Standard for Rechargeable Batteries for Cellular Telephones*, IEEE, 2011.

32C 电池测试设备

Miguel Sandoval

32C.0 概述

电池测试设备具有广泛的应用，如材料研究、便携式电子设备测试、质量控制、研发、电池组性能验证、超级电容器/燃料电池/热电池测试等。正如本书 32D 部分所述，先进的电池测试设备对电池系统的开发、鉴定和质量都至关重要。

32C.1 测试设备硬件

典型的自动化、计算机化测试系统需要高精度和出色的时间分辨率。电池测试设备在理想情况下应具有多个独立通道，以支持各种多步骤测试，包括脉冲测试，具有固定电流、固定功率、固定电压、固定电阻、电压斜坡（循环伏安法）或其他协议。该系统将按照操作者指定的时间、电压、电流等间隔记录数据，并且该系统将按照美国国家标准与技术研究院（NIST）可追溯标准进行最少的校准。通常可以添加各种可选硬件，即参考电压电极、pH 电极、辅助输入、SMB（系统管理总线）通信、TTL（晶体管-晶体管逻辑）输入/输出、外部控制器接口、环境舱控制器等。此外，测试仪（或测试设备、测试设施）必须通过交钥匙安装，并具备升级能力。典型的电池测试仪如图 32C.1 所示。这些测试仪通常被安排在电池测试室旁边的大型阵列中，以便通过安全屏障保护电子设备，如图 32C.2 所示。

图 32C.1 典型的 96 通道单体电池测试仪
（图片由 Maccor 公司提供）

图 32C.2　电池测试设施（图片由 Maccor 公司提供）

单体电池测试仪的电流范围从 $150\mu A$（满量程 $\pm 0.03\mu A$）到 5000mA（满量程 ± 1.0mA），甚至可达到定制单元的 2000A。这些系统的控制精度为 300nA 至 5A。电池电压范围为 $-2\sim +10$V，满量程范围为 $\pm 0.02\%$。可编程时间间隔为 10ms（定制单元为 1ms 和 5ms）。对于大规模、全尺寸电池测试，可以使用其他型号的设备。表 32C.1 详细说明了一种此类电池组测试仪的规格。

表 32C.1　8500 系列型号技术规格

最大电压范围	客户指定:48～1500V
最小电压	满量程电压的 5%
最大电流范围	客户指定:5～5000A
最小电流	满量程电流的 2%
最大连续功率	10kW～1MW
测量精度	$\pm 0.05\%$满量程
控制精度	$\pm 0.10\%$满量程
分辨率(16 位)	1/65536
最大测试周期数	2^{32}
最大波形步数	2^{16}
最大测试步数	128
最小步骤时间(可选更快的步速)	10ms
最小数据采样时间(可选更快的步速)	10ms
输入电源	380/440/480V(交流电压),波动范围 10%～15%;三相,50/60Hz
总谐波失真	$<3.0\%$

注:尺寸和重量将根据系统电压和功率的不同而变化;详情请咨询 Maccor 公司。

32C.2　测试设备软件

电池和储能设备自动化测试系统需要软件来编程和控制测试、记录数据以及在本地或远程处理测试数据。大多数软件系统现在使用标准操作系统（即 MS Windows）。一旦操作员连接测试单元并对测试协议进行编程，系统将自动运行数千个循环或数月无人值守操作。

程序通常使用网格布局和菜单驱动单元，其中包含数十个可能的步骤以进行测试系统的顺序操作。其功能包括:

- 允许无限次测试循环的子程序;

- 具有斜率限制或其他切断标准的恒定电流或电压；
- 脉冲模式，模拟数字信号或其他复杂程序；
- 能够使用温度和压力传感器输入。

测试程序完成后，可以使用内置软件或标准电子表格程序（即 MS Excel）来整合和处理特定需求的数据输出。这些可能包括电压和电流日志、充放电容量和能量，以及各种其他计算值（如内阻）。当然，数据可以以表格或图表的形式呈现。

任何测试系统的最后一项关键功能是，通过局域网为多个电池测试系统提供全自动、安全、可靠的数据存储，以进行备份和进一步的数据处理。通过备份测试数据以及每个测试的关键配置和校准文件，可以在离线状态下分析系统数据，并在发生任何事件后恢复或还原。图 32C.3 展示了典型的电池测试程序屏幕显示，而图 32C.4 则显示了一些可用的输出图形。

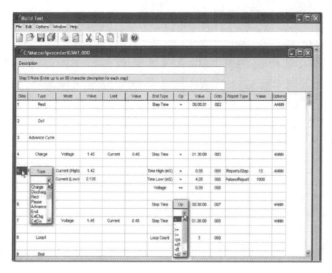

图 32C.3　典型的电池测试程序屏幕显示（由 Maccor 公司提供）

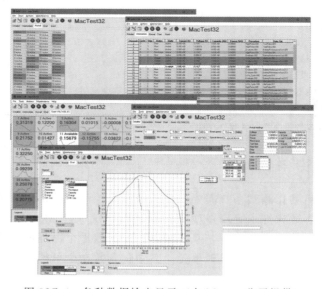

图 32C.4　各种数据输出显示（由 Maccor 公司提供）

32C. 3　测试设备选择指南

选择设备时，必须确定准确度、分辨率和精密度。准确度与某物体的"真实值"有关，分辨率描述的是"精细度"，而精密度则是指"可重复性"。这三者都很重要，但准确度是最有价值的。

例如，一个精确质量为100kg的物体在不同秤上的值可能会有所不同，但最准确的秤将是最受信任的。高分辨率秤可能提供具有多个小数位的读数，但这个数值可能非常不准确。高精度秤每次提供的质量可能相同，但也可能不正确。确保数值尽可能正确（即使是一个粗略的值而非最一致的）至关重要。通过重复测量，测量值将非常准确（即最正确）。电池测试设备选择的一般步骤包括：

① 指定所需的测试通道数量，并确保该设备可在现场升级（例如，不同的电流或电压范围等）；

② 设置最大充电电压。通常锂电池使用 4.2V（直流电压），但新的电化学体系可能需要 4.6V（直流电压）。同时，还需考虑高电流和长电缆（即高电阻引线）的电压降；

③ 选择最小放电电压。锂电池限制在约 2.5V（直流电压），但其他电化学体系可能需要将电池放电至 0.5V（直流电压）甚至更低；

④ 确定充电和放电所需的最大电流。一些测试仪具有设定的范围（如 5A、150mA、5mA 和 150μA），但一些测试仪可能具有灵活性/可调性；

⑤ 选择测试期间可能需要的附件。

最终的选择将取决于定价和物流。此外，运行测试实验室所需的专职、训练有素的人员的人工成本在决策时也应纳入并考虑。

32D　电池安全及性能测试

Miguel Sandoval

32D. 0　概述

电池测试不仅是电池开发和商业化过程中不可或缺的任务，也是实施电池的产品开发和商业化过程中的必要环节。电池测试主要分为安全性测试和性能测试两大类。这两类测试可能有一些重叠，但服务于不同的目的。

电池公司可能会测试许多方面，但通常都会使用电池测试设备为电池、电容器和燃料电池的用户提供安全性和性能数据。用户购买后，可能还想确认与其特定用途相关的性能。销售电池供电设备的电子设备公司也想模拟其特定设备的放电和充电曲线。这种测试将有助于为设备选择更合适的电池。安全和性能测试是确认电池极限和评估滥用情况下损坏情况所必需的。总体而言，电池测试由材料供应商、电池制造商、设备/配件制造商和最终用户完成。安全监管机构、运输商以及审批/认证机构也将在测试电池和相关设备方面发挥重要作用。

32D. 1　安全性测试

安全性测试是为了防止电池或燃料电池的任何用户（包括但不限于使用电池和燃料电池的最终消费者）遭受危险、伤害或损失。安全性测试多年来不断发展，主要集中于两大领域：标准和法规。安全性测试验证了电池在其预定应用中会安全地运行。尽管标准和法规可能密切相关，但理解两者之间的区别也至关重要。

32D. 1. 1　标准

行业内的工程师和专家通过达成的共识，制定出通常和习惯的原则，这些原则成为比较模型，也被称为标准。这些标准是自愿遵守的。在电池领域，标准和发布机构并不缺乏。一些常见的标准组织包括：美国保险商实验室（UL）、国际电工委员会（IEC）、美国电气制造商协会（NEMA）、美国电气电子工程师学会（IEEE）、国际汽车工程师学会（原名美国汽车工程师学会，或 SAE）、日本工业标准（JIS）以及电池安全组织（BATSO）。这些组织中的许多标准都有所重叠。

32D. 1. 2　法规

法规是政府发布的具有法律约束力的要求。法规通常最初是作为标准出现的，最终由地方、国家或全球政府机构编纂而成。

联合国《试验和标准手册》（UN 手册）规定了适用于运输的危险货物的分类标准、测试方法和程序，被视为在电池安全测试领域最广泛认可的技术指南。该手册最初由联合国经济及社会理事会设立的危险货物运输问题专家委员会于 1984 年首次发布。自 2001 年起，危险货物运输问题专家委员会与全球化学品统一分类和标签制度（GHS）专家委员会共同负责更新联合国《试验和标准手册》。第六次修订版（截至 2024 年底，该手册最新版本是第八次修订版），涵盖了截至 2014 年底的所有修订内容。

联合国《试验和标准手册》第三部分（即《联合国关于危险货物运输的建议书试验和标

准手册》）的第38.3节涵盖了锂金属和锂离子电池。该节详细规定了适用于锂原电池、锂蓄电池（即锂二次电池）的测试、程序和标准。几乎所有锂离子电池都需要通过上述手册第38.3节的测试。

该手册的第38.3节概述了八项测试，具体内容如下：T1，高度（海拔）模拟测试（锂原电池、锂蓄电池）；T2，热测试（锂原电池、锂蓄电池）；T3，振动测试（锂原电池、锂蓄电池）；T4，冲击测试（锂原电池、锂蓄电池）；T5，外部短路测试（锂原电池、锂蓄电池）；T6，撞击测试（锂原电池）；T7，过充电测试（锂蓄电池）；T8，强制放电测试（锂原电池、锂蓄电池）。

根据不同的电池类型（原电池、蓄电池、单体电池、散装电池等），所需的测试组合各不相同。同时，测试电池的数量和测试序列也可能因电池类型和规定的测试而有所不同。这些测试的标准都列于表32D.1中。

表 32D.1　联合国电池测试标准（参见 UN 手册第 38.3 节）

适用的测试系列	判定标准(结果)	适用的测试系列	判定标准(结果)
1,2,3,4	泄漏/排气	1,2,3,4	电压标准
1,2,3,4,5,6,7,8	解体/破裂	5,6	温度限制
1,2,3,4,5,6,7,8	起火		

这些测试可以由世界各地不同实验室在各种不同类型的设备上进行。在选择锂原电池或锂离子电池测试设备时，需要考虑可能强制执行的安全规定以及测试设备的可靠性。不遵守安全指南，可能会导致财产损失、人员受伤甚至生命损失。

32D.2　性能测试

与安全测试不同，性能测试不受法规约束。性能测试用于测量电池或电池组的特性。对于构成电池的单个组件（例如负极、正极、电解质等）以及电池、电池组和模块，进行类似的测试。

电池测试设备可从世界各地的不同供应商处获得。Maccor公司的电池测试设备是电池行业的标准配置。尽管可以进行许多不同类型的测试，但这些测试最重要的特征是输出数据。从测试设备中获得的数据对于扩大或确定进一步的发展方向具有非常重要的价值。通过适当的测试，可以评估和比较材料或电池的性能。性能数据，如容量、能量、循环寿命、衰减率等，主要通过电池测试设备获得。这些特性会随着温度（高或低）、充电或放电速率以及滥用（例如，跌落或振动）的变化而变化，因此需要在各种条件下进行测试。

电池测试设备需要具备在广泛数值范围内进行充电（提供电流）和放电（吸收电流）的能力。虽然许多测试是在恒定电流（固定电流值）下进行的，但还需要其他模式，如恒压、恒功率和恒电阻（恒阻）等。

电池测试设备必须允许操作人员设置一系列测试步骤，并设置多个安全条件，以防止被测电池受损。随着电池供电设备的日益复杂，电池测试设备也必须更加先进。电池测试设备必须能够准确模拟电池的使用条件。在一个设备中表现良好的电池，在另一个设备中可能表现不佳。

此外，随着电池组中电池芯（常简称电芯）数量的增加，对电池组进行测试变得更加重要。测试将有助于发现热点、电芯之间的不良互连，并在打造优质产品方面将发挥巨大作用。

最后，电池测试设备应允许进行破坏性测试，如过充或反向电压测试。

32D. 3 总结

虽然本节中的描述主要针对锂基电池，但类似的标准也适用于其他电化学体系。由于腐蚀问题，酸性电解质在飞机上的使用或运输尤其令人担忧，因此必须评估所有故障条件。此外，不同的测试实验室和原始设备制造商（OEM）拥有自己的程序和单独的测试目标，应予以参考（详见第 23 章以及特定电池技术或应用章节）。

32E 商业与融资策略
Kirby W. Beard

32E. 1 引言

在讨论先进电池技术时，如果不考虑为成功实现而采用的融资结构，那么这样的讨论就失去了意义。为了实现技术和商业上的成功，人们采用了多种方法，且成功程度各不相同。没有一种模式是完美的，就像大多数新的商业冒险一样，失败的情况远多于成功。因此，成功模式的统计数据非常可疑。典型的统计数据表明，新企业创业的成功率约为1%，但即使这样的数字也值得怀疑，因为无论是失败还是成功的实体，都可能在不注意的情况下被收购、合并或解散。

另外，大型、运作良好且盈利的公司也设法将新技术推向市场，它们可能单独行动，也可能借助政府援助或其他合作伙伴关系。这些成功的例子，由于其更为保密而不太为人所见。

从哲学的角度来看，如果唯一的目标是推动技术进步，那么当前的状况可能被认为是相当不错的。但是，当金融资源无法满足需求且投资回报充满风险时，行业的整体健康状况最终将受到损害。因而会迫使企业家、工程师、科学家、投资者和其他利益相关者，转而追求更快、更直接、更有利可图的途径。

电化学和电池技术并非易事，其开发成本高昂，步入门槛几乎令人望而却步。对于大多数投资者而言，一款手机应用程序，比如用来寻找停放的汽车或最近的干洗店，显然会是更好的投资选择。尽管这有些讽刺，但这样的应用程序也需要高性能、更安全的电池才能运行。

有很多例子表明资金与成功之间并不总是同步的。A123曾经是历史上资金最充足、最受赞誉的初创公司之一，但最终未能完整地生存下来。这是融资、技术资源或市场影响力的问题吗？还是这个例子表明，我们需要以精确、有条理的方式战略性地分析技术/知识产权、市场契合度/时机、商业组织等多方面的因素，而不仅仅是融资。

托马斯·爱迪生（Thomas Edison）是历史上最伟大的企业家之一，他得到了当时最强大的金融家之一（J. P. 摩根）的支持，但他试图基于直流电池供电系统（爱迪生发明的铁镍电池）实现电力化世界的想法并未成功。尼古拉·特斯拉（Nicola Tesla）和乔治·威斯汀豪斯（George Westinghouse）则采用了一个更根本且合理的概念（即交流电或交流感应电机）并取得了成功。制定一个合理的商业策略并不能保证技术或财务上的成功。因此，在商业规划中保持坚定但灵活的态度可能是最好的建议。然而，正如下文所讨论的，至少了解适用于任何给定情况的潜在商业策略也是至关重要的。

32E. 2 实施新型电池技术的商业模式

图32E.1详细说明了开发一种假定的新型优质电池技术的初步潜在切入点，以及基于独特电池系统或相关组件建立商业上可行的企业的步骤。图32E.2则展示了一些基于假设的新型、未经证实的技术进行开发、融资和拓展电池技术/商业项目的潜在模式。这些图并

不全面或具有决定性，而是基于某些信息。要制定合理的战略计划，还需要进一步的分析和专业知识的支持。

图 32E.1　电池行业中的创业机会

新技术和商业概念的发展	初始概念/策略的证明	建立一个成功的、持续的商业企业
• 费用:1万~1000万美元 • 资金来源: 　• 自筹资金 　• 亲友资助 　• 其他贷款/赠款 　• 企业基金 　• 秘密研究小组 　• 风险投资家 • 概念开发者: 　• 个人 　• 学术界 　• 政府实验室 　• 商业协会 　• 企业实验室 • 设施/设备: 　• 借用/租赁 　• 共享/合作 　• 政府提供 　• 企业提供 　• 二手/再利用	• 费用:1万~10000万美元 • 资金来源: 　• 风险投资家 　• 公司 　• 政府补助 　• 政府贷款 　• 富有的捐助者和基金会 　• 专业融资机构 • 领导层: 　• 创始人/发明人 　• 具有创业精神的专业人士 　• 法人实体 • 设施/设备: 　• 伙伴关系 　• 合同供应商 　• 租用 　• 二手/再利用 　• 全新	• 费用:1亿~10亿美元 • 资金来源: 　• 银行/金融公司 　• 贷款/可转换债务/股权 　• 企业基金 　• 风险投资家(不太常见) 　• 首次公开募股/股票发行 • 管理: 　• 董事会 　• 公司高管 　• 财团 　• 个人所有者/创始人(非典型) • 设施/设备: 　• 专用/特殊用途/专有 　• 供应链合作伙伴关系

图 32E.2　适用于电池行业的战略模型

32E. 3　最近研究

最近的一篇论文强调了电池行业面临的特殊挑战[1]。作者研究了制药行业初创公司的成功率，并假设使用这种商业模式可能会对电池行业有益。成功的主要障碍是高资本需求、回报周期和高技术风险。一份报告[2]指出，自 2000 年以来，只有 39 家公司（可能仅指美国）获得了超过 50 万美元的资金，而在这些公司中，只有两家实现了盈利。报告建议采用企业合作和联合开发的方式——这是第四代（电池）研发的一个基本原则[3]。

另一份最近的报告提出了创业公司成功的另一种途径[4]。报告除了描述各种技术提升和商业化的机会，还描述来自多方面的大量障碍。因此，报告建议开发简单和基础的电池组件或添加剂（例如，对隔膜或轻质电镀铜网集流体进行新的表面处理），是一个比商业化完整电池更可行的选择。随后，可行的前景可能包括许可或材料供应，选择哪种方案取决于方案所能获得的最佳经济回报。

32E. 4　总结

电池行业通往成功的道路在本质上与其他许多行业并无太大差异。然而，与电池行业相关的技术范围之广、复杂性之高，使得技术进步的速度缓慢、进展艰难。如果电池开发人员不够细致，任何微不足道的细节或小小的失误都可能导致灾难性后果。这些情况既无法被金融投资者完全预料到，也无法通过任何顾问的最佳集体建议来完全规避。

一些公司拥有技术专长和财务支持，能够应对电池故障并生存下来。但大多数初创公司却没有这样的优越条件。技术、营销或财务上的任何一次挫折，都足以让即便拥有可靠技术和融资的公司倒闭。索尼公司（或许整个行业也是如此）在 20 世纪 90 年代初首次推出商用锂离子电池时，经历了几次相当严重的早期失败，但最终之所以能够生存下来，大概就是因为索尼公司的规模和成功的决心。

另外，专利侵权诉讼的不良影响（参见本书 32A 部分）也可能让任何一家即便拥有雄厚财务支持的公司陷入财务困境。无论这些诉讼是否站得住脚，是防御性的还是攻击性的，许多诉讼案件，特别是在美国，往往会影响受损或被侵权一方的生存能力。此外，在某些国家，知识产权保护几乎不存在。除非一家公司在掩饰、保护或巩固其知识产权方面非常聪明，否则投资者和股东将无法看到他们投资的合理回报。为了整个行业的繁荣，无论哪一方有利，都需要寻找替代漫长法律战的其他方式。电池项目的融资并非纯粹的经济活动。知识产权保护及相关的司法程序会对任何项目产生影响。

参考文献

1. https://www.cambridge.org/core/journals/mrs-energy-and-sustainability/article/applying-insights-from-the-pharma-innovation-model-to-battery-commercializationpros-cons-and-pitfalls/DE3F5D3D608E00854A2178115C289F07 (web: June 6, 2018).

2. C. Morris (https://chargedevs.com/author/charles-morris/), filed under Newswire (https://chargedevs.com/category/newswire/), The Tech (https://chargedevs.com/category/newswire/the-tech/), posted October 1, 2017.

3. W. L. Miller and L. Morris, *Fourth Generation R&D—Managing Knowledge, Technology, and Innovation*, John Wiley & Sons, Inc., New York, 1999.

4. C. Renn, Commercialization and manufacturing of advanced battery materials, 35th Annual International Battery Seminar and Exhibit, Ft. Lauderdale, FL, March 26–29, 2018.

32F　案例研究：电池如何实现第三次能源革命的商业计划与战略分析
Andreas de Vries，Salman Ghouri

32F.0　概述

在技术创新的影响下，全球能源行业在 19 世纪和 20 世纪期间经历了巨大变革。电池技术领域的创新可能会在未来 20 年内引发类似的变革，并引领第三次能源革命。

32F.1　能源革命的历史

自 18 世纪蒸汽机发明之后，世界经历了第一次能源革命。在此之前，木材、风和水（以经典的风车和水车的形式）为全球经济提供能源。然而，随着蒸汽机在 19 世纪对工业和大众交通方式的革新，它不仅极大地增加了全球经济消耗的能源量，也提高了所需燃料来源——木材和煤炭的需求。因此，到 19 世纪末，木材和煤炭已成为当时主要的能源来源，分别约占全球能源消费量的 50%[1]。

20 世纪初，亨利·福特（Henry Ford）决定使用当时新发明的传送带[2] 来制造由内燃机驱动的汽车，这是当时的另一项发明[3]，这一决定引发了第二次能源革命。大规模生产使得内燃机不仅在功率、续航、操作和维护便利性方面超越了蒸汽机，还在经济性方面超越了它。因此，交通运输方式再次发生了变革。在个人交通方面，汽车取代了马车；在大众交通方面，柴油列车取代了蒸汽机车，轮船取代了蒸汽船，飞机取代了齐柏林飞艇。内燃机的兴起从根本上改变了全球的生活方式，因为它使人类能够比以往任何时候能够更远、更快、更便宜地旅行。对液体燃料的需求也导致原油成为"首选运输燃料"，因此原油成为最重要的能源来源。

石油的崛起对木材的需求产生了巨大影响，如果不是因为另一项发明——托马斯·爱迪生发明的电灯泡，煤炭可能也会面临类似的替代压力。但电灯泡相对于油灯的优越性，推动了现代电网的发明[4]，进而推动了日常生活的全面电气化。由于煤炭是为电网供电的理想燃料，因此电气化有效地为煤炭需求注入了新的活力。

起初，对于天然气来说是个坏消息。从 19 世纪到 20 世纪初，街道照明主要使用天然气[5]。然而，燃煤电网使得电灯泡在这一领域全面超越了天然气，提供了更明亮、更可靠且更便宜的光源。因此，煤炭作为"首选电力燃料"重新出现，导致天然气在全球能源结构中的份额下降。

但是，技术创新再次改变了这种情况（以及天然气的命运）。第二次世界大战后，焊接、管道轧制和冶金方面的创新使长距离输送天然气在经济上变得可行[6]，因而天然气在发电领域可与煤炭竞争。全球天然气产量丰富，导致天然气在 20 世纪后半叶的发电中所占份额稳步增长，在发电领域逐步取代煤炭。

由于所有这些事件，到 20 世纪末，木材在全球能源结构中的份额从一百年前的 50% 降至仅为 11%。20 世纪全球能源消费量的所有增长几乎都来自煤炭、石油和天然气。尽管煤炭的绝对数量在增长，但其在能源结构中的相对份额下降到了 29%。石油和天然气供应和消费的惊人增长使这两种能源分别满足了全球能源需求的 44％和 26％[7]。图 32F.1 详细列出了过去两个世纪的全球能源使用情况。

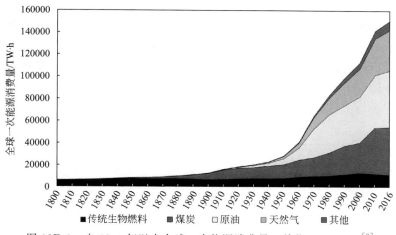

图 32F.1　自 1800 年以来全球一次能源消费量（单位：TW·h）[8]

32F. 2　当前能源趋势：第三次能源革命的曙光?

进入 21 世纪的近 20 年来，新一轮的技术创新再次改变了能源格局。例如，在交通运输行业，电力传动系统正在挑战"古老而可靠"的内燃机。在一定程度上，这是因为 21 世纪迄今为止的一个决定性趋势——消费者的环保意识日益增强，对环境的担忧日益加剧。这些趋势不仅促使各国政府采纳并继续收紧排放控制法规，还促使许多企业意识到"环保"可以成为全球市场的优势。第一个关注点（减少排放）正推动汽车行业的领军企业研究用电力传动系统替代车辆中的内燃机[8]。第二个关注点（绿色能源）正在拉动企业减少排放，因为专注于围绕电力传动系统设计的车辆的新兴企业已经证明了消费者对这类车辆的浓厚兴趣[9]。

当然，从内燃机到电力传动系统的转变将对石油需求产生深远的影响，因为乘用车和商用车每天消耗约 4200 万桶原油，占全球每日石油需求的 40％以上[10]。

同时，这种转变似乎对天然气和煤炭来说是个好消息，因为它们目前为全球大部分电网供电。然而，电力生产也受到了技术创新带来的冲击。由于各种技术进步和制造规模的扩大，自 2009 年以来，使用太阳能电池板和风力涡轮机发电的成本分别下降了 85％和 66％[11]。因此，在某些情况下，太阳能和风能发电目前比传统的煤炭或天然气发电厂的电力更便宜。再加上消费者对环保解决方案的青睐，这些经济上的改善导致了对太阳能和风力发电的投资大幅度增加，而基于煤炭或天然气发电的投资则有所减少[12]。

这些趋势为未来能源行业可能带来了"双重影响"，一方面汽车将从原油转向电力，另一方面电力将从天然气和煤炭转向太阳能和风能[13]。

32F. 3　从趋势到革命：电池技术创新

然而，这种预见的未来是否会真正实现，目前尚不确定。虽然交通运输行业的新进入者已经证明，在续航里程方面，电力传动系统能够与内燃机相抗衡[14]，并且在成本或运营（燃料、维护和修理）[15] 以及驾驶舒适性方面能够超越内燃机，但人们也发现，制造电动汽车（无论是乘用车、卡车还是公共汽车）的成本要高出很多[16]。

造成这一问题的主要原因，也可能是唯一原因，在于电动汽车电池组的成本。尽管电池成本从 2010 年的大约 1000 美元/kW·h 降至 2016 年的 227 美元/kW·h[17]，降速远超预期[18]，但电动汽车电池组的当前成本仍然过高[19]。图 32F.2 展示了电动汽车电池过去和预计的成本趋势，图 32F.3 则显示了一辆典型电动汽车的成本细分。

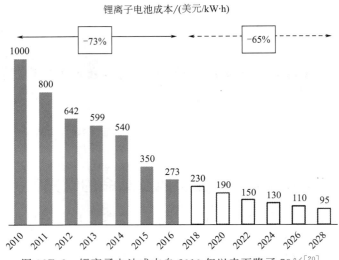

图 32F.2　锂离子电池成本自 2010 年以来下降了 73%[20]
根据这一趋势预测，到 2028 年价格还将下降 65%

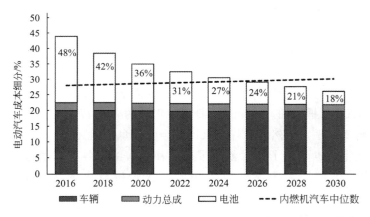

图 32F.3　电池组约占电动汽车制造总成本的 48%（2016 年）[20]
其与内燃机驱动竞争时成本过高；预测表明，这一情况将在 21 世纪 20 年代发生改变

电池技术的成本，同样是制约太阳能和风能发电发展的一大关键因素，使其面临着重要的竞争劣势。理论上讲，电池可以解决太阳能和风能发电的"间歇性挑战"，因为它们可以在不需要时储存大自然产生的电力，然后在需要时将其释放到电网中。尽管已经完成了首批将电池与太阳能和风能发电在大规模电网上相结合的项目[20]，但在大多数环境中，与煤炭或天然气发电相比，仍然是一种昂贵的解决方案[21]。

总之，电池是实现第三次伟大能源革命的关键。电池技术创新仍然必要，以制造出全面超越内燃机动力车辆（即满足客户关心的所有指标）的电动汽车，并允许以太阳能和风能发电的电网为这些车辆提供动力。

32F.4 第三次伟大能源革命：时机和影响

交通运输的电气化将引发真正的第三次伟大能源革命，因为这一事件将再次促使能源生产、储存和使用的根本性变革。具体来说，电气化将推动无人驾驶交通的实现[22]，还将减轻人们需要（相对）接近工作地点居住的压力，从而有望减缓甚至逆转城市化发展的迅猛趋势。

实现第三次伟大能源革命所需的电池技术创新，完全处于可行范围内。仅需简单外推近几年的改进和提升速度，到21世纪20年代中期，电池成本可降至100美元/kW·h的水平，这也是电动汽车制造成本实现与内燃机车辆成本持平的关键（参见图32F.3）。然而，对电池日益增长的需求已经推高了锂和钴等关键材料的价格[23]，可能会延缓电池技术达到第三次伟大能源革命所需的临界点，甚至可能阻止其发生[24]。

那么，当电池技术达到临界点时会发生什么呢？假设电动汽车销售年增长率为60%的近期数据趋势成立，按照保守预测，原油需求将在21世纪20年代达到峰值，并在21世纪40年代开始缩减[26]。同时，如果电池技术继续以当前的速度发展，那么对煤炭和天然气发电的投资将在21世纪20年代停止，煤炭和天然气的需求增长也将随之停滞。与此同时，结合了电池储存技术的太阳能和风能发电，在其全生命周期内（包括建造和运行阶段）的性能表现，预计将超过传统的电力来源[27]。

一些人甚至预见到了未来10年至15年内更深远的影响。一旦电池技术的创新使电动汽车的制造成本低于传统燃油车，这将是一次重大的转变；而且，建造和运营整合了太阳能、风能的电池储能设施的成本，也有可能会低于传统煤炭和天然气发电的成本。

在这种情况下，内燃机驱动的车辆以及煤炭和天然气发电厂可能成为"搁浅资产"——相较于继续运行，放弃这些资产并采用中国所称的"新能源"方案将更为经济。根据托尼·塞巴（Tony Seba）的预测，未来的化石燃料需求不仅会在21世纪20年代达到峰值，还可能完全消失[28]。

无论是哪种情况，电池对社会、环境和金融方面的影响都将是巨大的。世界将会因此感谢电池技术的突破！

参考文献

1. https://ourworldindata.org/energy-production-and-changing-energy-sources.
2. https://en.wikipedia.org/wiki/Conveyor_belt.
3. https://en.wikipedia.org/wiki/History_of_the_internal_combustion_engine.
4. http://instituteforenergyresearch.org/history-electricity/.
5. https://en.wikipedia.org/wiki/Street_light.
6. http://naturalgas.org/overview/history/.
7. Ibid. note 1, as of 1999.
8. https://phys.org/news/2018-01-daimler-struggling-european-emissions-standards.html.
9. http://www.thedrive.com/sheetmetal/13007/over-a-half-million-people-have-reserved-a-tesla-model-3.

10. https://oilprice.com/Energy/Energy-General/Can-We-Expect-Oil-Demand-To-Slow-Anytime-Soon.html.

11. http://beta.energyintel.com/world-energy-opinion/should-energy-security-go-green/.

12. https://www.theguardian.com/environment/2017/oct/04/solar-power-renewables-international-energy-agency.

13. https://www.elektormagazine.com/news/thinking-the-unthinkable-strategy-options-for-an-age-of-disruption-in-the-energy-industry.

14. https://en.wikipedia.org/wiki/Tesla_Model_S.

15. https://cleantechnica.com/2017/09/05/10492-tesla-model-s-maintenance-charging-costs-300000-miles/.

16. https://insideevs.com/ghosn-ev-sales-are-driven-by-mainly-state-and-company-incentives/.

17. https://electrek.co/2017/01/30/electric-vehicle-battery-cost-dropped-80-6-years-227kwh-tesla-190kwh/.

18. https://www.mckinsey.com/business-functions/sustainability-and-resource-productivity/our-insights/battery-technology-charges-ahead.

19. "Lithium-Ion Battery Costs and Market," Claire Curry, Bloomberg New Energy Finance, https://data.bloomberglp.com/bnef/sites/14/2017/07/BNEF-Lithium-ion-battery-costs-and-market.pdf.

20. https://www.reuters.com/article/us-australia-power-tesla/tesla-switches-on-giant-battery-to-shore-up-australias-grid-idUSKBN1DV3VRandhttps://www.technologyreview.com/s/603531/tesla-just-added-a-huge-stack-of-batteries-to-the-california-power-grid/.

21. https://www.technologyreview.com/s/608273/grid-batteries-are-poised-to-become-cheaper-than-natural-gas-plants-in-minnesota/.

22. http://energyfuse.org/the-second-automotive-revolution-implications-for-the-oil-industry/.

23. https://www.platts.com/latest-news/metals/dublin/lithium-supply-to-outweigh-demand-by-2018-cobalt-26720886.

24. http://energypost.eu/can-renewables-avoid-fate-nuclear-power/.

25. https://www.iea.org/publications/freepublications/publication/GlobalEVOutlook2017.pdf.

26. http://energypost.eu/wake-call-oil-companies-electric-vehicles-will-bigger-impact-oil-demand-think.

27. https://www.lazard.com/perspective/levelized-cost-of-energy-2017/.

28. https://www.rethinkx.com/transportation.

附录

附录 A 术语定义（英汉对照）

accumulator 蓄电池：参见 secondary battery（二次电池）。

activated stand life 活化态储存寿命：电池以荷电状态在规定温度下的储存时间期限，其间储存后的电池放电容量仍然不低于规定的要求。

activation 活化：通过引入电解质、将电池浸入电解质或其他手段使储备电池具备工作能力的过程。

activation polarization 活化极化：由电极反应的电荷迁移步骤引起的极化，参见 polarization（极化）。

active cell or battery 活化电池或电池组：包含有所有组成的电池或电池组处于荷电、随即可以放电的状态（和储备电池或储备电池组不同）。

active material 活性物质：在电池电极中参与充电或放电过程电化学反应的材料。

adsorption 吸附：通过化学或分子作用使一种物质或介质摄取或存留在另一种物质上。

aging 老化：由于重复使用或经历长的时间引起了容量的永久性损失。

ambient temperature 环境温度：周围环境的平均温度。

Ampere-hour capacity（Amp-hour capacity） 安时容量：电池或电池组在指定条件下放电时，测量到的以安时（A·h）表示的容量。

Ampere-hour efficiency（Amp-hour efficiency） 安时效率：在特定条件下，蓄电池或电池组的输出（以 A·h 为单位）与恢复其初始充电状态所需的输入之间的比值（也称为库仑效率）。

anion 阴离子：在电解质中带负电荷的离子。

anode 阳极：电化学电池中发生氧化反应的电极。在放电过程中，电池的负极即为阳极。而在可充电电池（rechargeable battery）中，充电时情况相反，此时电池的正极即为阳极。

anolyte 阳极电解质区：在电化学电池中，指的是紧邻阳极部分的电解质。如果存在隔膜，指的是隔膜阳极侧的电解质。

aprotic solvent 质子惰性溶剂：一种可能含有氢原子但不含有任何具有反应活性质子的非水溶剂。

available capacity 有效（可用）容量：在规定的放电速率和其他规定的放电或工作条件下，从电池或电池组中可以获得的总容量（A·h）。

battery 电池组：一个或多个电化学电池以串联、并联或串并联组合在一起，以提供所需要的工作电压和电流水平，包括监测设备、控制设备和其他辅助件（熔断丝、二极管）、壳体（外壳）、极柱（端子）和标志（标记）等。

bipolar plate 双极性极板：正、负极活性物质分别处于电子导电板的两侧所构成的电极结构。

bobbin　碳包：一个圆柱形电极（通常是正极），由活性材料、导电材料（如炭黑）、电解质和/或黏结剂混合压制而成，中央有一个导电棒或其他集流体。

boost charge　升压充电：给储存中的电池充电，以维持其容量并抵消自放电影响。

boundary layer　边界层：紧邻电极表面的电解质溶液，由于电极过程的影响，该层中会发生浓度变化。

C rate　C（倍）率：以安培（A）为单位的电池放电电流或充电电流，表示为额定容量安时（A·h）的倍数：

$$I = MC_n$$

式中　I——电流，A；

　　C——电池额定容量，A·h；

　　n——额定容量规定的小时数；

　　M——C 的倍数或其分数。

例如，对于额定容量为 $5A·h$ 的电池，以 $0.05C$ 或 $C/20$ 的放电倍率放电时，放电电流为 $250mA$：

$$I = MC_{0.2} = 0.05 \times 5 = 0.250(A)$$

相反，对于额定容量为 $300mA·h$ 的电池，以 $0.5C$ 或 $C/2$ 的放电倍率放电时，如果实际放电电流为 $30mA$，则放电倍率为 $0.1C$ 或 $C/10$，计算如下：

$$M = I/C_{0.5} = 0.030/0.300 = 0.1C \text{ 或 } C/10$$

capacitance current　电容电流：用于充电双电层的电池电流的一部分。

capacity　容量：在规定放电条件下，从完全充电的电池或电池组中可提取的总安时数（A·h）；也可参见 available capacity（有效容量）、rated capacity（额定容量）。

capacity fade　容量衰减：蓄电池在循环使用过程中的容量逐渐损失。

capacity retention　容量保持能力：在特定放电条件下，电池在存放一段时间后保持原始容量的能力。

cathode　阴极：在电化学电池中发生还原反应的电极。在放电时，电池的正极就是阴极。在可充电电池中充电时，情况相反，电池的负极变为阴极。

catholyte　阴极电解质区：在电化学电池中紧邻阴极的电解质部分；如果存在隔膜，则指隔膜阴极侧的电解质。

cation　阳离子：在电解质中带正电荷的离子。

cell　电池：通过化学能的直接转换提供电能的基本电化学单元，它由电极、隔膜、电解质、容器和端子（极柱）组成。

charge　充电：外部电源以电流形式提供的电能，在电池或蓄电池内部转化为化学能的过程。

charge acceptance　充电接受能力：电池接受充电的能力。可能受温度、充电速率和充电状态的影响。

charge control　充电控制：用于有效终止可充电电池充电的技术。

charge efficiency　充电效率：参见 efficiency（效率）。

charge rate　充电速率（又称充电倍率）：加载于蓄电池或蓄电池组使其恢复容量的电流。该充电速率通常以电池或电池组的额定容量的倍数来表示。例如，一个 $500A·h$ 电池或蓄电池（以 $0.2C$ 的速率获得）的 $C/10$ 充电速率表示为：

$$C_{0.2}/10=500\text{A}\cdot\text{h}/10=50\text{A}$$

charge retention　荷电保持能力：参见 capacity retention（容量保持能力）。

closed-circuit voltage（CCV）　闭路电压：在规定的负载下，电池或电池组放电时的电压。

concentration polarization　浓差极化：电流通过时，由于电极表面电解质中离子耗尽，导致电池反应物和产物的浓度梯度，从而产生的极化现象，参见 polarization（极化）。

conditioning　调节循环：对电池进行充电和放电，以确保其处于良好状态。有时在电池首次投入使用或长期存放后重新投入使用时进行此操作，参见 formation（化成）。

constant-current charge　恒流充电：采用几乎不变的电流对电池充电的方法。

constant-voltage charge　恒（电）压充电：通过施加固定电压并为电流变化留出空间来为电池充电的方法。也称为恒电位充电。

continues test　连续测试：一种测试方法，其中电池在不中断的情况下放电至规定的终止电压。

coulometer　库仑计（又称电量计）：一种电化学或电子设备，能够积分电流-时间曲线，用于充电控制和测量充电输入和放电输出。结果通常以安时（$\text{A}\cdot\text{h}$）表示。

counter electromotive force　反电动势：电化学电池中与外部施加电压相反的电压，也称为反向电动势。

couple　电对：参加电化学反应的正极与负极材料的组合，可以在反应确定的电压下产生电流。

reepage　爬液：电解液移动到电极或其他电池组件的表面，而这些表面通常与其不接触。

current collector　集流体：具有高导电性的惰性部件，用于在放电或充电过程中将电流从电极传导出去或传导到电极上。

current density　电流密度：电极表面上单位活性面积上的电流。

cutoff voltage　终止电压：放电终止时的电池电压，也称为截止电压（end voltage）。

cycle　循环：二次电池（蓄电池）的放电以及随后或之前的充电，以便将其恢复到原始状态。

cycle life　循环寿命：在规定的条件下，二次电池能够提供的循环次数，直到其无法达到规定的性能标准为止。

cycle service　循环使用：一种循环制度，其特征是频繁的、通常也是深度的一系列放电-充电。例如，作为动力应用的情况。

deep discharge　深（度）放电：电池至少放出其额定容量的 80%。

density　密度：在规定温度下，材料的质量与其体积的比。

depolarization　去极化：减少电极的极化。

depolarizer　去极化剂：用于防止极化增加的物质或方法。术语"去极化剂"通常用于描述原电池（一次电池）的正极或阴极。

depth of discharge（DOD）　放电深度：放电时电池或电池组放出的电量（通常以 $\text{A}\cdot\text{h}$ 计）与其额定容量的比。

desorption　脱附（或解吸）：与吸附相反的过程，即介质中保留的材料被释放。

diaphragm　隔膜：一种用于将电化学电池的正负极室隔开的多孔或可渗透的材料，它能防止正极溶液区与负极溶液区的混合。

diffusion　扩散：粒子在浓度梯度作用下的移动。

discharge　放电：将电池或电池组的化学能转化为电能，并将电能释放到负载中的过程。

discharge rate　放电速率：通常以安培（A）表示的由电池或电池组提供的电流大小。

double layer　双电层：在电极-电解质界面的一个区域，此处可移动离子的浓度因界面上的电位差而与本体平衡浓度不同。

double-layer capacitance　双电层电容：电极-电解质界面上双电层的电容。

dry cell　干电池：具有不流动电解质的电池。术语"干电池"通常用于描述勒克朗谢电池。

dry charged battery　干荷电电池：电极处于充电状态的电池，只需添加电解质即可激活。

duplex electrode or plate　双元电极板：参见 bipolar plate（双极性极板）。

duty cycle　工作循环：电池或蓄电池的工作模式，包括充电和放电速率、放电深度、循环寿命以及待机时间等因素。

E rate　E 倍率：以瓦特（W）为单位的放电或充电功率，表示为额定能量的倍数，以瓦时（W·h）表示：

$$P = ME_n$$

式中　P——功率，W；

　　　E——电池额定能量，W·h；

　　　n——电池获得额定能量的时间，h；

　　　M——E 的倍数或分数。

例如，一个电池在额定时间 5h 下以 $0.2E$ 或 $E/5$ 的速率放电，其 $0.05E$ 或 $E/20$ 的放电功率为 250mW。计算如下：

$$P = ME_{0.2} = 0.05 \times 5 = 0.250(W)$$

相反地，一个在 $0.5E$ 或 $E/2$ 下获得额定能量为 300mW·h 的电池，以 30mW 的功率放电，其放电速率为 $0.1E$ 或 $E/10$，计算如下：

$$M = P/E_{0.5} = 0.030/0.300 = 0.1$$

efficiency　效率：在规定条件下，二次电池或蓄电池放电时的输出与恢复到初始充电状态所需的输入之间的比率，参见 Ampere-hour efficiency（安时效率）、energy efficiency（能量效率）、voltage efficiency（电压效率）和 Watt-hour efficiency（瓦时效率）。

electrical double layer　电双层：参见 double layer（双电层）。

electrocapillarity　电毛细现象：液态汞与电解质溶液之间的表面张力因界面上的电位差而发生变化。这种效应称为电毛细现象。

electrochemical cell　电化学电池：一种电池，其中的电化学反应是通过提供电能而引发的，或者该电池因电化学反应而提供电能。如果仅有第一种情况，则该电池为电解池；如果仅有第二种情况，则该电池为原电池。

electrochemical couple　电化学电对：参见 couple（电对）。

electrochemical equivalent　电化学当量：被电解物质一个当量的克原子量或克分子量

除以电极反应中的电子数，参见 Faraday（法拉第常数）。

electrochemical series　电化学序列：根据特定电化学反应的标准电位值对元素进行的一种分类。

electrode　电极：发生电化学反应的位点、区域或位置。

electrode potential　电极电位：单个正电极或负电极相对于标准参比电极（通常为标准氢电极）所产生的电压。两个电极之间的电压代数差等于电池电压。

electroformation　电化成：将正、负极材料转化为它们各自的活性材料的过程，也可以参考 formation（化成）。

electrolyte　电解质：为电池的正、负电极之间提供离子传输机制的介质。

electromotive force（EMF）　电动势：特定电化学反应的标准电位。

electromotive series　电活性序列：参见 electrochemical series（电化学序列）。

electron　电子：带一个负电荷的基本粒子。

element　单体电池：由负极、正极和隔板组成的整体，只用于描述铅酸电池和电池组。

end voltage　截止电压：指规定的电压，在此电压下，电池的放电过程（对于充电则是充电过程电压）被视为完成，也称为 cutoff voltage（终止电压）。

energy density　体积比能量（或能量密度）：电池的有效能量与其体积的比（W·h/L），参见 specific energy（比能量）。

energy efficiency　能量效率：参见 Watt-hour efficiency（瓦时效率）。

equalization　均衡：使电池组中所有电池单体恢复到相同荷电状态的过程。

equilibrium electrode potential　平衡电极电位：当电极与电解质对于决定电极电位的电极反应处于平衡状态时，它们之间的电位差。

equivalent circuit　等效电路：模拟设备（例如电池）或电路基本特性的电路。

exchange current　交换电流：在开路条件下，电化学过程的正向和反向电流相等且方向相反。在一个方向上的平衡电流被定义为交换电流。

Faraday　法拉第常数：电解每一电化学当量物质所需的电量。符号为 F，单位是库仑每摩尔（C/mol），其值为 96485.3365 C/mol。

fast charge　快速充电：一种充电方法，通常在几小时内将可充电电池恢复到额定容量。

Fauré plate　富尔极板：参见 pasted plate（涂膏极板）。

flash current　参见 short-circuit current（短路电流）。

flat-plate cell　平板电池：由矩形平板电极制造的电池（也称方形电池）。

float charge　浮充电：通过连续、长时间的恒定电压充电，以维持电池处于充电状态的方法，充电水平应足以平衡自放电。

flooded cell　富液电池：包含过量电解质的电池。

forced discharge　强制放电：使电池或电池组放电至 0V 以下，一直到反极（电压反转）状态。

formation　化成：通过电化学处理使电池电极的活性材料转化为可用形态的过程。

fuel cell　燃料电池：一种原电池，其中的活性材料从电池外部连续供应，并连续去除反应产物，从而将化学能转化为电能。

Galvanic cell　原电池（又称伽伐尼电池）：一种通过电化学反应将化学能转换为电能的

电化学电池。

　　gas recombination　气体复合：一种抑制充电过程中氢气产生的方法，通过电池接近满充时负极上氧气的复合来实现。使用这种方法的电池通常负极容量过量。

　　gassing　析气：电池中一个或多个电极释放气体的过程。析气通常是由于局部作用（自放电）或在充电过程中电解质电解产生的。

　　grid　板栅：在极板或电极中，用来支持或保留活性物质并作为集流体的骨架。

　　group　电极组：一组正极板或负极板，可装配在电池中。

　　half-cell　半电池：浸没在适当电解质中的一种电极（负极或正极）。

　　hourly rate　小时放电率：一种以安培（A）为单位的放电率；它在指定的小时数内放电至规定的终止电压。

　　hydrogen electrode　氢电极：用纯氢气流饱和的镀铂电极，浸没在已知酸度（pH 值）的电解质中。

　　hydrogen overvoltage　氢过电位：氢在电极上析出时的活化过电位。

　　initial（closed-circuit）voltage　起始（闭路）电压：在指定负载下放电开始时的负载电压。

　　inner Helmholtz plane　内亥姆霍兹平面：溶液中离子最接近电极的平面，即包含吸附离子和最内层水分子的平面。

　　intermittent test　间歇测试：一种测试，其中电池按照指定的放电制度交替放电和搁置。

　　internal impedance　内阻抗：电池或电池组在特定频率交流电流下的阻抗。

　　internal resistance　内阻：电池内部电流流动时的电阻；它是电池各组件离子电阻和电子电阻的总和。

　　ion　离子：溶液中带有负电荷或正电荷的粒子。

　　IR drop　欧姆电压降（又称 IR 压降）：电池或电池单元的电阻（R）与电流（I）所产生的电压。其值是欧姆电阻（Ω）与安培电流（A）的乘积。

　　life　寿命：蓄电池能够满足其性能要求的期限，以年（浮充寿命）或充电/放电循环次数（循环寿命）来表示。

　　load　负载：表示直接施加或通过电阻施加在电池上的电流损耗。

　　local action　局部反应：电池内部发生的化学反应，将活性物质转化为放电状态，但不通过电池端子提供能量（自放电）。

　　Luggin capillary　鲁金毛细管：作为连接外部参比电极与电池电解质溶液的"桥梁"。为了最小化 IR 压降，通常将毛细管置于靠近工作电极的位置，这种毛细管被称为鲁金毛细管。

　　maintenance-free battery　免维护电池：一种不需要定期"补充"以维持电解液体积的二次电池。

　　maximum-power discharge current（I_{mp}）　最大功率放电电流：向外部负载传递最大功率时的放电率。如果放电完全是一个纯电阻模式，则放电电压约为开路电压一半时的放电率即为该放电率。

　　mechanical recharging　机械充电：通过更换已消耗或已放电的电极以恢复电池容量的过程。

memory effect　记忆效应：一种现象，其中电池在连续循环中操作到相同的放电深度但小于完全放电深度的状态时，其放电电压会降低，并暂时失去在正常电压水平下的剩余容量（参见第 15 章）。

midpoint voltage　中值电压：电池处于满荷电状态和终止电压之间放电中点的电压。

migration　迁移：荷电粒子在电位梯度作用下的移动。

motive power battery　动力电池：参见 traction battery（牵引电池）。

negative electrode　负极：电池或电池组放电时作为阳极的电极。

negative-limited　负极受限：电池或电池单元的操作特性（性能）受限于负极。

nominal voltage　额定电压：电池的特征工作电压或标称电压，与 midpoint voltage（中值电压）、working voltage（工作电压）等不同。

off-load voltage　空载（断开负载）电压：参见开路电压。

Ohmic overvoltage　欧姆过电压：由电解质中的欧姆压降引起的过电压。

on-load voltage　负载电压：电池或电池单元在特定负载下放电时，两个极柱的电压差。

open-circuit voltage（OCV）　开路电压：当电路断开时（无负载状态），电池两个极柱之间的电压差。

outer Helmholtz plane　外亥姆霍兹平面：没有接触吸附但靠近电极的离子（周围有一层溶剂化水分子）的最接近的平面。

overcharge　过充电（过充）：当电池中的活性物质已完全转变为荷电状态时，强制电流继续通过电池。换句话说，就是在达到 100％充电状态后继续充电。

overdischarge　过放电（过放）：电池放电超过其全部容量。

overvoltage　过电位：电极的平衡电位与施加极化电流时的电极电位之间的电位差。

oxygen recombination　氧复合：充电时在正极上产生的氧在负极上发生反应的过程。

paper-lined cell　纸板电池：电池结构的一种，其中一层浸有电解质的纸作为隔板（隔膜）。

parallel　并联：用于描述电池或电池组之间连接方式的术语，其中所有相同极性的端子（极柱）都连接在一起。并联连接按以下方式增加所得电池的容量：

$$C_p = nC_u$$

式中　C_p——并联电池总容量；

n——并联的电池或电池组数量；

C_u——未连接时电池或电池组的容量。

passivation　钝化：尽管电极处于热力学不稳定状态，但其表面状态仍保持不被侵蚀的一种现象。

paste　涂膏：应用于铅酸电池正极与负极板栅的多种化合物的混合物。这些膏状物随后转化为正、负极活性材料（参见化成）。

paste-lined cell　浆糊状电池：一种勒克朗谢电池，采用一层黏稠性糊状物作为隔膜。

pasted plate　涂膏极板：将活性物质以膏状形式涂覆到网栅或支撑条上制成的极板。

Planté plate　普朗特极板：在铅酸电池中通过电化学处理，在铅基体上直接形成活性物质的极板。

plate　极板：一种含有活性物质并牢固附着在网栅或导体上的结构。

pocket plate　袋式极板：一种用于二次电池的极板，其中的活性材料被保持在支撑条上的穿孔金属袋中。

　　polarity　　极性：表示正极或负极的电位。

　　polarization　　极化：由于电流通过，电池或电极的电位从其平衡值发生变化的现象，包括活化极化、浓差极化和欧姆极化等现象。

　　positive electrode　　正极：电池或电池组放电时作为阴极的电极。

　　positive limited　　正极受限：电池或电池单元的操作特性（性能）受限于正极。

　　power density　　功率密度：电池的有效功率与其体积之比（W/L），参见 specific power（比功率）。

　　primary cell or battery　　原电池或原电池组：设计为不充电并在释放完所有电能后被丢弃的电池或电池组。

　　prismatic cell　　方形电池：参见 flat-plate cell（平板电池）。

　　rate constant　　速率常数：在平衡状态下，电极过程的正向和反向法拉第电流相等，称为交换电流。该交换电流可以用速率常数来定义，称为电极过程的标准异相速率常数。

　　rated capacity　　额定容量：电池在特定条件下（放电倍率、终止电压、温度等）可以提供的安时（A·h）容量；该值通常由制造商规定。

　　recharge　　再充电：参见 charge（充电）。

　　rechargeable battery　　可充电电池：参见 secondary battery（二次电池或蓄电池）。

　　recombination　　复合：在密封电池结构中使用的术语，指通过氧气与负极活性材料的反应来减轻内部压力的过程。

　　recovery　　恢复：参见 recuperation（再极化）。

　　recuperation　　再极化：电池在搁置（休息）期间极化降低的过程。

　　redox cell　　氧化还原电池：一种二次电池，其中两种可溶性离子反应物通过隔膜分隔，形成活性材料。

　　reference electrode　　参比电极：一种特殊选择的电极，具有可重现的电位，可用于测量其他电极的电位，参见 hydrogen electrode（氢电极）。

　　reserve cell or battery　　储备电池或储备电池组：能以惰性状态储存的电池或电池组；通过添加电解质、另一个电池组分或热电池熔化固态电解质，使其可供使用。

　　reversal　　反极：电池或电池组的正常极性发生了改变。

　　secondary battery　　二次电池：即蓄电池，放电后可以通过相反方向的电流使其恢复到荷电状态的电化学电池。

　　self-discharge　　自放电：由于内部化学反应（局部反应）引起的电池或电池组有用容量的损失。

　　semipermeable membrane　　半透膜：一种允许特定离子通过的薄膜。

　　separator　　隔膜：一种离子可渗透、电子不导电的隔离物或材料，用于防止同一电池中正、负极之间的电子接触。

　　series　　串联：电池或电池组的相互连接方式，第一个电池的正极极柱与第二个电池的负极极柱相连，以此类推。通过串联连接，按以下方式增加所得电池组的电压：

$$V_s = nV_u$$

式中　　V_s——串联电池总电压；

　　　　n——串联的电池或电池组数目；

V_u——未连接电池或电池组的电压。

service life 使用寿命：原电池在达到预定终止电压之前的有效使用期限。

shallow discharge 浅放电：二次电池仅放电其总容量的一小部分。

shape change 形变：在充放电循环过程中，由于活性材料的迁移，电极形状发生变化。

shedding 脱落：在循环过程中，活性物质从极板上损失的现象。

shelf life 储存寿命：电池或电池组在规定条件下的储存期限；在该期限内，电池可以保持其提供规定性能的能力。

short-circuit current 短路电流：在电阻可忽略不计的电路中，从电池获得的电流的初始值。

sintered electrode 烧结电极：一种电极结构，其中活性物质沉积在由金属粉末烧结成的多孔金属基体的间隙中。

SLI battery 启动、照明与点火电池：一种设计为启动内燃机并在发动机不运行时为汽车电气系统供电的电池。代表性的是铅酸电池。

specific energy 比能量：电池或电池组的能量输出与其质量之比（W·h/kg），参见 energy density（能量密度）。

specific gravity 相对密度：溶液的相对密度是溶液的质量与在规定温度下同体积水的质量的比值。

specific power 比功率：全称为质量比功率，电池或电池组的输出功率与其质量的比值（W/kg），参见 power density（功率密度）。

spirally wound cell 卷绕式电池：一种圆柱形电池，其电极结构由将电极和隔膜卷绕成圆柱形类似"果冻卷"的结构制成。

standard electrode potential 标准电极电位：当参与电极反应的所有组分都处于标准状态时，电极电位的平衡值。

standby battery 备用电池：一种设计用于在主电源故障时应急使用的电池。

starved electrolyte cell 贫液电池：一种含有很少或没有自由液体电解质的电池。这使得气体在充电过程中能够到达电极表面，并促进气体的复合。

state-of-charge（SOC） 荷电状态：电池中可用容量，以额定容量的百分比表示。

stationary battery 固定型电池：一种设计为在固定位置使用的二次电池。

storage battery 蓄电池：参见 second battery（二次电池）。

storage life 储存寿命：参见 shelf life（储存寿命）。

sulfation 硫酸盐化：在铅酸电池中发生的过程，当电池储存时长时间自放电会形成大的硫酸铅晶体，影响活性材料的功能。

taper charge 渐进式充电：一种充电制度，当电池处于低荷电状态时，提供适中的高充电电流，并随着电池充电的进行，逐渐降低充电电流至较低速率（或倍率）。

thermal runaway 热失控：即电池在充电或放电过程中会因内部产生的热量而过热并自行损坏的情况，这种热量由过高的过充或过放电流或其他滥用条件引起。

traction battery 牵引电池：一种为电动车辆或电动移动设备在深度循环模式下运行提供动力的二次电池。

transfer coefficient 传递系数：传递系数决定了系统电能中有多少比例来源于电位偏离

平衡值的部分，这一偏离会影响电化学转化的速率（参见第 4 章）。

transference number　迁移数：电解质溶液中由阳离子携带的总电池电流的比例称为"阳离子迁移数"。类似地，由阴离子携带的总电流的比例称为"阴离子迁移数"。

transition time　过渡时间：电极过程从恒定电流开始到电位发生突变所需的时间，表示新的电极过程正在控制电极电位。

trickle charge　涓流充电：以较低的倍率进行充电，通过局部作用和/或定期放电来平衡损失，以保持电池完全充电的状态。

tubular plate　管状极板：采用穿孔金属或聚合物管容纳活性物质的一种电池极板。

unactivated shelf life　未激活储存寿命：在规定的温度和环境条件下，未激活或储备电池在性能下降到规定容量之前可以存放的时间。

vent　排气机构：通常密封的机构，允许电池内部的气体在受控的情况下逸出。

vented cell　开口电池：一种电池设计，包含排气机构，以释放操作过程中或滥用电池时产生的过压和气体。

voltage delay　电压滞后时间：电池在承受负载后延迟提供所需工作电压的时间。

voltage depression　电压压降（又称电压低谷）：电池放电过程中出现的异常低电压，低于预期值。

voltage efficiency　电压效率：在规定的充电与放电条件下，放电期间的平均电压与充电期间的平均电压之比。

Watt-hour capacity　瓦时容量：在规定的条件下，电池或电池组能够输出的能量，通常用瓦时（W·h）表示。

Watt-hour efficiency　瓦时效率：在规定的充电与放电条件下，电池放电提供的瓦时（W·h）数与将其恢复到原始状态所需的瓦时（W·h）数之比。也称为能量效率。

wet shelf life　湿储存寿命：电池在充电或激活状态下可以存放的时间，直到其性能下降到规定容量以下。

working voltage　工作电压：放电期间电池的典型电压或电压范围。

附录 B 标准还原电位

附表 B.1 25℃下，电极反应的标准还原电位

电极反应	$E^{\ominus}/V$	电极反应	$E^{\ominus}/V$
$Li^+ + e^- \rightleftharpoons Li$	-3.01	$Ni^{2+} + 2e^- \rightleftharpoons Ni$	-0.23
$Rb^+ + e^- \rightleftharpoons Rb$	-2.98	$Sn^{2+} + 2e^- \rightleftharpoons Sn$	-0.14
$Cs^+ + e^- \rightleftharpoons Cs$	-2.92	$Pb^{2+} + 2e^- \rightleftharpoons Pb$	-0.13
$K^+ + e^- \rightleftharpoons K$	-2.92	$O_2 + H_2O + 2e^- \rightleftharpoons HO_2^- + OH^-$	-0.08
$Ba^{2+} + 2e^- \rightleftharpoons Ba$	-2.92	$D^+ + e^- \rightleftharpoons \frac{1}{2}D_2$	-0.003
$Li^+ + 6C + e^- \rightleftharpoons LiC_6$	-2.9	$H^+ + e^- \rightleftharpoons \frac{1}{2}H_2$	0.000
$Sr^{2+} + 2e^- \rightleftharpoons Sr$	-2.89	$HgO + H_2O + 2e^- \rightleftharpoons Hg + 2OH^-$	0.10
$Ca^{2+} + 2e^- \rightleftharpoons Ca$	-2.84	$CuCl + e^- \rightleftharpoons Cu + Cl^-$	0.14
$Na^+ + e^- \rightleftharpoons Na$	-2.71	$AgCl + e^- \rightleftharpoons Ag + Cl^-$	0.22
$Mg(OH)_2 + 2e^- \rightleftharpoons Mg + 2OH^-$	-2.67	$\gamma\text{-}MnO_2 + H_2O + e^- \rightleftharpoons \alpha\text{-}MnOOH + OH^-$	0.30
$Mg^{2+} + 2e^- \rightleftharpoons Mg$	-2.38	$Cu^{2+} + 2e^- \rightleftharpoons Cu$	0.34
$Al(OH)_3 + 3e^- \rightleftharpoons Al + 3OH^-$	-2.34	$Ag_2O + H_2O + 2e^- \rightleftharpoons 2Ag + 2OH^-$	0.35
$Ti^{2+} + 2e^- \rightleftharpoons Ti$	-1.75	$\gamma\text{-}MnO_2 + H_2O + e^- \rightleftharpoons \lambda\text{-}MnOOH + OH^-$	0.36
$Be^{2+} + 2e^- \rightleftharpoons Be$	-1.70	$\frac{1}{2}O_2 + H_2O + 2e^- \rightleftharpoons 2OH^-$	0.40
$Al^{3+} + 3e^- \rightleftharpoons Al$	-1.66	$NiOOH + H_2O + e^- \rightleftharpoons Ni(OH)_2 + OH^-$	0.45
$Zn(OH)_2 + 2e^- \rightleftharpoons Zn + 2OH^-$	-1.25	$Cu^+ + e^- \rightleftharpoons Cu$	0.52
$Mn^{2+} + 2e^- \rightleftharpoons Mn$	-1.05	$I_2 + 2e^- \rightleftharpoons 2I^-$	0.54
$Fe(OH)_2 + 2e^- \rightleftharpoons Fe + 2OH^-$	-0.88	$2AgO + H_2O + 2e^- \rightleftharpoons Ag_2O + 2OH^-$	0.57
$2H_2O + 2e^- \rightleftharpoons H_2 + 2OH^-$	-0.83	$LiCoO_2 + 0.5e^- \rightleftharpoons Li_{0.5}CoO_2 + 0.5Li^+$	约 0.70
$H^+ + M + e^- \rightleftharpoons MH$	-0.83	$Hg^{2+} + 2e^- \rightleftharpoons 2Hg$	0.80
$Cd(OH)_2 + 2e^- \rightleftharpoons Cd + 2OH^-$	-0.81	$Ag^+ + e^- \rightleftharpoons Ag$	0.80
$Zn^{2+} + 2e^- \rightleftharpoons Zn$	-0.76	$O_2 + 4H^+ (10^{-7} mol/L) + 4e^- \rightleftharpoons 2H_2O$	0.82
$Ni(OH)_2 + 2e^- \rightleftharpoons Ni + 2OH^-$	-0.72	$Pd^{2+} + 2e^- \rightleftharpoons Pd$	0.83
$Ga^{3+} + 3e^- \rightleftharpoons Ga$	-0.52	$Ir^{3+} + 3e^- \rightleftharpoons Ir$	1.00
$S + 2e^- \rightleftharpoons S^{2-}$	-0.48	$Br_2 + 2e^- \rightleftharpoons 2Br^-$	1.08
$Fe^{2+} + 2e^- \rightleftharpoons Fe$	-0.44	$O_2 + 4H^+ + 4e^- \rightleftharpoons 2H_2O$	1.23
$Cd^{2+} + 2e^- \rightleftharpoons Cd$	-0.40	$MnO_2 + 4H^+ + 2e^- \rightleftharpoons Mn^{2+} + 2H_2O$	1.23
$PbSO_4 + 2e^- \rightleftharpoons Pb + SO_4^{2-}$	-0.36	$Cl_2 + 2e^- \rightleftharpoons 2Cl^-$	1.36
$In^{3+} + 3e^- \rightleftharpoons In$	-0.34	$PbO_2 + 4H^+ + 2e^- \rightleftharpoons Pb^{2+} + 2H_2O$	1.46
$Tl^+ + e^- \rightleftharpoons Tl$	-0.34	$PbO_2 + SO_4^{2-} + 4H^+ + 2e^- \rightleftharpoons PbSO_4 + 2H_2O$	1.69
$Co^{2+} + 2e^- \rightleftharpoons Co$	-0.27	$F_2 + 2e^- \rightleftharpoons 2F^-$	2.87

附录 C 电池材料的电化学当量

附表 C.1 电池材料的电化学当量

材料	符号	原子序数	原子量	密度 /(g/cm³)	价态	电化学当量		
						A·h/g	g/(A·h)	A·h/cm³
元素								
铝	Al	13	26.98	2.699	3	2.98	0.335	8.05
锑	Sb	51	121.75	6.62	3	0.66	1.514	4.37
砷	As	33	74.92	5.73	3	1.79	0.559	10.26
钡	Ba	56	137.34	3.78	2	0.39	2.56	1.47
铍	Be	4	9.01	—	2	5.94	0.168	—
铋	Bi	83	208.98	9.80	3	0.385	2.59	3.77
硼	B	5	10.81	2.54	3	7.43	0.135	18.87
溴	Br	35	79.90	—	1	0.335	2.98	—
镉	Cd	48	112.40	8.65	2	0.477	2.10	4.15
铯	Cs	55	132.91	1.87	3	0.574	1.74	1.07
钙	Ca	20	40.08	1.54	2	1.34	0.748	2.06
碳	C	6	12.01	2.25	4	8.93	0.112	20.09
氯	Cl	17	35.45	—	1	0.756	1.32	
铬	Cr	24	52.00	6.92	3	1.55	0.647	10.72
钴	Co	27	58.93	8.71	2	0.910	1.10	7.93
铜	Cu	29	63.55	8.89	2	0.843	1.19	7.49
					1	0.422	2.37	3.75
氟	F	9	19.00	—	1	1.41	0.709	—
金	Au	79	197.00	19.3	1	0.136	7.36	2.62
氢	H	1	1.008	—	1	26.59	0.0376	—
铟	In	49	114.82	7.28	3	0.701	1.43	5.10
碘	I	53	126.90	4.94	1	0.211	4.73	1.04
铁	Fe	26	55.85	7.85	2	0.96	1.04	7.54
					3	1.44	0.694	11.30
铅	Pb	82	207.2	11.34	2	0.259	3.87	2.94
锂	Li	3	6.94	0.534	1	3.86	0.259	2.06
镁	Mg	12	24.31	1.74	2	2.20	0.454	3.83
锰	Mn	25	54.94	7.42	2	0.976	1.02	7.24
汞	Hg	80	200.59	13.60	2	0.267	3.74	3.63
钼	Mo	42	95.94	10.2	6	1.67	0.597	17.03
镍	Ni	28	58.71	8.6	2	0.913	1.09	7.85
氮	N	7	14.01	—	3	5.74	0.174	—
氧	O	8	16.00	—	2	3.35	0.298	—
铂	Pt	78	195.09	21.37	4	0.549	1.82	11.73
钾	K	19	39.10	0.87	1	0.685	1.46	0.59
银	Ag	17	107.87	10.5	1	0.248	4.02	2.60
钠	Na	11	22.99	0.971	1	1.17	0.858	1.14
硫	S	16	32.06	2.0	2	1.67	0.598	3.34
锡	Sn	50	118.69	7.30	4	0.903	1.11	6.59
钒	V	23	50.95	5.96	5	2.63	0.380	15.67
锌	Zn	30	65.38	7.1	2	0.820	1.22	5.82
锆	Zr	40	91.22	6.44	4	1.18	0.851	7.60

材料	符号	分子量	密度 /(g/cm³)	价态	电化学当量		
					A·h/g	g/(A·h)	A·h/cm³
化合物							
三氧化二铋	Bi_2O_3	466	8.5	6	0.345	2.90	2.97
三氟化铋	BiF_3	265.9	—	3	0.302	3.31	—
铬酸钙	$CaCrO_4$	156.1	—	2	0.34	2.90	—
氟化碳	CF_x	31	2.7	1	0.862	1.16	2.32
氟化钴	CoF_2	96.9	—	2	0.553	1.81	
氯化亚铜	$CuCl$	99	3.5	1	0.27	3.69	0.95
氯化铜	$CuCl_2$	134.5	3.1	2	0.40	2.50	1.22
氟化铜	CuF_2	101.6	2.9	2	0.528	1.89	1.52
氧化铜	CuO	79.6	6.4	2	0.67	1.49	4.26
硫酸铜	$CuSO_4$	159.6	3.6	2	—	—	—
硫化铜	CuS	95.6	4.6	2	0.56	1.79	2.57
硫化亚铁	FeS	87.9	4.84	2	0.61	1.64	2.95
二硫化铁	FeS_2	119.9	4.87	4	0.89	1.12	4.35
氟化铁	FeF_3	112.8	—	3	0.712	1.40	
铋酸铅	$Pb_2Bi_2O_5$	912	9.0	10	0.29	3.41	2.64
氯化铅	$PbCl_2$	278.1	5.8	2	0.19	5.18	1.12
二氧化铅	PbO_2	239.2	9.3	2	0.22	4.45	2.11
碘化铅	PbI_2	461	6.2	2	0.12	8.60	0.72
四氧化三铅	Pb_3O_4	685	9.1	8	0.31	3.22	2.85
硫化铅	PbS	239.3	7.5	2	0.22	4.46	1.68
碳化锂	LiC_6	79.0	—	1	0.372[1]	2.69[1]	
氧化钴锂	$LiCoO_2$	98	5.05	0.55	0.150	6.67	0.757
磷酸铁锂	$LiFePO_4$	117.7	3.60	1	0.160	6.25	0.576
氧化锰锂（尖晶石）	$Li_{1.1}Mn_{1.9}O_2$	144.0	4.18	1	0.120	8.33	0.502
氧化镍锰钴锂（NMC）	$Li(Ni_{1/3}Mn_{1/3}Co_{1/3})O_2$	96.4	4.77	0.59	0.163	6.13	0.777
二氧化锰	MnO_2	86.9	5.0	1	0.31	3.22	1.54
三氟化锰	MnF_3	111.9	—	3	0.719	1.39	
氧化汞	HgO	216.6	11.1	2	0.247	4.05	2.74
三氧化钼	MoO_3	143	4.5	1	0.19	5.26	0.84
氟化镍	NiF_2	96.7	—	2	0.554	1.80	
羟基氧化镍	$NiOOH$	91.7	7.4	1	0.29	3.42	2.16
二硫化三镍	Ni_3S_2	240	—	4	0.47	2.12	
氯化银	$AgCl$	143.3	5.56	1	0.19	5.26	1.04
铬酸银	Ag_2CrO_4	331.8	5.6	2	0.16	6.25	0.90
氧化银（Ⅰ）	Ag_2O	231.8	7.1	2	0.23	4.33	1.64
氧化银（Ⅱ）	AgO	123.9	7.4	2	0.43	2.31	3.20
二氧化硫	SO_2	64	1.37	1	0.419	2.39	
硫酰氯	SO_2Cl_2	135	1.66	2	0.397	2.52	
亚硫酰氯	$SOCl_2$	119	1.63	2	0.450	2.22	
五氧化二钒	V_2O_5	181.9	3.6	1	0.15	6.66	0.53

① 仅基于碳的质量。

附录 D 标准符号和常数

附表 D.1　国际单位制基本单位

量	单 位	符 号	量	单 位	符 号
长度	米	m	热力学温度[①]	开尔文	K
质量	千克	kg	物质的量	摩尔	mol
时间	秒	s	发光强度	坎德拉	cd
电流	安培	A			

① 摄氏温度通常表示为摄氏度（℃）。

注：来源于 D. G. Fink 和 W. Beaty（eds.）《工程师标准手册》，第 12 版，McGraw-Hill，New York，1987；经许可，摘自 IEEE 标准 168—1982。

附表 D.2　国际单位制十进制系数前缀

系 数	前 缀	符 号	系 数	前 缀	符 号
10^{18}	exa	E	10^{-1}	deci	d
10^{15}	peta	P	10^{-2}	centi	c
10^{12}	tera	T	10^{-3}	milli	m
10^{9}	giga	G	10^{-6}	micro	μ
10^{6}	mega	M	10^{-9}	nano	n
10^{3}	kilo	k	10^{-12}	pico	p
10^{2}	hecto	h	10^{-15}	femto	f
10^{1}	deka	da	10^{-18}	atto	a

注：来源于 D. G. Fink 和 W. Beaty（eds.）《工程师标准手册》，第 12 版，McGraw-Hill，New York，1987；经许可，摘自 IEEE 标准 168—1982。

附表 D.3　希腊字母

希腊字母		希腊语名称	英语对应	希腊字母		希腊语名称	英语对应
A	α	alpha	a	N	ν	nu	n
B	β	beta	b	Ξ	ξ	xi	x
Γ	γ	gamma	g	O	o	omicron	ŏ
Δ	δ	delta	d	Π	π	pi	p
E	ϵ	epsilon	ĕ	P	ρ	rho	r
Z	ζ	zeta	z	Σ	σ	sigma	s
H	η	eta	ē	T	τ	tau	t
Θ	θ	theta	th	Υ	υ	upsilon	u
I	ι	iota	i	Φ	ϕ	phi	ph
K	κ	kappa	k	X	χ	chi	ch
Λ	λ	lambda	l	Ψ	ψ	psi	ps
M	μ	mu	m	Ω	ω	omega	ō

单　　位	符　号	注　　释
安培	A	国际单位制中电流单位
安时	A·h	
埃	Å	$1Å = 10^{-10}$ m
大气压,标准	atm	$1atm = 101325 N/m^2$ 或 Pa
大气压,技术	at	$1at = 1kgf/cm^2$
原子量单位(标准)	u	标准原子量单位定义为 ^{12}C 原子核质量的十二分之一。参考氧定义的旧的原子量单位(amu)不再使用
阿托	a	国际单位制中表示 10^{-18}
巴	bar	$1bar = 100000 N/m^2$
靶(恩)	b	$1b = 10^{-28} m^2$
桶	bbl	$1bbl = 9702 in^3 = 0.15899 m^3$ 这是用于石油等的标准桶。桶用于水果、蔬菜以及干货的标准不同
英制热量单位	Btu	
卡(国际热量表)	cal_{IT}	$1cal_{IT} = 4.1868J$ 第九届 Conference Generale des Poids et Mesures 采用焦耳作为热量单位。建议使用焦耳
卡(热化学卡)	cal	$1cal = 4.1840J$(参见国际热量表注释)
厘	c	国际单位制中表示 10^{-2}
厘米	cm	
库仑	C	国际单位制中电荷单位
立方厘米	cm^3	
周期	c	
周期每秒	Hz,c/s	见赫兹。在国际上接受名称"赫兹"用于该单位;符号 Hz 建议使用 c/s
天	d	
分	d	国际单位制中表示 10^{-1}
分贝	dB	
度(温度)		
摄氏度	℃	在符号°和字母之间无空格。在 1948 年的 Conférence Générale des Poids et Mesures 上废止了使用"centrigrade"表示摄氏度
华氏度	℉	
热力学温度	K	见开尔文
兰金度数	°R	
十	da	国际单位制中表示 10
达因	dyn	
电子	e	本手册用该符号表示一个电子。更传统的表示为 e^-
电子伏特	eV	
尔格	erg	
法拉第	F	国际单位制中电容单位
飞母托	f	国际单位制中表示 10^{-15}
高斯	G	高斯是磁通量密度的电磁学厘米克秒单位,建议使用国际单位特斯拉
吉(千兆)	G	国际单位制中表示 10^9
吉伯	Gb	吉伯是磁动势的电磁学厘米克秒单位,建议使用国际单位安培(或安匝)
克	g	
克每立方厘米	g/cm^3	
百	h	国际单位制中表示 10^2
亨利	H	国际单位制电感单位
赫兹	Hz	国际单位制频率单位
小时	h	
焦耳	J	国际单位制能量单位
焦耳每开尔文	J/K	国际单位制热容和熵单位

单　　位	符　号	注　释
开尔文	K	在 1967 年 CGPM 将国际单位制中以前称为"开尔文度"的温度单位命名为开尔文，并指定其符号为 K(不带符号°)
千	k	国际单位制中表示 10^3
千克	kg	国际单位制质量单位
千克力	kgf	在某些国家使用力的单位 kilopond(kp)
千欧	kΩ	
千米	km	
千米每小时	km/h	
千伏	kV	
千瓦	kW	
千瓦时	kW·h	
升	L	$1L＝10^{-3}m^3$
升每秒	L/s	
流明	lm	国际单位制光通量单位 国际单位制照度单位
麦克斯韦	Mx	磁通量的电磁学厘米克秒单位，建议使用国际单位韦伯
兆	M	国际单位制中表示 10^6
兆欧	MΩ	
米	m	国际单位制长度单位
姆欧	mho	CGPM 采用名称"西门子"作为这一单位
微	μ	国际单位制中表示 10^{-6}
微安	μA	
微克	μg	
微米	μm	
微米(micron)	μm	见微米。"micron"这一名称在 1967 年的 Conference Generale des Poids et Mesures 上被废止
微秒	μs	
微瓦	μW	
毫	m	国际单位制中表示 10^{-3}
毫安	mA	
毫克	mg	
毫升	mL	
毫米	mm	
传统毫米汞柱	mmHg	$1mmHg＝133.322N/m^2$
毫微米	nm	不推荐用 millimicron 表示纳米
毫秒	ms	
毫伏	mV	
毫瓦	mW	
分(时间)	min	时间也可以用上标的方式表示。如在美国：$9^h46^m20^s$
摩尔	mol	国际单位制中物质的量单位
纳	n	国际单位制中表示 10^{-9}
纳安	nA	
纳米	nm	

单 位	符 号	注 释
纳秒	ns	
牛顿	N	国际单位制中力单位
牛米	N·m	
牛顿每平方米	N/m^2	国际单位制中压力或应力单位;见帕斯卡
牛顿秒每平方米	N·s/m^2	国际单位制中动态黏度单位
奥斯特	Oe	磁场强度的电磁学厘米克秒单位,建议使用国际单位安培每米
欧姆	Ω	国际单位制中电阻单位
帕斯卡	Pa	$Pa = N/m^2$ 国际单位制中压力或应力单位。这一名称在第 14 届 Conference Generale des Poids et Mesures 上通过
皮	p	国际单位制中表示 10^{-12}
皮瓦	pW	
转每秒	r/s	
秒(时间)	s	国际单位制中时间单位
西门子	S	$S = \Omega^{-1}$ 国际单位制中电导单位。这一名称在第 14 届 Conference Generale des Poids et Mesures 上通过。"姆欧"这一名称在美国仍在使用
平方米	m^2	
太(拉)	T	国际单位制中表示 10^{12}
特斯拉	T	国际单位制中磁通量密度单位
吨	t	$1t = 1000kg$(在美国称为米制吨)
伏特	V	国际单位制中电压单位
伏特每米	V/m	国际单位制中电场强度单位
伏安	V·A	国际单位制中表观功率的 IEC 名称和符号
瓦特	W	国际单位制中功率单位
瓦特每米开尔文	W/(m·K)	国际单位制中热导单位
瓦时	W·h	

注：来源于 D. G. Fink 和 W. Beaty（eds.）《工程师标准手册》，第 12 版，McGraw-Hill，New York，1987；经许可，摘自 ANSI/IEEE 标准 260—1982。

附录 E 换算系数

附表 E.1 长度换算系数[①]

A. 相对于 1 米的十进制长度单位

项目	米(m)	千米(km)	分米(dm)	厘米(cm)	毫米(mm)	微米(μm)	纳米(nm)	埃(Å)
1米=	1	0.001	10	100	1000	1000000	10^9	10^{10}
1千米=	1000	1	10000	100000	1000000	10^9	10^{12}	10^{13}
1分米=	0.1	0.0001	1	10	100	100000	10^8	10^9
1厘米=	0.01	0.00001	0.1	1	10	10000	10^7	10^8
1毫米=	0.001	10^{-6}	0.01	0.1	1	1000	1000000	10^7
1微米=	10^{-6}	10^{-9}	0.00001	0.0001	0.001	1	1000	10000
1纳米=	10^{-9}	10^{-12}	10^{-8}	10^{-7}	10^{-6}	0.001	1	10
1埃=	10^{-10}	10^{-13}	10^{-9}	10^{-8}	10^{-7}	0.0001	0.1	1

B. 小于 1 米的非公制长度单位

项目	米(m)	码(yd)	英尺(ft)	英寸(in)	密耳(mil)	微英寸(μin)
1米=	1	1.09361330	3.28083939	39.3700787	$3.93700787×10^4$	$3.93700787×10^7$
1码=	0.9144	1	3	36	36000	$3.6×10^7$
1英尺=	0.3048	1/3=0.3333	1	12	12000	$1.2×10^7$
1英寸=	0.0254	1/36=0.0277	1/12=0.0833	1	1000	1000000
1密耳=	$2.54×10^{-5}$	$2.777×10^{-5}$	$8.333×10^{-5}$	0.001	1	1000
1微英寸=	$2.54×10^{-8}$	$2.777×10^{-8}$	$8.333×10^{-8}$	10^{-6}	0.001	1

C. 大于 1 米的非公制长度单位（相当于千英尺）

项目	米(m)	杆(rd)	法定英里(mi)	海里(nmi)	天文单位(AU)	秒差距(pc)	英尺(ft)
1米=	1	0.19883878	$6.21371192×10^{-4}$	$5.39956904×10^{-4}$	$6.6849198×10^{-12}$	$3.24073317×10^{-17}$	3.28083989
1杆=	5.0292	1	0.003125	$2.71555076×10^{-3}$	$3.36176471×10^{-11}$	$1.62982953×10^{-16}$	16.5
1法定英里=	1609.344	320	1	0.86897624	$1.07576471×10^{-8}$	$5.21545450×10^{-14}$	5280
1海里=	1852	368.249423	1.15077945	1	$1.23796791×10^{-8}$	$6.00183780×10^{-14}$	6076.11548
1天文单位[②]=	$1.496×10^{11}$	$2.97462817×10^{10}$	92957130.3	80777537.8	1	$4.84813682×10^{-6}$	$4.90813648×10^{11}$
1秒差距[②]=	$3.08572150×10^{16}$	$6.13561102×10^{15}$	$1.91737844×10^{13}$	$1.66615632×10^{13}$	206264806	1	$1.01237582×10^{17}$
1英尺=	0.3048	0.060606	$1.893939×10^{-4}$	$1.64578833×10^{-4}$	$2.03743316×10^{-12}$	$9.87775472×10^{-18}$	1

续表

1链=720英尺=**219.456**米
1链(英国)=608英尺=**185.3184**米
1测链(工程师)=100英尺=**30.48**米
1测链(测量员)=66英尺=**20.1168**米
1英寻=6英尺=**1.8288**米
1费米=1飞母托米=10^{-15}米
1英尺(美国测量)=**0.3048006**米
1浪=660英尺=**201.168**米

D. 其他长度单位

1手=4英寸=**0.1016**米
1里格(国际航海)=3海里=**5556**米
1里格(法定)=3法定海里=**4828.032**米
1里格(英国航海)=**5559.552**米
1光年=**9.4608952**$\times 10^{15}$米(=真空中光经一恒星年传播的距离)
1令(工程师)=1英尺=**0.3048**米
1令(美国测量)=**0.201168**米
1微米=10^{-6}米

1毫微米=1纳米=10^{-9}米
1万米=**10000**米
1海里(英国)=**1853.184**米
1pale=1杆=**5.0292**米
1杆(perch)(线形的)=1杆=**5.0292**米
1pica=1/6英寸(近似)=**4.217518**$\times 10^{-3}$米
1点=1/72英寸(近似)=**3.514598**$\times 10^{-4}$米
1指距=9英寸=**0.2286**米

① 精确换算以粗体字显示。循环小数标以下划线。国际单位制定长度单位为米。
② 1964年，国际天文学联合会定义。

注：来源于 D. G. Fink 和 W. Beaty (eds.)《电气工程师标准手册》，第12版，McGraw-Hill，New York，1987。

附表 E.2　面积换算系数①

A. 相对于1平方米的十进制面积单位

项目	平方米(m²)	平方千米(km²)	公顷(hm²)	平方厘米(cm²)	平方毫米(mm²)	平方微米(μm²)	靶(b)
1平方米=	1	10^{-6}	10^{-4}	10000	1000000	10^{12}	10^{28}
1平方千米=	1000000	1	100	10^{10}	10^{12}	10^{18}	10^{34}
公顷=	10000	0.01	1	10^{8}	10^{10}	10^{16}	10^{32}
1平方厘米=	10^{-4}	10^{-10}	10^{-8}	1	100	10^{8}	10^{24}
1平方毫米=	10^{-6}	10^{-12}	10^{-10}	0.01	1	10^{6}	10^{22}
1平方微米=	10^{-12}	10^{-18}	10^{-16}	10^{-8}	10^{-6}	1	10^{16}
1靶=	10^{-28}	10^{-34}	10^{-32}	10^{-24}	10^{-22}	10^{-16}	1

B. 非公制面积单位(相对于平方米)

项目	平方米(m²)	平方法定英里	英亩	平方杆	平方码	平方英尺	平方英寸	圆密耳
1平方米=	1	$3.86102159 \times 10^{-7}$	$2.47105382 \times 10^{-4}$	$3.95368610 \times 10^{-2}$	**1.19559005**	**10.7639104**	**1550.00310**	1.9734252×10^{9}
1平方法定英里=	**2589988.1**	1	**640**	**102400**	**3097600**	**27878400**	4.0144960×10^{9}	5.1114069×10^{15}
1英亩=	**4046.85641**	1/640=**0.0015625**	1	**160**	**4840**	**43560**	**6272640**	7.9865733×10^{12}
1平方杆=	**25.2928526**	9.765625×10^{-6}	1/160=**0.00625**	1	**30.25**	**272.25**	**39204**	4.9916083×10^{10}
1平方码=	**0.83612736**	$3.22830579 \times 10^{-7}$	$2.06611570 \times 10^{-4}$	$3.30578512 \times 10^{-2}$	1	9	**1296**	1.65011845×10^{9}
1平方英尺=	**0.09290304**	$3.58700643 \times 10^{-8}$	$2.29568411 \times 10^{-5}$	$3.67309458 \times 10^{-3}$	1/9=**0.111111**	1	**144**	1.83346495×10^{8}
1平方英寸=	6.4516×10^{-4}	$2.49097669 \times 10^{-10}$	$1.59422508 \times 10^{-7}$	$2.55076013 \times 10^{-5}$	$7.71604938 \times 10^{-4}$	1/144=**0.0069444**	1	1.27323955×10^{6}
1圆密耳=	$5.06707479 \times 10^{-10}$	$1.95640851 \times 10^{-16}$	$1.25210145 \times 10^{-13}$	$2.00336232 \times 10^{-11}$	$6.06017101 \times 10^{-10}$	5.4515391×10^{-9}	$7.85398163 \times 10^{-7}$	1

精确换算为：
1英亩=**4046.8564224**平方米
1平方英里=**2589988.110336**平方米

C. 其他面积单位

1 公亩 = 100 平方米

1 厘亩 = 1 平方米

1 杆 (perch)(面积) = **1 平方杆** = 30.25 平方码 = 25.292526 平方米

1 路德 = **40 平方杆** = 1011.71411 平方米

1section = **1 平方法定英里** = 2589988.1 平方米

1township = **36 平方法定英里** = 93239572 平方米

① 精确换算以粗体字显示。循环小数标以下划线。国际单位制面积单位为平方米。

注: 来源于 D. G. Fink 和 W. Beaty (eds.),《电气工程师标准手册》, 第 12 版, McGraw-Hill, New York, 1987。

附表 E.3 力换算系数①

项目	牛顿(N)	千磅力(kip)	斯勒格力(slug)	千克力(kgf)	常衡制磅力(lbf,avdp)	常衡制盎司力(ozf,avdp)	磅达(pdl)	达因(dyn)
1 牛顿 =	1	2.2480943×10^{-4}	6.9872752×10^{-3}	0.10197162	0.22480894	3.5969430	7.2330142	100000
1 千磅 =	4448.22162	1	31.080949	453.592370	1000	16000	32174.05	444822162
1 斯勒格力 =	143.117305	0.03217405	1	14.593903	32.17405	514.78480	1035.1695	14311730
1 千克力 =	**9.806650**	$2.20462262 \times 10^{-3}$	6.8521763×10^{-2}	1	2.20462262	35.2739619	70.9316384	**980665**
1 常衡制磅力 =	4.44822162	0.001	3.1080488×10^{-2}	0.45359237	1	16	32.17405	444822.162
1 常衡制盎司力 =	0.27801385	**1/16000=0.0000625**	$1.94255930 \times 10^{-3}$	2.834952×10^{-2}	**1/16=0.0625**	1	2.01087803	27801.385
1 磅达 =	0.13825495	3.1080949×10^{-5}	9.6602539×10^{-4}	0.14098081	0.03108095	0.49729518	1	13825.495
1 达因 =	0.00001	2.2480943×10^{-9}	$6.98727524 \times 10^{-8}$	1.0197162×10^{-6}	2.2480943×10^{-6}	3.5969430×10^{-5}	7.2330142×10^{-5}	1

精确换算为:1 常衡制磅力=4.4482216152605 牛顿

① 精确换算以粗体字显示。循环小数标以下划线。国际单位制力单位为牛顿。

注: 来源于 D. G. Fink 和 W. Beaty (eds.),《电气工程师标准手册》, 第 12 版, McGraw-Hill, New York, 1987。

附表 E.4 体积和容积换算系数①

A. 相对于 1 立方米的十进制体积单位

项目	立方米(cm³)	立方分米(dm³)	立方厘米(cm³)	升(L)	厘升(cL)	毫升(mL)	微升(μL)
1 立方米 =	1	1000	1000000	1000	100000	1000000	10^9
1 立方分米 =	0.001	1	1000	1	100	1000	1000000
1 立方厘米 =	0.000001	0.001	1	0.001	0.1	1	1000
1 升 =	0.001	1	1000	1	100	1000	1000000
1 厘升 =	0.00001	0.01	10	0.01	1	10	10000
1 毫升 =	0.000001	0.001	1	0.001	0.1	1	1000
1 微升 =	10^{-9}	0.000001	0.001	0.000001	0.001	0.001	1

① 精确换算以粗体字显示。循环小数标以下划线。国际单位制体积单位为立方米。

注: 来源于 D. G. Fink 和 W. Beaty (eds.),《电气工程师标准手册》, 第 12 版, McGraw-Hill, New York, 1987。

B. 非公制体积单位（相对于立方米和升）

项目	立方米(m³)	升(L)	立方英寸(in³)	立方英尺(ft³)	立方码(yd³)	桶(美国)(bbl)	英亩英尺(acre·ft)	立方英里(mile³)
1立方米=	1	1000	6.10237441×10⁴	35.314666	1.30795062	6.28981097	8.10713194×10⁻⁴	2.39912759×10⁻¹⁰
1升=	0.001	1	61.10237441	0.03531466	1.30795062×10⁻³	6.28981097×10⁻³	8.10713193×10⁻⁷	2.39912759×10⁻¹³
1立方英寸=	1.6387064×10⁻⁵	1.6387064×10⁻²	1	1/1728=5.78703703×10⁻⁴	1/46656=2.14334705×10⁻⁵	1.03071532×10⁻⁴	1.32852090×10⁻⁸	3.93146573×10⁻¹⁵
1立方英尺=	2.8316846×10⁻²	28.3168466	1728	1	1/27=0.037037	0.17810761	2.29568411×10⁻⁵	6.79357278×10⁻¹²
1立方码=	0.76455486	764.554858	46656	27	1	4.80890538	6.19834711×10⁻⁴	1.83426465×10⁻¹⁰
1桶(美国)=	0.15898729	158.987294	9702	5.61458333	0.20794753	1	1.28893098×10⁻⁴	3.81430805×10⁻¹¹
1英亩·英尺=	1233.48184	1233.48184×10⁶	7.52716800×10⁷	43560	1613.33333	7758.36734	1	2.95928030×10⁻⁷
1立方英里=	4.16818183×10⁹	4.16818183×10¹²	2.54358061×10¹⁴	1.47197952×10¹¹	5.451776×10⁹	26.2170749×10⁹	3379200	1

精确转换：1 立方英尺=28.31684592 升

C. 美制液体体积单位（相对于升）

项目	升(L)	加仑(U.S.gal)	夸脱(U.S.qt)	品脱(U.S.pt)	及耳(U.S.gi)	液量盎司(U.S.floz)	液量打兰(U.S.fldr)	量滴(U.S.minim)
1升=	1	0.26417205	1.056688	2.113376	8.453506	33.814023	270.51218	16230.73
1加仑(美国)=	3.7854118	1	4	8	32	128	1024	61440
1夸脱=	0.9463529	1/4=0.25	1	2	8	32	256	15360
1品脱=	0.4731765	1/8=0.125	1/2=0.5	1	4	16	128	7680
1及耳=	0.1182941	1/32=0.03125	1/8=0.125	1/4=0.25	1	4	32	1920
1液量盎司=	2.957353×10⁻²	1/128=0.0078125	1/32=0.03125	1/16=0.0625	1/4=0.25	1	8	480
1液量打兰=	3.6966912×10⁻³	1/1024=9.765625×10⁻⁴	1/256=3.90625×10⁻³	1/128=0.0078125	1/32=0.03125	1/8=0.125	1	60
1量滴(美国)=	6.161152×10⁻⁵	1/61440=1.62760416×10⁻⁵	1/15360=6.51041666×10⁻⁵	1/7680=1.30208333×10⁻⁴	1/19200=5.2083333×10⁻⁴	1/480=2.0833333×10⁻³	1/60=0.0166666	1

精确换算：1 液体夸脱（美国）=0.946352946 升

D. 英制液体体积单位（相对于升）

项目	升(L)	加仑(U.K.gal)	夸脱(U.K.qt)	品脱(U.K.pt)	及耳(U.K.gi)	液量盎司(U.K.floz)	液量打兰(U.K.fldr)	量滴(U.K.minim)
1升=	1	0.2199692	0.8798766	1.759753	7.039018	35.19506	281.5605	16893.63
1加仑=	4.546092	1	4	8	32	160	1280	76800
1夸脱=	1.136523	1/4=0.25	1	2	8	40	320	19200
1品脱=	0.5682615	1/8=0.125	1/2=0.5	1	4	20	160	9600
1及耳=	0.1420654	1/32=0.03125	1/8=0.125	1/4=0.25	1	5	40	2400
1液量盎司=	2.841307×10⁻²	1/160=0.00625	1/40=0.025	1/20=0.05	1/5=0.2	1	8	480
1液量打兰=	3.551634×10⁻³	1/1280=7.8125×10⁻⁴	1/320=0.003125	1/160=0.00625	1/40=0.025	1/8=0.125	1	60
1量滴=	5.919391×10⁻⁵	1/76800=1.302098333×10⁻⁵	1/1920=5.2083333×10⁻⁵	1/9600=1.0416666×10⁻⁴	1/2400=4.1666666×10⁻⁴	1/480=2.0833333×10⁻³	1/60=0.0166666	1

E. 美制和英制固体体积单位（相对于升）

项目	升(L)	蒲式耳(U.S. bu)	配克(U.S. peck)	夸脱(U.S. qt)	品脱(U.S. pt)	蒲式耳(U.K. bu)	配克(U.K. peck)	夸脱(U.K. qt)	品脱(U.K. pt)
		美制固体				英制固体			
1升=	1	0.02837759	0.11351037	0.90808299	1.81816598	0.0274961	0.1099846	0.8798766	1.7597534
1蒲式耳(美国)=	35.239070	1	4	32	64	0.9689387	3.8775549	31.00604	62.01208
1配克(美国)=	8.8097675	1/4=0.25	1	8	16	0.2422347	0.9689387	7.751509	15.50302
1夸脱(美国)=	1.1012209	1/32=0.03125	1/8=0.125	1	2	0.03027934	0.1211173	0.9689387	1.937878
1品脱(美国)=	0.5506105	1/64=0.015625	1/16=0.0625	1/2=0.5	1	0.01513967	0.06055867	0.4844693	0.9689387
1蒲式耳(英国)=	36.36873	1.032057	4.128228	33.02582	66.95165	1	4	32	64
1配克(英国)=	9.092182	0.2580143	1.032057	8.256456	16.51291	1/4=0.25	1	8	16
1夸脱(英国)=	1.136523	0.03225178	0.1290071	1.032057	2.0641142	1/32=0.03125	1/8=0.125	1	2
1品脱(英国)=	0.5682614	0.01612589	0.0645036	0.5160184	1.032057	1/64=0.015625	1/16=0.0625	1/2=0.5	1

精确换算：1 固体品脱（美国）=33.6003125 立方英寸

F. 其他体积和容积单位

1桶（美国，用于石油等）=42加仑=0.158987296 立方米
1桶（"旧桶"）=31.5加仑=0.119240 立方米
1板英尺=144立方英寸=2.359737×10⁻³ 立方米
1考得=128立方英尺=3.624556 立方米
1考得英尺=16立方英尺=0.4530695 立方米
1满杯=8液量盎司（美国）=2.365882×10⁻⁴ 立方米

1加仑（加拿大液量）=4.546090×10⁻³ 立方米
1杆（体积）=24.75立方英尺=0.700842 立方米
1立方公尺=1立方米
1大汤匙=0.5液量盎司（美国）=1.478677×10⁻⁵ 立方米
1茶匙=1/6液量盎司（美国）=4.928922×10⁻⁶ 立方米
1吨位（注册吨）=100立方英尺=2.8316466 立方米

注：来源于 D. G. Fink 和 W. Beaty (eds.)《电气工程师标准手册》，第 12 版，McGraw-Hill, New York, 1987。

附表 E.5 质量换算系数①

A. 相对于千克的十进制质量单位

项目	千克(kg)	吨(公吨)(t)	克(g)	分克(dg)	厘克(cg)	毫克(mg)	微克(μg)
1千克=	1	0.001	1000	10000	100000	1000000	10^9
1吨=	1000	1	1000000	10^7	10^8	10^9	10^{12}
1克=	0.001	0.000001	1	10	100	1000	1000000
1分克=	0.0001	10^{-7}	0.1	1	10	100	100000
1厘克=	0.00001	10^{-8}	0.01	0.1	1	10	10000
1毫克=	0.000001	10^{-9}	0.001	0.01	0.1	1	1000
1微克=	10^{-9}	10^{-12}	0.000001	0.00001	0.0001	0.001	1

① 精确换算以粗体字显示。循环小数标以下划线。国际单位制体积单位为立方米。

B. 小于 1 磅 质量的非公制单位（相对千克）

项目	克 (g)	常衡制盎司 (oz$_m$, avdp)	金衡制盎司 (oz$_m$, troy)	常衡制打兰 (dr avdp)	药衡制打兰 (dr apoth)	本尼威特 (dwt)	格令 (grain)	吩 (scruple)
1 克 =	1	0.035273962	0.032150747	0.56438339	0.25720597	0.64301493	15.4323584	0.77161792
1 常衡制盎司 =	28.3495231	1	0.91145833	16	7.29166666	18.2271667	437.5	21.875
1 金衡制盎司 =	31.1031768	1.09714286	1	17.5542857	8	20	480	24
1 常衡制打兰 =	1.77184520	**1/16=0.0625**	0.05696615	1	2.19428570	1.13932292	27.34375	1.3671875
1 药衡制打兰 =	3.88793458	0.137142857	**1/8=0.125**	2.19428570	1	2.5	60	3
1 本尼威特 =	1.5517383	0.054863162	**1/20=0.05**	0.87771428	**1/2.5=0.4**	1	24	1.2
1 格令 =	**0.06479891**	2.28571429×10^{-3}	**1/480**	3.65714285×10^{-2}	**1/60**	**1/24**	1	0.05
1 吩 =	1.29597820	4.57142858×10^{-2}	**1/24=0.0416666**	0.73142857	**1/3=0.33333333**	**5/6=0.83333333**	20	1

精确换算：1 长吨=1016.0469088 千克
1 金衡制磅质量=0.3732417216 千克

C. 相当于 1 磅 质量的非公制单位（相对千克）

项目	千克 (kg)	长吨 (long ton)	短吨 (short ton)	长英担 (long cwt)	短英担 (short cwt)	斯勒格 (slug)	常衡制磅质量 (lb$_m$, avdp)	金衡制磅质量 (lb$_m$, troy)
1 千克 =	1	9.842065×10^{-4}	1.10231131×10^{-3}	1.96841131×10^{-2}	2.20462262×10^{-2}	0.06852177	2.20462262	2.67922889
1 长吨 =	1016.0469	1	**1.12**	20	**22.4**	69.621329	**2240**	2722.22222
1 短吨 =	907.18474	**200/224=0.89285714**	1	**400/224=17.8571429**	20	62.161901	**2000**	2430.55555
1 长英担 =	50.8023454	**0.05**	**0.056**	1	**1.12**	3.4810664	**112**	136.111111
1 短英担 =	45.359237	**10/224=0.0446428571**	**0.05**	**100/112=0.89285714**	1	3.1080950	**100**	121.5277777
1 斯勒格 =	14.593903	0.01436341	0.01608702	0.2872683	0.3217405	1	32.17405	39.100406
1 常衡制磅质量 =	0.45359237	**1/2240**=4.46428571×10^{-4}	**0.0005**	**1/112**=8.92857143×10^{-3}	**0.01**	3.1080950×10^{-2}	1	1.21527777
1 金衡制磅质量 =	0.37324172	3.67346937×10^{-4}	4.11428570×10^{-4}	7.34693879×10^{-3}	8.22857145×10^{-3}	0.02557518	0.82285714	1

D. 其他质量单位

1 化验吨 = 29.166667 克
1 克拉(公制) = 200 毫克
1 克拉(金衡制) = 31/6 格令 = 205.19655 毫克
1mynagram = 10 千克
1 公担 = 100 千克
1 英石 = 14 常衡制磅 = 6.35029328 千克

① 精确换算以粗体字显示。循环小数标以下划线。国际单位制质量单位为千克。

注：来源于 D. G. Fink 和 W. Beaty (eds.)《电气工程师标准手册》，第 12 版，McGraw-Hill，New York，1987。

附表 E.6 压力/应力换算系数[①]

A. 相对于 1 帕斯卡的十进制压力单位

项目	帕斯卡 (Pa)	巴 (bar)	分巴 (dbar)	毫巴 (mbar)	达因每平方厘米 (dyn/cm²)
1帕斯卡=	1	0.00001	0.0001	0.01	10
1巴=	100000	1	10	1000	1000000
1分巴=	10000	0.1	1	100	100000
1毫巴=	100	0.001	0.01	1	1000
1达因每平方厘米=	0.1	0.000001	0.00001	0.001	1

B. 相对于 1 千克力每平方米的十进制压力单位（相对于帕斯卡）

项目	千克力每平方米 (kg/m²)	千克力每平方厘米 (kg/cm²)	千克力每平方毫米 (kg/mm²)	克力每平方厘米 (g/cm²)	帕斯卡 (Pa)
1千克力每平方米=	1	0.0001	0.000001	0.01	9.80665
1千克力每平方厘米=	10000	1	0.01	1000	98066.5
1千克力每平方毫米=	1000000	100	1	100000	9806650
1克力每平方厘米=	10	0.001	0.00001	1	98.0665
1帕斯卡=	0.10197162	1.0197162×10^{-5}	1.0197162×10^{-7}	1.0197162×10^{-2}	1

1大气压(技术)=1千克力每平方厘米=98066.5帕斯卡。

C. 以液体高度表达的压力单位（相对于帕斯卡）

项目	0℃时毫米汞柱 (mmHg,0℃)	60℉时厘米汞柱 (cmHg,60℉)	32℉时英寸汞柱 (inHg,32℉)	60℉时英寸汞柱 (inHg,60℉)	4℃时厘米水柱 (cmH₂O,4℃)	60℉时英寸水柱 (inH₂O,60℉)	39.2℉时英尺水柱 (ft H₂O,39.2℉)	帕斯卡 (Pa)
1毫米汞柱:0℃=	1	0.100282	0.0393701	0.0393548	1.359548	0.5357756	0.044046	133.3224
1厘米汞柱:60℉=	9.971830	1	0.3925919	0.3937008	13.55718	5.342664	0.4447895	1329.468
1英寸汞柱:32℉=	**25.4**	2.547175	1	1.0028248	34.53252	13.60870	1.132957	3386.389
1英寸汞柱:60℉=	25.32845	**2.54**	0.9971831	1	35.43525	13.57037	1.129765	3376.85
1厘米水柱:4℃=	0.735539	0.073762	0.028958	0.0290400	1	0.3940838	0.0328084	98.0638
1英寸水柱:60℉=	1.866453	0.187173	0.073482	0.0736900	2.537531	1	0.0832524	248.840
1英尺水柱:39.2℉=	22.4192	2.248254	0.882646	0.885139	30.47998	12.01167	1	2988.98
1帕斯卡=	7.500615×10^{-3}	7.521806×10^{-3}	2.952998×10^{-4}	2.96134×10^{-4}	1.01974×10^{-2}	4.01865×10^{-3}	3.34562×10^{-4}	1

1托=1毫米汞柱(0℃)=133.3224帕斯卡。

D. 非公制压力单位

项目	大气压 (atm)	常衡制磅力每平方英寸 (psi)	常衡制磅力每平方英尺 (lb/ft²,avdp)	磅达每平方英尺 (pd/ft²)	帕斯卡 (Pa)
1大气压=	1	14.69595	2116.217	68087.24	101325
1常衡制磅力每平方英寸=	6.80460×10^{-2}	1	144	4633.063	6894.757
1常衡制磅力每平方英尺=	4.725414×10^{-4}	$1/144 = 0.006944$	1	32.17405	47.88026
1磅达每平方英尺=	1.468704×10^{-5}	2.158399×10^{-4}	0.0310809	1	1.488165
1帕斯卡=	9.869233×10^{-6}	1.450377×10^{-4}	0.0208854	0.6719689	1

1大气压=760托=101325帕斯卡。

① 精确换算以粗体字显示。循环小数标以下划线。国际单位制压力/应力单位为帕斯卡（Pa）。

注：来源于 D. G. Fink 和 W. Beaty（eds.）《电气工程师标准手册》，第 12 版，McGraw-Hill，New York，1987。

附表 E.7　能量/功换算系数①

A. 相对于 1 焦耳的十进制能量/功单位

项目	焦耳(J)	兆焦(MJ)	千焦(kJ)	毫焦(mJ)	微焦(μJ)	尔格(erg)
1焦耳=	1	0.000001	0.001	1000	1000000	10^7
1兆焦=	**1000000**	1	**1000**	10^9	10^{12}	10^{13}
1千焦=	**1000**	**0.001**	1	1000000	10^9	10^{10}
1毫焦=	**0.001**	10^{-9}	**0.000001**	1	1000	10000
1微焦=	**0.000001**	10^{-12}	10^{-9}	0.001	1	10
1尔格=	10^{-7}	10^{-13}	10^{-10}	0.0001	0.1	1

1瓦·秒=1焦耳。

B. 小于 10 焦耳的能量/功单位(相对于焦耳)

项目	焦耳(J)	英尺·磅力(ft·lbf)	英尺·磅达(ft·pdl)	卡(国际表)(cal,IT)	卡(热化学)(cal,thermo)	电子伏特(eV)
1焦耳=	1	0.7375621	23.73036	0.2388459	0.2390057	6.24146×10^{18}
1英尺·磅力=	1.355818	1	32.17405	0.3238316	0.3240483	8.46228×10^{18}
1英尺·磅达=	4.2104011×10^{-2}	3.108095×10^{-2}	1	1.006499×10^{-2}	1.007173×10^{-2}	2.63016×10^{17}
1卡(国际表)=	**4.1868**	3.088025	99.35427	1	1.000669	2.61317×10^{19}
1卡(热化学)=	**4.184**	3.085960	99.28783	0.9993312	1	2.61143×10^{19}
1电子伏特=	1.60219×10^{-19}	1.18171×10^{-19}	3.80205×10^{-18}	3.82677×10^{-20}	3.82933×10^{-20}	1

C. 大于 10 焦耳的能量/功单位(相对于焦耳)

项目	焦耳(J)	英国热量单位,国际表(Btu,IT)	英国热量单位,热化学(Btu,thermo)	千瓦时(kW·h)	马力·小时,电力(hp·h,ele)	千卡,国际表(kcal,IT)	千卡,热化学(kcal,thermo)
1焦耳=	1	9.478170×10^{-4}	9.4845165×10^{-4}	$1/3.6\times10^6=2.777\times10^{-7}$	3.723562×10^{-7}	2.388459×10^{-4}	2.3900574×10^{-4}
1英国热量单位,国际表=	1055.056	1	0.999331	2.930711×10^{-4}	3.928567×10^{-4}	0.2519958	0.2521644
1英国热量单位,热化学=	1054.35	0.999331	1	2.928745×10^{-4}	3.925938×10^{-4}	0.2518272	0.2519957
1千瓦时=	**3600000**	3412.141	3414.426	1	$1/0.746=1.3404826$	859.8452	860.4207
1马力·小时,电力=	**2685600**	2545.457	2547.162	**0.746**	1	641.4445	641.8738
1千卡,国际表=	**4186.8**	3.968320	3.970977	**0.001163**	1.558981×10^{-3}	1	1.000669
1千卡,热化学=	**4184**	3.965666	3.968322	0.0011622	1.5579386×10^{-3}	0.999331	1

精确换算:1英国热量单位,国际表=1055.05585262焦耳。

① 精确换算以粗体字显示。循环小数标以下划线。国际单位制能量/功单位为焦耳。

注:来源于 D. G. Fink 和 W. Beaty (eds.)《电气工程师标准手册》,第 12 版,McGraw-Hill,New York,1987。

A. 相对于瓦的十进制功率单位

项目	瓦(W)	兆瓦(MW)	千瓦(kW)	毫瓦(mW)	微瓦(μW)	皮瓦(pW)	尔格每秒(erg/s)
1瓦=	1	0.000001	0.001	1000	1000000	10^9	10^7
1兆瓦=	1000000	1	1000	10^9	10^{12}	10^{15}	10^{13}
1千瓦=	1000	0.001	1	1000000	10^9	10^{12}	10^{10}
1毫瓦=	0.001	10^{-9}	0.000001	1	1000	1000000	10000
1微瓦=	0.000001	10^{-12}	10^{-9}	0.001	1	1000	10
1皮瓦=	10^{-9}	10^{-15}	10^{-12}	0.000001	0.001	1	0.01
1尔格每秒=	10^{-7}	10^{-13}	10^{-10}	0.0001	0.1	100	1

1 瓦 = 1 焦耳/秒 (J/s)。

B. 非公制功率单位（相对于瓦）

项目	英国热量单位(国际表)每小时(Btu/h,IT)	英国热量单位(热化学)每分钟(Btu/min,thermo)	常衡制 英尺·磅力每秒(ft·lbf/s,avdp)	千卡每分钟(热化学)(kcal/min,thermo)	千卡每秒(国际表)(kcal/s,IT)	马力(电力)(hp·ele)	马力(机械)(hp·mech)	瓦(W)
1英国热量单位(国际表)每小时=	1	0.0166778	0.2161581	4.2027405×10^{-3}	6.9998831×10^{-5}	3.9285670×10^{-4}	3.930148×10^{-4}	0.2930711
1英国热量单位(热化学)每分钟=	59.959853	1	12.960810	0.2519957	4.1971195×10^{-3}	0.0235556	0.0235651	17.57250
1英尺·磅力每秒=	4.6262426	0.0771557	1	0.0194429	3.2383157×10^{-4}	1.8174504×10^{-3}	**1/550**= 1.818818×10^{-3}	1.355818
1千卡每分钟(热化学)=	237.93998	3.9683217	51.432665	1	0.0166555	0.0934763	0.0935139	69.733333
1千卡每秒(国际表)=	14285.953	238.25864	3088.0251	60.040153	1	5.6123324	5.614911	**4186.800**
1马力(电力)=	2545.4574	42.452696	550.22134	10.697898	0.1781790	1	1.0004024	**746**
1马力(机械)=	2544.4334	42.435618	**550**	10.693593	0.1781074	0.9995977	1	745.6999
1瓦=	3.4121413	0.0569071	0.7375621	0.0143403	2.3884590×10^{-4}	**1/746**= 1.340826×10^{-3}	1.3410220×10^{-3}	1

① 精确换算以粗体字显示。循环小数标以下划线。

注：
1. 马力(机械)定义为等于 550 英尺-英磅-力每秒的功率。
2. 其他马力单位为:1 马力(锅炉)=9809.40 瓦;1 马力(公制)=735.499 瓦;1 马力(水)=746.043 瓦;1 马力(英制)=745.70 瓦;1 吨(制冷)=3516.8 瓦。

来源于 D. G. Fink 和 W. Beaty (eds.)《电气工程师标准手册》,第 12 版,McGraw-Hill, New York, 1987。

摄氏度(℃)	华氏度(℉)	热力学温度(K)	摄氏度(℃)	华氏度(℉)	热力学温度(K)
℃=5(℉−32)/9	℉=[9(℃)/5]+32	K=℃+273.15	℃=5(℉−32)/9	℉=[9(℃)/5]+32	K=℃+273.15
−273.15	−459.67	**0**	60	140	333.15
−200	−328	73.15	65	149	338.15
−180	−292	93.15	70	158	343.15
−160	−256	113.15	75	167	348.15
−140	−220	133.15	80	176	353.15
−120	−184	153.15	85	185	358.15
−100	−148	173.15	90	194	363.15
−80	−112	193.15	95	203	368.15
−60	−76	213.15	100	212	373.15
−40	−40	233.15	105	221	378.15
−30	−22	243.15	110	230	383.15
−20	−4	253.15	115	239	388.15
−17.7̲7̲	**0**	255.372̲	120	248	393.15
−10	14	263.15	140	284	413.15
−6.6̲6̲	20	266.483̲	160	320	433.15
0	32	273.15	180	356	453.15
5	41	278.15	200	392	473.15
10	50	283.15	250	482	523.15
15	59	288.15	300	572	573.15
20	68	293.15	350	662	623.15
25	77	298.15	400	752	673.15
30	86	303.15	450	842	723.15
35	95	308.15	500	932	773.15
40	104	313.15	1000	1832	1273.15
45	113	318.15	5000	9032	5273.15
50	122	323.15	10000	18032	10273.15
55	131	328.15			

① 精确换算以粗体字显示。循环小数标以下划线。热力学温度等于兰金温度除以1.8（K=℉R/1.8）。

注：来源于 D.G. Fink 和 W. Beaty（eds.）《电气工程师标准手册》，第12版，McGraw-Hill，New York，1987。